普通生物學

The Living World, 9e

George B. Johnson
著

劉仲康 蕭淑娟 陳錦翠
譯

McGraw Hill

東華書局

國家圖書館出版品預行編目(CIP)資料

普通生物學 / George B. Johnson 著；劉仲康, 蕭淑娟, 陳錦翠譯.
-- 三版. -- 臺北市：麥格羅希爾, 臺灣東華, 2019.07
面； 公分
譯自：The living world, 9th ed.
ISBN 978-986-341-412-4(平裝)

1. 生命科學

361 108010182

普通生物學

作　　者　George B. Johnson
譯　　者　劉仲康 蕭淑娟 陳錦翠
合作出版　美商麥格羅希爾國際股份有限公司台灣分公司
暨發行所　台北市 10488 中山區南京東路三段 168 號 15 樓之 2
客服專線：00801-136996

臺灣東華書局股份有限公司
10045 台北市重慶南路一段 147 號 3 樓
TEL: (02) 2311-4027　FAX: (02) 2311-6615
郵撥帳號：00064813
門市：10045 台北市重慶南路一段 147 號 1 樓
TEL: (02) 2371-9320
總　經　銷　臺灣東華書局股份有限公司
出版日期　西元 2019 年 8 月 三版一刷

ISBN：978-986-341-412-4

Preface

譯者序

生物學是研究生物生命的科學。我們人類是生物的一員，除了對本身的了解之外，對其他所有生物乃至於所生存的環境，是否也有所了解呢？或者，我們有需要了解其他生物嗎？這對我們有甚麼好處？

觀察生物所生存的環境中，我們會發現：單一種生物不太可能獨自存在，也不可能不和環境互動。換言之，從巨觀的生態系來看，在同一環境下，所有生物的生存會相互影響，也會受環境影響。那麼，這些影響對生物本身到底有多深遠？又要如何探討得知呢？

基於對各種生命現象的好奇，人類不斷地在探究生命現象的種種特性，以科學的方法來探索生物如何生存，例如從巨觀的角度探討生物與環境的交互作用，進而藉助更多精細的儀器設備、審慎地設計操作實驗，從微觀的角度來探測各種生命現象的表現，乃至於嘗試從細胞層次、甚至更微細的分子層次來解釋生命現象的表現。像這樣的科學探究，至今仍持續不斷地進行中。

舉例而言，在觀察一棵幼苗的生長時，達爾文父子注意到幼苗會向光彎曲生長。為了探究此生命現象的原因，他們猜測幼苗的頂端會感應光照，於是設計實驗來求證。就這樣，達爾文父子開啟了對植物激素的相關研究。為何達爾文父子能從所看到的聯想到上述的問題，而一般人沒有想到？像這樣的生物學家，都具有怎樣的人格特質，能夠看到問題、會想要尋求解答？答案不外乎是：敏銳的觀察、縝密的思維、以及鍥而不捨的求證精神。

中央研究院的前院長 胡適先生曾說，治學要「大膽假設，小心求證。」科學研究的精神就是如此。生物學家以科學方法來研究各種生命現象，抽絲剝繭地把難題一個個解開，再如同拼湊拼圖一般，一點一滴地試圖逐漸看到生命現象運作的全貌，也一步步地更了解生物的活動。

本書所呈現的即是目前對生物學的基本認識，並整理出「關鍵生物程序」以解釋生物活動如何運作，有利於強化理解。透由各章節的介紹，我們能夠對生物學有初步了解。我們不一定要像生物學家那樣專精於某個生物學領域，也不一定都需要清楚每種生物的生存方式，但從本書中，我們至少能約略知道生命運作的奧妙、認識多樣化的生物，並能從中更加明瞭人類在生態系中所扮演的角色。

Contents

目錄

第八單元　生物生存的環境

Chapter 1

科學的生物學

南極洲的巴布亞企鵝與你以及許多生物有許多相同的特性。牠們的身體如同你一般，由細胞組成。牠們也有家庭，以及長得像父母的孩子，如同你的雙親所為。也如你一般，靠吃東西成長，雖然牠們的食物是在冰冷的南極大海中所捕捉到的魚和磷蝦。牠們頭頂著防護陽光中有害紫外光輻射的大氣層，也和你頭頂上的一樣，不僅僅限於夏天。但是在南極夏天，出現了一個「臭氧破洞」，使得企鵝暴露在危險的紫外光輻射之下。科學家正展開一系列觀測與實驗的方式，來分析這種狀況。研究生物學就是要仔細觀察，並提出合宜的問題。當一個可能的答案－科學家稱之為假說－被提出，南極上方臭氧層之遭受破壞是由於一種含有氯的工業化學物洩漏到大氣層中，於是科學家展開實驗與進一步的觀測，試圖證明此假說是錯誤的。然而到目前為止，仍找不出推翻此假說的證據。看起來，人類的活動深遠地嚴重影響這些企鵝生存的環境。你從本章開始研讀生物學，也就是生命的科學，可使我們對自己、整個世界以及我們造成的衝擊有更深入的了解。

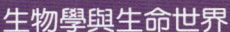

生物學與生命世界

1.1　生物的多樣性

生物的界

廣義而言，生物學就是探討活的事物－生命的科學。生命世界充滿了驚人的各種生物－鯨魚、蝴蝶、菇類、蚊蟲－它們可以區分成六個群，稱為**界** (kingdoms)。每一界的代表性生物可見圖 1.1。

生物學家用許多方法來研究生物的多樣性。他們與大猩猩共同生活、蒐集化石以及傾聽鯨魚的聲音。他們分離純化細菌、培養菇類、以及檢視果蠅的構造。他們閱讀隱藏在遺傳長分子中的訊息，以及計數每一秒鐘蜂鳥翅膀拍動的次數。身處於這些多樣性之間，很容易就迷失了生物學中關鍵的功課，那就是所有的生物都有很大的共同點。

關鍵學習成果 1.1

生命世界是非常多樣性的，但所有生物都有共同的特性。

1.2　生物的特性

生物學就是研究生命－但是活的 (to be alive) 到底是什麼意思？如何定義一個活的

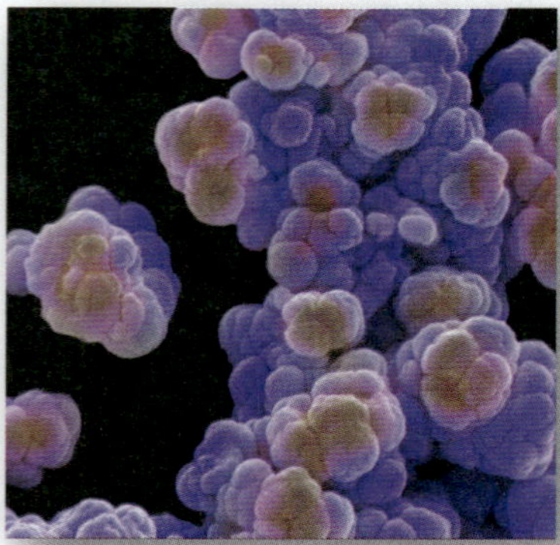

古菌界　此界的原核 (無細胞核之最簡單的細胞) 生物包含甲烷產生菌，於其代謝過程中會製造出甲烷。

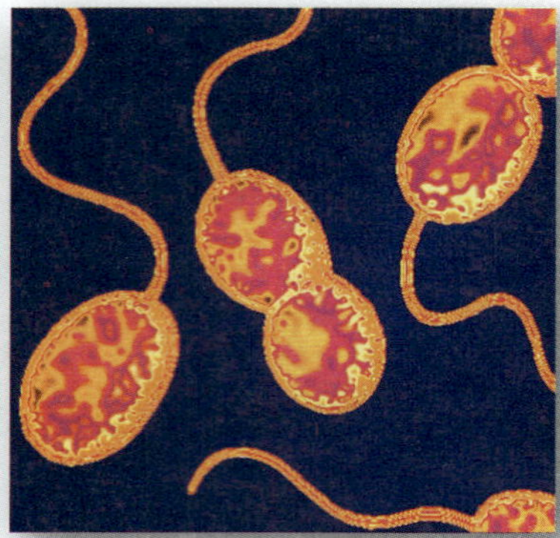

細菌界　此界是原核生物的另一個界。此處所顯示的是紫硫菌，它能將光能轉換成化學能。

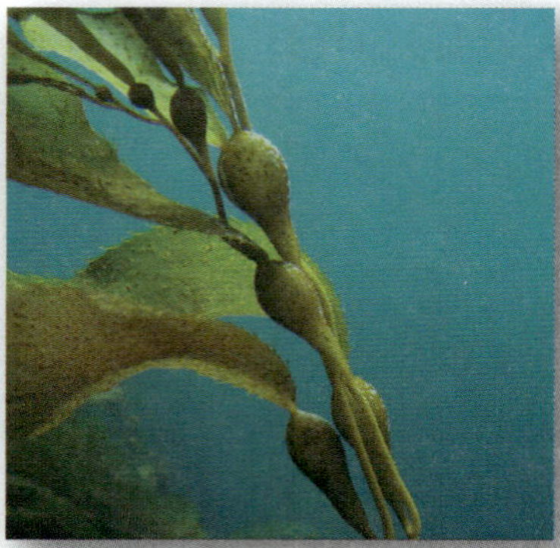

原生生物界　此界包含了大多數真核 (細胞具有細胞核) 的單細胞生物，還有此圖片上的多細胞藻類。

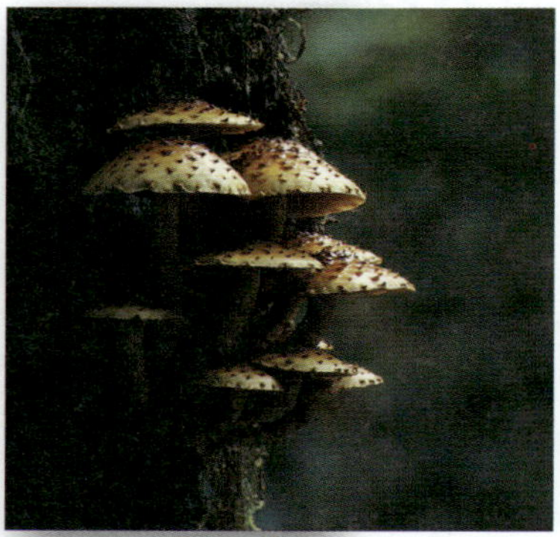

菌物界　此界包含不行光合作用的生物，大多數為多細胞生物，在細胞外消化食物，例如本圖的菇類。

植物界　此界生物包括可行光合作用的多細胞陸生生物，例如本圖片上的開花植物。

動物界　此界的生物為不行光合作用的多細胞生物，牠們在體內消化食物，例如本圖上的大角羊。

圖 1.1　生物的六個界
生物學家將所有生物區分成六個主要的群，稱之為界。每一界與其他的界都有極大的不同。

生物之特性？這可不是一個簡單的問題，因為許多生物最明顯的特性，也見之於無生命的物質－例如*複雜度* (complexity)(電腦就很複雜)、*運動* (movement)(雲在天空中也會運動)、*對刺激產生反應* (response to stimulation)(你用手去戳，肥皂泡會破掉)。要來理解為何這三個在生物中常見的特性，無法幫助我們定義一個生命，你可想像一個放在電視機旁的香菇：電視機看起來比香菇更複雜；銀幕上的影像在動，而香菇卻靜靜地躺在一邊；電視可對遙控器產生反應，而香菇仍躺在那裡不動－可是這個香菇卻是活的。

所有的生物都有五個共同的特性，從盤古開天的第一個生物到演化至今的生物都是如此：*細胞結構、代謝、恆定性、生長與繁殖以及遺傳*。

1. **細胞結構** (Cellular organization)：所有的生物都由一個或多個細胞構成。細胞是一個外面有膜 (membrane) 包覆的微小空間。有些細胞具有較簡單的內部，其他的則較複雜，但都能生長與繁殖。許多生物只由一個細胞構成，如圖 1.2 中所示的草履蟲。人體由 10 兆到 100 兆的細胞組成 (視身體的大小而定)，如排成一條直線，足以繞地球 1,600 圈。

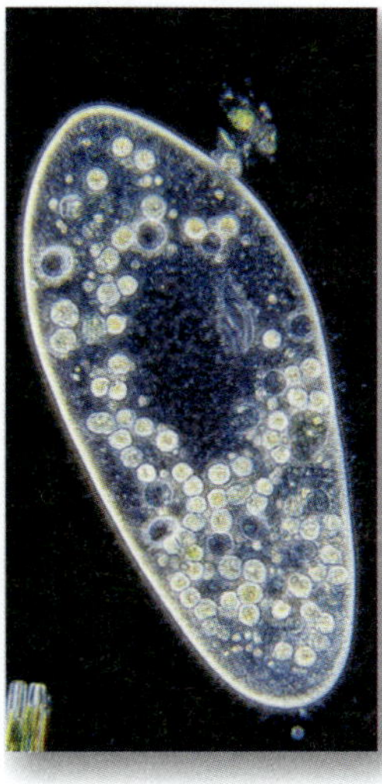

圖 1.2 細胞結構
草履蟲是複雜的單細胞原生生物，它剛吞進了好多個酵母菌細胞。許多生物是由單細胞構成，而其他一些生物則由上兆個細胞構成。

2. **代謝** (Metabolism)：所有的生物都使用到能量。運動、生長、思考－任何你做的事都需要能量。這些能量由何而來？那是由植物與藻類透過光合作用捕捉陽光的能量而來，而我們則從植物以及肉食性動物處獲取能量，用來支持我們的生命。這正如圖 1.3 中的翠鳥在做的事，捕食一隻吃藻類的魚。細胞可將能量從一種形式轉換成另一種形式，就是代謝的一例。所有的生物都需要能量來生長，並利用一種特別的能量攜帶分子 ATP，於細胞內進行能量的轉換。
3. **恆定性** (Homeostasis)：所有的生物都需維持內在的平衡，因此複雜的生物程序才能互相協調。由於外在的環境變遷較大，相對的內在環境就必須維持穩定：稱作恆定性。無論氣候溫度的高低，你身體的內在溫度一直維持在 37℃ (98.6℉)。

圖 1.3 代謝
這隻翠鳥利用進食魚類來獲取能量以進行運動、生長及身體的所有機能。牠的細胞內可進行化學反應，來代謝這個食物。

4. **生長與繁殖** (Growth and reproduction)：所有生物都會生長與繁殖。細菌可增大細胞的體積，並且每 15 分鐘分裂一次，而複雜生物的生長則是增加其細胞數目，並用有性生殖來繁殖 (一些特例如加州狐尾松，歷經 4,600 年仍能繁殖)。
5. **遺傳** (Heredity)：所有的生物都有一套遺傳系統，利用 DNA (Deoxyribonucleic acid) 的長分子進行複製。生物遺傳的資訊則由此分子上的組合單元來決定，正如本段文章是由許多字組成為你可閱讀的有意義句子。DNA 上的每一個指令，就稱為一個基因 (gene)，此基因決定了生物的長相。DNA 可忠實的一代一代地複製下去，因此基因上若發生改變也能遺傳下去。這種親代將特徵傳給後代的過程，就稱為遺傳 (heredity)。

關鍵學習成果 1.2

所有生物都有細胞，可進行代謝、維持內在恆定、繁殖以及利用 DNA 將特性遺傳給後代。

1.3 生物的組織階層

逐漸增加複雜度的等級制度

生命世界中的生物都與其他階層中的生物息息相關，從最小最簡單的到巨大而複雜的。關鍵因素就在於其複雜度。我們可從三個層次來檢視生物的複雜度：細胞的、個體的以及族群的。

細胞層次 (Cellular Level) 依循圖 1.4 的第一

個部分，可見到構造逐漸複雜－即在細胞內依等級 (hierachy) 逐漸增加複雜性。

❶ **原子** (Atoms)：物質的基本元素。

❷ **分子** (Molecules)：由原子結合而成的複雜團聚。

❸ **巨分子** (Macromolecules)：巨大的複雜分子。所有生物貯存遺傳訊息的 DNA 就是一種巨分子。

❹ **胞器** (Organelles)：在細胞內，複雜的生物分子組合於一個小隔室中，進行特定的活動。細胞核就是一個胞器，其內貯存有 DNA。

❺ **細胞** (Cells)：一個膜所包覆的單元，其內含有胞器與其他物質。細胞被視為具有生命的最小階層。

個體層次 (Organismal Level)　圖 1.4 的個體層次第二部分，細胞依複雜度可分成 4 個層級。

❻ **組織** (Tissues)：最基本的層級是組織，一群功能相同的細胞組成一個功能單元。神經組織由神經元細胞組成，可將電子信號從身體的一處傳送到另一處。

❼ **器官** (Organs)：器官是由數種不同組織所組成的構造與功能單元。你的腦就是一個器官，它含有許多神經細胞，以及提供保護與血管的結締組織。

❽ **器官系統** (Organ systems)：第三個層級是由數個器官構成的器官系統。以神經系統為例，包括了感覺器官、腦與脊髓、轉換信號的神經元以及支持細胞。

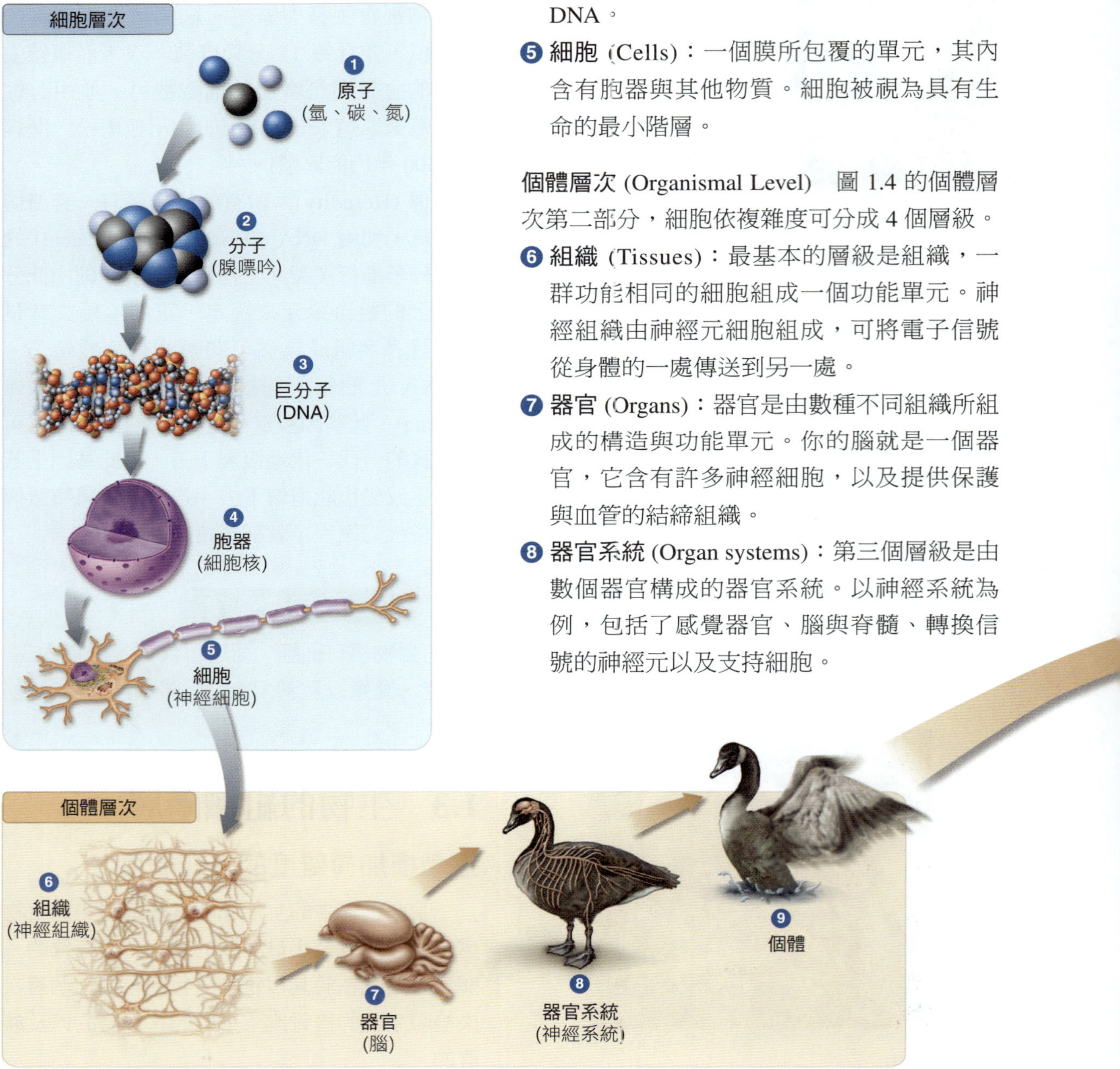

圖 1.4　生物的組織階層
一個傳統也很有用方法，可用來將生命世界中生物的交互關係排序，就是將生物排列出組織階層，從最小最簡單開始，逐漸到巨大而複雜。此處我們可看到細胞階層、個體階層以及族群階層的各組織階層。

❾ **個體** (Organism)：個別的器官系統協同發揮作用，構成一個生物個體。

族群層次 (Populational Level) 在生命世界中，個體進一步組成數個等級的層級，如圖 1.4 的第三部分。

❿ **族群** (Population)：此層次的最基本層級就是族群，指的是生活在同一地點的同一物種之眾多個體。一個池塘中的所有鵝隻就構成一個族群。

⓫ **物種** (Species)：一個特定生物的所有族群就構成一個物種。物種的成員具有相似的外貌，並且可以相互交配繁殖。所有的加拿大鵝，種名為 *Branta canadensis*，都是同一物種，而不論其發現於加拿大、明尼蘇達州或是密蘇里州。沙丘鶴則是另一物種。

⓬ **群聚** (Community)：更高的一個層級則是群聚，指的是生活於同一地點的所有物種。例如一個池塘中有鵝、鴨、魚、草以及許多昆蟲，都共屬於此池塘的群聚。

⓭ **生態系** (Ecosystem)：這是最高的層級，包括一個生物群聚，以及其內大家共同生活的土壤與水體。

突現性質

在生命的等級中，更高階層會突然出現低階層所沒有的新特性。這種**突現性質** (emergent properties) 來自於組成部分的交互作用，但不見之於各組成部分。例如你與長頸鹿都有同類型的細胞，但是僅觀察單一細胞，無法告訴你一個生物個體的長相如何。

生物的突現性質不是魔術，也不是超自然現象。它們是等級 (或構造階層) 下的自然後果，是生命的標誌特點，是更高層級突然出現的新功能。代謝就是生物中的一個突現性質，細胞中許多分子交互作用，於細胞內部發展出一個有次序的化學反應。意識是腦部出現的突現性質，由腦中不同部位的眾多神經元交互作用而來。

關鍵學習成果 1.3

細胞、多細胞生物個體以及生態系都是逐漸增加複雜度的等級制度。生物的等級階層導致了突現性質的出現，造成生命世界的各個面向。

1.4 生物學主題

全體主題使生物學結合為一門科學

正如一間房屋會規劃出各主題區域，如臥房、廚房和浴室，生命世界也有其主要的*主題* (themes)，例如能量如何在生命世界間流動。在本教科書中，很快可以看到有五個主題出現，透過它們結合與解釋，使生物學成為一門科學 (表 1.1)。

1. 演化
2. 能量流動
3. 合作
4. 構造決定功能
5. 恆定性

演化

演化就是一個物種隨著時間的推移而產生的遺傳變異。一位英國自然學家，達爾文 (Charles Darwin) 在 1859 年提出一個概念，這種變異是**天擇** (natural selection) 造成的結果。簡單的說，這些生物的新特性使它們更能適應環境，並透過繁殖將此特性傳給後代。達爾文非常熟悉馴養動物 (也有一些非馴養動物) 會產生變異，也知道養鴿人會藉由**人擇** (artificial selection) 來培育出鴿子非常誇張的特性 (見表 1.1，左上方標示為演化的鴿子圖)。我們現今知道，這些篩選出的特性能透過 DNA 從親代傳遞給後代子孫。達爾文看出了自然界的篩選，與培育變種鴿子的過程相類似。因此，我們今日在地球上所見到的各式生物，以及身體構造與功能，都是源於天擇的結果。第 14 章還會更詳細介紹演化。

能量流動

所有生物都需要能量來進行生命的各種活動－健身、工作、思考等。所有生物的能量都源自於陽光，並在生態系中傳遞下去。欲了解能量流動，最簡單的方法就是去看誰在使用能量。能量旅程的第一階段，是陽光先被植物、藻類與一些細菌用光合作用捕捉下來，合成糖類並加以貯存。植物又會被動物吃食，因此成為動物能量的來源。另一些動物，例如表 1.1 上的鷹，則吃食那些草食性動物。在每一階段，能量被用來推動生命活動，一些被轉遞下去，大多數則以熱量形式而失去。能量流動是決定一個生態系的關鍵因子，可影響其中動物的種類與數量。

合作

表 1.1 右上方的螞蟻可保護與它們共同生活的植物，不被其他生物吃食或光線被遮蔽，而植物則提供養分 (小葉頂端的黃色物體) 作為回報。這種不同物種間的合作，在演化上扮演了關鍵的角色。像螞蟻與植物這種二個物種密切接觸的關係，稱為**共生** (symbiosis)。動物細胞內的胞器，源自於共生的細菌，共生真菌則幫助植物從海洋登陸。顯花植物與昆蟲的共同演化 (coevolution)－花形的改變可影響昆蟲的演化；相對的，昆蟲的改變也影響花的演化。這些都是造成生物多樣性的原因。

構造決定功能

生物學中最明顯的一課就是，生物構造與它們的功能非常相配，這可從每一階層看到此現象。細胞內酵素的形狀與它們欲催化反應的化學物非常相配，而生命世界的眾多生物，其身體構造也被精巧地設計，以執行其功能。表 1.1 右下角的蛾，使用長長的舌頭來吸取花蜜，就是一例。這種構造與功能精湛的搭配，在生物界中絕非偶然。生物出現於地球上已超過 20 億年 (譯者按：應為約 37 億年)，有足夠長的時間讓生物演化以適應環境。因此不應該意外，經由這些磨合與調適，生物構造能夠良好地勝任其功能。

表 1.1 生物學主題

演化 達爾文研究鴿子的人擇，提供了他演化理論中的關鍵證據，篩選可導致改變。經由人擇造成的差異，歐洲岩鴿 (European rock pigeon，上方圖)、紅扇尾鴿 (red fantail pigeon，中間圖) 以及仙女燕子鴿 (fairy swallow pigeon，下圖) 有不同的外觀，尤其後者腳踝上一叢不可思議的羽毛，如在野外看到，很可能就被分類到不同的群組中去了。

合作 拉丁美洲的螞蟻生活於一些刺槐樹的空心刺中。葉片基部與小葉頂端會分泌蜜汁，提供食物給螞蟻，而螞蟻則回報以有機營養物與保護。

能量流動 能量從陽光傳遞到植物，再到草食性動物，再到肉食性動物，例如這隻鷹。

恆定性 恆定性通常與水分平衡有關，可讓血液維持化學平衡。所有複雜的生物都需要水分，一些生物，例如這隻河馬奢侈地浸泡於水中。另一些生物，例如跳囊鼠 (kangaroo rat) 則生活於水分稀少的乾燥環境，牠從食物中獲取水分，從不真正喝水。

構造決定功能 這隻蛾使用長長的舌頭吸取花朵深處的花蜜。

恆定性

複雜生物體內的高度特化，其目的就是要維持一個相對穩定的內在環境，稱作恆定性。如無此恆定性，體內的許多複雜交互作用將無法執行。正如一個城市，如果沒有法規，則無法維持秩序。你，以及表 1.1 的那隻河馬，如要維持複雜身體的恆定性，就需要各細胞間不斷的交互傳達訊息。

關鍵學習成果 1.4

生物學的五個主題是 (1) 演化；(2) 能量流動；(3) 合作；(4) 構造決定功能；(5) 恆定性。

科學的程序

1.5 科學家如何思考

演繹推理

科學就是使用觀察、實驗以及推理等方式，不斷探索的一個歷程。但不是所有的探索都合乎科學，例如想知道如何從芝加哥到聖路易市，不用展開一個科學探索，只須看一下地圖即可規劃路線。有些探索，則須使用通則 (general principles) 作為「指引」來下決定 (圖 1.5)，稱之為**演繹推理** (deductive reasoning)。演繹推理使用通則來解釋科學上的觀察，是數學、哲學、政治和倫理的一種推論；演繹推理也是電腦運作的方式。

歸納推理

通則是從何而來？宗教與倫理的原則，通常有宗教作為基礎；政治原則則反映出社會制度。然而，有些通則則來自於觀察圍繞我們的有形世界。如丟一顆蘋果，無論如何心想或是通過法律禁止它落下，但它一定會落下。科學就是致力於發現這些掌控我們有形世界的通則。

科學家如何發現這些通則？所有的科學家都是觀察者：他們檢視這個世界，去了解它如何運作。就是觀察，使得科學家找出掌控有形世界的通則。這種藉由仔細檢視特定案例，發現通則的方法就稱為**歸納推理** (inductive reasoning)。歸納推理大約在 400 年前開始普遍，牛頓 (Isaac Newton)、培根 (Francis Bacon) 以及其他人開始展開實驗並用結果來推斷這個

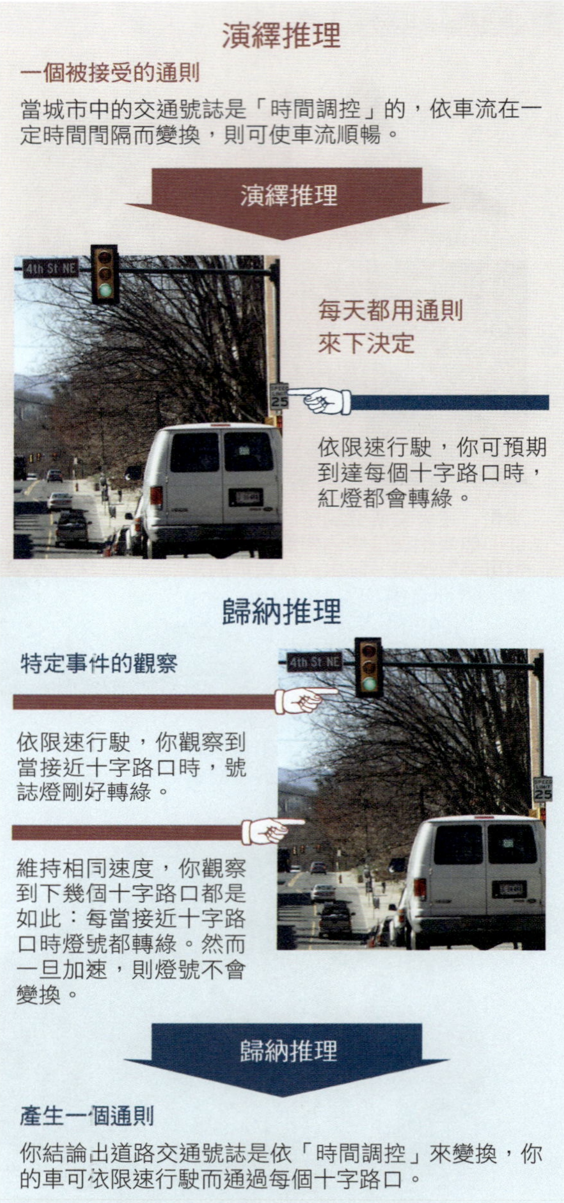
演繹推理
一個被接受的通則
當城市中的交通號誌是「時間調控」的，依車流在一定時間間隔而變換，則可使車流順暢。
演繹推理
4th St NE
每天都用通則來下決定
依限速行駛，你可預期到達每個十字路口時，紅燈都會轉綠。
歸納推理
特定事件的觀察
依限速行駛，你觀察到當接近十字路口時，號誌燈剛好轉綠。
維持相同速度，你觀察到下幾個十字路口都是如此：每當接近十字路口時燈號都轉綠。然而一旦加速，則燈號不會變換。
歸納推理
產生一個通則
你結論出道路交通號誌是依「時間調控」來變換，你的車可依限速行駛而通過每個十字路口。

圖 1.5 演繹推理和歸納推理

在十字路口，一位駕駛假設紅綠燈是時間調控的，可使用演繹推理來預期燈號會改變。相對的，如果一位駕駛並不知道燈號是被程式設計所調控的，則可使用歸納推理得知它是時間調控的，因為他在前幾個十字路口已經遇到過相似狀況。

世界是如何運作的。這些實驗有時很簡單，牛頓只是放開手觀察蘋果落地。經過許多次的觀察，牛頓推論出一個通則－所有的物品都會向著地球中心的方向落下。這個通則是一個對地

球如何運作提出的可能解釋，或稱之為假說 (hypothesis)。有如牛頓，許多科學家也是透過觀察，而提出假說並測試它。

關鍵學習成果 1.5

科學透過仔細觀察並使用歸納推理而推論出通則。

1.6 科學動起來：案例探討

臭氧破洞

1985 年一位英國地球科學家 Joseph Farman 在南極工作時得到一個意外的發現。他分析南極上空的臭氧 (O_3 為氧氣的一種形式) 遠比預期的少很多，與五年前相較，下降了 30%！

起初大家還在爭議這種臭氧的薄化 (不久後就被稱為「臭氧破洞」)，是一種尚未能解釋的氣候現象。但是證據很快就指出，合成化學物是罪魁禍首。仔細分析發現大氣中含有高濃度的氯，可摧毀臭氧。而氯的來源，則是一群稱作氟氯碳化物 (chlorofluorocarbons，簡稱 CFCs) 的化學物質。自從 1920 年代發明以來，CFCs (圖 1.6 中的 ❶) 就被大量製造，作為冷氣機的冷媒、噴霧劑以及製造保麗龍的起泡劑。CFCs 在正常情況下沒有化學活性，而被認為是無害的物質。但在南極高空，CFCs 於春季可與細小的冰晶 ❷ 結合，分解釋出氯。氯可作為催化劑，攻擊與摧毀臭氧，將之轉換成一般的氧氣，且氯不會損失 ❸。

在地球上方 25 至 40 公里的高空，臭氧層的薄化是一件嚴重的事。臭氧層可吸收陽光中有害的紫外 (UV) 光輻射，保護地球生物。有如一個隱形的太陽眼鏡，臭氧層可濾去危險的輻射線。但當臭氧轉換成氧氣，UV 輻射便可穿透大氣層而到達地表 ❹。如果 UV 射線損害皮膚細胞的 DNA，則可導致皮膚癌。根據估計，大氣層中的臭氧濃度每降低 1%，皮膚癌的罹患率則會上升 6%。

現今 CFCs 的年產量已從 1986 年的 110 百萬噸下降到少於 20 萬噸。由於科學觀察的廣受注意，政府也加速腳步來改善。

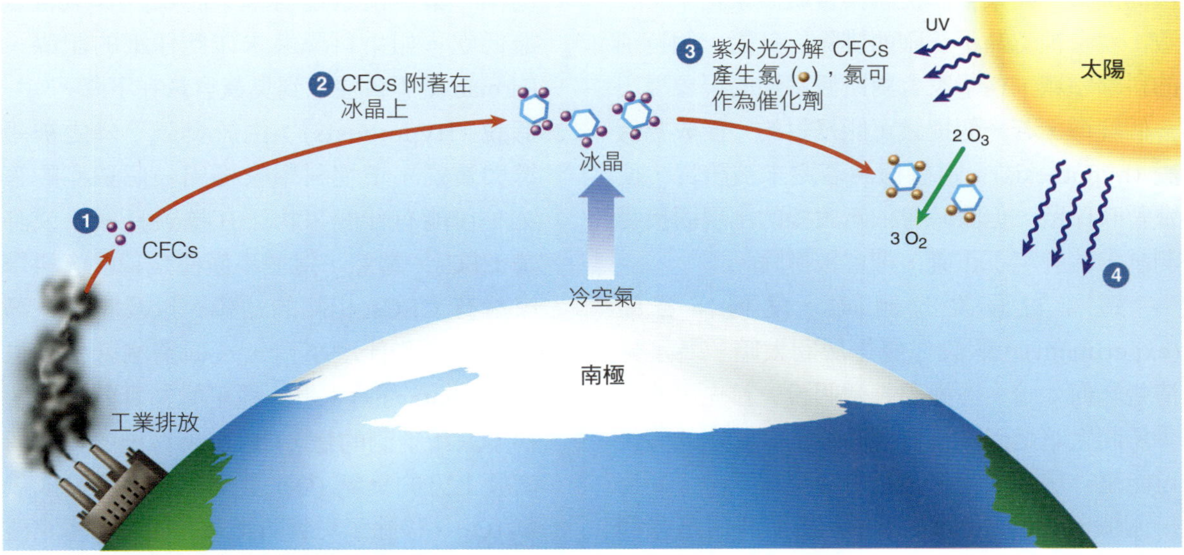

圖 1.6 CFCs 是如何攻擊與摧毀臭氧

累積在大氣層中的 CFCs 是穩定的化學物，為工業社會產生的副產品 ❶。在南極上方極冷的大氣層中，CFCs 附著在細小的冰晶上 ❷。紫外光 (UV light) 分解 CFCs 產生氯 (Cl)，氯可作為催化劑將 O_3 轉換成 O_2 ❸。結果造成更多有害的紫外光照射到地面 ❹。

然而，很多已製造出來的 CFCs 還使用於冷氣機和噴霧劑中，尚未到達大氣層。而 CFCs 在大氣中的移動很緩慢，因此問題還會持續存在。臭氧的耗損，依舊是南極臭氧破洞的主要因素。

全世界 CFCs 的減產確實產生很大的影響。未來的數年，將逐漸達到臭氧的耗損高峰，但根據科學家使用模型的預測，之後就會逐漸改善，臭氧層並將會在 21 世紀中期復原。顯然的，全球的環境問題可透過一致的行動而獲得解決。

關鍵學習成果 1.6

工業生產的 CFCs 以催化的方式摧毀大氣層中的臭氧。

1.7 科學探究的階段

科學是如何完成的

在眾多的可能假說中，科學家如何確認一個通則是正確的？他們會有系統地測試各種替代的提議，如果一個提議與實驗觀察結果不一致，就會被認為不正確而排除。針對一個特別的科學領域，科學家會對所觀察到的現象提出一個解釋。若一個提議可能是對的，便成為**假說** (hypothesis)。這些假說若還未被證實，便會暫時保留，但隨時會依新證據的出現而接受測試，若發現不正確，則會被排除。

這種對假說的測試，就稱作**實驗** (experiment)。假設你覺得房間太暗，為了弄清楚為何太暗，你提出幾個假說。首先可能是「房間太暗是因為沒打開開關」，其次的假說可能是「房間太暗是因為燈泡燒掉了」，而另一個假說則是「我瞎了」。為了評估這些假說，你可用實驗來消除那些錯的假說。例如你可將開關反按，如燈光依舊沒亮，你就可排除第一個假說。因此房間太暗，是開關以外的其他原因造成。請注意，以上的測試並不能證明另外的其他假說是對的。一個成功的實驗能夠展現出假說與實驗結果不一致，因此可加以駁斥排除。

科學的程序

Joseph Farman 首先發現了臭氧破洞，是一位實踐科學家，他在南極從事的工作就是科學。科學就是一種探索世界的方式，透過觀察特定事件，提出解釋其原因的通則。科學家就是一位觀察者，為了了解世界如何運作，而觀察世界。

科學探究有六個階段，如圖 1.7：❶ 觀察發生何事；❷ 提出一套假說；❸ 做出預測；❹ 測試它們；❺ 使用控制組，直到一或數個假說被排除；❻ 依據保留下的假說形成結論。

1. **觀察** (Observation)：任何一個成功之科學探究的關鍵就是仔細觀察。Farman 與其他科學家研究南極上空多年，對南極的溫度、光線以及化學物知之甚詳。可看圖 1.8 的例子，紫色區域是科學家記錄到臭氧含量最低處，如果科學家未作此仔細的記錄，Farman 就不會注意到臭氧含量在下降。
2. **假說** (Hypothesis)：由於臭氧下降之被報導與質疑，環境科學家提出一個猜測的答案－可能有什麼事物正在摧毀臭氧，或許是 CFCs。當然，這並不僅僅是猜測，科學家擁有 CFCs 相關的知識，以及它們在高空中做了些什麼事情。這種猜測就稱為假說 (hypothesis)，是一種可能為真的猜測。科學家所猜測的是，CFCs 所釋出的氯可與南極上方的臭氧 (O_3) 反應，將之轉換成氧氣 (O_2)，移除了臭氧防護罩。如果科學家觀察後提出不只一個猜測，就有所謂的**替代假說** (alternative hypothesis)。於本案例，還有一些其他的假說來解釋臭氧破洞。其中一個

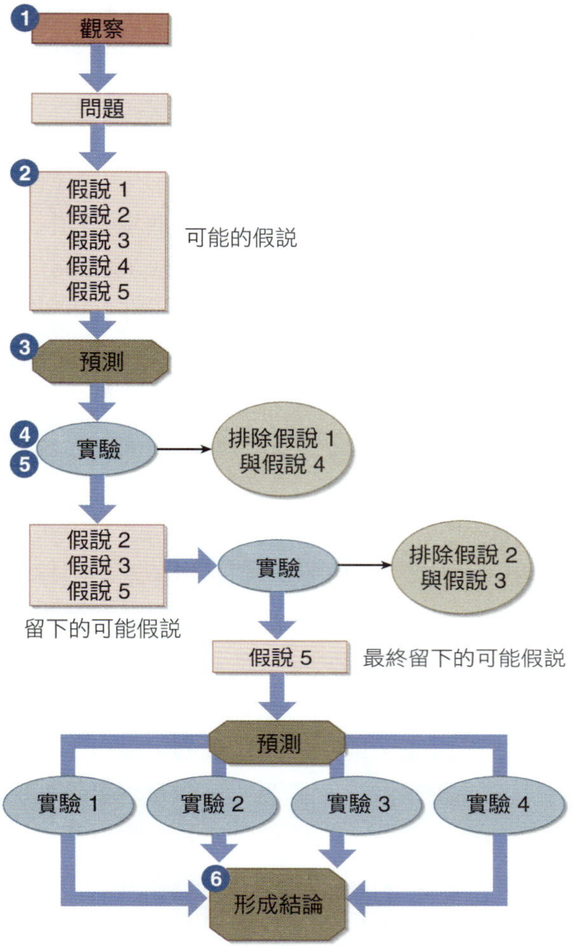

圖 1.7　科學的程序

本流程圖說明了科學探索的各階段。首先，進行觀察引導出一個特定的問題，然後提出許多可能的解釋 (假說)。其次，依據假說提出預測，然後進行好幾輪的實驗 (包括控制組實驗) 來排除一或數個假說。最後，任何沒有被排除掉的假說就保留下來。

認為是對流造成的：臭氧因旋轉而被甩離極區，就好像洗衣機因旋轉而將衣物脫水。另一個假說則認為臭氧破洞只是太陽黑子造成的暫時現象，很快就會消失。

3. **預測** (Predictions)：如果 CFCs 的假說是正確的，則其一些後果是可預期的，稱之為預測。也就是說，如果假說是對的，則期望所預測的事情會真的發生。在 CFCs 的假說中，認為 CFCs 要為臭氧破洞負責，那麼在南極大氣層中就可偵測出 CFCs，以及由 CFCs 釋出之能摧毀臭氧的氯。

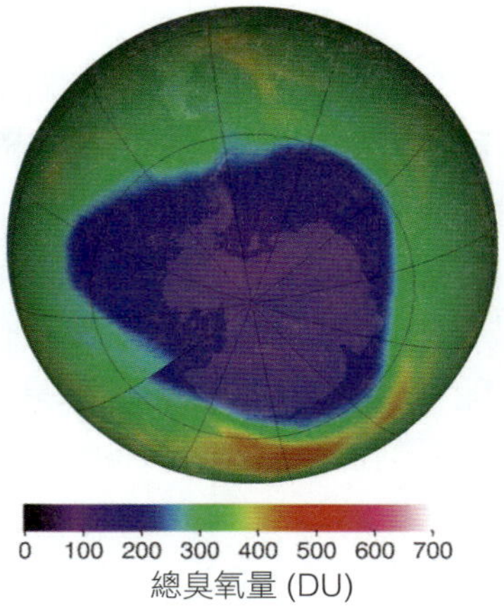

圖 1.8　臭氧破洞

圖中的炫彩代表南極上方不同的臭氧濃度，此為 2001 年 9 月 15 日人造衛星拍攝的圖片。你很容易就可看出，圖上有一個如美國面積大小的臭氧破洞 (紫色區域)。

4. **測試** (Testing)：科學家欲測試 CFCs 假說，會去驗證一些預測。如前所述，測試假說就是一種實驗。為了測試，使用高空氣球於 6 英里高的上空採集大氣樣本，然後分析確認含有 CFCs。CFCs 會與臭氧反應嗎？樣本中也測出氯與氟，證實是 CFCs 分解釋放出的。實驗測試結果支持此假說。
5. **控制組** (Controls)：大氣層上方發生的事件會受到許多因素的影響，這些會影響一個過程的因素，就稱之為**變項** (variable)。為了評估替代假說的某一個變項，其他的變項都保持不變，才不會被誤導或混淆。這種測試通常可同時進行二個平行的實驗：第一個實驗用一個已知的方式來改變變項，以測試此假說；第二個實驗稱作**控制組實驗** (control experiment)，不改變變項。至於其他的條件，二組實驗完全相同。進一步測試 CFCs 假說，科學家使用控制組實驗，其中的關鍵變項是大氣中 CFCs 的含量。於實驗室中，科學家重新建置了大氣的狀態、陽光輻射以及南極上方極端的溫度。如果在容器中不添加 CFCs，而臭氧含量卻下降，就可得知 CFCs 與攻擊臭氧無關。然而，經過仔細的測試，科學家發現不含 CFCs 的容器中，臭氧含量不會降低。

6. **結論** (Conclusion)：一個假說如通過測試，無法被排除掉，就暫時被接受。有關排放 CFCs 到大氣中會摧毀保護地球臭氧層的假說，目前受到很多實驗證據的支持，並廣被大家接受。雖然其他因素也與臭氧的消失有所牽連，但很顯然 CFCs 是最主要的因素。如果一群相關的假說，經過多次的測試都無法否定，就可稱為**學說** (theory)。學說是高度被肯定的，然而在科學中，沒有任何事是「絕對的」。臭氧防護層學說－大氣臭氧層可吸收 UV 輻射保護地球－已被許多觀察與實驗所支持，並廣為接受。但解釋此防護層之被破壞，則仍停留在假說的階段。

關鍵學習成果 1.7

科學的進步是由於有系統地排除那些與觀察結果不一致的可能假說。

1.8 學說與確實

學說

一個學說，是對廣泛觀察所得到的一致的解釋，因此我們說重力學說、演化學說以及原子學說。學說是支撐科學的堅實基礎，是我們最確定的事。但是在科學中，沒有所謂的絕對事實，只有不同程度的不確定性。未來新證據改寫學說的可能性永遠存在，科學家接受一個學說都是暫時的。例如另一位科學家的實驗結果，可能與一個學說不一致。資訊在整個科學界是互相分享的，之前的假說與學說都可被修正，而科學家也會產生新的想法。

活躍的科學領域經常充滿了爭議，這些不確定性並不代表科學是薄弱的，這種推拉正是科學的核心精神。例如，人類過度排放二氧化碳 (CO_2) 而導致全球暖化的假說，就充滿了爭議，雖然證據逐漸傾向支持此假說。

科學方法

有一陣子很流行說，科學的進步是由於施行一種稱為「**科學方法**」(scientific method) 的一系列步驟。這是邏輯上一系列「非此即彼」(either/or) 的預測，然後用實驗來驗證之。它假設用嘗試錯誤的方法，能夠引導我們走出充滿不確定性且拖延科學進步的迷宮。如果這是真的，電腦就成了最好的科學家，但是科學不是這樣做出來的。科學家會用清楚的想法來設計實驗，以及知道如何得到結果。環境科學家提出 CFCs 假說時，他們了解氯與臭氧的化學特性，並想像氯如何攻擊臭氧分子。一個成功科學家所測試的假說，不是任意拿來的假說，而是有「直覺」或有知識背景的，是科學家整合了全部所知做出的猜測。科學家也會讓他的想像力充分發揮，來得到可能是真實的理解。這是因為洞察力與想像力，在科學進步中扮演著重要的角色，也是有些科學家比其他科學家更優秀的原因 (圖 1.9)，正如同貝多芬與莫札特，之所以能在眾多作曲家中脫穎而出。

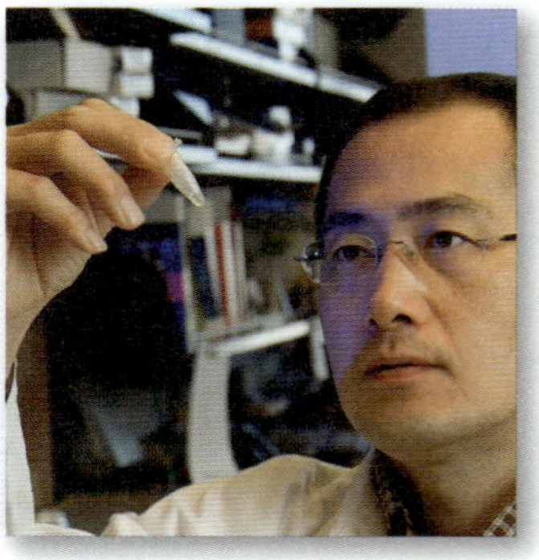

圖 1.9 諾貝爾獎得主

山中伸彌 (Shinya Yamanaka) 與葛登爵士 (Sir John B. Gurdon) 共同獲得 2012 年諾貝爾生理或醫學獎。他發現一種使成體細胞重新改編程序成為多能幹細胞的方法，這種幹細胞具有可分化成任何類型細胞的潛力。

另外很重要的是，要承認科學也有其所能做到的極限。當科學研究徹底改革我們的世界時，科學也無法解決所有的問題。例如，我們不能任意地污染環境與揮霍資源，並盲目的希望在未來科學能讓一切好起來。科學也無法回復已絕跡的物種。當解決方法存在時，科學能提出解決方案；但當無解決方法時，科學也不能無中生有。

關鍵學習成果 1.8

科學家不會依循固定方法來提出假說，而是依賴判斷與直覺。

生物學的核心概念

1.9 將生物學統整為科學的四個學說

細胞學說：生物的結構

如同本章一開始時所述，所有生物都由生物的基本單位，細胞所組成。細胞是在 1665 年由英國的虎克 (Robert Hooke) 所發現，虎克使用大約可以放大 30 倍的最早顯微鏡，去觀察切成薄片的軟木栓。他看到許多小室構造，令他想到僧侶在修道院中居住的小房間。之後不久，荷蘭科學家雷文霍克 (Anton van Leeuwenhoek) 使用一種可放大 300 倍的顯微鏡，在一滴池塘水中發現了單細胞的神奇世界，如圖 1.10，他將所見的細菌與原生細胞稱為「微小的動物」(wee animalcules)。然而，生物學家花了將近二個世紀，才知道其重要性。1839 年，德國生物學家史來登 (Matthias Schleiden) 與許旺 (Theodor Schwann) 綜合了他們自己與其他人的觀察，得出所有生物都由細胞構成的結論，現今稱之為**細胞學說** (cell theory)。之後，生物學家又添加上所有細胞均來自其他細胞的概念。細胞學說是生物學中基本概念之一，是了解所有生物繁殖與生長的基礎。有關細胞特性與其功能，將在第 4 章詳細討論。

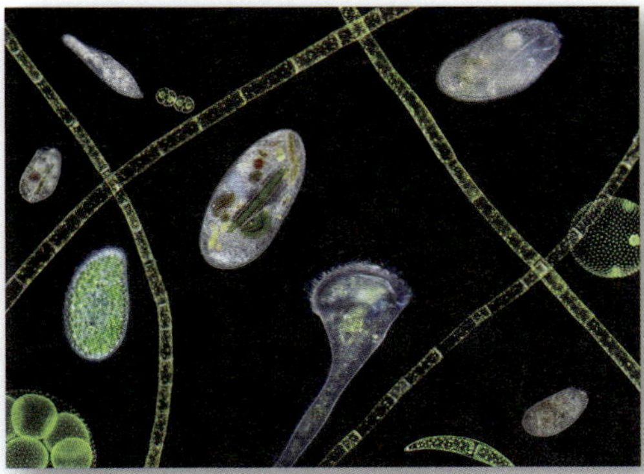

圖 1.10 一滴池塘水中的生物
所有的生物都由細胞構成。有些生物是單細胞生物，包括圖上的這些原生生物；而其他生物，如植物、動物以及真菌則由許多細胞組成。

基因學說：遺傳的分子基礎

即使是最簡單的細胞，其遺傳也是不可思議的複雜，比電腦還要錯綜複雜。細胞之會具有其特徵，這些精細計畫的資訊是貯藏在一個稱作 DNA (deoxyribonucleic acid，去氧核糖核酸) 的長線條分子中。1953 年，華生 (James Watson) 與克里克 (Francis Crick) 發現 DNA 分子是由以核苷酸 (nucleotides) 為單元的兩條長鏈狀分子，互相纏繞組成。圖 1.11 顯示這兩

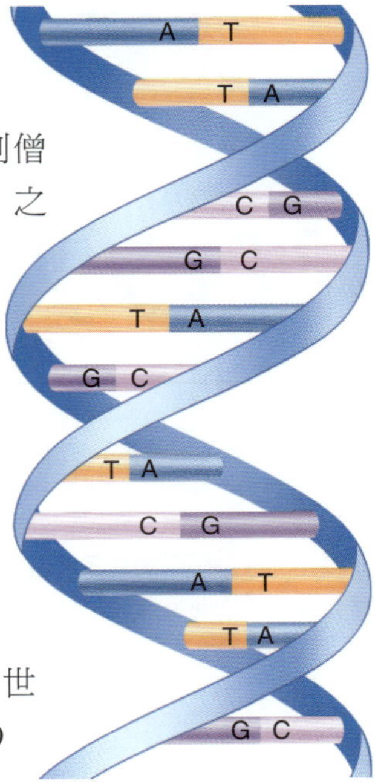

圖 1.11 基因由 DNA 構成
有如樓梯兩邊的扶手，DNA 的兩股線條狀分子互相纏繞成一個雙股螺旋。基於分子的大小與形狀，字母 A 代表的核苷酸只能與字母 T 代表的核苷酸互相配對；相同的，G 只能與 C 配對。

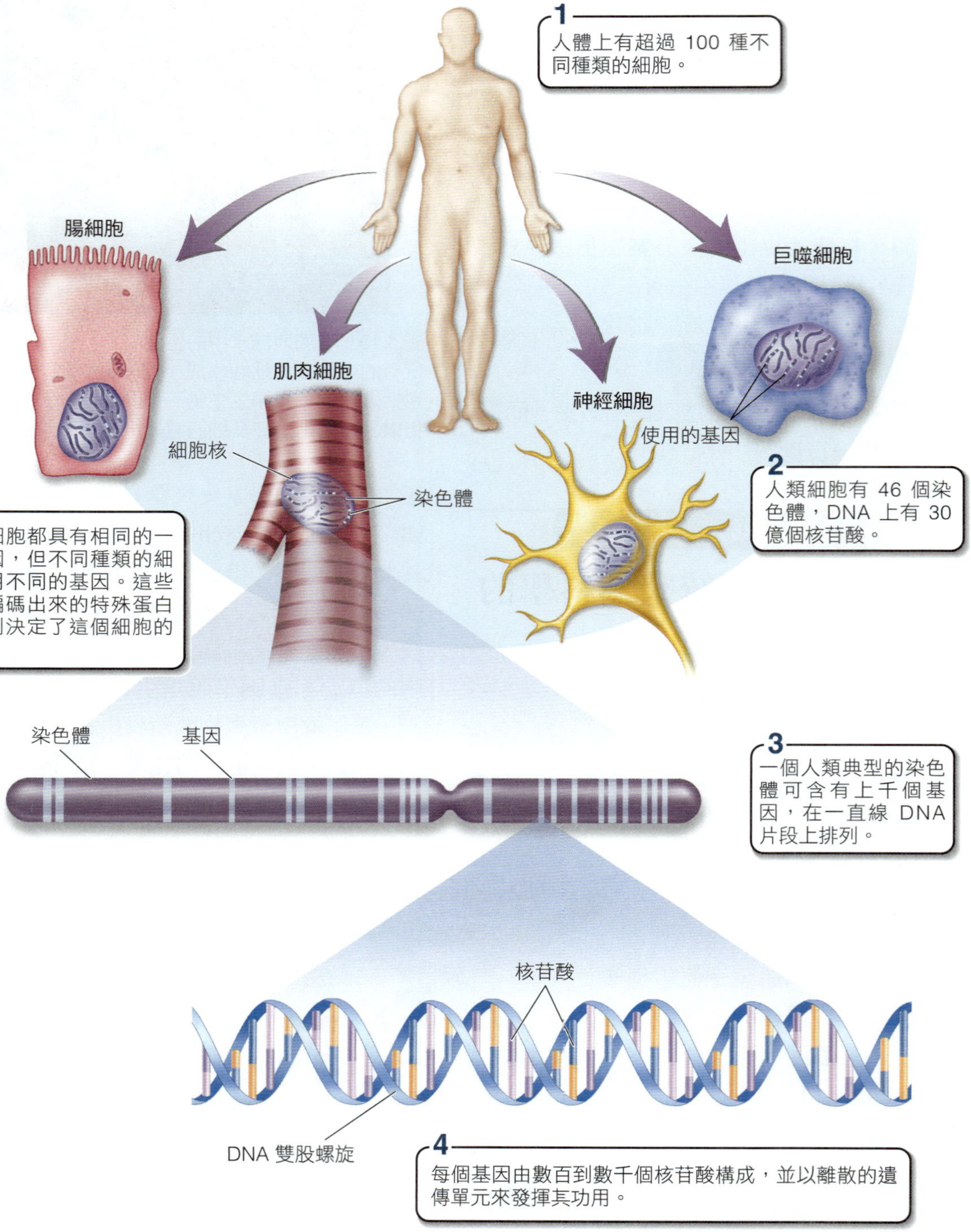

圖 1.12　基因學說

根據基因學說，一個生物之所有特徵，在很大程度上都由其基因決定。在本圖上可見到，我們每人身上的眾多種類細胞，是如何經由使用哪些基因來決定其變成此特定細胞的。

條長鏈面對面相纏繞，好像互相握手的兩條人龍。

這個長鏈中含有具有意義的訊息，正如同文章中的一個句子，由一序列的字母組成。DNA 中有四種核苷酸 (如圖中的符號 A, T, C, 和 G)，而其序列則可編碼為遺傳訊息。一段包含數百到數千個核苷酸的特殊序列，可構成一個基因 (gene)，是離散的遺傳單元。一個基因可編碼出一個特定的蛋白質或 RNA，而有些基因則可調控其他基因。地球上所有的生物，都編碼其基因於 DNA 分子中。這種 DNA 的普遍性，導致了**基因學說** (gene theory) 的建立。如圖 1.12，基因學說指出，一個生物基因編碼的蛋白質與 RNA，決定了這個生物的所有特性。細胞內完整的一套 DNA，就稱為**基因體** (genome)。2001 年解出人類基因體的序列，其上共有 30 億個核苷酸，這是科學探索上的一大勝利。基因如何發揮作用，將於第 12 章與第 13 章介紹。我們探索基因得到的詳細知識，革命性地改變了生物學，也影響了我們所有人類的生活。

遺傳學說：生命的一致性

將遺傳訊息貯存在 DNA 上的基因中，是所有的生物都普遍具備的。**遺傳學說** (theory of heredity) 首先於 1865 年由孟德爾 (Gregor Mendel) 提出，述說生物的基因以離散單元 (discrete unit) 方式遺傳，這項成功的實驗科學，遠在人類還不知道 DNA 與基因之前便提出了。孟德爾的學說將在第 10 章中介紹。孟德爾的學說很快便發展出遺傳學，而其他生物學家也提出了**遺傳的染色體學說** (chromosomal theory of inheritance)。簡言之，此學說指出孟德爾學說中的基因位在染色體上，這是因為染色體在生物繁殖時，會以孟德爾觀察到的遺傳方式向子細胞中分配。以現代術語來說，這二個學說都指出基因是染色體的組成成分 (圖 1.13 為人類的 23 對染色體)，而這些染色體於有性生殖時的規律複製現象，與我們通稱的孟德爾獨立分配律的遺傳形式相一致。

演化學說：生物多樣性

各種生物間，其生命機制的一致性，與地球上不可思議的生物多樣性剛好相反。生物學家依生物共有的一般特性，將生物分類到各界 (kingdoms)。近些年來，生物學家依細胞構造的不同，在界之上又增加了一個層級。原來的 6 個界被歸類到三個域 (domains) 中：細菌域 (Bacteria)、古菌域 (Aarchaea) 以及真核域 (Eukarya)(圖 1.14)。

演化學說 (theory of evolution) 是在 1859 年由達爾文 (Charles Darwin) 提出的，將生物的多樣性歸因於天擇。他宣稱最能適應生存挑戰的生物，可繁衍較多的後代，因此其特徵會

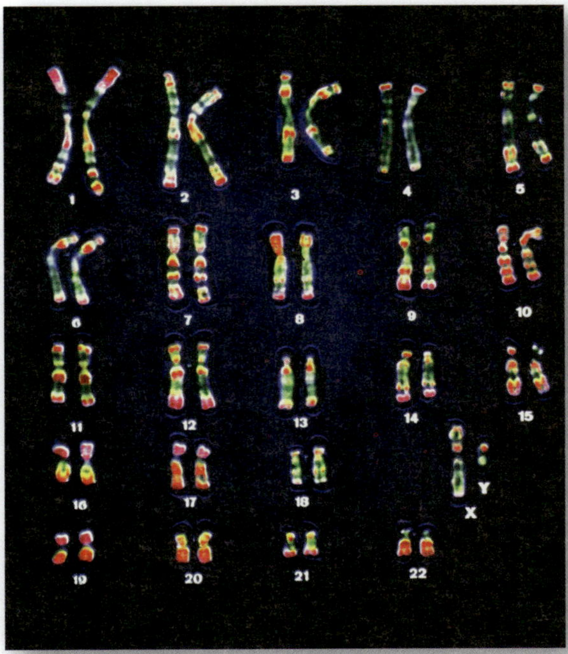

圖 1.13 人類染色體
遺傳的染色體學說指出基因位於染色體上。此人類核型圖 (karyotype)(將染色體依序排列) 顯示出染色體上的條帶形式，每一條帶則代表了一群基因。

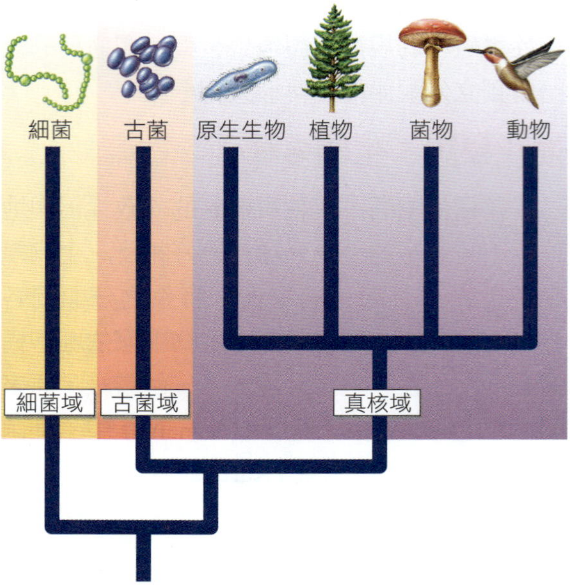

圖 1.14　生物的三個域
生物學家將所有生物區分到三個包羅萬象叫做域的群組：細菌域、古菌域、真核域。細菌域包含細菌界，古菌域包含古菌界，而真核域則由四個界組成，即原生生物界、植物界、菌物界以及動物界。

廣泛存在於族群中。由於世界提供了多樣的機會，因而造就了多樣的生物。

現今的科學家，可將一個生物的上千基因(基因體) 解碼。從達爾文以來的一個半世紀，科學上的一個重大勝利就是，充分地了解了達爾文的演化學說與基因學說之間的相關性－生物多樣性的變化是源自於個體基因的變化 (圖 1.15)。

關鍵學習成果 1.9

學說將生物學結合起來，指出細胞生物將遺傳訊息貯存於 DNA 中。有時 DNA 會產生改變，導致演化上的變異。今日所見的生物多樣性，是漫長演化歷程的產物。

複習你的所學

生物學與生命世界

生物的多樣性

1.1.1 生物學就是學習生物。所有生物有共同的特徵，但是它們也非常多樣性，可歸類到六個群，稱之為界。

生物的特性

1.2.1 所有的生物有五個基本特性：細胞結構，代謝、恆定性、生長與繁殖和遺傳。細胞結構指的是，所有生物都由細胞構成。代謝指的是，所有生物都使用能量，如圖 1.3 所示的翠鳥。恆定性指的是，所有生物都維持穩定的內在環境。

生物的組織階層

1.3.1 生物在其細胞內 (細胞層次)、身體內 (個體層次) 以及生態系內 (族群層次) 都逐漸增加其複雜度。

1.3.2 於生物各等級階層出現的新奇特性，稱為突現性質。

生物學主題

1.4.1 學習生物學中出現五個主題：演化、能量流動、合作、構造決定功能以及恆定性。這些主題可被用來檢視生物間的相似性與相異性。

科學的程序

科學家如何思考

1.5.1 數學上使用通則來解釋特殊的情況。

1.5.2 演繹推理就是使用通則來解釋個別觀察的程序。而歸納推理則是藉由特定的觀察而推導出通則。

科學動起來：案例探討

1.6.1 科學家觀測到南極臭氧層變薄。他們對「臭氧破洞」的科學探究，發現了工業生產的 CFCs 是造成地球大氣層中臭氧層變稀薄的原因。

科學探究的階段

1.7.1 科學家透過觀察而提出假說。假說就是可能的解釋，可用來做預測。預測可藉由實驗來測試。基於實驗結果，一些假說會被排除，而其他則被暫時接受。

1.7.2 科學探究通常使用一系列的階段來探討一個科學問題，稱作科學程序。這些階段是觀察、提出假設、做出預測、測試、設立控制

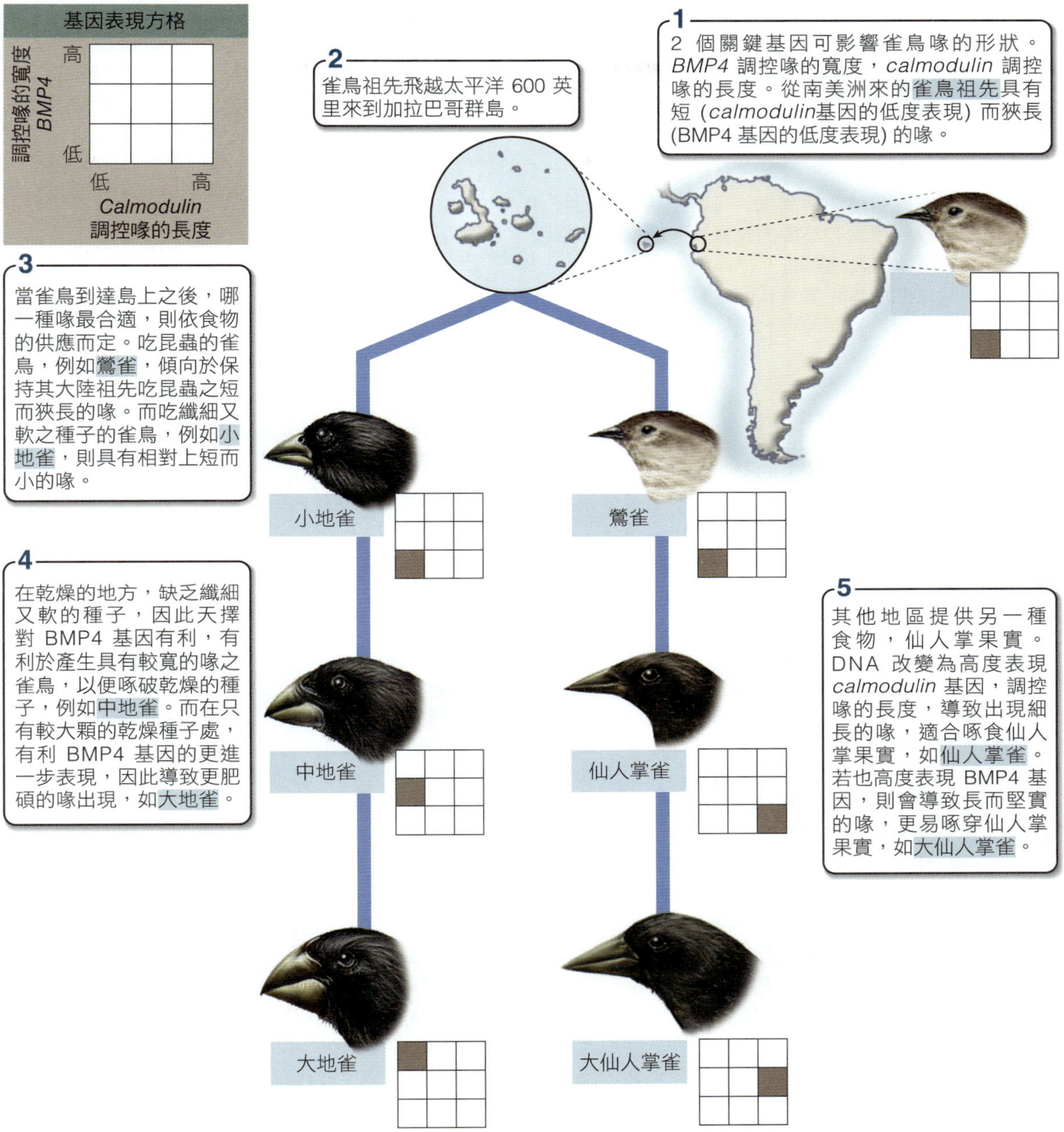

圖 1.15　演化學說

達爾文的演化學說提出，在一族群中的各個個體中，同一個基因可有不同的型式，可使這些個體適應其特殊的棲息地，以利其繁衍，因此這些特徵於此族群中便會愈來愈普遍，達爾文將此過程稱之為「天擇」。此處可見到，天擇是如何作用於加拉巴哥群島上雀鳥的兩個關鍵基因，使雀鳥產生多樣性。達爾文曾於 1831 年搭乘 HMS 小獵犬號環球航行，探訪加拉巴哥群島時觀察到此現象。

組、得出結論。發現臭氧破洞，需要仔細的觀察從大氣中蒐集到的數據。科學家提出一個假說，來解釋南極上方臭氧層變稀薄的原因。然後他們提出預測，並設立控制組來測試這個假說。

學說與確實

1.8.1 假說經過長時間的測試，可得出論述，就稱作學說。學說有高度的確實性，雖然在科學中沒有所謂之絕對的。

1.8.2 科學是能用實驗來測試的。只有透過科學才能提出假說，並於未來接受測試與被排除的可能。

生物學的核心概念

將生物學統整為科學的四個學說

1.9.1 生物學上有四個統整的學說：細胞學說、基因學說、遺傳學說以及演化學說。細胞學說指出，所有生物都由細胞構成，細胞可生長與繁殖並產生其他細胞。

1.9.2 基因學說指出，DNA 之長分子，攜有製造細胞成各分的指令。這些指令以核苷酸編碼的方式存在於 DNA 序列上，如圖 1.11。這些核苷酸可被有組織的安排成為獨立的單元，稱為基因。基因則決定了一個生物的特性與功能。

1.9.3 遺傳學說指出，一個生物的基因可以獨立單元方式由親代遺傳給後代。

1.9.4 生物可依相似的特性而組成界。而各界又可依據細胞的特性，進一步的組成三個域，即細菌域、古菌域與真核域。演化學說指出，基因上的改變可從親代遺傳給後代，並導致以後所有後代都得到此改變。隨著時間，這種改變可導致生物的多樣性。

測試你的了解

1. 生物學家依生物的相關特性，而將之安排到大的群組中，稱為
a. 界　c. 族群
b. 物種　d. 生態系

2. 生物與非生物之不同，在於生物具有
a. 複雜度　c. 細胞結構
b. 運動性　d. 對刺激產生反應

3. 在生物等級制度的每一階層，出現下一階層所沒有的新特性，這種新特性稱為
a. 新奇性質　c. 增加的性質
b. 複雜性質　d. 突現性質

4. 下列何者不是突現特性？
a. 代謝　c. 細胞結構
b. 運動性　d. 意識

5. 五個生物學主題包括
a. 演化、能量流動、競爭、構造決定功能、恆定性
b. 演化、能量流動、合作、構造決定功能、恆定性
c. 演化、生長、競爭、構造決定功能、恆定性
d. 演化、生長、合作、構造決定功能、恆定性

6. 當你想去了解新事物時，你先開始觀察，然後將觀察結果以合乎邏輯的方式綜合起來，導出一個通則。這種方法稱為
a. 歸納推理　c. 產生理論
b. 強化規則　d. 演繹推理

7. CFCs
a. 產生氯　c. 為致癌劑
b. 導致全球暖化　d. 與染色體結合

8. 細胞學說陳述
a. 所有生物都有細胞壁
b. 所有細胞生物都具有有性生殖
c. 所有生物都使用細胞來提供能量，可為自己的細胞或是吞食其他生物的細胞
d. 所有生物都由細胞構成，細胞來自於其他細胞

9. 基因學說陳述：指定一個細胞的形態與特性之所有資訊
a. 在同一生物中不同型的細胞中，是彼此不相同的
b. 在親代傳給後代時，是不會改變的
c. 是貯存在一個稱為 DNA 的長分子中
d. 以上皆是

10. 遺傳之染色體學說陳述
a. 染色體含有 DNA　c. 所有細胞都有基因
b. 人類有 23 對染色體　d. 基因位於染色體上

11. 天擇之演化學說，於 1859 年被何人提出
a. 孟德爾　c. 華生與克里克
b. 達爾文　d. 虎克

第二單元　活的細胞

Chapter 2

生命中的化學

這些樹受到酸雨嚴重的傷害。這個森林的死亡，也意味著生活於此之動物的大災難。一隻豪豬不懂化學，無法理解發生了何事，以及為何會發生。在本章後面，你會學到造成酸雨和酸雪的原因，以及它們如何殺死森林。有句名言說：「你無法拯救你所不了解的。」為了了解酸雨，你必須先知道一些簡單而基本的事情，及大自然背後發生了何事。所有的生物－以及上圖中你所見到的一切事物－都是由原子所構成，它們連結起來再形成分子。如果我們要了解森林發生了何事，這正是我們的起點。當我們了解了分子，我們需要知道更多有關雨的特性。雨與雪是由什麼組成的？水。因此我們將仔細的檢視一下水。當一些化學物質添加到水中之後，會產生酸性的化學溶液，而酸雨就是雨水中有了這些化學物質。了解了這些，我們才能知道造成森林問題之所在，以及如何阻止它。就是如此，化學是學習生物學的重要基礎。

一些簡單的化學

2.1　原子

原子構造

生物學是一門生命的科學，所有的生物以及無生物都是由物質構成的。**化學** (Chemistry) 就是研究這些物質的科學。因此，在生物學教科書中介紹化學，看起來很乏味也顯得無關，其實卻很必要。生物是化學機器 (圖 2.1)，為了了解它們，我們必須學習化學。

宇宙中的任何實物都有質量並占據空間，稱作**物質** (matter)，而所有的物質都是由非常小的粒子構成，稱為**原子** (atoms)。原子是構成物質，且保有其化學特性的最小粒子。

任何原子都具有如圖 2.2 所示的基本構造。每個原子的中心是一個很小且稠密的核，由兩種亞原子粒子 (subatomic particles) 構成，即**質子** (protons，紫色球) 與**中子** (neutrons，粉紅球)。高速旋繞核心的是第三種亞原子粒子**電子** (electrons，同心環上的黃色球) 所形成的軌道雲。中子不帶電價，而質子帶正電，電子帶負電。一個典型原子的核中有幾個質子，

圖 2.1　補充電解質

劇烈運動時，運動員會喝含「電解質」(electrolyte) 的飲料，這些化學物如鈣、鉀、鈉對肌肉的收縮很重要。脫水時會造成電解質的消耗。

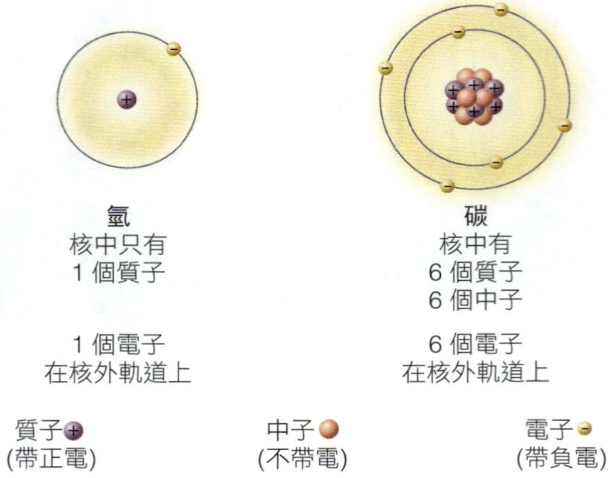

圖 2.2　原子的基本構造
所有原子都有一個由質子與中子構成的核，氫則為例外，它是最小的原子，核中只有一個質子而無中子。但以碳為例，核中則有六個質子與六個中子。電子在核外的軌道上旋繞，電子決定了一個原子如何與其他原子相互作用。

軌道雲中就有幾個電子。電子的負電價可中和質子的正電價，因此原子為電中性。

一個原子的特性，取決於其質子數目或整體的質量。質量 (mass) 與重量 (weight) 這二個名詞常互相通用，但意義上有點不同。質量指的是物質的量，而重量則是此物質的重力 (地心吸力)。因此一個物質無論在地球上或月球上，其質量都相同；但重量卻不同，因為地球的重力比月球大。

原子核中的質子數稱為**原子序** (atomic number)，例如碳的原子序為 6，因為它只有六個質子。相同原子序 (即相同質子數) 的原子，具有相同的化學特性，稱之為相同**元素** (element)。元素無法用任何一般的化學方法加以打破成為其他物質。

中子與質子的質量相似，而一個原子核中的中子數目與質子數目的總和，就稱為**質量數** (mass number)。一個碳原子有六個質子與六個中子，因此其質量數為 12。電子的質量非常小，因此對原子的質量貢獻可以忽視。表 2.1 列出了地球上最常見的一些元素之原子序與質

表 2.1　生物中常見元素

元素	符號	原子序	質量數
氫	H	1	1.008
碳	C	6	12.011
氮	N	7	14.007
氧	O	8	15.999
鈉	Na	11	22.989
磷	P	15	30.974
硫	S	16	32.064
氯	Cl	17	35.453
鉀	K	19	39.098
鈣	Ca	20	40.080
鐵	Fe	26	55.847

量數。

電子的質量非常小 (僅約為質子的 1/1,840)。以全身的重量計，電子所占的分量比睫毛還小。可是電子決定了原子的化學特性，因為電子是原子間互相接觸而發生反應的位置。原子大部分的體積是空的，質子與中子構成的核位於中心，而電子軌道與中心的距離相當遠。假設一個蘋果是原子核，則與其最近的電子軌道相距達 1 哩之遙。

電子決定原子的特性

由於電子帶負電，因此可被帶正電的核吸引，但電子間則因帶負電而互相排斥。這使得它們可在軌道上運行，正如同你用手握住一個被地心引力往下拉的蘋果。手中的蘋果具有能量是因為它的位置，如果你放開手，它就會落地。同樣的，電子具有位置**能量** (energy)，稱為位能 (potential energy，或勢能)，來對抗核的吸引力。吸收能量時可使其遠離核，如圖 2.3 右方的箭頭所示，而增加位能。當電子移動靠近核時，產生相反效應 (圖左方箭頭) 而釋放能量，電子具有較少的位能。細胞就是利用原子的位能來推動化學反應，我們將於第 5 章討論。

電子的能階 (energy level) 常用明確的環形軌道來表示，如圖 2.2 所示，但這種簡示圖

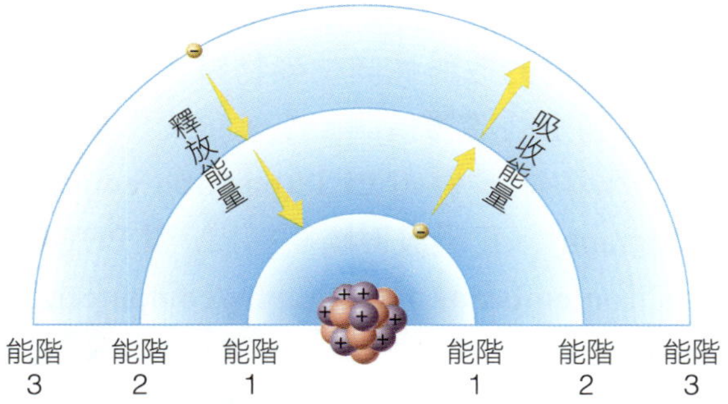

圖 2.3 原子的電子具有位能
圍繞核快速運行的電子具有能量，依照它們與核的距離不同，所含能量也不相同。能階 1 的位能最低，因為它與核的距離最近。當電子吸收了能量，它可從階層 1 移到更高的能階 (能階 2)。當電子失去量，它會落到距離核更近的下一階層。

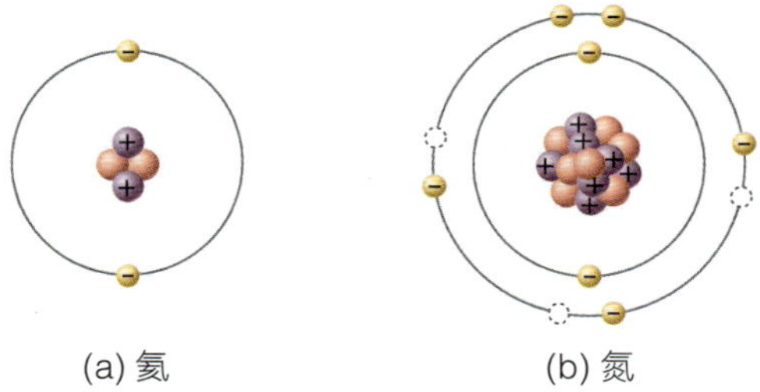

圖 2.4 電子殼層中的電子
(a) 一個氦原子有 2 個質子、2 個中子和 2 個電子。電子充滿了電子殼層中的一個軌道，也是其最低能階；(b) 一個氮原子有 7 個質子、7 個中子以及 7 個電子。2 個電子充滿最內殼層的 *s* 軌道，5 個電子則占據第二殼層的 *p* 軌道。由於第二殼層的軌道能容納最多 8 個電子，因此氮原子的外層電子殼上有 3 個空位。

並不精確。這種能階被稱為電子殼層 (electron shells)，通常是一個複雜的 3-D 形狀，一個電子最有可能 (most like) 被發現的空間，就稱為此電子的**軌道** (orbital)。

每一電子殼層都有其特定數目的軌道，每一軌道上至多可有 2 個電子。任何原子的第一殼層有一個 *s* (spherical，球型) 軌道。如圖 2.4a 所示的氦原子，有一個電子殼層與一個代表最低能階的 *s* 軌道。軌道上有 2 個電子，分別位於核的上方與下方。具有一個以上電子殼層的原子，其第二殼層具有 4 個 *p* 軌道 (每一軌道呈啞鈴形狀，而非球形)，其上可有 8 個電子。氮原子 (圖 2.4b) 有二個電子殼層，第一層滿載 2 個電子，但第二殼層的 4 個 *p* 軌道中，有 3 個並未滿載電子，因為氮原子的第二殼層只有 5 個電子 (軌道上的空位，則用虛線點出空圓圈代表)。而具有多於二個電子殼層的原子，接下來的殼層也具有 4 個軌道以及最多 8 個電子。未滿載電子的軌道，會更具有反應性，因為它們容易失去電子、得到電子或是與其他軌道共同分享電子，以使其電子殼層達到滿載的狀態。這種失去、獲得以及分享電子的特性，正是化學反應的基礎，可在原子之間形成化學鍵。本章之後還會討論化學鍵。

關鍵學習成果 2.1

原子是物質能分割的最小顆粒，由核與圍繞著核的電子軌道共同構成，核內有質子與中子。電子決定了一個原子的特性。

2.2 離子與同位素

離子

有時一個原子會從其外層的殼層得到或失去電子，這時其電子數目會與質子數目不相同，稱之為**離子** (ions)。所有的離子都攜有電價，例如一個鈉原子 (圖 2.5 左圖) 當失去

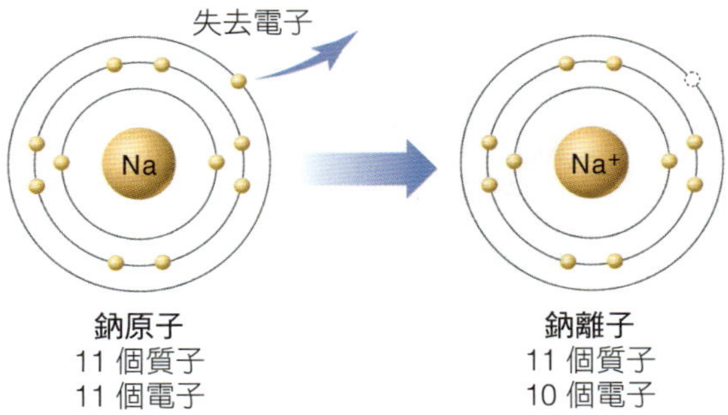

圖 2.5 成為鈉離子
一個電中性的鈉原子有 11 個質子與 11 個電子。當失去一個電子時，成為帶有一個正電價的鈉離子。鈉離子有 11 個質子與 10 個電子。

電子時會變成帶正電的離子，稱之為陽離子 (cation，右圖)。由於核中的質子數與電子數不平衡 (11 個帶正電的質子與 10 個帶負電的電子)，而帶正電。帶負電的離子稱為陰離子 (anions)，是由於一個原子從其他原子處獲取到電子而成。

同位素

一個特定原子內的中子數目可以有變化，而不影響此元素的化學特性。這種具有相同質子數，但中子數目不同的原子就稱為**同位素** (isotopes)。一個原子的同位素具有相同的原子序，但質量數卻不同。自然界中大多數的元素，是由不同的同位素混合而成。例如元素碳，有 3 個同位素，它們均有 6 個質子 (圖 2.6 紫色球)。最常見的碳同位素 (99%) 有 6 個中子 (粉紅色球)，由於其質量數為 12 (6 個質子加 6 個中子)，因此稱作碳-12。而碳-14 同位素 (右圖) 則較罕見 (1 兆個碳原子中才有 1 個) 且不穩定，其原子核會分裂釋出顆粒，降低其原子序，此過程稱為**放射性衰變** (radioactive decay)。**放射性同位素** (radioactive isotopes) 可用於醫學以及定化石年代。

放射性同位素的醫學用途

同位素可用於許多醫學程序上。短壽命同位素衰變比較快，產生無害的產物，常用作體內的追蹤物。**追蹤物** (tracer) 是服用後可被身體使用的放射性同位素物質，其放射性可被實驗室的儀器偵測出來，可提供重要的身體診斷功能。例如 PET (positron emission tomography，正子發射斷層掃描) 與 PET/CT (positron emission tomography/computerized tomography)(正子電腦斷層掃描) 造影術可以顯示身體中癌化的區域。首先注射放射性追蹤物到體內，所有細胞都可吸收此物，但是代謝旺盛的細胞，例如癌細胞，則會大量吸收。然後利用攝影，將身體含大量放射性物質的區域顯示於影像上。例如圖 2.7 的影像，癌化區域出現在左方圖中的黑色影像區塊，以及右方圖中箭頭所示區塊。在醫學上，放射性同位素還有許多其他用途。

將化石定年代

化石 (fossil) 指的是任何史前紀錄－一般來說都超過 10,000 年。將含有化石的岩石定出年代，生物學家才能知道此化石的年紀。欲將岩石定出年代，通常是測量岩石中某些放射性元同位素的衰變程度。放射性同位素的原子核不穩定，最終會分裂，而形成其他較穩定的元素。由於一個放射性元素的衰變速率 (每一分鐘放射性元素發生衰變的比率) 是恆定的，科學家便可依據放射性衰變的量來將化石定出

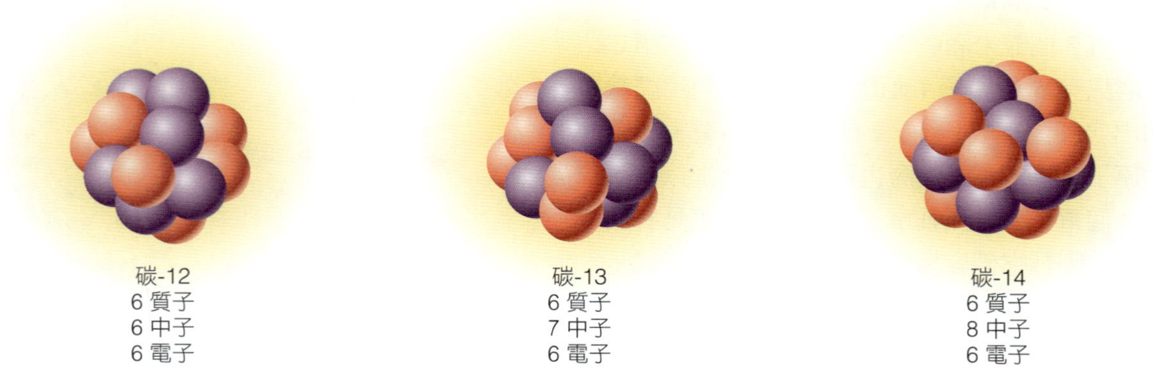

圖 2.6　碳元素的同位素
最常見的三種碳同位素，碳-12、碳-13 以及碳-14。圖上「黃色雲狀物」代表軌道上旋繞的電子，三種同位素的電子數都相同。質子以紫色顯示，而中子則用粉紅色顯示。

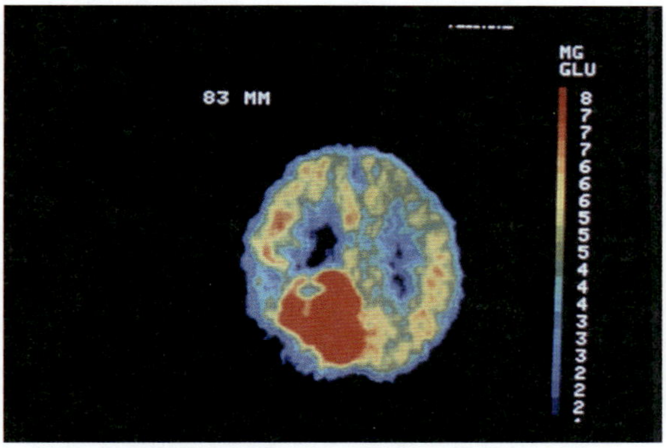

圖 2.7　使用放射性追蹤物檢查癌症
一些醫學顯影技術中，病人可吞服或靜脈注射放射性追蹤物，由於細胞可吸收這些追蹤物而釋放出放射線，因此可用 PET 或 PET/CT 等儀器來偵測。本圖是一張腦部的 PET 掃描橫切面，因為細胞的活性不同，因此對放射性標記葡萄糖的吸收量也會有所不同。圖中紅色部位顯示其細胞的活性最高，黃色次之，藍色最低。

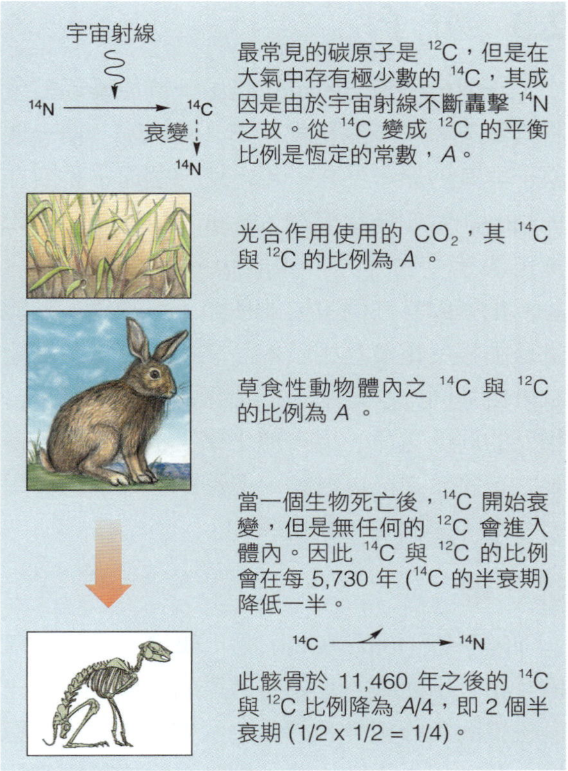

宇宙射線
^{14}N → ^{14}C
衰變
^{14}N
最常見的碳原子是 ^{12}C，但是在大氣中存有極少數的 ^{14}C，其成因是由於宇宙射線不斷轟擊 ^{14}N 之故。從 ^{14}C 變成 ^{12}C 的平衡比例是恆定的常數，*A*。
光合作用使用的 CO_2，其 ^{14}C 與 ^{12}C 的比例為 *A*。
草食性動物體內之 ^{14}C 與 ^{12}C 的比例為 *A*。
當一個生物死亡後，^{14}C 開始衰變，但是無任何的 ^{12}C 會進入體內。因此 ^{14}C 與 ^{12}C 的比例會在每 5,730 年 (^{14}C 的半衰期) 降低一半。
^{14}C → ^{14}N
此骸骨於 11,460 年之後的 ^{14}C 與 ^{12}C 比例降為 *A*/4，即 2 個半衰期 (1/2 x 1/2 = 1/4)。

圖 2.8　放射性同位素定年代
本圖敘述使用一種短命的同位素碳-14 來定年代。

年代。年代越久遠，則衰變的放射性同位素也越多。

當化石年代低於 50,000 年時，一個廣泛使用方法是碳-14 **放射性同位素定年代** (^{14}C radioisotopic dating) 法，如圖 2.8 所示。大多數碳原子的質量數是 12 (^{12}C)，但是在大氣中極少數且固定比例的碳原子之質量數是 14 (^{14}C)，其成因是由於宇宙射線不斷轟擊氮-14 原子之故。而此 ^{14}C (見圖中的 *A*) 會被植物行光合作用時吸收成為含碳分子，然後被草食性動物攝入體內，如圖中的兔子。當植物或動物死亡之後，就不會繼續累積碳了，而 ^{14}C 的量從其死亡之際開始逐漸衰變成為氮-14 (^{14}N)。^{14}C (A) 的量逐漸減少，但 ^{12}C 的量仍維持不變。科學家可測量出遺體的 ^{14}C 與 ^{12}C 的比例，並定出此生物是死於何時。^{14}C 與 ^{12}C 的比例會隨著時間而逐漸降低，遺體中的 ^{14}C 要花 5,730 年才會有一半的 ^{14}C (1/2*A* 或是 *A*/2) 衰變成 ^{14}N，這段時間就稱為同位素的**半衰期** (half-life)。由於一個同位素的半衰期是恆定而不會改變的，因此放射衰變程度可定出一個樣本的年代。因此假如一個樣本含有原先四分之一的 ^{14}C (1/4 *A* 或 *A*/4)，則其年代大約是 11,460 年前 (歷經 2 個半衰期，先花費 5,730 年將 ^{14}C 的放射性降低一半到 *A*/2，然後再花費另一個 5,730 年將其降到 *A*/4)。

如果化石年代超過 50,000 年，則因 ^{14}C 的剩餘量太低而無法精確測量，因此科學家改為測量鉀-40 (^{40}K) 之衰變成氬-40 (^{40}Ar)，因為 ^{40}K 的半衰期是 13 億年。

關鍵學習成果 2.2

當一個原子得到或失去電子時，稱為離子。一個元素的同位素有不同數目的中子，但有相同的化學特性。

2.3 分子

一個**分子** (molecule) 是由一群原子以能量將其聚集而成。能量就有如「膠水」，使一個原子與其他原子黏在一起。使二個原子黏附在一起的能量叫作**化學鍵** (chemical bond)。化學鍵可決定生物大分子的形狀，將於第 3 章討論。化學鍵有三個主要的種類：離子鍵，其能量是由相反電價互相吸引而來；共價鍵，其能量來自共同分享電子；以及氫鍵，其能量來自相反的局部電荷。另一種化學吸引力稱作凡得瓦力，將於之後再討論，但請記住，這種作用力通常不被視為一種化學鍵。

離子鍵

離子鍵 (ionic bond) 的化學鍵是由相反電價互相吸引而來。正如同磁鐵的正極會與另一個磁鐵的負極相吸，因此一個帶電的原子可與另一個帶相反電價的原子相吸。由於帶電價的原子就是離子，因此這種鍵結就稱為離子鍵。

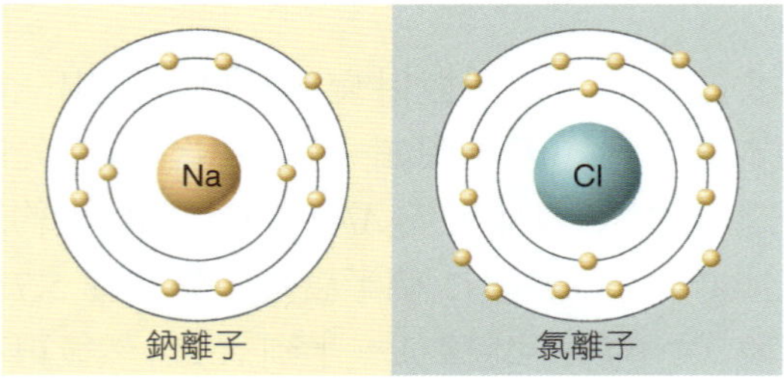

每日使用的食鹽就是由離子鍵構成。食鹽中的鈉原子與氯原子都是離子，你在黃色區塊所見之鈉，失去其最外殼層的唯一 1 個電子 (其下一殼層則有 8 個電子)，而右方綠色區塊之氯可獲取 1 個電子，使其外殼層滿載。請回想 2.1 節，當最外殼層滿載時，可達到最穩定的狀態。

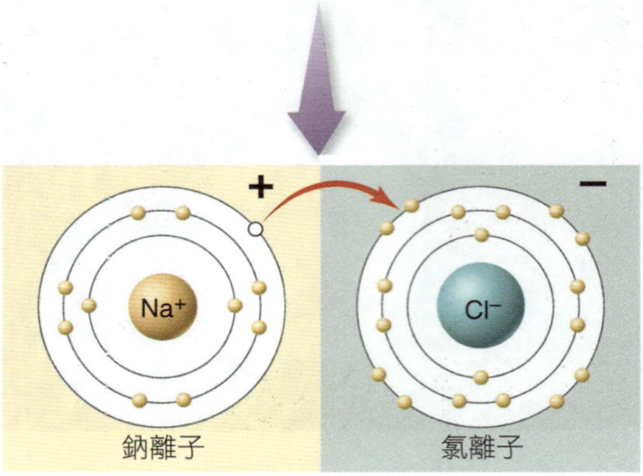

為了達到穩定，一個原子會失去電子或是從其他原子處獲得電子。這種電子跳動的結果，使食鹽中的鈉成為帶正電的鈉離子，而氯成為帶負電的氯離子。

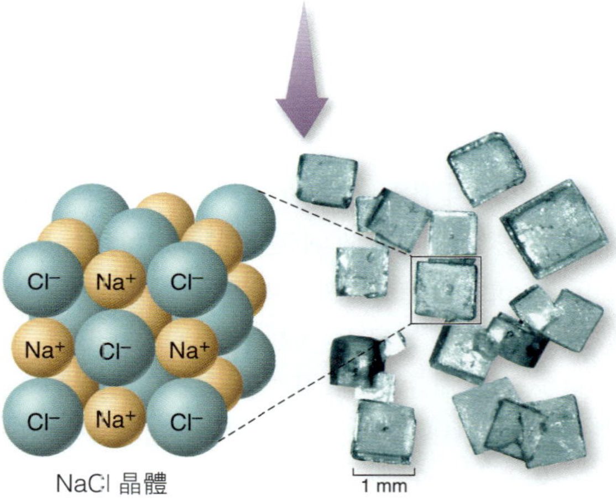

由於每一離子會與包圍它帶相反電價之其他離子互相吸引，因此形成一個由鈉與氯用離子鍵構成的一個精巧的結構－晶體。上圖的氯化鈉晶體，展示出由鈉離子 (黃色) 與氯離子 (綠色) 交互構成的結構，這也是為何食鹽是小小的晶體而非粉末的緣故。

可形成晶體的離子鍵，有兩個關鍵特性，它們非常強 (雖然比不上共價鍵那麼強) 且沒有方向性。帶電原子可與附近其他相反電價離子產生的電場互相吸引，離子鍵由於缺乏方向性，因此在大多數的生物分子中，不占有重要地位。複雜的形狀需要具有方向性的鍵結來維持其穩定。

共價鍵

當二個原子間互相分享電子而形成強的化學鍵結，就稱為**共價鍵** (covalent bond)。身體中大多數的原子都是用共價鍵來與其他原子結合。為何分子中的原子要共同分享電子？請記住，所有的原子都尋求將其外殼層的軌道電子予以滿載，除了氫與氦之外，所有的原子外殼層都需求 8 個電子。

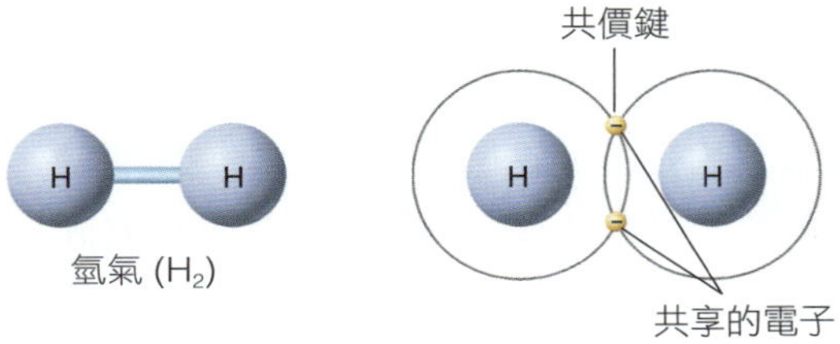

當原子間分享電子時，則會形成共價鍵。這種共享電子的現象可發生於相同元素間或不同元素間，一些元素，例如氫 (H) 只能形成一個共價鍵，因為其最外殼層只需得到 1 個電子就能滿載。

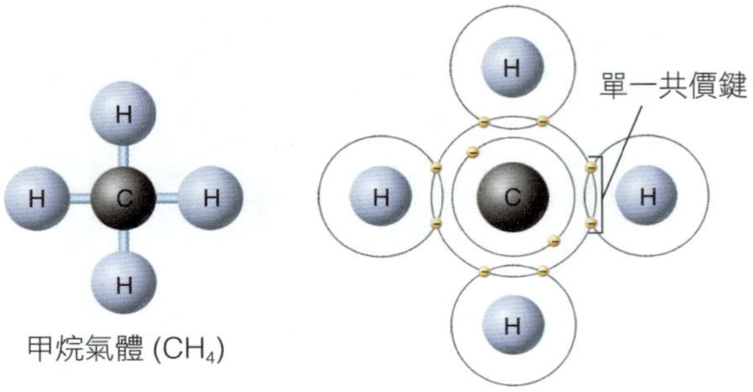

其他原子，例如碳 (C)、氮 (N) 和氧 (O) 則可形成不只 1 個共價鍵，根據其最外電子殼層還需要幾個電子才能滿載而定。碳原子最外殼層還需要 4 個電子，為了使最外殼層滿載，因此碳原子最多可形成 4 個共價鍵。由於形成 4 個共價鍵的方式很多，因此碳可參與到許多不同的分子中。

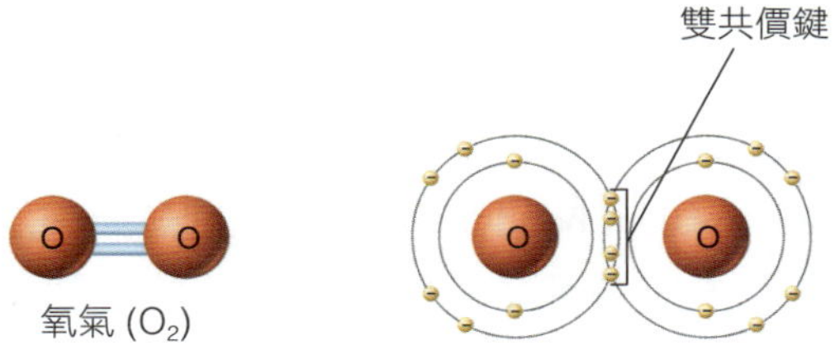

大多數的共價鍵是單鍵 (single bonds)，只共同分享 2 個電子，但是雙鍵 (double bonds) (共享 4 個電子) 也很常見。三鍵 (triple bonds) (共享 6 個電子) 在自然界中則較少，但是卻也出現於一些常見的化合物，例如氮氣 (N_2)。

當打斷共價鍵時，經常會釋放出能量。興登堡號 (Hindenburg) 飛船於 1937 年爆炸與燃燒時，船體內充滿了氫氣；那種如地獄般的能量釋放，來自於打斷 H_2 間的共價鍵。

極性與非極性共價鍵　當二個原子間形成共價鍵時，其中的一個原子核可能對共享的電子更具吸引力，這種現象稱為電負度 (electronegativity)。以水為例，氧原子對共享的電子吸引力較強，因此氧具有較高的電負度。因此共享電子會在氧原子處停留較長的時間，而造成氧原子具有一些負電價；而共享電子在氫原子處停留時間較短，使氫原子帶一些正電。這些電價並不像離子般為完整的電價，而是部分電價 (partial charges)，用希臘

符號 δ 來代表。因此會導致水分子類似磁鐵，有正極與負極；這種分子稱為**極性分子** (polar molecules)，而原子間的鍵結就稱極性共價鍵 (polar covalent bonds)。那些負電度無顯著差異的分子，例如甲烷分子中碳-氫間的共價鍵，就稱為**非極性分子** (nonpolar molecules)，其鍵結為非極性共價鍵 (nonpolar covalent bonds)。

共價鍵的兩個關鍵特性，使其在生物系統中非常合適扮演分子結構的角色：(1) 它們很強，共享很多的能量；(2) 它們非常具有方向性－形成於兩個特定的原子間，而非僅僅原子間的相互吸引。

氫鍵

如水般的極性分子，彼此會被一種稱為**氫鍵** (hydrogen bond) 的微弱化學鍵所相互吸引。當一個極性分子的正極與另一分子的負極相吸引時，便可形成氫鍵，有如二個磁鐵互相吸引在一起。

於一個氫鍵中，一個極性分子帶正電性的氫原子，可與另一極性分子帶負電性的原子相吸引，通常為氧 (O) 或氮 (N)。

由於水分子中氧原子的電負性比氫原子大，所以水是極性分子。水分子可與其他水分子形成很強的氫鍵，使得水產生許多獨特性。每一個氧原子帶有部分的負電價 (δ^-)，而氫原子則帶有部分的正電價 (δ^+)。因此一個極性分子的正電端，可與另一個極性分子的負電端之間形成氫鍵 (如虛線所示)。這種部分電價的吸引力，使得水分子互相吸引在一起。

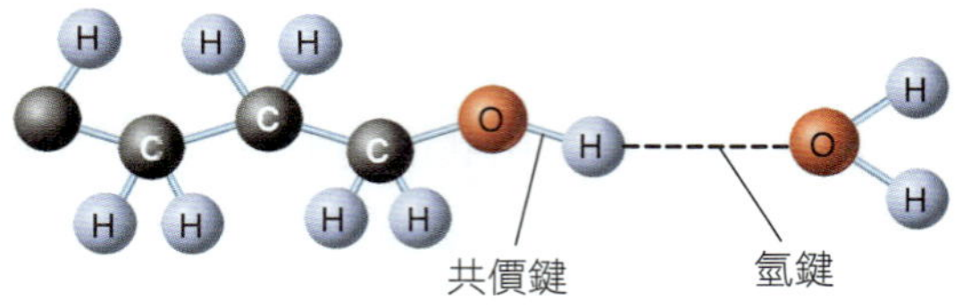

氫鍵的兩個關鍵特性，於一個生物體中的分子間扮演了重要的角色。首先，它們較微弱，因此影響的距離較更強的共價鍵或離子鍵來得短。氫鍵因為太微弱了，因此本身無法產生穩定的分子。它們的作用有點像魔鬼沾，緊密的結合來自於許多微弱吸引力的協同相加效應。第二，氫鍵是具有高度方向性的。於第 3 章中，我們將會討論氫鍵在維持大的生物分子結構中，其所扮演的角色，例如蛋白質與 DNA。

凡得瓦力

另一種重要的微弱化學吸引力，是一種

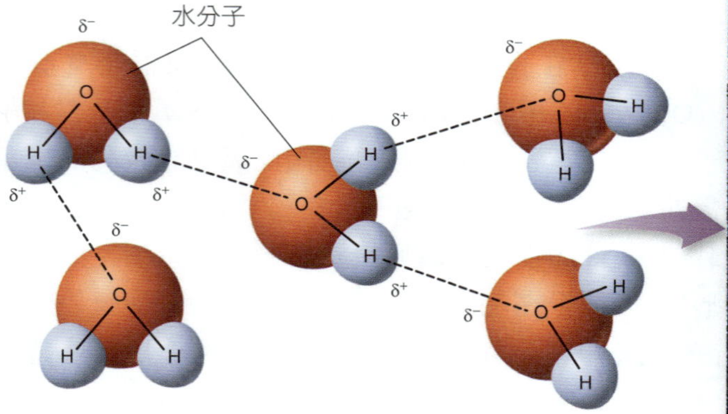

不具方向性的吸引力，稱為*凡得瓦力* (van der Waals forces)(或凡得瓦交互作用)。這種化學力，僅在二個原子非常靠近時才能顯現。其吸引力非常微弱，只要二個原子稍稍分開一點，便消失了。它的顯著性，只能在一個分子的眾多原子，同時靠近另一分子的眾多原子時方顯現－也就是說，分子的形狀互相配得非常精準。例如，你血液中的抗體，能辨識出一個入侵的外來病毒形狀時，這種交互作用才能顯現出其重要性。

關鍵學習成果 2.3

分子就是用化學鍵將原子連接在一起。離子鍵、共價鍵以及氫鍵是三個最主要的鍵的形式，而凡得瓦力則是微弱的交互作用。

水：生命的搖籃

2.4 氫鍵賦予水獨特的特性

水的一般特性

地球的四分之三被水覆蓋，人的身體有三分之二為水分，離開水人無法存活，其他生物也需要水。一點也不意外，熱帶雨林中充滿了生物，而乾燥的沙漠，除了下雨之後，否則了無生意。因此生命的化學，就是水的化學。

水的結構很簡單，1 個氧原子用單共價鍵與 2 個氫原子相連，水的化學分子式是 H_2O。由於氧對共享的電子有較強的吸引力，所以水是*極性分子*，分子間可形成*氫鍵* (hydrogen bonds)。水之能形成氫鍵，是生命化學中造成許多生物結構的原因，從膜的構造到蛋白質的折疊。

微弱的氫鍵，形成於 1 個水分子的氧原子與另 1 個水分子的氫原子之間，因此在液體的水分子之間可造成一個格子狀的結構。每個個別的氫鍵都很微弱且短命，只能維持 1/100,000,000,000 秒。然而，大量氫鍵累積起來的效應就很巨大，造成了水許多重要的物理特性 (表 2.2)。

熱量貯蓄

任何物質的溫度，就是測量其個別分子運動得有多快。由於水分子間會形成許多氫鍵，因此需要很大的能量才能破壞水的結構並升高其溫度。也因此，水的溫度上升很慢，遠慢於其他許多物質，同時水也能保持溫度比較長久。這就是為什麼人體能夠保持相對恆定的內在溫度之緣故。

冰的形成

當溫度夠低時，水中的氫鍵很少會斷開，反而其氫鍵構成的格子會形成晶體結構，而成為固體的冰。有趣的是，冰的密度比水低－這就是為何冰山與冰塊會浮在水上的緣故。為何冰的密度較低？比較圖 2.9 所示之水與冰的結構，當溫度高於結冰點 (0°C 或 32°F) 時，圖 2.9a 的水分子會彼此繞著其他水分子運動，氫鍵會不斷地破壞又產生。當溫度繼續下降，水分子的運動會停止，氫鍵開始穩定下來，使每個個別分子分開得較遠，如圖 2.9b，因此使得冰的密度較低。

高蒸發熱

如果溫度足夠高，水中的許多氫鍵被破

表 2.2 水的特性

特性	解說
熱量貯蓄	需要很高的熱量破壞其氫鍵，使溫度的變化趨於最低
冰的形成	由於氫鍵的緣故，冰中的水分子距離相對較遠
高蒸發熱	水分蒸發時需要破壞許多氫鍵
內聚力	氫鍵將水分子凝聚在一起
高極性	水分子會被離子和極性化合物所吸引

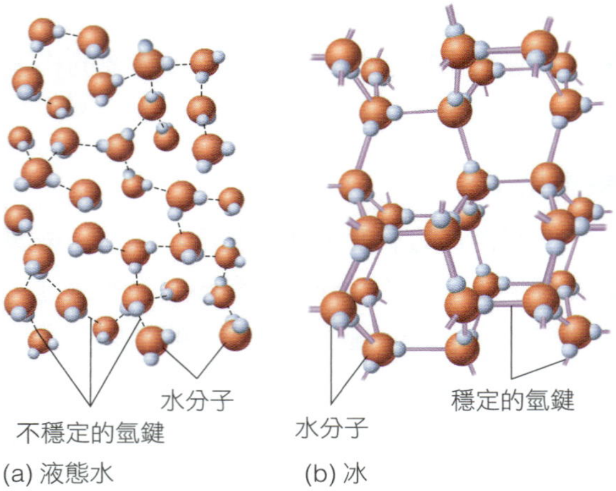

圖 2.9 冰的形成
當水 (a) 溫度低於 0℃，會形成可浮起之規則的結晶構造 (b)。個別的水分子會分開得較遠，並用氫鍵固定其位置。

壞，此時液體會變成蒸氣。但要達到此狀態，需要非常高的熱能－皮膚每蒸發 1 公克的水分就會從身體帶走 2,452 焦耳的熱量，這與將 586 公克的水降低 1°C 所釋出的能量相當。這就是為何出汗能降低體溫的原因，當汗水蒸發時，也帶走了熱量，使身體涼下來。

內聚力

由於水分子具有極性，因此可藉氫鍵與其他極性分子互相聚在一起。當其他極性分子也是水分子時，這種聚在一起的力量就稱為**內聚力** (cohesion)。水的表面張力就是由內聚力造成的，表面張力是一種使水成為水滴的一種力量，如圖 2.10 蜘蛛網上的水滴，或是支撐水黽的重量。但當與其他極性分子是不同物質發生時，這種聚在一起的力量就稱為**黏著力** (adhesion)。毛細作用 (capillary action)－例如水分於紙巾中上升－就是由黏著力造成的。水分可黏附在任何可形成氫鍵的物質上，例如紙纖維。黏著力也是為何當一些物品浸入水中，會「濕掉」的原因；但是蠟質物品卻不會濕，因為它們是由非極性分子構成，不會與水分子形成氫鍵。

(a)

(b)

圖 2.10 內聚力
(a) 內聚力使水分子互相聚在一起形成水滴；(b) 表面張力是由內聚力衍生出來的特性－也就是說，由於氫鍵的作用，水有一個「強韌」的表面。一些昆蟲例如這隻水黽，能在水面上行走。

高極性

在一個溶液中，水分子總是盡量產生最多的氫鍵。極性分子可與水分子形成氫鍵，並與之聚在一起。這種極性分子就稱為**親水性** (hydrophilic)(源自希臘文，hydro，水，philic，喜愛) 分子，或喜愛水的分子。水分子會與任何具有電價的分子親近，無論是其具有完整電荷 (離子) 或部分電荷 (極性分子)。當食鹽晶體溶於水中，如圖 2.11 所示，各個離子從晶體中解離下來，並被水分子包圍。水分子中的氫原子 (藍色) 會與帶負電的氯離子附著，而氧原子則與帶正電的鈉離子附著。水之包圍離子，就好像一群嗡嗡作響的蜜蜂包圍著蜂蜜一樣。這層包圍離子的水分子，就稱為水合層 (hydration shell，或水合殼)，可防止離子

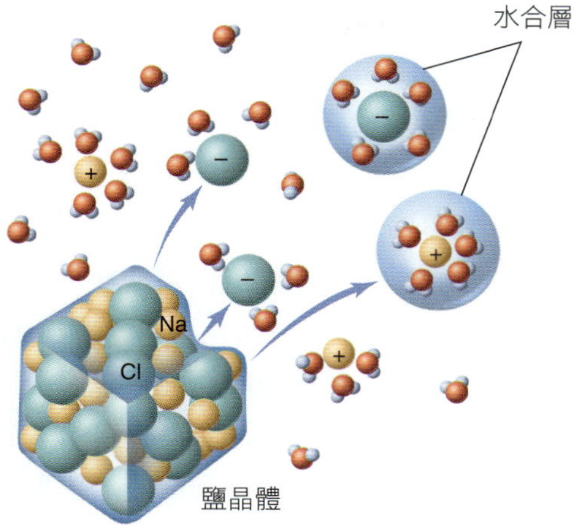

圖 2.11 鹽如何溶於水
鹽可溶於水是由於具有部分極性的水分子包圍帶電價的鈉離子與氯離子。水分子包圍離子，形成所謂的水合層。當所有的離子都離開晶體，就是鹽被溶解了。

再回到晶體上。類似的水合層會包圍其他所有的極性分子，極性分子以這種方式溶於水中，就稱為可溶於水 (soluble in water)。

非極性分子，例如油，因不會形成氫鍵，因此就不溶於水。當非極性分子放入水中，水分子會躲開，並以氫鍵與其他水分子相聚。此時非極性物質被迫聚集起來，互相縮成一團，將干擾水的氫鍵程度減到最低。這種非極性物質會縮小與水接觸的現象，就稱之為**疏水性** (hydrophobic)(源自希臘文，hydro，水，phobic，害怕)。許多生物構造的形狀是來自於這種疏水性的力量，將於第 3 章再討論。

關鍵學習成果 2.4

水分子在液態時會形成一個氫鍵的網路，可溶解其他極性分子。許多水的關鍵特性，來自於要花費很大能量去破壞其氫鍵。

2.5 水的離子化

離子化

水分子中的共價鍵有時會自發性的斷裂，而釋出一個質子 (氫原子核)，由於此原子核無法保有其與氧共享的電子，因此成為一個帶正電的**氫離子** (hydrogen ion, H^+)。剩下的部分則因保有共享的電子，因此成為帶負電的**氫氧根離子** (hydroxide ion, OH^-)。這種自發性產生離子的過程，稱之為**離子化** (ionization)。可用一個簡單的方程式表示：

$$\underset{\text{水}}{H_2O} \longleftrightarrow \underset{\text{氫氧根離子}}{OH^-} + \underset{\text{氫離子}}{H^+}$$

由於共價鍵很強韌，自發性的離子化不常見。於一公升的水中，任何一個時間點上大約每 5 億 5 千萬個分子中才有 1 個分子會離子化，相當於 1/10,000,000 (10^{-7}) 莫耳的氫離子 (莫耳是測量重量的方式，1 莫耳的任何物質，其重量等於 6.022×10^{23} 個該物質的組成單元重量)。水中 H^+ 的濃度可用下列更簡單方式來表示：

$$[H^+] = \frac{1}{10,000,000}$$

pH

一個表示溶液中氫離子濃度更方便的方式，就是使用 pH 值 (圖 2.12)。這個尺度將 pH 定義為一個溶液中氫離子濃度的負對數值 (negative logarithm)：

$$pH = -\log[H^+]$$

也就是簡化氫離子莫耳濃度的指數，因此 pH 相當於將指數乘以 –1。純水的 $[H^+]$ 為 10^{-7} 莫耳 / 公升，則其 pH 值為 7。當水解離出氫離子時，也會形成等量的氫氧根離子，因此當一溶液為 pH 7 時，其 H^+ 與 OH^- 的數目是相等的。

請注意 pH 尺標是對數的，因此數值改變 1 時，代表氫離子濃度改變 10 倍。也就是 pH 4 溶液的氫離子濃度是 pH 5 溶液的 10 倍。

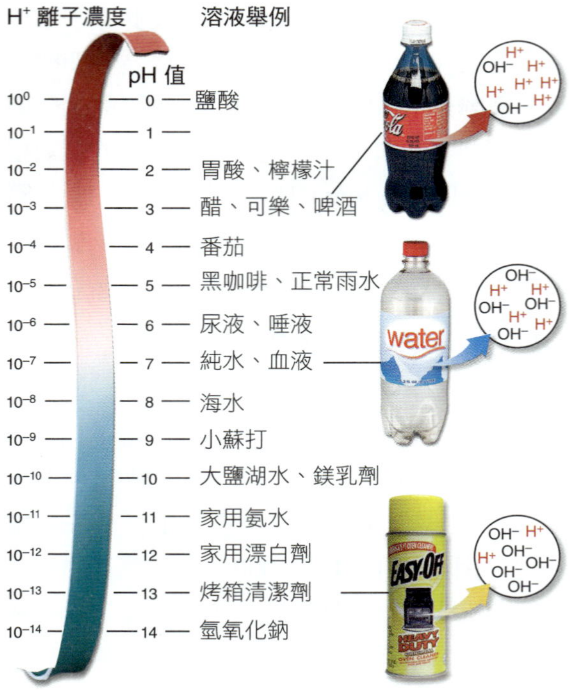

圖 2.12　pH 值

每一公升的液體，可依其所含的氫離子多寡而給予一個數值，由於尺標是對數的，因此若改變 1，其氫離子濃度就改變 10 倍。因此 pH 值為 2 的檸檬汁，其氫離子濃度是 pH 值 4 的番茄汁之 100 倍。海水則比純水更鹼性 10 倍。

酸 (Acids) 任何物質在水中解離時，若可增加 H^+ 的濃度，則稱之為**酸**。酸性溶液的 pH 值小於 7，酸性越強則 pH 值越低。有氣泡的香檳酒中有碳酸溶於其中，pH 值為 3。

鹼 (Bases) 任何物質溶於水中時，若能與 H^+ 結合，就稱為**鹼**。因為與 H^+ 結合，故可降低 H^+ 的濃度。因此鹼性溶液的 pH 值高於 7。很強的鹼，例如氫氧化鈉 (NaOH)，其 pH 值可高於 12。

緩衝物

幾乎所有細胞內部，以及多細胞生物細胞四周環繞的液體，其 pH 值都接近 7。掌管代謝的諸多蛋白質，對 pH 也非常敏感，稍微改變 pH 就會改變其分子的形狀並影響其功能。因此細胞必須維持其 pH 於一恆定的水平。例如，血液的 pH 是 7.4，如果降到 7.0 或升到 7.8，只能再活幾分鐘。

但是各種生命的化學反應，會不斷的在細胞內產生酸與鹼。更有甚者，動物會攝食各種含有酸或鹼的食物：例如可口可樂是酸性的，而蛋白則是鹼性的。是何物使生物的 pH 恆定？細胞內含有一種稱為緩衝物的物質，可以使 H^+ 與 OH^- 的濃度的變化降到最低。

緩衝物 (buffer) 是一種當溶液中氫離子濃度改變時，可吸收與釋放氫離子的物質。當溶液中氫離子濃度降低時，緩衝物可釋放出氫離子，當氫離子濃度升高時，又可吸收之。圖 2.13 顯示緩衝物如何作用，藍色線條是 pH 的變化情形。當鹼性物質加入溶液時，H^+ 濃度降低，pH 本應快速上升，但因緩衝物可提供 H^+，因此使 pH 維持在一小範圍內，稱為緩衝範圍 (深藍色區塊)。只有當超過其緩衝能力時，pH 才會開始大幅上升。是何種物質能夠如此作用？在生物體中，大多的緩衝物分子，結構上都具有成對的酸與鹼。

人類血液中的關鍵緩衝物是一種酸-鹼成對的物質，包括碳酸 (carbonic acid)(酸) 與碳酸氫根 (bicarbonate)(鹼)。這兩種物質以可逆

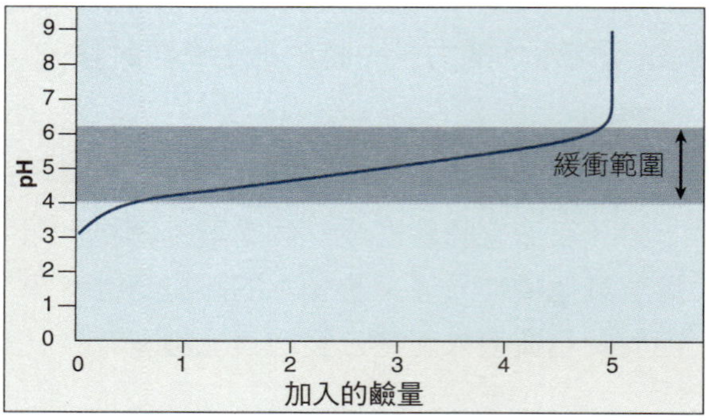

圖 2.13　緩衝物可使 pH 的改變降到最低

添加鹼到溶液中，可中和一些酸而使 pH 上升。隨著曲線向右，鹼越來越多，使 pH 更為升高。緩衝物的作用，就是使曲線在一個範圍內非常緩慢的上升或下降，稱為緩衝物的「緩衝範圍」。

反應交互作用，首先 CO_2 與 H_2O 作用產生碳酸(H_2CO_3)(圖 2.14 步驟 ❷)，接著它會分解成碳酸氫根 (HCO_3^-) 與 H^+ (步驟 ❸)。如果酸性物質把 H^+ 添加到血液中，HCO_3^- 就會作為鹼來移除 H^+，形成 H_2CO_3。相同的，如果鹼性物質把血液中的 H^+ 移除，H_2CO_3 就會解離，釋出 H^+ 到血液中。這種 H_2CO_3 與 HCO_3^- 的可逆反應就穩定了血液的 pH。

例如，當你吸氣時你從空氣中吸取氧氣；

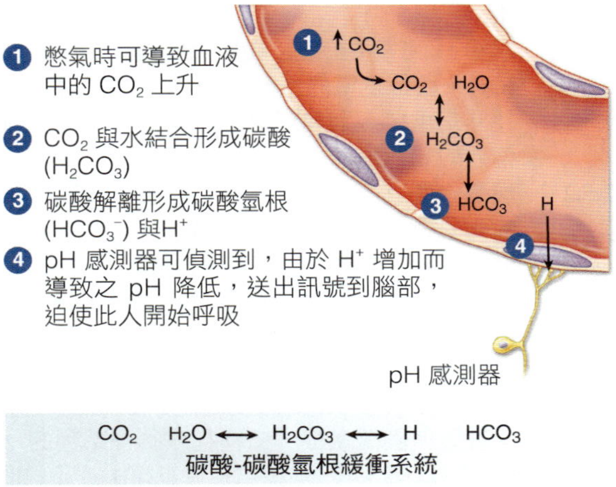

❶ 憋氣時可導致血液中的 CO2 上升
❷ CO2 與水結合形成碳酸 (H2CO3)
❸ 碳酸解離形成碳酸氫根 (HCO3-) 與H+
❹ pH 感測器可偵測到，由於 H+ 增加而導致之 pH 降低，送出訊號到腦部，迫使此人開始呼吸
CO2
CO2 H2O
H2CO3
HCO3 H
pH 感測器
CO2 H2O ⟷ H2CO3 ⟷ H HCO3
碳酸-碳酸氫根緩衝系統

圖 2.14 憋氣
當一個人憋氣時，CO_2 會在血液中累積。CO_2 與水結合形成 H_2CO_3，而 H_2CO_3 又可解離成 HCO_3^- 與 H^+，因而降低 pH。當 pH 降低後，可被感測器偵查到而刺激腦，促使此人開始呼吸。

當你吐氣時則排出二氧化碳；但當你憋氣時，CO_2 在血液中累積並引發如圖 2.14 中的化學反應，產生 H_2CO_3。你能一直憋住氣嗎？顯然不行，但並不是你所想像的理由。不是因為缺乏氧氣才促使你呼吸，而是因為有太多的二氧化碳。如你憋氣過久，CO_2 在血液中累積，如圖 2.14 步驟 ❶，則會形成 H_2CO_3 (步驟 ❷) 並解離成為 HCO_3^- 與 H^+ (步驟 ❸)。由於 H^+ 的增加，導致血液變酸。如果血液的 pH 降得太低，一些主要血管上的 pH 感測器偵測到 (步驟 ❹) 並送出訊號到腦部。此訊號協同其他感測程序，刺激腦部控制呼吸的區域，因而加快呼吸速率。過度換氣 (呼吸太快) 產生相反效應，可降低血液中的 CO_2。這就是為何當你過度換氣時，可取一個紙袋對著呼吸，以增加你的 CO_2 吸取量。

關鍵學習成果 2.5

一小部分的水分子可在任何時間自發性的離子化，形成 H^+ 與 OH^-。一個溶液的 pH 就是衡量其 H^+ 的濃度。pH 低，代表高 H^+ 濃度 (酸性溶液)，而 pH 高，則代表低 H^+ 濃度 (鹼性溶液)。

複習你的所學

一些簡單的化學

原子

2.1.1 一個原子是保有物質化學特性的最小粒子。如圖 2.2 所示的碳原子，其中心含有一個由質子與中子構成的核，電子則在核外旋繞。一個典型的原子，其電子數與質子數相同。

- 一個原子的質子數目稱為其原子序。由質子與中子構成的質量，則稱其為此原子的質量數。所有具有相同原子數的原子，稱為相同元素。

2.1.2 質子是帶正電價的粒子，中子則不帶電。電子是帶負電價的粒子，位於不同能階軌道上繞著核旋轉。電子決定了原子的化學行為，因為它們是可與其他原子反應的亞原子粒子。

- 需要能量將電子維持在軌道上；這種能量就稱之為位能。一個電子的位能多寡則視其與核的距離遠近而定。
- 大多數的電子殼層可最多滿載 8 個電子，原子之進行化學反應，就是欲將最外殼層補滿電子。

離子與同位素

2.2.1 離子就是由於原子獲得 1 或多個電子 (負電離子稱作陰離子) 或失去 1 或多個電子 (正電離子稱作陽離子) 而成。

2.2.2 同位素是具有相同質子數但不同中子數的原

子。同位素傾向不穩定，會經過放射性衰變而分裂成為其他元素。

2.2.3 一些同位素可用於醫學以及將化石定出年代。

分子

2.3.1 分子是由原子間以化學鍵連結而成。有三種主要型式的化學鍵。

- 離子鍵是由相反電價的離子互相吸引結合而成。食鹽是由帶正電的鈉離子與帶負電的氯離子形成。

2.3.2 共價鍵是當二原子共享電子以填滿電子軌道上的空位而成。當共享越多的電子時，共價鍵的強度也越強。

2.3.3 極性分子也是由共價鍵將原子結合，但共享的電子分布不均勻，使得此分子具有稍帶正電的一端和稍帶負電的另一端。

2.3.4 當原子互相靠得很近時，一種稱為凡得瓦力的微弱化學吸引力可將它們聚在一起。

水：生命的搖籃

氫鍵賦予水獨特的特性

2.4.1 水是極性分子，可與水分子或其他極性分子形成氫鍵。許多水的物理特性，是由氫鍵所導致。

- 由於水分子利用氫鍵互相吸引，如欲將分子分開，需花費很大的能量。由於此，水的升溫很慢，也能保持溫度更長久。
- 於較低的溫度下，氫鍵可將水分子結合得更穩定，其結果是它們將水分子鎖定於固定位置成為固體的冰晶，如圖 2.9。
- 為了讓水蒸發成氣體，需要使用極大的能量打破其氫鍵。此種高蒸發熱的特性，是我們身體調節熱量的方式。
- 由於水是極性分子，它們可與其他極性分子形成氫鍵。如果這其他分子也是水分子，這個過程就稱之為內聚力。
- 當水分子與其他極性分子形成氫鍵時，水分子傾向於包圍其他極性分子，形成一層屏障，稱為水合層。極性分子被認為是親水性的，可溶於水。非極性分子不會形成氫鍵，置入水中時會聚集成團，稱為疏水性，不溶於水。

水的離子化

2.5.1 水分子可解離產生帶負電的氫氧根離子 (OH^-) 與帶正電的氫離子 (H^+)。水的這種特性非常重要，因為氫離子的濃度可決定一個溶液的 pH 值。

2.5.2 酸是一個具高氫離子濃度的溶液，具有特殊的化學特性；而鹼則是一個具有低氫離子濃度的溶液，具有不同的化學特性。

2.5.3 稱為緩衝物的物質，可藉吸收或釋出 H^+ 到溶液中來控制 pH 於一定的範圍內，稱作緩衝範圍。

- 調控人類血液 pH 的緩衝物是一酸-鹼對，包含碳酸與碳酸氫根。此種程序為一系列的 2 個可逆反應，其一產生 H^+ 降低 pH，另一則從溶液中吸收 H^+，升高 pH。

測試你的了解

1. 一個物質所能分割的最小粒子，且能保有其化學特性，稱之為
a. 物質　c. 分子
b. 原子　d. 質量

2. 能夠區別一元素 (例如碳) 之原子與另一元素 (例如氧) 之原子不相同的性質為
a. 電子數目
b. 質子數目
c. 中子數目
d. 質子與中子數目的總和

3. 電子殼層與電子軌道的區別是
a. 軌道的質量大於殼層
b. 軌道可比殼層抓住更多的電子
c. 軌道能更精確的定位出可發現電子的範圍
d. 二者無差異

4. 一個具有正電價淨值的原子，則其
a. 質子多於中子　c. 電子多於中子
b. 質子多於電子　d. 電子多於質子

5. 同位素碳-12 與碳-14 的不同處
a. 中子的數目　c. 電子的數目
b. 質子的數目　d. b 與 c

6. 離子鍵
a. 具高度方向性　c. 比氫鍵強
b. 比共價鍵強　d. 於大多數生物分子中扮演重要的角色

7. 碳原子於其外殼層有 4 個電子，因此
a. 電子外殼層已滿載
b. 可形成 4 個單共價鍵
c. 不與其他原子反應
d. 帶有正電價

8. 凡得瓦吸引力
a. 與電吸引有關　c. 無方向性
b. 比氫鍵強　d. 與電子共享有關

9. 水有非常特殊的特性，其原因是來自

a. 各水分子間的氫鍵
b. 各水分子間的共價鍵
c. 每一水分子內的氫鍵
d. 各水分子間的離子鍵

10. 下列有關水的特性，何者可用「需要大量熱能來打斷許多氫鍵」作解釋？
a. 內聚力與黏著力　c. 熱量貯存與蒸發熱
b. 疏水性與親水性　d. 冰的形成與高極性

11. 水分子間的相互吸引稱為
a. 內聚力　c. 溶解力
b. 毛細作用　d. 附著力

12. 具有高氫離子濃度的溶液
a. 稱為鹼　c. 具有高 pH
b. 稱為酸　d. b 與 c

13. 有關緩衝物，下列何者錯誤？
a. 緩衝物從溶液中吸收 H^+
b. 緩衝物使 pH 相對恆定
c. 緩衝物可阻止水的離子化
d. 緩衝物釋放 H^+ 到溶液

Chapter 3

生命的分子

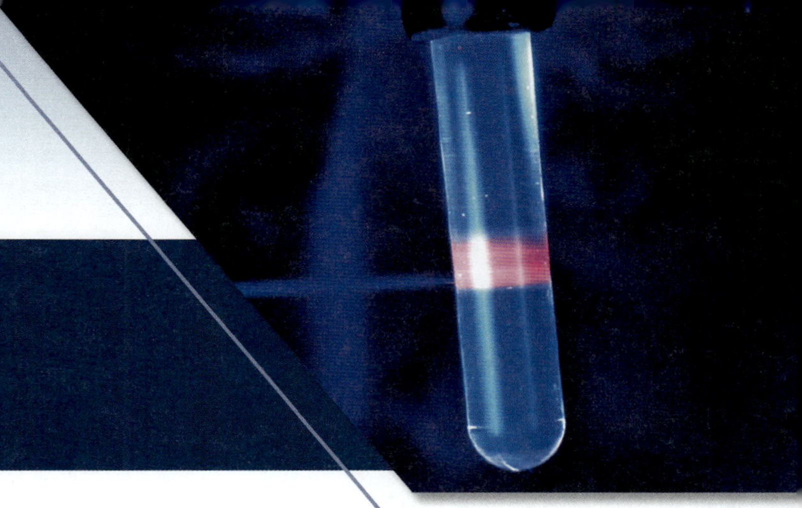

這位研究人員正小心地用一支針筒，將發光的 DNA 條帶抽取出來，以便進行遺傳實驗。DNA 攜帶有生物的基因，是所有生物中皆可發現的數種大分子之一。分子是由許多原子連結而成，而原子則是基本的化學元素。僅有少數元素能大量地存在於生物體中，而生命中一個必須的元素就是碳，它可組成 DNA 與其他非常大的分子。與水交互作用，長碳鏈可彼此纏繞在一起，或是折曲成緊密的實體。一個生物體中發生的大多數化學，主要是依賴一種稱作蛋白質的大分子，這些化學反應可決定此生物的長相。蛋白質可促進特定的化學反應，製造結構物質，如碳水化合物，以及製造能量貯存分子，如脂質。由於 DNA 上攜有生物可編碼製造蛋白質的資訊，因此它是生命的圖書館。

圖 3.1　營養標籤上標示了什麼？
脂肪、膽固醇、碳水化合物、糖以及蛋白質是爆玉米花中所含的一些分子，將於本章中討論。

形成巨分子

3.1　聚合物由單體建構而成

巨分子

生物體內含有許多不同的分子與原子，它們從周遭與所攝取的食物中獲取這些分子。你可能對營養標籤上的許多物質很熟悉，例如圖 3.1 所示。

但這些標籤上的字是何意義？有些是礦物的名稱 (原子，見第 2 章)，例如鈣和鐵 (也會在第 22、24、33 以及其他章節討論)。其他則是維生素，會在之後的章節討論 (見第 25 章)。還有一些其他的成分，則是本章的主題：構成生物體以及在食物中出現的大分子，例如蛋白質、碳水化合物 (包括糖) 以及脂質 (包括脂肪、反式脂肪、飽和脂肪和膽固醇)。這些分子稱為**有機分子** (organic molecules)，都是由生物所形成的，由一個以碳為核心，周遭附著一些特殊官能基。這些官能基上的原子有特殊的化學特性，因此被稱為*官能基* (functional groups)。在化學反應時，官能基類似一個單位，並賦予一個分子特別的化學特性。圖 3.2 列出五個主要的官能基，最後一欄則是具有此官能基的有機分子。

生物體雖含有成千上萬的有機分子，但是只有四種類型：蛋白質、核酸、碳水化合物以及脂質。它們被稱為**巨分子** (macromolecules)，因為它們非常巨大，是建構細胞的物質，是構成細胞本體的「磚和水泥」，以及使細胞運作的機件。

身體中的巨分子是由稱作**單體** (monomers) 的小分子次單元聚合而成，類似火車是由一串車廂組成。由相同單體串聯而成的一長串分子，就稱為**聚合物** (polymer)。表 3.1 於第一欄列出構成生物體諸多聚合物的單體。

組合 (以及分解) 巨分子

四種不同的巨分子 (蛋白質、核酸、碳水化合物以及脂質) 都以相同的方式聚合而成：於二個單體間形成共價鍵，同時從一個單體移除一個羥基 (OH)，並從另一個單體移除一個氫 (H)。此過程 (圖 3.3a) 稱作**脫水反應** (dehydration reaction)，因為移除的 OH 基與 H 基 (以藍色橢圓圈顯示) 形成一個水分子被排掉，dehydration 一字就是「去除水」的意思。此脫水反應的進行，需要一類稱為**酵素** (enzymes) 的特別蛋白質來促進分子反應，使正確的化學鍵得以形成或斷裂。而例如當消化食物分解蛋白質或脂質時，需要斷裂分子，過程基本上是脫水反應的逆反應：加入一個水分子。如圖 3.3b 所示，當水分子加進來時，一個氫原子附著到一個單體上，而羥基則附著到另一個單體上，此時共價鍵就會斷裂。以這種方式斷裂聚合物的方式，就稱為**水解**

官能基	構造式	球-棍模型	發現於
羥基	—OH	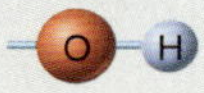	碳水化合物
羰基	C=O	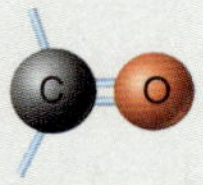	脂質
羧基	—C(=O)—OH	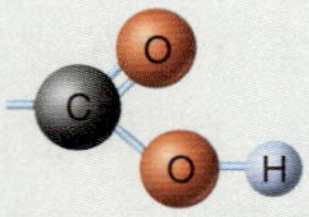	蛋白質
胺基	—N(H)H	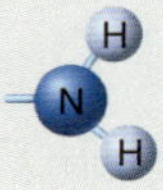	蛋白質
磷酸基	—O—P(O⁻)(=O)—O⁻	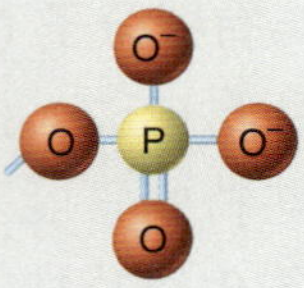	DNA, ATP

圖 3.2　五個主要的官能基
這些官能基能從一個分子轉移到另一個分子上，常見於有機分子中。

表 3.1　巨分子

單體	聚合物
胺基酸	蛋白質
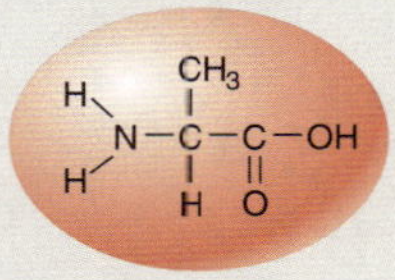 丙胺酸	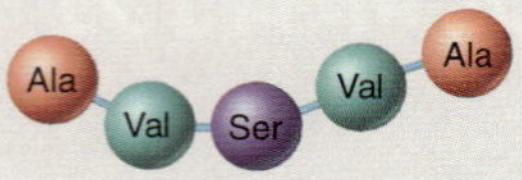
核苷酸	核酸 (DNA)
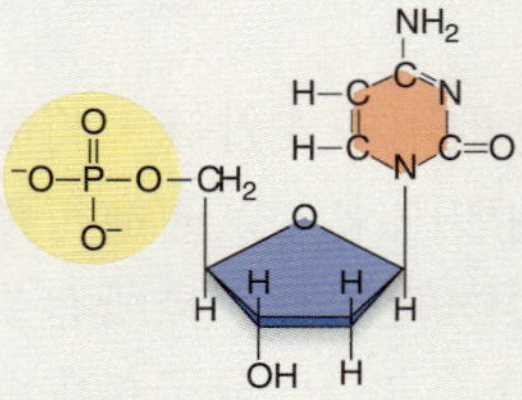	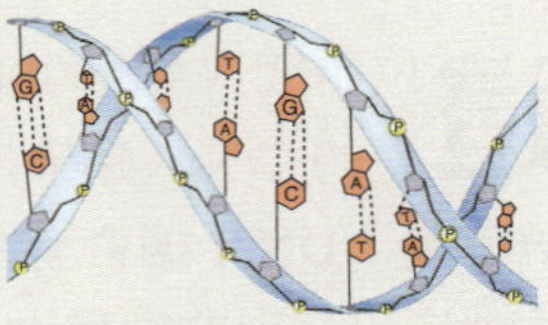
單醣	碳水化合物 (澱粉)
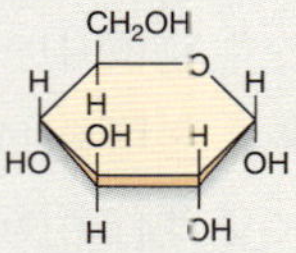	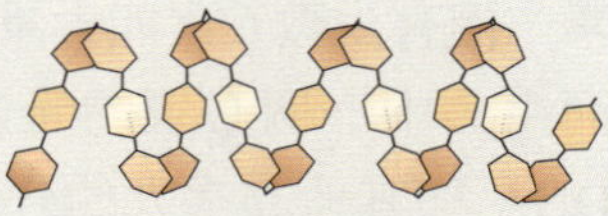
脂肪酸	脂質 (脂肪分子)
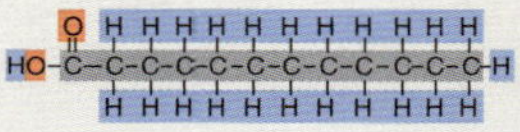	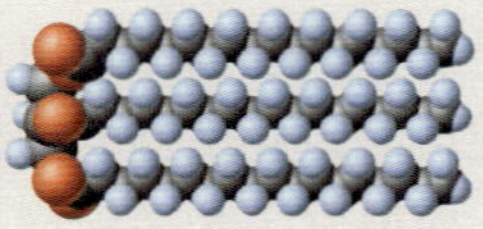

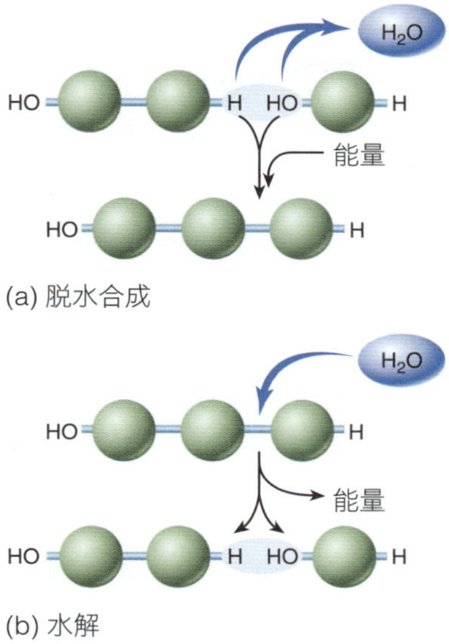

圖 3.3 脫水與水解

(a) 連結單體形成生物分子。經由脫水反應於單體間形成共價鍵，此程序會移除一個水分子；(b) 裂解這種鍵結需要加入一個水分子，稱為水解。

(hydrolysis)。

關鍵學習成果 3.1

巨分子的形成是將單體連結成一長鏈，形成時會移除水分子。相反的，當巨分子經由水解作用分解成單體時，需要加入水分子。

巨分子種類

3.2 蛋白質

稱作**蛋白質** (proteins) 的複雜巨分子，是生物體中非常主要的一種生物巨分子。圖 3.4 列出蛋白質廣泛功能的概觀。

胺基酸

雖然功能差異非常大，所有蛋白質都有相

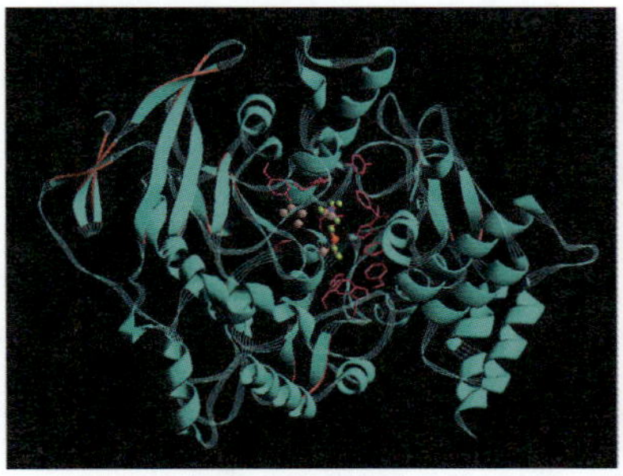

(a) 酵素：稱作酵素的球蛋白，於許多化學反應中扮演關鍵角色。

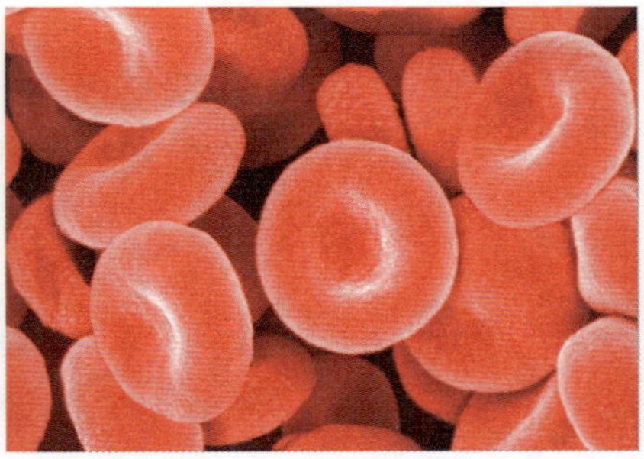

(b) 運輸蛋白：紅血球具有血紅素蛋白，可在血液中送氧氣與二氧化碳。

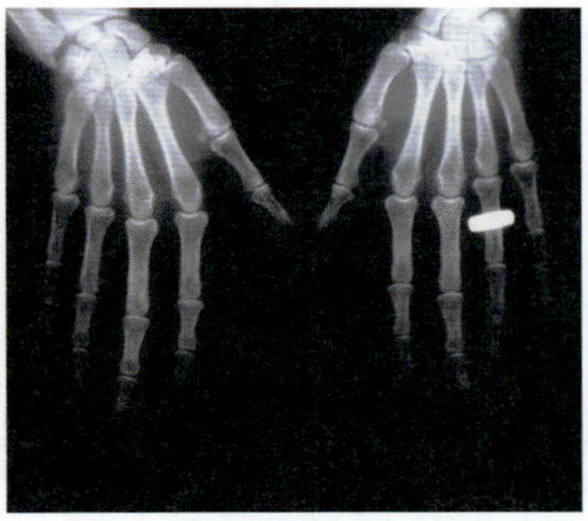

(c) 結構蛋白 (膠原蛋白)：存在於骨骼、肌腱以及軟骨中。

(d) 結構蛋白 (角蛋白)：角蛋白可形成毛髮、指甲、羽毛以及犄角。

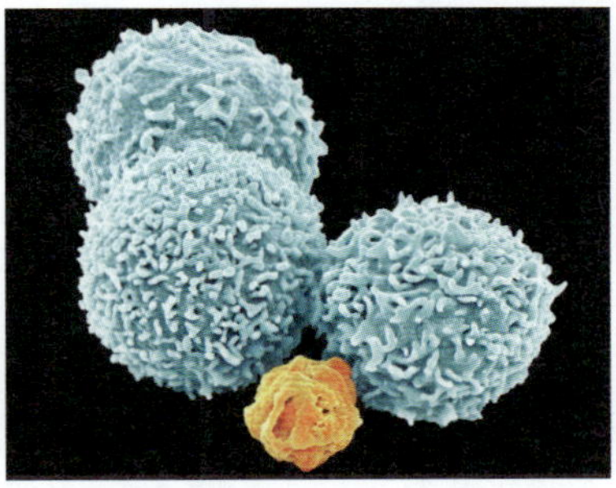

(e) 收縮蛋白：肌肉中含有肌動蛋白與肌凝蛋白。

(f) 防衛蛋白：白血球細胞可摧毀沒有適當辨識蛋白的細胞，以及製造抗體蛋白攻擊入侵者。

圖 3.4 一些不同類型的蛋白質

同的基本構造：一個由胺基酸單體構成的長鏈聚合物。**胺基酸** (amino acids) 是具有簡單基本構造的小分子：一個中央碳原子，連接一個胺基 (–NH_2)、一個羧基 (–COOH)、一個氫原子 (H) 以及一個用「R」代表的官能基。

有 20 種常見的胺基酸，彼此間不同處是它們的 R 官能基。這 20 種胺基酸可歸類成四種類型，圖 3.5 為各類型代表 (它們的 R 官能基以白色背景區塊顯示)。六種胺基酸為非極性，主要區別是其分子大小，它們都含有一個龐大的環狀結構 (例如左上方的苯丙胺酸)，含有此結構的胺基酸稱為芳香族 (aromatic) 胺基酸。另外六種為極性但不帶電價的胺基酸 (例如右上方的天門冬醯胺酸)，它們彼此的不同點是其極性強度。還有五種可離子化，成為帶電價的極性胺基酸 (例如左下角的天冬胺酸)。最後三種則具有特殊化學基 (例如右下角的脯胺酸)，它們可在蛋白質鏈之間形成連結或是造成特殊形狀的扭結。R 官能基的極性非常重要，可使蛋白質折疊成具有功能的形狀，本章之後還會再討論。

鍵接胺基酸

一個蛋白質是由胺基酸依特定的順序鍵接而成，正如同一個英文字是由許多字母按特定順序排列而成。經由脫水合成將二個胺基酸鍵接起來的共價鍵，稱為**肽鍵** (peptide bond)。當肽鍵形成時，會產生一個水分子的副產品，請見圖 3.6。以肽鍵將胺基酸連接而成的一長鏈，就稱為**多肽** (polypeptides)。有功能的多肽，則常被稱為蛋白質。

蛋白質結構

一些蛋白質為細長的纖維，有些則為球狀，其長鏈可互相纏繞折疊。蛋白質的形狀非常重要，可決定一個蛋白質的功能。有四種常見的蛋白質層級：一級 (primary)、二級 (secondary)、三級 (tertiary) 以及四級 (quaternary)；它們最終都是由胺基酸序列所決定。

一級結構 (Primary Structure)　一個多肽鏈上的胺基酸序列就稱為此多肽的**一級結構**。胺基

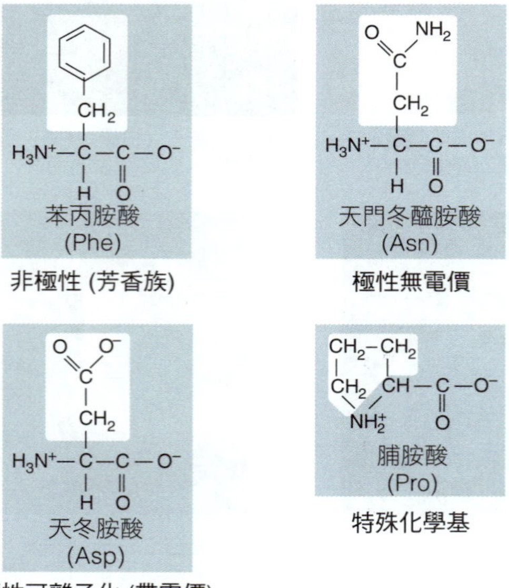

圖 3.5　胺基酸舉例
有四種常見類型的胺基酸，不同處為其官能基 (顯示如白色背景區塊)。

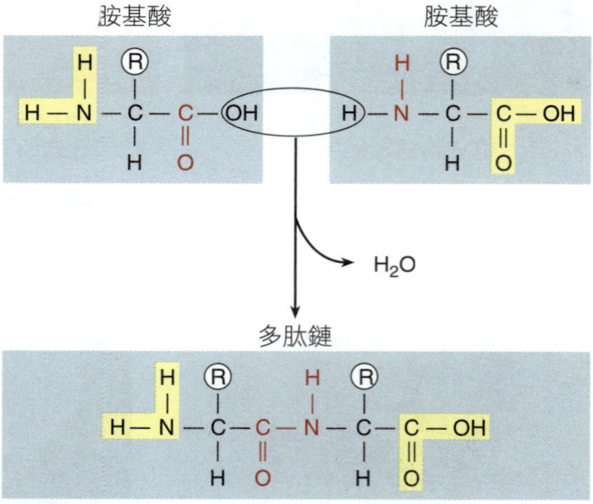

圖 3.6　肽鍵的形成
每個胺基酸都有一基本結構，一端為胺基 (–NH_2)，另一端為羧基 (–COOH)。唯一不同者是其官能基，或稱 R 基。胺基酸是經由脫水合成反應形成肽鍵，將其鍵接起來。以這種鍵接方式產生的長鏈稱為多肽，是組成蛋白質的基本結構。

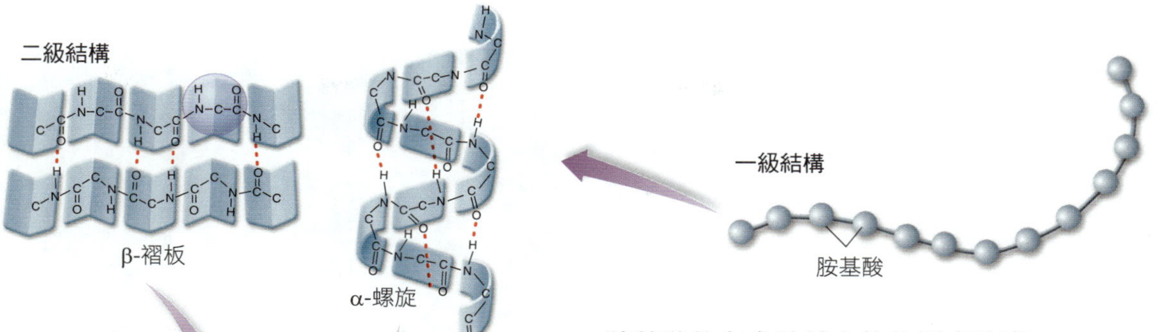

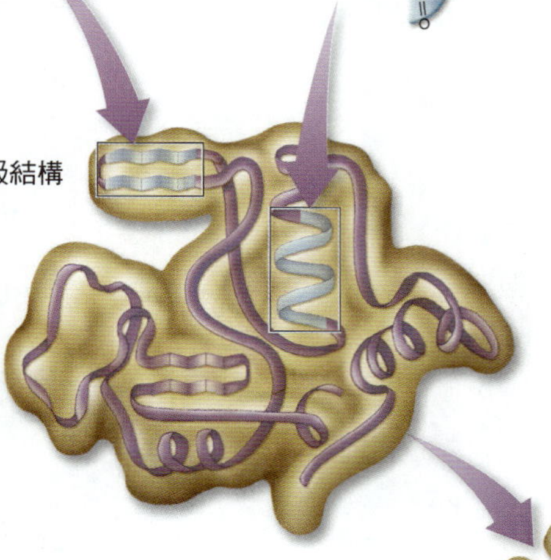

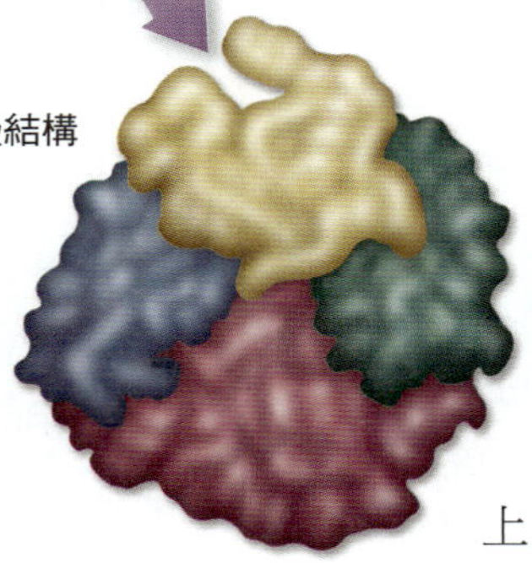

酸間以肽鍵鍵接，形成一條類似珠串的長鏈。蛋白質的一級結構也決定了其他層級的結構。由於胺基酸可任意組合成任何序列，因此蛋白質可有極大的多樣性。

二級結構 (Secondary Structure)　多肽鏈間可形成氫鍵，穩定此多肽折疊的穩定性。這些穩定功能的氫鍵 (以紅點虛線顯示) 是在多肽骨架上形成，與 R 官能基無關。此種最初的折疊，就稱為一個蛋白質的**二級結構**。二級結構中的氫鍵可將多肽折疊成螺旋狀，稱之為 α-螺旋，或是折疊成褶板狀，稱之為 β-褶板。

三級結構 (Tertiary Structure)　由於一些胺基酸是非極性的，當多肽鏈在高度極性的水中折疊時，會推擠這些非極性的官能基，形成一個三度空間的結構，就稱為**三級結構**。以球蛋白為例，其三級結構的形狀，是由非極性胺基酸位在多肽鏈上的位置來決定。

四級結構 (Quaternary Structure)　當一個蛋白質是由不只一個多肽鏈組成時，這些多肽鏈所組成的空間排列就稱為此蛋白質的**四級結構**。例如，血紅素蛋白質的四級結構就是由 4 個次單元 (subunits) 所組成。

蛋白質如何折疊出具有功能的形狀

細胞內含水環境的極性，會影響多肽鏈折疊成具有功能的蛋白質。一個蛋白質必須以此方式折疊，才能順利執行其功能。

如果蛋白質所處環境的極性，因溫度上升或降低 pH 值而發生改變時，會影響蛋白質間的氫鍵，而使蛋白質展開，如上圖右下角圖形。此時蛋白質就稱

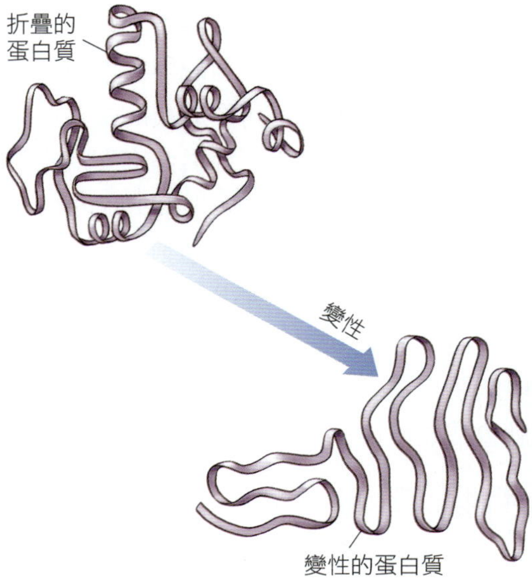

為被**變性** (denatured)。

當溶劑的極性恢復時，有些蛋白質會自動重新折疊。當蛋白質變性後，也會失去其功能，這就是鹽醃漬與酸漬食物的基本原理。在還沒有冰箱與冰庫的時代，人類保存食品的唯一方式就是將食物浸漬在含有高鹽度或醋酸的溶液中，使得微生物的蛋白質被變性而無法於食物中生長繁殖。

蛋白質結構決定其功能

由於蛋白質的一級結構是其胺基酸的序列，可決定此蛋白質如何折疊成具有功能的形狀。因此當序列發生改變時，甚至只有一個胺基酸的改變，都會深深地影響此蛋白質的功能。酵素 (enzymes) 是具有三維空間的球形蛋白質，它們必須正確折疊才能發揮功能。酵素具有深溝或凹漥，使其能夠與特定的糖或其他分子相吻合 (如左圖中與酵素結合的紅色分子)；一旦此化學分子進入酵素的深溝中，就會發生反應，通常其某一個化學鍵會受到拉扯，分子也會折曲，就如同一個彈性靴子中的腳。這種提升化學反應的過程就稱為**催化** (catalysis)，而酵素就是細胞中的催化劑，可決定哪一種化學反應於何時與在何處發生。

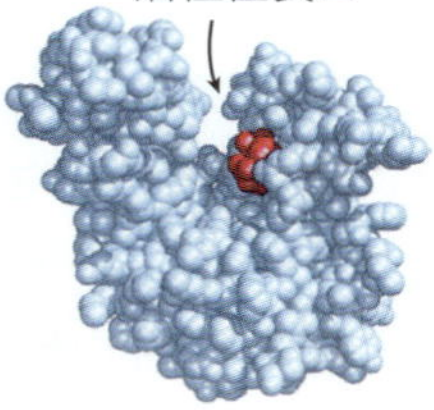

許多結構蛋白質可形成長的纜索狀，於細胞中扮演建構的角色，提供強度與決定形狀。第 4 章將可學到，細胞具有網狀的蛋白質纜索，可維持細胞形狀與在細胞內運送物質的功能 (圖 3.7)。收縮蛋白質可使肌肉發生收縮，而使肌肉縮短。當位於肌纖維相對二端的二個收縮蛋白質，彼此靠近滑過使其二端接近時，就會造成肌肉縮短 (第 22 章還會詳細討論)。

伴護蛋白

一個蛋白質如何折疊出特定的形狀？如同之前才討論過的，非極性胺基酸扮演了關鍵角色。直到最近，研究人員都認為新合成的蛋白質會依照胺基酸的疏水性與水分子間的作用，將疏水性胺基酸推擠到蛋白質內部，而自動折疊出其形狀。但現在已經知道，這是過於簡化的觀點。蛋白質可有許多折疊方式，以嘗試錯誤方式來折疊太花費時間了。此外，蛋白質鏈從開始折疊到完成，那些非極性具有「黏性」的內部蛋白也會在中間過程中暴露於外。如果將這些中間過程的蛋白質放置於與細胞相同環境下的試管中，它們會彼此相黏合，變成一團黏膠狀的團塊。

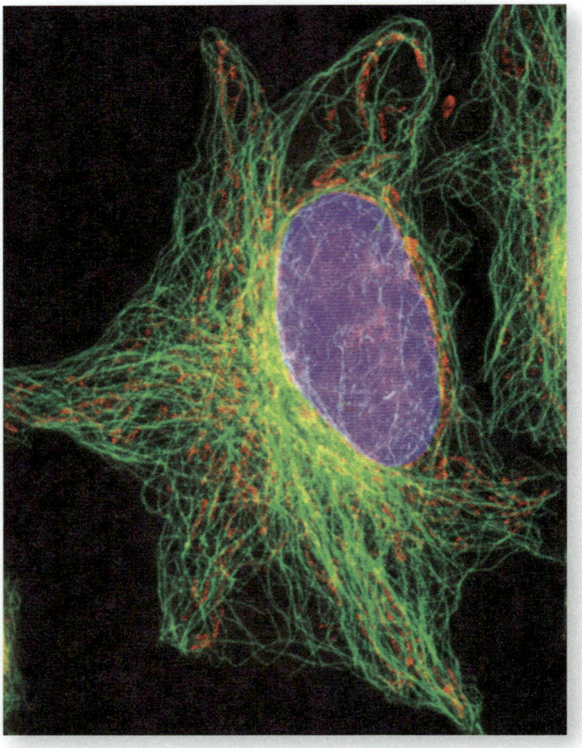

圖 3.7 蛋白質結構決定其功能
以螢光標定細胞內的結構蛋白質。

但細胞如何避免此現象？從一項使病毒無法在細菌細胞內繁殖的特殊突變 (DNA 發生改變) 研究發現，其關鍵線索在於病毒蛋白不能正確的折疊！進一步研究發現，正常細胞具有一類特殊的蛋白質，稱為**伴護蛋白** (chaperone proteins)，可幫助新合成的蛋白質正確折疊。當細菌發生突變無法製造伴護蛋白時，細菌會死亡，細胞內充塞許多折疊錯誤的蛋白質團塊。將近 30% 的細菌蛋白質無法折疊出它們該有的形狀。

分子生物學家已發現超過 17 種的分子伴護蛋白，其中許多屬於當細胞置於高溫時會大量製造的熱休克蛋白；高溫會使蛋白質展開，而熱休克伴護蛋白則會幫助細胞重新折疊蛋白質。

欲了解伴護蛋白如何作用，請仔細檢視圖 3.8。折疊錯誤的蛋白質會進入伴護蛋白內，以一種尚不完全明瞭的方式，先展開然後又重新折疊。在第三圖中，可見到此蛋白質完全展開成為一個多肽鏈；而在第四圖中，又重新折疊出完全不同的形狀。伴護蛋白以此種方式「救援」折疊錯誤的蛋白質，使其有機會再次正確折疊。為了展示此救援能力，研究人員將折疊錯誤的蘋果酸脫氫酶「餵」給伴護蛋白，而蘋果酸脫氫酶果然被救援成功，恢復了功能。

蛋白質折疊與疾病

有證據顯示，阿茲海默症 (Alzheimer's disease) 與伴護蛋白之缺乏有關。由於無法正確折疊一個關鍵蛋白質，導致澱粉樣蛋白堆積在腦細胞中，成為此疾病的特徵。狂牛病 (mad cow disease) 與一個稱為庫賈氏症 (Creutzfeldt-Jacob disease) 的人類類似疾病，也都是由一種折疊錯誤，稱為**普里昂蛋白** (prion) 所造成。此折疊錯誤的普里昂蛋白，會誘導其他腦普里昂蛋白產生錯誤的折疊，造成一種連鎖反應，使得更多腦細胞死亡，最終導致腦細胞功能逐漸喪失而死亡。

數十年來，科學家被一群特殊而致命的腦部疾病所吸引。這些疾病可從一個人傳染給另一人，但是卻需要許多年甚至幾十年才能從被感染的人身上檢測出來。病人因為腦細胞的死亡，而造成腦部許多空洞，看起來類似海綿，如圖所示，稱為**傳染性海綿狀腦病變** (transmissible spongiform encephalopathy, TSEs)。這些疾病包括羊隻的搔癢症 (scrapie)、牛隻的「狂牛病」以及人類的庫魯病 (Kuru) 與庫賈氏症。

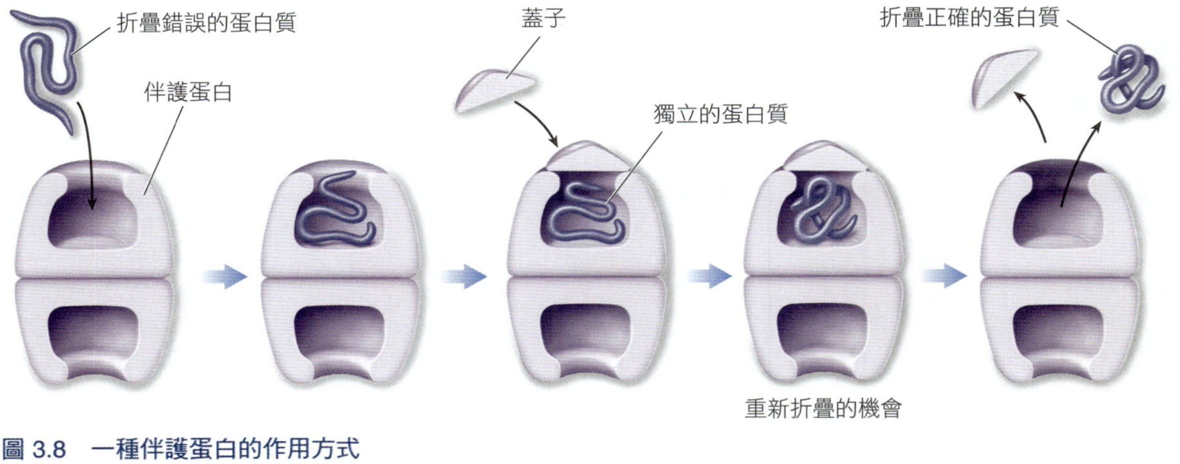

圖 3.8　一種伴護蛋白的作用方式

此桶狀的伴護蛋白是一種熱休克蛋白，當溫度升高時會大量製造。一個折疊錯誤的蛋白質進入其中一空室，蓋上蓋子，使蛋白質封閉於其內。此獨立的蛋白質，不會再與其他折疊錯誤的蛋白質聚集，因此有機會重新折疊。經過一段短時間，此蛋白質無論折疊或未折疊，都會被彈放出來，然後重複此過程。

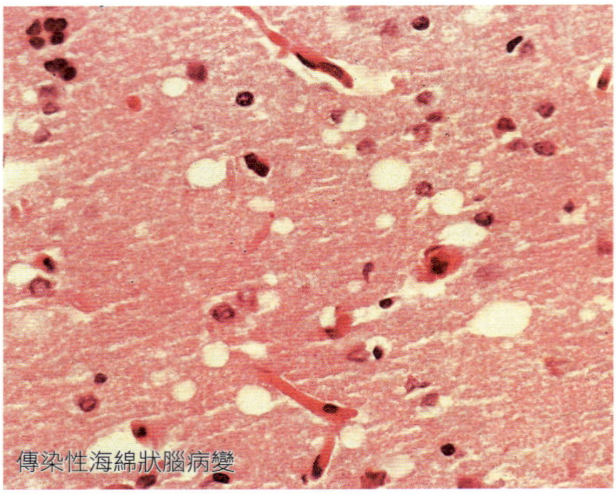

關鍵學習成果 3.2

蛋白質由胺基酸鏈組成並折疊成複雜的形狀。胺基酸序列決定了蛋白質的功能。伴護蛋白可幫助新合成的蛋白質正確的折疊。

3.3 核酸

稱作**核酸** (nucleic acids) 的長鏈擔任了細胞中貯存訊息的任務，正如同電腦中使用的 DVDs 或是貯存資訊的硬碟。核酸由反覆出現且稱為**核苷酸** (nucleotides) 的單元所組成。每一核苷酸都是複雜的有機分子，由三部分所組成 (見圖 3.9a)：一個五碳糖 (藍色區塊)、一個磷酸基 (黃色區塊，PO_4) 以及一個有機含氮鹼基 (橙色)。形成核酸時，附著有含氮鹼基的糖會與另一的糖的磷酸基結合而連成一長串的**聚核苷酸鏈** (polynucleotide chains) (如右圖)。

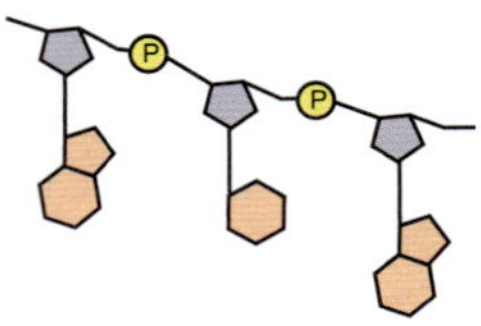

此核酸長鏈如何貯存遺傳資訊？

核酸之所以能攜帶訊息，是由於它們含有不只一種的核苷酸。有五種核苷酸：二個較大的含氮鹼基為腺嘌呤 (adenine) 與鳥嘌呤 (guanine)(圖 3.9b 上排)，三個較小的含氮鹼基為胞嘧啶 (cytosine)、胸腺嘧啶 (thymine) 與尿嘧啶 (uracil)(圖 3.9b 下排)。核酸之所以能編碼訊息，在於改變聚合長鏈上每一位置的核苷酸。

DNA 與 RNA

核酸有二種型式，**去氧核糖核酸** (deoxyribonucleic acid, DNA) 與**核糖核酸** (ribonucleic acid, RNA)，二者都是核苷酸的聚合物。RNA 與 DNA 類似，但有二個主要的化學相異處。首先，RNA 分子含有核糖，其 2′ 碳 (圖 3.9a 標示為 2′ 者) 連接一個羥基 (–OH)，而在 DNA 中，此羥基被一個氫原子所取代。其次，RNA 分子中沒有胸腺嘧啶，而代之以尿嘧啶。在結構上，RNA 是一單股長鏈，細胞使用其製造蛋白質。DNA 的核苷酸序列則決定了蛋白質一級結構的胺基酸序

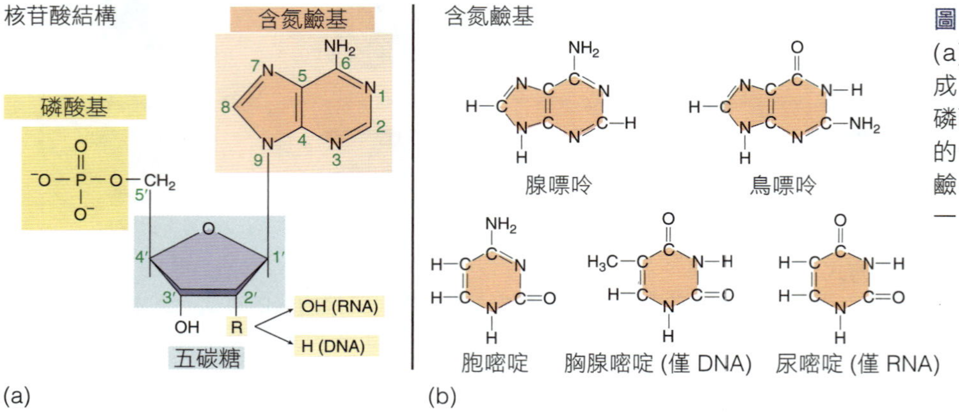

圖 3.9 核苷酸的結構
(a) 核苷酸由三部分組成：一個五碳糖，一個磷酸基，以及一個有機的含氮鹼基；(b) 含氮鹼基可為五者中之任一。

列。

DNA 具有二股互相纏繞的核苷酸鏈，形成**雙股螺旋** (double helix)，有如扭轉的珍珠項鍊。可比較圖 3.10 中藍色的 DNA 雙股螺旋分子與綠色的單股 RNA 分子。

雙股螺旋

為何 DNA 是雙股螺旋 (double helix)？當科學家仔細檢視 DNA 的雙股螺旋結構，他們發現二股的氮基位於內部且彼此相對 (如圖 3.11)。

二股的含氮鹼基位於分子的中間並以氫鍵 (圖中二股間的虛線) 連結，有如二條彼此牽手的人龍。了解 DNA 為何是雙股螺旋關鍵是觀察其氮基：只能有二種鹼基對 (base pairs)。由於二股的距離是固定的，因此二個大分子含氮鹼基是無法配對的－否則會太大而無法安置於二股間；同樣的二個小的含氮鹼基也無法配對，否則雙股會被過度向內拉縮。因此必須一個大分子含氮鹼基與一個小分子含氮鹼基相配對，才能形成雙股螺旋。於任何 DNA 雙股螺旋中，腺嘌呤 (A) 總是與胸腺嘧啶 (T) 配對，而鳥嘌呤 (G) 則與胞嘧啶 (C) 相配對。而 A 無法與 C 配對，以及 G 無法與 T 配對的原因是，它們之間無法形成適當的氫鍵－共享電子的原子無法對齊。

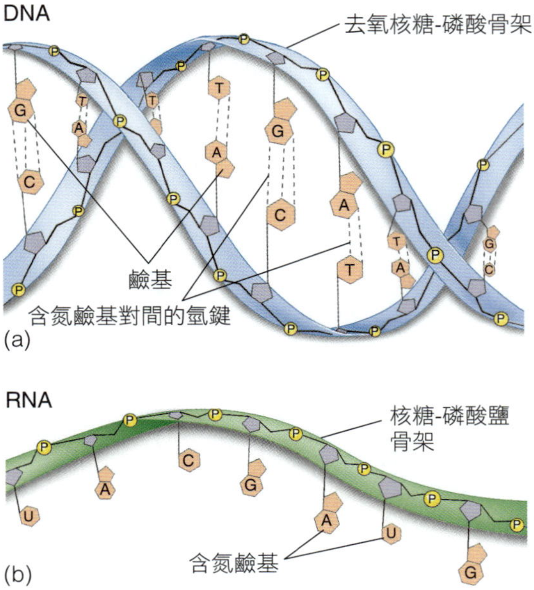

圖 3.10　DNA 與 RNA 結構的不同處
(a) DNA 具有二股互相纏繞的核苷酸鏈；(b) RNA 則為單股。

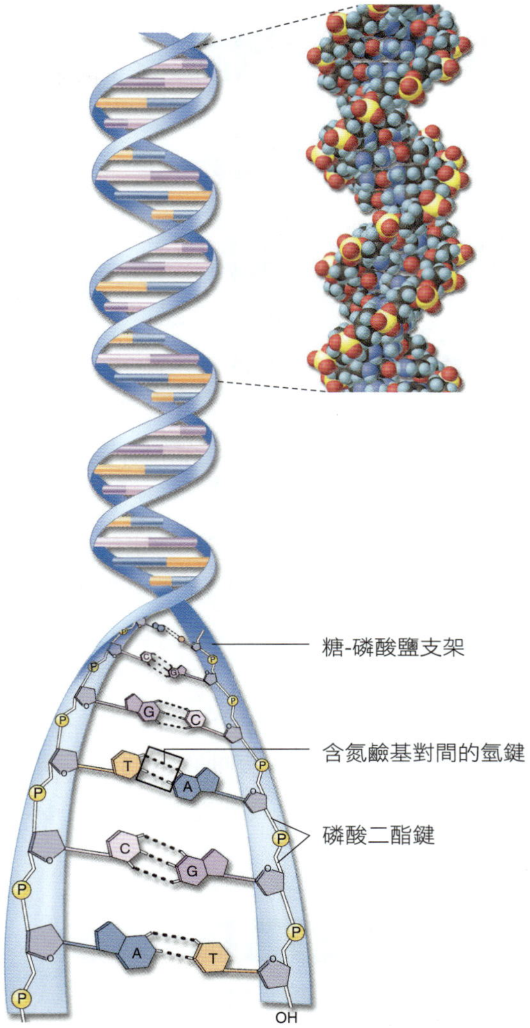

圖 3.11　DNA 雙股螺旋
DNA 分子是由二股聚核苷酸鏈互相纏繞而成的雙股螺旋，其二股是藉由 A–T 與 G–C 間的氫鍵結合在一起。右上方的 DNA 圖是 DNA 的空間填充模型 (space-filling model) 圖，各原子以彩色球體來表示。

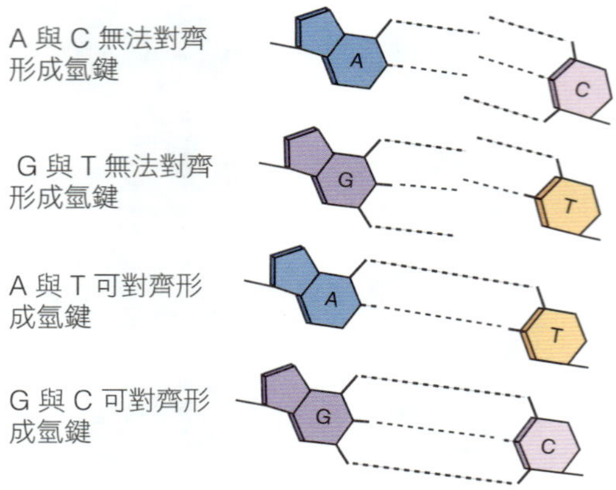

DNA 雙股螺旋間的 A–T 與 G–C 含氮鹼基對，可使細胞以非常簡單的方式來複製資訊。只需如拉鍊般打開雙股，便可加入互補的含氮鹼基來製造新股！這是雙股螺旋的極大優勢－它實際上含有二個拷貝的資訊，其中一股是另一股的鏡像。如果一股的序列是 ATTGCAT，則雙股螺旋上相對股的序列一定是 TAACGTA。如此忠實地將遺傳資訊傳給下一代，就是此簡單的複式記帳法最直接之結果。

關鍵學習成果 3.3

DNA 的核酸是由核苷酸長鏈構成。核苷酸序列則決定了蛋白質胺基酸的序列。

3.4 碳水化合物

稱為碳水化合物 (carbohydrates) 的聚合物，可構成細胞的構造骨架，並在能量貯存上擔任關鍵的角色。碳水化合物是任何含有碳、氫、氧且比例為 1:2:1 的分子。由於其含有許多碳-氫 (C–H) 鍵，碳水化合物非常適合貯存能量。生物最常將此 C–H 鍵打斷，以獲取能量。表 3.2 列出一些碳水化合物的例子。

簡單碳水化合物

最簡單的碳水化合物稱為簡單糖 (simple sugars) 或**單醣** (monosaccharides)(源自拉丁文 mono，單一，saccharon，甜)。此類分子只有一個次單元。例如，葡萄糖 (glucose) 可將能量攜帶到身體的細胞中，是由六個碳連成一串所構成，其分子式是 $C_6H_{12}O_6$ (圖 3.12)。

當把葡萄糖置入水中，碳鏈會形成如圖右下角的環狀。在圖左下方，則是將原子以「3-D」方式做成空間填充模型。另一種簡單碳水化合物則是雙醣 (disaccharide)，為二個單醣經由脫水反應而連結在一起所形成。圖 3.13 中可見到蔗糖是將二個六碳醣，一個葡萄糖與一個果糖連結在一起而形成的。

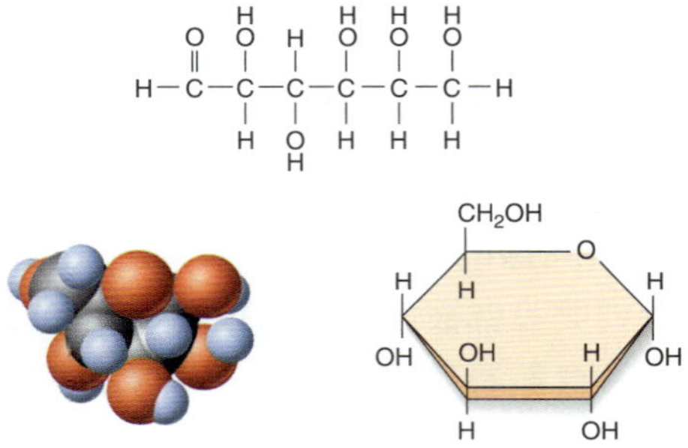

圖 3.12　葡萄糖結構
葡萄糖為一種單醣，是六個碳連成一串的分子，當加入水時則會形成環狀。此圖繪出葡萄糖的三種圖示法。

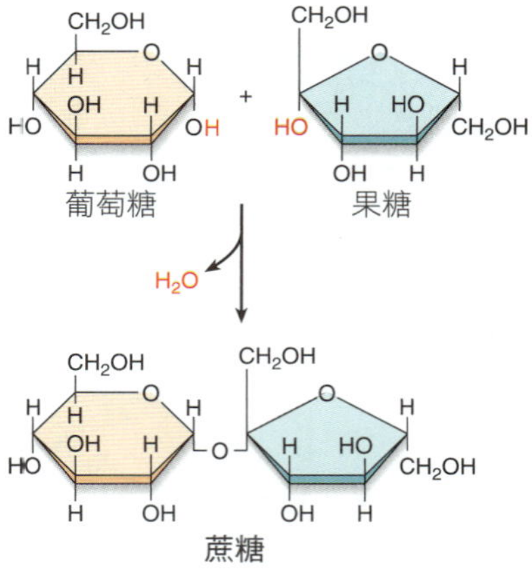

圖 3.13　蔗糖的形成
蔗糖是雙醣，是葡萄糖與果糖經脫水反應而成。

表 3.2 碳水化合物及其功能

碳水化合物	舉例	描述
運輸性雙醣		
	乳糖 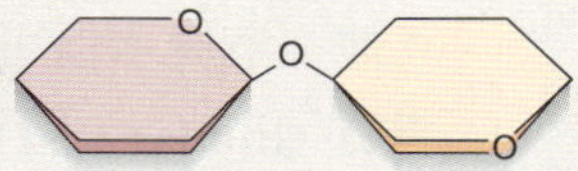	在某些生物中，葡萄糖是以雙醣方式來運送，因此較不會被代謝掉，因為此生物之代謝葡萄糖的酵素無法將雙醣間的鍵結打斷。乳糖是一種雙醣，許多哺乳類用含有乳醣的乳汁餵養與提供能量給牠們的子嗣。
	蔗糖 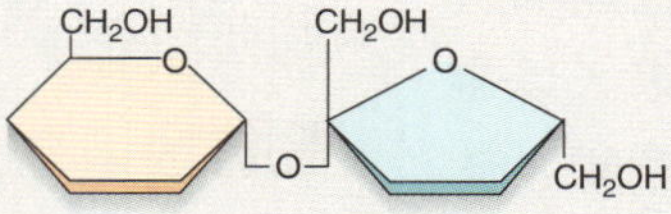	另一種運輸性的雙醣是蔗糖。許多植物以蔗糖的方式來運送葡萄糖到植株各處。蔗糖是從甘蔗中製出的醣類。
貯存性多醣		
	澱粉 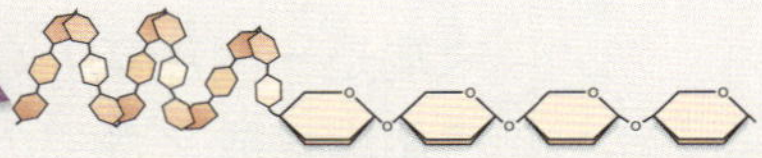	生物用稱為多醣的葡萄糖長鏈來貯存能量，此長鏈於水中會捲曲而不溶於水，適合貯存。於植物中發現的貯存多醣稱為澱粉，澱粉鏈可有分枝或無分枝。馬鈴薯與例如玉米和小麥的穀物中皆可發現澱粉。
	肝醣 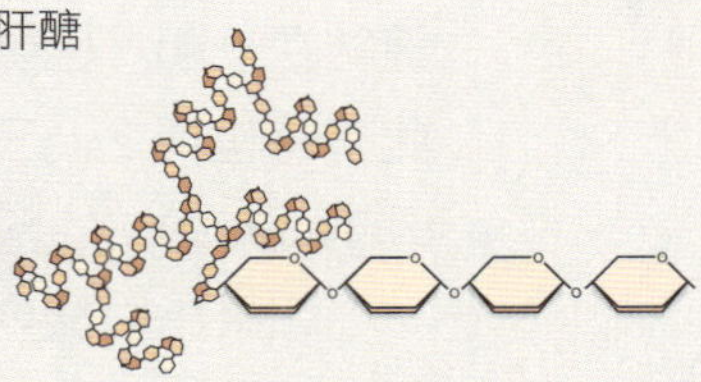	於動物中，葡萄糖以肝醣的型式來貯存。肝醣與澱粉類似，由葡萄糖長鏈組成，於水中會捲曲而不溶於水。但肝醣比澱粉更長鏈，且分枝也更多。肝醣可貯存於肌肉與肝臟中。
構造性多醣		
	纖維素 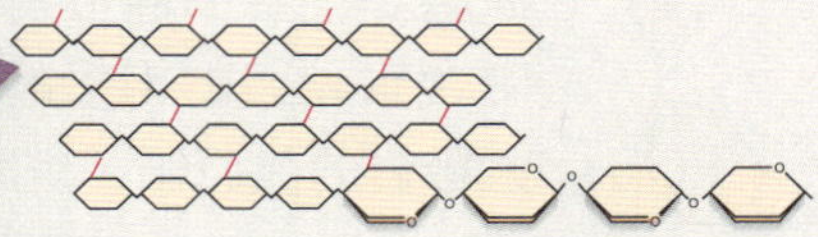	纖維素是構造性多醣，出現在植物的細胞壁；其葡萄糖的連接方式非常難以直接打斷。大多數生物缺乏可分解纖維素的酵素。一些生物，例如牛，可藉助共生於其消化道中的細菌與原生動物來提供分解酵素，將纖維素分解掉。
	幾丁質 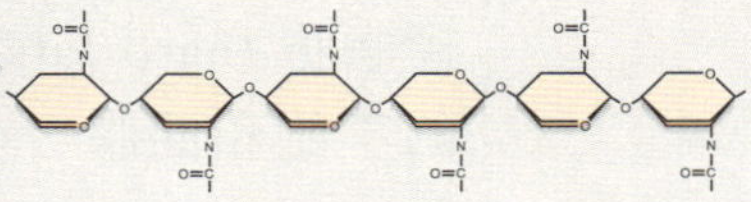	幾丁質是一種出現於許多無脊椎動物外骨骼上的構造性多醣。例如昆蟲與甲殼類，以及真菌的細胞壁都含有幾丁質。幾丁質是一種纖維素的變體，在葡萄糖單元上具有一個含氮的官能基。當其與蛋白質交互結合時，會形成非常強硬而具抵抗力的外表物質。

複雜碳水化合物

生物可將水溶性的糖，轉換成非水溶性的形式存放在身體的特定部位，以貯存代謝的能量。其秘訣是將糖連結成長鏈的聚合物，稱為**多醣** (polysaccharides)。植物與動物均可將葡萄糖轉換成多醣來貯存。植物用來貯存能量的多醣是**澱粉** (starch)。而動物貯存能量的多醣則是**肝醣** (glycogen)，為一種非水溶性的巨分子，是有許多分枝的葡萄糖聚合物。

植物與動物也用葡萄糖長鏈作為建構材料，將糖以不同角度與方向連結起來，以避免被許多酵素辨識。這些構造性的多醣，於動物是**幾丁質** (chitin)，於植物則是**纖維素** (cellulose)。植物的纖維素堆積在細胞壁處，如圖 3.14 所示的纖維素長鏈，人類無法消化它，是我們食物中的纖維。

關鍵學習成果 3.4

碳水化合物是由碳、氫、氧所構成的分子。如為糖，它們貯存能量於 C–H 鍵。如為多醣長鏈，它們可提供結構的支撐。

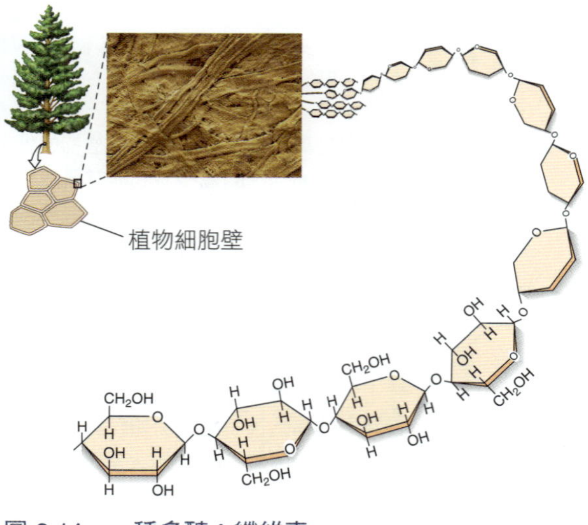

圖 3.14　一種多醣：纖維素
纖維素多醣類出現於植物的細胞壁，是由葡萄糖單元所組成。

3.5　脂質

為了長期貯存能量，生物會將葡萄糖轉換成脂質，脂質含有比碳水化合物更多的 C–H 鍵，是另一種貯存能量的分子。脂肪 (fats) 與其他不溶於水但可溶於油的生物分子，統稱為**脂質** (lipids)。脂質之所以不溶於水，不僅是因為其具有如澱粉般的長鏈，同時也因為它們不具有極性。於水中，脂質會彼此相聚集，因為它們無法與水分子形成氫鍵。這就是為何當將油與水混合時，油層會浮於水面的原因。

脂肪

脂肪分子是由二種次單元組成的脂質：脂肪酸 (圖 3.15a 中灰色區塊) 與甘油 (橘色區塊)。**脂肪酸** (fatty acid) 是一長鏈的碳原子與氫原子 (稱為碳氫化合物，hydrocarbon)，長鏈末端是一個羧基 (–COOH)。**甘油** (glycerol) 的三個碳構成之骨架，可與脂肪酸經脫水作用而相連，產生脂肪分子。這就是為何圖 3.15a 中脂肪酸的羧基不明顯的緣故；因為它們與甘油鍵結在一起。因為脂肪分子有三個脂肪酸，因此有時也稱之為**三酸甘油酯** (triacylglycerol 或 triglyceride)。

如果脂肪酸內部所有的碳都與滿載的 2 個氫原子形成共價鍵，這種脂肪酸就稱為**飽和** (saturated) 的脂肪酸 (圖 3.15b)，飽和脂肪於室溫狀態下是固體的。另一方面，若脂肪酸鏈中含有碳與碳相接的雙鍵，使其無法載有最大數目的氫原子，就稱為**不飽和** (unsaturated) (圖 3.15c)。這種雙鍵會造成脂肪酸的扭折，因此於室溫下成為液態的油。許多植物的脂肪是不飽和的油脂，但動物則常為飽和的硬脂肪 (hard fats)。在某些情況下，食物中的不飽和油脂，可用人工的方法將其氫化 (hydrogenated)(工業化添加氫原子) 使其更飽和，以延長此類食品的貨架保存期。而在某些

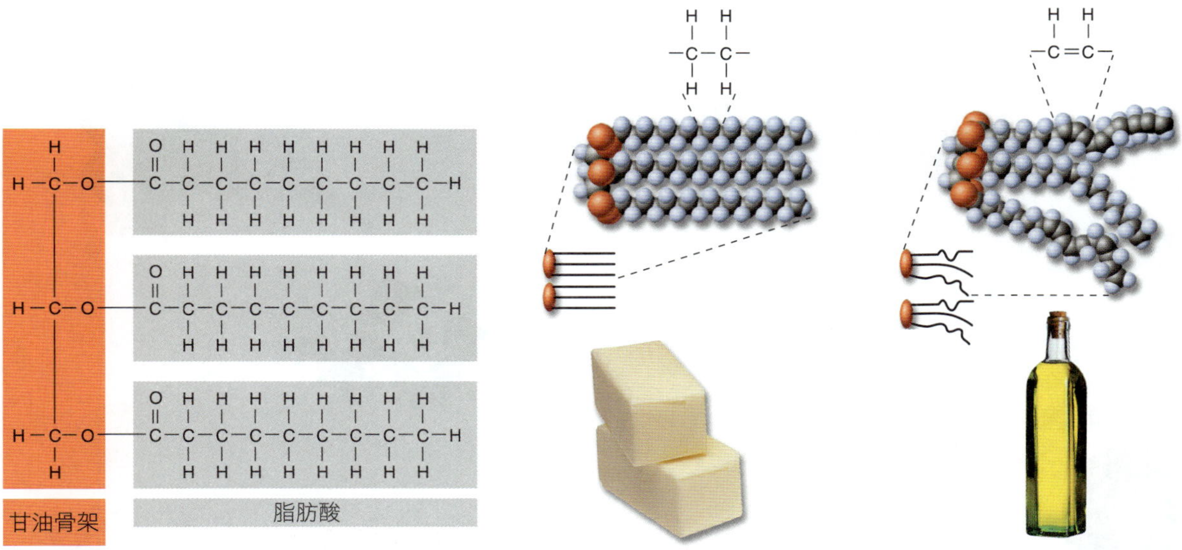

(a) 脂肪分子 (三酸甘油酯)

(b) 硬脂肪 (飽和的)：脂肪酸的所有碳間都是單鍵。

(c) 油脂 (不飽和的)：脂肪酸的碳間具有雙鍵。

圖 3.15　飽和與不飽和脂肪

(a) 每個脂肪分子具有一個三碳的甘油，其上連有三個脂肪酸；(b) 大多數動物脂肪為「飽和」的 (每一碳原子上連滿最高數目的氫原子)，其脂肪酸鏈緊密相聚，這種三酸甘油脂的排列使其不易動彈，稱為硬脂肪；(c) 大多數植物脂肪則是不飽和的，使其三酸甘油酯間不易互相緊聚，因此成為流動的油狀。

情況下，這種氫化過程會產生*反式脂肪* (trans fats)，這也是一種不飽和脂肪，但其雙鍵的扭折程度低於天然的不飽和脂肪酸。反式脂肪與飽和脂肪都會增加心臟疾病的風險。

其他型式的脂質

生物也含有其他型式的脂質，扮演了細胞內除了貯存能量以外的其他功能。男性與女性的性荷爾蒙，睪固酮 (testosterone) 與雌二醇 (estradiol) 是一種稱為*類固醇* (steroids) 的脂質。與圖 3.15 的飽和脂肪不同，類固醇含有多環結構，看起來類似六角型網格的鐵絲網。其他重要的生物脂質還包括磷脂類 (phospholipids)、膽固醇 (類固醇的一種)、橡膠、蠟質以及色素，例如使植物呈現綠色的葉綠素以及使眼睛感測光線的視網膜色素 (見圖 3.16)。

請見圖 3.17，有二種與細胞膜有關的脂質：*磷脂* (phospholipid) 分子與*膽固醇* (cholesterol)。

磷脂是從三酸甘油酯的分子變異而來，其中甘油的一條脂肪酸鏈被含有磷酸的官能基所取代 (請比較圖 3.15a 與圖 3.16a)。因此磷脂分子具有一個極性的頭，與二條非極性的尾部。在水中，非極性的尾部會因其疏水性而聚集在一起，而極性的頭部則與水分子交互作用。這種交互作用會使其排列成二層分子的脂雙層 (lipid bilayer)，非極性的尾部位於內部。所有的生物膜，無論是包覆在細胞外面的膜或是細胞內的膜，都具有此種排列方式。大多數動物細胞膜還含有類固醇類的膽固醇，是一種具有四個環的脂質 (圖 3.16b)。膽固醇可使細胞膜更具彈性，但過度攝取飽和脂肪，會與膽固醇結合而堆積在血管內，引發血管堵塞、高血壓、中風和心臟病。第 4 章將詳細討論細胞膜。

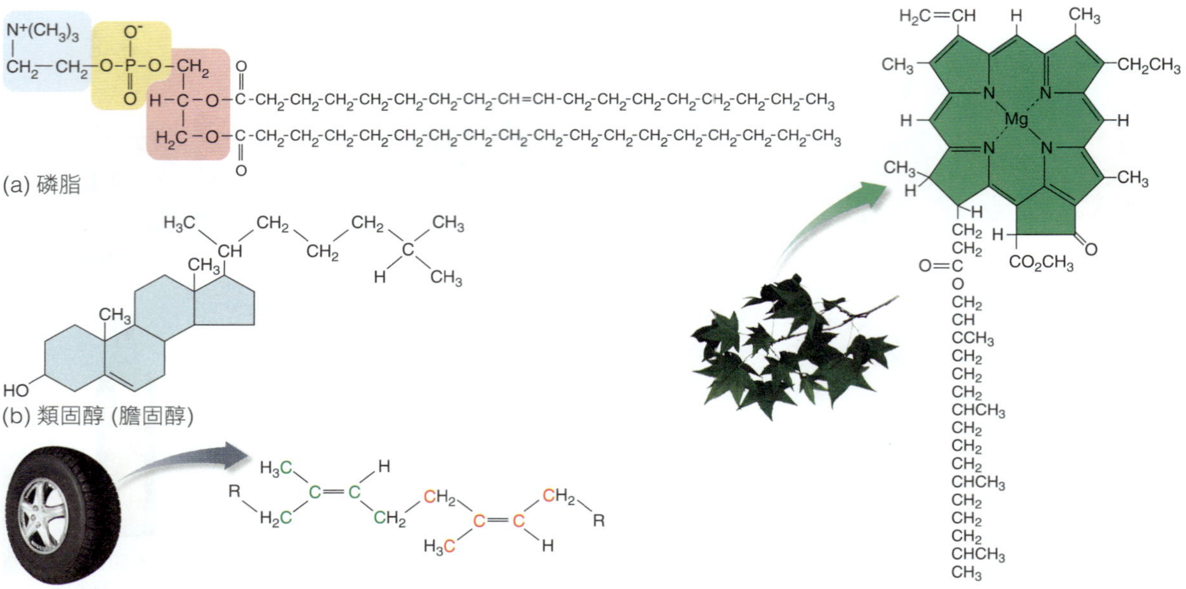

(a) 磷脂

(b) 類固醇 (膽固醇)

(c) 天然橡膠 (順-聚異戊二烯)

(d) 葉綠素 *a*

圖 3.16　脂質分子的類型

(a) 一個磷脂分子很類似脂肪分子，唯一不同處是其中一條脂肪酸鏈被一個具極性的磷酸鹽官能基所取代；(b) 類固醇類，如膽固醇，是具有複雜結構的脂質；(c) 天然橡膠是一個稱為異戊二烯 (isoprene) 之五個碳為單元的線條狀聚合物 (本圖顯示出二個異戊二烯單元，其中一個所有的碳用綠色顯示，另一個則用紅色顯示)。橡膠是從橡膠樹的乳汁所製成的，可用在許多物品上，例如汽車輪胎；(d) 葉綠素 *a* 具有複雜的多環構造以及一條很長的碳氫鏈。葉綠素是進行光合作用的主要的色素，可使葉片呈現綠色。

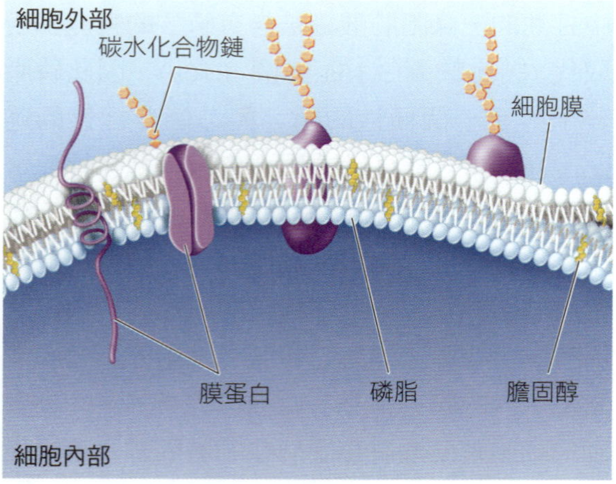

圖 3.17　脂質是細胞膜的關鍵成分

脂質是人體中最常見的分子之一，因為我們身體上所有 10 兆個細胞的膜，大部分都是由稱作磷脂的脂質所構成。膜上還含有另一種脂質，即膽固醇。

關鍵學習成果 3.5

脂質不溶於水。脂肪含有貯存能量的脂肪酸次單元。其他脂質包括磷脂、類固醇與橡膠。

複習你的所學

形成巨分子

聚合物由單體建構而成

3.1.1 生物會產生有機巨分子，是以碳為基礎的大分子。這些分子的特性是來自於與碳核心相連的官能基。

3.1.2 稱為巨分子的大分子是經由脫水反應形成的，其中稱為單體的次單元是以共價鍵相連接。此反應稱為脫水反應，因為過程中會釋出一個水分子。

- 將巨分子分解的過程稱為水解反應，一個水分子會被裂解成 H^+ 與 OH^-。
- 多肽鏈是由胺基酸次單元相連接而成。核酸是由核苷酸單體連接而成。碳水化合物是由單醣單體連接而成。脂肪酸是一種單體，當其相連結後可形成一種稱為脂肪的脂質。

巨分子種類

蛋白質

3.2.1 蛋白質是一種巨分子，於細胞中執行許多功能。它們是由胺基酸次單元連接而成的多肽鏈所組成。

- 蛋白質中可發現 20 種胺基酸，所有的胺基酸都具有相類似的核心結構，彼此不同之處在於連接於其核心上的官能基。此官能基常以 R 代表，賦予了此胺基酸的化學特性。

3.2.2 胺基酸間以共價鍵相連接，稱為肽鍵。

3.2.3 一個多肽鏈上的胺基酸序列，稱為蛋白質的一級結構。胺基酸鏈可纏繞出二級結構，當氫鍵將此多肽鏈折疊成螺旋狀排列時，稱為 α-螺旋，或是折疊成平板狀排列時，稱為 β-褶板。

3.2.4 當環境狀況改變時，會破壞氫鍵，使得一個蛋白質展開，稱為變性。

3.2.5 一個球蛋白如果被變性後，則會失去其功能。蛋白質的結構決定了其功能。

3.2.6 伴護蛋白可協助胺基酸鏈折疊出正確的形狀。

3.2.7 一些疾病是由於折疊錯誤而不具功能的蛋白質所造成。

核酸

3.3.1 核酸是由核苷酸組成的長鏈，例如 DNA 與 RNA。核苷酸包含三部分：一個五碳糖，一個磷酸基，以及一個含氮鹼基。DNA 與 RNA 在細胞中擔任訊息的貯存分子，帶有建構蛋白質的訊息。訊息貯存方式是其上核苷酸序列的不同。

3.3.2 DNA 與 RNA 在化學結構上的不同處為，DNA 含有去氧核糖，而 RNA 則為核糖。DNA 具有的核苷酸是胞嘧啶、腺嘌呤、鳥嘌呤與胸腺嘧啶。而在 RNA 中，除了胸腺嘧啶被尿嘧啶取代外，其餘的核苷酸都相同。

- DNA 與 RNA 的結構也不相同。DNA 由二股核苷酸鏈互相纏繞成雙股螺旋，而 RNA 則是單股的核苷酸鏈，如圖 3.10 所示。

3.3.3 DNA 雙股螺旋的二股核苷酸鏈是由具有高度方向性的氫鍵所結合在一起，其氮基間的氫鍵結合方式是腺嘌呤 (A) 配胸腺嘧啶 (T)，以及胞嘧啶 (C) 配鳥嘌呤 (G)。

碳水化合物

3.4.1 碳水化合物也常被稱為醣類，為一種巨分子，在細胞中有二種功能：結構骨架與能量貯存。

- 只具有一或二個單體的碳水化合物稱為簡單醣類。如碳水化合物由長鏈的單體所構成，就稱為複雜碳水化合物或多醣類。

3.4.2 如澱粉與肝醣類的多醣類，提供一個細胞貯存能量的功能。而如纖維素與幾丁質類的碳水化合物，不易被其他生物消化，提供了結構上的完整性。

脂質

3.5.1 脂質是非極性的大分子，不溶於水。脂肪可提供能量的長期貯存，包括飽和脂肪與不飽和脂肪。飽和脂肪在室溫時為固體，常出現於動物體中，而不飽和脂肪於室溫時則為液態 (油)，常出現於植物體。

3.5.2 其他脂質包括類固醇 (包含性荷爾蒙與膽固醇)、橡膠以及例如葉綠素之色素類，均具有非常不同的結構與功能。所有細胞都被一個稱為脂雙層的原生質膜所包覆，由二層非常具有極性的磷脂分子所構成。

測試你的了解

1. 四種有機巨分子為
   a. 羥基、羧基、胺基、與磷酸基
   b. 蛋白質、碳水化合物、脂質與核酸
   c. DNA、RNA、簡單醣類與胺基酸

d. 碳、氫、氧與氮

2. 許多有機分子是由單體構成。下列何者不是有機分子的單體？

a. 胺基酸　　c. 多肽鏈
b. 單醣　　d. 核苷酸

3. 身體中有許多種蛋白質，每一種都有其特殊的胺基酸序列，可決定其特定的________與特定的________。

a. 數目、重量　　c. 結構、功能
b. 長度、質量　　d. 電價、pH

4. 下列何者胺基酸可出現於一個球蛋白的內部？

a. 天門冬醯胺酸 (asparagine)
b. 苯丙胺酸 (phenylalanine)
c. 天冬胺酸 (aspartic acid)
d. 一個極性胺基酸

5. 一個單一次單元的蛋白質，加熱變性後會失去其

a. 一級結構　　c. 胺基酸序列
b. 二級結構　　d. 四級結構

6. 下列何者不是結構蛋白質的功能？

a. 催化　　c. 決定形狀
b 肌肉收縮　　d. 構造強度

7. 一個普里昂蛋白是一種

a. 動物病毒　　c. 裸露的 DNA 分子
b. 折疊錯誤的蛋白質　　d. 質體

8. 核苷酸由以下所有物質組成，除了何者以外？

a. 五碳醣　　c. 六碳醣
b. 含氮鹼基　　d. 磷酸基

9. 如果 DNA 雙股中的一股序列是 TAACGTA，則其另一股上的序列一定是

a. TAACGTA　　c. ATTGCAT
b. ATGCAAT　　d. TACGTTA

10. 下列何者碳水化合物，不會出現於植物中？

a. 肝醣
b. 纖維素
c. 澱粉
d. 以上皆可出現於植物中

11. 動物的飽和脂肪，不同於與植物不飽和脂肪處為

a. 室溫下為固體
b. 不溶於水
c. 含有三個脂肪酸
d. 在脂肪酸鏈中含有雙鍵

Chapter 4

細胞

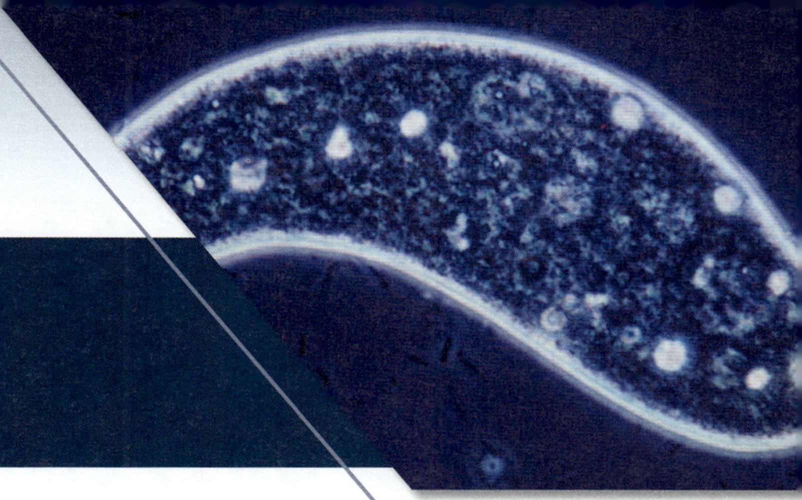

這個看起來令人驚恐的生物，是一個放大一千倍 *Dipeptus* 屬的單細胞生物。由於太小，肉眼無法看得見，是一滴池水中的數百種生物之一員。*Dipeptus* 僅能利用此微小細胞所提供的裝備，來進行任何生物都不可或缺的求生與繁殖功能。正如同你用腳來走路，*Dipeptus* 利用細胞表面上的毛狀突起物 (稱為纖毛)，在水中划動來推動身體前進。正如同大腦是你身體的控制中心，*Dipeptus* 利用其細胞內部的細胞核，來控制這個複雜又具活力的細胞之所有活動。*Dipeptus* 沒有嘴巴，但可從體表攝食食物顆粒與其他分子。這個多才多藝的原生生物，之所以能進行如此複雜的生活，是由於其細胞內部區隔出許多空間，每一空間可執行不同的活動。細胞功能的特化是一項強大的進展，可使其更有組織，這是所有真核細胞都具備的特性。

細胞世界

4.1 細胞

抬起手指仔細看一下，你能見到什麼？皮膚。看起來飽滿而平滑，有著摺紋線條，摸起來有彈性。但是如果取下一小片放在顯微鏡下觀察，看起來就大不相同了。不規則的個體擠壓在一起，有如屋頂上的瓦片。圖 4.1 將進行一趟手指頭之旅。在 ❸ 與 ❹ 中所見到之擠壓在一起的個體是皮膚細胞，排列成屋瓦狀。再往下走，你將進入一個細胞內，可看到胞器 (organelles)，以及執行各種特定功能的構造。更進一步，會見到組成這些構造的分子，直到最後區塊 ❽ 與 ❾ 的原子。有些生物是由單一細胞構成，而人體則是由許多細胞組成。一個人體中的細胞數目，有如銀河中的星星那麼多，大約介於 1~10 兆個細胞之間 (依體型的大小而定)。但是所有的細胞都很小，本章我們將仔細觀看一個細胞，介紹它們內部的結構，以及它們如何與環境溝通。

細胞學說

由於細胞很小，直到 17 世紀發明顯微鏡以前都沒有人見過它們。虎克 (Robert Hooke) 於 1665 年用他自製的顯微鏡觀察一個沒有生命之軟木栓的薄切片，首次描述了細胞。虎克看到如蜂窩般的微小空間 (因為細胞已經死亡)，他將這種小空間稱之為 cellulae (拉丁文，小房間)。

此名詞最終成為**細胞** (cells)。然而之後的一個半世紀，生物學家始終未能看出細胞的重要性。直到 1838 年，植物學家許來登 (Matthias Schleiden) 經由仔細觀察植物組織，提出了細胞學說的第一個論述。他述說所有的植物「都是個別的、獨立的、分離的細胞本身之聚合體」。1839 年，許旺 (Theodor

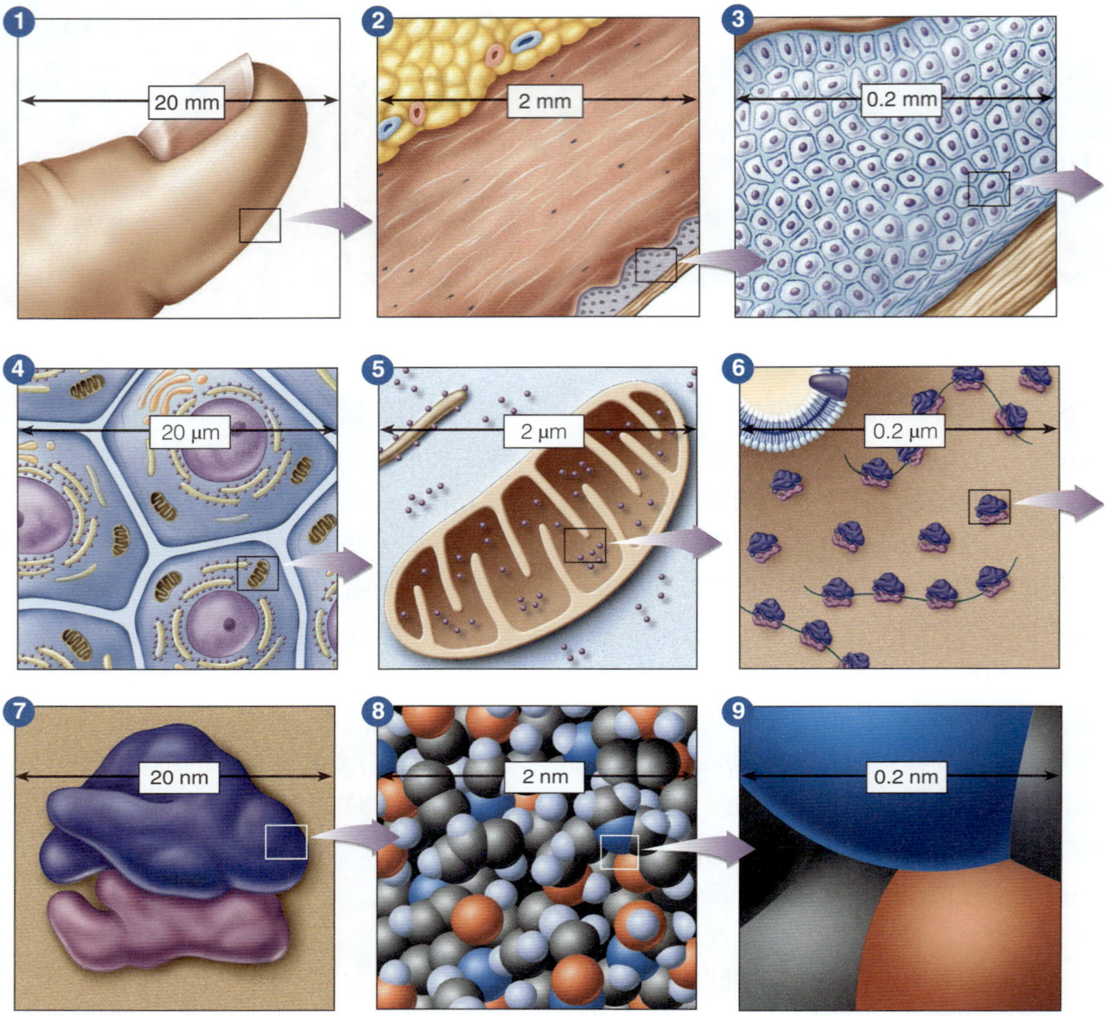

圖 4.1 細胞及其內含物的大小

此圖顯示人類皮膚細胞以及其胞器的大小。一般來說，人類的皮膚細胞 ❹ 稍小於 20 微米 (μm)，粒線體 ❺ 為 2 μm，核糖體 ❼ 為 20 奈米 (nm)，蛋白質分子 ❽ 為 2 nm，一個原子 ❾ 則為 0.2 nm。

Schwann) 則報導動物組織也是由個別的細胞所組成。

所有生物都是由細胞構成的想法，就稱為**細胞學說** (cell theory)。現今的細胞學說包括以下三個原則：

1. 所有的生物都由一或多個細胞構成，生命的程序都發生於細胞內。
2. 細胞是最小的生命構造，任何比細胞小的物質都不被認為具有生命。
3. 細胞均由先前已經存在的細胞分裂而來。雖然生命很可能是由早期地球的環境自然產生，但生物學家一致認為現今的環境不會有細胞自然產生。地球上的所有生命，都是早期細胞的後代。

大多數細胞都非常小

大多數細胞都很小，但尺寸並不都相同。人體細胞的直徑介於 5 到 20 微米 (micrometer, μm，百萬分之一公尺) 之間，肉眼無法看得到。細菌細胞更小，只有 1 微米。但是也有一些細胞較大，例如一種海藻細胞可長達 5 公分，與你的小手指長度相當。

為何大多數細胞都很微小？這是由於大細胞的功能效率較差之故。每個細胞的中央，是其發號施令的中心，指揮酵素的合成、物質的進出、合成細胞的成分等。這些命令必須由中心傳送到細胞各角落，在大細胞中，它們需花費較長的時間才能傳送到作用部位。因此生物由很小的細胞組成比大細胞組成更具優勢。

另一個原因則是可具有較大**表面積-體積比** (surface-to-volume ratio) 的優點。當細胞變大時，體積的增加較面積的增加快。一個圓形細胞，面積的增加為半徑的平方，但體積的增加則為半徑的立方。請見圖 4.2 中的二個細胞：右方大細胞的直徑是小細胞的十倍大，其面積為 100 倍大 (10^2)，但體積則是 1,000 倍大 (10^3)。細胞表面可提供細胞內部唯一對外與環境互動的機會，使物質得以透過表面而進出細胞。大細胞每一單位體積所具有的表面積遠比小細胞來得少。

然而一些大細胞卻因為其構造上的特性，

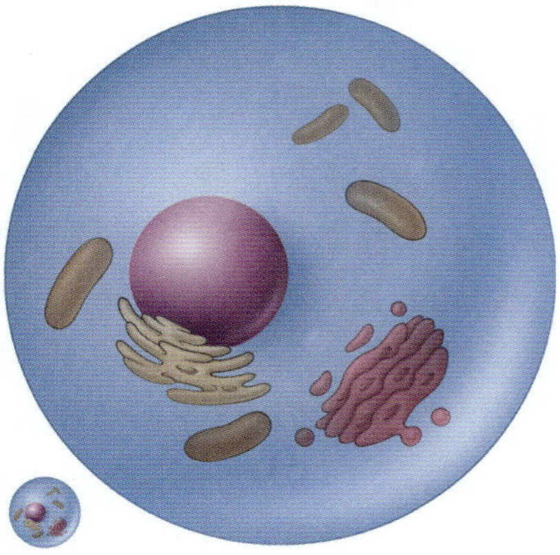

細胞半徑 (r)	1 單位	10 單位
表面積 ($4\pi r^2$)	12.57 單位^2	1,257 單位^2
體積 ($\frac{4}{3}\pi r^3$)	4.189 單位^3	4,189 單位^3

圖 4.2　表面積-體積比
當細胞變大，其體積的增加比面積的增加快。如果細胞半徑增加 10 倍，面積可增加 100 倍，但是體積卻可增加 1,000 倍。一個細胞的表面積必須夠大，才能提供其內容物的需求。

可增加其表面積，因而能充分發揮其功能。例如神經系統中的神經元 (neurons) 細胞非常細長，甚至有些可長達一公尺。這些細胞可有效地與環境互動，因為它們既細又薄，有時比一微米還細，因此其內部距離表面並不遠。

另一種細胞可增加表面積的結構，是產生許多「指狀」的突起物，稱為微絨毛 (microvilli)。人類消化系統的小腸表面細胞就布滿了微絨毛，可大幅增加其表面積。

除了少數例外，細胞很少會超過 50 微米。那些體型大的生物，通常具有非常多的細胞。將許多小細胞聚集在一起，多細胞生物便可大大增加了它們的表面積-體積比。

細胞結構的概觀

所有細胞都被一層精巧的*原生質膜* (plasma membrane) 所包覆，可控制水與溶質的進出，而半固態的*細胞質* (cytoplasm) 則充滿細胞內部。以往曾認為細胞質是均一的，好像果凍一般；但現在則已知細胞質是具有高度的結構性的。例如人體細胞具有一個內部的架構，不但賦予細胞形狀，而且一些物質成分在其內部具有特定的位置。

觀看細胞

有多少細胞大到可被我們的肉眼看見？除了卵細胞外，並不多 (圖 4.3)。大多數細胞比本文中的句點還小。

解析度問題　如細胞小到肉眼無法看得見，我們如何研究細胞？關鍵在於先了解我們為何看不見它們。我們之所以看不見微小的物品，在於受到眼睛解析度的限制。**解析度** (resolution，也可譯為解像力) 的定義是，能夠區別出二個分別的點之最小距離。在圖 4.3 中的視覺尺度表上，可看到人類肉眼的解析度 (底部的藍色條塊) 大約是 100 微米。這種限制是由於當二個物件相距約 100 微米時，眼底的

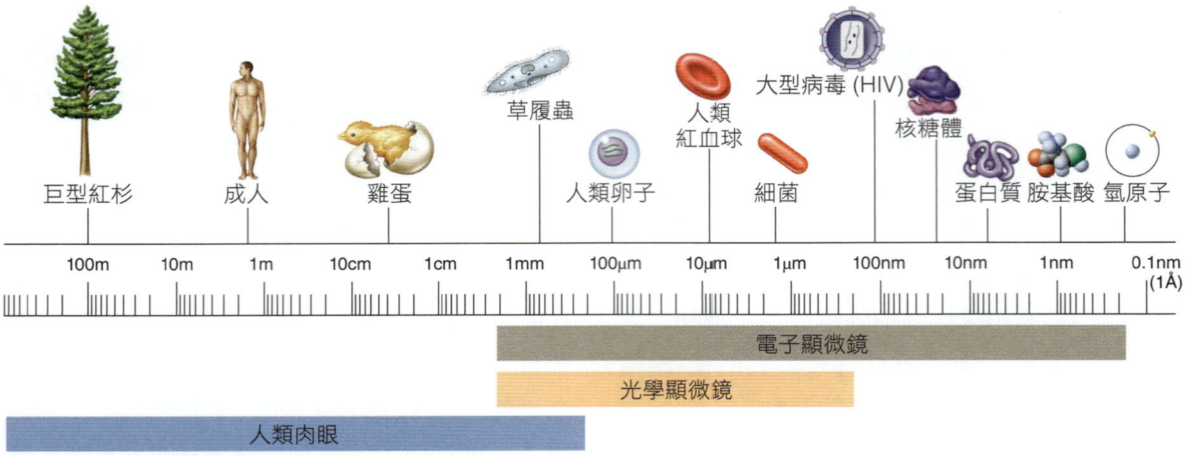

圖 4.3　視覺尺度
大多數細胞非常微小，雖然脊椎動物的卵可大到用肉眼看得見。細菌細胞則只有 1~2 微米大。

「感測」(detector) 細胞只能接受到相同的一個光線刺激。只有當物件相距超過 100 微米時，光線才會刺激到不同的細胞，使眼睛能解析它們是二個物體。

顯微鏡　一個增加解析度的方法，是增加放大倍率，使小的物體看起來更大。虎克與雷文霍克 (Anton van Leeuwenhoek) 使用玻璃透鏡將細胞放大，使其突破人眼的 100 µm 限制。玻璃透鏡可增加聚焦倍率，使物體看起來更接近，因此進入眼睛的影像會變大。

現代的光學顯微鏡 (light microscope) 使用二個放大透鏡 (以及許多校正透鏡) 來得到很高的放大倍率與清晰度。第一個透鏡將影像聚焦放大投射到第二個透鏡上，然後經再一次放大後投射到眼底。這種使用數種放大透鏡的顯微鏡，就稱為**複式顯微鏡** (compound microscopes)。它們可解析出相距 200 奈米 (nanometer, nm) 的構造。表 4.1 上半部之前六個影像，都是光學顯微鏡下看到的影像。

增加解析度　即使是複式光學顯微鏡，也無法解析出許多細胞內部的構造。例如一個僅 5 奈米厚的物質。為何不於顯微鏡中再添加一個放大階段，來增加其解析力？由於二物體相距僅數百奈米時，從此二影像反射出的光線就會重疊，唯一使其不重疊的方法就是使用更短波長的光線。

其中一種使影像不重疊的方法，就是使用電子束。電子束的波長非常短，因此使用電子束的顯微鏡，其解析度可達光學顯微鏡的 1,000 倍。**穿透式電子顯微鏡** (transmission electron microscope, TEM) 用來觀察影像的電子會穿透標本，其解析度可達 0.2 奈米，僅為氫原子的二倍大！表 4.1 左下角的圖片是使用 TEM 所捕捉到的影像。

第二種電子顯微鏡是**掃描式電子顯微鏡** (scanning electron microscope, SEM)，將電子束照射到標本的表面，電子束從標本表面反射出來，協同標本因撞擊而釋出的電子，共同被放大與轉換到銀幕上形成影像。掃描式電子顯微鏡可形成顯著的 3-D 影像，使我們對許多生物與物理現象有更深的認識。表 4.1 右下角的圖片為一張 SEM 影像。

將特殊分子染色以便觀察細胞構造　使用染劑將細胞特殊的分子染上顏色，成為觀察與分析細胞構造的一項強大工具。多年來，此方法已被用來分析組織樣本，或稱之為組織學，同時

表 4.1　顯微鏡的種類

光學顯微鏡

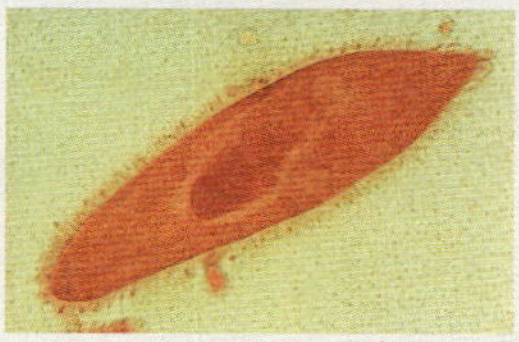

28.36 μm

亮視野顯微鏡：光線穿透標本，對比不明顯。因此可用染色來改善對比，但須先固定細胞 (細胞會死亡)，此過程會造成細胞成分的失真或改變。

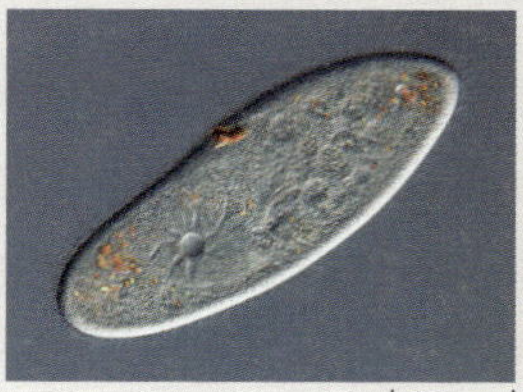

26.6 μm

微分干涉位相差顯微鏡：偏移位相的光波造可成對比上之差異，當此光波與二束非常靠近的光線合併時，可產生更明顯的對比，尤其是在一個構造的邊緣處。

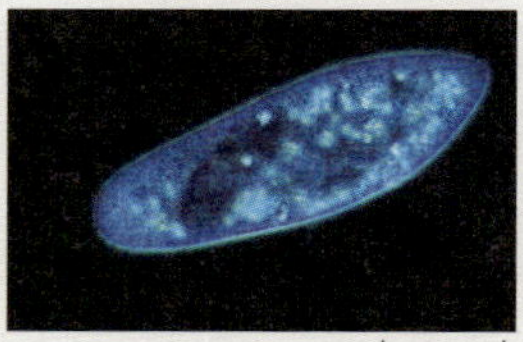

67.74 μm

暗視野顯微鏡：光線以某個角度射入標本；一個聚光鏡僅傳輸從標本反射的光線，因此背景成為黑色，而標本則是亮的。

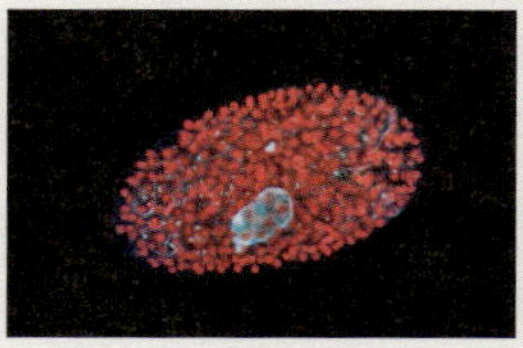

螢光顯微鏡：將標本以螢光染劑染色，其發出的螢光通過一組只讓螢光通過的濾鏡。本圖像顯示出，草履蟲細胞內部共生藻類的葉綠素所發出之紅色螢光。

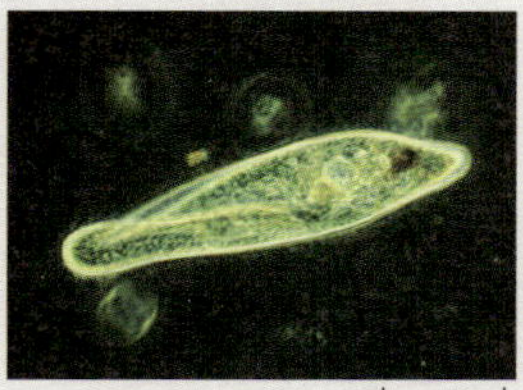

32.81 μm

位相差顯微鏡：顯微鏡的組件將光波的位相加以偏移，當光波重新組合時會產生位相的對比與亮度上的差異。

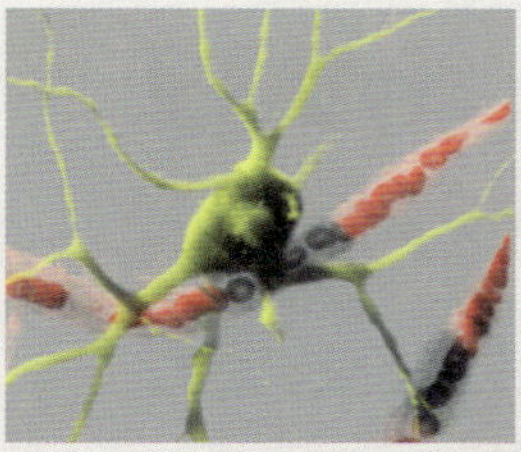

共軛焦顯微鏡：雷射光聚焦於一點，然後從二個方向來掃描一個標本。所產生的一個清晰平面影像，不會受到另一個影像的干擾。螢光染劑加上電腦強化的假色，使影像更清楚。

電子顯微鏡

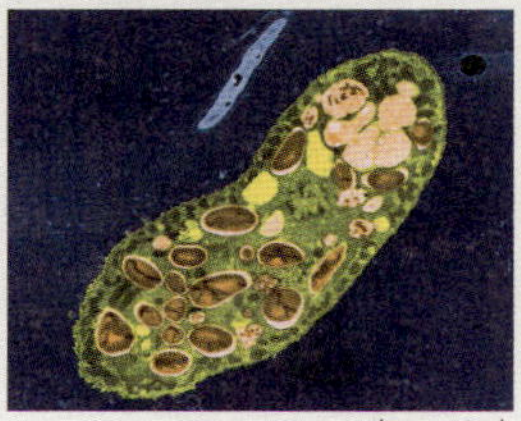

2.56 μm

穿透式電子顯微鏡：一束電子穿透過標本，然後用來形成影像。標本中會散射電子的區域，呈現出黑色。此圖中使用了假色來強化效應。

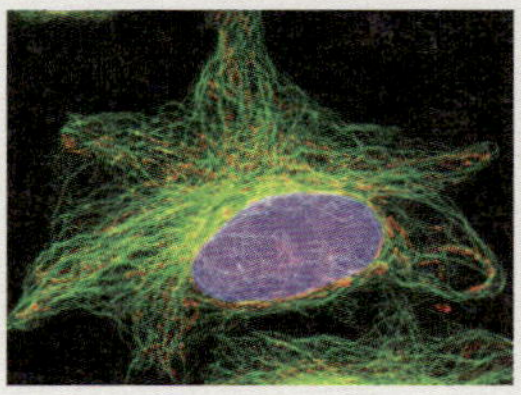

掃描式電子顯微鏡：一束電子掃描過標本表面，這些電子可模仿出表面。此標本的表面 3-D 圖以假色強化過，使其對比更清楚。

也因為使用抗體結合到非常專一的構造上，而得到很大的進展。此方法稱為免疫細胞化學 (immunocytochemistry)，使用到從兔子或小鼠生產的抗體。當這些動物被注射一些特定的蛋白質之後，牠們可產生專一的抗體且可從其血液中被純化出來，此種抗體能與注射入的蛋白質相結合。可將這些純化的抗體與酵素、染劑或螢光分子相結合；當細胞用這些抗體沖洗之後，抗體便可結合到含有這些特定分子的細胞構造上，然後便可用光學顯微鏡來觀察。圖 3.7 的那張螢光顯微鏡圖片，顯示出一個細胞內部如纜繩狀的細胞骨架。此種方法已被廣泛用來分析細胞的結構與功能。

關鍵學習成果 4.1

所有生物都由一或多個細胞所構成。每一細胞都由被原生質膜所包覆的細胞質而構成。大多數細胞都必須使用顯微鏡才能觀察到。

4.2 原生質膜

脂雙層

包覆在細胞外面的是一層精巧的分子，稱作**原生質膜** (plasma membrane)。此層分子的厚度只有 5 奈米，需要將 10,000 層的分子疊在一起，才能達到一張紙的厚度。然而此層分子的結構，並不像一層肥皂泡那麼簡單。它是由一大群非常多樣的蛋白質，懸浮於在一脂質的架構裡，如同小船浮在池塘中。不論它們所包覆的細胞種類，所有的細胞膜都有相同的結構，即蛋白質懸浮於一層脂質中，稱為流體鑲嵌模型 (fluid mosaic model)。

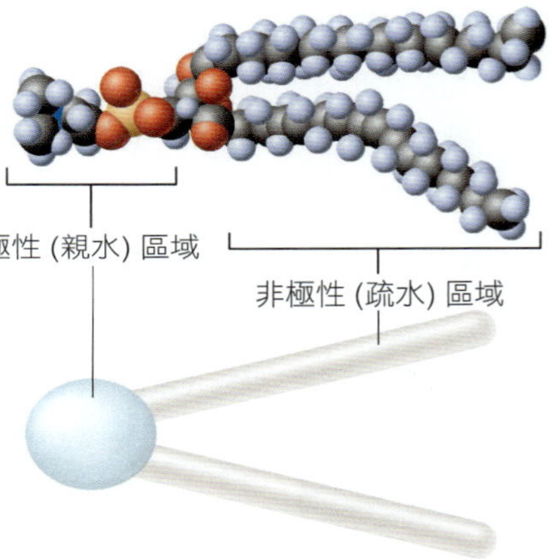

構成原生質膜的脂質層，是一種稱為**磷脂** (phospholipids) 的脂質分子。一個磷脂分子，可看成是一個極性的頭部，連接著二條非極性的尾巴，如上圖。磷脂分子的頭部是一個磷酸基，非常具有極性 (因此可溶於水)；另外的部分則是由二條很長的脂肪酸鏈所構成。請回想第 3 章所述，脂肪酸是其上附有氫原子的長碳鏈，上圖中的碳原子以灰色球體顯示。由於脂肪酸是很強的非極性分子，因此不溶於水。磷脂分子常用一個圓球附著二條尾巴的圖形來表示。

請想像，將一群磷脂分子放入水中會發生何事？它們會自動形成一種稱為**脂雙層** (lipid bilayer) 的結構，但為何會這樣呢？非極性的長尾巴會受到周遭水分子的推擠，使其產生肩並肩的並排排列方式，其極性的磷酸基頭部面對水分子，而非極性的尾部則遠離水分子。因此磷脂分子就形成了雙層結構，稱為雙層 (bilayer)。如同下圖所示，水分分別位於原生質膜的外部與內部，而將其非極性的尾巴推擠進入脂雙層內部。由於有二層尾巴彼此互相面對，所以所有的尾巴都不會接觸到水分子。因此一個脂雙層的內部是完全非極性的，也會使

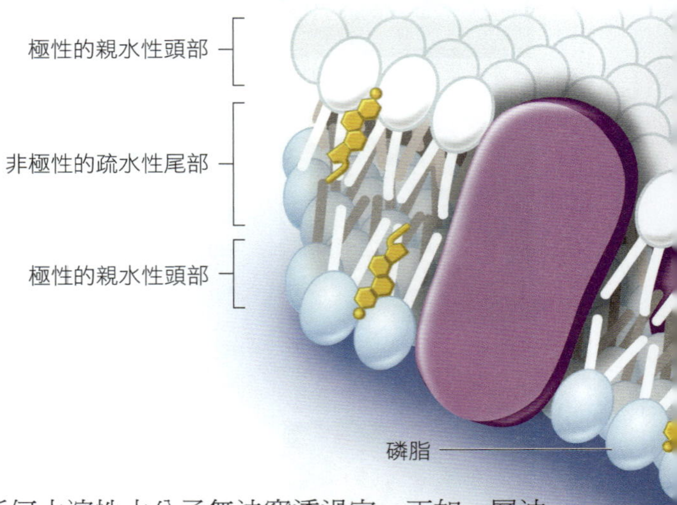

任何水溶性水分子無法穿透過它，正如一層油可防止水分通過 (這正是為何鴨子在水中不會弄濕的原因)。

另一種非極性的脂質分子膽固醇，則位於脂雙層的內部。膽固醇是一種具有多環結構的分子，可影響膜的流體特性。雖然膽固醇對於維持原生質膜的完整性非常重要，但過多的膽固醇則會堆積在血管壁上，產生斑塊而造成心血管疾病。

膜中的蛋白質

所有生物膜上的第二種重要成分，是一群懸浮在脂雙層內的**膜蛋白** (membrane proteins)。膜蛋白可作為膜上的運輸者 (transporters)、受體 (receptors) 以及表面標記 (surface marker)。

許多膜蛋白可像浮標一般，凸出於原生質膜的表面，頂端常連接著碳水化合物或脂質，類似旗幟。細胞表面蛋白 (cell surface proteins) 可成為一些特定型式的細胞標記，或是成為可與荷爾蒙或蛋白質結合的受體。

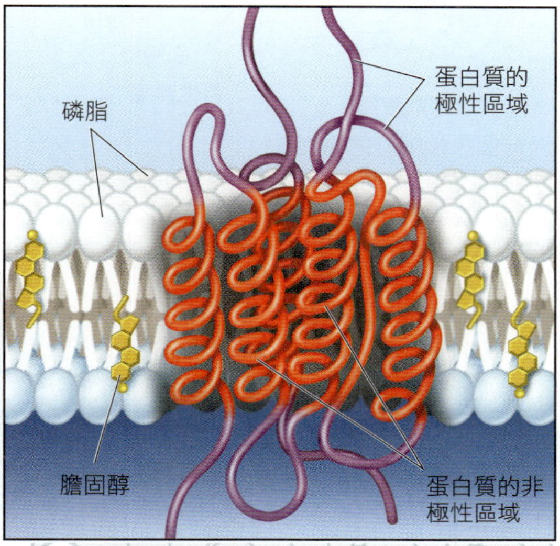

跨穿脂雙層的蛋白質，則可成為離子與極性分子的通道，如水分子，使它們能進出細胞。為何這些**跨膜蛋白** (transmembrane proteins) 能跨越膜，而不是如油滴浮於水面般地漂浮於膜的表面上？這些蛋白質實際穿越膜的部分，是由一些非極性胺基酸所組成的螺旋狀結構，如左圖方塊圖中所看到紅色的螺旋區域。水分對這些非極性胺基酸的作用，正如同其對非極性脂肪酸的作用一般，其結果便是將這些螺旋狀結構埋藏在脂雙層的內部，使這些非極性分子不會與水分接觸到。

關鍵學習成果 4.2

所有細胞都被一層構造精巧的脂雙層，即原生質膜所包覆。原生質膜內部嵌著有許多各類的蛋白質，擔任標記與貫穿膜的通道功用。

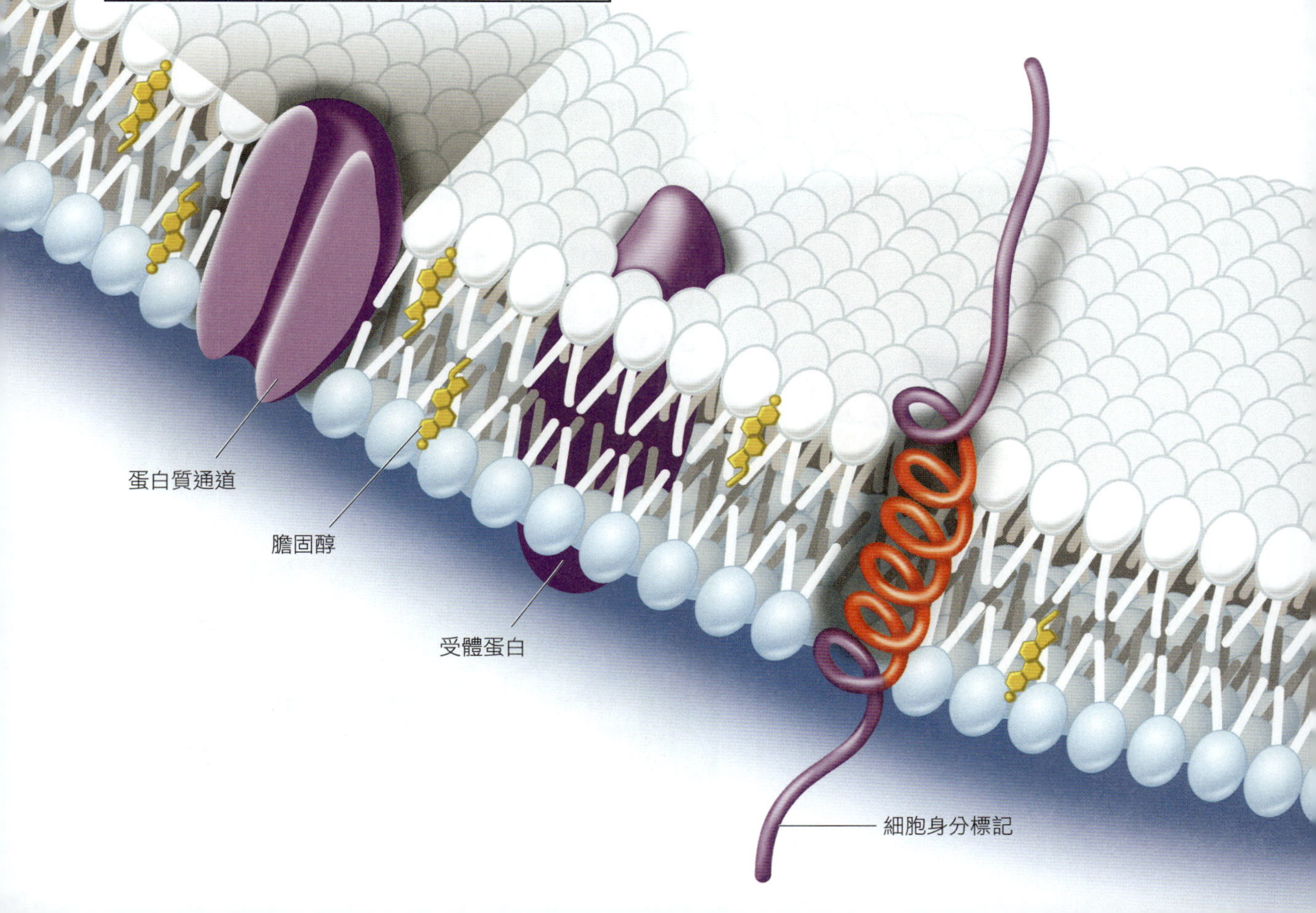

細胞種類

4.3 原核細胞

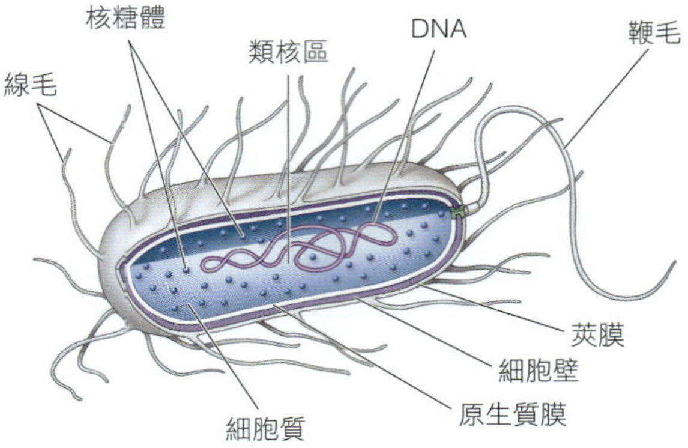

圖 4.4 一個原核細胞的構造
原核細胞缺乏內部的隔間。並非所有的細菌都有鞭毛或莢膜 (如此圖所示)，但均具有一個類核區、核糖體、原生質膜、細胞質以及細胞壁。

有二種主要的細胞類型：原核細胞與真核細胞。**原核細胞** (prokaryotes) 具有相對上較均一的細胞質，內部不會被內膜區隔出分別的空間。例如，它們沒有被膜所包覆的胞器 (organelles) 與細胞核 (nucleus)(一個被膜所包覆的空間，具有遺傳訊息)。如第 1 章圖 1.1 所討論過的，二種主要的原核生物是細菌 (bacteria) 與古菌 (archaea)；其餘的所有生物都是真核生物。

原核生物是最簡單的細胞生物。已有超過 5,000 個物種的細菌被正式認可，但是毫無疑問的，仍有許多倍數目的細菌確實存在，尚有待被研究與描述。雖然這些物種非常多樣，但其細胞基本結構卻非常類似：它們都是單細胞生物；細胞非常小 (約 1~10 微米)；細胞被原生質膜所包覆；沒有明顯的內部區隔空間 (圖 4.4)。幾乎所有的細菌與古菌之細胞外部都有細胞壁 (cell wall)，由不同分子所組成 (見第 16.3 節)。在某些細菌中，還具有一層莢膜 (capsule) 包覆在細胞壁之外。古菌是一群歧異非常大的生物，棲息於不同的環境中 (圖 4.5a)。細菌數量非常大，並在許多生物

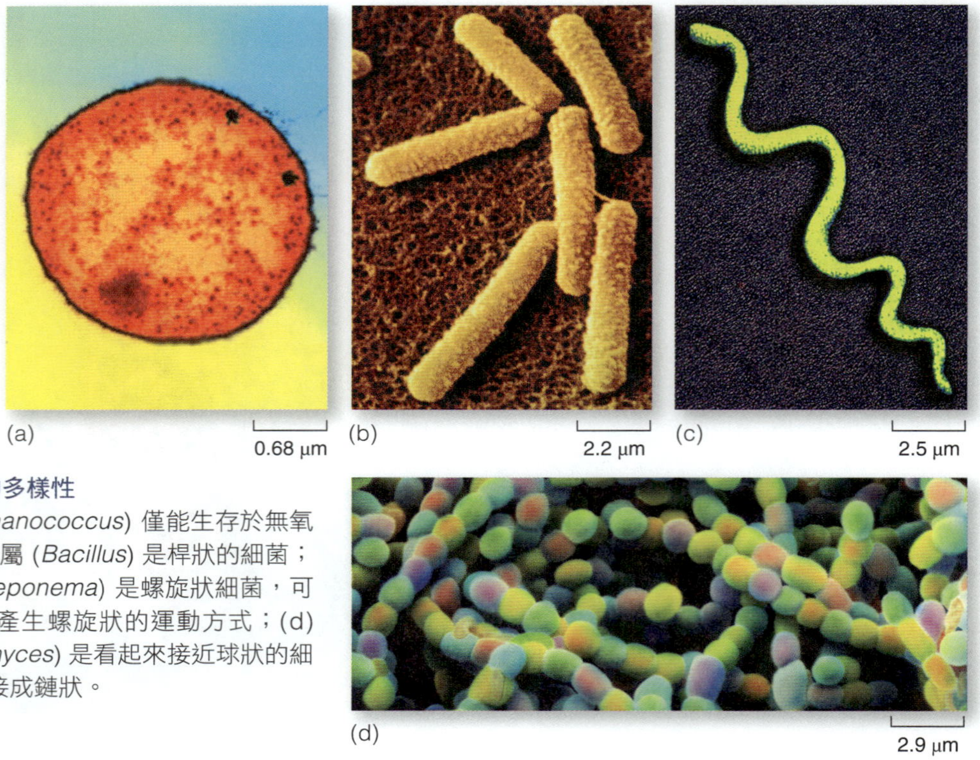

圖 4.5 原核生物的多樣性
(a) 甲烷球菌 (*Methanococcus*) 僅能生存於無氧的環境中；(b) 桿菌屬 (*Bacillus*) 是桿狀的細菌；(c) 密螺旋體屬 (*Treponema*) 是螺旋狀細菌，可轉動其內鞭毛，而產生螺旋狀的運動方式；(d) 鏈黴菌屬 (*Streptomyces*) 是看起來接近球狀的細菌，其細胞互相連接成鏈狀。

程序中扮演關鍵的角色。細菌細胞有很多種形狀 (圖 4.5b, c)，它們有時可連成鏈狀或聚集成團 (圖 4.5d)，但是每個細胞仍是獨立進行其功能。

原核細胞的內部不具有或稍微有一點支撐的構造 (細胞壁維持了細胞的形狀)。細胞質內布滿了許多稱為*核糖體* (ribosomes) 的構造，核糖體是細胞製造蛋白質的場所，但並不認為是一種胞器，因為其缺乏膜的包覆。原核細胞的 DNA 出現在細胞質中一處稱為*類核區* (nucleoid region) 之處，其並沒有被一層內膜所包覆。一些原核細胞使用**鞭毛** (flagellum 單數，flagella 複數) 來運動。鞭毛是非常細長的線條狀構造，由蛋白質纖維組成，從細胞表面向外伸展出去，它們被用來運動與覓食。細菌細胞依其物種的不同，可能不具鞭毛或具有一根鞭毛或多根鞭毛。細菌的游泳速度，可達每秒 20 個細菌直徑的長度，運動方式為旋轉其鞭毛，類似螺旋。**線毛** (pillus 單數，pili 複數) 是很短的毛狀物 (僅數微米長，寬度為 7.5~10 奈米)，它們可幫助原核細胞附著在物體上，並且協助於細胞間進行遺傳物質的傳送。

關鍵學習成果 4.3

原核細胞缺乏一個細胞核同時也沒有內部的膜狀系統。

4.4 真核細胞

地球開始有生命的前 20 億年，所有的生物都是原核生物。然後在大約 15 億年前，第一次出現了一種新型的細胞，真核細胞。真核細胞比原核細胞大很多，且非常不相同，具有複雜的內部結構。除了細菌與古菌外，現今的所有生物都是真核細胞生物。

圖 4.6 與圖 4.7 是典型的動物細胞與植物細胞之橫剖面圖。真核細胞遠比原核細胞 (圖 4.4) 複雜得多。其**原生質膜** ❶ 包覆著一個半固態的**細胞質** ❷，細胞質中含有細胞核以及各式各樣的胞器。**胞器** (organelle) 是一種特化的構造，可進行特別的細胞活動程序。每一種胞器，例如**粒線體** (mitochondrion) ❸，在真核細胞中都具有其特殊功能。胞器被一種稱為**細胞骨架** (cytoskeleton) ❹ 的內部網狀蛋白質纖維固定在細胞質中特定的部位。

當用顯微鏡觀察時，其中一個胞器非常醒目，位於細胞中央猶如一個桃子的核。英國植物學家布朗 (Robert Brown) 於 1831 年看到時，將其稱為**細胞核** (nucleus) ❺ (複數為 nuclei) 來自拉丁文，意思是果核。核內有 DNA 與蛋白質緊密結合包裝而成的染色體 (chromosomes)。就是因為具有細胞核，因此這類細胞被稱為**真核細胞** (eukaryotes)。拉丁文的 eu 意思是「真的」，而 karyon 意思是「果核」。而之前所提過的細菌與古菌，因為沒有細胞核，因此稱為原核細胞 (prokaryotes) (在有核之前)。

請看圖 4.6 與圖 4.7，可見到許多胞器，它們都有自己的膜將之包覆，形成獨立的小空間。*真核細胞最顯著的特徵，就是細胞的區隔化*。這種內部的區隔化，是來自於充滿內部的一種**內膜系統** (endomembrane system) ❻，提供了大量的表面積作為各種反應發生的場所。

囊泡 (vesicles) ❼ (膜包覆的小囊，可貯存與運送物質)，在細胞質中將內膜系統以出芽的方式或與細胞膜癒合的方式，於細胞內產生。這些封鎖的小空間可各自進行其特有的化學反應，而不會受到干擾，如同一個大房子裡的個別房間。例如，稱為*溶小體* (lysosomes) 的胞器是回收中心，其酸性的內部可分解老舊的胞器與分子，使其可回收再利用。而這些非常酸性的物質，若是釋放到細胞質中，則會對細胞造成傷害。同樣的，稱為*過氧化體* (peroxisomes) 的胞器，做出化學性的區隔也是

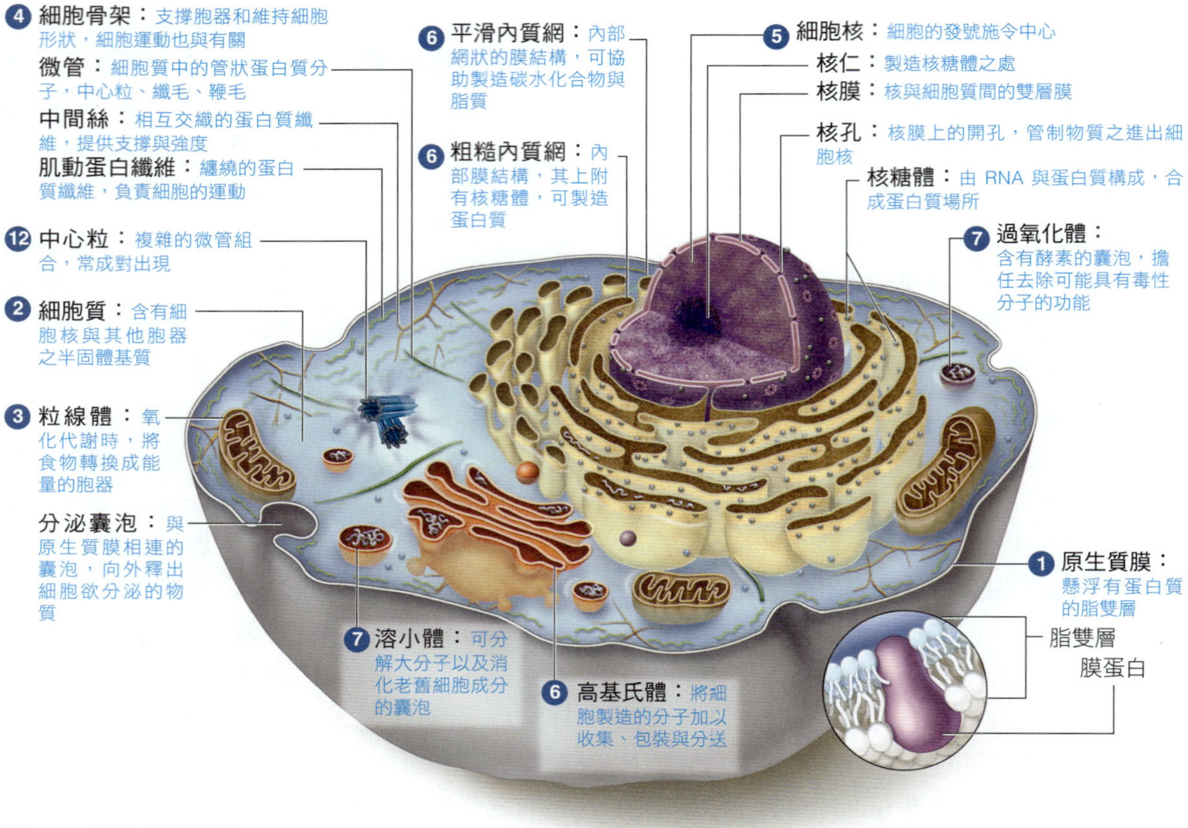

4 細胞骨架：支撐胞器和維持細胞形狀，細胞運動也與有關
微管：細胞質中的管狀蛋白質分子，中心粒、纖毛、鞭毛
中間絲：相互交織的蛋白質纖維，提供支撐與強度
肌動蛋白纖維：纏繞的蛋白質纖維，負責細胞的運動
12 中心粒：複雜的微管組合，常成對出現
2 細胞質：含有細胞核與其他胞器之半固體基質
3 粒線體：氧化代謝時，將食物轉換成能量的胞器
分泌囊泡：與原生質膜相連的囊泡，向外釋出細胞欲分泌的物質
6 平滑內質網：內部網狀的膜結構，可協助製造碳水化合物與脂質
6 粗糙內質網：內部膜結構，其上附有核糖體，可製造蛋白質
5 細胞核：細胞的發號施令中心
核仁：製造核糖體之處
核膜：核與細胞質間的雙層膜
核孔：核膜上的開孔，管制物質之進出細胞核
核糖體：由 RNA 與蛋白質構成，合成蛋白質場所
7 過氧化體：含有酵素的囊泡，擔任去除可能具有毒性分子的功能
1 原生質膜：懸浮有蛋白質的脂雙層
脂雙層
膜蛋白
7 溶小體：可分解大分子以及消化老舊細胞成分的囊泡
6 高基氏體：將細胞製造的分子加以收集、包裝與分送

圖 4.6　動物細胞構造
於此動物細胞圖中，細胞外有細胞膜所包覆。細胞中具有細胞骨架、胞器與其他內部構造，懸浮在半液態的細胞質中。有些細胞還具有稱為微絨毛的指狀突起物。其他如原生生物的真核細胞，具有可幫助細胞運動的鞭毛，或是具有許多功能的纖毛。

必要的。其內的酵素，可利用氧化還原反應(與電子和氫原子的轉移有關)將有毒物質或食物加以分解。如果過氧化體沒有區隔出來，這些酵素的化學反應在細胞質中就會出現短路。

比較圖 4.6 與圖 4.7，可看到相同的一些胞器，只有非常少數的例外。例如植物、真菌以及一些原生生物的細胞外有一層很厚的**細胞壁** (cell wall) ❽，由纖維素或幾丁質纖維構成。所有的植物與一些原生生物還具有**葉綠體** (chloroplasts) ❾，可進行光合作用，動物與真菌則沒有葉綠體。植物細胞還有具有一個可貯存水分，很大的**中央液泡** (central vacuole) ❿，以及在細胞壁間連通細胞質稱為**原生質絲** ⓫ (plasmodesmata，也可譯為胞間連絲) 的孔道。**中心粒** (centrioles) ⓬ 則為動物細胞所獨有，植物與真菌則無。一些動物細胞還具有指狀的突起物，稱為微絨毛 (microvilli)。許多動物與原生生物細胞具有可協助運動的鞭毛 (flagella) 和多功能的纖毛 (cilia)。少數植物的精子具有鞭毛，但鞭毛一般不出現於植物與真菌。

以下將詳細討論真核細胞內部構造。

關鍵學習成果 4.4

真核細胞具有內部的膜狀系統與胞器，將細胞內部區隔出功能空間。

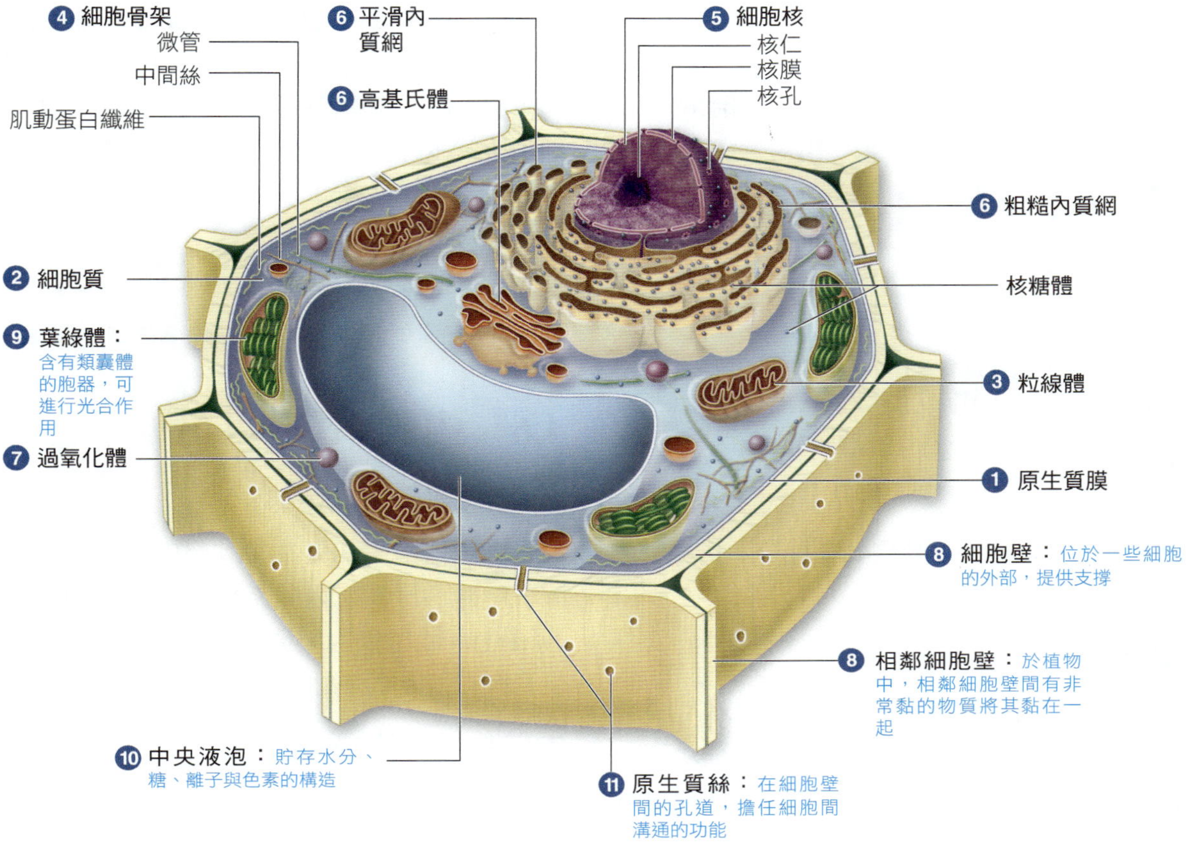

圖 4.7　植物細胞構造

大多數植物細胞具有占據了細胞內部很大的空間的中央液泡，以及稱為葉綠體的胞器，是進行光合作用的部位。植物、真菌以及一些原生生物的細胞具有細胞壁，雖然其組成各不相同。植物還具有在細胞壁間，可連通細胞質的原生質絲孔道。少數植物精子具有鞭毛，但鞭毛一般不出現於植物與真菌。植物與真菌也沒有中心粒。

真核細胞導覽

4.5　細胞核：細胞控制中心

細胞核的結構

前一節討論與比較了動物與植物細胞，你一定不可避免的注意到，細胞的許多部分是非常相似的。草履蟲、矮牽牛花、靈長類生物，它們細胞的胞器看起來很相似，並且具有相同的功能 (見第 4.8 節之表 4.2)。

如果你進入一個細胞的內部，來到細胞中心，你將在一大堆細纖維的網狀結構中發現一個像籃球般的球體－**細胞核** (nucleus)(圖 4.8)。細胞核是細胞的發號施令與控制中心，指導一切活動的進行。它也是貯存遺傳資訊的遺傳圖書館。

核膜

核的表面被一層特殊的膜所包覆，稱為**核套膜** (nuclear envelope)。核套膜實際上是二層膜，有如汗衫外再穿上一件毛衣。核套模是介於核與細胞質之間的圍籬，物質進出細胞核，需要通過散布在核套膜上的孔道，稱為**核孔** (nuclear pores)。核孔並不是完全空洞的開孔，而是四周布滿蛋白質將雙層的核套膜抓緊在一起而形成的，它可讓蛋白質與 RNA 等大分子

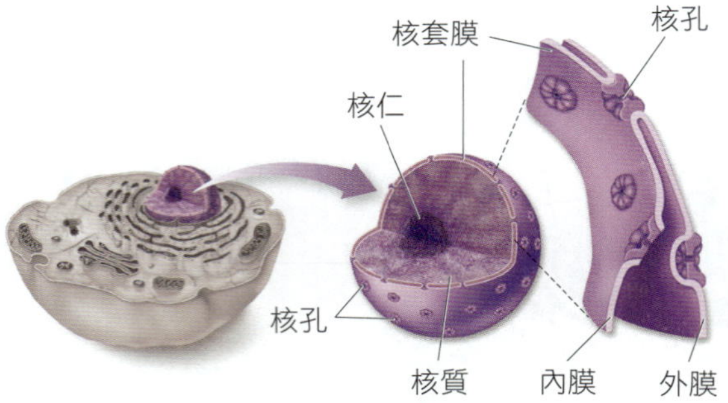

圖 4.8　細胞核
細胞核是由一個稱為核套膜的雙層膜，包覆著含有染色體之半固態的核質而組成。在橫剖面圖中，可見到穿越雙層膜套膜的核孔。核孔四周襯有蛋白質，可控制核孔的運輸。

通過，進出細胞核。核內具有核質，其內含有核苷酸與酵素等物質。

染色體

原核與真核細胞均具有編碼於 DNA 中的遺傳訊息，使細胞具有其特定的構造與功能。然而不似原核細胞的環狀 DNA，真核細胞的 DNA 會分散成個別的片段，並與蛋白質結合成**染色體** (chromosomes)。染色體中的蛋白質可使 DNA 緊密纏繞在一起，並於細胞分裂時更加濃縮。細胞分裂結束後，染色體會鬆開來，並伸展成長線條狀的**染色質** (chromatin)，因此無法再用光學顯微鏡看得到。一旦染色體鬆解成染色質，便可用來製造蛋白質。首先在細胞核中從 DNA 上拷貝出 RNA 分子，然後 RNA 通過核孔離開細胞核而進入細胞質中，並於此處進行蛋白質的合成。

核仁

細胞具有一種稱為**核糖體** (ribosome) 的特殊構造來合成所需的各種蛋白質。核糖體是一種可合成蛋白質的平台，它可讀出 RNA 上的訊息，然後指揮蛋白質的合成。核糖體是由稱為*核糖體 RNA* (ribosomal RNA 或 rRNA) 的特殊 *RNA* 與數十個蛋白質結合而成。

從圖 4.8 上可看到，細胞核中有一塊顏色比較深的區域，稱為**核仁** (nucleolus)。該處有數百個由基因編碼出的 rRNA，進行著核糖體的組裝工作。核糖體的次單元穿過核孔而離開細胞核，並於細胞質中完成最後的組裝。

關鍵學習成果 4.5

細胞核是細胞的發號施令中心，控制所有的細胞活動，它也貯存有細胞的遺傳訊息。

4.6　內膜系統

細胞內部膜的結構

真核細胞內部，有排列緊密的膜系統包圍著細胞核，稱為**內膜系統** (endomembrane system)。由這種內膜造成的內部空間區隔，是真核細胞與原核細胞最基本的不同處。

內質網：運輸系統

細胞內部廣泛的一個膜系統稱為**內質網** (endoplasmic reticulum)，常簡寫為 ER。ER 造成一系列的通道與連結，也會產生一些被膜所包覆的獨立空間，稱為**囊泡** (vesicles)。ER 的表面，是細胞製造欲輸出蛋白質之場所 (例如從細胞表面分泌出的酵素)。這種製造輸出蛋

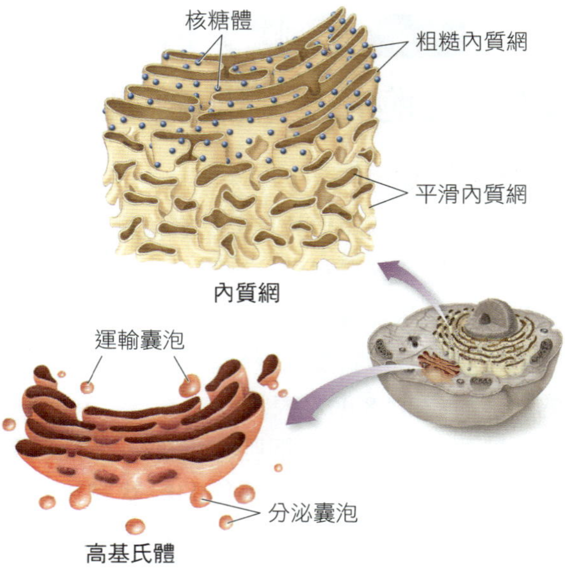

白的 ER 表面區域，常布滿了核糖體，有如砂紙一般，因此稱為**粗糙內質網** (rough ER)。而其他核糖體非常稀少的區域，就稱為**平滑內質網** (smooth ER)。平滑 ER 表面有許多酵素，可協助製造碳水化合物與脂質。

高基氏體：遞送系統

當 ER 表面製造出新分子後，它們會從 ER 處傳送到堆成一疊的扁平膜處，稱為**高基氏體** (Golgi bodies)。高基氏體的數量，在原生生物細胞約 1 至數個，動物細胞約 20 個以上，而有些植物細胞則可達數百個。高基氏體的功能是蒐集、包裝與分送細胞製造出的分子。由於高基氏體散布在細胞內，因此其集合體也常被稱為**高基氏複合體** (Golgi complex)。

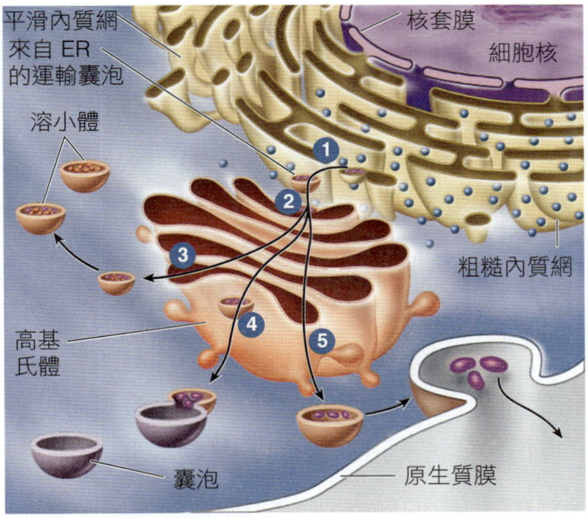

內膜系統是如何運作的

粗糙 ER、平滑 ER 以及高基氏體在細胞內協同擔任運輸系統的工作，蛋白質與脂質在 ER 表面被製造出來後，透過 ER 各通道的運輸，包裝成囊泡以出芽方式從 ER 離開 ❶。這些囊泡會與高基氏體的膜相融合，將其內容物併入高基氏體中 ❷。在高基氏體中，這些分子可走向不同的途徑，如圖中箭頭方向所示，許多分子還會加上碳水化合物的標記。這些分子最後到達高基氏體的膜末端處，然後以囊泡方式離開並運送到細胞各處 ❸ 與 ❹，或是原生質膜的內側面處，然後將之向外送出 ❺。

溶小體 (回收中心)

另一種胞器是**溶小體** (lysosomes)，是從高基氏體處出芽而來 (淡橘色囊泡 ❸)，其內含有粗糙 ER 所製造的強力酵素，可分解許多巨分子。溶小體也是細胞的回收中心，可將老舊的細胞成分加以分解，其分解後的蛋白質與其他成分則可重新作為構築新構造的原料。一些人體組織中的粒線體，大約每 10 天便會更新一次，當舊的被分解之際，新的也開始合成。除了分解舊胞器與構造外，溶小體也會分解細胞吞食進來的顆粒 (包括細胞)。

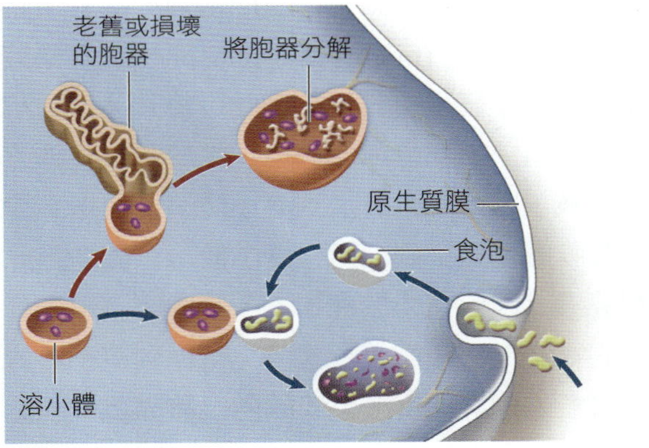

過氧化體：化學的專賣店

細胞內部還有一群來自 ER，被膜包覆的球形胞器，負責特殊的化學功能。幾乎所有的真核細胞都有**過氧化體** (peroxisomes)，是一種球形的胞器，其內含有很大的蛋白質結晶構造 (如下頁圖紫色構造)。過氧化體含有二套酵素：其中一套發現於植物細胞，可將脂肪轉換成碳水化合物；另一套則發現於所有的真核細胞，可將細胞產生之有害分子－強氧化劑－加以解毒。它們利用氧分子，將特殊分子上的氫原子加以移除。這些化學反應必須侷限在過氧化體內進行，否則會對細胞造成傷害。

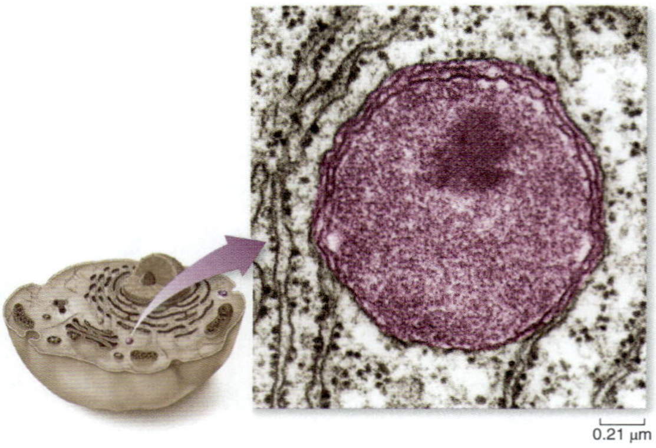

內膜系統與健康

當內膜系統不能正常運作時，會導致人類一些嚴重的疾病，其中最嚴重的一種是，高基氏體無法將適當的蛋白質遞送到溶小體處。於正常細胞，高基氏體會用一個特別的酵素，將甘露糖-6-磷酸 (mannose-6-phosphate) 的標籤連結到溶小體蛋白質上，因此可將其遞送到溶小體。但缺乏此酵素的病患，由於蛋白質缺乏此標籤，因此不會運送到溶小體，反而送到原生質膜處而分泌到細胞外。由於溶小體缺乏分解酵素，因此溶小體會膨大，其內充滿了未分解的物質。在顯微鏡觀察下，可見到溶小體內有很多未分解物質聚集成的內涵體團塊。因此此疾病被命名為*內涵體細胞疾病* (inclusion-cell disease)。此種腫脹的溶小體，常導致人類胚胎中細胞的嚴重損傷，而使臉部與骨骼發育異常，以及心智發育遲緩。

人類大約有 40 種，這種無法將特定酵素運送到溶小體的內膜系統缺陷疾病，統稱為*溶小體儲積症* (lysosome storage disorders)，其特徵與前述的內涵體細胞疾病相似，即缺乏必需的酵素，導致一些細胞物質無法分解而堆積在溶小體中，最終使細胞受損而死亡。大多數的此類疾病病人，常死於幼童期。

一種稱為*龐貝氏症* (Pompe's disease) 的溶小體儲積症，其溶小體缺乏分解肝醣的酵素。肝醣通常儲積在肌肉與肝臟細胞中，是身體即可取用的能量來源。當身體需要能量時，酵素可將肝醣消化，釋出糖分子單元來製造能量 (將於第 7 章介紹)。但龐貝氏症的溶小體因缺乏必需的酵素，而無法分解肝醣，因此造成大量的肝醣堆積在肌肉與肝細胞中，造成傷害。

另一種稱為*戴-薩克斯病* (Tay-Sachs disease) 的溶小體儲積症，溶小體缺乏可分解**神經節苷脂** (gangliosides，一種糖脂類) 的酵素。腦細胞的原生質膜常富含神經節苷脂。戴-薩克斯病的病人，會在腦部堆積神經節苷脂，使溶小體腫脹而破裂，釋出氧化性酵素而殺死腦細胞。病童會在 6~8 個月大的時候，迅速造成心智喪失，出生一年之後，也會造成眼盲。隨後的 5 年中，會逐漸出現麻痺而終至死亡。

關鍵學習成果 4.6

一個廣泛的內膜系統，將細胞內部區隔出各種有特殊功能的區間，使其可以製造、運送及執行特殊的化學反應。

4.7 含有 DNA 的胞器

真核細胞含有很複雜且類似細胞的胞器，它們有自己的 DNA，其來源可能是源自遠古的細菌與真核細胞的始祖共生之結果。

粒線體：細胞的發電廠

真核細胞利用一種稱為**氧化性代謝** (oxidative metabolism) 的一系列複雜化學反應，從有機分子 (「食物」) 中提取能量，此反應只發生於其粒線體內。**粒線體** (mitochondria 複數，mitochondrion 單數) 是具有香腸形狀的胞器，尺寸與細菌細胞相當。圖 4.9 的切割圖中，顯示出其外膜很平滑，顯然來自宿主細胞的原生質膜，是在遠古時期將細菌帶入宿主細胞時所造成。而內膜則顯然來自成為粒線體之細菌的原生質膜。內膜向內凹陷折曲，形成**嵴** (cristae 複數，crista 單數)，與一些細菌的原生質膜類似。從圖中也可看出，內膜將粒線體分割出二個區域，一個內部的**基質** (matrix)，以及一個外部的空間，稱為膜間腔 (intermembrane space)。第 7 章將會討論到，這種結構是能成功進行氧化性代謝的關鍵。粒線體出現在原核細胞中已有 15 億年，雖然大多數的基因都已轉移到宿主的染色體中了，但其仍保有一些原始的基因。這些基因位在一個環形裸露的 DNA 上 (稱為粒線體 DNA 或 mtDNA)，與一個細菌的環狀 DNA 非常類似。此 mtDNA 上具有氧化性代謝的相關基因。當粒線體分裂時，它會將位於基質中的 DNA 先複製出另一個拷貝，然後才進行與細菌相似的分裂生殖。

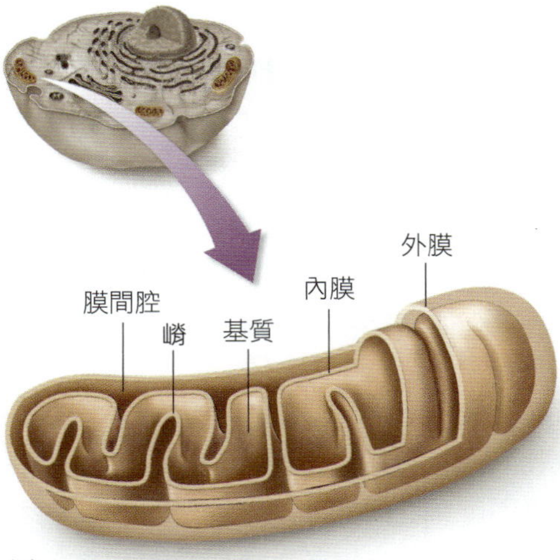

(a)

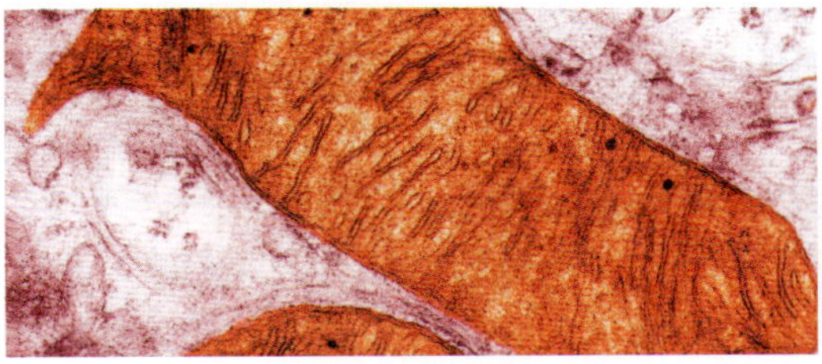

(b)

圖 4.9 粒線體
粒線體是香腸形狀的胞器，其內可進行氧化性代謝，利用氧氣從食物中提取能量。(a) 粒線體有雙層膜，內膜向內折曲成嵴，內部的腔室充滿基質。嵴大幅增加了可進行氧化性代謝反應的表面積；(b) 粒線體的顯微照相圖，縱切面。

葉綠體：捕捉能量的中心

所有植物與藻類的光合作用，都發生於另一個類似細菌細胞的胞器，**葉綠體** (chloroplast) 中 (圖 4.10)。有強烈的證據顯示，葉綠體也是來自共生的細菌，與粒線體很相似。它也有雙層膜，內膜是原來細菌的原生質膜，而外膜則可能來自宿主細胞的 ER。葉綠體比粒線體大，且其構造也更複雜。其內部有另一系列的膜構造，堆積排列成一疊封鎖的扁平囊泡，稱為**類囊體** (thylakoids)，即圖 4.10 中所見到的綠色盤狀構造。光合作用需要光照才能在類囊體上進行反應，類囊體如盤子般疊成一疊，稱為**葉綠餅** (granum 單數，grana 複數)。葉綠體的內部是一種半固態的物

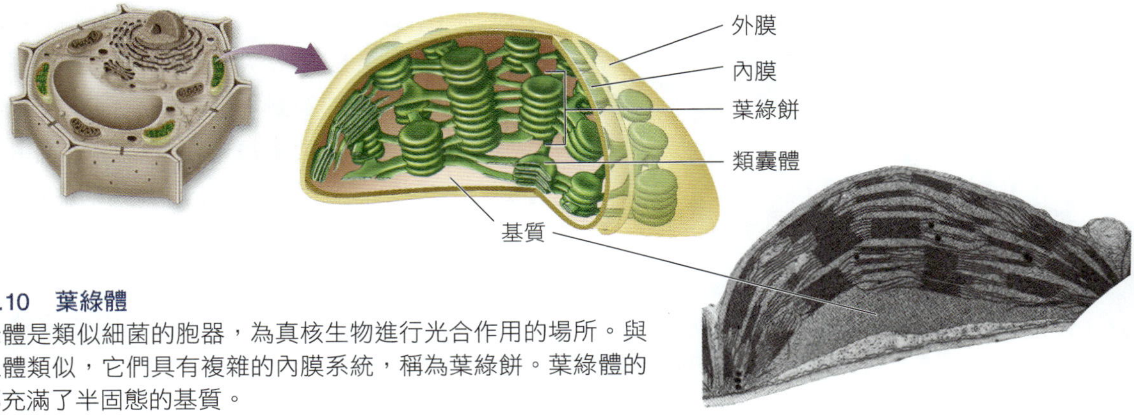

圖 4.10 葉綠體
葉綠體是類似細菌的胞器，為真核生物進行光合作用的場所。與粒線體類似，它們具有複雜的內膜系統，稱為葉綠餅。葉綠體的內部充滿了半固態的基質。

質，稱為**基質** (stroma)。

與粒線體類似，葉綠體也有一個環狀的 DNA 分子，其上有許多基因，可編碼出進行光合作用所必需的蛋白質。植物細胞依其物種而定，可具有一至數百個的葉綠體。粒線體與葉綠體都不能在不含細胞的培養液中生長，它們必須完全依賴宿主細胞才能生存。

內共生

當不同物種密切地共同生活在一起時，這種關係就稱之為共生 (symbiosis)。**內共生** (endosymbiosis) 學說認為，一些真核細胞的胞器是源自於，遠古的真核細胞始祖吞入了原核的細胞，並共生於其內部演化而來。圖 4.11 顯示了這種過程是如何發生的。許多細胞以胞吞作用 (endocytosis) 方式攝取食物與其他物質，首先由原生質膜將物質包圍起來，然後形成一個囊泡進入細胞內，囊泡中的物質再被酵素消化分解。依據內共生學說，這些被吞入的原核細胞沒有被分解掉，反而將它們特有的代謝能力提供給宿主細胞。真核細胞中有二個主要的胞器被認為是這種內共生細胞的後代：粒線體，源自能進行氧化性代謝的細菌；以及葉綠體，源自能行光合作用的細菌。

內共生學說受到很多證據的支持，粒線體與葉綠體都有雙層膜包覆，其內膜可能就是被吞噬細菌的原生質膜，而其外膜則可能源自於宿主細胞的原生質膜或內質網。粒線體的尺寸與細菌差不多，而其內膜形成的嵴也與一些細菌的原生質膜折曲型式很類似。粒線體體內的核糖體，其大小與結構也與細菌的核糖體相似。粒線體與葉綠體二者都具有環狀的 DNA，也與原核的細菌類似。最後，粒線體也與細菌相同，複製時是採用一分為二的分裂生殖方式，且複製其 DNA 的方法也與細菌相同。

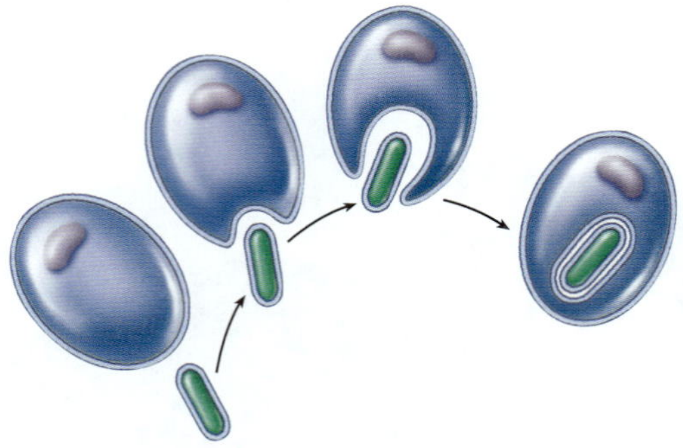

圖 4.11　內共生
此圖顯示粒線體或葉綠體於內共生過程中如何產生雙層膜。

關鍵學習成果 4.7

真核細胞具有複雜的胞器，這些胞器有其自己的 DNA，並被認為是起源於古代的內共生細菌。

4.8　細胞骨架：細胞內部的架構

蛋白質纖維將細胞內部組織起來

如果你能縮小並進入一個真核細胞的內部，你將見到如下面圖中所示的景象：一個濃密之蛋白質纖維所構成的網狀結構，稱為**細胞骨架** (cytoskeleton)，它支撐起細胞的形狀，並能固定胞器的位置。細胞骨架的蛋白質纖維是一種動態系統，不斷地形成與分解。有三種不同的蛋白質纖維構成細胞骨架，如表 4.2 中的圖形所示。

微絲 (肌動蛋白纖維)　肌動蛋白纖維 (Actin Filaments) 是直徑約 7 奈米的長纖維。每一纖維是由二股蛋白質鏈鬆散地纏繞而成，類似二條珍珠項鍊。其上的每一顆「珍珠」或單體，是一種稱為**肌動蛋白** (actin) 的球蛋白。肌動蛋白可存在於整個細胞中，但在靠近原生質膜處則濃度最高。肌動蛋白負責細胞的運動，例如收縮、爬行、細胞分裂時膜之向內收縮以及細胞的延伸。

微管 微管是直徑約 25 奈米的空心管，由微管蛋白 (tubulin) 單體彼此相連成而成的管狀物。在許多細胞中，微管形成於細胞核的中心，並向四方延伸出去直到細胞周邊。微管靠近周邊的一端以 + 表示，靠近細胞核中心的一端以 – 表示。微管是相對較堅韌

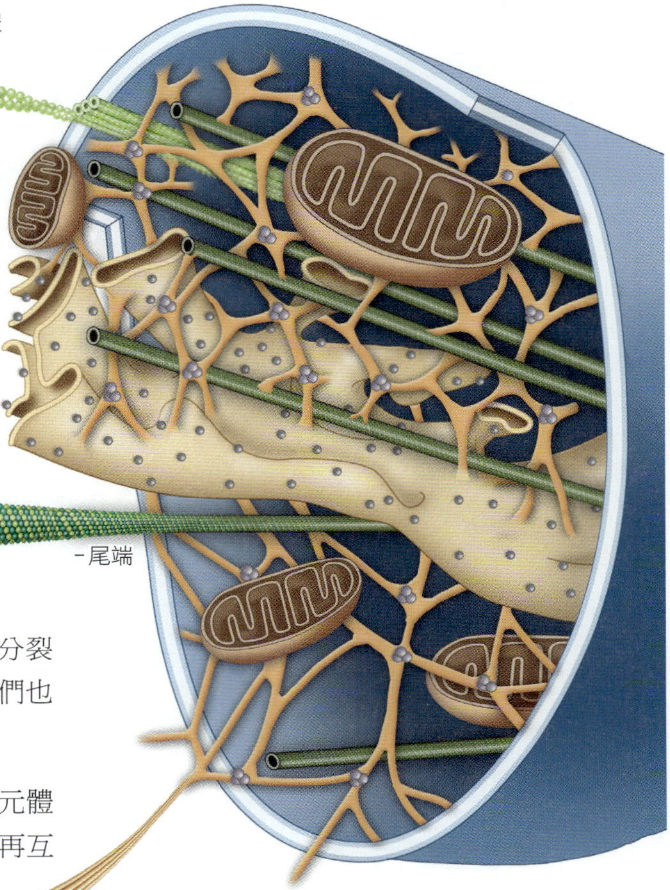

的細胞骨架，可以使代謝更有條理、於不分裂的細胞中運送物質以及穩定細胞結構。它們也負責細胞有絲分裂時，染色體的移動。

中間絲 中間絲是由互相重疊交錯的四單元體 (tetramers) 蛋白質所組成。這些四單元體再互

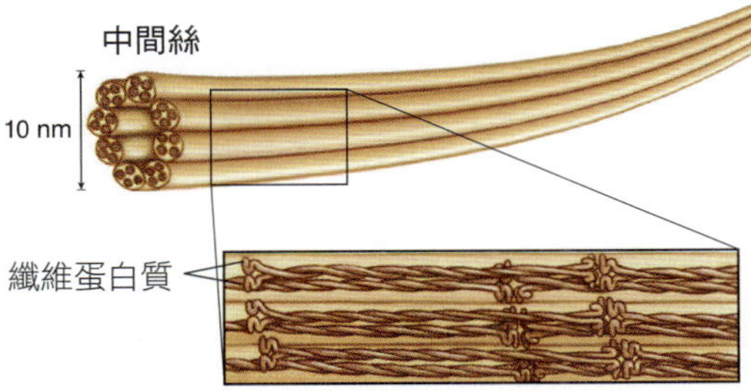

相紐絞成纜繩狀，這種類似繩索的分子排列方式，賦予細胞很強的機械結構。中間絲的直徑約 8~10 奈米，其尺寸介於肌動蛋白與微管之間 (這正是其為何被稱為*中間絲*的緣故)。中間絲一旦形成後，便很穩定而不易被分解。它們提供了細胞與胞器，在結構上的再強化。

因為動物細胞缺乏細胞壁，因此細胞骨架對維持動物細胞的形狀非常重要。由於纖維可直接被合成與分解，因此動物細胞的形狀可快速改變。於顯微鏡下觀察動物細胞的表面，常可見到其在運動，從表面產生突起物然後又收縮回去，不久又從其他處產生突起。

細胞骨架不僅可維持細胞的形狀，同時也提支架供核糖體合成蛋白質，還可將酵素侷限於細胞質內的特定部位。由於可將特殊酵素依序固著在細胞骨架上，因此其與胞器可合作調控細胞內的各種活動。

中心粒

中心粒是位於動物細胞與原生生物細胞內，由微管蛋白次單元組裝成微管的複雜構造。中心粒於細胞質中成對出現，彼此直角相對排列，如圖 4.12。它們常出現在靠近核套膜處，是細胞中最複雜的微管構造。於具有鞭毛或纖毛的細胞，其鞭毛與纖毛則是固著於另一

表 4.2 真核細胞構造及其功能

構造	描述
原生質膜 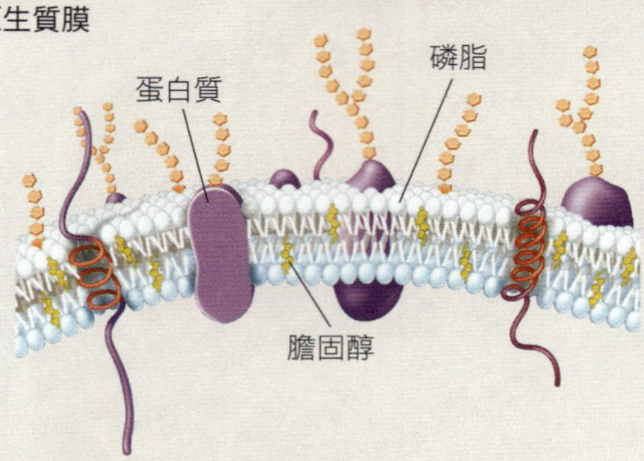 	原生質膜是其內具有蛋白質的磷脂雙層，包圍著一個細胞，將其內容物與外界環境區隔出來。此雙層是由磷脂分子尾對著尾的方式排列出來的。膜上大部分的蛋白質，負責此細胞與外界互動的功能。運輸蛋白可形成通道，可供分子與離子穿過原生質膜而進出細胞。當受體蛋白接觸到外來的特殊分子後，例如荷爾蒙或是相鄰細胞的表面蛋白，則可導致細胞內的變化。
細胞核 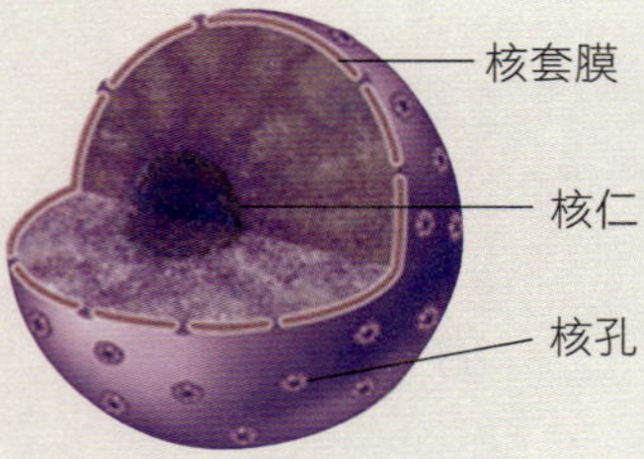 	每個細胞都含有 DNA 作為其遺傳物質。真核細胞的 DNA 貯存於一個由雙層套膜包圍，稱之為細胞核的胞器內。套膜上密布著開孔，控制物質進出細胞核。DNA 上含有基因，攜有此細胞合成蛋白質的指令。DNA 與蛋白質結合後，可形成染色質，是細胞核內的主要物質。當細胞將要分裂時，細胞核內的染色質會濃縮成條狀的染色體。
內質網 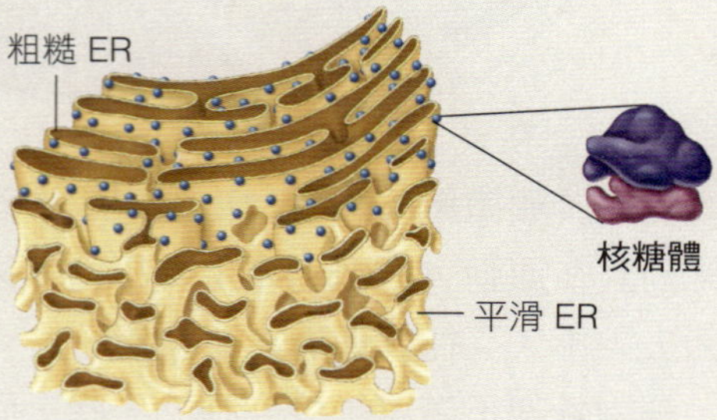 	真核細胞的最大特點就是其內部的區隔化，由分布在細胞內部的內膜系統所造成。這種內膜網路系統，稱為內質網，簡稱 ER。ER 從細胞核套膜處開始，延伸布滿在細胞質中。粗糙 ER 上具有無數的核糖體，使其看起來崎嶇不平。這些核糖體可合成蛋白質。內質網上如果不具核糖體，則稱為平滑內質網，其功能是將有害物質去毒，或是協助合成脂質。當物質在 ER 內通過時，可被加上糖支鏈。粗糙 ER 上也可分離產生囊泡，用來運送物質到細胞的其他部位。
高基氏體 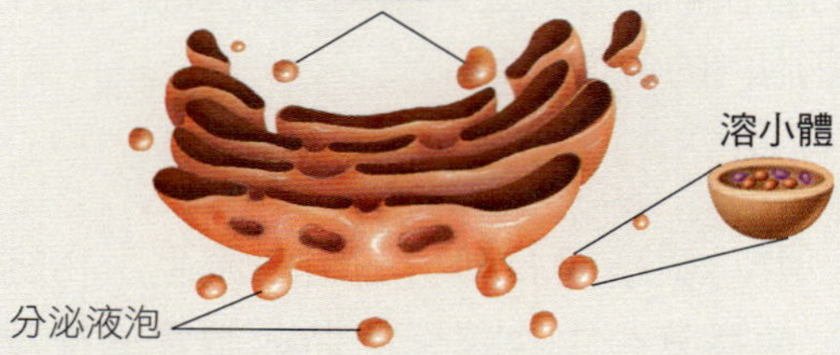 	堆成一疊的扁平膜狀物，可出現於細胞質中的各處。動物細胞可有 20 個，而植物細胞則可多達數百個。所有的高基氏體，可合稱為高基氏複合體 (Golgi complex)。ER 所製造出的分子，可經由囊泡運送到高基氏體處。高基氏體可分類與包裝這些分子，並將碳水化合物加到其上。當分子在高基氏體的膜中運送時，含糖的支鏈便可添加上去。高基氏體然後將這些分子送到溶小體、分泌囊泡或是原生質膜處。

構造 / **描述**

粒線體

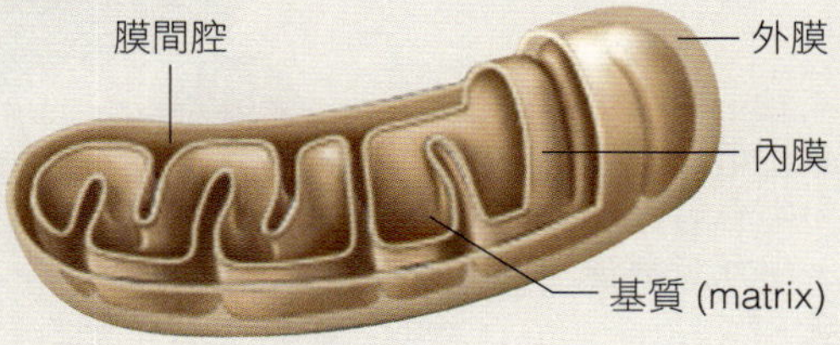

粒線體是一種類似細菌的胞器，可將細胞中的食物分子轉換成能量。粒線體具有二層膜，二膜中間是膜間腔。製造能量的化學反應，發生於其內部的基質 (matrix) 處，並將質子泵入膜間腔。當質子跨過內膜回到基質時，便可製出細胞的能量分子 ATP。

葉綠體

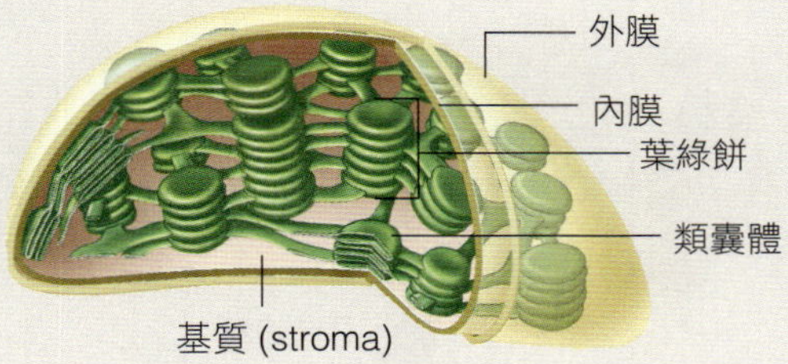

綠色植物與藻類，具有富含葉綠素的葉綠體胞器。光合作用使用光能將空氣中的 CO_2 轉換成有機分子，供所有的生物使用。類似粒線體，葉綠體也具有二層膜，二膜間有膜間腔。葉綠體的內膜可向內延伸形成扁平囊泡，稱為類囊體。類囊體可彼此堆積排列出一疊一疊的葉綠餅。光合作用的光反應需要葉綠素的參與，並發生於類囊體處。這些膜狀物都浸泡於，稱為基質的半固體膠狀物中。

細胞骨架

真核細胞的細胞質內部，充滿了網狀的蛋白質纖維結構，稱為細胞骨架。它們可支撐細胞的形狀，並提供胞器固著的位置。細胞骨架是一種動態的結構，由三種纖維組成。長的肌動蛋白纖維負責細胞的運動，例如收縮、爬行以及細胞分裂時膜之向內收縮。空心的微管可不斷地合成與分解，促使細胞運動，也可於細胞內運送物質。特殊的動力蛋白可使胞器在微管的「軌道」上運行。較持久的中間絲纖維則提供了細胞結構上的穩定性。

中心粒

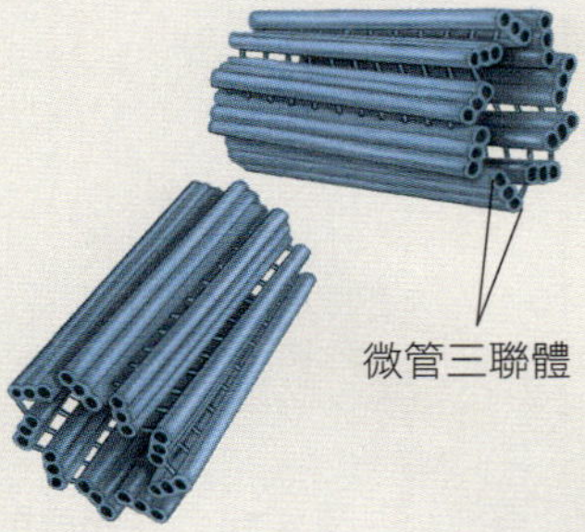

中心粒是動物細胞與原生生物細胞中短棒狀的胞器，位於細胞核附近。中心粒常成對出現，彼此以直角相對排列。中心粒可協助動物細胞組裝微管，是形成微管的關鍵角色。由於微管可在細胞分裂時移動染色體，因此中心粒與細胞分裂有關。中心粒也參與纖毛與鞭毛的形成，可產生微管組成纖毛與鞭毛。植物細胞與真菌沒有中心粒，細胞生物學家正在研究其微管結構的特性。

種稱為基體 (basal body) 的中心粒之上。大多數動物與原生生物的細胞，同時具有中心粒與基體，而高等植物與真菌則無。雖然中心粒沒有膜包覆，但其結構與螺旋體細菌 (spirochete bacteria) 很類似。一些生物學家相信，中心粒與粒線體和葉綠體相似，也是源自共生的細菌，但已將其 DNA 轉移到細胞核中了。

液泡：貯存空間

於植物及許多原生生物細胞，細胞骨架不僅能將胞器固定位置，同時也將一種有膜的**液泡** (vacuoles) 加以固定。圖 4.13 可見到細胞中央具有一個，稱為*中央液泡* (central vacuole) 的空腔。

此液泡並不是真的空的，其內含有水分及其他物質，如糖、離子與色素等。此液泡是這些物質的貯存中心，有時也有排除廢物的作用 (圖 4.14)。

細胞運動

實質上，所有的細胞運動都與肌動蛋白纖維、微管或二者均有關。中間絲則擔任細胞內的韌腱，可避免細胞被過度的拉扯。肌動蛋白纖維在維持細胞的形狀上是非常重要的。由於肌動蛋白可快速地合成與分解，因此可使一些細胞快速的改變形狀。如果在顯微鏡下觀察此類細胞，將可見到它們在運動或是改變形狀。

細胞爬行　細胞質中肌動蛋白纖維的排列方式可以使得一些細胞「爬行」。爬行是一種很醒目的細胞現象，常出現於發炎、凝血、傷口癒合以及癌細胞擴散時，白血球尤其顯著。白血球於骨髓中製造，進入循環系統後，可從微血管中爬出來進到組織中，用來消滅外來病原。爬行機制是細胞間合作的一個微妙例子。

細胞骨架纖維也在其他形式的細胞運動上，扮演重要的角色。例如當動物細胞繁殖時 (見第 8 章與第 9 章)，由於染色體黏附在逐漸

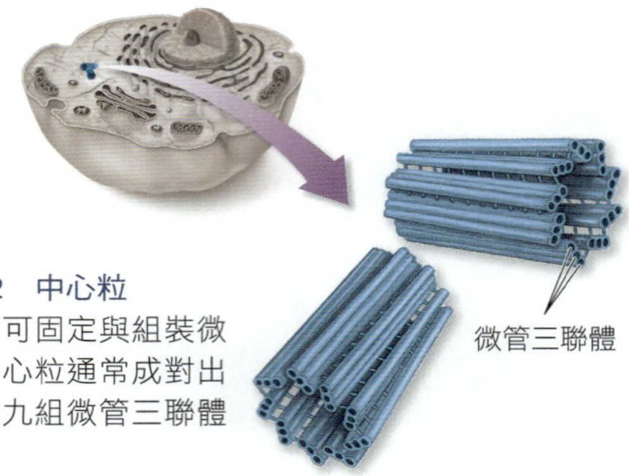

圖 4.12　中心粒
中心粒可固定與組裝微管。中心粒通常成對出現，由九組微管三聯體構成。

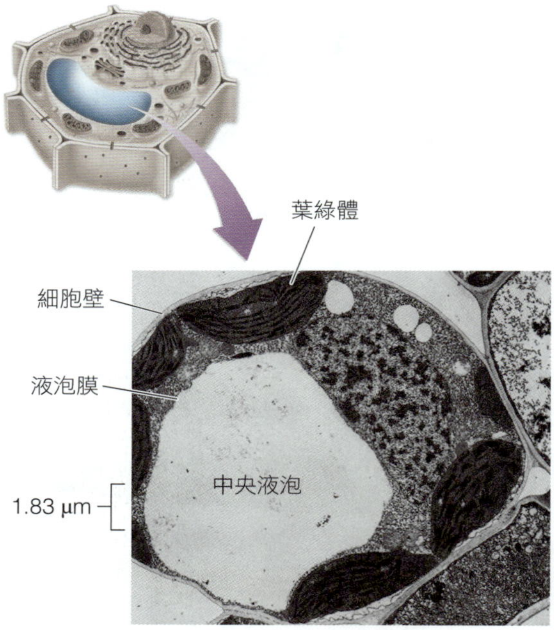

圖 4.13　植物中央液泡
一個植物的中央液泡可貯存溶解的物質，以及增加細胞體積與體表面積。

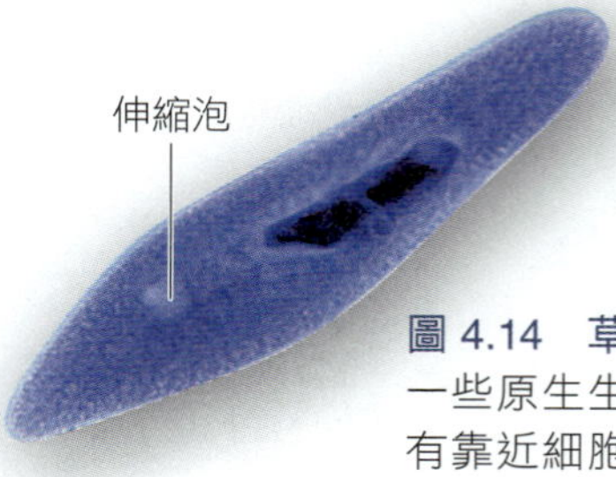

圖 4.14　草履蟲的伸縮泡
一些原生生物，如草履蟲，具有靠近細胞表面的伸縮泡，可積貯過剩的水分。此液泡被肌動蛋白纖維包覆，並有一個向外的開孔，可透過此開孔將水分向外排出。

變短的微管上，因此染色體可向細胞的二端移動；而肌動蛋白纖維則在細胞中央腰帶部位收縮束緊，猶如拉緊絲線的布包，將細胞從中央收縮成為二個細胞。肌肉細胞也靠肌動蛋白纖維，使其細胞骨架收縮。睫毛的顫動、老鷹的飛翔、嬰兒笨拙的爬行，全都依賴肌肉細胞內之細胞骨架的運動。

利用鞭毛與纖毛游動　一些真核細胞具有鞭毛 (flagella 複數，flagellum 單數)，是一種從細胞表面突出之細長的線條狀胞器。圖 4.15 中的切割圖，顯示了一條從稱為**基體** (basal body) 的微管結構中，所延伸出來的一根鞭毛。基體是由一群連成三聯體的微管所構成，一些微管可繼續延伸到鞭毛中，形成九對排列成環狀並圍繞著二根微管的結構 (見橫剖面圖)。這種 **9+2 排列** (9+2 arrangement) 的方式，是真核生物在早期歷史中，所演化出來非常重要的一個特徵。

即使在沒有鞭毛的細胞，也常見到這種 9+2 排列衍生出來的構造，例如人類耳內的感覺毛 (sensory hair)。人類精子具有一條很長的鞭毛，可推動精子的游泳運動。如果許多鞭毛很緊密的排列成排，就稱為**纖毛** (cilia)。纖毛在結構上與鞭毛並無不同，但通常較短。圖 4.16 的四膜蟲 (*Tetrahymena*) 全身布滿了纖毛，看起來毛茸茸的。人類氣管上的表面細胞，也布滿許多纖毛，可將空氣中的塵埃顆粒與分泌的黏液從氣管中排送到喉部 (我們可將之吐出或吞嚥下去)。真核鞭毛與原核鞭毛的功能類似，但是在構造上卻很不同。

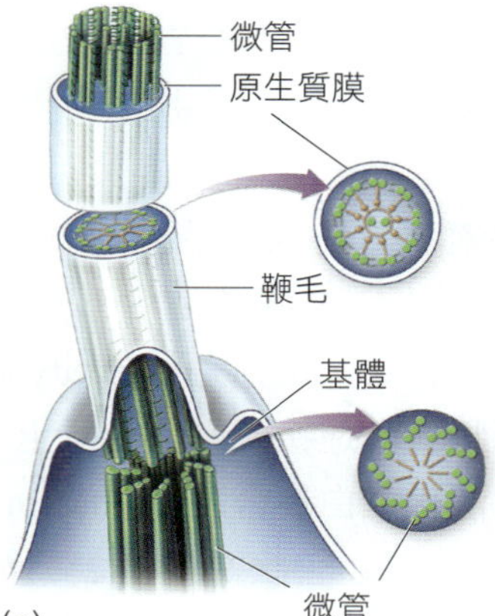

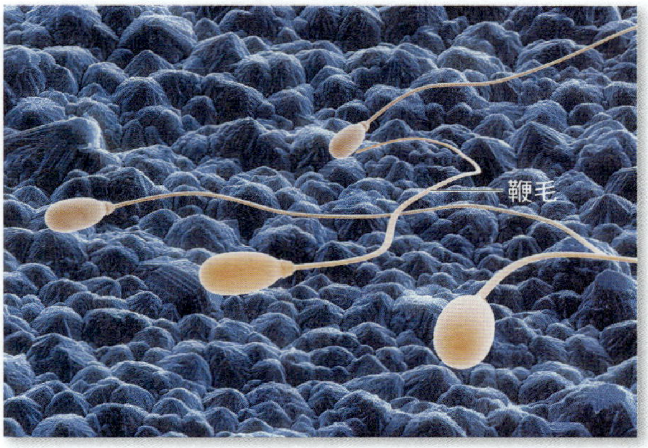

(b)

圖 4.15　鞭毛
(a) 一個直接源自於基體之真核細胞鞭毛，9 對微管排列成環狀並圍繞著中心的二根微管；(b) 人類精子細胞具有一根鞭毛。

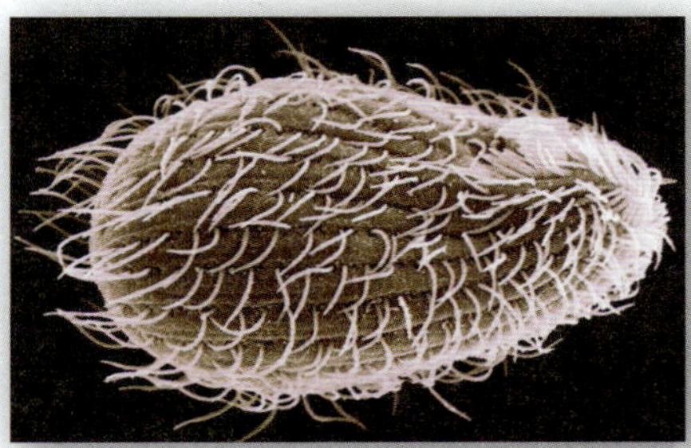

圖 4.16　纖毛
此隻四膜蟲 (*Tetrahymena*) 體表布滿了濃密的纖毛。

於細胞內運送物質

所有的真核細胞都須於其細胞質內，將物質從一處運送到另一處，大多數細胞使用其內膜系統，作為運輸的公路。如第 4.6 節所見，高基氏體將物質包裝到來自內質網的囊泡中，然後運送到各處。但是這種路徑只能運送較短的距離，但當細胞必須運送物質到較長的距離時，例如神經細胞的軸突，此時內膜系統的公路就顯得太慢了。在這種情況下，真核細胞就發展出一種於微管軌道上的高速運送方式。例如溶小體可沿著微管軌道到達一個食泡處，粒線體也可依此方式到達一個長軸突的末梢。

進行一個細胞內長距離運送，需要四個要素，如圖 4.17 所示：一個要被運送的囊泡或胞器 (淡棕色構造)；一個提供動力來源的分子，於此例是**動力蛋白** (dynein)；連接分子，可將囊泡連接到動力分子上 [在圖上的動力蛋白活化蛋白複合體 (dynactin complex)]；以及微管 (綠色管狀物)，作為囊泡的運送軌道。有如最小的天然馬達，這個馬達蛋白拉著囊泡沿著微管軌道前進。

這種微小馬達是如何運作的？首先動力蛋白使用 ATP 來產生動力；其次，科學家認為其運送方式是採用一種跨步走的方式；最後，運送方向也隨著不同的動力分子而有所不同。圖 4.17 所示的動力蛋白朝著細胞中心方向前進，拖拉著泡囊向著微管的 "–" 端移動。另一種動力分子，**驅動蛋白** (kinesin) 則是朝相反方向，即微管的 "+" 端移動，也就是朝向細胞外部的方向。因此一個特別的運送囊泡，其運送方向與運送的內容物，是由黏附在囊泡上的連接蛋白種類而決定。有如擁有一張雙向車票，如果囊泡選擇動力蛋白，則其將向細胞中心移動；若其選擇驅動蛋白，則其將向細胞外側移動。

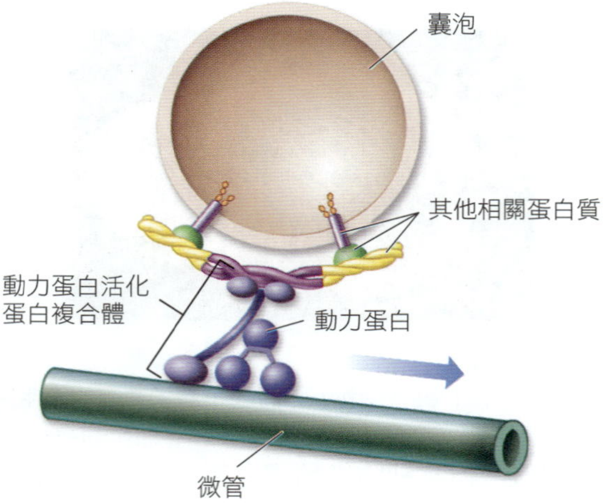

圖 4.17　分子馬達
於細胞內運送的囊泡附著上連接分子，如此處所示的動力蛋白活化蛋白複合體，以及可在微管上移動的動力蛋白。

關鍵學習成果 4.8

細胞骨架是一種網狀的蛋白質纖維，可決定細胞的形狀，並將胞器固著在細胞質中的特定部位。細胞可藉由改變形狀來移動，以及利用分子馬達來運送物質。

4.9　原生質膜之外

細胞壁提供保護與支撐

植物、真菌與許多原生生物細胞具有類似細菌卻不見之於動物的特徵，即具有可保護與支撐細胞的**細胞壁** (cell walls)。真核細胞的細胞壁，在化學與結構上都與細菌不同。植物細胞壁由多醣類的纖維素纖維所組成，而真菌則為幾丁質。植物細胞的**初級壁** (primary wall)，是細胞外很薄的一層壁 (圖 4.18)，當細

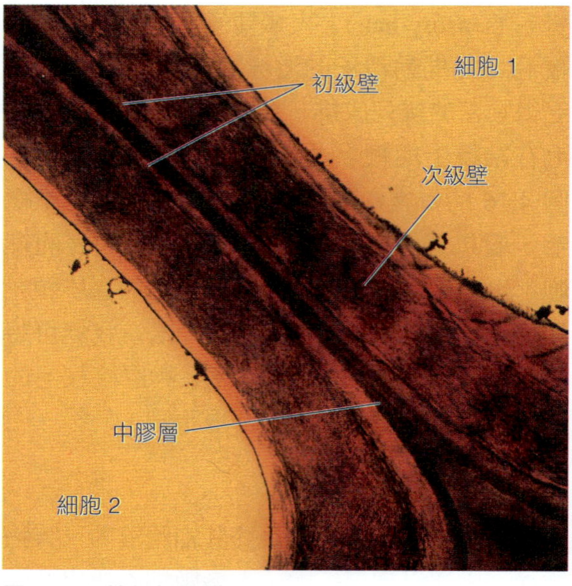

圖 4.18　植物細胞壁
植物細胞壁很厚、強壯與堅韌。當細胞還很年輕時，初級壁就已經停止生長了。當細胞繼續長成時，較厚的次級壁開始長出來。中膠層介於二相鄰細胞間，將細胞黏合在一起。

胞還在生長時，初級壁就已經停止成長了。介於二細胞間的則是一層很黏的**中膠層** (middle lamella)，將二個細胞黏合在一起。一些植物細胞還會產生結構很強的**次級壁** (secondary wall)，堆積在初級壁之內方。與初級壁相較，次級壁顯得非常厚。

動物細胞外有胞外基質

動物細胞和植物、真菌與多數原生生物細胞不同，它們缺乏細胞壁，且會向外分泌複雜的**醣蛋白** (glycoproteins) 混合物 (蛋白質上黏附短的糖鏈)，形成**胞外基質** (extracellular matrix, ECM)，具有與細胞壁不同的功用。ECM 富含膠原蛋白 (collagen)(與軟骨和韌帶中相同的蛋白)。圖 4.19 顯示這些膠原蛋白纖維如何與另一種彈性蛋白 (elastin)，共同埋藏在細胞外的蛋白聚糖 (proteoglycan) 保護層中。

ECM 藉由一種稱為**纖網蛋白** (fibronectin) 的醣蛋白，與原生質膜相連。從圖中可看到，

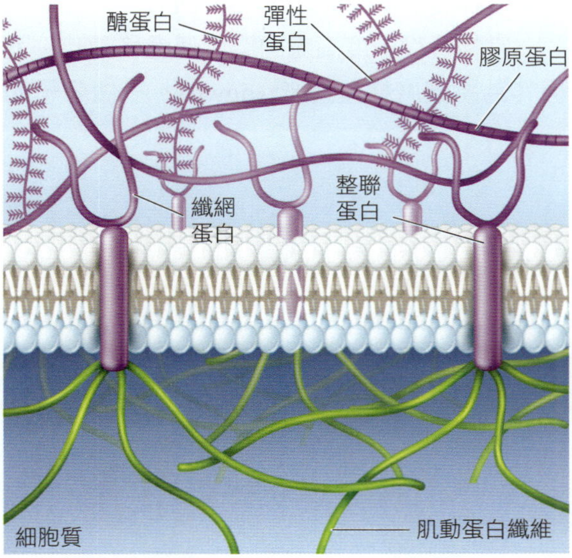

圖 4.19　胞外基質
動物細胞被一層由各種糖蛋白組成的胞外基質 (ECM) 所包圍。ECM 可執行許多影響細胞行為的功能，包括細胞遷移、基因表現及細胞間的信號協調。

纖網蛋白分子不僅與 ECM 糖蛋白相連，同時還與一種稱為**整聯蛋白** (integrins) 的蛋白質結合，而整聯蛋白則是原生質膜上的成分之一。整聯蛋白可突出到細胞質中，並與細胞骨架的微絲纖維結合。整聯蛋白將 ECM 與細胞骨架連接到一起，使 ECM 可以影響到細胞的行為：藉由機械與化學信號的整合機制，可改變基因的表現與細胞遷移的型式。

關鍵學習成果 4.9

植物、真菌與原生生物細胞外圍都有一層細胞壁。動物細胞則缺少細胞壁，其內部的細胞骨架可藉由整聯蛋白，與胞外基質的糖蛋白相連。

原生質膜之跨膜運輸

4.10　擴散

為了細胞的生存，食物顆粒、水分與其他物質必須進入細胞，而廢物也必須被清除。所有這些跨原生質膜的進出，有三種方式：(1) 水分與其他物質可透過膜擴散；(2) 膜中的蛋白質作為某些物質進出的門戶；(3) 膜向內凹陷而吞入食物顆粒或是溶液。我們將首先討論擴散。

擴散

多數分子都是不斷的在運動，而一個分子要向何處動，則是完全隨機的，正如同搖動一個內有彈珠的杯子。因此如果將二種不同分子加在一起，它們很快就混合了。隨機移動的分子傾向於成為均勻的混合物。為了明瞭如何發生，請見下頁的「關鍵生物程序」：將一塊糖放入含水的燒杯內，這塊糖便會逐漸分散成個別的糖分子，糖分子可隨機向四處運動，最終成為一杯均勻分布的糖水。這種分子隨機混合的過程，就稱為**擴散** (diffusion)。

選擇性通透

由於原生質膜的化學特性，擴散對於維持細胞的生命是很重要的。如圖 4.20 所示，非極性的脂雙層可決定哪些物質能通過，以及哪些物質不能通過。例如氧氣與二氧化碳不會被膜所排斥，因此可自由通過，相同的還有不具極性的小分子脂肪與脂質。但是例如葡萄糖的醣類與蛋白質，則無法通過。事實上，由於脂雙層所造成的擴散屏障，沒有任何的極性分子能自由通過生物膜。因此 Na^+、Cl^- 以及 H^+ 等含電價的離子以及非常極性的水分子，都無法自由地通過膜。以前曾一度認為水是從膜上的裂縫滲入，但是生物學家已經推翻此假說，本章後面還會再討論，水是如何穿越過原生質膜。

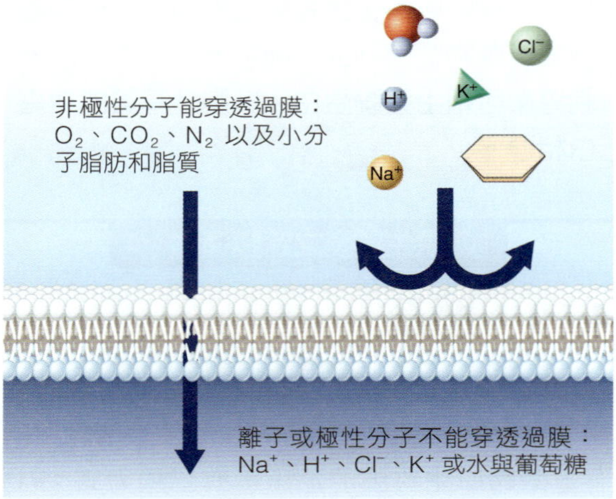

非極性分子能穿透過膜：O_2、CO_2、N_2 以及小分子脂肪和脂質
Cl^-
H^+
K^+
Na^+
離子或極性分子不能穿透過膜：Na^+、H^+、Cl^-、K^+ 或水與葡萄糖

圖 4.20 膜的選擇性通透
如圖左方的非極性分子，可穿透過膜，但是極性分子 (右方) 則無法通過。

由於原生質膜能讓某些物質通過，也讓某些不能通過，因此被稱為是**選擇性通透** (selective permeable) 的。因此選擇性通透，可說是一個細胞原生質膜的最重要特性。一個細胞要成為何種細胞以及要如何運作，都有賴其攝入與排除哪些分子來決定。當你繼續往下閱讀本章內容，你會遇到許多特殊的細胞各自使用不同的方式來執行此策略。

濃度梯度

在原生質膜的一側，每一單位體積中的分子數目就是其濃度 (concentration)。當極性分子或是具電價的離子位於膜的二側時，其選擇性通透的直接後果就是會使膜二側的濃度變得不相同 (圖 4.20)。這種濃度等級的不同，就稱為**濃度梯度** (concentration gradient)。

當物質從濃度高處向濃度低處移動時，就稱其為將濃度梯度降低 (down)。一個分子如

關鍵生物程序：擴散

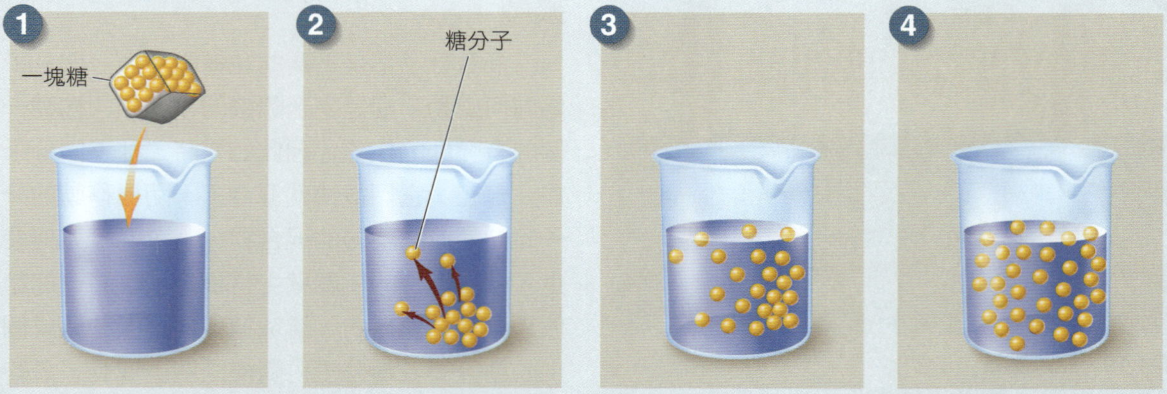

1
一塊糖
2
糖分子
3
4

1 將一塊糖放入含水的燒杯內。

2 糖分子開始從糖塊中分離而逸出。

3 越來越多的糖分子離開糖塊並隨機彈跳。

4 最終，所有的糖分子均勻分布在水中。

何「知道」要向哪個方向移動？其實它並不知道！一個分子朝向任何方向移動的機率都是相同的，且隨時隨機地在改變方向。只不過濃度高處，比濃度低處具有較多可移動的分子，這種混合就是擴散造成的。事實上，擴散的正式定義為：*經由隨機移動所導致之，將濃度梯度降低的分子淨移動*。

很重要的是，每一種物質的擴散都是針對其自己的濃度梯度，不受到同溶液中其他分子的濃度梯度影響。因此，氧氣擴散通過植物的原生質膜時，是受到細胞內與空氣中氧氣相對濃度的影響，而不會受到二氧化碳濃度的影響。

運動中的分子

分子擴散通過一個膜的速度 (生理學家將之稱為擴散速率)，是受到細胞的二個特性，以及細胞環境的物理特性而決定。

濃度梯度的陡度　當濃度梯度越陡時，擴散就越快。如你所知，這是必然的結果：濃度高處有較多的分子可隨機向外移動，數量超過從濃度低處移入的分子。當此過程持續進行，濃度高處的分子逐漸減少，而濃度低處移入的分子則逐漸增加，因此擴散速率也會逐漸慢下來。最終，移出與移入的分子數目會相同，而擴散也就停止了。分子仍在移動，但是二個區域的相對濃度不再改變－即生理學家所謂的動態平衡 (dynamic equilibrium) 狀態。

可供擴散之膜的面積　一些氣體，例如氧氣，與其他脂溶性的小分子，可快速地擴散通過生物膜的脂雙層。當膜上的脂雙層含量越高時，其擴散速度也越快；當膜上含有越多的蛋白質比例時，擴散速度就較慢，這是因為可供擴散的脂雙層面積相對較少的緣故。相同地，帶電價的離子，例如 Na^{+}，以及極性分子 (例如糖和胺基酸)，則在具有較多蛋白質通道的膜處，有較高的擴散速率。由於這些通道對特定離子或分子具有專一性，因此物質的擴散速率仍受到實際可用通道數目的限制。

細胞環境的物理特性　溫度對擴散速率影響很大，因為分子在高溫下的運動較快。一般而言，生活在高溫處的生物，其細胞擴散速率也較快。高壓也會促進擴散速率，因為分子碰撞更頻繁。生活在深海的生物，水壓就成為重要的因素。第三種可影響擴散速率的物理特性是細胞所在位置的電場 (electrical field)。一個神經細胞的膜上電梯度 (electric gradient)，可對離子的擴散進出造成很大的影響。

關鍵學習成果 4.10

分子的隨機運動可使其在溶液中均勻分布，此程序稱為擴散。分子移動傾向於使濃度梯度下降，梯度越陡，擴散越快。

4.11　促進性擴散

蛋白質通道

開孔通道

選擇性通透可能是生物膜最重要的特性。離子與極性分子只能透過貫穿脂雙層的蛋白質通道而進出細胞。最簡單的這種通道稱為*開孔通道* (open channels)，形狀如一根管子，功用則如敞開的大門。任何分子能夠吻合通道的形狀，就可自由通過，就如彈珠可穿過甜甜圈的孔一樣。透過其擴散後的結果，會使膜二側的分子濃度達到平衡。許多細胞的水通道與離子通道，都是屬於此類的開孔通道。通常其開孔有一個「大門」(gate)，門必須打開才能使離子通過。這種離子通道的開門與關門，會對電價產生反應，在神經系統傳達信號上扮演很重要的角色。

載體蛋白

由於許多極性分子的尺寸、形狀與電價很相似，因此開孔通道的專一性是有限制的。為了增加膜的選擇性通透，細胞發展出一種更複雜的孔道，欲擴散的分子必須能與孔道表面的一種「載體」蛋白質結合。這種如手指在手套中般地密切配合，是非常專一的。**載體蛋白** (carrier proteins) 一旦與分子結合，便可將其物理性地傳送到膜的另一側。

每一種載體蛋白，只能與專一的分子結合，例如特定的糖、胺基酸或離子，以物理性的方式於膜的一側相結合，然後於另一側將其釋放。至於分子的淨移動 (net movement) 方向，則完全依據膜二側的濃度梯度而定。如果外側的濃度較高，則分子有較高的機會與外側的載體蛋白結合 (見下方「關鍵生物程序」的第一區塊)，然後將其在膜的另一側釋出 (見第三區塊)。其淨移動永遠都是從濃度高處到濃度低處，與簡單擴散相同，但是其過程被載體蛋白促進了。因此這種運送機制有一個特別的名稱，**促進性擴散** (facilitated diffusion)。

這種載體蛋白的運送有一個特徵，其速率會達到飽和。如果一個物質的濃度是逐漸增加的，其運送速率也會增加，但到達某一點後便停止增加。這是因為載體蛋白在膜上的數量是有限制的，當物質濃度過高，所有的載體蛋白都被使用時，就稱為此系統已經「飽和」了。

關鍵學習成果 4.11

促進性擴散是使用一種蛋白質通道或載體蛋白，將物質有選擇性的向濃度低處運送。

4.12 滲透

水的擴散

擴散可使氧氣、二氧化碳以及非極性的脂肪分子通過原生質膜。水分子並未被阻隔，因為膜上有許多可供水分子通過的水通道蛋白所組成的通道。

由於水在生物學上太重要了，因此水分子從高濃度處向低處的擴散，就給予了一個特別的名稱－**滲透** (osmosis)。然而能跨越膜的水分子數目，則取決於溶液中其他物質的濃度。為了明瞭此，我們可專注於已經在細胞內的水

關鍵生物程序：促進性擴散

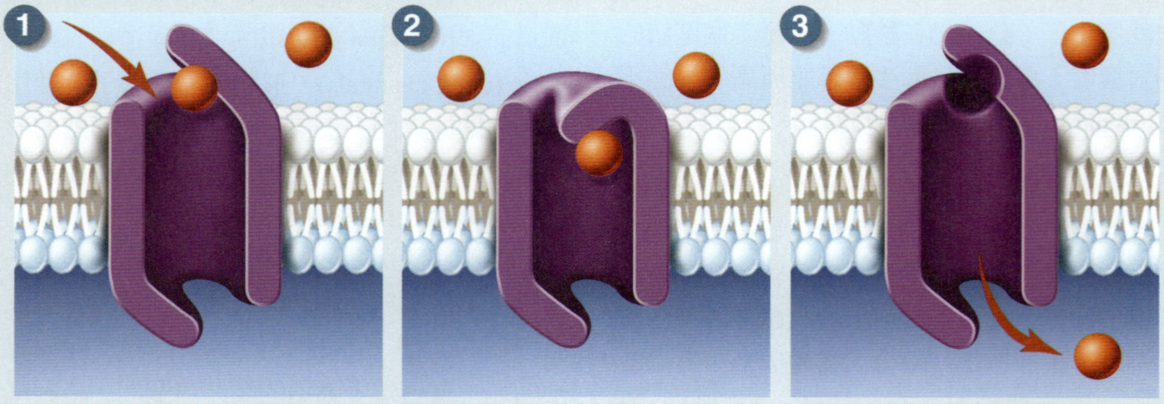

1 特殊分子可與原生質膜上的特定載體蛋白結合。

2 載體蛋白幫助 (促進) 擴散的進行，但不需要能量。

3 分子在膜的另一側被釋放。載體蛋白僅透過膜運送特定的分子，其運送方向送是雙向的，可降低濃度梯度。

分。它們在做些什麼？於細胞內，水分可與糖、蛋白質和其他極性分子作用。請記住，水本身就是非常極性的分子。它們無法如同在細胞外可隨機自由運動，因為它們已經包圍在極性分子周遭成為一團。因此這些從事「交際」的水分子無法隨機運動，其結果是細胞外的水分子可隨機運動而進入細胞內，但不會出去。由於進入的水分子多於出去的，因此造成進入細胞的淨值。下方「關鍵生物程序」中所示的實驗，可說明發生了何事。燒杯分成左右二區，右方代表細胞內部，左方代表外界水環境。當具有極性的尿素分子加入右方的細胞中(如第二區塊)，水分子會聚集到其分子上，而無法再隨機運動跨過膜而到細胞外。實際上，極性的溶質可降低自由的水分子數目。由於左方的「外界」有較多的自由水分子，因此水分子可擴散進入細胞 (由左方進入右方)。

所有溶於溶液中的**溶質** (solute) 顆粒濃度，則稱為此溶液的滲透濃度 (osmotic concentration)。如果二溶液的滲透濃度不相同，具有高溶質濃度者 (如燒杯右方) 就稱為是**高張的** (hypertonic)(希臘文 hyper，是「多於」的意思)。而如燒杯左方的溶液濃度較低者，則稱為是**低張的** (hypotonic)(希臘文 hypo，是「少於」的意思)。如果二溶液的濃度相同，則稱為是**等張的** (isotonic)(希臘文 iso，是「相等」的意思)。

一個細胞的原生質膜區隔出二個水溶液，一個是細胞內部 (細胞質)，另一個是外界的細胞外溶液。此時淨擴散的方向，就取決於雙方何者的滲透濃度較高。例如，當細胞質與外界溶液不是等張時，水分子就會朝溶質濃度較高的方向滲透。

滲透壓

如果一個細胞的細胞質與外界溶液相較是高張的，會發生何事？於此情況下，水分子會從外界溶液中擴散到細胞內，使細胞膨大，而細胞質向外推壓原生質膜的壓力，就稱為**靜水壓** (hydrostatic pressure)。另一方面，**滲透壓** (osmotic pressure) 也必須發揮作用。滲透壓的定義是：阻止水分子跨膜滲透的一種壓力。如果膜的強度夠，細胞就會達到平衡。此時滲透壓 (傾向將水驅入細胞) 會與靜水壓 (傾向將

關鍵生物程序：滲透

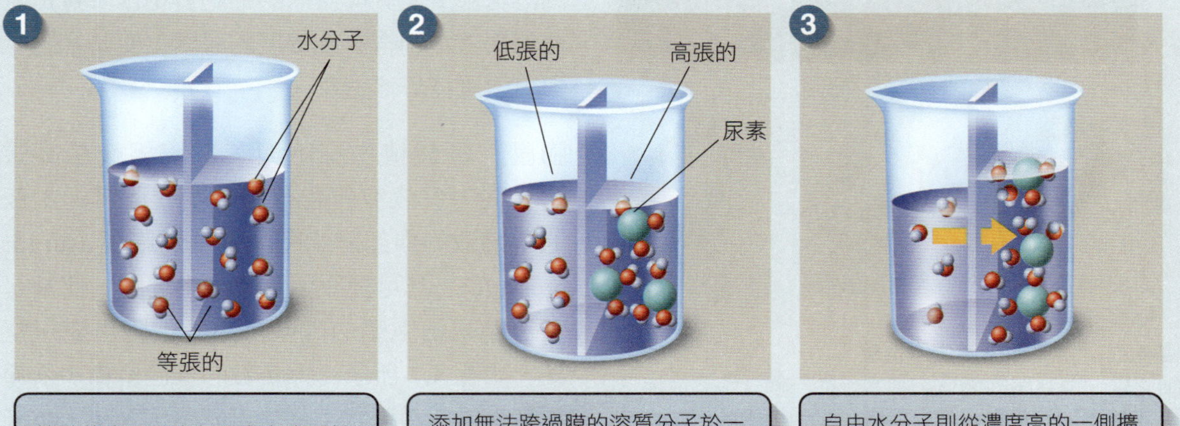

1 擴散使水分子均勻分布在半透性膜的二側。

2 添加無法跨過膜的溶質分子於一側，由於它們可與水分子結合，因此降低自由水分子的數目。

3 自由水分子則從濃度高的一側擴散到含有溶質的那一側，也就是水分子濃度低的一側。

水排出細胞) 達到平衡。然而，原生質膜本身並不能抵擋太大的內部壓力，若靜水壓持續加大，則細胞就會破裂，像一個吹爆的氣球。因此，維持等張狀態對動物細胞是非常重要的。

圖 4.21 說明了溶質如何造成滲透壓。首先請觀看圖上方的紅血球，左方是一個類似海水的高張溶液，水分子從紅血球中移動到溶液中，使得細胞萎縮。於中間的等張溶液，紅血球細胞膜二側的溶質濃度相同，水分子進入與離開紅血球的速率相同，因此細胞形狀沒改變。於右方的低張溶液，細胞內的溶質濃度高於外界，因此水分會進入細胞，而使細胞膨脹。這正是 Peter Agre 用來證明水通道蛋白的功能時，所做過的實驗。當紅血球細胞置入低張溶液 (此例為純水) 中時，滲透壓使得細胞膨脹變成圓球形，當壓力超過原生質膜的強度時，細胞便破裂了。

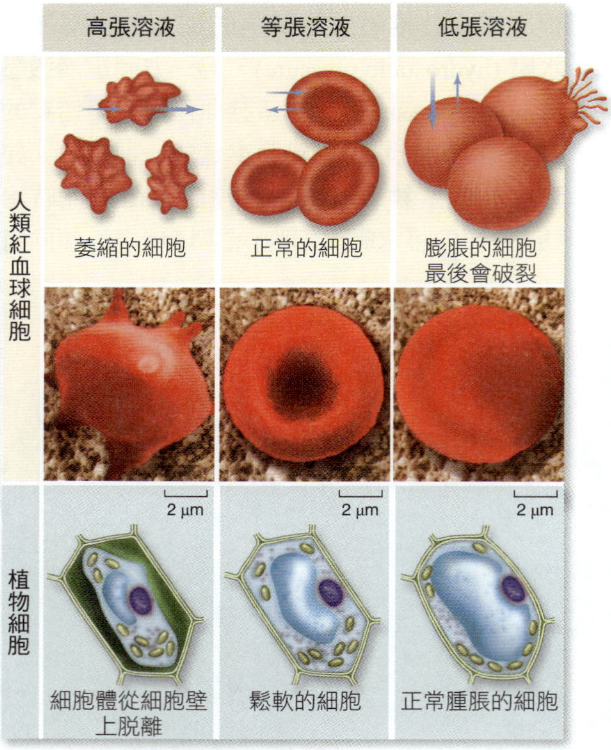

圖 4.21 溶質如何產生滲透壓
細胞是一個封閉的構造，當水分從一個低張溶液滲透入細胞後，就會對膜產生壓力，直到細胞脹破為止。於植物細胞，這種靜水壓會被細胞壁的滲透壓所平衡掉，可使水停止進入細胞。

現在再看看圖 4.21 底部的植物細胞，其與動物細胞不同，滲透造成的靜水壓會被滲透壓所平衡掉。植物有很強韌的細胞壁，因此能提供適當的滲透壓，防止細胞被撐破。

維持滲透平衡

與外界環境相較，細胞常處於高張狀態。因此針對這種滲透困境，生物發展出許多解決方法。

擠出 一些單細胞真核生物，如原生生物中的草履蟲 (*Paramecium*)，可使用一種稱為伸縮泡的胞器移除水分。伸縮泡可從細胞質中收集水分，且在細胞表面上有一個小開孔。利用有韻律的收縮，伸縮泡可將不斷滲透進入細胞的過多水分擠出到外界。

等滲壓溶液 一些居住於海洋的生物，具有與海水相等的滲透壓，因此水分不會進入或移出其細胞。許多陸生動物也用相同的方法解決類似問題，使用等滲透壓溶液 (isosmotic solution) 於體內循環，使細胞浸泡於其內。例如人體內的血液，含有高濃度的白蛋白，可提高溶質濃度使其與體內的細胞質相當。鯊魚血液與體液中則含有高濃度的尿素，使其細胞能與海水維持等滲透壓。

膨壓 多數植物細胞與其環境相較是高張的，其中央液泡內含有高濃度的溶質。由液泡所導致的內部靜水壓，就稱為**膨壓** (turgor pressure)，其可對原生質膜產生推壓，使其緊緊地貼緊細胞壁的內壁，因此細胞也變得堅硬，如圖 4.7 所示。大多數的綠色植物，依賴膨壓來維持其形狀；當缺乏充足水分時，枝條就會凋萎。

關鍵學習成果 4.12

當水分子與極性的溶質連結時，就不能自由的擴散了，因此水分子會跨過膜向水分較少的方向移動。水透過膜的擴散，稱為滲透。細胞必須維持滲透平衡，才能正常運作。

4.13 批式運輸進出細胞

胞吞作用與胞吐作用

許多真核細胞攝取食物的方式是，將其原生質膜向外伸展把食物顆粒包圍起來。原生質膜吞入食物後，形成一個由膜包圍的囊泡。此過程稱為**胞吞作用** (endocytosis)(圖 4.22)。

胞吞作用的相反過程則是**外吐作用** (exocytosis)，在膜的表面處將囊泡的內容物排出到細胞外。圖 4.23 的囊泡含有欲排出的內容物質，紫色的顆粒懸浮於囊泡中。囊泡的膜也是磷脂構成，當其與原生質膜接觸時，二者會融合形成一個開孔，然後將內容物排放出去。在植物細胞，外吐作用是非常重要的，可從原生質膜處運送建構細胞壁所需的物質。於原生生物，其伸縮泡將過多水分的排出也是一種外吐作用。而動物細胞中，外吐作用也提供了許多物質的運送方式，如荷爾蒙、神經傳導物質、消化酵素以及其他物質。

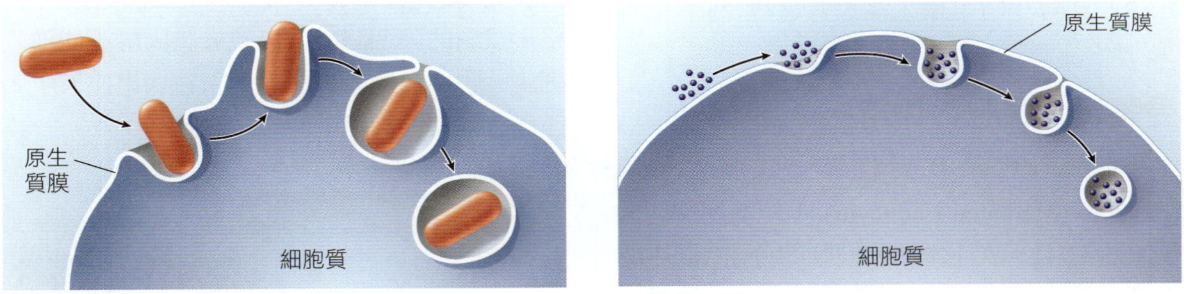

(a) 胞噬作用 (b) 胞飲作用

圖 4.22 胞吞作用
胞吞作用的過程是將其原生質膜向外伸展把物質包圍起來，形成一個囊泡。(a) 當吞入的物質是一個生物或是相對較大的有機物質碎片，此過程就稱為胞噬作用；(b) 當吞入的物質是液體時，此過程就稱為胞飲作用。

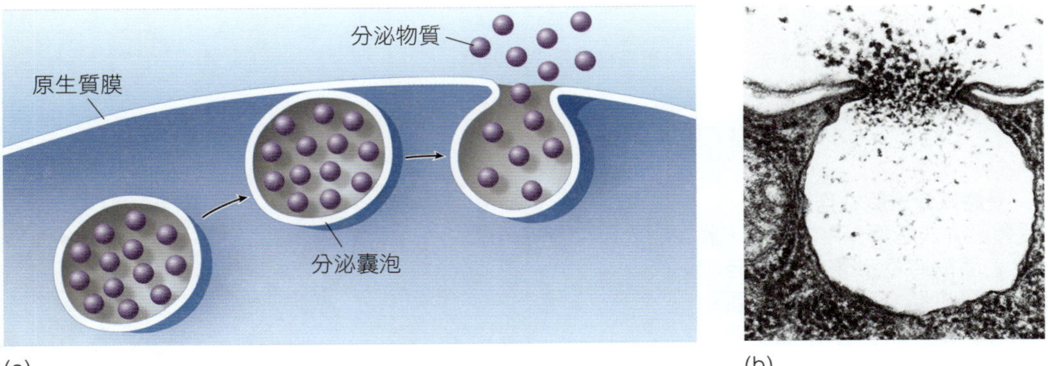

(a) (b)

圖 4.23 外吐作用
外吐作用是囊泡從原生質膜表面處排出物質的過程。(a) 細胞利用分泌囊泡排放蛋白質與其他物質，囊泡的膜可與原生質膜融合，然後於原生質膜的表面將物質送出；(b) 此張顯微攝影照片，顯示一個正在進行中的外吐作用。

胞噬作用與胞飲作用

如果細胞攝取的物質是顆粒狀，例如一個生物 (如圖 4.22a 所示的紅色細菌) 或其他有機物質的碎片，此過程就稱為**胞噬作用** (Phagocytosis)(希臘文 phagein，吃食；cytos，細胞)。如果攝入的物質是液體，或是溶於液體中的物質 (如圖 4.22b 中的小顆粒)，就稱為**胞飲作用** (pinocytosis)(希臘文 pinein，飲用)。胞飲作用常見於動物細胞。以哺乳類卵細胞為例，可受到周遭細胞的「哺育」(nurse)；其附近細胞可分泌營養物質，供卵細胞以胞飲作用方式攝取。實際上幾乎所有真核細胞，都不斷地在進行此種胞飲作用。胞飲作用的速率，則隨細胞種類而異。有些可高得令人訝異：一些白血球每小時可攝入高達其體積 25% 的容量！

受體媒介式胞吞作用

真核細胞常藉**受體媒介式胞吞作用** (Receptor-Mediated Endocytosis) 傳送特殊的分子 (圖 4.24)。欲運送進入細胞的分子 (圖中的紅色球體)，會先與原生質膜上的特殊受體結合。這種過程是專一的，分子形狀必須與受體緊密吻合。一種特定種類的細胞，具有其特有的受體，且只能與特定的分子結合。

受體所在位置的凹陷原生質膜內側，則布滿了一種格形蛋白 (clathrin)，可見之於圖 4.24 的顯微攝影圖與上方的繪圖。此凹陷有如分子的捕鼠器，當適當的分子聚集於此時，可將之封閉而向內形成囊泡。而觸動此機制的則是，受體蛋白與密切吻合的分子，相結合於此凹陷處的原生質膜處。一旦結合後，細胞便開始進行胞飲作用。此過程非常專一且快速。

一種稱為低密度脂蛋白 (low-density lipoprotein, LDL) 的分子，其攝取方式就屬於這類受體媒介式的胞吞作用。LDL 分子可將膽固醇帶入細胞，然後併入原生質膜，膽固醇則與細胞膜的韌度有關。人類有一種稱為高膽固醇血症 (hypercholestrolemia) 的遺傳疾病，由於其受體蛋白缺失了尾部，因此無法結合到格形蛋白的膜凹陷處，以致於膽固醇不能進入細胞。也由於膽固醇一直停留在病患血液中，因此會堆積在動脈上而導致心臟病。

關鍵學習成果 4.13

原生質膜凹陷，其膜可包圍住物質並形成囊泡，藉由此胞吞作用來吞食物質。外吐作用則是相反的過程，利用囊泡向外排出物質。受體媒介式胞吞作用，僅可將特定的物質吞入細胞。

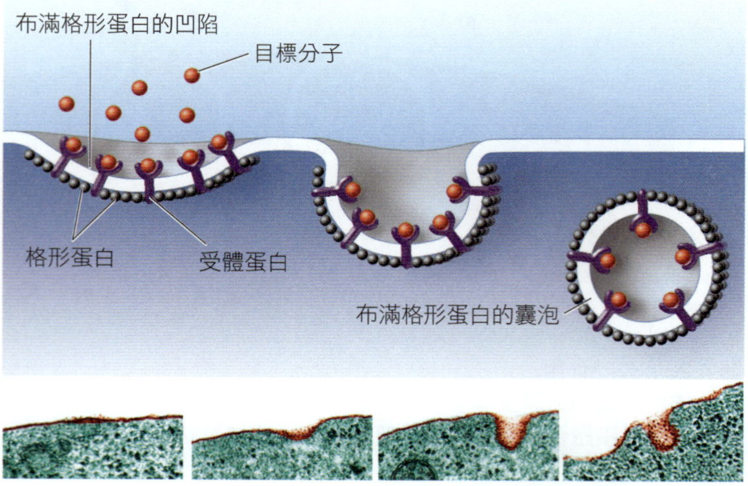

圖 4.24 受體媒介式胞吞作用
可進行受體媒介式胞吞作用之細胞，膜上凹陷處表面附有格形蛋白，當目標分子與受體蛋白結合後，此格形蛋白可誘發胞吞作用。下方顯微攝影圖，一個發育中的卵細胞其原生質膜上出現一個凹陷，被一層蛋白質覆蓋 (放大 80,000x)。當聚集到適當數量的分子時，此凹陷會加深，最後膜封閉形成一個囊泡。

4.14 主動運輸

與促進性擴散不同，有些原生質膜上的載體蛋白是緊閉門戶的，只有當提供能量時，這些蛋白質才打開門戶。它們可使細胞維持一些分子於高濃度或是低濃度狀態，比其外在環境要高很多或低很多。有如馬達驅動的旋轉門，這些載體蛋白能移動物質提高其濃度梯度。這種單向且需求能量，將物質朝濃度高方向運送的方式，就稱為**主動運輸** (active transport)。

鈉-鉀幫浦　最重要的主動運輸蛋白就是**鈉-鉀幫浦** (sodium-potassium pump, Na^+-K^+ pump)，此蛋白可花費代謝能量，主動的將鈉離子 (Na^+) 單方向地運出細胞，並將鉀離子 (K^+) 單方向地運入細胞。你身體細胞花費了超過三分之一的能量，來驅動此 Na^+-K^+ 幫浦蛋白。所需能量是由腺苷三磷酸 (adenosine triphosphate, ATP) 所提供，我們將於第 5 章討論 ATP 分子。這種將二種不同離子向相反方向的運送之所以會發生，是因為能量可導致載體蛋白形狀的改變。「關鍵生物程序：鈉-鉀幫浦」將帶領你了解這個幫浦的運作。當一個運輸蛋白火力全開時，每秒鐘可運輸 300 個鈉離子。由於這種幫浦的作用，使得細胞內的鈉離子濃度遠低於外界。而這種由 ATP 提供能量造成的濃度梯度，被細胞利用於許多活動，其中最重要的有二項：(1) 沿著神經細胞傳達信號 (第 28 章會詳細討論)；(2) 對抗濃度梯度而將重要的分子，如糖與胺基酸，攝入細胞！

於此我們將注意力放在第二項。許多細胞的原生質膜上，常密布著許多促進性擴散的運輸蛋白質，提供了那些被 Na^+-K^+ 幫浦蛋白所送出的鈉離子一個回來的路徑。然而，一個難題出現了；鈉離子必須有一個相伴的分子與其一齊通過運送蛋白，如同參加舞會的一對舞者同時通過大門。這也是為何這種運輸蛋白被稱為偶聯運輸蛋白 (coupled transport proteins) 的原因。偶聯運輸蛋白不會只讓鈉離子單獨通過，除非有一個與其相伴的分子。於此案例，鈉離子的伴侶是一個糖分子 (見表 4.3 下方最後一個條例)，但也可是胺基酸或其他分子。由於鈉離子的濃度梯度非常大，許多鈉離子都

關鍵生物程序：鈉-鉀幫浦

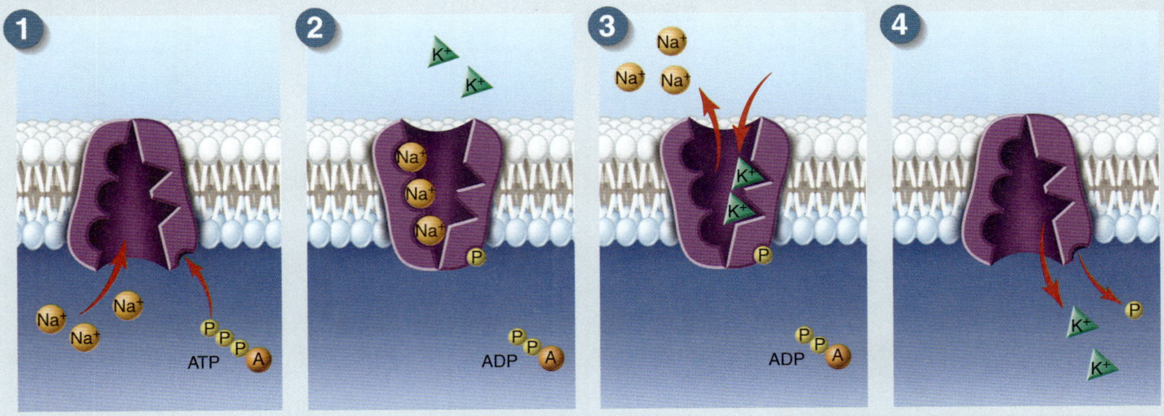

1. 鈉-鉀幫浦使用一種可結合 3 個鈉離子與一個 ATP 分子的運輸蛋白。
2. 裂解 ATP 可提供能量用來改變運輸蛋白的形狀。鈉離子就被運送通過此幫浦。
3. 鈉離子於膜的外側被釋出，新形狀的幫浦可讓 2 個鉀離子結合。
4. 幫浦釋出磷酸鹽後可回復原先的形狀，並將鉀離子於膜內側釋出。

表 4.3 跨膜運輸的機制

程序	穿透過膜	如何作用	舉例
被動程序	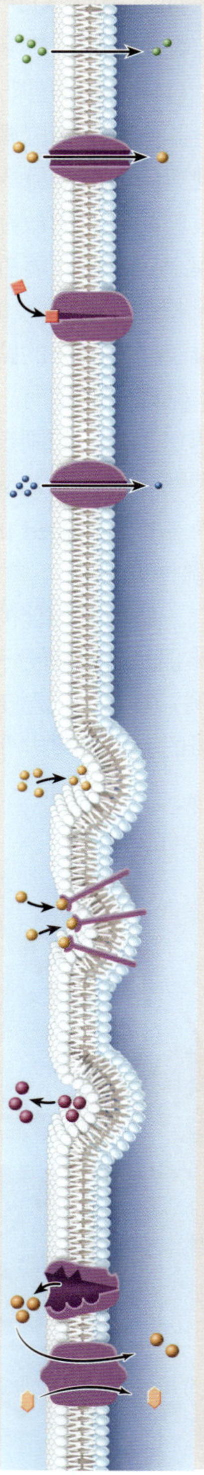		
直接擴散		分子隨機移動，造成分子向低濃度區域的淨移動	氧氣進入細胞
蛋白質通道		極性分子穿過蛋白質通道	離子進出細胞
促進性擴散 載體蛋白		分子結合到膜上的載體蛋白後，跨過膜的運送；其淨移動是朝向低濃度處	葡萄糖進入細胞
滲透 水通道		水分子擴散通過選擇性通透膜	於低張溶液中，水分進入細胞
主動程序			
胞吞作用 膜囊泡			
胞噬作用		膜凹陷並包圍顆粒形成囊泡，將之吞入細胞	細菌被白血球細胞吞食
胞飲作用		膜凹陷並包圍液體形成囊泡，將之吞入細胞	人類卵細胞之「哺育」
受體媒介式胞吞作用		目標分子與特殊受體結合所引發的胞吞作用	膽固醇之攝取
外吐作用 膜囊泡		囊泡與原生質膜融合並排出其內容物	黏液的分泌
主動運輸 載體蛋白 Na^+-K^+ 幫浦		載體花費能量對抗濃度梯度，將物質運送通過膜	對抗濃度梯度之移動 Na^+ 與 K^+
偶聯運輸		利用另一物質向濃度低處移動的相對運輸方式，來對抗濃度梯度將某一分子運送通過膜	對抗濃度梯度，將葡萄糖偶聯運送進入細胞

想回到細胞內，同樣的，與其相伴的分子也是。於是這些糖或其他分子，就能透過偶聯運輸蛋白進入細胞內了。

關鍵學習成果 4.14

主動運輸是一種由能量驅動，並可向高濃度方向移動的跨膜運輸方式。

複習你的所學

細胞世界

細胞

4.1.1 細胞是最小之生命構造，由原生質膜包圍細胞質而成。生物可由單細胞或多細胞組成。

4.1.2 物質通過原生質膜進出細胞。較小的細胞有比較大的表面積-體積比。

4.1.3 由於細胞很小，因此需使用顯微鏡來觀看與研究它們。

原生質膜

4.2.1 在所有細胞外圍的原生質膜都由脂雙層構成，其上懸浮有多蛋白質。原生質膜的結構稱為流體鑲嵌模型。

4.2.2 脂雙層是由特殊的磷脂分子所構成，磷脂分子具有極性端 (水溶的) 與非極性端 (非水溶的)。由於非極性端會遠離水分子而聚集，因而形成雙層結構。有許多類型的蛋白質位於原生質膜上。

細胞種類

原核細胞

4.3.1 原核生物是簡單的單細胞生物，缺乏細胞核與內部的胞器，其外通常有堅韌的細胞壁。它們的形狀差異很大，可具有內部構造。

真核細胞

4.4.1 真核細胞較原核細胞大，且構造也更複雜。它們具有細胞核、胞器以及內膜系統。

真核細胞導覽

細胞核：細胞控制中心

4.5.1 細胞核是細胞的發號施令中心。其內含有 DNA，攜有控管細胞的遺傳訊息。細胞核內具有顏色較深的核仁，是製造核糖體 RNA 的位置。

內膜系統

4.6.1 內質網 (ER) 是細胞內的膜狀結構，可將細胞內部組織與區隔出各種功能區域。蛋白質與其他分子可在 ER 處合成，然後運送到高基氏體處。高基氏體是收集與包裝中心，可將分子分送到細胞各處。

含有 DNA 的胞器

4.7.1 粒線體被稱作是細胞的發電廠，因為其可進行氧化性代謝，將食物轉換成能量。

4.7.2 葉綠體是進行光合作用的地方，存在於植物與藻類細胞。

4.7.3 粒線體與葉綠體是類似細胞的胞器，其來源可能是遠古的細菌與真核細胞始祖產生內共生的關係演化而來。

細胞骨架：細胞內部架構

4.8.1 細胞內部具有蛋白質纖維的網狀結構，構成細胞骨架。細胞骨架可維持細胞的形狀，並能固定各胞器的位置。

4.8.2-3 中心粒是成對的構造，可組裝微管。液泡是細胞的貯存空間，

4.8.4-5 纖毛與鞭毛可使細胞運動。動力蛋白可於細胞內部運送物質。

原生質膜之外

4.9.1 植物、真菌與許多原生生物的細胞之外有細胞壁，功能與原核細胞壁類似。

4.9.2 動物細胞沒有細胞壁，但細胞之外可有一層稱為胞外基質的醣蛋白。

原生質膜之跨膜運輸

擴散

4.10.1-2 物質可用被動方式擴散進出細胞。原生質膜是選擇性通透的，一些分子可用被動方式通過膜。

4.10.3-4 分子可從高濃度處向低濃度處擴散，降低其濃度梯度。

促進性擴散

4.11.1 於促進性擴散中，物質的移動可降低其濃度梯度，但必須與膜上的載體蛋白結合才能通過膜。

滲透

4.12.1 滲透是水分子藉由溶質濃度的不同而進出細胞的現象。

4.12.2-3 水分子可向溶質濃度高處移動。

批式運輸進出細胞

4.13.1-2 較大的構造或大量物質分別以胞吞作用和外吐作用進入與離開細胞，

4.13.3 受體媒介內吞作用是一種選擇性的程序，只讓那些能與特殊受體結合的物質進入細胞。

主動運輸

4.14.1 主動運輸需要使用能量，對抗濃度梯度來運送物質。例如鈉-鉀幫浦以及偶聯運輸蛋白，當一物質以降低濃度梯度方式通過膜時，另一物質便可用對抗濃度梯度方式而跨過膜到其另一側。

測試你的了解

1. 限制細胞大小的最重要因素是
a. 一個細胞能製造的蛋白質與胞器數量
b. 細胞質中的水濃度
c. 細胞之表面積-體積比
d. 細胞中 DNA 的量

2. 跨膜蛋白其貫穿脂雙層之部分
a. 是由疏水性胺基酸構成
b. 常形成 α-螺旋結構
c. 可反覆穿越膜多次
d. 以上皆是

3. 真核細胞要比原核細胞更複雜。下列何者僅發現於真核細胞？
a. 細胞壁　c. 內質網
b. 原生質膜　d. 核糖體

4. 以前曾一度認為只有細胞核內才含有 DNA。如今已發現 DNA 也可存在於
a. 細胞骨架與核糖體
b. 原核生物與真核生物
c. 內質網與高基氏體
d. 粒線體與葉綠體

5. 細胞骨架包括
a. 由肌動蛋白纖維構成的微管
b. 由微管蛋白構成的微絲
c. 由交錯的四單元體構成的中間絲
d. 平滑內質網

6. 分子馬達蛋白可沿著________軌道，將運送囊泡從細胞內的一處移動到另一處。
a. 微管　c. 纖毛
b. 鞭毛　d. 肌動蛋白

7. 如你將一滴食品顏料滴入一杯水中，則此顏料會
a. 由於氫鍵的作用，它會掉到杯底處停留，除非你攪動它
b. 由於表面張力的緣故，它像油一般漂浮在水面上，除非你攪動它
c. 由於滲透，它會立刻散布到整杯水中
d. 由於擴散，它會緩慢散布到整杯水中

8. 下列何者與生物膜的選擇性通透無關？
a. 膜中載體蛋白的專一性
b. 膜中通道蛋白的專一性
c. 脂雙層的疏水性屏障
d. 水與磷酸基形成氫鍵

9. 當例如食物顆粒的大分子要進入細胞時，由於不容易穿透過膜，所以它們利用下列何方式通過？
a. 擴散與滲透
b. 內吞與胞噬作用
c. 外吐與胞飲作用
d. 促進性擴散與主動運輸

10. 有關滲透，下列何者有誤？
a. 溶質濃度決定了滲透的程度
b. 於動物細胞，如與環境相比較，其細胞是高張的，則水會進入細胞質
c. 如果植物細胞與動物細胞具相同的溶質濃度，則它們彼此是為等張的
d. 水透過主動運輸蛋白進出細胞

Chapter 5

能量與生命

所有的生命都是由能量所驅動的。這隻老鼠爬到麥稈上需要花費能量。當牠棲息於麥稈上的所有活動－警戒危險、維持體溫、擺動鬍鬚－都需要能量，其能量來自於所攝食的麥粒與其他物質。將打斷麥粒中之碳水化合物分子所釋出的能量，轉換成一種稱為 ATP 的「分子貨幣」，老鼠能從食物中獲取化學能並用之於日常活動。老鼠細胞能執行這些壯舉，全靠酵素的幫助。酵素是很大的分子，且具有很特殊的形狀。每一個酵素的形狀都有一個表面凹洞，稱為活性位，可與特定的化學物完全吻合，有如腳與完全吻合的靴子。當化學物進入此活性位，酵素便可折曲與拉扯此化學物特定的共價鍵，並引發一個特別的化學反應。生命的化學就是酵素的化學。

細胞與能量

5.1 生物的能量流動

能量的性質

我們即將開始討論能量與細胞化學。雖然乍看之下，這些主題有點難度，但請記住所有的生命都是由能量所驅動的。以下三章所討論的觀念與程序，都是生命之關鍵。我們都是化學的機械，由化學能驅動。一個賽車選手必須了解汽車引擎是如何運作的，基於相同理由，我們也必須了解細胞化學。的確，如果我們要了解自己，我們就必須「看看引擎蓋下面」(了解背後的原理)，了解我們細胞的化學原理以及其如何運作。

如第 2 章所述，**能量** (energy) 的定義是：能夠做功的能力。能量有二種狀態，動能與位能。**動能** (kinetic energy) 就是物體運動的能量；而當物體雖不在運動，但卻具有能運動的能力，就稱為**位能** (potential energy)，或貯存的能 (stored energy)。圖 5.1 上的那位年輕人正在經歷這二種能的狀態。一個位於山頂的球 (圖 5.1a) 具有位能，但當他將此球推下山時 (圖 5.1b)，球的一些位能就轉換成動能。一個生物所進行的所有活動，也都與位能和動能的轉換有關。

能量的存在可有許多形式：機械能、熱、聲音、電流、光或輻射。由於它能以各種形式存在，因此有許多方法來測量能。最方便的方式就是熱，因為其他所有的能量都可轉換成熱。因此能量的研究就被稱為**熱力學** (thermodynamics)，意思是「熱變化」(heat changes)。

進入生物世界的能量，源自於太陽恆定照射到地球的陽光。根據估計，太陽每年提供地球 13×10^{23} 卡的能量，或每秒 4 萬兆卡！植物、藻類與一些細菌能利用光合作用捕捉一部分的日光能。光合作用能利用光能將小分子 (水與二氧化碳) 組合成複雜的分子 (糖)。由於

(a) 位能　　(b) 動能

圖 5.1　位能與動能
物體沒有移動但有可運動的潛能時，就具有位能；而物體移動時則具有動能。(a) 將物體移到山頂所施的能就貯存起來成為位能；(b) 當其滾下山時，貯存的能量就以動能方式釋放出來。

其原子的排列，糖分子具有位能，這種位能以化學能的方式貯存於細胞中。請回想第 2 章，一個原子具有一個中心的核與圍繞其外的電子，當二個原子間產生共價鍵時，它們會共享電子。打斷這種鍵結時，需要施能將二個原子核拉開。共價鍵的強度，就是用其打斷所需的能來計算。例如，將一莫耳 (6.023×10^{23}) 的碳-氫鍵 (C–H) 打斷，就需要 98.8 千卡 (kcal) 的能量。

細胞內的所有化學活動，可以視為分子間的一系列化學反應。一個**化學反應** (chemical reaction) 就是建造或打斷化學鍵－將原子連結起來形成新分子或是將分子拉斷，有時還將打斷的片段連接到其他分子上。

關鍵學習成果 5.1

能量就是可做功的能力，可呈活動狀態 (動能) 或是貯存起來之後再使用 (位能)。化學反應就是將原子連結形成共價鍵，或是將共價鍵打斷。

5.2　熱力學定律

跑步、思考、唱歌、閱讀，所有生物的活動都與能的變化有關。一套稱為熱力學定律的普遍通則，解釋了宇宙間能的變化。

熱力學第一定律

第一條通則就稱為**熱力學第一定律** (first law of thermodynamics)，和宇宙間的能量有關。它述說能可從一種型式轉換成另一種型式 (例如，位能變成動能)，但能不會被摧毀，也不會憑空創造出新的能，宇宙間能的總量是恆定的。

一隻獅子吃食長頸鹿，就是在獲取能量。獅子無法創造新能量，也不能從日光獲得能量，牠只能將長頸鹿組織中貯存的位能，轉移到自己身上 (正如同長頸鹿還活著的時候，將植物中貯存的能量轉為自己身上的位能)。在任何生物中，這種化學位能可以轉移到其他分子，並貯存在化學鍵裡，但也可轉變成動能，或其他如光能與電能等型式。在每一次的轉換過程中，一些能量會以熱能的型式消散到環境中，熱能是測量分子隨機移動的衡量方式 (也是測量動能的一種方式)。能量不斷地在生物世界中單向的流動，而日光也不斷地進入生物系統，補充那些消散的熱能。

熱能也可被用來做功，但僅能在熱梯度 (二個區域間溫度的差異) 存在之下方可，這正是蒸汽引擎能作用的原理。如你在圖 5.2 所見到的蒸氣火車頭，熱被用來推動轉輪。首先，一個鍋爐 (未顯示在圖上) 將水加熱產生蒸氣，然後蒸氣打入此蒸汽引擎的汽缸中，將活塞向右方推動。而此活塞連接著一個槓桿，

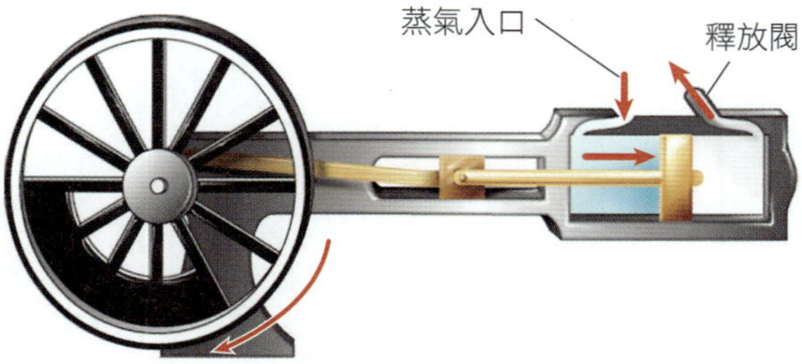

圖 5.2 一個蒸汽引擎
於一個蒸汽引擎中，熱被用來產生蒸氣，膨脹的蒸氣推動活塞使輪子轉動。

推動轉輪而使蒸汽引擎發揮功能。由於細胞非常小，無法在內部產生顯著的熱梯度，因此無法利用熱能做功。雖然宇宙的能量是恆定的，但因細胞不斷散失熱量，因此細胞能做功的能量會逐漸減少。

熱力學第二定律

熱力學第二定律 (second law of thermodynamics) 與位能轉換成熱或分子的隨機運動有關。它述說在一個封閉的系統中，例如宇宙，紊亂是會逐漸增加的。簡單說，產生紊亂比維持秩序更易發生。例如排列整齊之磚牆的倒塌，要比一堆雜亂的磚塊自然排整齊成為磚牆要容易得多。總而言之，能量會自然地將一個有秩序但較不穩定的狀態，轉換成較無秩序但卻較穩定的狀態。如圖 5.3，如不花費

圖 5.3 熵的作用
隨著時間的過去，一個青少年的房間會變得更雜亂，需花費能量將之整理好。

能量 (父母親)，青少年的房間就會逐漸變得紊亂。

熵

熵 (entropy) 就是衡量一個系統的紊亂程度，因此熱力學第二定律也可簡單的說是「熵的增加」。當宇宙從 100 億至 200 億年前形成後，它擁有全部可能持有的位能，之後便逐漸開始變得紊亂，其能量轉變為增加宇宙的熵。

關鍵學習成果 5.2

熱力學第一定律述說能量不能被創造也不會被摧毀；能量僅能從一種型式轉換成另一種型式。第二定律則述說宇宙的紊亂度 (熵) 是逐漸增加的。

5.3 化學反應

於一個化學反應中，尚未發生反應前的原始分子稱為**反應物** (reactants)，有時也稱為**受質** (substrates)，而反應完成後所得到的分子就稱為**產物** (products)。並非所有的化學反應都很容易發生，就如同一個圓石從山頂上滾下來，釋出能量的反應就比需求能量的反應容易發生。考慮一個化學反應如圖 5.4 ❶ 是如何發生的，有如將圓石推上山頂，此反應必須提供能量才能使其發生，這是由於產物所含的能量高於反應物。這種化學反應就稱為**需能** (endergonic) 反應，它不會自然發生。相反的，一個**釋能** (exergonic) 反應，如圖 ❷，則傾向於自然發生，因為其產物所含的能量低於反應物。

活化能

如果所有的釋能反應傾向於自然發生，大家一定會問：「這些釋能反應為何不會都已經反應完畢？」顯然它們並沒有。如果你點燃汽油，它會燃燒並釋出能量。那為何全世界汽車

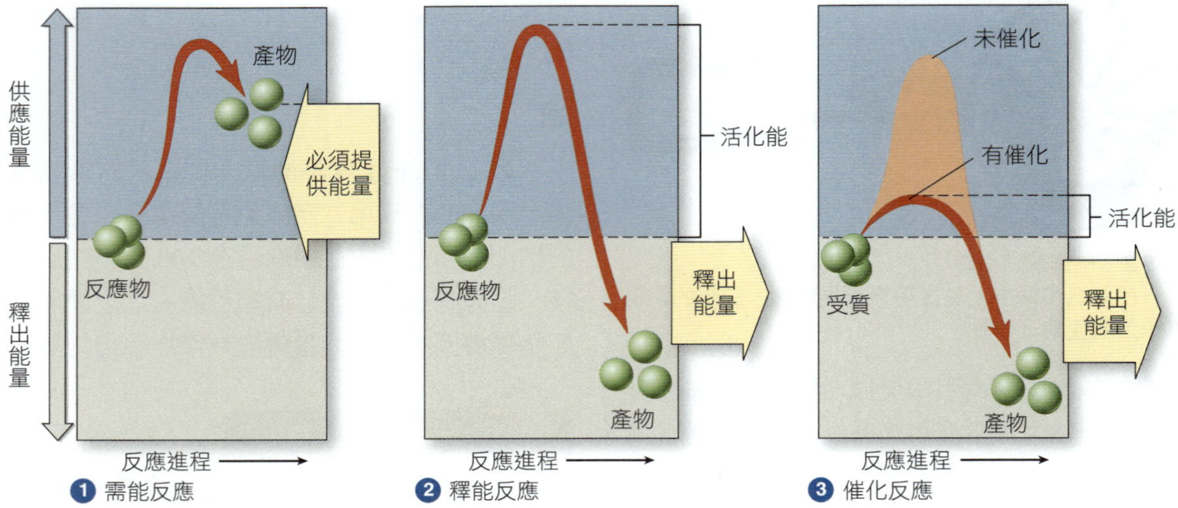

圖 5.4　化學反應與催化

❶ 需能反應的產物，含有比反應物較多的能量。❷ 釋能反應的產物，含有比反應物較少的能量。但釋能反應不見得能快速進行，因為它需要施加一些能量使其開始反應。圖中的「山坡」代表所必須提供使化學鍵失去穩定的能量。❸ 催化反應可較快發生，因為引發反應的活化能 (能量山坡的高度) 被降低了。

內的汽油現在不會燃燒？當然不會，因為汽油的燃燒與許多其他化學反應一樣，需要先施加一些能量使其開始反應，就有如用先用火柴或火星塞將反應物的化學鍵打斷。這種為了引發一個化學反應所施加的額外能量，就稱為**活化能** (activation energy)，如圖 5.4 ❷ 與 ❸ 所示。在圓石從山頂滾落之前，你必須先將其從凹槽中輕推出來。活化能就是一種化學推動力。

催化

一種使釋能反應更易發生的方法，就是降低其活化能。就如同挖開圓石凹槽的土，降低活化能，就是降低使反應發生之輕推化學能。降低一個反應活化能的程序，就稱為**催化** (catalysis)。催化並不能使釋能反應自然發生，因為一個化學反應必須先提供能量才能啟動，但是它卻能使一個化學反應進行得更快速，無論是釋能反應或需能反應。請比較下方 ❷ 與 ❸ 圖中二者的活化能 (紅色弓形箭頭)：有催化的反應，其要克服的障礙較低。

關鍵學習成果 5.3

需能反應需要供應能量，而釋能反應則會釋出能量。引發化學反應的活化能，可被催化降低。

酵素

5.4　酵素如何作用

酵素形狀的重要性

酵素 (enzymes) 的組成可為蛋白質或核酸，它是被細胞利用為觸發特定化學反應的催化劑。細胞藉由控制酵素的種類與何時發揮作用，就能管控細胞內的所有活動。正如一個樂團的指揮，於演奏交響樂時，可指定哪一個樂器於何時演奏。

酵素可與特定分子結合，並拉扯其化學鍵使一個特定反應能夠進行，此種反應的關鍵在酵素的形狀。酵素對一個特定的受質或受質具有專一性。這是由於酵素的表面形狀，提供了一個能與受質密切嵌合的模子。例如圖 5.5，一個糖分子 (黃色反應物) 剛好可與藍色的溶菌酶形狀相嵌合而進入，而其他的分子則因形狀不能嵌合，因此無法進入結合。酵素表面能與受質嵌合，而產生結合的部位，就稱之為**活性位** (active site)，見下方「關鍵生物程序」的第一區塊。而於反應物分子上，可與酵素結合的部位，則稱之為**結合位** (binding site)。酵素不是堅硬的，當其與反應物結合時，形狀會略為改變。圖 5.5b 與「關鍵生物程序」的第二區塊，酵素的邊緣可將反應物擁抱起來，二者成為「誘導嵌合」(induced fit) 狀，如同用手緊握一個棒球。

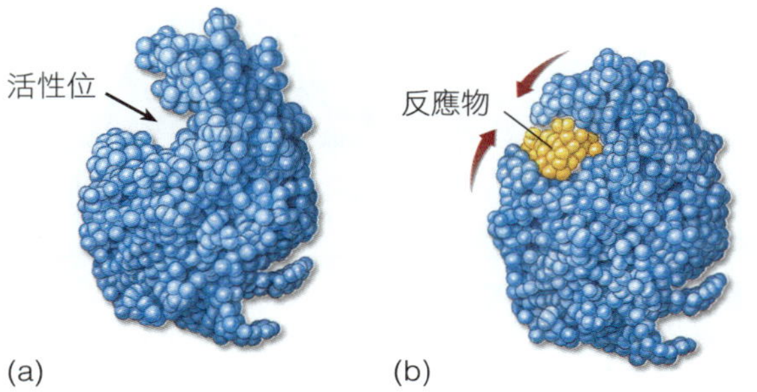

圖 5.5　酵素形狀決定其活性
(a) 溶菌酶上有一條溝槽 (藍色)，可讓糖分子與之嵌合 (於本例是一條糖鏈)；(b) 當此種糖鏈 (黃色) 滑入酵素溝槽後，會誘導酵素略為改變形狀，使其能將反應物緊密擁抱住。這種誘導嵌合方式，能使酵素將二個糖分子間的化學鍵打斷。

一個酵素可降低特定化學反應的活化能。溶菌酶 (lysozyme) 是淚水中的一種酵素，以其為例，此酵素有抗菌功能，可將組成細菌細胞壁成分的化學鍵打斷 (圖 5.5)。其打斷化學鍵的方式是，將鍵上的一些電子拉走。或者，酵素可使二個反應物間產生新的鍵結，類似下方「關鍵生物程序」的第二區塊所示。不論何種反應方式，酵素不會受到化學反應的改變，可重複使用之。

生化途徑

每一生物都具有許多不同的酵素，用來催化令人眼花撩亂的各式化學反應。有時一些反應會依固定次序進行，稱為**生化途徑** (biochemical pathway)，前一反應的產物成為下一反應的受質。請見圖 5.6 所示的生化途徑，最初的受質被酵素 1 作用改變後，使其能嵌合到酵素 2 的活性位，成為酵素 2 的受質，然後依此類推直到產生最終的產物。由於這些反應依序發生，催化它們的酵素在細胞內也會

關鍵生物程序：酵素如何作用

1. 酵素具有一個複雜的 3-D 表面，可讓一個特定的反應物 (稱之為此酵素的受質) 與之嵌合，像手套中的手。
2. 酵素與受質緊密結合，形成一個酵素-受質複合體。此種結合可將關鍵原子彼此拉近，並拉扯關鍵的共價鍵。
3. 其結果是在活性位發生化學反應，形成產品。產品隨之離開，使酵素自由，可重新進行反應。

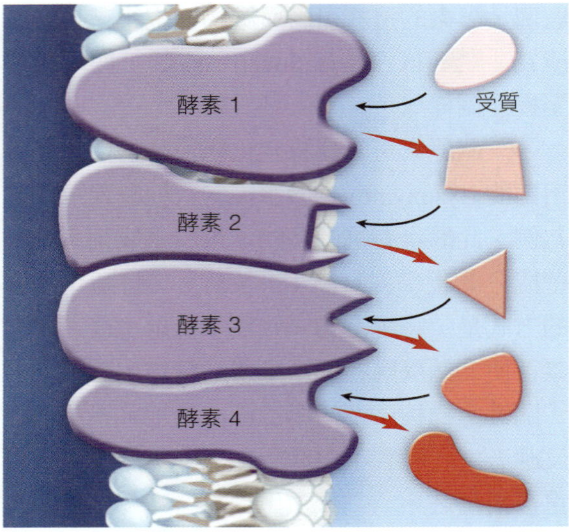

圖 5.6　一個生化途徑
最初的受質與酵素 1 作用，將其改變成為可被酵素 2 結合的形式。途徑中的每個酵素可與前一個階段的產物作用。

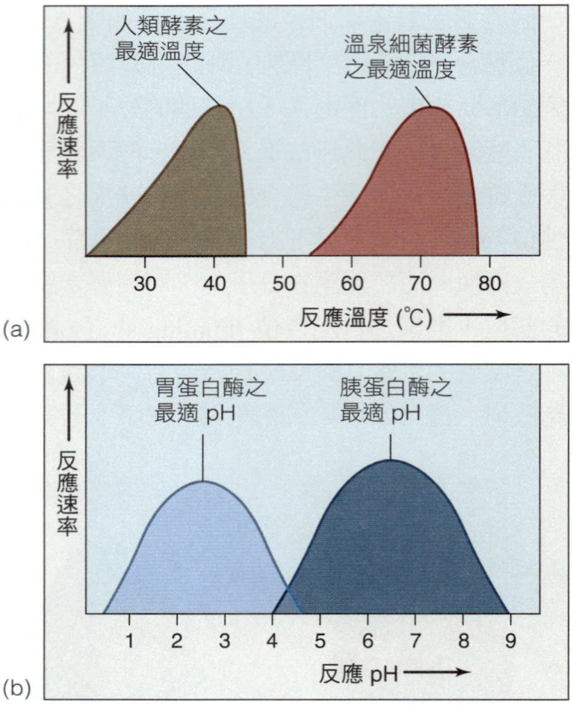

圖 5.7　酵素對於環境很敏感
酵素的活性會被以下兩者：(a) 溫度與 (b) pH 所影響。大多數人類酵素最適溫度約為 37℃~40℃，而最適 pH 則介於 6 至 8 之間。

彼此非常貼近。這種酵素的彼此貼近，可使生化途徑中的反應快速進行。生化途徑就是代謝的組織單位。

影響酵素活性的因素

酵素的活性會受到任何改變其 3-D 形狀之條件的影響。

溫度　當溫度上升時，維持酵素形狀的鍵結將無法繼續使肽鏈固定於其適當位置，最後酵素會被變性。因此酵素的最佳活性會侷限於一個最適溫度範圍。人類大多數酵素的最適溫度範圍，通常相當狹窄。人類酵素通常在其體溫的 37℃ 活性最佳，見圖 5.7a。但請注意，酵素於更高的溫度時，會導致其蛋白質折疊改變，因而反應速率會快速下降。這也是為何人類發非常高燒時是致命的。一些生活在溫泉中的細菌，其酵素的形狀則較穩定 (紅色曲線)，可於高溫下發揮功能，可使這些細菌生活於 70℃。

pH　大多數酵素也於最適 pH 範圍內發揮功用，這是由於決定酵素形狀的極性交互作用，對氫離子 (H^+) 濃度非常敏感。大多數的酵素，例如分解蛋白質的胰蛋白酶 (trypsin)(圖 5.7b 深藍色曲線) 於 pH6-8 時活性最佳。血液的 pH 為 7.4。然而有一些酵素如胃蛋白酶 (pepsin)(淺藍色曲線)，可於非常酸的環境下作用，例如胃，但卻無法在較高的 pH 時作用。

關鍵學習成果 5.4

酵素可於細胞內催化化學反應，並可組織成生化途徑。酵素對溫度與 pH 很敏感，因為兩者都會影響酵素的形狀。

5.5　細胞如何調控酵素

由於酵素必須有精準的形狀才能作用，因此細胞可藉由改變酵素形狀來調控其活動。許

關鍵生物程序：異位酵素調控

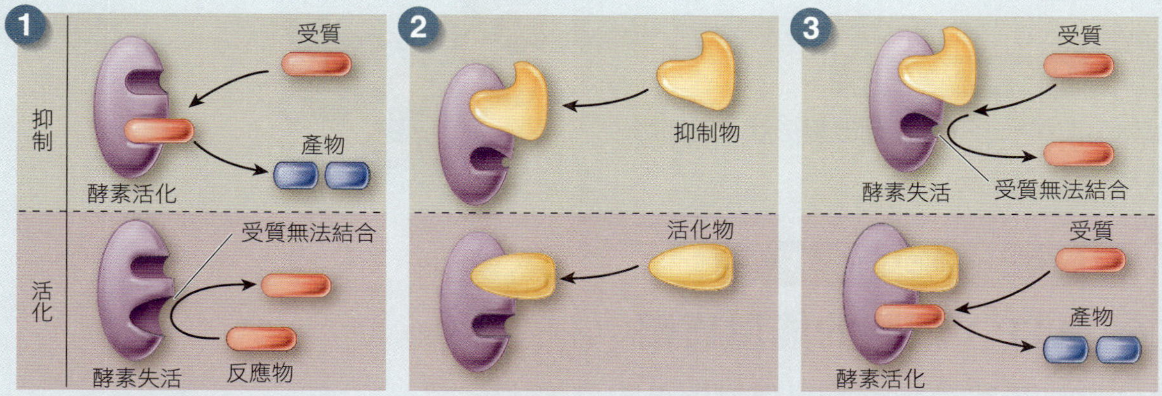

會受到抑制的異位酵素，在無信號分子時，酵素具有活性。但在需求活化的異位酵素，在無信號分子時，酵素不具活性。

當信號分子與異位結合後，改變了活性位的形狀。抑制物會干擾活性位，而活化物則活化活性位。

會受到抑制的異位酵素，在有信號分子時，酵素沒有活性。但在需求活化的異位酵素，則需求信號分子使其活化。

多酵素可與「信號」(signal) 分子結合，而改變其形狀，這種酵素就稱為*異位的* (allosteric) (拉丁文，其他形狀)。當與信號分子結合後，酵素活性可被抑制或提升。例如上方「關鍵生物程序」上排淡棕色欄位，顯示了酵素被抑制的情形。當一個稱為**抑制物** (repressor) 的信號分子與酵素結合後 (第二區塊)，會改變酵素活性位的形狀，使其無法再與受質結合。還有一種情形是，除非酵素與一個信號分子先結合，否則此酵素就無法與反應物結合。下排欄位顯示的是，當一個信號分子是**活化物** (activator) 時的狀況。紅色的受質無法結合到酵素的活性位上，除非有一個活化物 (黃色分子) 先與酵素結合，改變了酵素活性位的形狀。這種能與信號分子結合的酵素表面位址，就稱為**異位** (allosteric site)。

酵素常可被一種稱為**回饋抑制** (feedback inhibition) 的機制所調控，其反應後的產物可成為反應的抑制物。回饋抑制有二種方式：*競爭性抑制物* (competitive inhibitors) 與*非競爭性抑制物* (noncompetitive inhibitors)。圖 5.8a 中的藍色分子，是一個競爭性抑制物，可阻擋酵素的活性位，使反應物無法與酵素結合。圖 5.8b 中的黃色分子則是非競爭性抑制物，它結合在酵素的異位，改變了酵素形狀使其無法與受質結合。

許多藥物與抗生素可抑制酵素，例如一種史他汀類藥物 (Statins drugs) 立普妥 (Lipiter)

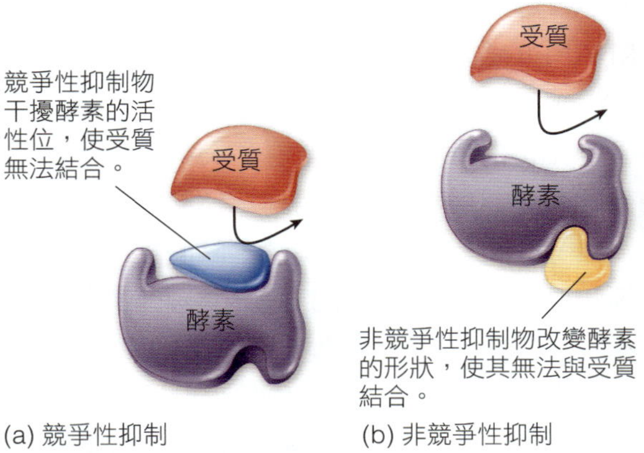

圖 5.8　酵素如何被抑制
(a) 於競爭性抑制，抑制物會干擾酵素的活性位；(b) 於非競爭性抑制，抑制物結合在離活性位較遠的位址，使酵素改變形狀而無法再與反應物結合。在回饋抑制中，抑制物是此反應的產物。

可抑制細胞中一個製造膽固醇的酵素，因此可用來降低膽固醇。

關鍵學習成果 5.5

酵素可與信號分子結合而改變形狀，因而影響其活性。

細胞如何利用能量

5.6 ATP：細胞的能量貨幣

細胞使用能量進行所有需要做的事，但是細胞如何利用陽光或貯存於分子中的位能來驅動這些活動？陽光的輻射能與貯存於分子中的能量只是其能源，有如投資於股市、債券和房地產的金錢，這些能源不能直接被用來進行細胞活動。這些來自太陽與分子中的能源，必須先轉換成細胞能使用的能量，好像將股票與債券轉換成能直接使用的現金。身體中的「現金」分子就是**腺苷三磷酸** (adenosine triphosphate, ATP)，是細胞的能量貨幣。

ATP 分子的結構

一個 ATP 分子是由三部分組成 (圖 5.9)：(1) 一個糖 (藍色) 擔任支柱，可連接其他二部分；(2) 一個腺嘌呤 (桃紅色)，也是 DNA 與 RNA 中的含氮鹼基；以及 (3) 一個三磷酸基鏈 (黃色)，含有高能鍵。

從圖中可看到，磷酸基帶有負電價，因此需要很高的化學能才能將此三個酸基彼此連成一線。有如一個彈簧，磷酸基隨時準備彈開。因此連接磷酸基的化學鍵是非常容易發生反應的。

當 ATP 最末端的磷酸基斷開時，會釋出可觀的能量。此反應會將 ATP 轉換成**腺苷二磷酸** (adenosine diphosphate, ADP)。第二個磷酸基也可被移除，釋出能量，並形成**腺苷單磷酸** (adenosine monophosphate, AMP)。細胞內

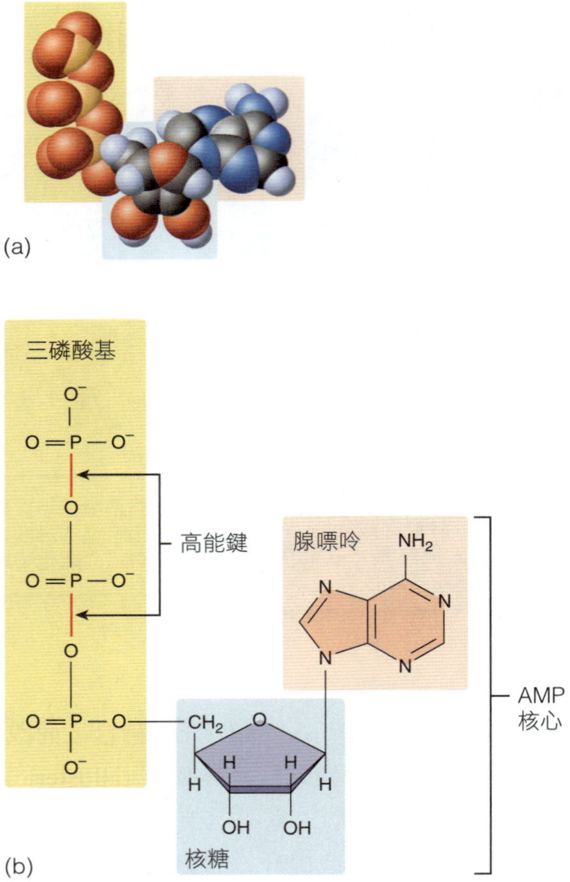

圖 5.9 一個 ATP 分子的各部分

的大多數能量轉換，通常只切斷最末端的鍵，將 ATP 轉換成 ADP 與無機磷酸鹽 P_i。

$$\text{ATP} \leftrightarrow \text{ADP} + P_i + \text{能量}$$

釋能反應需要活化能，而需能反應則需要更多的能量，因此細胞內的這類反應通常需與打斷 ATP 磷酸鍵的反應相伴發生，稱為*偶聯反應* (coupled reactions)。由於細胞內幾乎所有的化學反應所需的能量，都低於此反應釋出的能量，因此 ATP 足以提供能量給細胞大多數的活動，並產生熱作為副產品。表 5.1 介紹了一些使用 ATP 能量的關鍵細胞活動。而 ATP 也可不斷利用 ATP-ADP 循環，將 ADP 與 P_i 回收重新製出 ATP。

表 5.1 細胞如何利用 ATP 能量進行各種細胞活動

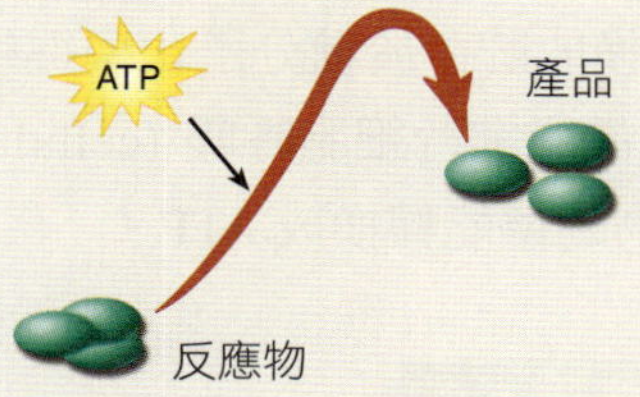

生合成

細胞利用水解 ATP 的釋能反應來推動需能反應，例如合成蛋白質，這種方式稱為偶聯反應。

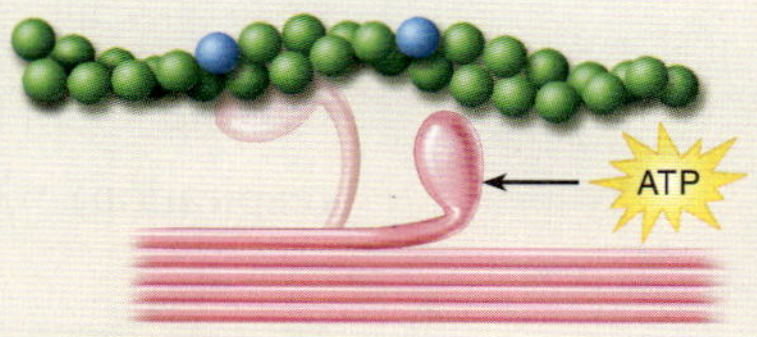

收縮

於肌肉細胞，蛋白質纖維互相對應滑動，造成細胞收縮。需要供應 ATP 進行下一輪的重整與滑動。

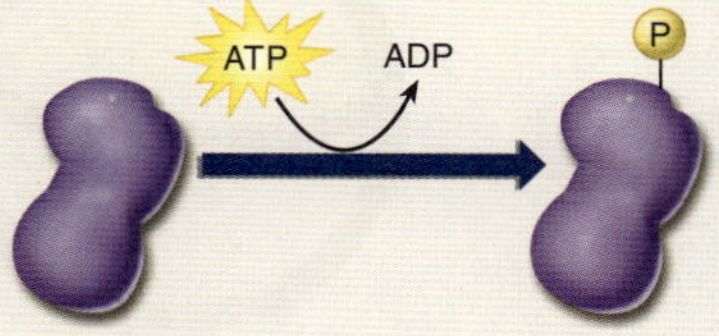

化學活化

當來自 ATP 之高能的磷酸基結合到蛋白質上時，蛋白質就被活化了。其他的分子也可接受來自 ATP 的磷酸基而被磷酸化。

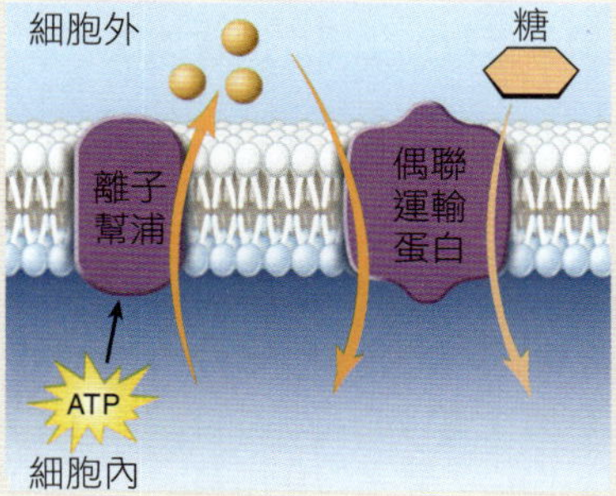

輸入代謝物

例如胺基酸和糖類的代謝物分子，可用偶聯方式對抗濃度梯度而運送入細胞；同時，離子則以降低濃度梯度方式離開細胞。此離子之濃度梯度需要 ATP 提供能量。

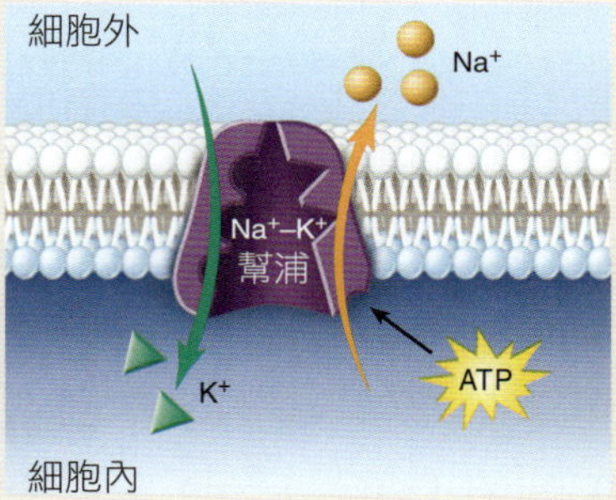

主動運輸：Na^+-K^+ 幫浦

大多數動物細胞內的 Na^+ 濃度低於外界，但 K^+ 濃度則很高。這種現象是利用一種稱為 Na^+-K^+ 幫浦蛋白與來自 ATP 的能量，將 Na^+ 泵出細胞外，並將 K^+ 泵入細胞而造成。

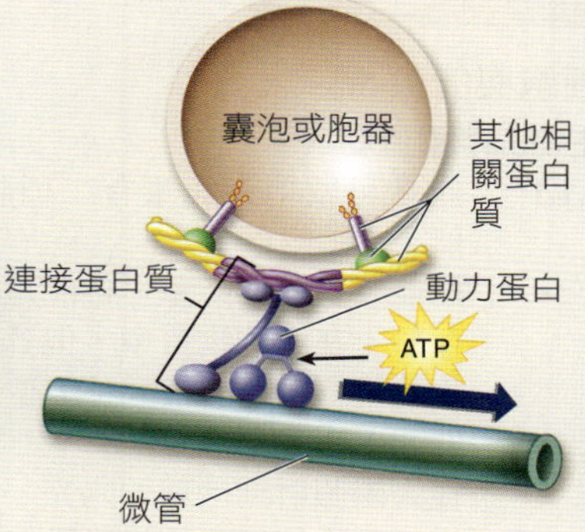

細胞質運輸

在細胞質中，囊泡或胞器可在微管軌道上被一個動力蛋白拖著前進。動力蛋白的動力則來自於 ATP。

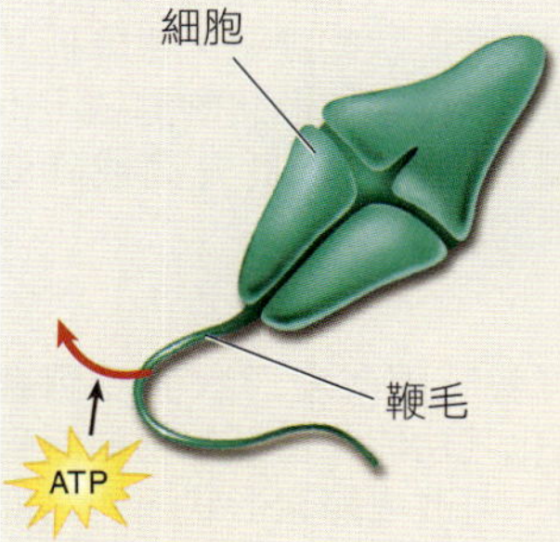

鞭毛運動

鞭毛內的微管彼此互相滑動，產生鞭毛運動。ATP 提供微管滑動的能量。

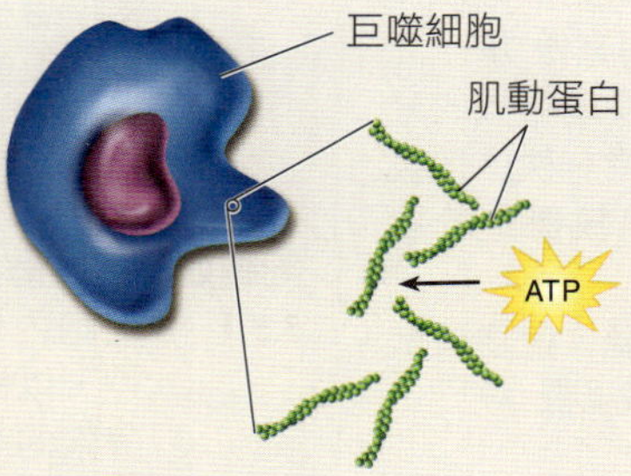

細胞爬行

細胞骨架的肌動蛋白可不斷地組成與分解，因而改變細胞形狀，以及使細胞爬行或吞食物質。肌動蛋白的動態特性是由附著於其上的 ATP 所控制的。

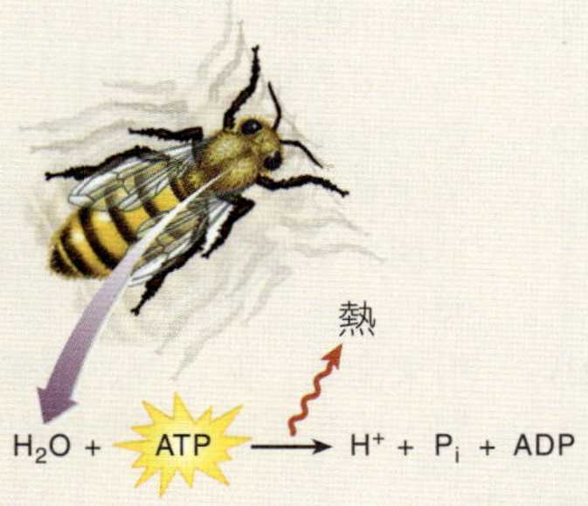

產生熱

水解 ATP 分子可產生熱。ATP 的水解，常於粒線體或收縮的肌肉細胞中，與其他反應偶聯發生。產生的熱量可用來維持一個生物的體溫。

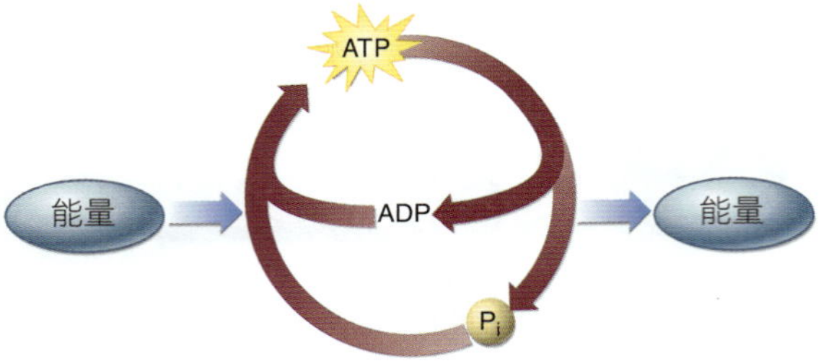

細胞可利用二種不同但互補的程序，來將陽光或食物分子中的位能轉換成 ATP。一些細胞可進行**光合作用** (photosynthesis) 將陽光能量轉換成 ATP 分子，然後此 ATP 被用來製造糖分子，把能量轉換成貯存於糖分子化學鍵中的位能。所有細胞都能進行**細胞呼吸** (cellular respiration)，將食物的位能轉換成 ATP。

關鍵學習成果 5.6

細胞使用 ATP 分子的能量來進行化學反應。

複習你的所學

細胞與能量

生物的能量流動

5.1.1 能量可做功。能量有二種狀態：動能與位能。

- 動能是運動的能量。位能是貯存的能量，貯存於不在動的物質中，但具有可動的潛力。生物進行的所有活動都與位能轉換成動能有關。
- 從太陽照射到地球的陽光，會被可行光合作用的生物捕捉，轉換成貯存於碳水化合物中的位能。化學反應時，這些能量可進行轉換。

熱力學定律

5.2.1 熱力學定律述說宇宙中能的變化。熱力學第一定律述說能量無法被創造或摧毀，只能改變其型式。宇宙中能的總量是恆定的。

- 宇宙中的能可有不同型式，例如光、電以及熱。這些能，例如熱能，可被用來做功。

5.2.2 熱力學第二定律解釋將位能轉換成隨機的分子運動，是在持續增加的。可將有秩序但較不穩定的狀態，轉換成紊亂但較穩定的狀態。

5.2.3 用來衡量一個系統之紊亂度的熵，會逐漸增加，使有秩序的狀態傾向於變成紊亂。

化學反應

5.3.1 化學反應與共價鍵的打斷或形成有關。開始的分子稱為反應物，反應後產生的分子稱為產物。若產物的位能高於反應物，此反應稱為需能反應。可釋出能量的化學反應，則稱為釋能反應。

5.3.2 所有的化學反應都需要供應能量。使反應能夠發生的能量，稱為活化能。

5.3.3 當活化能被降低時，化學反應會加快，稱為催化。

酵素

酵素如何作用

5.4.1 酵素就是細胞內可降低活化能的巨分子。酵素就是催化劑。

- 一個酵素可與反應物或受質結合。受質結合於酵素的活性位。酵素的作用為，可增加化學鍵被打斷或形成的機率。酵素不受反應影響，可重複使用。

5.4.2 有時酵素可作用於一系列的反應，稱為生化途徑。一個反應的產物可成為下一反應的受質。參與此類反應的酵素，於細胞內常彼此靠近排列。

5.4.3 溫度與 pH 等因子可影響酵素功能，因此大多數酵素有其最適溫度與 pH 範圍。太高的溫度會干擾維持酵素形狀的鍵結，會降低其催化反應的能力。這種維持形狀的鍵結，也會受到氫離子濃度影響，因此升高或降低 pH 也會干擾酵素的功能。

細胞如何調控酵素

5.5.1 細胞內的酵素可暫時因改變形狀而受到調控，以抑制或活化其功能。當抑制物結合到酵素的活性位時，可改變酵素形狀而將之抑制。有些酵素則需要被活化後，才能與反應物作用。此時一種稱為活化物的分子結合到酵素上，改變其活性位的形狀，使其能與受反應物結合。這種受調控的酵素，稱為異位酵素。

- 一個抑制物分子，可結合到酵素的活性位而將之阻塞，這就稱為競爭性抑制。而非競爭性抑制，抑制物則結合到酵素的其他位置，改變了酵素形狀，使其活性位無法與受質結合。酵素常被回饋抑制所調控，其反應的產物可作為抑制物，關閉了自己的反應。

細胞如何利用能量

ATP：細胞的能量貨幣

5.6.1 細胞需要 ATP 提供的能量來作用。ATP 含有一個糖、一個腺嘌呤以及一個三磷酸鏈。三個磷酸基以高能鍵結合在一起，當最後一個磷酸鍵斷開時，可釋出可觀的能量。細胞可利用此能量推動各種反應，使用偶聯方式一方面將 ATP 磷酸鍵打斷，一方面用釋出的能進行化學反應。

測試你的了解

1. 位能與動能的不同處在於
a. 位能的效力不如動能
b. 位能是一種運動的能量
c. 動能的效力不如位能
d. 動能是一種運動的能量

2. 下列何者是需能反應？
a. 反應物所含的能量大於產物
b. 產物所含的能量大於反應物
c. 釋放出能量
d. 熵增加

3. 什麼是活化能？
a. 分子隨機運動的熱能
b. 將化學鍵打斷釋出的能量
c. 反應物與產物的能量差
d. 引發一個化學反應所需的能量

4. 為了使酵素能適當作用
a. 它必須有特定的形狀
b. 溫度必須維持在一個限度內
c. pH 必須維持在一個限度內
d. 以上皆是

5. 下列何者不是一個酵素的特性？
a. 酵素可降低一個反應的活化能
b. 酵素與反應物結合之處稱為活性位
c. 酵素不會被反應影響，可重複使用
d. 酵素具有高度反應性，可與附近的任何分子結合並催化之

6. 可影響酵素活性的因子
a. 反應物分子的位能　　c. 溫度與 pH
b. 細胞大小　　d. 熵

7. 於競爭性抑制
a. 酵素分子須與其他酵素分子競爭受質
b. 酵素分子須與其他酵素分子競爭能量
c. 一個抑制物會與受質競爭酵素的活性位
d. 二個產物互相競爭酵素上的相同結合位

8. 在酵素表面上的一個異位
a. 可與受質結合　　c. 可發生催化反應
b. 可與信號分子結合　　d. 可與 ATP 結合

9. 需能反應可在細胞內發生，這是因為它與下列何者偶聯？
a. ATP 磷酸鍵的斷裂　　c. 活化物
b. 不須催化的反應　　d. 以上皆是

10. 能量貯存在 ATP 分子的何處？
a. 氮與碳間的鍵
b. 核糖中碳-碳間的鍵
c. 磷-氧間的雙鍵
d. 連接最終二個磷酸基的鍵

Chapter 6

光合作用：從太陽獲取能量

在這個林間空地，陽光照射下來一道稱為光子的光子束能量。陽光於各處照射在植物上，而綠色葉片則攔截其能量。每一葉片中的細胞含有一種稱為葉綠體的胞器，其膜上含有可吸收陽光能量的色素。這些色素，主要是葉綠素，可吸收光線中的光子，並利用其能量從水分子中掠奪電子。葉綠素再利用這些電子去還原 CO_2，製出有機分子。這種捕捉光能來製造有機分子的程序，就稱為光合作用。於本章，我們將探究光合作用，從如何捕捉光能、轉換成化學能、然後到最後如何合成有機分子。在植物細胞的其他部位，則可發生相反的程序；以一種稱為細胞呼吸的作用，將有機分子分解，提供能量供細胞生長與進行活動。這些反應大多數發生於細胞的另一個稱為粒線體的胞器中。葉綠體與粒線體二者共同合作，執行了陽光能量所驅動的能量流動。

光合作用

6.1 光合作用概觀

生命是由陽光所驅動的。幾乎所有生物的全部能量，最終都來自陽光。陽光可被植物、藻類及一些細菌的**光合作用** (photosynthesis) 所捕捉。空氣中我們所呼吸的每一個氧原子，都曾經是水分子的一部分，但被光合作用所釋放出來，本章稍後會介紹。由於地球充斥著從太陽照射而來的能量，地球上的生命才有可能存在。地球每日從太陽所得到的輻射能量，大約相當於一百萬顆投擲到廣島的原子彈。其中只有大約 1% 被光合作用所捕捉，並進而驅動了地球上所有的生命。

請依循本章節上的箭頭，一路從太陽進到光合作用。

樹木　許多種類的生物可進行光合作用，除了使地球綠意盎然的植物外，一些細菌與藻類也可行光合作用。細菌的光合作用會有些不一樣，目前我們將專注於植物，就從這棵布滿綠葉的楓樹開始吧。之後，我們還會看一下楓樹下的小草－小草與一些相關植物則會依環境條件，採用不同的策略來進行光合作用。

樹葉　欲了解這片楓葉如何捕捉光能，請跟著光線走。來自太陽的光線，穿過地球大氣層照射在樹葉上。此樹被光線照射的關鍵部分為何？就是其綠素的葉片。樹梢的每一枝條末端，都散布著葉子，每一葉子都像書頁一般的又扁又平。光合作用就發生在這些葉片裡。被樹皮包裹的莖，以及被泥土掩蓋的根，都無法進行光合作用─因為光線無法到達這些部位。樹木具有一個非常有效率的內部運送系統，可將光合作用產物運送到莖部、根部以及其他部位，使它們也能同享捕捉到光能的好處。

葉片表面　現在隨著光線進入葉片。陽光首先會碰到一層具保護作用之蠟質的角質層 (cuticle)，類似一層透明的指甲油，提供薄而防水的強韌保護作用。陽光可穿透此透明的蠟質，然後再穿過一層緊貼著角質層，稱為表皮 (epidermis) 的細胞層。表皮只有一層細胞厚，為葉片的「皮膚」，可提供更進一步的保護。更重要的是，可控制水與氣體之進出葉片。至此為止，極少量的陽光會被吸收掉，因為角質層與表皮都不太會吸收光線。

葉肉細胞　穿過表皮，光線會碰到一層一層的葉肉細胞，這些細胞充滿了葉片的內部。與表皮細胞不同，葉肉細胞內含有無數的葉綠體 (chloroplasts)。第 4 章提過，葉綠體是出現於植物與藻類中的胞器。上方葉片橫切面圖中，可見到葉肉細胞內有許多呈綠色斑點的葉綠體。當陽光照射到它們時，便可進行光合作用。

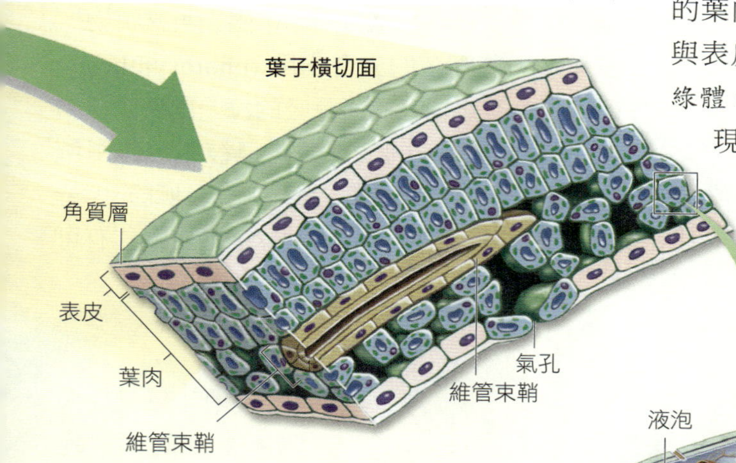

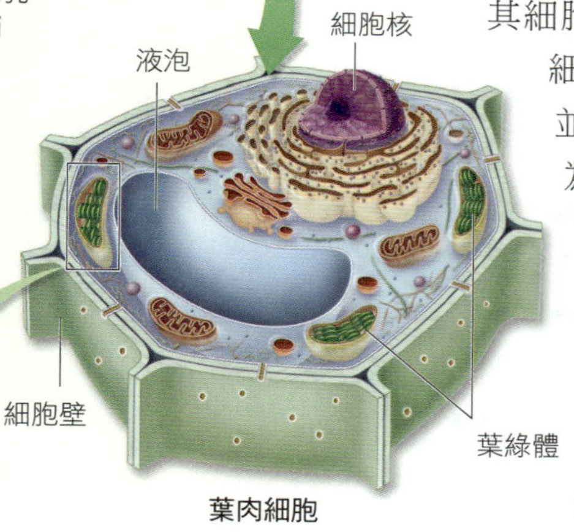

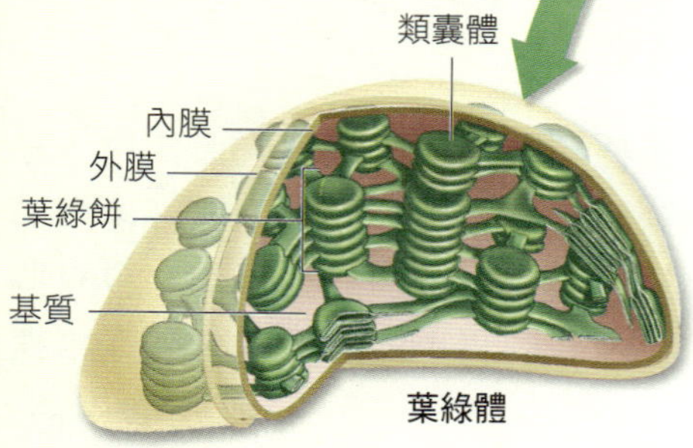

葉綠體　當光線進入葉肉細胞，其細胞壁、原生質膜、細胞核以及粒線體並不會吸收光線。為何不會呢？因為這些葉肉細胞的成分，含有非常少能吸收可見光的分子。如果葉肉細胞內沒有葉綠體的話，大多數光線將會直接穿透葉肉，但是幸好葉肉細胞內有大量的葉綠體。前頁圖葉肉細胞中的一個葉綠體，被框起來放大如左下圖。光線穿入葉肉細胞，遇到葉綠體，再穿過其外膜與內膜，碰到了類囊體，如下方切割圖所示的綠色碟狀物。

葉綠體內部

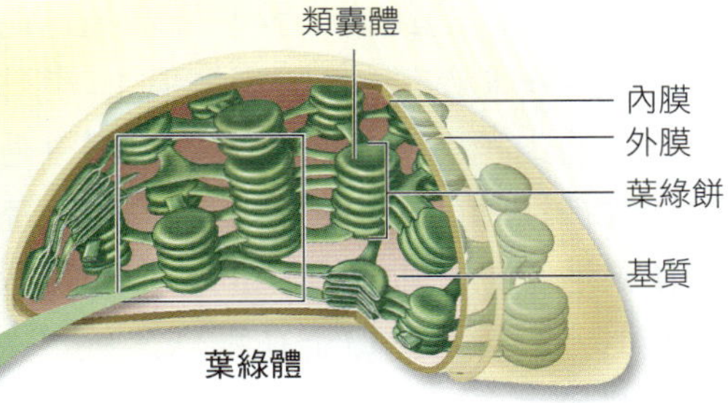

光合作用的所有重要活動都發生於葉綠體內部。光進入葉綠體之後，其旅程的終點是許多內膜組成的扁平囊狀物，稱為類囊體 (thylakoids)。這些類囊體會彼此相疊，成為一個柱狀物稱作葉綠餅 (grana)。下方繪圖中，可見到這些葉綠餅的排列類似一疊一疊的盤子。其中每一個類囊體都是一個分離的空間，基本上可以獨立運作。類囊體的膜彼此相連，成為一個連續的單一膜系統。這些膜系統占了葉綠體內部大部分的空間，並浸泡於半固態的基質 (stroma) 中。基質中懸浮著許多酵素與其他蛋白質，包括了之後光合作用中可將 CO_2 合成為有機分子的酵素。

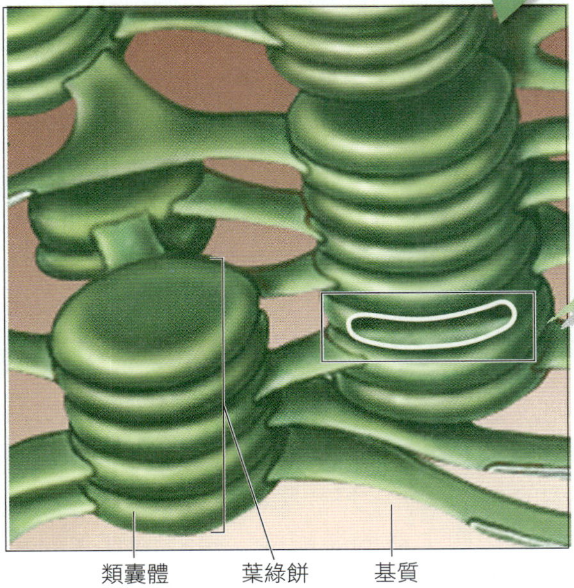

穿過類囊體表面　光合作用的第一個關鍵活動，發生於光線照射到類囊體的表面時。膜中懸浮著可吸收光線的色素，類似海洋中的冰山，每一色素分子就是一個可吸收光線的分子。大多數光合作用中的主要吸光分子是**葉綠素** (chlorophyll)，此有機分子可吸收紅光與藍光，但是不吸收綠色的波長，而將綠光反射出去。因此含有葉綠素的類囊體與葉綠體，看起來會成為綠色。植物之所以是綠色的，也是由於其含有綠色的葉綠體之故。類囊體還含有一些其他的色素，將於之後再討論。沒有其他任何的植物構造，能以此強度來吸收可見光。

轟擊光系統　於每一色素團塊中，葉綠素分子可排列成為互相聯結的光系統 (photosystem)。光系統中的每一個葉綠素分子，都像天線般共同作用，捕捉光子 (光能的單位)。一個由蛋白質構成的網狀結構 (如前頁圖中穿插在類囊體膜上的紫色物體)，可將光系統中的每一個葉綠素分子，固定在精確的位置上，使每一個分子都能接觸到其他的分子。每當一束光子轟擊到光系統時，葉綠素分子都能恰在其位的接收到光子。

能量的吸收　當光線中的光子，轟擊到光系統中的任一葉綠素分子時，葉綠素分子可將能量吸收成為分子的一部分，將一些電子提升到高能階，此時葉綠素分子達到「激發」(excited) 狀態。靠著此關鍵活動，生物世界捕捉到光能了。

激發光系統　吸收光能所創造的激發狀態，可由一個葉綠素分子傳送到另一個葉綠素分子，依此類推下去，就好像一條人龍傳送一個燙手的山芋一樣。這種激發電子的穿梭傳送，並不是一種化學反應，而是將能量傳送給鄰近葉綠素分子。一個粗略的比喻，就好像玩撞球時的開球。如果母球筆直地撞擊到，那 15 個球排成三角形的尖角上，其三角形底排最外側的二個球會被撞彈開，但中間的其他球則完全停留在原地不動。動能從中間的那顆球，傳送到最遠方的球上。電子在葉綠素分子中的傳送，也非常類似於此。

能量的捕捉 在光系統中，能量由一個葉綠素分子穿梭到另一個分子上，最終會送達一個關鍵葉綠素分子處，也是唯一與一個膜蛋白相銜接者。正如搖動一個裝有彈珠的盒子，當盒上有一個孔洞時，彈珠終會找到此出口。同樣的，激發的能量在光系統中穿梭時，最終也會傳到此特殊的葉綠素分子處。此分子就將激發的高能電子傳給與其相接的蛋白質分子。

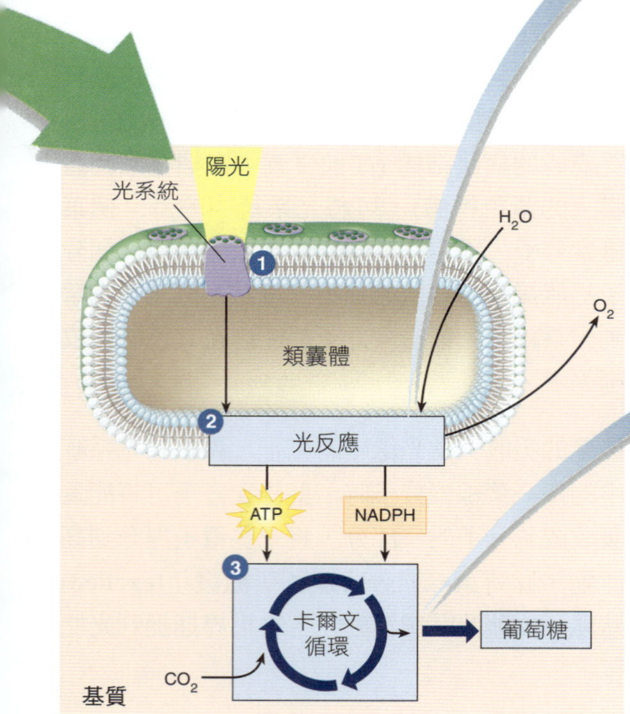

光反應 有如接力賽跑中不斷傳遞的棒子，這個電子會從這個接受蛋白，繼續傳給膜上一系列的其他蛋白質，然後製造出 ATP 與 NADPH。這些能量被用來將質子泵跨過類囊體的膜外，用一種特殊方式製造出 ATP 與 NADPH，本章之後還會詳細介紹。到目前為止，光合作用已經進行了二個階段，見前頁右下角圖上的數字：❶ 從陽光捕捉能量－由光系統完成；以及 ❷ 使用此能量製造 ATP 與 NADPH。此二個光合作用的步驟只能在有光的情況下進行，因此合稱為**光反應** (light-dependent reactions)。ATP 與 NADPH 都是重要之富含能量的分子，於此之後，剩下的光合作用步驟都屬於化學反應程序了。

暗反應 前述光反應製出的 ATP 與 NADPH 分子，就在葉綠體的基質中被用來驅動一系列的化學反應，每一反應都需要一個酵素。有如一個工廠的裝配線，這些反應共同合作，將空氣中的 CO_2 合成為碳水化合物 ❸。這個將 CO_2 合成為葡萄糖之光合作用的第三階段，就稱為**卡爾文循環** (Calvin cycle)，但也常稱為**暗反應** (light-independent reactions)，因為其不直接需要光能的緣故。我們將於之後，再詳細討論卡爾文循環。

有關光合作用的概觀於此介紹完畢。本章的其餘章節，我們將會重複地詳細介紹各個階段。到目前為止，整體的反應可用下列簡單的方程式來表示：

$$6\,CO_2 + 12\,H_2O \xrightarrow{\text{光能}} C_6H_{12}O_6 + 6\,H_2O + 6\,O_2$$

二氧化碳　水　葡萄糖　水　氧

關鍵學習成果 6.1

光合作用使用太陽光能，將空氣中的 CO_2 合成為有機分子。植物的光合作用，是在葉綠體內特殊的空間中進行。

6.2 植物如何從陽光中捕捉能量

光線中的能量在何處？陽光中到底有何物能使植物用來創造出化學鍵？20 世紀的物理革命教導我們，光是由稱為**光子** (photons) 的小能量包構成，其同時具有粒子與波的特性。當陽光照射到手，皮膚就正被一連串的光子轟擊著。

陽光由許多不同能量階層的光子組成，只有一些能被我們看見。我們將這些整個範圍的光子稱為**電磁波譜** (electromagnetic spectrum)。從圖 6.1 上可看到，陽光中的一些光子具有較短的波長 (靠近波譜左方)，具有較高的能量，例如伽馬射線 (gamma rays) 和紫外線 (UV light)。其他如無線電 (radio waves) 只攜有少量的能量，其波長較長 (數百至數千公尺長)。我們的肉眼只能感知到具有中間能量的**可見光** (visible light)，因為眼底視網膜上的色素分子，只能吸收中波長的光子。

植物非常挑剔，主要吸收藍光與紅光，而將其餘的可見光反射出去。欲了解植物為何是綠色的，請見圖 6.2 中的綠樹，全部可見光光譜照射到此樹葉片上，只有綠色的波長不會被吸收，而被反射出來，因此我們的眼睛看到綠色。

一個葉片或人眼如何選擇吸收哪一種光子？此重要問題的解答在於原子的特性。在一個原子核之外，電子旋轉於特定軌道之不同能階上，當原子吸收光能時，會將其電子提升到高能階。而提升電子到高能階，需要準確的能量，不能多也不能少。正如你爬一個梯子，抬腳剛好跨上一個橫檔。一個特定的原子，僅能吸收特定波長的光子，因為此光子含有合適的能量。

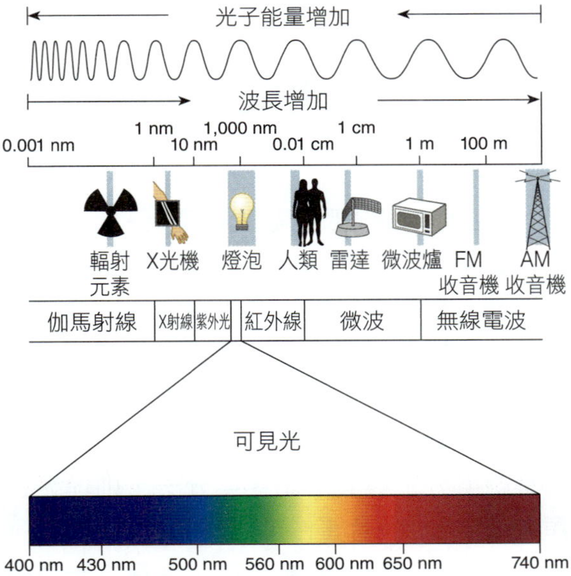

圖 6.1 不同能量的光子：電磁波譜
光是由稱為光子的能量包構成，其中的一些光子具有較高的能量。光是電磁波的一種，為了方便也可視為是一種波。光子的波長愈短，所攜能量就愈高。可見光是電磁波譜上的一小部分，其波長介於 400 至 700 奈米之間。

圖 6.2 為何樹是綠的
樹葉含有葉綠素，可吸收很廣範圍的光子－除了 500~600 奈米之光子以外的所有顏色。葉片可反射出此顏色。此反射出的波長可被我們眼睛的視覺色素所吸收，而我們的大腦會將此波長感知為「綠色」。

色素

如之前提過的，可吸收光能的分子就稱為**色素** (pigments)。所謂的可見光，指的就是眼內視網膜色素所能吸收的波長－大約從 380 奈米 (紫光) 到 750 奈米 (紅光)。其他動物使用不同色素，因此可看到電磁波譜上的不同部分。例如昆蟲眼睛的色素，可吸收較短的波長。這正是為何蜜蜂能看到紫外光，而我們卻不能；但我們能看到紅光，蜜蜂卻不能。

植物吸收光能的主要色素是葉綠素。葉綠素有二種型式，葉綠素 a 與葉綠素 b；二者化學構造很類似，但其「旁支官能基」略有不同，因此導致它們吸收光譜也略有不同。吸收光譜就是一個色素，對可見光不同波長的吸收圖。例如葉綠素分子可吸收可見光光譜二端的光子，如圖 6.3 所示。雖然葉綠素吸收的光子種類少於人類的視網膜色素，但是它們更善於捕捉光子。葉綠素是利用其複雜碳環結構中央的一個金屬離子 (鎂)，來捕捉光子。光子可激發鎂離子的電子，然後將之傳送給碳原子。

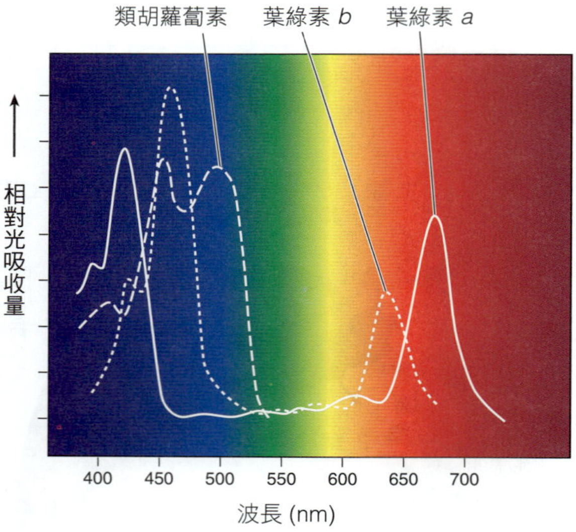

圖 6.3　葉綠素與類胡蘿蔔素的吸收光譜
圖中的三條曲線波峰，分別代表了二種最常見之光合色素，葉綠素 a、葉綠素 b，以及附屬的類胡蘿蔔素，它們對陽光吸收最強的波長處。葉綠素主要吸收光譜二端的藍紫色與紅色，而將中間的綠色反射出去。類胡蘿蔔素主要吸收藍色與綠色，而反射橘色與黃色。

雖然葉綠素是主要的光合作用色素，植物也含有稱為附屬色素 (accessory pigments) 的其他色素，可吸收葉綠素所不能捕捉的波長。**類胡蘿蔔素** (carotenoids) 就是一群附屬色素，可吸收紫光到藍綠光 (圖 6.3)，為葉綠素所不能吸收的波長。

附屬色素可造成花、果實、蔬菜的顏色，但也存在於葉片中，不過常被葉綠素所遮掩。當植物積極進行光合作用製造食物時，細胞充滿了富含葉綠素的葉綠體，使葉片看起來是綠色的，如圖 6.4 左方葉片。到了秋季，植物停止製造食物，葉綠素分子開始崩解。因此附屬色素反射的光線開始顯現，葉片也變成黃、橘與紅色，如圖 6.4 右方葉片。

關鍵學習成果 6.2

植物利用葉綠素捕捉藍色與紅色光能，並反射綠色波長光子。

6.3　將色素組成光系統

光反應

光合作用的光反應發生在膜上。大多數的光合細菌，其光反應的蛋白質是位在原生質膜上。而於植物與藻類，其光合作用則發生於特化的胞器葉綠體中。其葉綠素與相關的光反應蛋白質，位於葉綠體中類囊體的膜上。圖 6.5 將類囊體膜的一部分放大，綠色圓球狀的葉綠素分子與其附屬色素分子，則埋藏在類囊體膜上的一片蛋白質基體中 (紫色區域)。此蛋白質與葉綠素的複合體，就稱為**光系統** (photosystem)。

光反應可分成五個階段，見圖 6.6。每一階段將於之後詳細討論。

圖 6.4　葉片秋天的顏色是由類胡蘿蔔素造成的
在春季與夏季，葉綠素會掩蓋過如類胡蘿蔔素等之其他色素。秋天涼爽的溫度，使落葉樹的葉片停止製造葉綠素。由於葉綠素不能再反射綠光，類胡蘿蔔素所反射出的橘光與黃光便造成了秋葉的鮮豔色彩。

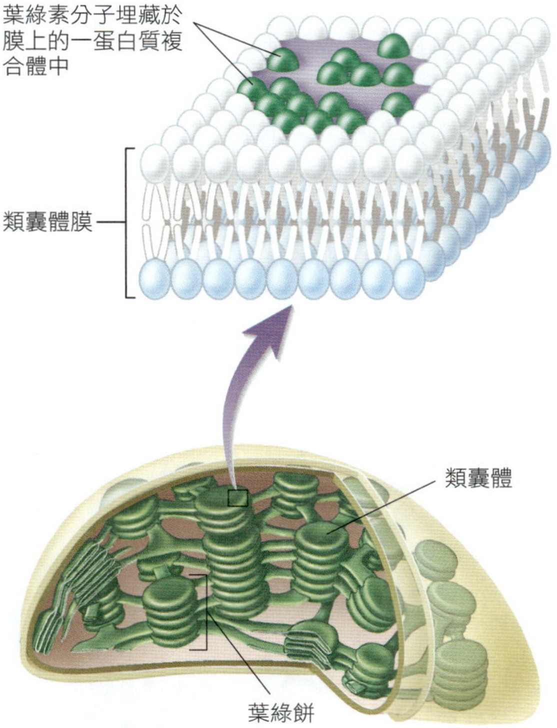

圖 6.5　葉綠素埋藏在膜中
葉綠素分子被埋藏於一片蛋白質基體中，使其固定位置，而這些蛋白質又埋藏在類囊體的膜上。

1. **捕捉光**：於階段 ❶，一個具適當波長的光子被一個色素分子捕捉到，激發的能量從一個葉綠素分子傳送到另一個分子。
2. **激發電子**：於階段 ❷，激發的能量匯集到一個稱為反應中心 (reaction center) 的關鍵葉綠素 a 分子處，然後此激發的能量，可使反應中心釋出一個被激發的電子，並傳送給一個電子接受分子。同時此反應中心可打斷一個水分子，將一個電子拿來補足「失去」的那個電子。氧成為此反應的副產品。
3. **電子傳遞**：於階段 ❸，此被激發的電子，於是在埋藏於膜中之一系列的電子載體分子上穿梭傳遞，稱為電子傳遞系統 (electron transport system, ETS)。當電子在 ETS 上傳送時，一小部分的能量會在膜上被吸走，並被用來將氫離子 (質子) 泵到膜內，如藍色箭頭所示。最後導致類囊體的內腔積蓄了高濃度的質子。
4. **製造 ATP**：於階段 ❹，此高濃度的質子，可被用來當作能源製造出 ATP。質子只能

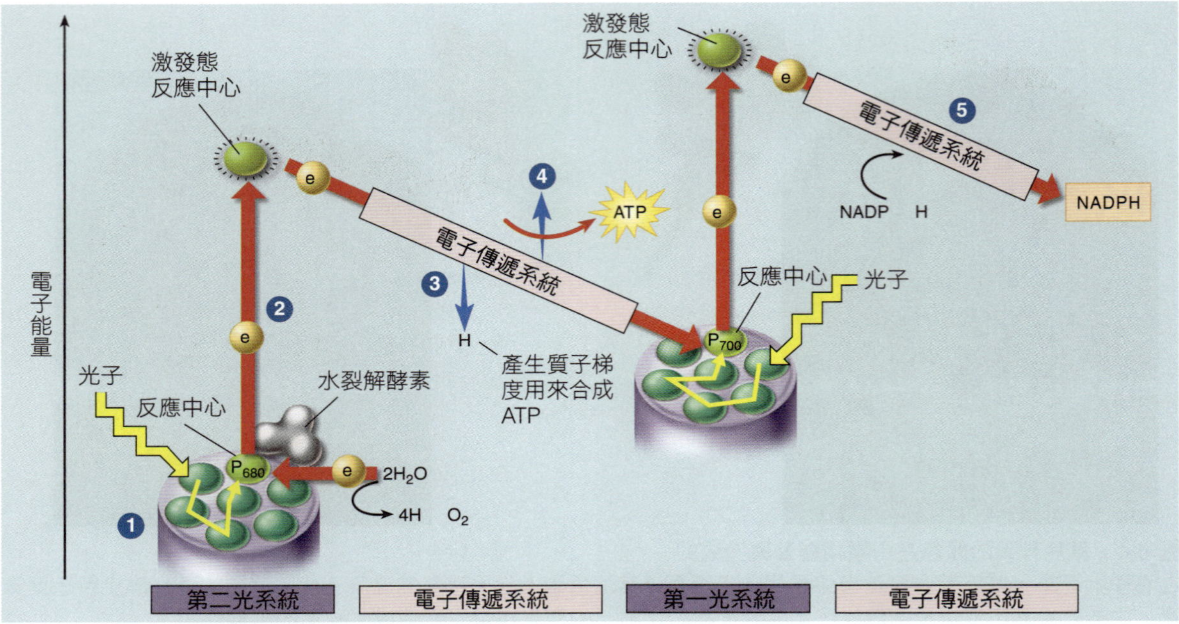

圖 6.6 植物使用二個光系統
於階段 ❶，一個光子激發第二光系統中的色素分子。於階段 ❷，來自第二光系統的一個高能電子傳送到電子傳遞系統。於階段 ❸，激發的電子可將一個質子泵過膜。於階段 ❹，質子濃度梯度可用來製造 ATP 分子。於階段 ❺，電子繼續傳到第一光系統，然後其與來自光子的能量可驅動 NADPH 的合成。

通過一個特殊的通道回到膜的另一側，有如水壩放水。質子移動所釋放出的動能，於是將 ADP 製造成 ATP，並將位能貯存於 ATP 分子中。此過程稱為化學滲透 (chemiosmosis)，所製造的 ATP 將被用於卡爾文循環，製造出碳水化合物。

5. **製造 NADPH**：電子離開電子傳遞系統之後，進入另一個光系統，然後會再吸收一個光子而「重新充電」。於 ❺，此重新充電的電子，又進入一個新的電子傳遞系統，再次於一系列的電子載體分子上穿梭傳遞。這次的電子傳遞並不製造 ATP，而是製出 NADPH。電子傳到一個 $NADP^+$ 分子，以及一個氫離子上，因而形成 NADPH。此分子於卡爾文循環製造碳水化合物時非常重要。

一個光系統的結構

除了最原始的細菌外，光能是被光系統捕捉下來的。有如一個放大鏡將光線聚焦於一點，光系統可將任一色素分子所捕捉到的激發能量，匯集到一個特殊的謝綠素 a 分子上，即反應中心。例如圖 6.7，光系統外圍的一個

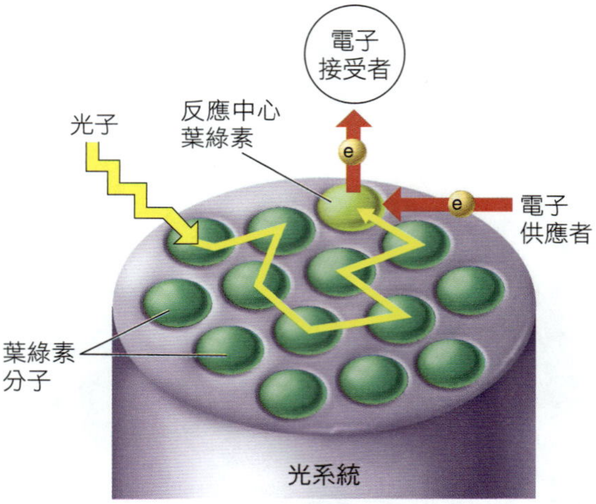

圖 6.7 一個光系統如何作用
當適當波長的光子，撞擊到光系統中任一色素分子時，光能被吸收後會從此分子向其他分子傳送，直到傳送到一個反應中心。此反應中心再將能量以高能電子方式，送交給一個電子接受者。

葉綠素分子被光子激發，此能量可從一個葉綠素分子傳遞到另一分子，如黃色鋸齒狀箭頭所示，直到其到達反應中心分子為止。然後此分子用能量，激發出一個電子離開反應中心，用來合成 ATP 與有機分子。

植物與藻類使用二個光系統，第一光系統 (photosystem I) 與第二光系統 (photosystem II)，如圖 6.6 上的二個紫色圓柱。第二光系統可捕捉光能製造 ATP，用之於合成糖分子。它所捕捉的光能 ❶ 被用來激發電子 ❷，然後利用電子傳遞系統 ❸ 來製造 ATP ❹。

第一光系統負責製造氫原子，然後與 CO_2 合成糖與其他有機分子。第一光系統可用光能將電子再充電，然後與氫離子 (質子) 共同將 $NADP^+$ ❺ 合成 NADPH。NADPH 則將氫原子送到卡爾文循環，製造出糖。

事實上，在這一系列反應中，先作用的是第二光系統，常常引起一些困惑。由於光系統是依據發現的先後來命名，因此第一光系統雖然在反應後端，但因先發現而被如此命名。

關鍵學習成果 6.3

光子能量被色素捕捉後用來激發電子，電子被送出傳遞過程中則可製出 ATP 與 NADPH。

6.4 光系統如何將光轉換成化學能

非循環式光磷酸化

植物利用二套光系統來合成 ATP 與 NADPH，將依序討論。此二階段的程序，被稱為**非循環式光磷酸化** (noncyclic photophosphorylation)，原因是電子所走的路徑不是一個環狀。從光系統中激發出的電子，最終並不回到原處，而是併入了 NADPH。光系統則利用裂解水分子所得到之電子，將失去的電子加以補足。如之前所述，第二光系統先作用，其所產生的高能電子被用來製造出 ATP，電子繼續傳送到第一光系統，然後製出 NADPH。

第二光系統

於第二光系統 (圖 6.8 中左方的紫色構造) 中，其反應中心是由超過 10 個跨膜蛋白單元所組成。**天線複合體** (antenna complex) 是光系統的一部分，含有全部的色素分子，由大約 250 個葉綠素 *a* 分子及附屬色素黏結在數個蛋白質鏈上所組成。天線複合體從光子上接收能量，然後匯集送到一個反應中心葉綠素。如圖 6.7 光系統中的天線複合體，反應中心將一個激發的電子，交給電子傳遞系統上的一個初級電子接受者，電子行進的路徑以紅色箭頭顯示。當反應中心釋出一個電子之後，其留下的軌道上空位就有待補充。此電子空位，就由來自水分子的一個電子補足。請注意第二光系統左下角灰色的水裂解酵素，二個水分子的氧原子可結合在此酵素的一群鎂原子上，然後水分子就被此酵素所裂解。酵素裂解水分子時，一次移出一個電子來填補光系統反應中心的電子缺位。當四個電子從此二個水分子中被移走後，二個氧原子就可形成 O_2 而釋出。

電子傳遞系統

初級電子接受者，接受了來自第二光系統所激發的電子後，會將電子傳送給一系列電子載體分子，稱作**電子傳遞系統** (electron transport system)。這些蛋白質都埋在類囊體的膜上，其中的一個是「質子幫浦」，也是一種主動運輸通道。電子的能量，被此蛋白質利用來將一個質子從基質中泵入到類囊體的腔中 (穿越電子傳遞系統的藍色箭頭)。鄰近的一個蛋白質可接收此「耗盡能量」的電子，並將之傳送到第一光系統。

製造 ATP：化學滲透

在還未來到第一光合系統之前，我們先看看被電子傳遞系統泵入類囊體的質子發生何事。每一個類囊體是一個封閉的空間，而類囊體膜對質子是不通透的，因此被蛋白質泵入的質子可累積出一個很高的濃度梯度。請回憶第 4 章，分子會從濃度高處向低處擴散；這些在類囊體腔內的質子，可透過一個稱為 ATP 合成酶之特別蛋白質通道，回到膜外的基質中。ATP 合成酶 (ATP synthase) 是一個酵素，可利用質子梯度將 ADP 製造出 ATP。ATP 合成酶位於膜外側，形狀類似一個門把 (圖 6.9)。當質子通過此蛋白質通道時，ADP 就被磷酸化而成為 ATP，並釋放到葉綠體基質中。由於 ATP 的化學合成是被類似滲透的程序所驅動，因此稱為化學滲透 (chemiosmosis)。

第一光系統

現在回到圖 6.8 的右半部，第一光系統接收了來子電子傳遞系統的一個電子。第一光系統是膜上的一個複合體，含有至少 13 個蛋白質次單元。由 130 個葉綠素 *a* 分子及附屬色素構成的一個天線複合體，則被用來捕捉光能。由於從第二光系統傳來的電子，已經失去了激發的能量，因此這個第一光系統所吸收的一個光子，可將此電子再次激發到高能階，並從反應中心離開。

製造 NADPH

與第二光系統類似，第一光系統也將電子傳送到電子傳遞系統。當二個電子抵達電子傳遞系統末端，一個電子可傳送到 $NADP^+$ 上，另一個電子則傳送到一個質子上(成為氫原子)，製出 NADPH。此反應發生於類囊體朝向基質的那一側 (見圖 6.8)，參與反應的物質則為 $NADP^+$、2 個電子以及 1 個質子。由於此反應發生在膜朝向基質的那一側，且須使用掉一個質子，因此也對電子傳遞系統所建立的質子濃度梯度有進一步的貢獻。

光反應之產物

光反應可視為整個光合作用的一個中間墊腳石，其產物氧只是一個代謝廢棄物，而其他的產物 ATP 與 NADPH 則被傳送到葉綠體的基質中參與卡爾文循環。基質中含有進行暗反應所需的酵素，ATP 可提供製造碳水化合物時化學反應所需的能量，而 NADPH 則作為製造碳水化合物時所需的「還原能」，提供氫原子與電子。下一節將討論卡爾文循環。

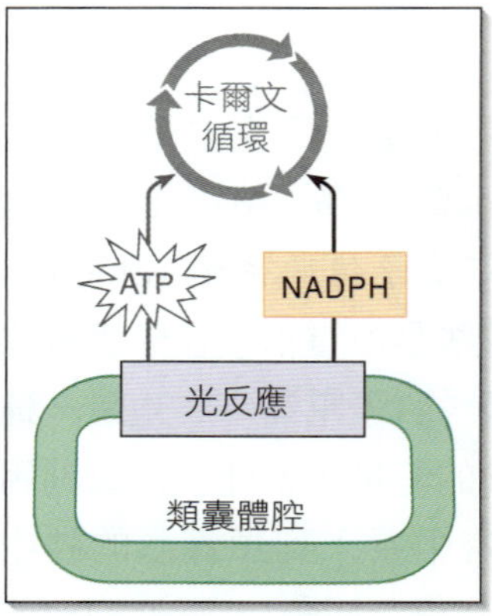

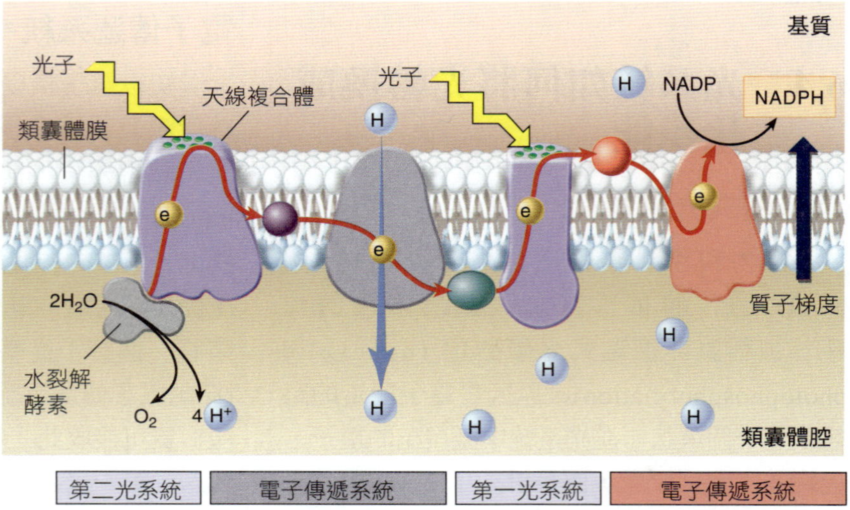

圖 6.8 光合作用電子傳遞系統

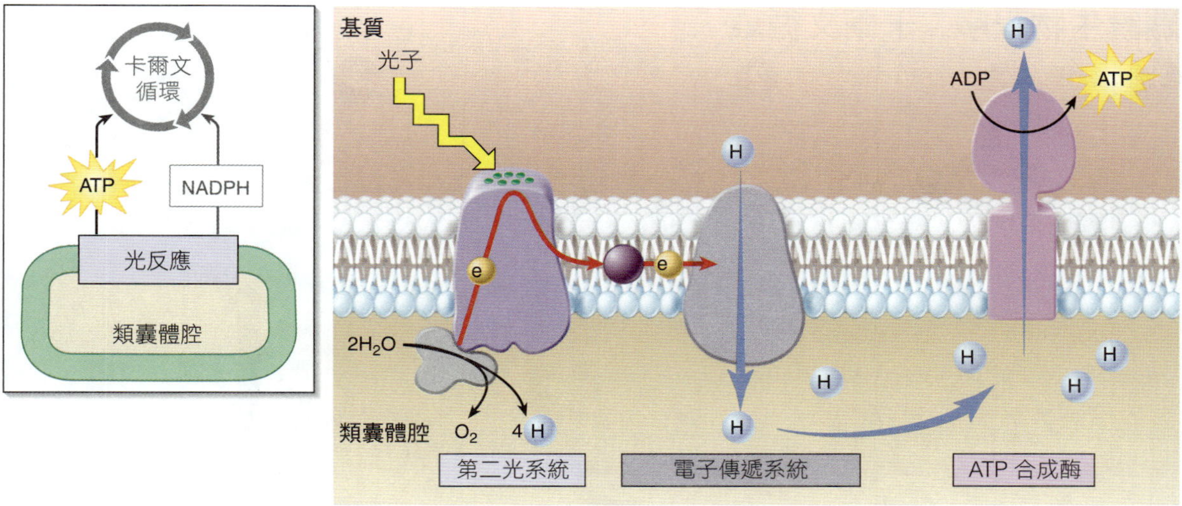

圖 6.9　葉綠體的化學滲透
來自第二光系統的高能電子，可將質子泵入類囊體的腔中。這些質子可從 ATP 合成酶通道回到腔外的基質中，此過程可製造出 ATP。

關鍵學習成果 6.4

光合作用的光反應製造出 ATP 與 NADPH，可用來製造有機分子，並從水分子奪取氫原子與電子，釋出 O_2 作為副產品。

6.5　建構新分子

卡爾文循環

簡單的說，光合作用就是利用 CO_2 製造出有機分子。而為了建構有機分子，細胞利用光反應提供的材料：

1. **能量**：ATP (由第二光系統的 ETS 提供)，驅動此需能反應。
2. **還原能**：NADPH (由第一光系統的 ETS 提供)，提供氫與含能量的電子，以便與二氧化碳結合。當一個分子與電子結合後，其便被還原了，第 7 章還會詳細討論。

新分子的建構需要一組複雜的酵素參與一個**卡爾文循環** (Calvin cycle) 或 **C_3 光合作用** (C_3 photosynthesis) (稱為 C_3 的原因是此程序的第一個產物是一個三碳的分子)。卡爾文循環是在葉綠體的基質中進行，使用光反應所提供的 ATP 與 NADPH 來製造出碳水化合物。下頁的「關鍵生物程序」述明了每一階段參與的碳原子數目，以灰色球體顯示。共進行六個循環，可製造出一個六碳的葡萄糖。全部程序分成三階段，如「關鍵生物程序」所示。

此三個階段，也可見圖 6.10 所顯示的更詳細圓餅圖。此二圖都指明了，此循環每走完三次循環，即可製造出一個三碳的甘油醛-3-磷酸 (glyceraldehyde 3-phosphate) 分子。在任何一圈循環中，來自 CO_2 的一個碳原子，會與起始的一個五碳糖結合，然後再裂解成 2 個三碳糖。此過程稱為*固碳作用* (carbon fixation)，因為其將一個氣體的碳併入成為有機分子，過程可見「關鍵生物程序」第一區塊的深藍色箭頭，以及圖 6.10 中的藍色餅塊。

之後，此碳於一系列的反應中運轉，其中有些會產生一個葡萄糖，過程可見「關鍵生物程序」第二區塊的深藍色箭頭，以及圖 6.10 中的紫色餅塊。其餘的分子，則被用來重新形成起始的五碳糖 (見「關鍵生物程序」第三區

關鍵生物程序：卡爾文循環

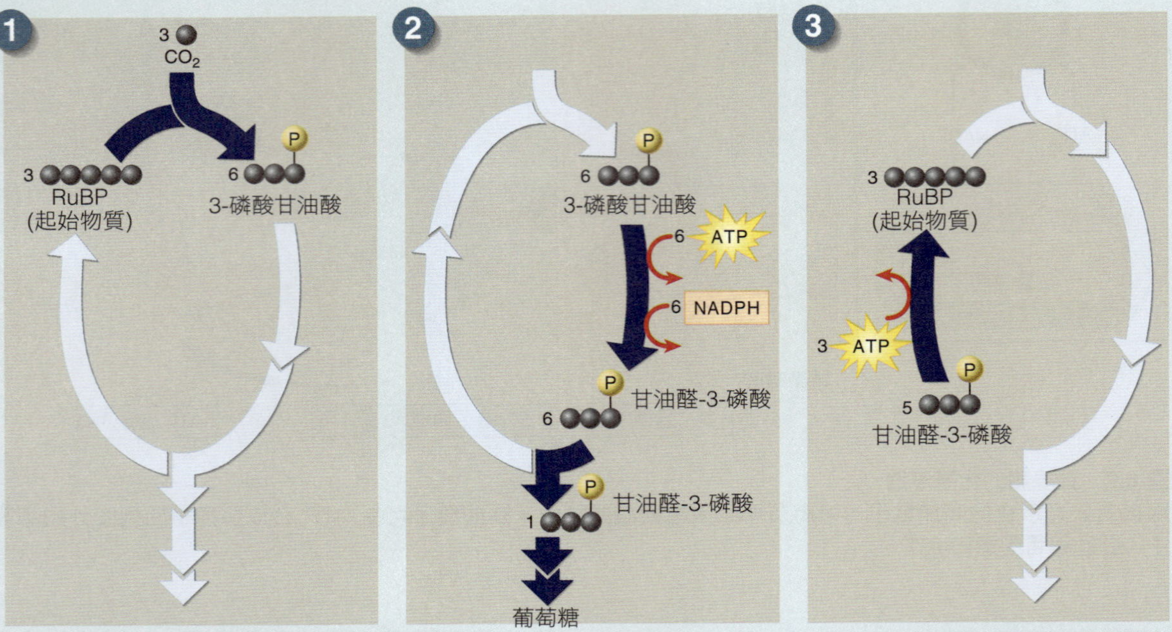

卡爾文循環開始於一個來自 CO_2 的碳原子，加入到一個五碳的分子上 (起始物質)。生成的六碳分子並不穩定，立刻會裂解成為二個三碳分子。(此處顯示了三個 CO_2 分子進入此循環，並進行了三個循環的反應)。

然後經過一系列反應，來自 ATP 的能量與來自 NADPH 的氫 (光反應產物) 會加入此三碳分子，成為一個還原狀態的三碳分子。此新的還原三碳分子，可進一步形成葡萄糖或其他分子。

大多數的還原三碳分子，被用來製造出起始的五碳分子，完成循環。

塊的深藍色箭頭，以及圖 6.10 中的淡紅色餅塊)，並將之用於此循環的開始步驟。此循環需運行六圈才能製出一個葡萄糖分子，這是因為每一圈只能固定一個碳，而葡萄糖則是一個六碳糖。

回收 ADP 與 $NADP^+$

光反應的產物ATP 與 NADPH，可提供暗反應之卡爾文循環所需，用來製造出糖分子。為了使光合作用能持續進行，細胞需要源源不斷地提供光反應所需的原料 ADP 與 $NADP^+$，而這就必須將卡爾文循環的產物加以回收。當 ATP 的磷酸鍵被打斷後，ADP 就可供應化學滲透所需。而當 NADPH 的氫被取用之後，$NADP^+$ 也可重新供第一光系統的電子傳遞系統使用。

關鍵學習成果 6.5

於一系列不需要光的反應中，細胞使用第一與第二光系統提供的 ATP 與 NADPH 來建構新的有機分子。

光呼吸作用

6.6 光呼吸作用：將光合作用刹車

當氣候變得炎熱時，許多植物在進行 C_3 光合作用時會有困難。此處的一個葉片橫切圖，顯示出當遇到高溫乾燥的氣候時，植物如

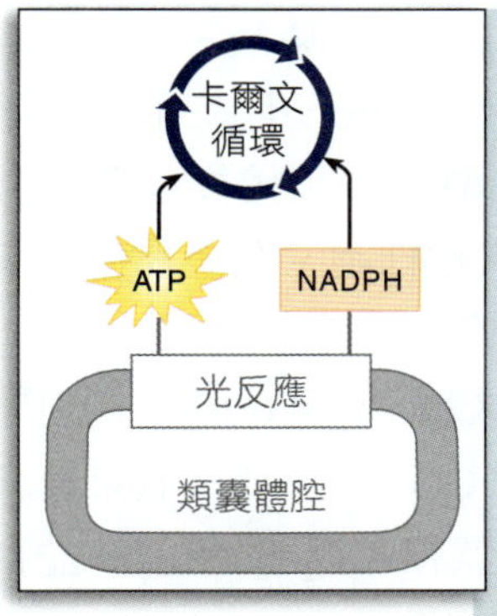

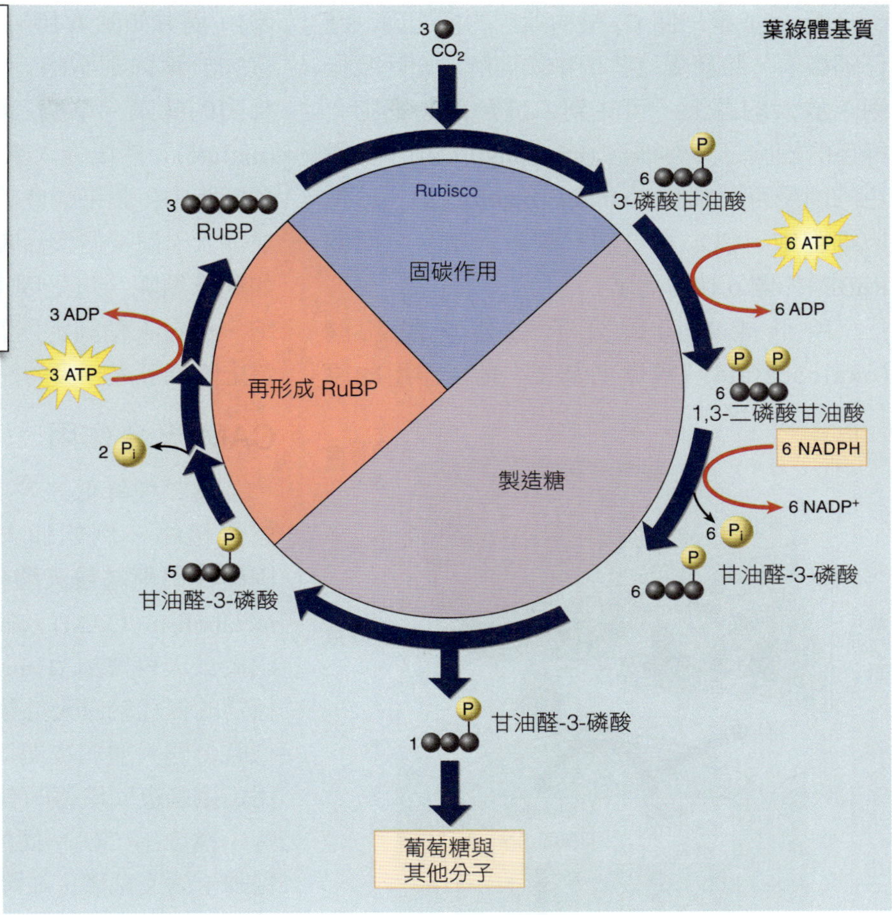

圖 6.10 卡爾文循環的各反應
進入此循環的每三個 CO_2，可形成一個三碳的甘油醛-3-磷酸 (G3P)。請注意，此程序需要光反應所產生的 ATP 與 NADPH 的能量。此反應發生於葉綠體的基質中。催化此反應的的酵素，也是基質中最多的酵素，稱為 RuBP 羧基酶。它是一個由 16-次單元組成的大酵素，也可稱為 rubisco，被認為是地球上含量最豐富的酵素。

何反應。

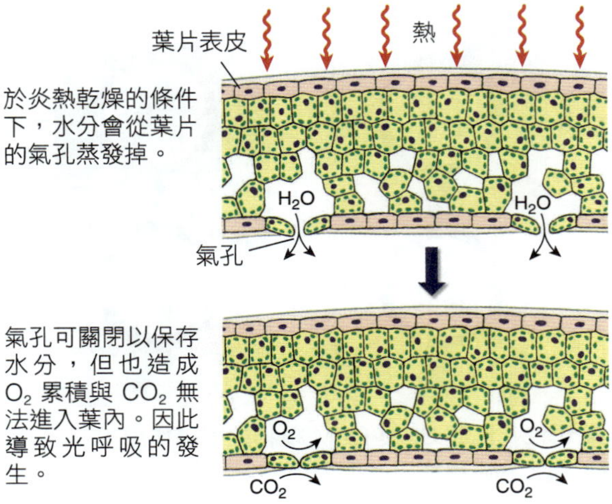
葉片表皮
熱
於炎熱乾燥的條件下，水分會從葉片的氣孔蒸發掉。
H_2O
H_2O
氣孔
氣孔可關閉以保存水分，但也造成 O_2 累積與 CO_2 無法進入葉內。因此導致光呼吸的發生。
O_2
O_2
CO_2
CO_2

當氣候變得炎熱與乾燥時，植物會將其葉片上的**氣孔** (stomata 複數，stoma 單數) 關閉，避免喪失水分。如上圖，可見到 CO_2 與 O_2 就無法從這些開孔進出葉片了，因此葉內的 CO_2 濃度會下降，而 O_2 的濃度則升高。於此情況下，執行卡爾文循環第一步反應的酵素 rubisco 就可參與**光呼吸作用** (photorespiration)，將 O_2 引入此循環 (而非 CO_2)，並產生 CO_2 為此反應的副產品。因此光呼吸作用可造成卡爾文循環的短路。

C_4 光合作用

一些植物可進行 C_4 光合作用 (C_4 photosynthesis) 來適應高溫的環境。一些植物，例如甘蔗、玉米以及許多草，可使用其葉中不同類型的細胞及化學反應來固定二氧化碳，避免了因高溫引起之光合作用的一個還原反應。

圖 6.11 是一個 C_4 植物葉片的橫切面，請仔細觀看，將發覺這些植物如何解決光呼吸作用。放大的圖上，可見到二種類型的細胞：綠色的細胞是葉肉細胞 (mesophyll cell)，淡褐色的則是束鞘細胞 (bundle sheath cell)。於葉肉細胞中，CO_2 與一個三碳分子結合，而非 RuBP (如圖 6.10 所示)。

所形成的四碳分子稱為草醯乙酸 (oxaloacetate) (被命名為 C_4 光合作用的原因)，而非如圖 6.10 中的三碳磷酸甘油酸。C_4 植物於葉肉細胞進行此反應，且使用一個不相同的酵素。草醯乙酸接著被轉換成蘋果酸 (malate)，然後進入束鞘細胞。在淡褐色的束鞘細胞中，蘋果酸會被分解而重新釋出 CO_2，並進入卡爾文循環合成糖 (如圖 6.10)。為何要如此麻煩呢？這是因 CO_2 無法通透過束鞘細胞，可在束鞘細胞內累積 CO_2 的濃度，並實質上降低了光呼吸的速率。

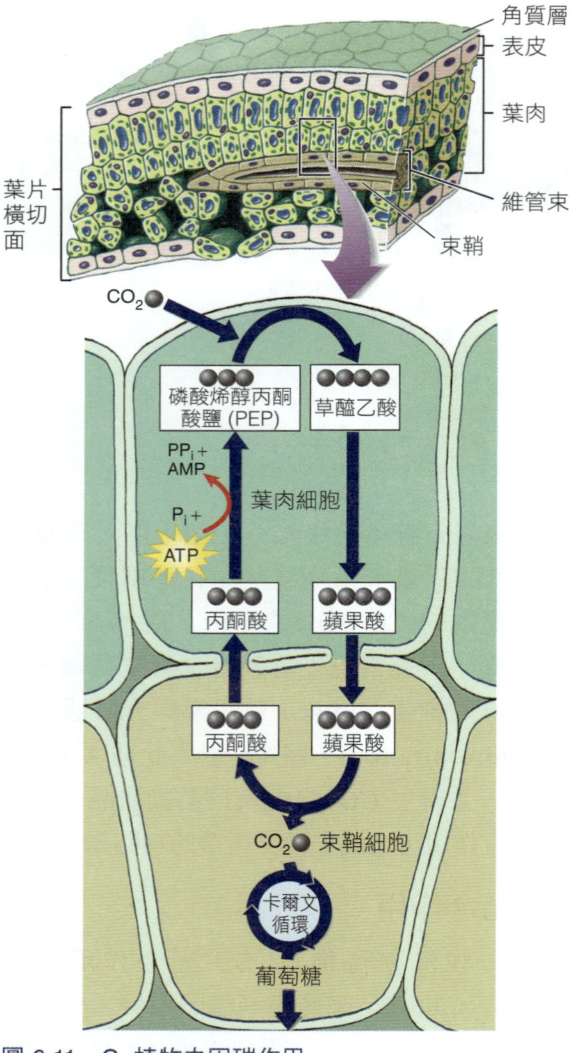

圖 6.11　C_4 植物之固碳作用
此過程被稱為 C_4 途徑的原因是，第一步反應的生成物是一個四碳的糖，草醯乙酸。此分子可轉換成蘋果酸，然後進入束鞘細胞。於束鞘細胞內，可藉化學反應將 CO_2 釋出，然後進入卡爾文循環。

CAM 光合作用

第二種降低光呼吸的策略，見之於許多肉質植物，例如仙人掌與鳳梨。其初始的固碳作用稱為**景天酸代謝** (crassulacean acid metabolism, CAM)，命名來自於此反應首先發現於景天科植物 (Family Crassulaceae)。這些植物的氣孔於白天炎熱時關閉，而於夜間溫度低時打開，並於夜間以 C_4 途徑來進行固碳作用。這些夜間積蓄的有機物，於次日白晝時分解，釋放出 CO_2。而這些高濃度的 CO_2 就可驅動卡爾文循環，並降低光呼吸作用。為了了解 CAM 與 C_4 的光合作用有何不同，請見圖 6.12。C_4 植物 (左圖) 的 C_4 途徑發生於葉肉細

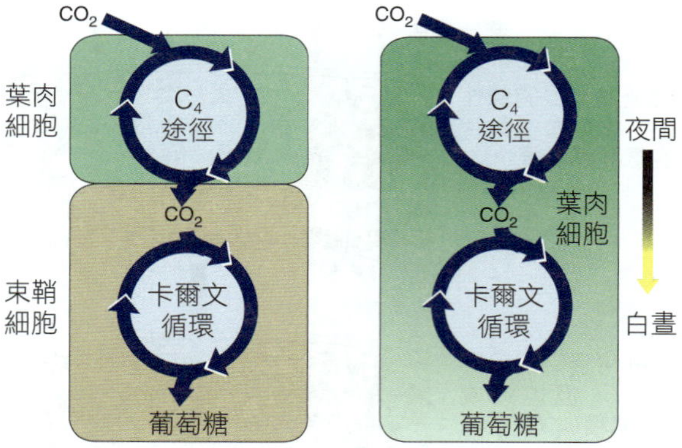

圖 6.12　比較 C_4 與 CAM 植物的固碳作用
C_4 與 CAM 植物二者都使用 C_4 與 C_3 途徑。C_4 植物的二個反應發生於不同的細胞中，C_4 途徑在葉肉細胞中，而 C_3 途徑 (卡爾文循環) 則發生於束鞘細胞中。CAM 植物的二個反應均發生於同一個葉肉細胞中，但反應分別進行，C_4 於夜間進行，而 C_3 則於白晝進行。

胞，而其卡爾文循環則發生於束鞘細胞。但在 CAM 植物 (右圖)，其 C_4 途徑與卡爾文循環都發生於同一個葉肉細胞內，但發生的時間不同；C_4 循環發生於夜間，而卡爾文循環則發生於日間。

關鍵學習成果 6.6

光呼吸的原因是由於一個細胞內累積了過多的氧氣。C_4 植物應付光呼吸的方式是於束鞘細胞中合成糖，而 CAM 植物則延遲其暗反應，於夜間氣孔打開時才進行。

複習你的所學

光合作用

光合作用概觀

6.1.1 光合作用是一生化程序，可利用捕捉的光能將 CO_2 與水製出碳水化合物。

6.1.2 光合作用包括一系列的化學反應，可分成二個階段：製造 ATP 與 NADPH 的光反應，發生於葉綠體的類囊體膜上；以及合成碳水化合物的暗反應 (卡爾文循環)，發生於基質中。

植物如何從陽光中捕捉能量

6.2.1 色素就是能捕捉光能的分子。可見光中的能量可被葉綠體中的葉綠素以及附屬色素所捕捉。

6.2.2 植物呈現綠色的原因是因為其含有葉綠素。葉綠素可吸收可見光譜二端的能量 (藍色與紅色波長) 而反射綠色波長，因此葉片呈現綠色。

- 附屬色素，例如類胡蘿蔔色素，可捕捉光譜中不同區域的波長，使花、果實以及植物其他部分呈現出不同於綠色的色彩。

將色素組成光系統

6.3.1 光反應發生於植物葉綠體中的類囊體膜上。與光合作用有關的葉綠物與其他色素分子，埋藏於膜上的蛋白質複合體中，稱為光系統。

- 光系統可捕捉光能，並激發電子傳送給電子傳遞系統。然後電子傳遞系統可產生 ATP 與 NADPH，提供卡爾文循環所需的能量。

6.3.2 來自光子的能量可被葉綠素分子吸收，並在光系統中的葉綠素分子間傳送。一旦能量傳送到反應中心，便可激發出一個電子，然後傳送到電子傳遞系統。

光系統如何將光轉換成化學能

6.4.1 第二光系統將激發的電子傳送給電子傳遞系統之後，可將裂解水分子取得的電子用來補回失去的電子。

- 電子於電子傳遞系統上的蛋白質中依序向下傳遞，來自電子的能量就可使氫離子對抗濃度梯度，而泵到膜之另一側的類囊體腔中。
- 氫離子濃度梯度可使 H^+ 跨過膜而回到基質中。跨膜時會通過一個特別的 ATP 合成酶通道並合成 ATP，稱為化學滲透。
- 當電子走完第一個電子傳遞系統後，可傳送到另一個光系統，即第一光系統。第一光系統利用捕捉的光能，再次激發此電子，然後進入另一個電子傳遞系統，並傳送給 $NADP^+$。製出的 NADPH 與 ATP 就被用於之後的卡爾文循環。

建構新分子

6.5.1 卡爾文循環利用 ATP 以及來自 NADPH 的電子與氫，進行一系列的化學反應，將 CO_2 還原成為碳水化合物。

6.5.2 於卡爾文循環中，ADP 與 $NADP^+$ 可作為副產品而被回收，重新回到光反應中。

光呼吸作用

光呼吸作用：將光合作用剎車

6.6.1 於炎熱乾燥的環境下，植物關閉葉片的氣孔來保存水分。但也會造成葉片內的 O_2 濃度上升，以及 CO_2 濃度下降。因此卡爾文循環 (也稱 C_3 光合作用) 會受到干擾。當 O_2 濃度過高時，O_2 會取代 CO_2 進入卡爾文循環，此反應稱為光呼吸作用。卡爾文循環的第一個酵素 rubisco 會與氧氣結合，而非二氧化碳。

- C_4 植物可修改固碳作用，以降低光呼吸作用的效應。將其固碳過程分成二個步驟，分別於不同細胞內進行。其葉肉細胞會製造出蘋果酸。
- 於 CAM 植物，夜晚可打開氣孔，利用 C_4 途徑將 CO_2 併入一個中間有機分子。

測試你的了解

1. 光合作用的光反應負責製造
   a. 葡萄糖　　c. ATP 與 NADPH
   b. CO_2　　d. 光能
2. 植物如何捕捉光能？
   a. 透過光呼吸作用
   b. 利用色素分子吸收光子並使用其能量
   c. 利用暗反應
   d. 使用 ATP 合成酶及化學滲透
3. 一旦植物捕捉到一個光子的能量
   a. 細胞的類囊體膜上會發生一系列的反應
   b. 此能量可用來產生 ATP
   c. 一水分子被裂解，釋放出氧氣
   d. 以上皆是
4. 在一個葉綠體中，何處具有最高的質子濃度？
   a. 基質中　　c. 氣孔
   b. 類囊體腔中　　d. 天線複合體上
5. 植物使用二套光系統來捕捉能量製出 ATP 與 NADPH。這些光系統使用的電子
   a. 可利用來自光子的能量，不斷被此系統回收重複使用
   b. 由於熵的緣故，只能重複使用數次，然後便遺失了
   c. 只能走過此系統一次；它們得自於水的裂解
   d. 只能走過此系統一次；它們得自於光子
6. 於光合作用中，ATP 分子產生於
   a. 卡爾文循環
   b. 化學滲透
   c. 水分子的裂解
   d. 光子能量被 ATP 合成酶分子吸收後
7. 如果卡爾文循環進行了六次
   a. 所有固定的碳可製出二分子的葡萄糖
   b. 可固定 12 個碳
   c. 有足夠的碳被固定下來，並製出一分子的葡萄糖，但這些碳不一定位在同一分子上
   d. 一個葡萄糖分子被轉化成六個 CO_2
8. 光反應中整體上的電子流動方向是
   a. 從天線色素到反應中心
   b. H_2O 到 CO_2
   c. 第一光系統到第二光系統
   d. 反應中心到 NADPH
9. 光反應的產物會進入
   a. 卡爾文循環　　c. 糖解作用
   b. 第一光系統　　d. 克氏循環
10. 許多植物無法於炎熱氣候下進行 C_3 光合作用，所以有些植物會
    a. 使用 ATP 循環
    b. 使用 C_4 或 CAM 光合作用
    c. 完全關閉光合作用
    d. 對不同植物而言，以上皆是

Chapter 7

細胞如何從食物中獲取能量

這隻花栗鼠依賴食物中化學鍵所貯存的能量，來進行日常的活動，牠們的生命是由能量所驅動的。這隻花栗鼠所進行的一切活動－爬樹、咀嚼橡子、觀看與聽聞四周環境和思考，都需要能量。但與可以結出花栗鼠所吃食橡子的橡樹不同，花栗鼠一點也不綠，牠不能如同橡樹般地進行光合作用，因此不能利用日光能製造自己所需的食物分子。相反的，牠必須利用二手的方式，從吃食中取得食物分子。橡樹製造的食物分子中貯存著化學能，被花栗鼠用細胞呼吸的方式來獲取利用。所有的動物都用此相同的方式，從分子中獲取能量，植物也相同。於本章，我們將仔細檢視細胞呼吸。你將發現，細胞呼吸作用與光合作用有許多相似的地方。

細胞呼吸的概觀

7.1 食物中的能量在哪裡？

細胞呼吸

不論動物或植物，事實上所有的生物其生存所需的能量，都源自於將有機分子分解而來。之前利用 ATP 與還原能所建構的有機分子，可被抽取其富含能量的電子而製造出 ATP。當化學鍵被取走電子，此食物分子就被氧化了 (請記住，氧化就是失去電子)。而將食物分子氧化以取得能量的過程，就稱為**細胞呼吸** (cellular respiration)。請勿將細胞呼吸與一般用肺吸取空氣的呼吸搞混了。

植物細胞也使用細胞呼吸將其在光合作用中所製造的糖與其他分子加以分解，以取得能量來進行日常活動。而不能進行光合作用的生物，則吃食植物，利用細胞呼吸從植物組織中獲取能量。還有一些動物，則吃食其他動物，例如圖 7.1 中正在啃食長頸鹿腿的獅子。

真核生物所製造出的 ATP，絕大多數是將葡萄糖分子中的化學鍵打斷，以獲取其電子而來。這些電子於一個電子傳遞鏈上運行 (類似

圖 7.1 正在吃午餐的獅子
獅子的長頸鹿大餐，可提供能量讓獅子吼叫、奔跑以及成長。

光合作用中的電子傳遞系統)，然後最終傳送給氧氣。從化學上來看，這種在細胞內將碳水化合物氧化，與在壁爐中燃燒木頭並沒有太大的不同。二者的反應物都是碳水化合物與氧氣，產物則是二氧化碳、水與能量：

$$C_6H_{12}O_6 + 6\ O_2 \rightarrow 6\ CO_2 + 6\ H_2O + \text{能量(熱或 ATP)}$$

在光合作用與細胞呼吸的諸多反應中，電子可從一個分子傳送到另一個分子上。當一個原子或分子失去電子時，則稱為其*被氧化* (oxidized)了，而此程序則稱**氧化作用** (oxidation)。此名稱反映出一個生物系統中的事實，可強力吸引電子的氧，是最常見的電子接受者。反過來，當一個原子或分子獲得到一個電子時，則稱其*被還原* (reduced) 了，而此程序則稱為**還原作用** (reduction)。氧化與還原總是同時發生，因為任何一個原子因氧化而失去的電子，一定會有一個原子來接受該電子而被還原。因此這類的化學反應，就稱為**氧化還原反應** (oxidation-reduction reaction，或簡寫成 redox reaction)。在氧化還原反應中，能量是追隨著電子的，如圖 7.2 所示。

細胞呼吸以二個階段來進行，如圖 7.3。第一階段使用偶聯反應來產生 ATP，稱為*糖解作用* (glycolysis)，於細胞質中進行。很重要的是，這是一個厭氧 (anaerobic)(不需要氧氣) 程序。這個古老的獲取能量方式，被認為是在 20 億年前演化出來的，那時的地球大氣中還沒有氧氣的存在。

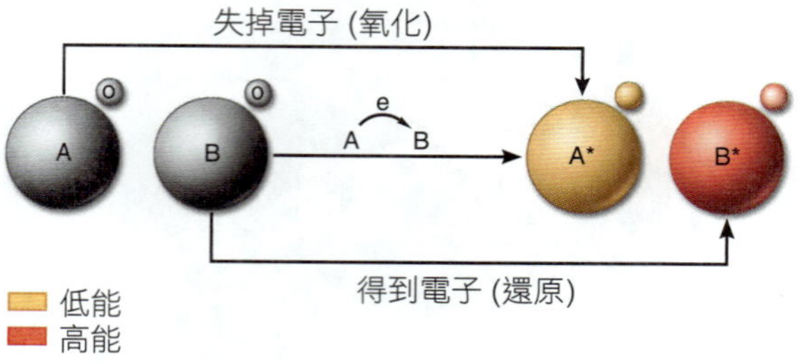

圖 7.2　氧化還原反應
氧化就是失去一個電子；而還原則是得到一個電子。分子 A 與分子 B 的電價，顯示在其右上角的小圓圈上。分子 A 會隨著失去一個電子而失掉能量，而分子 B 則隨著得到一個電子而取得能量。

第二階段是有氧 (aerobic) 程序，在粒線體中進行。此階段的焦點是*克氏循環* (Krebs cycle)，這是一連串化學反應的循環，從 C–H 鍵中獲取電子，然後將高能電子傳送給接受者分子，NADH 及 $FADH_2$。這些分子再將電子傳送給一個電子傳遞鏈。電子傳遞鏈可用電子的能量製造出 ATP 分子。這種從化學鍵取得電子的程序，是一種氧化過程，遠比糖解作用從食物分子中得到能量的方式，要更為強大有力。也是真核生物從食物分子中獲取大量能量的最主要方式。

關鍵學習成果 7.1

細胞呼吸就是將食物分子分解來獲得能量。於有氧呼吸，細胞利用二個階段從葡萄糖獲取能量，糖解作用與氧化作用。

不需氧氣的呼吸：糖解作用

7.2 使用偶聯反應製造 ATP

細胞呼吸的第一階段稱為**糖解作用** (glycolysis)，是一系列由 10 個酵素所催化的反應；六碳的葡萄糖裂解成為 2 個稱為丙酮酸 (pyruvate) 的三碳分子。後面的「關鍵生物程序」簡述了糖解作用的概觀，而更詳細之一系列 10 個生化反應，則請見圖 7.4。

能量從何處取得？有二個「偶聯」反應 (見圖 7.4 步驟 7 與步驟 10) 可打斷化學鍵 (釋能反應)，釋放出足夠的能量將 ADP 合成為 ATP 分子 (需能反應)。這種將高能量的磷酸基從一個受質，轉移到 ADP 分子上的過程，就稱為**受質層次磷酸化** (substrate-level phosphorylation)。於過程中，電子與氫原子從

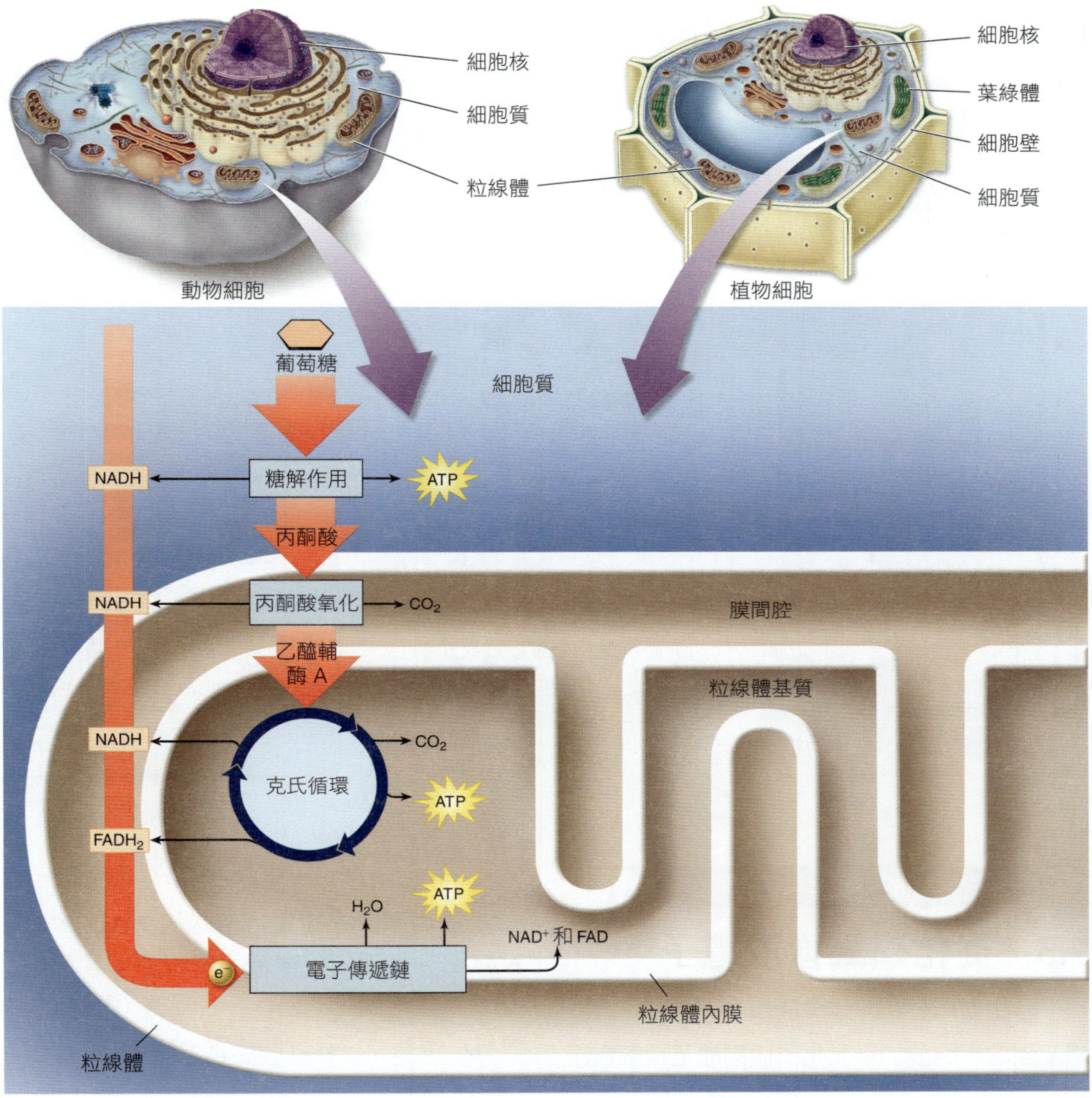

圖 7.3　細胞呼吸概觀

化合物中轉移給一個載體分子 NAD^+。NAD^+ 載體得到電子之後成為 NADH，之後將用於氧化呼吸，下一節將會敘述。糖解作用本身僅能製造少量的 ATP 子，每一葡萄糖分子只能製出 2 個。但這就是在厭氧下，生物唯一能從食物分子中得到能量的方式。糖解作用被認為是，最早演化出來的生化途徑之一。每一個活的生物，都能進行糖解作用。

關鍵學習成果 7.2

細胞呼吸的第一階段稱為糖解作用，細胞重組葡萄糖的化學鍵，產生二個偶聯反應，並以受質層次的轉移方式製造出 ATP。

關鍵生物程序：糖解作用概觀

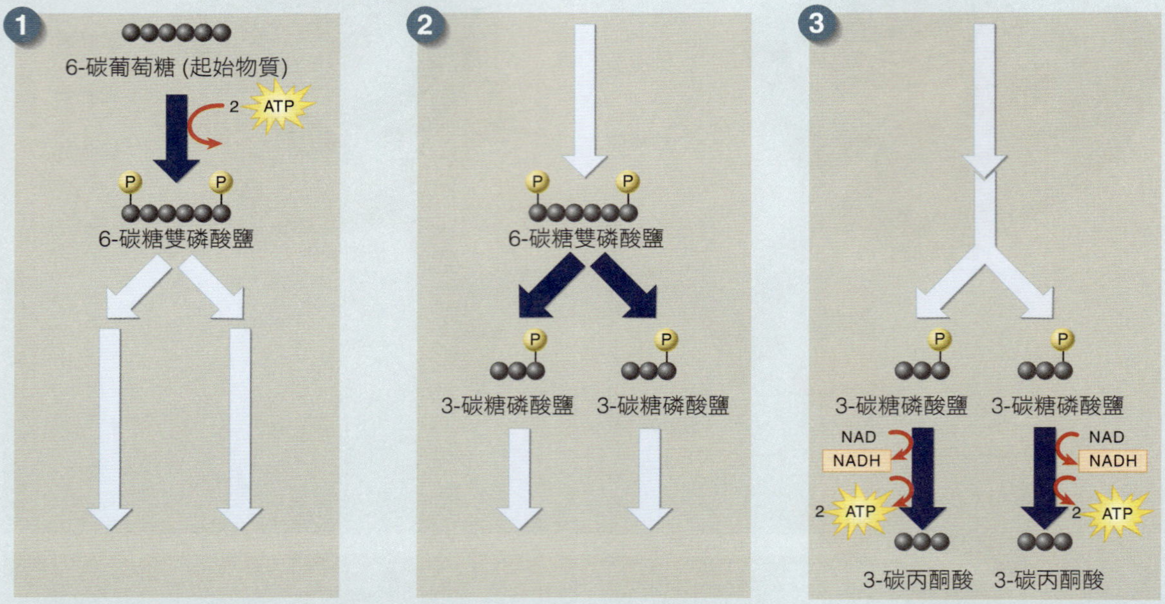

啟動反應：糖解作用起始於施加能量。來自二個 ATP 分子的高能磷酸基，添加到 6-碳的葡萄糖分子上，產生一個具有雙磷酸基的 6-碳分子。

分裂反應：然後此磷酸化的 6-碳分子分裂成為二個 3-碳的糖磷酸鹽。

能量獲取反應：最後，經過一系列反應，每一個 3-碳糖磷酸鹽會轉換成為丙酮酸。在此過程中，每形成一個丙酮酸分子，可產生一個 NADH 以及二個 ATP 分子。

需氧的呼吸：克氏循環

7.3 從化學鍵獲取電子

粒線體中氧化性呼吸的第一個步驟，就是將三碳的丙酮酸加以氧化，丙酮酸是糖解作用的終產物。細胞可從丙酮酸中獲取可觀的能量，其過程分成二個步驟：首先將丙酮酸氧化成為乙醯輔酶 A (acetyl-CoA)，然後於克氏循環中將乙醯輔酶 A 氧化掉。

第一步：產生乙醯輔酶 A

丙酮酸的氧化只有一個單一反應，將其三碳移除掉一個，此碳會成為 CO_2 而離開，如圖 7.5上的綠色箭頭所示。從丙酮酸上移除 CO_2 的酵素是丙酮酸脫氫酶 (pyruvate dehydrogenase)，為已知最大的酵素之一。它具有 60 個次單元！於反應中，一個氫與一個電子從丙酮酸中被移走傳送給 NAD^+，產生 NADH。後面的「關鍵生物程序」顯示出一個酵素如何催化此過程，將受質 (丙酮酸) 與 NAD^+ 帶到非常靠近的位置，NAD^+ 可獲得一個氫原子與一個高能量的電子。

NAD^+ 可氧化富含能量的分子，從此分子上獲取其氫原子 (如圖，進行 1→2→3)，然後將氫原子再交給其他分子，而使之還原 (進行 3→2→1)。請再回到圖 7.5，當丙酮酸被移除一個 CO_2 之後，所留下的二碳片段 (稱為一個乙醯基) 可與一個稱為輔酶 A (coenzyme A, CoA) 的輔因子，利用丙酮酸脫氫酶將二者結合，產生一個稱為**乙醯輔酶 A** (acetyl-CoA) 的化合物。如果細胞已有充足的 ATP 供應，則乙醯輔酶 A 會被用於脂肪的合成，將其具能

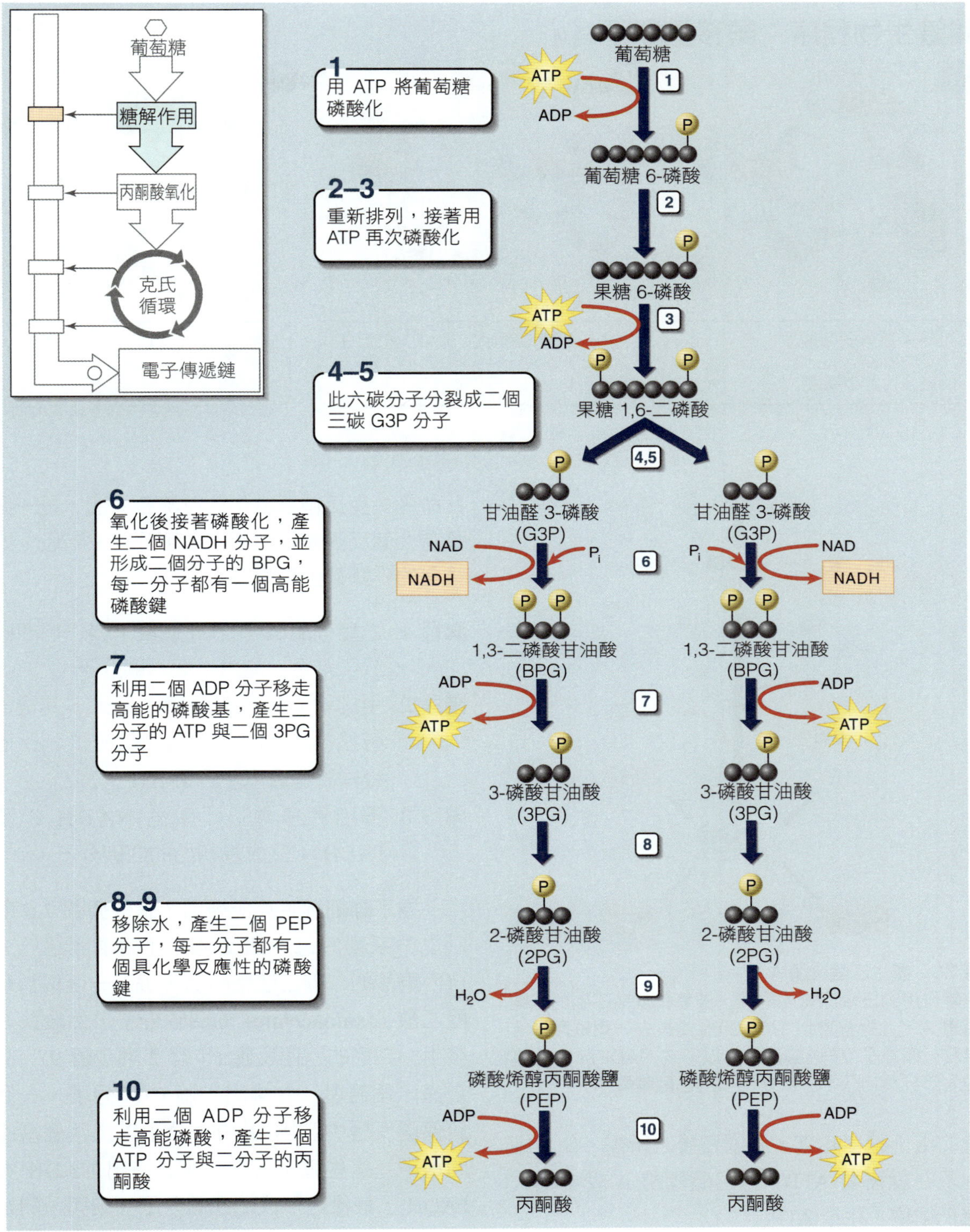

圖 7.4　糖解作用的各反應

糖解作用是共有 10 個酵素催化的反應。請特別注意反應 3。反應 3 的產物果糖 1,6-二磷酸將於反應 4 中分裂，產生一分子的甘油醛 3-磷酸 (G3P)，以及一分子的二羥丙酮磷酸酯 (dihydroxyacetone phosphate)；於反應 5，其酵素異構酶可將二羥丙酮磷酸酯轉換成甘油醛-3-磷酸。因此合併起來，反應 4 與 5 可將果糖 1,6-二磷酸分裂成二分子的 G3P。

關鍵生物程序：轉移氫原子

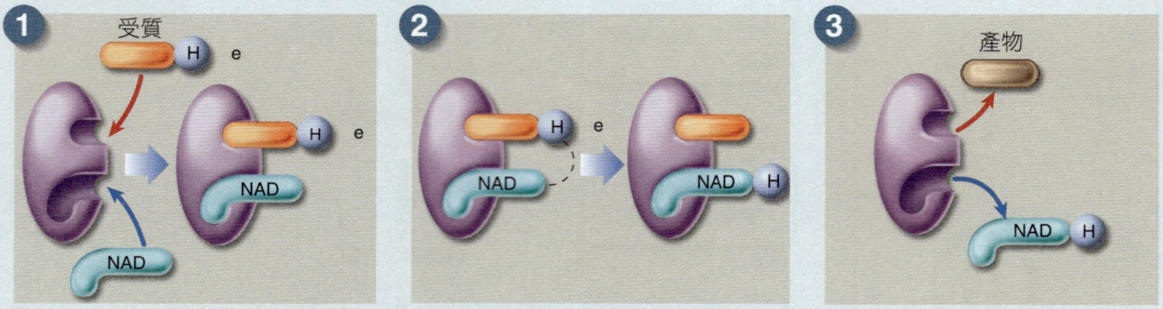

可轉移氫原子的酵素，具有一個 NAD^+ 的結合位，此位址與受質的結合位非常靠近。

於一個氧化還原反應中，氫原子與電子轉移到 NAD^+ 上，形成 NADH。

NADH 然後擴散離開，可將其氫原子轉移給其他分子。

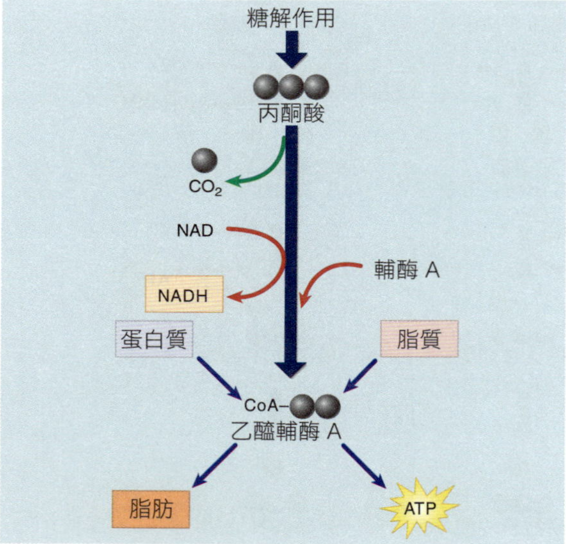

圖 7.5　產生乙醯輔酶 A
糖解作用的三碳產物丙酮酸，被氧化成為二碳的乙醯輔酶 A，此過程會以 CO_2 的形式失去一個碳原子，以及一個電子 (傳送給 NSD^+ 以形成 NADP)。你吃進的大部分食物分子，都會轉換成乙醯輔酶 A。

量的電子貯存起來，以備日後之所需。如果細胞現在就需要 ATP，則乙醯輔酶 A 就會進入克氏循環，生產 ATP。

第二步：克氏循環

氧化性呼吸的下一個步驟，稱作**克氏循環** (Krebs cycle)，紀念發現此循環的科學家而如此命名。克氏循環發生於粒線體內部，是一個具有九個反應複雜的程序，可分成三階段，如後面的「關鍵生物程序」所示：

階段 1. 乙醯輔酶 A 加入此循環，與一個四碳分子結合，產生一個六碳分子。

階段 2. 用排除 CO_2 方式移除二個碳，其電子轉移給 NAD^+，成為四碳分子。此過程同時也會產生一個 ATP。

階段 3. 釋出更多電子，產生 NADH 以及 $FADH_2$；又成為初始的四碳分子。

為了詳細解說克氏循環，請依循圖 7.6 所示之一系列的每一個反應。此循環開始於來自丙酮酸的二碳乙醯輔酶 A，併入一個稱為草醯乙酸 (oxaloacetate) 的四碳分子，然後快速發生一系列的八個反應 (步驟 2 到步驟 9)。當走完一個循環，會排出二個 CO_2 分子、一個於偶聯反應中製出的 ATP 分子以及八個富能的電子，這些電子會被用來製造出 NADH 與 $FADH_2$，最後所形成的四碳分子，則與一開始的四碳分子完全相同。整個程序的反應，成為一個循環反應。在每一次的循環中，一個新的乙醯基可替補排出的二個 CO_2，同時產生更多的電子。請注意，一個葡萄糖分子可透過糖解

關鍵生物程序：克氏循環概觀

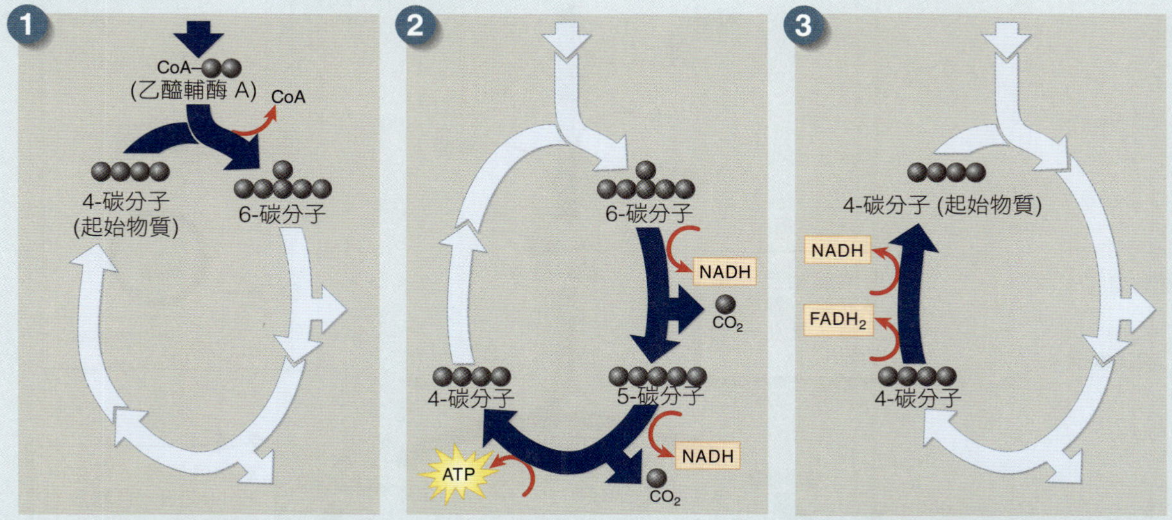

1. 克氏循環起始於一個 2-碳分子乙醯輔酶 A，傳送到一個 4-碳分子上 (起始物質)。

2. 然後將產生的 6-碳分子氧化 (轉移一個氫形成 NADH) 及脫羧 (移走 CO_2)。接著此 5-碳分子繼續再氧化與脫羧一次，之後再進行一個偶聯反應製造出 ATP。

3. 最後，產生的 4-碳分子會進一步氧化 (轉移一個氫形成 $FADH_2$ 以及 NADH)。此反應可重新產生起始的 4-碳分子，完成一圈循環。

作用產生二分子的丙酮酸，因此可造成二次的循環。

在細胞呼吸的過程中，葡萄糖就被完全用掉了，其六碳分子首先在糖解作用下被分解成二分子的三碳丙酮酸，每一丙酮酸又會移除一個 CO_2，轉換成二碳的乙醯輔酶 A。然後此二碳再於克氏循環中，氧化成為 CO_2 而排除。因此一個葡萄糖分子的六個碳，全部成為 CO_2 而散失出去；所得到的能量，則保存在四個 ATP 分子以及十個 NADH 和二個 $FADH_2$ 的分子中。

關鍵學習成果 7.3

糖解作用的終產物丙酮酸，會氧化成為乙醯輔酶 A，並放出二個電子與一個 CO_2。然後乙醯輔酶 A 會進入克氏循環，產生 ATP、許多富含能量的電子，以及二個 CO_2 分子。

7.4 使用電子製造 ATP

使電子在電子傳遞鏈上運行

於真核生物，氧化性呼吸實際上可發生在所有細胞中的粒線體內。其內部的空間或**基質** (matrix) 中，含有催化克氏循環所有反應的酵素。如之前所述，氧化性呼吸所產生的電子會傳送到電子傳遞鏈上，可將質子從粒線體基質中泵跨過膜，進入**膜間腔** (intermembrane space) 中。

於氧化性呼吸第一階段中，NAD^+ 與 FAD 可獲得氫與電子，而被還原成為 NADH 與 $FADH_2$ (請見圖 7.3)。NADH 與 $FADH_2$ 分子可將其電子攜帶到粒線體的內膜處 (見第 121 頁上方圖膜放大區域)，然後將電子交給稱為**電子傳遞鏈** (electron transport chain) 之一系列的膜上分子。電子傳遞鏈與之前在光合作用中所見之電子傳遞系統的功能非常相似。

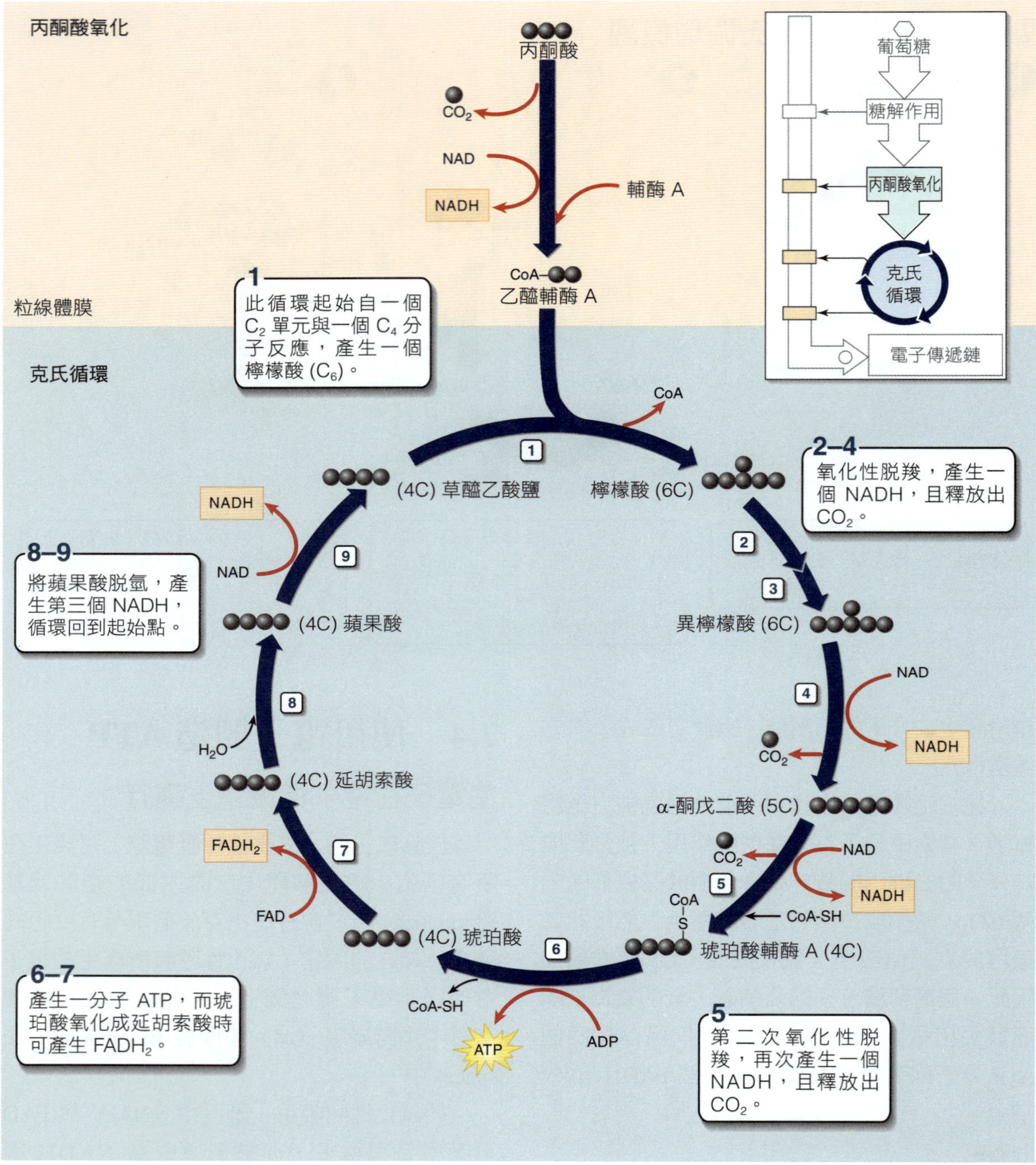

圖 7.6　克氏循環

此一系列由酵素催化的 9 個反應，發生於粒線體內。

一個稱為 *NADH* 脫氫酶 (NADH dehydrogenase) 的蛋白質複合體 (下頁上方圖中粉紅色構造)，可從 NADH 接收電子。此蛋白質複合體偕同鏈上其他分子，可作為一個質子幫浦，使用電子的能量將質子泵到膜間腔中。來自 $FADH_2$ 的電子，則在此鏈上的第二個蛋白質複合體 (下頁上方圖中綠色構造) 處進入，一個載體 Q 則可將電子傳送到第三個

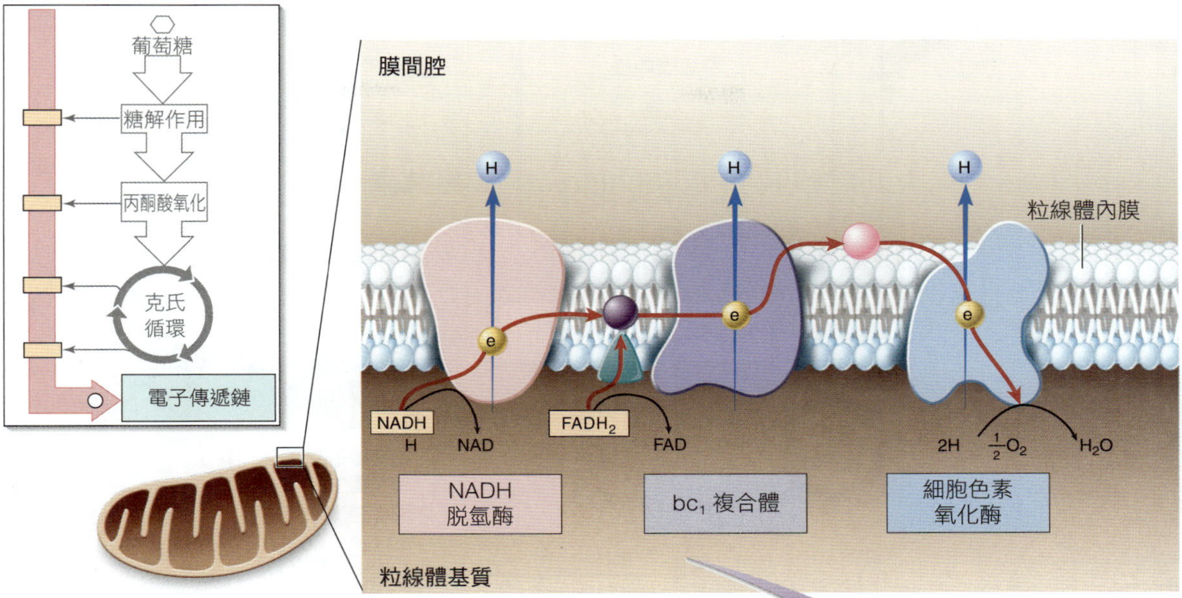

稱為 bc_1 複合體 (bc_1 complex) 的蛋白質複合體處 (紫色構造)，此構造再一次可作為質子幫浦。

然後另一個載體 C 又將電子傳送到第四個稱為*細胞色素氧化酶* (cytochrome oxidase) 的蛋白質複合體處 (淺藍色構造)。這個複合體又可將另一個質子泵出到膜間腔中，然後將電子交給氧原子與二個氫離子，而形成一個水分子。

由於有充足的電子接受分子，例如氧，才可使氧化性呼吸得以完成。氧化性呼吸所使用的電子傳遞鏈，在許多方面都與光合作用的電子傳遞系統很相似，也很可能是從其演化而來。光合作用被認為在生化途徑的演化上，比氧化性呼吸先出現，因為其所產生的氧氣是氧化性呼吸不可或缺的電子接受者。天擇不會偶然產生一個全新的生化途徑，來給氧化性呼吸使用，反而是建立在已經存在的光合作用途徑上，使用其許多相同的反應。

生產 ATP：化學滲透

當膜間腔的質子濃度累積超過基質後，

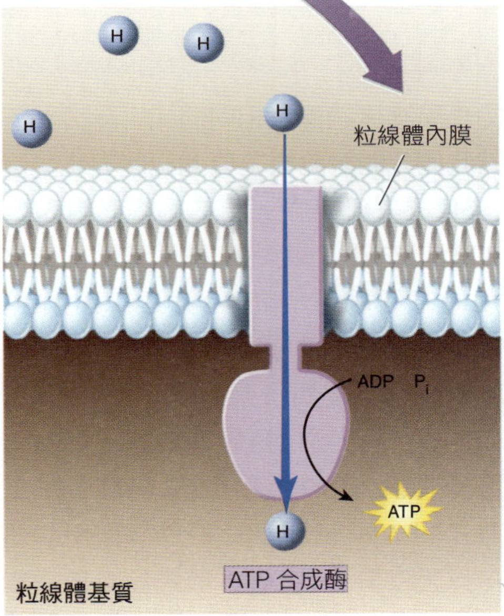

所產生的濃度梯度，會使質子經由一個稱為 **ATP 合成酶** (ATP synthase) 的特殊質子通道重新回到基質中。如上圖所示，ATP 合成酶位於粒線體內膜上，當質子通過此通道時，ADP 與 P_i 則可於基質中形成 ATP。之後，ATP 可用促進性擴散方式離開粒線體，而擴散到細胞質中。這個 ATP 的合成過程，與第 6 章之光

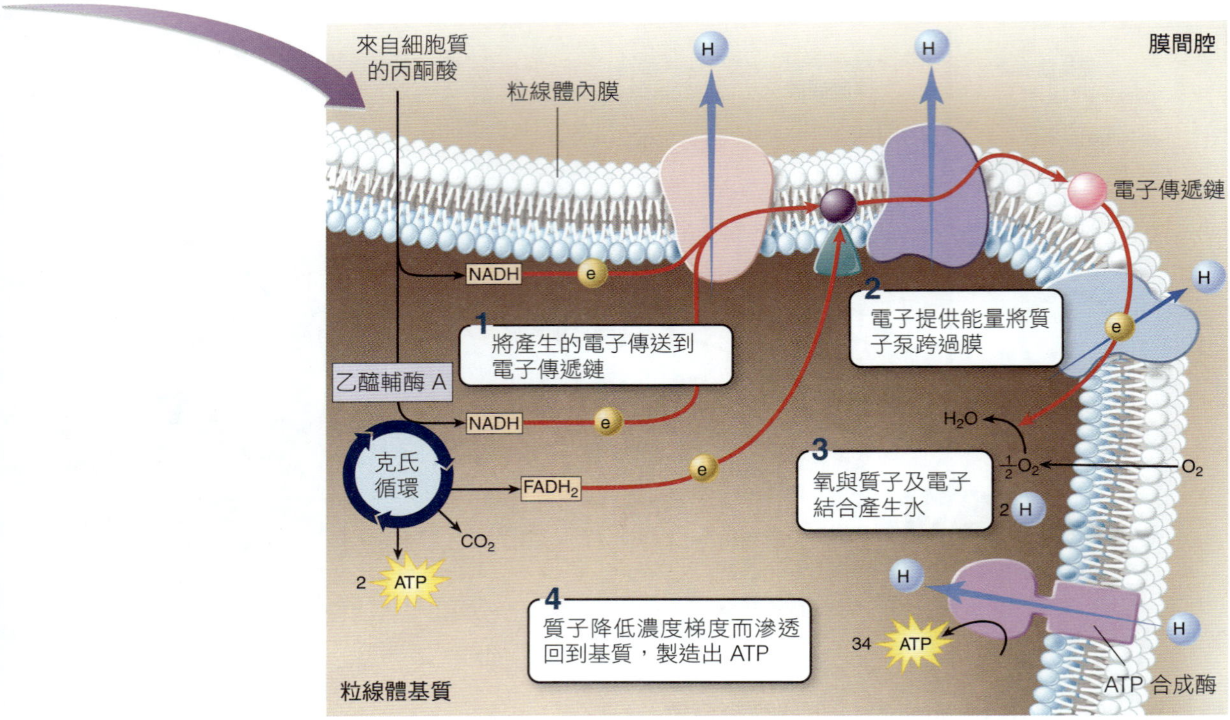

合作用的化學滲透過程是相同的。

雖然我們分開討論電子傳遞程序與化學滲透程序，但是在細胞中，此二過程其實是一體的，如上方左圖。電子傳遞鏈使用了來自糖解作用的二個電子、來自丙酮酸氧化作用的二個電子以及氧化性呼吸的八個電子 (如紅色箭頭所示)，將大量質子泵到膜間腔中 (圖右上角)。電子之後回到粒線體基質時，可利用化學滲透製出 34 個 ATP 分子 (見圖右下角)。另外還有二個 ATP 分子形成於糖解作用的偶聯反應，以及二分子的 ATP 形成於克氏循環的偶聯反應。由於需花費二個 ATP 的能量，以主動運輸方式將 NADH 由膜外運送入粒線體，因此一分子葡萄糖經由細胞呼吸所得的 ATP 總量是 36 個分子。

關鍵學習成果 7.4

氧化食物分子所得的電子，被用來將質子幫浦充能，然後以化學滲透方式製造出 ATP。

無氧下獲取電子：發酵作用

7.5 細胞能於無氧下代謝食物

發酵作用

氧化性代謝不能在無氧的情況下進行，細胞只能依賴糖解作用來製造 ATP。在此情況下，糖解作用所產生的氫原子，就必須傳送給一些有機分子，此程序就稱為**發酵作用** (fermentation)。發酵作用可重新回收 NAD^+，供作糖解作用所必需的電子接受者。

細菌可進行十幾種的發酵作用，均利用各種有機分子從 NADH 接收氫原子，然後形成 NAD^+。

$$\text{有機分子} + NADH \leftrightarrow \text{還原態有機分子} + NAD^+$$

通常這些還原態有機分子是一個有機酸，例如醋酸、丁酸、丙酸、乳酸或是酒精。

乙醇發酵　真核生物只能進行少數幾種發酵。其中一種發生於稱為酵母菌的單細胞真菌。從 NADH 接收氫原子的分子是丙酮酸，即糖解作用的終產物。酵母菌的酵素可利用脫羧作用，從丙酮酸上移除一個 CO_2，產生一個二碳的分子，稱作乙醛 (acetaldehyde)，所產生的 CO_2 則可使麵包膨鬆。未使用酵母菌的麵包稱為無酵餅 (unleavened bread)，其麵糰不會膨鬆。乙醛可從 NADH 上接收一個氫原子，產生 NAD^+ 及乙醇 (ethanol) (圖 7.7)。此種特殊的發酵，給人類帶來極大的好處，因為這是釀製酒與啤酒中乙醇的來源。乙醇是發酵作用的副產品，通常對酵母菌有毒害；當其濃度接近 12% 時，對酵母菌就會造成傷害。這也解釋了為何天然發酵釀製的酒類，其酒精濃度通常只為 12% 左右 (譯者註：目前商業上生產的釀製酒，所選用的酵母菌是經過品種篩選與改良的菌種。不但發酵速率高、香味濃郁且菌種也可耐較高的酒精濃度，所釀出的酒精濃度常可達 15%，甚至 16%)。

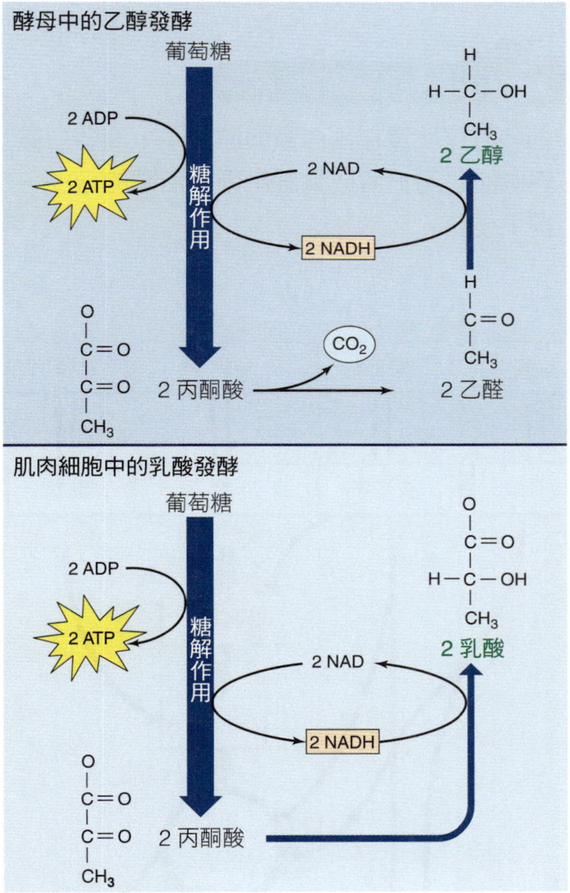

圖 7.7　發酵作用

酵母菌可將丙酮酸轉換成乙醇。肌肉細胞則可將丙酮酸轉換成乳酸，乳酸的毒性低於乙醇。以上二例都能重新產生 NAD^+ 使糖解作用得以繼續進行。

乳酸發酵　大多數動物細胞，不必利用脫羧作用就能重新產生 NAD^+。例如肌肉細胞，可使用乳酸脫氫酶 (lactate dehydrogenase) 將 NADH 的氫原子直接傳送給丙酮酸 (糖解作用的終產物)。此反應可將丙酮酸轉換成乳酸，並重新產生 NAD^+ (圖 7.7)。因此反應可暫時關閉需氧的克氏循環，只要有葡萄糖的供應，糖解作用就能一直持續進行。循環系統的血液，可將乳酸鹽 (離子態的乳酸) 從激烈運動的肌肉細胞中移除。但是當移除速度無法配合乳酸的產生速度時，乳酸就會在肌肉中累積，導致肌肉疲勞與痠痛。然而，從第 22 章中可學到，肌肉的疲勞還有許多其他原因，包括肌肉細胞的流失鈣離子 (譯者註：許多原核細菌也可進行乳酸發酵，並用於商業產品的生產，例如優格、優酪乳、養樂多等)。

關鍵學習成果 7.5

發酵作用發生於無氧的情況下，從糖解作用而來的電子傳送給一個有機分子，使 NADH 重新產生 NAD^+。

其他能量來源

7.6　葡萄糖不是唯一的食物分子

其他氧化作用

我們詳細討論了一個葡萄糖分子在細胞呼吸中的過程，但是你吃的食物中有多少是糖？

就從實際的飲食例子來看一個速食漢堡的結局吧。你所吃的漢堡包括了碳水化合物、脂肪、蛋白質，以及許多其他分子。這些複雜的分子組合，會被胃與小腸的消化作用分解成為簡單分子。碳水化合物會分解成為單醣，脂肪成為脂肪酸，蛋白質成為胺基酸。這個消化作用的分解，產生的能量很少或幾乎為零，但是卻為細胞呼吸做好準備－也就是糖解作用與氧化性呼吸。你的食物中也含有核酸，會為消化作用所分解，但核酸所貯存的能量不多，幾乎不被身體利用作為能量來源。

我們已經看過了葡萄糖所發生的一切，但是胺基酸與脂肪酸會發生何事呢？這些次單元分子會經過修改，成為可加入細胞呼吸的物質。

蛋白質的細胞呼吸

蛋白質 (圖 7.8 之第二項目) 首先被分解成為個別的胺基酸分子，然後一系列的脫胺 (deamination) 反應將含氮的官能基 (稱作胺基，amino group) 移除，然後將剩下的部分就可加入克氏循環。例如丙胺酸 (alanine) 可轉換成為丙酮酸，麩胺酸 (glutamate) 可轉換成 α-酮戊二酸 (α-ketoglutarate)。克氏循環便可從這些分子中提取高能電子，然後製出 ATP。

脂肪之細胞呼吸

脂質與脂肪 (圖 7.8 之第四項目) 首先被分解成脂肪酸。脂肪酸通常有一個很長的 16 碳或更多的 $–CH_2$ 尾巴，其上的許多氫原子可提供大量的能量。粒線體基質中的酵素可從此尾部的末端一次移除一個二碳的乙醯基 (acetyl group)，然後繼續此反應。就好像啃食此脂肪酸尾巴，每次咬掉二碳，直用盡完為止。最後整個碳鏈都成為二碳的乙醯基，然後這些乙醯基再與輔酶 A 結合，成為乙醯輔酶 A 進入克氏循環。這個過程在生化上稱為 **β-氧化作用** (β-oxidation)。

因此，除了碳水化合物之外，漢堡中的蛋白質與脂肪也可作為重要的能量來源。

關鍵學習成果 7.6

細胞貯存能量在蛋白質與脂肪中，而蛋白質與脂肪也可分解成為細胞呼吸所需的分子，提供能量。

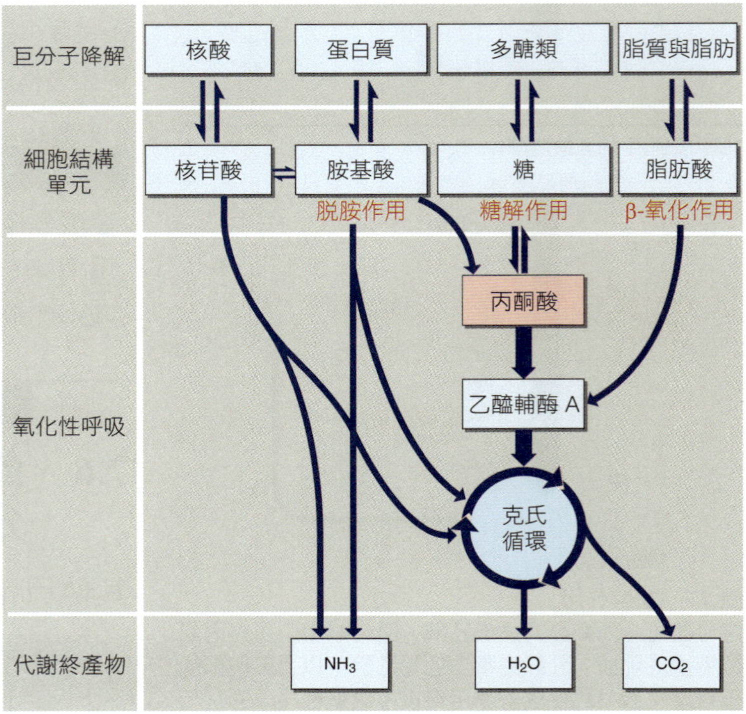

圖 7.8 細胞如何從食物中獲取能量
大多數生物利用氧化有機分子來獲取能量，其第一階段便是將其巨分子降解成為其組成的次單元，釋出少量能量。第二階段是細胞呼吸，以高能電子方式取得能量。許多碳水化合物的次單元，葡萄糖，可直接進行糖解作用，然後進入氧化性呼吸。然而其他巨分子的次單元，必須先轉換成能進入氧化性呼吸代謝途徑的分子。

複習你的所學

細胞呼吸的概觀

食物中的能量在哪裡？

7.1.1 生物需要從分解食物中所獲取的能量。貯存於碳水化合物中的能量，可透過細胞呼吸的程序而取得，並以 ATP 的形式貯存於細胞中。

- 細胞呼吸有二個階段：發生於細胞質中的糖解作用，以及發生於粒線體中的氧化作用。

不需氧氣的呼吸：糖解作用

使用偶聯反應製造 ATP

7.2.1 糖解作用是一個獲取能量的程序，共包括了 10 個化學反應。葡萄糖經過糖解作用後，可分解成為二個三碳的丙酮酸。葡萄糖中的能量可被二個釋能的偶聯反應所釋出，而形成 ATP 分子。此稱反應為受質層次磷酸化。

- 糖解作用的起始步驟，稱為啟動反應，需要 ATP 提供能量。之後，葡萄糖分子會在分裂反應中被裂解成二個相似的分子。最後的能量獲取反應中，其淨反應僅獲得少量的 ATP。
- 從葡萄糖中獲取的電子，可傳送給 NAD^+ 產生 NADH。NADH 含有電子與氫原子，可用於下一階段的氧化性呼吸。

需氧的呼吸：克氏循環

從化學鍵獲取電子

7.3.1 糖解作用形成的二個丙酮酸分子被送入粒線體中，然後轉換成二分子的乙醯輔酶 A。此過程還會產生另一個 NADH 分子。如果細胞有充足的 ATP，乙醯輔酶 A 就會被用來合成脂肪分子。如果細胞需要能量，乙醯輔酶 A 就會進入克氏循環。

- 形成 NADH 是一個需要酵素催化的反應。酵素將受質與 NAD^+ 放在非常靠近的位置上，經過一個氧化還原反應，一個氫原子與一個電子會傳送給 NAD^+，製出 NADH。之後，NADH 可將氫原子與電子傳送到氧化性呼吸的下一個階段。

7.3.2 乙醯輔酶 A 會進入克氏循環中的一系列化學反應，一分子的 ATP 可從其中的偶聯反應中製出。其餘能量以電子的形式轉移到 NAD^+ 與 FAD 上，分別產生 NADH 與 $FADH_2$。

- 葡萄糖的產物可運行克氏循環二次，然後被充分氧化掉。

使用電子製造 ATP

7.4.1 經由糖解作用與克氏循環製出的 NADH 與 $FADH_2$，則將電子傳送到粒線體的內膜處，將電子交給電子傳遞鏈。電子在鏈上傳遞時，電子的能量能將質子從基質中泵到膜間腔，產生一個 H^+ 濃度梯度。

- 當電子抵達電子傳遞鏈的終點時，它們會與氧及氫結合，產生水分子。

7.4.2 ATP 產生於粒線體內的化學滲透反應。膜間腔的 H^+ 濃度梯度，驅動 H^+ 通過 ATP 合成酶通道回到膜內。通過通道時，H^+ 的能量就能傳送給 ATP 的化學鍵。因此貯存於葡萄糖分子內的能量，就能透過糖解作用與克氏循環而形成 NADH 與 $FADH_2$，最後再形成 ATP。

無氧下獲取電子：發酵作用

細胞能於無氧下代謝食物

7.5.1 在無氧下，其他分子可作為電子接受者。當電子接受者是有機分子時，此程序就稱為發酵作用。依據接收電子的有機分子種類不同，可產生乙醇或是乳酸。

其他能量來源

葡萄糖不是唯一的食物分子

7.6.1 除了葡萄糖之外的其他食物分子，也可用於氧化性呼吸。例如蛋白質、脂質與核酸等巨分子，可被分解成中間物質而進入細胞呼吸的不同步驟中。

測試你的了解

1. 於糖解作用中，ATP 是由何者產生？
   a. 將丙酮酸分解　c. 受質階層磷酸化
   b. 化學滲透　d. NAD^+
2. 下列何者可在無氧下發生？
   a. 克氏循環　c. 化學滲透
   b. 糖解作用　d. 以上皆是
3. 丙酮酸脫氫酶的作用是
   a. 將丙酮酸氧化成乙醯輔酶 A
   b. 將丙酮酸脫羧
   c. 還原 NAD^+
   d. 以上皆是
4. 從克氏循環中產生的電子可傳送給______，然後再傳送到________。
   a. NADH，氧

b. NAD^+，電子傳遞鏈
c. ATP，糖解作用
d. 丙酮酸，電子傳遞鏈

5. 克氏循環的初始受質之一為
a. 一個四碳的草醯乙酸鹽
b. 一個三碳的甘油醛
c. 由電子傳遞鏈製出的葡萄糖
d. 由氧化丙酮酸所製出的 ATP

6. 你身體中的細胞所製造出的絕大多數 ATP，是由下列何者得到的電子所驅動的？
a. 丙酮酸的氧化　c. 克氏循環
b. 糖解作用　d. 電子傳遞鏈

7. 當氧化性呼吸結束時，葡萄糖的 6 個碳原子都不見了。它們去了哪兒？
a. 二氧化碳　c. 丙酮酸
b. 乙醯輔酶 A　d. ATP

8. 乳酸發酵中的最終電子接受者是
a. 丙酮酸　c. 乳酸
b. NAD+　d. O_2

9. 乙醇發酵的最終電子接受者是
a. 丙酮酸　c. 乳酸
b. NAD+　d. O_2

10. 細胞能從葡萄糖以外的食物中獲取能量，其原因是
a. 蛋白質、脂肪酸以及核酸先轉換成葡萄糖，然後再進行氧化性呼吸
b. 每一種巨分子都有其自己的氧化性呼吸途徑
c. 每一種巨分子都先分解成為其組成的次單元，然後進入氧化性呼吸途徑
d. 它們均可進入糖解作用途徑

Chapter 8

有絲分裂

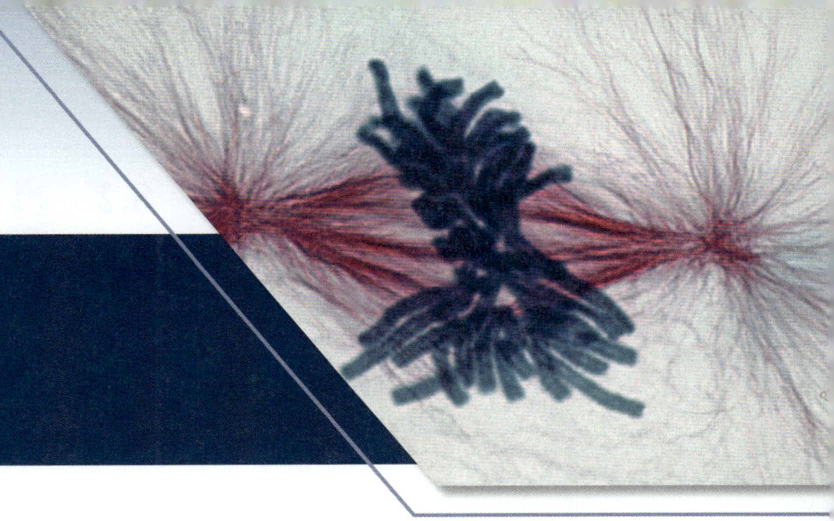

上圖所示為分裂中的一種火蜥蜴奧瑞岡蠑螈 *Taricha granulosa* 的細胞，這是一張在顯微鏡下拍攝的顯微相片呈現正在有絲分裂中期的細胞，其染成藍色的染色體都排列在中期板 (metaphase plate) 上，很快的染成紅色的紡錘絲就會將已複製好的同源染色體拉往細胞的相反兩極，當細胞完成分裂就會形成兩個具有與其親代細胞等量 DNA 的子細胞。不同類型細胞以不同速率分裂，有些會經常損毀的人類細胞常會分裂增殖更新，如皮膚上皮細胞每兩週就更新，胃上皮細胞幾天就更新，但神經細胞則可存活上百年也不分裂。細胞具有一組調節其分裂頻率的基因，一旦這些基因失能細胞可能不斷分裂而形成癌症，當細胞暴露在傷害 DNA 的化學物質如香菸時會大大增加暴露的組織細胞之癌化，故吸菸者較易罹患肺癌而非大腸癌。

細胞分裂

8.1　原核細胞具有簡單的細胞週期

所有物種皆藉由生殖將其遺傳訊息傳給其子代，在本章中首先從遺傳角度來檢視細胞如何自我繁衍？原核細胞以兩階段分裂方式完成其簡單的細胞週期。首先，其 DNA 先行複製，接著細胞以**二分裂** (binary fission) 方式一分為二，形成兩個子細胞，請參見圖 8.1a 之圖示。原核細胞的遺傳訊息由其單一環狀 DNA 所編碼，細胞分裂前此環狀 DNA 會由如圖 8.1b 上所示的複製起始點 (origin of replication) 開始進行 DNA 複製 (replication)，雙螺旋 DNA 開始分成兩個單股 DNA。右圖為放大的詳細 DNA 如何複製的示意圖，紫色線條所示為原始 DNA，紅色線條為新合成的 DNA。在裸露的親代單股 DNA 模板上加入與其鹼基核苷酸對應的互補鹼基核苷酸 (也就是 A 與 T、G 與 C 配對)，而形成新的雙螺旋 DNA。

DNA 複製將會在第 11 章中詳加說明，當環狀 DNA 完全解開複製一圈，則細胞就具有兩套遺傳物質，此時細胞會生長並延長 (elongation)，複製完成的 DNA 便分布到延長的細胞之兩端，此步驟主要藉由於在複製起始點附近的 DNA 序列會與細胞膜附著，當細胞延長到特定長度時，新的細胞膜及細胞壁會在兩個 DNA 附著的地方加入，形成如圖 8.1b 中的綠色分隔帶，當細胞膜繼續向內延展，則細胞縮束向內掐陷形成兩個一樣大小，各帶一原核染色體環狀 DNA 的子細胞 (daughter cell)。

關鍵學習成果 8.1

原核細胞在 DNA 複製完成後以二分法分裂。

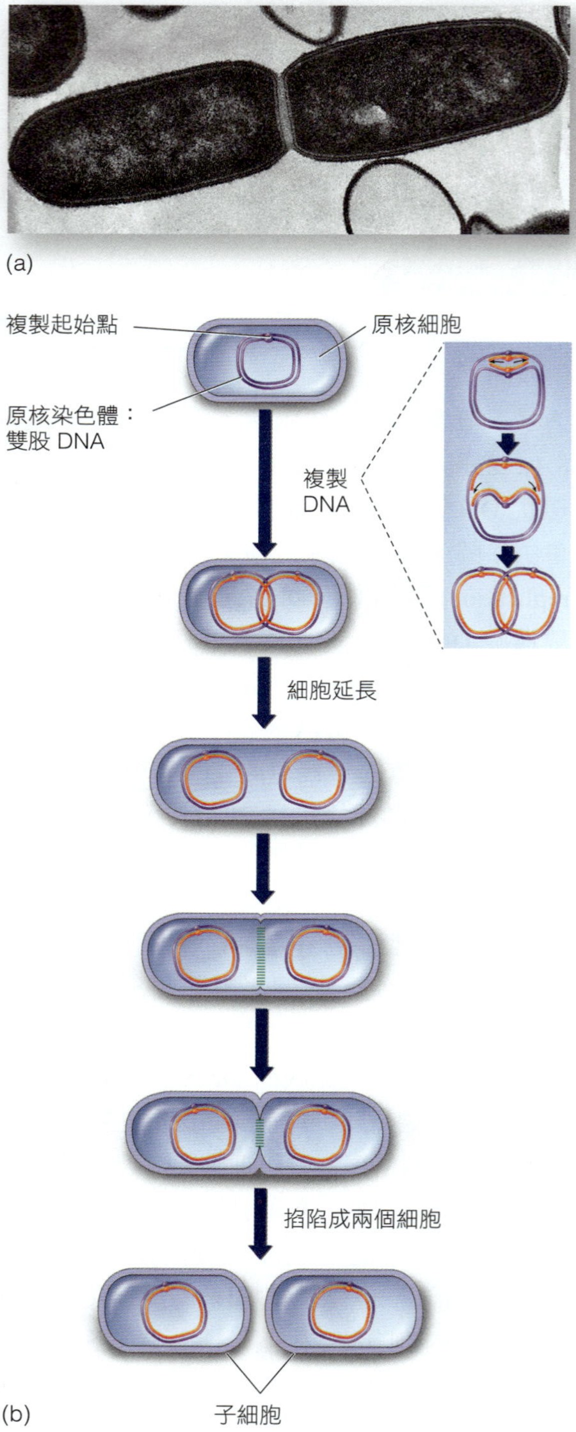

圖 8.1　原核細胞分裂

(a) 原核細胞以二分法分裂。細胞藉由細胞膜延展而將一分為二形成兩個子細胞；(b) 細胞分裂前，原核環狀 DNA 分子由複製起始點啟動，並向外開始雙向複製，當兩個複製點在遠端相遇時，DNA 複製即完成，細胞就進行二分裂後形成兩個子細胞。

8.2　真核細胞具有複雜的細胞週期

在真核細胞衍生時其細胞分裂需加入更多額外要素，因其細胞較原核細胞大，且因其具有數個線形染色體、DNA 含量較多，且染色體是單一長的線狀 DNA 纏繞在組蛋白 (histone) 上形成緊實外形，結構組成較原核簡單的環狀染色體更複雜。

真核細胞分裂也較原核細胞的複雜。真核生物個體的細胞以有絲及**減數分裂** (meiosis) 方式來分配其 DNA。在非生殖的體細胞 (somatic cells) 以有絲分裂方式增殖，而參與有性生殖的生殖細胞 (germ cells) 則以減數分裂方式增殖，以產生配子 (gametes)，如精子及卵子，這會在第 9 章中再提及。

真核細胞準備細胞分裂的程序構成複雜的細胞週期，下圖呈現其主要的生物步驟。

並依序說明其所經歷的細胞週期的各時期 (phases) 如下：

間期 (Interphase)　如下圖中步驟 ❶ 所示為細胞週期之第一個時期，雖是細胞休息期，但實際可再細分成下列三個時期：

> **G_1 期**　第一間隙期為主要細胞生長期，在許多物種細胞的此時期占其整個細胞週期的絕大部分時間。
>
> **S 期**　此為 DNA 合成時期，DNA 在此期複製產生兩套染色體。
>
> **G_2 期**　細胞在第二間隙期準備分裂，在此時期粒線體進行複製、染色體濃縮及微管合成。

M 期　呈現於步驟 ❷ 至 ❺，紡錘體微管與染色體結合並將之移動使分開。

C 期　如步驟 ❻ 所示，細胞質分裂 (cytokinesis) 形成兩個子細胞。

關鍵生物程序：真核細胞週期

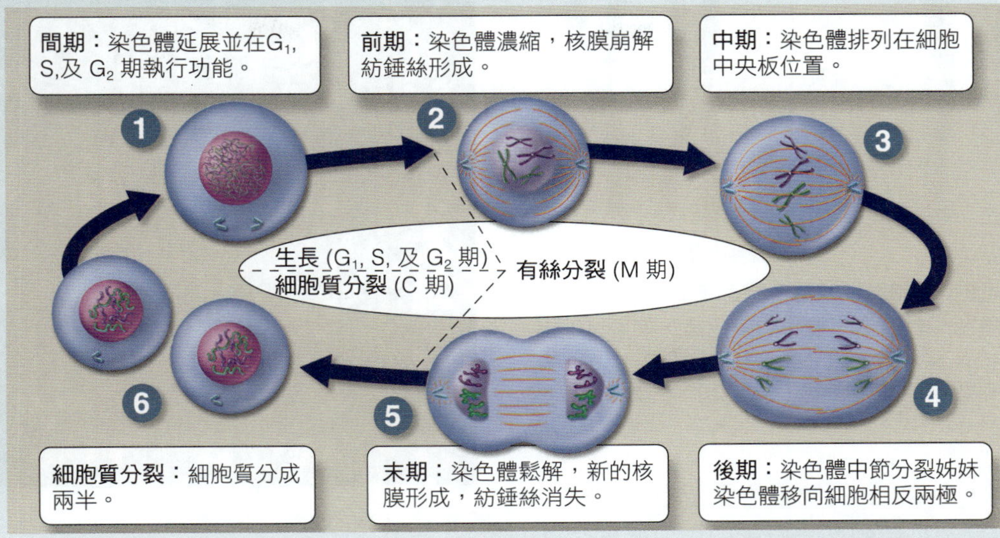
間期：染色體延展並在G_1, S,及 G_2 期執行功能。
前期：染色體濃縮，核膜崩解紡錘絲形成。
中期：染色體排列在細胞中央板位置。
1
2
3
生長 (G_1, S, 及 G_2 期)
細胞質分裂 (C 期)
有絲分裂 (M 期)
6
5
4
細胞質分裂：細胞質分成兩半。
末期：染色體鬆解，新的核膜形成，紡錘絲消失。
後期：染色體中節分裂姊妹染色體移向細胞相反兩極。

體外培養的人類細胞的細胞週期全時程大多約為 22 小時，其中細胞分裂期約占 80 分鐘，並分為前期 (prophase) 約 23 分鐘、中期 (metaphase) 約 29 分鐘、後期 (anaphase) 約 10 分鐘、末期 (telophase) 約 14 分鐘，而細胞質分裂則約花 4 分鐘。在不同組織中的不同類型細胞在各細胞週期所停留的時間長短各有很大的差別。

關鍵學習成果 8.2

真核細胞分裂時，將其複製好的成套染色體平均分配到其子細胞中。

8.3 染色體

染色體早於 1879 年由德國胚胎學家 Walter Flemingy 在檢視蠑螈幼蟲時首先觀察到，他使用很原始的光學顯微鏡看到正在分裂的細胞核中有細絲，因而稱之為有絲分裂 (mitosis)，在希臘文中 mito 即是絲線的意思。

染色體數目

真核細胞皆有染色體，但其染色體數目在各物種間有很大的差異。有些物種如澳洲蟻 (*Myrmecia* spp.)，長在北美沙漠的向日葵近親 *Haplopappus gracilis* 及青黴菌 *Penicillium* 只具有一對染色體，而有些蕨類 (ferns) 則有多於 500 對的染色體，大多真核生物細胞具有 10 到 50 個染色體。

同源染色體

在體細胞中，染色體成對存在稱為同源染色體 (homologous chromosomes，或 homologues)，此成對的兩個染色體上相同的位點決定相同性狀，在第 10 章中會討論到同源染色體上的遺傳訊息可能會有所改變。具有兩套染色體的細胞稱為**雙倍體細胞** (diploid cells)，成對的染色體，一個源自於父親，另一個來自母親，在細胞分裂前此兩同源染色體會各自複製形成如圖 8.2 中所示的兩個相同的彼此在**中節** (centromere) 位置仍相連的**姊妹染色分體** (sister chromatids)。人類細胞具有 46

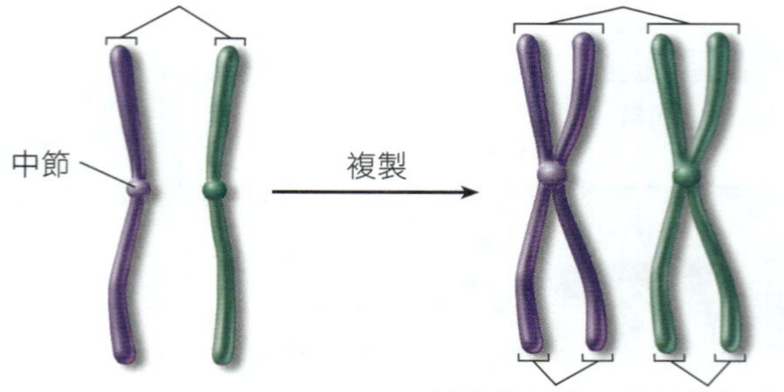

圖 8.2　同源染色體與姊妹染色體之不同
同源染色體為成對的相同號碼的染色體，如第 16 號染色體。姊妹染色體為 DNA 複製完成後，仍以中節相連的兩個染色體複製體 (replica)，外觀如 X 形狀。

個染色體，由 23 對同源染色體所組成，在複製後每個同源染色體個具有兩個相連的姊妹染色分體，總計形成 92 個姊妹染色分體，而中節數目在複製後仍為 46 個，因此可作為計數染色體數目的依據。

人類核型

人類的 46 個染色體可依據其大小外觀形態及中節所在位置，而兩兩配對形成 23 對同源染色體，此染色體型態即組成如圖 8.3 所呈現的人類核型 (Karyotype) 圖譜。例如編號為 1 號的染色體比編號為 14 號的染色體顯著的大很多，且其中節較靠近染色體中央部位。每個染色體上帶有成千個基因，決定個人身體發育及功能。因此，具有完整的染色體數目對個體生存很重要，如丟失任一條染色體，亦即單倍體 (monosomy) 會造成胚胎無法存活。相似情況，當任一染色體多出一個會形成三倍體 (trisomy)，則胚胎亦無法正確發育，多數這樣的個體無法存活，極少數的三倍體會造成個體嚴重的發育缺失，其異常狀況在第 10 章會再詳加討論。

染色體結構

多數細胞的染色體由 40% DNA 及 60% 蛋

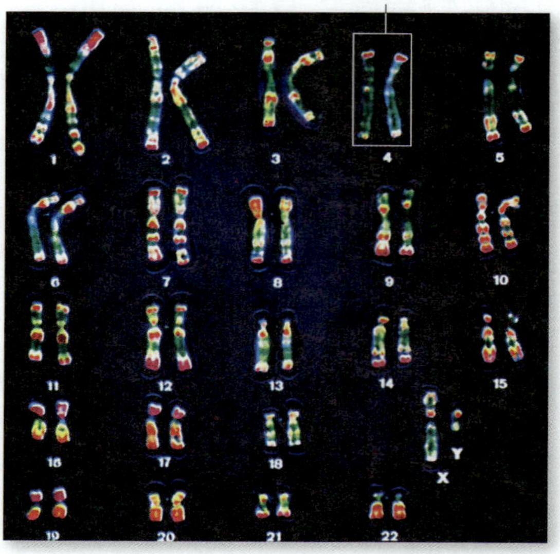

圖 8.3　人類的 46 個染色體
本圖為人類男性配成 23 對的同源染色體核型圖譜，許多同源配對染色體中可見到複製完成的姊妹染色分體。

白質複合形成的**染色質** (chromatin) 所組成，且有大量的 RNA 附著在染色體上，因染色質中的 DNA 是合成 RNA 的位置，其像一條連續的雙股線狀纖維沿著整條染色體分布，一條典型的人類染色體 DNA 約含有 1.4×10^8 個鹼基核苷酸，將 DNA 延展開則形成約 5 公分 (2 吋) 的長線，而其上所含的訊息可以填滿每本約千頁的書大約 2,000 本之多，將單一染色體裝入細胞核中就有如將整個足球場裝到棒球內，因此細胞中 DNA 需纏繞成很小的體積才得以組裝進細胞核內。

染色體纏繞

真核細胞的 DNA 分布在數個如圖 8.3 所示的染色體上，雖然這些染色體看來不像長的雙股 DNA 分子，其 DNA 在複製後會纏繞形成緊實的姊妹染色分體構造，此為一種有趣的挑戰，因 DNA 分子上的磷酸根帶有負電荷，在 DNA 纏繞時會彼此排斥，所幸如圖 8.4 所示，DNA 是纏繞在一種帶正電荷的

組蛋白 (histone) 上，其能中和 DNA 的負電性，使 DNA 與組蛋白複合體呈中性不帶淨電荷。DNA 複合體上每 200 個鹼基核苷酸會繞在由八個組蛋白所組成的核心蛋白上，形成**核小體** (nucleosome)，由圖 8.4 可見到這些核小體很像串在線上的珠子般，並會再纏繞形成線圈樣 (solenoid) 構造，並組成環狀功能區 (loop domains)，最終會順著既存的鷹架蛋白 (scaffold protein) 形成像薔薇花狀的輻射環，最終形成緊實的染色體構造。

關鍵學習成果 8.3

所有真核細胞都將其遺傳訊息存於染色體中，但不同的物種用不同數目的染色體來貯存這些訊息。DNA 纏繞形成染色體使其可被裝入細胞核中。

8.4 細胞分裂

間期

在兩個細胞分裂步驟間存在一個較長的間期，該時期並不屬於有絲分裂期但卻為細胞分裂的重要階段，細胞分裂前核內染色體會複製，並開始**濃縮** (condensation) 緊密纏繞成染色體，複製完成後兩個姊妹染色分體由黏合素 (cohesion) 組成的蛋白複合體將之連結在一起。在間期時一般無法觀察到染色體，為了清楚呈現其發生的變化將其呈現在圖 8.5 的版面 ❶ 下方卡通圖像中。

有絲分裂期

間期後隨之開始核分裂，此稱之為有絲分裂期，由四個接續發生的階段所組成，如圖 8.5 所示的前期 (prophase)、中期 (metaphase)、後期 (anaphase) 及末期 (telophase)。

前期：有絲分裂開始期 如圖中版面 2 圖像中藍色結構即為在**前期**時可用光學顯微鏡觀察到的濃縮染色體，核仁隨之消失且核膜崩解。紡錘體開始組裝，並用於將複製好的姊妹染色體拉往細胞的兩極。在動物細胞中央的中心粒複製後，兩對中心粒各向相反方向移動，將其中間的蛋白索 (由微管蛋白所組成中空長管構造) 形成紡錘纖維 (spindle fiber)，植物細胞中不具有中心粒，其只將紡錘絲體末端支撐指向細胞兩端。在版面 ❷ 的圖像裡中心粒位在細胞兩

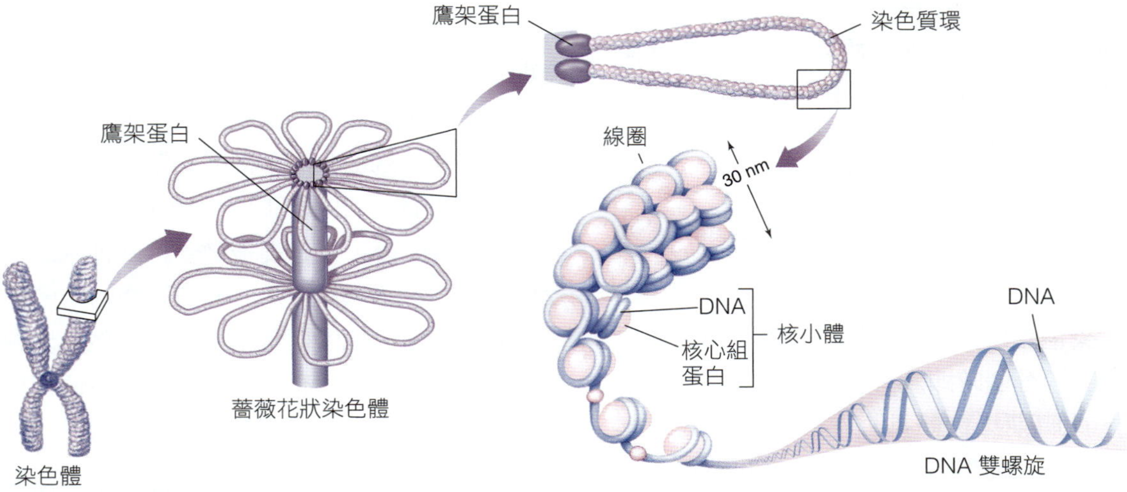

圖 8.4 染色體構造之層次
緊緻桿狀染色體為高度纏繞的 DNA 分子，本圖中呈現的為其許多可能組成型態之一種。

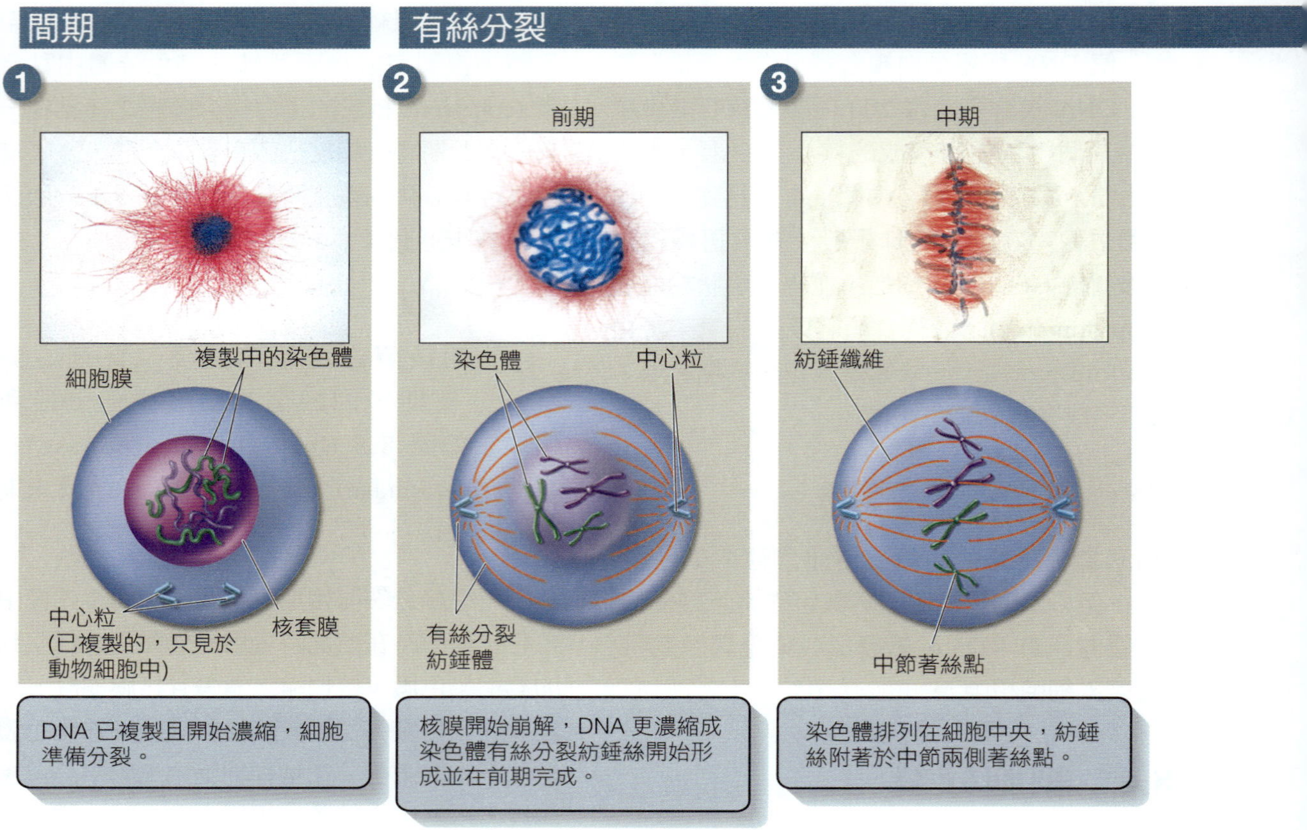
間期
有絲分裂
1
2
前期
3
中期
複製中的染色體
細胞膜
中心粒
(已複製的，只見於
動物細胞中)
核套膜
染色體
中心粒
有絲分裂
紡錘體
紡錘纖維
中節著絲點
DNA 已複製且開始濃縮，細胞準備分裂。
核膜開始崩解，DNA 更濃縮成染色體有絲分裂紡錘絲開始形成並在前期完成。
染色體排列在細胞中央，紡錘絲附著於中節兩側著絲點。

圖 8.5　細胞分裂如何進行

真核細胞分裂於間期時開始，經過四個有絲分裂期，最終進行細胞質分裂。在上面繪製圖中呈現幾個會出現在分裂的動物細胞中但不會出現在植物細胞中，且在上面非洲火球花 (Haemanthus katharinae) 的相片中無法看到的紡錘體特徵 (在這些難得的照片中被染成藍色的是染色體，染成紅色的是微管)。

端。中央紅色蛋白索狀物為紡錘纖維。

在染色體濃縮過程中，另一組微管由兩極分別伸向各染色體中節，並增長到可與中節兩側的著絲點 (kinetochore) 上的盤狀蛋白結合，如圖 8.5 版面 ❸ 圖像所示，兩個姊妹染色分體其中一條與伸向細胞一端的微管蛋白索結合，另一條則與伸向另一端的微管蛋白索結合。

中期：染色體排列成行　當染色體複製完成形成一對染色分體時即為有絲分裂第二期中期之開始。此時期染色體排列在一條假想的細胞中央平面，又稱赤道板 (equatorial plane) 上，如上圖版面 ❸ 的圖像所示，微管各自附著在中節兩側的著絲點上，並伸展向細胞的相反兩端。

後期 (Anaphase)：姊妹染色分體分開　在有絲分裂後期，酵素會切割維繫兩個姊妹染色分體的黏著素 (cohesion)，將著絲點切開，使姊妹染色體彼此分開，形成子染色體 (daughter chromosome) 後，再分別被微管拉向細胞的相反兩端。如版面 ❹ 所見，子染色體的中節被拉扯向兩極，染色體兩臂拖在後端。微管末端持續崩解縮短，使所有子染色體分別各個被拉往細胞的兩端，形成完整的一組染色體。

末期：核重新形成　有絲分裂末期的主要任務是將舞台拆解及清除道具，因此，有絲分裂用

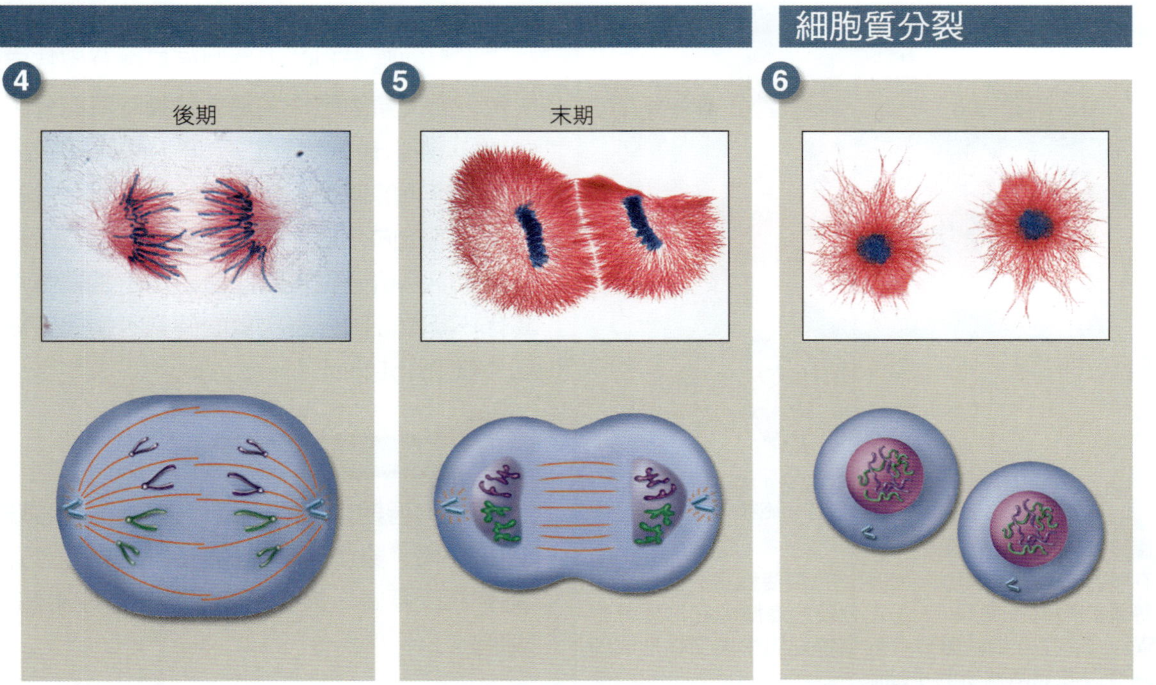

中節複製，姊妹染色體分離並移向兩極。

核膜再現，染色體鬆解，隨著末期的進展細胞質隨之分裂。

細胞質分裂時形成兩個子細胞，每個細胞是其親代細胞的複製品且為雙倍體。

的紡錘絲崩解，核膜重新在每一組正開始解索的染色體周圍形成，如上圖中版面 ❺ 圖像所呈現的，接著核仁又再出現。

細胞質分裂

有絲分裂完成於末期，細胞將複製完成的染色體平均分配至位於細胞兩端的細胞核中，至此時期前統稱為**核分裂** (karyokinesis) 時期。在本書第 4 章中細胞核亦稱為 Karyon，等同於拉丁文的 kernel，因此核分裂是指細胞核分裂為二。在有絲分裂期結束時，在**細胞質分裂** (cytokinesis) 時期，細胞質會分成約略相等的兩份，其中的胞器會複製，並均分至將分離的兩個子細胞內。如上面圖 8.5 的版面 ❻ 所示，細胞質分裂完成意味著細胞分裂週期的結束。

在動物細胞不具有細胞壁，細胞質分裂是藉由肌動蛋白絲 (actin filament) 組成的收縮帶將細胞外圍緊束，環帶上的動絲收緊使直徑變小形成如圖 8.6 中所示的分裂溝 (cleavage furrow)，最終將細胞分成兩個等份量的細胞。植物細胞具有堅硬**細胞壁** (cell wall) 無法僅靠動絲收縮而變形，因此演化出另類細胞質分裂策略，植物細胞在與有絲分裂紡錘絲呈直角的細胞膜內側位置會組裝完成一些膜成分的囊泡，如圖 8.6b 所示這些囊泡最終彼此融合形成細胞板 (cell plate)，向外增長並與細胞內側細胞膜完整融合，將細胞質分隔至兩子細胞中。細胞壁纖維組成會在細胞膜上沉積形成兩新細胞的細胞壁。

細胞死亡

細胞雖能持續分裂，但無法永生，其生存能力最終漸受摧殘耗損，在極限內細胞能更

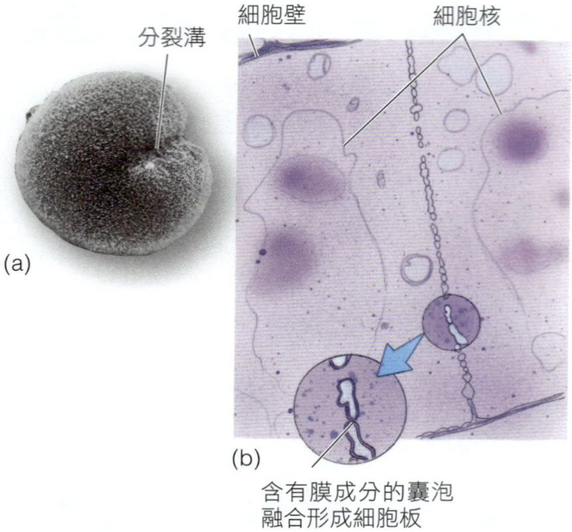

圖 8.6 細胞質分裂
在有絲分裂期後即進行細胞質分裂使細胞分割成大約等量的兩個子細胞。(a) 正分裂的海膽卵正形成分裂溝；(b) 在行細胞質分裂的植物細胞中央正在形成細胞板以區隔兩個新的子細胞。

新，最終受環境因素介入，如營養困乏而無法獲取能量以維持溶小體膜功能則細胞會因自我酵素分解其內在組成分子，而最終走向死亡。

在胚胎發育階段許多細胞注定會走向死亡。人類胚胎的手及腳最初發育階段呈槳狀 (如圖 8.7 所呈現)，但肢骨間的皮膚細胞會在發育特定時程進行程式性死亡 (programmed cell death)，最終發育形成各自分離的腳趾及手指。但鴨子的發育過程，該步驟並不會發生，因而其腳呈蹼狀。

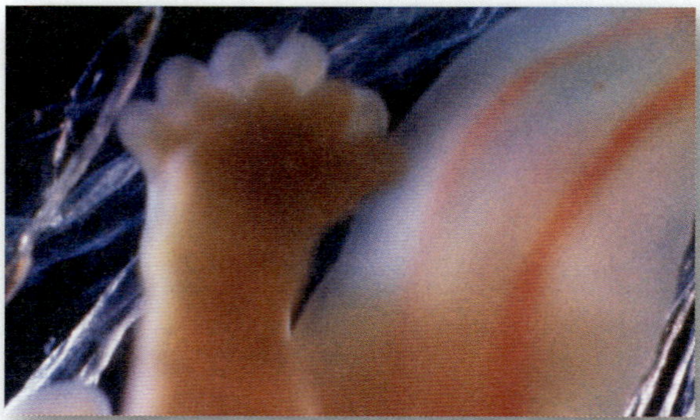

圖 8.7 程式性死亡
人類胚胎發育階段手腳指細胞會進行程式性死亡，以避免形成蹼狀手腳。

人類細胞受到基因控制而只會分裂特定的次數。如人類細胞株在體外培養時只能分裂約 50 次，細胞最終將死亡殆盡，即使細胞冰凍保存多年再解凍後，也僅能分裂其所剩餘的代數後，就走向死亡，只有癌細胞有能力跨越此限制而能持續分裂，因此體內的正常細胞都潛藏有一計數細胞分裂次數的碼錶，當此碼錶停息，細胞即走向死亡。

關鍵學習成果 8.4

真核細胞週期始於間期具有複製完成且濃縮的染色體，染色體在有絲分裂時被微管拉往細胞相反兩端，最後細胞質分裂形成兩個子細胞。

8.5 細胞週期之調控

所有真核細胞的細胞週期皆以相同的方式協調進行，人類細胞週期調控系統由億萬年前原生單細胞演化而來，至今仍以相同方式在真菌及人類細胞中運作。

檢查點

細胞週期之調控主要在於調整週期中各步驟發生及持續的時間，使得每個時期皆能有充裕時間運行。細胞為達到此目標可利用一個內在時鐘，使細胞能管控各時期得以在適當的時程內完成，許多生物能用以調節其例行細胞週期。但其缺點在於不具彈性。較彈性且敏銳的作法是使每一時期的完成可驅動下一時期的起始，就有如接力賽一樣，目前已知真核細胞應用一種中央控制器來協調細胞週期各步驟的運行。利用關鍵控制點以居中調節下一步驟進行之開關，並受到細胞的自我回饋控制，其原理在於使用同一工程師控制許多步驟，有如室內溫控系統，如設定室溫為華氏 70 度時，家中暖爐在冬天溫度低時會啟動加熱維持室溫，否則就不啟動。所以細胞週期的各主要檢查點會回饋細胞大小及染色體狀態，並負責驅動後續時期，或傳導延遲啟動訊息，以使有充裕時間完成當下時期該進行的步驟。

真核細胞週期主要有三個檢查點以控制週期之運行 (圖 8.8)：

1. **G_1 檢查點評估細胞生長狀況**：G_1 檢查點位在 G_1 期末進入 S 期之前，決定細胞是否分裂、延遲分裂或進入休眠期。率先研究酵母菌此檢查點的科學家將之稱為起始點 (START)，當狀況合宜時細胞會開始複製其 DNA，啟動 S 期。如環境狀況不適合進行細胞分裂，則複雜的真核細胞會停留在 G_1 或進入較長休眠的 G_0 期 (圖 8.9)。
2. **G_2 檢查點評估 DNA 複製**：第二個檢查點為 G_2 檢查點可啟動有絲分裂 M 期，一旦通過此檢查點，細胞會啟動許多有絲分裂期開始運轉的分子機制。
3. **有絲分裂期由 M 檢查點負責評估**：第三個檢查點為 M 檢查點，發生在有絲分裂中期及 G_1 開始時，使細胞離開有絲分裂期或細胞質分裂期。

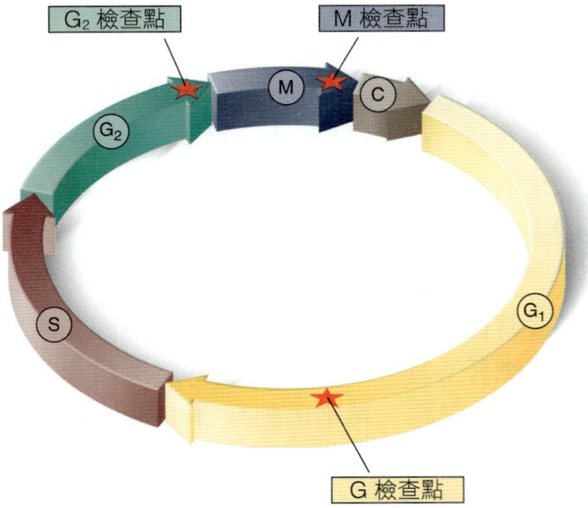

圖 8.8　細胞週期之控制
細胞使用一種中央控制系統以檢查細胞週期各時期是否在適當的狀況通過三個檢查點。

圖 8.9　G_1 檢查點
細胞決定細胞週期是否往 S 期前進、停留或撤退回到 G_0 期長期休眠的回饋機制。

生長因子啟動細胞分裂

細胞分裂由一類稱為**生長因子** (growth factors) 的小分子蛋白質所誘發，生長因子與細胞膜結合開啟細胞內訊息系統。體內結締組織 (connective tissues) 中的纖維母細胞 (fibroblasts) 的膜上具有許多血小板衍生生長因子 (platelet-derived growth factor, PDGF) 的受器，當 PDGF 與此受器結合時即啟動並放大胞內訊息促動細胞分裂。研究者發現當纖維母細胞在體外培養時，只有在培養液中添加血清時細胞才會分裂，但添加血漿時則細胞不會分裂，因而假設血液凝固時血小板釋出一個或多個因子促使纖維母細胞增長，最終在血清中分離到第一個生長因子，並將之命名為 PDGF。

如 PDGF 的生長因子可克服抑制細胞分裂的機制，當組織受損需修復時，血塊中的血小板會釋出 PDGF 誘導周邊細胞分裂增殖幫助組織癒合。

生長因子之特徵　目前已有超過 50 種生長因子被分離出，仍有更多未被發現，細胞表面所具有的針對各種生長因子的表面受器可辨識並與該生長因子蛋白完美結合，在圖 8.10 呈現生長因子 ❶ 與其受器 ❷ 結合，受器被活化並啟動細胞內一系列蛋白激酶級聯反應 (圖中

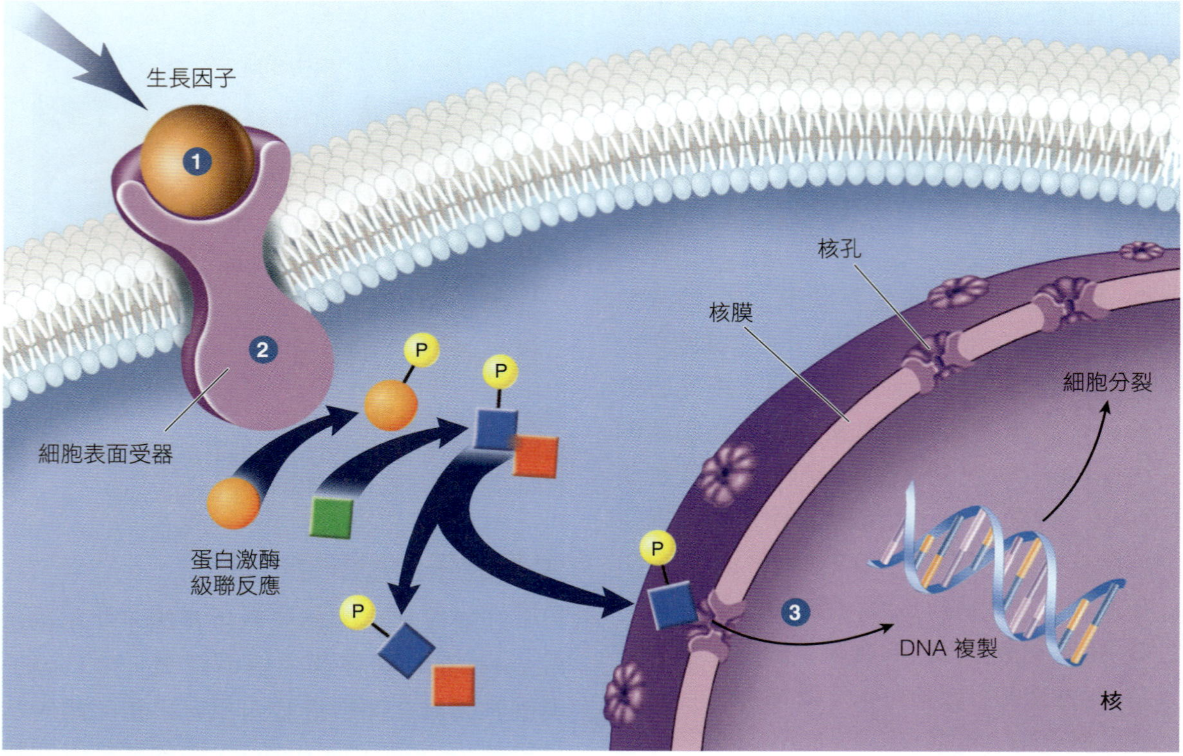

圖 8.10 細胞增殖訊息路徑
生長因子啟動細胞內訊息路徑活化細胞核內蛋白誘導細胞分裂。

箭頭所指處)，最終完成 DNA 複製及細胞分裂 ❸。生長因子會依據是否具有能與其特異性結合受器作為選擇其標的細胞的依據。有些生長因子可與較寬廣種類的細胞結合，有些則只與特定種類細胞作用，如神經生長因子 (Nerve growth factor, NGF) 只促進某類神經元細胞的生長，而紅血球生成素 (Erythropoietin, EPO) 則只誘發紅血球前驅細胞的分裂。

G_0 期 如將細胞的生長因子移除，則會使其停滯於細胞週期的 G_1 檢查點，當細胞停止生長及分裂，細胞會進入 G_0 期，該時期是與細胞週期間期的各個時期都不同的特定時期。在生物個體的不同組織中，各類細胞停留在 G_0 時期的時程長短有很大的多樣性，如腸上皮經常以一天分裂兩次以上的方式更新消化管的上皮，肝臟細胞則一兩年才分裂一次，而神經及肌肉細胞則幾乎不會離開 G_0 期。

老化與細胞週期

雖說人生難免一死，但自古人類常夢想逃離此宿命，或延緩老化的到來，有些人幸能成功，最長壽人類紀錄保持者為法國人 Jeanne Calment 於 1977 年活到 122 歲，她達成多數人類無法迄及的夢想，使得探究老化的科學議題更有趣，直到近幾年來科學家終能找到細胞老化的一絲線索，待其完全解密，則將有望一圓人類延緩老化的夢想。

第一個線索為科學家發現細胞似乎可依據預設時程而死亡。在 1961 年有一個有名的實驗記載著遺傳學家 Leonard Hayflick 發現在體外培養系統中，纖維母細胞 (Fibroblast cells) 只會分裂特定的次數，如圖 8.11 所示，細胞族群在增殖 50 代次後會終止分裂，細胞週期停滯在 DNA 複製前。如細胞於分裂 20 代次時被冰凍保存，待其解凍後，也只能再進行約

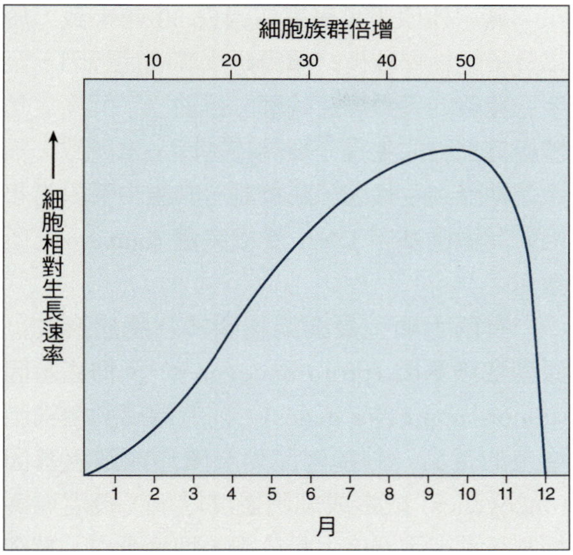

圖 8.11 Hayflick 極限
正常人類結締組織中的纖維母細胞在族群倍增 40 代後停止生長，細胞在後續增殖的 10 個代數內死亡殆盡 (如途中藍色線所呈現)。當以遺傳工程方式使纖維母細胞表現端粒酶，則細胞繼續增殖到更多於 40 代次。

30 代次分裂即會終止分裂。直到 1978 年上述細胞分裂 Hayflick 極限 (Hayflick limit) 才因加州大學舊金山分校的 Elizabeth Blackburn 所發現的稱為端粒 (Telomere) 的染色體末端特殊序列的 DNA 構造得到解釋。此端粒構造約 5,000 鹼基核苷酸長，由數千個 TTAGGG 重複序列所組成，形成保護構造。且 Blackburn 等人亦發現在體細胞中，此端粒長度較諸於在卵子或精子生殖細胞的染色體端粒來得短，這是因為在體細胞染色體端粒長度在每次 DNA 複製時會丟失而漸次變短的緣故。細胞的 DNA 複製機器無法完整複製染色體最末端的 100 個單位，因此每複製一次染色體就變短一些，再經 50 次複製後，保護染色體末端的端粒帽丟失殆盡後細胞就進入老化 (senescence) 狀態無能力複製其 DNA。

精子及卵子如何能倖免於此限制得以持續分裂呢？Blackburn 及其合作夥伴 Jack Szostak 提出假說認為此類細胞具有特殊酵素可以延長其染色體端粒。在1984 年 Blackburn 的研究生 Carol Greider 發現了此酵素稱之為端粒酶 (Telomerase)。卵子及精子細胞利用此端粒酶得以使其染色體維持在衡定的 5,000 鹼基核苷酸長度，相反的在體細胞中其端粒酶基因則是靜默不表現的。因此，這三位科學家 Blackburn、Greider 及 Szostak 共同獲頒 2009 年的諾貝爾生理或醫學獎之殊榮。

後續的研究更提供了端粒長短與細胞老化關係的直接證據。加州及德州的研究團隊在 1998 年利用遺傳工程 (Genetic engineering) 的方法將人類的 DNA 片段植入到培養的人類細胞中，並因此找到編碼人類端粒酶的基因。其結果不容爭辯的證實表現的端粒酶能在染色體加上新的端粒帽，且不受 Hayflick 極限之影響而細胞不會老化且健康的持續分裂 20 個代數以上。這些結果明確證實端粒丟失會限制人類細胞的增殖能力，但細胞一旦能表現端粒酶基因，就會再造端粒，但何以人類細胞具有該基因仍會老化呢？主要原因在於要免於細胞走向癌化，限制細胞分裂潛能可確保其不會無限增殖，所以抑制端粒酶基因可達到抑制癌症形成的實質效益。科學家也發現 90 %的癌症細胞會表現端粒酶基因以維持其端粒長度。在 2013 年研究人員定序 70 個惡性黑色素瘤 (Malignant melanomas) 病人的全基因組 (whole genome)，發現有 70% 病人具有一小段非編碼區 DNA 的突變，該段 DNA 在正常細胞中具有抑制端粒酶基因表現的能力。所有的這些病人都具有完整端粒酶基因，此結果清楚顯示端粒的縮短是抑制腫瘤形成的重要機制，是我們身體主要防癌守衛兵。

關鍵學習成果 8.5

真核生物複雜的細胞週期具有三個控制點，由生長因子訊息誘導細胞分裂，而細胞端粒則扮演限制細胞增生之角色。

癌症與細胞週期

8.6 癌症是什麼？

癌症起因於基因失序

癌症 (cancer) 是一種因細胞生長調控失序所造成的疾病，始於細胞失序增長、堆疊形成**腫瘤** (tumor)，並向身體其他部位擴散。圖 8.12 中粉紅色顯示已形成腫瘤的肺細胞。良性腫瘤被正常組織形成的夾膜所完整包覆不會向外擴張因而不具侵犯性，惡性腫瘤不被包覆而具侵犯性，會突破包圍的組織而擴散至身體其他部位，在圖 8.12 中所示即為已長大的肺臟惡性癌 (carcinoma)，最終癌細胞會進入血流散播至身體其他遠端部位形成**癌症轉移** (metastasis)。

癌症可能是現今最具毀滅性的致死疾病，多數人的家中或朋友多少都有人罹患此疾病，在 2013 年美國有超過 150 萬人被診斷罹患癌症，每兩人即有一個的美國人在其有生之年會罹癌，每四人即有一人會因罹癌致死。

在美國最致命的三種癌症為肺癌、結直腸癌及乳癌，大多的病患是因抽菸造成，而結直腸癌則因過多肉類攝取所致，因此應都是可免於罹患的。而乳癌的起因至今仍成謎。

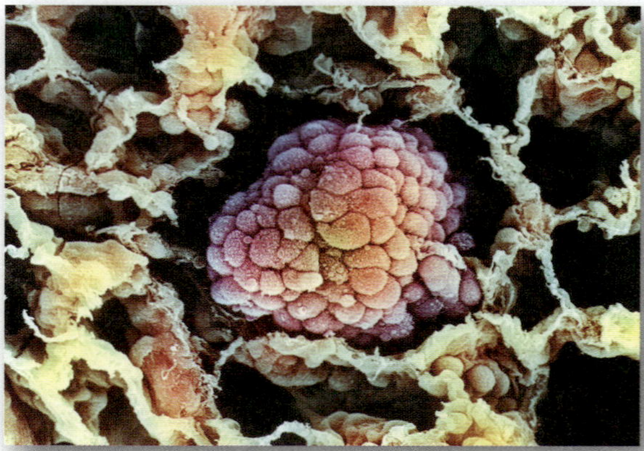

圖 8.12　肺癌細胞 (300x)
圖中為位在肺泡的人類肺癌細胞。

無意外地，科學家在過去 30 年來致力於以分子生物學技術持續鑽研找尋癌症起因，至今已粗略的獲致癌症輪廓。目前已了解癌症是體組織細胞的生長分裂調控基因失常所致。細胞週期受到生長因子之控制，其蛋白質異常起因於其編碼基因 DNA 受損**突變** (mutation) 所致。

有兩大類生長調節基因涉及癌症形成：**原型致癌基因** (proto-oncogenes) 及**抑癌基因** (tumor-suppressor genes)，前者編碼刺激細胞增殖的蛋白，其基因序列突變形成**致癌基因** (oncogenes) 成造成細胞過度增殖，後者編碼抑制正常細胞過度生長分裂的抑癌蛋白，其突變會使此剎車機制失靈，使細胞無法管控的無限增殖。

8.7 癌症與細胞週期之調控

細胞生長控制點喪失功能

癌症起因有化學因素如香菸，環境因子如紫外線損傷 DNA，或病毒感染破壞細胞的生長調控機制等，不論其緣由為何，皆因癌化細胞週期不曾停止、可無限制增殖所致。

癌症研究學者已找出細胞週期主要調節因子如 *p53* 基因 (基因名稱以斜體英文字母表示，有別於正體字母表示其編碼之蛋白質)，是細胞分裂 G_1 檢查點調控基因，如圖 8.13 所示，此基因之產物 p53 蛋白監控細胞 DNA 是否完整之複製無受損，如圖上方版面所呈現的，當 p53 檢知受損 DNA 則會使細胞停止分裂並刺激細胞內特殊 DNA 修復酵素之活性，當 DNA 受損部位被修復後，p53 會允許細胞分裂繼續進行 (上方細箭頭所示)。如步驟 3 粗箭頭所指，當受損 DNA 無法修復時，p53 則指示細胞啟動細胞自殺死亡程式 (apoptosis)。

p53 以停止 DNA 受損細胞分裂的方式防止細胞走向癌化，科學家發現在多數人類癌

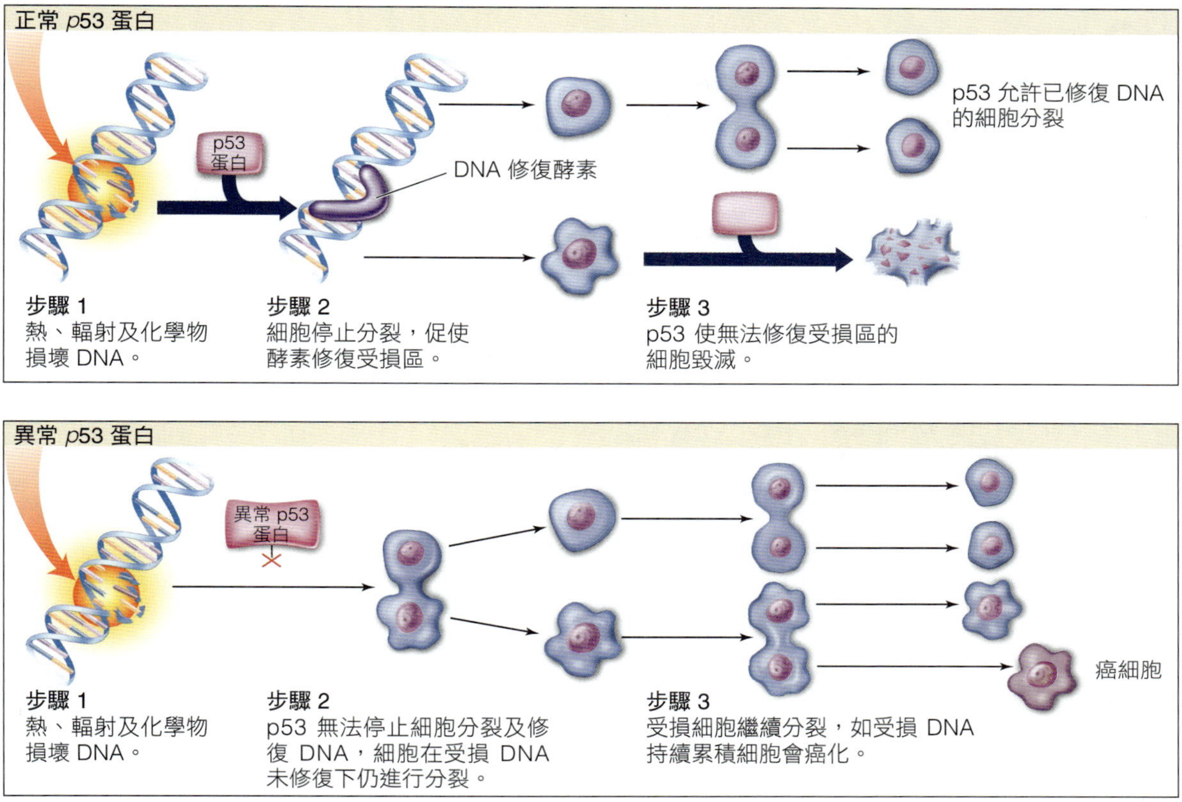

圖 8.13　細胞分裂與 p53 蛋白

正常 p53 蛋白監控 DNA 受損狀況，會摧毀無法修復期受損 DNA 的細胞。異常 p53 蛋白無法停止細胞分裂及修復 DNA，當受損細胞分裂時就衍生癌症。

細胞中 *p53* 基因的 DNA 有損傷造成其編碼的蛋白失去功能，無法使細胞停在 G_1 檢查點而持續分裂，如圖 8.13 下方版面圖所示，不正常的 p53 蛋白無法停止細胞分裂使得受損股 DNA 得以複製而累積更多受損細胞而致癌，當科學家將正常 p53 蛋白注入到快速分裂的癌細胞中時，這些細胞停止分裂走向死亡。科學家又發現香菸造成 *p53* 基因突變，佐證抽菸與罹患癌症間的關聯性，這在第 24 章的 24.6 節會再討論到。

50% 的癌症中，*p53* 基因因化學或輻射線損傷造成其蛋白不再具有功能。在剩餘的 50% 癌症組織細胞中，其缺陷發生在其他基因上，而在多數情況下，這種 DNA 缺陷往往發生在能壓抑 p53 蛋白的天然抑制因子上。

一種很具潛能的防癌策略即是透過上述第二種使 p53 失活的方式來達成。研究學者發現 MDM2 為 p53 天然抑制因子，其蛋白質上具有一個深袋狀結構可與 p53 接觸並抑制其功能，因此如能找到一種小分子可箝入此袋中使無法與 p53 結合，如此即可達到防止 50% 癌症之效果。科學家果真找到一種稱為 Nutlins 家族的合成化學小分子物質，當其被用以處理具有野生型 *p53* 基因的癌細胞時，可提升胞內 p53 蛋白含量並使癌細胞死亡，但對正常細胞則無作用，此類 Nutlin 分子是現今正被傾力研究的治療癌症的藥物。

關鍵學習成果 8.7

造成 G_1 檢查點相關要件失能之突變與許多癌症形成有關。

複習你的所學

細胞分裂

原核細胞具有簡單的細胞週期

8.1.1 原核細胞以兩階段方式分裂：DNA 複製及二分裂，染色體 DNA 呈單一環狀，DNA 由一稱為複製起始點的位置開始複製。雙股 DNA 先解鏈，新股 DNA 由原先單股 DNA 沿線合成，形成兩個位在細胞兩端的環狀染色體。如圖 8.1 所示，新的細胞膜形成且細胞壁在細胞中間形成將細胞分成兩個，此種細胞分裂方式稱為二分裂，產生與親代細胞遺傳一樣的兩個子細胞。

真核細胞具有複雜的細胞週期

8.2.1 真核細胞的細胞分裂較原核細胞的複雜，具有許多時期：間期、M 期及 C 期。間期為休息期，但細胞在此期生長，並準備進行細胞分裂，因此間期可進一步分期如下；G_1 期為生長期，占據細胞週期的大部分時間。DNA 合成期又稱為 S 期，DNA 在此期複製。G_2 期，細胞在此期準備分裂。

- 在 M 及 C 期染色體分布在細胞兩邊，細胞質分裂為二形成兩個子細胞。

染色體

8.3.1 真核細胞 DNA 組成染色體，具有相同基因組成的兩個染色體稱為同源染色體，參見圖 8.2。在細胞分裂前，每個染色體 DNA 先複製形成兩條一模一樣的姊妹染色分體，其在中節處仍相連，人類體細胞具有 46 個染色體。

8.3.2 染色體中的 DNA 是一長的稱為染色質的雙股線狀纖維，在複製完成後 DNA 開始纏繞在組蛋白上，並會進一步濃縮形成核小體，成串的核小體會再次折疊形成線圈狀的緊緻染色體構造。

細胞分裂

8.4.1 細胞週期始於間期，接續著的是有絲分裂的四個時期：前期、中期、後期及末期。

8.4.2 前期是有絲分裂開始的訊號，DNA 在間期複製並濃縮成染色體，姊妹染色分體仍附著在中節上，核仁及核膜消失，中心粒移向細胞的相反兩極，形成紡錘體的微管由兩極延伸出並附著到中節的著絲點上。

- 姊妹染色分體在中期時會排列在赤道板，微管將姊妹染色分體上的著絲點與細胞兩極相連。
- 在後期時著絲粒分裂，酵素將黏著素分解使得姊妹染色分體得以彼此分離，當微管縮短時會將姊妹染色分體拉向細胞的相反兩極。
- 末期時核分裂完成，紡錘體微管崩解，染色體解纏繞而鬆展；核膜及核仁重新形成。

8.4.3 有絲核分裂後，細胞進行細胞質分裂形成兩個子細胞。動物細胞在其赤道板沿線細胞膜下掐凹陷直到形成兩個子細胞。植物細胞則在距細胞兩極的中央地帶重新組裝細胞膜及細胞壁，將細胞隔成兩個分離細胞。

- 許多細胞在發育階段或經過一定次數的分裂後，會進行程式性死亡。

細胞週期之調控

8.5.1 細胞週期由三個檢查點來調控，G_1 及 G_2 檢查點發生在間期，第三個檢查點發生在有絲分裂期。在 G_1 檢查點，細胞會啟動分裂或進入 G_0 休止期。如細胞於 G_1 檢查點啟動細胞分裂，DNA 會開始複製，並由 G_2 檢查點監控，當 DNA 已正確複製則啟動有絲分裂。

8.5.2 細胞的分裂由生長因子所啟動。

8.5.3 在約 50 次細胞倍增後，染色體末端的端粒會變得過短，使細胞無法分裂，遏止細胞變成癌細胞。

癌症與細胞週期

癌症是什麼？

8.6.1 癌細胞是生長失控的細胞，無法控制其細胞之分裂。細胞生長失控長成腫瘤細胞團。癌細胞的形成是由於其細胞週期調控蛋白編碼基因，如原型致癌基因及腫瘤抑制基因有缺損所造成。

癌症與細胞週期之調控

8.7.1 腫瘤抑制基因 *p53* 在 G_1 檢查點扮演監控

DNA 狀況之重要角色，當 DNA 受損傷，p53 蛋白會阻斷細胞分裂，使受損 DNA 能被修補。如 DNA 無法被修補則 p53 蛋白會誘發細胞自毀程序。當 *p53* 基因突變受損，則細胞無法檢查其 DNA，有缺損 DNA 的細胞仍會分裂，則 DNA 損傷繼續累積的結果是細胞變成癌細胞 (參見圖 8.13)。

測試你的了解

1. 原核細胞以下列何者產生新細胞？
a. 在複製 DNA 後進行二分裂
b. 核分裂
c. 延長端粒，細胞掐陷成兩個子細胞
d. 細胞質分裂

2. 原核細胞 DNA 複製
a. 由一點開始，向兩個方向進行
b. 由一點開始，向一個方向進行
c. 由幾個點開始，向兩個方向進行
d. 由幾個點開始，向一個方向進行

3. 下列何者並非真核與原核細胞週期的不同處？
a. 細胞中 DNA 的含量
b. DNA 組裝方式
c. 產生遺傳一致的子細胞的方式
d. 微管的參與

4. 在真核細胞週期中 DNA 複製發生在
a. G_1 期　c. S 期
b. M 期　d. T 期

5. 真核細胞的遺傳物質位在染色體
a. 且越複雜的物種具有越多對的染色體
b. 很多物種只具有一個染色體
c. 多數的真核生物具有 10 到 50 對染色體
d. 多數的真核生物具有 2 到 10 對染色體

6. 同源染色體
a. 又稱為姊妹染色分體
b. 在遺傳上完全一樣
c. 在其染色體的相同部位帶有決定相同遺傳性狀的訊息
d. 在其中節處連在一起

7. 真核染色體之組成
a. DNA　c. 組蛋白
b. 蛋白質　d. 以上皆是

8. 何以細胞中 DNA 需要週期性的由長的雙螺旋染色質分子變成緊密纏繞的染色體？何種任務是在一型式能執行而在另一型式時無法執行的？

9. 何謂核小體？
a. 細胞核中的一個含有真染色質的區域
b. DNA 纏繞在組蛋白所在的區域
c. 染色體上一個由許多圈環狀染色質組成的區域
d. 一個染色質上的 30-nm 纖維

10. 間期時，用光學顯微鏡無法觀察到的染色體位在哪裡？

11. 下列關於進入有絲分裂的真核染色體的敘述何者不正確？
a. 它們具有兩個染色分體
b. 它們只有單一個中節
c. 很快的可在光學顯微鏡下看見它們
d. 它們的 DNA 仍未複製

12. 有絲分裂時複製的染色體排列在赤道板的時期稱為
a. 前期　c. 後期
b. 中期　d. 末期

13. 著絲粒是一個具下列何種功能的結構？
a. 連結中節與微管　c. 幫助染色體濃縮
b. 連接中心粒與微管　d. 幫助染色體黏聚

14. 真核細胞週期的細胞質分裂稱為
a. 間期　c. 胞質分裂
b. 有絲分裂　d. 二分裂

15. 核分裂又稱什麼？
a. 胞質分裂　c. 染色體分離
b. 二分裂　d. 有絲分裂

16. 細胞週期由下列何者控制？
a. 一系列的檢查點
b. 核小體及組蛋白組成分
c. 胞質分裂
d. 黏著素蛋白

17. 說明細胞週期的三個檢查點位在週期的哪個位置？請說明其位在該處之原因。

18. 生長因子作用的第一步驟為什麼？
a. 組蛋白解旋
b. 結合到細胞表面受體
c. 誘發 DNA複製
d. 活化蛋白激酶流瀑

19. 何以神經生長因子 (NGF) 只促進神經細胞生長，對其他類細胞如紅血球前驅細胞則無作用？

20. 端粒是
a. 一種完全纏繞的組蛋白複合體
b. 是重複數千次的 TTAGGG 序列
c. 染色體的結構中心
d. 著絲點的尖端

21. Hayflick 極限是體外培養細胞在停止生長前能分裂增殖的次數。有何實驗步驟可用以移除此細胞分裂增殖極限？

22. 當細胞分裂失控一撮細胞開始忽略正常調控訊號

而增生，此稱為

a. 一種突變　　c. 前期

b. 癌症　　d. G_0 期

23. 原型致癌基因的突變造成

a. 細胞分裂增加　　c. 抑制致癌基因

b. 增加 DNA 修補　　d. 減少細胞分裂

24. 細胞中 *p53* 基因的正常功能是

a. 當作一種抑癌基因

b. 監控 DNA 損傷

c. 促使無法修復損傷 DNA 的細胞之死亡

d. 以上皆是

25. 在 50% 的癌症中 *p53* 基因沒受損，但許多這種癌症中有下列何基因因突變而失去活性？

a. MDM2

b. 一抑制 MDM2 的基因

c. 一活化 MDM2 的基因

d. 一活化 *p53* 的基因

26. 即使以現今對癌症的了解，有些癌症發生頻率仍持續增加，發生在非吸菸婦女的肺癌即是其中之一。其原因可能為何？有解決的策略嗎？

Chapter 9

減數分裂

人類跟大多數的動物及植物都行有性生殖。由父親的精子及母親的卵子結合後形成具有兩套染色體的合子 (zygote) 或稱受精卵，經持續的有絲分裂後，長成由約 10 到 100 兆個細胞組成的成年個體。本章的主角精子及卵子是經由特殊減數分裂 (meiosis) 所產生。減數分裂過程中細胞會經兩次核分裂，在第一次分裂前 DNA 會先行複製，但兩次分裂之間則不會有 DNA 複製。上圖為顯微鏡下所見的分裂細胞中的染色體正排列好準備被拉往細胞的兩極，當兩次減數分裂結束後會產生四個細胞，每個細胞具有原先細胞所含 DNA 的一半。原先觀察到細胞減數分裂的生物學家在當時也跟大家一樣很迷惑不解，希望本章的內容能為大家釋疑，釐清減數分裂如何發生，及其在有性生殖過程中如何產生作為生物演化原基的巨大遺傳多樣性。

減數分裂

9.1　減數分裂之發現

減數分裂

在 1879 年 Walther Fleming 發現染色體後沒幾年，比利時細胞學家 Pierre-Joseph van Beneden 即在圓蟲蛔蟲 (*Ascaris*) 體中發現不同類型細胞具有不同染色體數目。更準確的說，他發現在**配子** (gametes) (卵及精子) 中含有兩個染色體，但在胚胎及成體中的非生殖的體細胞則具有四個染色體。

受精

從 van Beneden 的觀察，他在 1887 年提出卵及精子所具有的染色體數目只有體細胞所具有的染色體數目的一半。兩者融合後產生受精卵與由受精卵衍生來的體細胞一樣，每條染色體都具有兩套。配子融合形成新細胞稱為**受精** (fertilization) 或**有性生殖** (syngamy)。

顯然的早期研究者已認知到應有使配子細胞染色體數目減成其他類細胞的染色體數目的一半之機制存在，否則每次受精後染色體數目就倍增，以人類細胞具有 46 個染色體為例，只要經過十代就會達 47,000 (46×2^{10}) 個染色體之多。

因須經**減數分裂** (meiosis) 的特殊分裂機制產生配子使其染色體數目減半，待其融合後又恢復原先染色體數目，確保染色體數目代代相傳維持恆定。

有性生命週期

減數分裂及受精組合成生殖週期。成人體細胞具有兩組染色體，因此稱為**雙倍體** (diploid)，在希臘文 di 是二的意思，但在配子細胞則只具有一組染色體，故為**單倍體** (haploid)，在希臘文 haploos 是一的意思。在

圖 9.1 中呈現兩個單倍體配子，一個是具三個染色體源自父親的精子與源自母親的具三個染色體的卵子結合後形成一個具有六個染色體的雙倍體受精卵。此種由減數分裂及受精交替進行的生殖週期稱為**有性生殖** (sexual reproduction)。

有些生物個體以有絲分裂方式生殖不會有配子之融合，故此種生殖方式稱為**無性生殖** (asexual reproduction)。在第 8 章中提及的原核細胞的二分裂生殖即是一種無性生殖。有些生物個體以無性及有性交替方式繁殖。如圖 9.2 中所示的草莓即是在其花中行受精有性生殖，並以其莖沿著地面長根及枝條行無性生殖，形成遺傳上完全相同的植株。

關鍵學習成果 9.1

細胞的減數分裂是在某些細胞的細胞分裂方式，其最終的結果是細胞在完成分裂後染色體的數目減半。

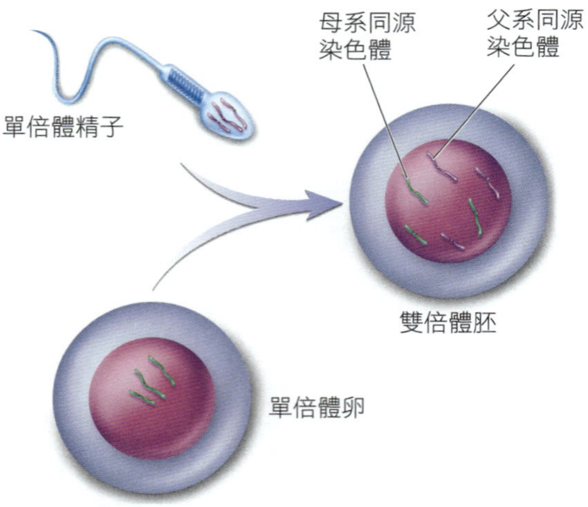

圖 9.1 雙倍體細胞帶有源自兩個親代的染色體
一個雙倍體細胞具有由親代來的每個染色體都具有兩式，母系同源染色體源自母親的卵子，父系同源染色體源自父親的精子。

圖 9.2 有性及無性生殖
生物個體生殖不一定是以有性或無性方式進行，如草莓則可以長匍莖行無性生殖及以開花行有性生殖兩者並行方式生殖。

9.2 有性生殖週期

體組織

生物個體的有性生殖週期一般依循著具雙倍體染色體數目 (圖 9.3 生命週期藍色區域所示) 及具單倍體染色體數目 (黃色區域所示) 的基本模式交替進行。在多數動物中如圖 9.3b 所示，受精形成雙倍體合子並開始進行有絲分裂，最後形成圖中的青蛙成體，這些細胞稱為**體細胞** (somatic cells) 即拉丁文中的身體的意思。每個細胞都與合子在遺傳上完全相同。

在真核單細胞生物個體，如圖 9.3a 所呈現的原生生物單倍體細胞作為配子，與其他單倍體配子受精融合形成雙倍體。在如蕨類植物由減數分裂形成的單倍體細胞會以有絲分裂方式形成如圖 9.3c 中的心型構造的多細胞單倍體個體時期，有些單倍體細胞則會分化形成卵及精子，會行受精融合形成雙倍體接合子。

生殖系組織 (Germ-line Tissues)

動物在發育早期生殖細胞就經由減數分裂形成，之後就與體細胞區隔開而稱為**生殖系細胞** (germ-line cells)。體細胞與產生配子的生殖系細胞都是雙倍體，如圖 9.4 所示，體細胞以有絲分裂方式形成遺傳上相同的雙倍體子細

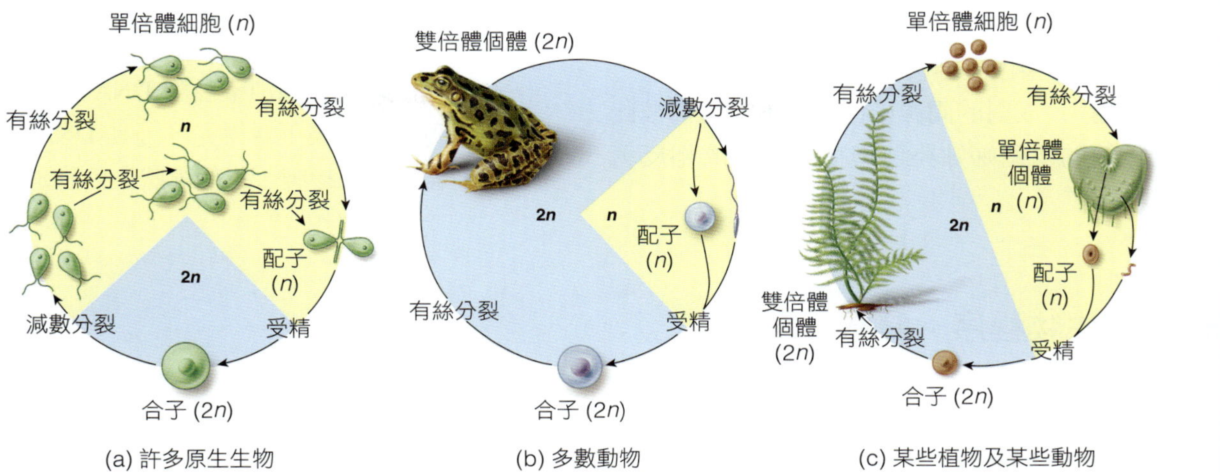

圖 9.3　三種有性生命週期

單倍體細胞或個體與雙倍體細胞或個體交替進行以組成有性生殖。

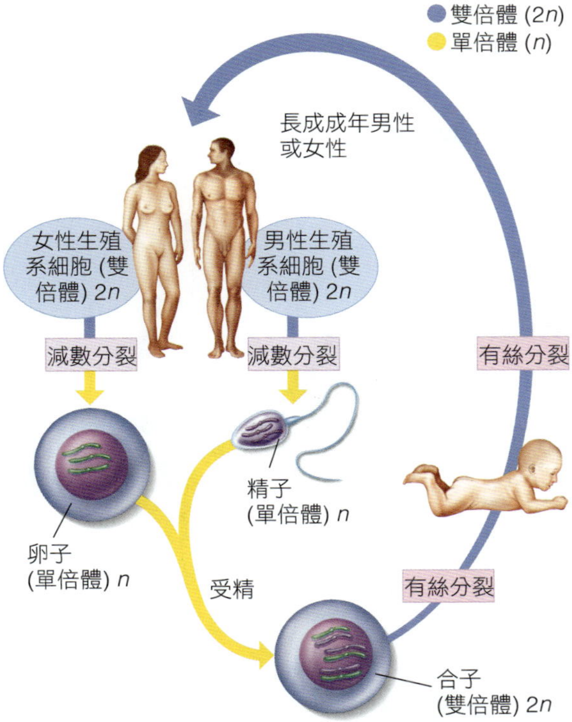

圖 9.4　人類的有性生命週期

以人類為例，動物的有絲分裂在受精後完成，因此生命週期絕大部分處在雙倍體 (2n) 時期，圖中 n 代表單倍體。

胞。而生殖系細胞則進行減數分裂，如圖中黃色箭頭所指的形成單倍體的配子。

關鍵學習成果 9.2

有性生殖週期中，雙倍體及單倍體時期交替進行。

9.3　減數分裂的時期

減數分裂 I

減數分裂的詳細步驟由兩種細胞分裂時期所組成，分別是**減數分裂 I** (meiosis I) 及 II 兩個時期，完成後會形成四個單倍體細胞。正如同細胞有絲分裂一樣，細胞在減數分裂前會有一個間期，染色體會在此時期先完成複製，正如下頁的減數分裂的關鍵生物程序圖中的外圈箭頭所示的，在減數分裂 I 時期的細胞分裂主要是讓兩個同源染色體分離，第二次細胞分裂 (**減數分裂 II**，如圖中內圈的箭頭所示) 的目的是讓複製完成的二個姊妹染色體分離。因此，當減數分裂完成時，一個雙倍體細胞會形成四個單倍體細胞，因染色體只複製一次，但會經歷兩次細胞分裂，使得染色體數目減半。

減數分裂 I 傳統上分成四個時期：

1. **前期 I**：兩組同源染色體會各自配對並彼此

交換部分片段。

2. **中期 I**：染色體排列在赤道板平面上。
3. **後期 I**：成對的同源染色體各自帶著仍彼此相連的兩個姊妹染色體移向細胞的相反兩極。
4. **末期 I**：兩組染色體各自移至兩極處聚集。

在**前期 I** 時期，個別染色體 DNA 緊緊纏繞濃縮至可在顯微鏡下看得見，因其 DNA 在減數分裂開始前已複製，每個線狀染色體是由

關鍵生物程序：減數分裂

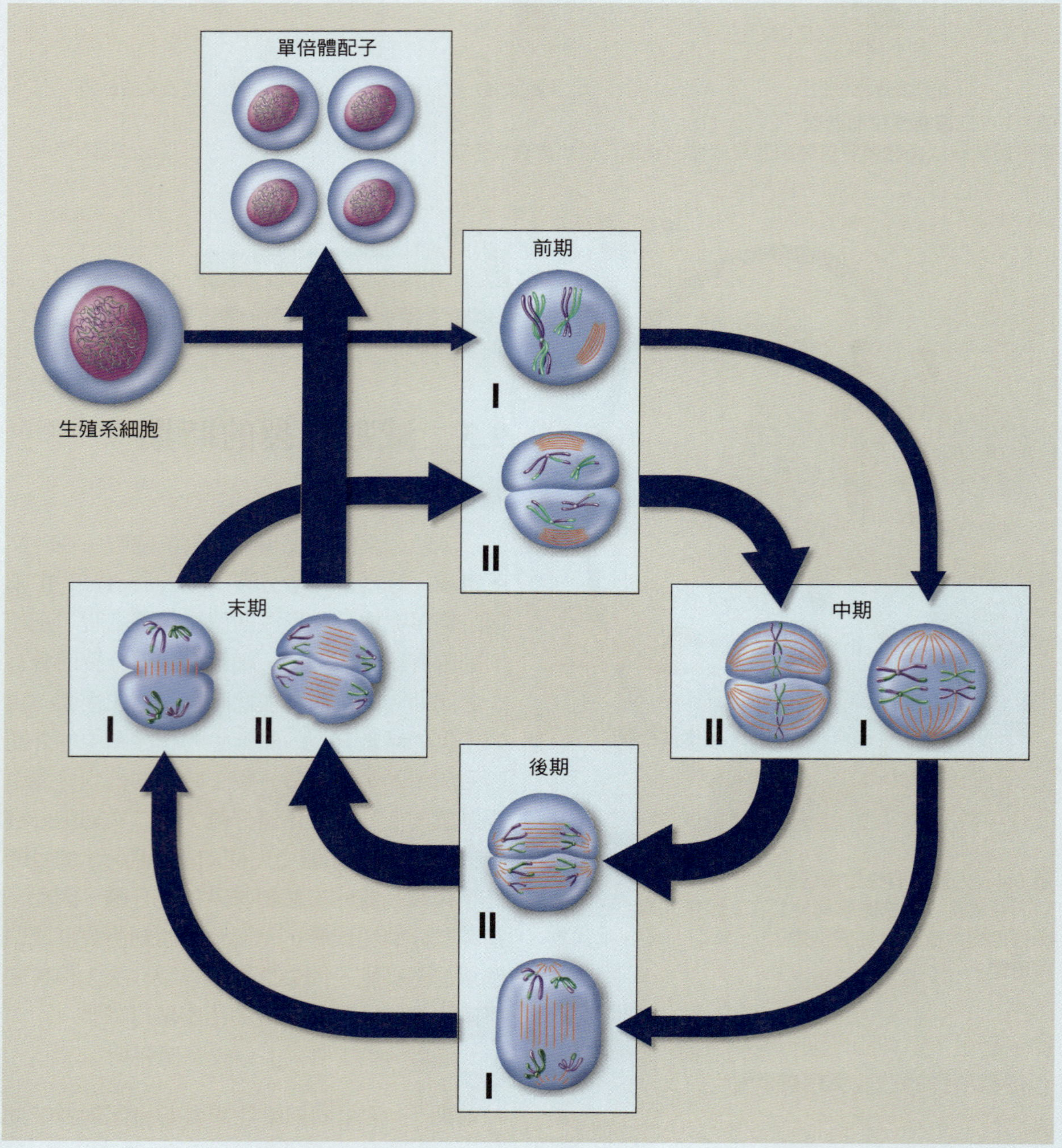

兩個姊妹染色分體組成，並因其在中節處仍彼此相連，且在兩染色分體併排沿線部位會有黏合素 (cohesion) 將其黏合一起，此稱為姊妹染色分體黏聚 (sister chromatid cohesion) 步驟，這些都跟細胞在進行有絲分裂時相同，但減數分裂在前期 I 時開始不同於有絲分裂，兩個同源染色體會彼此配對並排在一起，如圖 9.5 所呈現的，彼此碰觸的部位就會有**互換** (crossing over) 的情形，如互換發生在非姊妹染色分體之間，則在彼此的相同部位斷裂後，兩個由父系 (圖中紫色部位) 及母系 (圖中綠色部位) 的同源染色體部分片段互相交換，形成雜合染色體 (hybrid chromosome)。兩種要素將同源染色體綁一起：一為姊妹染色體黏聚，另一為非姊妹染色體間的互換。在前期 I 晚期核膜會消失。

在**中期 I**，紡錘體形成，但同源染色體因互換而緊密相依，紡錘絲只能與面向外邊的中節上的著絲點相連，每對同源染色體在中期赤道板平面排列方向是隨機的，如洗牌一樣，會有許多組合狀況，其可能機會會是染色體數目的二階乘，如一個有三個染色體數目的細胞，會有 8 (2^3) 種可能的組合。每個排列方向會產生具有不同親代染色體組合的配子細胞，此稱為**獨立分配** (independent assortment)。如在圖 9.6 中呈現的，染色體排在中期板上，但父或母 (綠色) 親代染色體各自排列在板上的左邊或右邊是隨機的。

在**後期 I**，紡錘絲附著已完成並將同源染色體拉向相反的兩極，但姊妹染色分體並未分離。因染色體在紡錘體中間赤道板上排列方向為隨機的，因此細胞每一極接收到的染色體的組合也是隨機的，且恰好是減數分裂開始時細胞中染色體數目的一半，因染色體雖已複製成兩個姊妹染色分體，但仍未分離，只算成一個染色體，所以如在有絲分裂一樣，以計數中節數目代表染色體數目。

在**末期 I**，染色體各自成群聚集在兩極，經過一個在物種間不同長的時間後，減數分裂 II 開始，有如在細胞有絲分裂時一樣，兩個姊妹染色體會在此時期分離。如在「關鍵生物程序」圖中所呈現的減數分裂分成兩個接續發生的週期，外圈為減數分裂 I，而內圈為減數分裂 II，詳述如下：

減數分裂 II

經過一短暫的時間後，不經 DNA 合成，細胞即開始進行第二次減數分裂。步驟與有絲分裂一樣，只是減數分裂 I 產物中的姊妹染色分體因有部分互換，並非完全相同，正如圖

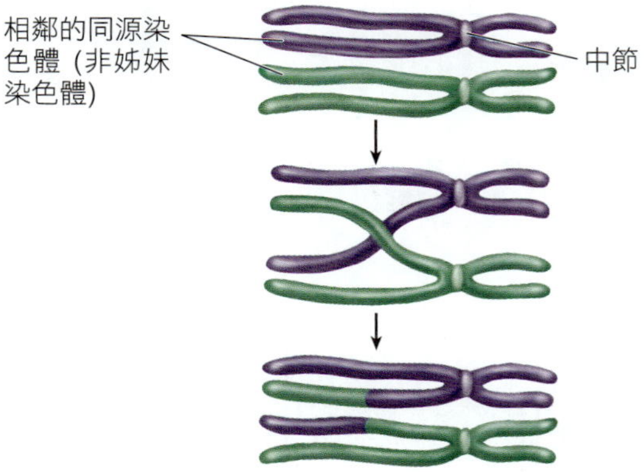

圖 9.5　互換
在互換過程中，兩個同源染色體的非姊妹染色分體間各自交換部分染色體片段。

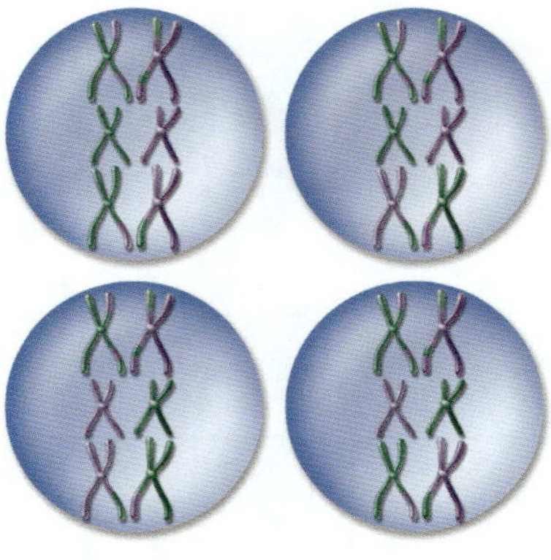

圖 9.6　獨立分配
獨立分配是因染色體在中期板上排列方式是隨機的。圖中呈現假想的細胞依其親代染色體四種不同排列方向，可產生許多具不同親代染色體組合的配子。

9.7 中的有些姊妹染色分體手臂具有不同的顏色，在減數分裂 I 結束時，每極有單倍體的染色體數目，每個染色體具有兩姊妹染色分體，彼此以中節相連。

減數分裂 II 可分成四期：

1. **前期 II**：在細胞兩極成團的染色體進入一短暫的前期 II 以形成紡錘體。
2. **中期 II**：紡錘絲附著在染色體中節的兩側，染色體排列在中央赤道板平面。
3. **後期 II**：紡錘絲變短，中節分裂為二，兩個姊妹染色分體各自移向細胞的相反兩極。
4. **末期 II**：最終，核膜在四組子染色體周圍重新形成。

減數分裂 II 的四個時期主要是完成姊妹染色分體的分離，形成四個單倍體的細胞。因在減數分裂 I 前期時的染色體互換，沒有兩個細胞是完全一樣的。核重新形成，核膜在每組單倍染色體周圍重新形成，多數動物的單倍體細胞會發育成配子，在植物、真菌及許多原生生物則會行有絲分裂產生很多配子，甚至在有些植物及昆蟲會形成成年單倍體個體。

染色體互換的重要功用

在減數分裂中的關鍵是在第一次細胞分裂時，每個染色體的姊妹染色分體並未分離。為何它們不分離？是什麼阻止了微管附著並將它們拉往細胞相反兩極，正如第二次細胞分裂那樣呢？答案是染色體互換發生在第一次分裂早期，兩個同源染色體因片段的交換而被交換的兩股 DNA 綁在一起了。微管只能結合到每個同源染色體的一邊，以致無法將兩個姊妹染色

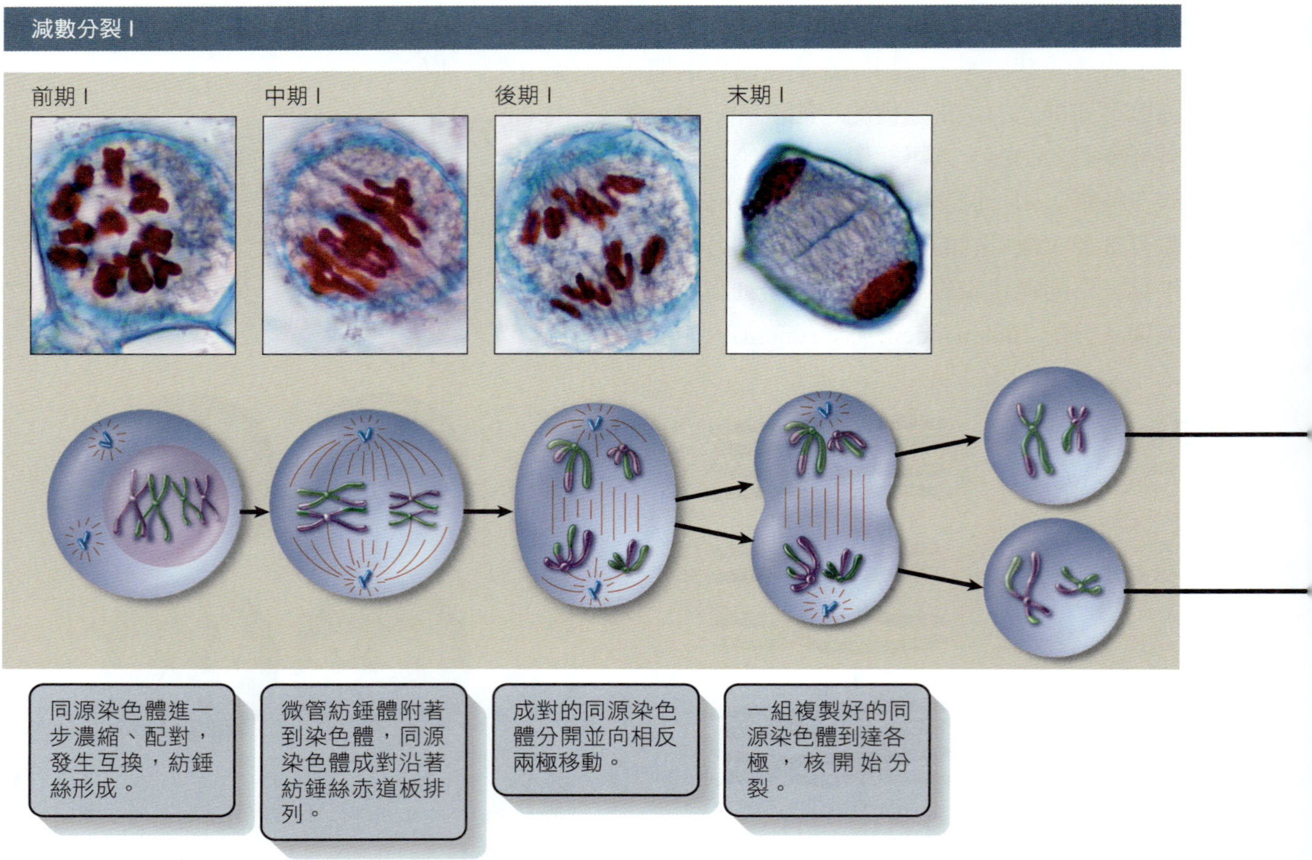
減數分裂 I
前期 I
中期 I
後期 I
末期 I
同源染色體進一步濃縮、配對，發生互換，紡錘絲形成。
微管紡錘體附著到染色體，同源染色體成對沿著紡錘絲赤道板排列。
成對的同源染色體分開並向相反兩極移動。
一組複製好的同源染色體到達各極，核開始分裂。

圖 9.7 減數分裂

分體拉開。

關鍵學習成果 9.3

在減數分裂 I，同源染色體各移向細胞相反兩極，在減數分裂 II 結束時，四個單倍體細胞都各自只具有每個複製好的染色分體中的一個，因此為單倍體。但因有染色體互換，所以，不會有兩個具完全一樣染色體的細胞。

減數分裂與有絲分裂之比較

9.4 減數分裂與有絲分裂的不同

減數分裂的細節在真核生物間各不相同，但有兩點共通的減數分裂步驟：同源染色體聯會及分裂時染色體數目減半。這也是減數分裂與在第 8 章學到的有絲分裂不同的兩種主要特徵。

聯會

第一種減數分裂特徵出現在第一次核分裂的早期，在染色體複製後，同源染色體由黏合素蛋白將姊妹染色分體沿著其體長彼此並排配對黏在一起，這種形成同源染色體複合體的步驟稱為聯會 (synapsis)，同源染色體片段間的交換稱為互換 (crossing-over)，圖 9.8a 呈現同源染色體緊緊彼此靠近以致能交換其 DNA 片段。染色體可一起被拉到正在分裂細胞的赤道板平面上，同源染色體最終可被微管拉往細胞的相反兩極。當此步驟完成時，在每一細胞極

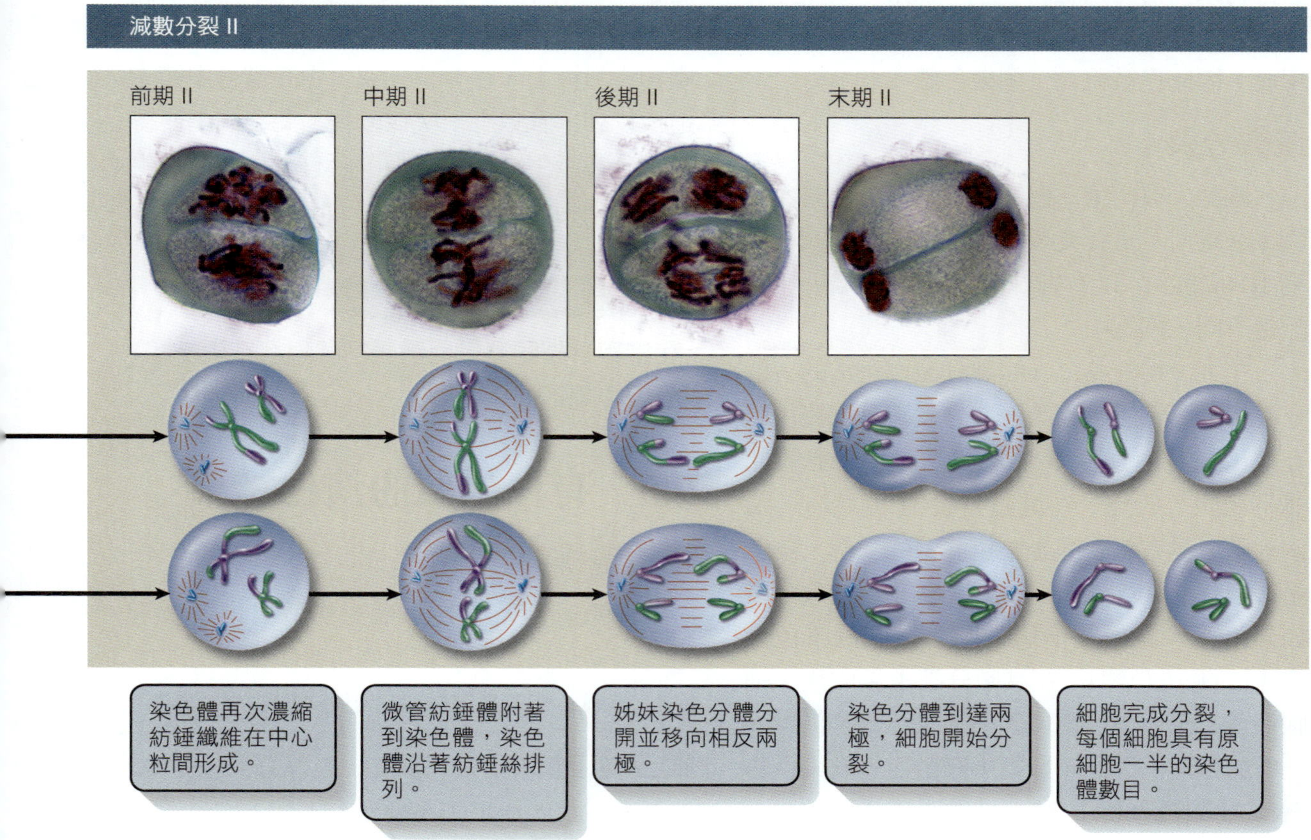

減數分裂 II
前期 II
中期 II
後期 II
末期 II
染色體再次濃縮紡錘纖維在中心粒間形成。
微管紡錘體附著到染色體，染色體沿著紡錘絲排列。
姊妹染色分體分開並移向相反兩極。
染色分體到達兩極，細胞開始分裂。
細胞完成分裂，每個細胞具有原細胞一半的染色體數目。

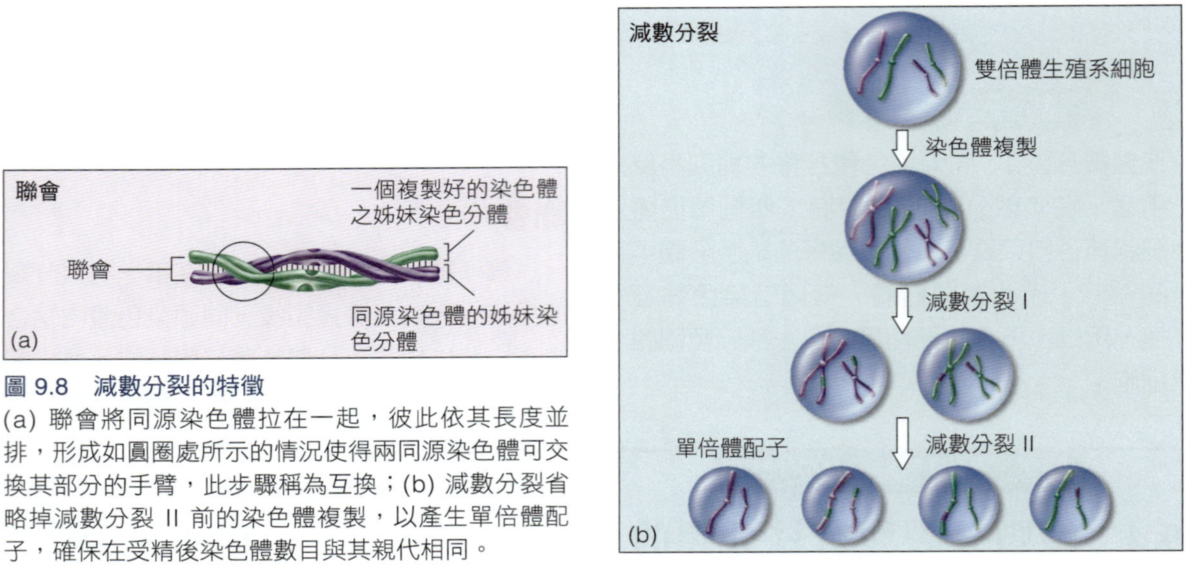

圖 9.8 減數分裂的特徵
(a) 聯會將同源染色體拉在一起，彼此依其長度並排，形成如圓圈處所示的情況使得兩同源染色體可交換其部分的手臂，此步驟稱為互換；(b) 減數分裂省略掉減數分裂 II 前的染色體複製，以產生單倍體配子，確保在受精後染色體數目與其親代相同。

中成團的染色體由每個編號同源染色體中的一個所組成，也就是具有單套染色體，其染色體數目為原雙倍體細胞的一半。在第一次核分裂時，姊妹染色體彼此尚未分開，彼此仍以中節相連，因此仍被視為一個染色體。

減數分裂

減數分裂的第二個特徵是同源染色體在兩次核分裂間不進行複製，使得染色體在減數分裂 II 時組合，以致姊妹染色分體分離，並分配到不同子細胞中。

在許多物種第二次減數分裂與正常的有絲分裂相同，然而，因第一次分裂時發生染色體互換，在減數分裂 II 時的姊妹染色分體彼此並不相同。此外，在減數分裂 II 開始時，每個細胞只具有每對同源染色體中的一個，染色體數目只有一半。圖 9.8b 呈現細胞減數分裂如何進行。圖中雙倍體細胞含有四個染色體 (兩對同源染色體)，在減數分裂 I 完成後，細胞只含有兩個染色體，因姊妹染色分體仍以同一中節相連，因此，計數中節數目等於染色體數)。在減數分裂 II 時，姊妹染色分體彼此分離，但每個配子細胞只具有其生殖細胞染色體數目的一半。

在圖 9.9 中比較有絲分裂及減數分裂。兩者都始於雙倍體細胞，但在減數分裂發生互換，同源染色體在減數分裂 I 時配對，排列在中期赤道板上。在有絲分裂，中節沿著中節赤道板排列，且只有一次核分裂。此不同處使得減數分裂產生單倍體細胞，而有絲分裂則產生雙倍體細胞。

關鍵學習成果 9.4

在減數分裂同源染色體親密配對且在兩次核分裂中間不進行複製。

9.5 有性生殖的演化結果

基因重排的原理

減數分裂及有性生殖對物種演化影響至鉅，因其可快速產生新遺傳組合。三種主要機制分別為：獨立配對、互換及隨機受精。

獨立配對

有性生殖使生物個體進化成有能力產生具遺傳變異性的後代個體。多數的真核個體具有

減數分裂	有絲分裂
同源染色體配對	同源染色體一般不配對
互換	不互換
兩次細胞分裂	一次細胞分裂
四個子細胞	兩個子細胞
子細胞單倍體 (*n*)	子細胞雙倍體 (2*n*)

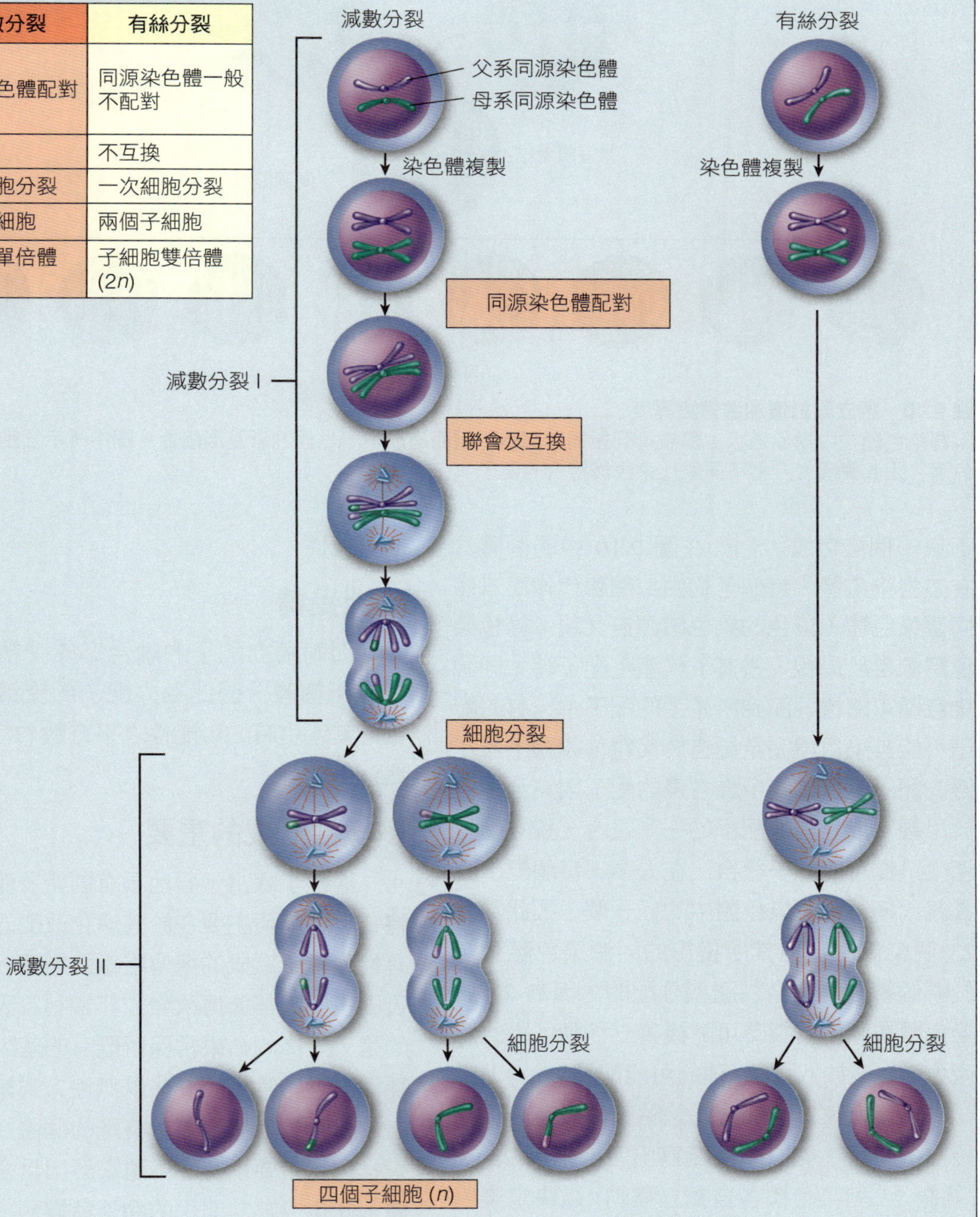

圖 9.9　比較減數分裂及有絲分裂

減數分裂及有絲分裂的主要不同點呈現在圖中橘色框框中，減數分裂有兩次核分裂，但期間不會有 DNA 複製，所以產生四個子細胞，其染色體數目只有原先染色體數目的一半。互換發生在減數分裂前期 I。在有絲分裂在 DNA 複製後只有一次核分裂，因此產生兩個子細胞，每個細胞具有與其親代在遺傳上一樣的染色體數目。

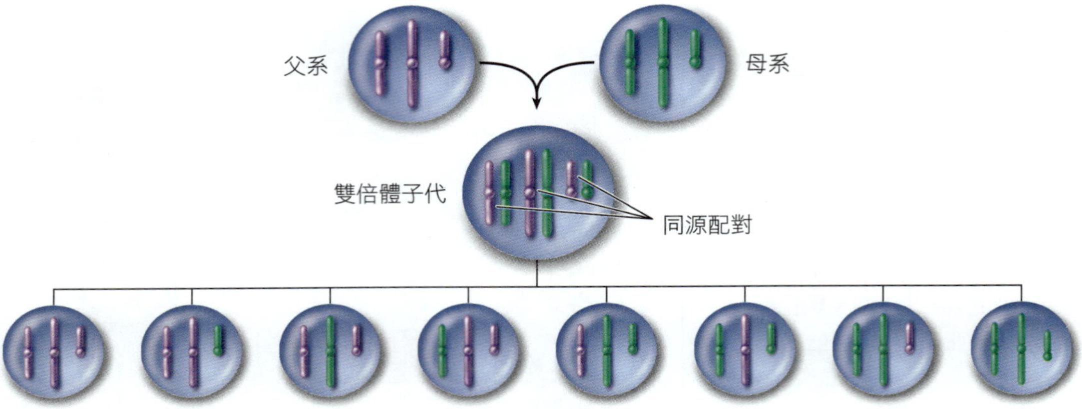

圖 9.10　獨立配對增加遺傳變異度

因為染色體在中期赤道板上隨機排列並獨立配對，因而造成下一世代的新基因組合，圖中所示細胞具有三對染色體，因此會產生八種不同親代染色體組合的配子。

不只一個染色體，例如在圖 9.10 中的個體具有三對染色體，每個子代由每個親代獲得三個同源染色體，紫色的染色體源自父親，綠色染色體源自於母親，當其子代產生配子時，同源染色體可隨機分配到所產生的配子中。有的配子可能其染色體完全源自於父親，如圖中最左邊的配子，或如圖中最右邊的配子則完全源自於母親，或是其他配子的任意組合。獨立配對產生八種可能配子組合。在人類，每個配子由其親代獲得同源染色體中的任一個，因此具有 23 個染色體，但其所獲得的同源染色體源自於哪個親代則完全為隨機分配的，因為 23 對染色體在減數分裂時可隨機獨立移動，因此可產生 2^{23} (多於八百萬) 種的可能配子。

為使大家更了解上述論點，假設有一位教授出道題目，如有學生能寫出丟擲銅板 23 次 (就像 23 對染色體各自獨立移動) 以決定染色體移動向頭端或向尾端的可能組合，則該學生的期末成績可得 A。但沒有學生能得到 A，因為有超過八百萬種的可能組合。

互換

非姊妹染色體臂的 DNA 交換有利於產生更多的重組，所造成的遺傳組合可以說有無限的可能性。

隨機受精

因兩獨立配子的融合形成受精卵，並發育成新個體。因此獨立配子的受精可能組合更是其產生時的可能性之平方數 ($2^{23} \times 2^{23} = 70$ 兆)。

多樣性形成的重要

演化步驟常矛盾地具有創新及保守並存的特質。其創新主要在於其演化改變的步伐會因有性生殖所造成的遺傳重組而加速，其保守本質則主要因其遺傳改變並非皆利於天擇，相反的是，天擇的結果常保留既有的基因組合。這種保守壓力常見於一些以無性方式繁殖且無法自由移動，對棲地要求特殊的個體。相對地，脊椎動物主要以有性生殖繁衍出具多功能之個體，此也成為其演化的額外負擔。

關鍵學習成果 9.5

有性生殖經由減數分裂週期中期 I 的獨立配對、前期 I 的互換及配子的隨機受精，可以增加遺傳變異性。

複習你的所學

減數分裂

減數分裂之發現

9.1.1 在有性生殖個體，男性配子與雌性配子在一受精或有性生殖過程中融合，其配子染色體數目必須減半以維持其子代之正確數目 (圖 9.1)，物種藉由減數分裂達成此目標。

- 具有每個染色體都成對的細胞稱為雙倍體細胞，每個染色體都只有單一個的細胞稱為單倍體細胞。
- 有性生殖需透過減數分裂，但有些生物個體也會行無性生殖，透過有絲分裂或二分裂方式繁衍後代。

有性生殖週期

9.2.1 有性生殖週期由雙倍體及單倍體時期交替進行，但處在此兩個時期的時間長短在各物種間有差別。計有三種類型的有性生殖週期：在許多原生生物其週期主要為單倍體，在大多數的動物則主要在雙倍體時期；在植物及一些藻類，其生殖週期則由單倍體及雙倍體兩時期平分進行。

9.2.2 生殖細胞為雙倍體但產生單倍體配子細胞，其體細胞不會產生配子。

減數分裂的時期

9.3.1 減數分裂經減數分裂 I 及減數分裂 II 兩次核分裂，每個都具有一個前期、中期、後期及末期。正如在有絲分裂一樣，DNA 在減數分裂期前的間期會自我複製。

- 在減數分裂 I 的前期，同源染色體在互換時交換遺傳物質，如圖 9.5 所示，兩同源染色體依其體長排列在一起，其小片段同源區間會互相交換，使得染色體遺傳訊息重組。
- 在中期 I 時紡錘體的微管附著到同源染色體使其成對排列在中期板上，其排列方式為隨機，使得染色體可獨立分配到配子中。
- 同源染色體在後期 I 時會被紡錘體拉往其對應的兩極，此與在有絲分裂及後續的減數分裂 II 的後期時姊妹染色分體被分開的情況不同。
- 在末期 I 時染色體聚集在細胞兩極，繼之為減數分裂 II。

9.3.2 減數分裂 II 與有絲分裂相似在於其姊妹染色分體經由前期 II、中期 II、後期 II 及末期 II 後分離，其與有絲分裂不同在於減數分裂 II 前 DNA 並不複製。同源染色體在減數分裂 I 時分離，使得如圖 9.7 所示在末期 II 時每個子細胞只具有一半的染色體數目，且其子細胞因有染色體互換，所以其遺傳物質並非完全相同。

9.3.3 因在前期 I 有聯會，同源染色體的手臂靠得很近而可發生互換。聯會也會阻斷內側著絲點與紡錘絲相連結，使得在減數分裂 I 時姊妹染色分體不分離。

減數分裂與有絲分裂之比較

減數分裂與有絲分裂的不同

9.4.1 減數分裂有兩個與減數分裂不同處為因聯會而使染色體發生互換及減數分裂。

9.4.2 當同源染色體在前期 I 時依其長度緊靠在一起稱為聯會，此不會發生在有絲分裂時。在聯會時相鄰近的部分同源染色體的片段會互相交換而發生互換，造成子細胞並非與其親代細胞或彼此間遺傳完全一致。而在有絲分裂所形成的子細胞間，或與其親代細胞間則在遺傳上是完全一樣的。

9.4.3 在減數分裂產生的子細胞具有其親代細胞所具有的一半的染色體數目，如圖 9.8b 所示，減數分裂經兩次核分裂，但只有一次在間期有 DNA 複製。

有性生殖的演化結果

9.5.1 有性生殖因獨立配對，互換及隨機造成染色體隨機分配至配子中，造成許多不同的遺傳組合。互換使配子具有遺傳物質無限受精而產生未來世代之遺傳變異。獨立配對的變異新組合。

9.5.2 配子的融合產生新遺傳隨機組合，產生更多的遺傳多樣性。

測試你的了解

1. 當一卵子及精子結合形成新的個體，為避免新個體具有其親代的雙倍染色體。
  a. 新個體的一半染色體很快拆解只留下正確的染色體數目
  b. 新細胞排出卵子及精子的半數染色體
  c. 大的卵子貢獻所有的染色體，小的精子細胞只貢獻一些 DNA
  d. 卵子及精子細胞因經減數分裂而產生，只具有其親代細胞一半數目的染色體

2. 人類雙倍體具有 46 個染色體，其單倍體的染色

體數目為：
a. 138　c. 46
b. 92　d. 23

3. 一個具有有性生殖週期的個體，有時期具有
a. $1n$ 配子(單倍體)，接著為 $2n$ 合子 (雙倍體)
b. $2n$ 配子 (單倍體)，接著為 $1n$ 合子 (雙倍體)
c. $2n$ 配子 (雙倍體)，接著為 $1n$ 合子 (單倍體)
d. $1n$ 配子 (雙倍體)，接著為 $2n$ 合子 (單倍體)

4. 比較體細胞及配子細胞，體細胞為
a. 具有一組染色體的雙倍體
b. 具有一組染色體的單倍體
c. 具有兩組染色體的雙倍體
d. 具有兩組染色體的單倍體

5. 下列何者發生在減數分裂 I？
a. 所有染色體都已複製
b. 同源染色體在中期板上隨意排列稱為獨立配對
c. 已複製的姊妹染色分體分離
d. 最初的細胞分裂成四個雙倍體細胞

6. 下列何者發生在減數分裂 II？
a. 所有染色體都已複製
b. 同源染色體隨機分離稱為獨立配對
c. 已複製的姊妹染色分體分離
d. 產生遺傳一致的子細胞

7. 減數分裂 II 與有絲分裂的不同處為何？
a. 姊妹染色分體仍以中節彼此附著
b. 姊妹染色分體在後期 II 不分離
c. 在中期 II，紡錘絲附著在中節上
d. 在前期 II 開始時，姊妹染色分體並非遺傳上完全一致

8. 在減數分裂的哪個時期染色體開始互換？
a. 前期 I　c. 中期 II
b. 後期 I　d. 間期

9. 有絲分裂結果為________，而減數分裂結果為________。
a. 與親代遺傳一致的細胞，單倍體細胞
b. 單倍體細胞，雙倍體細胞
c. 四個子細胞，兩個子細胞
d. 具有親代染色體數目一半的細胞，具有染色體數目變異的細胞

10. 減數分裂與有絲分裂之不同除了具有減數分裂外，還具有
a. 中節複製　c. 聯會
b. 姊妹染色體　d. 子細胞

11. 聯會是
a. 同源染色體分開並向細胞的兩極移動
b. 同源染色體交換染色體物質
c. 同源染色體沿著其長度互相緊靠在一起
d. 子細胞具有其親代細胞一半數目的染色體

12. 互換是
a. 同源染色體互換到細胞的相反側
b. 同源染色體交換染色體物質
c. 同源染色體沿著其長度緊密靠在一起
d. 著絲粒紡錘絲與中節兩側附著

13. 下列何者不是減數分裂的特質？
a. 同源染色體配對並交換遺傳物質
b. 姊妹染色體著絲粒與紡錘體微管附著
c. 姊妹染色分體移往同一極
d. 抑制 DNA 複製

14. 下列何者對遺傳多樣性沒有貢獻？
a. 獨立配對　c. 減數分裂 II 中期
b. 重組　d. 減數分裂 I 中期

15. 比較獨立配對及互換，哪一個步驟對遺傳多樣性的貢獻最大？

16. 人類有 23 對染色體，包括 22 對與性別決定無關的染色體，及一對決定女性的 XX 染色體或一對決定男性的 XY 染色體。不考慮互換的效應的情況下，你的卵子或精子帶有由媽媽而來的所有染色體之比率為何？

17. 有性生殖及減數分裂的主要結果是物種
a. 大致維持相同遺傳因染色體仔細複製並傳給子代
b. 因有減數分裂 II 步驟而具有遺傳重組合
c. 因有減數分裂 I 步驟而具有遺傳重組合
d. 因有末期 II 步驟而具有遺傳重組合

18. 因為有性生殖，遺傳的可能數目將為
a. 雙倍　c. 減半
b. 沒影響　d. 幾乎無限

Chapter 10
遺傳學的基礎

於這個豆莢中，你可見到其內種子的陰影，它們將可發育成為此植物的下一個世代。雖然這些種子彼此看起來很類似，但是長出的植物卻可能很不相同。這是由於產生這些種子而來自雙親的配子，所貢獻的染色體經過「洗牌」之故，因此其後裔可能從雙親之一獲得某些特徵，而又從另一親代獲得其他特徵。大約在 150 年以前，人類還不知道基因與染色體為何物之前，孟德爾便首次描述了這個過程。我們現在已經對遺傳程序的許多細節有深入的了解，並可在人類生殖組織中的基因發生損害時，找出方法來處理這些缺陷。於本章中，你將學到孟德爾如何利用如上圖中的豌豆來進行他的遺傳實驗。與他之前的科學家不同，孟德爾仔細計算他從實驗中所得的每一種豌豆植物特徵，從他所得的結果中，可看到一種完美的簡單性。他所提出解釋遺傳現象的學說，已經成為生物學中最重要的準則之一。

孟德爾

10.1 孟德爾與豌豆

當你出生時，會有許多特徵與你的父母類似。這種從父母將表徵傳送給子女的趨勢，就稱之為**遺傳** (heredity)。表徵 (trait) 是性狀 (character) 的另一種說法，或稱之為可遺傳的特徵。遺傳是如何發生的？在 DNA 與染色體發現之前，這個難題是科學上最神秘的事物。了解這個遺傳謎題的關鍵，是一位名叫孟德爾 (Gregor Mendel) 的奧地利神父 (圖 10.1)，於一個多世紀前在他的花園中所發現的。

將豌豆互相雜交，孟德爾從觀察中得到簡單且強而有力的學說，能夠精確地預測遺傳的型式－也就是說，有多少後代會類似其中一個親代，又有多少會類似另一個親代。當孟德爾的遺傳學說廣為周知後，世界各地的研究人員便開始試圖找出遺傳現象的實體機制。他們發現，遺傳表徵是受到從雙親獲得之 DNA 的精確調控。孟德爾對此謎題的解釋，開啟了人類科學史上最具智慧成就的康莊大道。

對遺傳最早的認知

孟德爾是試圖利用豌豆雜交，來了解遺傳

圖 10.1　孟德爾
孟德爾解出了遺傳謎題之鑰，他在奧地利布魯諾的修道院花園中，種植豌豆進行實驗。

現象的早期人士之一。在更早的 100 多年前，英國農人也從事過類似的雜交，並獲得與孟德爾實驗類似的結果。他們觀察到將二種類型的植物雜交，例如高莖豌豆與矮莖豌豆，在下一世代中其中一型會消失，但是在又下一代中，則會重新出現。例如 1790 年代，一位英國農人奈特 (T. A. Knight) 就用各種紫花豌豆來與一種白花豌豆雜交，發現所有的後代都開紫花。但將這種紫花後代互相雜交，則其後代有些為紫花，有些為白花。奈特認為紫色具有一種「強的趨勢」(strong tendency) 來展現，但是他沒有計算後代的數目。

孟德爾的實驗

孟德爾於 1822 年出生在一個農家，並在修道院接受教育。他成為修士之後，曾到維也納大學進修科學與數學。他渴望成為一位科學家與教師，但是卻未通過教師執照考試。於是他返回修道院終其一生，後來並成為修道院的院長。在他剛回到修道院時，孟德爾參加了一個鄰近的科學俱樂部，這是一群由農人與對科學有興趣的人士所組成的。在當地一位貴族的贊助之下，每一位會員都從事一項研究，並在聚會時相互分享討論，甚至還出版一份期刊。孟德爾於是重複奈特的豌豆實驗，並且決定要仔細計算後代的數目，期望能夠使他弄清楚原委。此時歐洲正好興起科學上定量的分析，即測量與記數。

孟德爾選擇豌豆作為實驗對象，是因為豌豆具有幾項特性，使其易於從事實驗：

1. 有許多品種可供選用。孟德爾選取了七個很容易辨識表徵的品系 (包括奈特於 60 多年前所觀察的白花與紫花特徵)。
2. 孟德爾從奈特及他人先前的經驗得知，一些特徵可從一個世代中消失但又在下一世代出現。因此他知道有些特徵是可測量計數的。
3. 豌豆很小、易於栽種、可產生大量子代且能快速成熟。
4. 豌豆的生殖構造被圈在花內。圖 10.2 是豌豆花的剖面圖，圖中可見到含有花粉的雄蕊，以及含有卵的雌蕊。如不去干擾它，花不會張開，它們就可自花授粉。當孟德爾要進行雜交時，僅需撥開花瓣剪去雄蕊，將另一株植物的花粉灑到此花的雌蕊上即可。

孟德爾的實驗設計

孟德爾的實驗設計與奈特相同，唯一不同處是孟德爾將他的植物加以計數。他的雜交實驗有三個步驟，如圖 10.3 的三個區塊所示。

1. 先將每一品種的豌豆自體受精數個世代，這可確保每一品種都是**純種** (true-breeding) 的，代表此表徵沒有其他的變種在內。只要繼續自體受精，產生的所有後代之表徵都完全相同。以白花品種為例，每一世代都是白花，不會出現紫花。孟德爾將此種品系稱為**親代** (P generation，P 代表 parental 親代)。
2. 孟德爾然後開始實驗：他將豌豆具有不同表徵的二種品系雜交，例如白花與紫花。他將得到的子代稱為**第一子代** (F_1 generation, F_1 代表 “first filial”) (拉丁文 filial 的意思是「兒子」或「女兒」)。

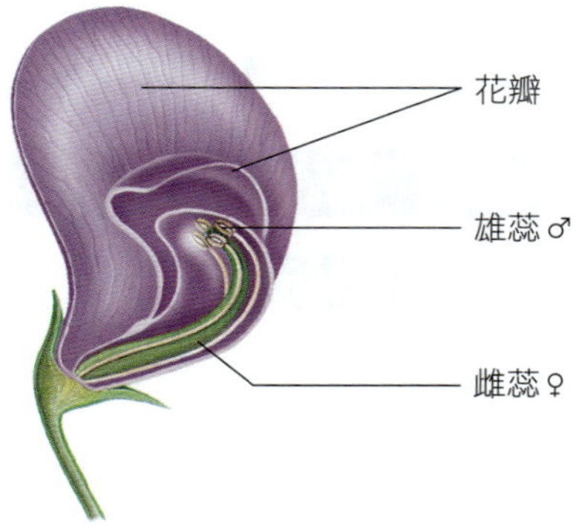

圖 10.2 豌豆花
由於很容易栽種，而且具有許多獨特的品種，豌豆 (*Pisum sativum*) 很適合作為實驗材料。在孟德爾之前的一個世紀就被用來觀察其遺傳現象。

3. 最後，孟德爾將第二步驟所得到的植物去自體受精，然後將所得到的**第二子代** (F_2 generation, second filial generation) 加以計數統計。如同奈特的發現，白花於此世代又出現了，雖然其出現的頻率低於紫花。

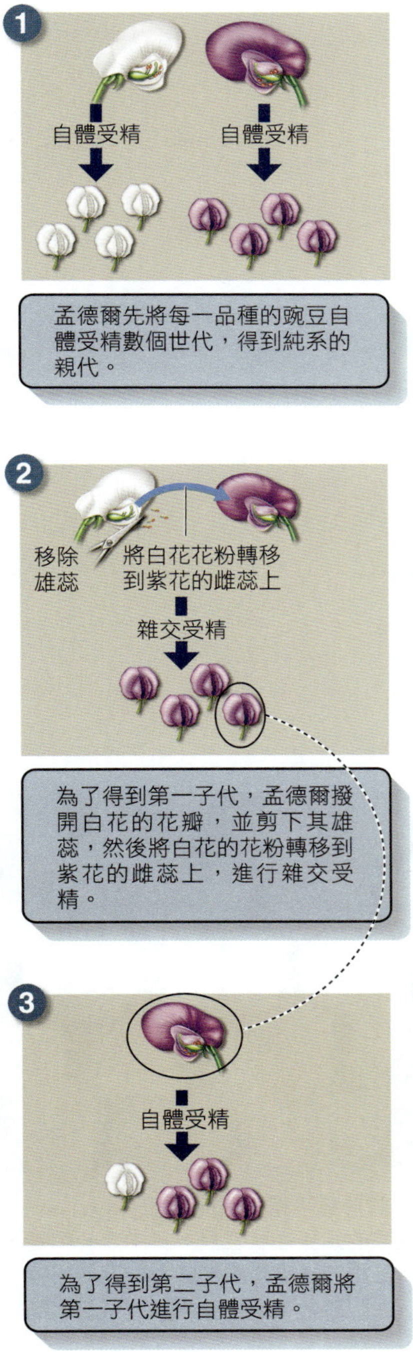

圖 10.3　孟德爾如何進行他的實驗

關鍵學習成果 10.1

孟德爾利用純系的豌豆進行雜交來研究遺傳，然後再將其子代自體受精。

10.2　孟德爾的觀察

孟德爾的實驗

孟德爾使用碗豆的許多表徵來進行實驗，並且一再地得到相同的結果。他總共觀察了七對的相對表徵，如表 10.1。孟德爾雜交的每一對相對表徵，他都得到相同的結果，見圖 10.3。其中一個表徵會在 F_1 世代消失，但又在 F_2 世代出現。我們將以花色來詳細說明孟德爾的雜交實驗。

第一子代

以花色為例，當孟德爾將紫花與白花雜交，所有的第一子代 (F_1 generation) 都呈現紫花，而無白花。孟德爾將 F_1 出現的表徵稱為**顯性** (dominant)，而不出現的表徵則稱為**隱性** (recessive)。於此例中，紫花是顯性，而白花則是隱性。孟德爾除了花色外，還研究了幾個其他性狀；他所探討的每一對相對表徵，都發現其中之一為顯性，另一為隱性。他所研究的每一個性狀的顯性表徵與隱性表徵，都列在表 10.1 中。

第二子代

當 F_1 植物成熟且自體受精後，孟德爾蒐集它們的種子，並加以種植，然後觀察它們長出的第二子代 (F_2 generation) 特徵。孟德爾 (如同奈特與其他早期人物) 發現一些子代出現隱性的白花。隱性表徵於 F_1 中消失，但是又出現於 F_2 中。因此一定有一些東西存在於 F_1，只是沒有表現出來！

到了此階段，孟德爾於他的實驗上做出大膽的創新設計。他計數 F_2 每一個表徵個體

表 10.1　孟德爾實驗使用之七種性狀

	性狀				第二子代	
	顯性表徵	×	隱性表徵		顯性：隱性	比例
	紫花	×	白花		705:224	3.15:1 (3/4:1/4)
	黃色種子	×	綠色種子		6022:2001	3.01:1 (3/4:1/4)
	圓形種子	×	皺皮種子		5474:1850	2.96:1 (3/4:1/4)
	綠色豆莢	×	黃色豆莢		428:152	2.82:1 (3/4:1/4)
	飽滿豆莢	×	皺縮豆莢		882:299	2.95:1 (3/4:1/4)
	腋生花	×	頂生花		651:207	3.14:1 (3/4:1/4)
	高莖植物	×	矮莖植物		787:277	2.84:1 (3/4:1/4)

的數目，認為 F_2 表徵的比例，可以提供有關遺傳機制的線索。以 F_1 紫花雜交為例，他共計數出 929 個 F_2 的表徵 (表 10.1)，其中 705 (75.9%) 個為紫花，224 (24.1%) 個為白花。也就是說，大約四分之一的 F_2 個體出現隱性表徵，四分之三的個體出現顯性表徵。孟德爾對其他幾種性狀，例如種子的性狀 (圓形相對皺皮) (圖 10.4)，也進行了類似的實驗，並且都得到相似的結果：F_2 的個體四分之三出現顯性，四分之一出現隱性。換言之，F_2 的顯性：隱性比例總是 3:1。

圖 10.4　圓形種子相對皺皮種子
孟德爾觀察的豌豆性狀差異，其中之一就是種子的形狀。一些品種的種子是圓形的，而其他的種子則是皺皮的。

一個隱藏的 1:2:1 比例

孟德爾還將 F_2 個體進行雜交得到下一世代，發現那四分之一的隱性個體都是純系的，無論進行幾個世代的雜交，出現的都是隱性的表徵。因此白花的 F_2 個體所產生的 F_3 個體都只出現白花 (如圖 10.5 右方所示)。

而在那四分之三的 F_2 顯性植物中，只有三分之一是純系的，其 F_3 個體均為顯性的紫花 (如圖左方)。其餘的三分之二，其 F_3 個體會出現紫花與白花二種表徵 (圖中央)，且當孟德爾去計數顯性：隱性的比例時，又是 3:1！從以上這些結果，孟德爾發現 F_2 的 3:1 比例，實際上是一種 1:2:1 的隱藏型式。

1		2		1
純系顯性	：	非純系顯性	：	純系隱性

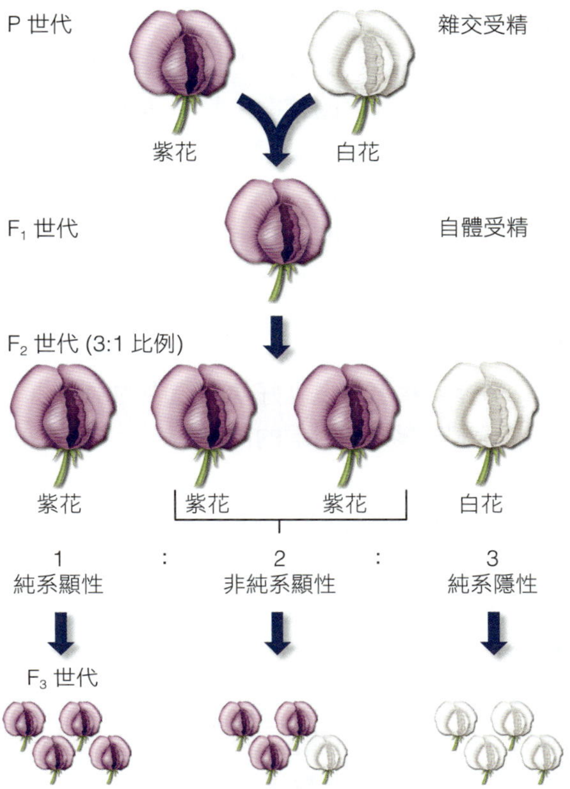

圖 10.5 F_2 的比例是一個隱藏的 1:2:1 比例
將 F_2 自體受精，孟德爾從其下一代 (F_3) 分析發現，F_2 的比例其實是 1 純系顯性：2 非純系顯性：1 純系隱性。

關鍵學習成果 10.2

當孟德爾將二個相對表徵加以雜交並計數其下一世代後，他發現所有的第一世代都表現出一個 (顯性) 表徵，而另一 (隱性) 表徵則不會出現。其下一 F_2 世代，25% 為純系顯性，50% 為非純系顯性，25% 為純系隱性。

10.3 孟德爾提出一個學說

孟德爾學說

為了解釋他的結果，孟德爾提出了一套簡單的假說，可以忠實反映出他所觀察到的結果。現代則將之稱為孟德爾遺傳學說，已成為科學史上最有名的學說之一。孟德爾學說由五個假說構成：

假說 1：親代不會直接將表徵傳給其後代。而是將此表徵的因子 (merkmal 德文的「因子」) 傳給後代。這些因子之後才在子代中發揮功用，使之產生表徵。以現代的術語，我們將孟德爾的因子稱為**基因** (genes)。

假說 2：每一親代具有二個拷貝之掌控表徵的因子。此二個拷貝可相同或不相同。如果一個因子的二個拷貝相同 (都為紫花或是都為白花)，則此個體稱為**同型合子的** (homozygous)。如果此因子的二個拷貝不相同 (一個為紫花，一個為白花)，則此個體就稱為**異型合子的** (heterozygous)。

假說 3：一個因子可有不同的型式，可表現出不同的表徵。一個因子的不同型式就稱為**等位因子** (alleles)。孟德爾使用小寫的字母代表隱性因子，大寫的字母代表顯性因子。因此以紫花為例，紫花的等位因子寫成 P，而白花的等位因子就寫成 *p*。現代術語將一個生物個體的外表特徵，例如白花，稱之為**表現型** (phenotype)。外表的特徵，是由其親代傳遞下來的等位因子 (等位基因) 來決定，因此我們將一個生物這種特定的等位因子稱之為**基因型** (genotype)。所以一個白花豌豆的表現型為「白花」，而其基因型則為「*pp*」。

假說 4：一個生物個體所具有的二個等位因子，不會互相影響。就好像信箱中的二封信，彼此不會影響另一封信的內容。當生物個體成熟產生配子 (卵與精子) 時，每一個等位因子可毫無改變地傳遞下去。在孟德爾的時代，他並不知道他所謂的因子是位於染色體之上，可從親代傳遞給後代。圖 10.6 顯示了以現代觀點來看基因是如何被染色體所攜帶與傳遞的。同源染色體可攜帶相同的基因，但不一定是相同的等位基因。一個基因在染色體上的位址稱為**基因座** (locus，複數為 loci)。

假說 5：具有等位因子，並不保證攜有此等位因子的個體能夠表現出其表徵。於一個異型合子的個體，只有顯性等位因子能夠表現出表徵；隱性的等位因子則無法表現。

綜合以上這五個假說，便構成了孟德爾對遺傳程序所提出的模型。許多人類的表徵，也具有顯性與隱性的遺傳特性，與孟德爾研究的豌豆類似 (表 10.2)。

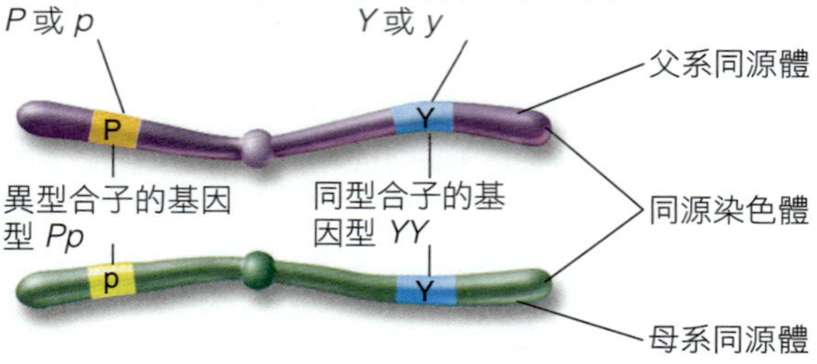

圖 10.6 位於同源染色體上之不同型式的等位基因

分析孟德爾的結果

分析孟德爾的結果時，很重要的是，要記住每一個表徵都是被從其親代遺傳過來的等位基因所決定，一個來自母親，另一個則來自父親。這些在染色體上的等位基因，於減數分裂時會分配到配子中。每一個配子獲得一個拷貝的染色體，因此也就獲得一個等位基因。

重新看一次孟德爾的紫花與白花雜交實驗：與孟德爾相同，此處以 *P* 代表顯性等位基因，可產生紫色的花；以 *p* 代表隱性的等位基因，可產生白色的花。如前所述，依照慣例，遺傳特徵可用一個有關其常見型式的英文字母來表示，此處以 *P* 代表紫色花 (purple flower color)。大寫的 *P* 用來表示顯性等位基因，而隱性等位基因則以小寫的 *p* 來表示。

因此在這個系統下，純系隱性白花表徵的個體，其基因型就可用 *pp* 來表示，此個體的二個等位基因都是白花的表現型。相同的，純系顯性的紫花表徵個體，其基因型就可用 *PP* 來表示，而一個異型合子的紫花個體，則以 *Pp* 來表示 (顯性等位基因在前)。使用這個慣例，並且用一個 × 代表二個品系的雜交，我們可以簡化孟德爾的原始雜交實驗為 *pp* × *PP*。

龐尼特方格

一個純系白花 (*pp*) 與純系紫花 (*PP*) 雜交後的結果，可以使用一個**龐尼特方格** (Punnett square) 來表示。於一個龐尼特方格中，一個個體的可能配子排列在水平方向的一邊，另一個個體的可能配子則排列在縱向的一側，而其後代的可能基因型組合，則寫在方格中。圖 10.7 說明如何建立一個龐尼特方格，將一個異型合子的植物雜交 (*Pp* × *Pp*) 表示出來。親代的基因型可放置在方格的上方與一側，子代的基因型則寫在方格中。

子代基因型出現的頻率則通常以**機率**

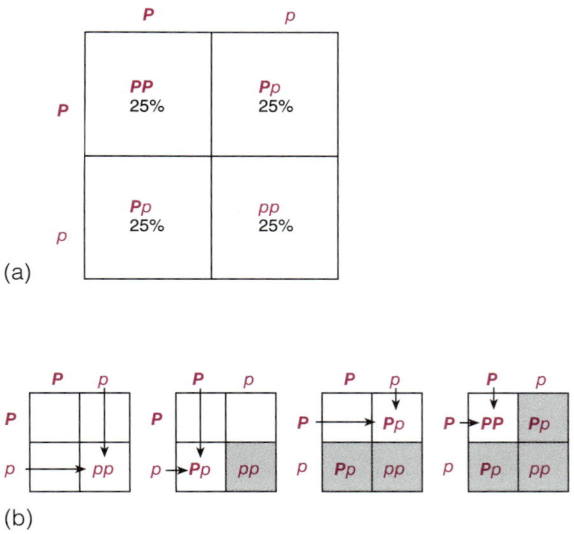

圖 10.7 龐尼特方格分析

(a) 每一方格代表雜交後 1/4 或 25% 的子代；於 (b) 方格中，可見到如何利用方格來預測所有子代可能出現的基因型。

(probability) 來表示。例如，於一個同型合子的白花植物 (*pp*) 與一個同型合子的紫花植物 (*PP*) 雜交，*Pp* 是 F_1 子代個體唯一可能的基因型，如圖 10.8 左方所示。由於 *P* 對 *p* 為顯性，因此 F_1 子代所有的個體都具有紫花。當將 F_1 子代個體雜交時，如右方圖龐尼特方格所示。於 F_2 中獲得一個同型合子之顯性 (*PP*) 個體的機率是 25%，因為 *PP* 基因型的可能性為四分之一。同樣的，於 F_2 中獲得一個同型合子的隱性 (*pp*) 個體的機率也是 25%。由於異型合子的基因型的獲得方式有二種可能 (*Pp* 與 *pP*)，在四個方格中占了一半；因此在 F_2 子代產生異型合子 (*Pp*) 個體的機率是 50% (25% + 25%)。

表 10.2 人類之一些顯性表徵與隱性表徵

隱性表徵	表現型	顯性表徵	表現型
一般禿頭	隨年齡增加，髮際線後退呈 M 型	中指節長毛髮	手指中指節上長毛髮
白化症	缺乏黑色素	短指症	手指很短
黑尿症	無法代謝尿黑酸	對苯硫脲 (PTC) 敏感	能嚐出 PTC 的苦味
紅綠色盲	無法區別紅色與綠色光線波長	指彎曲症	小手指無法伸直
		多指症	多長出手指頭與腳趾頭

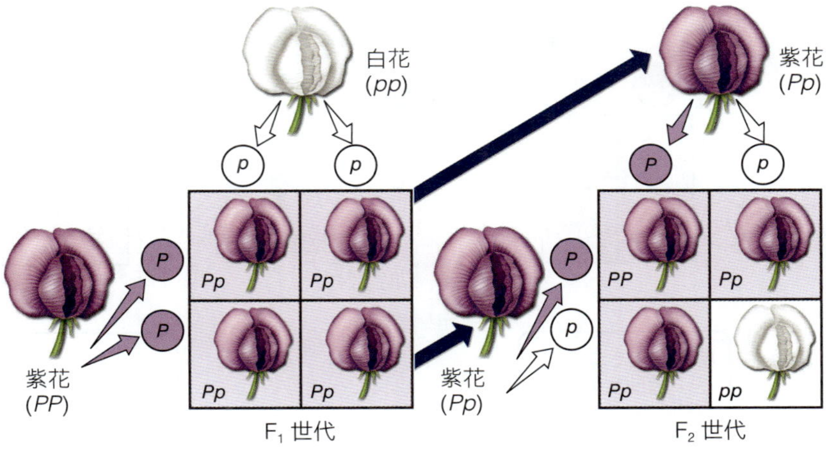

圖 10.8 孟德爾如何分析花色

第一次雜交子代唯一的可能性，均為紫花的異型合子 *Pp*，這些個體稱為第一世代 (F_1)。當二個異型合子的 F_1 個體雜交後，會產生三種後代：*PP* 同型合子 (紫花)；*Pp* 異型合子 (也為紫花)，可為二種方式產生；以及同型合子的 *pp* (白花)。這些 F_2 世代個體，其顯性表現型與隱性表現型的比例是 3:1。

試交

孟德爾如何得知 F_2 世代 (或者是 F_1 世代) 中的紫花植物，何者是同型合子 (*PP*)？何者是異型合子 (*Pp*)？光從外表是不可能得知的。因此，孟德爾設計了一個簡單又有力，稱為**試交** (testcross) 的方法，來決定一個個體的基因組成。以一個紫花植物為例，光看其表現型，是無法得知它為同型合子的還是異型合子的。要想得知它的基因型，必須將它與其他植物雜交。那何種雜交能得到答案？如果將之與一個同型合子的顯性個體雜交，所有的後代都會表現出顯性的表現型，無論其為同型合子或是異型合子。如果與另一異型合子的個體雜交，也很困難 (但不是不可能) 做出區別。然而，如果將之與一個隱性的同型合子個體雜交，那就可輕易做出決定。要想知道這種試交如何作用，可將一個紫花植物與一個白花植物進行試交。圖 10.9 說明下列二種可能性：

選項 1 (左方圖)：測試植物為同型合子 (*PP*)。*PP* × *pp*：所有後代均為紫花 (*Pp*)，如圖中的四個紫色方格。

選項 2 (右方圖)：測試植物是異型合子 (*Pp*)。*Pp* × *pp*：一半的子代為白花 (*pp*)，另一半的子代為紫花 (*Pp*)，如圖中的二個白色格子與二個紫色格子。

在其中一次試交實驗，孟德爾將顯性表徵的 F_1 個體與隱性同型合子的親代進行反交，他預測出現的顯性表徵與隱性表徵之比例應為 1:1，而這也正是他所觀察到的結果，如右方圖中所見。

試交也可用來決定一個個體二個基因的基因型。孟德爾進行了許多二個基因的雜交，有一些不久之後就會介紹。他常用試交來決定一些特定的 F_2 顯性個體之基因型。因此一個具有雙重顯性表徵的 F_2 個體 (*A_B_*)，可能具有下列幾種基因型：*AABB*, *AaBB*, *AABb* 或 *AaBb*。將這種具有雙重顯性表徵的 F_2 個體，與同型合子隱性個體進行雜交 (也就是 *A_B_* × *aabb*)，孟德爾就能夠決定此 F_2 個體之二個表徵，是否都為純系或是只有一個為純系：

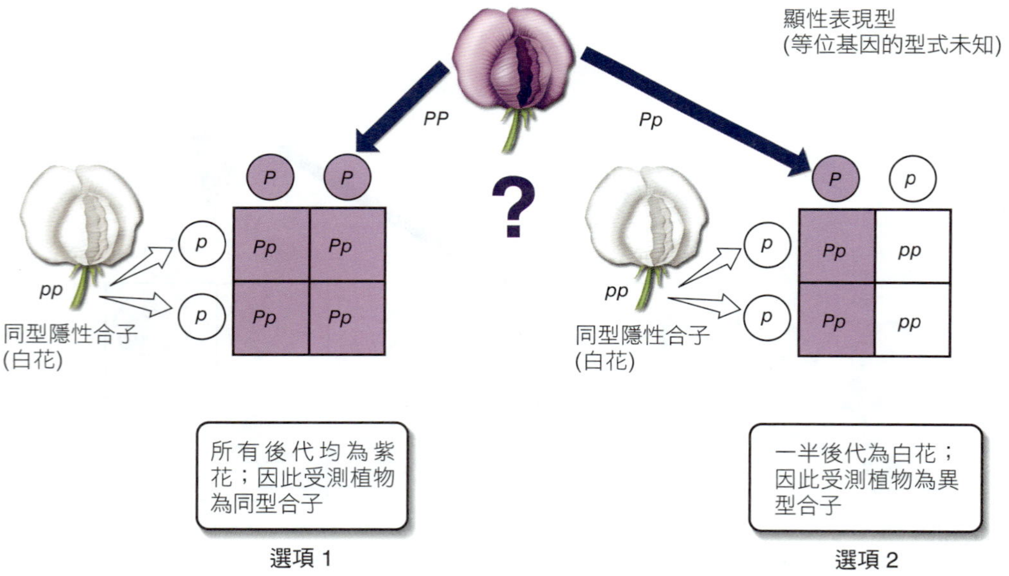

圖 10.9　孟德爾如何利用試交來檢查異型合子

為了檢查一個顯性表現型個體 (例如紫花) 是否為同型合子 (*PP*) 或異型合子 (*Pp*)，孟德爾設計了試交。他將之與一個已知的隱性同型合子 (*pp*) 個體雜交，於本例是白花植物。

AABB	表徵 A 為純系	表徵 B 為純系
AaBB	______	表徵 B 為純系
AABb	表徵 A 為純系	______
AaBb	______	______

關鍵學習成果 10.3

一個個體具有的基因為其基因型；而外表的特徵則為其表現型，是由遺傳自親代的等位基因所決定的。基因分析可利用龐尼特方格來決定一個特定雜交之所有可能的基因型。試交可決定一個隱性表徵的基因型。

10.4 孟德爾法則

孟德爾第一法則：分離律

孟德爾的模型漂亮地以簡潔有力的計數方式算出觀測結果的比例，並可用來預測雜交結果。同樣的遺傳型式，也見之於許多其他生物。能夠符合此種遺傳型式的表徵，就稱為孟德爾表徵 (Mendelian traits)。由於此發現實在太重要了，孟德爾學說就被稱為孟德爾第一法則 (Mendel's first law)，或是**分離律** (law of segregation)。換成現代術語，孟德爾第一法則就是：一個表徵的二個等位基因，於形成配子時會彼此分離，因此一半的配子會帶有一個拷貝的等位基因，而另一半的配子則帶有另一個拷貝的等位基因。

孟德爾第二法則：獨立分配律

孟德爾繼續提出問題，一個因子的遺傳，例如花色，是否會影響其他因子的遺傳，例如植物的高度。為了探討此問題，孟德爾首先針對豌豆的七對特徵，建立了一系列的純系植株。然後將相對特徵的純系加以雜交。圖 10.10 顯示了其中一組實驗，親代包括了純系之圓形黃色種子的同型合子個體 (*RRYY*)，以及與之雜交的純系皺皮綠色種子的同型合子個體 (*rryy*)。二者雜交之後產生的後代為圓形黃色種子，二種表徵均是異型合子的個體 (*RrYy*)，這種 F_1 個體就稱為**二性狀雜合體** (dihybrid)。孟德爾於是將這種二性狀雜合體互相雜交，如果影響種子形狀等位基因之分離與影響種子顏色等位基因之分離是互相獨立的，則影響種子形狀的一對等位基因與影響種子顏色的一對等位基因同時發生的機率就單純為此二個個別機率的乘積。例如，一個皺皮綠色種子 F_2 個體的出現機率，就等於皺皮種子

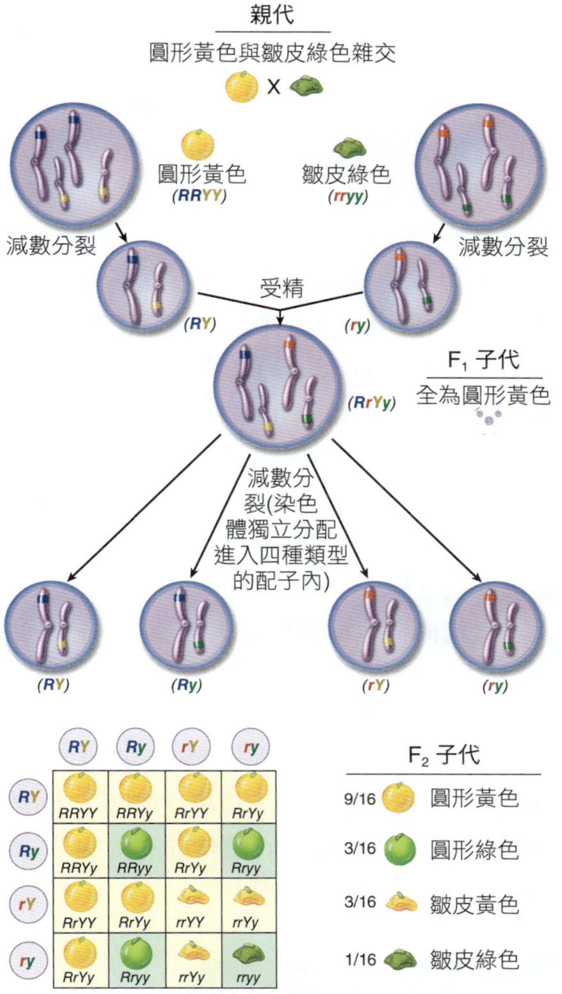

圖 10.10 二性狀雜合體之雜交分析

此二性狀雜合體的雜交顯示為圓形種子 (*R*) 對應皺皮種子 (*r*)，以及黃色種子 (*Y*) 對應綠色種子 (*y*)。四種可能的表現型比例為 9:3:3:1。

的機率 (1/4) 與綠色種子的機率 (1/4) 的乘積，即 1/16。

於這種二性狀雜合體的雜交實驗中，孟德爾發現 F_2 世代的表現型頻率接近 9:3:3:1，與利用龐尼特方格所做出的預測吻合 (圖 10.10)。因此他對所研究的一對表徵得出以下的結論，一個表徵的遺傳不會影響另一個表徵的遺傳。此結論就被稱為孟德爾第二法則 (Mendel's second law) 或**獨立分配律** (law of independent assortment)。我們現今已知，這個結果只有當二個基因不在同一染色體上且相距很近時才適用。以現代術語來說，孟德爾第二法則就是：位於不同染色體上的基因，其遺傳是彼此獨立的。

孟德爾描述他實驗結果的論文，於 1866 年發表在當地的科學俱樂部期刊上。不幸的是，這篇論文並未引起太大的迴響，而被遺忘了 30 多年。直到 1900 年，數位科學家在準備發表他們研究論文之前，搜尋文獻時，才分別重新發現了孟德爾在 30 餘年前的論文，其結論與他們的發現非常類似。

關鍵學習成果 10.4

孟德爾學說的分離律與獨立分配律，受到實驗結果的高度支持，因此被稱為「法則」。

從基因型到表現型

10.5 基因如何影響表徵

基因型如何決定表現型

在未進一步考慮孟德爾遺傳學之前，通常需先簡單介紹一下基因如何作用。有了這個概念，我們才能更宏觀的了解一個特定的基因如何影響孟德爾的表徵。我們將以血紅素 (hemoglobin) 這個蛋白質作為例子，可依循圖 10.11 從下往上看。

從 DNA 到蛋白質

一個生物個體身上的每一個細胞，都含有相同的一套 DNA 分子，稱為此生物個體的基因體 (genome)。如你在第 3 章所學過的，DNA分子是由二股互相纏繞而成，其中一股是另一股的鏡像，每一股都是由核苷酸單元連接而成的長鏈。有四種核苷酸 (A、T、C 與 G)，核苷酸的序列決定了一個基因貯存在 DNA 中的訊息。

人類的基因體具有 20,000 到 25,000 個基因，而基因體的 DNA 則分布在 23 對染色體上，每一染色體大約具有 1,000 到 2,000 個不同基因。圖 10.11 上染色體的條帶處，為富含基因的區域。在圖上可看到，血紅素的基因是位於第 11 號染色體上面。

進入圖的下一階層，染色體 DNA 上個別基因的核苷酸序列可被酵素「閱讀」而製造出一個 RNA 的轉錄本 (transcript) (除了以 U 替代 T)。血紅素 (*Hb*) 基因的這個 RNA 轉錄本，離開細胞核進入細胞質中，好像一份工作派單，去指揮細胞製造出血紅素蛋白質。但是於真核細胞，剛製造出的 RNA 轉錄本含有超過其需要的序列，需要先「編輯」(edited)，在其離開細胞核之前，將不需要的部分予以移除。例如，編碼為血紅素蛋白質 β 次單元的 RNA 轉錄本上有 1,660 個核苷酸；但是「編輯」之後的「信息 RNA」(messenger RNA，簡寫為 mRNA) 只有 1,000 個核苷酸—可從圖上看到血紅素 mRNA 的長度比 *Hb* 基因的轉錄本來得短。

在 RNA 轉錄本編輯完成之後，便離開細胞核成為 mRNA，然後運送到細胞質的核糖體之處。每一個核糖體是一個小小的蛋白質合成工廠，使用 mRNA 上的核苷酸序列來決定一個特定多肽鏈上的胺基酸序列。以血紅素蛋白質 β 次單元為例，其 mRNA 可編碼出一個 146 個胺基酸的多肽鏈。

呼吸	呼吸作用得以進行，是由於 Hb 蛋白質可在肺臟中結合 O_2 分子，並於組織中釋放出
血紅素蛋白質	在多肽的胺基酸鏈摺疊出有功能的形狀之後，才具有功能
多肽鏈	依據 mRNA 上的核苷酸序列來合成
訊息 RNA (mRNA)	將序列訊息運送到發生作用的部位
初級轉錄本	在 RNA 序列中散布著胺基酸序列的訊息
血紅素基因	其上具有決定血紅素蛋白質胺基酸序列的資訊
11 號染色體	含有大約 1,000 個基因
人類基因體	由 30 億個核苷酸組成，分布在 23 對染色體之上

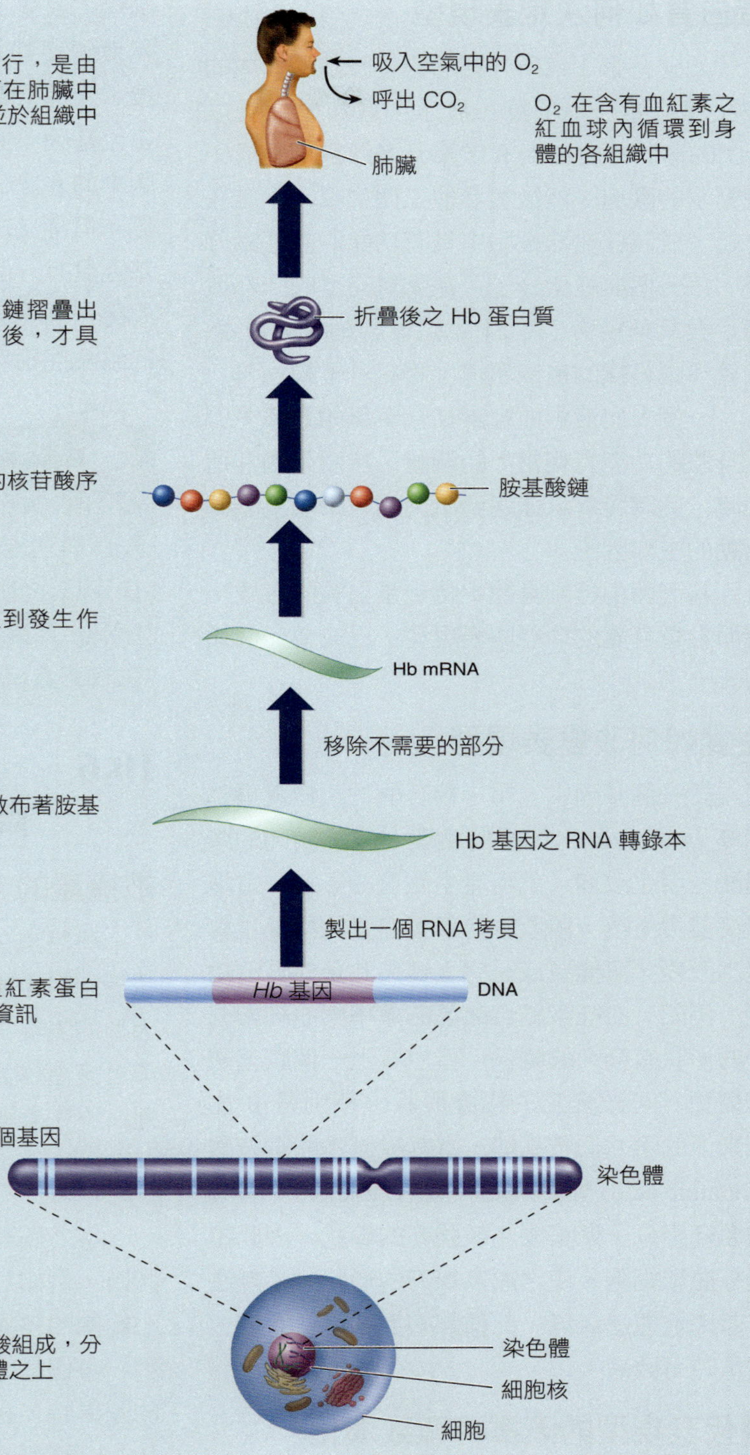

圖 10.11　從 DNA 到表現型的歷程

一個生物的大多特性，是由其基因所決定。此處可見到人類 20,000~25,000 個基因中的一個基因，在攜帶氧氣到全身的過程上扮演了關鍵的角色。其歷程中的許多步驟，從基因到表徵，是第 11 章與第 12 章的主要主題。

蛋白質如何決定表現型

如同在第 3 章所介紹過的，胺基酸構成的多肽鏈有如一串項鍊，於水中會自動摺疊成 3-D 的形狀。血紅素 β 次單元多肽鏈摺疊成一個緊密的團塊，然後與其他三個次單元聯結在一起，成為紅血球細胞中具有功能的血紅素分子。每一個血紅素分子可在氧氣充足的肺部環境下與氧氣結合 (第 24 章還會詳細討論)，然後於活躍組織的貧氧環境下將氧分子釋出。

一個人血液中血紅素結合氧氣的效率，與其身體的功能有相當大的關聯，特別是劇烈運動時，此時將氧氣運送到肌肉的效率成為限制活動的主要因子。

基因藉由控制身體中特定蛋白質的形成，進而影響身體的功能與表現型，已成為一個通則。

突變如何改變表現型

於一個基因中，單一核苷酸的改變就稱為突變 (mutation)，如果此突變造成其編碼的胺基酸也發生改變，就可產生嚴重的影響。當這種突變發生後，所產生之新蛋白質的摺疊也會發生改變，可變更或是完全喪失此蛋白質的功能。例如，血紅素結合氧氣的效率與血紅素分子的形狀有極大的關係。蛋白質上一個胺基酸的變更，可改變它的摺疊形狀。特別是 β 血紅素上的第六個胺基酸，當其從原本的麩胺酸 (glutamic acid) 變更為纈胺酸 (valine) 時，可導致血紅素分子聚集成為較強韌的棒狀，因此拉扯紅血球細胞，使之成為鐮刀的形狀，且無法有效率地運送氧氣。此種鐮刀型細胞貧血症，嚴重時可致命。

替代表現型的天擇可導致演化

由於所有基因都會偶爾發生隨機的突變，因此一個族群中的某一個基因，常會有不同的版本，除了一個以外，其餘的都很罕見。有時環境的改變，使這些罕見版本中的某一個，突然變得更能適應此新環境。當這種情況發生後，天擇 (natural selection) 就會偏好此罕見的等位基因，並使其變得更普遍。鐮刀型紅血球版本的 β 血紅素基因，在大部分的地區都很罕見，但常見之於中非洲，因為異型合子的等位基因具有一個正常的基因仍可發揮正常功能，而另一個等位基因則可使該個體對盛行於該地的致命性瘧疾具有抗性。

關鍵學習成果 10.5

基因可透過控制胺基酸的序列，和蛋白質的形狀與功能，以及一個個體的細胞活動，來決定該生物的表現型。突變可變更胺基酸的序列，改變一個蛋白質的功能，因此影響了生物的表現型，於演化上具有顯著影響。

10.6 一些表徵不符合孟德爾的遺傳

被掩蓋的分離律

科學家在試圖驗證孟德爾的學說時，常無法得到與孟德爾所報告之相同的簡單比例。基因型的表現常常不是那麼直截了當。有五個因子可掩蓋掉孟德爾的分離律：連續變異、多效性、不完全顯性、環境因子以及上位現象。

連續變異

當多個基因共同聯合在一起影響同一個性狀時，例如身高與體重，此性狀通常可呈現很小範圍的差異。這是因為影響此性狀的諸多基因，每個基因是獨立分離的，當檢視許多個體的差異時，我們看到的差異是逐漸變化的。圖 10.12 展示出一個典型的此類變異，這是 1914 年的一個大學班級的學生照片。學生們依其身高而排成一列，低於五英尺者排在左方，高於六英尺者排在右方。圖中可發現此學生族群的

(a)

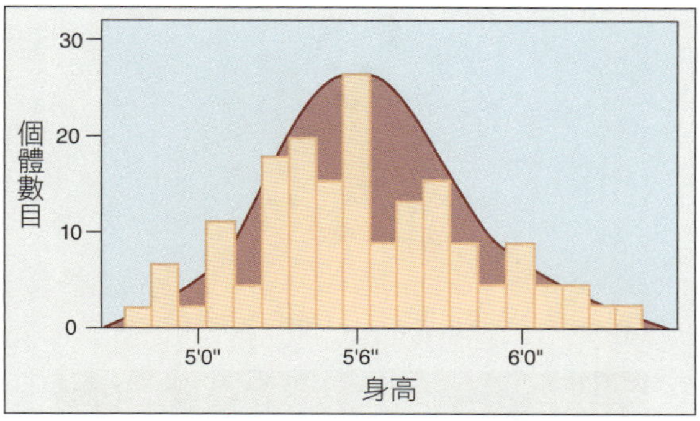

(b)

圖 10.12 人類的身高是一種連續變異
(a) 一位大學教授的遺傳學課程上有 82 位學生，他們在草地上依身高順序分組排列；(b) 此圖顯示出他們依身高所產生的鐘形分布。由於影響身高的基因很多，且每個基因都獨立分離，因此可產生許多不同的基因組合。這些學生身高的鐘形分布，顯示出一個事實，即不同身高等位基因組合所產生的累積效應，可產生一個連續的範圍，其二端出現的個體數目會比中間的少。這種分布與孟德爾豌豆的二種表徵所造成的 3:1 比例有顯著的不同。

身高有很大的差異。我們稱此種形式的遺傳，為**多基因的** (polygenic)，而其表現型的逐漸變化則為**連續變異** (continuous variation)。

例如圖 10.12a 中人類的身高，我們要如何來形容這種特徵的變異？他們的身高可從很矮到很高，而出現平均身高的個體則比極端者要普遍。我們可將他們依身高的差異來分群，每差一英寸分為一群，然後將每一個身高群中的人數數目，做出一個直方圖 (histogram)，如圖 10.12b。此直方圖接近一個典型的鐘形曲線，其變異的特徵可從其曲線的平均數與分布看出。將此種人類身高的差異與孟德爾的豌豆高度來比較，豌豆只有高莖與矮莖二種表徵，沒有中間高度的植物，這是因為控制豌豆高度的基因只有一個基因的緣故。

多效性

一個個體的等位基因通常對表現型的影響有超過一種以上的效應，這種等位基因就稱為**多效性的** (pleiotropic)。法國一位遺傳學的先驅者 Lucien Cuenot 在研究小鼠的一種顯性黃色皮毛時，發現將黃色小鼠互相雜交時，一直都無法得到純系的黃色小鼠。具有黃色等位基因的同型合子個體都會死亡，這是由於黃色的等位基因是多效性的：一個效應是產生黃色皮毛，而另一個則是致死的發育效應。在基因多效性中，一個基因可影響多個性狀。此與前述的多基因相反，多基因效應是多個基因共同影響一個性狀。基因多效性非常難以預測，因為影響一個性狀的基因，通常也影響一些我們未知的功能。

許多遺傳缺陷具有多效性的特徵，例如囊性纖維症 (cystic fibrosis) 與鐮刀型細胞貧血症，本章之後還會詳細討論。在這類疾病中，許多症狀都可追溯到一個單一的基因。如圖 10.13 所示的囊性纖維症，病患會分泌過量的黏液、含高鹽分的汗液、肝臟與胰臟衰竭以及一大堆的其他症狀。這些都是來自一個基因缺陷所造成的多效性所導致，此基因可編碼出一個位於細胞膜上的氯離子通道蛋白。在鐮刀型細胞貧血症中，一個攜帶氧氣血紅素分子的缺

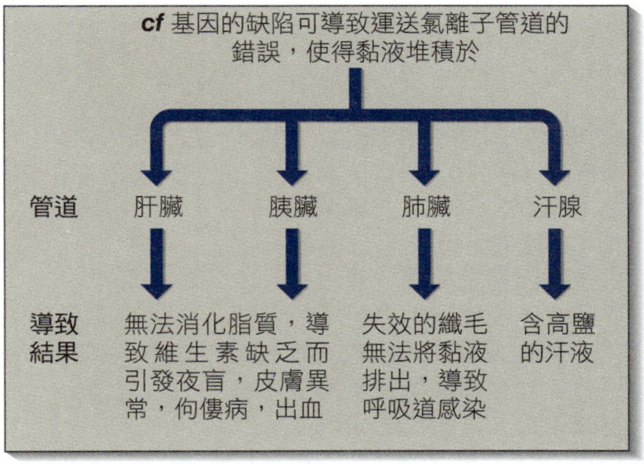

圖 10.13 囊性纖維症基因 *cf* 的多效性

陷，導致貧血、心臟衰竭、易罹患肺炎、腎臟衰竭、脾臟腫大以及許多其他症狀。要想釐清這些缺陷的特性與多效性影響的範圍是很困難的。

不完全顯性

並非所有的不同異型合子等位基因，都是完全的顯性或是隱性。有些等位基因可呈現出**不完全顯性** (incomplete dominance)，其異型合子之表現型會介於雙親外型的中間。例如，如圖 10.14 中之紫茉莉花的紅花與白花雜交，其 F_2 世代出現紅花：粉紅花：白花為 1:2:1 比例的後代，其中異形合子為介於中間的粉紅色顏色。此與孟德爾的豌豆不同，豌豆的異型合子只出現顯性表現型，而非此種不完全顯性。

環境因子

許多等位基因的表現程度，會因環境狀況而有所不同。例如一些等位基因對溫度很敏感，它們對溫度與光線的敏感度會比其他等位基因高。例如圖 10.15 中的北極狐 (arctic fox)，只有在氣候溫暖時才會製造皮毛色素。你能看出這種表徵對狐狸有何好處嗎？請想像一下，如果狐狸沒有這種特性，全年的皮毛都呈白色，那麼於夏天出現在暗色的背景中時，就很容易被其獵物所察覺。喜瑪拉雅兔與暹羅貓也很類似，它們具有一個對溫度很敏感的

(a)

(b)

圖 10.15　環境可影響等位基因的表現
(a) 北極狐冬天幾乎全白，在雪地的背景下不易被察覺；(b) 到了夏天，其毛色變成紅棕色，與背景的凍原植物相近。

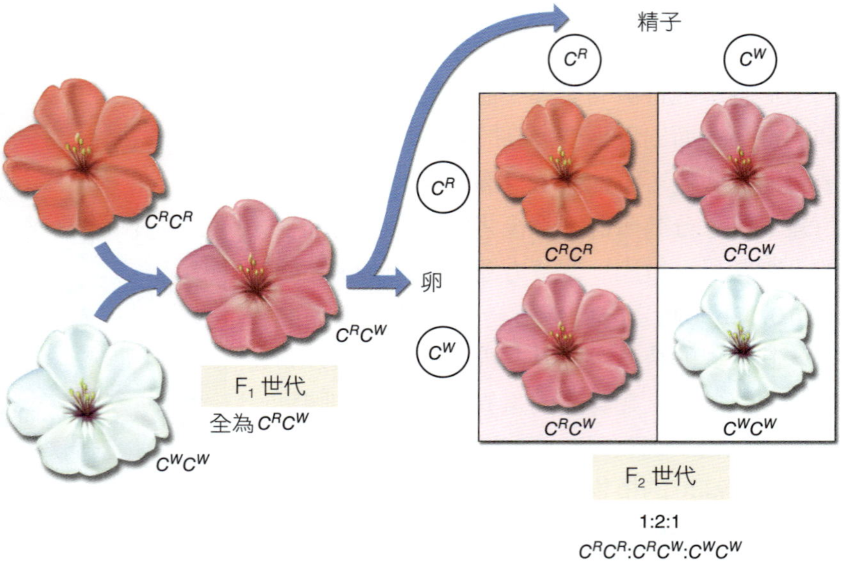

圖 10.14　不完全顯性
將紅色 (基因型 C^RC^R) 與白色 (基因型 C^WC^W) 的紫茉莉花 (煮飯花) 雜交，二者的等位基因都是顯性。產生的異型合子後代呈現出粉紅色花，其基因型為 C^RC^W。如果將二個這種異型合子的植物去雜交，其後代的表現型出現 1:2:1 的比例 (紅：粉紅：白)。

ch 等位基因，可編碼出一個製造黑色素的酵素，酪胺酸酶 (tyrosinase)。此酵素在溫度超過 33℃ 時，會失去活性。此類動物身體與頭部的溫度可超過 33℃，此酵素不具活性；但在身體末梢處，例如耳尖與尾尖處，因溫度低於 33℃，其酵素發揮活性，而使該處毛色呈現黑色。

上位現象

於某些情況下，二個或多個基因可彼此互相影響，使得某一個基因的效應可超過或掩蓋過其他的基因。當分析二性狀雜合體的遺傳時，這種現象就變得更顯著。請回想，具有二個不同基因的異型合子雜交時，其後代可同時表現出二個基因的顯性表現型，或其中一個基因的顯性表現型，或是都不表現出顯性的表現型。但是研究人員卻發現，有時無法得到四種表現型，因為一些不同的基因型可表現出相同的表徵。

如之前所敘述過的，一個基因有時可產生不同的表現型。生物大多數的表徵，常為多個基因的共同效應造成，有些可依序影響或是共同影響而造成。**上位現象** (epistasis) 是二個基因產物間的交互作用，其中一個基因的效應可改變另一基因的表現。例如，一些商業上生產的玉米 (*Zea mays*)，於其種皮上可產生一種紫色的色素，稱為花青素 (anthocyanin)，但是有些則不會產生。1918 年，一位遺傳學家艾默生 (R. A. Emerson) 將二個都不會產生色素的純種玉米雜交，令人意外的是，所有的 F_1 世代都產生紫色的種子。

當這種會產生色素的 F_1 世代互相雜交使之產生 F_2 後，發現 56% 可產生色素，而其他 44% 則不產生色素。這到底發生了何事？艾默生正確地推論出，有二個基因與產生色素有關，而第二次雜交過程則類似孟德爾的二性狀雜交。孟德爾之前曾預測有 16 種的配子組合方式，所產生後代之表現型具有 9:3:3:1 的比例 (9 + 3 + 3 + 1 = 16)。艾默生所觀察到的二種型式，在這些後代中分別各有多少？他將會產生色素的比例 (0.56) 乘上 16 得到 9，再將不產生色素的比例 (0.44) 乘上 16 得到 7。艾默生因此得到 9:3:3:1 的**修飾比例** (modified ratio) 為 9:7。圖 10.16 顯示出艾默生所做的二性狀雜交結果。請將之與孟德爾的二性狀雜交結果 (圖 10.10) 互相比較一下，你可發現艾默生的 F_2 基因型，與孟德爾的結果是一致的；但是為何它們的表現型卻不相同？

為何艾默生的比例會有修飾？ 原來於玉米中，此二色素基因中的每一個基因，都可阻斷另一基因的表現。其中的一個基因 (*B*)，可產生一種酵素僅在一個顯性等位基因 (*BB* 或 *Bb*) 存在下才能製造色素。而另一基因 (*A*)，則可產生一種酵素僅在一個顯性等位基因 (*AA* 或

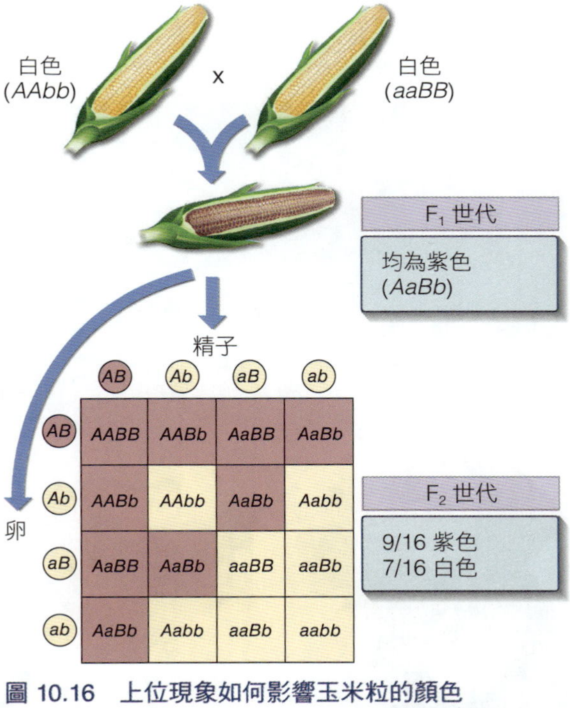

圖 10.16 上位現象如何影響玉米粒的顏色
玉米粒上出現的紫色色素，是二個基因作用的結果。除非於此二個基因座上都有一個顯性等位基因存在，否則不會產生此紫色色素。

Aa) 存在下才能使色素沉積在種皮上。因此，一個個體的 *A* 基因，如果為二個隱性的等位基因 (色素不會堆積於種皮上) 時，則此玉米為白色的，即使其 *B* 基因為顯性的等位基因 (可製造色素)。同樣的，如果一個個體的 *A* 基因，具有顯性等位基因 (可堆積色素)，但其 *B* 基因為隱性的 (無法製造色素)，則此玉米仍然為白色的。

一個玉米如果要製造色素與堆積色素，此植物必須於此二個基因上，至少都具有一個顯性的等位基因 (*A_B_*) 才行。從圖 10.16 的龐尼特方格中可看出，隨機分配的 16 種基因型中，其中有九種的二個基因都至少含有一個顯性等位基因，它們可產生紫色的玉米粒。剩下的七種基因型，因缺少顯性等位基因於一個基因坐上或二個基因坐上 (3 + 3 + 1 = 7)，因此其外表型都是無色素的 (龐尼特方格上淺黃色格子)。因此艾默生所觀察到的表現型，就為 9:7 了。

上位現象的其他例子　許多動物的毛色，也是基因間的上位現象相互作用造成的。例如拉不拉多犬 (Labrador retriever) 的毛色就是二個基因的交互作用所造成的。其中的 *E* 基因可決定暗色色素是否能堆積到毛髮上，如果一隻狗具有 *ee* 的基因型 (如圖 10.17 左方的二隻狗)，暗色色素將無法堆積在皮毛上，因此毛髮呈現黃色。如果一隻狗具有 *EE* 或 *Ee* 的基因型 (*E_*)，暗色色素就可堆積到皮毛上 (如圖中右方的二隻狗)。

第二個基因 *B* 則決定此色素的暗度。一隻狗如具有 *E_bb* 的基因型，則成為棕色皮毛 (稱為巧克力色系)，如具有 *E_B_* 的基因型，則為黑色系而具有黑的皮毛。但是即使在黃色系，*B* 基因仍有一些作用。基因型為 *eebb* 的黃狗 (最左方的狗)，其鼻子、唇與眼圈會出現棕色色素；而基因型為 *eeB_* 的黃狗 (左方第二隻狗)，則在上述區域出現黑色色素。目前已可對一窩小狗進行基因檢測，來預測將來長

圖 10.17　上位現象對犬毛色的影響
拉不拉多犬的毛色，是受到二個等位基因互相作用後的結果。其中的 *E* 基因可決定色素是否能堆積在毛髮上，而另一個 *B* 基因則決定色素的深淺。

成為成狗的毛色。

共顯性

在一個族群中，一個基因可能具有超過二個以上的等位基因，而事實上，大多數基因都具有數個不同的等位基因。當個體為異型合子時，沒有所謂的顯性等位基因，二者所控制的表徵都可表現出來。這種現象就稱為**共顯性** (codominant)。

共顯性可見之於一些動物的體色，例如馬與牛的「雜色」型 (roan pattern)。具有雜色型的動物，其身上至少會有一個區域，同時出現白毛與黑毛。這種混雜出現不同顏色的毛髮，使得身上出現一塊塊顏色較淡或是顏色較深的區塊。這種雜色型是由於一種異型合子的基因型所造成，通常可將純種白色的同型合子動物，與另一隻有顏色的同型合子動物交配而得到。這種中間顏色是否為一種不完全顯性的遺傳？不是！這種異型合子的個體，同時具有白色的等位基因與有顏色的等位基因，但是所出現的毛色不是二者的混合色；其二個等位基因都可表現，因此某些毛為白色，某些毛則有顏色。圖 10.18 中的灰色馬匹就是一種雜色型，遠看是灰色毛髮，但是仔細近觀，你將可發現灰色區域，其實是同時具有白色毛與黑色毛。

圖 10.18 體色型式的共顯性
這匹雜色馬之皮毛顏色，基因型為異型合子，為純種白色同型合子的馬與純種黑色同型合子的馬互相交配而得到的後代。牠表現出二者的表現型，一些毛髮為白色，一些毛髮為黑色。

人類的 ABO 血型，也具有多於一個以上的顯性等位基因。此基因可編碼出一個酵素，將糖分子加到紅血球細胞的脂質上。這些糖分子可在免疫系統中作為辨識的標記，稱為細胞的表面抗原。產生此酵素的基因，可用符號 I 代表，具有三個等位基因：I^B 的酵素可將半乳糖 (galactose) 分子加到細胞上；I^A 的酵素可將半乳糖胺 (galactosamine) 分子加到細胞上；以及 i 所編碼出的蛋白質，不會添加任何糖分子到細胞上。

此 I 基因三種等位基因的不同組合，可出現在不同的個體中，因為一個人的基因型可能為任何等位基因的同型合子，或是任何二者的異型合子。例如一個人為異型合子的 I^AI^B，則他可製出二種酵素，分別將半乳糖與半乳糖胺添加到紅血球細胞表面上。由於二個等位基因都能同時表現，因此 I^A 與 I^B 二個等位基因就為共顯性。I^A 與 I^B 二者對 i 而言，表現出顯性，因為 I^A 與 I^B 二者都能添加糖分子，而 i 則否。此三個等位基因的不同組合，可產生四種不同的表現型：

1. A 型個體，僅可添加半乳糖胺。他們的基因型可為同型合子的 I^AI^A，或是異型合子的 I^Ai (圖 10.19 中三個顏色最深的方格)。
2. B 型個體，僅可添加半乳糖。他們的基因型可為同型合子的 I^BI^B，或是異型合子的 I^Bi (圖 10.19 中三個顏色最淺的方格)。
3. AB 型個體，可同時添加二種糖。他們的基因型為異型合子之 I^AI^B (圖 10.19 二個中間顏色的方格)。
4. O 型個體，二種糖都不能添加上。他們的基因型為同型合子的 ii (圖 10.19 中的白色格子)。

這四種細胞表面之表現型，稱為 ABO

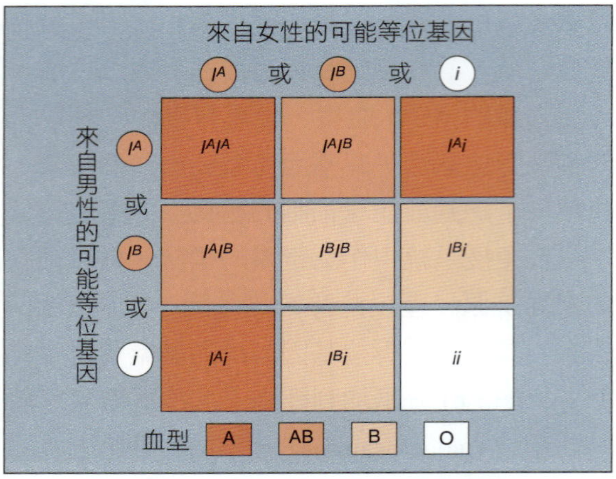

圖 10.19 控制 ABO 血型之複等位基因 (multiple alleles)

三個等位基因控制了 ABO 血型。此三個等位基因的不同組合產生了四種不同的血液表現型：A 型 (同型合子的 I^AI^A，或是異型合子的 I^Ai)、B 型 (同型合子的 I^BI^B，或是異型合子的 I^Bi)、AB 型 (異型合子之 I^AI^B)，以及 O 型 (同型合子的 ii)。

血型 (ABO blood groups)。一個人的免疫系統能夠區別出這四種表現型，如果一個 A 型的人，輸入 B 型的血液，則其免疫系統會辨識出此為外來的抗原 (半乳糖)，而去攻擊此輸入的血球細胞，得血球細胞會產生凝集 (agglutinate)。如果輸入 AB 型血液，會發生相同的反應。然而，如果輸入的是 O 型血液，因其細胞上沒有半乳糖抗原或是半乳糖胺抗原，因此不會引起任何的免疫反應。由於此緣故，O 型的人常被稱為「全適供血者」(universal donor)。通常，任何人的免疫系統都能忍受輸入 O 型的血液。對於 AB 型血液的人，半乳糖與半乳糖胺都不是外來的抗原，因此可輸入任何血型的血液。

表觀遺傳學

出乎許多現代遺傳學家的意外，將修飾過的基因表現，透過有絲分裂傳遞給下一個細胞世代，似乎是很普遍的現象。一個廣為人知的例子是 X-染色體的去活化 (inactivation) 現象。女性細胞中有二個 X-染色體，其中一個染色體之上的所有基因，幾乎是永久性的被關閉的。這個劑量補償 (dosage compensation) 現象發生於剛受精不久的女性合子中，並可傳遞給所有的體細胞後代。

自從 1990 年代中期，研究細胞從一代傳到下一代之基因表現的改變，有快速地成長。這個研究領域就被稱為表觀遺傳學 (epigenetics)，專門研究在不改變 DNA 的序列的狀況下，外表型的改變可以從一個細胞世代遺傳給下一個細胞世代。研究最佳的表觀遺傳現象，得自於下列二個程序之一：1. 化學修飾 DNA 的鹼基 (DNA 甲基化 [DNA methylation])；以及 2. 化學修飾組蛋白 (histones)，這是一種可供 DNA 長鏈分子纏繞的一種蛋白質。

DNA 甲基化

DNA 的甲基化可以將整個染色體關閉，或是於發育時將某一個基因打開或關閉。例如，當胚胎幹細胞 (embryonic stem cells) 發育成為組織專一性幹細胞 (tissue-specific stem cells) 後，DNA 甲基化便展開了，這些組織專一性幹細胞可進一步分化成為神經元或是血液細胞。

於人類，DNA 甲基化通常會改變 C-G 相接雙核苷酸上的胞嘧啶鹼基。這是極為有趣的現象，因為人類基因體中具有富含 C-G 的區域，稱為「CG 島」(CG islands)，與所有管家基因 (housekeeping genes) (所有細胞都使用的基因，例如掌控克氏循環的一些基因) 的調控區域有關。CG 島還與一半的組織專一性基因有關 (圖 10.20)。CG 島被甲基化之後，與其相關的基因就會都被關閉，其上的序列就不會被細胞中基因表現的機制所閱讀。X-染色體的去活化與基因的重新編程 (gene reprograming) (見第 13 章)，大部分都有賴這種 DNA 的甲基化來達成。

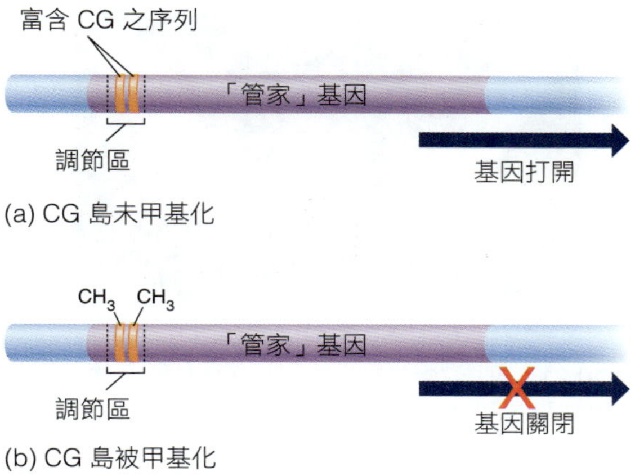

圖 10.20　利用 DNA 甲基化來進行表觀遺傳的修飾
(a) CG 島為基因體中富含 C-G 雙核苷酸的序列，常出現於許多常用基因的調控區；(b) 當這些 C-G 雙核苷酸被甲基化之後，負責閱讀基因序列的酵素就無法結合到此調控區，因此使得此基因形同被關閉掉了。

組蛋白之修飾

第二大類的表觀遺傳修飾，與核體 (nucleosomes) 內組蛋白尾部的化學修飾有關。被 DNA 長鏈纏繞包裹之核體的組蛋白核心，通常可影響基因是否能被基因表現機制所讀取。如果改變這些核心組蛋白，會顯著影響基因表現機制之讀取與辨識基因的能力。已經有許多對組蛋白做化學修飾的報導，牽涉到離胺酸的乙醯化 (acetylation of lysine)、精胺酸 (arginine) 與離胺酸 (lysine) 的甲基化以及絲胺酸 (serine) 的磷酸化等。曾經有報導指出，這些改變的獨特組合，構成了一個「組蛋白代碼」(histone code)，可以調控基因的活性，雖然這個說法還有一些爭議性。

癌症的表觀基因體學

人類具有許多抑癌基因 (tumor suppressor genes)，可防止正常細胞的癌化。第 8 章曾詳細討論過，這些基因在很多癌細胞中失效。就好像將汽車的剎車移除，使得這些細胞不斷加速產生突變，並加速細胞的分裂。在 1990 年代中期，研究人員發現，許多使抑癌基因失效的突變，是發生於人類染色體抑癌基因調控區，靠近 CG 島之過度甲基化。從那時開始，超過 300 個有關表觀遺傳基因的修飾，被認為與癌症有關。

最近的研究發現，人類「黑暗基因體」(dark genome) (人類 90% 的基因體部位，不會編碼出蛋白質，第 13 章還會詳細討論) 上發生的表觀遺傳修飾，可能與許多癌症有關。似乎一些稱之為「微核糖核酸」(microRNA) 的短小 RNA 鏈 (見第 12 章)，是從人類基因體的黑暗區所編碼出來的產物，它們在調控細胞分裂上扮演了極為重要的角色。而 microRNA 則與癌化腫瘤中高度被甲基化的 CG 島有關。

關鍵學習成果 10.6

有許多因素會掩蓋掉孟德爾等位基因的分離現象，包括：多個基因影響同一個性狀的連續變異；一個等位基因可影響多個表現型的多效性；異型合子後代出現與雙親都不相同表徵的不完全顯性；環境因子可影響表現型的表現；以及等位基因間的交互作用，如上位現象與共顯性。有時可遺傳的表現型改變，並不是由於 DNA 序列改變所造成的，此稱之為表觀遺傳的修飾。

染色體與遺傳

10.7　染色體是孟德爾遺傳的媒介物

遺傳的染色體學說

在 20 世紀早期，人們尚不知道染色體就是攜帶遺傳資訊的物質。德國遺傳學家柯倫斯 (Karl Correns) 首先於 1900 年，在宣稱重新發現孟德爾的遺傳發現時，提出了染色體在遺傳中所扮演的主要角色。不久之後，發現減數分裂時相似的染色體會配對，因此美國的

科學家洒吞 (Walter Sutton)。於 1902 年首次提出了遺傳的染色體學說 (chromosomal theory of inheritance)。

有一些片段的證據支持洒吞的學說。其中一個證據是，進行生殖時會有精子與卵二個細胞的融合。如果孟德爾的模式是對的，那麼這二個細胞一定對遺傳具有相同的貢獻。然而精子只含有非常少的細胞質，暗示了遺傳物質一定是在此配子的細胞核內。此外，雙倍體個體的每一對同源染色體 (homologous chromosomes)，都具有二個拷貝，但是其配子則僅有一套拷貝。這些觀察與孟德爾提出的模式是吻合的，即雙倍體個體具有二個拷貝的遺傳因子，而配子則只有一個拷貝。最後，於減數分裂時染色體也會分離，成對的同源染色體可與其他染色體完全獨立地排列在中期板處。這種染色體分離與獨立分配的特性，正是孟德爾遺傳模式的主要特徵。

研究人員也很快指出一個有關此學說的重要問題處：既然孟德爾的遺傳表徵是由染色體上的基因來決定，同時孟德爾表徵的獨立分配也可用減數分裂時染色體的獨立分配來解釋，那麼為何一個生物獨立分配的表徵數目會遠超出此生物的染色體對的數目？此看起來好像是致命的一擊，也使得早期的科學家對洒吞的學說持非常保留的態度。

摩根的白眼果蠅

遺傳的染色體學說其本質上之正確性，被得自一隻小果蠅的證據所證實了。1910 年，摩根 (Thomas Hunt Morgan) 研究果蠅 (*Drosophila melanogaster*) 時，發現了一隻突變的雄性果蠅，其特徵與其他正常果蠅非常不同：牠的眼睛是白色的，而非正常的紅色 (圖 10.21)。

摩根立刻決定要對此新特徵進行研究，看看牠是否符合孟德爾的遺傳學說。他將此白眼雄果蠅與一隻正常的紅眼雌果蠅交配，以便決定紅眼與白眼何者是顯性的。所有的 F_1 後代都是紅眼，因此摩根得到紅眼對白眼是顯性的結論。接下來摩根將這些紅眼的 F_1 世代互相雜交並得到 4,252 個 F_2 後代，其中 782 隻 (18%) 具有白眼。雖然其紅眼與白眼的比例大於 3:1，但是此實驗明確的證實了，果蠅眼色的基因會分離。然而，其結果又有些奇怪，無法用孟德爾學說來預測－所有的白眼 F_2 果蠅都是雄性的！

圖 10.21　紅眼 (野生型) 與白眼 (突變種) 果蠅
白眼缺陷是可遺傳的，是一個位於 X 染色體上的基因突變而導致的結果。透過研究此現象，摩根成為第一位證實基因位於染色體上的人。

要如何來解釋此結果？可能是白眼的雌性果蠅不能存在，以至於因一些未知的原因，而不能觀察到這種個體。為了測試這個想法，摩根將這些 F_2 後代與原先的白眼雄性果蠅進行試交 (testcross)。這次他得到白眼與紅眼的雄果蠅與雌果蠅，且其比例為 1:1:1:1，正如同孟德爾學說所預測的。因此一隻雌性果蠅也可能為白眼。那原先 F_1 的果蠅中為何沒有雌性的白眼果蠅？

性聯證實了染色體學說

此謎團的解答與性別有關。於果蠅，其性別取決於個體內所含的一個特殊染色體數目，X 染色體。一隻果蠅細胞內如果含有 2 個 X 染色體，則為雌性；如果只有 1 個 X 染色體；則為雄性。於雄性果蠅，當細胞進行減數分裂時，此 X 染色體可與一個較大且不相似的 Y 染色體配對。因此，雌性果蠅只產生一種含 X 染色體的配子；而雄果蠅則可產生 X 配子與 Y 配子。當受精後，X 精子可產生 XX 的合子，將來可發育成雌性果蠅；而當 Y 精子受精後，則產生 XY 合子，可發育為雄性果蠅。

摩根的謎題解答在於，導致果蠅產生白眼表徵的基因位於 X 染色體上，且並不存在於 Y 染色體上 (我們今日已知，果蠅 Y 染色體攜帶的都是沒有功能的基因)。一個表徵的基因，如果位於性染色體上，則稱之為**性聯的** (sex-linked)。由於知道白眼表徵對紅眼表徵是隱性的，我們可以明瞭摩根的實驗結果，其實就是孟德爾染色體分配後的自然表現。圖 10.22 將逐步帶領你看一下摩根的實驗，圖上也同步標示出眼色的等位基因，以及 X 染色體。於此實驗中，F_1 世代均為紅眼個體，F_2 世代則可出現白眼個體－但是卻全為雄性果蠅。這個第一眼看起來令人訝異的結果，是由於白眼表徵的分離與 X 染色體的分離完全一致，換句話說，白眼的基因就是位於 X 染色體之上。

摩根的實驗首次清楚的證實了，決定孟德爾表徵的基因是位於染色體上面，正如同洒吞之前所建議的。現在我們可以很清楚的知道，孟德爾表徵的獨立分配，其實就是由於染色體的獨立分配而造成。當孟德爾觀察到豌豆相對表徵的分離現象時，他所見到的就是減數分裂時染色體的分離，因為表徵的基因就位於染色體上面。

如果基因是位於染色體上面，你將可預期位於同一個染色體上面的二個基因，發生分離時應該是同步的 (連鎖在一起)。然而，如果這二個基因在染色體上的位置相距很遠的話，如同圖 10.23 上的 *A* 基因與 *I* 基因，二者之間發生互換 (crossing over) 的機率就會很高，而出現獨立分配的現象。反過來，如果二個基因彼此非常靠近，它們在染色體分離時永遠是連結在一起同步進行，其遺傳就會同步進行的。這種相距很靠近的基因，同步發生分離的現象，就稱之為**連鎖** (linkage)。

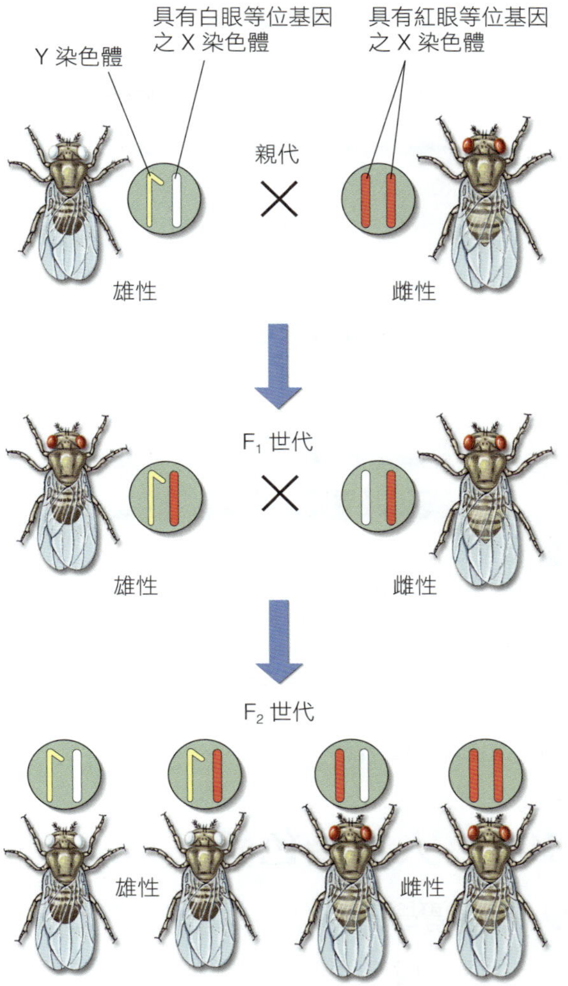

圖 10.22 摩根的實驗展示了性聯的染色體基礎
白眼的突變雄果蠅與正常雌性果蠅雜交。F_1 異型合子世代均呈現所預期的紅眼表徵，因為白眼等位基因為隱性的。於 F_2 世代，所有的白眼果蠅都是雄性的。

關鍵學習成果 10.7

孟德爾表徵之所以能夠獨立分配，是由於決定表徵的基因是位於染色體上面，而染色體於減數分裂時是獨立分配的。

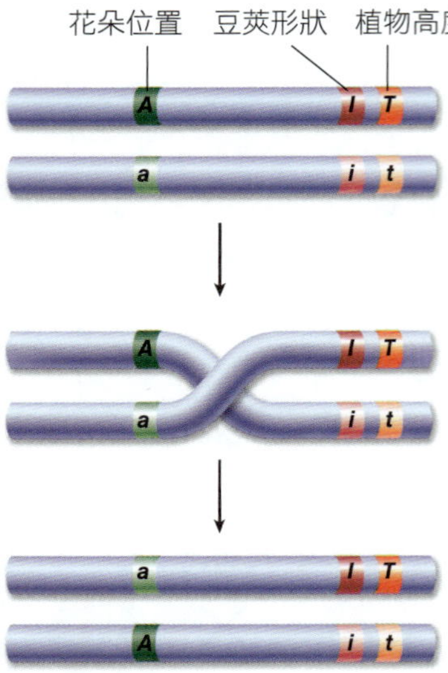

圖 10.23 連鎖

基因如果在一染色體上彼此相距很遠，例如圖上孟德爾豌豆花朵位置基因 (*A*) 與豆莢形狀基因 (*I*)，則可獨立分配，因為互換可導致這些等位基因發生重組。然而，豆莢形狀基因 (*I*) 與植物高度基因 (*T*) 相距很近，其間則不易發生互換。這些基因就稱為連鎖的，而不會進行獨立分配。

10.8 人類染色體

人類遺傳學

由孟德爾首次提出的遺傳學原理，不僅能適用於豌豆，同樣也能適用於人類。你與你的父母有許多相似處，大部分是由你在出生之前從父母處所獲得的染色體來決定的，正如同孟德爾的豌豆於減數分裂時之分離，決定了其表徵。但是人類的諸多等位基因，要考慮的事項要遠比豌豆的花色來得慎重。一些人類很嚴重的先天性缺陷，是由於一些有重要功能的蛋白質發生缺陷而造成。研究人類遺傳，科學家可以預測具有這種缺陷的父母，會有多少的機率將此缺陷遺傳給他們的子女。

雖然人類將基因傳遞給後代的方式與大多數生物相似，但我們仍對人類的遺傳感到好奇，因為有些病症是會遺傳的，但也有些則否。當我們家庭成員生病時，我們不可避免的會去關切此事。例如家庭中的某人心臟病發作，我們也會關心自己未來的健康狀況，擔心自己是否也遺傳到心臟病。很少有父母不會擔心，生出有缺陷嬰兒的可能性。基因很明顯的與一些疾病有關，例如糖尿病、憂鬱症以及酒精成癮症等。基因與環境因素的交互影響，可導致個人特質的不同，一直也是科學界研究的重要課題。由於基因對我們生活的影響是如此重大，我們都是人類遺傳學家，對遺傳定律所揭示有關自己與家庭成員的遺傳訊息，一定會感到興趣。

染色體核型

雖然染色體的發現已經超過一個世紀，人類染色體的正確數目 (46 個)，卻直到 1956 年才得以確認，因為此時才發展出新的科技，可以精確算出人類與其他生物染色體的數目。

生物學家觀察人類染色體，是透過蒐集人類的血液，添加化學藥劑來誘導白血球分裂 (紅血球已經失去細胞核，因此不會分裂)，然後再加入另一種藥劑使細胞分裂停止在中期 (metaphase)。有絲分裂的中期，染色體最為濃縮，也最容易觀察與區別。將細胞壓扁，使其內容物散布在玻片上，然後用顯微鏡觀察分散開來的個別染色體。染色體經過染色與攝影之後，便可依個別染色體的型式，將它們排列出稱之為核型 (karyotype) 的「剪影」。圖 10.24 便是一個人類染色體的核型。依慣例，核型中的染色體應與同源染色體併排，按大小順序依次遞減來排列。

圖 10.24 所示的 23 對人類染色體中，無論男性或女性，22 對為大小與外型相似的成對染色體，稱之為**體染色體** (autosomes)。於許多動植物中，包括豌豆、果蠅與人類，剩下的 2 個染色體－稱之為**性染色體** (sex chromosomes)－在雄性則互相不相似，而於雌性則彼此相似。於人類，女性的性染色體為

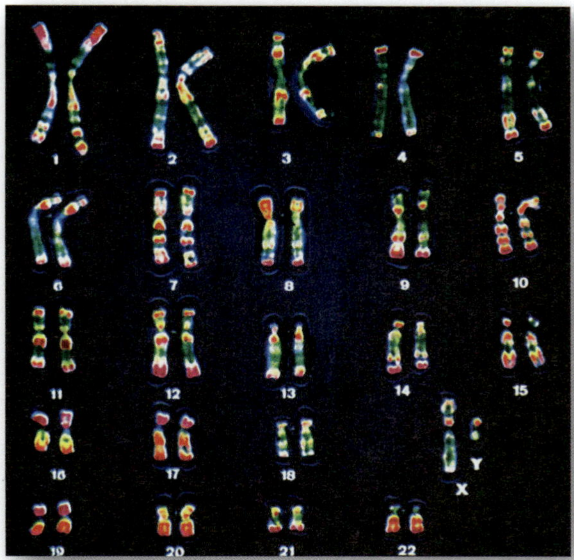

圖 10.24 人類核型
染色體按體形大小順序依次遞減排列之攝影圖。染色體上因染色而產生的條帶型式，可使研究人員鑑定出同源染色體，而將它們彼此配成對。

XX，男性則為 XY。Y 染色體比 X 染色體要小很多，其上攜有的基因數目僅為 X 染色體的十分之一。Y 染色體上的基因中，有些是決定「男性」相關的基因，因此遺傳到 Y 染色體的個體，便可發育成為男性。

個人的核型，可用來檢查是否具有遺傳缺陷，例如多出或遺失某些染色體。例如，一個稱作唐氏症 (Down syndrome) 的人類遺傳缺陷，則是因為具有一個多出來的 21 號染色體拷貝，很容易從核型的檢查中發現，因為他們共有 47 個染色體，而非正常的 46 個染色體。此多出來的一個染色體，依其大小與其上的染色條帶型式，可鑑定出其屬於第 21 號多出來的一個染色體。於胎兒出生之前，進行其細胞的核型檢查，可預知此類的遺傳缺陷。

染色體未分離

一些人類最顯著的遺傳缺陷，來自於減數分裂時，染色體的分配發生問題。

在減數分裂中期，一些姊妹分體或配對的同源染色體，仍然黏合在一起而未分離。於減數分裂 I 或 II，染色體如不能正確分離，就稱為**染色體未分離** (nondisjunction)。染色體未分離可導致**非整倍體** (aneuploidy) 的出現，即染色體數目異常。在圖 10.25 上所看到的染色體未分離，是因為一對很大的同源染色體於後期 I 未能成功分離所造成的。此種減數分裂所造成的配子，會具有不同數目的染色體。正常的減數分裂，所有的配子應該都具有 2 個染色體，但如你所見，不正常分裂產生的 4 個配子中，2 個配子各具有 3 個染色體，而另外 2 個配子則各只具有 1 個染色體。

幾乎所有的人類，只要是同性別，則具有

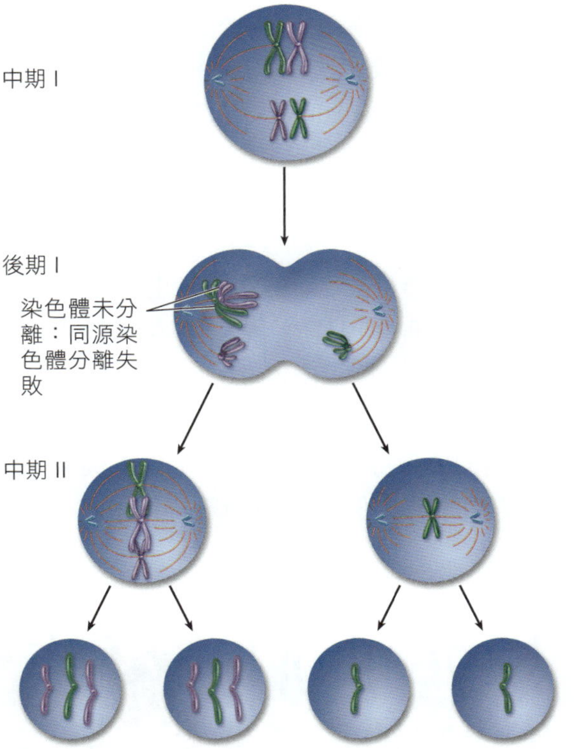

圖 10.25 減數分裂後期 I 發生的染色體未分離
於減數分裂 I 發生之染色體未分離，一對同源染色體於後期 I 未能發生分離，導致所產生的配子中，有些具有過多的染色體，有些則具有過少的染色體。染色體未分離也可發生於減數分裂 II，原因是其姊妹染色分體於後期 II 中未能成功分離。

相同的核型，因為其他的染色體排列方式都不能正常作用。於人類，如果僅僅缺失一條體染色體 [稱為**單染色體的** (monosomic)]，就無法發育生存。除了少數例外，其他所有多出一條染色體時 [稱為**三體性的** (trisomics)]，也無法存活。然而五個最小的染色體，13 號、15 號、18 號、21 號以及 22 號，存在有三個拷貝時，此種個體可以存活一段時間。其中多出一個拷貝的 13 號、15 號及 18 號會出現嚴重的發育缺陷，此種胎兒通常幾個月大的時候就會死亡。相對的，多出 21 號染色體者，或更罕見的 22 號染色體者，則可活到成年。這些個體的骨骼發育遲緩，通常較矮小，同時肌肉也缺乏張力。他們的智力發育也較遲緩。

唐氏症 此發育缺陷是由於具有三體性的 21 號染色體所造成，如圖 10.26。此症是在 1866 年，首先由 J. Langdon Down 所描述出的，因此稱之為**唐氏症** (Down Syndrome)。

大約每 750 個兒童就會出現一例唐氏症，此比例在所有的人類種族中都相似。通常較常發生於高齡產婦，圖 10.27 顯示出，母親年齡越高，其出現率也越高。母親年齡低於 30 歲者，每 1,000 人中只出現 0.6 例 (或 1,500 人中出現 1 例)，但當母親年齡為 30~35 歲者，其出現率加倍到每 1,000 人中出現 1.3 例 (或每 750 人中出現 1 例)。而當母親年齡超過 45 歲時，其風險可高達每 1,000 人中出現 63 例 (或每 16 人中出現 1 例)。母親年齡較高者，更易於生出唐氏症嬰兒，其原因在於，一位女性所有的卵子在其出生之際，便已經存在於其卵巢內，當其年齡越大時，這些卵子也累積了更多的傷害而導致染色體未分離。

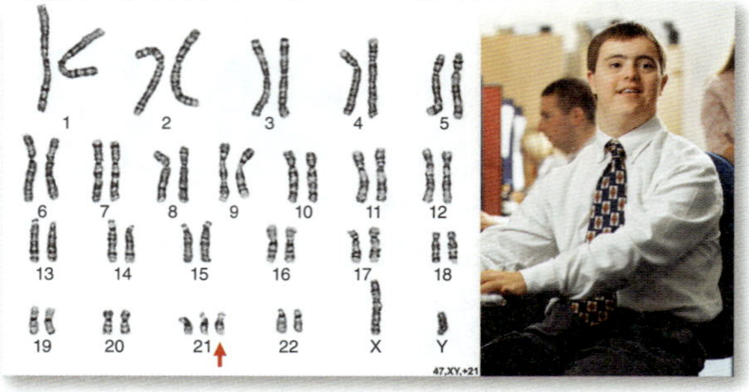

圖 10.26 唐氏症
(a) 於此位唐氏症男性的核型中，可以清楚的看到三體性的第 21 號染色體；(b) 一位唐氏症患者。

與性染色體相關之未分離

如前所述，人類 23 對染色體中有 22 對是體染色體，它們可以完美的配對。剩下的一對是性染色體，X 染色體與 Y 染色體。人類與果蠅類似 (但並非所有的雙倍體生物)，雌性為 XX，雄性為 XY；任何具有至少一個 Y 染色體的個體均為雄性。Y 染色體是一個高度濃縮的染色體，於大多數的生物，其上只具有少數有功能的基因。Y 染色體上一些有活性的基因，與「雄性特徵」有關。一個個體，如果多出或缺失一個性染色體，通常不會出現如體染色體般的嚴重發育缺陷。這種個體可以長到成年，但會有一些不正常的特徵。

X 染色體的未分離 當 X 染色體於減數分裂時未能成功分離，一些配子可具有二個 X 染色體，即 XX 配子。與其一起形成的另一個配子，則不含 X 染色體，以「O」來標示。

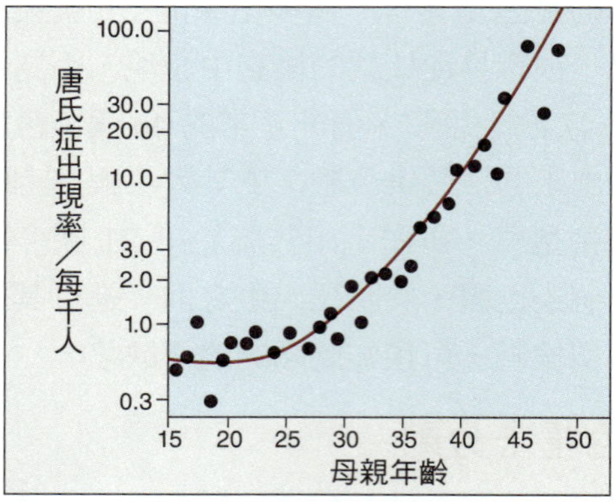

圖 10.27 母親年齡與唐氏症出生率的相關係數
當女性年齡增長，她們生出唐氏症兒童的機率也會增加。當年齡超過 35 歲時，唐氏症出現率會快速增加。

圖 10.28 顯示了當 X 染色體發生未分離時，其與精子結合後產生的結果。如果一個 XX 卵子與 X 精子結合，會產生 XXX 的合子 (見龐尼特方格的左上方格子)，發育出來的個體為女性，體形會較正常個體高，但其他特徵則有很大的差異。一些這種個體的大多數特徵是正常的，另一些則會出現較低下的閱讀與辭彙能力，還有一些則出現心智遲緩。如果一個 XX 卵子與 Y 精子結合 (左下方格子)，此 XXY 合子會發育成為一個不孕的男性，且會出現一些女性的特徵，於某些案例還出現智能減低。這種狀況稱為*柯林菲特氏症* (Klinefelter syndrome)，大約每 500 位男性中會出現一例。

如果 O 卵子與 Y 精子結合 (右下方格子)，OY 合子是無法存活的，將無法繼續發育，因為人類若無 X 染色體則將無法存活。如果一個 O 卵子與 X 精子結合 (右上方格子)，其 XO 合子可發育成為一位不孕的女性，身材較短小、蹼狀的頸部以及發育不全的生殖構造，於青春期時，無顯著的性發育。XO 個體的智力發育，在學習辭彙上是正常的，但對於非辭彙 / 數學方面的問題解決，則較為低下。此種狀況稱之為*透納氏症* (Turner syndrome)，大約每 5,000 位出生的女性中會有 1 例。

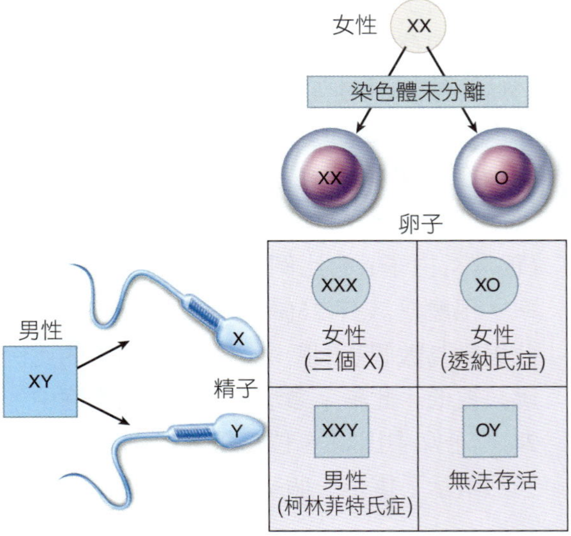

圖 10.28 X 染色體的未分離
X 染色體的未分離，可產生性染色體之非整倍體－即性染色體的不正常。

Y 染色體的未分離 Y 染色體於減數分裂時也會發生未分離，可產生 YY 精子。當這種精子與 X 卵子結合產生 XYY 合子時，將可發育為不孕的男性，具有正常的外表。此種 XYY 男性的出現頻率，大約為每 1,000 名男性中出現 1 例。

關鍵學習成果 10.8

一個個體之染色體的特殊排列，稱為核型。人類核型具有 23 對染色體。體染色體的缺失通常是致命的；除了少數例外，多出一個體染色體也是致命的。

人類遺傳缺陷

10.9 研習譜系

研究人類遺傳現象，科學家只能觀察婚配後之後代出現的結果。他們研究家譜 (family trees) 或是**譜系** (pedigrees)，找出哪一位親戚具有何種特徵。然後便決定一個特徵是否是性聯的 (基因位於性染色體上) 或是位於體染色體上的，以及一個特徵是顯性的還是隱性的。通常從譜系也可幫助研究人員判定一個特徵的等位基因，於家庭中的哪些成員是同型合子，以及哪些成員是異型合子。

分析一個白化症譜系

白子 (albino) 個體缺乏色素，他們的毛髮與皮膚完全是白色的。於美國，大約每 38,000 個白人中就有一人是白子，而在非裔美國人中，則每 22,000 人中也有一人為白子。圖 10.29 為印地安人普韋布洛族 (Pueblo Indians) 的一個家族譜系，每一個符號代表一個個體，

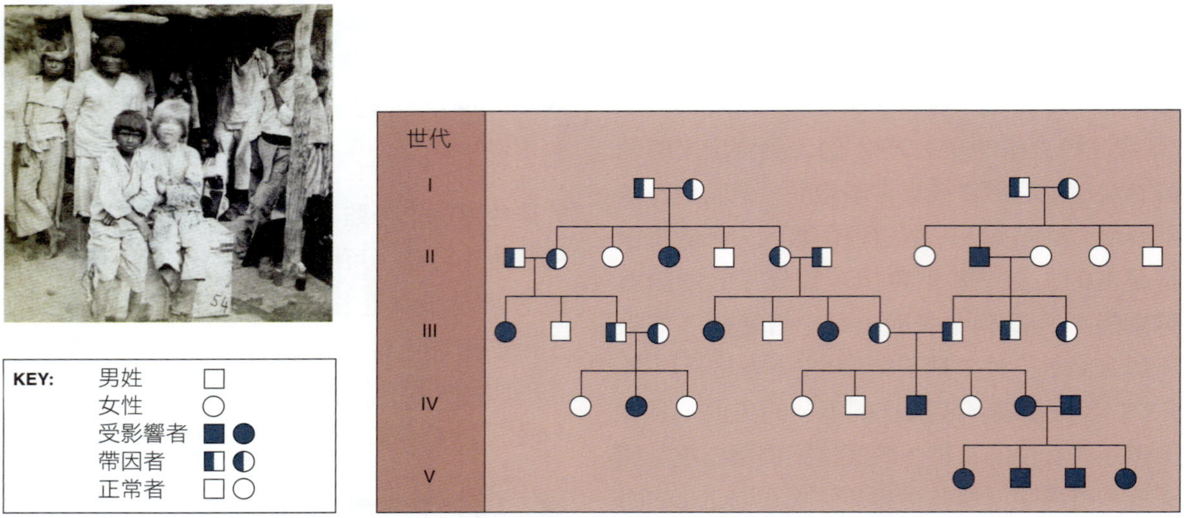

圖 10.29 一個白化症族譜

這張攝於 1873 年的照片中，前排為 Zuni 家庭中二個普韋布洛族的男孩，其中之一為白子。右方的譜系圖上顯示出白化症基因在這個家族成員中的分布情形。實心的藍色符號代表出現白子的個體。

圓圈代表女性，方塊代表男性。在這個譜系中，具有白子表徵的個體以實心符號代表，而異型合子帶有白子基因但外表正常的個體則以半實心符號表示。個體間的婚配關係，以水平直線連接一個圓圈 (女性) 與一個方塊 (男性)，從此婚配關係向下伸展的垂直直線，則是他們的子女，由左到右代表出生順序。

分析這樣的白化症族譜，遺傳學家會提出三個問題：

1. 白化症是性聯遺傳還是體染色體遺傳？如果此症是性聯遺傳的，那麼出現的個體通常為男性；如果是體染色體遺傳，那麼在二性間出現的機率則會相同。上方的譜系中，受到影響的男性 (12 人中出現 4 位，或 33%) 與受到影響的女性 (19 人中出現 9 位，或 42%) 的比例大致上接近 (當計算受到影響的個體時，須排除第一代的父母親，以及與此家庭結婚的「外來者」)。從這些結果分析，此白化表徵屬於體染色體遺傳。
2. 白化症是顯性還是隱性遺傳？如果表徵是顯性的，每一位白子孩童都會有一位白子的父母，如果是隱性的，則白子孩童的父母有可能表徵均是正常的，因為他們可能是異型合子的「帶因者」(carriers)。上方的譜系中，大部分白子孩童的父母都沒有白子表徵，指出白化症是隱性的。但有一個家庭的 4 個白子孩童，他們的父母也是白子。此白子等位基因在普韋布洛族中相當普遍，因此有相當數量的白子會有時也會互相結婚，於是出現此父母與孩童均為白子的，因為這對父母均為此等位基因的同型合子。
3. 此白化症表徵是由一個基因還是數個基因決定的？如果此表徵是由一個基因決定，那麼一個異型合子的父母，其子女會出現 3:1 (正常：白子) 的比例，反映出孟德爾的定率，那麼應該有 25% 的子女為白子。如果此表徵為數個基因所決定，那麼白子的比例應該很低。此譜系顯示異型合子的家庭中，24 位子女中出現 8 位白子，比例達 33%，強烈暗示了這是一個基因決定的性狀。

分析一個色盲譜系

你從剛剛分析的白化症譜系可知，白化症

是體染色體上一個基因造成的隱性遺傳。人類的其他表徵的研究，也都利用相似方式來進行，雖然有時會獲致不同的結果。為了舉例，讓我們來分析一個不同的表徵。紅綠色盲不是一個很普遍，但也不罕見的人類遺傳表徵，大約影響了 5%~9% 的男性。色盲是一種眼睛的缺陷，患者無法區別一些顏色或顏色的色調。這並不代表他們只能看到黑白，他們也可看到色彩，但是一些不同色彩對他們而言是相同的。眼睛視網膜上之一些特別形式細胞，能夠區別不同顏色的光線與色調。請回想第 6 章所談過的電磁波譜，可見光具有不同波長的光子，如下圖：

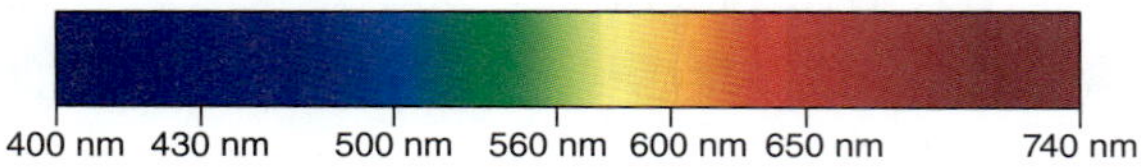

我們的眼睛具有三種顏色的受體：一種可吸收紅光，一種可吸收綠光，而另一種則可吸收藍光。紅綠色盲的人，對於紅光與綠光的區別能力有缺陷，因此這二種光在他們看起來相同的。一種稱為石原測驗板 (Ishihara plates) 的色板，可用來測試一個人是否為紅綠色盲。此測驗板上具有不同顏色的圓點，排列出一個數字的形狀。具正常視力的人，可以看出這個數字，而色盲的人則無法看出來。圖 10.30 為一個測試紅綠色盲用的石原測驗板。

與白化症類似，也可用譜系來探討一個紅綠色盲的遺傳型式。下方的譜系中，一位紅綠色盲的父親與一位異型合子母親，共生有五個子女。同樣的，於此案例中實心符號代表受到影響的個體，半實心符號為異型合子個體，是沒有表徵的帶因者。

於分析此譜系時，你要問相同的三個問題：

1. 紅綠色盲是性聯遺傳還是體染色體遺傳？5 位受到影響的個體，均為男性。因此這個表徵很顯然是性聯遺傳的。
2. 紅綠色盲是顯性還是隱性遺傳？如果此表徵是顯性的，每一位紅綠色盲子女的雙親中，必有一位是色盲。然而於此譜系中，從原先的色盲男性以下的所有家庭，都不符合。因此這個表徵是隱性的。
3. 此紅綠色盲表徵是由 1 個基因決定的嗎？如果是，那麼異型合子雙親生出的子女，應該有 25% 為色盲，以反映出孟德爾學說的 3:1 比例。此譜系顯示，異型合子雙親生出的 14 人中有 4 人，或 28% 出現色盲，指出這是 1 個基因分離的結果 (第一代的 5 位子女不列入計算，因為其父親是是同型合子個體。

此譜系分析結果顯示，色盲是由 1 個性聯

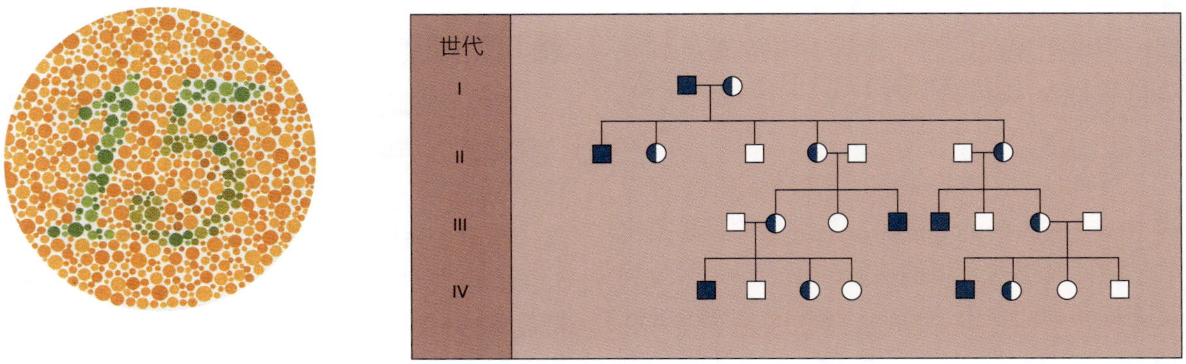

圖 10.30　紅綠色盲譜系

紅綠色盲的個體無法看出圖上的數字，因為所有的色點對他們而言都是相同顏色的。右方是一個紅綠色盲家族四個世代的譜系。

的隱性基因所造成。但這並不代表女性不會得到色盲，當二個 X 染色體上都攜有此基因時仍然會發生，只是其機率很低，只有 0.5% 的女性會得到色盲。

關鍵學習成果 10.9

譜系能夠告訴我們，一個表徵是否由一個基因造成，此基因是否位於 X 染色體上，以及此等位基因是否為隱性的。

10.10 突變的角色

人類遺傳缺陷

血友病：一個性聯表徵

傷口之血液凝固，是由於一種在血液中循環的蛋白質纖維聚合後所造成的。這個血液凝固的過程，與十餘種蛋白質有關，且每一種都要能夠正常運作。其中導致任何一種蛋白質失去活性的突變，都會造成**血友病** (hemophilia)，這是一種血液凝固很慢或是完全不凝固的遺傳疾病。

血友病是一種隱性缺陷，發生於二個等位基因都無法製出正常凝血所需蛋白質的個體。大多數與凝血有關的基因都位於體染色體上，但是有二個基因 (編號為 VIII 與 IX) 則位於 X 染色體上。此二個基因是性聯的 (見第 10.7 節)：任何男性如果遺傳到此種 X 突變的染色體，將會出現血友病，因為 X 染色體的姊妹染色體是 Y 染色體，其上欠缺此二個等位基因。

最有名的血友病案例，常被稱為皇室血友病 (the Royal hemophilia)，為發生於英國皇室的一種性聯遺傳。這個疾病的起因是，發生於英國維多利亞女王 (Queen Victoria of England, 1819~1901) 身上的一個 IX 基因突變。圖 10.31的譜系上顯示出維多利亞女王以下的六個世代，她的後代中，有 10 位男性出現血友病(見實心方塊)。現今的英國皇室則逃脫了此厄運，因為他們的先祖愛德華國王 VII (King Edward VII, 維多利亞女王的兒子) 並未遺傳到此缺陷的等位基因，且之後的英國統治者都是他的後代。維多利亞女王的九個子女中，有三人確實遺傳到此缺陷的等位基因，透過婚姻關係，他們將這個基因帶到歐洲許多皇室中。

這張攝於 1894 年的照片中，維多利亞女王被她的一些子孫環繞著，站在女王後面脖子上圍著羽毛圍巾的二位女士，是女王的二個孫女 (愛麗絲的女兒)：普魯士的愛琳公主 (Princess Irene of Prussia，站在右方者)；以及亞歷山大 (Alexandra，左方)，她不久之後嫁給俄國沙皇成為皇后。愛琳與亞歷山大都是血友病的帶因者。

鐮刀型細胞貧血症：隱性表徵

鐮刀型細胞貧血症 (sickle-cell disease) 是一種隱性的遺傳缺陷，其遺傳情形如圖 10.32 所示的譜系，受到影響的人為同型合子的個體，帶有二個隱性的突變基因。患者之血紅素分子具有缺陷，而血紅素位於紅血球內，是攜帶氧氣的重要分子，因此這些患者無法正常運輸氧氣到其組織中。有缺陷的血紅素分子會彼此黏合在一起，形成一種較強韌的棒狀結

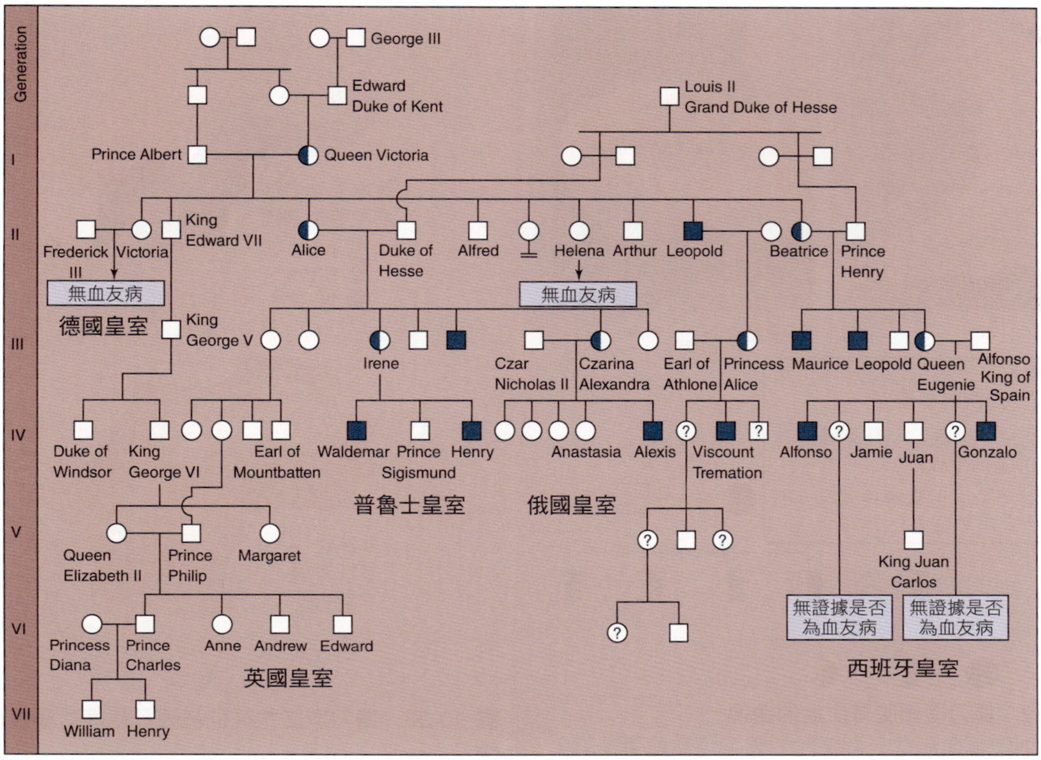

圖 10.31　皇室血友病的譜系

維多利亞女王的女兒，愛麗絲 (Alice) 公主將此血友病帶入俄國與普魯士皇室，另一位女兒碧翠絲 (Beatrice) 公主則將之帶入西班牙皇室。維多利亞的兒子，李奧波德 (Leopold) 王子本身是一位血友病患者，則將之傳入另一系列後代。半實心的符號代表具有一個正常與一個缺陷的等位基因；實心的符號代表出現血友病的患者。方塊代表男性，圓圈代表女性。

構，並將紅血球細胞拉扯成為鐮刀的形狀 (圖 10.32)。由於此種細胞堅硬且不正常的形狀，它們無法順利通過微血管，於是會經常形成結塊而阻塞於微血管中。如果一個人的體內有大量的鐮刀型紅血球細胞，會出現斷斷續續的症狀，且壽命也較常人為短。

鐮刀型細胞中的血紅素與正常的血紅素相較，其 574 個胺基酸中只有 1 個胺基酸不同。於有缺陷的血紅素中，其蛋白質長鏈上的一個纈胺酸 (valine) 被一個麩胺酸 (glutamic acid) 所取代。有趣的是，此突變位址距離血紅素蛋白質活性中心一具有鐵離子可與氧氣結合之血基質 (heme)一很遠，而是位於蛋白質的邊緣外側之處。那又是何種原因會造成如此嚴重的後果？原來鐮刀型細胞突變，將一個非常不具極性的胺基酸放到血紅素蛋白質的表面上，導致該處成為一個「黏性的區塊」(sticky patch)，可與其他分子的此區塊互相黏合在一起，這是因為非極性的分子於水中很容易結合在一起的緣故。因此血紅素分子會互相連成為一長串。

具有鐮刀型等位基因的異型合子個體，其外表常與正常人無異。然而當他們在低氧氣濃度的環境下，其一些紅血球會成為鐮刀型。這種鐮刀型細胞等位基因，常出現在非洲種族的後裔中，因為此等位基因在非洲很常見。大約有 9% 的非裔美國人，是帶有此等位基因的異型合子，以及 0.2% 的同型合子患者。在非洲的某些族群中，有高達 45% 的個體是異型合子，以及 6% 的同型合子患者。是什麼因子導

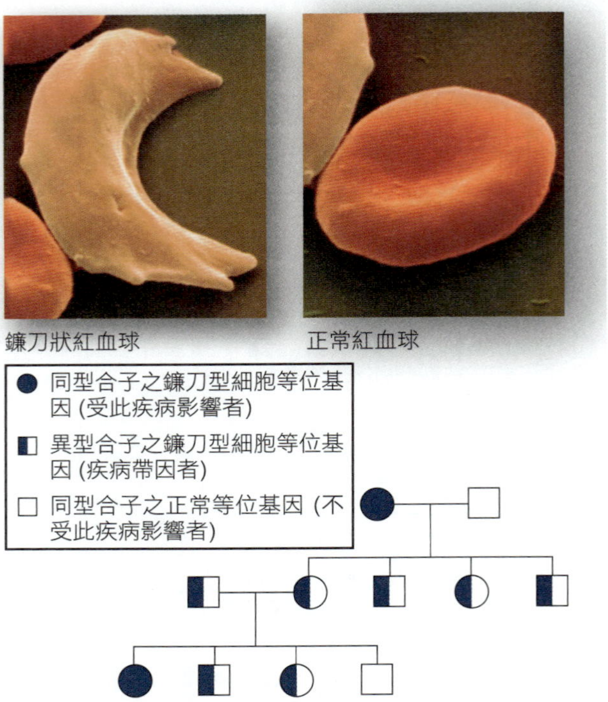

圖 10.32　鐮刀型細胞貧血症的遺傳
鐮刀型細胞貧血症是一個隱性的體染色體遺傳缺陷。如果父母之一是此隱性表徵同型合子的患者，其所有的子女都將為異型合子的帶因者，類似孟德爾試交的 F_1 世代。一個正常的紅血球細胞是扁平狀的圓盤形，而同型合子個體的許多紅血球則呈現鐮刀的形狀。

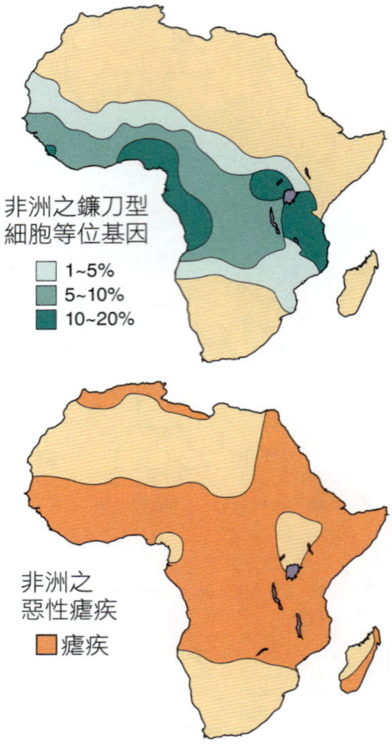

圖 10.33　鐮刀型細胞等位基因可使其對瘧疾具有抗性
鐮刀型細胞貧血症在非洲發生的區域，與瘧疾的發生有高度相關性。這並非巧合，具有此鐮刀型細胞等位基因的異型合子，可對此嚴重的瘧疾具有抗性。

致非洲族群具有如此高頻率的鐮刀型細胞貧血症？其原因為，具有此鐮刀型細胞等位基因的異型合子，可對中非洲流行的嚴重瘧疾具有抗性。請比較圖 10.33 的二張地圖，你將可發現，鐮刀型細胞貧血症發生的區域，與瘧疾的盛行率有高度相關性。鐮刀型細胞貧血症與瘧疾的交互作用，將於第 14 章討論。

戴-薩克斯症：隱性表徵

戴-薩克斯症 (Tay-Sachs disease) 是一種無法治癒的腦部退化缺陷。受到影響的兒童，在出生時看起來正常，且在前八個月無任何症狀，之後便逐漸出現心智退化。出生一年內，嬰兒會變成眼盲，很少能活過五歲。

戴-薩克斯症等位基因可編碼出一個不具功能的己醣胺酶 A (hexosaminidase A) 酵素，而導致疾病。此正常酵素可分解神經節苷脂 (gangliosides)，為腦細胞溶小體內的一種脂質。而失效的酵素因無法分解神經節苷脂，因此它們會堆積在腦細胞的溶小體內，使其脹大而破裂，並釋出其內的氧化性酵素殺死細胞。目前尚無任何可治療此疾病的方法。

戴-薩克斯症在大多數人類族群中都很罕見，每 300,000 名美國人中才出現 1 例。但是此病在中歐與東歐的德系猶太人 (Askenazi)，以及美國的猶太人 (90% 的祖先是來自中歐與東歐) 族群中有較高的出現率。在這些族群中，估計每 28 人中便有一人為異型合子的帶因者。而每 3,500 名嬰兒中，也會有一名罹患此疾。由於此疾病是由一個隱性的等位基因造成，大多數的異型合子帶因者不會發病，他們正常的一個等位基因所製出的酵素，具有足夠的活性 (50%) 使其身體能正常運作 (圖 10.34 中間的條帶)。

亨丁頓舞蹈症：顯性表徵

並非所有的遺傳缺陷都是隱性的。亨丁頓舞蹈症 (Huntington's disease) 是由顯性等位基因造成的一種遺傳缺陷，可造成腦細胞的漸進性退化，大約每 24,000 人中會發生 1 例。由於等位基因是顯性的，任何帶有此基因的個體都會出現症狀。此基因會持續在人類族群中存在的原因，是因為帶有此基因的個體在 30 歲以前都無症狀，而此時他們大多已經結婚生子，俟其發病時已經來不及了。其後果如圖 10.35 所示，此等位基因在致命的症狀出現之前，已經傳給下一代了。

關鍵學習成果 10.10

許多人類的遺傳缺陷，反映出在人類族群中的罕見突變 (有時也不太罕見)。

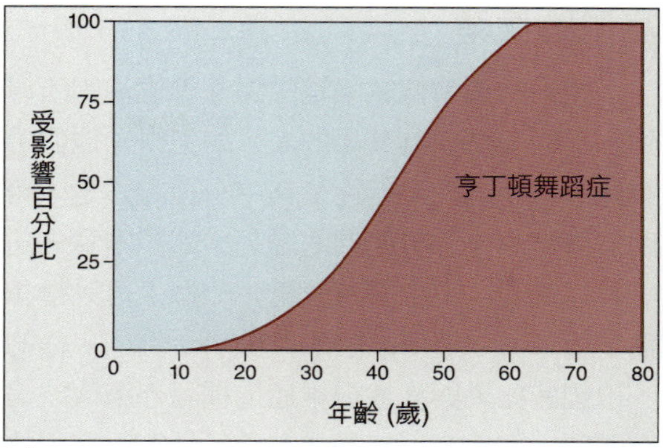

(a)

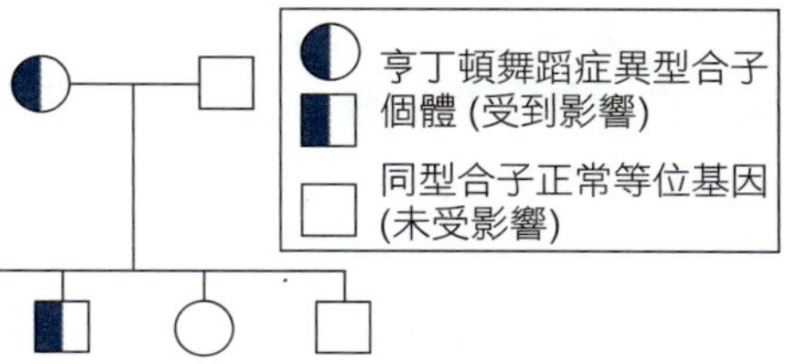

(b)

圖 10.35 亨丁頓舞蹈症為一種顯性遺傳缺陷
(a) 由於亨丁頓舞蹈症於年長時才發作，因此雖然其等位基因是顯性且致死的，但此等位基因仍然能在人類族群中長存；(b) 譜系顯示出一個顯性致死的等位基因，如何能傳遞到下一代。雖然母親受到影響，但我們可看出她是異型合子個體，因為若她是同型合子，則她所有的子女都將被影響到。當自己發現她罹患此疾病時，她已經生下她的子女了。因此雖然此等位基因是致命的，但仍能傳遞到下一世代。

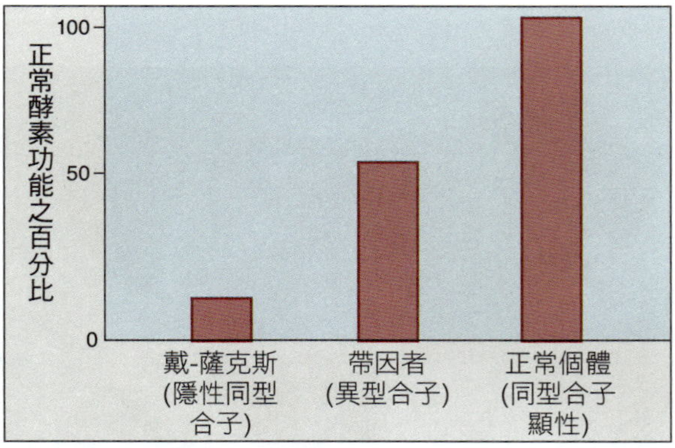

圖 10.34 戴-薩克斯症
同型合子的個體 (左) 的己醣胺酶 A 活性大約為正常 (右) 的 10%，而異型合子的個體 (中) 則具有正常的 50% 活性，此活性足以使此個體不會產生中央神經系統的退化。

10.11 基因諮詢與治療

雖然許多遺傳缺陷目前還無法治療，但我們對它們的了解已經很充足，其中有些案例，已經對成功治癒此疾有了相當的進展。由於缺乏治療方法，一些父母認為最好的方法，就是不要生出這種有缺陷的孩子。鑑定一對父母生出有遺傳缺陷子女的風險，以及評估一個胚胎的遺傳狀態，這種程序就稱之為**遺傳諮詢** (genetic counseling)。遺傳諮詢可幫助那些即將成為父母的人，預知生出有遺傳缺陷子女的風險是多少，以及當發現所懷子女有缺陷時，給予他們醫療上的建議與意見。

高風險懷孕

如果一個遺傳缺陷是由隱性等位基因所導致，那麼即將成為父母的人，如何得知他們帶有此等位基因的可能性？其中一種方式是，藉助遺傳諮詢來分析他們的譜系。如同本章先前所敘述過的，經由譜系分析，一個人可以得知他是否為某一遺傳缺陷的帶因者。例如，你的一位親戚如果與囊性纖維症這種隱性遺傳缺陷有關聯，你也有可能是具有此隱性等位基因的異型合子帶因者。當譜系分析發現一對懷孕父母，明顯都是某隱性遺傳缺陷的異型合子帶因者時，這種現就稱為**高風險懷孕** (high-risk pregnancy)。於此狀況下，他們所生出的孩子就有可能出現臨床症狀。

另一類的高風險懷孕，是懷孕母親的年齡超過 35 歲。如我們所知，生出唐氏症嬰兒的頻率，在年長母親中會大幅增加 (圖 10.27)。

遺傳篩檢

當一個懷孕被決定是高風險懷孕後，許多女性會選擇去做**羊膜穿刺術** (amniocentesis) 檢查，這是可篩檢出許多遺傳缺陷的一種技術。圖 10.36 顯示出一個羊膜穿刺術是如何施行的。在懷孕 4 個月時，將一個無菌的皮下穿刺針插入懷孕婦女已經膨大的子宮內，取出一些浸泡胎兒的羊水樣品。這些羊水中，懸浮著一些胎兒身上剝落下來的細胞；一旦取得這些細胞後，便可在實驗室中將這些細胞加以培養。

在進行羊膜穿刺術時，取樣針與胎兒的位置都須用**超音波** (ultrasound) 來加以觀察。圖 10.37 的超音波圖，清楚的顯示了胎兒在子宮中的位置，他的頭與一隻手伸展開來，可能正在吸吮大拇指。超音波可產生一個清晰的圖，使操作羊膜穿刺術時不會傷到胎兒。除此而外，超音波圖也可使我們觀察胎兒是否有明顯的不正常。

最近幾年，醫師們逐漸改採另一種篩檢基因的侵入性技術，稱為**絨毛膜採樣** (chorionic villus sampling)。於此採樣技術中，醫師從絨毛膜上取下一些細胞進行檢查，這是子宮上的一種膜狀部分，可供應養分給胎兒。此技術可於懷孕的較早期進行 (約 8 週時)，且檢查結果也比羊膜穿刺術來得快速，但是導致流產的風險也較高。

遺傳諮詢學家會針對這些羊膜穿刺術或絨毛膜取樣所取得的細胞，檢查三件事情：

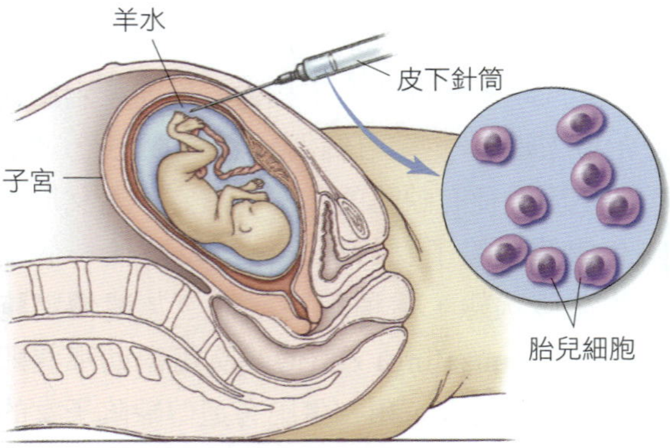

圖 10.36 羊膜穿刺術
一支針深入子宮腔內，取出一些懸浮有胎兒身上剝落下來細胞的羊水樣品。這些胎兒細胞可以加以培養，然後用來製作核型圖與檢查各種代謝功能。

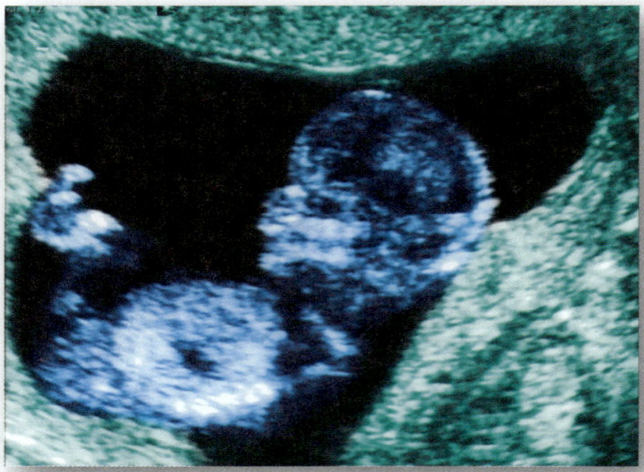

圖 10.37 一個胎兒的超音波影像
於懷孕四個月可進行羊膜穿刺術時，此時也正是胎兒活動力十足的時刻。此照片中胎兒的頭 (藍色影像) 朝向右側。

1. **染色體核型** (Chromosomal karyotype)：分析核型可顯示出非整倍體 (多出或失去染色體) 以及染色體整體的改變。
2. **酵素活性** (Enzyme activity)：在許多狀況下，可以對遺傳缺陷，直接測量其酵素是否具有適當的活性。當缺乏適當的酵素活性時，代表具有遺傳缺陷。因此，當發現缺乏分解苯丙胺酸的酵素活性時，就代表出現了苯丙酮尿症 (phenylketonuria, PKU) 的徵狀；或是當發現缺乏分解神經節苷脂的酵素活性時，就代表出現戴-薩克斯病的徵狀。
3. **遺傳標誌** (Genetic markers)：遺傳諮詢家可探究是否具有遺傳缺陷的已知標誌。例如鐮刀型細胞貧血症、亨丁頓舞蹈症以及一種肌肉萎縮症 (muscular dystrophy，一種肌肉衰弱的遺傳缺陷)，研究人員偶爾發現，於這些遺傳缺陷相同染色體上之相近的位置，出現了其他的突變。透過檢測這些其他突變，遺傳諮詢家便可推測此個體有高度可能性也具有此遺傳缺陷的突變。最初發現這些遺傳突變，有點像大海撈針，但是經由持續的努力，這三種遺傳缺陷都已找到了。這些相關的突變是可被偵測的，因為當使用切割 DNA 的酵素來處理 DNA 時，它們可在特定的位址進行切割，而突變則會改變切割後 DNA 片段的長度。此技術還會於第 13 章中介紹。

DNA 篩檢

造成遺傳缺陷的突變，通常成因於一個關鍵基因單一核苷酸的改變。這種人與人之間，在一個基因內單一核苷酸點的不同，就稱之為「單核苷酸多型性」(single nucleotide polymorphisms，簡稱 SNPs)。隨著人類基因體計畫 (Human Genome Project) 的完成，研究人員開始建立一個，含有高達幾十萬巨額數量 SNPs 的基因庫。我們每人都有數千個，與「標準序列」不同之基因上的 SNPs 改變。篩檢 SNPs 以及將它們與已知 SNP 基因庫中的資料比對，使得遺傳諮詢學家可以檢查客戶是否具有例如囊性纖維症或肌肉萎縮症等遺傳缺陷的基因。

欲進行人工受孕的父母，已經可以先進行一個技術很成熟，稱為**著床前遺傳篩檢** (preimplantation genetic screening) 的程序。此過程為將卵子於母體外的玻璃器皿中受精，使受精卵分裂三次，成為八個細胞的胚胎。然後從此八個細胞的胚胎上取下一個細胞 (圖 10.38)，進行 150 種的遺傳缺陷篩檢。如果檢測正常，沒有任何遺傳缺陷，則剩下的七個細胞胚胎就可置入母體內，繼續發育成為一個正常的胎兒。

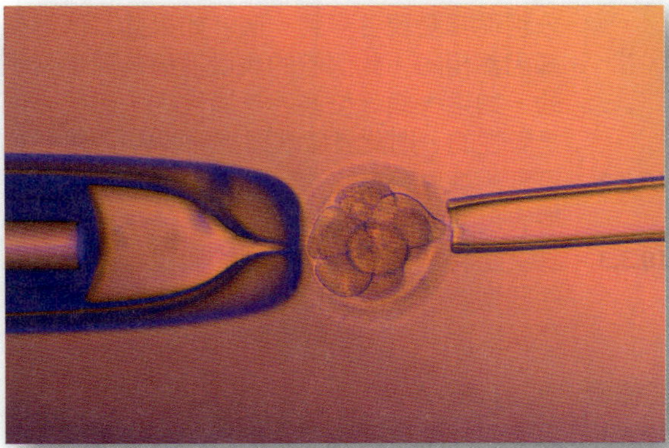

圖 10.38　著床前之遺傳篩檢
此照片為一個人類八個細胞期的胚胎，即將被研究人員取下一個細胞去做遺傳測試。

關鍵學習成果 10.11

近來已經可以在懷孕早期檢查遺傳缺陷，使預備成為父母的人做出恰當的規劃。

複習你的所學

孟德爾

孟德爾與豌豆

10.1.1-2 孟德爾利用豌豆與科學方法來研究遺傳。

10.1.3 孟德爾使用針對某一特徵為純系的植物作為親代，然後將相對表徵 (一個性狀的不同形式) 的親代雜交。所得的後代稱為第一子代 (F_1)，然後再使 F_1 自體受精，產生第二子代 (F_2)。

孟德爾所觀察到的

10.2.1 於孟德爾的實驗中，所有的 F_1 世代都表現出相同的一個表徵，稱為顯性表徵。於 F_2 世代中 3/4 出現顯性表徵，1/4 出現另一個相對的表徵，稱為隱性表徵。孟德爾於他所研究的全部七個表徵中，發現 F_2 都出現 3:1 的比例。

10.2.2 孟德爾又發現此 3:1 的比例，實際上是一種 1:2:1 的比例，其中之 1/4 為純系的顯性，2/4 為非純系的顯性，以及 1/4 為純系隱性。

孟德爾提出一個學說

10.3.1 孟德爾學說解釋了，性狀是以等位基因的方式從親代傳遞給子代，子代的二個等位基因分別從其雙親各得到一個。如果此二個等位基因都相同，此個體的表徵就稱為同型合子的。如果一個等位基因是顯性的，而另一個是隱性的，則此表徵就稱為異型合子的。

10.3.2 可利用龐尼特方格來預測一個雜交之基因型與表現型的機率。

10.3.3 試交是將一個未知基因型的個體，與一個隱性同型合子的個體雜交，來決定此個體是顯性同型合子，或是顯性異型合子。

孟德爾法則

10.4.1 孟德爾分離律述說，等位基因可分配進入配子中，其中一半配子得到其中之一的等位基因，另一半配子則得到另一個等位基因。

10.4.2 孟德爾的獨立分配律述說，一個表徵的遺傳不會影響另一個表徵的遺傳。位於不同染色體上的基因，其遺傳是彼此獨立的。

從基因型到表現型

基因如何影響表徵

10.5.1 DNA 上的基因可決定表現型，因為 DNA 可編碼出蛋白質的胺基酸序列，蛋白質則是基因的外在表現結果。

10.5.2 基因的相對型式稱為等位基因，是由突變而來。

一些表徵不符合孟德爾的遺傳

10.6.1 當一個表現型是由超過一個基因以上累積的效應而造成時，就稱為連續變異，其表現型出現連續性的變化。多效性則是一個基因可影響多個表徵。不完全顯性時，異型合子個體會出現介於顯性與隱性之間的中間表現型。一些基因的表現會受到環境因子的影響，例如對溫度敏感的等位基因，可引發毛色的改變。上位現象是二個基因產物間的交互作用，其中一個基因的效應可改變或掩蓋另一基因，而出現不同的表現型。

10.6.2 共顯性為當個體為異型合子時，二個等位基因都可表現，沒有所謂的顯性。其表現型是二個等位基因的共同表現結果。

10.6.3 表觀遺傳學是於不改變 DNA 的序列的狀況下，外表型的遺傳，可以從一個細胞世代傳遞給下一個細胞世代。

染色體與遺傳

染色體是孟德爾遺傳的媒介物

10.7.1 基因可以獨立分配，是由於它們位於不同的染色體之上，而這些染色體則可在減數分裂時獨立分配。

10.7.2-3 摩根利用果蠅的 X-連鎖基因證明了基因可獨立分配。然而當二個基因位於同一染色體上時，若相距越遠時其可能發生互換的機率也愈高，因此也越能夠獨立分配。

人類染色體

10.8.1-2 人類具有 22 對體染色體，以及一對性染色體。

10.8.3-4 當同源染色體於減數分裂時，未能成功分離時 (圖 10.25) 就稱為染色體未分離，可導致有些配子含有過多的染色體，有些配子則含有過少的染色體。體染色體的未分離，通常是致命的，但唐氏症為例外。性染色體的未分離，後果則較不嚴重。

人類遺傳缺陷

研習譜系

10.9.1-2 科學家透過檢視譜系，可以決定一個表徵的不同遺傳狀況。

突變的角色

10.10.1 突變可導致遺傳缺陷，例如血友病、鐮刀型細胞貧血症以及戴-薩克斯症。

基因諮詢與治療

10.11.1-2 一些遺傳缺陷可於懷孕期加以檢測，檢測方法可為羊膜穿刺術、絨毛膜採樣以及 DNA 篩檢。

測試你的了解

1. 孟德爾使用豌豆的原因是
- a. 豌豆植物很小、易於栽培、生長快速、可產生大量的花與種子
- b. 他知道豌豆已經被研究數百年了，想繼續研究之，並利用數學來計算各種不同特徵
- c. 他知道豌豆有許多獨特特徵的變種可供研究
- d. 以上皆是

2. 孟德爾觀察 7 種特徵，例如花色。他將具有不同型式特性的植物雜交 (紫花與白花)，則所得 F_1 世代的花色為
- a. 全為紫花
- b. 一半紫花，一半白花
- c. 3/4 紫花，1/4 白花
- d. 全部白花

3. 續上題，當孟德爾將 F_1 自體受精，則 F_2 世代為
- a. 全為紫花
- b. 一半紫花，一半白花
- c. 3/4 紫花，1/4 白花
- d. 全部白花

4. 孟德爾研究所得的結果提出學說，認為親代
- a. 將表徵直接傳遞給後代，並且可以表現出來
- b. 可傳遞表徵的一些因子 (或資訊) 給後代，可表現或不表現
- c. 可傳遞表徵的一些因子 (或資訊) 給後代，且一定可以表現
- d. 可傳遞表徵的一些因子 (或資訊) 給後代，二種表徵都能在每一個世代中表現，可能以一種它們親代「混合」的方式表現

5. 二個個體雜交後出現四種可能的表現型，且其比例為 9:3:3:1。則此雜交為
- a. 二性狀雜合體雜交
- b. 單性狀雜交
- c. 試交
- d. 以上皆非

6. 人類的身高為連續變異，可從非常矮到非常高。人類身高可能由下列何者所控制？
- a. 上位基因
- b. 環境因子
- c. 性聯基因
- d. 複數基因

7. 於人類的 ABO 血型，四種基本血型是 A 型、B 型、AB 型以及 O 型。其中 A 與 B 的血液蛋白質
- a. 為顯性與隱性表徵
- b. 為不完全顯性表徵
- c. 為共顯性表徵
- d. 為性聯表徵

8. 是何種發現確定了基因是位於染色體之上？
- a. 一些決定毛色之熱敏感酵素
- b. 果蠅之性聯眼色
- c. 完全顯性之發現
- d. 建立譜系

9. 染色體未分離
- a. 發生於當同源染色體或姊妹染色分體於減數分裂時未能成功分離
- b. 可導致唐氏症
- c. 可導致非整倍體
- d. 以上皆是

10. 下列何者分析可檢測非整倍體？
- a. 酵素活性
- b. 染色體核型
- c. 譜系
- d. 遺傳標誌

Chapter 11

DNA：遺傳物質

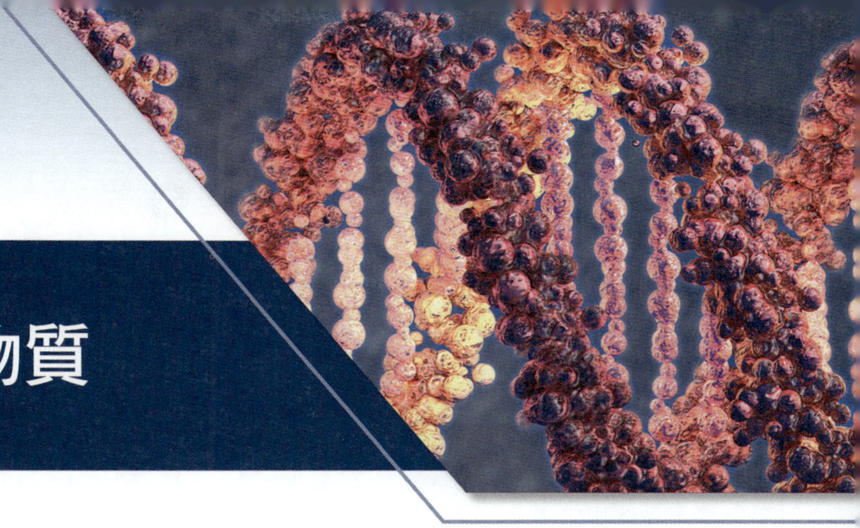

當了解了遺傳的型式能夠用減數分裂時染色體之分離來解釋後，引發了一個盤踞在生物學家心頭達 50 年之久的謎題：遺傳特徵與染色體之間，實質上的關聯特性是什麼？於本章中將學習到，使我們了解遺傳分子機制的一系列實驗。確認 DNA 是遺傳物質的這些實驗，是科學史上最經典之作之一。就有如一部精彩的偵探小說，每一個結論又引導出一個新問題。所選取的知識路徑永遠不是直線的，而最佳的問題也不是永遠最明顯的。然而在這些反覆無常又曲折的實驗過程中，我們對遺傳的影像開始逐漸變得清晰，也更為明確界定。我們現在對 DNA 分子如何自我複製，以及如何因改變而導致遺傳上的基因突變，已經有了相當程度的了解。

基因由 DNA 構成

11.1 轉形作用的發現

格里菲斯實驗

如我們在第 8、9、10 章中所學，染色體上含有基因，基因上則攜有遺傳訊息。然而，孟德爾的實驗留下了一個未回答的關鍵問題：一個基因是什麼？當生物學家開始從染色體上尋找基因後，他們很快便發覺染色體是由二種巨分子所構成。在第 3 章中看到過：**蛋白質**(胺基酸單元所連接而成的長鏈) 與 **DNA** (去氧核糖核酸－由核苷酸單元所連接而成的長鏈)。因此可以想像，此二者之一為構成基因的物質－遺傳訊息可貯存於不同的胺基酸序列中或是不同的核苷酸序列中。但是何者為基因的成分呢？蛋白質還是 DNA？此問題被許多不同的實驗清晰的解答了，所有的實驗都有一個共同點：如果你將 DNA 從一個個體的染色體中與蛋白質分離出來，此二種物質何者能夠改變另一個個體的基因？

在 1928 年，英國微生物學家格里菲斯 (Frederick Griffith) 利用一個病原 (致病) 細菌做出了一系列令人意外的觀察，圖 11.1 將逐步帶領你觀看他的發現。他將一株毒性的肺炎鏈球菌 (*Streptococcus pneumoniae*) (當時稱為肺炎球菌，*Pneumococcus*) 注入小鼠體內，此小鼠死於血液中毒，如你在第 1 區塊所見。然而，當他注射另一株突變的肺炎鏈球菌到類似的小鼠體內時，由於此突變菌株缺少毒性菌株所具有的莢膜 (capsule)，此隻小鼠沒有出現任何生病的跡象，如你在第 2 區塊所見。因此很顯然，莢膜是造成感染所必須的。正常可造成感染的細菌株，稱為 *S* 型，因為它們可在細菌培養盤上長出光滑的菌落 (smooth colonies)。而突變的菌株，因為缺少可以製造多醣類莢膜的酵素，稱為 *R* 型，因為它們在培養盤上長出粗糙的菌落 (rough colonies)。

為了測試此多醣類莢膜是否有毒性，格

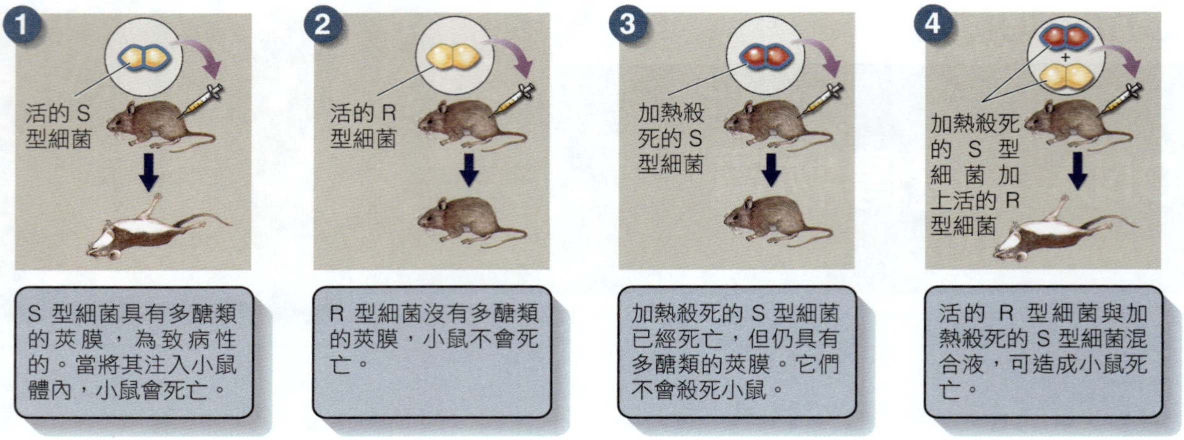
1
活的 S
型細菌
S 型細菌具有多醣類的莢膜，為致病性的。當將其注入小鼠體內，小鼠會死亡。
2
活的 R
型細菌
R 型細菌沒有多醣類的莢膜，小鼠不會死亡。
3
加熱殺
死的 S
型細菌
加熱殺死的 S 型細菌已經死亡，但仍具有多醣類的莢膜。它們不會殺死小鼠。
4
加熱殺死的 S 型細菌加上活的 R 型細菌
活的 R 型細菌與加熱殺死的 S 型細菌混合液，可造成小鼠死亡。

圖 11.1 格里菲斯如何發現轉形作用
轉形作用，基因從一個生物轉移到另一個生物，提供了一些關鍵的證據，說明了 DNA 是遺傳物質。格里菲斯發現死亡的毒性肺炎鏈球菌萃取液，能夠將無害的菌株「轉形」成為致病菌株。

里菲斯將死亡的 S 型菌株注射到小鼠體內，如第 3 區塊所示，可發現小鼠仍然很健康。最後，如第 4 區塊所示，他將死亡的 S 型毒性菌株以及活的 R 型無毒菌株混合在一起，然後注入小鼠體內。出乎意料之外，許多小鼠出現病徵而死亡了。他從這些死亡小鼠的血液中，觀察到具有高濃度活的 S 型毒性菌株，且其表面蛋白質特性是與先的 R 型菌株相同。因此，這些製造多醣類莢膜的訊息，似乎在混合液中，可從死亡的 S 型菌株轉移給活的 R 型無毒菌株，並將這些無莢膜的 R 型菌株永久性地轉形成為毒性的 S 型菌株。

關鍵學習成果 11.1

遺傳訊息可從死亡的細胞傳送給活的細胞，並將它們轉形。

11.2 確定 DNA 為遺傳物質的實驗

埃弗里實驗

使鏈球菌轉形的因子，直到 1944 年才被發現。埃弗里 (Oswald Avery) 與他的同事麥可勞德 (Colin MacLoed) 及麥卡蒂 (Maclyn McCarty) 進行了一系列的實驗，描述了他們發現的「轉形因子」(transforming principle)。埃弗里與他的同事準備了與格里菲斯相同的混合液，其內含有死亡的 S 型鏈球菌與活的 R 型鏈球菌。但是首先要盡量除去死亡 S 型細菌液中的蛋白質，直到 99.98% 的蛋白質被移除為止。雖然幾乎所有的蛋白質都被移除了，但是此 S 型死亡細菌的轉形活力卻毫無下降。更甚者，這種轉型因子的特性與 DNA 有許多相似處：

與 DNA 相同的化學性　當這種純化因子以化學方式分析時，其元素的配置與 DNA 很接近。

與 DNA 相同的特性　於超高速離心管中，此純化因子移動的位置與 DNA 相同；進行電泳 (electrophoresis) 及其他化學與物理方式處理時，此因子的行為也與 DNA 相同。

不受到脂質與蛋白質萃取的影響　將純化因子進行脂質與蛋白質的萃取，不會降低其活性。

不會被蛋白質分解酵素或 RNA 分解酵素所破壞　蛋白質分解酵素與 RNA 分解酵素都不會破壞此因子的活性。

會被 DNA 分解酵素破壞　DNA 分解酵素可摧毀轉形因子的所有活性。

這些證據是壓倒性的，他們提出「一種去氧核糖型式的核酸，是造成第三型肺炎球菌 (*Pneumococcus* Type III) 轉形的基本單元」－在本質上，DNA 就是遺傳物質。

赫希-蔡斯實驗

起初埃弗里的實驗結果，並未被生物學家廣為接受，因為大家仍偏向於基因是由蛋白質構成的。然而到了 1952 年，赫希 (Alfred Hershey) 與蔡斯 (Martha Chase) 進行了一項令人無法忽視的簡單實驗 (圖 11.2)。

此二位人員研究可感染細菌的病毒基因，這些病毒會附著在細菌體表上，並將它們的基因注射到細菌細胞內。這些可感染細菌的病毒構造非常簡單，一個由蛋白質包裹的 DNA 核心。在他們的實驗中，赫希與蔡斯使用放射性同位素來分別「標記」病毒的 DNA 與蛋白質。於圖中，放射性標記的分子以紅色顯示。右側的實驗，病毒生長於含有放射性磷酸 (^{32}P) 的培養液中使其 DNA 可被標記；於左方另一個實驗中，病毒培養於含有放射性硫 (^{35}S) 的培養液中使其蛋白質可被標記。然後赫希與蔡斯用標記過的病毒去感染細菌，之後並劇烈搖盪培養液，使附著在細菌體表的病毒脫落，用離心機快速旋轉分離細菌，然後提問一個很簡單的問題：病毒將何物注射到細菌細胞內，是蛋白質或是 DNA？結果顯示被感染細菌的細胞內容物中含有 ^{32}P，而 ^{35}S 的標記物則否。他們的結論很明確：病毒用來製造新病毒的基因是由 DNA 構成，而非蛋白質。

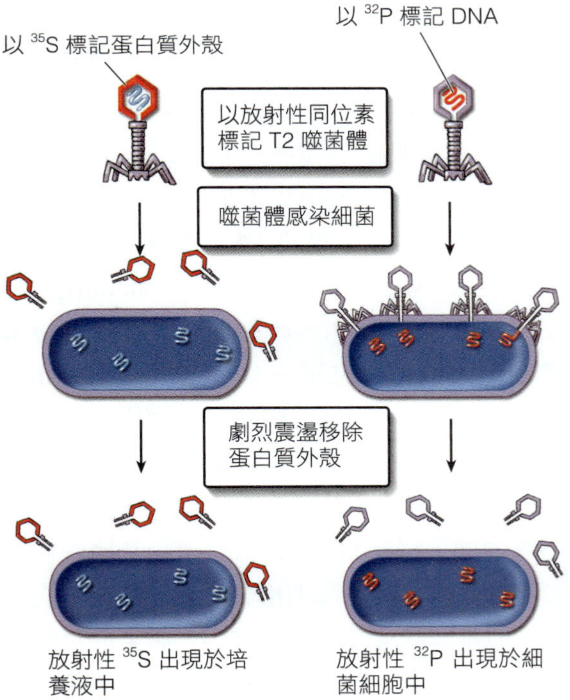
以 ^{35}S 標記蛋白質外殼
以 ^{32}P 標記 DNA
以放射性同位素標記 T2 噬菌體
噬菌體感染細菌
劇烈震盪移除蛋白質外殼
放射性 ^{35}S 出現於培養液中
放射性 ^{32}P 出現於細菌細胞中

圖 11.2 赫希-蔡斯實驗

這個實驗說服了大多數的生物學家，說明 DNA 才是遺傳物質。在第二次世界大戰方結束之際，放射性同位素才首次可提供給研究人員進行實驗之用。赫希與蔡斯使用不同的同位素分別標記與追蹤蛋白質及 DNA。他們發現，當病毒將基因注射進入細菌細胞內引導新病毒的複製時，^{35}S 不會進入細菌細胞，而 ^{32}P 則可。很顯然，進入細菌細胞內引導新病毒複製的基因是病毒的 DNA，而非病毒的蛋白質。

關鍵學習成果 11.2

幾項關鍵的實驗結論出 DNA 為遺傳物質，而非蛋白質。

11.3 發現 DNA 的結構

當逐漸確定 DNA 是貯存遺傳訊息的分子後，研究人員開始提問，核酸如何能夠執行如此複雜的遺傳功能？此時，科學家尚不知 DNA 分子的結構為何。

我們現在已知 DNA 是由**核苷酸** (nucleotides) 單元所構成的長鏈狀分子。從圖 11.3 可看到，每一個核苷酸是由三部分組成：一個稱為*去氧核糖* (deoxyribose) 位於中央的醣類，一個磷酸基 (PO_4)，以及一個有機的鹼基 (base)。DNA 分子中每一個核苷酸單元的糖 (淡紫色五角形構造) 與磷酸基 (黃色圓形構造) 都是相同的；但是卻有四種不同的鹼基：二個較大具有雙環結構，以及二個較小只具有

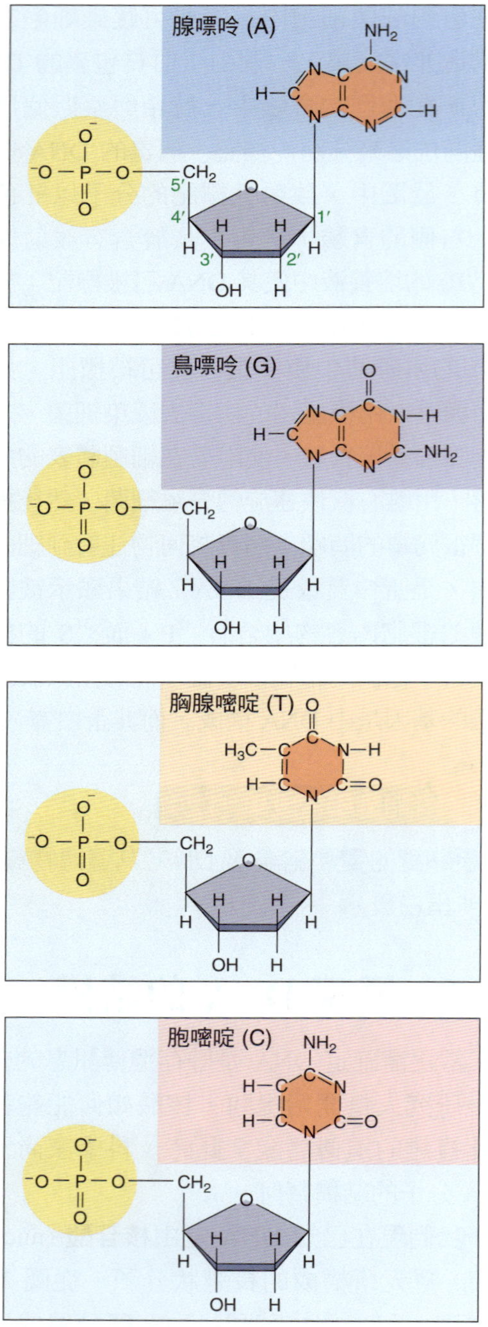

圖 11.3　構成 DNA 的四種核苷酸單元

構成 DNA 分子的核苷酸單元由三部分組成：一個在中心稱之為去氧核糖的五碳醣，一個磷酸基，以及一個有機的含氮鹼基。

單環結構。稱為**嘌呤** (purines) 的較大鹼基，有 A (**腺嘌呤** adenine) 與 G (**鳥嘌呤** guanine)。稱為**嘧啶** (pyrimidines) 的較小鹼基，有 C (**胞嘧啶** cytosine) 與 T (**胸腺嘧啶**thymine)。查加夫 (Erwin Chargaff) 曾做出一個關鍵的觀察報告，DNA 分子中永遠含有相等數量的嘌呤與嘧啶。事實上，A 的數量永遠等於 T 的數量，而 G 的數量也永遠等於 C 的數量。此觀察報告 (A = T，G = C) 就被稱為**查夫定律** (Chargaff's rule)，暗示了 DNA 是一個具有規律結構的分子。

1950 年，英國化學家威爾金斯 (Maurice Wilkins) 首度進行了 DNA 的 X-射線繞射實驗。在他的實驗中，以 X-射線不斷地轟擊 DNA 的纖維，於攝影軟片上產生一個，類似將石塊投入平靜湖面上造成的波紋圖形 (圖 11.4a)。1951 年，威爾金斯提出 DNA 分子的形狀，是類似螺旋彈簧形狀或螺旋開瓶塞形狀，稱之為螺旋 (helix) 的結論。

1953 年，威爾金斯將他實驗室中一位博士後研究員富蘭克林 (Rosalind Franklin) 所做出的特別清晰 X-射線繞射圖，分享給二位來自劍橋大學的二位研究員，克里克 (Francis Crick) 與華生 (James Watson)。使用零件組合的模型，華生與克里克推導出 DNA 的結構 (圖 11.4b)：DNA 分子是一個雙股螺旋，類似旋轉的梯子 (圖 11.4c)，糖與磷酸基構成梯子二邊的縱樑，而鹼基則構成梯子的踏梯。查加夫定律是非常清楚的－在其中一股上的每一個較大之嘌呤，可與另一股上一個較小的嘧啶配對，A 與 T 配對，G 與 C 配對。

關鍵學習成果 11.3

DNA 分子由二股核苷酸鏈構成，中間以鹼基間的氫鍵相連。二股互相纏繞成為一個雙股螺旋。

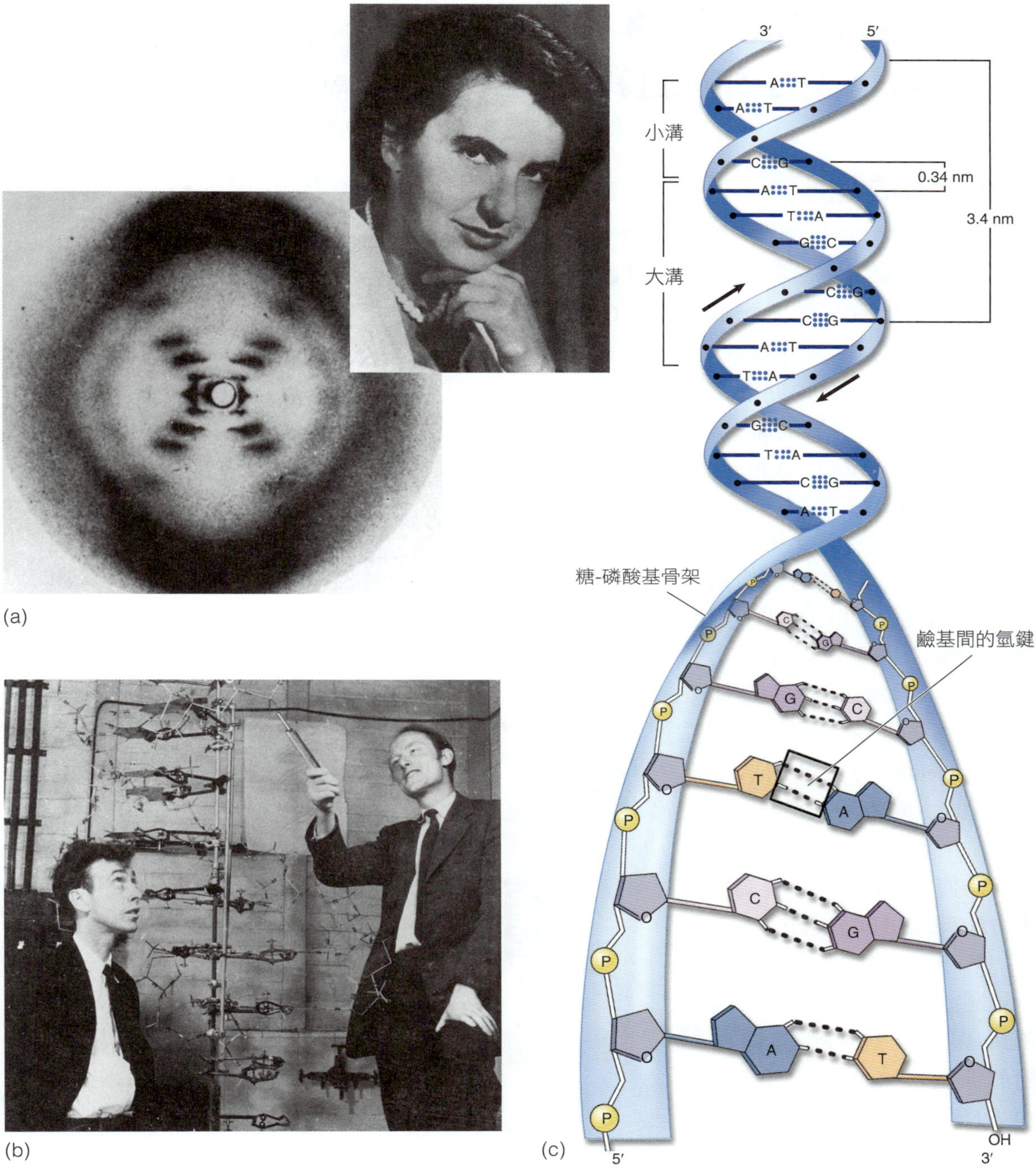

圖 11.4　DNA 雙股螺旋

(a) 此張 X-射線繞射圖，是在 1952 年由富蘭克林 (Rosalind Franklin) (見插圖) 於威爾金斯實驗室中製出的；(b) 華生與克里克依據此圖片，於 1953 年推導出 DNA 分子的結構是一個雙股螺旋。華生 (坐著觀看他們自製的 DNA 模型者) 是一位年輕的美國籍博士後研究員，而克里克 (站立者) 則是一位英國籍博士後研究員。此研究成果，使得威爾金斯、華生以及克里克榮獲 1962 年的諾貝爾獎；(c) 由 X-射線繞射圖可推論出，此雙股螺旋的尺寸。於一個 DNA 雙股螺旋，只有二種可能的鹼基對：腺嘌呤 (A) 與胸腺嘧啶 (T) 配對，鳥嘌呤 (G) 與胞嘧啶 (C) 配對。一個 G-C 對間有三個氫鍵；而一個 A-T 對間則僅有二個氫鍵。

DNA 複製

11.4 DNA 分子如何自我複製

DNA 複製的謎團

將 DNA 雙股拉攏在一起的力量，是由雙股上彼此面對之鹼基間的微弱氫鍵所造成。A 之所以僅能與 T 配對，而非 C 的原因是，A 僅能與 T 產生氫鍵。類似地，G 只能與 C 產生氫鍵，而非 T。於華生-克里克的 DNA 模型中，雙股螺旋的二股彼此互相稱為*互補的* (complementary)。此螺旋的一股上，可為 A、T、G 以及 C 中的任何序列，但此序列也決定了另一股上的序列。例如一股的序列為 ATTGCAT，則此雙股螺旋上的另一股序列必為 TAACGTA。螺旋上的每一股就是另一股的鏡像。這種**互補性** (complementarity) 使得 DNA 在細胞分裂時，可以用一種非常直接的方式來自我複製。但是有三種可能的機制，以 DNA 作為模板來合成新的 DNA 分子。

第一，此雙股螺旋的二股可以分開並作為模板 (templates)，依 A 與 T 配對以及 G 與 C 配對的原則，來合成新股。如圖 11.5a 所示，原始股以藍色表示，新合成股以紅色表示。當複製完成後，原始股會再度復合回復先前的 DNA，並產生一個完全新合成的螺旋。此稱為*保留性複製* (conservative replication)。

於第二種方式，此雙股螺旋只需「解開」(unzip)，然後沿著分開的雙股分別合成一個新的互補股。這種 DNA 複製的方式稱為*半保留性複製* (semiconservative replication)，因為經過一輪複製之後，保留了原先的一股序列。原先雙股的每一股序列，都成為另一個雙股的一部分。圖 11.5b 中，藍色的一股是來自原始的螺旋，紅色的一股則是新合成的。

第三種方式，稱為*分散性複製* (dispersive replication)。原先的 DNA 可作為模板，用來合成新的 DNA 股，但是舊有的與新合成的會分散在二個子股 (daughter strands) 上。如圖 11.5c 所示，每一子股是由數段原始股 (藍色) 與數段新股 (紅色) 所構成。

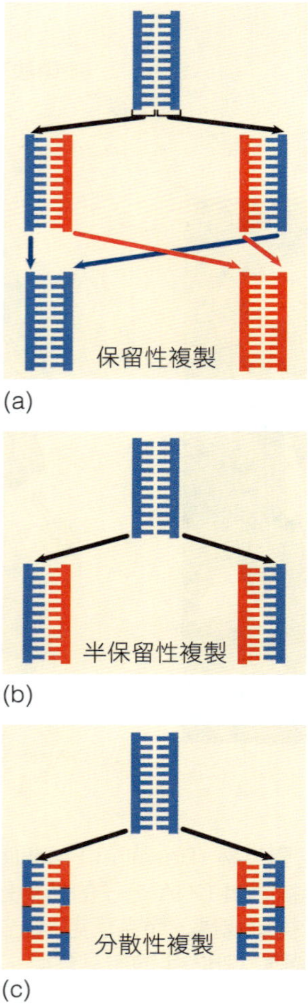

圖 11.5　DNA 複製的三種可能機制

梅瑟生-史達爾實驗

1958 年，加州理工大學的梅瑟生(Matthew Meselson) 與史達爾 (Franklin Stahl)，測試了三種可能的 DNA 複製假說。他們將細菌放入含有重同位素氮 (^{15}N) 的培養基中生長，此同位素元素會合成進入細菌 DNA 中的鹼基中 (圖 11.6 最上方的培養皿)。然後取出一些樣本，放入含有輕同位素 ^{14}N 的正常培養基中生長，此 ^{14}N 則會併入新複製合成的 DNA 中。每隔 20 分鐘從此 ^{14}N 培養液中取出一些樣本 (❷ 至 ❹)，然後從此三個樣本萃取其 DNA，另外一個原先的樣本 (❶) 則作為控制組。

為了分析 DNA，他們將 DNA 放入一種氯化銫 (cesium chloride) 的重鹽溶液中進行超高速離心，DNA 便可依其密度而加以區分出來。離心力可使銫離子向離心管底部移動，造成一個

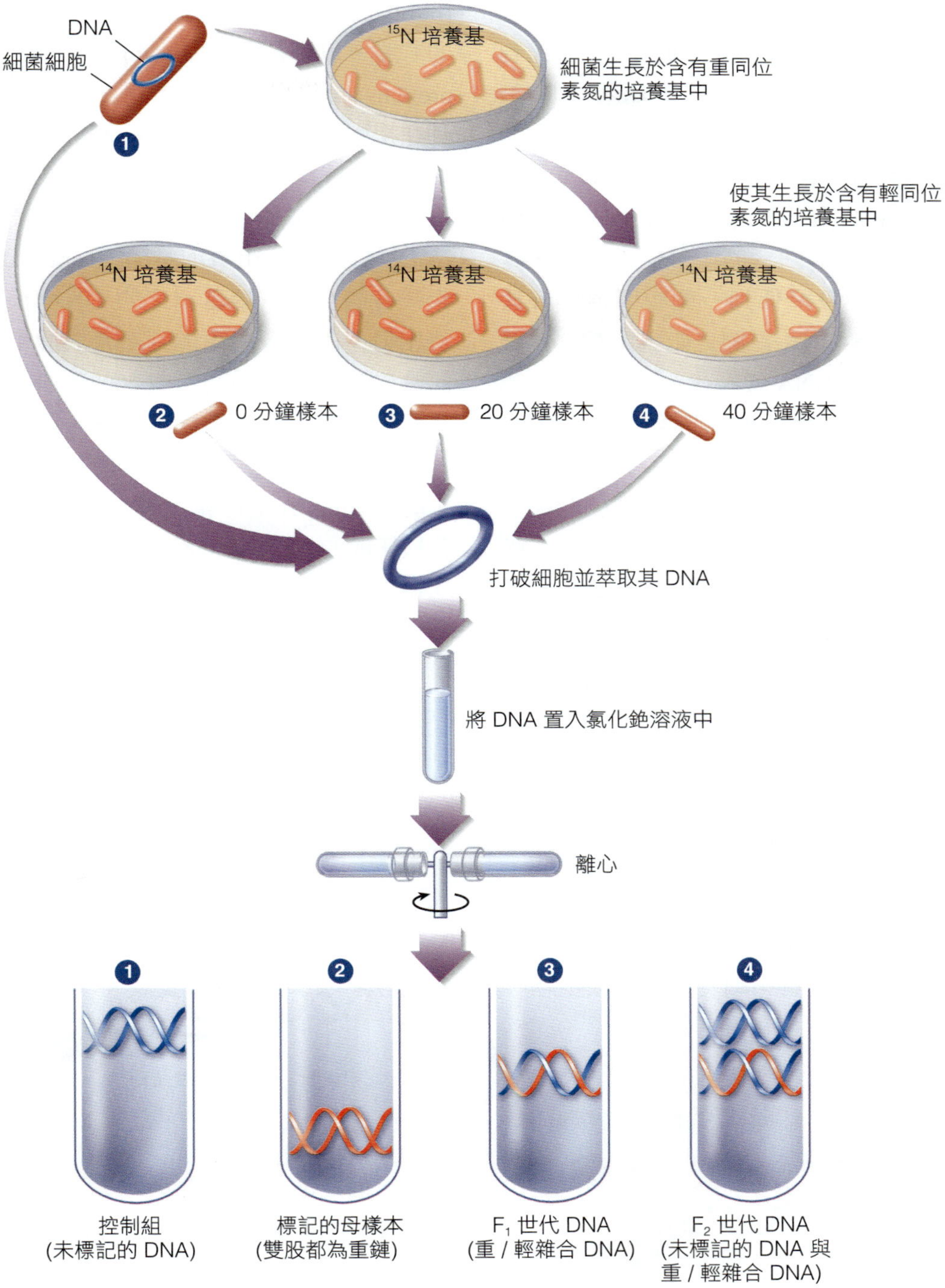

圖 11.6 梅瑟生-史達爾實驗

將細菌置入含有重同位素氮 (^{15}N) 的培養基中培養若干代，然後取出放入含有正常輕同位素氮 (^{14}N) 的培養基中。(此處所示細菌並未按照比例呈現，事實上一個小小的菌落即含有數以萬計的細菌細胞) 於不同時間點，取出細菌樣本，萃取其 DNA 放入含有氯化銫溶液的離心管中進行高速離心，DNA 會依其密度而停留在離心管中的不同位置。具有二股重鏈的 DNA 會出現在靠近離心管的底部，具有二股輕鏈的 DNA 會出現在離心管中最高的位置，而具有一股輕鏈與一股重鏈的雜合 DNA 則會出現在前述二者的中間位置。

銫離子的梯度，也就是密度的梯度。每一個 DNA 鏈會在此梯度中懸浮或沉降，一直達到其密度的梯度位置為止。由於 ^{15}N 鏈比 ^{14}N 鏈重，因此 ^{15}N 鏈會比較接近離心管的底部。

試管 ❷ 為在重培養液中取出立即蒐集的樣本，其 DNA 全為重型。當細菌於 ^{14}N 培養液中完成其第一回合的 DNA 複製後，其 DNA 的密度就會降低到一個中間值，介於 ^{14}N-DNA 與 ^{15}N-DNA 之間，如試管 ❸。當細菌完成二回合的 DNA 複製後，可觀察到二類 DNA，一類與中間型相同，一類與 ^{14}N-DNA 相同，見試管 ❹。

梅瑟生與史達爾詮釋他們的實驗結果如下：於第一回合複製之後，每一個子 DNA 螺旋成為雜合體，含有一個來自原始的重股與一個新合成的輕股；當此雜合體 DNA 再複製時，其重股又會形成一個雜合螺旋，而輕股則產生一個輕螺旋。因此這個實驗很清楚地排除了保留性複製與分散性複製，並證實了華生-克里克模型所預測的半保留式複製為正確的。

DNA 如何自我複製

在細胞分裂之前的 DNA 自我複製，稱為 **DNA 複製** (DNA replication)，於原核生物中，此程序由六個蛋白質來執行 (於真核生物，

❶ 解旋

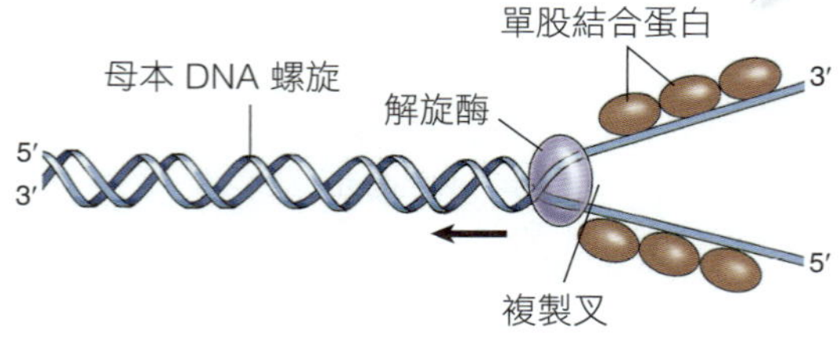

一些酵素略有不同)。這些蛋白質相互協調合作，打開 DNA 的雙股，以及添加核苷酸合成新的互補股 (圖 11.7)。此程序如何進行如下。

在 DNA 開始複製之前，一個稱為解旋酶 (helicase) 的酵素可解開母本 DNA 互相纏繞的二股。單股結合蛋白 (single strand binding proteins) 可結合到打開的單股核苷酸鏈上，使其在複製之前能夠穩定。解旋酶則隨著 DNA 的複製，持續在 DNA 螺旋上向前移動。

當母本 DNA 螺旋被解開之後，一個稱為 DNA 聚合酶 III (DNA polymerase III) 的酵素複合體，可依暴露出來的 DNA 模板股，將相對應的核苷酸添加到新合成股上。但是此酵素無法自己開始合成一個新股；它僅能在已經存在的股上添加核苷酸。因此在合成一個新的 DNA 股時，必須要有一個稱為引子酶 (primase) 的酵素，先合成一個 RNA 核苷酸構成的引子 (primer)，且與相對應的單股 DNA 互補。DNA 聚合酶 III 此時才能將新的核苷酸加到此引子上，並合成新的 DNA 互補股。此新合成的其中一股稱為領先股 (leading strand)，其在 DNA 複製叉 (replication fork) 的合成延伸方向是從 5′ 到 3′。

DNA 聚合酶 III 可將核苷酸加到領先股的

❷ 啟動領先股

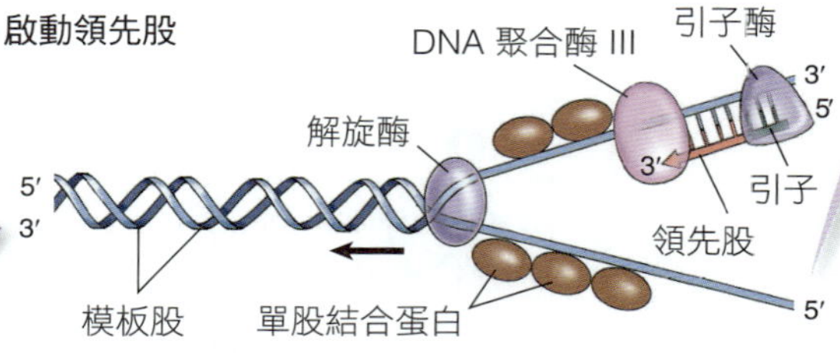

3′ 端，而逐漸合成領先股：核苷酸的 5′ 磷酸基將會被加到現存一股的 3′ 端的糖上。DNA 聚合酶 III 可沿著複製叉向前移動，繼續建構領先股使其成為一個連續的一股。在領先股複製完成之前，另外一個稱為 DNA 聚合酶 I (DNA polymerase I) 的酵素，會移除原先的 RNA 引子，然後將空出來的空隙填補上 DNA 核苷酸。新合成的雜合 DNA 可重新纏繞成為一個螺旋。

由於 DNA 聚合酶 III 僅能依 5′ 到 3′ 方向來合成新股 DNA，因此另一稱為延遲股 (lagging strand) 的一股，只能在複製叉上以遠離的方式，依 5′ 到 3′ 的方向合成短片段的核苷酸鏈。每一個延遲股上的片段，也是從一個 RNA 引子上延伸，DNA 聚合酶 III 不斷添

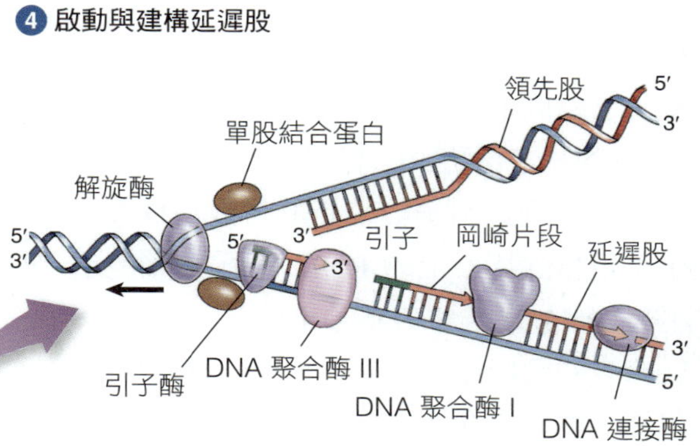

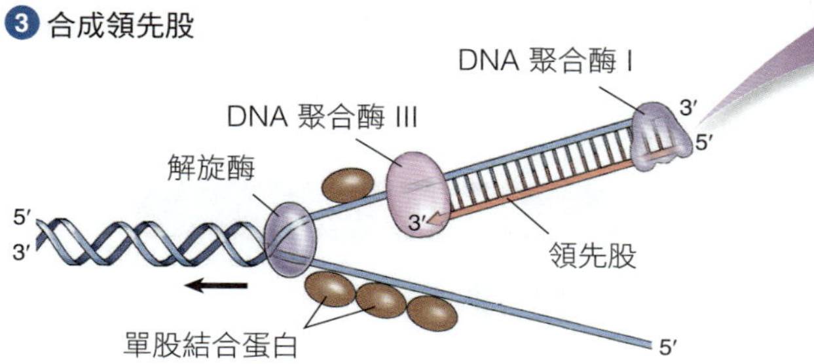

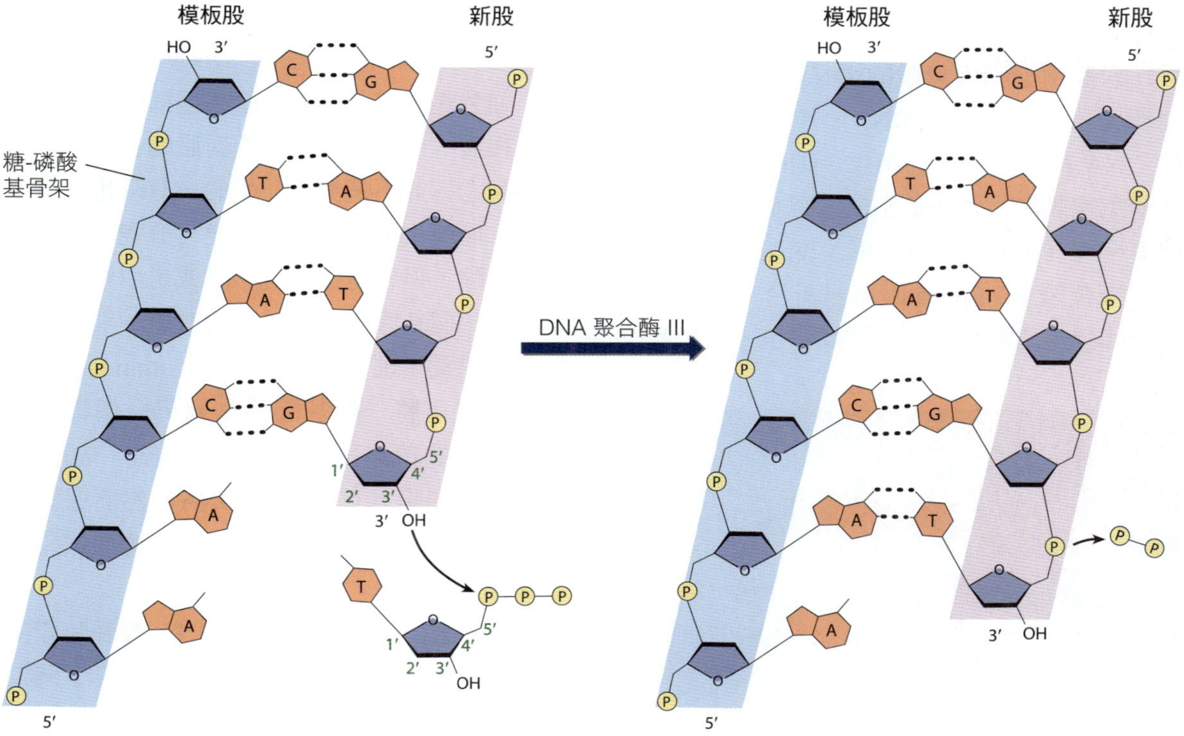

圖 11.7 於 DNA 複製時，核苷酸如何併入

於一個核苷酸中，其磷酸基與糖的 5′ 碳相連接，而 OH 基則相連在 3′ 的位置。因此在一個 DNA 鏈上，一端為 5′ 的磷酸基，而另一端則為 3′ 的 OH 基。於一個 DNA 雙股螺旋，二股上的核苷酸是彼此以相反方向排列來配對的，一股的方向是從 5′ 到 3′，而另一股的方向則是從 3′ 到 5′。當 DNA 進行複製，DNA 聚合酶III將核苷酸併入新合成的一股時，進入之核苷酸的第一個磷酸基會與核苷酸鏈上的 OH 基相連接。

加核苷酸向前延伸，直到碰到前一個片段為止。這些在延遲股上所新合成的 DNA 片段，稱之為*岡崎片段* (Okazaki fragments)。當 DNA 雙股繼續向前打開，又可再加入新的 RNA 引子，DNA 聚合酶 III 必須離開先前已經完成的片段，回到此引子繼續新的合成。DNA 聚合酶 I 可移除片段上的 RNA 引子，然後另一個稱為 *DNA 連接酶* (DNA ligase) 的酵素，可將新合成的岡崎片段與先前合成的核苷酸鏈連接起來。由於方向性的緣故，延遲股只能以此方式來合成。

每一個真核染色體都含有一個非常長的 DNA 分子 (圖 11.8)，由於實在太長了，因此不可能從一個複製叉一路複製完成所有的長度。因此真核染色體可分段進行複製，每一個片段的長度約為 10,000 個核苷酸，且每一片段都有自己的複製起始點 (replication origin) 與複製叉。

人體中細胞內無數的 DNA，代表了從受精卵此單一細胞內的 DNA，進行了一長系列的 DNA 複製所造成的結果。細胞已演化出許多避免複製發生錯誤的機制，以免 DNA 受到損傷。這些 **DNA 修復** (DNA repair) 機制可依母本來校讀 (proofread) 每一新合成股上的序列，如發生錯誤便可立刻加以修正。但是此校讀系統並不是完美無缺的，如果真的完美無缺，便無突變發生的可能性，基因也不會產生多樣性，演化也將完全停止。下一節與第 14 章，將會繼續討論突變。

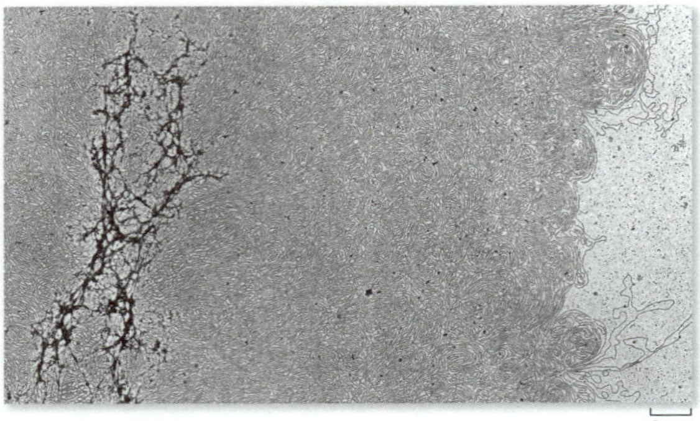

圖 11.8 一個染色體的 DNA
包裝此染色體的大部分蛋白質都被移除了，獨留下擴展開來的 DNA。圖左方暗色的物質，是一些殘留下來的蛋白質支架。

關鍵學習成果 11.4

DNA 複製時的絕佳精準性是來自於互補性。DNA 的二股如鏡像般的彼此互相互補，因此任何一股都可用來重建另一股。

遺傳訊息的改變

11.5 突變

發生錯誤

有二種常見的方式可使遺傳訊息發生改變：突變與重組。當遺傳訊息 (基因上鹼基的序列) 發生了改變，就稱為**突變** (mutation)。如你在前一節所學過的，DNA 的二股可分開，並依循單股 DNA 來產生互補股的方式而自我複製。模板股可以引導新股的合成，然而此複製過程並不是萬無一失的，有時也會發生錯誤，而產生突變。一些突變可改變基因的一個核苷酸，但也有些則可移除或是添增一個核苷酸到一個基因中。另一種可改變一部分遺傳訊息的位置，則稱之為**重組** (recombination)。有些重組可將一個基因移動到另一個染色體上；其他的重組則改變一個基因的一部分位置。真核細胞具有大量的 DNA，然而保護與校讀 DNA 的機制並不完美，因此會造成許多變異。

事實上，細胞確實會在 DNA 複製時產生錯誤，如圖 11.9 所示。一些化學物質，例如吸菸或是例如陽光中的紫外光輻射，也可造成 DNA 產生突變。然而，突變一般是較罕見的。於人類，分析一個家庭成員的全部基因體，發現每一個世代的 30 億個核苷酸中，僅

圖 11.9　突變
果蠅一般只有一對翅膀，從胸節處向外長出。此隻果蠅是一個雙胸節的突變種，這是由於一個控制發育的關鍵基因發生突變之故。由於具有二個胸節，因此也具有二對翅膀。

約有 60 個發生突變。如果這種改變是很頻繁的，則 DNA 編碼的遺傳訊息，將很快退化成毫無意義的一些數據。這些改變看起來似乎微乎其微，但是涓涓細流累積成河，終將成為演化的動力。遺傳訊息上的每一個改變，都是導致眾多生物演化而出的動力。

突變的種類

於基因中，DNA 所帶有的訊息，就是如何製造蛋白質的指令 (instructions)。也就是說，將 DNA 鏈中的核苷酸序列轉譯成蛋白質的胺基酸序列。這個過程曾在第 10.5 節中介紹過，也將會於第 12 章中做更詳細的介紹。如果 DNA 中的核心訊息，經由突變而改變了，如同圖 11.10 所顯示的 T (紅色) 取代了 G，則所產生的蛋白質產品也會改變，有時突變點甚至使得蛋白質無法發揮正常功能。由於突變可隨機發生在一個細胞的 DNA 上，大多數的突變是有害的，就有如在一個電腦軟體程式上做一個隨機的改變，通常會損及其功能。

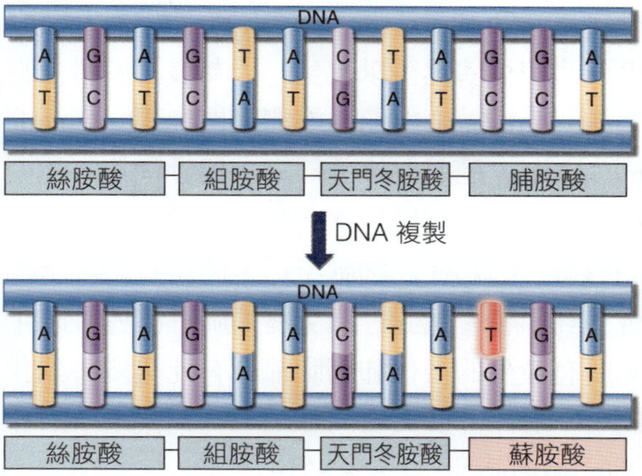

(a) DNA 上的鹼基取代 (紅色)：於 DNA 鏈上將 G 變成 T，其結果是使得蛋白質上的脯胺酸變成蘇胺酸。

(b) 突變後具有替代胺基酸的蛋白質，其摺疊型式與正常蛋白質不同，因此其功能也很有可能受到影響。

圖 11.10　鹼基取代突變
(a) 一些 DNA 序列的突變，可造成一個胺基酸的改變；(b) 此種改變造成一個蛋白質的突變，而可能使其無法具有正常蛋白質的功能。

一個有害的突變，其後果可能很輕微或很嚴重，取決於此基因的功能。

生殖組織的突變　突變造成的效應，與該突變細胞的本質有重大的關係。多細胞生物於胚胎發育時，會來到一個關鍵點，此時將來會成為配子 (生殖細胞) 的細胞，可與會變成身體其他的細胞 (體細胞) 開始分家。

只有發生於生殖細胞 (Germ-Line Tissue) 的突變，才能藉由其產生的配子傳遞給下一個世代。生殖組織產生的突變，在生物學上是非常重要的，因為它們提供了環境變遷時，演化上的天擇元素。

體細胞組織的突變　只有當新的不同等位基因組合取代舊有的等位基因時，才能發生基因的改變。突變可產生新的等位基因，而重組則可將這些等位基因做出不同的組合。於動物中，就是由於生殖組織發生以上二種程序，才使得演化得以發生，因為發生於體細胞組織 (somatic tissues) 中的體細胞突變 (somatic mutation)，是不會傳遞給下一個世代的。然而體細胞突變會對發生此突變的個體，造成巨大的影響，因為從此細胞所衍生的所有體細胞都會受到影響。因此一個突變的肺細胞分裂時，其所有產生的後代肺細胞都具有此突變。如我們所了解，一個突變的肺細胞，經常是人類肺癌的主要成因。

DNA 序列的改變　有一類型的突變，可改變遺傳訊息的本身，造成 DNA 分子上核苷酸序列的改變 (表 11.1)。如果只改變一個或非常少的核苷酸，則稱之為**點突變** (point mutations)。有時是一個鹼基本質上的改變 (鹼基代換，base substitution)，有時則是增加一個鹼基 (插入，insertion) 或失去一個鹼基 (刪除，deletion)。如果是插入一個鹼基或是刪除一個鹼基，則可造成基因訊息的位移，此時就稱為發生了一個**移碼突變** (frame-shift mutation)。圖 11.10 顯示了一個鹼基代換突變，所導致一個胺基酸的改變，從脯胺酸變成蘇胺酸；這種改變的後果可能很輕微，或是造成大災難。然而若是發生一個刪除一個鹼基的移碼突變，例如複製時跳過一個胞嘧啶，因此會造成 DNA 閱讀框架的位置移動，而使之後的訊息完全錯亂。(假設將下句話中的 w 從句子中移除：This would shift the register of the DNA message. 句子的訊息就將成為 *This oulds hiftt her egistero fth eDN Amessage*. 整句話就變得全無意義了。) 許多造成 DNA 損壞的點突變，是由**誘變劑** (mutagens) 所導致的，常見的誘變劑可為輻射或是化學物質，例如香菸中的焦油 (tars)。

表 11.1　一些突變的類型

突變		結果舉例
未發生突變 (A B C)		B 基因製造正常 B 蛋白
序列發生改變		
鹼基代換 (A B C)	代換一個或數個鹼基	由於改變胺基酸序列，干擾其功能，B 蛋白質喪失活性
鹼基插入 (X 200, CCGCCGCCGCCG)	插入一個 3-鹼基重複的序列	由於插入序列干擾了正常形狀，B 蛋白質喪失活性
鹼基刪除 (A C)	丟失一個或數個鹼基	由於蛋白質失去一部分，B 蛋白質喪失活性
基因位置發生改變		
染色體重排 (A C, B)		在染色體上的新位置，B 基因喪失活性或是受到不同的調控
插入性失活 (A C)	於一個基因中，插入一個轉位子	由於插入序列干擾基因的轉譯或是蛋白質的功能，B 蛋白質喪失活性

基因位置的改變　另一類的突變，可影響到基因的訊息是如何排列的。於原核細胞與真核細胞，一個個別基因可從基因體上的某一個位置，經由**轉位作用** (transposition) (見第 13.2 節) 而移動到其他位置上。當一個特定的基因移動到一個不同的位置時，此基因的表現或是其鄰近基因的表現則會受到改變。此外，真核細胞中大片段的染色體，可改變其相對的位置或是發生重複 (duplication) 的現象。這種**染色體重排** (chromosome rearrangements) 現象，通常會顯著影響遺傳訊息的表現。

基因改變的重要性

所有的演化都起始於遺傳訊息的改變，這些改變可產生新的等位基因，或是改變染色體上遺傳訊息的排列方式。一些發生於生殖組織的突變，能使其產生更多的後代，因此這種突變就可繼續保留到後代；但也有些突變會使其後代減少，這種突變便會逐漸消失，因為攜有這種突變的個體產生的後代越來越少。演化可視為從一個具有改變的基因庫中，篩選出特定的等位基因組合。演化的速度則受限於產生突變的速率。突變與基因重組提供了演化的素材。

體細胞的遺傳改變，不會傳遞給後代，因此也不會造成演化。然而體細胞的基因改變，如果其會影響發育或是細胞的繁殖，則會對個體造成立即而重大的影響。

關鍵學習成果 11.5

基因可發生突變。如果此突變是發生在體細胞上，則會對個體造成顯著影響。只有發生在生殖組織的突變，才會傳遞給後代。可遺傳的突變是造成演化的動力。

複習你的所學

基因由 DNA 構成

轉形作用的發現

11.1.1 格里菲斯利用肺炎鏈球菌，展現了遺傳訊息可從一個細菌，甚至從一個死細菌，轉移給另一個細菌。

- 格里菲斯將不同的肺炎鏈球菌菌株注射到小鼠身上，其中有些是致病性的，可導致小鼠死亡。致病性的菌株具有多醣類莢膜 (S 型)，不具莢膜 (R 型) 的菌株則不會致命。當格里菲斯將死的致病菌 (S)(不會造成死亡) 與活的非致病菌 (R) 混合液，注射到小鼠體內，小鼠死亡了。從此死亡小鼠身上，可分離出活的 S 型細菌。
- 有種物質可從死的細菌，轉移給活的細菌，並將之轉形成為致病菌。

確定 DNA 為遺傳物質的實驗

11.2.1 埃弗里與其同事證實蛋白質不是造成轉形的物質，他們移除蛋白質後重複格里菲斯的實驗，發現致病菌仍然能夠將非致病菌轉形。此結果支持 DNA 為造成轉形的物質，而非蛋白質。

11.2.2 赫希與蔡斯使用噬菌體證明了基因位於 DNA 上，而非蛋白質上。他們使用二種同位素來標記樣品，一種標記 DNA 一種標記蛋白質，然後使之感染細菌。當他們分析細菌時，只有被同位素標記的 DNA 進入細胞內。

發現 DNA 的結構

11.3.1 DNA 的基本化學成分是核苷酸。每一個核苷酸都有類似的結構：一個去氧核糖，連接著一個磷酸基，以及四種有機鹼基之一。

- 查加夫發現於一個 DNA 分子中，有二套鹼基的含量永遠相等 (A 核苷酸與 T 核苷酸相等，而 G 核苷酸則與 C 核苷酸相等)，稱為查加夫定律。此定律建議，DNA 的結構是具有規律性的。
- 利用 X-射線繞射技術，富蘭克林與她的同事能夠照出 DNA 的「圖片」。其影像說明 DNA 分子是一個螺旋狀的構造，稱之為螺旋。
- 藉助查加夫與富蘭克林的實驗，華生與克里克提出 DNA 分子是一個雙股螺旋結構，二股間的核苷酸鹼基可以互相配對。一股上的 A 可與另一股上的 T 配對，同樣的 G 則與 C 配對。

DNA 複製

DNA 分子如何自我複製

11.4.1 DNA 的互補性 (A 與 T 配對，C 與 G 配對) 暗示了複製的方式，其中一股可作為模板用來複製另一股。

11.4.2 梅瑟生與史達爾證明了 DNA 的複製是以半保留性方式進行，使用原始的一股作為模板來複製新的一股。在半保留性複製中，所產生的新 DNA 包含了一股原始的模板股，以及一股與模板股互補的新合成股。

11.4.3 複製時，DNA 雙股首先被一個稱為解旋酶的酵素打開，每一股則可利用 DNA 聚合酶進行複製。原始的二股作為模板，進行新股的合成。DNA 聚合酶可依與模板股互補的方式，添加核苷酸到新合成股上。由於 DNA 聚合酶僅能將核苷酸添加到已存在的股上，因此必須有一個引子。引子是由另一種不同的酵素製造出來的。DNA 的聚合是依 5′ 到 3′ 的方向進行延長。

- DNA 複製時的分開點稱為複製叉。由於核苷酸只能添加到延長股的 3′ 端，因此其中一股稱為領先股的合成，可以進行連續的複製；而另一股稱為延遲股的複製，則是以不連續的方式進行複製。
- 在延遲股上，引子於複製叉的位置處插入，核苷酸則分段添加。在 DNA 雙股纏繞之前，引子會被先移除，然後 DNA 片段便可被連接酶連接在一起。

遺傳訊息的改變

突變

11.5.1 體細胞與生殖細胞組織的複製，都有可能發生錯誤。細胞有許多機制可修正 DNA 複製時發生的錯誤。

11.5.2 突變就是遺傳訊息上的序列發生改變。造成一個核苷酸或少數幾個核苷酸改變的突變，稱之為點突變。

- 有些突變是一段 DNA 從某個位置移動到另一個位置上，稱為轉位突變。

測試你的了解

1. 格里菲斯從他的實驗中發現
a. 細胞內的遺傳訊息是不可改變的
b. 遺傳訊息可從其他細胞進入另一個細胞
c. 感染 R 型的小鼠會死亡
d. 感染加熱殺死之 S 型的小鼠會死亡

2. 下列何者不是埃弗里轉形因子類似 DNA 的方式？
a. 它在離心管中的移動位置與 DNA 相同
b. 它不會被 DNA 分解酶所破壞
c. 它在電場中的移動與 DNA 相同
d. 它不會被蛋白質分解酶所破壞

3. 赫希與蔡斯的實驗顯示
a. 注射到細菌細胞內的病毒 DNA，是指導合成新病毒顆粒的因子
b. 注射到細菌細胞內的病毒蛋白質，是指導合成新病毒顆粒的因子
c. 被 32P 標記的蛋白質可被病毒注射到細菌細胞內
d. 轉形因子是蛋白質

4. 於赫希-蔡斯的實驗中，以________放射性標記的物質可進入細菌細胞內。
a. ^{14}C　　c. ^{32}P
b. ^{35}S　　d. 加熱殺死

5. 華生-克里克的 DNA 模型說明了查加夫定律，DNA 是由二互補股構成。因此一股的序列如為 AATTCG，則另一股必為
a. AATTCG　　c. TTAAGC
b. TTGGAC　　d. GGCCGA

6. 關於 DNA 的複製，我們已知每一個雙股螺旋會
a. 複製完成後會再結合
b. 從中間分開成二股，每一單股可作為模板，來製造其互補股
c. 分裂成小片段，然後複製與重新組合
d. 對不同型式的 DNA 而言，以上皆是

7. 梅瑟生與史達爾的實驗中，使用重同位素標記來
a. 決定 DNA 複製的方向性
b. 分別標記 DNA 與蛋白質
c. 區別新合成股與舊股
d. 區別複製出來的 DNA 與 RNA 引子

8. DNA 聚合酶只能將核苷酸加到已經存在的鏈上，因此需要一個________
a. 引子　　c. 延遲股
b. 解旋酶　　d. 領先股

9. 下列何者不會出現於 DNA 複製中？
a. 新股與舊股間的互補鹼基配對
b. 產生短的片段，然後用連接酶將之連接起來
c. 從 3′ 到 5′ 的方向複製
d. 使用一個 RNA 引子

10. DNA 複製中使用的引子
a. 僅使用在二個模板股的其中之一
b. 於 DNA 複製完畢後，仍保留在 DNA 中
c. 為一個短的 RNA 片段，加在股的 3′ 端
d. 確保要有一個自由的 5′ 端，因此新的核苷酸才能用共價鍵連結上去

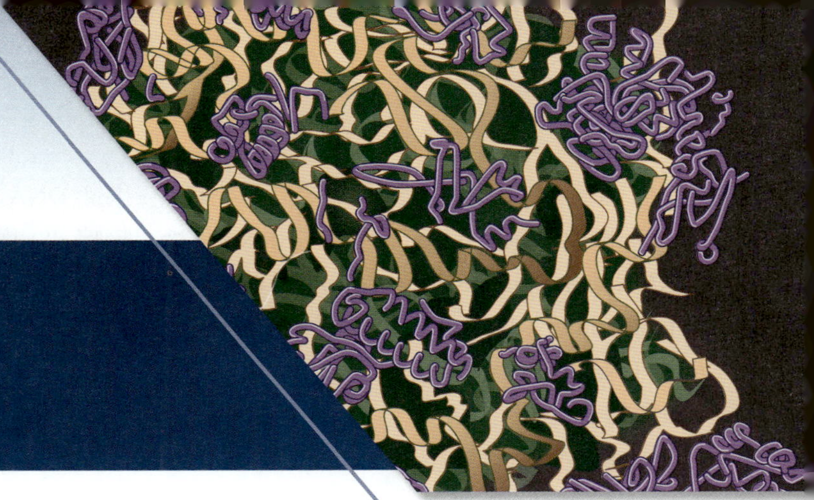

Chapter 12

基因如何作用

此處所見到的核糖體是細胞內非常複雜的機器，可使用來自基因編碼的 RNA 分子製造出蛋白質的多肽鏈片段。核糖體可閱讀出傳訊 RNA 轉錄本上的遺傳訊息，並將之用來決定新合成多肽鏈上的胺基酸序列。每一個核糖體由超過 50 種的蛋白質 (紫色) 以及超過 3,000 個核苷酸構成的三個 RNA 鏈 (黃褐色) 所組成。傳統上，大家認為核糖體中蛋白質的作用類似酵素，可催化胺基酸的組裝程序，而 RNA 則作為支架來放置這些蛋白質。直到 2000 年才弄清楚，二者的作用恰恰相反。強大的 X-射線繞射研究，於原子解析度的層次上，展示了一個詳盡的核糖體構造。出乎意料之外，這些蛋白質散布在核糖體的表面上，有如裝飾好的聖誕樹一般。蛋白質的角色，似乎是用來穩定 RNA 鏈的諸多折曲與纏繞，作用類似 RNA 鏈互相接觸的焊點。重要的是，核糖體內部進行蛋白質合成的位置上，完全沒有這些核糖體蛋白質－僅含折曲的 RNA。因此，催化胺基酸合成的物質是核糖體 RNA，而非蛋白質！顯然的，我們對於基因如何作用的基本知識，仍在進步與修正中。

從基因到蛋白質

12.1 中心法則

基因表現的機制

第 11 章已經討論過，基因是由 DNA 構成的發現經過，但留下一個問題，即 DNA 中的訊息是如何來使用的。一個排列成螺旋狀的核苷酸鏈，如何能夠決定人的髮色？我們現在已知，貯存在 DNA 中的訊息是排列成許多區塊的，有如辭典中的條目，每一個區塊就是一個基因，可決定一個多肽鏈的胺基酸序列。這些多肽鏈可構成蛋白質，決定了一個特定細胞的表徵。

所有的生物，從最簡單的細菌到人類，使用相同的機制來閱讀與表現基因。因此我們所知的生命基礎就常被稱為「中心法則」(Central Dogma)：基因 (DNA) 中的訊息傳遞到一個 RNA 拷貝，然後此 RNA 拷貝指導一個胺基酸序列的合成。簡單的說，即 DNA → RNA → 蛋白質。

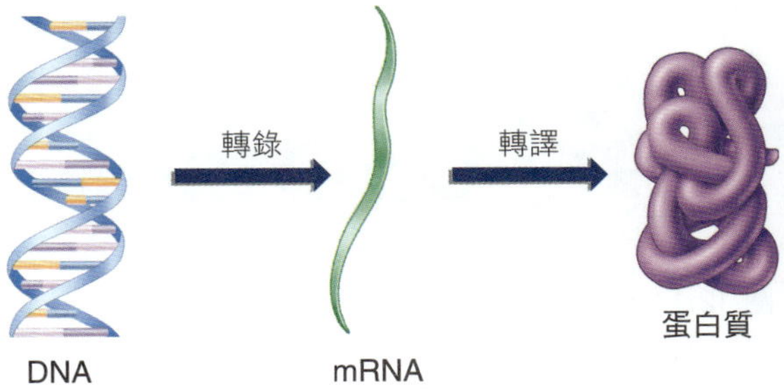

一個細胞於合成蛋白質時使用了 4 種 RNA：傳訊 RNA (messenger RNA, mRNA)、靜默 RNA (silencing RNA, siRNA)、核糖體 RNA (ribosomal RNA, rRNA) 以及轉送 RNA (transfer RNA, tRNA)。本章稍後還會詳細介紹這些類型的 RNA。

利用 DNA 中的訊息，來指導製造出一個特定的蛋白質，就稱之為**基因表現** (gene expression)。基因表現可分為二個階段：第一階段是轉錄 (transcription)，在 DNA 上利用基因合成 mRNA 分子；第二階段是轉譯 (translation)，使用 mRNA 來指導合成構成蛋白質的多肽鏈。

轉錄：概觀

中心法則的第一步，是將 DNA 的訊息轉移成為 RNA，即從基因製造出其 mRNA。由於此階段是將 DNA 中的訊息轉錄成為 RNA 序列，因此稱為轉錄。首先一個稱為 RNA 聚合酶 (RNA polymerase) 的酵素，結合到一個基因前端，稱之為啟動子 (promoter) 的特殊核苷酸序列上。從此點開始，RNA 聚合酶可沿著 DNA 鏈開始向基因方向移動 (圖 12.1)，對應每一個 DNA 上的核苷酸，它可將一個互補的 RNA 核苷酸添加到 mRNA 的核苷酸鏈上。

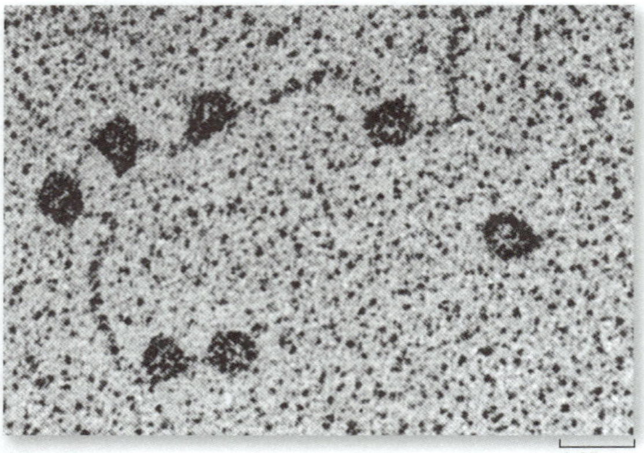

圖 12.1 RNA 聚合酶
於此電子顯微鏡照片上，暗色的圓形物即為 RNA 聚合酶分子，可從 DNA 模板上合成出 RNA 分子。

因此 DNA 上的鳥嘌呤 (G)、胞嘧啶 (C)、胸腺嘧啶 (T) 與腺嘌呤(A)，可分別合成 mRNA 上相對應的 C、G、A 與尿嘧啶 (U) (見圖 3.9)。

當 RNA 聚合酶抵達基因相反方向上的一個轉錄「停止」信號 (stop signal) 處時，它會從 DNA 鏈上脫離，並釋放出一股新合成的 RNA 鏈。此 RNA 鏈就是 DNA 上基因的互補轉錄本 (complementary transcript)。

轉譯：概觀

中心法則的第二步，是將 RNA 上的訊息轉移成為蛋白質。此步驟是用 mRNA 轉錄本上的訊息，來指導於核糖體上合成多肽鏈時的胺基酸序列。此程序稱為轉譯 (translation)，因為可將 mRNA 上的核苷酸訊息，翻譯成為多肽鏈上的胺基酸序列。當核糖體內的 rRNA 辨識出並結合到 mRNA 上的「開始」序列時，轉譯程序便展開了。此時核糖體便可在 mRNA 上移動，依序一次閱讀三個核苷酸序列，此三個一組的核苷酸就是一個密碼，可決定何種胺基酸加到一個正在合成的多肽鏈上，以及被何種 tRNA 所辨識。核糖體便以這種方式在 mRNA 上移動，直到遇到一個「停止」信號；這時核糖體會從 mRNA 上脫離，並釋出合成完畢的多肽鏈。

關鍵學習成果 12.1

基因中編碼的訊息可經由二個階段來表現：轉錄，依據一個基因製造出與其 DNA 序列互補的 mRNA 分子；以及轉譯，合成一個多肽鏈。

12.2 轉錄

轉錄程序

有如一位建築師，會保存其原始建築圖放在一個中央安全的地方，以防萬一；而只發藍圖給現場施工工人，依圖建築。你的細胞也一樣，將 DNA 中的遺傳訊息貯存於一個中央的保存區，細胞核中。DNA 絕不會離開細胞核。相對的，它會透過轉錄 (transcription) 將特定基因的訊息製造出藍圖，然後送到細胞質中去指導蛋白質的合成 (圖 12.2)。執行這些基因指令的拷貝，是由 RNA 所構成，而非 DNA 本身。請回想，RNA 與 DNA 非常類似，除了其結構上的糖分子比 DNA 多了一個氧原子外，還有其嘧啶是以尿嘧啶 (U) 來取代胸腺嘧啶 (T) (見圖 3.9)。

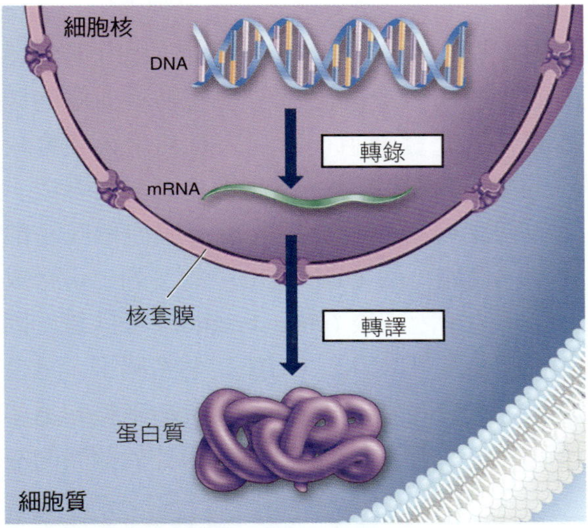

圖 12.2　真核細胞基因表現的概觀

被用來指導多肽鏈合成之基因的拷貝 RNA 版本，稱之為**傳訊 RNA** (messenger RNA, mRNA) —它是將遺傳訊息從細胞核內帶到細胞質中的信使者。製造 mRNA 的拷貝程序稱為轉錄，有如修道院中的僧侶製作手稿，忠實地依原稿逐字照抄。細胞核中的酵素，也是以核苷酸互補的方式，將基因中的遺傳訊息忠實地轉錄下來。

於細胞中，負責轉錄的酵素是一個非常複雜的蛋白質，稱作 **RNA 聚合酶** (RNA polymerase)。在 DNA 雙股螺旋上，它可與其中一股的啟動子結合，並像火車在鐵軌上運行一般，沿著此股向下移動。雖然 DNA 為雙股的，但其二股並不是完全對等的，而是以互補的方式排列。因此 RNA 聚合酶僅能與其中一股結合 (能辨識其啟動子的那一股)。當 RNA 聚合酶在此 DNA 股上進行拷貝時，它是以 RNA 版本的核苷酸來與 DNA 上的序列互補 (G 與 C 配對，A 與 U 配對)，mRNA 鏈的延長也是從 5′ 到 3′ 的方向來進行的。

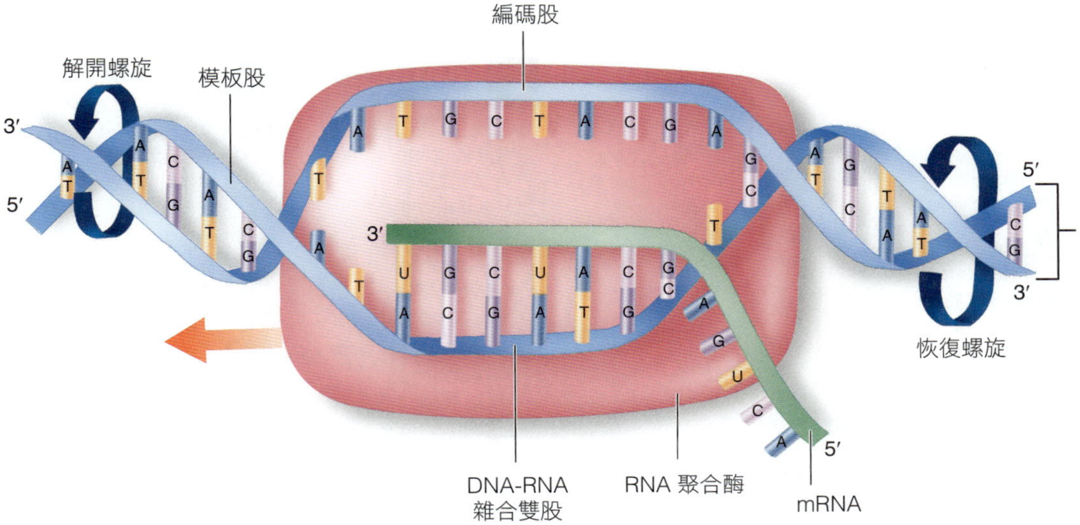

圖 12.3　轉錄

DNA 雙股中的其中一股作為模板，當 RNA 聚合酶於此股上移動時，核苷酸可被組合成 mRNA。

關鍵學習成果 12.2

轉錄就是利用 RNA 聚合酶將一個基因拷貝成 mRNA 版本。

12.3 轉譯

遺傳密碼

孟德爾遺傳學的本質是，遺傳訊息決定表徵，親代可透過訊息將表徵傳遞給後代。而遺傳訊息則貯存在染色體上稱為**基因** (gene) 的片段中。基因可透過指導特定蛋白質的合成，而影響到孟德爾的表徵。基因表現的本質就是，將貯存在 DNA 中的遺傳訊息製造出特定的蛋白質。

為了正確閱讀一個基因，一個細胞必須將編碼於 DNA 中的訊息轉換成蛋白質語言，也就是說，將基因中的核苷酸序列轉換成多肽鏈上的胺基酸序列，此程序稱為**轉譯** (translation)。轉譯的規則，則是依據**遺傳密碼** (genetic code)。

染色體上的基因，可從啟動子處經過轉錄而產生一個長鏈狀的 mRNA，一個接著一個。RNA 聚合酶首先結合到啟動子上，然後開始展開合成 mRNA。此轉錄過程會於 RNA 聚合酶在 DNA 模板股上遇到一個停止密碼為止。

然而，mRNA 的轉譯卻不相同。mRNA 上的訊息，被核糖體以三個核苷酸一組為單位加以「閱讀」。此 mRNA 上的三個一組的核苷酸序列，就稱為一個**密碼子** (codon)。這些密碼，除了 3 個例外之外，都可編碼出一個特定的胺基酸。生物學家於試管中，利用嘗試錯誤的實驗，一一解出每一個密碼所對應的胺基酸。於此實驗中，研究人員利用人工合成的 mRNA 於試管中，來指導多肽鏈的合成，然後觀察何種核苷酸序列可合成何種胺基酸序列。例如一個 UUUUUU…的序列，可合成一長串的苯丙胺酸 (phenylalanine) 多肽鏈，因此研究人員可以得知 UUU 這個密碼子，是合成苯丙胺酸的密碼子。圖 12.4 為完整的遺傳密碼字典，密碼子的第一個字母位於圖表的左

遺傳密碼

第一字母	第二字母 U	第二字母 C	第二字母 A	第二字母 G	第三字母
U	UUU 苯丙胺酸	UCU	UAU 酪胺酸	UGU 胱胺酸	U
	UUC Phenylalanine	UCC 絲胺酸	UAC Tyrosine	UGC Cysteine	C
	UUA 白胺酸	UCA Serine	UAA 停止，Stop	UGA 停止，Stop	A
	UUG Leucine	UCG	UAG 停止，Stop	UGG 色胺酸，Tryptophan	G
C	CUU	CCU	CAU 組胺酸	CGU	U
	CUC 白胺酸	CCC 脯胺酸	CAC Histidine	CGC 精胺酸	C
	CUA Leucine	CCA Proline	CAA 麩醯胺酸	CGA Arginine	A
	CUG	CCG	CAG Glutamine	CGG	G
A	AUU	ACU	AAU 天冬醯胺酸	AGU 絲胺酸	U
	AUC 異白胺酸	ACC 蘇胺酸	AAC Asparagine	AGC Serine	C
	AUA Isoleucine	ACA Threonine	AAA 離胺酸	AGA 精胺酸	A
	AUG 甲硫胺酸，起始 Methionine, Start	ACG	AAG Lysine	AGG Arginine	G
G	GUU	GCU	GAU 天冬胺酸	GGU	U
	GUC 纈胺酸	GCC 丙胺酸	GAC Aspartate	GGC 甘胺酸	C
	GUA Valine	GCA Alanine	GAA 麩胺酸	GGA Glycine	A
	GUG	GCG	GAG Glutamate	GGG	G

圖 12.4 遺傳密碼 (RNA 密碼子)

一個密碼子含有 3 個一組的核苷酸，例如 ACU 編碼為蘇胺酸。第一個字母 A 位於左側第一字母欄，第二的字母 C 位於上方第二字母橫列，第三個字母 U 位於右側第三字母欄。大多數的胺基酸具有一個以上的密碼子。例如蘇胺酸就具有 4 組密碼子，其僅在第三個字母處不相同 (ACU、ACC、ACA 以及 ACG)。

側，第二個字母橫跨於上方，而第三個字母則位於右側。欲找出一個密碼子所編碼的胺基酸，例如 AGC，先在左側找到 A，然後再找到 G 這一欄，最後找出右側的 C，即可知道 AGC 所編碼的胺基酸是絲胺酸 (serine)。由於一個 3 個字母的密碼子，其每一個位置上都有 4 種不同之核苷酸 (U、C、A、G) 的可能，因此共有 64 種組合之 3 個字母的遺傳密碼子 ($4 \times 4 \times 4 = 64$)。

此遺傳密碼是通用的，於所有的生物中都是使用相同的密碼。例如 GUC 於細菌中編碼為纈胺酸 (valine)，同樣的於果蠅、老鷹、以及人類細胞內，都是編碼為纈胺酸的。生物學家對此規則所發現的唯一例外，是那些具有 DNA 的胞器 (粒線體與葉綠體) 以及少數微小的原生生物，對於停止密碼子的閱讀有所不同。至於其他的所有密碼子，於所有的生物中都是相同的。

將 RNA 訊息轉譯為蛋白質

轉錄最終的結果，是製造出一個基因的 mRNA 拷貝本。有如一個影印本，使用 mRNA 可避免損及原本的基因。當一個基因的轉錄完成後，其 mRNA 會透過核膜上的核孔離開細胞核 (於真核生物)，而進入細胞質中，然後準備進行轉譯。於轉譯過程中，一種稱為**核糖體** (ribosome) 的胞器，可利用轉錄出來的 mRNA 並依循遺傳密碼來指導多肽鏈的合成。

蛋白質製造工廠 核糖體是細胞製造多肽鏈的工廠，其構造非常複雜，包含了 50 多種不同的蛋白質與數個核糖體 RNA (rRNA) 片段。核糖體可使用 mRNA 這個基因拷貝藍圖，來指導多肽鏈的合成，然後多肽鏈便可組合成為蛋白質。

核糖體由二部分或次單元所構成，彼此互相嵌套在一起，好像你用一個手掌握住另一個緊握的拳頭。「拳頭」是較小的次單元，如圖 12.5 上的粉紅色構造。其 rRNA 具有一個較短的核苷酸序列暴露在此次單元的表面，此暴露的序列與一個位於所有基因起始處而稱為前導區域 (leader region) 的序列完全相同。因此，一個 mRNA 的分子可黏附到此小次單元所暴露出的 rRNA 上，如同蒼蠅被黏蠅紙黏住一般。

tRNA 的關鍵角色 直接鄰近此暴露區的 rRNA 序列，有三個小口袋或凹陷區在核糖體的表面，分別稱為 A、P、E 位址 (見圖 12.5，等一下會討論到)。這些位址的形狀，剛好可以與另一種 RNA 分子結合，即**轉送 RNA** (transfer RNA, tRNA)。tRNA 分子可以將胺基酸攜帶到核糖體處，用來製造蛋白質。tRNA 鏈上大約有 80 個核苷酸，其核苷酸鏈可以自我摺曲，形成一個具有 3 個環狀的構造，如圖 12.6a。其上的環狀構造可進一步摺曲成為一個更緊密的形狀，如圖 12.6b。其中一端的環狀構造上，有三個核苷酸序列 (粉紅色)，另一端則為胺基酸結合位址 (3′ 端)。

稱為**反密碼子** (anticodon) 的三個核苷酸序列，非常重要：它可與 64 組密碼子中的其中之一互補！一個稱為*活化酵素* (activating enzyme) 的特殊的酵素，可將細胞質中的胺基酸結合到 tRNA 上，而反密碼子則決定了何種種類的胺基酸可與其結合。

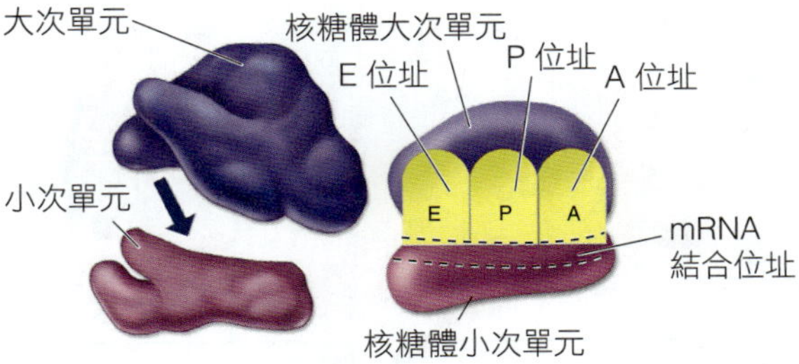

圖 12.5 一個核糖體由二個次單元構成
小次單元可與大次單元的凹陷區相吻合而互相結合，其表面上的 A、P、E 位址，在蛋白質的合成上扮演了關鍵的角色。

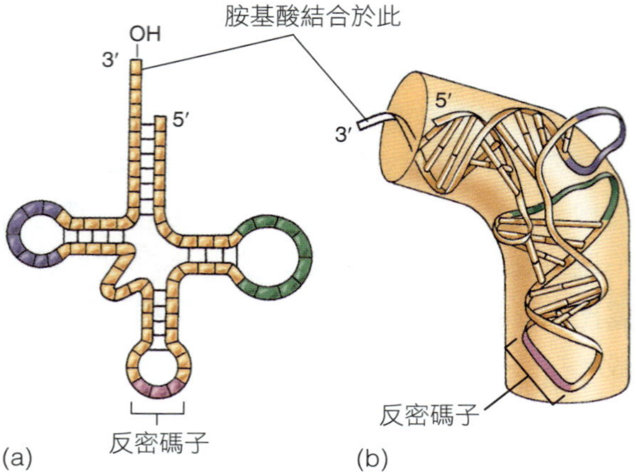

圖 12.6　tRNA 的結構
類似 mRNA，tRNA 也是由核苷酸鏈構成。但與 mRNA 不同，其核苷酸鏈之間可形成氫鍵，使其產生如髮夾的結構，如圖 (a)。這些環狀物可再度互相摺曲，造成一個緊密的 3-D 構造，如圖 (b)。胺基酸則可結合到 tRNA 的單股 3′ 端的 －OH 基上。稱為反密碼子的三個核苷酸序列，位於最下方的環上，可與其 mRNA 上互補的密碼子結合。

核糖體上的第一個凹陷區，稱為 A 位址 (即連結有胺基酸之 tRNA 的結合區)，直接緊鄰 mRNA 與 rRNA 的結合位置，因此 mRNA 上的三個核苷酸序列就可面對面地與 tRNA 上的反密碼子相對應。有如一封信上的地址，反密碼子可使正確的胺基酸運送到核糖體上正在合成多肽鏈的 mRNA 處。

製造多肽鏈

一旦 mRNA 結合到核糖體的小次單元上之後，另一個大次單元便可結合上來，形成一個完整的核糖體。此時，此核糖體便可開始進行轉譯，如同下方「關鍵生物程序」所示。第一區塊顯示出 mRNA 如何從核糖體上穿過，就好像一條線穿過甜甜圈上的孔一般。mRNA 每次以三個核苷酸序列為單位，斷斷續續的不斷前進。在每一次的突進中，一組新的 3 核苷酸密碼子會進入核糖體的 A 位址上，然後與 tRNA 結合，如第二區塊所示。

當每一個新 tRNA 將一個胺基酸帶入 A 位址上的新密碼子處時，前一個自此位址上的 tRNA 就會移到 P 位址上，並在該處將胺基酸以肽鍵添加到正在合成的多肽鏈上。在 P 位址上的 tRNA 最終會再移到 E 位址 (出口位址) 上，如第三區塊所示，其所攜帶的胺基酸則已經附著到多肽鏈上了。接著，此 tRNA 會從 E 位址上離開 (第四區塊)。因此當核糖體在 mRNA 上移動時，一個接著一個與 mRNA 上密碼子相對應的 tRNA，會不斷地將選取好的

關鍵生物程序：轉譯

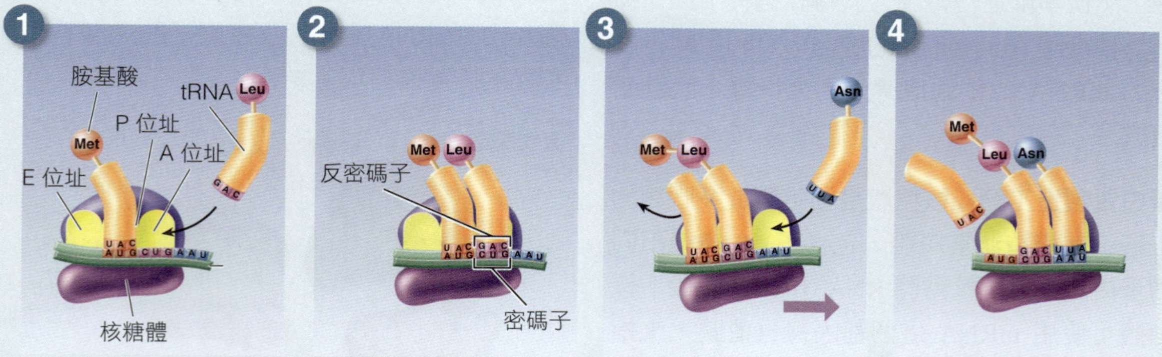

1. 起始的 tRNA 先占據核糖體上的 P 位址，接續之攜帶有胺基酸的 tRNA 則進入核糖體上的 A 位址。
2. 結合在 A 位址上的 tRNA，其反密碼子序列與 mRNA 上的密碼子序列互補。
3. 核糖體向右移動三個核苷酸，此時起始胺基酸則於 P 位址轉移到第二個胺基酸上。
4. 起始的 tRNA 從 E 位址離開核糖體，下一個 tRNA 則從 A 位址進入核糖體。

胺基酸添加到多肽鏈上。於圖 12.7 上可見到核糖體正在 mRNA 上移動，tRNA 不斷將胺基酸攜帶到核糖體上，逐漸加長的多肽鏈則可從核糖體上向外延伸。此轉譯過程會持續進行，直到遇到一個「停止」密碼子為止，其可提供停止合成多肽鏈的訊息。這時核糖體複合體會從 mRNA 上脫落分開，而合成好的新多肽鏈也同時釋放出到細胞質中。

如之前所敘述過的，稱為中心法則的遺傳訊息流向，是從 DNA 到 mRNA 再到蛋白質。例如，在前頁「關鍵生物程序」中多肽鏈製造，是首先從 DNA 上的 TACGACTTA 序列開始，它先轉錄成為 mRNA 上的 AUGCUGAAU 序列。然後此訊息再被 tRNA 轉譯成為一個多肽鏈，其上的胺基酸序列為甲硫胺酸－白胺酸－天冬醯胺酸。

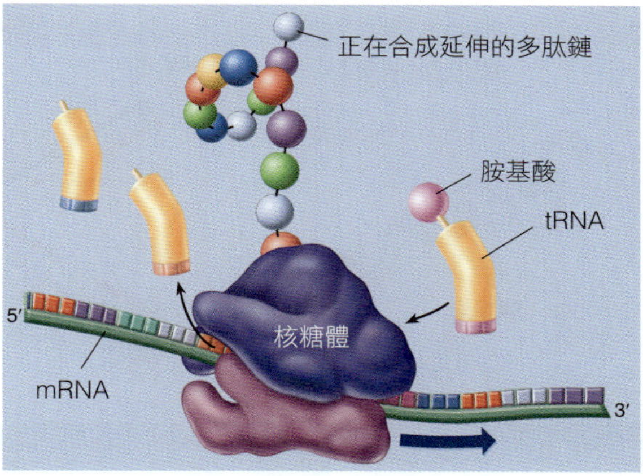

圖 12.7 核糖體引導轉譯的程序
tRNA 所結合的胺基酸種類是由其反密碼子所決定。核糖體可將已經攜帶胺基酸的 tRNA，與其互補的 mRNA 序列相結合。tRNA 可將其所攜之胺基酸，添加到一個正在合成延伸的多肽鏈上，轉譯完成後此多肽鏈便可釋放出去以合成一個蛋白質。

關鍵學習成果 12.3

一個特定核苷酸序列，可藉遺傳密碼來決定表現出的多肽鏈胺基酸序列。一個基因首先轉錄出 mRNA，然後再轉譯成為多肽鏈。mRNA 上密碼子的序列，則決定了多肽鏈的胺基酸序列。

12.4 基因表現

第 12.1 節所討論過的中心法則，於所有的生物中都是相同的。圖 12.8 的概觀，列出了有關 DNA 複製、轉錄與轉譯過程中所需的所有關鍵成分及其產物。一般而言，無論是在原核生物或真核生物，它們的所需的成分相同、程序相同以及產物也相同。但是這二種類型細胞的基因表現，還是有一些不同之處。

基因的結構

於原核生物，其基因是一個連續沒有中斷的 DNA 片段，轉錄本可以三個核苷酸為一組的方式，來閱讀並製造出蛋白質。但是在真核生物中，其基因不是連續的，而是分成許多段落。這種較複雜的基因中，可編碼為多肽鏈上胺基酸序列的 DNA 序列，稱為**外顯子** (exon)，這些外顯子會被一些不相干「額外的」核苷酸序列所穿插入，稱之為**內含子** (intron)。從圖 12.9 所示的 DNA 片段上可看出，外顯子區域以藍色表示，內含子區域則以橘色表示。假設從人造衛星上觀看一條州際公路，可見到有許多汽車散布在水泥路上，有些連成一串，有些單獨個別出現，但是大部分則是裸露的公路。這正是一個真核基因看起來的樣子：散布的外顯子嵌入在許多較長的內含子中。於人類，其基因體上僅有 1% 到 1.5% 為可編碼出多肽鏈的外顯子，而不編碼的內含子則占了 24%。

當一個真核細胞開始轉錄一個基因時，首先產生一個完整基因的**初級 RNA 轉錄本** (primary RNA transcript)，如圖 12.9 所示，其外顯子以綠色表示，內含子則以橘色表示。然後使用酵素於 5′ 端加上一個 5′ 帽子 (5′ cap)，以及於 3′ 端加上一個聚-A 尾巴 (poly-A tail)，這二個構造可保護 RNA 轉錄本，防止其被分

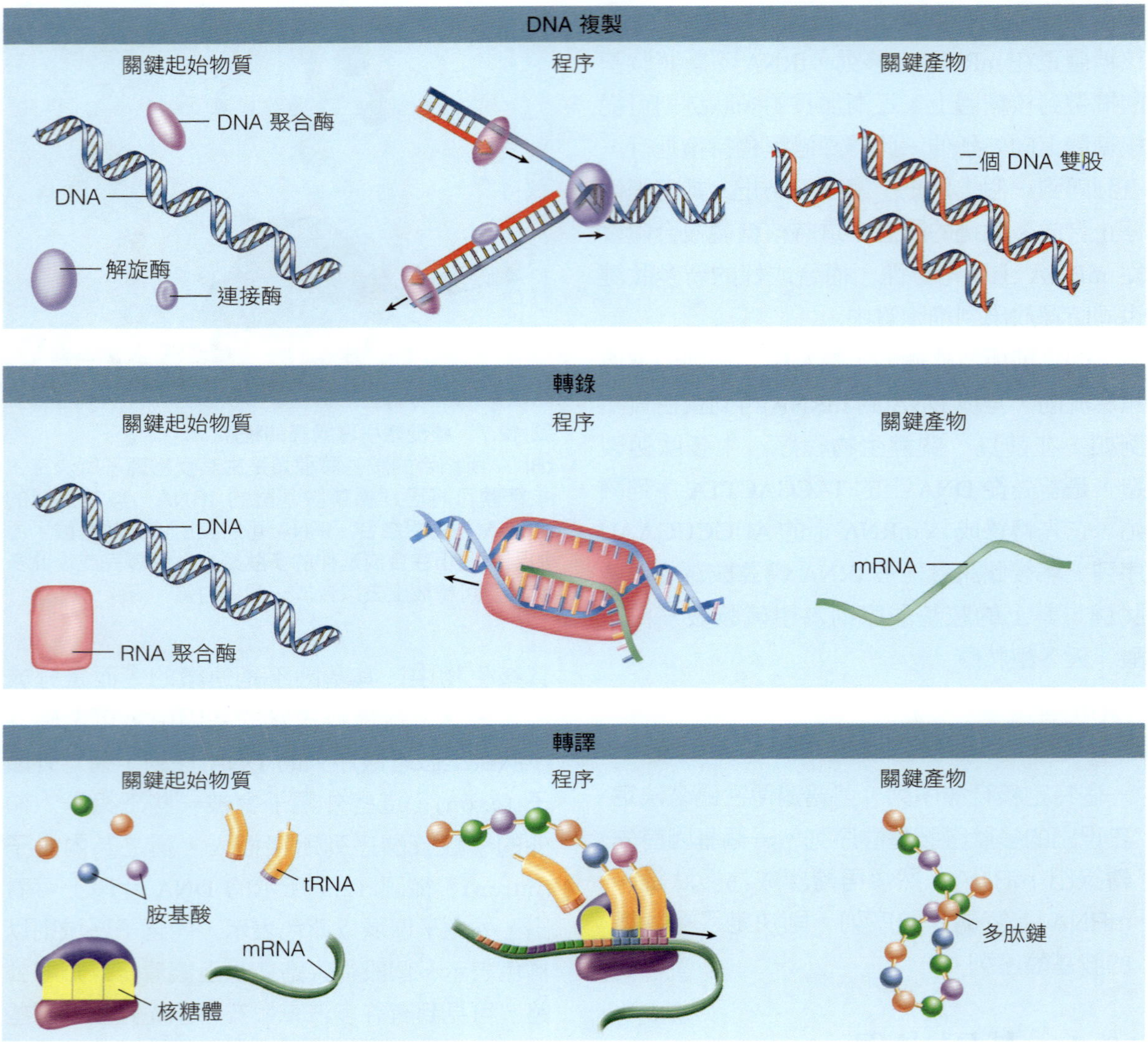

圖 12.8　DNA 複製、轉錄與轉譯的過程
這些程序於原核生物與真核生物中都是相同的。

解掉。此轉錄本接著會將內含子切割掉，並將所有的外顯子連接在一起，形成一個較短之成熟的 mRNA 轉錄本，才可真正使用於轉錄出胺基酸多肽鏈。請注意圖 12.9 上的成熟 mRNA 轉錄本，其上僅含有外顯子 (綠色片段)，而無內含子。雖然人類基因中有90% 是內含子，但由於內含子於 mRNA 轉錄本進行轉譯之前便已經切除了，因此這些內含子不會影響到轉譯出來的蛋白質結構。

為何基因具有這種不合理的結構？原來是

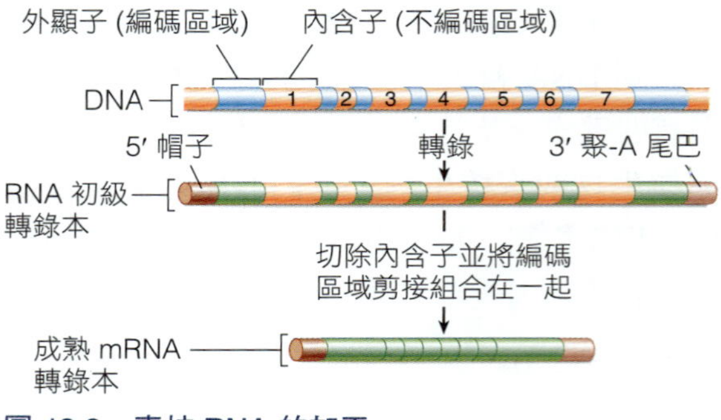

圖 12.9　真核 RNA 的加工
此處的基因可編碼出一個卵白蛋白。此卵白蛋白基因與其初級轉錄本含有一些 mRNA 中所沒有的片段。mRNA 則可用來指導蛋白質的合成。

許多人類基因，可用不只一種方式來剪接組合。在許多例子中顯示，外顯子並不只是隨機排列的片段，而應視為具功能的單元。例如某一個外顯子可製出一條直條的蛋白質，另一個製出曲線形蛋白質，而再另一個則製出一個扁平片狀蛋白質。就好像拼接玩具模型，你可使用這些外顯子產品，以不同方式的排列組合，做出各式各樣的蛋白質。利用這種**選擇性剪接** (alternative splicing)，可將人類的 25,000 個基因，編碼出 120,000 種不同種類之可表現的 mRNA。人類的複雜性，似乎並不是靠增加基因的數量 (人類基因的數目僅為果蠅的二倍)，而是靠發展出新的組合方式來達成。

蛋白質合成

真核生物的蛋白質合成，比原核生物更複雜。原核生物由於缺乏細胞核，因此轉錄合成 mRNA 與轉譯合成蛋白質之間沒有阻礙。其結果是，一個基因可以仍在進行轉錄時，便已經開始轉譯了。圖 12.10 顯示出原核細胞仍正在製造 mRNA 時，核糖體便已經結合到其上的情形。這種簇狀聚集在 mRNA 上的核糖體，就稱之為聚合糖體 (polyribosomes)。

於真核生物，細胞核膜區隔了轉錄與轉譯，因此使得其蛋白質的合成，遠比原核生物來得複雜。從圖 12.11 將能了解這整個過程。轉錄 (步驟 ❶) 與 RNA 加工 (步驟 ❷) 都在細胞核內進行，然後 mRNA 離開細胞核進入細胞質中與核糖體結合 (步驟 ❸)。於步驟 ❹，tRNA 與其反密碼子相對應的胺基酸結合，然後此 tRNA 將胺基酸帶到核糖體處，將 mRNA 轉譯合成多肽鏈 (步驟 ❺ 與步驟 ❻)。

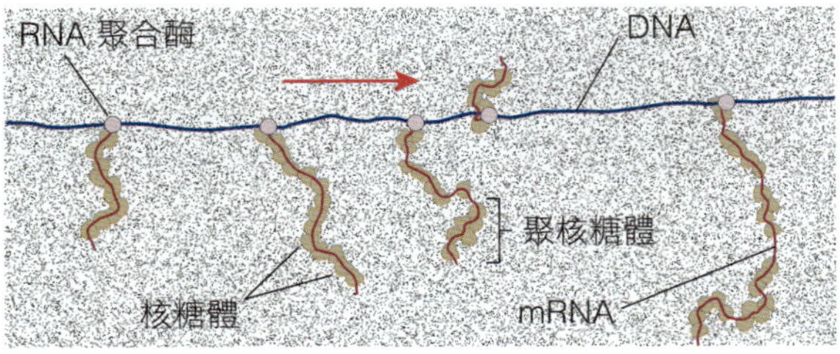

圖 12.10　原核生物的轉錄與轉譯
核糖體結合到正在形成的 mRNA上，產生聚核糖體，使基因進行轉錄時，可即時進行轉譯。

關鍵學習成果 12.4

原核生物與真核生物的一般基因表現程序是相似的，但是在基因結構上與在細胞中進行轉譯的場所則有所不同。

原核生物基因表現之調控

12.5　原核生物如何控制其轉錄

原核生物如何開啟與關閉基因

將一個基因轉譯出多肽鏈，只是基因表現的一部分。每一個細胞都必須能夠調控，使其能夠何時使用某一個特定的基因。請想像，如果一個交響樂團中的每一個樂器，於每一刻都用其最大的音量來演奏，所有的號都吹出最大的聲量，所有的鼓也擊出最大的聲響！應該沒有一個交響樂團會這樣演奏，使音樂變成噪音，而是應該要調控音量的表現。相同的，生物的生長與發育也需要調控其基因的表現，每一基因要在適當時機表現，才能精準地發揮其功效。

在基因表現的控制上，原核生物與多細胞生物是非常不同的。原核細胞經過演化的篩選，變得能夠盡量快速生長與分裂。因此在原核生物中，基因控制的最主要功能，就是依所處的環境來調整細胞的活性，使它們能夠快速反應與調整基因的表現。基因表現的改變，就是能依據環境中所存在的養分種類與數量，以及氧氣的有無，來改變細胞內的酵素。幾乎所有這類的改變都是可逆的反應，因此環境改變時，可調整細胞內酵素含量的高低。

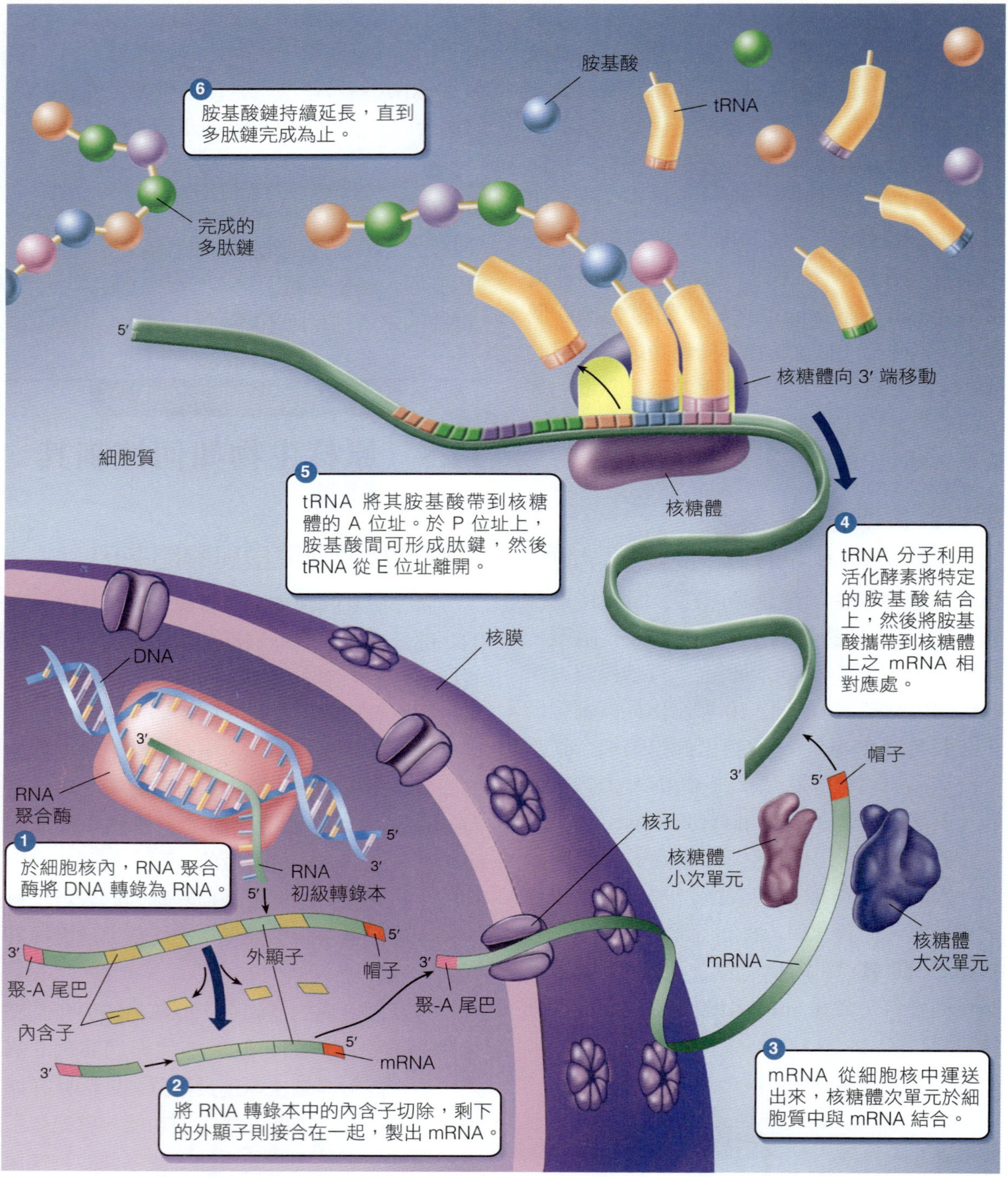

胺基酸
tRNA
6 胺基酸鏈持續延長，直到多肽鏈完成為止。
完成的多肽鏈
5′
核糖體向 3′ 端移動
細胞質
5 tRNA 將其胺基酸帶到核糖體的 A 位址。於 P 位址上，胺基酸間可形成肽鍵，然後 tRNA 從 E 位址離開。
核糖體
4 tRNA 分子利用活化酵素將特定的胺基酸結合上，然後將胺基酸攜帶到核糖體上之 mRNA 相對應處。
核膜
DNA
3′
RNA 聚合酶
5′
3′
1 於細胞核內，RNA 聚合酶將 DNA 轉錄為 RNA。
5′
RNA 初級轉錄本
帽子
5′
3′
核孔
核糖體小次單元
核糖體大次單元
mRNA
3′
外顯子
5′
帽子
3′
聚-A 尾巴
聚-A 尾巴
內含子
3′
5′
mRNA
2 將 RNA 轉錄本中的內含子切除，剩下的外顯子則接合在一起，製出 mRNA。
3 mRNA 從細胞核中運送出來，核糖體次單元於細胞質中與 mRNA 結合。

圖 12.11　真核生物如何合成蛋白質

原核生物控制其基因表現，大多數是在個別基因轉錄之際。於每一個基因的起始處，有一個特別的位址可作為控制點。特別的調控蛋白質可以結合到此位址，將此基因的轉錄打開或是關閉。

於一個即將轉錄的基因上，RNA 聚合酶可結合到其**啟動子** (promoter) 上，這是 DNA 上的一段特殊序列，具有基因開始的信號。原核生物基因表現的控制，就是透過使 RNA 聚合酶是否能夠結合到啟動子上的調控方式。基因可被一個**抑制蛋白** (repressor) 結合到啟動子之上，而將此基因關閉。抑制蛋白是一個蛋白質，當其結合到 DNA 上時，可阻擋住啟動子。而基因也可因為一個**活化蛋白** (activator) 結合到其啟動子之上，而將此基因開啟。活化蛋白可使啟動子更容易被 RNA 聚合酶結合上去。

抑制蛋白

許多基因是被「負」調控的：基因平時被關閉，直到需要時才會被開啟。這類基因的調控位址，剛好位於 RNA 聚合酶與在 DNA 上的結合區 (啟動子) 與基因的起始邊緣之間。當一個調控的抑制蛋白結合到這個稱為操作子 (operator) 的調控位址時，可以阻擋 RNA 聚合酶向基因的方向移動。就好像你要坐下來吃午餐，但是你的位子已經被別人坐了，因此你只好在一旁等待，直到此人離開，你才能坐下來吃午餐。相同的，RNA 聚合酶也必須等到此抑制蛋白離被移除後，基因才能夠開始進行轉錄。

欲開啟一個被抑制蛋白阻擋住的基因，所需做的就是移除這個抑制蛋白。細胞可以利用一個「信號」(signal) 分子與此抑制蛋白結合，而將此抑制蛋白移除。由於此種結合可以扭曲抑制蛋白，使其形狀無法繼續結合在 DNA 上，於是便會從 DNA 上脫落下來。此時障礙解除，基因便可以進行轉錄了。此處將以大腸桿菌 (*Escherichia coli*) 中的一個稱為乳糖操縱組 (lac operon) 的一組基因為例，來說明抑制蛋白如何作用。所謂的**操縱組** (operon)，就是一個 DNA 片段，其上含有一群可同時一致表現的基因。圖 12.12 為乳糖操縱組，其上具有可編碼為多肽鏈的基因 (標示為基因 1、基因 2 以及基因 3，可編碼出分解乳糖的酵素)，以及相關的調控因子－操作子 (紫色片段) 與啟動子 (橘色片段)。當一個抑制蛋白結合到操作子上時，造成 RNA 聚合酶無法與啟動子結合，因此轉錄就會被關閉。當大腸桿菌遇到乳糖時，一個稱為異乳糖 (allolactose) 的乳糖代謝物可與抑制蛋白結合，使其因形狀改變而從 DNA 上脫落。如圖 12.12b 所見，RNA 聚合酶不再受到阻擋，因此可以開始轉錄基因，以便製出可以分解乳糖取得能量的酵素。

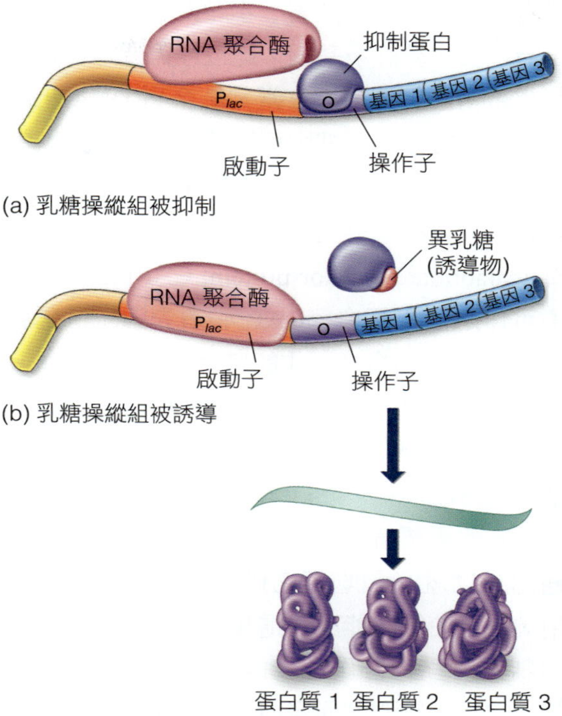

圖 12.12 乳糖操縱組如何作用
(a) 當抑制蛋白結合到操作子位址上時，乳糖操縱組就被關閉 (抑制) 了。由於啟動子與操作子有互相重疊的區域，因此 RNA 聚合酶與抑制蛋白無法同時結合在 DNA 上；(b) 當異乳糖 (allolactose) 結合到抑制蛋白上時，其形狀會改變而無法繼續停留在操作子位址上，會從 DNA 上脫落而無法阻擋聚合酶，因此此操縱組便被轉錄 (誘導) 了。

活化蛋白

由於 RNA 聚合酶結合在 DNA 雙股螺旋其中一股之特定啟動子上，因此此特定位址的雙股螺旋必須先行打開，才能使聚合酶蛋白質結合上去。於許多基因，此位址需要一個稱為活化蛋白之調控因子，當其結合到 DNA 上時才能打開雙股。而細胞可以藉由一個「信號」分子與活化蛋白之結合，來開啟或是關閉一個基因。於乳糖操縱組，一個稱為代謝物活化蛋白 (catabolite activator protein, CAP) 之調控因子可作為活化蛋白，CAP 必須先與一個信號分子 cAMP 結合後，才能結合到 DNA 上。一但其與 cAMP 結合後，此複合物便可結合到 DNA 上，並可使啟動子能與 RNA 聚合酶結合 (圖 12.13)。

為何需要這個活化蛋白呢？試想，每當你遇到食物就必須吃下它們時！活化蛋白的功用，就是使細胞能應付這類問題。活化蛋白與抑制蛋白互相合作，就能有效控制基因的轉錄。欲了解它們如何發揮作用，讓我們再看一次乳糖操縱組，如圖 12.14。當一個細菌遇到乳糖時，它可能已經有一大堆的葡萄糖能量了，因此不需要分解乳糖，如區塊 ❶。CAP 僅能在葡糖糖含量很低時，才會結合到 DNA 上活化基因的轉錄。由於 RNA 聚合酶需要活化蛋白才能作用，因此乳糖操縱子此時不會表現。如果環境中含有葡萄糖且缺乏乳糖時，不僅 CAP 無法結合到 DNA 上，同時一個抑制蛋白也會擋在啟動子上，如下方區塊 ❷ 以及圖 12.12a。如果葡萄糖與乳糖都缺乏，此「低葡萄糖」的信號分子 cAMP (於區塊 ❸ 與區塊 ❹ 圓餅上的綠色區域)，會與 CAP 結合，使 CAP 結合到 DNA 上。但是抑制蛋白仍然阻擋了轉錄，如區塊 ❸ 所示。只有在缺乏葡萄糖且具有乳糖時，此抑制蛋白才會移除掉，加之以 CAP 結合在 DNA 上，才會進行轉錄，如區塊 ❹ 所示。

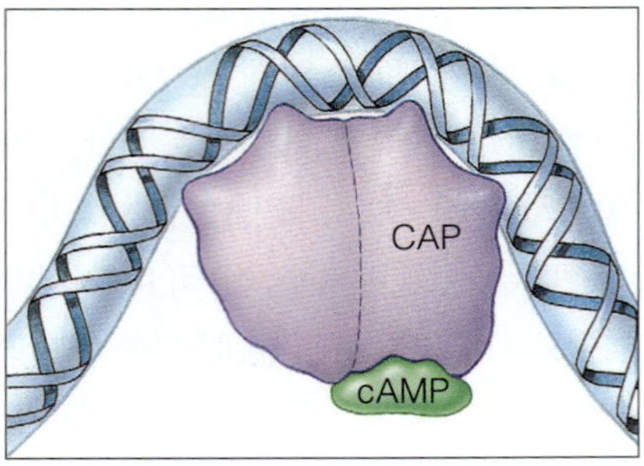

圖 12.13　一個活化蛋白如何作用
當代謝物活化蛋白 (CAP)/cAMP 複合物結合到 DNA 上時，可使 DNA 發生折曲，此現象可促進 RNA 聚合酶的活性。

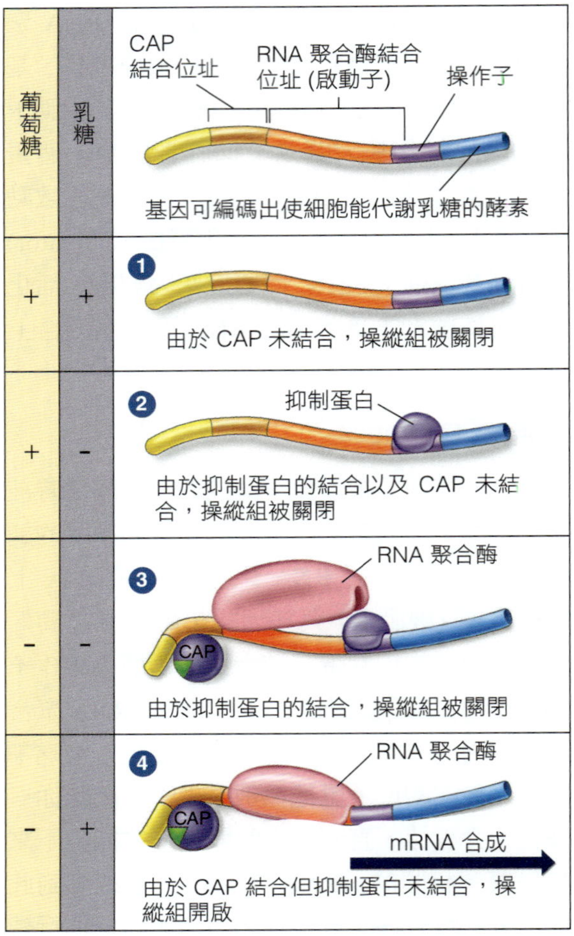

圖 12.14　乳糖操縱子的活化蛋白與抑制蛋白

關鍵學習成果 12.5

細胞可決定何時轉錄，來調控一個基因的表現。一些調控蛋白可阻擋 RNA 聚合酶的轉錄，其他的則可促進之。

真核生物基因表現之調控

12.6 真核生物轉錄之調控

基因表現的目標於真核生物是不同的

於內在環境相對穩定的多細胞生物，其一個細胞內的基因調控，並不是如原核生物般，針對此細胞的直接環境做出反應；而是針對生物整體的發育，確保一個基因在合適的細胞中，於合適的時間點進行表現。基因依循固定的遺傳程式，以一種精心設計的順序進行表現，且每一個基因的表現也僅限於一個特定的時段。這種依循程式設計只表現一次的基因，與原核生物可依環境的變化，而做出可逆的代謝調整，例如乳糖操縱組，是全然不同的。於所有的多細胞生物，一個特定細胞內基因表現的改變，是依據整個生物的需求來調整，而非針對一個細胞的生存而定。

真核生物染色體的結構可容許長期調控其基因的表現

真核生物可藉由調控 RNA 聚合酶之結合到 DNA 上，來達到長期調控其基因的表現。真核生物的 DNA 可先包裝成核體 (nucleosomes)，然後再進一步組裝成為更高層次的染色體構造。一個染色體的結構，於其最低層級，是將其 DNA 與組蛋白組織成為核體 (圖 12.15)。而之後更高層級的結構，目前則尚不完全明瞭。真核生物長期調控其基因的表現，與長期化學修飾下列二項有關：(1) DNA 的鹼基；以及 (2) 組蛋白。如此可造成一個更為濃縮的染色體物質，稱為**染色質** (chromatin)。這二種物質的化學修飾，可使 RNA 聚合酶更容易或是更困難來轉錄一個基因。

DNA 的表觀遺傳修飾

於真核生物中，**表觀遺傳修飾** (epigenetic modification) 指的是，將 DNA 或組蛋白做化學修飾來改變基因的表現，但不改變其所編碼的序列訊息 (見第 10 章)。最基本的 DNA 表觀遺傳修飾就是甲基化 (methylation)，即將一個甲基 ($-CH_3$) 添加到胞嘧啶 (cytosine) 核苷酸分子上，使其成為 5-甲基胞嘧啶 (5-methylcytosine)。長久以來，科學家發現許多不活化的哺乳類基因都被甲基化了。這種被甲基化「關閉」的基因，可避免被意外轉錄。鎖定在關閉的指令上，DNA 之甲基化可確保一個關閉的基因，確定處於被關閉的狀態。

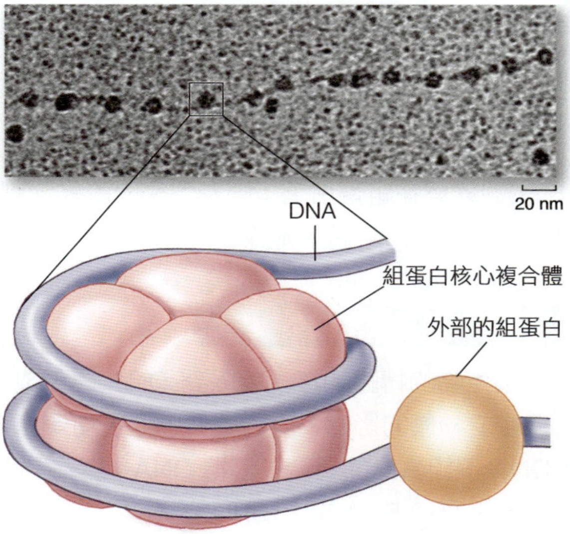

圖 12.15 DNA 纏繞組蛋白
在染色體中，DNA 可包裝組成核體。於電子顯微攝影照片 (上方) 中，部分的 DNA 鬆開，因此可觀看到個別的核體。於一個核體中，雙股螺旋的 DNA 纏繞著 8 個組蛋白構成的複合體核心；另外一個額外的組蛋白，則結合在核體之外的 DNA 上。

第二種形式的表觀遺傳基因調控，則是將 DNA 包裝成為染色質的組蛋白做化學修飾。將組蛋白中特定的精胺酸與離胺酸甲基化，以及乙醯化 (acetylating) 組蛋白中一或數個離胺酸，可使纏繞於組蛋白核心上之 DNA 的特定區域，改變為更易或更困難被 RNA 聚合酶所轉錄。於大多數的案例中，似乎組蛋白的甲基化或乙醯化，可促進基因的轉錄。這類的表觀遺傳修飾，可干擾染色體的高層級結構，因此使得 DNA 較容易被聚合酶所接觸而轉錄。這種調控也可以相反的方式來運作，即從組蛋白上移除甲基或乙醯基，使得 DNA 螺旋能更緊密的纏繞在組蛋白上；限制了聚合酶結合到 DNA 上，因而阻遏了轉錄。

關鍵學習成果 12.6

真核生物的轉錄調控，會受到 DNA 組裝成緊密之核體的影響。表觀遺傳的修飾可影響 DNA 與組蛋白的結合，使得 DNA 更容易或是更困難被 RNA 聚合酶所結合。

12.7 從遠處調控轉錄

真核轉錄因子

真核生物的轉錄更為複雜，而參與調控真核基因的 DNA 數量也更多。真核生物的轉錄不僅需要 RNA 聚合酶分子，同時還需要許多可與聚合酶作用，而稱之為*轉錄因子* (transcription factors) 的不同蛋白質。

基本轉錄因子 (basal transcription factors) 是組合轉錄裝置，以及將 RNA 聚合酶結合到啟動子上所必需的一些因子。雖然這些因子是啟動轉錄所必需的，但是它們無法提升轉錄速率。只能維持轉錄於一個較低的水準，稱之為基礎速率 (basal rate)。這些因子，如圖 12.16 中的綠色物體，會同時聚集成為一個*起始複合體* (initiation complex)。很顯然的，這遠比一個細菌單一蛋白質的 RNA 聚合酶要複雜許多。

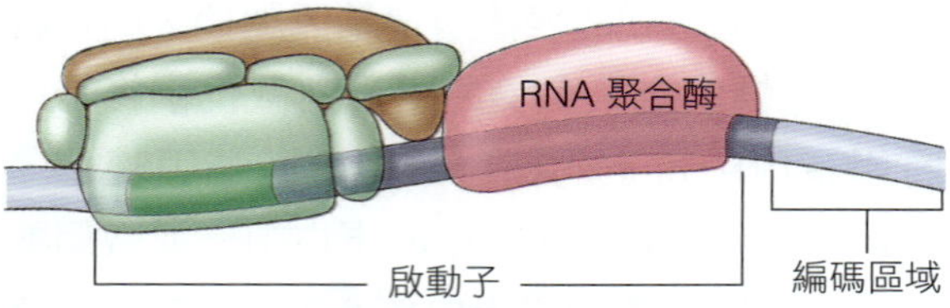

圖 12.16 真核生物起始複合體的形成
基本轉錄因子 (綠色) 與 DNA 上的啟動子區域結合，形成一個起始複合體。許多專一轉錄因子 (棕褐色) 再結合到起始複合體上，二者協同作用將 RNA 聚合酶結合到啟動子上。

一旦此起始複合體形成了，雖然可以開始轉錄，但是其速率無法提升，除非有其他的基因專一性因子來共同參與。這些**專一轉錄因子** (specific transcription factors) 的數目與多樣性是非常巨大的，如圖 12.16 中的棕褐色物體。多細胞生物對於何者基因於何時表現的調控，便是於特定時間與地點，藉由控制這些轉錄因子之供應來達成。

增強子

原核生物的基因調控區域，例如操縱組，是直接位於編碼區域的上方。但是真核生物卻不是這樣的，其調控區域位於距基因很遠的位址，稱為**增強子** (enhancers)，可對基因的轉錄產生重大的影響。增強子是位於基因前方較遠處的一段核苷酸序列，是活化蛋白之專一轉錄因子在 DNA 上的結合位址。增強子可從遠方發揮作用的原因，是由於它可將 DNA 彎曲成為一個環狀。圖 12.17 中，可見到一個活化蛋白結合到距離啟動子很遠的增強子(黃色區域)

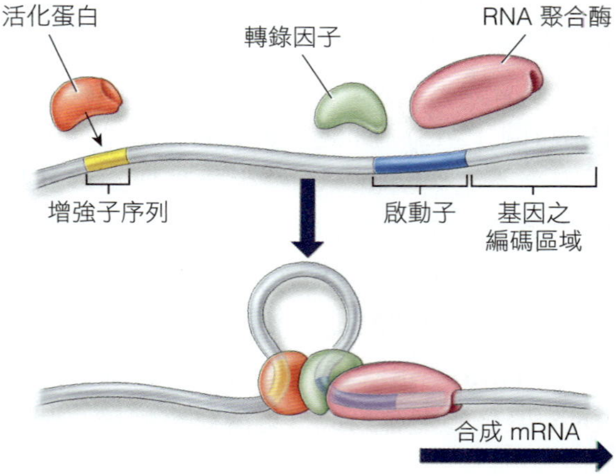

圖 12.17 增強子如何作用
活化蛋白的結合位址，或稱為增強子，通常距離基因很遠。當活化蛋白結合到增強子之上後，可將增強子拉到基因處並與之結合。

上。這個 DNA 環可使將增強子與 RNA 聚合酶 / 起始複合體相接觸，而使轉錄得以開始進行。

其實此過程還更複雜，一些其他稱之為共**活化蛋白** (coactivators) 以及**媒介子** (mediators) 之不同的轉錄因子，還可調整專一轉錄因子的活性。

轉錄複合體

真核生物所有的基因都用 RNA 聚合酶來轉錄，在實質上需要相同的基本轉錄因子來合成起始複合體，但是其每一基因的最終轉錄程度，則需視所參與之專一轉錄因子所形成的轉錄複合體 (transcription complex) 而定。這種結合式的基因調控，可使一個細胞對多樣的環境以及接收到的許多發育信號，產生細膩程度的反應。真核生物可以進行這種高層級的調控，是由於有非常多的蛋白質調控因子參與的緣故 (見圖 12.18)。這種調控非常複雜，但與原核僅靠二個調控蛋白的乳糖操縱組相較，在本質上並沒有太大的不同。

關鍵學習成果 12.7

轉錄因子與增強子使真核生物在調控基因表現上更具有彈性。

12.8 RNA 層級的調控

RNA 干擾的發現

到目前為止我們討論的基因調控，全部都是以蛋白質阻擋或活化 RNA 聚合酶對一個基因轉錄的調控。然而在最近的十年間，我們逐漸弄清楚 RNA 分子也可以調控一個基因的表現，作為轉錄之後第二層級的調控。

如同第 13 章將討論的，真核生物大部分的基因體都不會轉譯出蛋白質。起初，這個發現頗令人迷惑，但生物學家現在推測，這些區域轉錄出來的 RNA 轉錄本可能在基因的調控上扮演了重要的角色。而從人類與黑猩猩在 DNA 上的不同點幾乎都集中在此區域，更加深了我們的猜測。

這些重要的發現都始於 1998 年，當時美國科學家 Andrew Fire 與 Craig Mello 進行了一項簡單的實驗，此實驗結果使他們二人榮獲 2006 年諾貝爾生理或醫學獎。他們二人將雙股的 RNA 分子注射到秀麗隱桿線蟲 (*Caenorhabditis elegans*) 中，這種雙股 RNA 分子可將與其序列互補的基因加以關閉而使其靜默。他們將此現象稱之為**基因靜默** (gene silencing) 或是 **RNA 干擾** (RNA interference)。此處到底發生了何事？從第 16 章中將學到，RNA 病毒的自我複製是從一個雙股的中間物產生。作為抵禦這種病毒的機制，RNA 干擾機制可以摧毀雙股的病毒 RNA。此二位研究人並非刻意，而是在偶然間發現了此防衛機制。

RNA 干擾如何發揮作用

研究人員在研究 RNA 干擾可靜默一個基因時，注意到植物可產生一種短鏈的 RNA 分子 (長度從 21 到 28 個核苷酸)，其序列可與欲靜默的基因互補。早期的科學家將注意力放在較大的 mRNA 分子，以及 tRNA 和 rRNA 上，而忽略了這種小分子的 RNA，將它們排除於實驗之外。現在則發現這些小分子 RNA 似乎與調控特殊的基因活性有關。

科學家很快便發現，其他許多生物中也廣泛具有這種類似的小分子 RNA。例如阿拉伯芥 (*Arabidopsis thaliana*) 這種植物，小分子 RNA 就與其早期發育的調控有關。而在酵母菌中，它們也被發現是將基因靜默造成染色體中緊密包裝區域的因子。而在原生動物嗜熱四膜蟲 (*Tetrahymena thermophila*) 的纖毛蟲中，在其發育過程中會失去大區塊的 DNA，也似

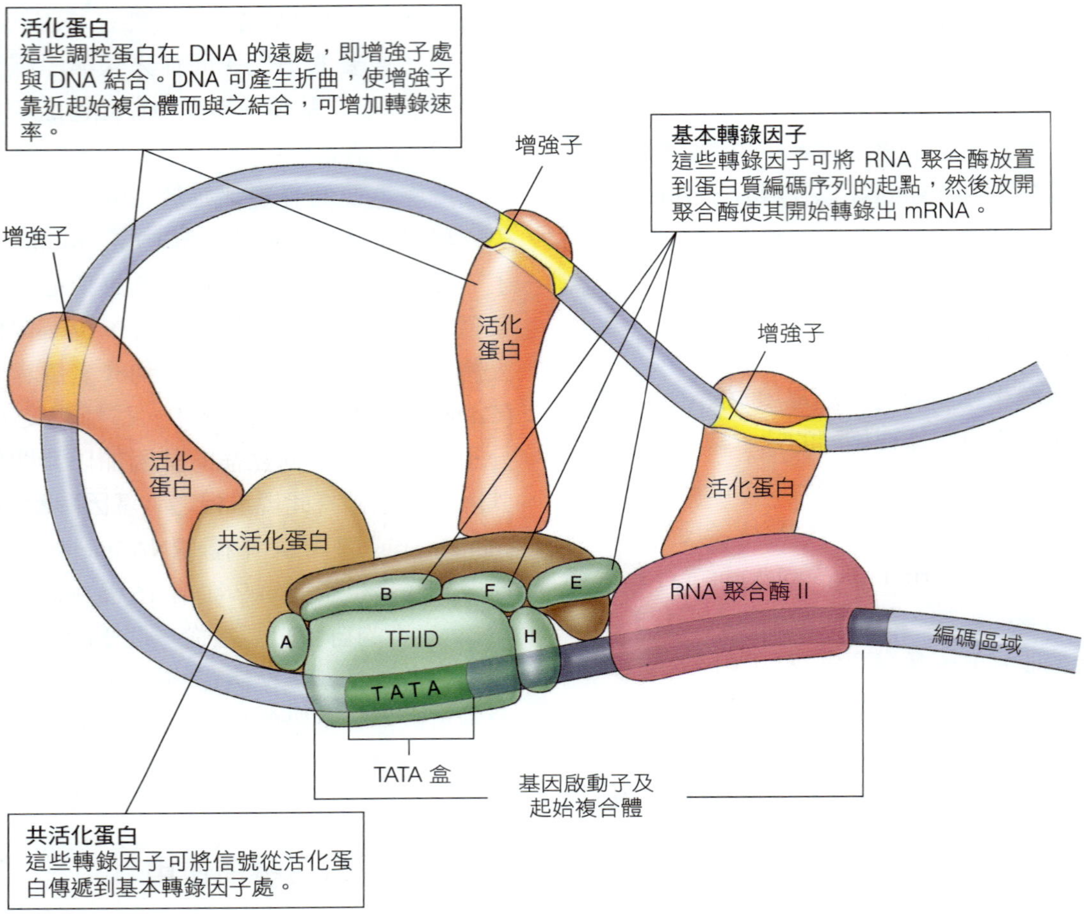
活化蛋白
這些調控蛋白在 DNA 的遠處，即增強子處與 DNA 結合。DNA 可產生折曲，使增強子靠近起始複合體而與之結合，可增加轉錄速率。
基本轉錄因子
這些轉錄因子可將 RNA 聚合酶放置到蛋白質編碼序列的起點，然後放開聚合酶使其開始轉錄出 mRNA。
增強子
增強子
增強子
活化蛋白
活化蛋白
活化蛋白
共活化蛋白
B
F
E
A
TFIID
H
TATA
RNA 聚合酶 II
編碼區域
TATA 盒
基因啟動子及起始複合體
共活化蛋白
這些轉錄因子可將信號從活化蛋白傳遞到基本轉錄因子處。

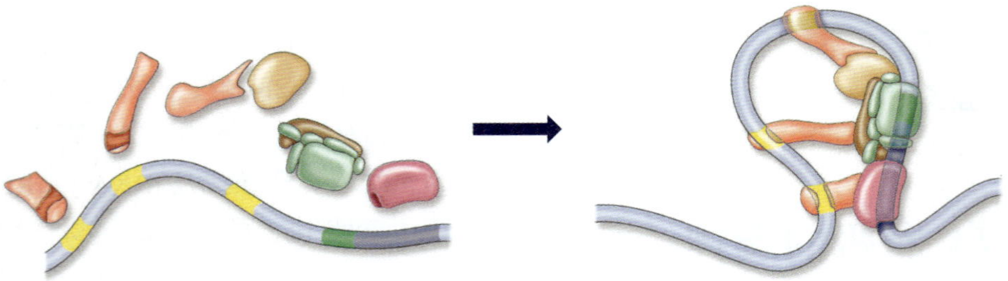

圖 12.18　轉錄複合體中各種因子之交互作用

所有的專一轉錄因子，都可結合到距離啟動子很遠的增強子序列上。這些蛋白質因子可將 DNA 折曲成環狀使之與起始複合體靠近接觸而作用。一些轉錄因子與活化蛋白可直接與 RNA 聚合酶 II 或起始複合體作用，而其他的一些轉錄因子則需要額外的共活化蛋白。此圖是一個細菌 NtrC 的活化蛋白調控圖。當活化蛋白結合到增強子上後，可見到它們是如何將 DNA 折曲成環狀，使之與遠處的 RNA 聚合酶接觸而活化轉錄。這類的增強子在原核生物中較罕見，但常見於真核生物中。

乎是由這類小分子 RNA 所調控的。

有關小分子 RNA 可調控基因表現之最初的線索，是來自研究人員將這類雙股的 RNA 注射到秀麗隱桿線蟲中，發現它們會解離開來。然後單股的 RNA 會折曲配對產生一個髮夾狀的環狀結構，成為雙股 RNA，如圖 12.19 上方所示的三個片段，這是由於 RNA 序列中具有互補的核苷酸序列之故。當 RNA 產生髮

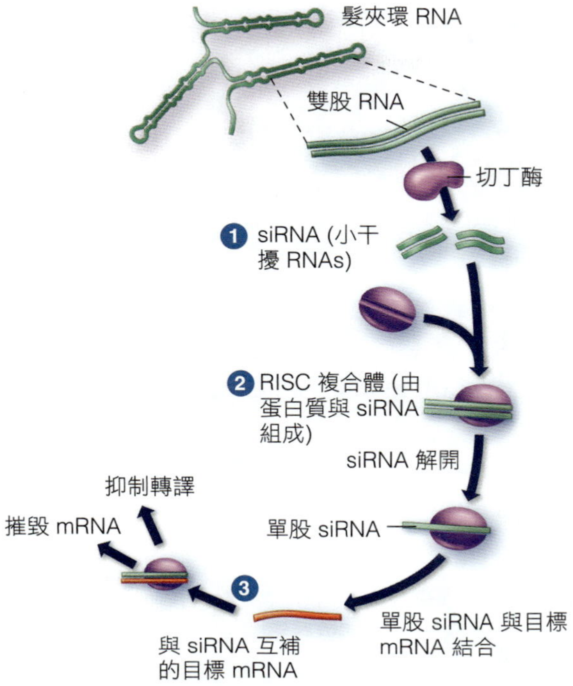

圖 12.19　RNA 干擾如何發揮作用
雙股 RNA 被一個切丁酶 切割而產生一個 siRNA，然後再與一些蛋白質結合形成一個稱為 RISC 的複合體。RISC 可解離雙股釋放出單股的 RNA，去與具有相同或相似序列的目標 mRNA 結合，因而阻遏了基因的轉譯。

夾環時，這些互補的序列便可配對產生雙股，類似 DNA 的雙股螺旋。

那麼這個雙股的 RNA 是如何抑制一個基因的表現？基因靜默是如何作用的呢？於 RNA 干擾的第一階段中，一個稱為切丁酶 (dicer) 的酵素可辨識雙股的長 RNA 分子，將之切割成為小 RNA 片段，簡稱為 siRNAs (small interfering RNAs，小干擾 RNA) ❶。於下一個階段中，siRNAs 可與一些蛋白質組合成一個稱為 RISC (RNA interference silencing complex，RNA 干擾靜默複合體) 的核酸蛋白質複合體 ❷。RISC 接著將雙股的 siRNA 解開，留下可與 mRNA互補的一股 ❸，當其與 mRNA 結合時便可將製造此 mRNA 的基因表現關閉了。

一旦 siRNA 結合到 mRNA 上，可以二種方式來靜默此基因：一是將 mRNA 阻遏使其無法轉譯出蛋白質，另一則是分解摧毀此 mRNA。至於到底是阻遏還是摧毀，則視此 siRNA 與 mRNA 序列的相似度而定；通常愈吻合，則愈傾向於摧毀。

關鍵學習成果 12.8

稱之為 siRNAs 的小干擾 RNAs，是從雙股的 RNA 片段形成的。這些 siRNAs 可在細胞內與 mRNA 分子結合並阻遏了其轉譯。

12.9　基因表現的複雜調控

真核生物的基因表現，是受到許多階段的調控的，請複習圖 12.20。染色體的結構可決定是否讓 RNA 聚合酶結合到一個基因上，來控制基因的表現。許多調控因子，則可影響一個特定基因的表現速率。一旦被轉錄了，此基因的表現還可受到選擇性剪接的影響，或是被 RNA 干擾所靜默。雖然基因的調控常發生在基因表現的早期，但是有一些調控機制則在較晚期作用。一些參與轉譯的蛋白，可影響蛋白質的合成，此外合成出來的蛋白質還會進一步被化學修飾。

關鍵學習成果 12.9

一個真核生物的基因於其表現時，會受到許多層級的調控。

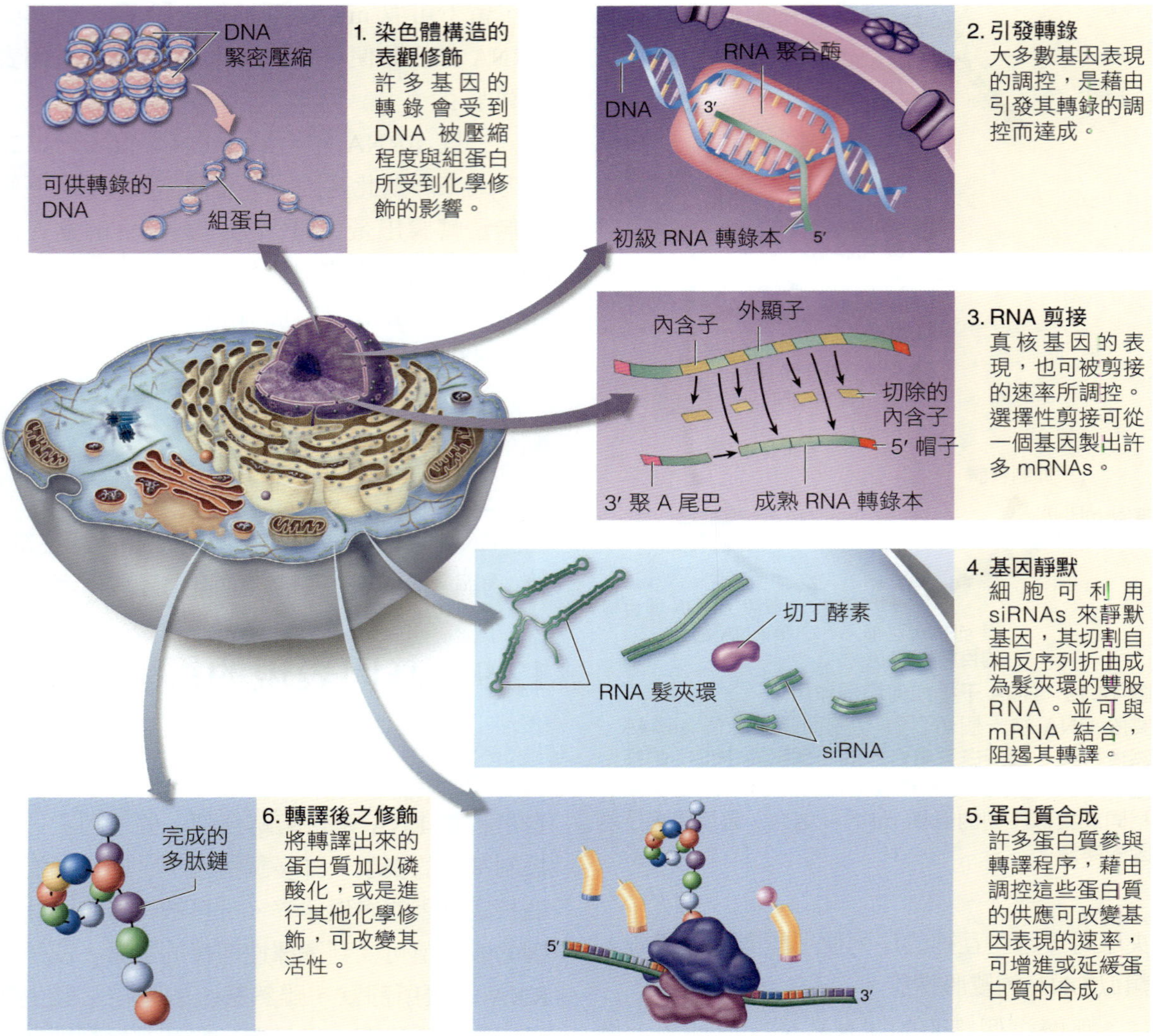
DNA
緊密壓縮
可供轉錄的
DNA
組蛋白
1. 染色體構造的表觀修飾
許多基因的轉錄會受到DNA被壓縮程度與組蛋白所受到化學修飾的影響。
RNA 聚合酶
DNA
3′
初級 RNA 轉錄本
5′
2. 引發轉錄
大多數基因表現的調控，是藉由引發其轉錄的調控而達成。
內含子
外顯子
切除的
內含子
5′ 帽子
3′ 聚 A 尾巴
成熟 RNA 轉錄本
3. RNA 剪接
真核基因的表現，也可被剪接的速率所調控。選擇性剪接可從一個基因製出許多 mRNAs。
切丁酵素
RNA 髮夾環
siRNA
4. 基因靜默
細胞可利用 siRNAs 來靜默基因，其切割自相反序列折曲成為髮夾環的雙股 RNA。並可與 mRNA 結合，阻遏其轉譯。
完成的
多肽鏈
6. 轉譯後之修飾
將轉譯出來的蛋白質加以磷酸化，或是進行其他化學修飾，可改變其活性。
5′
3′
5. 蛋白質合成
許多蛋白質參與轉譯程序，藉由調控這些蛋白質的供應可改變基因表現的速率，可增進或延緩蛋白質的合成。

圖 12.20 真核生物基因表現的調控

複習你的所學

從基因到蛋白質

中心法則

12.1.1 DNA 是細胞內遺傳訊息的貯存場所。基因表現的程序，從 DNA 到 RNA 到蛋白質，稱為中心法則。

- 基因表現使用不同型式的 RNA 並以二個階段方式進行：轉錄，從 DNA 製出 mRNA；以及轉譯，使用 rRNA 和 tRNA 將 mRNA 的訊息轉譯出蛋白質。

轉錄

12.2.1 於轉錄時，以 DNA 作為模板並用 RNA 聚合酶來合成 mRNA。RNA 合成酶結合到 DNA 啟動子的一股上，將互補的核苷酸添加到延伸的 mRNA 鏈上，類似 DNA 聚合酶的作用。

轉譯

12.3.1 mRNA 上的訊息是以核苷酸序列來編碼，每次以三個核苷酸為一組的密碼子來閱讀，每一個密碼子則對應一個特定的胺基酸。掌控將 mRNA 上密碼子轉譯成胺基酸的規則，就稱為遺傳密碼。

- 遺傳密碼有 64 組密碼子，但是只編碼出 20 種胺基酸。在許多狀況下，一個胺基酸可有二個以上的密碼子。

12.3.2 於轉譯時，mRNA 攜帶遺傳訊息到細胞質中。rRNA 與蛋白質可構成核糖體。作為合成蛋白質的平台。一個 tRNA 分子可將胺基酸攜帶到核糖體處，進行多肽鏈的合成。活化酵素可將胺基酸結合到相對應的 tRNA 上。

12.3.3 一個核糖體包含一個小的 rRNA 次單元，與一個大的 rRNA 次單元。當 mRNA 結合到小的核糖體次單元上時，大次單元便可與小次單元結合，形成一個完整的核糖體，此時便可展開轉譯。

- 核糖體可在 mRNA 上移動，而 tRNA 含有與密碼子相互補序列之反密碼子，可將相對應的胺基酸帶到核糖體的 A 位址上。胺基酸則從 A 位址轉移到 P 位址與 E 位址，添加到延伸多肽鏈上。

基因表現

12.4.1 原核生物的基因是位於一個 DNA 長鏈上，可轉錄出 mRNA，然後就可整個直接進行轉譯。真核生物的基因則分成許多段落，包含編碼的外顯子區域，以及不編碼的內含子區域。

- 整個真核基因先轉錄出 RNA，但是在進行轉譯之前須將內含子剔除。外顯子可用不同的方式進行剪接，稱之為選擇性剪接，可從同一個 DNA 區域中製出不同的蛋白質產品。

12.4.2 於原核細胞，轉錄與轉譯都同時在細胞質中進行。而真核細胞，則先在細胞核中轉錄出 RNA 轉錄本，然後還要進行整理 (將內含子剔除)，之後 mRNA 才從細胞核進入細胞質中轉譯出多肽鏈。

原核生物基因表現之調控

原核生物如何控制其轉錄

12.5.1 於原核細胞，當一個抑制蛋白結合到操作子時，可阻擋住啟動子因而基因就關閉了。一些基因可因活化蛋白結合到 DNA 上，而將基因開啟。

12.5.2 乳糖操組包含一組代謝乳糖的基因。當細胞需要此操縱組的蛋白質產物時，一個誘導物分子可與抑制蛋白結合，使其無法繼續與 DNA 結合而離開，因此 RNA 聚合酶就能結合到 DNA 上。

12.5.3 乳糖操縱組也被一個活化蛋白所調控，活化蛋白可改變 DNA 的形狀，可使 RNA 聚合酶結合到 DNA 上。只有當活化蛋白結合到 DNA 上，且抑制蛋白也離開 DNA 時，RNA 聚合酶才能結合到啟動子上。

真核生物基因表現之調控

真核生物轉錄之調控

12.6.1-3 DNA 纏繞在組蛋白上，可限制 RNA 聚合酶與 DNA 結合。基因的表現可因組蛋白的化學修飾，而使得 DNA 更易被結合。

從遠處調控轉錄

12.7.1-3 於真核細胞，在 RNA 聚合酶結合到啟動子之前，需要先與轉錄因子結合。真核的基因可受到遠處的增強子之調控。

RNA 層級的調控

12.8.1-2 RNA 干擾可阻遏轉譯。稱為 siRNA 之小段 RNA，可在細胞質中將 mRNA 結合，阻遏了基因的表現。

基因表現的複雜調控

12.9.1 真核細胞的基因表現是受到多層次之調控的。

測試你的了解

1. 下列何者不是 RNA 的類型之一？
   a. nRNA (細胞核 RNA) c. rRNA (核糖體 RNA)
   b. mRNA (傳訊 RNA) d. tRNA (轉送 RBNA)
2. RNA 聚合酶結合到 DNA 分子上，並從此處開始製造 RNA 分子的位址稱為
   a. 啟動子 c. 內含子
   b. 外顯子 d. 強化子
3. 如果一個 mRNA 的密碼子為 UAC，則與其互補的反密碼子為
   a. TUC c. AUG
   b. ATG d. CAG
4. 活化酵素可將胺基酸結合到
   a. tRNA 上 c. DNA 上
   b. mRNA 上 d. sRNA 上
5. 請依次序將核糖體上被胺基酸所占據的位置列出：
   a. A, P, .E c. P, A, E
   b. E, P, A d. E, E, p
6. 一個操縱組就是
   a. 能從遠方調控轉錄的一系列調控序列
   b. 一個與誘導物結合的抑制蛋白
   c. 一個能調控基因開關的調控 RNA

d. 含有一個操作子、啟動子以及一系列相關之蛋白質編碼基因

7. 下列有關調控乳糖操縱組的敘述，何者錯誤？

a. 當乳糖與抑制蛋白結合後，抑制蛋白的形狀會改變

b. 當葡萄糖與抑制蛋白結合後，轉錄會被抑制

c. 抑制蛋白上具有可與乳糖及 DNA 結合的位址

d. 當乳糖與抑制蛋白結合後，此抑制蛋白就無法與操作子結合了

8. 有關真核基因的表現，下列何者敘述是正確的？

a. mRNA 必須先將內含子剔除

b. mRNA 僅含一個基因的轉錄本

c. 增強子可從遠方發揮作用

d. 以上皆是

9. 於真核 DNA 包裝成染色質時，5-甲基胞嘧啶 (5-methylcytosine) 可

a. 使啟動子能被結合

b. 與腺嘌呤 (adenine) 產生配對

c. 不被 DNA 聚合酶所辯識

d. 阻擋轉錄

10. 於基因靜默中，切丁酶酵素

a. 可與 siRNAs 組合成 RISC 複合體

b. 可解離 RISC 複合體

c. 將 siRNA 依互補方式與 mRNA 結合

d. 將雙股 RNA 切碎

Chapter 13

基因體學與生物科技

這隻桃莉羊，是第一隻從一個成體細胞所複製出來的動物。我們從桃莉羊身上學到，其發育過程中基因並未喪失。於一個單一成體細胞，如果能夠誘導其將適當的基因組合加以開啟或關閉，則此細胞就可發育成為一個正常的個體生物。胚胎幹細胞也一樣，於胚胎發育時，可隨時準備變成身體上的任何細胞。也有可能利用自己的胚胎幹細胞，培養長出健康的組織，並用來替換掉受損的組織。這種技術已經在實驗室中，成功治癒小鼠的許多缺陷。由於胚胎幹細胞的取得會導致一個胚胎的死亡，因此用胚胎幹細胞來治療人類疾病，就充滿了爭議。最近發展出來的技術，可將皮膚細胞轉變成為幹細胞，可望解決這種困境。於本章中，你將學習到基因體篩檢、將基因科技施用於醫學與農業、基因編輯、生殖性複製、幹細胞組織替換以及基因治療等，所有的這些領域都是生物學上的革命性創舉。

將整個基因體定序

13.1 基因體學

近年來，掀起一股將不同生物之全部 DNA 序列加以比對的熱潮，這是一個新興的生物學領域，稱之為**基因體學** (genomics)。起初都專注於一些基因數目較少的生物，但是研究人員最近已經完成了許多較大的真核生物基因體定序，包括我們人類自己。

一個生物全體遺傳訊息的組成－即其所有的基因與其他 DNA－稱為此生物的**基因體** (genome)。欲研究一個基因體，首先要將其 DNA 定序，也就是將 DNA 鏈上的每一個核苷酸依次序讀寫出來。第一個被定序的基因體，是一個很簡單的基因體：一個很小的細菌病毒 Φ-X174 (Φ 是希臘字母 phi)。桑格 (Frederick Sanger) 發明了第一個可行的方法來定序 DNA，並於 1977 年將此病毒的 5,375 個核苷酸基因體定序出來。接下來，科學家又定序出數十個原核細菌的基因體。近來，自動定序儀器的發展，使得定序較大的真核生物基因體變得可行，也包括了我們人類自己 (表 13.1)。

將 DNA 定序

欲將一個 DNA 加以定序，首先需將 DNA 切割成許多片段，然後將每一個片段加以複製 (增幅)，使每一個片段達到數千個拷貝。這些 DNA 片段再與許多 DNA 聚合酶以及引子混合 (請回憶第 11 章，DNA 聚合酶僅能從已經存在的核苷酸片段上添加新的核苷酸)，並提供四種核苷酸與四種不同之終止鏈延長的化學標籤 (chain-terminating chemical tags)。這些化學標籤於 DNA 依互補方式合成時，可作為四種核苷酸之一種。首先，加熱使雙股 DNA

表 13.1　一些真核生物的基因體

生物	估計基因體大小 (Mbp)	估計基因數目 (×1,000)	基因體特性
脊椎動物			
 *Homo sapiens* (人類)	3,200	20~25	第一個被定序的大基因體；可轉錄的基因數目遠低於預期；基因體的大部分都是由重複的 DNA 序列所組成。
 *Pan troglodytes* (黑猩猩)	2,800	20~25	黑猩猩與人類的基因體中，只有少數的鹼基不同，低於 2%，但是自從此二物種分家後，有許多小序列 DNA 遺失了，造成顯著的影響。
 *Mus musculus* (小鼠)	2,500	25	小鼠基因大約有 80% 在功能上與人類基因相同；重要的是，小鼠與人類大部分的 DNA 非編碼區都非常保守；整體上，囓齒類 (小鼠與大鼠) 基因體的演化速度，比哺乳類快二倍 (人類與黑猩猩)。
 *Gallus gallus* (雞)	1,000	20~23	大小約為人類基因體的三分之一；在馴養雞隻間彼此的差異程度高過與人類的差異程度。
 *Fugu rubripes* (河豚)	365	35	河豚基因體的大小約為人類的九分之一，但是其上卻含有超過 10,000 個基因。
無脊椎動物			
 *Caenorhabditis elegans* (秀麗隱桿線蟲)	97	21	秀麗隱桿線蟲身上的每一個細胞都被確認，使得其基因體成為研究發育生物學的有力工具。
 *Drosophila melanogaster* (果蠅)	137	13	果蠅染色體的端粒區域，缺乏大多數真核生物之單純重複序列。其基因體的三分之一，由缺乏基因的中央異染色質所組成。
 *Anopheles gambiae* (蚊子)	278	15	蚊子與果蠅的相似程度，大約等於人類與河豚的相似度。
 *Nematostella vectensis* (海葵)	450	18	這個刺胞生物的基因體與脊椎動物較接近，而與線蟲或昆蟲較遠，似乎被演化所精簡過。
植物			
 *Oryza sativa* (水稻)	430	33~50	水稻的基因體只有人類基因體 13% 的 DNA 含量，但是卻擁有將近二倍的基因數目；與人類基因體類似，富含重複序列的 DNA。
 *Populus trichocarpa* (楊樹)	500	45	這個生長快速的樹，廣被木材與造紙工業使用。它的基因體，比松樹基因體小 50 倍，具有三分之一的異染色質。
真菌			
 *Saccharomyces cerevisiae* (釀酒酵母)	13	6	釀酒酵母是第一個基因體被完整定序的真核生物。
原生生物			
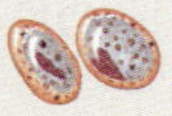 *Plasmodium falciparum* (瘧疾原蟲)	23	5	瘧疾原蟲的基因體具有不尋常高的腺嘌呤與胸腺嘧啶含量。其僅有的 5,000 個基因，剛好滿足真核生物細胞最基本的所需。

片段變性成為單股。然後將溶液冷卻，使引子 (圖 13.1 ❶ 中淺藍色的方塊) 能夠結合到單股 DNA 上，DNA 合成便可以開始進行了。每當一個化學標籤 (而非正常核苷酸) 被用來合成 DNA 時，此合成就會被終止，如圖所示。例如，在進行合成三個核苷酸後，一個終止的紅色「T」被加上時，此合成就會被終止。由於終止的化學標籤濃度遠低於正常的核苷酸，例如一個標籤 G 加到 DNA 鏈上時，不一定會出現在先前的第一個 G 的位置上。因此，此混合溶液中會含有一系列不同長度的 DNA 雙股片段。這些片段代表了聚合酶從引子處出發，直到遇到一個終止標籤所合成的長度 (如圖 ❶ 則為六個)。

然後利用膠體電泳 (gel electrophoresis)，將這一系列的片段加以分離展開。這些片段就像梯子的階梯一般排列，每一個階梯都比前一個階梯多一級。請將 ❶ 中的片段長度與膠體上的位置 ❷ 相比較，最短的片段只有一個核苷酸 (G) 添加到引子上，因此在梯子上是最低的階梯。使用自動 DNA 定序儀器時，具有螢光的化學標籤被用來標記每個片段，每一種核苷酸使用一種不同的顏色。電腦可以辨識出膠體上的顏色定出 DNA 的序列，並依序以一系列的顏色尖峰 (peaks) 來呈現 (❸ 與 ❹)。於 1990 年代中期所發展出來的自動定序儀，使得我們可以進行定序較大的真核生物基因體。一所研究單位，具有數百台每天能定序出一億個核苷酸序列的自動定序儀，只需 15 分鐘便能將人類基因體定序出來！

關鍵學習成果 13.1

強大的自動 DNA 定序技術，可將生物的整個基因體定序出來。

13.2 人類基因體

四個令人訝異之處

遺傳學家於 2000 年 6 月 26 日宣布，已完成人類的全部基因體定序。這是一項不小的挑戰，因為人類的基因體非常巨大－超過 30 億個鹼基對，也是目前人類定序出之最大的基因體。為了描述這個工程的浩大，假設將這 32 億個鹼基對寫成一本書，這本書將有 500,000 頁。如果你每秒可閱讀五個鹼基對，每天閱讀 8 小時，你將花費 60 年才能將這本書讀完。

遺傳學家第一次檢視人類基因體時，發現四件令人大為訝異之處。

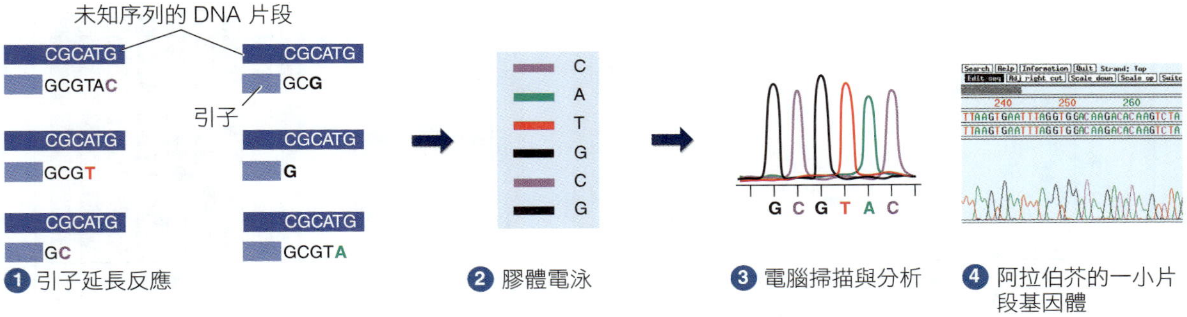

圖 13.1 如何定序 DNA

❶ 可用添加互補核苷酸到單股片段上的方式，將 DNA 定序出來。每當一個化學標籤 (而非正常核苷酸) 被用來合成 DNA 時，此合成就會被終止，而產生不同長度的片段。❷ 不同長度的 DNA 可用膠體電泳來分離，愈短的片段則位於膠體上最低的位置。(粗體字母代表在步驟 ❶ 中停止複製。) ❸ 電腦掃描膠體片段，從小到大，將 DNA 序列以有顏色的尖峰呈現出來。❹ 為一個阿拉伯芥基因體的一個片段，經自動定序儀顯示出的 DNA 序列。

1. 基因數目相當少

人類基因體序列中含有 20,000~25,000 個可編碼出蛋白質的基因，僅占了基因體的 1%。從圖 13.2 中可看到，這只比線蟲 (21,000 個基因) 稍多一點，甚至還不到果蠅 (13,000 個基因) 的二倍。科學家曾非常有信心地相信，至少應該有四倍以上數目的基因，因為人類細胞可製造出超過 100,000 個以上的 mRNAs 分子。因此他們爭論，應該有足夠的基因來製造出這些 mRNAs。

那麼為何人類細胞會有超過基因數目的 mRNAs？請回想第 12 章，於一個典型的人類基因中，其 DNA 可製出蛋白質的序列，是分散成許多稱為外顯子的片段，散布在許多較長而不轉譯出蛋白質，稱之為內含子的片段中。可假設這個段落文章是一個人類基因；所有出現的字母「e」都是外顯子，而其餘的字母都是不編碼的內含子。內含子占了基因體的 24%。

當一個細胞使用人類基因製造蛋白質時，首先要製造出此基因的 mRNA 拷貝，然後再將外顯子剪接在一起，並將內含子剔除。現在出現連研究人員都未預料到的事情，人類基因轉錄本中的外顯子，通常可有許多不同剪接方式，稱作選擇性剪接 (alternative splicing)。如同在第 12 章中討論過的，每一個外顯子實際上就是一個模組，一個外顯子只編碼出蛋白質的某一個片段，而另一個外顯子則編碼出另一個片段。當這些外顯子用不同方式來組合，就可製造出許多形狀不相同的蛋白質。

由於選擇性的剪接 mRNA，很容易就可了解為何 25,000 個基因可以編碼出四倍以上的蛋白質。人類蛋白質複雜度的增加，可以透過基因不同方式的組合而達成。偉大的音樂也是透過這種方式，由簡單音符所組成。

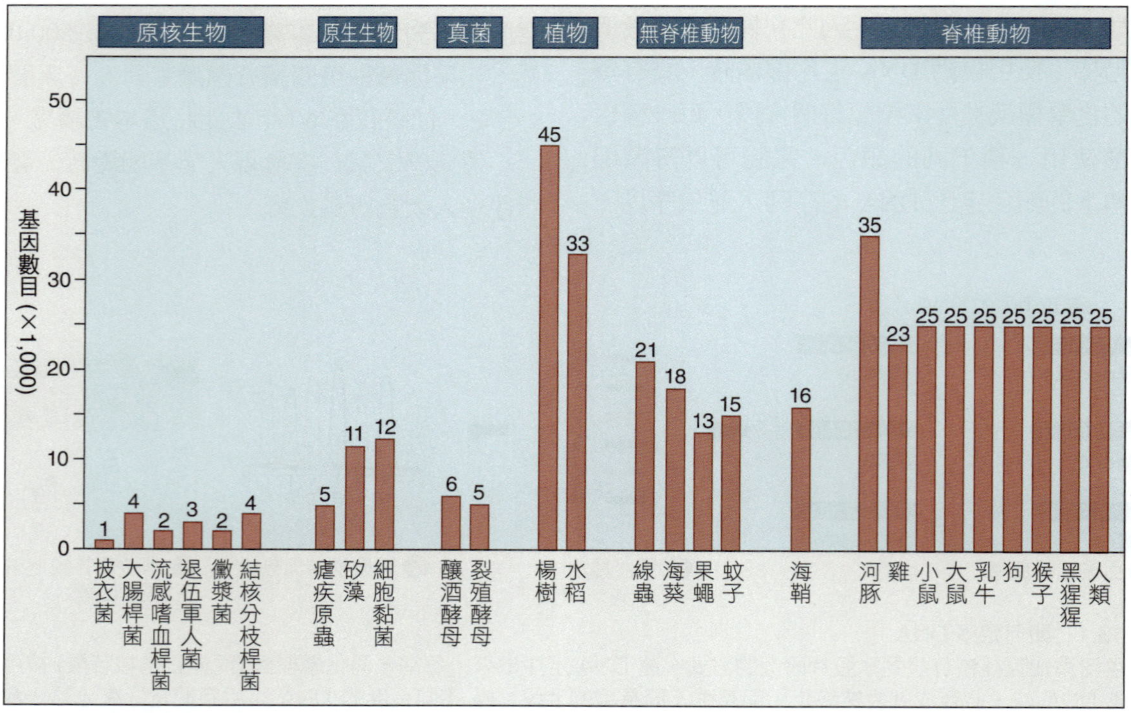

圖 13.2 基因體大小的比較

所有的哺乳類有相同大小的基因體，20,000~25,000 個可編碼為蛋白質的基因。未預料到的是植物與河豚的基因體非常大，被認為是整個基因體重複造成的，而非其複雜度增加。

2. 一些染色體只有很少的基因

基因除了會成為分散的片段散布在基因體中以外，基因體還有一項很有趣的「結構上的」特性，基因在基因體上的分布不是均勻的。第 19 號較小的染色體上，分布著較密集的基因、轉錄因子以及一些功能性的元素。而較大的第 4 號與第 8 號染色體則相反，其上的基因很少，彷彿散布在廣大荒野中的小村莊。在大多數的染色體中，大片段看似荒蕪的 DNA，則穿插在富含基因的區域間。

3. 基因可出現多個拷貝

人類基因體中發現有四類不同之可編碼蛋白質的基因，它們的不同處大多在於基因的拷貝數目。

單一拷貝的基因 (Single-copy genes)　許多真核基因以單一拷貝方式出現在染色體的特定位址上。如果這種基因發生突變，就會造成孟德爾隱性表徵的遺傳。經由突變而靜默的失活基因拷貝，稱之為*假基因* (pseudogenes)，它們與可編碼出蛋白質的基因一樣普遍。

片段的重複 (Segmental duplications)　人類染色體中含有許多片段的重複，一些整段的基因可以從一個染色體上被複製拷貝，並轉移到另一個染色體上。第 19 號染色體似乎是最大的借用者，其上具有從其他 16 個染色體上得來的基因片段。

多基因家族 (Multigene families)　許多基因屬於多基因家族的一員，一群顯然不同但是卻相關的基因，常會排列成為一個基因群組 (gene cluster)。多基因家族包含了從三個到數十個基因，雖然這些基因彼此不相同，但是它們的序列卻很顯然是相關的，它們似乎是從同一個始祖基因所衍生出來的。

縱排群組 (Tandem clusters)　這些重複基因的群組，其 DNA 序列可以重複數千次，一個拷貝接著一個拷貝以縱排方式出現。若將這些縱排群組基因之拷貝同時轉錄，一個細胞可迅速得到大量編碼的產物。例如，編碼為 rRNA 的基因，於此群組中即重複數百次。

4. 大多數的基因體 DNA 是不編碼的

人類基因體第四個值得注意的特性，是其具有令人吃驚之大量的不編碼 DNA。僅有 1%~1.5% 的人類基因體屬於可編碼的 DNA，為可製出蛋白質的基因。人體的每一個細胞都具有大約 6 英尺長 (約 183 公分) 的 DNA，但能編碼為蛋白質的基因長度卻少於 1 英寸 (約 2.54 公分) (圖 13.3)！在 2012 年，一項針對此 98% DNA 所做之大規模的研究顯示，其中三分之二可轉錄出 RNA，但是並不作出蛋白質。這些 RNA 的功用令人感到好奇，已知許多小分子 RNA 扮演了調控的角色，暗示這個謎底可能與調控有關。

人類 DNA 中不編碼的 DNA，有四種類型：

基因內部的不編碼 DNA (Noncoding DNA within genes)　如先前所敘述過的，人類基因中含有編碼蛋白質的訊息 (外顯子)，散布埋藏在更大區域的不編碼區域 (內含子) 中。內含子占了基因體的 24%，而外顯子僅占了 1%！

結構性 DNA (Structural DNA)　染色體上的一

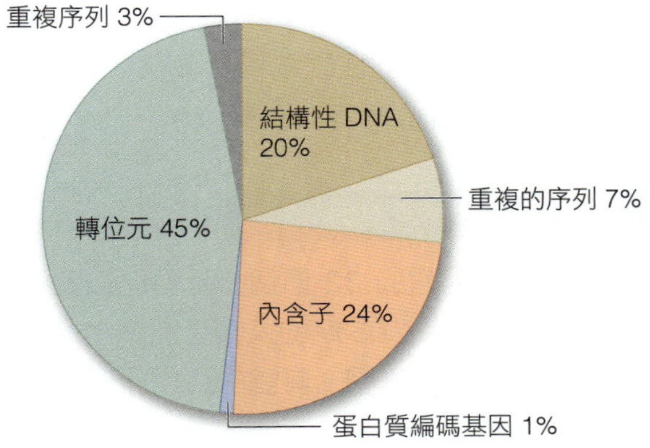

圖 13.3　人類基因體
人類基因體上僅有很少的部分是可編碼為蛋白質的基因，如此圓餅圖上淺藍色之區域。

些區域是高度濃縮的，結合成緊密的螺旋，且在整個細胞週期中都不轉錄。這部分大約占了 DNA 的 20%，常出現在中節或端粒處，或是染色體的末端處。

重複序列 (Repeated sequences) 散布在染色體中的還有許多簡單之 2~3 個核苷酸重複的序列，例如 CA 或 CGG，可重複出現好幾千次。這種序列占了基因體的 3%。另外還有 7% 是屬於另一種重複的序列。這些重複的序列，如果是富含 C 與 G，則常出現在可轉譯之基因的鄰近處；如果是富含 A 與 T，則多出現於非基因的荒原區。染色體核型上的淺色條帶現在有了新的解釋：它們是富含 GC 與基因的區域。而暗色條帶則是富含 A 與 T，以及很少有基因的區域。例如第 8 號染色體，具有許多非基因的暗色條帶區域，而第 19 號染色體因為富含基因，因此具有較少的暗色條帶。

轉位元 (Transposable elements) 人類基因體的 45% 為一種可移動類似寄生物的 DNA，稱之為*轉位元* (transposable elements)，大部分可進行轉錄。轉位元是一段能從染色體的某個位置上跳到另一個位置上的 DNA 片段，就好像墨西哥跳豆一般。由於它們跳出之前還會留下一個拷貝在原來的位置上，因此隨著世代的增加，它們在基因體中的數目也會增加。蟄伏在人類基因體中的一個古老的，稱作 *Alu* 之轉位元，在基因體中有超過 50 萬個拷貝，占了整個基因體的 10%。它們常可直接跳入一個基因內，導致了許多有害的突變。

關鍵學習成果 13.2

人類整個基因體的 32 億個鹼基對已被定序出來。只有 1%~1.5% 的人類基因體，是可編碼出蛋白質的基因。其餘的大部分，是由轉位元所組成。

基因工程

13.3 一個科學上的革命

最近幾年來，操控基因將它們從某一生物轉殖到另一生物的**基因工程** (genetic engineering)，於醫藥與農業上有了長足的進展 (圖 13.4)。於 1990 年年底，進行了首次將人類基因轉移到一個罹患*嚴重複合免疫不全症* (severe combined immunodeficiency, SCID) 的病人身上，來矯正此疾病的嘗試。此遺傳疾病又稱為「泡泡男孩缺陷症」(Bubble Boy Disorder)，名稱的來源是基於一位罹患此症的年輕男孩，他必須生活在一個完全密閉的無菌球形塑膠容器中。除此而外，豢養與栽種的動植物，也可用基因工程來改造，使之能抗害蟲，生長得更大、更快速。

限制酶

任何基因工程實驗的第一步，是將「來源」基因切割下來，得到欲移轉的基因。這是能夠成功轉移一個基因的首要之務，而其關鍵就在於如何切割 DNA 分子。必須能夠使切斷的 DNA 片段二端成為「黏著端」(stick ends)，如此將來才能與其他 DNA 分子結合。

這個特殊分子的製作，是透過**限制酶** (restriction enzyme) 或稱之為*限制內核酸酶* (restriction endonuclease) 來達成的，這些酵素可結合在 DNA 特定的短序列 (通常為 4~6 個核苷酸) 上，而將之加以切割。這些序列非常特殊，DNA 二股上的序列是對稱的，亦即順向股與逆向股其序列讀起來完全相同！如圖 13.5 上的序列是 GAATTC，如寫出其對應股的序列就為 CTTAAG，倒著讀起來則其序列完全相同。這是限制酶 *Eco*RI 所辨識的序列。其他的限制酶各有其自己所辨識的序列。

將 DNA 片段切出黏著端的原因，是由於大多數限制酶並非切在序列的中間，而是靠近

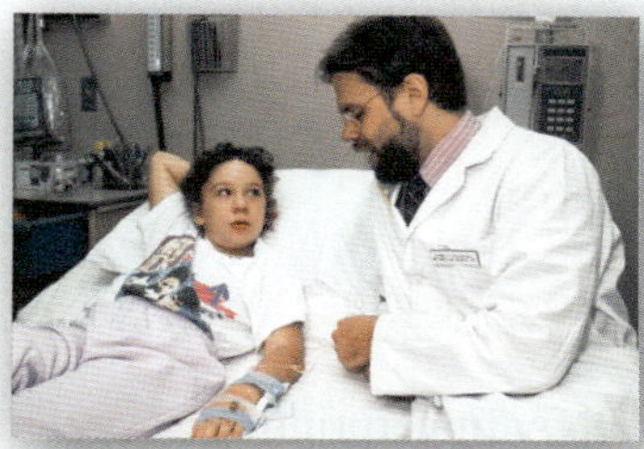

治療疾病　此病患為二個年輕女孩之一，她們是首次利用轉移健康基因來替換缺陷基因，而治癒一個遺傳疾病的受試者。此轉移治療於 1990 年成功完成，20 年之後，這位女孩仍然健康的活著。

增加產量　左方這些基因工程的鮭魚，具有較短的生殖週期，體重比右方未基因轉殖的魚要重很多。

防害蟲植物　右方為基因工程棉花，具有可防象鼻蟲啃食的基因；左方的棉花缺乏此基因，棉花產量大為遜色。

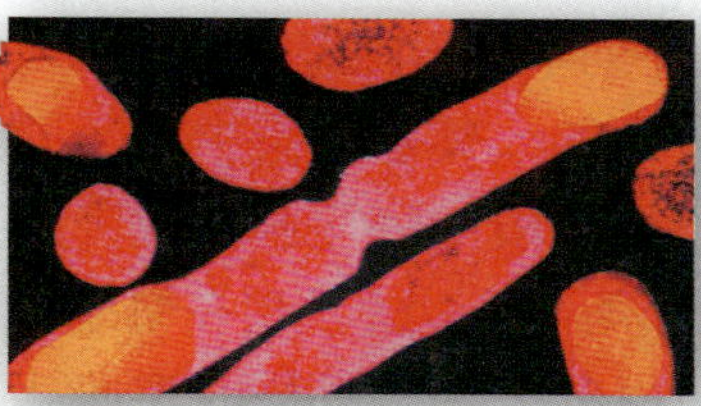

製造胰島素　此常見的大腸桿菌 (*E. coli*) 可經過基因工程改造，含有可編碼為胰島素蛋白質的基因。此細菌於是成為製造胰島素的工廠，可大量生產糖尿病人所需要的胰島素。左圖中基因改造細菌細胞內橘色的區域，即為製造胰島素的位置。

圖 13.4　基因工程舉例

一邊。圖 13.5 ❶ 中的序列，二股的切割點都是位於 G 與 A 之間，即 G/AATTC。這種切法會產生一個單股苷酸的短尾端，懸掛在片段的切口外部。由於此二個單股的末端是互相互補的，因此如果給予一個連接酶，它們可以配對而回復原狀。但也可以與另一個以相同酵素切割的片段配對而接合，因它們的尾端單股序列是互補的黏著端。圖 13.5 ❷ 顯示出，一個來自也是以相同 *Eco*RI 酵素切割的另一個 DNA 片段 (橘色 DNA)，它也具有與原先 DNA 來源相同的黏著端。任何生物之任何基因，如果都以此酵素來切割 GAATTC 序列，都將造成相同的黏著端，因此可以互相配對，在另一個稱作 DNA 連接酶 (DNA ligase) 的酵素幫助下，此二個 DNA 片段便可以接合在一起了 ❸。

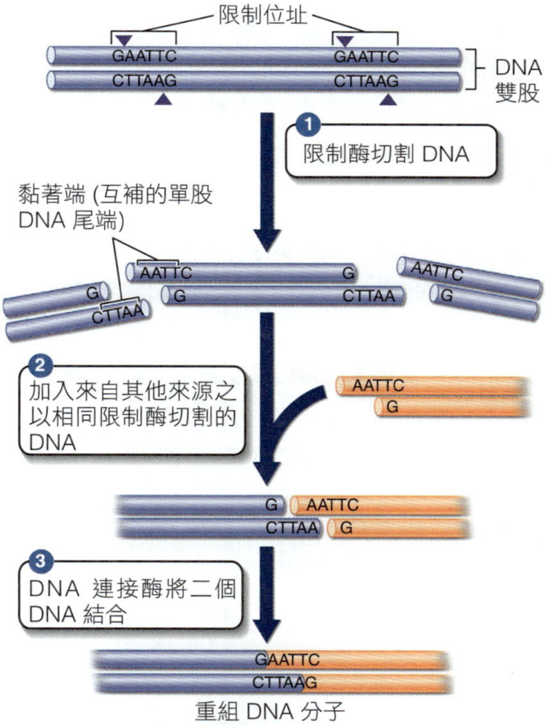

圖 13.5　限制酶如何產生具有黏著端的 DNA 片段
限制酶 *Eco*RI 永遠在 GAATTC 序列中的 G 和 A 之間切割，由於二個所切割的 DNA 片段末端都有這相同的黏著端，且以相反方向相對，因此二者的序列是彼此互補的，或可以互相「黏著」。

cDNA 的形成

如之前所敘述過的，真核基因是由許多稱

為外顯子的編碼片段，散布在無數不編碼的內含子序列中。整個基因會被 RNA 聚合酶轉錄出一個初級 RNA 轉錄本 (圖 13.6)，在其能夠轉譯出蛋白質之前，其內含子必須先從此初級轉錄本上加以切除。其餘的片段則可組合成為 mRNA，然後運送到細胞質中。如果必須將真核細胞的基因放入細菌細胞內來製造蛋白質 (將於第 13.4 節討論)，就必須先將基因中的內含子加以剔除，因為細菌的基因中沒有內含子，所以原核的細菌缺乏此剪接的功能。欲製造出不含內含子的真核 DNA，可使用基因工程技術，首先可從真核細胞的細胞質中分離出基因所相對應的 mRNA。細胞質中的 mRNA 已經經過完美的剪接，全由外顯子序列構成。然後使用一個稱作*反轉錄酶* (reverse transcriptase) 的酵素，將此 mRNA 反轉錄出對應的 DNA。這種 DNA 就稱為*互補 DNA* (complementary DNA)，或 cDNA。

cDNA 技術還有其他用途，例如可於不同細胞中決定其基因表現的型式。一個生物體中，其每一個細胞都具有相同的 DNA，但是一個特定細胞則可選擇性的開啟或關閉其特定的基因。研究人員可以利用 cDNA 技術得知哪些基因是正在表現中。

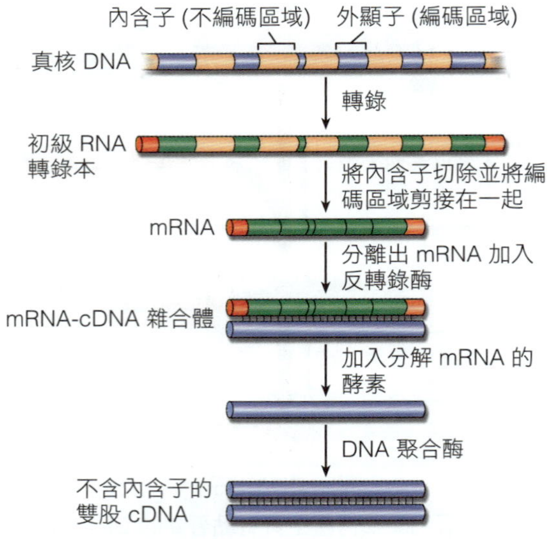

圖 13.6 cDNA：製造一個不含內含子的真核基因，以便用於基因工程
於真核細胞，一個初級 RNA 轉錄本先加工成為 mRNA，然後分離此 mRNA 並將之轉換成 cDNA。

DNA 指紋法與法醫科學

DNA 指紋法 (DNA fingerprinting) 是一種可用於比較各種 DNA 的程序。正如同 1900 年代，指紋鑑定革命性地改變了法醫學，今日的 DNA 指紋法也是革命性的創舉。一根毛髮、一小塊血跡、一滴精液－都能作為 DNA 證據將一個嫌犯定罪或證明其無辜。

DNA 指紋法的程序，是使用探針從人類基因體成千上萬的序列中，釣出特定的序列來進行比對。由於不同的人其基因體中有不同的序列，也會有不同的限制酶切割位址，因此切割出的片段大小不同，就會出現在電泳膠體的不同位置處。以放射性探針標記這些片段，便可使我們看出每個人的不同圖譜。每個探針通常是針對基因體中的不同重複序列，如果同時使用多個探針，則可增加辨識度，使任何二人出現相同片段圖譜的機率低於十億分之一。結合探針之膠體上的片段，可用自動感光膠片來顯影，於膠片上出現黑色的條帶。這種自動顯影的片段圖譜，就是可用於刑事偵查的「DNA 指紋」(DNA fingerprints)。

DNA 證據第一次使用是一件法庭案件。利用 DNA 探針鑑定一個強姦犯血液中的 DNA，與他留在作案現場的精液有相同特徵：嫌疑犯的 DNA 圖譜與強姦犯精液吻合，且與受害者完全不同。使用其他的探針，也得到相同結果。於 1987 年 11 月 6 日，陪審團判定嫌犯有罪，這是美國有史以來第一次依據 DNA 證據判定一個人犯下罪刑。自從此判例，數以千計的法庭接受了 DNA 指紋法的證據。

PCR 增幅

如人類一根毛髮中的微量的 DNA 樣

品，可被一種稱為 PCR (polymerase chain reaction，**聚合酶連鎖反應**) 的程序加以放大出數百萬個拷貝。進行 PCR 時，先將一段雙股的 DNA 加熱，使之分開成為二個單股；然後每一股再以 DNA 聚合進行複製，使之分別成為雙股。然後此二個雙股，再進行加熱與複製，成為四個雙股。這個循環重複多次，每一次都使 DNA 拷貝數量加倍，一直進行到有足夠分析的數量為止 (圖 13.7)。

一根毛髮中的 DNA 量，便足以進行 PCR。生物學家以往認為，髮根細胞內才含有 DNA，而不會出現於由角蛋白構成的毛髮中。但是現今已經知道，毛囊細胞會併入毛髮中，其 DNA 會封存於角蛋白內，使之不會被細菌或真菌所分解掉。

關鍵學習成果 13.3

限制酶可結合與切割 DNA 的特定序列，產生具有黏著端的片段則可以不同的組合方式結合。

13.4 基因工程與醫學

製造魔術子彈

有關基因工程 (也可譯為遺傳工程) 所帶來的振奮消息，大多數聚焦於其在醫學上的潛力。在製造蛋白質用來治療疾病，以及製造疫苗來對抗感染上，已經獲得重要進展。

許多疾病的發生，是由於基因上的缺陷，使得我們無法製造關鍵性的蛋白質。青少年糖尿病就是這類疾病，其身體無法控制血糖的濃度，這是由於其無法製造一個關鍵蛋白質－**胰島素** (insulin) 的緣故。如果能夠提供所缺乏的蛋白質，此病就可以得到控制。這種外來的蛋白質，就好像一個「魔術子彈」(magic bullet) 可用來對抗身體的失調。

直到最近，使用調節性蛋白質作為藥物的

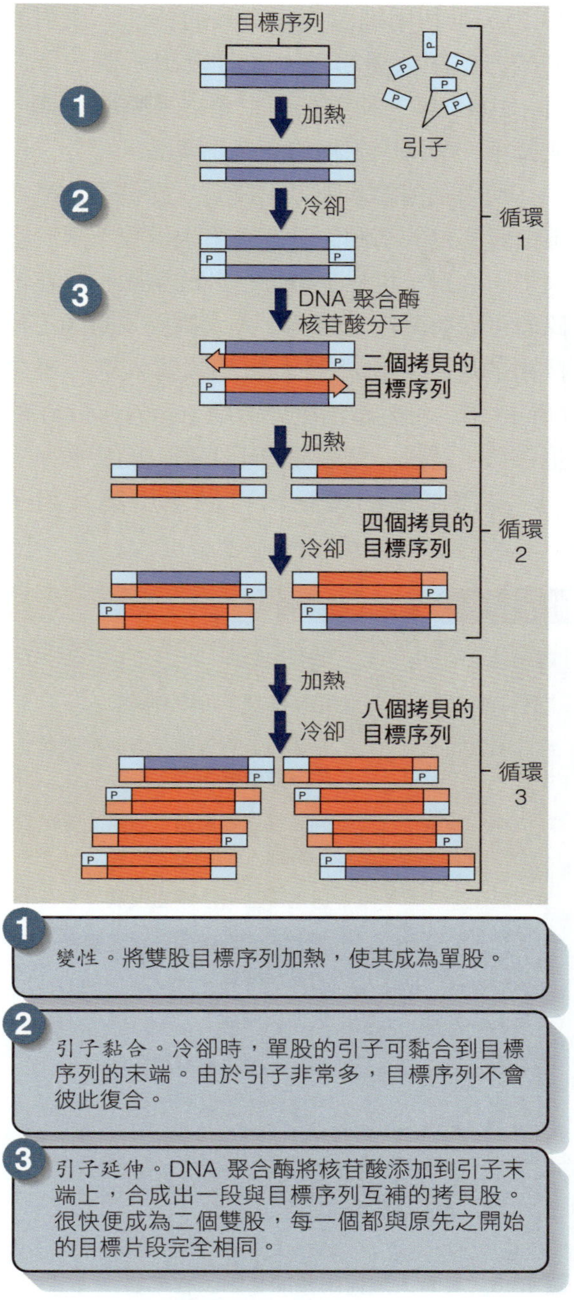

目標序列
1
加熱
引子
2
冷卻
循環 1
3
DNA 聚合酶
核苷酸分子
二個拷貝的目標序列
加熱
四個拷貝的目標序列
冷卻
循環 2
加熱
八個拷貝的目標序列
冷卻
循環 3
1 變性。將雙股目標序列加熱，使其成為單股。
2 引子黏合。冷卻時，單股的引子可黏合到目標序列的末端。由於引子非常多，目標序列不會彼此復合。
3 引子延伸。DNA 聚合酶將核苷酸添加到引子末端上，合成出一段與目標序列互補的拷貝股。很快便成為二個雙股，每一個都與原先之開始的目標片段完全相同。

圖 13.7 聚合酶連鎖反應如何進行

最主要問題在於如何生產此蛋白質。這類調節身體機能的蛋白質，在身體中的含量通常非常低，因此要大量取得此類蛋白質，不但困難而且昂貴。有了基因工程技術，如何大量製造稀罕蛋白質的問題得到了解決。可將編碼重要蛋白質的 cDNA 基因，置入細菌細胞內 (表

13.2)，再利用細菌快速生長的特性，使用廉價的方式來大量培養，並分離出所要的蛋白質。1982 年，利用細菌生產之人類胰島素，成為第一個基因工程的商業化產品。

利用細菌的基因工程技術，提供了治療性蛋白質充足的來源，且其應用也已經不限於細菌了。今日，世界上數以百計的藥廠，都在忙碌於生產醫藥用蛋白質，大大擴展了基因工程技術的應用。例如將人類基因置入綿羊體內 (圖 13.8)，可生產治療肺氣腫 (emphysema) 的蛋白質，這是一個困擾成千上萬人的疾病。

基因工程的優點，可從使用**第八因子** (factor VIII) 明顯看得出來，這是一種可促進凝血的蛋白質。缺乏第八因子可造成血友病 (為一種遺傳疾病，見第 10 章)，病患會經常流血不止。有很長的一段時間，病患靠著從捐贈血液中分離出來的第八因子控制病情。不幸的是，一些捐贈的血液會被病毒感染，例如 HIV 與 B 型肝炎，有時會在不知情的情況下輸給病患。今日，使用實驗室製造出來的基因工程第八因子，可以完全消除這些風險。

表 13.2 基因工程藥物

產品	功效與應用
抗凝血劑	溶解血塊；治療心臟病人
群聚刺激因子	刺激白血球繁殖；治療感染與免疫系統缺陷
紅血球生成素	刺激紅血球繁殖；治療洗腎造成的貧血
第八因子	促進凝血；治療血友病
生長因子	刺激不同細胞的分化與生長；幫助傷口癒合
人類生長激素	治療侏儒症
胰島素	控制血糖；治療糖尿病
干擾素	干擾病毒複製；治療一些癌症
介白素	活化與刺激白血球；治療傷口、HIV 感染、免疫缺陷

攜載式疫苗

基因工程另一個重要的應用領域，是製造次單元疫苗 (subunit vaccines) 來對抗病毒，諸如疱疹與肝炎。針對單純疱疹病毒與 B 型肝炎病毒之蛋白質-多醣類外殼，將其一部分的基因片段拼接到牛痘病毒的基因體中。由於牛痘病毒基本上對人類無害，曾被英國醫師簡納 (Edward Jenner) 發展為對抗天花的疫苗已有 200 餘年的歷史，因此現在可以被用來當作一個載體 (vector)，將病毒基因運送入哺乳類細胞中。如圖 13.9 所示，針對單純疱疹建構一個次單元疫苗的步驟，首先進行 ❶ 萃取單純疱疹病毒的 DNA，❷ 分離出編碼病毒外套表面蛋白的基因。之後將牛痘病毒 DNA 分離出來並加以切割 ❸，然後將疱疹基因與牛痘 DNA 結合在一起 ❹。經重組後的 DNA 放回牛痘病毒中，再將這個含有疱疹外套蛋白基因的牛痘病毒大量複製。當將這種重組病

圖 13.8 具有人類荷爾蒙的基因工程羊隻
圈養中的基因改造小羊，牠們是具有人類基因之基改羊隻的後代，此基因負責製造一個 α-1 抗胰蛋白酶 (alpha-1-antitrypsin, AAT) 蛋白質。AAT 由這些羊的乳腺細胞所製造，並從乳汁分泌出來，經過分離純化後，便可用來治療人類的 AAT 缺乏症。罹患此症的病人會出現肺氣腫，西方世界的人們大約每 100,000 人會出現一例。

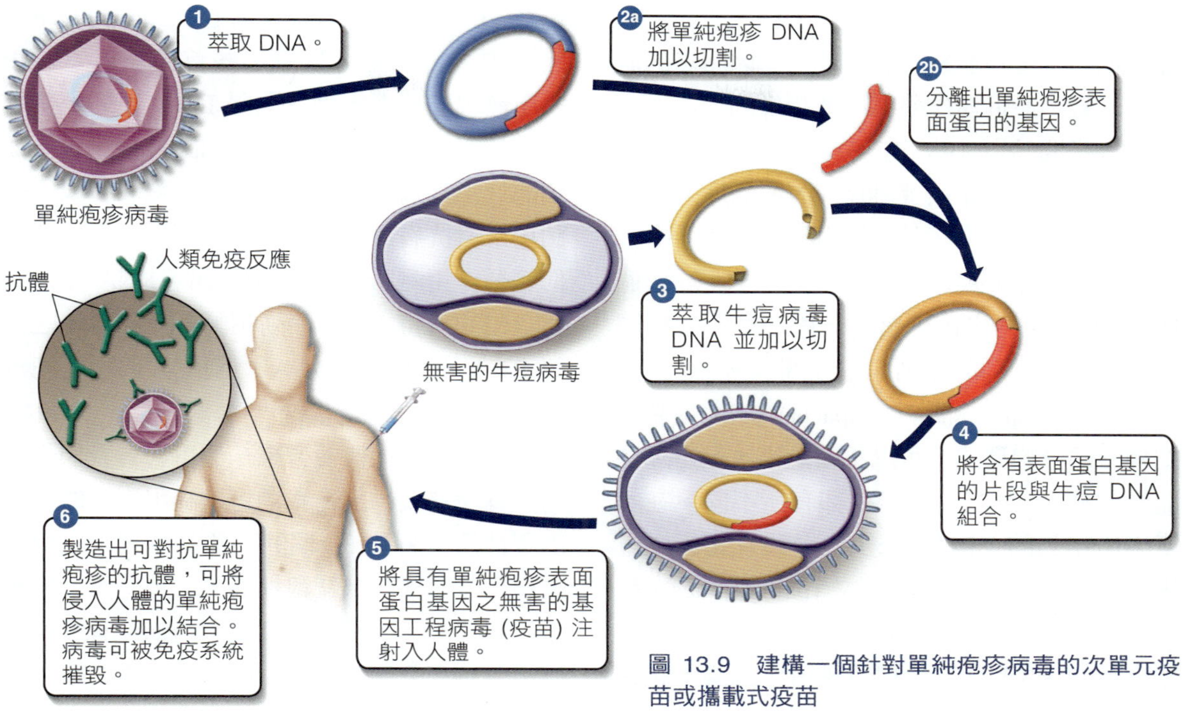

圖 13.9　建構一個針對單純疱疹病毒的次單元疫苗或攜載式疫苗

毒注射到人體內時 ❺，免疫系統便可產生可直接對抗病毒外套蛋白的抗體 ❻，接受注射的人因此可對疱疹產生免疫。以這種方式生產的疫苗，也被稱為**攜載式疫苗** (piggyback vaccines)，對人類較無害；因為牛痘病毒對人無害，而對可導致疾病的疱疹病毒，僅截取一小段的 DNA 片段放到重組病毒中。

1995 年，針對一種非常有前景，稱之為 **DNA 疫苗** (DNA vaccine) 的新型疫苗，進行了首次的臨床實驗。含有病毒基因的 DNA 注射入人體被細胞吸收後，於細胞內將病毒基因加以表現。此被感染的細胞可引發細胞免疫，產生一種殺手 T 細胞 (killer T cells) 來攻擊被感染的細胞。這個第一個 DNA 疫苗，是將流行性感冒病毒的核蛋白基因剪裁下來，放入一個質體 (plasmid)，然後注射入小鼠體內，之後此小鼠對流行感冒病毒產生很強的免疫反應。

2010 年，公布了第一個有效的**癌症疫苗** (cancer vaccines)。此癌症疫苗為治療性的疫苗，而非預防性，它可刺激免疫系統以攻擊微生物相同的方式來攻擊腫瘤。這個被批准進行臨床實驗的疫苗，是利用攝護腺癌細胞蛋白，誘導免疫系統去攻擊癌細胞腫瘤。另一個癌症疫苗，在小鼠效果極佳，但尚未核准用於人類，是利用一個稱為 α-乳白蛋白 (alpha-lactalbumin) 的蛋白質，來引發免疫系統去攻擊乳癌細胞。此蛋白質不會出現於正常乳癌細胞上，除非此位婦女正在餵食嬰兒母乳。由於婦女一生中，其罹患乳癌的機率有 96% 發生在生育孩子的年齡，因此這個疫苗對於停經婦女而言，是一個非常強而有力的治療乳癌方式。

基因編輯

自從發現可將基因從一個生物轉移到另一個生物後，引發了一個新的科學大爆發，那就是將人類進行基因轉殖。當我們環顧這個我們能操控的分子世界，很容易聯想到科學發現的黃金時代已經結束，所剩下給下一代科學家的工作就是修修改改。事實卻不盡然。以下你在

圖 13.10 所見的例子，顯示基因可被研究人員加以編輯，這種能夠調整哺乳類基因訊息的能力，是直到最近連作夢都不敢想像的。

故事開始自 1987 年，一些日本生物學家使用新定序技術來研究細菌 DNA 的序列時，其中一位人員在一個細菌基因一端序列中，發現一個奇怪的重複序列型式：一段數十個 DNA 鹼基序列之後，有著一段序列完全相同的但是反向排列的序列，中間間隔著 30 個看起來隨機排列的「間隔」(spacer) DNA 鹼基。這種三部分的型式，可以不斷重複，但是那些隨機的間隔 DNA，其序列卻有所不同。在本章中所學到的，RNA 分子從一段互相反向重複的 DNA 序列 [稱之為迴文 (palindromes)] 拷貝出來，可以自我配對並摺疊起來。此呈現如髮夾環的 RNA 能與蛋白質結合，且其環狀結構可決定與何種蛋白質相結合。

這些被日本科學家所發現從迴文序列轉錄出來的環狀 RNA，又被其他研究人員發現，可與 DNA 切割酵素結合 [技術上稱之為內核酸酶 (endonuclease)]，這種內核酸酶有許多種類，有著乏善可陳的名稱，例如 Cas9 和 Cpf1；每一個種類切割 DNA 的方式略有不同，但是都能與迴文 RNA 環結合。

這個快速發展的發現，下一步的進展出現在 2005 年。一些基因體定序公司從網路基因庫中進行比對，發覺那些首先被日本科學家所發現的隨機排列之間隔 DNA 序列，實際上卻並不是隨機排列的，它們出現在可殺死細菌的病毒基因體中。研究人員無意間發現了細菌用來對抗病毒的一項武器！那麼這個系統如何發揮作用呢？首先，這個間隔 RNA 序列會與入侵的病毒 DNA 序列相配對而結合，之後與 RNA 環結合的 DNA 切割酵素便可將病毒 DNA 切斷。

圖 13.10　一個哺乳類的基因編輯
這隻出生於 2014 年的嬰兒猴子，有三個基因被 CRISPR 編輯過，這是一種供遺傳工程學家非常強力而容易操作的新工具。

這項發現很快便帶來一個可影響我們全體的關鍵性進展，因為我們可以利用現今的基因工程技術，將這 30 個間隔鹼基序列予以隨意調換。為何稱之為關鍵性進展？那是因為科學家可以針對任何基因，進行修飾或摧毀！這個工具稱之為 *CRISPR* (取自下列單字的第一個字母：(*Clustered Regularly Interspersed Short Palindromic Repeats*) (群聚規律間隔之短迴文重複序列)，不但強大而且容易操作，它可直接改變科學的景觀。

研究人員可以使用 CRISPR 刪除或是作廢一個基因，或是更重要的，改變此基因的序列，且能在任何生物中進行。於實驗室常用為實驗動物的小鼠，研究人員已經成功使用 CRISPR「矯正」可導致遺傳缺陷的單一鹼基基因突變，包括鐮刀型細胞貧血症、肌肉萎縮症以及囊性纖維症。

現在已經明瞭，CRISPR 技術將會對人類健康帶來巨大的衝擊。舉一個例子，2014 年研究 AIDS 的人員，使用 CRISPR 針對罹患 AIDS 病人的一個基因 CCR_5 進行編輯。CCR_5 是一個受體蛋白的基因，可使 HIV 病毒附著而進入細胞。此病人的 CCR_5 被 CRISPR 所摧毀，因而能抵抗 HIV 的感染；受測的六位病人中，有一位的 HIV 病毒完全消失了。一個 AIDS 被治癒了嗎？

另一個有關 CRISPR 強大效應的是，它可將一特定基因的所有拷貝加以改變。例如 2014 年，遺傳學家將小麥的一個基因之三個拷貝都完全刪除，創造出一個對白粉病 (powdery mildew) 具有抵抗力的新品種，白粉病是一種無所不在且威脅全世界農作物的真菌感染疾病。

2015 年，生物醫學研究人員利用 CRISPR 來解決一項長久以來病患對移植器官殷切需求的大問題：需求器官移植的病人總是遠多於能供應的器官數量。很奇怪的是，豬的器官往往能夠運作得不錯－除了豬的宿主染色體 DNA 中含有一些對人類有害的 RNA 病毒 (稱為豬內源性反轉錄病毒 [porcine endogenous retroviruses]，簡寫為 *PERVS*)。一個豬細胞中有多少 PERVS？整整 62 個！多到不適合用傳統的方式來移除。但是使用 CRISPR，62 個病毒可以用一個步驟就清除乾淨，CRISPR 先一一搜尋每一個 PERV 的基因拷貝，然後 Cas9 內核酸酶便可將之剪除掉。

CRISPR 能清除瘧疾嗎？

將瘧疾清除掉可能很快便到來，利用這種精確又容易施行的 CRISPR 基因編輯系統，可將一種抗性基因放入蚊子族群中，使其如連鎖反應般的散布出去。研究人員可用這種技術切斷任何目標基因，但是也可同時提供細胞修復系統一段新的基因，細胞便可將此新基因加入切斷處。太棒了！現在可以調換基因了，如果是在生殖細胞中進行，這種改變還可以遺傳給後代。

當然，這些都是在實驗室中進行的。將基因改造過的動植物釋放到野外，並不會取代野生種，理由很簡單，大多數的基因改造並不會增進其生存與生殖能力。進行有性生殖的雙倍體生物，例如人類，從一個親代獲得一個基因的機率只有 50%，如果沒有改進其生存力，此基因的出現頻率在每一代都不會改變。任

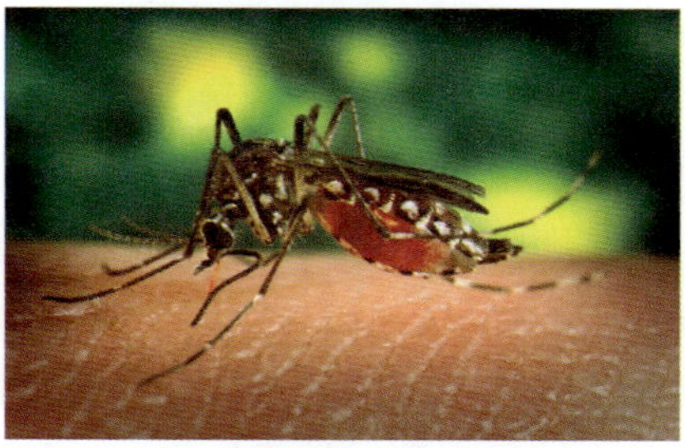

何一位初學生物學的學生，都能從哈溫定律 (Hardy-Weinberg rule) 推算出。

但是如果做點手腳又會如何？如果基因傳遞下去的頻率超過一半，則其在一個族群中的頻率會快速增加，可能嗎？這種趨勢被生物學專家稱為「基因驅動」(gene drive)，通常在自然界不會發生－但是是否有辦法做到？

可以的，2003 年英國遺傳學家伯特 (Austin Burt) 提出一個假設實驗：使用目標專一的 DNA 切割酵素 (內核酸酶)，去攻擊蚊子傳遞瘧疾原蟲所必需的基因。由於 DNA 切割酵素可以作用在成對的二個染色體上，因此可使原先的 50% 遺傳機率提升到 100%。在此作用下，伯特認為這種有目標之改變基因的特性，將可改變整個族群。

2015 年，伯特的內核酸酶理論在巴拿馬進行測試，成功地降低了可傳染登革熱的埃及斑蚊 (*Aedes aegypti*) 達 93%。基因驅動真的有效，正如同伯特所說的。

使用 CRISPR，可將一個目標特定基因序列，用實驗室中設計的一組新序列加以替換掉。但是如果這個替換序列是一組含有二部分的套組，不僅含有欲替換的基因，同時含包含一組 CRISPR 序列，那會如何呢？你看出來了嗎？一個 DNA 中具有此套組的配子，可以作用於受精卵中另一方親代所貢獻的 DNA。因此這個後代的二個成對染色體都具有此套組了，且其所有的後代都將帶有這個「新基因加上 CRISPR」的套組。將來所有與這種蚊子交配產生的後代，都將具有相同命運－這是一個

連鎖反應！

現在再想像一下伯特對蚊子所提出的基因驅動倡議，研究人員可在實驗室中，將含有 CRISPR 與阻礙傳遞瘧疾原蟲的基因套組送入一隻蚊子的 DNA 中，將可引導 CRISPR 去編輯原先的基因。如將此隻蚊子釋放到野外，使其與野生蚊子交配，牠們的後代遺傳到一個野生基因與一個實驗室基因，50% 的遺傳，不是嗎？但是，現在 CRISPR 會去攻擊正常的野生基因，插入這個編輯過的新基因加上 CRISPR。因此展開了一個由 CRISPR 驅動的連鎖反應。

2015 年初，在果蠅中進行測試，這種由 CRISPR 驅動的連鎖反應，證實了不僅是一項有趣的倡議，它確實能發揮作用！加州大學聖地牙哥分校的研究人員，使用 CRISPR 驅動套組，「驅動」果蠅的一個無法製造色素的隱性突變，使其從 50% 的遺傳機率，提升到 97%！

遺傳學家已經忙於製造一個含有 CRISPR 與阻礙寄生蟲傳遞基因套組的「伯特」實驗室蚊子。利用此 CRISPR 基因驅動技術，遺傳學家希望可將這個阻礙寄生蟲傳遞的基因驅動進入野生蚊子族群中，用來清除瘧疾。每年有將近 50 萬人死於瘧疾，因此這些科學家所做的可不是一件小事－何況還有許多其他疾病能用此相同策略來克服。

有一點令人害怕，任何科學家都能使用 CRISPR 基因驅動技術，將任何基因散布到任何進行有性生殖的生物族群中。當然，人類的繁殖不像蚊子那麼快，因此需要數百年才能將一個 CRISPR 驅動的改變散布到人類族群中。然而就在 2015 年，已經聽說一位中國研究員正在無生命力的人類胚胎中，以 CRISPR 來修飾其基因體。

當然，一些安全措施也已經開始在進行。2015 年秋季，美國國家科學院 (U.S. National Academy of Science) 以及國家醫學院 (National Academy of Medicine) 已經召集研究人於與相關專家，召開一項「探究有關人類基因編輯之科學、倫理以及政策的議題」會議。雖然能使未來更美好是一件好事，但是決定如何使用以及何時使用 CRISPR 驅動技術，需要大家的共同決定。如果我們要挑戰大自然，就必須非常謹慎。

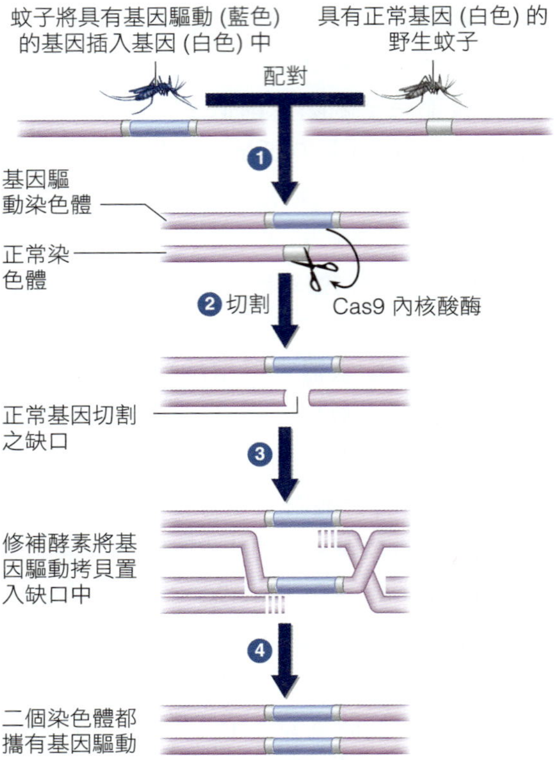

圖 13.11　發揮作用的基因驅動

> **關鍵學其成果 13.4**
> 基因工程促進了重要醫用蛋白質與疫苗的生產，以及編輯一個個體基因的能力。

13.5　基因工程與農業

害蟲抗性

基因工程在農業上的一項重要努力，是使農作物能夠抗蟲害，而無須噴灑殺蟲劑，對環境是一大福音。以棉花為例，其纖維是全世界服裝的重要纖維來源，但是由於許多蟲害使得此植物本身幾乎無法在野外存活。現今有超過 40% 的化學殺蟲劑，是用來控制棉花的害蟲。如果能省下這些數以千噸計的殺蟲劑，我們的環境將能受到極大的益處。生物學家正在製造出能對抗昆蟲攻擊的棉花植物。

一個成功的方式是利用一個土壤細菌－蘇力菌 (*Bacillus thurgiensis*, Bt)，其可產生一個對如蝴蝶類昆蟲之幼蟲 (毛毛蟲) 具有毒性的蛋白質。當將這個可製造 Bt 蛋白質的基因，插入植物 (如番茄) 的染色體之後，植物便可製造出 Bt 蛋白質。此蛋白質對人類無害，但是卻對菜蛾類幼蟲 (這是番茄最主要的害蟲) 具有高度的毒性。

除草劑抗性

農業上另一個很大的進展，是創造出抗除草劑草甘膦 (glyphosate，也稱嘉磷塞) 的農作物。草甘膦是一種強力且可生物分解的除草劑，能殺死大多數快速生長的植物，使其無法製造蛋白質，常被用於控制農地上雜草的生長。草甘膦能摧毀一個製造芳香族胺基酸 (具有環狀結構的胺基酸，例如苯丙胺酸－見圖 3.5) 的酵素。人類不會受到草甘膦的影響，因為我們自己不會製造芳香族胺基酸，而是從吃食的植物中取得！為了使農作物能對抗這個強力的植物殺手，基因工程學家篩選了無數的生物，終於發現一種細菌可以在草甘膦存在下仍然製造芳香族胺基酸。他們於是將其具有抗性的酵素基因分離出來，並成功地置入植物中。將基因置入植物的方式是採用 DNA 粒子槍 (DNA particle gun) 又可稱為基因槍 (gene gun)。從圖 13.12 上可看到，DNA 粒子槍是如何作用的。含有欲植入基因之 DNA (圖中紅色物體)，包覆在微小的鎢或黃金粒子表面，放入 DNA 粒子槍中後射入培養中的植物細胞內，基因可併入植物的基因體中，然後加以表現。

圖 13.13 為以這種方式進行基因工程改造的植物，上方的二株是經基因工程改造過可抗草甘膦的植物，圖下方二株被草甘膦殺死的，則是未經基因改造過的植物。

抗草甘膦的農作物，對環境具有很大的益處。草甘膦在環境中很快便被分解，與其他長效性的除草劑不同，也不必犁除雜草而損失肥沃的表土。

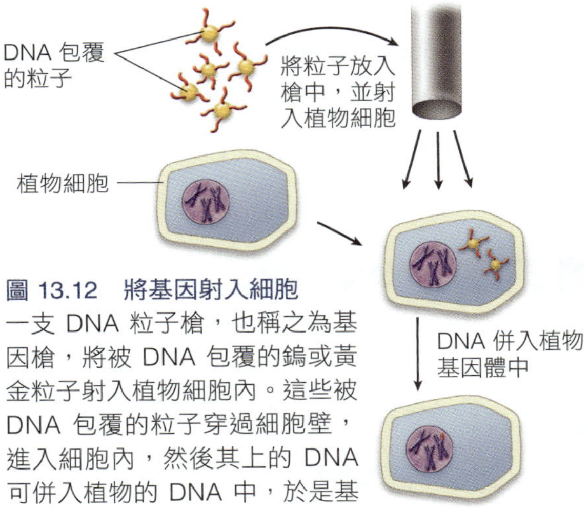

圖 13.12　將基因射入細胞
一支 DNA 粒子槍，也稱之為基因槍，將被 DNA 包覆的鎢或黃金粒子射入植物細胞內。這些被 DNA 包覆的粒子穿過細胞壁，進入細胞內，然後其上的 DNA 可併入植物的 DNA 中，於是基因可在植物中表現。

圖 13.13　抗除草劑之基因改造
這四株矮牽牛暴露於相同劑量的除草劑之下。上方二株為經過基因工程改造可抗草甘膦 (除草劑中主要的活性成分) 的植物，下方二株已經死亡的植物則否。

更具營養的作物

基因工程改造 (genetically modified，簡稱「基改」[GM]) 的玉米、棉花、大豆等作物，以及其他植物 (見表 13.3) 在美國已經成為很普通的事物。2010 年，美國種植的大豆有 90% 為可抗除草劑的基因改造品種。其結果是減少耕地的需求，而且土壤的侵蝕也大幅降低。抗害蟲的基改玉米，於 2010 年占了美國所有種植玉米的 86%，而抗害蟲的基改棉花則占了 93%。上述二例中，大幅降低了殺蟲劑的使用。

土壤保育與化學殺蟲劑的減少使用，給農民帶來極大的好處，使他們的生產花費更低廉且更有效率。另一個關於基改作物令人興奮的展望，則是可生產具有消費者所需求之特性的作物。

最近的一個進展，基因改造的「黃金米」(golden rice) 可讓我們了解到底在做些什麼。在發展中國家，大量民眾只能靠很簡單的食物存活，經常缺乏維生素與礦物質 (營養學家將之稱為微量營養)。在全世界，有 30% 的民眾缺乏鐵，250 萬的兒童缺乏維生素 A。

這在發展中國家尤其嚴重，他們的主要食物是米飯。瑞士蘇黎世植物科學院的的生物工程學家波崔克斯 (Ingo Potrykus) 與他的團隊，為了解決此問體，已經進行了很久的研究。在洛克斐勒基金會的資助下與承諾免費將結果提供給發展中國家，這項工作已成為植物基因工程學家所能達到的典範。

為了解決稻米中缺乏鐵的問題，波崔克斯首先提出問題：為何稻米中較缺乏鐵？這個問題與其解答可三方面來看：

表 13.3 基因改造農作物

水稻 	將商業生產的水稻中加入來自黃水仙花的維生素 A，以及從豆子、真菌和野生水稻來供應所缺乏的鐵質；正在開發中的則是耐冷品種。
小麥 	新品種的小麥可抗草甘膦除草劑，大幅降低犁除雜草造成的表土流失。
大豆 	大豆是主要的動物飼料作物，2010 年美國種植的大豆，90% 可抗草甘膦除草劑。其他可抗蟲害含有 Bt 基因的品種，也正在開發中，可無需使用化學殺蟲劑。在改進營養方面，可利用基因工程增加色胺酸含量 (大豆很缺乏此胺基酸)、降低反式脂肪、增加 Ω-3 (有益的脂肪酸，常見之於魚油，但植物則缺乏) 等。
玉米 	抗蟲害的玉米品種 (Bt 玉米) 已被廣泛種植 (美國 86% 的種植面積)；最近也開發出抗草甘膦除草劑的品種。正在開發的還有抗旱品種，以及改進營養品種，諸如增加離胺酸、維生素 A、以及高含量可降低有害膽固醇預防動脈阻塞之不飽和脂肪酸油酸 (oleic acid) 等。
棉花 	棉花有許多害蟲，包括螟蛾、夜蛾以及許多鱗翅目昆蟲；超過 40% 的化學殺蟲劑是施用在棉花上。一種對鱗翅目有毒但對其他昆蟲無害的 *Bt* 基因，已經轉殖到棉花中，可降低化學殺蟲劑的使用量。美國 93% 的棉花種植面積是 Bt 棉花。
花生 	小玉米莖桿螟蟲可造成花生的極大損失。目前正在開發可抗此蟲害的品種。
馬鈴薯 	輪黴菌枯萎症 (一種真菌疾病) 感染馬鈴薯的輸水組織，使產量降低 40%。來自苜蓿的抗真菌基因，可降低六成的感染。
油菜 	油菜為重要的植物油脂來源與動物飼料，通常大量種植而不需要太多照顧，但需要不斷施灑化學除草劑來控制雜草。新的抗草甘膦除草劑品種，可降低化學除草劑的施用量。美國種植的油菜有 93% 為基因改造品種。

1. 鐵太少：稻米胚乳中的蛋白質通常含鐵很低。為了解決此問題，一個來自豆類的鐵蛋白 (ferritin) 基因 (如圖 13.14 中的 Fe) 被轉殖到水稻中，鐵蛋白是一種具有高鐵質含量的蛋白質，因此可大幅增加稻米中的鐵含量。
2. 抑制腸道吸收鐵質：稻米中通常含有高量的植酸鹽 (phytate)，可抑制腸道對鐵的吸收。為了解決這個問題，一個來自真菌可摧毀植酸的植酸酶 (phytase，如圖中的 Pt) 基因被植入水稻中。
3. 硫太少，影響鐵的吸收：人體需要硫來幫助吸收鐵質，而稻米中的硫很少。為了解決這個問題，一個來自野生水稻可編碼出富含硫之蛋白質的基因 (如圖中之 S) 被植入水稻中。

為了解決缺乏維生素 A 的問題，採行了相同的策略。首先，找出問題所在。問題出在水稻只能進行維生素 A 合成的前半段步驟，缺乏最後四個步驟的酵素。解決這個問題的方式是，將黃水仙花的這四個基因 (如圖中的 A_1 A_2 A_3 A_4) 植入水稻中。

發展轉殖 (transgenic) 水稻，只是對抗營養缺乏這個戰役的第一步，所增加的營養質，僅夠一個人所需求的半量，同時還需要許多年使轉殖水稻能夠適應當地的種植條件。但這畢竟是一個非常有前景的起步，也代表了基因工程的光明展望。

我們如何衡量基因改造作物的潛在風險？

吃食基因改造食物有危險嗎？ 當生物工程師將全新的基因加入基改作物中之後，許多消費者擔憂吃食這種食物會有危險。將抗草甘膦基因加到大豆中，便是一例。基改大豆產生之這種抗草甘膦的新酵素，是否會使人類產生致命的免疫反應？由於危險的免疫反應是非常真實的，因此每當一個可編碼出蛋白質的基因植入基改作物中後，必須針對此蛋白質之過敏潛力，進行密集的測試。目前沒有任何一個在美國生產之基改作物 (表 13.3)，含有可造成人類過敏的蛋白質。在這一點上，基因改造食物的風險看起來非常低。

基改作物對環境有害嗎？ 關於廣泛種植基改作物引發的關切有三點：

1. 對其他生物有害：Bt 玉米的花粉會傷害無

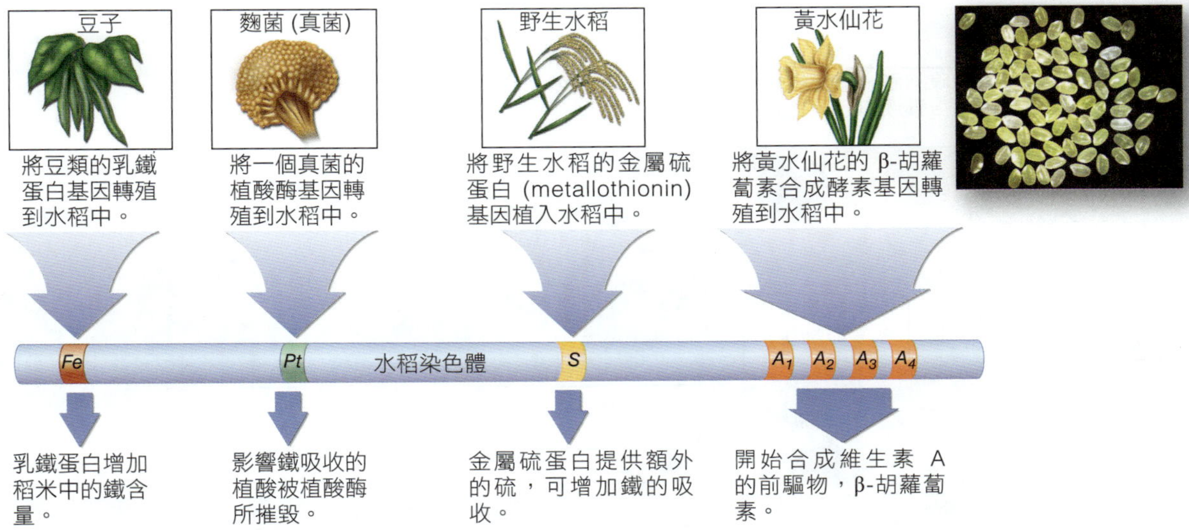
豆子
麴菌 (真菌)
野生水稻
黃水仙花
將豆類的乳鐵蛋白基因轉殖到水稻中。
將一個真菌的植酸酶基因轉殖到水稻中。
將野生水稻的金屬硫蛋白 (metallothionin) 基因植入水稻中。
將黃水仙花的 β-胡蘿蔔素合成酵素基因轉殖到水稻中。
Fe
Pt
水稻染色體
S
A1 A2 A3 A4
乳鐵蛋白增加稻米中的鐵含量。
影響鐵吸收的植酸被植酸酶所摧毀。
金屬硫蛋白提供額外的硫，可增加鐵的吸收。
開始合成維生素 A 的前驅物，β-胡蘿蔔素。

圖 13.14 轉殖的「黃金米」

意中吃到的非害蟲嗎？研究顯示，這種可能性非常低。

2. 產生抗性：農業上使用的所有的殺蟲劑與除草劑，都有一個共同的問題，即害蟲 / 雜草終將會對其產生抗性，與細菌對抗生素產生抗藥性的方式很類似。為了防止發生此現象，農人被要求在 Bt 基改玉米田旁邊，至少要種植 20% 的非基改玉米，提供那些昆蟲族群在篩選壓力之下的一個避難所，以減緩它們產生抗性。其結果是，儘管自從 1996 年以來已經廣泛種植這種 Bt 作物，例如玉米、大豆、棉花等，田野間僅出現非常少的案例，顯示出對 Bt 作物產生抗性。遺憾的是，這種要求並未對那些使用草甘膦除草劑的農人做出要求，因而導致不同的結果：於 2010 年，美國的 22 個州已出現抗除草劑的雜草。

3. 基因流動：是否有可能性，這些轉殖入的基因會從基改植物傳遞到其親緣相近的植物中？針對這些主要的基改作物，通常沒有合適的親緣植物能夠從基改植物中獲得此基因。例如，歐洲就沒有任何野生的大豆親緣植物。因此在歐洲就不可能發生，基因從基改大豆中逃脫的事件，就好像人類的基因不會進入寵物狗或寵物貓中一樣。但是對於次要農作物而言，研究顯示，要防止基改作物與四周的親緣植物雜交產生雜交種，將是很困難的。

關鍵學習成果 13.5

基改作物提供了極大的機會來促進食物的生產。總的來說，風險似乎很低，而益處則非常巨大。

細胞科技的革命

13.6 生殖性複製

生物學上最活躍與令人興奮的領域之一，就是最近發展出來的操作動物細胞技術。於本節將學習到細胞科技上三個指標性的進展：家畜的生殖性複製、幹細胞研究以及基因治療。細胞科技的進展，將可革命性地改變我們的生活。

複製動物的構想，最早於 1938 年被一位德國胚胎學家斯佩曼 (Hans Spemann) (被稱為現代胚胎學之父) 所提出。他提議出一項令人「驚奇的實驗」(fantastic experiment)，將一個細胞的細胞核移出 (創造出一個去核的卵

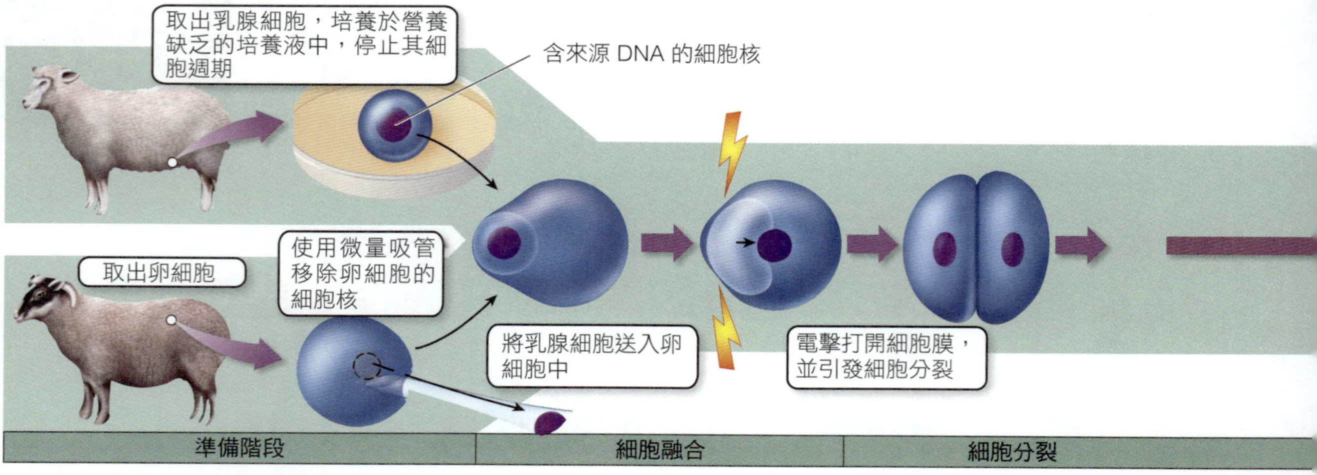

圖 13.16 威爾麥特的複製動物實驗

細胞)，然後放入另一個細胞的細胞核。經過多年的嘗試 (圖 13.15)，這項實驗在青蛙、綿羊、猴子以及許多其他動物上獲得了成功。然而，捐核細胞必須是早期的胚胎細胞才能成功。許多科學家嘗試使用成體細胞核，但是卻不斷的失敗。因此他們認為胚胎細胞從第一次分裂之後，便走上了一條不會回頭的發育路徑。

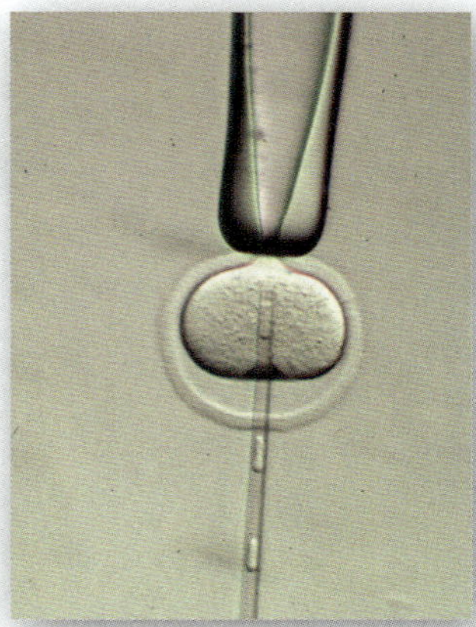

圖 13.15　一個複製實驗
在這張照片中，使用微量吸管 (底部) 將一個細胞核注射到一個利用另一隻吸管將之固定的去核卵細胞中。

威爾麥特的羔羊

到了 1990 年代，蘇格蘭的遺傳學家 Keith Campbell，他是一位研究農場動物細胞週期的專家，提出了一項關鍵的直覺。請回想第 8 章，真核細胞的分裂週期可分成好幾個階段。Campbell 做出推斷：「或許卵細胞與捐贈的細胞核，必須是處於細胞週期的相同階段。」之後證明這真是一項關鍵的直覺。1994 年，研究人員終於成功地從發育的胚胎細胞複製出動物，他們首先將胚胎細胞進行飢餓馴養，使它們都停駐在細胞週期的起始點。因此二個飢餓細胞是同步停留在細胞週期的相同點。

Campbell 的同事威爾麥特 (Ian Wilmut) 於是開始進行一項一直難倒研究人員的突破性實驗：他將一個已經分化的成體細胞，取出其細胞核，放入一個去核的卵細胞中，並將其置入一個代理孕母的羊隻中，使其發育成長，並期望能長出一隻健康的動物 (圖 13.16)。大約五個月後，於 1996 年 7 月 5 日，這隻母羊生下了一隻小羊。這隻命名為「桃莉」(Dolly) 的羔羊，是有史以來第一隻從成體動物細胞創造出來的複製動物。桃莉後來成長為一隻健康的成羊，你可從本章首頁上的照片上看到，牠後來還生出完全正常的小羊。

自從 1996 年桃莉羊誕生之後，科學家已成功地複製出一大堆的農場動物，包括乳牛、豬、山羊、馬、驢以及貓與狗等寵物。圖 13.17 是一隻名叫史納比 (Snuppy) 首次複製成功的狗 (譯者註：這是韓國漢城大學黃禹錫教授團隊複製成功的，命名取材自 Soul National University puppy，諧音類似卡通漫畫的史奴比

圖 13.17 家庭寵物的複製
這隻名叫「史納比」的小狗，是第一隻複製狗。牠左方的成狗，是提供皮膚細胞進行複製的雌性狗。照片右方的狗，則是擔任牠代理孕母的母親。

狗)。自從桃莉複製成功以後，農場動物的複製也越來越有效率。然而，複製動物成長到成體，卻出現了一些問題。幾乎都無法生活到正常的壽命。就連桃莉羊也提前死於 2003 年，是正常綿羊壽命的一半。

基因重新編程的重要性

到底出了什麼錯？結果發現哺乳類的精子與卵成熟時，DNA 會受到其父母的調節，這個程序稱為重新編程 (reprogramming)。DNA 被化學修飾，在基因序列沒有改變之下，使其表現出現不同。自從桃莉羊之後，科學家對基因重新編程有了許多了解，也將之稱為**表觀遺傳學** (epigenetics)。表觀遺傳學之所以能發揮作用，是由於使細胞無法閱讀一些特定的基因，將這些基因中的胞嘧啶添加一個甲基 ($-CH_3$) 而使其關閉。當一個基因被如此改變之後，RNA 聚合酶就無法辨識此基因，因而使此基因被關閉了。

我們對 DNA 重新編程的了解才剛剛起步，因此想要進行人類的複製，就好像在黑暗出投擲石塊，妄想擊中一個看不見的目標。因此基於此，以及其他許多理由，人類的複製被認為是高度的違反倫理的。

關鍵學習成果 13.6

雖然近來的實驗已經顯示出從成體細胞複製農場動物的可能性，但是往往由於對表觀遺傳重新編程的了解不夠，而經常失敗。

13.7 幹細胞治療

幹細胞

圖 13.18 中可看到一團人類的胚胎幹細胞，許多為**全能性** (totipotent)－能夠形成身體上的任何組織，甚至一個完整的成體生物。什麼是胚胎幹細胞，以及為何它是全能性的？為了回答這些問題，我們須先考慮胚胎從何而來。在人類生命形成之初，精子使卵子受精成為一個受精卵，將來可發育成為一個個體。一旦啟動發育之後，這個受精卵就開始分裂，經過四次分裂之後可產生 16 個**胚胎幹細胞** (embryonic stem cells)。這每一個胚胎幹細

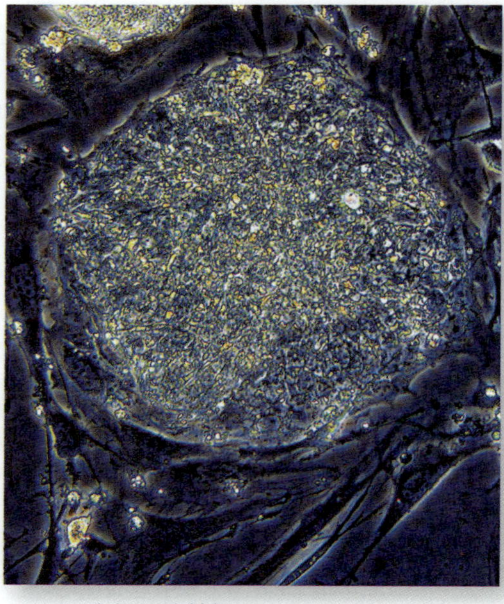

圖 13.18 人類胚胎幹細胞 (×20)
這一團塊細胞是人類尚未分化的胚胎幹細胞群聚，生長於細胞培養液中，四周被充當餵養細胞層 (feeder layer) 的纖維母細胞 (較大的細胞) 所包圍。

胞，都具有可形成一個個體的全部基因。

隨著發育的進行，一些胚胎幹細胞開始形成特化的組織，例如神經組織，一旦進行到這個步驟，就無法再形成其他類型的細胞了。以神經組織為例，它們此時就被稱為神經幹細胞 (nerve stem cells)。其他的則分化成血液細胞、肌肉細胞以及身體上的其他組織。每一種組織都是由一種組織專一的**成體幹細胞** (adult stem cell) 所形成。由於一個成體幹細胞只能形成一種組織，因此它們就不是全能性的了。

使用幹細胞修補受損的組織

胚胎幹細胞提供了可修復受損組織的可能性，欲了解如何進行修復，可見圖 13.19。於受精之後的幾日，形成了一個囊胚 (blastocyst) ❶，然後可從此囊胚的內部細胞團塊中，或是再稍晚期的胚胎中，分離出胚胎幹細胞 ❷。這些胚胎幹細胞可生長於組織培養液中，如圖 13.18。原則上，可將之誘導長成身體上的任何細胞 ❸。長出的健康組織，可注射入病人體內生長，取代受損組織 ❹。如果有可能的

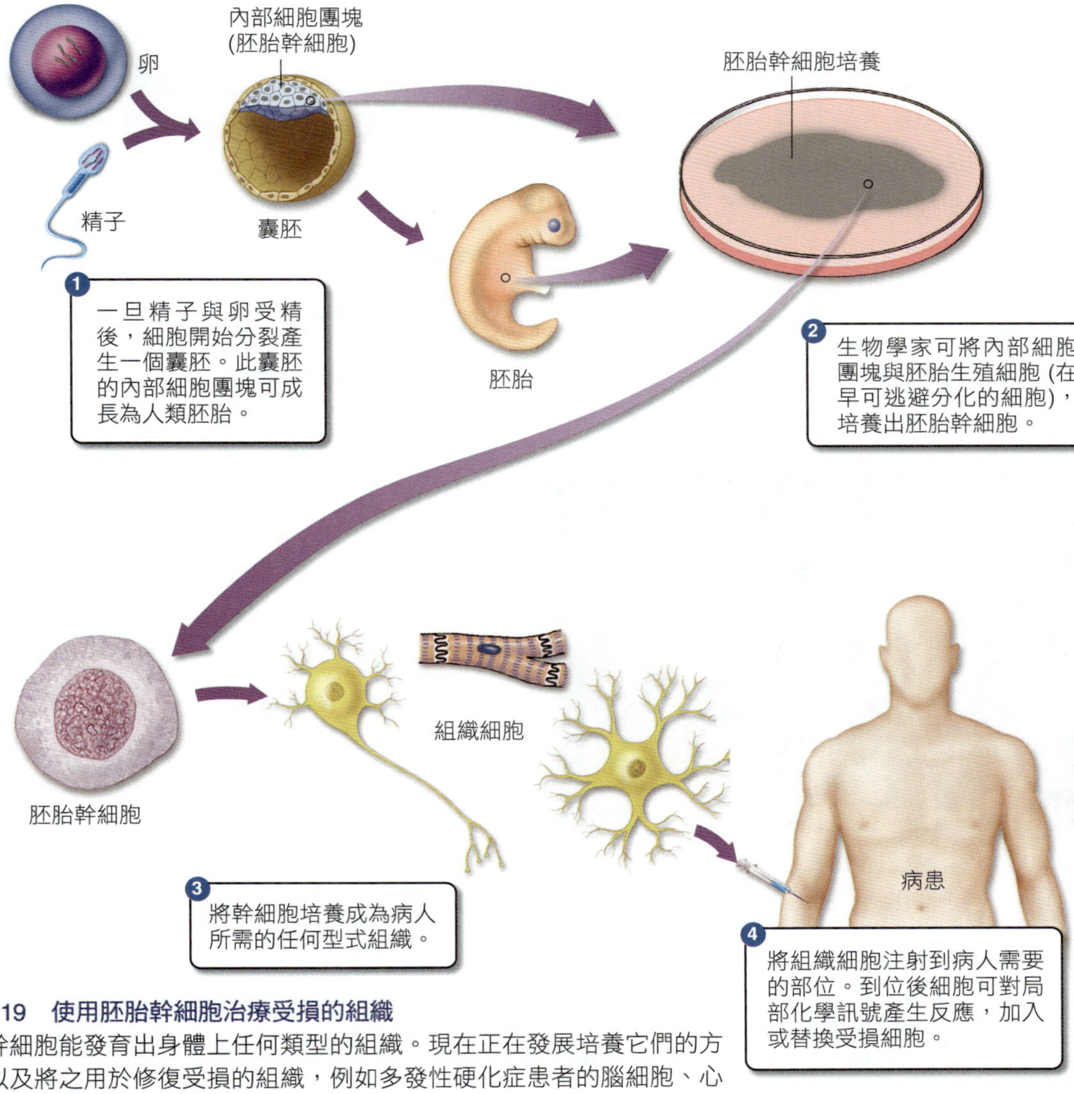

圖 13.19　使用胚胎幹細胞治療受損的組織
胚胎幹細胞能發育出身體上任何類型的組織。現在正在發展培養它們的方法，以及將之用於修復受損的組織，例如多發性硬化症患者的腦細胞、心肌以及脊髓神經等。

話，也可分離出成體幹細胞，再注射回身體，也可形成一些型式的組織細胞。

成體與胚胎幹細胞的移植實驗，在小鼠上都已成功了。成體血液幹細胞已經可以治癒白血病；而小鼠胚胎幹細胞培育的心臟肌肉細胞，也已經在活體上成功地取代受損的心臟組織。其他的實驗中，受損的脊髓神經元，也已經可以做到部分修復。小鼠腦中製造 DOPA 細胞的喪失，是造成巴金森氏症 (Parkinson's disease) 的原因，也已經成功地用胚胎幹細胞來取代，同樣成功的還有青少年糖尿病所受損的胰島細胞。

由於這種發展的程序，在所有的哺乳類中都很類似，這些在小鼠成功的案例，給人類幹細胞治療帶來了極大的鼓舞。例如罹患巴金森氏症的 Michael J. Fox (圖 13.20) 等人，很可能利用這種幹細胞治療，部分甚或是完全治癒好此疾病。

使用胚胎幹細胞有倫理上的爭議，但是新實驗結果顯示有辦法走出此倫理上的迷宮。日本細胞生物學山中伸彌 (Shiya Yamanaka)，於 2006 年做出了一項關鍵突破，他將 4 個轉錄因子的基因置入哺乳類成體皮膚細胞內，而非胚胎幹細胞的細胞核，這 4 個因子基因在細胞內導致一系列的反應，竟將這個細胞轉化成為多潛能性 (pluripotency)－可分化成為許多不同類型的細胞。實際上，他發現了將成體細胞重新編程為胚胎幹細胞的方法。如同複製桃莉羊與其他動物，成功得自於表觀遺傳的重新編程。由於發現此方法，山中伸彌獲得 2012 年的諾貝爾獎。在實驗室的培養皿中證明一個理論，到實際醫學上的應用，還有一段距離，但是這項研究的可能性仍人令人興奮。

圖 13.20 推銷治癒巴金森氏症

你可能很熟悉 Michael J. Fox，他在電影「回到未來」(Back to the future) 以及電視影集「天才家庭」(Family Ties) 中擔綱演出。他也不幸為巴金森氏症所苦，並成為此症的重要代言人。此照片是他在美國參議院聽證會上 (同行的夥伴是 Mary Tyler Moore [知名電影演員])，支持積極的研究，以尋求能夠治癒此疾病。

關鍵學習成果 13.7

人類成體與胚胎幹細胞提供了修復人類受損或喪失組織的可能性。

13.8 複製技術於治療上的應用

免疫接受的重要性

雖然令人興奮，但是這些利用幹細胞來進行治療白血病、第一型糖尿病、巴金森氏症、受損心臟肌肉以及受損的神經組織等實驗，都是在缺乏免疫的小鼠中所進行的。這是很重要的，如果這些小鼠具有完整免疫功能，幾乎可確定牠們將會排斥這些移植的外來幹細胞。如果具有正常的免疫系統的人類，他們的身體也將排斥這些幹細胞，因為這些幹細胞是來自其他的人。因此如果要在人身上進行幹細胞療法，就不能不考慮與解決這個排斥的問題。

利用複製來獲致免疫接受性

在 2001 年初，洛克斐勒大學的一個研究團隊，報導了可克服此嚴重問題的一個方法。他們的解決方案為何？他們首先從小鼠分離其皮膚細胞，然後利用創造桃莉羊的相同方式，製造了一個具有 120 個細胞的胚胎。然後摧毀此胚胎，取出其胚胎幹細胞加以培養 (圖 13.21)，並用來植入自體取代受損的組織。這個程序稱之為**治療性複製** (therapeutic cloning)。

圖 13.22 比較了治療性複製與創造桃莉羊之**生殖性複製** (reproductive cloning) 的程序。圖中可看到二者的步驟 ❶ 到步驟 ❺ 基本上是相同的，但之後就開始不同了。在生殖性複製，從步驟 ❺ 之後，步驟 6a 囊胚開始被植入代理孕母，然後發育出一個與捐核者遺傳完全相同的嬰兒 (步驟 7a)。在治療性複製，幹細胞從步驟 ❺ 的囊胚中分離出來，然後培養在培養液中 (步驟 ❻)。這些幹細胞可發育成為特定的組織，例如步驟 ❼ 中的胰島細胞，然後注射或移植到需要的病人身上去製造胰島素，例如糖尿病患者。

治療性複製，或是更技術性的說，**體細胞核轉移** (somatic cell nuclear transfer)，因為具有免疫接受性，因而成功地處理了前述的關鍵問題。由於治療用的幹細胞是來自複製自體的細胞，因此它們可通過自體免疫系統的檢查，而被身體所接受。

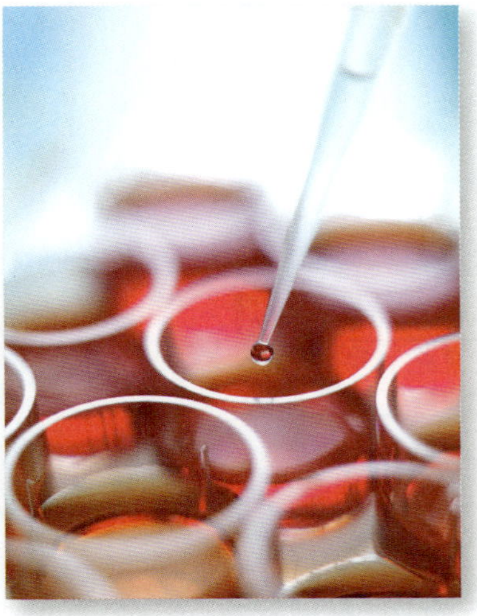

圖 13.21 生長在細胞培養液中的胚胎幹細胞
來自人類早期胚胎的胚胎幹細胞，可在細胞培養液中無限生長。當移植到身體的某一部位後，它們可被誘導發育成為該處的成體組織。這種治療方式很令人振奮。

基因重新編程來獲致免疫接受性

在治療性複製中，複製出來的胚胎會被摧毀以獲取胚胎幹細胞。但是六天大的胚胎，其道德上的地位為何？如果把它視為是一個有生命的個體，許多人在倫理上就無法接受治療性複製。上一節所討論過的最近研究，提出了一個替代的方式可避免這個倫理上的問題：將數個基因注射入成體細胞，將其重新編程使成為胚胎幹細胞。這些基因是一些所謂的轉錄因子基因，可打開一些關鍵的基因，將發育為成體細胞過程中之表觀遺傳修飾過的基因反轉回去。在人體上的施用，可能還很遙遠，但是這種將成體細胞重新編程的可能性，仍然令人感到振奮。

關鍵學習成果 13.8

治療性複製，需要利用細胞核轉移技術從病人組織中製造發育出囊胚，然後從此胚胎中獲取胚胎幹細胞來取代病人受損的或失去的組織。成體細胞的基因重新編程，提供了較不具爭議性的方式。

13.9 基因治療

基因轉移療法

細胞科技的第三個重大進展，是將「健康的」基因導入缺陷的細胞內。近幾十年來，科學家一直在尋找利用健康基因來取代缺陷基因的療法，來治療諸如囊性纖維症、肌肉萎縮症以及多發硬化症等常為致命性的基因缺陷疾病。

初期的成功

第一次成功的**基因轉移治療** (gene transfer therapy) 是在 1990 年完成的 (見第 13.3 節)。

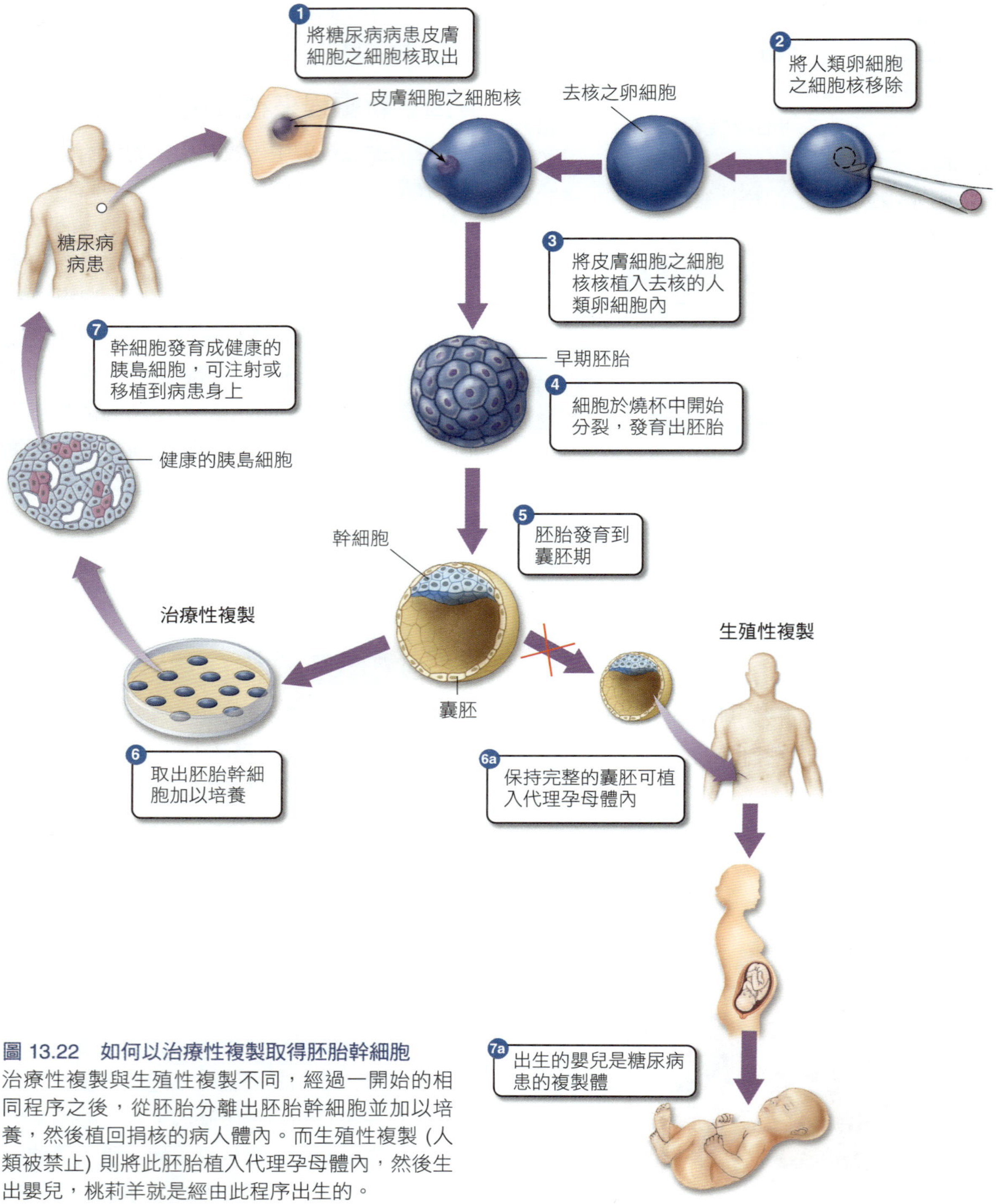

圖 13.22 如何以治療性複製取得胚胎幹細胞
治療性複製與生殖性複製不同，經過一開始的相同程序之後，從胚胎分離出胚胎幹細胞並加以培養，然後植回捐核的病人體內。而生殖性複製 (人類被禁止) 則將此胚胎植入代理孕母體內，然後生出嬰兒，桃莉羊就是經由此程序出生的。

二位女童由於具有缺陷的腺苷去胺酶基因，所罹患之罕見血液疾病被治癒了。科學家分離出此基因的有效拷貝，並將之轉移到取自女童的骨髓細胞內。這些被基因改造過的骨髓細胞加以增殖後，輸回女童體內。女童因此恢復，並一直保持健康。這是有史以來，第一次用基因治療治癒一個遺傳缺陷。

研究人員很快便將這個新方法，施用到

另一個大殺手疾病，囊性纖維症。標示為 *cf* 的缺陷基因，於 1989 年便被分離出來了。五年之後的 1994 年，研究人員成功地將一個健康的 *cf* 基因，轉移到一隻有缺陷的小鼠身上，這個基因發揮作用將小鼠的囊性纖維症治癒了。研究人員所使用的方法，是將 *cf* 基因放入一個可感染小鼠肺部細胞的病毒中，利用此病毒的攜載能力，將基因送入肺細胞內。這個作為「載體」的病毒，是一個腺病毒 (adenovirus) (圖 13.23 中紅色的物體)，此病毒很容易感染肺部造成感冒。為了避免造成任何併發症，進行此實驗的小鼠已經剔除其免疫力。

這個廣為周知的小鼠實驗結果，頗令人振奮。1995 年，好幾個實驗室試圖進行人體實驗，將健康 *cf* 基因轉移到囊性纖維症病人身上。有信心成功，研究人員將 *cf* 基因放入腺病毒中，然後再讓罹患囊性纖維症的病人將此病毒載體吸入肺部。經過八週，這個基因治療看起來似乎成功了，但是災難卻發生了。這些經過基因修飾過的病人肺細胞，竟然被病人自己的免疫系統所攻擊。這個「健康」的 *cf* 基因都喪失了，同時也喪失了任何治癒的機會。

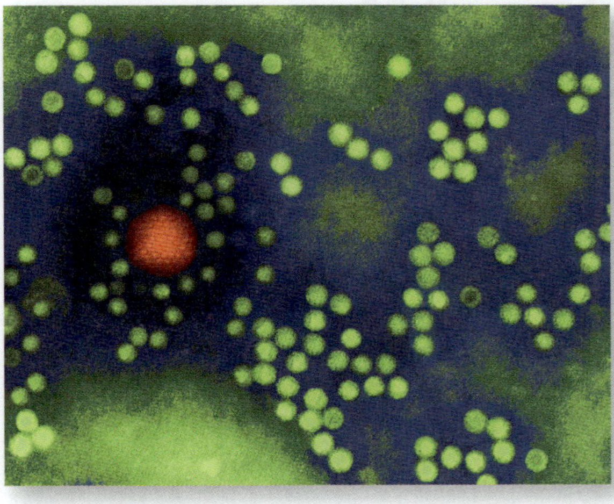

圖 13.23　腺病毒與 AAV 載體 (×200,000)
上圖中紅色顆粒的腺病毒，被利用來攜帶健康的基因以便進行基因治療的臨床實驗，但是這個載體卻是有問題的。然而此處較小的藍綠色 AAV 病毒，就無腺病毒的諸多問題，是更有前景的基因攜帶載體。

載體的問題

其他有關基因治療的嘗試，也遇到相同的問題，八週期望之後，接著就是失敗。事後看來，雖然並不明顯，但這種早期嘗試出現的問題也是可預期的。腺病毒可造成感冒。你可曾聽說有人從未患過感冒？當你罹患感冒後，你的身體會產生抗體對抗感染，因此我們每個人的身體中都具有抗腺病毒的抗體。當以腺病毒當作載體來進行基因治療時，會被我們的身體直接摧毀。

第二個嚴重的問題是，當腺病毒感染一個細胞之後，會將其 DNA 插入人類的染色體中。不幸的是，這種插入的位址是隨機的。也就是說，這種插入會造成突變：如果所插入的位址是位於一個基因中間，會使此基因失去活性。由於腺病毒所插入的位置是隨機的，因此可造成癌症的突變也是可預料到的。在 1999 年，就出現了第一例的報導。2003 年，一項欲以基因治療，來治癒嚴重複合免疫不全症的臨床實驗中，20 位參加實驗的病人，竟有五位產生白血病，此臨床實驗就立即被叫停了。很顯然的，腺病毒的 DNA 中有一小段的序列，與人類導致白血病之基因序列互補。因此當腺病毒 DNA 插入此基因時，會活化此白血病的基因。

另一個更有前景的載體

研究人員目前正在找尋更有前景的載體。這種下一世代載體的第一例，是一種非常微小的病毒，稱作腺相關病毒 (adeno-associated virus，簡寫為 AAV) (如圖 13.23 中的藍綠色顆粒)，它僅具有二個基因。為了創造出一個適合傳送基因的載體，研究人員將 AAV 的二個基因都剔除掉，剩下其仍然具有感染性的外殼，利用作為傳送人類基因的載體。重要的是，AAV 插入人類 DNA 中的頻率遠低於腺病毒，因此也較不會導致出現癌症的突變。

1999 年，AAV 成功治癒恆河猴的貧血症。於猴子、人類以及其他哺乳類動物，紅血球的生成會受到一個稱為紅血球生成素 (erythropoietin, EPO) 之蛋白質的激發。當病人因紅血球數目太低而導致貧血時，例如接受洗腎的病患，需要定時注射 EPO。利用 AAV 攜帶改裝過的 EPO 基因，將之送入猴子體內，科學家能大幅增加猴子的紅血球數目，而永久性地治癒了其貧血症。

一個類似的實驗，利用 AAV 治癒了狗的一個遺傳疾病，視網膜退化症導致的失明。這些狗具有一個缺陷的基因，所產生的突變型蛋白質，造成視網膜退化而失明。可利用健康的基因製出一個重組病毒 DNA，如圖 13.24 的步驟 ❶ 與步驟 ❷。

將攜有正常基因的 AAV，注射到視網膜後方充滿液體的空間處，如步驟 ❸，可回復狗的視力 (步驟 ❹)。這個治療方式，最近也施用於人類，並獲致一些效果。

2011 年，研究人員使用 AAV 當作載體成功地治癒了血友病，你可回想第 10 章，這是一種 X 染色體性聯隱性突變所導致的血液凝結疾病。他們利用 AAV 轉移一個第九因子基因，治癒了六位病患中的四人。目前正在嘗試使用 AAV 來治療其他許多遺傳疾病中。

HIV 載體的成功

最近，研究人員於 2013 年成功地利用 HIV (AIDS 病毒) 作為載體，治癒了二件罕見的遺傳疾病。這個新的載體，具有高度令人振奮的潛力，可用來治療許多基因缺陷疾病，這是由於 HIV 可感染幹細胞的緣故。要使 HIV 成為載體，必須先除去其基因：剩下的病毒顆粒不會導致 AIDS，但仍保留感染人類幹細胞

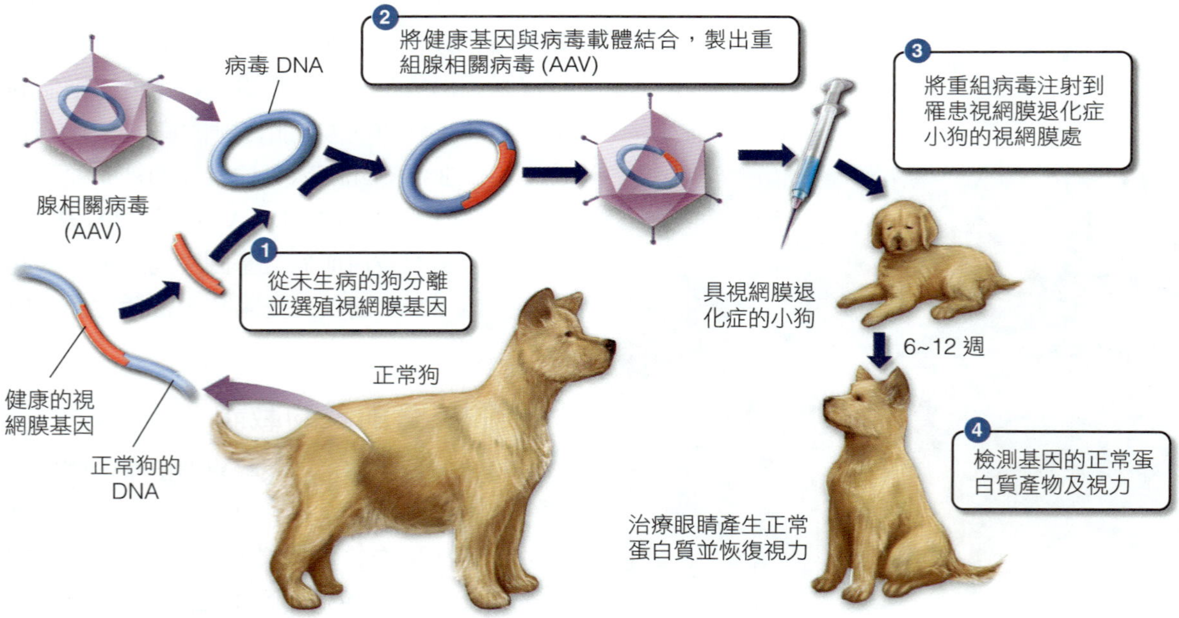

圖 13.24 利用基因治療來治癒狗的視網膜退化症

研究人員可利用健康狗的基因，來治療狗的一種遺傳性視網膜退化症，使之恢復視力。此種疾病也發生於人類的嬰兒，這是一種基因缺陷導致的喪失視力疾病，因視網膜退化而失明。於基因治療實驗中，將未罹病的健康狗基因，送入帶有缺陷基因已經失明的三個月大的小狗中。治療六週之後，狗的眼睛可以製造正常基因的產物，而到了三個月時，測試發現狗已恢復視力。

的能力。缺陷基因的正常版被放入 HIV 顆粒中，進行二項實驗。其一是異染性白質失養症 (metachromatic leukodystrophy, MLD) (一種嚴重的神經性缺陷)，另一則是 Wiskott-Aldrich 症候群 (Wiskott-Aldrich Syndrome，一種免疫系統缺陷)。二者都是將正常的基因置入 HIV 病毒載體中，然後將裝載完畢的載體去感染病人的血液幹細胞。當 90% 的幹細胞被此載體感染，並吸收正常基因之後，將這些細胞注射回病人體內。它們可像正常細胞一般繁殖，製造出正常的細胞株。六位進行實驗的孩童，全部都未發作其遺傳疾病。這些病童在治療之後的二年，仍然保持健康。

關鍵學習成果 13.9

將健康基因轉移到缺陷組織，來治療諸如囊性纖維症之遺傳疾病的早期嘗試，並不是很成功。新病毒載體避免了初期載體的諸多問題，提高了治療的成功率。

複習你的所學

將整個基因體定序

基因體學

13.1.1 一個生物的遺傳訊息，即其基因與其他的 DNA，稱為其基因體。定序與研究基因體，在生物學領域中稱之為基因體學。

13.1.2 將整個基因體定序，曾經是冗長與乏味的工作，但有了自動定序系統之後，變得容易與快速。

人類基因體

13.2.1 人類基因體含有約 20,000~25,000 個基因，遠低於根據細胞內獨特的 mRNA 分子數目所預期的數量。

- 基因以不同方式出現在基因體中，人類基因體中約有 98% 為不編碼出蛋白質的 DNA 片段。

基因工程

一個科學上的革命

13.3.1 基因工程就是將基因從一個生物轉移到另一個生物的程序，它對醫學與農業帶來重大的衝擊。

13.3.2 限制酶是一種特殊的酵素，它可結合到很短的 DNA 序列上，並在特殊位置上將其切斷。當以相同的限制酶切割二個不同的 DNA 分子時，可產生黏著端，使這二個不同的 DNA 片段互相結合。

13.3.3 在將真核基因移植到細菌細胞之前，必須先將內含子移除，製出一個與基因互補的 cDNA。製作方法是將處理好的 mRNA 反轉錄出不含內含子的雙股 DNA。

13.3.4 DNA 指紋法是利用探針來比對二個 DNA 樣本。探針與 DNA 樣本結合，出現一個能比對的限制排列圖譜。

13.3.5 聚合酶連鎖反應 (PCR) 可將少量的 DNA 予以擴大增幅。

基因工程與醫學

13.4.1 基因工程可被用來生產治療疾病用的重要蛋白質。

13.4.2 可利用基因工程來生產疫苗。將一個致病病毒的蛋白質基因，插入一個擔任載體的無害病毒中，再將此攜有重組 DNA 的載體注射入人體。此載體可感染人體並進行複製，而重組 DNA 則可轉譯出病毒蛋白質。因此身體可引發免疫反應來對抗此蛋白質，保護人體來對抗未來遭受到的感染。

13.4.3 CRISPR 被用來編輯基因。

基因工程與農業

13.5.1-3 基因工程可將農作物改造為可用更經濟的方式來生長或具有更多的營養。

13.5.4 基改作物是具有爭議性的，因為由於操作植物的基因可能引發潛在的危險。

細胞科技的革命

生殖性複製

13.6.1-2 威爾麥特將捐贈的細胞核與卵細胞同步停留在細胞週期的相同階段上，成功地複製出羔羊。

13.6.3 其他動物也被成功地複製出來，但是也產生一些問題與併發症，通常是早逝。複製的問題似乎是出在對 DNA 缺乏恰當的修飾 (稱作表觀重新編程)，因而無法正常開啟或關閉一些基因。

幹細胞治療

13.7.1 胚胎幹細胞是全能性的細胞，可發育成為身體上任何類型的細胞，或是發育成為一個個體。這些細胞出現於早期的胚胎 (圖 13.20)。

13.7.2 由於胚胎幹細胞是全能性的，因此它們可被用來修補因疾病或意外所造成的組織損傷或喪失。

複製技術於治療上的應用

13.8.1 使用胚胎幹細胞來取代受損組織，有一個主要的缺點：組織排斥。病人的身體會將移植的胚胎幹細胞視為外來者而加以排斥。治療性複製則可緩解這個問題。

- 治療性複製的程序，是將失去組織功能病患的細胞取出，製造出一個遺傳完全相同的胚胎，然後取出胚胎幹細胞再注射回到此位病患體內。胚胎幹細胞可成長取代受損或是喪失的組織，而不會引發免疫反應。然而這種治療方式是具有爭議性的。成體細胞的表觀遺傳重新編程，可使其具備胚胎幹細胞的功能，提供了更具接受性的療法。

基因治療

13.9.1 使用基因治療，用「健康」的基因來取代有缺陷的基因，可治癒一位病患的遺傳缺陷。

13.9.2 早期嘗試治療囊性纖維症以失敗收場，這是由於對攜帶健康基因的腺病毒產生了免疫反應的緣故。使用腺相關病毒 (AAV) 作為載體帶來令人振奮的結果，科學家希望能以此新載體取代腺病毒，消除免疫反應的問題。

測試你的了解

1. 人類基因數目遠比預期的數目要少，一個可能的理由是
a. 人類基因沒有被完全定序出來
b. 組成 mRNA 的外顯子，可被重新組合，製造出不同的蛋白質
c. 用來定序人類基因體的樣本數目太小，因此估計的基因數目也小
d. 當科學家將不編碼的 DNA 詳細研究後，可發現更多的基因

2. 互補 DNA，或 cDNA 是以下列何方法製造的？
a. 將一個基因插入細菌細胞
b. 將所需真核基因之 mRNA，與反轉錄酶混合
c. 將來源 DNA 與限制酶混合
d. 將來源 DNA 與探針混合

3. 請將 PCR 的步驟依正確順序排列
1. 變性
2. 引子黏合
3. 合成
a. 1,2,3　　c. 2,3,1
b. 1,3,2　　d. 3,1,2

4. 一個攜載式疫苗是無害的，原因是
a. 它經過加熱殺死處理
b. 經過突變使其 DNA 無法複製
c. 它僅含有很小段的致病病毒 DNA
d. 它含有 DNA 抗體，而非 DNA

5. Bt 作物含有一個轉殖基因可製出毒素，殺死吃食此作物的昆蟲。Bt 作物是如何創造出來的？
a. 誘導植物製出維生素 B 與植酸
b. 活化細菌細胞表面的一個 Bt 受體
c. 轉殖插入一個抗草甘膦的基因
d. 轉殖插入一個來自蘇力菌的基因

6. 草甘膦除草劑對人類無害，是因為人類
a. 具有一個能夠分解草甘膦的酵素
b. 缺乏製造芳香族胺基酸的能力
c. 具有獨特的限制酶
d. 缺乏 Bt 蛋白質的結合位址

7. 下列何者不是使用基因改造作物所要關切的問題？
a. 人類食用之後發生危險
b. 害蟲對殺蟲基因產生了抗性
c. 基因從基改作物中流出到親緣植物中
d. 由於突變造成植物的受損

8. 基因表現的表觀遺傳控制
a. 具有遺傳性　　c. 將胞嘧啶甲基化
b. 將基因鎖定為開啟　　d. 以上有二者正確

9. 使用胚胎幹細胞來取代受損組織，最主要的一個生物學上的問題是
a. 病患對移植的組織產生免疫排斥
b. 幹細胞無法準確地到達目標組織
c. 需要時間來長出足夠的組織
d. 選用的幹細胞發生突變造成問題

10. 山中伸彌於 2012 年獲得諾貝爾獎，是由於他
a. 成功複製出桃莉羊
b. 發現轉錄因子可以將成體細胞表觀遺傳地重新編程
c. 發明體細胞核轉移技術
d. 利用複製技術治癒了囊性纖維症

第四單元　演化及生物多樣性

Chapter 14

演化與天擇

這四種鷽雀生活在加拉巴哥群島，而這群島是位在南美洲外海的的火山島。在很久以前，這些加拉巴哥鷽雀是從大陸遷徙至這些島嶼的單一祖先所傳下來的後代，牠們提供了達爾文有關天擇如何形塑物種演化的珍貴線索。上方兩種鷽雀是地上活動者 (地雀)，其不同的嘴喙可適應其所吃的種子大小。下方左側是啄木型，屬於在樹上活動者，牠會攜帶仙人掌的針刺，以用來探測深縫隙中的昆蟲。下方右側是鳴唱型 (鶯雀)，多以爬行昆蟲為食。這些鳥使用食物資源的方式不同，因而產生如同達爾文鷽雀一般形塑其類群演化的選擇壓力。

演化

14.1　達爾文的小獵犬號航行

年輕達爾文加入航行

地球上的生物多樣性－小自細菌、大至大象與玫瑰－是長期的演化結果，亦即生物體的特徵會隨時間而改變。1859 年，英國博物學家達爾文 (Charles Darwin, 1809~1982; 圖14.1) 是首位提出為何演化發生的解釋，這是一個稱為天擇 (natural selection) 的過程。生物學家很快地相信達爾文是對的，且現在認為演化是生物科學的核心概念。在本章中，我們將仔細檢視達爾文及天擇，我們所接觸的概念將提供探索生物界的扎實基礎。

演化的理論提出族群可隨時間改變，有時會形成新物種。**物種** (species) 是指一個或一群的族群，其具有相似特徵且可透過互相交配生殖，並產生有孕性的下一代。此著名的理論提供了一個有關科學家如何發展出假說之很好實例，亦即演化如何發生的假說，而且在多次實驗後，假說終究被接受而成為理論。

圖 14.1　天擇造成演化的理論是由達爾文提出

這張照片顯然是這位偉大的生物學家最後拍下的，就在 1881 年，達爾文去世。

達爾文是一位英國的博物學家，他在研究與觀察了 30 年之後，寫了一本最著名且對全世界影響最深的書，名為「天擇所致的物種起源，或被偏好的種族在生存奮鬥中獲保留」(*On the Origin of Species by Means of Natural Selection, or The Preservation of Favored Races in the Struggle for Life*)，在其發表時造成轟動，自此之後，達爾文在書中所表達的想法已在人類思維的發展中扮演核心角色。

在達爾文的時代，大部分人相信不同種類的生物及其個體構造都是來自造物者的直接作為。物種被認為是特別被創造出來且不會隨時間改變。有些早期的哲學家曾提出與這些論點相反的主張，認為生物在這地球生物的發展史中，肯定有改變。達爾文所主張的天擇概念為此過程作了有條理且有邏輯的解釋。達爾文的書，如書名所示，呈現一個與傳統觀念截然不同的結論。在當時，雖然他的理論並沒有挑戰神聖造物者的存在，達爾文提出造物者不是單純地創造生物而任其永不改變，相反地，達爾文的神是藉由自然法則的操作來表達神的意向，而隨時間產生變異－演化。

達爾文的故事及其理論起始於 1831 年的小獵犬號航行。在此長期旅程中，達爾文有機會去研究在大陸、小島以及不同海洋中差異廣泛的動植物。他在熱帶雨林探索豐富的生物相、在南美洲南端的巴塔哥尼亞地區檢視奇特的已滅絕之大型哺乳動物化石，而且還觀察在加拉巴哥群島上相當多形態相近但又不同的生物類群。這樣的機會顯然在達爾文構築其對地球上的生物特性之思維上扮演重要角色。

當達爾文結束五年的航程返回之後，他開始其長期的研究、沉思與寫作。在此期間，他發表了許多不同主題的書，包括由珊瑚礁形成的海島以及南美洲的地質學。他也長期研究藤壺 (一群附著在岩石及木樁上的小型帶殼之海生動物)，最後甚至寫了四冊有關其分類及自然史的書。

關鍵學習成果 14.1

達爾文是首先提出天擇是演化的機制，以形成地球上生物多樣性的學者。

14.2 達爾文的證據

在達爾文的時代，接受其演化相關任何理論的阻礙之一是當時大家廣為相信的錯誤觀念，即地球年齡只有數千年。然而，發現厚厚的岩層即是在長期劇烈侵蝕之後所留下的證據，以及在當時多樣且不熟悉的化石出土量日漸增加，都使得這樣的斷言變得愈來愈不可能。偉大的地質學家萊爾 (Charles Lyell, 1797~1875) 在 1830 年所著的《地質學原理》(*Principles of Geology*) 便是達爾文在小獵犬號航行中認真閱讀的書，其中首次勾畫出古代世界中的植物與動物種類不斷地滅絕，而其他種類則正在興起。這就是達爾文試圖要解釋的世界。

達爾文所觀察到者

在小獵犬號航行之初，達爾文深信物種是不會發生改變的。的確，直到他返回的二或三年之後，他才開始認真地思考物種會改變的可能性。不僅如此，在其五年的航行期間，達爾文觀察到的許多現象都是他後來歸納出最終結論的核心重點。例如，在南美洲充滿化石的岩層中，他觀察到已滅絕的穿山甲化石，如圖 14.2 的右側所示，驚奇的是它們與還存活在同樣地區的穿山甲 (圖左側) 外形相似。為何相似的存活者與化石生物出現在同一地區，除非早期化石的形態衍生出後來的存活者？後來，達爾文的觀察被其他化石的發現所強化，化石中顯現了漸進改變的中間型特徵。

達爾文重複地看到相似物種的特徵在不同地區有些微差異，這些地理模式暗示了生物族

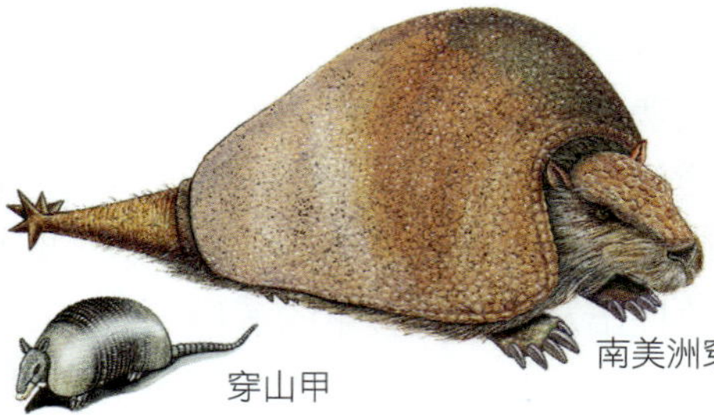

圖 14.2　演化的化石證據

目前已滅絕、重達 2,000 公斤的南美洲穿山甲 (約為小型車的大小)，比起現今的穿山甲大很多，現今者平均約 4.5 公斤重且大小如家貓。這種與化石如雕齒獸相似的現生生物在相同地區被發現，給了達爾文暗示：演化已經發生。

系會隨個體遷徙至新棲地而逐漸改變。在厄瓜多外海 900 公里的加拉巴哥群島上，達爾文遇到大量的不同鶯雀。這 14 種鳥雖然親緣相近，但外型略有不同，達爾文覺得最合理的是假設這些鳥都是從一個共同的祖先演變而來的後代。這祖先物種在數百萬年前從南美洲大陸被風吹到這些小島上，在不同島上吃不同食物，已經以不同形式在發生改變，特別明顯的是其嘴喙的大小。在地上活動的鶯雀有最大的嘴喙，如圖 14.3 的左上側所示，較適合將其吃的種子敲開，隨著子代從共同祖先傳遞下去，這些地上鶯雀發生改變進而適應，達爾文稱此為「具改變而傳至後代」－演化。

更廣泛而言，達爾文受到震撼的是在這些年輕的火山島上的動植物和生長在南美洲海岸者相似。倘若每種動植物都是被獨自創造而來，並且單純地被放置在加拉巴哥群島上，為何它們不與氣候相似的島嶼中的動植物相似，例如在非洲外海的島嶼？為何它們卻與鄰近南美洲海岸者相似？

圖 14.3　四種加拉巴哥鶯雀及其食物
達爾文觀察了 14 種在加拉巴哥群島上的不同鶯雀，其主要差異在嘴喙與食性。這四種鶯雀吃非常不同的食物類型，達爾文推測其嘴喙差異很大是由於演化適應而改善其覓食能力。

關鍵學習成果 14.2
達爾文在小獵犬號航行途中所觀察到的化石及生物模式，最終說服他自己－演化已經發生。

14.3　天擇的理論

觀察演化的結果與了解其如何發生是兩件不同的事，達爾文的卓越成就即在於他建立了假說：演化因天擇而發生。

達爾文與馬爾薩斯

達爾文的主張發展之關鍵重點是他研究了馬爾薩斯 (Thomas Malthus) 的《族群原理論》(*Essay on the Principle of Population*) 一書，馬爾薩斯在書中指出動植物 (包括人類) 的族群傾向於以等比方式增加，而人類增加食物供應量的能力則僅成等差方式增加。等比級數是指其分子隨一個固定因子而增加；圖 14.4 中的藍色曲線顯示其以 2, 6, 18, 54, ... 上升，且每個數字是前一數字的 3 倍。相反地，等差級數是指其分子隨一個固定差值而增加；紅色曲線顯示其以 2, 4, 6, 8, ... 上升，且每個數字比前一數字大 2。

對於幾乎任何種類的動植物而言，倘若其族群成等比增加且可無限制地生殖，那麼牠們將會在極短時間內覆蓋世界上所有表面。然而，物種的族群大小年復一年仍維持相當穩定，因為死亡限制了族群數目。馬爾薩斯的結論提供了對達爾文發展出演化因天擇而發生的假說所必須的關鍵組成。

天擇

由於馬爾薩斯論點的啟發，達爾文看出每種生物雖然有潛力產生比能存活者還多的子代，僅有少數真的存活並繼續產生子代。例如海龜會返回其出生的海灘產卵，每隻母龜會產

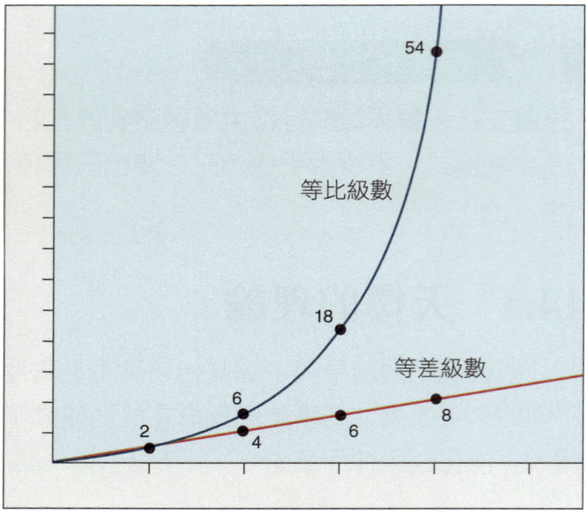

圖 14.4 幾何 (等比) 與算術 (等差) 級數
等差級數是隨一固定差值而增加 (例如，1 或 2 或 3 個單元)，而等比級數是隨一固定因子而增加 (例如，2 或 3 或 4 倍數)。馬爾薩斯主張人類生長曲線是等比型式，但是人類的食物生產曲線則僅是等差型式。你可以看出這樣的差別將會導致什麼問題？

圖 14.5 孵出的小海龜
這些剛孵出的小海龜從其在海灘的巢穴試圖向海水移動。在產卵期，數千個卵會在這海灘上被產下，但是能存活並發育成熟者少於 10%。其天敵 (採龜卵的人) 與環境的挑戰阻礙了大部分子代的存活。如同達爾文所觀察者，海龜所產下的子代比實際存活至可繁殖者還多。

下約 100 個卵。這海灘會布滿數千隻剛孵出的小海龜，如圖 14.5 所示，試圖向海水移動。而真正能發育成熟並返回此海灘繁殖者少於 10%。達爾文組合自己所觀察到者與其在小獵犬號旅程中所見，也包括自己圈養動物之育種實驗，而做了重要的關聯：具有在外型上、行為上或其他有利於在其環境中存活的特性之個體，比那些缺乏這些特性者更有可能存活下來。由於存活下來，他們獲得將其受偏好的特性流傳至子代的機會。當這些特性在族群內的頻率增加，此族群整體的內在特性也將因此而逐漸改變。達爾文稱此過程為**天擇** (natural selection)。他所界定的驅動力後來通常被指為最適者生存 (survival of the fittest)。

然而，這並不表示最大或最強壯者通常可以存活。這些特性可能被某環境所偏好，但卻是在另一環境中較不利者。「最適應的」生物在其特定環境中通常較易存活，因此比族群內的其他個體較能產生更多子代，此即是「最適者」。

達爾文的理論對生物多樣性提供了簡單且直接的解釋，或是說明了在不同地區的動物為何有差異：因為棲地在其需求及機會上有所不同，所以具有被區域環境偏好特徵的生物將會在不同區域呈現出差異。在本章後面將探討還有其他演化驅動力會影響生物多樣性，但是天擇是可以產生適應變異的演化驅動力。

關鍵學習成果 14.3

族群不會成等比方式擴張的事實，意味著由於大自然的作用而限制族群數量。能讓生物存活以產生更多子代的性狀將會在未來的族群中變得更加常見－此過程稱為天擇。

達爾文的鸛雀：進行中的演化

14.4 達爾文鸛雀的嘴喙

嘴喙的重要性

在達爾文返回英國之後，鳥類學家古德

(John Gould) 檢視這些鸞雀，古德從達爾文採集的標本中認出這些其實是非常相近的一群不同物種，所有這些鳥種除了嘴喙之外都彼此相似。總體來看，其採集者目前共被鑑定出 14 種，13 種來自加拉巴哥群島和一種來自相距甚遠的科科斯島。圖 14.6 中具較大嘴喙的地雀以種子為食，以嘴喙敲碎種子；而具有較窄嘴喙者吃昆蟲，包括鶯雀 (以其與大陸塊的鳥種相似來命名)。其他鳥種包括吃果實及嫩芽者，以及以仙人掌果實和其上的昆蟲為食的物種；具尖嘴喙的地雀中，有些族群甚至包括「吸血者」，其貼在海鳥身上，以其尖銳的嘴喙喝牠們的血。也許最獨特的是工具使用者，像在圖左上側的啄木鸞雀一樣，牠們拿一根樹枝、仙人掌針刺或是葉柄，以其嘴喙修整形狀，然後用來探進枯枝中，把小蟲挑出來。

達爾文鸞雀的嘴喙差異是因為鳥類的基因不同。生物學家比較大型地雀 (具寬嘴喙以利敲碎大型種子) 與小型地雀 (具較窄的嘴喙) 之 DNA，發現兩物種中僅在生長因子基因 *BMP4* 有差異 (圖 14.7 及圖 1.15)，即在於此基因如何被使用。具有大嘴喙的大型地雀比小型地雀產生更多的 BMP4 蛋白。

這 14 種鸞雀的嘴喙適合性與其食物來源立即讓達爾文有演化已經為其塑形的想法：

「從這一小群密切相關的鳥類中，可看到漸進變化與構造的多樣性，值得讚歎的是：在這群起初缺乏鳥類的島上，一個物種已經演變出多個不同路線。」

檢視達爾文是否正確

倘若達爾文認為祖先鸞雀的嘴喙已「演變出多個不同路線」的想法是正確的，那麼應該可能看到不同鸞雀物種在扮演其不同的演化角

圖 14.7 達爾文鸞雀的嘴喙是由一個基因控制
一個細胞訊息分子，稱為骨骼形態發生蛋白4 (BMP4)，其已經被 DNA 研究人員證實是形塑達爾文鸞雀的嘴喙之主角。

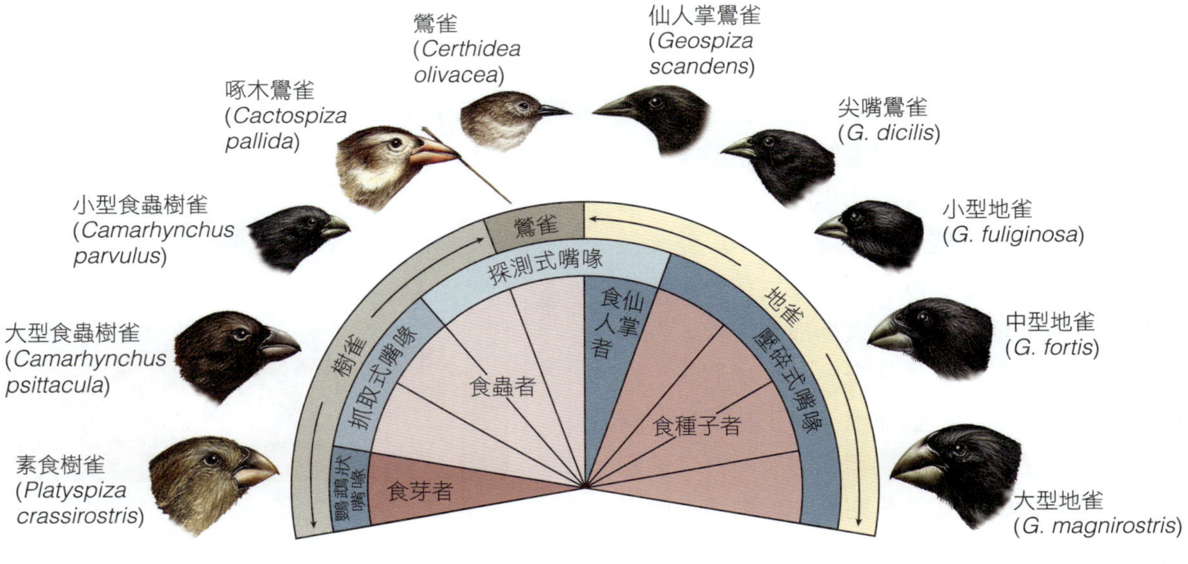

圖 14.6 在單一島嶼的鸞雀多樣性
在聖塔庫魯茲島上的 10 種達爾文鸞雀中，有一種也出現在加拉巴哥群島。這 10 種顯示出嘴喙及食性的不同，這些差異可能是在當初這些鸞雀剛進駐新棲地又缺乏小型鳥的情況下興起的。科學家下結論認為這些鳥都是從單一共同祖先衍生而來的。

色，每一種都善用其嘴喙去獲取特定食物的獨特特性。例如四種可利用嘴喙敲碎種子鷽雀應該以不同的種子為食，愈寬、愈堅固的嘴喙特別適應於愈難敲碎的硬殼種子。

在達爾文之後，許多生物學家探訪加拉巴哥群島，但是直到 100 年之後才有人嘗試對其假說進行關鍵性的測試。在 1938 年，偉大的博物學家拉克 (David Lack) 終於開始其測試，他仔細觀察鳥類長達五個月之久，他的觀察與達爾文所提出者似乎相違背！拉克通常觀察到許多不同物種的鷽雀會一起食用相同種子。其數據顯示具有堅固寬廣嘴喙的與具狹窄嘴喙的物種都以非常相同大小範圍的種子為食。

現在我們知道這是因為拉克的運氣不佳，在雨水充足的那一年去進行研究，當時的食物豐富充足。在豐年期間，鷽雀的嘴喙大小沒有太大影響；狹窄及寬廣的嘴喙在蒐集豐多且軟殼的小型種子上都很有效。後來的研究顯示在乾旱年節，可食用的種子極少時，則有非常不同的景象。

進一步探究

從 1973 年起，普林斯頓大學的格蘭夫婦以及他們所指導的幾屆研究生多年研究在加拉巴哥群島中央大達芬尼島上的中地雀 (*Geospiza fortis*)，這些鷽雀偏好以小型柔軟種子為食，這類種子在潮濕的年節特別豐多。當小種子變少時，這些鳥就會選較大、更乾、較難敲碎的種子，這種歉收時節發生在乾季，此時植物產生的種子，無論大小都非常少。

藉由每年仔細測量許多鳥的嘴喙形狀，格蘭夫婦首度能夠詳細整理出一套正在進行中的演化模式。格蘭夫婦發現嘴喙的深度會以預測的模式逐年改變。在乾旱期間，植物產生極少量的種子，所有可食的小型種子很快就被吃光，只剩下大型種子是主要食物來源。結果具有大型嘴喙的鳥存活得較好，因為牠們較能敲開大型種子。結果在下一年由於族群內的鳥包含了存活大嘴喙鳥的子代，其平均嘴喙深度也就增加。在「乾旱年節」存活下來的鳥具有較大的嘴喙，圖 14.18 的曲線即顯示圖中的高峰是反映演化的結果。圖中會出現高峰期而非平穩期的理由是平均嘴喙大小會在濕季返回後再度下降，因為在種子充裕時較大的嘴喙不再是被偏好者，所以具有較小嘴喙的鳥存活下來並可繁殖後代。

嘴喙尺寸的改變是否能反映出天擇正在進行？另一個可能性是嘴喙深度的變化並未反映基因頻率的改變，而單純只是食性所致，因為具寬硬嘴喙的鳥無法充分攝食。為了排除此可能性，格蘭夫婦試圖找出親代與子代的嘴喙大小之關係，他們測量數窩的紀錄並進行了數年。結果嘴喙深度會固定地一代代傳遞下去，表示嘴喙大小之差異的確反映基因的差異。

支持達爾文

倘若嘴喙深度的逐年改變可用乾旱年的模式來預期，那麼整體來說，達爾文的說法是正確的，天擇影響嘴喙大小，此奠基在食物供應量上。在此討論的研究顯示，具寬硬嘴喙的鳥在旱季是有利的，因為牠們可以敲碎大型乾燥種子，那是在當時僅存的食物。當回到潮濕季

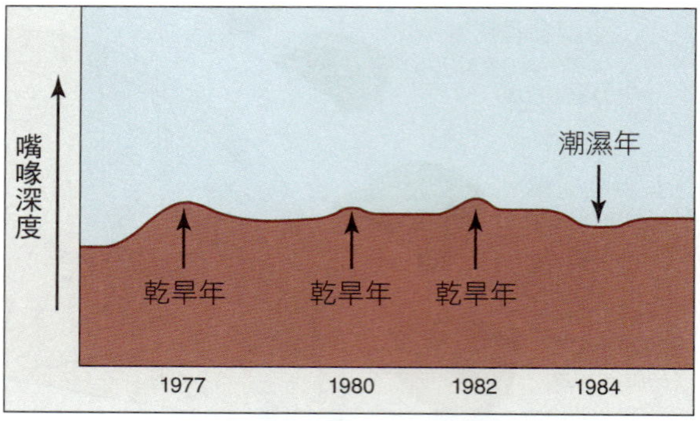

圖 14.8 天擇改變中地雀嘴喙大小的證據
在乾旱年，當只有大型、堅硬種子存在時，平均嘴喙大小上升；在潮濕年，有許多小型種子，較小型嘴會變得較常見。

節，小型種子再度充裕，小型嘴喙則是收集小型種子較有效率的工具。

關鍵學習成果 14.4

在達爾文的鷽雀中，天擇調整了嘴喙的形狀，以配合自然界可供應的食物資源，此調整即使在現今仍在發生。

14.5 天擇如何產生多樣性

輻射適應

達爾文相信每個加拉巴哥鷽雀的物種已經適應了特殊的食物及其在特定島嶼棲地上的其他狀態。因為島嶼提供了不同的機會，所以衍生出一群物種。假設達爾文鷽雀的祖先比其他在大陸塊的鳥還早到達這些新形成的島嶼，所以當牠到達時，所有適合鳥在大陸生活的生態區位類型都仍未被占據。生態區位是生物學家用來稱一個物種生存的方式，也就是生物性 (其他生物) 與非生物性狀態 (氣候、食物、棲所等) 的交互作用，生物體企圖在其中存活與繁殖。當這些個體新進駐到加拉巴哥群島空白生態區位，並適應新的生活方式，牠們會面臨多種不同的選擇壓力。在這些情況下，鷽雀祖先很快地分歧成一系列的族群，其中有些演化成不同的物種。

在一個區域內，當牠們占領一系列不同的棲地時，進而產生一群物種改變的現象，稱為輻射適應 (adaptive radiation)。圖 14.9 顯示在加拉巴哥群島及科科斯島上的 14 種達爾文鷽雀如何演化而成的可能情況。在圖中基部的方框，祖先族群約在 200 萬年前遷徙至群島上，並在輻射適應之下衍生出 14 種不同物種。此 14 種棲息在加拉巴哥群島及科科斯島上的鷽雀占領了四種類型的生態區位：

1. **地雀**：共有 *Geospiza* 屬的六種地雀，多數

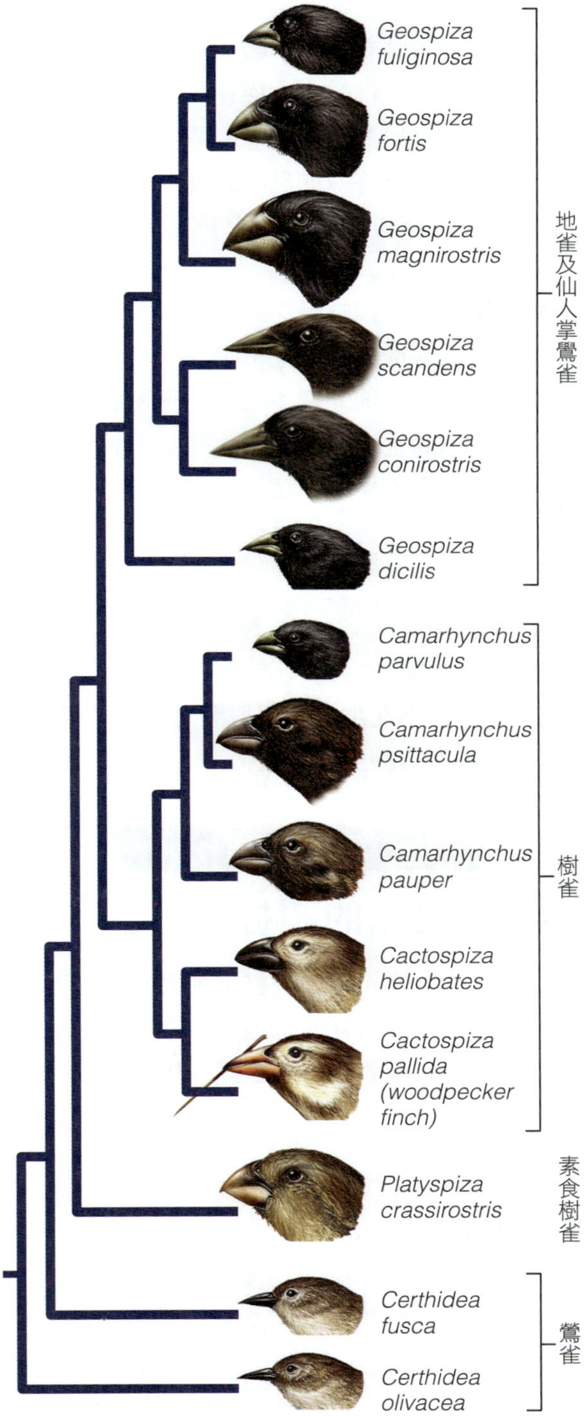

圖 14.9 達爾文鷽雀的演化樹

這個親緣關係樹是由比較這 14 種的 DNA 所建構而來，在演化樹基部者是鶯雀，表示其可能是首先在加拉巴哥群島上適應而演化出的類群之一。

地雀以種子為食，其嘴喙大小與其所吃的種子大小有關。有些地雀主要以仙人掌的花及果實為食，且有較長、較大且尖的嘴喙。

2. **樹雀**：共有五種吃蟲的樹雀，其中四種的嘴喙適合以昆蟲為食，而啄木鷽雀則有如鑿子般的嘴喙，此特殊的鳥隨時攜帶一根樹枝或仙人掌的針刺，並用它來挑出深縫中的昆蟲。
3. **素食樹雀**：這種吃嫩芽的鷽雀有非常厚重的嘴喙，以便從樹枝上扯下嫩芽。
4. **鶯雀**：這些特殊的鷽雀在加拉巴哥群島樹林中所扮演的生態角色與在大陸上的林鶯之角色相同，會不斷地在葉片與枝條之間尋找昆蟲。牠們有細長、如林鶯的嘴喙。

關鍵學習成果 14.5

達爾文鷽雀都衍生自大陸的一個相似物種，其廣泛地分布在加拉巴哥群島上，以多種生活方式占領新的生態區位。

演化的理論

14.6 演化的證據

在《物種的起源》一書中，達爾文提出強有力的證據以支持其演化理論。本節將檢視其他支持達爾文理論的不同證據，包括從檢視化石、解剖構造以及如 DNA 與蛋白質分子等所顯示的訊息。

化石證據

巨觀演化最直接的證據是在**化石** (fossils) 紀錄上。藉由確定化石存在的岩石 (如圖 14.10 所示) 年代，我們可以較正確地得知該化石的年齡。岩石年齡是藉由測量在其中的放射性同位素的含量來估算。由於放射性同位素會解離或衰變成其他同位素或元素，此速率是恆定的，因此岩石中放射性同位素的含量便可

圖 14.10　副櫛龍 (*Parasaurolophus*) 的化石

作為岩石年齡的指標。

倘若演化的理論正確，那麼在岩石中保留下來的化石就應該代表演化改變的歷史，理論上應該可以看到一系列的演進變異，如同一個改變緊接著下一個。另一方面來看，倘若演化理論不正確，那麼應該看不到如此有次序的變異。

為測試此預測，可循著邏輯過程進行：

1. *整理特殊的一群生物所留下的化石*。例如，蒐集一堆雷獸的化石，其為約略出現在 3,500 至 5,000 萬年前的有蹄哺乳類。
2. *確定每件化石的年代*。在推算年代時，切勿認定該化石與何者相似，想像它是被鎖在黑箱中的岩石，而現在只是估算此箱子的年代。
3. *以化石的年齡來排序*。不看黑箱的內含物，而將它們依序從最老者排至最年輕者。
4. *檢視化石*。這些化石之間的差異是跳躍的，還是有如同演化預測的出現漸進演變之證據？可從圖 14.11 作判斷。

從圖 14.11 所呈現者，不可忽略的重點是：演化是一種觀察，並非結論。因為樣本的年代估算與樣本像什麼是兩個獨立事件，隨著時間漸進的改變只是在陳述數據。當達爾文提出演化是天擇所造成的理論時，巨觀演化已發生的這項陳述完全是根據事實的觀察。

許多其他的例子可說明並能清楚地確定達爾文理論的關鍵推測。現代馬有大的單蹄，其

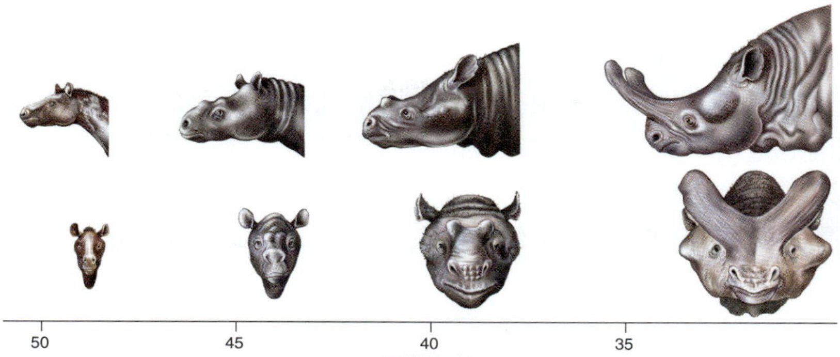

圖 14.11 以不同雷獸的化石檢驗演化理論
此圖中顯示出一群有蹄哺乳類雷獸的變化，其存活在 3,500 至 5,000 萬年前。在此期間，在鼻子上方出現小型突起的骨頭，並在 5,000 萬年前有一系列連續變化，演化出相對大型的鈍角。

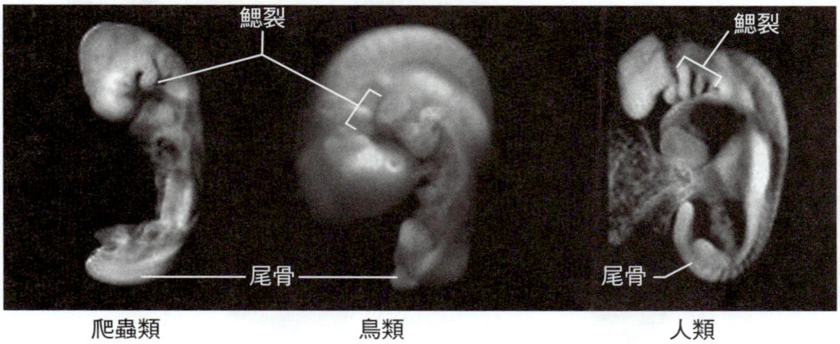

圖 14.12 胚胎顯示我們早期的演化歷史
這些代表不同脊椎動物的胚胎顯示了所有脊椎動物在其發育早期所共有的原始特徵，如鰓裂及尾骨。

複雜的臼齒是從小很多的四趾祖先之簡單臼齒演化而來的，這是大家熟悉且被清楚記載的實例。

解剖紀錄

脊椎動物的演化史大致可從其胚胎的發育方式看出。圖 14.12 顯示三種不同胚胎的發育初期，如圖所示，所有脊椎動物胚胎都有鰓裂(在魚類，它將會發育成鰓)；此外，每種脊椎動物胚胎都有尾骨，即使該動物在完全發育成熟後沒有尾巴。這些殘存的發育形式強烈暗示所有脊椎動物都共享一套基礎的發育作法。

隨著脊椎動物的演化，相同的骨骼有時仍然存在，但有不同功能，其存在違反了牠們的演化史。例如脊椎動物的前肢都是**同源構造** (homologous structures)；換言之，雖然骨骼的構造與功能已分歧，但牠們是從共同祖先個體的相同部位而來。如圖 14.13 所示，這些前肢的骨骼已改變為不同功能。塗上黃色與紫色的骨骼，其分別對應到人類的前臂、手腕及手指，已改變成為蝙蝠的翅膀、馬的腳以及海豚的泳足。

不是所有的相似構造都是同源，有時在不同親緣上的特徵看起來彼此相似，是起因於在相似環境下之平行演化的適應。這種演化變異的形式被認為是趨同演化 (convergent

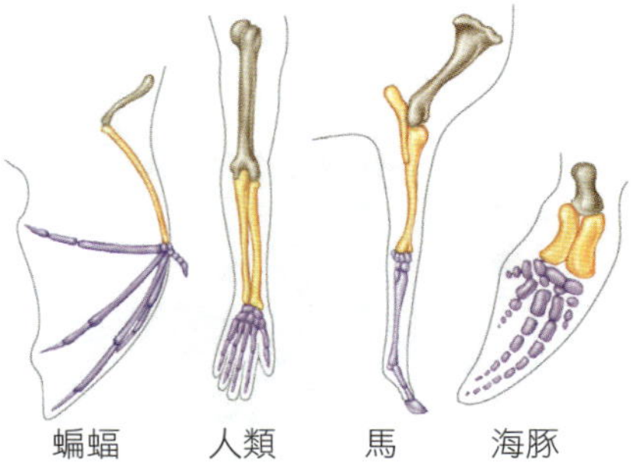

圖 14.13 脊椎動物前肢的同源性
在四種哺乳類前肢間的同源性顯示，部分骨骼已因每種生物的生活形式而改變。雖然在形式與功能有相當明顯的不同，但每種前肢所呈現的基本骨骼形式是相同的。

evolution)，這些外觀相似的特徵稱為**同功構造** (analogous structures)。例如鳥、翼龍及蝙蝠的翅膀是同功構造，是經由天擇而改變者以行使相同功能，因此看起來相同 (圖 14.14)。相似地，澳洲的有袋哺乳類與具胎盤哺乳類是獨立演化而成，但在相似的選擇壓力下，已產生外型相似的動物種類。

有時，構造根本沒有功用！在現存的鯨魚中，其從有蹄哺乳類演化而來，先前用以固定後肢的髖骨現在僅是殘存的後肢，沒有連接到任何其他骨骼，且沒有明顯功能。另一個例子，人類的盲腸是痕跡器官 (vestigial

飛行者
為了飛行，這三種非常不同的脊椎動物之骨骼變輕且其雙手轉形為翅膀。
翼龍
(已滅絕)
薩摩亞蝠狐
(果實蝙蝠)
美東藍鳥
狼
老鼠
袋鼬
兩個世界
在孤立的澳洲，有袋類已演化出與其他地區的胎盤哺乳類之相同的適應模式。
大洋洲袋鼯
飛鼠
塔斯馬尼亞袋狼

圖 14.14　趨同演化：走向同一目標的不同路徑

在演化的歷程中，型式通常跟隨著功能。相當不同的動物類群中的成員，當受到相似機會考驗時，通常會以類似的方式適應，在許多實例中僅有些是起因於趨同演化。飛行的脊椎動物以蝙蝠代表哺乳類，以翼龍代表爬蟲類，以及以藍鳥代表鳥類。下方三對的陸生脊椎動物分別是北美洲胎盤哺乳類與澳洲有袋哺乳類的比較。

organs)。大猩猩 (人類近親) 的盲腸比人類還大，連接在腸道上，其中含有細菌可消化被這些靈長類所吃下的植物纖維素細胞壁。人類的盲腸是此構造的痕跡器官，現已無消化功能。

分子紀錄

我們演化史的痕跡也可以是分子層級的證據，例如，我們應用在早期發育時所有動物所共享之模式形成的基因。試想生物已從一系列較簡單的祖先演化而來，表示在每個人的細胞中應該有演化改變的紀錄，就在 DNA 中。根據演化理論，新的等位基因是從舊的突變而形成，且經由偏好選擇而變得占優勢。於是，一系列的演化改變表示在 DNA 中有遺傳變異的連續累積。從此處可看到演化理論做了清楚的推測：相較於親緣較近的兩物種，親緣距離較遠的生物應該會累積較多的演化差異。

這個推測是現今直接測試的重點。近期 DNA 的研究使我們能直接比較不同生物的基因體。結果清楚顯示：在大範圍的脊椎動物中，兩物種的親緣愈遠，其基因體差異愈大。

在蛋白質層級上也有相同的分歧模式。圖 14.15 是將人類的血紅素之胺基酸序列與不同物種相比較，顯示與人類親緣較相近的物種，其血紅素的胺基酸結構與人差異較少。例如與人類親緣相近的靈長類獼猴其差異很小 (僅有八個胺基酸不同)，而親緣較遠的哺乳類如狗，則差異較多 (有 32 個胺基酸不同)。非哺乳類的陸生脊椎動物則差異更多，海生脊椎動物是其中差異最大者。由此例可再次強烈地確定演化理論的推測。

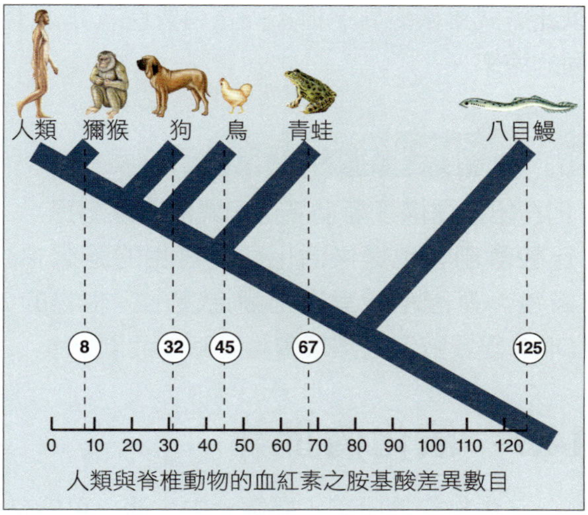

圖 14.15 分子反映演化分歧性
與人類的演化距離愈遠 (如基於化石紀錄所呈現的藍色演化樹)，在脊椎動物的血紅素多肽中會有更多的胺基酸差異。

分子時鐘 (molecular clocks) 此相同的模式也可適用在將單一個體基因的 DNA 序列與更廣泛的生物作比較。一個被充分研究的案例是哺乳類的細胞色素 *c* 基因 (細胞色素 *c* 是在氧化代謝中扮演關鍵角色的蛋白質)。圖 14.16 比較兩物種分歧的時間 (*x* 軸) 與它們的細胞色素 *c* 基因差異數目 (*y* 軸)。利用此數據，可追溯 7,500 萬年前人類與囓齒類的共同祖先：在那段時期內，細胞色素 *c* 已有 60 個位置被取代。此圖顯示出非常重要的發現：演化變異顯然以恆定速率在細胞色素 *c* 上累積，如同圖中連接各點的藍色直線所示。此一致性有時被稱為分子時鐘，現有大部分蛋白質的數據顯然也

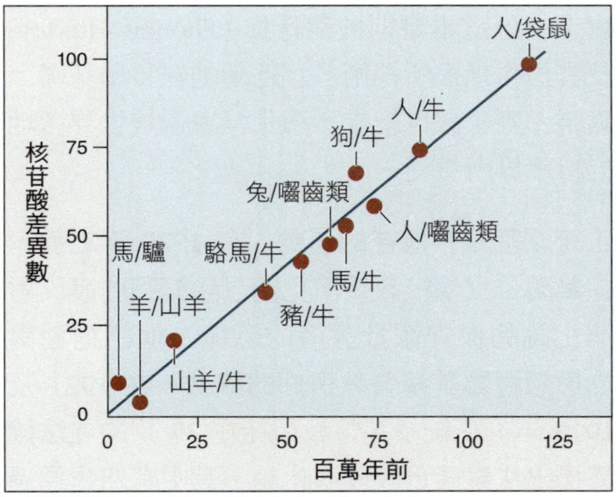

圖 14.16 細胞色素 *c* 的分子時鐘
以每組生物之間假設分歧的時間對應細胞色素 *c* 核苷酸差異的數目作圖，結果呈現一條直線，顯示細胞色素 *c* 基因以固定的速率在演化。

以此方式累積變異，但不同蛋白質會有非常不同的速率。

關鍵學習成果 14.6

化石紀錄提供了漸進演化變異的清楚紀錄，比較解剖學也提供演化已經發生的證據。最後，基因紀錄呈現出漸進演化，生物的 DNA 變異數量之累積會隨著時間而漸增。

14.7 演化的批評

在生物學的所有主要觀念中，演化可能是一般大眾最為熟知者，因為許多人誤以為演化代表對其宗教信仰的挑戰。一個人可以有其心靈上對上帝的信仰，且仍是個優異的科學家－及演化學家。由於達爾文對演化的理論常是引發憤怒大眾爭議的主題，在此將詳細檢視對演化批評的反對內容，以了解為何會在科學與大眾意見之間出現如此的隔閡。

爭議的歷史

古老的衝突　就在《物種的起源》發表之後，英國牧師攻擊達爾文的書是異教的；英格蘭的首相及著名政治家葛拉司東 (Gladstone) 也譴責它。但這本書則被赫胥黎 (Thomas Huxley) 及其他科學家所捍衛，且逐漸地在科學基礎上獲勝。到了該世紀末，演化已普遍被世界各地的科學界所接受。

正統派基督教信徒的運動　在 1920 年之前，在美國公立學校教授演化論已頻繁到引發反對演化論的保守派批評者的恐慌，他們把達爾文思想視為其基督教信仰的威脅。在 1921 及 1929 年，正統派基督教信徒在 37 州的立法機構提出法案禁止教授演化論，其中有四州通過立法：田納西州、密西西比州、阿肯色州及德州。

1920 年代之後，極少有其他想在美國各州立法禁止教授演化論的企圖，在 1930 至 1963 年期間，只有一個法案被提出。為何如此？因為批評達爾文的正統派基督教已經悄悄成功地贏得支持。在 1930 年代所出版的教科書中，忽略演化論，將演化 (evolution) 及達爾文 (Darwain) 兩字從教科書中移除。

這些反演化論的法律在教科書上維持了許多年，然後在 1965 年，一名老師愛普森 (Susan Epperson) 因教授演化論而觸犯 1928 年阿肯色州的法律，在 1968 年美國高等法院發現阿肯色州反演化論的法律是違反憲法的；1920 年代的法律於是很快地被廢除。

在 1960 年代初期，俄國登上太空而造成了美國公眾憂慮其科學教育被超越。新的生物教科書重新強調演化論，例如，在 1960~1969 年，教科書中平均用來說明人類演化的字數增加為 8,977；到了 1970 年代，演化論在大部分的生物教科書中再次成為核心。

科學神創論的運動　在美國公立學校生物課中，演化論的流行再度引發達爾文批評者的恐慌，於是他們採取了新作法。首先在 1964 年，神創論研究中心提出：「神創論就像演化論一樣是個科學，且演化論就像創造論一樣是個宗教。」這主張已被稱為神創論科學 (creationism science)。它很快地被美國各州立法機關引用來修訂法律，神創論像演化論一樣，是一個科學理論，學生有權利接觸之。但此主張最終在 1987 年被高等法院駁回，其判斷是創造論科學事實上並非科學，而是宗教看法，故不能置入公立科學教室中。

地方行動　在接下來的數十年中，達爾文批評者開始干涉學校委員會的立法。由於美國的教育高度分散，是在各州及地方層級，由遴選出的教育委員會來制定科學標準。這些標準決定整個州的評量測驗內容且對在教室內所教的內容有主要的影響力。

達爾文的批評者已成功地成為整個美國各州及地方教育委員會的成員，他們從這些職位開始改變課程標準以減低演化在教室中的影響。廣大的公眾力支持堪薩斯州在 1999 年及 2005 年再次將演化從課程標準移除，而許多其他州，相同的影響則是已經悄悄地在進行了。例如現今只有 22 州在義務教授天擇，有四州則完全不提演化論。

智能設計論 最近，達爾文的批評者已開始新的作法企圖打擊在教室中教授演化論，在各州及地方的教育委員會前主張生物太複雜，不是天擇所能做到的，所以應該反映出這是經由智能設計而來。他們繼續主張此智能設計理論 (theory of intelligent design, ID) 應該在科學教室中作為演化論的替代教材。

智能設計論，這尖銳的公眾爭議已在科學界被一面倒地否決。科學界認為智能設計一點都不是科學，而是薄弱的神創論之偽裝，宗教的想法不能置入科學教室中。

達爾文批評者的論據

演化論的批評者提出過許多反對達爾文的天擇造成演化之理論的不同意見。

1. **演化未被扎實地呈現**：批評者指出：「演化僅是一個理論。」就像理論多缺乏知識，只是某種猜測。然而，科學家對理論這個字的使用與一般大眾有非常不同的看法。理論是有扎實的科學根據，可被眾多實驗證據所支持，且都是最受確定者。極少人會因為其「僅是一個理論」而懷疑重力的理論。
2. **智能設計論的主張**：「生物的器官太複雜，不是隨機的過程所能產生者」，這個典型的「設計而來的主張」是在 200 多年前由培里 (William Paley) 在其《自然神學》書中首度提出。培里主張：時鐘的存在是製造時鐘的工匠存在之證據。同樣地，達爾文的批評者認為像哺乳類的耳朵這樣的器官太複雜，不是導因自盲目的演化，應該有一個設計者。生物學家並不同意此說法，在化石紀錄中，哺乳類耳朵的演化中有明確的中間型出現，這些中間型都是因為它們的功能改進而被天擇所偏好。像哺乳類耳朵這樣複雜的構造是以些微改進演化而來，然而其解決方式並非總是最佳的。例如脊椎動物的眼睛是不良的設計。脊椎動物眼睛中的視覺色素會被光所刺激，然後朝向背光面而埋入視網膜組織，光線須通過神經纖維 ❶、神經細胞 ❷ 及接收細胞 ❸ 才能抵達這些色素 ❹ 位置。沒有一個智能設計者會如此將眼睛反向設計！

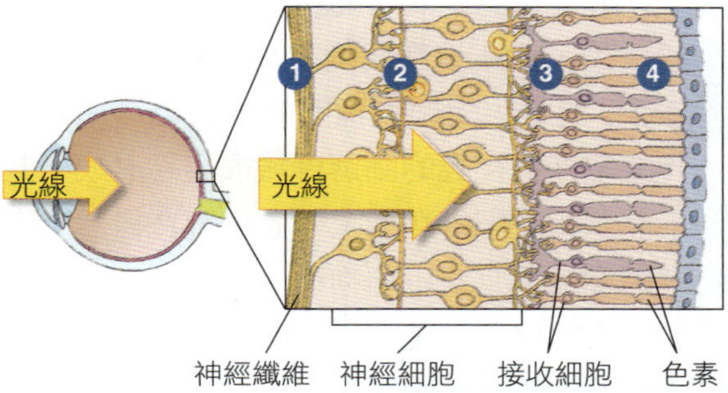

3. **沒有中間型化石**：批評者聲稱：「沒有人真的看到鰭逐漸變成腳。」他們指出在達爾文時代的化石紀錄中有許多空白處。然而，此後的確有發現在脊椎動物演化中的多數中間型化石。目前有清晰的化石族系可追溯魚類和兩棲類之間、爬蟲類和哺乳類之間以及猿與人類之間的轉變。下圖所示的化石動物是一種已滅絕的肉鰭類 (提塔利克魚屬，*Tiktaalik*)，生活在 3 億 7,500 萬年前。其具有明顯像魚的特徵，與 3 億 8,000 萬年前的魚類相似，還有其他更像早期四足類的特徵。

提塔利克魚顯然是魚類和兩棲類之間轉變型

的動物。

4. **演化違反熱力學第二定律**：「混雜的汽水罐不能自己堆疊整齊：物體因逢機事件而變得更無組織，並不會更有結構。」生物學家指出，此主張忽略了第二定律的真義：不規律的增加是發生在一個密閉系統中，而地球很顯然並不是。能量從太陽進入生物圈，滋養了生物並供應讓生物組織化的所有過程之需。
5. **天擇並不意味著演化**：「沒有科學家能設計出一個實驗以證明魚演化成青蛙，並跳離獵食者。」微觀演化 (物種內的演化) 真的是產生巨觀演化 (物種間的演化) 的機制嗎？大部分在探討此問題的生物學家會同意此說法。以人擇所培育出的差異 (如臘腸狗和灰獵犬) 比野生犬屬物種間的差異更為顯著。實驗室裡對昆蟲的篩選實驗很容易形成一些不能互相交配的類型，而此情況在自然環境下則會被認定為不同物種。因此，不同類型的產生的確已經被重複地觀察到。
6. **生物不可能在水中演化**：「因為肽鍵不會在水中自然形成，胺基酸絕不可能會自然鏈結並共同組成蛋白質；也沒有任何化學原理可說明生物性的蛋白質僅含有左旋同分異構物，而沒有右旋者。」這兩項爭論都合理但並非否定演化。它們反而暗示生物早期的演化發生在表面而非在溶液裡。例如胺基酸在黏土表面可自然鏈結，且其具有左旋同分異構物的構型。

不可還原的複雜性謬論

培里的「智能設計」主張維持了 200 多年，最近被美國的理哈伊大學生物化學教授比希 (Michael Behe) 所主張的新分子偽裝所曲解，在比希 1996 年所發表的《達爾文的黑盒子：演化的生物化學挑戰》一書中，他主張我們的細胞如同錯綜複雜的分子機器，是如此地精細，我們的身體操作過程是如此地相通，以致於它們不能如同達爾文支持者解釋哺乳類的耳朵一樣，用演化從較簡單的步驟來解釋。細胞的分子機器是「不可還原地複雜」。比希定義一個不可還原的複雜系統如同「一個單一系統包含了許多互相吻合且交互作用的零件，以共同進行細胞之基本功能，若將其中的任何一個零件移除，則將會造成系統停止發揮功能。」比希強調每個零件扮演重要角色，僅移除一個便會讓此細胞分子機器不能運轉。

比希對此不可還原的複雜系統舉例說明，他描述一系列超過 12 種血液凝集蛋白，其作用在我們身體上會造成傷口附近的血液凝固。在此導致血液凝固的複雜反應層次中，比希認為，若去掉任何步驟，身體中的血液就會從傷口流出，如同水從破掉的水管流掉一般。若從一個會將凝集過程限定在傷口附近的補充系統中移除單一酵素，則身上的所有血液都會凝固。這兩種情況都是致死的，所以對這樣複雜系統之運作而言，所有組成都是必需的，此直接導向比希對達爾文的天擇造成演化理論的批評。比希寫出：「不可還原的複雜系統無法採用達爾文的模式來演化。」倘若十幾種不同的蛋白質都必須正確地運作才能凝集血液，天擇如何能讓任何一種蛋白質以其適當方式來作用？沒有一個蛋白質可以自行運作，就如同一個手錶的一部分不能呈現時間。比希主張，如同培里的鐘錶，血液凝集系統一定是一起設計好的，如同一個完整功能機器。

比希的主張哪裡有錯？如同演化科學家很快地指出，一個複雜分子機器的每個零件並非獨自演化，雖然比希聲稱它必定如此。許多零件一同演化，且行動一致，正因為演化精準地作用在整個系統，而非其零件上。比希的主張是基礎觀念的謬論。天擇可以作用在複雜的系統，因為在其演化的每個步驟中，這系統可行使其功能。部分零件的改進是外加的，而且由於其後來重要的變異，而使之逐漸而變得重要。

例如，哺乳類的血液凝集系統是從步驟較簡單的系統演化而來，透過比較許多蛋白質的胺基酸序列，生化學家可估算出每個蛋白質至今已演化了多久 (圖 14.17)。脊椎動物凝集系統的核心，稱為「共通路徑」(藍色區塊)，大約是在六億年前脊椎動物出現之初演化出來的，而現今八目鰻 (最原始的魚類) 仍具有此特性。隨著脊椎動物的演化，此凝集系統也添加蛋白質，並且改善其效率。所謂的「外在路徑」(粉紅色區塊) 是在五億年前添加者，其因在受傷組織釋出物質所誘發。該路徑中的每個步驟會把其前者再放大，所以加入此外在路徑會使放大情形大增，也對此系統更敏感。五千年之後，第三個組成再加入，稱為「內在路徑」(褐色區塊)，其因接觸受傷所產生之不規則表面而被誘發，這會再次增加放大及敏感度而至最後與纖維蛋白 (綠色區塊) 鏈結，進而導致血液凝集。當凝集系統的每個步驟演化得更複雜，其整體的表現也變得更依賴所添加的

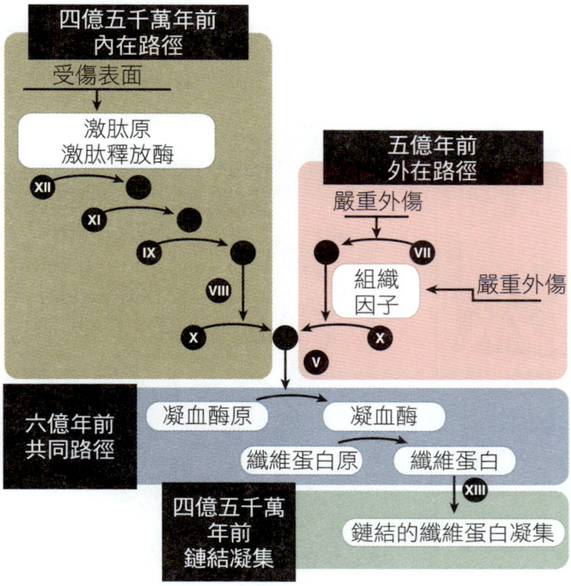

圖 14.17　血液的凝集是如何演化而來
血液凝集系統是藉由在前一步驟中添加新的蛋白而逐步演化。

組成。哺乳類的凝集包含此三個路徑，倘若其中一項失去功能，則整個系統不能正常運作。血液凝集已成為「不可還原地複雜」－由於達爾文的演化論所導致的結果。比希聲稱複雜的細胞與分子之過程不能以達爾文理論來解釋是不正確的。的確，人類基因體的檢視顯示血液凝集的基因群是衍生自基因的複製並增加新的變異量。血液凝集系統是一項觀察，而非推測。其不可還原的複雜性是一項謬論。

關鍵學習成果 14.7

達爾文演化的理論，雖然被科學家廣泛接受，仍有其反對者。他們的批評缺乏科學價值。

族群如何演化

14.8　族群中的遺傳變異：哈溫定律

族群遺傳學 (population genetics) 主要是研究族群中的基因特性。達爾文及其同時代的學者不能解釋在自然族群中的遺傳變異，當時科學家尚未發現減數分裂所產生在雜交子代中的遺傳分離，而是認為天擇應該一直偏好一種最佳形式，故會傾向去除變異。

哈溫平衡

的確，族群內的變異令許多科學家疑惑；**等位基因** (alleles) 是基因的另一形式，當其為顯性時，會在天擇偏好最佳形式的情況下，將隱性基因從族群中排除。在 1908 年，哈迪 (G. H. Hardy) 及溫伯格 (W. Weinberg) 發展出解答為何遺傳變異存在疑惑的研究。他們研究在一個假設的族群中**等位基因的頻率** (allele frequency)，亦即族群內特定形式的等位基因所占的比例。哈迪及溫伯格指出在一個大族群中，其交配是逢機的且沒有改變等位基因頻率

的外力，原始的基因型比例會一代代維持不變。事實上，顯性等位基因不能取代隱性等位基因，因為它們的比例不變，此時這樣的基因型處於**哈溫平衡** (Hardy-Weinberg equilibrium) 的狀態。

在比較族群內等位基因的頻率時，哈溫定律被視為基礎線，倘若等位基因之頻率不變 (即處於哈溫平衡)，則族群不會演化。然而，倘若在某特定時間取樣等位基因之頻率，結果其與在哈溫平衡下所預期者明顯不同，則族群正在發生演化變異中。

哈迪及溫伯格在分析多個繼代的等位基因頻率之後得到結論：相較於整個族群，某東西的頻率 (frequency) 定義為具特定特徵的個體所占的比例。因此，在 1,000 隻貓的族群中，如圖 14.18 所示，有 840 隻黑貓及 160 隻白貓，黑貓的頻率是將 840 除以 1,000 即得 0.84，而白貓的頻率則是 160/1,000 = 0.16。

若已知表現型的頻率，即可計算基因型及等位基因在族群中的頻率。依照慣例，兩個等位基因中，較常見者 (在此例，*B* 代表黑色等位基因) 的頻率多指定為 p，而較少的等位基因 (*b* 代表白色等位基因) 為 q。因為等位基因只有這兩型，故 p 與 q 的總和必須恆等於 1 ($p + q = 1$)。

以代數而言，哈溫平衡可寫成一個方程式，對於一個具有兩個不同之等位基因 *B* (頻率為 p) 與 *b* (頻率為 q) 的基因而言，其方程式如下所示。

$$p^2 + 2pq + q^2 = 1$$

p^2	$2pq$	q^2
等位基因 **B** 之同型合子個體	等位基因 **B** 與 **b** 之異型合子個體	等位基因 **b** 之同型合子個體

注意：不但等位基因頻率總和為 1，其基因型的頻率總和亦同。

知道族群中等位基因的頻率並不能顯示該族群是否正在演化，我們必須看未來的數個世代以利決定。以前述的貓族群為例，來計算等位基因頻率，我們可預測在未來的數個世代中之基因型與表現型的頻率分別為何，在圖 14.18 右側的棋盤方格是由等位基因 *B* 頻率為 0.6 以及等位基因 *b* 頻率為 0.4 所建構的，該數值則是從表格最下方一列而來。在此，可將頻率視為百分比，亦即 0.6 代表族群中的 60%，而 0.4 代表族群中的 40%。根據哈溫定律，族群內 60% 的精子攜帶 *B* 等位基因 (在

表現型 / 基因型	*BB*	*Bb*	*bb*
族群中基因型的頻率 (1,000 隻貓的族群中之數目)	360 隻貓 360/1,000 = 0.36	480 隻貓 480/1,000 = 0.48	160 隻貓 160/1,000 = 0.16
族群中等位基因的數目 (每隻貓 2 個)	720 *B*	480 *B* + 480 *b*	320 *b*
族群中等位基因的頻率 (總數 2,000)	720 *B* + 480 *B* = 1,200 *B* 1,200/2,000 = 0.6 *B*	480 *b* + 320 *b* = 800 *b* 800/2,000 = 0.4 *b*	

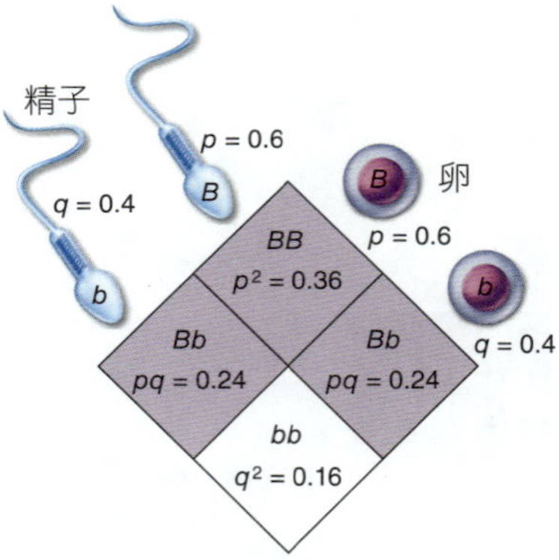

圖 14.18 計算在哈溫平衡時的對偶基因頻率
此例子是在 1,000 隻貓的族群中，有 160 隻白貓及 840 隻黑貓，白貓為 *bb*，而黑貓為 *BB* 或 *Bb*。

棋盤方格中呈現為 $p = 0.6$)，而 40% 的精子攜帶 *b* 等位基因 ($q = 0.4$)。當這些精子與攜帶相同等位基因頻率的卵交配 (60% 或 $p = 0.6$ *B* 等位基因以及 40% 或 $q = 0.4$ *b* 等位基因)，預測的基因型頻率即可簡單地被計算出。在最上方的方格 *BB* 基因型比例等於 *B* 的頻率 (0.6) 乘以 *B* 的頻率 (0.6) 或 ($0.6 \times 0.6 = 0.36$)。所以，倘若族群沒有演化，則 *BB* 的基因型比例會維持相同，而未來世代中有 0.36 或 36% 的貓將是顯性同型合子 (*BB*) 的毛色。同樣地，0.48 或 48% 的貓會是異型合子 *Bb* ($0.24 + 0.24 = 0.48$)，而 0.16 或 16% 則是隱性同型合子 *bb*。

哈迪及溫伯格的假設

哈溫定律是根據一些假設，只有在下列的五個假設成立時，方程式才會成立。

1. 族群的大小非常大或是無限大。
2. 個體間的交配是逢機的。
3. 沒有突變。
4. 沒有新的任何等位基因從任何外來資源加入 (如從鄰近族群遷徙進來) 或是藉由遷出而喪失等位基因 (個體離開族群)。
5. 所有等位基因同樣皆可一代一代地被取代 (天擇沒有發生)。

虛無假說

許多族群以及大部分的人類族群很大，且個體會逢機地與具有大多數性狀者交配 (人類有些影響外觀之性狀則會導向強烈的性擇)。因此，在哈迪及溫伯格的想像之下，許多族群與理想族群相似。然而，對於某些基因而言，所觀察到的異型合子比例和從等位基因頻率計算而得的數值並不吻合，當發生此情況時，即表示在族群中，由於某種因素的作用而改變了一個或更多個基因型的頻率，其可能是天擇、非逢機交配、遷徙或是其他因素。從此角度來看，哈溫定律可被視為一個*虛無假說* (null hypothesis)。虛無假說是指變數所量測的結果之間將沒有差異的一種預測。倘若在數個世代之後，族群中基因型的頻率與哈溫方程式所預測者不符合，則虛無假說將被推翻，也就是某種力量作用在族群上而改變其等位基因頻率的假說成立。這些可影響族群內等位基因頻率的因素將於本章後面詳細討論。

案例研討：人類的囊性纖維化

哈溫方程式所預測者有多正確？對許多基因而言，這些預測被證實相當正確。例如，以人類的嚴重疾病囊性纖維化來看，其由於隱性等位基因所致，此等位基因 (q) 在北美的白種人中的頻率為 0.022，因此，北美的白種人中有多少比例會表現此性狀？帶有兩個隱性基因之個體 (q^2) 的頻率預期應為：

$$q^2 = 0.022 \times 0.022 = 0.00048$$

相當於在每 1,000 人中有 0.48，或是每 2,000 人中大約有 1 人，此相當接近實際估計。

異型合子帶原者的預期比例是多少？倘若隱性等位基因頻率 q 為 0.022，則顯性等位基因 p 頻率應該是 $p = 1 - q$ 或是：

$$p = 1 - 0.022 = 0.978$$

故異型合子個體的頻率 ($2pq$) 預期應為：

$$2 \times 0.978 \times 0.022 = 0.043$$

在美國，估算約有 1,200 萬人是囊性纖維化等位基因的帶原者，美國人口總數為 3 億 1,400 萬人，故頻率為 0.038，非常接近應用哈溫方程式所得之結果。然而，倘若在美國，此囊性纖維化等位基因頻率改變了，即暗示此族群不再依循哈溫定律的假設。例如，倘若有希望成為父母者皆為此等位基因的帶原者，選擇不生小孩，則在未來世代中，此等位基因頻率將下降。交配不再是逢機的，因為等位基因的帶原者將不交配。試想像另一種情境：倘若發展出基因療法能夠治癒囊性纖維化症狀，病人能夠存活更久且有更多機會生育，那麼這將使得此等位基因頻率在未來世代中增加。倘若在移民至美國的人群中，有更多帶原者，其頻率也會因此等位基因遷入族群中而導致增加。

關鍵學習成果 14.8

一個逢機交配的大族群符合其他的哈溫假設，等位基因的頻率應該會符合哈溫平衡。倘若不是如此，則族群將會進行演化改變。

14.9 演化的動力

改變哈溫平衡

許多因素能改變等位基因的頻率，但其中只有五種可改變同型與異型合子所占的比例，並足以產生遠離哈溫定律所預期比例的顯著偏差。

突變

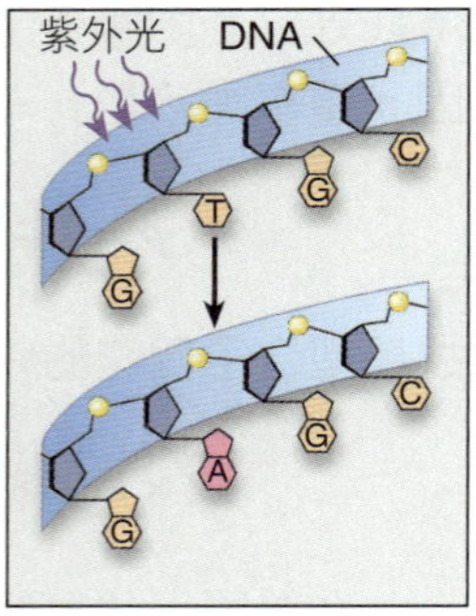

突變 (mutation) 是指 DNA 的核苷酸序列改變。例如核苷酸 T 可能突變而被核苷酸 A 所取代。從一個等位基因突變為另一個顯然會改變族群內特定等位基因的比例。但是突變速率通常很慢以致於沒有明顯地改變常見的等位基因之比例，故仍符合哈溫定律。許多基因會在每 10 萬次細胞分裂中發生 1~10 次突變，其中有些是有害的，而其他則是中性的或者極少數是有利的。此外，突變必須是會影響生殖細胞 (卵及精子) 的 DNA，否則突變將不會傳給子代。突變速率太緩慢，以致極少有族群能存在得夠長久以累積到顯著數量的突變。然而，無論多麼稀少，突變是族群內基因變異的根本來源。

非逢機交配

具有特定基因型的個體有時候會互相交配，比起在逢機之下所預期者，不是更常見就是較少，此現象稱為**非逢機交配** (nonrandom mating)。**性擇** (sexual selection) 是一種非逢機交配，通常根據某些外在特徵來選擇交配對象。另一種非逢機交配是自交或近親交配，例如在一朵花裡的自花受精。自交會增加具有同型合子個體的比例，因為除了自己外，沒有具有其他基因型者與之交配。因此，自交的族群比哈溫定律所預期者含有更多同型合子個體。所以自花受精的植物族群主要包含同型合子個體，而異花受精的植物是與不同於自己的個體交配，會產生較高比例的異型合子個體。非逢機交配改變了基因型頻率而非等位基因頻率。等位基因頻率維持相同－該等位基因只是在後代中分布不相同。

遺傳漂變

在小族群中，特殊的等位基因頻率會純粹因機率問題而發生急遽變化。在極端的情況中，少數個體帶有特定基因的個別等位基因，倘若這些個體不能生殖或是死亡，則這些等位基因會突然地喪失。這種個體及其等位基因的喪失導因於逢機事件，而非帶有該等位基因個體之適存性所致。但這並非代表等位基因總是隨遺傳漂變而喪失，而是等位基因頻率的改變顯然是逢機的，好像頻率在漂動；因此，等位基因的逢機改變稱為**遺傳漂變** (genetic drift)。一系列的小族群，其彼此被隔離，會因遺傳漂變而導致極大的差異。

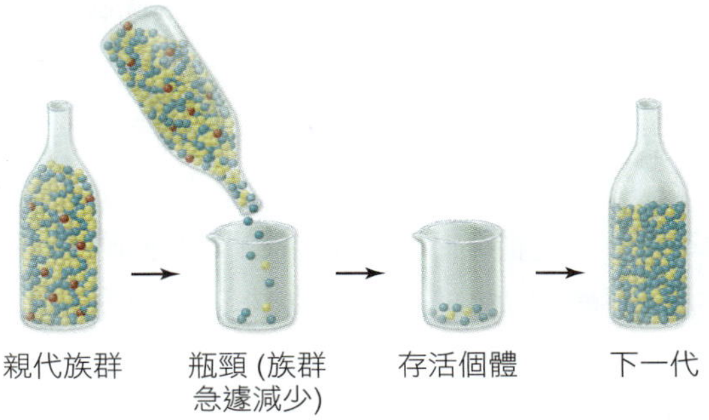

圖 14.20　遺傳漂變：瓶頸效應
親代族群包含約略相等數量的綠色與黃色個體，以及少數的紅色個體。偶然間，只有少數殘留的個體繼續發展至下一世代，且大部分皆為綠色。此瓶頸的發生是因為極少個體產生下一世代，就如同在一次流行病或大風暴災難發生之後可能造成的情況。

當一個或少數個體從族群遷出，並成為一個與起源族群相隔有段距離之新隔離族群的先驅者。即使這些等位基因在其起源族群是稀有的，它們將成為新族群的遺傳基礎之重要部分，此稱為**先驅者效應** (founder effect)。先驅者效應所造成的後果會在新的隔離族群中，通常會使得稀有的等位基因及其組合變得更為常見。對於發生在海島上之生物的演化而言，如達爾文造訪的加拉巴哥群島。先驅者效應顯得特別重要。在這樣地區的生物種類中，大部分可能是從一或少數幾個初始的先驅者所衍生而來。在相似的情形下，隔離的人類族群通常會出現優勢的遺傳性狀，即是其先驅者特別是在初期參與的少數個體所擁有的特性 (圖 14.19)。

即使生物不各處移動，族群數量偶爾也會急遽下降，這可能導因自洪水、乾旱、地震以及其他自然因素或是環境中漸進的變化。存活的個體構成一個來自原始族群的逢機遺傳樣本，進而造成了遺傳變異上的侷限稱為**瓶頸效應** (bottleneck effect) (圖 14.20)。現今在非洲列報的遺傳變異出現非常低的現象，被認為是反映在過去曾遭遇接近滅絕的事件。

遷徙

以遺傳而言，族群之間的個體移動定義為**遷徙** (migration)。此可以是有力的因素，影響自然族群的遺傳穩定性。遷徙包括個體遷徙進入族群中，稱為遷入 (immigration)，以及個體遷徙離開族群中，稱為遷出 (emigration)。倘若這些新抵達的個體之特徵與已經在當地居住者不同，且倘若新抵達者在此新地區適應且存活下來，並能成功交配，則這個接收族群的遺傳組成將會改變。

有時候，遷徙並不明顯，微細的移動包括植物的配子或是海中生物的幼體階段在各處漂移。例如，蜜蜂可攜帶花粉從一個族群的花傳到另一族群的花上，藉此，蜜蜂可將新的等位基因引入族群中。然而，遷徙的確可以改變族

圖 14.19　先驅者效應
這個阿米希婦女抱著她的小孩，其患有埃利偉氏症候群 (Ellis-van Creveld syndrome)。這種特殊的症候群包括四肢短、形如侏儒且多手指。這種病在阿米希部落中，是由其在 18 世紀的先驅者引入的，並且至今仍持續存在，因為生殖隔離的緣故。

群的遺傳特性，並造成族群脫離哈溫平衡。因此，遷徙可導致演化變異，遷徙的作用程度高低是根據兩個因素：(1) 族群內遷徙的比例，以及 (2) 原始族群與遷徙者之間的等位基因頻率差異。遷徙的真正演化衝擊是很難去評估的，且強烈取決於普遍存在於不同地方的各族群中的天擇壓力。

天擇

如同達爾文所說，有些個體會比其他者產生較多子代，而且會持續如此的可能性是受到其遺傳到的特徵所影響，這過程的結果稱為**選擇** (selection)，此即使在達爾文時代已為馬與農場動物的繁殖者所熟悉。所謂**人擇** (artificial selection) 是指由繁殖者挑選其想要的特徵。例如以較大體型的動物來進行交配可以產生較大體型的子代。在**天擇** (natural selection) 中，達爾文指出環境扮演此角色，以在自然情況下，決定族群中的哪種個體是最適應者 (亦即最適應於其生存環境者；詳見 14.3 節)，如此進而影響在未來族群個體中基因所占的比例。環境所加諸的狀態決定天擇的結果，於是也決定了演化的方向 (圖 14.21)。

淺色小囊鼠在火山岩石上易受害
淺色小囊鼠因與沙土顏色相近而被天擇所偏好
深色小囊鼠因與黑色火山岩石相近而被天擇所偏好

圖 14.21 老鼠體色的選擇

在美國西南部，古老的火山熔岩已形成黑色的岩石，其與周遭淺色的沙漠沙土呈現出強烈對比。許多出現在這些岩石上的動物種類之族群是深色的，而生活在沙土上的族群則較淡。例如，小囊鼠中，天擇所偏好的毛色是與周遭環境相同者，毛色與背景顏色相近可讓小囊鼠偽裝而獲得保護，免於被獵食鳥類取食。這些小囊鼠若處於相反的棲地，則會非常明顯易見。

天擇的類型

在一個物種的自然族群中，天擇的運作就如同在一場足球賽事中的技術，在任何一場比賽中，很難預測獲勝隊伍，因為機會可能對結局扮演重要角色。但是，經過漫長賽季，具有較多優技球員的隊伍通常會贏得較多賽事。在自然界中，雖然機會在任何個體的生命中都扮演主要角色，較能適應其環境的個體通常能產生較多子代而贏得此演化賽事。即使你不能預測任何個體的命運或每次丟銅板的結果，仍可能預測物種族群中的哪種個體較為常見，就像你有可能預測在丟許多次銅板之後，出現人頭的比例。

在自然界中，許多性狀，大多會受一個以上的基因所影響。例如，人類身高是由許多不同基因的等位基因來決定 (詳見圖 10.12)。在這樣的案例中，天擇運作在所有基因上，對於表現型貢獻最多者的影響最大。天擇有三種類型：穩定性、分歧性及方向性。

穩定性天擇

當天擇作用在排除分布在表現型兩極端者－例如排除較大及較小體型者－結果導致已經是最常見的中間表現型 (如中體型) 之頻率增加，此稱為**穩定性天擇** (stabilizing selection)：

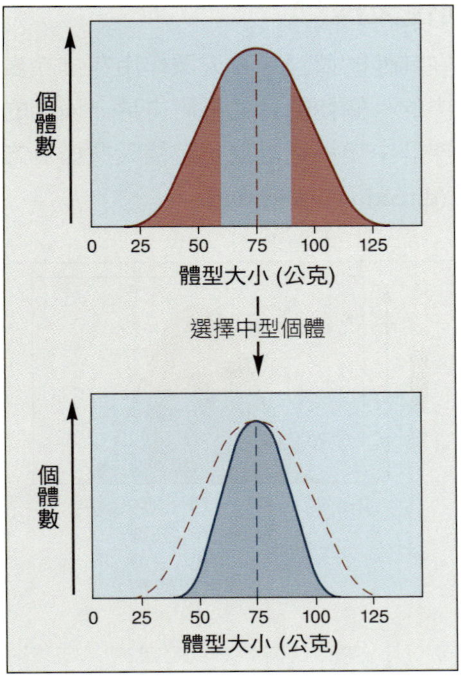

在 1898 年 2 月 1 日，一場夾雜雨及冰霰極嚴重的暴風雪之後，羅德島普羅維登斯的布朗大學的邦普斯 (H. C. Bumpus) 進行了一個典型的研究，將採集的 136 隻飢餓的麻雀帶回實驗室，其中有 64 隻死亡、72 隻存活。邦普斯對這些鳥進行標準化量測，發現在雄鳥中，存活者傾向較大體型，如同在方向性天擇 (討論於後) 作用下所預測；然而，在雌鳥中，存活者則是較接近中體型。在死亡的雌鳥中，較多個體具有極端體型，不是較大、就是較小。

如邦普斯精巧的說法，「在天擇排除的過程中，最嚴重的是具有極端差異的個體，不論該變異發生在哪些方向。具有明顯超過生物理想標準者和明顯低於標準者，都同樣危險。自然偏好固定模式 (type)。」

在邦普斯的研究中，天擇很強烈地作用在雌鳥的「極端體型」，穩定性天擇不會改變在族群內最常見的表現型－鳥的平均體型已經是最常見的表現型－而是藉由排除極端者而將之變得更常見。在效應上，天擇的運作是避免遠離中間值的變異。

許多已知的實例與邦普斯的雌性麻雀相似，例如人類的嬰兒，出生時的重量在中間值者有較高的存活率：

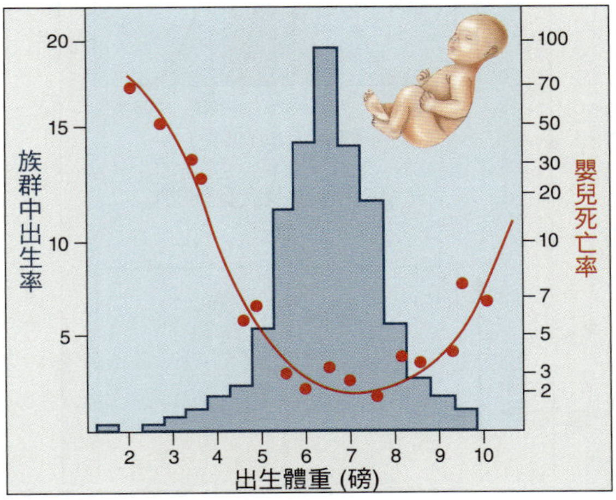

更特別的是，人類嬰兒的死亡率中，以具中間型出生體重在 7~8 磅之間者最低，如上圖紅線所示。其與來自美國出生紀錄數年內的統計數據互相一致。中間型體重也是美國族群內最常見者，如藍色區塊所示。較大或較小的嬰兒出現頻率較低，且有較大的機率會在出生或接近出生時死亡。類似的情況也發生在雞蛋上，中間型重量者有最高的孵化成功率。

分歧性天擇

在某些情況下，天擇作用在排除中間型，結果使得兩種更極端的表現型在族群中變得更常見，這種天擇稱為**分歧性天擇** (disruptive selection)：

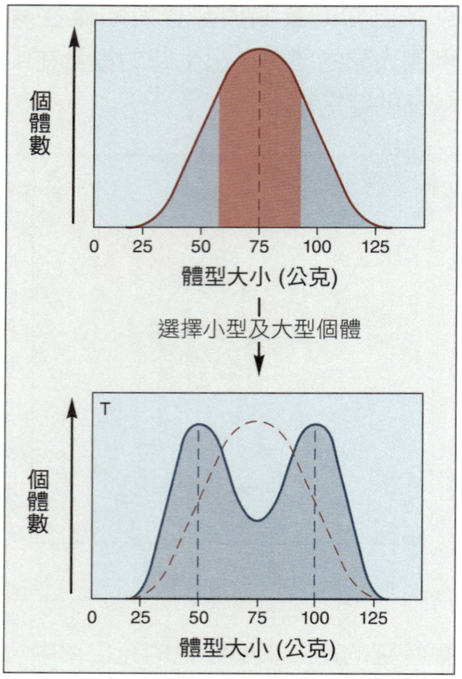

一個清楚的例子是非洲黑腹裂籽雀 (*Pyrenestes ostrinus*)。這些鳥的族群包括具有大型與小型嘴喙的個體，但具中間型嘴喙者很少。如牠們的俗名所示，這些鳥以種子為食，而可食用的種子大小歸為兩類：大型與小型。只有大嘴喙的鳥，如下圖左側所示，可以咬碎大型種子的硬殼，而具有最小嘴喙的鳥，如右側所示，則更適應於取食小型種子。具有中間型嘴喙的鳥對取食這兩型的種子而言，則處於不利狀態：不能咬開大型種子，又對處理小型種子的效率上顯得笨拙。此後果是，天擇作用在排除中間表現型，而造成族群分成兩個表現型差異很大的類群。

方向性天擇

在其他的情況下，天擇作用在排除表現型分布中的一個極端，結果使得另一極端的表現型在族群中變得更常見，這種天擇稱為**方向性天擇** (directional selection)：

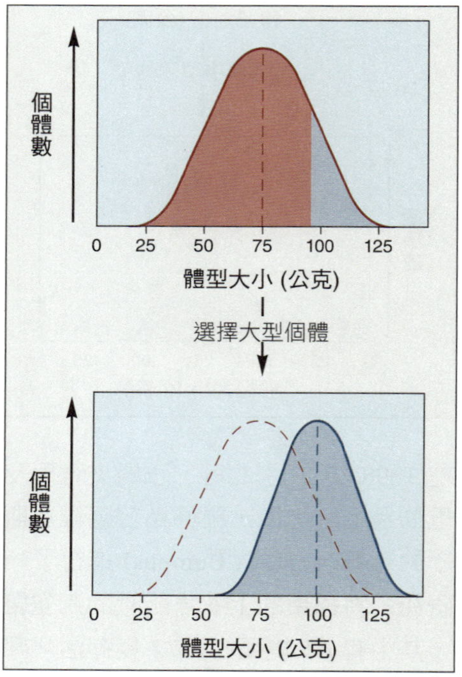

例如，在下方實驗中，會向光移動的果蠅 (*Drosophila*) 從族群中被移除，只有遠離光者能成為下一子代的親代。在 20 世代的選擇交配之後，向光移動的果蠅在族群中的頻率變得非常少。

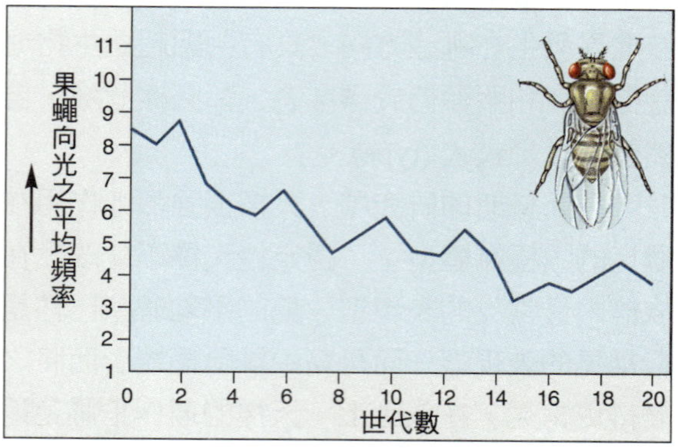

關鍵學習成果 14.9

五個演化因素 (驅動力) 具有顯著改變族群中等位基因及基因型頻率的潛力：突變、非逢機交配、遺傳漂變、遷徙以及天擇。天擇可以偏好中間型或是一個或兩個極端。

族群內的適應

自從達爾文主張天擇在演化中扮演關鍵角色之後，許多實例已發現天擇可明確地作用在改變物種的遺傳組成，與達爾文所預測者相同。以下將以三個實例來說明。

14.10 鐮刀型細胞貧血症

蛋白質缺失

鐮刀型細胞貧血症 (sickle-cell disease) 是一種影響血液中血紅素分子的遺傳疾病。它是最早在 1904 年，在芝加哥檢查一位經常感到疲倦患者的血液中被發現的。

這疾病起因於負責製造 *β*-血紅素的編碼基因發生單一核苷酸的改變，*β*-血紅素是紅血球用來攜帶氧的關鍵蛋白質。鐮刀型細胞突變使得 *β*-血紅素鏈中的第 6 個胺基酸 (B6位置) 從麩胺酸 (強極性) 轉變成纈胺酸 (非極性)。這不好的改變結果是非極性的纈胺酸 (valine) 處於 B6 位置，突出在血紅素分子的角落，並與另一個血紅素分子的對面側邊之非極性區完整接合；於是非極性區彼此關聯。由於兩個相連的分子單位仍各自有一側的 B6 纈胺酸和非極性區，所以其他血紅素繼續連接上來而形成長鏈狀，如圖 14.22a 所示。結果紅血球變形成「鐮刀狀」如圖 14.22b 所示。相反地，在正常的血紅素中，極性的麩胺酸 (glutamic acid) 出現在 B6 位置，此極性的胺基酸不會連接在非極性區，所以不會發生血紅素連結的情形，細胞為正常形狀，如圖 14.22c。

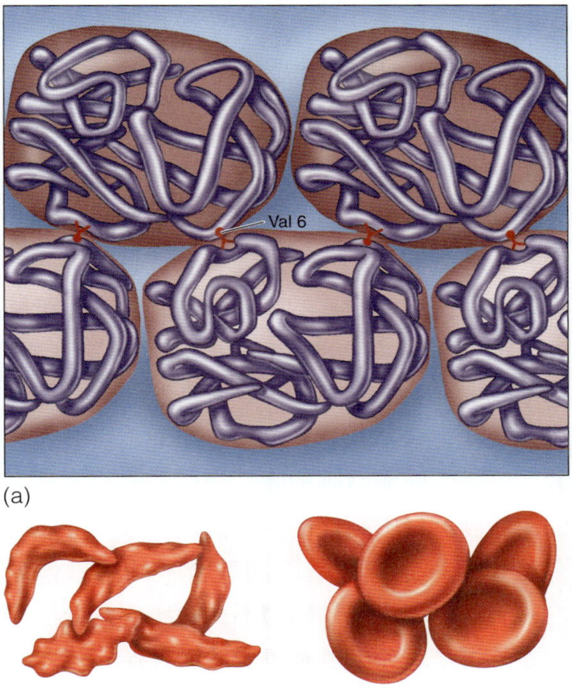

(b) 鐮刀型紅血球　　(c) 正常紅血球

圖 14.22　為何鐮刀型細胞突變造成血紅素連結

帶有 *β-血紅素* (*β*-hemoglobolin) 基因發生鐮刀型細胞遺傳突變 (以 *s* 等位基因表示) 的同型合子患者其壽命會減縮，因為鐮刀型的血紅素無法有效地攜帶氧原子，且鐮刀型的紅血球不能順利地在微細的微血管中流動。而異型合子的個體同時具有缺陷型及正常型的基因，可產生足夠具功能的血紅素，使得其紅血球維持健康。

疑惑：為何如此常見？

現今已知此疾病起源於非洲中部，鐮刀型細胞的等位基因在該地區的頻率約為 0.12，在 100 人中即有一名具有同型合子之缺陷等位基因且發展出致死的疾病。在一千個非洲裔美國人中，大約有二人受到鐮刀型細胞貧血症的影響，但此幾乎沒有出現在其他族群中。

倘若達爾文的天擇造成演化之論點正確，那麼為何天擇並未作用在非洲此具缺陷的等位基因，將之從人類族群中排除？為何此潛在致死的等位基因至今在當地仍非常普遍？

解答：穩定性天擇

具缺陷的 *s* 等位基因並沒有從非洲中部排除，是因為具鐮刀型細胞等位基因異型合子的人們較不易罹患瘧疾，其為非洲中部死亡主因之一。檢視圖 14.23 的地圖，可清楚看出鐮刀型細胞貧血症與瘧疾的關係。左側地圖顯示鐮刀型細胞等位基因的頻率，深綠色區塊代表等位基因的頻率為 10~20%；右側地圖中的深橘色區塊代表瘧疾的分布，很明顯地，左側地圖的深綠色區塊與右側地圖的深橘色區塊重疊。即使此族群付出高代價－每個世代中，許多帶有鐮刀型細胞等位基因同型合子的個體會死亡－倘若異型合子的個體不會對瘧疾有抵抗性的話，那麼該死亡量應遠少於因瘧疾而死者。五個人中有一人 (20%) 為異型合子且可在瘧疾下存活，而 100 個人中只有一人 (1%) 為同型合子且會因鐮刀型細胞貧血症而死。類似的鐮刀型細胞等位基因遺傳模式在其他經常有瘧疾的國家出現，例如地中海周邊、印度及印尼等區域。在非洲中部及其他區域，天擇會偏好鐮刀型細胞等位基因且遭受瘧疾感染者，因為具異型合子者存活所付出的代價超過於彌補同型合子者死亡的損失。此現象是**異型合子優勢** (heterozygote advantage) 的實例。

因此，穩定性天擇，也稱為平衡型天擇 (balancing selection)，作用在鐮刀型細胞等位基因：(1) 天擇傾向於排除鐮刀型細胞等位基因，因為其對具同型合子者有致死作用，以及 (2) 天擇傾向於偏好鐮刀型細胞等位基因，因為它保護了具異型合子者免因瘧疾而死。就像經理會維持商店存貨量的平衡一樣，天擇會增加物種有利的等位基因之頻率，直到花費與獲利達到平衡。

穩定性天擇的發生是因為瘧疾的抗性可與致死的鐮刀型細胞貧血症相抗衡。瘧疾是熱帶地區的疾病，其在 1950 年代初期已從美國完全根除，因為鐮刀型細胞等位基因並非穩定性天擇所偏好者。在數百年前被帶入美洲的非洲人並沒有因為具鐮刀型細胞等位基因異型合子而在美國發展史中獲得任何演化優勢，由於沒有任何罹患瘧疾的危險，所以對瘧疾有抗性在美國並非有利條件。因此，在美洲，天擇淘汰了沒有被任何優勢所抗衡的鐮刀型細胞等位基因。於是，相較於在非洲中部土生土長的非洲人，此等位基因已經在非洲裔美國人中變得極為少見。

穩定性天擇以類似方式影響人類的其他許多基因。在歐洲西北部，造成囊性纖維化的隱性 *cf* 等位基因特別地常見，具有 *cf* 等位基因異型合子者會受到保護免於因霍亂而導致脫水，而且 *cf* 等位基因也可提供免於傷寒的保護。很顯然地，造成傷寒的細菌利用健康的

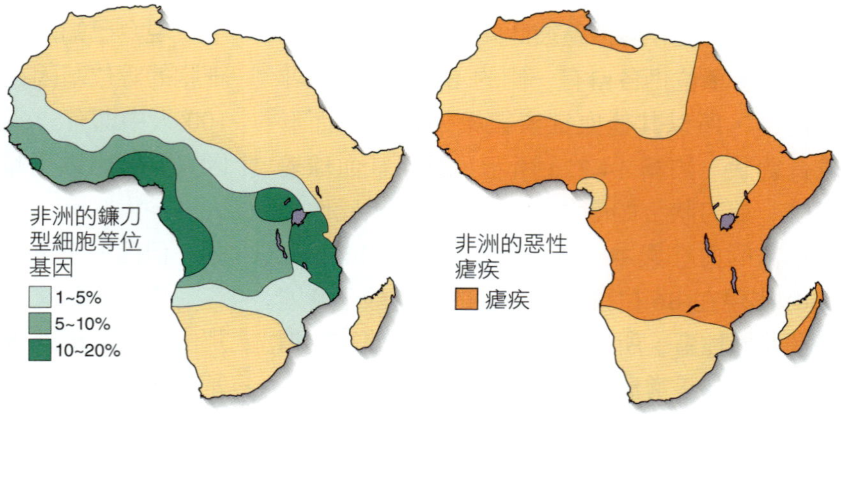

圖 14.23 穩定性天擇如何維持鐮刀型細胞貧血症
圖中顯示鐮刀型細胞等位基因的頻率 (左側) 以及惡性瘧疾的分布 (右側)。惡性瘧疾是在經常致死疾病中最具破壞性的類型，如你所見，其在非洲的分布與鐮刀型細胞特徵等位基因的分布極為相關。

CFTR 蛋白質來入侵感染細胞，但是它不能利用囊性纖維化的蛋白質。如同鐮刀型細胞貧血症，具異型合子者受到保護。

關鍵學習成果 14.10

在非洲族群中，鐮刀型細胞貧血症的流行被認為是反映出天擇的作用。天擇偏好帶有一個鐮刀型細胞等位基因的個體，因為他們對在非洲常見的瘧疾具有抗性。

14.11 胡椒蛾工業黑化現象

胡椒蛾 (*Biston betularia*) 是歐洲的一種蛾，其在白天時會在樹幹上休息。直到 19 世紀中期，此物種被捕捉的個體幾乎所有都具有淺色的翅膀。自此之後，在這物種的靠近工業中心之族群中，具暗色翅膀的個體所占的比例增加，直到高達將近 100%。暗色個體具有顯性等位基因，其在 1850 年以前已存在，但極為稀有。生物學家很快地注意到，在暗色蛾較常見的工業地區，樹幹因煙塵污染而變得幾乎是黑色的，在其上休息的暗色蛾比淺色蛾更不顯眼。此外，在工業地區擴展的空氣污染已經造成樹幹上的淺色地衣死亡，使得樹幹顏色更深。

圖 14.24 圖特的假說解釋了工業黑化現象
不同體色的胡椒蛾 (*Biston betularia*)，圖特提出在未被污染的樹上 (上圖)，暗色蛾較容易被獵食者發現；然而，在被工業污染燻黑的樹幹上 (下圖)，淺色蛾較容易被獵食者發現。

天擇與黑化現象

達爾文的理論可以解釋暗色等位基因頻率增加的理由嗎？為何在 1850 年期間暗色蛾會有存活的優勢？一個業餘蛾類採集者圖特 (J. W. Tutt) 在 1896 年提出一個大家廣為接受且可以解釋淺色蛾減少的假說，他主張淺色蛾在被煙燻的樹幹上較容易被獵食者發現，所以，在白天，鳥吃掉在被燻黑樹幹上的淺色蛾；相反地，暗色蛾因為其被偽裝而較占優勢 (圖 14.24)。雖然起初圖特並沒有證據，在 1950 年代，英國的生態學家凱特威爾 (Bernard Kettlewell)，藉由飼養胡椒蛾族群來測試其假說，起初暗色與淺色蛾的個體數量相等，然後凱特威爾將族群釋放至兩組樹林中：一個靠近嚴重污染的伯明罕；另一則在未受污染的多塞特。凱特威爾在樹林中設立陷阱以得知兩種蛾的存活數量，為了評估其結果，他事先在所釋放蛾的翅膀腹面 (鳥類看不到的那一面) 漆上一小點來做記號。

在靠近伯明罕的污染區，凱特威爾捕捉到 19% 的淺色蛾和 40% 的暗色蛾。此表示暗色蛾在這受污染的樹林內，其樹幹顏色較深，有較多機會可以存活下來。在相對未受污染的多塞特樹林中，凱特威爾捕捉了 12.5% 的淺色蛾且只有 6% 的暗色蛾。此表示在樹幹顏色仍是淺色的情況下，淺色蛾有較多機會存活下來。後來凱特威爾藉由將死蛾放在樹上，以拍攝鳥類覓食，來鞏固其主張。有時候，鳥類真的會錯過一隻與其背景相同顏色的蛾。

工業黑化現象

工業黑化現象 (industrial melanism) 這名詞是用來描述較暗色的個體因為工業革命而比較淺色個體容易成為優勢之演化過程。直到最近，大家普遍相信此過程已發生，因為身處在被煙塵和其他類型的工業污染所燻黑的棲地之暗色生物較易躲過其獵食者，如凱特威爾所主張者。

如同在工業化地區的胡椒蛾，整個歐洲及北美洲中，有數十種其他的蛾類物種也以相同的方式在改變，從 19 世紀中期，工業化日漸擴張，暗色類型變得更常見。

到了 20 世紀後半，在廣泛實施污染監控之下，這些趨勢在逆轉當中，不僅是發生在英國許多地區的胡椒蛾，也發生在北半球大陸各地的許多其他的蛾類物種上。這些實例提供了一些具完善紀錄的實證，以說明自然族群中，由於環境中特定因素之天擇所造成等位基因頻率的變異。

在英國，空氣污染所造成工業黑化的現象，在 1956 年淨化空氣法案通過之後，開始逆轉。從 1959 年開始，在利物浦郊外的凱蒂坎門的胡椒蛾族群每年被採樣，黑化 (暗色) 蛾的頻率從 1960 年高達 94%下降至 1995 年的 19% (圖 14.25)。類似的逆轉也在英國各地有記載，此下降與空氣污染的降低有明顯相關，特別是會造成樹幹黑化的二氧化硫及懸浮微粒。

有趣的是，與英國相同的工業黑化現象之逆轉情況也在同時期於美國發生。胡椒蛾美國

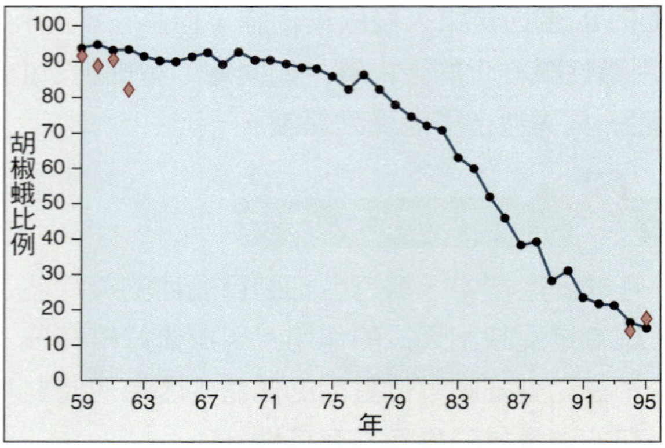

圖 14.25 排除黑化現象的天擇
圓圈代表在英國凱蒂坎門的深色胡椒蛾 (*Biston betularia*) 從 1959~1995 年持續被取樣的頻率。紅色菱形代表在密西根州的深色胡椒蛾的頻率。

亞種的工業黑化現象並未像在英國一樣蔓延，但它也在鄰近底特律的鄉村田野工作站中被詳細記載。在 1959~1961 年期間，所採集的 576 隻胡椒蛾中，515 隻是黑化的，頻率為 89%。在 1963 年，聯邦淨化空氣法案通過之後，導致空氣污染顯著下降，當在 1994 年再度採樣時，底特律田野工作站的胡椒蛾族群中只有 15% 是黑化蛾！在利物浦及底特律的蛾類皆屬於相同自然實驗中的一部分，皆是呈現出天擇的強有力證據。

重新考量天擇的目標

圖特的假說，在當初被凱特威爾的研究廣泛接受，但在目前則被重新評估。問題在於，最近作用在排除黑化現象的天擇並沒有與樹上的地衣變化呈現出相關性。在英國凱蒂坎門，淺色的胡椒蛾早在地衣重新出現在樹上之前即開始增加其頻率。在美國底特律田野工作站，在過去 40 年期間隨著暗色胡椒蛾首先占優勢，然後又下降的過程中，地衣從未發生顯著變化。事實上，研究人員並未曾在底特律的樹上發現胡椒蛾，不論是否有地衣覆蓋。在白天，無論蛾類在何處休息，都不會出現在樹皮上。有些證據顯示牠們在樹冠層的葉子上休

息，但無人能確定此說法。

除了翅膀顏色之外，天擇可作用在淺色與暗色胡椒蛾之間的其他差異。例如研究人員報導指出，其毛毛蟲在不同情況下存活的能力有明顯差異。也許天擇也會以毛毛蟲作為作用目標，而非成蟲。目前尚未能確定天擇作用的目標為何，研究人員仍積極地在探討這個進行中的天擇實例。

對沙漠鼠黑化現象的天擇

黑化現象不僅侷限在昆蟲，貓和許多其他哺乳類都有黑化型，其皆受到與蛾類相同模式的天擇影響。生活在不同顏色之岩石棲地的沙漠小囊鼠，其毛色提供了一個天擇作用在黑化現象的清楚實例。在亞利桑那州與新墨西哥州，一群小型的野生小囊鼠生活在孤立的黑色火山熔岩床以及熔岩間的淡色沙土上。在小囊鼠的毛髮發育中，黑色素的合成是受到受體基因 *MCIR* 的調控，造成 *MCIR* 有缺陷的突變就會導致黑化現象。這樣的突變是顯性等位基因，所以只要它們存在於族群中，就會有深色小囊鼠。當亞利桑那大學的生物學家調查小囊鼠的野生族群時，發現小囊鼠的毛色與其所棲息的岩石岩顏色之間有強烈的相關性。

如上方兩張照片所示，毛色和背景顏色提供小囊鼠隱藏的保護免被鳥類獵食，特別是貓頭鷹。當把這些小囊鼠放在相反棲地就變得非常顯眼 (下方照片)。

關鍵學習成果 14.11

在容易有嚴重空氣污染的地區，天擇偏好深色胡椒蛾，也許因為在變黑的樹上，牠們可能較不易被吃蛾的鳥發現。當污染改善後，天擇轉向偏好淺色型。

14.12 魚體色的選擇

孔雀魚的體色

生物學家為了研究演化，已經探討過去數百萬年之前所發生的事件。欲了解恐龍，古生物學家檢視恐龍化石；欲研究人類演化，人類學家檢視人類化石，並且更進一步檢視人類的親緣關係樹，以了解 DNA 在數百萬年以來所累積的突變。

演化生物學並不完全是僅重視觀察的科學。達爾文對許多事情的看法是對的，但他誤判了演化發生的步調，認為是以極為緩慢且幾乎難以覺察的步調在演化。然而在最近數年，許多案例研究已顯示出在某些情況下，是可能建立實驗性的研究以測試演化假說。一百多年以來，雖然實驗室的果蠅及其他生物的研究已經是很常見，但在最近數年，科學家才開始進行在自然界演化的相關實驗性研究。一個有關孔雀魚 (*Poecilia reticulata*) 的研究，即是自然界的觀察如何與在實驗室以及在田野間進行的嚴謹實驗結合的優良案例。

生活在不同環境的孔雀魚

孔雀魚因其鮮艷顏色及旺盛生殖力而成為廣受歡迎的觀賞魚種。在自然界，孔雀魚生活在南美洲東北部以及千里達群島上的小溪中。在千里達，孔雀魚生活在許多山間小溪，這些小溪的特性是都有瀑布。值得驚奇的是，孔雀魚及其他魚種竟然可以在瀑布上游的溪段建立族群。魔法魚 (*Rivulus hartii*) 是適應特別好的棲息者；在下雨的夜晚，牠會蠕動離開小溪並通過潮濕落葉層。孔雀魚則沒有如此靈活，但牠們擅於逆流向上游。在洪水季節，溪水有時會氾濫岸邊，而造成第二條水道流經森林。在這種情況下，孔雀魚可能會逆流而上，並入侵瀑布上游的池塘。相反地，並非所有物種都能如此散播，因此牠們僅出現在第一個瀑布下游的溪中。有一種被瀑布限制其分布的長慈鯛 (*Crenicichla alta*)，牠是貪婪的獵食者，其以其他魚種為食，包括孔雀魚。

因為有這些散播的屏障，孔雀魚可以在兩個非常不同的環境出現。在圖 14.26 中，棲息在瀑布下游水池中的孔雀魚須面臨長慈鯛的獵食，這樣重大的風險使其存活率維持相對偏低，相反地，在瀑布上游相似的水池中，其唯一存在的獵食者是魔法魚，但牠很少以孔雀魚為食。在瀑布上、下游的孔雀魚族群呈現出許多差異。在瀑布下游之高獵食風險的水池中，雄性孔雀魚呈現土褐色，如圖 14.26 所示。此外，牠們傾向在較年輕階段即生殖，且成魚體型相對較小。相反地，圖中在瀑布上游的水池中，雄性魚呈現華麗色彩以吸引雌性，成魚較晚成熟且生長成較大體型。

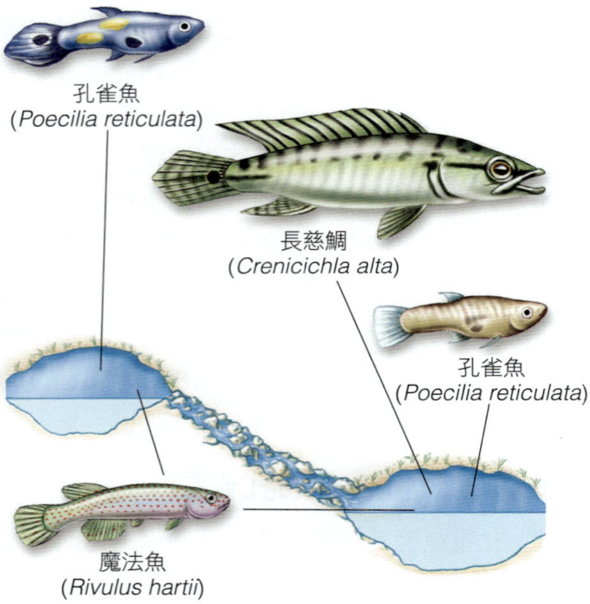

圖 14.26 保護體色的演化
在瀑布下游的水池中，因獵食率高，雄性孔雀魚呈土褐色；在沒有高獵食的長慈鯛之下，在瀑布上游水池的雄性孔雀魚則較鮮艷且吸引雌性。魔法魚也是獵食者但很少以孔雀魚為食。這些孔雀魚差異的演化可以被實驗測試。

這些差異暗示天擇的功能。在獵食性低的環境中，雄性展現華麗色彩與斑點以利交配，此外，較大體型的雄性在保護其領域及與雌性交配上最易成功，且較大的雌性可產下更多卵。因此，在沒有獵食者的情況下，較大且較鮮艷的魚會產生較多子代，導致這些性狀的演化。然而在瀑布下游的水池中，天擇偏好不同性狀，鮮豔的雄性可能會吸引長慈鯛的注意，且高獵食率代表大部分魚的壽命短；因此，具有較土褐色且投資能量在生殖而不在較大體型上的個體，可能是被天擇所偏好者。

實驗

雖然生活在瀑布上、下游水池中的孔雀魚之間的差異暗示牠們代表在不同的獵食強度下之演化反應，但仍有可能是另一種解釋。例如，也許僅有體型非常大的魚才能逆流向上游、通過瀑布回到原水池以建立群聚。倘若如此，那麼先驅者效應將會在這僅有大體型基因的個體所建立的新族群發生。

實驗室實驗 要排除這樣另一種可能性的唯一作法是進行控制實驗。澳洲迪雅津大學的安德勒 (John Endler) 在實驗溫室的大水池裡進行第一個實驗。實驗之初，將 2,000 隻孔雀魚平均分配至 10 個大水池中，六個月之後，在四個水池中加入長慈鯛，另四個加入魔法魚，剩下的二個則作為「沒有獵食者」的控制組。14 個月之後 (其相當於孔雀魚的 10 個世代)，其結果如圖 14.27 所示。在有魔法魚的水池 (藍色線) 與控制組的水池 (綠色線) 中的孔雀魚明顯體型大、顏色鮮豔，且每隻魚大約有 13 個

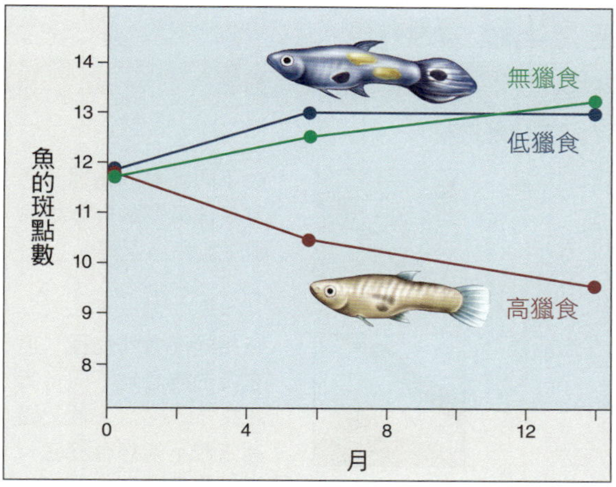

圖 14.27 色點數目的演化改變

實驗溫室模擬下，低獵食者或沒有獵食者的環境中生長的孔雀魚有較多的斑點，反觀在更危險的環境中，例如在高獵食的長慈鯛水池中，導致較不明顯的孔雀魚。在瀑布上、下游的水池中所進行的野外實驗也有相同結果。

彩色斑點。相反地，在有長慈鯛的水池 (紅色線) 中的孔雀魚體型較小、顏色土褐色，具有較少斑點 (每隻約九個)。這些結果顯示獵食能導致快速的演化改變，但是這些實驗室的實驗操作可以反映在自然界中發生的情況嗎？

田野實驗 安德勒及其團隊－包括加州大學河邊分校的瑞茲尼克 (David Reznick)－為了確定自然界發生的狀況，選定了兩條小溪，其中在瀑布下游水池中有孔雀魚，但上游沒有 (圖 14.27 的照片所示)。如同在其他的千里達溪流中，長慈鯛生長在瀑布下游水池中，但上游只有魔法魚。然後，科學家將孔雀魚轉移至上游水池中，並進行數年的定期監測族群變化。雖然起初轉移族群的孔雀魚來自高獵食率的族群，但轉移族群很快地演化出低獵食的孔雀魚性狀特徵：牠們成熟得晚、體型較大且具較鮮艷顏色。相反地，在下游水池的控制組族群中，則持續是土褐色、成熟得早且體型較小。實驗室研究確認這兩族群間的差異是遺傳變異的結果。這些結果顯現出重要的演化改變可在 12 年以內即發生。更普遍的是，這些研究代表科學家如何能建立有關演化如何發生的假說，然後在自然條件下測試假說，其結果為天擇造成演化的理論帶來強有力的支持。

關鍵學習成果 14.12

在自然條件下，實驗可測試有關演化如何發生的假說。這樣的研究揭示天擇可引發快速演化改變。

物種如何形成

14.13 生物種的概念

達爾文演化理論的關鍵主張是他所提出的適應 (微觀演化) 最終將導致大尺度的改變，進而導致物種以及更高階分類群的形成 (巨觀演化)。天擇導致新物種形成的方式已經被生物學家完整地報導過，他們已經在許多不同的植物、動物以及微生物上觀察到物種形成的過程，或稱為**種化** (speciation)。種化通常涉及漸進的改變：首先，區域的族群逐漸變得更特化；然後，倘若它們的差異夠大，則天擇可能會發生作用而持續維持其差異。

在我們討論一個物種如何衍生出另一個

之前，我們必須確切了解何謂一個物種。演化生物學家梅爾 (Ernst Mayr) 提出**生物種概念** (biological species concept)，其定義物種為「一群確實或潛在具有相互交配能力的自然族群，且和其他這樣的族群具有生殖隔離之情況」。

換言之，生物種概念是指一個物種是由可以互相交配，或在相遇時可以交配，並產生有孕性子代的成員所組成的族群。相反地，成員不能互相交配或是不能產生有孕性子代的族群稱為**生殖上被隔離** (reproductively isolated)，因此，其成員是屬於不同物種。

什麼情況會造成生殖隔離？倘若生物不能互相交配或是不能產生有孕性子代，它們顯然屬於不同物種。然而有些被認為是不同物種的族群可以互相交配並產生有孕性子代，但是它們在自然情況下，通常並不會如此。它們仍被認為是生殖上有隔離，其物種的基因通常不能進入另一物種的基因庫。表 14.1 摘錄了阻隔生殖成功的各種步驟，這些屏障被稱為**生殖隔離機制** (reproductive isolating mechanisms)，因為其阻礙了物種間的基因交換。在此將先討論合子前隔離機制 (prezygotic isolating mechanisms)，其避免合子的形成。然後再檢視合子後隔離機制 (postzygotic isolating mechanisms)，其避免在合子形成之後的正常功能運作。

雖然物種的組成定義在演化生物學上具有其基本重要性，此議題仍是許多研究及爭議的主題。其中一個議題是：不同物種的植物可雜交並產生具孕性的雜交子代，且其頻率比初步想像的高。雜交的普遍性足以引發懷疑：生殖隔離是否是維持植物物種整體性的唯一驅動力。

表 14.1 隔離機制

機制		描述
合子前隔離機制		
地理隔離		在不同區域的物種，通常是被具體的屏障如河流或山脈所區隔。
生態隔離		在相同區域的物種，但它們的棲息地不同。其雜交子代存活率低，因為它們不能適存於任一親代的環境中。
時間隔離		在不同季節或一天中的不同時間生殖的物種。
行為隔離		交配儀式不同的物種。
機械性隔離	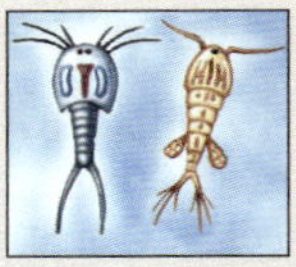	物種間的構造差異而不能交配。
避免配子融合	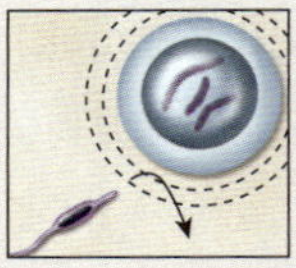	一物種的配子與另一物種的配子或是在其生殖道中，不能正常運作其功能。
合子後隔離機制		
雜交子代無活性或不孕		雜交的胚胎不能正常發育，雜交的成體不能自然存活，或是雜交的成體不孕或具低孕性。

關鍵學習成果 14.13

一個物種通常定義為一群相似的生物，其在自然情況下，完全不能和另一群發生基因交換。

14.14 隔離機制

合子前隔離機制

地理隔離 此機制可能是最易了解者。生活在不同區域的物種不能互相交配，如表 14.1 中第一部分的兩種花的族群被山脈隔絕，因此不能互相交配。

生態隔離 即使是在相同地區的兩物種，它們可能利用環境中的不同區塊，所以不能交配，因為它們不會相遇，就像表 14.1 中第二部分的蜥蜴，一個生活在地面、而另一個在樹上。另一自然界中的例子是獅子與老虎在印度的活動範圍，牠們的範圍大約在 150 年以前仍然重疊。然而即使牠們曾經重疊，仍沒有任何天然雜交子代的紀錄。獅子主要留在開闊草原，並且以獅群方式打獵；老虎傾向獨居於樹林中。由於牠們的生態及行為差異，獅子和老虎很少互相直接接觸，即使牠們的活動範圍重疊高達數千平方公里。圖 14.28 顯示其雜交子代的可能性；如圖 14.28c 的獅虎是獅子和老虎的雜交子代。這種交配不發生在野外，但可在動物園等人工環境中發生。

時間隔離 兩種野生萵苣 (*Lactuca graminifolia, L. canadensis*) 一起生長在美國東南部的路邊。這兩物種的雜交子代很容易實驗成功，並且完全具有孕性。但是這樣的雜交子代在自然環境下很稀少，因為 *L. graminifolia* 是在初春開花，而 *L. canadensis* 在夏季開花。這種時間隔離如表 14.1 第三部分所示。當這兩物種的開花時間重疊時，其偶爾會發生，它們的確會形成雜交子代，並在該區域占優勢。

行為隔離 在第 37 章將會介紹一些動物類群中常見的求偶及交配儀式，即使生活在相同棲地中，其傾向在自然界中維持物種獨特性。這樣的行為隔離 (behavioral isolation) 如表 14.1 第四部分所討論者。例如綠頭鴨和尖尾鴨可能是北美洲最常見的兩種淡水鴨，在圈養下，牠們會產生完全具孕性的子代，但在自然界中，牠們相鄰築巢但很少雜交。

機械性隔離 親緣相近的動物及植物物種之間，因為構造差異而避免交配的現象稱為機械性隔離 (mechanical isolation)，如表 14.1 第五部分所示。近親物種的植物，其花型通常

(a)

(b)

(c)

圖 14.28 獅子與老虎在生態上是隔離的
獅子與老虎在印度的活動範圍曾經是重疊的，然而獅子與老虎在野外不會自然雜交，因為牠們利用棲地環境中的不同區塊。(a) 老虎獨居於樹林中；而 (b) 獅子生活在開闊草原；(c) 獅虎是在圈養下成功產生的雜交子代，但此雜交不會發生在野外。

在比例及構造上明顯不同，這些差異中，有些會限制花粉從一植物物種傳到另一物種上。例如蜜蜂會將一物種的花粉放在其身上的特定部位；倘若此位置不能接觸到另一種花的接受構造上，則花粉沒有被順利傳送。

避免配子融合　在直接將配子釋放至水中的動物裡，來自不同物種的卵和精子不會相互吸引。許多陸生動物不能成功雜交是因為一物種的精子很難在另一種的生殖道中行使其功能，所以無法完成受精作用。在植物中，不同物種雜交時，其花粉管的生長可能受阻礙。在動植物中，這樣的隔離機制運作可以避免配子的融合 (prevention of gamete fusion)，即使交配已成功。表 14.1 的第六部分即討論此隔離機制。

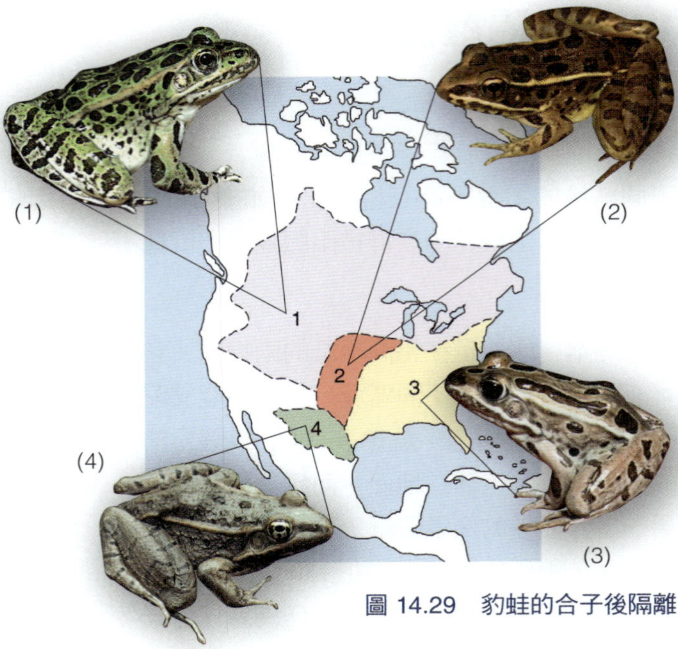

圖 14.29　豹蛙的合子後隔離

合子後隔離機制

倘若雜交的交配已發生且已產生合子，仍有許多因素可避免那些合子發育成功能運作正常且有孕性的個體。在任何物種中，發育是複雜的過程。在雜交子代中，兩物種的遺傳互補性可能很不相同，以致於不能在胚胎發育上共同正常運作。例如綿羊和山羊的雜交通常形成胚胎，但其在發育最初期即死亡。

圖 14.29 顯示四種虎皮蛙 (*Rana* 屬) 且其分布範圍遍及整個北美洲，長久以來，大家多推測牠們為單一物種，然而嚴謹的檢視後發現：雖然這些蛙看起來相似，但牠們之間很少發生成功的交配，因為在受精卵發育時會發生問題。許多雜交組合皆不能產生子代，即使在實驗室中也不行。諸如此類的實例中，相似物種可藉雜交實驗產生子代的情況，則在植物中很常見。

然而，即使雜交子代可以在胚胎階段存活，牠們可能無法正常發育。倘若雜交子代較其親代軟弱，牠們幾乎確定會在自然界被排除。即使牠們強壯有活力，就像騾的情況一樣，其是雌馬和雄驢的雜交子代，牠們仍是不孕，故不能貢獻至下一代。造成雜交子代不孕的可能原因是因為其性器官的發育會不正常、因為來自個別親代的染色體可能不能正常配對，或是由於其他多種不同的原因。

關鍵學習成果 14.14

合子前隔離機制藉由避免雜交合子的形成而導致生殖隔離，合子後隔離機制則導致雜交合子無法正常發育，或是可避免雜交子代在自然界建立其地位。

複習你的所學

演化

達爾文的小獵犬號航行

14.1.1 達爾文主張經由天擇而演化的理論，壓倒性地受到科學家所接受，且是生物學的核心概念。

達爾文的證據

14.2.1 達爾文觀察在南美洲滅絕物種的化石，其與現存的生物相似。在加拉巴哥群島上，達爾文觀察鷽雀，牠們的外形在島嶼之間有些微變異，但與出現在南美洲大陸的鷽雀相似。

天擇的理論

14.3.1-2 應用馬爾薩斯所觀察的食物供應限制了族群的生長，達爾文提出：能在其環境中適應較佳的個體可存活並產生子代，獲得將其特性傳給未來世代的機會，達爾文稱之為天擇。

達爾文的鷽雀：進行中的演化

達爾文鷽雀的嘴喙

14.4.1-2 藉由觀察在加拉巴哥群島上親緣相近鷽雀的嘴喙大小及形狀之差異，並找出嘴喙與攝取食物類型的相關性，達爾文提出結論：鳥的嘴喙是從祖先物種根據可利用的食物而變化，每種嘴喙型有其適合的食物資源。科學家已經確認基因 *BMP4* 在具有不同嘴喙的鳥中表現不同。

天擇如何產生多樣性

14.5.1 在南美洲海岸外的群島上的 14 個鷽雀是從大陸塊的一個物種經由輻射適應的過程所產生的後代。

演化的理論

演化的證據

14.6.1-2 演化的證據包括化石紀錄，化石紀錄揭示了具中間型特徵的生物。也包括解剖紀錄，其顯示物種之間的構造相似性。同源構造是在構造上相似且享有共同祖先。同功構造是功能相似但其內在構造並不相同。

14.6.3 分子紀錄可追溯物種的基因體及蛋白質隨時間的改變。

演化的批評

14.7.1-3 達爾文天擇造成演化的理論一直都有其批評者。然而他們對演化理論的批評論點缺乏科學根據。

族群如何演化

族群中的遺傳變異：哈溫定律

14.8.1 倘若一個族群符合哈溫定律的五個假設，族群內的等位基因頻率將不會改變。然而，倘若族群很小、有選擇性交配、歷經突變或遷徙，或是處於天擇影響之下，則等位基因頻率將不同於哈溫定律所預測者。

演化的動力

14.9.1 五個因素會作用在族群上，以改變其等位基因及基因型頻率。突變是 DNA 發生改變。非逢機交配發生在個體是根據特定性狀選擇交配對象。遺傳漂變是族群的等位基因逢機喪失，這是由於偶發情況而非適存性。遷徙是個體或等位基因的遷入或遷出族群。選擇發生在具有特定性狀的個體，因為這些性狀而能對環境的挑戰做出更好的反應。

14.9.2 穩定性天擇傾向降低極端表現型。分歧性天擇傾向降低中間表現型。方向性天擇傾向降低族群一側極端的表現型。

族群內的適應

鐮刀型細胞貧血症

14.10.1 鐮刀型細胞貧血症是異型合子優勢的實例，屬於異型合子性狀的個體傾向在有瘧疾的區域中有較好的存活率。

胡椒蛾及工業黑化現象

14.11.1-2 在污染嚴重的區域或其他與背景相符的狀況下，天擇偏好暗色 (黑化) 的生物。

魚體色的選擇

14.12.1 實驗已顯示孔雀魚族群的演化變異是由於天擇。

物種如何形成

生物種的概念

14.13.1 生物種的概念是指物種是一群可互相交配並產生有孕性子代的生物，或是當彼此相遇時會如此。倘若他們不能交配或交配後但不能產生具孕性的子代，稱為是在生殖上被隔離。

隔離機制

14.14.1-2 合子前隔離機制避免雜交合子的形成。而合子後隔離機制避免雜交合子的正常發育或產生不孕的子代。

測試你的了解

1. 達爾文鶯雀是天擇造成演化值得注意的案例研究，因為證據顯示
   a. 牠們是進駐加拉巴哥群島的許多不同物種的後代。
   b. 牠們是從進駐加拉巴哥群島的單一物種輻射分歧而來。
   c. 相較於彼此之間，牠們與大陸的物種較相近。
   d. 以上皆非
2. 下列何者不是族群會因天擇而導致演化發生所必需之狀況？
   a. 變異必須能遺傳至下一世代
   b. 族群內的變異必須能影響其一生之生殖成功
   c. 變異必須被另一性別個體所看到
   d. 變異必須存在族群內
3. 過去 70 餘年以來，已有很多研究專注在達爾文鶯雀。此研究
   a. 似乎經常與達爾文的原始想法不同
   b. 似乎同意達爾文的原始想法
   c. 沒有顯示任何清晰模式支持或反駁達爾文的原始想法
   d. 暗示對鶯雀的演化有不同的解釋
4. 演化的主要證據來源可在生物的比較解剖學發現，外觀差異但具有相似構造起源者稱為
   a. 同源構造　　c. 痕跡構造
   b. 同功構造　　d. 趨同構造
5. 當比較脊椎動物的基因體時，
   a. 親緣較近者，基因體較相似
   b. 親緣較近者，基因體較不相似
   c. 親戚間的基因體之差異基本上相同
   d. 親緣較遠者，基因體較相似
6. 在 1,000 個個體的族群中，有 200 個顯示同型合子隱性表現型，800 個呈現顯性表現型。族群中同型合子隱性個體的頻率為何？
   a. 0.20　　c. 0.45
   b. 0.30　　d. 0.55
7. 造成族群喪失某些個體 (死亡) 之偶發事件發生；所以，族群中等位基因的喪失是由於
   a. 突變　　c. 天擇
   b. 遷徙　　d. 遺傳漂變
8. 天擇造成族群中的一個極端表現型變得更頻繁，此為何者之實例？
   a. 分歧性天擇　　c. 方向性天擇
   b. 穩定性天擇　　d. 對等性天擇
9. 梅爾 (Ernst Mayr) 的生物種概念之關鍵成分是
   a. 同源隔離　　c. 趨同隔離
   b. 分歧隔離　　d. 生殖隔離
10. 下列何者是合子後隔離機制？
    a. 分布範圍分離　　c. 雜交子代不孕
    b. 繁殖季節非重疊性　　d. 交配儀式不同

Chapter 15

生物如何命名

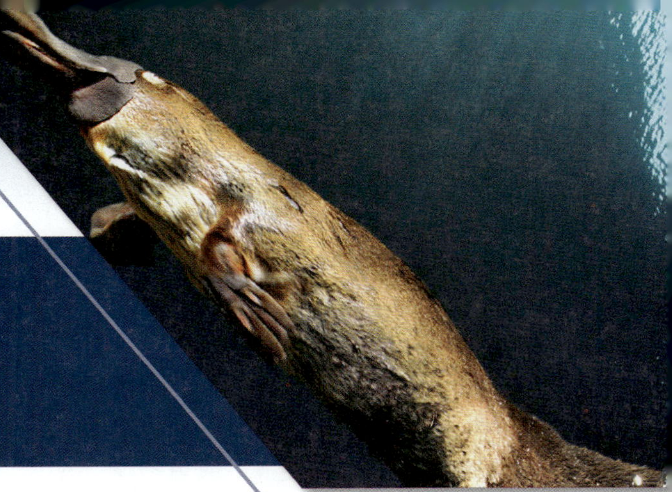

在1799 年，一個非常奇怪動物的外皮被在澳洲新南威爾斯不列顛殖民地的首長韓特上校 (John Hunter) 寄至英國。這張皮覆蓋著軟毛，不及 2 呎長。由於其具有乳腺可供其幼兒吸吮，顯然是一種哺乳動物，但是在其他方面，牠似乎更像爬蟲類。其雄個體具有內睪丸；雌個體具有共用的尿道及生殖道開口稱為泄殖腔，會像爬蟲類一樣下蛋，且也像爬蟲類的蛋，已受精的蛋之蛋黃並不分裂。所以，牠似乎是哺乳類及爬蟲類性狀的混淆組合。此外，其外觀亦很奇特：牠有尾巴，有點像海狸；有扁平嘴，有點像鴨；還有具蹼的腳！牠好像是一個身體各部分隨機混合一起的小孩－一個最不尋常的動物。如此照片的個體在現今澳洲東部的淡水溪流中很常見，這種動物該如何稱呼？在其 1799 年的原始描述中，牠被命名為 *Platypus anatinus* (具扁平足、像鴨的動物)，後來被更名為 *Ornithorhynchus anatinus* (具有一個鳥的口鼻部、像鴨的動物)－俗稱為鴨嘴獸。本章重點即是生物學家如何為他們發現的生物命名，你會感到驚訝的是：一個科學名的兩個字裡可塞入多少資訊。

生物的分類

15.1 林奈系統的發明

分類

目前估計現生的生物有 1,000 萬至 1 億種不同物種。欲談論或研究它們，必須給它們命名，就如同必須給每種生物命名一樣。當然，沒有人會記得每種生物的名字，所以生物學家利用一種把個體多層次歸群的方法，稱為**分類** (classification)。

生物早在 2,000 多年以前首次被希臘哲學家亞里斯多德分類，他將生物歸在植物或動物類群中，並將動物分成陸生、水生或氣生者，且依莖的差異將植物分成三個類群。這簡單分類系統被希臘及羅馬人延伸而將動物及植物歸群成基本的單元，如貓、馬及橡樹等。最終，這些單元開始被稱為**屬** (genera，單數為 genus)，此拉丁文指「群」。從中世紀開始，這些名字被有系統地以當時學者所用的語言拉丁文記載下來，因此，貓的屬名被定為 *Felis*，馬為 *Equus* 及橡樹為 *Quercus*－羅馬人仍採用這些名稱。

在中世紀的分類系統，稱為*多名法* (polynomial system)，被使用了數百年沒有改變，直到約 250 年前才被林奈引用的**二名法** (binomial system) 所取代。

多名法

直到 1700 年代中期，當生物學家要指出特定種類的生物時，即所稱的**物種** (species)，他們通常在屬名之後加入一系列描述的詞，這些從屬名開始的字詞，即被稱為**多名** (polynomials；*poly* 意指許多而 *nomial* 意指名字)，一串拉丁字詞可包括 12 或更多個字。例如常見俗稱為野薔薇者有些人稱為 *Rosa sylvestris inodora seu canina*，另一些人稱為 *Rosa sylvestris alba cum rubore, folio glabro*。這就像在紐約市的市長稱呼一個特定市民為「布魯克林居民：民主黨員、男性、白種人、中階收入、基督新教派、老年、可能是選民、矮的、禿頭、魁梧、戴眼鏡、在布朗克斯區賣鞋」。你可想像這些由多字組成的名稱很繁瑣，更令人擔憂的是，這些名稱可被後來的作者所更改，所以特定生物沒有屬於自己唯一的名字，就像野薔薇一樣。

二名法

一個對動物、植物及其他生物命名的更簡單方法是根據瑞典生物學家林奈 (Carolus Linnaeus, 1707~1778) 所創者。林奈一生的貢獻在於他將所有不同類型的生物分門別類。林奈使用一種名稱速記法，這種由兩字組合而成的名稱，或稱**二名** (binomials；bi 是拉丁文字首，意指二個)，已成為物種命名的標準方法。例如他給柳葉櫟 (如圖 15.1a 所示具簡單無裂片的葉子者) *Quercus phellos* 以及紅櫟 (如圖 15.1b 所示具較大且深裂片的葉子者) *Quercus rubra*。

林奈把生物命名法更進一步提升，將相似的生物歸成較高階的分類群 (將在第 15.3 節中討論)。雖然此階層系統並非呈現不同生物之間的演化關聯性，其顯示一群物種共享許多相似特徵，可以和其他群相區別。

圖15.1 林奈如何對兩種橡樹命名
(a) 柳葉櫟 (*Quercus phellos*)；(b) 紅櫟 (*Quercus rubra*)。雖然它們顯然都是橡樹 (櫟屬的成員)，這兩個物種明顯在其葉子形狀和大小上不同，以及其他特性包括地理分布。

關鍵學習成果 15.1

林奈首先應用的拉丁文二名法，是現今被生物學家廣為接受之生物命名方法。

15.2 物種的命名

一群在分類系統中特定分類階層的生物，稱為**分類群** (taxon；複數為 taxa)，這個為一群生物鑑定並命名的科學是生物學的一個分支，稱為分類學 (taxonomy)。分類學家是很敏感的偵探，他們利用外形及行為來為生物鑑定並命名。

全世界的分類學家都同意的是，沒有兩種生物能有相同的名稱。所以，沒有偏好任何國家，使用沒有一個國家講的語言－拉丁文，來命名。由於生物的科學名在全世界任何地方都是相同的，此系統提供一個標準且確切的方法以利溝通，不論生物學家使用的語言是中文、阿拉伯語、西班牙文或英文。這是在各地使用不同俗稱所不能及的一大進步。如圖 15.2 所示，在美國，“corn” 這名詞是指左上方的照片，但在歐洲則是指在美國稱為小麥的植物 (左下方的照片)。在美國，“bear” 這名詞是指大型胎盤雜食動物，但在澳洲則是指無尾熊，素食的有袋動物。“robin” 這名詞在北美洲與在歐洲是非常不同的鳥。

圖 15.2 俗名是很糟的標籤
俗名 "corn" (a)、"bear" (b) 以及 "robin" (c) 在美國所代表的是上方照片的生物，但對於在歐洲或澳洲 (下方照片) 則是非常不同的生物。可見，相同俗名會用來代表非常不同的生物。

依慣例，二名名稱的第一個字是屬名，即該生物的所屬，其第一個字母為大寫；第二個字稱為*種小名* (specific epithet)，是指特定物種，且其第一個字母不須大寫，兩個字組合一起稱為**科學名** (scientific name)，或稱種名，且以斜體方式書寫。這個由林奈為動物、植物或其他生物命名所建立的系統已經在生物科學上被充分使用了 250 年之久。

關鍵學習成果 15.2

依慣例，二名法的物種名稱訂出第一個字是屬名，即該生物的所屬，第二個字則可將此特定物種與同屬的其他物種作區別。

15.3 更高的分類階層

生物學家需要兩個以上的階層來分類世界上的所有生物。分類學家把具有相似特性的屬歸為一群，稱為**科** (family)。例如在圖 15.3 下方的北美灰松鼠與其他像松鼠的動物包括地松鼠、土撥鼠及花栗鼠等，置於同一科。相似地，共享主要特徵的科歸於同一**目** (order)，例如松鼠與其他囓齒動物置於同一目。具有共同特性的目歸為相同的**綱** (class) (松鼠屬於哺乳綱)，具有相似特性的綱歸為相同的**門** (phylum；複數為 phyla)，如脊椎動物門。最後，數個門則被定為多個大類群之一，**界** (kingdom)。最近生物學家確定了六個界：兩個原核生物 (古細菌界和真細菌界)、一個多屬單細胞的真核生物 (原生生物界)，以及三個多細胞類群 (真菌界、植物界及動物界)。

此外，有時會用到第八分類階層稱為域 (domain)。域是最廣且涵蓋最多分類群者，生物學家界定了三個域：真細菌域、古細菌域及真核生物域－將在下一章討論。

在林奈的分類系統 (Linnaean system of

圖 15.3 對生物分類時所用的階層系統
在這例子中，此生物首先被鑑定為真核生物 (真核生物域 Eukarya)，其次，在此域之下，牠是一隻動物 (動物界 Animalia)，在不同動物門中，牠是脊椎動物 (脊索動物門，Chordata；脊椎動物亞門 ，Vertebrata)，牠具毛髮的特徵說明牠是哺乳動物 (哺乳動物綱，Mammalia)，在此綱中，牠因其具能啃食的牙齒而不同 (囓齒目，Rodentia)，接著，牠有 4 個前趾和 5 個後趾，牠是一隻松鼠 (松鼠科，Sciuridae)，在此科中，牠是樹棲型的松鼠 (栗鼠屬)，具灰色毛且尾巴末端具白毛 (種名 *Sciurus corolinensis*，是北美灰松鼠)。

classification)，每個階層都有不同的訊息。以蜜蜂為例：

第一層：其種名：蜜蜂 *Apis mellifera*，界定為特定的蜜蜂物種。

第二層：其屬名：蜜蜂屬 *Apis*，指出其是一種蜜蜂。

第三層：其科名：蜜蜂科 Apidae，是指所有的蜜蜂，有些獨居、有些群居於蜂巢中，如此物種。

第四層：其目名：膜翅目 Hymenoptera，是指可能會叮刺且會成群生活。

第五層：其綱名為昆蟲綱 (Insecta)，如蜜蜂有三個體節，具翅膀以及三對腳附著在中間體節上。

第六層：其門名為節肢動物門 (Arthropoda)，是指其有硬的幾丁角質及具關節的附肢。

第七層：其界名為動物界 (Animalia)，是指一群多細胞的異營生物，其細胞缺乏細胞壁。

第八層：除林奈系統外，其域名為真核生物域 (Eukarya)，是指細胞含有膜包圍的胞器。

關鍵學習成果 15.3

一個用以將生物分類的階層系統，其中較高的階層包含有關該群生物之較廣泛的訊息。

15.4 何謂物種？

產生有孕性的子代

林奈的分類系統中生物的基本單位是物種，而英國牧師及科學家瑞 (John Ray, 1627~1705) 是當時提出物種一般定義的學者之一。大約在 1700 年，他提出了一個界定物種的簡單方法：歸屬於一群的所有個體，其可相互交配並產生有孕性的子代。

生物種概念

從瑞的觀察，物種開始被認為是重要的生物單位，其可被歸群並了解，這是下一世代的林奈為自己定下的任務。利用當時可參考的資訊，林奈採用瑞的物種定義，直到現今仍被廣泛應用。當達爾文的演化觀點在 1920 年代再加入孟德爾的遺傳概念而形成了族群遺傳的領域時，更確切地界定物種的階層變得受重視。於是所謂*生物種概念* (biological species concept) 被定義為生物隔離的一群；雜交子代 (不同物種交配的子代) 很少在自然界發生。圖 15.4 中的驢和馬不是同一種，因為牠們交配後的子代－騾－是不孕的。

生物種概念在動物方面較為適用，物種之間有強的屏障以免於雜交，但在其他界的成員則不太適用。問題在於生物種概念假設同物種的生物通常進行異體交配。此概念可適用在動物方面，然而，異體交配在其他五界中則較不常見，在原核生物及許多原生生物、真菌及一些植物上，無性生物較占優勢。這些物種顯然不能和異體交配的動物與植物以相同方式界定其特點－它們不會和另一個體交配，更不常與其他物種的個體交配。

更複雜的情況是，生殖的屏障是生物種概念的關鍵成分，雖然在動物物種上常見，但在其他類群的生物上並不典型。事實上，在許多類群的樹木，如橡樹，及其他植物，如蘭花，幾乎沒有雜交的屏障。即使在動物中，魚類物種能和其他物種間形成有孕性的雜交子代，雖然牠們在自然情況下不會。

在操作上，現今的生物學家把物種界定為不同類群，大多依其可見的特

圖 15.4 瑞的物種定義
根據瑞的說法，驢和馬是不同的物種。即使牠們產生耐艱苦的子代 (騾)，當牠們交配時，因為騾不孕，表示牠們不能產生子代。

徵不同來分群。在動物，生物種概念仍被廣泛應用，而在植物及其他生物界，則不是如此。此外，分子數據正促使科學家重新評估傳統分類系統，且除了形態、生活史、代謝及其他特徵會被納入考量之外，分子數據也改變了科學家對植物、原生生物、真菌、原核生物、甚至動物的分類方法。

全世界有多少種物種？

自從林奈時期以來，已有 150 萬種生物被命名。但是全世界的物種之真實數目無疑地還會更多，從仍有非常大量的物種尚待被發現即可得之。有些科學家估計地球上至少有 1 千萬種，且其中至少有 2/3 發生在熱帶地區。

關鍵學習成果 15.4

動物中，物種通常定義為生殖相隔離的類群；在其他生物界中，這樣的定義較不適用，它們物種的雜交屏障通常較弱。

推論系統發生學

15.5 如何建構一棵關係樹

系統分類學

在為 150 萬種生物命名及分類之後，生物學家學會了什麼？一項對特定植物、動物及其他生物作分類的極重要優點是能鑑定出對人類有用的物種，可作為食物及醫藥的來源。

生物學家藉由觀察生物之間的差異與相似處，嘗試去重建生物親緣關係樹，找出哪個物種是從哪個物種衍生而來，且足以怎樣的次序或在何時發生。一個生物的演化史以及其與其他物種的關係稱為**系統發生** (phylogeny)、演化樹或是**系統發生樹** (phylogenetic trees) 的重建與研究 (包括生物的分類) 都是**系統分類** (systematics) 的研究範疇。

支序學

以一個簡單且客觀的方法所建構之系統發生樹著重在有些生物所共享的關鍵特徵上，因為它們是從共同祖先所遺傳而來的。此建構系統發生樹的方法稱為**支序學** (cladistics)，而其中的**分支** (clade) 即是一群血緣相近的生物。支序學根據可從共同祖先所衍生而來的相似性以推斷系統發生 (亦即建構親緣關係樹)，即根據所謂的**衍生特徵** (derived characters)。衍生特徵是指從沒有此特徵的共同祖先產生而來的生物特徵。支序學的關鍵是能夠鑑別形態的、生理的或行為的特徵，其在所研究的生物中不相同且可歸屬至共同祖先。藉由檢視這些在生物之間的特徵分布，可能可以建構出**支序圖** (cladogram)，其是代表系統發生的分支圖。例如圖 15.5 即是脊椎動物的支序圖。

支序圖並非真正的親緣關係樹，而是直接衍生自記載祖先及後裔的數據，就像化石記載一樣。支序圖是將比較性的資訊轉達成「相對的」關係相較於那些位置相距較遠的生物，在

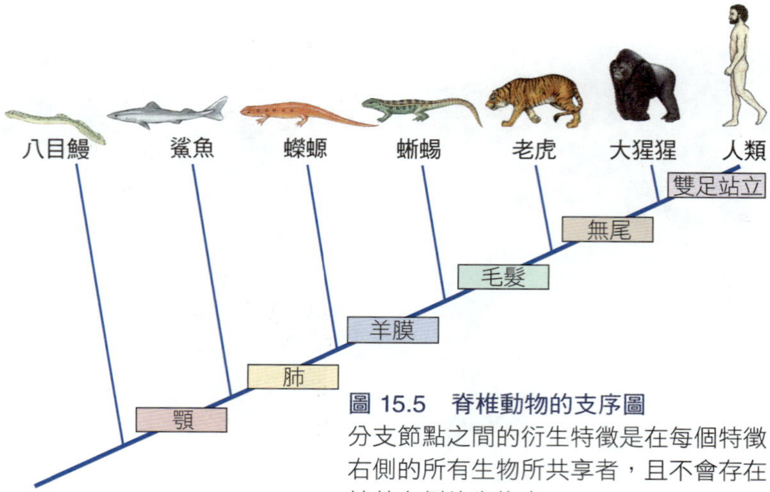

圖 15.5　脊椎動物的支序圖
分支節點之間的衍生特徵是在每個特徵右側的所有生物所共享者，且不會存在於其右側的生物中。

支序圖中較接近，純粹只是共享較近的共同祖先。由於此分析是比較的，故必須有某一種來作為比較對象，以作為確切比較之憑據。欲完成此比較，每個支序圖須包含一個**外群** (outgroup)，一個相當不同的生物 (但並非很不同) 來作為其他被評估的生物 (稱為**內群**，ingroup) 間之比較根基。例如在圖 15.5 中，八目鰻是具顎動物分支的外群。然後比較的結果會組合成支序圖，其起始於八目鰻及鯊魚，這是根據衍生特徵的出現而得。例如鯊魚不同於八目鰻是因其具有顎，而此為八目鰻所沒有的衍生特徵。在下圖中，衍生特徵是以不同色框標在支序圖的主軸上，例如蠑螈因其具有肺而不同於鯊魚，以此類推。

支序學是生物學中相對較新的方法，且已經在演化學領域中變得普遍，因為它能有效地呈現出演化事件發生的次序。支序圖的強大力量是它能完全地客觀，電腦中所置入的數據將可再次產出相同的支序圖。事實上，大部分的支序分析涉及許多特徵，且電腦是比較分析所必需的。系統發生樹雖然客觀，但並非絕對，只是對生物如何演化所提出的假說。

有時支序圖須給予特徵調整權重，或是把特徵的不同重要性一起列入考量，如鰭的大小或位置、肺的效能。若沒有給這些特徵權重，每個特徵都設為相同重要。但是在實際操作的真實情況上，它們並不是如此。因為演化的成功特別依賴於這樣高衝擊性的特徵，所以這些有給予權重的支序圖通常會試圖指定額外權重給較具演化重要性的關鍵特徵。

設權重的支序圖是有爭議性的，問題在於，系統分類學家永遠無法知道每個特徵的重要性。系統分類學的發展史中已有許多實例顯示過度強調或依賴某些特徵，結果後來被證實它們並不如之前想像的重要。因此現今的系統分類學家多選擇將支序圖中的所有特徵權重設得一致。

傳統分類學

給予特徵權重是**傳統分類學** (traditional taxonomy) 的核心。在此方法中，系統發生的建構奠基在長期累積有關生物的形態學及生物學之大量訊息。傳統分類學家同時利用祖先的與衍生的特徵以建構其親緣樹，然而支序學家則僅用衍生特徵。傳統分類學家使用足以根據特徵的生物顯著性的大量訊息來對特徵設定權重。在傳統分類學中，生物學家所具有的完整觀察力及判斷是可能造成偏頗者，例如，在對陸生脊椎動物分類時，傳統分類學家，如圖 15.6 上左側的系統發生圖所示，將鳥歸於其自己的鳥綱 (Aves)，給予與飛行能力相關之特徵很大的權重，如羽毛。然而，脊椎動物演化的支序圖，如圖 15.6 上右側所示，將鳥類歸在爬蟲類及鱷魚與恐龍之間，此確切地反映其祖先，但忽略了衍生特徵 (如羽毛) 的巨大演化衝擊。

整體而言，根據傳統分類學的系統發生樹含有許多訊息，而支序圖通常較能解讀演化史。當有大量訊息足以導引特徵權重設定時，傳統分類學是較好的方法。然而，當資訊極少，不足以呈現特徵如何影響此生物的生活史時，支序學則是較受偏好的方法。

如何解讀親緣關係樹？

演化樹，更正式的稱呼為系統發生，已經成為現代生物學的必要工具，用以追溯狂牛症的蔓延、個體的祖先，甚至預測哪隻馬會在美國肯塔基賽馬節中獲勝。更重要地，演化樹提供演化的主要架構，並評估在其內的演化證據。

由於其在生物學所扮演的核心角色，很重要的是學會如何適當地「解讀」樹狀圖。簡言之，系統發生或演化樹是親緣族系的描述。它的功能是在其組成分子中溝通演化關係。解讀此樹狀圖的重點是去了解分支節點對應至活在

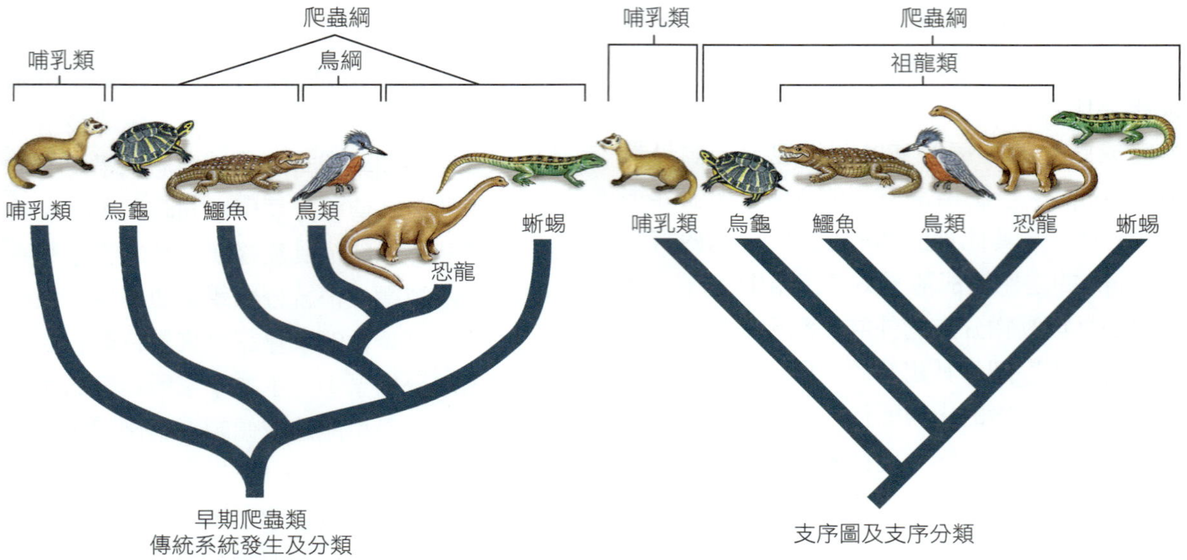

圖 15.6　陸上脊椎動物的兩種分類方式

傳統分類分析將鳥歸於其自己的鳥綱 (Aves)，因為鳥已經演化出許多特殊適應而能與爬蟲類作區分。然而支序分析則將鱷魚、恐龍及鳥類歸為一群 (稱為祖龍，archosaurs)，因為牠們共享有許多衍生特徵，包括最近共享的祖先。在操作上，大多數生物學家採用傳統方法並認為鳥類是鳥綱的成員，而非爬蟲綱。

過去的真實生物。樹狀圖並不能說明分支頂端之間的相似程度，而是呈現真實演化史中的關係。雖然親緣相近的生物傾向於彼此相似，但是倘若其演化速率不一致，就不一定如此。如圖 15.6 所示，即使任何人都看得出：相較於鳥，鱷魚和蜥蜴的外觀長得較相像，相較於蜥蜴，鱷魚和鳥的親緣較近。

接著來看演化樹如何解釋祖先關係。從下面的樹狀圖來看，有人會誤判：青蛙和鯊魚親

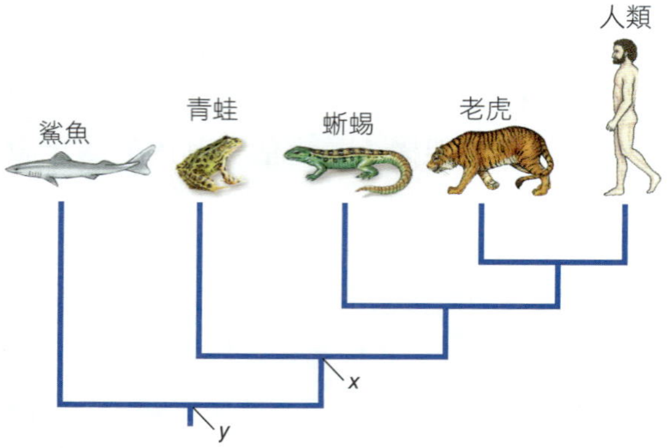

緣較近，而和人較遠。事實上，青蛙和人親緣較近，而和鯊魚較遠，因為青蛙和人最近的共同祖先 (圖中標為 x 者) 是青蛙和鯊魚的共同祖先 (圖中標為 y 者) 之後代，所以存活的時間較接近現在。解讀演化樹時，大多數的問題出現在沿著分支頂端來解讀它。從下面的樹狀圖來看，此方法所得到的次序是從鯊魚至青蛙、再到人。以這種排序方式來解讀系統發生是不正確的，因為其暗示了從原始至進化物種的線性進展，這並不能從樹狀圖而將之合理化。倘若如此，那麼青蛙就是現存人類的祖先了。

正確的解讀樹狀圖的方法是：以階層歸群成組，每組代表一個分支，如在圖 15.5 所示。在下面的樹狀圖中，共有三組有意義的分支：人類-老虎、人類-老虎-蜥蜴以及人類-老虎-蜥蜴-青蛙。

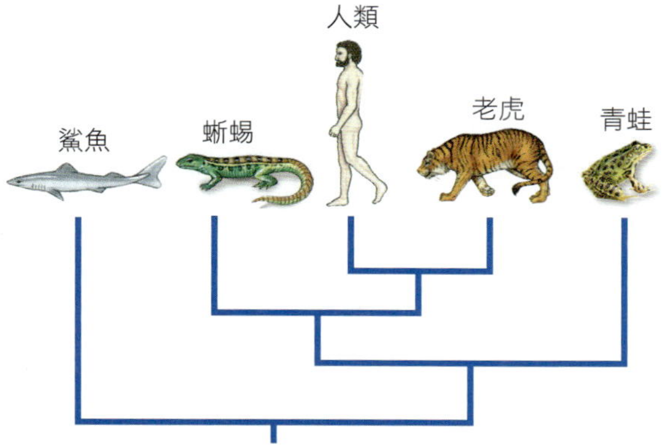

倘若分支被旋轉以致其分支頂端次序改變，則解讀分支頂端和解讀分支兩者之間的差別即變得明顯，上面的樹狀圖也會如此。雖然分支頂端的次序不同，親緣分支模式－及分支組成－與上方的圖呈現的排列是相同的。演化樹應該以著重分支結構來解讀，以利於強調演化並非線性的敘述。

關鍵學習成果 15.5

演化樹描繪出後裔的分支，且最好從分支來解讀它。支序圖是根據類群演化的順序而得，而傳統分類的樹狀圖則是根據所假設的重要性來權衡特徵而得者。

界與域

15.6 生物的分界

界

分類系統本身也歷經了多次的演化，如圖 15.7 所示。最早的分類系統僅將生物分成兩界：動物，如圖 15.7a 的藍色部分，以及植物，綠色部分。但是當生物學家發現微生物 (圖 15.7b 的黃色方塊) 且知道更多其他生物如原生生物 (深藍綠色) 以及真菌 (淺棕色)，他們根據其基本差異而增加界。現今大部分生物學家使用六界系統，如圖 15.7c，以六種不同顏色方塊代表之。

在此系統中，有四個界包含真核生物，其中最有名的界是**動物界** (Animalia) 與**植物界** (Plantae)，包括在其生活史的大部分屬於多細胞個體的生物。**真菌界** (Fungi) 包括多細胞個體，如菇類及黏菌，以及單細胞個體，如酵母菌，其被認為具有多細胞祖先。這三界有可供區分的基本差異；植物主要不能移動，但有些具有可動的精子；真菌沒有可動的細胞；動物則主要具移動力。動物攝取其食物；植物自行

圖 15.7 不同的生物分類方式

(a) 林奈採用兩界法，在其中真菌與行光合作用的原生生物都歸為植物，而不行光合作用的原生生物被歸為動物，當原核生物被描述時，它們也被歸於植物；(b) 維塔克 (Whittaker) 在 1969 年提出一個五界系統，且很快獲得廣泛接受；(c) 渥意斯提倡將原核生物分開成兩界，共有六界或甚至將它們界定為分開的域，而第三個域則包含四個真核生物界 (d)。

製造；真菌則藉由分泌細胞外酵素來分解食物。這三界中，每個界可能都是從一個不同的單細胞祖先演化而來。

大量的單細胞真核生物被歸群為單一的**原生生物界** (Protista)，其成員包括藻類及許多種微小的水生生物。此生物界非常分歧，且由於有 DNA 技術之故，我們最近才開始了解這群非常複雜的生物界之分類。

其餘的兩個界是古細菌界 (Archaea) 及細菌界 (Bacteria)，成員皆是原核生物，其和其他生物有非常大的差異 (詳見第 16 章)。一般最熟悉的原核生物是導致疾病或用於工業者，多是細菌界的成員。古細菌界則包括甲烷菌及極端嗜熱菌等分歧的類群，與細菌非常不同。表 15.1 中分別呈現此六界的特徵。

域

當生物學家了解古細菌愈多，此古老的類群與其他生物不同的情況變得更加清楚。當古細菌與細菌的完整基因體 DNA 序列在 1996 年首度被比較時，其差異相當驚人。古細菌不同於細菌，就如同古細菌不同於真核生物。生物學家看清這一點，也在最近幾年定出三域 (domains；圖 15.7d)。細菌 (黃色方塊) 是一個域，古細菌 (紅色方塊) 是第二個，而真核生物 (四個紫色方塊代表四個真核生物的界) 是

表 15.1 六界的特徵

域	細菌域	古細菌域	真核生物域			
界	細菌界	古細菌界	原生生物界	植物界	真菌界	動物界
	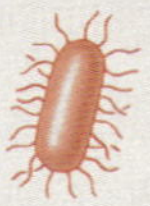		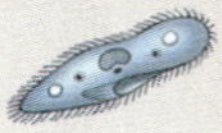			
細胞類型	原核	原核	真核	真核	真核	真核
核膜	無	無	有	有	有	有
粒線體	無	無	有或無	有	有或無	有
葉綠體	無 (有些具光合作用膜)	無 (有一個物種具菌型視紫蛋白質)	有些種類具有	有	無	無
細胞壁	大多具有；肽聚醣	大多具有；多醣類、醣蛋白或蛋白質)	有些種類具有；不同類型	纖維素及其他多醣類	幾丁質及其他非纖維素多醣類	無
遺傳重組方法 (若具有)	接合生殖、性狀轉入、形質轉換	接合生殖、性狀轉入、形質轉換	受精作用及減數分裂	受精作用及減數分裂	受精作用及減數分裂	受精作用及減數分裂
營養方式	自營 (化學合成、光合作用) 或異營	自營 (一個物種行光合作用) 或異營	光合作用或異營，或兩者兼具	光合作用；葉綠素 *a* 及 *b*	吸收	消化
移動方式	細菌鞭毛、滑行或不動	有些具特殊鞭毛	9+2 纖毛及鞭毛；變形運動、收縮性原纖維	多數不動；有些種類的配子具有 9+2 纖毛及鞭毛	不動	9+2 纖毛及鞭毛、收縮性原纖維
多細胞個體	無	無	多數不具有	皆具有	多數具有	皆具有

第三個。真核生物域含有四個生物界，而細菌及古細菌域則各包含一界。因此，現今生物學家通常僅使用域及門的名稱來區分細菌及古細菌的分類層級，而忽略界這個層級。

關鍵學習成果 15.6

生物被歸為三個稱為域的類群，其中真核生物域在被分為四界，原生生物界、真菌界、植物界及動物界。

15.7 細菌域

細菌域包括一個同名的界，細菌界。細菌是地球上最豐多的生物。在人類口中的細菌數比地球上的哺乳類還多。雖然微小到不能以肉眼看見，細菌在整個生物圈扮演重要角色。例如，它們可從空氣中取得所有生物所需之氮氣。自然界有多種不同種類的細菌，它們之間的演化連結仍不十分清楚。rRNA 分子的核苷酸序列之比較研究嘗試揭發這些類群的親緣相近程度，以及其與其他兩個域的親緣如何。結果發現，相較於其與真細菌域，古細菌域和真核生物域的親緣較近，此外，即使古細菌和細菌皆為原核生物，它們位在樹狀圖的分開之演化分支上 (圖 15.8)。

關鍵學習成果 15.7

細菌在生物圈中扮演關鍵角色，且極為豐多。

15.8 古細菌域

古細菌域包括一個同名的界，古細菌界。*Archaea* 此名詞 (希臘語，*archaio*，意指古老) 用以表示此原核生物類群的古老起源，其很可能是在很早期即從細菌分歧而來。在圖 15.8 中，古細菌域 (紅色) 從原核生物祖先的一個族系分支出來，並引導至真核生物的演化。現今，古細菌生活在地球上一些最為極端的環境中。雖然是個分歧的類群，所有古細菌仍共享

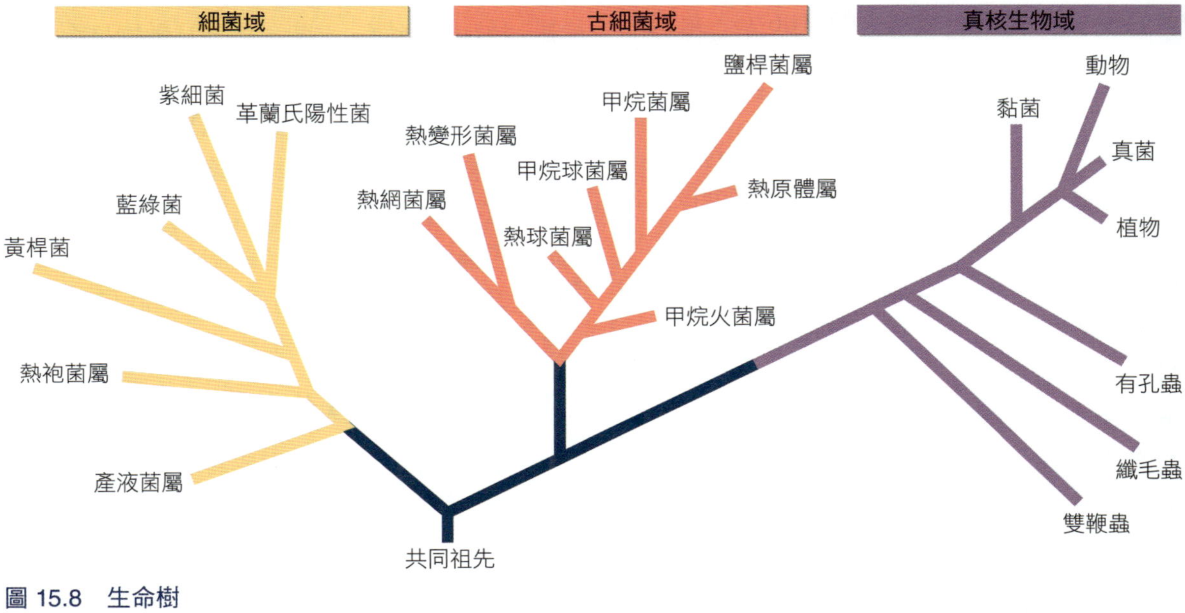

圖 15.8 生命樹

此系統發生衍生自 rRNA 分析，其顯示三個域之間的演化關係。樹的基部是藉由檢視在此三域中被複製的基因，並假設其複製可能是發生在共同祖先上。當採用這些複製之一來建構樹狀圖，其他複製則可被用來找出根源。此方法明顯指出樹狀圖的根源是在細菌域之中。古細菌和真核生物是在後來才分歧而出，且彼此親緣較接近，而兩者與細菌之親緣皆較遠。

一些關鍵特徵，其細胞壁缺乏像細菌細胞壁特徵的肽聚醣。它們具有非常稀有的脂質及特殊的核糖 RNA (rRNA) 序列。此外，其有些基因具有內含子，與細菌不同。

古細菌被歸為三大類群：甲烷菌、嗜極端菌以及非極端古細菌。

產甲烷菌 (Methanogens) 如甲烷球菌屬 (*Methanococcus*)，藉由利用氫氣 (H_2) 將二氧化碳 (CO_2) 還原成甲烷氣 (CH_4) 以獲取能量。它們是絕對厭氧菌，會因些微氧氣而中毒。它們生活在沼澤、林澤以及哺乳類的腸道內。甲烷菌每年釋放大約 20 億噸的甲烷氣體至空氣中。

嗜極端菌 (Extremophiles) 能生活在一些極端環境中。

嗜熱菌 (Thermonphiles)：生活在非常熱的地方，溫度從 60~80°C，許多嗜熱菌有基於硫的代謝，因此，硫化菌 (*Sulfolobus*) 棲息在黃石國家公園 70~75°C 的硫熱噴泉中，藉由將硫元素氧化成硫酸。*Pyrolobus fumarii* 是目前最為熱穩定者，其最適溫為 106°C，最高可達 113°C，此物種因很耐高熱，故可在殺菌釜 (121°C) 中 1 小時而不被殺死。

嗜鹽菌 (Halophiles)：生活在非常鹹的地方，如美國猶他州的大鹽湖、加州的摩諾湖以及以色列的死海。雖然海水鹽度約為 3%，這些原核生物能在鹽度 15~20% 下生長茂盛，且的確需要如此高鹽。

耐酸鹼的 (pH-tolerant)：古細菌生活在強酸 (pH = 0.7) 或強鹼 (pH = 11) 的環境中。

耐高壓的 (pressure-tolerant)：古細菌已經從深海中被分離出來，其至少需要在 300 大氣壓力下 1 存活，且可耐受至 800 大氣壓力。

非極端古細菌 (nonextreme archaea) 與細菌的生活環境相同。隨著古細菌的基因體被了解得更多，微生物學家已經能夠鑑定存在於所有古細菌中獨特的 DNA **辨識序列** (signature sequences)，當從土壤或海水取得的樣本與這些辨識序列進行測試核對時，其中許多原核生物被證實是古細菌。顯然地，古細菌並不像過去微生物學家所認為僅侷限在極端環境中。

關鍵學習成果 15.8

古細菌是獨特的原核生物，其棲息環境很分歧，有些很極端。

15.9 真核生物域

四界

生物的第三大域為真核生物，在化石紀錄中很晚才出現，距今僅 15 億年。就代謝而言，真核生物比原核生物一致，原核生物的兩個域中，每個都比整個真核生物更具代謝多樣化。

三個大型多細胞生物界

真核生物域包含四個界：原生生物、真菌、植物及動物。真菌、植物及動物是大型多細胞且界定完好的演化類群，每群顯然都奠基於原生生物界中的一個單細胞真核生物祖先。原生生物之間的多樣性總量遠大於在植物、動物及真菌各類之內或彼此之間的多樣性。然而，因為這些占優勢的多細胞生物界具有其在體型及生態上的優勢地位，所以我們認定植物、動物及真菌不同於原生生物。

第四個相當多樣化的界

當多細胞型式演化形成時，在當時存在的單細胞生物之多樣類型並未因此而滅絕。現今在原生生物界中有廣大多樣化的單細胞真核生物及其親源相近者，是一個令人迷惑的類群，且包含了許多極為有趣且極具重要性的生物。

共生關係與真核生物的起源

真核生物的特點是複雜的細胞結構體，且具有多種功能性細胞器之特殊內膜系統 (詳見第 4 章)。然而不是所有這些胞器都源自內膜系統，粒線體及葉綠體兩者皆被認為是經由所謂內共生方式進入早期的真核細胞，在其中，如細菌的生物被帶入細胞中，且持續在細胞內保持其功能。

除了少數例外，現今所有的真核細胞都具有產生能量的胞器－粒線體。粒線體大約是細菌大小且含有 DNA。在將此 DNA 的核苷酸序列與不同生物相比較之後，清楚顯示粒線體是紫細菌的後裔，其在細菌發展史的早期即已進入真核細胞中。有些原生生物的門在其演化過程中還額外獲得了葉綠體，於是可行光合作用。這些葉綠體衍生自藍綠菌，它們在許多原生生物類群之早期演化史中與真核細胞形成共生關係。圖 15.9a 顯示此情況如何發生，綠色的藍綠菌被早期的原生生物吞入。內共生並非僅限於古代的歷程，現今仍在發生。有些可行光合作用的原生生物內共生在一些真核生物中，如某些海綿、水母、珊瑚 (圖 15.9b 顯示在珊瑚體內的綠色構造是內共生的原生生物。在第 4 章中已討論過有關粒線體與葉綠體的內共生起源理論，且將於第 17 章再提及。

關鍵學習成果 15.9

真核細胞藉由內共生方式獲得粒線體及葉綠體。真核細胞域的生物被分為四界：真菌、植物、動物及原生生物。

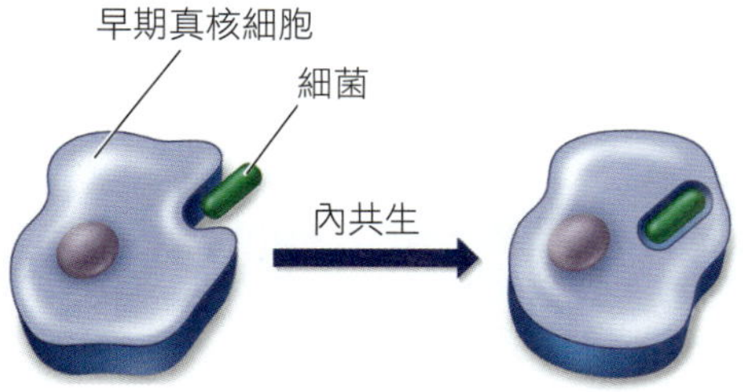

(a)

(b)

圖 15.9 內共生關係

(a) 此圖顯示一個胞器如何能經由所謂內共生的過程在早期真核細胞中衍生出來。一個生物如細菌被經由類似內吞作用帶入細胞中，但仍在細胞中維持其功能；(b) 許多珊瑚含有內共生的生物，稱為蟲黃藻的藻類，其可行光合作用並提供珊瑚養分。在此照片中，蟲黃藻是棕綠色的小球，充滿在珊瑚動物的觸手中。

複習你的所學

生物的分類

林奈系統的發明

15.1.1 分類的多名系統是利用一系列的形容詞將生物描述出來。二名系統則利用一個包含兩部分的名稱，是發展自多名的「速寫」形式，林奈利用此兩部分命名系統，且其應用變得廣泛。

物種的命名

15.2.1 分類學是生物學領域之一，涉及鑑定、命名以及將生物歸群。科學名包括兩個部分－屬名及種小名。屬名的第一字母須大寫，但種小名不需要。科學名是標準的、全球通用的名稱，較不如俗名混淆。

更高的分類階層

15.3.1 生物除了有屬名及種小名之外，也被歸至分類的更高階層，其包含有關在特定類群內的生物之更多共通訊息。最全面的階層，域，是最大的分群，緊隨的有漸增的特定訊息，據此而界定出不同分類階層：界、門、綱、目、科、屬及種。

何謂物種？

15.4.1 生物種概念說明物種是一群具有生殖隔離的生物，即表示個體交配並產生可互相交配之具孕性的子代，但與其他物種則不能如此。

推論系統發生學

如何建構一棵關係樹

15.5.1 除了將大量生物組織化，分類學的研究也讓我們一窺地球上生物的演化史，具有相似特徵的生物很有可能會彼此親緣接近。一個顯示生物與其他物種關係的演化史稱為系統發生。

15.5.2 系統發生樹可應用一些生物所共享的關鍵特徵來產生，且假設特徵是遺傳自共同祖先。一群因血緣而親近的生物稱為一個分支，而一個將整個分類群組織而成的系統發生樹又稱為支序圖。

界與域

生物的分界

15.6.1 目前共有六界：細菌界、古細菌界、原生生物界、真菌界、植物界及動物界。

15.6.2 依細胞的基本類型共分為三域：真核生物域(真核)、古細菌域 (原核) 及細菌域 (原核)。

細菌域

15.7.1 細菌域包括在細菌界的原核生物。這些單細胞生物是地球上最豐多的生物且在生態系中扮演重要角色。

古細菌域

15.8.1 古細菌域包括在古細菌界的原核生物。雖然它們是原核生物，但古細菌和細菌不同，也和真核生物不同。這些單細胞生物被發現在分歧且非常極端的環境中。

真核生物域

15.9.1 真核生物域包括非常分歧的生物，它們因皆為真核生物而相似，共有四個界，其中真菌、植物及動物是多細胞生物，而原生生物則主要是單細胞但非常分歧。

15.9.2 真核生物包含細胞內的胞器，其很有可能是經由內共生方式而獲得者。

測試你的了解

1. 狼、家犬以及紅狐狸都屬於同一科，犬科 (Canidae)。狼的科學名是 *Canis lupus*，家犬是 *Canis familiaris*，紅狐狸是 *Vulpes vulpes*。這表示
a. 紅狐狸和家犬與狼同一科但不同屬
b. 家犬和紅狐狸與狼同一科但不同屬
c. 狼和家犬與紅狐狸同一科但不同屬
d. 此三種生物皆屬於不同的屬

2. 下列何者不是域？
a. 細菌　c. 原生生物
b. 古細菌　d. 真核生物

3. 生物種的概念在植物中不如動物般適用，是因為
a. 大多數植物間有強大的雜交屏障
b. 動物間不常出現異體交配
c. 植物中很少有無性生殖
d. 許多植物通常不會異體交配

4. 在支序圖中，較相近的生物
a. 屬於同一科
b. 包括一個外群
c. 相較於其他較分開的生物，共享最近的共同祖先
d. 相較於其他較分開的生物，共享較少衍生特徵

5. 生物的分類是基於
a. 外觀、行為以及分子特徵
b. 歸群的棲地及分布
c. 食性特徵
d. 族群的大小、年齡結構以及可孕性

6. 親緣關係樹的正確解讀方法是
a. 如同一組具有層級的分支歸群
b. 從樹的分支末梢依序來看
c. 依表徵差異程度來排序
d. 依分支點的數目來排序

7. 哪個真核生物界包含單細胞生物？
a. 植物　c. 古細菌
b. 真菌　d. 動物

8. 生物的六界可被歸為三個域，根據
a. 生物的棲地
b. 生物的食性
c. 細胞構造
d. 細胞構造及 DNA 序列

9. 細菌和古細菌相似，在於它們
a. 皆源自內共生　c. 皆生活在極端環境
b. 皆為多細胞　d. 皆為原核生物

10. 一般認為真核細胞中的粒線體和葉綠體是來自
a. 內膜系統的發育　c. 突變
b. 原生生物　d. 細菌的內共生

Chapter 16

原核生物：最初的單細胞生物

1995年 5 月，這二位孩童於剛果基奎特鎮的醫院外等候，他們的父母親與與其他人因感染伊波拉病毒而被隔離於此。受感染的人，有 78% 死於此疾病。雖然病毒不是生物－只是被蛋白質包圍的 DNA 或 RNA 片段－但它們卻可造成生物致命的影響。甚至最簡單的生物，細菌也難逃其毒手。病毒可在被其感染的細胞內繁殖，最終殺死宿主細胞而釋放出來。以往常認為病毒是介於生物與非生物之間的物體，但是生物學家已經不再持此看法。病毒反而被視為是，從染色體上斷裂掉下來叛逃的基因體片段，它們可利用宿主細胞的機制來自我複製。本章將介紹最簡單的細胞生物一原核生物，以及感染它們的病毒。首先將討論生命的起源，然後介紹細菌與古菌，最後再仔細觀看可感染動物與植物的病毒。其中許多對人類的健康有重大的影響，例如，流行性感冒可造成上百萬人的死亡。

第一個細胞的起源

16.1 生命之起源

生命起源之謎

所有的生物都是由第 3 章所述的四種巨分子所構成的，它們是構成細胞的磚塊與水泥。最初的巨分子從何而來，以及它們如何組合成細胞，一直是生物學所知最少的題目－生命的起源。

無人確知第一個生物 (被認為是類似今日的細菌) 從何而來。原則上，至少有三種可能性：

1. **外太空起源**：生命並不是由地球自己起源，而是由外太空引入的，或許是從遙遠之星球傳過來的孢子感染而造成。
2. **神造論**：生命是由超自然或神聖的力量創造出來的。這個觀點稱為*創造論* (creationism) 或*智慧設計論* (intelligent design)，是西方宗教中常見的論述。然而，幾乎所有的科學家都排斥創造論或是智慧設計論，因為他們必須放棄科學的方法，才能接受所謂的超自然解釋。
3. **演化**：生命可能伴隨著愈來愈複雜的分子，從無生物演化而出。此觀點認為導致生命的力量是來自於篩選；能增加分子穩定度的改變使此分子存活得更久。

本書將專注於第三種可能性，並試圖去了解演化的力量是否能導致生命的起源，以及這種程序是如何發生的。但這並不代表第三種演化的可能性就是正確的，上述三者，都有可能是正確的。同時也不代表第三種可能性將會排除掉宗教：神聖的力量也有可能是透過演化來展現其能力。目前我們只能將範圍限制於可調查的科學事物上。在三種可能性中，只有第三種可以測試其設定的假設，並提出科學解釋，也就是說，有可能用實驗來證明其是錯誤的。

產生建構生命的原料

我們怎麼能夠知道，第一個細胞是如何起源的？其中一種方法就是，重新建造一個 25 億年前生命起源時的地球環境 (譯者註：也有許多科學家認為地球生命起源於 35 億年前，甚或 37 億年前)。我們從岩石中得知，當時地球大氣中僅有非常微量的氧氣或是沒有氧氣，而是具有許多氣態的硫化氫 (H_2S)、氨 (NH_3) 以及甲烷 (CH_4)。這些氣體的電子，常因太陽的光子或是閃電的電能撞擊，而被提升到高能階 (圖 16.1)。現今這種高能階的電子會很快就被氧氣所吸收掉 (空氣中有 21% 的氧氣，均來自光合作用)，因為氧氣吸取電子的能力很強。但是在古代沒有氧氣的情況下，這些高能電子就能用來幫助產生生物分子。

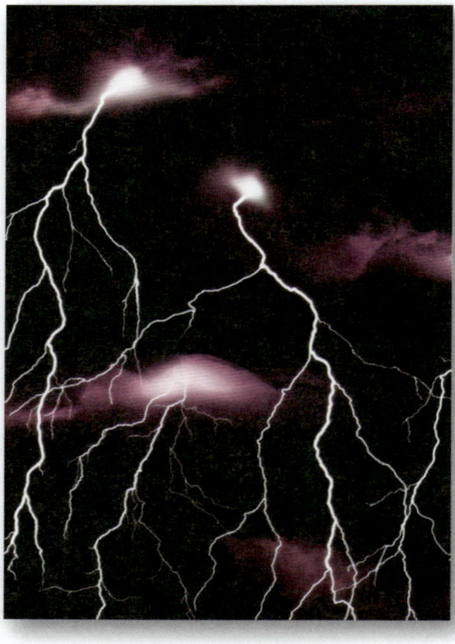

圖 16.1　閃電可提供能量來形成分子
在生命演化出來之前，地球大氣中的一些簡單分子，可互相結合產生複雜的分子。驅動這些化學反應所需的能量，被認為是來自 UV 的輻射、閃電以及一些其他的地質能量。

科學家米勒 (Stanley Miller) 與尤里 (Harold Urey) 於實驗室中重新設置了地球早期無氧的大氣環境，然後用閃電打擊與 UV 照射處理後，發現產生了許多建構生物所需的原料，例如胺基酸與核酸等。他們認為，生命可能從早期地球海洋含有生物分子的「原生湯」(primordial soup) 中演化出來。

關於地球生命起源的「原生湯」假說，最近引起了一些關注。如果地球形成時的大氣中沒有氧氣，如同米勒與尤里所假設的 (大多數證據支持此假設)，那麼地球的大氣中就沒有一個臭氧層，來保護地球表面免於受到陽光中紫外光輻射的傷害。如無臭氧層的保護，科學家認為大氣中任何的氨與甲烷，都會被紫外光輻射所摧毀。沒有這些氣體，**米勒-尤里實驗** (Miller-Urey experiment) 就無法產生關鍵的生物分子，例如胺基酸。如果這些必需的氨與甲烷不在大氣中，那麼它們在何處？

過去三十餘年間，科學家之間開始支持一個所謂的**泡沫模型** (bubble model)。這個模型是一位地球物理學家 Louis Lerman 於 1986 年所提出的，他認為有關原生湯假說的問題，如果稍加「攪動一下」就不成問題了。如圖 16.2，泡沫模型認為，產生建構生命原料單元的化學反應，並非在原生湯中進行，而是發生在海面上的泡沫中。海底火山噴發，可產生出含有各種氣體的泡沫 ❶。由於水分子具有極性，因此可以吸引極性的分子，並濃縮於泡沫內 ❷。由於具有高濃度的極性分子，因此泡沫內可以發生快速的化學反應。泡沫模型解決了原生湯假說的關鍵問題。在這些泡沫內，甲烷與氨互相反應所產生的胺基酸，也因為泡沫表面可將具毀滅性的紫外光輻射反射出去，而得到保護。當泡沫到達海面時，會因破裂而將其內含的化學物質釋放到大氣中 ❹。最後，這些分子又會隨雨水而重新回到海洋中 ❺。

在原生湯海洋的邊緣，這些泡沫就不斷被

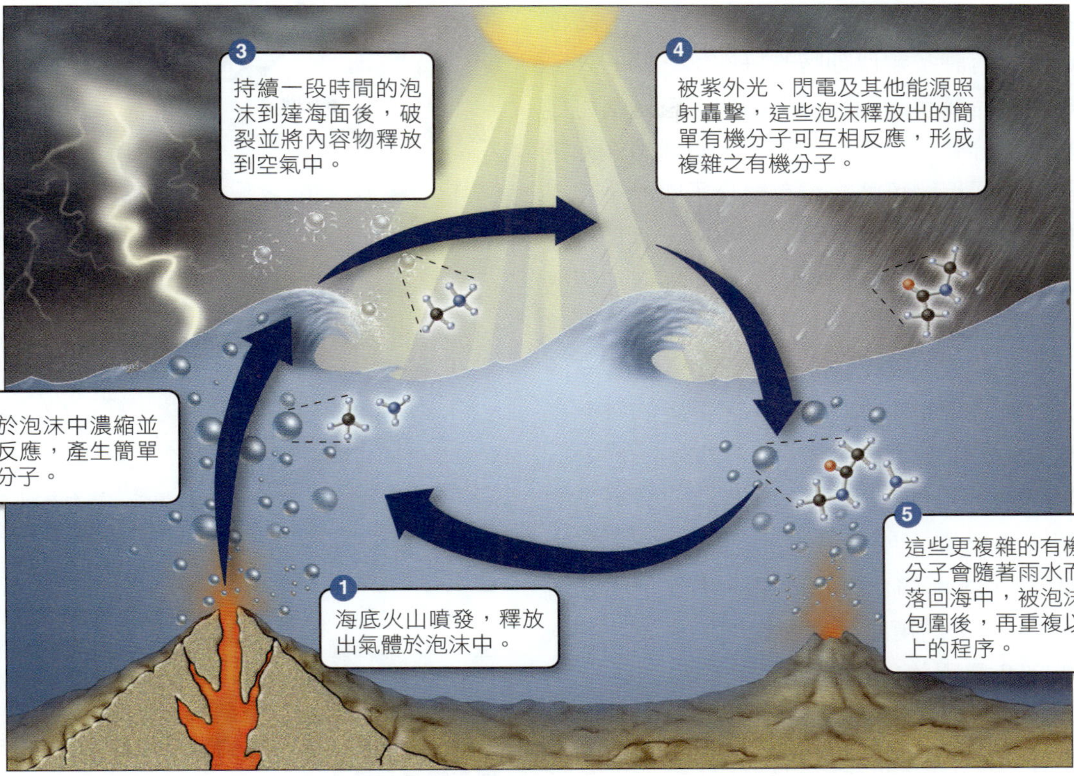

圖 16.2　一個與泡沫有關的化學程序出現在生命起源之前
1986 年地球物理學家 Louis Lerman 提出建議，導致生命演化出來的化學程序是發生於海洋表面的泡沫中。

紫外光輻射與其他離子輻射照射著，並且暴露在含有甲烷與其他簡單有機分子的大氣中。

關鍵學習成果 16.1

生命在 25 億年前出現在地球上。它非常有可能是自然產生的，雖然其過程的特性還不完全明瞭。

16.2　細胞如何出現

自然產生胺基酸是一回事，但是將它們連接成蛋白質則是另一件很不相同的事。請回顧圖 3.6，每形成一個肽鍵時，會產生一個水分子作為此反應的副產品。由於此反應是一個可逆的反應，因此這個反應在有水的環境中，應該不會自然發生 (過多的水會使此反應走向相反方向)。因此科學家認為，第一個產生的巨分子應該不是蛋白質，而是 RNA 分子。當給予高能的磷酸基時 (可由許多礦物提供)，RNA 核苷酸會自動合成聚核苷酸鏈，並折疊出可催化產生第一個蛋白質的分子。

第一個細胞

我們並不知道第一個細胞是如何產生的，但是大多數科學家猜測，它是自動聚集而成。當水中含有複雜的含碳巨分子時，它們傾向於聚集在一起，有時其聚合體可大到不需使用顯微鏡就看得見。你可試著搖晃一瓶油醋沙拉醬，瓶中會自然形成許多稱為**微球體** (microspheres) 的小球狀物，懸浮在醋中。類似的微球體，很可能就是演化出細胞結構的第一個步驟。肥皂水所形成的泡泡是一個空心的球體，而一些具有疏水性區域的分子，也可在水中自然形成球體。此泡泡的結構，可保護朝向內部的疏水區域，使其不會接觸到水。這種微球體具有許多類似細胞的特性：它們的外部界線與具有雙層的細胞膜很類似，它們還可增大體積與分裂。根據泡沫模型，微球體經過數百萬年的過程，可將複雜有機分子與能量貯存於其球體內。雖然將脂質放入水中，確實可直接形成脂質微球體，但是似乎沒有任何遺傳機制，可將此進步的特性從親代傳給後代。

如我們之前學過的，科學家猜測第一個形成的巨分子是 RNA 分子，而最近的研究也發現 RNA 有時可像酵素一般，具有催化 RNA 自我組合的功能，此現象提供了一個可能的早期遺傳機制。或許最初的細胞成分，就是 RNA 分子，而演化過程的第一步就是逐漸增加 RNA 分子的複雜度與穩定度。之後，RNA 的穩定度還因位於微球體內，而得到進一步的改進。最終，DNA 會取代 RNA 成為貯存遺傳訊息的分子，因為雙股的 DNA 要比單股的 RNA 更穩定。

當我們談到一個細胞要花數百萬年才能形成時，很難想像，會有足夠的時間演化出像人類這麼複雜的生物，但是人類也是最近才加入的。如果將生物的發展看成一個 24 小時的生物時鐘，如圖 16.3，地球於 45 億年前形成時當作午夜，人類則是於一天最後將結束的幾分鐘時才出現。

如你所見，從科學角度看生命的起源，充其量也不過是一個模糊的輪廓。雖然科學家無法證明「生物的起源是自然發生的」的假說是錯誤的，但仍對實情所知甚少。許多不同的場景，看起來都有可能，有些則有具體的實驗證明來支持。深海火山口具有引人注意的可能性，許多在那裡大量生活的原核生物，屬於最原始的生物之一。還有其他的科學家提議，生命是起源自地殼深處。生命究竟如何自然發生，一直是受到科學家關注、研究以及討論的重要話題。

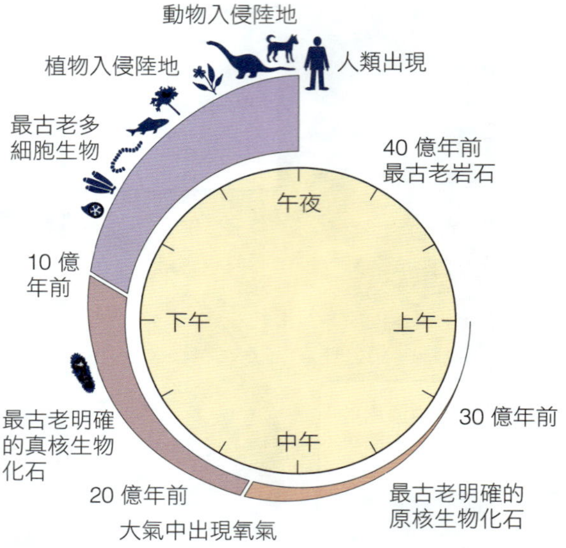

圖 16.3 生物時間之鐘
10 億秒之前，大多數使用本教科書的學生還未出生。10 億分鐘之前，耶穌基督還活著在加利利行走。10 億小時之前，現代人才剛剛出現。10 億天之前，人類祖先開始使用工具。10 億個月之前，最後一隻恐龍還未孵出。10 億年前，地球表面還未有任何生物行走於其上。

關鍵學習成果 16.2

第一個細胞究竟如何產生，我們所知甚少。現今的假說認為，與泡沫的化學演化有關，也是引人關注的研究領域。

原核生物

16.3 最簡單的生物

從古老岩石中的化石判斷，原核生物在地球上大量存在已有 25 億年。從其多樣的陣容來看，其中的一些成員是現今世界大多數生物的始祖。一些古老的成員，如藍綠菌 (cyanobacteria) 至今仍存在；其他的一些成員則演化成為原核中的另一群生物，古菌 (Archaea)；還有一些則在數百萬甚至數十億年前就絕跡了。化石紀錄指出，真核細胞直到 15 億年前才出現，它們的細胞比原核細胞大很多且複雜許多。因此原核生物獨自存在於地球上，至少有 10 億年以上。

現今，原核生物是地球上構造最簡單與含量最豐富的生物。1 茶匙的農田土壤中，可能含有 25 億個細菌細胞。而在英國 1 公頃 (約 2.5 英畝) 的麥田中，所含細菌的重量相當於 100 隻綿羊！

一點也不意外，原核生物在地球生命網中，占有非常重要的地位。它們在生態系中的礦物循環上，扮演了關鍵的角色。事實上，一些光合作用細菌，貢獻了大氣中大部分的氧氣。細菌也可造成動物與植物一些最致命的疾病，也包括許多人類疾病。細菌與古菌是我們永恆的夥伴，存在於我們所吃的任何食物與所接觸的任何事物中。

原核細胞的構造

原核生物最基本的特徵可用一句話來表達：**原核生物** (Prokaryotes) 是很小、構造較簡單且不具細胞核的的單細胞生物。因此細菌與古菌都是原核生物，與真核生物不同，它們單一環狀的 DNA 並無膜將其包覆成為細胞核。由於其細胞太小，因此肉眼無法看得見。圖 16.4 展示了原核細胞的各種形狀，許多都是單細胞，可為桿狀 (rod shaped) 的桿菌 (bacilli)、球狀 (spherical) 的球菌 (cocci) 或是螺旋狀 (spirally coiled) 的螺旋菌 (spirilla)，有些還具有顯著的鞭毛 (flagella)。還有一些原核生物則可聚集成為鏈狀，有些甚至還具有柄狀的構造。

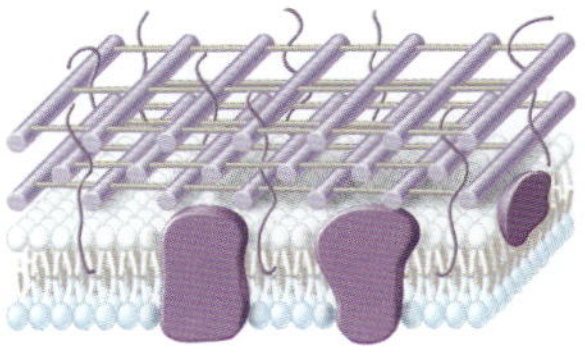

原核細胞的原生質膜之外，有細胞壁將其包圍。細菌的細胞壁是由肽聚糖 (peptidoglycan) 所組成，這是一種用肽鍵穿插連結的多醣類網狀結構。許多種類細菌的肽聚糖細胞壁，就如同右圖中的紫色棒狀結構，有些種類具有一個外膜 (outer membrane)，由脂多醣類大分子 (右圖紅色脂質) 連結著糖鏈構成，覆蓋在一層很薄的肽聚糖細胞壁之外。細菌通常可因是否具有此外膜，而區分

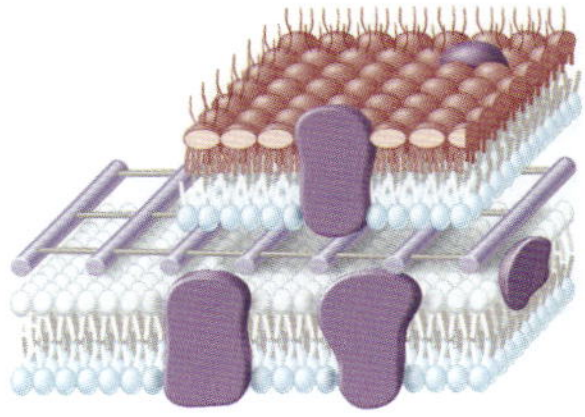

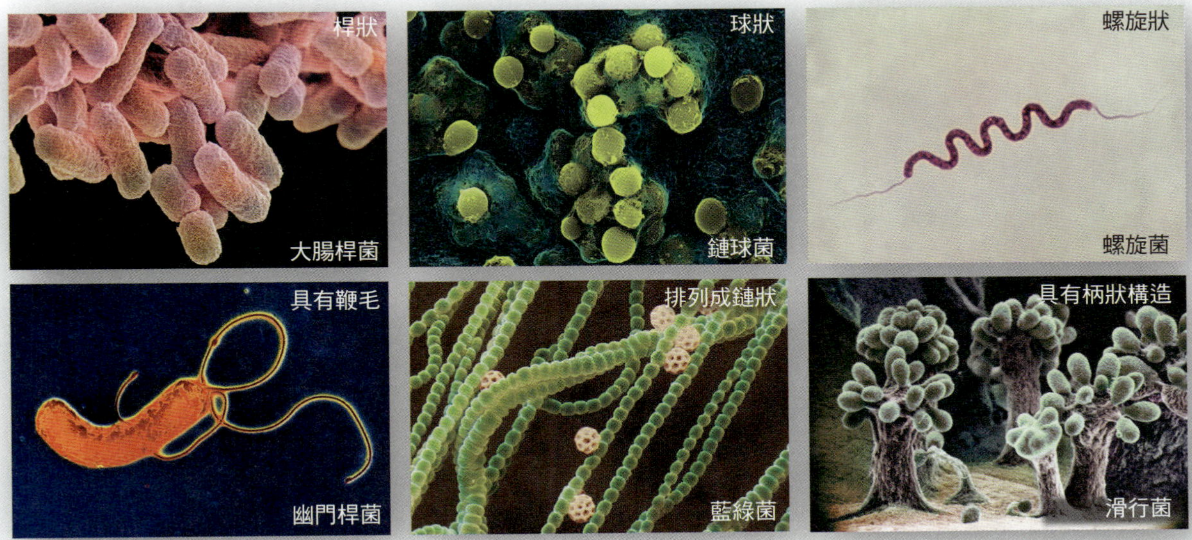

圖 16.4　原核細胞有很多種形狀

為不具此膜的**革蘭氏陽性** (gram-positive) 菌，以及具有此膜的**革蘭氏陰性** (gram-negative) 菌。此名稱的來源是紀念發明革蘭氏染色方法的丹麥微生物學家 Hans Gram。

染色過程中使用的紫色染料，可留存在革蘭氏陽性菌較厚的肽聚糖細胞壁上，將其染成紫色。而具有外膜的革蘭氏陰性細菌，由於其肽聚糖很薄無法保留住紫色染料，很容易被沖洗掉，而會被另一種對比染色的紅色染料染成紅色。革蘭氏陰性細菌的外膜，可使它們能夠抵抗攻擊細胞壁的抗生素。這就是為何專門攻擊細菌細胞壁上肽鍵連結的青黴素 (penicillin，盤尼西林)，只對革蘭氏陽性細菌有效的原因。許多細菌在細胞壁與外膜之外，還具有一層膠狀的物質，稱為**莢膜** (capsule)。

許多種類細菌具有線條狀的**鞭毛** (flagella)，這是一種從細胞向外延伸，可長達細胞本體數倍長度的蛋白質鏈。細菌可旋轉鞭毛，以類似螺旋轉動的方式使細菌游動。

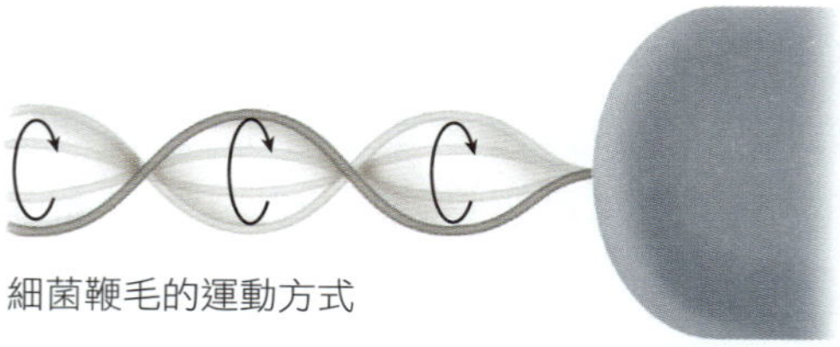

細菌鞭毛的運動方式

一些細菌還具有許多類似鞭毛之很短的**線毛** (複數 pili，單數 pillus)，有如繫船纜繩，可協助細菌細胞附著在物體的表面。當遇到惡劣環境 (乾燥或高溫)，有些細菌還會形成具厚壁的**內孢子** (endospores)，其內具有 DNA 與少量的細胞質。這種內孢子對環境壓力具有高度的抵抗力，當遇到合適環境時 (甚至數百年後)，就可萌發產生具活力的細胞。

生殖與基因轉移

原核生物的生殖方式是**二分裂生殖** (binary fission)，細胞逐漸長大後直接分裂成為二個細胞。DNA 複製之後，在細胞中間處的原生質膜與細胞壁向內生長，最後形成新細胞壁將細胞一分為二。

一些細菌可利用將質體從一細胞傳送到另一細胞的方式，進行基因交換，此過程稱為**接合作用** (conjugation)。質體 (plasmid) 是一個很小的環狀 DNA，可獨立於細菌染色體之外自我複製。在細菌的接合作用中 (圖 16.5)，捐贈者細胞 (donor cell) 的線毛可向外延伸，並接觸到接受者細胞 (recipient cell) ❶，在二個細胞間形成一個稱為接合橋 (conjugation bridge) 的通道。線毛可將二個細胞拉近，捐贈者細胞內的質體開始複製其 DNA ❷，然後將複製

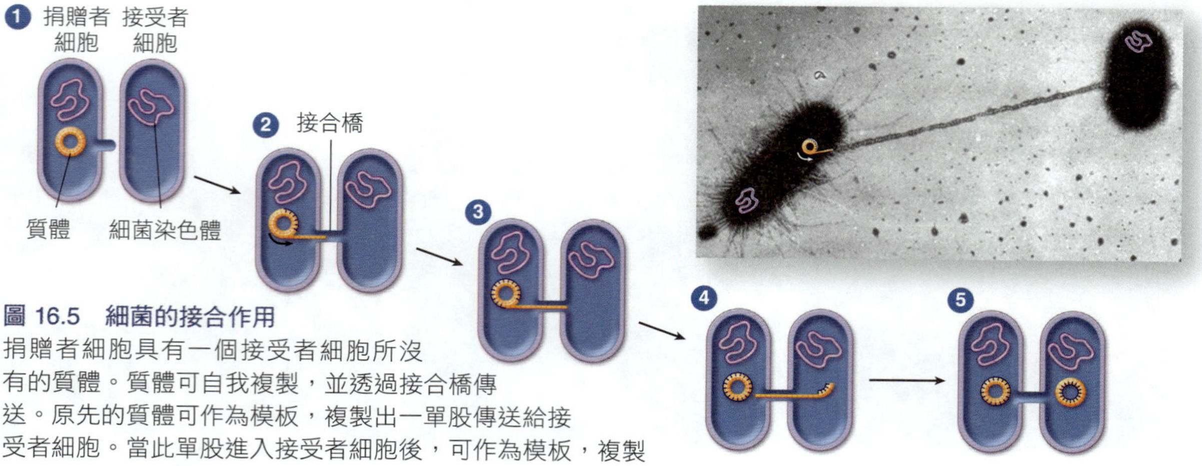

圖 16.5 細菌的接合作用
捐贈者細胞具有一個接受者細胞所沒有的質體。質體可自我複製，並透過接合橋傳送。原先的質體可作為模板，複製出一單股傳送給接受者細胞。當此單股進入接受者細胞後，可作為模板，複製成為雙股質體。過程結束後，二者均具有一個完整的質體。

出的單股拷貝透過接合橋而送入接受者細胞內 ❸，然後再合成其互補股 ❹。因此接受者細胞內，便含有一些與捐贈者細胞相同的遺傳物質了。細菌的抗藥基因常可藉由這種接合作用，從一個細菌細胞傳遞到另一個細菌細胞。除了接合作用之外，細菌也可從環境中直接吸收 DNA [轉形作用 (transformation)，見圖 11.1]，或是從細菌病毒處獲得新的遺傳訊息 (將於本章之後討論；見圖 16.11)。

關鍵學習成果 16.3

原核生物是最小與最簡單的生物，一個沒有內部隔間與胞器的單細胞。它們可進行二分裂生殖。

16.4 原核生物與真核生物的比較

原核生物在許多方面與真核生物不同：原核生物大部分為單細胞生物，細胞比真核細胞小很多，且其細胞質中具有很少的內部結構，其染色體是一個單一的環狀 DNA，細胞分裂與鞭毛結構很簡單，然而其代謝型式則遠比真核更多樣。原核生物與真核生物的不同處如表 16.1。

原核的代謝

原核生物演化出許多種方式，來獲取生長與繁殖所必需的碳及能量。其中許多種是**自營生物** (autotrophs)，可從無機的 CO_2 取得所需的碳。而自營生物中，如果是從陽光取得其能源，就稱為光合自營生物 (photoautotrophs)，如果是從無機化合物取得其能源，則稱之為化合自營生物 (chemoautotrophs)。其他的原核生物則是**異營生物** (heterotrophs)，其取得碳的來源至少有一部分為有機分子，例如葡萄糖。異營生物中，如果其能量的來源是陽光，則稱之

表 16.1 原核生物與真核生物的比較

特徵	舉例
內部空間區隔化 與真核細胞不同，原核細胞內部空間沒有區隔，沒有膜狀系統，也沒有細胞核。	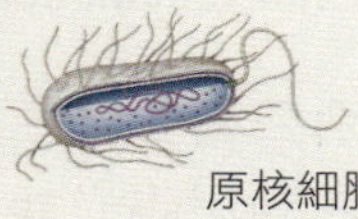 原核細胞
細胞大小 大多數原核細胞直徑只約 1 微米，而大多數真核細胞的大小則約為其 10 倍。	 原核細胞 真核細胞
單細胞 所有原核生物基本上都是單細胞的。雖然有些會聚集在一起而形成鏈狀，但其細胞質並未連通，且細胞活動也不像真核生物般，互相整合與合作。	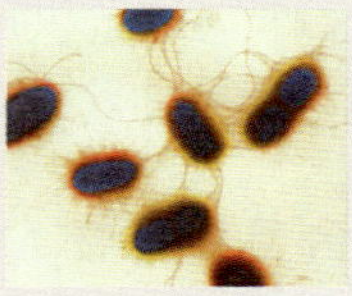 單細胞細菌
染色體 原核生物沒有真核生物那種 DNA 與蛋白質結合而成的複雜染色體。其細胞質中只有單一環狀的 DNA。	 原核染色體 真核染色體
細胞分裂 原核細胞的分裂是用二分裂方式 (見第 8 章)，細胞一分為二。真核生物則是在有絲分裂時，由微管將染色體分別拉向細胞的二極。	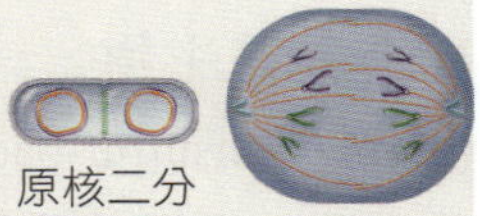 原核二分裂生殖 真核有絲分裂
鞭毛 原核生物的鞭毛很簡單，由單一蛋白質纖維構成，用類推進器方式旋轉而運動。真核生物的鞭毛則複雜得多，由 9+2 排列型式的微管構成，用前後揮動的方式運動。	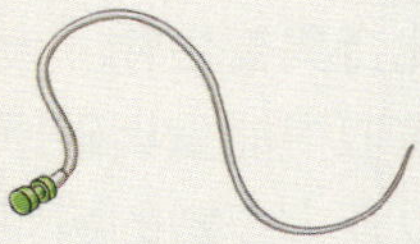 簡單的細菌鞭毛
代謝的多樣化 原核生物具有許多真核生物所沒有的代謝方式。原核生物可有數種不同之好氧性與厭氧性的光合作用；原核生物也可從氧化無機物中獲取能量 (稱為化合自營)，也有些原核生物可固定大氣中的氮氣。	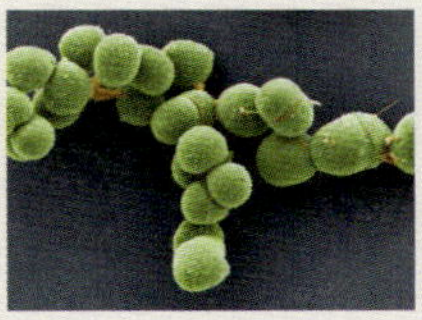 化合自營生物

為光合異營生物 (photoheterotrophs)，如果其獲取能量的來源是有機分子，則稱之為化合異營生物 (chemoheterotrophs)。

光合自營生物　許多原核生物可進行光合作用，利用陽光能量與二氧化碳來建構有機分子。藍綠菌使用葉綠素 a 作為捕捉光能的色素，H_2O 作為電子供應者，並產生氧氣為其副產品。其他的原核生物則使用細菌葉綠素 (bacteriochlorophyll) 作為捕捉光能的色素，H_2S 作為電子供應者，並產生元素硫為其副產品。

化合自營生物　一些原核生物可氧化無機物質來獲取它們的能量，例如硝化菌，可將氨 (ammonia) 或亞硝酸鹽 (nitrite) 氧化成為硝酸鹽 (nitrate)。其他的原核生物還可氧化硫或氫氣。在深達 2,500 公尺的黑暗海底，一些生態系可以全依賴那些，可氧化海底火山口釋放出之硫化氫的原核生物。

光合異營生物　一些所謂的紫色非硫細菌 (purple nonsulfur-bacteria) 可使用光線作為其能量來源，但從其他生物產生的有機分子處，例如碳水化合物或酒精，取得所需的碳。

化合異營生物　大多數原核生物是從有機分子處取得能量與碳原子，這類生物包括了分解者以及大多數的病原菌 (可導致疾病的細菌)。

關鍵學習成果 16.4

原核生物與真核生物之不同處，為其沒有細胞核與內部的區隔空間，但代謝方式則更多樣化。

16.5　原核生物的重要性

原核生物與環境

原核生物於過去 20 多億年間，創造出了地球大氣與土壤的特性。它們的代謝方式比真核生物更多樣性，這也是為何原核生物可存在於如此廣泛的棲地中的原因。這些眾多的自營細菌，無論是光合自營或是化合自營，對地球陸地、淡水與海洋棲地之碳的平衡具有重要的貢獻。其他異營細菌可將有機物分解，在地球生態系中扮演了關鍵的角色。碳、氮、磷、硫以及其他構成生物的原子，都來自於環境中，當生物死亡與腐敗分解之後，它們會全部回歸到環境中。原核生物以及其他諸如真菌的生物，負責了這部分的分解工作，稱之為分解者 (decomposers)。還有少數幾個屬的細菌，在生態系中扮演了另一個關鍵的角色，它們具有固定大氣中氮的能力，提供了其他生物對氮的需求。

細菌與基因工程

利用基因工程將細菌菌種進行改良並用於商業用途，具有非常好的前景。細菌一直被大力研究，例如可當作不會污染環境的昆蟲控制劑。蘇力菌 (*Bacillus thuringiensis*) 可產生一個蛋白質，當一些昆蟲食入之後會產生毒性，經過改良的蘇力菌，成為極為有用的生物控制劑。基因改造的細菌，已經大量成為生產胰島素以及其他治療用蛋白質的重要菌種。基因改造細菌也被用來清理環境中的污染物，阿拉斯加艾克森瓦德茲號 (Exxon Valdez) 運油輪洩漏事件中，就使用了可分解油污的細菌來進行清理。圖 16.6 左方為被石油污染岩石，右方圖則顯示利用細菌清理過的岩石。

細菌、疾病與生物恐怖主義

一些細菌可導致植物與動物 (包括人類在內) 的重要疾病。人類的重要細菌疾病，包括致命的炭疽病、霍亂、鼠疫 (黑死病)、肺炎、結核病 (TB) 以及斑疹傷寒等。許多病原菌 (致病菌)，例如霍亂，是經由食物與水來傳遞；一些如斑疹傷寒與鼠疫，是藉由跳蚤在嚙

圖 16.6　利用細菌來清理石油洩漏

可利用細菌來清理環境中的污染物，例如 2010 年墨西哥灣發生大量的碳氫化合物被釋放到環境中的石油污染事件。而在 1989 年阿拉斯加的艾克森瓦德茲號運油輪洩漏事件中遭受污染的區域 (左圖)，可降解石油的細菌發揮了強力的效果 (右圖)。

齒類與人類族群間散播。其他的如結核病，則是藉由空氣中的小水粒 (來自咳嗽與噴嚏的飛沫) 來感染吸入的病患。在這些藉由空氣吸入的疾病中，炭疽病原本是一種在牲畜間流行的疾病，但也可偶爾感染人類。受感染的人類，主要是藉由皮膚上的傷口而遭到感染，但是當吸入大量的炭疽病原菌內孢子時，可造成致命的肺部感染。美國與前蘇聯共和國的生物武器計畫中，將炭疽病列為一個接近理想的生物武器，雖然從未真正在戰場上使用過。2001 年，生物恐怖份子曾使用炭疽病的內孢子攻擊過美國。

關鍵學習成果 16.5

原核生物對地球生態系有重要的貢獻，包括在碳與氮的循環上扮演了關鍵性的角色。

16.6　原核生物的生活方式

古菌

許多現今生存的古菌 (Archaea) 為**產甲烷菌** (methanogens)，這種原核生物可使用氫氣 (H_2) 來還原二氧化碳 (CO_2)，產生甲烷 (CH_4)。產甲烷菌是絕對的厭氧生物，會遭受氧氣的毒害。它們生活在沼澤中，其他的微生物可將環境中的氧氣耗盡，而提供厭氧條件。它們產生的甲烷氣泡，常被稱為「沼氣」(marsh gas)。產甲烷菌也可生活在牛與其他草食性動物的腸道中，纖維素分解產生的 CO_2 可被還原成甲烷氣體。最被了解透徹的古菌還有許多嗜極端生物 (extremophiles)，它們生活在非常不尋常的惡劣環境中，例如鹽度非常高的死海與大鹽湖 (鹽度是海水的 10 倍)。**高溫嗜酸菌** (thermoacidophiles) 則愛好高溫的酸性溫泉，例如黃石國家公園中的硫酸溫泉 (圖 16.7)，其泉水溫度高達 80 °C，pH 則為 2~3。

細菌

幾乎所有被科學家描述過的原核生物，都屬於細菌界 (kingdom Bacteria) 的一員。許多是異營生物，利用有機分子來驅動其生命，其他的則是光合作用生物，從陽光獲取能量。**藍綠菌** (cyanobacteria) 是最顯著的光合作用細菌，可產生氧氣釋放到大氣中，在地球歷史上

圖 16.7 生活於溫泉中的高溫嗜酸菌
這些生活在懷俄明州黃石國家公園 Crested Pool 中的古菌，可耐強酸與非常高的溫度。

扮演了關鍵的角色。許多藍綠菌是排列成絲狀的細菌，例如圖 16.8 的念珠菌 (*Anabaena*)。幾乎所有的藍綠菌都可固氮，它們具有一個特化的細胞，稱為**異形細胞** (heterocysts) (出現在絲狀念珠菌中膨大的細胞)，在**固氮作用** (nitrogen fixation) 中，大氣中的氮氣被轉換成為生物可利用的氨。

非光合作用的細菌，則分別分類屬於眾多的門 (phyla)。許多是分解者，可將有機物質分解掉。細菌與真菌是重要的分解者，可將生物產生的有機分子加以分解掉，使其中的營養成分可以再次被生物所利用。分解作用就如同光合作用一般，都是地球生命得以延續所不能或缺的。雖然細菌是單細胞生物，但是有時它們也會聚集在一起，例如念珠菌，或是在物體表面上形成細菌層，稱之為**生物膜** (biofilms)。在生物膜中，細菌創造出一個微環境 (microenvironment)，有助於細菌的生長。生物膜對人類造成許多重要的影響，例如在牙齒上或醫療器材上 (如導尿管與隱形眼鏡) 所形成的生物膜，會造成很多麻煩。生物膜可幫助細菌對抗殺菌劑。

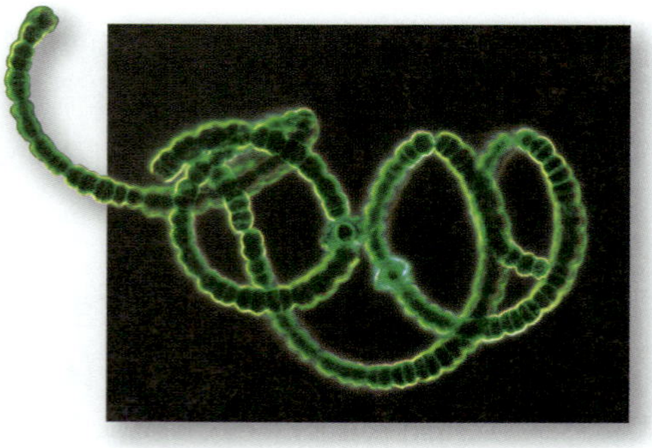

圖 16.8 藍綠念珠菌
個別的細胞連接成絲狀。較大的細胞 (細絲中看起來膨大的區域) 為特化異形細胞，可進行固氮作用。此生物是細菌中最接近多細胞生物的成員之一。

細菌可造成人類許多疾病 (表 16.2)，包括霍亂、白喉以及痲瘋病等。其中最嚴重的是**結核病** (tuberculosis, TB)，是由一種結核分枝桿菌 (*Mycobacterium tuberculosis*) 所造成的肺部感染疾病。TB 是全世界排名第一的致死因素，透過空氣散播，具有很高的感染性。直到 1950 年代發明有效壓抑此菌的藥物之前，TB 一直都是美國最主要的健康威脅。1990 年代出現抗藥性的細菌，引起了醫學界的嚴重關切，目前正在展開尋找新型的抗 TB 藥物中。

關鍵學習成果 16.6

最常碰到的原核生物是細菌；其中一些可造成人類嚴重的疾病。

病毒

16.7 病毒的構造

病毒是生物嗎？

生物與非生物之間的界線，對一位生物學家而言是非常清晰的。生物都有細胞，能夠獨立生長與繁殖，依循 DNA 編碼的遺傳訊息行事。今日生存在地球上且能夠符合這些標準的最簡單生物，就是原核生物。而病毒則不能符合活的生物標準，因為它們只具備生物部分的特性。**病毒** (viruses) 從字面上來看，只是「寄生性的」化學物，由蛋白質包裹著 DNA 的片

表 16.2 人類重要的細菌性疾病

疾病	病原菌	病媒/傳染窩	症狀與傳染方式
炭疽病	*Bacillus anthracis* (炭疽桿菌)	農場動物	透過吸入、接觸以及食入內孢子的細菌性感染，為偶發性的罕見疾病。肺 (吸入性) 炭疽病通常是致命的，皮膚性 (透過傷口感染) 炭疽病可直接用抗生素處理。炭疽病的內孢子可作為生物武器。
肉毒症	*Clostridium botulinum* (肉毒梭狀桿菌)	準備不恰當的食物	經由食入遭污染的食物而感染；容器如未經高溫殺菌處理，其內孢子可存活於罐頭與玻璃瓶容器中。食品含有毒性，可致命。
披衣菌疾病	*Chlamydia trachomatis* (砂眼披衣菌)	人類 (性病)	主要感染生殖泌尿道，但也可感染眼睛與呼吸道。全世界都有此疾病，在過去 20 年間變得很普遍。
霍亂	*Vibrio cholerae* (霍亂弧菌)	人類(糞便)，浮游生物	可導致嚴重腹瀉，嚴重者可因脫水而死亡。如果病症未加以處理，死亡率最高可達 50%，是擁擠與衛生較差地區的主要殺手。1994 年曾在非洲盧旺達爆發，死亡人數超過 10 萬人。
蛀牙	*Streptococcus* (鏈球菌)	人類	在牙齒表面上聚集生長，會分泌酸摧毀牙齒琺瑯質－糖本身不會造成蛀牙，而是吃食糖的細菌造成的。
白喉	*Corynebacterium diphtheriae* (白喉棒狀桿菌)	人類	急性發炎導致黏膜受損，接觸到病人而感染。可注射疫苗預防。
淋病	*Neisseria gonorrhoeae* (奈瑟氏淋病球菌)	僅有人類	為一種性病，全世界都在增加中。通常不會致命。
漢生氏病/痲瘋病	*Mycobacterium leprae* (痲瘋桿菌)	人類，野生犰狳	慢性的皮膚感染；全世界約有 1,000 萬至 1,200 萬病患，尤其盛行於東南亞。透過與病患接觸而感染。
萊姆氏病	*Borrelia burgdorferi* (伯氏疏螺旋體)	硬蜱，鹿，小嚙齒類動物	透過被硬蜱咬噬而感染。先為局部病變，然後出現乏力、發燒、虛弱、痠痛、頸部僵硬以及頭痛。
消化性潰瘍	*Helicobacter pylori* (幽門桿菌)	人類	以前認為是壓力與飲食不正常造成，但現在發現大多數的胃潰瘍是由細菌感染造成，好消息是可用抗生素來治療。
鼠疫	*Yersinia pestis* (耶爾辛氏鼠疫桿菌)	野生嚙齒類動物跳蚤，鼠，松鼠	14 世紀時，曾殺死歐洲四分之一的人口；1990 年代美國西部的野生嚙齒類動物族群中發生地方性大流行。
肺炎	*Streptococcus, Mycoplasma, Chlamydia, Klebsiella* (鏈球菌，黴漿菌，披衣菌，克雷白氏菌)	人類	急性肺部感染，如不治療，則通常會致命。
結核病	*Mycobacterium tuberculosis* (結核分枝桿菌)	人類	急性肺部、淋巴與腦膜的感染。其發生率在增加中，由於抗藥性新菌種的出現，使疫情更為複雜。
傷寒	*Salmonella typhi* (沙門氏傷寒菌)	人類	全世界都可發生的系統性細菌疾病。美國每年的病例低於 500 人。疫病的傳染是透過遭污染的食物 (例如未洗淨的水果與蔬菜)。旅行者可施打疫苗預防。
斑疹傷寒	*Rickettsia* (立克次菌)	蝨，鼠蚤，人類	在歷史上是擁擠與衛生較差地區的疾病，可藉由體蝨與跳蚤的咬噬，在人群中間傳染。如不治療，死亡率最高可達 70%。

段 (有時為 RNA) 而成。它們無法自己繁殖，因此基於此理由，生物學家不認為它們是生物。但是，它們能在宿主細胞內完成繁殖，給宿主帶來災難性的後果。

病毒非常小，而最小的病毒直徑僅 17 奈米。大多數病毒只能用高解析度的電子顯微鏡才能觀察得到。

病毒是在 1935 年被發現的，當時一位生物學家史丹利 (Wendell Stanley)，首先從植物汁液中發現了一種植物病毒，稱作菸草鑲嵌病毒 (tobacco mosaic virus, TMV)，並試圖將之純化出來。但令他吃驚的是，TMV 竟然能夠從溶液中沉澱出來並形成晶體。這是令人意外的發現，因為有時只有化學物質才能沉澱結晶，而 TMV 看起來像是化學物，而非生物。因此史丹利認為 TMV 應該被視為是一種化學物，而不是一個活的生物。

每一個 TMV 病毒的顆粒，實際上是二種化學物質的混合物，RNA 與蛋白質。圖 16.9b 所示的 TMV 病毒，像一個有餡料的長條麵包，中心是 RNA 核心(綠色彈簧狀構造)，外圍裹著一層蛋白質 (包圍著 RNA 的紫色構造)。之後的研究人員將 RNA 與蛋白質加以分離，並分別純化出來。但當將此二種成分重新組合之後，新組合的 TMV 居然可感染健康的菸草。很明顯的，造成感染的是病毒本身，而非構成病毒的成分。

病毒可在所有的生物中發現，從細菌到人類。其基本結構是類似的，都是由蛋白質包裹著核酸的核心。但也有很大的不同處，可比較圖 16.9 所示的細菌病毒、植物病毒以及動物病毒。它們看起來的確非常不同。甚至每一群的病毒中，其形狀與構造也有很大的差異。細菌的病毒稱作噬菌體 (bacteriophages)，具有精巧的構造，可參見圖 16.9a，看起來類似一個登月艙。許多植物病毒則具有一個 RNA 的核心，而一些動物病毒也是一樣，例如 HIV (圖 16.9c)。動物病毒則視種類而定，可含有 DNA 或 RNA。病毒包圍核酸核心的蛋白質外鞘稱為**殼體** (capsid)，許多病毒 (例如 HIV) 在其殼體之外還會有一層膜，稱為**套模** (envelope)，套膜上含有許多蛋白質、脂質以及醣蛋白。

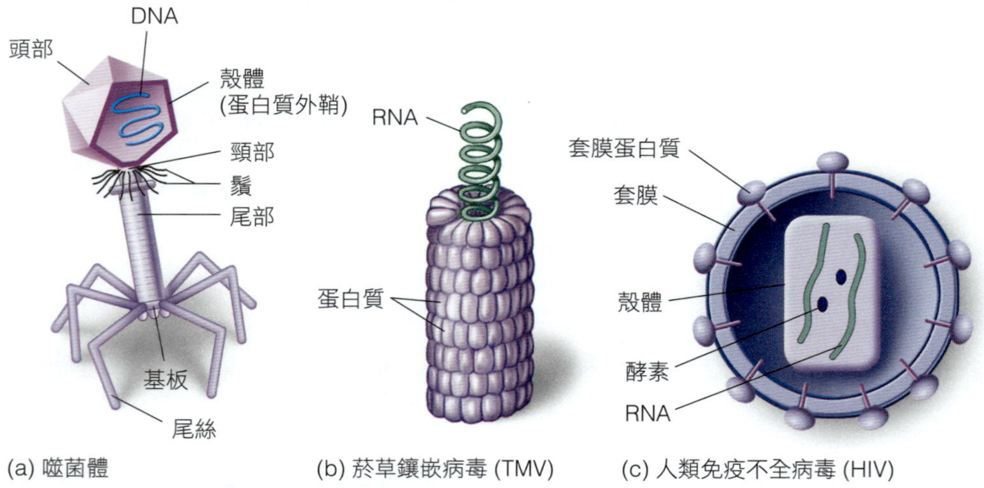

圖 16.9 細菌病毒、植物病毒與動物病毒的構造

(a) 稱為噬菌體的細菌病毒，通常具有複雜的構造；(b) TMV 可感染植物，外圍具有 2,130 個完全相同的蛋白質分子 (紫色)，形成一個柱狀的外殼，包圍著一個單股的 RNA 分子 (綠色)。由於 RNA 骨架可決定病毒的形狀，因此可被排列緊密的蛋白質所包圍保護；(c) 人類免疫不全病毒 (HIV) 的 RNA 核心外圍有殼體，殼體外面還有套模保護。

關鍵學習成果 16.7

病毒的基因體可為 DNA 或 RNA，被一層蛋白質外殼所包圍。它們可感染細胞，並於宿主細胞內繁殖。它們是由化學物所組合而成，不是細胞，也沒有生命。

16.8 噬菌體如何進入原核細胞

噬菌體

噬菌體 (bacteriophages) 是感染細菌的病毒，它們的構造與功能非常多樣性，共同點就是都以細菌為其宿主。噬菌體具有雙股的 DNA，在分子生物學上扮演了重要的角色。許多這種噬菌體體型很大且構造複雜，相對上其 DNA 與蛋白質含量都較高。有些種類被命名為一系列數字的 T 病毒 (T1, T2 等， 並依此類推)，其他種類則有不同的名字。這些病毒非常的多樣，例如 T3 與 T7 噬菌體具有二十面體 (icosahedral) 的頭部 (head)，以及較短的尾部 (tail)，但是有些稱為 T-偶數的噬菌體 (例如 T2, T4, 與 T6) 則更為複雜，如圖 16.9a 的 T4 噬菌體。T-偶數噬菌體的殼體由三種蛋白質構成：一個二十面體的頭部，其內有DNA (見剖面圖)；一個連接的頸部 (neck)，其上有領子 (collar) 與鬚 (whiskers)；一個長長的尾部；以及一個複雜的基板 (base plate)。此種構造的 T4 病毒可見圖 16.10a 的電子顯微照相圖。

裂解期

當一個細菌被 T4 噬菌體感染時，至少會有一條尾絲接觸到宿主細胞壁上的脂多醣體。其他的尾絲則校正噬菌體使其垂直附著於細菌表面，因此基板可接觸到細菌表面，如圖 16.10b。當噬菌體準備就緒後，其尾部開始收縮，穿過基板的開孔，並在細菌細胞壁上打通一個孔道 (圖 16.10b)，然後頭部中的 DNA 就可注入宿主的細胞質中。

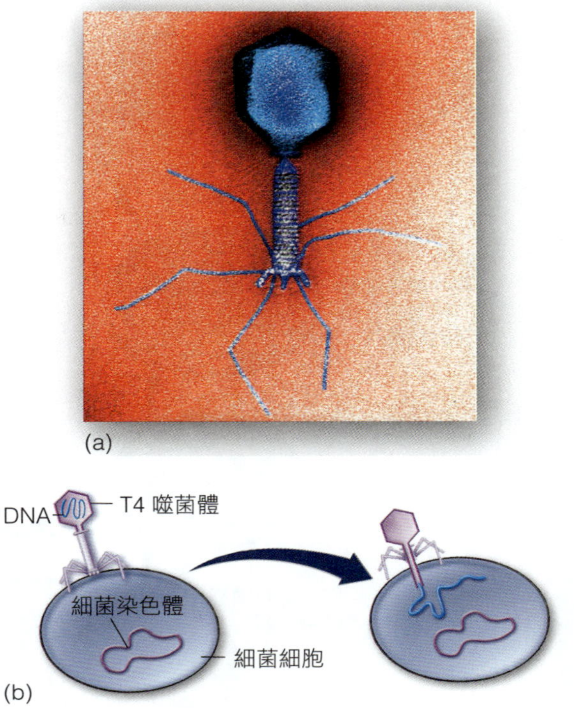

圖 16.10 一個 T4 噬菌體
(a) T4 的電子顯微鏡照片；(b) 一個 T4 噬菌體感染一個細菌細胞的繪圖。

T 系列噬菌體以及其他噬菌體，例如 λ 噬菌體，都是致病型病毒 (virulent viruses)，可在宿主細胞內繁殖，然後溶破宿主細胞而出。當一個病毒可在其宿主細胞內繁殖，最後殺死宿主細胞，這種繁殖週期就稱為裂解期 (lytic cycle) (見圖 16.11)。進入宿主細胞的 DNA，接著可進行轉錄與轉譯，製造出病毒的組成成分，然後再於宿主細胞內組裝出新病毒。最後，宿主細胞破裂，釋放出新組成的病毒，準備感染下一輪的新細胞。

潛溶期

許多噬菌體有時並不會立刻殺死所感染的宿主細胞，而是將其核酸插入宿主的基因體中 (見圖 16.11 下方的循環)。當病毒核酸併入

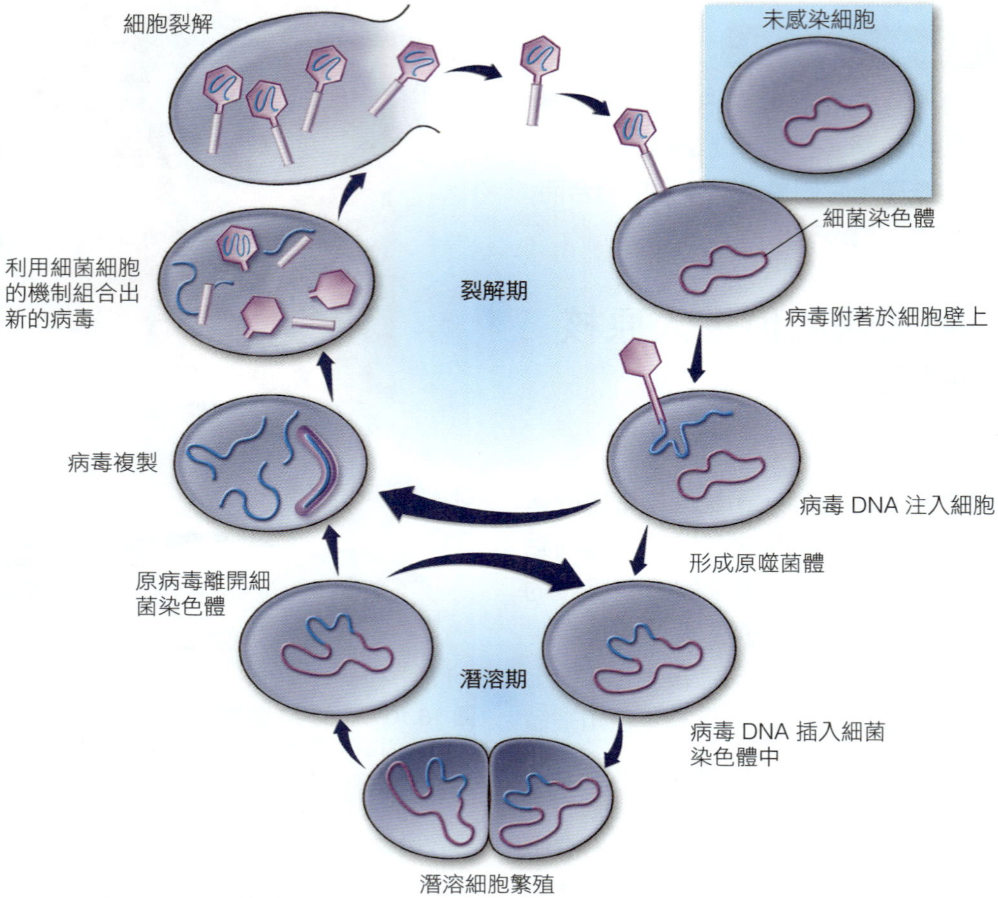

圖 16.11　一個噬菌體的裂解期與潛溶期
於裂解期，噬菌體 DNA 可自由存在於宿主細胞質中。病毒 DNA 發號施令，使宿主細胞製造出新的病毒顆粒，最後會裂解而殺死宿主細胞。而在潛溶期中，噬菌體 DNA 會插入宿主大的環狀 DNA 分子中，並與之一同複製繁殖。此潛溶細菌可繼續複製繁殖，或是進入裂解期殺死細胞。與宿主細胞相比較，相對上噬菌體遠比圖中所示的要小很多。

宿主基因體後，就稱為**原噬菌體** (prophage)。雖然大腸桿菌 (*Escherichia coli*) 的 λ 噬菌體可進行此種方式，但是其仍被認為是一種裂解病毒。我們對此病毒的所知，與對其他生物顆粒所做的是一樣的，其基因體上之 48,502 個核苷酸序列都已經被完全定序出來了。發現至少有 23 個蛋白質，與 λ 噬菌體的發育和成熟有關。而許多其他的酵素，則與病毒核酸如何併入宿主基因體有關。

這種病毒核酸插入宿主細胞基因體的現象，就稱之為**潛溶** (lysogeny)。之後的一段時間裡，原噬菌體會共存於宿主基因體中，與之同步複製繁殖。這種繁殖週期便稱之為潛溶期 (lysogenic cycle)。而併入宿主基因體中的病毒，就稱為潛溶性病毒 (lysogenic viruses) 或溫和病毒 (temperate viruses)。

基因轉變與霍亂

插入細菌染色體之病毒基因，也可表現出性狀，稱之為**基因轉變** (gene conversion)。一個重要的例子是，通常可致命的人類疾病霍亂，當病毒基因併入細菌染色體之後，病毒基因的表現可造成嚴重的效應。霍亂弧菌 (*Vibrio cholera*) 平時是無害的，但有時會突然變成有致病力的形式，而導致出現霍亂症狀。研究發現，這是因為一個噬菌體感染了霍亂弧菌，並將其基因併入宿主基因體中，其中一個基因可編碼轉譯出霍亂毒素，因此使得此原本無害的細菌，成為一個可致病的細菌。

潛溶轉變 (lysogenic conversion) 也是造成另外數種疾病的原因。白喉棒狀桿菌 (*Corynebacterium diphtheriae*) 因為從病毒獲得一個毒素基因，使宿主增加侵襲力，而導致了白喉疾病。另一個疾病是猩紅熱 (scarlet fever)，其病原菌化膿性鏈球菌 (*Streptococcus pyogenes*) 因獲得病毒的毒素基因，而造成猩紅熱疾病。此外還有肉毒梭孢桿菌 (*Clostridium botulinum*)，因獲得病毒的一個毒素基因而導致肉毒症。

關鍵學習成果 16.8

噬菌體是攻擊細菌的病毒，有些以裂解方式殺死宿主細胞，也有的可將其核酸併入宿主的基因體上，而進入潛溶期。一些噬菌體可將霍亂弧菌與其他細菌基因轉換，使之成為致病菌。

16.9 動物病毒如何進入細胞

HIV 病毒

如之前才剛介紹過的，細菌病毒可在細菌細胞壁上打出一個孔，然後將 DNA 注入宿主細胞內。植物病毒則是在植物受傷處，從細胞壁上的微小裂口進入細胞，例如 TMV。動物病毒基本上是利用膜融合的方式進入宿主細胞。有時也可藉由內吞作用 (見第 4 章) 而進入，宿主細胞模可向內凹陷，包圍並吞入病毒顆粒。

動物的病毒非常多樣性，要想知道它們如何進入宿主細胞，最好的方法就是仔細觀看一個實例。此處，我們將以人類免疫不全症候群 (acquired immunodeficiency syndrome, AIDS) 的病毒為例來說明。AIDS 最早於 1981 年，在美國被報導出來。導致此疾的病毒，人類免疫不全病毒 (human immunodeficiency virus, HIV) 不久就被實驗室發現與證實了。圖 16.12 顯示了 HIV 病毒正在以出芽方式離開一個細胞。下方黃色與紫色構造為宿主細胞，上方圓形構造則為 HIV。HIV 的基因與一種黑猩猩病毒很類似，暗示了 HIV 最先是從非洲黑猩猩而進入人類族群的。

有關 AIDS 最殘酷的一個特點就是，當感染了 HIV 病毒之後，要經過很長一段時間才會出現臨床症狀，通常可長達 8~10 年。在如此長的時間內，HIV 的帶原者雖然沒有臨床症狀，但是卻完全具有傳染性，這也是為何如此難以控制 HIV 散布的原因。

附著

當 HIV 進入人類血液中後，病毒顆粒雖可循環到全身，但是只能侵犯少數種類細胞，其中一種為巨噬細胞 (macrophages) (拉丁文，巨大的吃食者)。巨噬細胞為身體中的垃圾蒐集者，可將破碎的細胞以及其他有機碎片加

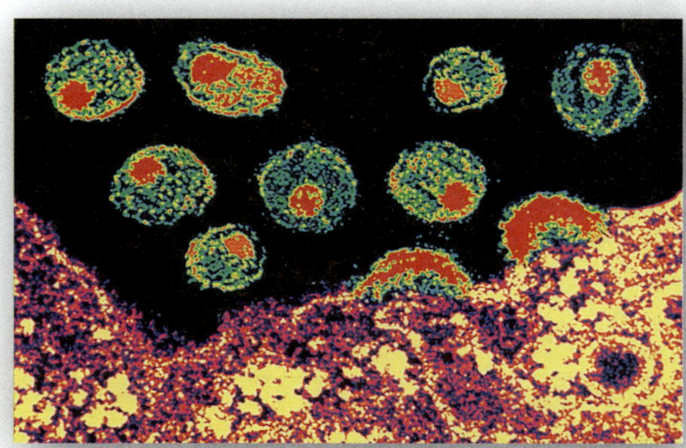

圖 16.12 AIDS 病毒
HIV 顆粒離開細胞而散布並可感染鄰近細胞。

以回收再利用。因此 HIV 可專門感染這類細胞，一點也不令人意外，許多其他動物病毒也是類似於此，具有很狹窄範圍的感染需求。例如脊髓灰質炎 (polio，也可稱為小兒麻痺症) 病毒，具有與運動神經細胞的親和力，而肝炎病毒則主要侵襲肝細胞。

一個如 HIV 的病毒如何能辨識如巨噬細胞之特殊種類的目標細胞？人類身體中的每一種細胞，都具有其特殊排列的細胞表面標記蛋白，是用來辨識此類細胞的分子。HIV 病毒則可以辨識巨噬細胞表面上的標記分子。HIV 病毒表面上具有突出的刺突 (spikes)，可幫助它進入所遇到的細胞內。請回頭看一下圖 16.9c，繪圖上顯示出 HIV 的刺突 (類似棒棒糖的構造)。每一個刺突是由一種稱為 *gp120* 的蛋白質構成，只有當 gp120 遇到細胞表面與其形狀相吻合的標記蛋白時，HIV 才可附著到此細胞上並侵入。與 gp120 相吻合的標記，是一種稱作 CD4 的蛋白質，而巨噬細胞表面上就具有 CD4 標記分子。圖 16.13 的第一區塊圖，顯示了 HIV 的 gp120，與巨噬細胞表面的 CD4 標記蛋白結合的情形。

進入巨噬細胞

免疫系統的一些 T 淋巴細胞 (T lymphocytes)，或稱 T 細胞 (T cells)，也具有 CD4 標記。為何它們不像巨噬細胞一樣，立刻被 HIV 感染？這正是欲了解 AIDS 具有很長的潛伏期之關鍵問題所在，一旦 T 淋巴細胞被感染而死亡了，AIDS 便會開始出現症狀。

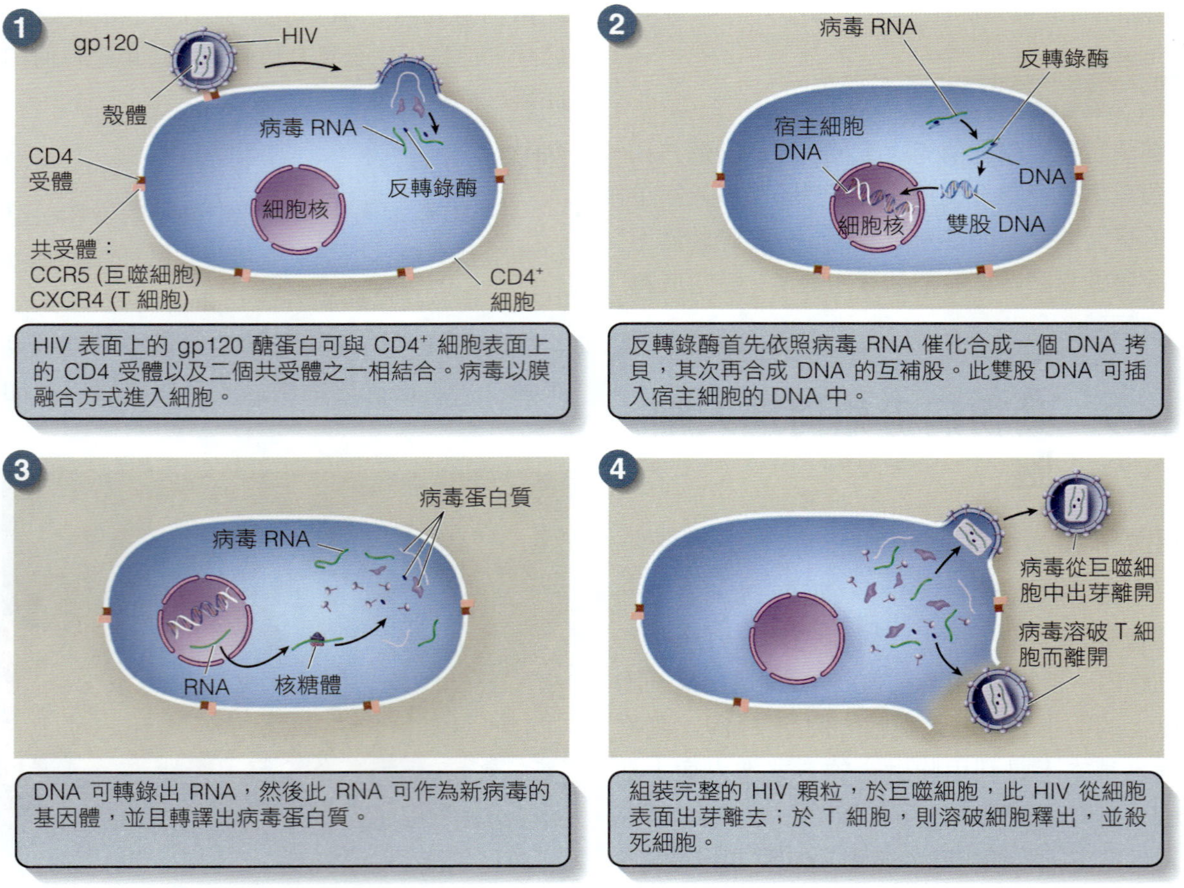
1
gp120
HIV
殼體
病毒 RNA
CD4
受體
反轉錄酶
細胞核
共受體：
CCR5 (巨噬細胞)
CXCR4 (T 細胞)
CD4⁺
細胞
HIV 表面上的 gp120 醣蛋白可與 CD4⁺ 細胞表面上的 CD4 受體以及二個共受體之一相結合。病毒以膜融合方式進入細胞。
2
病毒 RNA
反轉錄酶
宿主細胞
DNA
DNA
細胞核
雙股 DNA
反轉錄酶首先依照病毒 RNA 催化合成一個 DNA 拷貝，其次再合成 DNA 的互補股。此雙股 DNA 可插入宿主細胞的 DNA 中。
3
病毒蛋白質
病毒 RNA
RNA
核糖體
DNA 可轉錄出 RNA，然後此 RNA 可作為新病毒的基因體，並且轉譯出病毒蛋白質。
4
病毒從巨噬細胞中出芽離開
病毒溶破 T 細胞而離開
組裝完整的 HIV 顆粒，於巨噬細胞，此 HIV 從細胞表面出芽離去；於 T 細胞，則溶破細胞釋出，並殺死細胞。

圖 16.13 HIV 傳染週期

那到底是何因素使 T 細胞能夠撐這麼久？

研究人員發現，當 HIV 結合到巨噬細胞表面上的 CD4 受體後，HIV 還需要一個稱為 CCR5 的第二受體，協助它跨過原生質膜。當 gp120 與 CD4 結合後，其形狀扭曲 (即化學家所謂的構型變化) 而產生一種新的形狀，使其能與 CCR5 共受體 (coreceptor) 分子結合。研究人員推測，當產生構型變化後，CCR5 共受體可引發一個膜融合，而將 gp120-CD4 複合體帶進膜內。如圖 16.13 的第一區塊，巨噬細胞含有 CCR5，而 T 細胞則無。

複製

第一區塊圖中也顯示，病毒一旦進入巨噬細胞後，HIV 會先脫去其蛋白質外殼，使其核酸 (於此例為 RNA) 以及一種酵素懸浮在細胞質中。此酵素稱為**反轉錄酶** (reverse transcriptase)，可與 RNA 的一端結合，並以此 RNA 為模板合成出與其訊息相配對的一股 DNA，如第二區塊圖所示。值得注意的是，HIV 的反轉錄酶在複製時並不是非常精確，在閱讀 RNA 序列時發生許多錯誤，因此複製後會造成許多突變。之後，此充滿錯誤的雙股 DNA 會插入宿主細胞的 DNA 中，如第二區塊圖上所示。此病毒 DNA 可指揮宿主細胞，製造出許多新的 HIV 病毒，如第三區塊圖上所示。

在上述的所有過程中，宿主細胞並未受到任何的損傷。VIV 不會殺死與溶破巨噬細胞，而是利用出芽 (budding) 的方式離開宿主細胞 (如第四區塊圖右上方所示)。此過程與外吐作用很類似，新產生的病毒，利用與其進入細胞的相反方式離開細胞。

這就是為何 AIDS 具有一個很長的潛伏期的基本因素。HIV 病毒經由巨噬細胞繁殖的過程，常可長達數年，它能夠非常旺盛地繁殖，但對宿主身體上造成的傷害卻很小。

出現 AIDS 症狀：進入 T 細胞

在此長時間的潛伏期，HIV 不斷地透過巨噬細胞進行複製與繁殖。最終，在偶然的機會中，gp120 基因發生突變，使得其製造出的 gp120 蛋白質與共受體結合部位的構造產生改變。此新型式的 gp120，可與另外一個受體 CXCR4 結合，而此 CXCR4 恰好是 T 細胞 (具有 CD4 表面標記的細胞) 表面上的一個受體，因此 T 細胞就可開始被 HIV 所感染了。

這造成了致命的後果，因為病毒從 T 細胞原生質膜出芽離開時，會使 T 細胞破裂。這種出芽方式破壞了細胞的結構完整性，而使得細胞破裂 (如第四區塊圖右下方所示)。因此 HIV 可從巨噬細胞出芽產生，也可溶破 T 細胞產生。如為後者，從 T 細胞離開的 HIV 可就近感染鄰近的 T 細胞，如此形成一個不斷造成 T 細胞死亡的循環。因此，防衛身體免受感染的 T 細胞受到摧毀，也使身體的免疫功能下降，並繼而出現 AIDS 的各種症狀。癌細胞與各種伺機性感染，便可肆無忌憚地侵襲我們毫無防衛的身體了。

關鍵學習成果 16.9

動物病毒利用專一性的受體蛋白，跨過原生質膜而進入細胞。

16.10 疾病病毒

人類罹患病毒疾病已有數千年歷史，這些疾病 (表 16.3) 包括了 AIDS、流行性感冒、黃熱病、脊髓灰質炎、水痘、麻疹、疱疹、傳染性肝炎、天花，以及許多並不被人熟知的疾病等。

病毒疾病的起源

有時病毒疾病起源於一個生物中，然後再傳給另一個生物，造成新宿主的疾病。以這種

表 16.3 人類重要的病毒疾病

疾病	病原	病媒/傳染窩	症狀與傳染方式
AIDS	HIV 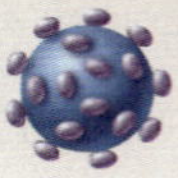	人類	摧毀免疫防衛，導致感染或癌症而死亡。全世界大約有 3,300 萬人感染 HIV。
水痘	人類水痘病毒 3 (HHV-3 或水痘帶狀皰疹病毒) 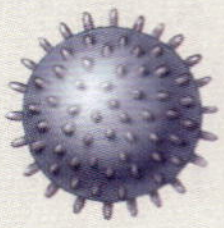	人類	與感染個體接觸而散播。無藥可治。很少致命。1995 年初，美國已核准使用疫苗預防。
伊波拉出血熱	絲狀病毒 (例如伊波拉病毒) 	不詳	急性出血熱；病毒侵犯結締組織，導致大量出血與死亡。如無治療，尖峰死亡率可達 50% 至 90%。爆發範圍侷限於非洲。
B 型肝炎 (病毒)	B 型肝炎病毒 (HBV) 	人類	接觸感染者體液後，具高度傳染性。大約 1% 的美國人感染此疾。有疫苗可預防，無藥可治，嚴重者可致命。
皰疹	簡單皰疹病毒 (HSV 或 HHV-1/2) 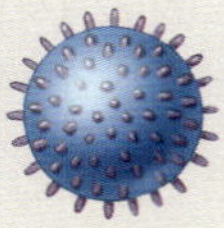	人類	發熱性皰疹；經由接觸患者唾液而感染。世界性普及，無藥可治。可潛伏長達數年之久。
流行性感冒	流行性感冒病毒 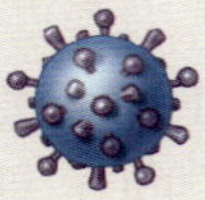	人類、鴨、豬	是歷史上重要的殺手 (於 1918~1919 年殺死了 4,000 萬至 1 億人)；感染窩為野生亞洲鴨子、雞和豬。病毒並不影響鴨子，但會在體內將病毒基因加以重組，產生新病毒株。
麻疹	副黏液病毒 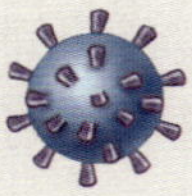	人類	與患者接觸，具高度感染性，有預防疫苗。通常感染兒童，症狀不嚴重，但成人感染時，則非常危險。
脊髓灰質炎 (小兒麻痺症)	脊髓灰質炎病毒 	人類	中樞神經系統的急性感染，可導致麻痺，常致命。在 1954 年前尚未發展出沙克疫苗時，僅僅美國一個國家便有六萬名患者。
狂犬病	狂犬病病毒 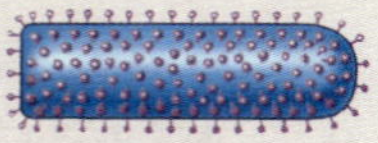	野生與飼養犬科動物 (狗、狐、狼、郊狼等)	被感染的狗咬噬而傳染的一種急性病毒腦脊髓炎。如不治療則會死亡。
SARS	冠狀病毒 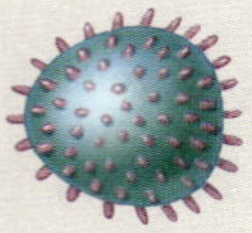	小型哺乳類	急性呼吸道感染；可致命，但與其他新興疾病相同，可快速轉變。
天花	天花病毒 	以前為人類，現今僅存放於政府實驗室	在歷史上是一個重要的殺手，1977 年出現最後一個病例。全球性的注射疫苗預防，已將此疾病徹底清除掉了。目前正在爭議，是否已經從前蘇聯政府實驗室中加以清除了，否則將有可能被恐怖分子所利用。
黃熱病	黃病毒 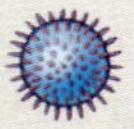	人類、蚊子	透過蚊子叮咬而在人群間傳遞；在開鑿巴拿馬運河期間，為重要的致死傳染病。如無治療，此疾病的尖峰致死率可達 60%。

方式產生的新病原，稱為新興病毒 (emerging viruses)，其造成的威脅遠大於過去。這是因為現代空中旅行與全球貿易，使得病毒能快速散播到全世界。

流行性感冒 (influenza) 人類歷史上最致命的病毒，大概就是流行性感冒了。從 1918 到 1919 年間的 19 個月中，有 4,000 萬到 1 億人死於此疾病，這是一個令人震驚的數目。

流行性感冒病毒在自然界中的傳染窩 (reservoir) 為亞洲中部的鴨、雞與豬。主要的流感大流行 (指的是世界性流行) 都是起源自亞洲的鴨類，透過多重感染個體的基因重組，產生了人類免疫系統無法辨識的全新病毒表面蛋白質組合。1957 年的亞洲型流感，殺死了 10 萬名美國人。1968 年的香港型流感，光於美國就造成了 5,000 萬民眾感染，並殺死了 7 萬名美國人。而 2009 年的豬流感，也造成美國數千位兒童的死亡。

AIDS (HIV，人類免疫不全病毒) AIDS 病毒最早是由非洲中部的黑猩猩族群傳給人類，可能發生於 1910 至 1950 年間。黑猩猩的病毒稱為類人猿免疫不全病毒 (simian immunodeficiency virus)，簡稱為 SIV (現在已改稱 HIV)，傳染給全世界的人類族群。HIV 疾病首次於 1981 年被報導出來，接下來的時間共有 2,500 萬的人死於此疾，而目前還有 3,300 百萬的人類罹患此疾病。黑猩猩是從何處罹患到 SIV？SIV 是在非洲猿猴中很猖獗的一種病毒，而黑猩猩常捕食這些猴類。從猿猴 SIV 核酸序列分析中發現，黑猩猩的病毒 RNA 一端，與紅頂白眉猴 (red-capped mangabey monkeys) 非常接近，而另一端則與長尾猴 (greater spot-nose monkey) 的病毒相似。因此推測黑猩猩是從牠們吃食的猴類中獲得此病毒。

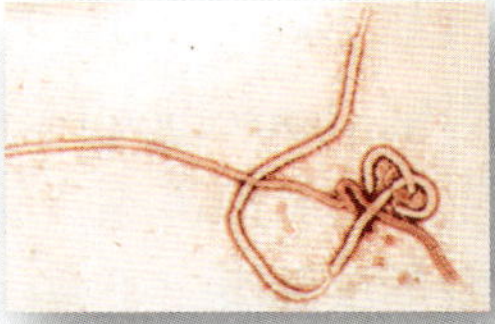

伊波拉病毒 (Ebola virus) 絲狀的伊波拉病毒與馬堡病毒 (Marburg viruses) 列名在最致命的新興病毒名單上。首先出現於中非洲，它們可攻擊人類血管的內皮細胞。其死亡率可超過 90%，這類被稱為絲狀病毒科 (filoviruses) 的病毒，是已知死亡率最高的傳染性疾病病毒。2014 年夏天，西非爆發了伊波拉病毒疾病，蔓延到三個人口密集的國家，共造成超過 1 萬人死亡。研究人員指出，證據顯示果蝠 (fruit bats) 為伊波拉病毒的宿主。這種大型蝙蝠，於中非洲爆發疾病區域被廣泛當作食物。

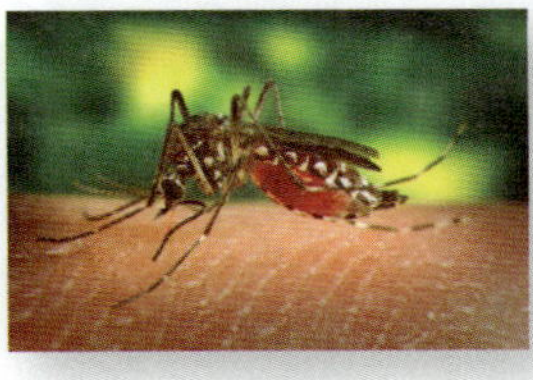

茲卡病毒 (Zika virus) 2016 年，巴西突然爆發了一種小頭畸形症 (microcephaly) (新生嬰兒頭部與腦發育不全)，很快便發現這是一種由蚊子傳遞的茲卡病毒所造成的疾病。此病最早於 1940 年代出現於非洲的烏干達，但現在已成為熱帶地區的常見疾病，其症狀僅為出現溫和的發燒。茲卡病毒似乎已經演化成為更凶猛的惡疾了。

嚴重急性呼吸道症候群 (SARS) 一個最近出現的冠狀病毒，造成了 2003 年之嚴重急性呼吸道症候群

(severe acute respiratory syndromes, SARS) 的世界性大爆發。這是一種呼吸道感染疾病，具有類似肺炎的症狀，

致死率可達 8%。當其 RNA 之 29,751 個核苷酸序列被定序出來之後，發現 SARS 病毒是一種全新的冠狀病毒，與三種已知的冠狀病毒都不同。2005 年，病毒學家發現中國的蹄鼻蝠 (horseshoe bat)，為 SARS 病毒的天然宿主。由於蹄鼻蝠廣泛分布於整個亞洲，且帶原者都很健康，不會因此病毒而生病，因此要預防未來不會再度爆發，將是一件很困難的事。

西尼羅病毒 (West Nile virus)　1999 年，一隻攜有西尼羅病毒的蚊子，首次於北美洲將病毒感染給人類。此病毒存在於烏鴉與其他鳥類族群中，很快便蔓延到全美國。在 2002 年高峰期，造成 4,156 個病例，其中 284 人死亡。但是到 2005 年，感染情況便大幅下降了。病毒是藉由先前叮咬過受感染的鳥類後，再叮咬人類而造成感染。先前歐洲流行時，也是經過數年後便下降了。

關鍵學習成果 16.10

病毒可造成幾種人類最致命的疾病。其中幾種最嚴重的例子，是由其他宿主傳染給人類。

複習你的所學

第一個細胞的起源

生命之起源

16.1.1 地球上的生命起源可能源自外太空，可能是由神所創造，或者是從無生命物質演化而來。目前只有第三種說法是可用科學的方法來測試。

16.1.2 利用實驗重新建構早期地球環境，推導出地球生命是從富含生物分子的「原生湯」中自然演化而來的假說。「泡沫模型」則提出，生物分子在泡沫中發生化學反應，並孕育出生命。

細胞如何出現

16.2.1 我們不知道第一個細胞是如何產生的，但是目前的假說認為是從泡沫中的分子自然形成的。

16.2.2 稱作微球體的泡沫，可自然形成。科學家認為一些具有酵素功能，諸如 RNA 的有機分子存在於微球體內，可攜有遺傳訊息，並能自我複製。

原核生物

最簡單的生物

16.3.1 細菌是最古老的生命型式，出現於至少 25 億年以前。這些古老的原核生物演化成為現今的細菌與古菌。

- 原核細胞內部構造很簡單，沒有細胞核與膜所區隔出的空間。

16.3.2 原核細胞的原生質膜外具有細胞壁。細菌細胞壁是由肽聚糖所組成，而古菌的細胞壁則無肽聚糖，而是由蛋白質與其他多醣類構成。細菌可依其細胞壁的構造而區分成二類：革蘭氏陽性菌與革蘭氏陰性菌。

- 細菌可具有鞭毛與線毛，也有的具有內孢子。它們用二分裂生殖來繁殖，並可透過接合作用傳送遺傳訊息。

16.3.3 當二個細菌細胞靠近時，可進行接合作用。捐贈者細胞的線毛可接觸到接受者細胞，捐贈者的質體於是複製出一個拷貝，透過此接合橋傳送到接受者細胞。一旦進入接受者細胞，就可合成另一互補股成為一個完整的質體。於是接受者就獲得一個，與捐贈者完全相同的遺傳訊息。

原核生物與真核生物的比較

16.4.1 原核生物與真核生物有許多不同點，包括它們沒有內部的區隔空間，沒有細胞核，但其代謝則較多元。

原核生物的重要性

16.5.1 原核生物是創造出地球大氣與土壤特性的工具，它們是碳循環與氮循環中的重要成員。在基因工程中，原核生物也扮演關鍵角色，但也可造成許多疾病。

原核生物的生活方式

16.6.1 古菌可生活在許多不同的環境中，最為人所了解的是嗜極端生物，它們生活在非常惡劣的環境下。

16.6.2 地球上最多的生物就是細菌，也是最多樣的一群生物：一些可行光合作用，一些可固氮，一些則為分解者。一些細菌是可致病的，造成人類許多疾病。

病毒

病毒的構造

16.7.1 病毒不是生物，而是寄生性的化學物，可進入細胞並在細胞內繁殖。它們具有一個由蛋白質外殼所包圍的核酸核心，有些具有一個膜狀的套膜。病毒可感染細菌、植物與動物，它們的形狀與大小差異很大。

噬菌體如何進入原核細胞

16.8.1-2 感染細菌的病毒稱為噬菌體，它們不會整個進入細胞，而是將其核酸注入細胞。病毒接著可進入裂解期或是潛溶期。於裂解期，病毒 DNA 可指揮細胞製出許多病毒拷貝，最後溶破細胞釋放出病毒去感染其他細胞。於潛溶期，病毒 DNA 可插入宿主 DNA 中，與宿主 DNA 一同複製，並傳遞給後代。在某一時間點，病毒 DNA 又可重新進入裂解期。

動物病毒如何進入細胞

16.9.1 動物病毒透過內吞作用或是與膜融合，而進入宿主細胞。HIV 先附著在宿主細胞的表面受體上，然後再被吞入。一旦進入細胞，病毒可利用反轉錄酶將病毒 RNA 製出 DNA，然後指揮細胞製出新的病毒，並從宿主細胞出芽離去。於某一時間點，HIV 可產生改變，可與 $CD4^{+}T$ 細胞結合，並導致受感染的 $CD4^{+}T$ 細胞被溶破而死亡，因此宿主喪失對其他感染的抵抗力。

疾病病毒

16.10.1 病毒，可造成許多疾病，通常從動物傳染給人類。流行性感冒是一種致命的病毒，於 1918 年殺死了數千萬人，目前仍威脅著人類。

測試你的了解

1. 對於第一個細胞是如何形成的，尚不得而知，但科學家認為第一個具有活性的生物巨分子為
a. 蛋白質　c. RNA
b. DNA　d. 碳水化合物

2. 細菌
a. 是原核生物
b. 在地球上至少出現於 25 億年前
c. 是地球上數量最豐富的生物
d. 以上皆是

3. 下列何者與原核生物無關？
a. 接合作用
b. 缺乏內部的區隔空間
c. 多個線條狀的染色體
d. 質體

4. 革蘭氏陽性 (+) 與革蘭氏陰性 (–) 細菌的不同處為
a. 細胞壁：革蘭氏陽性菌具有肽聚糖，革蘭氏陰性菌具有假-肽聚糖
b. 原生質膜：革蘭氏陽性菌為酯鍵，革蘭氏陰性菌為醚鍵
c. 細胞壁：革蘭氏陽性菌具有很厚的肽聚糖層，革蘭氏陰性菌具有一個外膜
d. 染色體結構：革蘭氏陽性菌具有環狀染色體，革蘭氏陰性菌具有線條狀染色體

5. 一些原核生物的物種，能夠從 CO_2 獲取碳，以及氧化無機化學物質來獲取能量。這種生物稱為
a. 光合自營生物　c. 光合異營生物
b. 化合自營生物　d. 化合異營生物

6. 藍綠菌被認為在地球歷史上是非常重要的
a. 核酸製造者
b. 蛋白質製造者
c. 製造大氣中二氧化碳者
d. 製造大氣中的氧氣者

7. 病毒是
a. 蛋白質外殼包裹著 DNA 或 RNA
b. 簡單的真核細胞
c. 簡單的原核細胞
d. 有生命的

8. 若病毒繁殖方式為，病毒進入宿主細胞使用細胞構造來製造更多的病毒，然後溶破宿主細胞將新病毒釋放出來，此種繁殖方式稱為：
a. 潛溶期　c. 裂解期
b. lambda 期 (λ 期)　d. 原噬菌體期

9. 動物病毒利用下列何者方式進入細胞？
a. 外吐作用
b. 將病毒表面的標記與細胞表面的互補標記配對結合
c. 利用蛋白質尾絲與宿主細胞接觸

d. 利用病毒蛋白質外套與細胞膜的任何一處接觸

10. 脊髓灰質炎病毒感染神經細胞，肝炎病毒感染肝細胞，AIDS 病毒感染白血球細胞。每一種病毒如何得知它要感染哪一種細胞？

a. 它們可進入任何細胞，但僅能在特定的細胞中繁殖

b. 它們可辨識特定細胞的表面分子並與之結合

c. 每一種病毒均來自該種疾病特定的細胞

d. 細胞可進行病毒專一的胞噬作用

Chapter 17

原生生物：真核生物的出現

真核生物是由具有細胞核的細胞所組成的生物，生物學家將世界上的真核生物分成四大群組稱之為界：動物、植物、真菌以及其餘的。本章將介紹涵蓋全部的第四類，即原生生物 (原生生物界)。上圖是一張類似花朵的美麗生物，也是一種原生生物中的綠藻－笠藻 (*Acetabularia*)。它可行光合作用，具有細長的柄，約為大拇指的長度。在上一個世紀，生物學家認為它是一種簡單的植物。但在今日，大多數生物學家認為笠藻是一種原生生物，而將植物界限定為陸生多細胞可行光合作用的生物 (還有少數海洋與水生物種，例如荷花，其來自陸生植物的祖先)。笠藻是海洋生物，並且是單細胞的，其單一的細胞核位於柄的基部。本章，我們將探索原生生物是如何演化而出，以及介紹一些屬於此界極為多樣性的生物。於原生生物中，它們演化出多細胞生物，成為動物、植物以及真菌各界生物的始祖，還有多細胞藻類，有些甚至可像樹一樣大。

真核生物的演化

17.1 真核細胞之起源

第一個真核細胞

所有 17 億年前的化石生物都是非常小的單細胞生物，類似今日的細菌。而在 15 億年前的化石中，出現了比細菌大、具有內膜構造以及較厚細胞壁的顯微化石。一種新型稱為**真核** (eukaryote) (希臘文 *eu* =「真正的」，*karyon* =「核」) 的生物出現了。真核生物最主要的特徵就是具有一個稱為核的內部構造 (見 4.5 節)。如第 15 章討論過的，動物、植物、真菌以及原生生物都是真核生物。本章將討論演化出所有其他真核生物的起源－原生生物。但是首先要檢視一下所有真核生物的共同特徵，以及它們可能的起源。

一開始，細胞核是如何產生的？許多細菌可將其外部的膜向細胞內折疊延伸，形成溝通細胞內外的管道。真核細胞內部稱為內質網 (endoplasmic reticulum, ER) 的網狀結構，以及核套膜 (nuclear envelope) (圖 17.1) 就被認為是由這種向內折疊延伸的膜所演化而成的。最左圖的原核細胞，具有向內折疊的原生質膜，其 DNA 則位於細胞中央。於真核始祖細胞，這些向內折疊的膜進一步向細胞內延伸，持續發揮溝通細胞內外的功能。最終，如右圖所示，這些膜包圍 DNA 形成核套膜。

基於 DNA 的相似性，一般咸信第一個真核細胞是不行光合作用的古菌後代。

內共生

除了內膜系統與細胞核之外，真核細胞還具有幾個獨特的胞器。第 4 章曾討論過這些胞器，其中二種為粒線體與葉綠體，它們非常獨

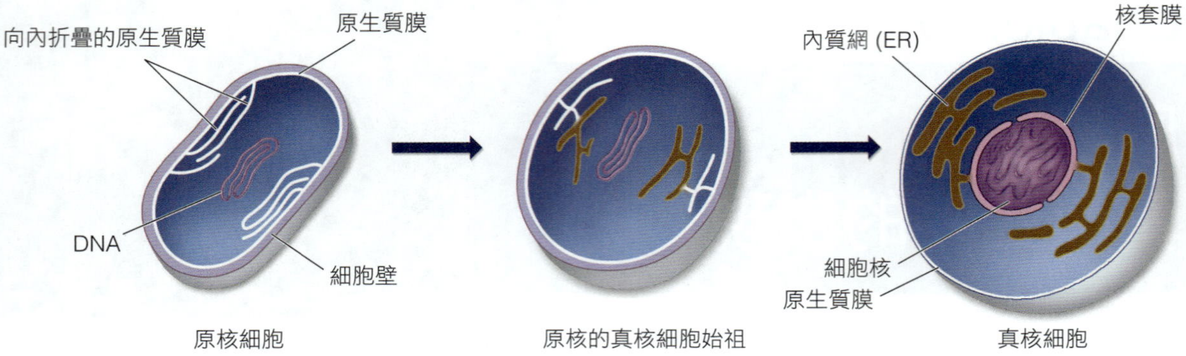

圖 17.1　細胞核的起源與內共生
今日的許多細菌，可將其原生質膜向內折疊。真核細胞內的內質網 (ER) 內膜系統與核套膜，可能演化自原核細胞的這種向內折疊的膜。

特，除了很類似原核細胞外，甚至還具有自己的 DNA。如 4.7 節與 15.9 節所討論過的，粒線體與葉綠體被認為是源自內共生，其中一種生物居住於另一生物的細胞內。此種**內共生理論** (endosymbiotic theory) 目前已廣被接受，認為在真核細胞演化的關鍵階段，產能的好氧性細菌進入較大的早期真核細胞內共生，最終演化成為我們目前所知的粒線體。同樣的，光合作用細菌居住於早期真核細胞內，而演化成葉綠體 (圖 17.2)，成為植物與藻類進行光合作用的胞器。現在，我們將更進一步來檢視支持內共生的證據。

粒線體 (Mitochondria)　真核生物產製能量的粒線體胞器，大約長 1~3 微米，與大多數的細菌尺寸類似。粒線體具有二層膜，外膜較平

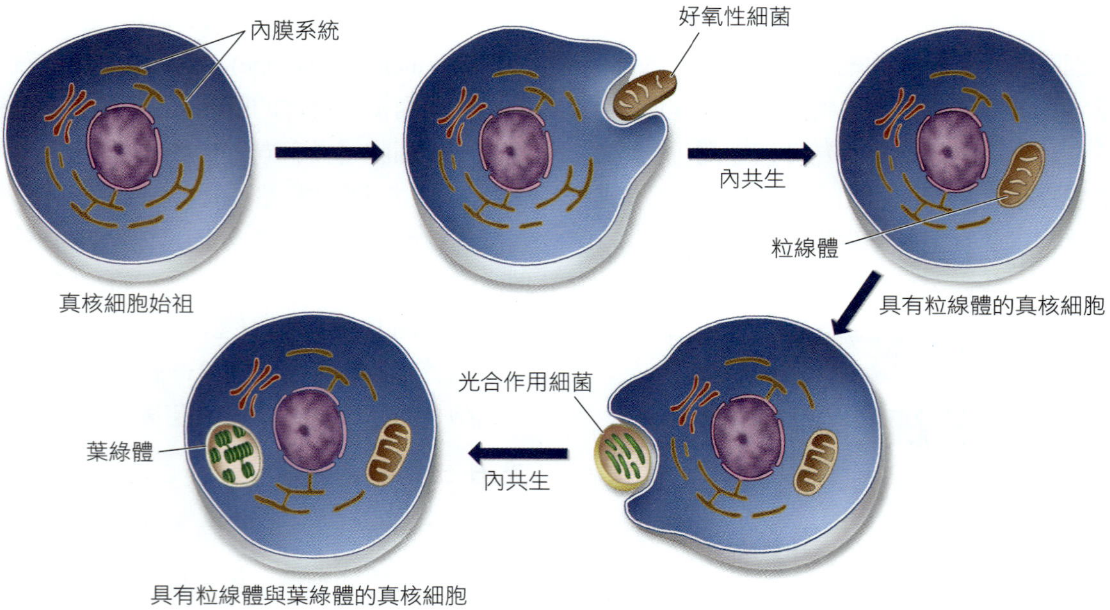

圖 17.2　內共生理論
科學家認為真核的始祖細胞吞入好氧性細菌，然後成為真核細胞的粒線體。葉綠體也可能是以此方式演化而來，真核細胞吞入可行光合作用的細菌，並演化成為葉綠體。

滑，顯然來自於宿主細胞，包圍著內部的細菌。其內膜折疊成許多層，其內有進行氧化性代謝的酵素。

在 15 億年前，粒線體成為真核細胞的內共生體，其大多數基因都已經轉移到宿主細胞的染色體上，但是自己仍保留了若干基因。每一個粒線體仍具有自己的基因體 (genome)，一個類似細菌之環狀的 DNA 分子，其上含有可編碼為氧化性代謝酵素的必要基因。這些基因可在粒線體內轉錄，並利用粒線體本身的核糖體進行轉譯。粒線體之核糖體的大小與結構，類似細菌核糖體，但比真核細胞的核糖體要小。粒線體以簡單二分裂來生殖，與細菌相同。它們可自行直接分裂，而無核分裂。粒線體也可複製與整理其 DNA，方式與細菌相同。但是許多程序仍需要受到細胞核基因的調控，此外粒線體也無法在細胞外的培養液中生長。

葉綠體 (Chloroplasts)　許多真核細胞還具有粒線體以外的內共生細菌。植物與藻類含有葉綠體，這也是類似細菌的胞器，並顯然來自於內共生的光合作用細菌。粒線體具有複雜的內膜系統，以及一個環狀的 DNA。雖然粒線體已經被認為是，出自於一個內共生的事件，但是葉綠體就不那麼確定了。目前已知有三種獨特生化程序的葉綠體，但似乎都來自於藍綠菌。

紅藻與綠藻看起來像是直接獲得藍綠菌作為其內共生物，且彼此親緣相近。其他藻類的葉綠體，則似乎來自於第二次起源 (secondary origin)。眼蟲被認為是與綠藻同一起源，而褐藻與矽藻，則可能與紅藻為同一起源。至於渦鞭毛藻的葉綠體起源，則似乎是多源的，其中可能含括了矽藻。

有絲分裂如何演化而出？

真核細胞利用有絲分裂 (mitosis) 進行細胞分裂，這程序比原核細胞的二分裂生殖要複雜得多。那麼有絲分裂是如何演化而出的呢？真核細胞很普遍的有絲分裂，其機制並非一蹴而幾就演化而出。一些今日的真核生物，具有非常不同或中間型機制的痕跡。以真菌與一些原生生物為例，其核膜並不會消失，且有絲分裂也僅限於其細胞核。當這些生物的有絲分裂完成後，其細胞核分裂成為二個子細胞核 (daughter nuclei)，而細胞其餘部分仍依舊。這種有絲分裂的獨立細胞核分裂，並不見之於其他的大多數原生生物，以及植物與動物。我們不知此種現象，是否為一種現今有絲分裂演化過程中的中間步驟，或者是另一種解決相同問題的方式。沒有化石證據能夠讓我們看到正在分裂細胞的內部，好讓我們能夠追蹤有絲分裂的歷史。

關鍵學習成果 17.1

內共生理論主張，粒線體源自於共生的好氧性細菌，而葉綠體則源自於光合作用細菌之另一次內共生事件。

17.2　性別的演化

無性別的生活

真核生物最重要的特徵，就是它們具備有性生殖的能力。**有性生殖** (sexual reproduction) 為二個不同的親代，各自貢獻一個配子 (gamete) 而產生後代。配子則是經由減數分裂 (meiosis) 而產生，見第 9 章。大多數真核生物的配子是單倍體 (只具備每一種染色體的單一拷貝)，而其子代則是經由二個配子結合而產生的雙倍體 (具備每一種染色體的二個拷貝) 個體。於本章節，我們將討論真核生物的有性生殖，以及它是如何演化而出的。

為了徹底了解有性生殖，我們必須先檢視一下真核生物的無性生殖。例如一個海綿，可以很簡單地將其身體斷裂而繁殖，此程序稱

之為出芽 (budding)。每一小塊，可以成長為一個新的海綿。這就是一個**無性生殖** (asexual reproduction) 的例子，不必產生配子的生殖方式。於無性生殖中，後代與親代的遺傳特徵完全相等，除非發生了突變。絕大多數的原生生物，大多數的時間裡是進行無性生殖的。有些原生生物，例如綠藻，可暫時性地進行真正的有性生殖週期。一種稱為草履蟲 (*Paramecium*) 的原生生物，見圖 17.3a，一個單一細胞可複製其 DNA、長大、然後分裂成為二個細胞。二個單倍體細胞，也可融合產生一個雙倍體合子 (zygote)，這種基本上的有性生殖僅發生於有壓力 (stress) 的情況之下。圖 17.3b 顯示了草履蟲的有性生殖。於此例中，細胞並未分裂成半，而是二個細胞彼此接觸，進行接合生殖 (conjugation)，彼此交換它們單倍體細胞核中的遺傳訊息。

從未受精的卵發育成為一個個體，也是一種無性生殖的方式，稱之為**孤雌生殖** (parthenogenesis)。孤雌生殖常見之於昆蟲，例如蜜蜂，受精卵可發育成為雌性，而未受精的卵則發育成為雄性。一些蜥蜴、魚類與兩生類也可利用孤雌生殖繁殖；一個未受精的卵可以進行有絲分裂，但不進行胞質分裂，因此成為一個雙倍體細胞。然後此雙倍體細胞，就有如二個配子有性結合一般，開始發育成為一個新個體。

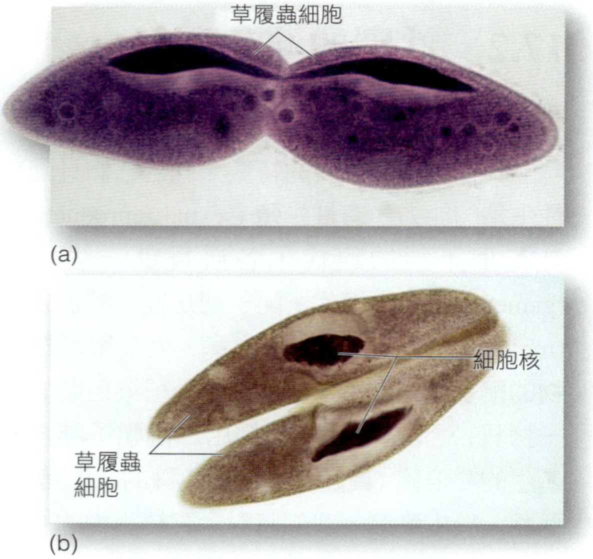

圖 17.3 草履蟲的生殖

(a) 當草履蟲進行無性生殖時，一個成熟個體分裂為二，產生遺傳完全相等的二個個體；(b) 於有性生殖時，二個成熟個體會進行接合生殖 (×100) 並且交換單倍體細胞核。

許多植物與海洋魚類，可進行沒有配偶的有性生殖，它們可**自體受精** (self-fertilization)，一個個體可同時提供雄配子與雌配子。第 10 章討論過的孟德爾使用的豌豆，可以「自交」(selfing) 而產生 F_2 子代。但為何這並不屬於無性生殖 (畢竟只有一個親代)？此例實際上屬於一種有性生殖，而非無性生殖，因為其子代的遺傳特徵與親代並不完全相等。當進行減數分裂產生配子時，發生了相當數量的遺傳重新分配－這也是為何孟德爾實驗的 F_2 植物，並不都是相同的緣故！

如何演化出性別

既然現今無性生殖普遍見之於真核生物，那為何要演化出性別？由於個體層級在存活與生殖上之改變，可促進演化，但於短暫時間內可能看不出有性生殖對其後代有何優勢。事實上，減數分裂時染色體的分離，更傾向於打破基因的優勢組合，而非做出更合適的新組合。如果親代只進行無性生殖，則其所有的後代都可保留到親代成功的基因組合。因此真核生物廣泛使用有性生殖，不禁令人迷惑：有性生殖時區分出性別到底有何好處？

為了回答這個問題，生物學家就要仔細的去檢視，性別最初是在何處演化出現的：原來就在原生生物中。為何處於壓力之下時，許多原生生物會形成雙倍體細胞 (diploid cell)？生物學家認為，雙倍體細胞比較能夠有效地修補染色體的損傷，尤其是 DNA 產生雙股斷裂的時候。當細胞處於乾旱時，常會導致這種雙股的斷裂。在減數分裂初期時，成對的染色體會排列在一起，這種排列可能就是當初為了修補 DNA 損傷所發展出來的一種機制，利用未受損傷的一段 DNA 作為模板，去修補另一段有損傷的 DNA。於酵母菌中，當發生突變使這種修補雙股斷裂的機制失效時，其染色體就無法進行互換 (crossing over)。因此，有性生殖以及減數分裂時的染色體成對排列，看起來有可能是當初為了修補染色體損傷而演化出來的機制。

為何性別是重要的

真核生物在演化上最重要的創新之一，就是發展出性別。有性生殖提供了強大的方式，來重新組合基因，可以在個體中快速產生不同的基因組合。基因的多樣性，正是演化所需要的新元素。於許多案例中，演化的速度可因基因的多樣性而提升其篩選速度－也就是說，基因越多樣性，則演化速度也就越快。例如要篩選長得更大的牛或羊，在一開始時進展得很好，但是隨著基因組合的受限，篩選速度就會慢下來；如欲更進一步，就必須引進新的基因組合。藉由有性生殖所導致的基因組合，由於其能快速增加基因的多樣性，因此對於演化具有重大的影響。

有性生活史

許多原生生物終生都是單倍體，但也有少數例外；而動物與植物於其生活史中，某些階段則是雙倍體。大多數動物與植物的體細胞具有雙倍體染色體，一套來自父系，一套來自母系。經由減數分裂產生單倍體配子，然後二個配子於有性生殖中結合回復雙倍體，這種生活週期就稱為**有性生活史** (sexual life cycle)。

真核生物有三種主要的生活史 (圖 17.4)：

1. 最簡單的一種有性生活史，常見之於許多藻類，經由配子接合形成的合子，是其生活史中唯一的雙倍體細胞。這種生活史如圖 17.4a 所示，稱為**合子減數分裂** (zygotic meiosis)，因為藻類的合子可進行減數分裂。其生活史中，大多數的時間是單倍體細胞，如圖中的黃色區塊；所形成的合子，幾乎立刻就會進行減數分裂。
2. 於大多數動物，配子是其僅有的單倍體細胞。它們可進行**配子減數分裂** (gametic meiosis)，因為動物經過減數分裂之後，可產生單倍體配子。其生活史中，絕大多數的部分都是雙倍體細胞，如圖 14.7b 較大的藍

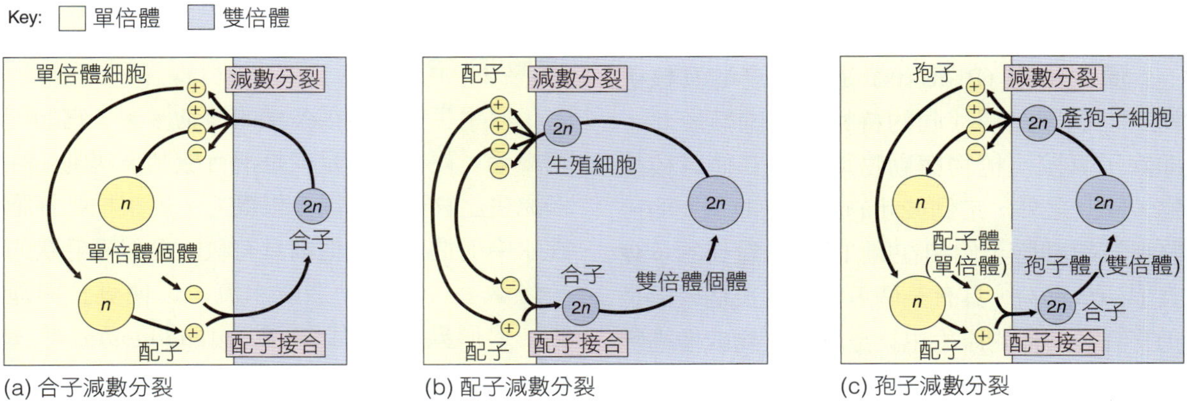

圖 17.4 三種真核生物之生活史
(a) 合子減數分裂，常出現在原生生物中的一種生活史；(b) 配子減數分裂，動物典型的生活史；(c) 孢子減數分裂，出現於植物中的生活史。

色區塊。

3. 植物則為**孢子減數分裂** (sporic meiosis)，因為其產孢子細胞可進行減數分裂。於植物中，會規律地於單倍體世代 (見圖 17.4c 黃色區塊) 以及雙倍體世代 (見圖 17.4c 藍色區塊) 之間進行**世代交替** (alternation of generations)。雙倍體世代可產生孢子，然後孢子發育成單倍體；而單倍體世代則產生配子，配子結合之後又回到雙倍體世代。

由於性別的產生，因此出現了需要雙親參與的減數分裂與受精作用。之前曾介紹過，細菌缺乏真正的有性生殖，雖然少數細菌可行接合作用，傳送少量的基因。原生生物演化出真正的有性生殖，毫無疑問地使它們能夠適應更廣泛的生活方式。

關鍵學習成果 17.2

真核生物演化出有性生殖，是其修補受損染色體的一種機制，但其重要性在於產生更大的基因多樣化。

原生生物

17.3 原生生物的一般生物學，最古老的真核生物

原生生物 (Protists) 是最古老的真核生物，它們因一個共同的特性而被歸類於此：即除了真菌、植物與動物以外的其他真核生物。除此之外，它們彼此的歧異是非常大的。許多為單細胞，例如在圖 17.5 所看到的吊鐘蟲 (*Vorticella*)，具有一個可收縮的長柄，但是仍有許多其他的原生生物是群體生物或多細胞生物。它們大多數很微小，但也有些可體大如樹。我們即將開始介紹原生生物一些重要特徵的概觀。

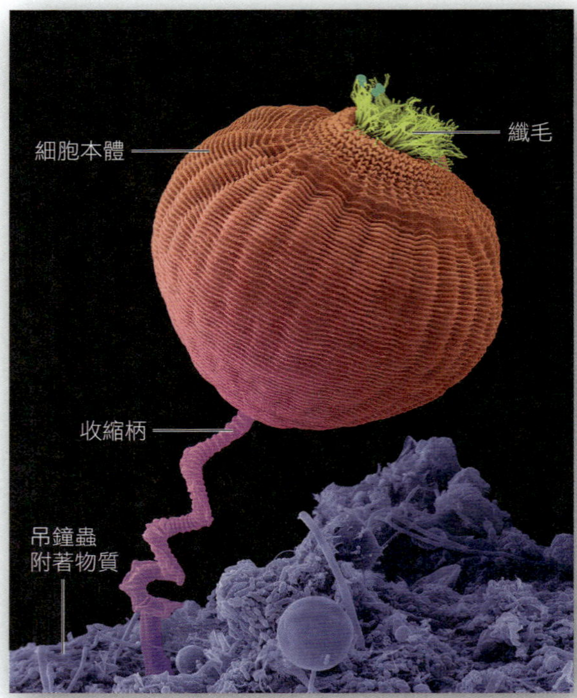

圖 17.5 一個單細胞原生生物
原生生物界是集合了許多不同類群的單細胞生物而成，例如此圖的吊鐘蟲 (纖毛蟲門) 是一個異營生物，捕食細菌維生，具有一個收縮柄。

原生生物的重要特徵

細胞表面

原生生物具有各種不同型式的細胞表面，但都具有原生質膜。有些原生生物，例如藻類與黴菌，具有很強韌的細胞壁。剩下一些，例如矽藻，可分泌產生矽質的外殼。

運動胞器

原生生物也有很多樣的運動機制，它們可用纖毛、鞭毛、偽足或是滑行機制來運動。許多原生生物可有一或多根鞭毛，用來推動細胞在水中前進；而其他則具有較短類似鞭毛狀的一堆纖毛，可擺動造成水流，以便覓食與運動。變形蟲則主要以偽足 (*pseudopodia*) 來運動，其細胞體向外延伸而出的巨大突出物，可稱之為葉狀偽足 (*lobopodia*)，而一些其他相關的原生生物，則具有細長有分支的偽足，稱

為絲狀偽足 (*filopodia*)。還有一些具有細長，且中間有微管組成之軸絲所支撐的有軸偽足 (*axopodia*)。有軸偽足可向外伸長或是縮回，其前端可附著在鄰近物體表面上，當其收縮時，後端的有軸偽足則延伸，可造成細胞以翻滾的方式前進。

囊胞

許多原生生物具有脆弱的表面，但是卻能生活在嚴苛的環境下。它們有何能力適應得如此好？這些生物原來能於惡劣的環境下，形成囊胞。**囊胞** (cyst) 是休眠狀態的細胞，具有一個具抵抗力的外層，其代謝活動則幾乎完全停止。例如脊椎動物的阿米巴寄生蟲，即可形成可抵抗胃酸的囊胞 (雖然其並不能耐乾旱與高溫)。

營養

原生生物可進行，除了化合自營以外的其餘所有營養方式，化合自營則僅見之於原核生物。一些原生生物為光合自營生物，稱之為**光合生物** (phototrophs)。其餘則為異營生物，利用其他生物所合成的有機分子。這些異營的原生生物，如果是吃食肉眼可見的食物顆粒，則稱之為**吞噬生物** (phagotrophs)，或是**動物式營養攝食者** (holozoic feeders)；如果是攝取水溶性營養者，則稱之為**食滲透生物** (osmotrophs)，或是**腐食性營養攝食者** (saprozoic feeders)。

吞噬生物可形成**食泡** (food vacuoles) 或**吞噬體** (phagosomes) 而吞入食物顆粒，然後溶小體 (lysosomes) 會與之融合，利用消化酵素將食物顆粒分解。當消化後的分子透過食泡膜而被吸收後，食泡的體積會顯著縮小。

生殖

原生生物基本上進行無性生殖，只有在遭受壓力時，才會行有性生殖。其無性生殖以有絲分裂進行之，但其過程會與多細胞動物的有絲分裂略有不同。例如其核膜，在整個有絲分裂過程中都存在，而微管構成的紡錘絲則形成於細胞核內。有些類群，其無性生殖會產生孢子，有些則進行分裂生殖。最常見的分裂生殖是**二分裂生殖** (binary fission)，其細胞會分裂成為二個大小相同的細胞。另一種分裂生殖是**出芽** (budding) 生殖，產生的子代細胞比親代細胞小，然後才會長大成為成體細胞。複分裂 (multiple fission)，或稱之為**裂體生殖** (schizogony)，常見之於一些原生生物，細胞分裂前先進行多次的核分裂，然後同時分裂產生多個新細胞。

原生生物的有性生殖也有許多型式。於纖毛蟲類，如同許多動物一般，在形成配子之前，可先進行**配子減數分裂** (gametic meiosis)。孢子蟲類，則於受精之後可直接進行**合子減數分裂** (zygotic meiosis)，所有的個體都是單套生物，直到下一次形成合子。於藻類，則進行**孢子減數分裂** (sporic meiosis)，進行與植物類似的世代交替，其生活史中具有顯著的單倍體世代與雙倍體世代。

多細胞化

一個單細胞生物是有其限制的，它的細胞大小需受限於面積-體積比。簡單的說，當細胞逐漸長大後，其表面積不足以應付過大的體積。演化出具有許多細胞的多細胞個體，便可克服此問題。**多細胞化** (multicellularity)，是指一個個體由許多細胞組成的現象，細胞彼此永久性地相連在一起，並整合其活動。多細胞化最關鍵的好處是可產生分化 (specialization)：在一個生物個體中，可具有獨特形態的細胞、組織以及器官，各具有不同的功能。於一個生物個體中產生功能上的「分工」，有些細胞可保護身體，有些細胞可進行運動，另外的細胞則執行擇偶與交配，還有的細胞則進行其他的各種活動。這種現象可使一個多細胞生物，執行許多單細胞生物無法進行的複雜功能。這就好比一個具有五萬居民的小型城市，要遠比聚集在一個球場的五萬名觀眾，更複雜與更具有功能性。因為城市的每一個居民，都會有與其他居民間互動的專門活動，而非一大群群眾中的一員。

群體　一個**群體生物** (colonial organism) 是一群細胞永久性的聚集在一起，但是彼此間沒有或是極少有整合的細胞活動。許多原生生物可形成群體組合，雖然有許多細胞，但是卻很少分化與整合。於許多原生生物中，群體生物與多細胞生物之間的界線是很模糊的。例如圖 17.6 中所示的團藻 (*Volvox*)，個別的細胞互相聚集形成一個空心的球體，每個細胞的鞭毛可協同擺動，而使得團藻產生運動－就好像賽艇運動員，協同一致地划動他們的槳。在球體後端的少數細胞，則成為其生殖細胞，但相對上並沒有太的分化現象。

聚集　**聚集** (Aggregates) 是一個更暫時性的細胞集合狀態，在某一段時間內聚集，然後又分開。例如細胞性黏菌 (cellular slime molds)，其生活史中大部分的時間是單細胞生物，以變形蟲方式到處運動與攝食。常出現在潮濕的土壤與腐朽的木頭上，它們可攝食細菌與小型的生物。當這些個別的變形蟲，將某一地區的細菌都吃光並處於飢餓狀態時，這些細胞可突然聚集在一起形成一個大型可移動的聚集體，稱為「蛞蝓蟲」(slug)，然後移動到其他位置。這種形成聚集體的方式，可以增加找到食物的機會。

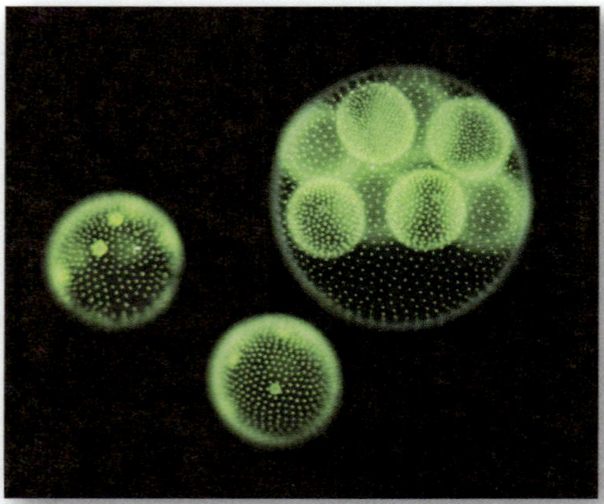

圖 17.6　一個群體原生生物
個別可運動的單細胞綠藻，聚集形成一個空心球體的團藻原生生物，它可利用每個個別細胞協同擺動其鞭毛而產生運動。一些團藻物種，可在其個別細胞間形成細胞質的連接，有助於群體的整合活動。團藻群體是一個高度複雜的個體，具有一些多細胞生物的特性。

多細胞個體　於真正的多細胞生物，其個別細胞需互相協同活動，且互相接觸；多細胞生物只見之於真核生物。有三個類群的原生生物為真正的多細胞生物，但都屬於簡單的型式：褐藻 (Brown algae, Phylum Phaeophyta 褐藻門)、綠藻 (green algae, Phylum Chlorophyta 綠藻門) 以及紅藻 (red algae, Phylum Rhodophyta 紅藻門)。這些**多細胞生物** (Multicellular organisms)，其個體是由許多細胞組成，細胞彼此互動合作進行各種活動。

簡單的多細胞生物，並非指其體型也很小。一些海洋藻類可長得非常巨大。一種褐藻，海帶 (昆布) 的個體，其體長可達數十公尺長－有時甚至比巨型的加州紅木還要長。

關鍵學習成果 17.3

原生生物的體型、運動、營養及生殖等，有很廣闊範圍的各種型式。它們的細胞可聚集在一起，並產生不同程度的特化，從暫時聚集到永久性群體，乃至於多細胞個體。

17.4　原生生物的分類

原生生物的多樣性

原生生物是真核域四個界中，最多樣性的

一個界。於原生生物界的 200,000 種不同生命形式中，包括了許多單細胞、群體，以及多細胞類群。早期原生生物的演化，如圖 17.7 所見的藻類化石，是地球生命演化史中一個重要的進展。

可能我們對原生生物分類，所能做出最重要的一個論述就是，這是一個人為的分類群；為了方便起見，基本上單細胞的真核生物都被歸類到此界中。因此，此界中有非常不同且相關很遠的生物被歸類在一起。一位分類學家會認為，原生生物界不是單系的 (monophyletic)－也就是說，具有許多無共同祖先的群組。

傳統上，生物學家以人為的方式，依功能的相關性將原生生物加以分類，與 19 世紀的分類沒有太大差別。原生生物基本上可區分為行光合作用者 (photosynthesizers) (藻類)、異營者 (heterotrophs) (原生動物) 以及吸收者 (absorbers) (類似真菌的原生生物)。

最近，隨著分子技術的進展，可以直接將生物的基因體進行比對，使我們有可能對這些原生生物的親緣關係有所進一步的了解，並建立起一個粗略的親緣關係樹 (phylogenetic tree)。當累積了愈多的分子資訊數據，其圖像將會變得愈清晰。

原生生物主要的門 (phyla) 可分成 11 個類群，每一類群的成員都具有共同的始祖，稱作「單系支序群」(monophyletic clades)，如圖 17.8。這 11 個支序群，彼此間的關係還不太清楚，但基於目前對它們的分子相似度的了解，大家似乎已逐漸有了一個共識。一個實用的假設 (working hypothesis) 則認為，它們應該區分為五個超類群 (supergroups) (圖 17.9)：

古蟲超類群 (*Excavata*)　英文名稱來自於，一些種類的細胞一側，有一個溝狀構造。此超類群包含了三個主要的單系支序群。其中二者 [雙滴蟲 (diplomonads) 與副基體蟲 (parabasalids)] 缺乏粒線體，第三者 [眼蟲 (或裸藻)] 則具有結構特殊的鞭毛。

囊泡藻超類群 (*Chromalveolata*)　種類眾多大多可行光合作用的超類群，包括了矽藻 (diatoms)、渦鞭毛藻 (dinoflagellates) 以及纖毛蟲 (ciliates)。似乎演化自一個二次共生事件。

有孔蟲超類群 (*Rhizaria*)　與囊泡藻超類群很接近，包括有孔蟲 (forams) 與放射蟲 (radiolarians)。雖然二個成員有很多不同處，但 DNA 相似度將此二個單系支序群放在一起。

泛植物超類群 (*Archaeplastida*)　此超類群包括紅藻與綠藻，具有可行光合作用的色素體 (plastids)。植物就是從綠藻支序群演化而出的。

單鞭毛超類群 (*Unikonta*)　此超類群包括真菌與動物的始祖，以及黏菌。從目前有限的數據顯示，此超類群是五個超類群中最古老的。

圖 17.7　早期原生生物化石
生活於西伯利亞之 10 億年前的藻類化石。

隨著更多數據的出現，我們將對這些譜系會有更進一步的認識，使用這暫定的親緣關係，可使我們檢視這許多享有共同特徵之類群間的關係。但是並非所有的原生生物的譜系，都能有相同的信心放到這個親緣關係樹上，圖 17.8 展示的粗略大綱，已經逐漸變得更清晰了。當 DNA 科技使

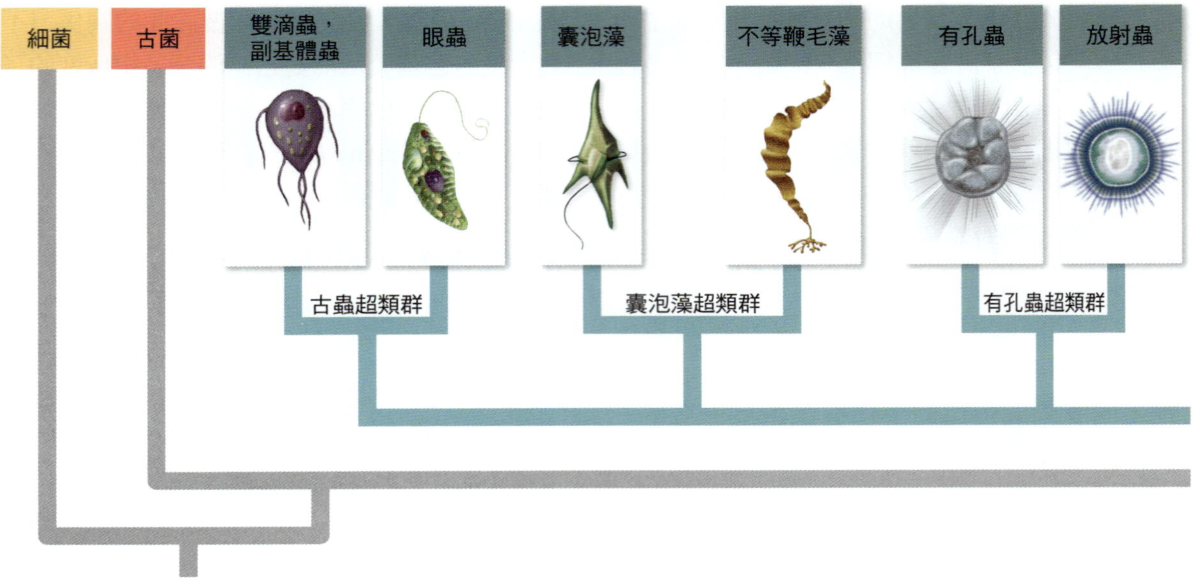

圖 17.8　原生生物的 11 個支序群

我們能夠詳細比對不同類群的基因體後，我們對原生生物演化的初步了解，已經革命性地改變了目前的分類學與種系發生學。

關鍵學習成果 17.4

多樣的原生生物界生物，包括了植物、真菌以及動物的始祖。從目前的分子生物學研究得知，原生生物可分成 11 個單系支序群，並可歸類成五個超類群。

17.5　古蟲超類群具有鞭毛，其中一些沒有粒線體

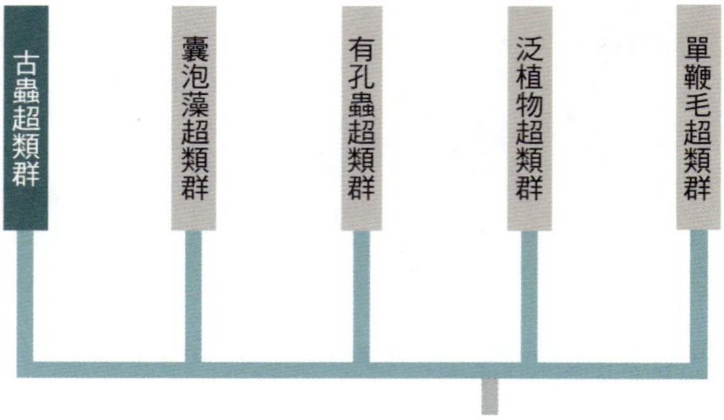

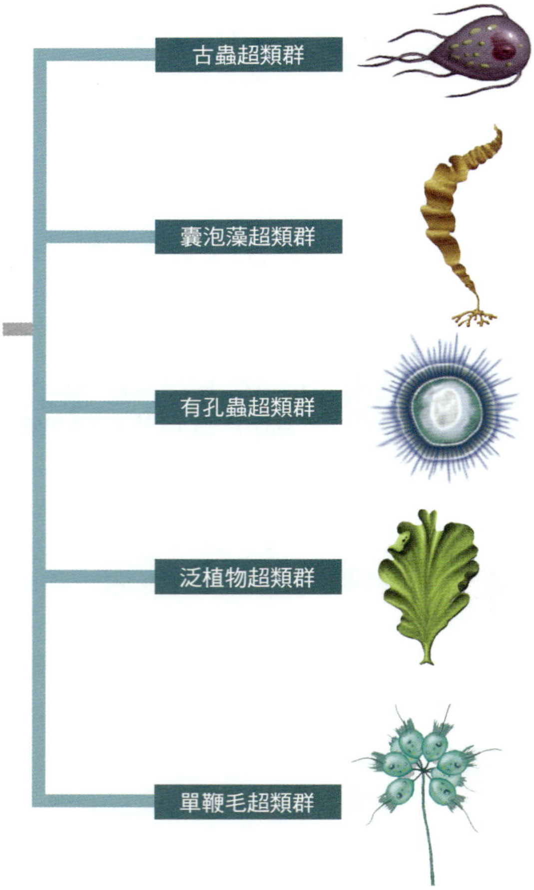

圖 17.9　原生生物可歸類成五個超類群

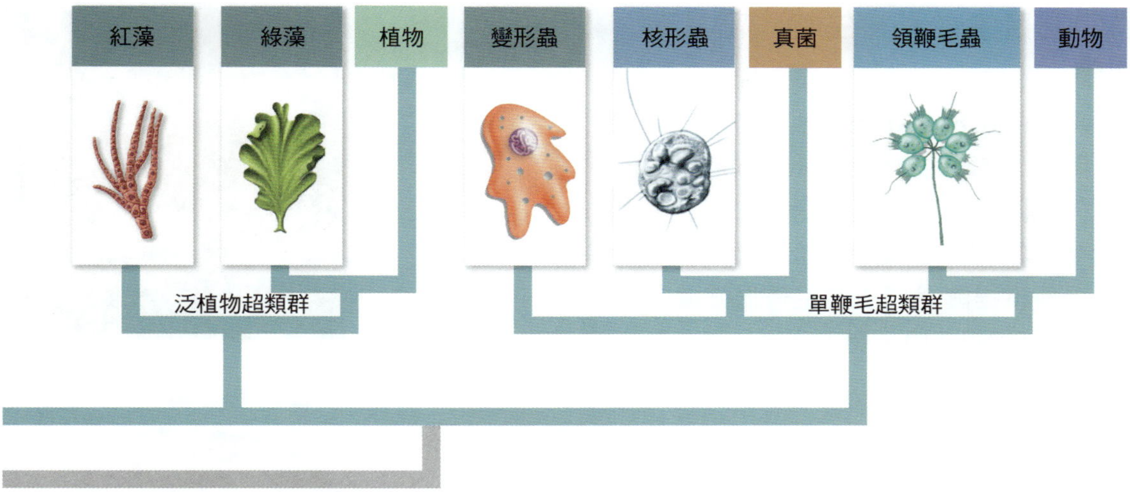

古蟲類超群 (Excavata) 是由三個單系支序群構成：雙滴蟲、副基體蟲以及眼蟲。其英文名稱來自於：一些種類的細胞一側，有一個溝狀構造。

雙滴蟲類具有二個細胞核

雙滴蟲 (*Diplomonads*) 是以鞭毛運動的單細胞生物。此類群生物沒有粒線體，但是卻有二個細胞核。賈地亞腸鞭毛蟲 (*Giardia intestinalis*) 為雙滴蟲的一種 (圖 17.10)，賈地亞腸鞭毛蟲是一種寄生蟲，可經由遭受污染的水而人傳人。其細胞核具有粒線體的基因，因此認為腸鞭毛蟲應是從好氧生物演化而來。當以粒線體抗體染色後，電子顯微攝影圖顯示其具有退化的粒線體痕跡。因此腸鞭毛蟲不可能是最早的原生生物。

副基體蟲具有波浪狀的膜

副基體蟲 (*Parabasalids*) 包含了一群奇妙的物種組合。一些可居住於白蟻的腸道中，協助白蟻消化木質食物中的纖維素。其實此種共生關係非常複雜，因為副基體蟲又與一種細菌共生，且此細菌也能幫助消化纖維素。這三種分別來自不同界生物的共生關係，可導致一座木屋的倒垮或是森林死亡樹木的腐朽。另一種副基體蟲，陰道滴蟲 (*Trichomonas vaginalis*) 則可造成人類的性病。

副基體蟲具有波浪狀的膜，可協助蟲體運動 (圖 17.11)。它們與雙滴蟲類似，也用鞭毛運動，且缺乏粒線體。這二類群之缺少粒線體，現今認為是後天造成的，而非先天祖傳的。

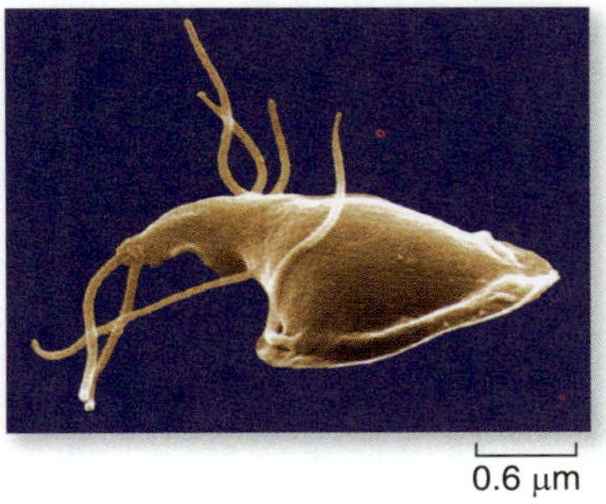

圖 17.10 賈地亞腸鞭毛蟲
此種寄生性的雙滴蟲缺乏粒線體。

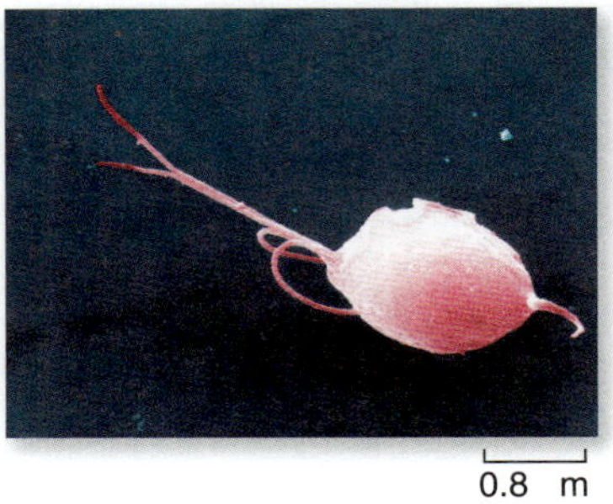

圖 17.11 副基體蟲的特徵是具有波浪狀的膜
此種寄生性的物種，陰道滴蟲，可造成陰道炎。

眼蟲門為自生性真核生物，常具有葉綠體

眼蟲門 (*Euglenozoa*) 很早就分岐而出，是最早之具有粒線體的自生性 (free-living) 真核生物。它們最顯著的特徵是，許多眼蟲經由內共生而獲得葉綠體。眼蟲與所有的藻類都不太相關，這件事提醒我們內共生是很普遍的。已知 40 餘屬的眼蟲中，有三分之一具有葉綠體，且完全能夠自營生活；其餘的則為異營，需攝食食物。

眼蟲屬：最熟知的眼蟲

眼蟲門中最為人熟知的就是眼蟲屬 (*Euglena*) 中的**眼蟲** (euglenoids)。一個眼蟲細胞約 10~500 微米，體型差異極大。以螺旋狀排列的聯鎖蛋白質條帶，位於原生質膜內側，形成一種有彈性的**表膜** (pellicle)。因為此表膜具有彈性，因此眼蟲可改變其體型。

一些具有葉綠體的眼蟲，在黑暗中可轉變為異營生物；其葉綠體會變小且失去功能。如果將其放回有光線的環境中，它們於數小時內又會變回綠色。行光合作用的眼蟲，有時也可攝食水溶性或顆粒性食物。

此門的生物，可用有絲分裂進行繁殖，但整個有絲分裂過程中，它們的核套膜都維持完整而不會消失。此類群的生物，尚未發現具有有性生殖。

於眼蟲屬 (圖 17.12) (也是演蟲門的命名由來) 中，細胞前端有一個燒瓶狀稱為儲積囊 (reservoir) 的構造，有二根鞭毛附著在其底部的基體上，並從開口向外延伸而出。其中一根鞭毛很長，此鞭毛的一側排列有細毛狀很短的突起物；另一根鞭毛則很短，位於儲積囊中，而不會向外伸出。收縮泡 (contractile vacuoles) 可收集細胞體內過多的水分，並將之從儲積囊中向外排出，可調控細胞的滲透壓。眼蟲還具有與綠藻類似的眼點 (stigma)，可協助此光合

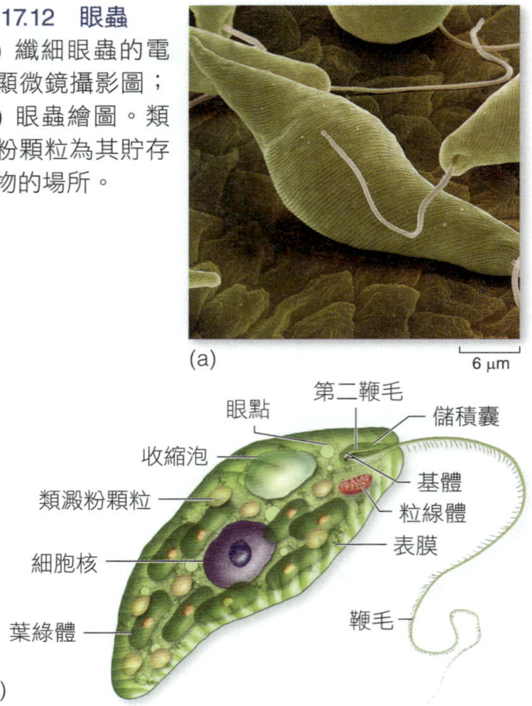

圖 17.12 眼蟲
(a) 纖細眼蟲的電子顯微鏡攝影圖；(b) 眼蟲繪圖。類澱粉顆粒為其貯存食物的場所。

生物向光亮處移動。

眼蟲細胞內還含有許多葉綠體，與綠藻和植物類似，含有葉綠素 *a*、葉綠素 *b* 以及類胡蘿蔔素。雖然眼蟲的葉綠體與綠藻葉綠體有一些不同，但它們的起源可能是相同的。眼蟲的光合色素對光線很敏感。眼蟲葉綠體的來源很可能是透過吞入一個綠藻，而產生的共生關係所演化而來。最近的親緣關係研究顯示，眼蟲屬內的成員可能有多個起源，將它們歸屬在同一個眼蟲屬中，已受到質疑。

錐蟲：致病的動基體蟲

眼蟲門中第二個主要的類群是動基體蟲 (*kinetoplastids*)。動基體蟲的名稱，指的是其每一個細胞中具有一個獨特的粒線體 (譯者註：此粒線體內具有由 DNA 構成的網狀結構，稱之為動基體)。粒線體內具有二種類型的 DNA：迷你環 (minicircles) 與巨環 (maxicircles) (請回憶原核生物也是具有環狀

DNA 的，而粒線體的來源就是原核內共生而來)。粒線體巨環 DNA 可引發非常快速的糖解作用，而迷你環 DNA 則可編碼出一種引導 RNA (guide RNA，簡稱 gRNA)，可指揮進行一種不尋常的 RNA 編輯方式。

動基體蟲的寄生性，是經由多次的演化而產生。例如動基體蟲中的錐蟲 (trypanosomes)，可造成人類許多嚴重的疾病，最常見的就是錐蟲病 (trypanosomiasis)，也可稱之為非洲昏睡病 (African sleeping sickness)，可造成嚴重的昏睡與衰弱 (圖 17.13)。

由於錐蟲的屬性非常特殊，因此錐蟲病非常難加以控制。例如這種由采采蠅 (tsetse fly) 傳遞的錐蟲，演化出一種精巧的遺傳機制，可不斷地反覆改變其糖蛋白外套上的免疫特性，因此可以躲避宿主產生的抗體來對抗它們。此機制是如何運作的呢？於同一時間點，大約每 1,000 個錐蟲中，只會有一個錐蟲會表現其變異表面糖蛋白 (variable-surface glycoprotein, VSG) 基因，此基因可在其染色體靠近端粒附近之 20 個「表現位址」(expression sites) 上，隨機選擇一個來表現。由於這種表現位址是隨機選擇的，因此每 20,000 個錐蟲中才會有二個錐蟲是完全相同的。因此可以想像，要發展疫苗來對抗這種系統一定是非常困難與複雜的。但即使如此，測試已經在進行中了。

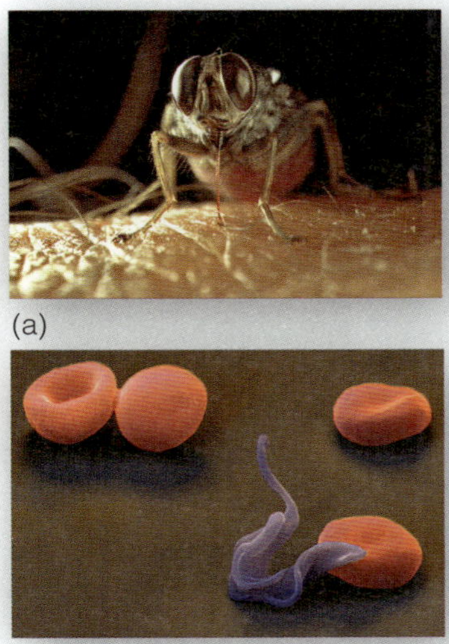

圖 17.13 一個動基體蟲
(a) 此處顯示的采采蠅，正在從一個人的手臂上吸取血液；(b) 此照相圖片中，可見到一個可改變體型的錐蟲位於人類的紅血球中間。

近來針對三種致病的動基蟲體進行基因體解碼，顯示出它們具有一些共同的核心基因。這些對人類生命造成重大傷亡的病原，可以針對此三者共有的這些核心基因，去發展出一個對抗藥物。研究人員目前已經積極展開研發中。

關鍵學習成果 17.5

雙滴蟲是單細胞生物，具有二個細胞核，並以鞭毛來運動。副基體蟲則利用鞭毛與波浪狀的膜來運動。眼藻門中的生物，有的為自營，有的為異營。錐蟲是可致病的動基體蟲類。

17.6 囊泡藻超類群起源自二次共生

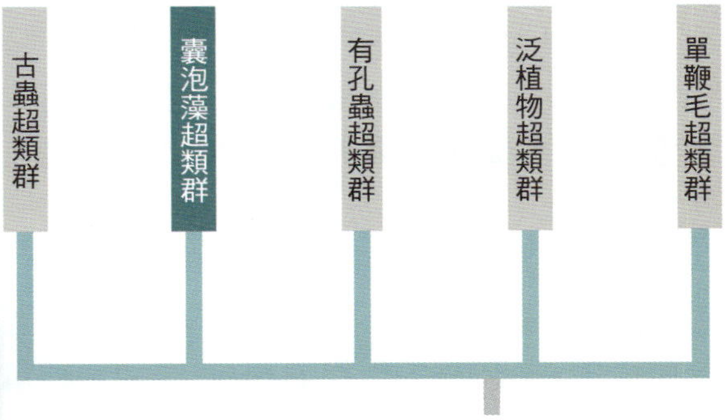

巨大的囊泡藻超類群 (Chromalveolata)，經由 DNA 序列證據顯示，其內具有來自單一譜系但歧異度很大的幾個門，目前的分類只是一個暫定的假設。

囊泡藻超類群大部分是可行光合作用的生物，被認為是起源於 10 億年前左右，其祖先可能是吞入了一個可行光合作用的紅藻細胞而來。由於共生的紅藻是起源於第一次內共生 (primary endosymbiosis)，因此囊泡藻就被認為

是一個二次內共生 (secondary endosymbiosis) 後的產物。其葉綠體因此有四層膜，而非一般的二層膜。

囊泡藻門具有膜下方的囊泡

了解最透徹的囊泡藻超群 (Chromalveolata) 成員，就是囊泡藻門 (*Alveolata*)，其下含有三個亞類群(subgroups)：渦鞭毛藻類 (dinoflagellates)、頂複合器蟲類 (apicomplexans) 以及纖毛蟲類 (ciliates)。此三者都有一個共同的譜系，但它們的運動方式則不相同。此三者還有一個共同的特徵，即在它們的原生質膜下方，都具有一連接成串的扁平囊泡，稱為囊泡 (alveoli) (此囊泡藻門的命名由來)。囊泡的真正功能尚不完全明瞭，但可能與膜的運輸有關，類似高基氏體，或是用來調節細胞的離子濃度。

渦鞭毛藻是具有獨特特性且可行光合作用的生物

大多數的**渦鞭毛藻** (dinoflagellates) 是可行光合作用的單細胞生物，具有二根鞭毛。它們可生存於海洋與淡水環境中，一些種類可產生螢光，於夜間的海洋上發出閃光，尤其是在熱帶海洋上。

渦鞭毛藻類的鞭毛、保護性外套以及生化活動都非常獨特，似乎與其他門的生物都無直接的關聯。細胞外的甲片 (plates) 是由一種類似纖維素的成分構成，其上還鑲綴著矽質，包圍著細胞體 (圖 17.14)。甲片間具有溝狀凹槽，凹槽通常是鞭毛的所在位置。二根鞭毛之一圍繞著細胞體，類似腰帶，另一根鞭毛則與之垂直並向外延伸。當鞭毛於溝槽內擺動時，可造成細胞運動時的旋轉。

大多數渦鞭毛藻具有葉綠素 *a* 與 *c*，以及類胡蘿蔔素，因此其葉綠體的生化反應類似矽藻 (diatoms) 與褐藻 (brown algae)。很可能此譜系生物獲取的內共生葉綠體，與這些類群相同。

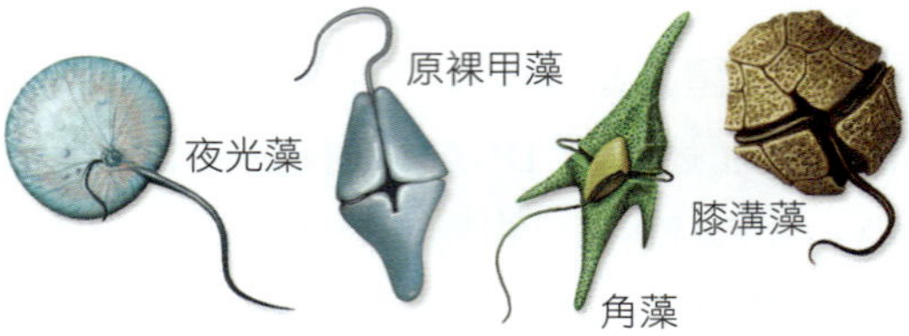

圖 17.14 一些渦鞭毛藻
夜光藻 (*Noctiluca*) 缺少大多數渦鞭毛藻都有的纖維素盔甲，是一種可造成溫暖海洋閃閃發光的螢光生物。其他三個屬的藻種，可見到其凹槽溝中之較短的環繞鞭毛，另一根較長的鞭毛則從胞體向外延伸而出。

通常於沿海產生之具有毒性與毀滅性的「紅潮」(red tides)，與渦顛毛藻族群突然大量增生 (或稱為「開花」[blooms]) 有關，其色素可使水體變成紅色 (圖 17.15)。紅潮對全世界的水產業造成重大的影響，大約有 20 個物種的渦鞭毛藻可產生毒素，可抑制許多脊椎動物橫膈膜的收縮，而造成呼吸衰竭。當這種有毒性的渦鞭毛藻大量繁殖時，可造成許多魚類、鳥類以及哺乳類的死亡。

雖然在飢餓狀態下，渦鞭毛藻確實可以進行有性生殖，但是它們主要還是以無性細胞分裂為主。其無行細胞分裂，會以一種獨特的有絲分裂方式進行，其永久性濃縮的染色體，可

圖 17.15 紅潮
雖然細胞個體很小，但當大量的渦鞭毛藻族群出現時，包括此處的裸足藻 (*Gymnopodium*)，可使海水變紅，且釋放出毒素到海水中。

在一個永久性的核套膜內進行，當染色體數目加倍後，細胞核就直接分裂為二個細胞核。

頂複合器蟲類包括了瘧疾原蟲

稱作**頂複合器蟲類** (apicomplexans) 的原生生物，是可產生孢子的動物寄生蟲。它們被稱作頂複合器蟲的原因是，於其細胞的一端可形成一個由纖維、微管、液泡以及其他胞器構成的*頂複合器* (*apical complex*)。頂複合器是一種細胞骨架與分泌物複合體，可幫助蟲體入侵宿主。最為人熟悉的頂複合器蟲類就是*瘧疾原蟲* (*Plasmodium*) 了 (圖 17.16)。

纖毛蟲最顯著的特徵是其運動方式

纖毛蟲 (ciliates) 名副其實，具有大量的纖毛 (cilia，可擺動的微細毛狀物)。這種異營的單細胞原生生物，體長約 10~3,000 微米。它們的纖毛可縱列或是成對排列於蟲體體表，纖毛著床於原生質膜下方的微管上 (見第 4 章)，並以協調的方式擺動。於某些類群，其纖毛還有特殊的功用，它們可融合成片狀、尖刺狀、或棒狀，可作為嘴、牙齒、槳或腳的功用。這些纖毛蟲體表有一層表膜 (pellicle)，強韌且具有彈性，可使它們擠縮穿過障礙物。

所有已知的纖毛蟲細胞內，都具有二種類型的細胞核，一個較小的*小核* (micronucleus) 與一個較大的*大核* (macronucleus) (圖 17.17)。以知名的纖毛蟲*草履蟲* (*Paramecium*) 為例，大核可行有絲分裂，執行一般的生理功能。另一個實驗室常用的纖毛蟲物種，*梨形四膜蟲* (*Tetrahymena pyriformis*)，在 1930 年代曾移除它的小核，它們的後代一直以無性生殖存活到今日！然而草履蟲就非如此了，除非進行有性生殖，否則其細胞無性分裂了大約 700 代之後便死亡了。因此證據顯示，纖毛蟲類的小核為有性生殖所必需的。

纖毛蟲可形成液泡來消化食物與調節水分平衡。食物首先進入一個從體表凹陷的口溝 (gullet) 內，口溝上布滿了纖毛，食物接著進入一個食泡中，然後被其內的酵素與鹽酸所水解消化。養分吸收之後，食泡會將其內的廢物透過表膜上一個稱之為*胞肛* (cytoproct) 的特殊小孔排放到體外。胞肛基本上是一個外吐的囊

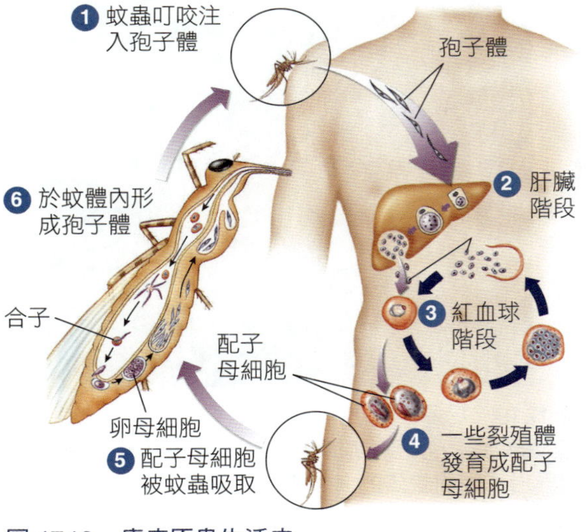

圖 17.16 瘧疾原蟲生活史
瘧疾原蟲是一種可導致瘧疾的頂複合器蟲類，它具有複雜的生活史，可交替生活在蚊蟲與人體中。當蚊蟲將它的長吻刺入人體，約可注入 1,000 個孢子體到人類血液中 ❶。它們循環到肝臟，並在肝臟內快速繁殖 ❷。孢子體於肝臟內轉形為裂殖體並進入血液，然後進行多次的循環階段 ❸，其中一些發育成配子母細胞 ❹。蚊蟲叮咬吸取配子母細胞 ❺，於蚊蟲體內受精產生孢子體 ❻，然後重複此循環。

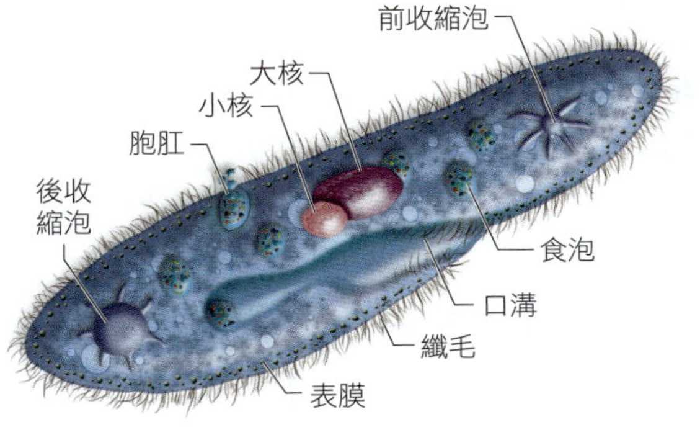

圖 17.17 草履蟲
此纖毛蟲的主要特徵包括：具有纖毛、二個細胞核以及眾多特化的胞器。

泡，可定期將細胞內不需要的固體顆粒排出體外。

可調節水分平衡的收縮泡 (contractile vacuoles)，會週期性地膨脹與收縮，將體內過多的水分排放到體外。

與大多數的纖毛蟲類似，草履蟲也以接合生殖 (conjugation) 的方式進行有性生殖，二個細胞互相接觸可長達數小時，並互相交換遺傳物質 (見圖 17.3b)。

草履蟲具有複式的交配型，只有來自不同遺傳交配型的二個細胞才能互相行接合生殖。小核先進行減數分裂，產生數個單倍體小核，然後二個接合的細胞會透過二者之間的細胞質橋互相交換一對小核。

於每一個個體細胞中交換來的新小核會與原先的小核結合，產生一個雙倍體小核。接合生殖完成後，每個細胞的大核就會瓦解。而新產生的雙倍體小核接著進行有絲分裂，產生二個相同的小核。

此二個小核之一會成為此細胞未來的小核，而另一個小核則進行許多回合的 DNA 複製，最後變成此細胞的大核。這種遺傳物質的完全隔離，是纖毛蟲類所獨有的，這也使得它們成為研究遺傳學的理想對象。

不等鞭毛藻類具有纖細的毛狀物

不等鞭毛藻類 (*Stramenopila*) (見表 17.1) 包括褐藻、矽藻 (diatoms) 以及卵菌類 (oomycetes, 水黴)。其英文名稱 *stramenopila* 的意思是指其鞭毛上獨特的纖細毛狀物 (圖 17.18)，雖然在演化過程中有些種類已經喪失了這種毛狀物。

圖 17.18　不等鞭毛藻類在其鞭毛上具有纖細的毛狀物 (18,500 ×)

褐藻中包括了大型的海藻

在許多北方海洋區域中，最醒目的海藻就是**褐藻** (brown algae) (圖 17.19) 了。褐藻的生活史中，最顯著的特徵就是具有世代交替，配子體 (gametophyte) 是一個多細胞的單倍體構造，而孢子體 (sporophyte) 則是一個多細胞的雙倍體構造，二者交互出現。一些孢子體細胞可進行減數分裂產生孢子，萌發並進行有絲分裂，成長為配子體，其配子體通常為很小的線條狀個體，寬度僅約數公分。配子體可產生雌雄配子，受精後形成合子，合子不斷進行有絲

圖 17.19　褐藻
巨大的海帶，巨藻 (*Macrocystis pyrifera*) 生長於全世界沿岸相對較淺的海域中，為許多生物提供了食物與庇護所。

表 17.1 原生生物界

超類群	門	典型代表	主要特徵
古蟲超類群			
	雙滴蟲	賈地亞腸鞭毛蟲 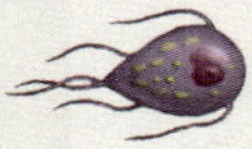	以鞭毛運動；有二個細胞核；無粒線體
	副基體蟲	陰道滴蟲 	波浪狀的膜；一些為病原；其他於白蟻腸道中分解纖維素
	眼蟲	眼蟲	單細胞；一些可行光合作用，具有葉綠素 *a* 與 *b*；其他為異營，缺乏葉綠素
		副基體蟲、錐蟲	異營性；粒線體中有二種環狀 DNA
囊泡藻超類群			
	囊泡藻		
	渦鞭毛藻	渦鞭毛藻 (紅潮) 	單細胞，具二根鞭毛；有葉綠素 *a* 與 *c*
	頂複合器蟲	瘧疾原蟲	單細胞，不會動；孢子頂端具有複雜的胞器團
	纖毛蟲	草履蟲 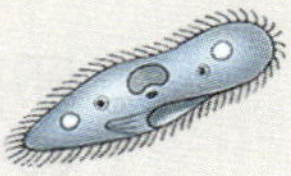	異營性單細胞生物；具有二個細胞核及許多纖毛
	不等鞭毛藻		
	褐藻	褐藻 (海帶) 	多細胞；具有葉綠素 *a* 與 *c*
	金黃藻	矽藻	單細胞，具有矽質的雙瓣外殼；可製造金藻海帶多醣；具有葉綠素 *a* 與 *c*
	卵菌類	水黴菌	陸生與淡水寄生蟲；其運動性孢子有二根不等長的鞭毛
有孔蟲超類群			
	放射蟲	放射蟲 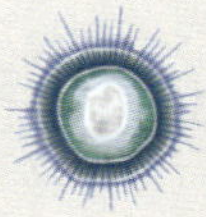	玻璃狀外骨骼；針狀的偽足
	有孔蟲	有孔蟲	具堅硬的外殼，其內通常區隔出多室；化石外殼可堆積成地質沉積層
	絲足蟲	絲足蟲	具有鞭毛的變形蟲狀生物；可同時為光合性與異營性；非常多樣的一群生物，但因 DNA 相似度高而將它們聚合為同一類組
泛植物超類群			
	紅藻	紅藻 	缺少鞭毛與中心粒；以有性生殖繁殖；可為單細胞或多細胞型式；具有藻紅素與其他輔助色素
	綠藻	單胞藻、團藻、石蓴 	可為單細胞、群體或多細胞型式；具有葉綠素 *a* 與 *b*
	輪藻	輪藻	具胞質間連絲與有鞭毛的精子；具葉綠素 *a* 與 *b*；植物的始祖
單鞭毛超類群			
	變形蟲	原生質體黏菌 細胞性黏菌 	變形蟲狀個體；原生質體黏菌可形成巨大的多核原生質團塊去覓食；細胞性黏菌可形成聚集體
	核形蟲	核形蟲	單細胞異營性的變形蟲；可能是真菌的始祖
	領鞭毛蟲	領鞭毛蟲 	單細胞，其單一的鞭毛被漏斗形狀的領子所包圍；動物的始祖

分裂，成長為我們常見到的大型海帶 (雙倍體孢子體)。

儘管生活在水域中，對於大型褐藻而言，運輸物質仍是一項大挑戰。排列成串的特殊運輸細胞，可強化其運輸功能。然而，即使體型大如樹木的大型褐藻，它們仍然缺乏如植物木質部的複雜構造。

矽藻為具有雙瓣外殼的單細胞生物

矽藻 (diatoms) 是金黃藻門 (phylum Chrysophyta) 的一員，為可行光合作用的單細胞生物，具有由矽質構成之非常顯著的雙瓣外殼 (圖 17.20)。

矽藻的外殼類似一個有蓋的盒子，一半的殼吻合地套在另一半的殼上。它們的葉綠體含有葉綠素 *a* 與 *c*，以及類胡蘿蔔素，與褐藻和渦鞭毛藻相似。矽藻可產生一種特殊的碳水化合物，稱作金藻海帶多醣 (chrysolaminarin)。一些矽藻可利用稱作縫隙 (raphes) 的二個長溝來產生運動，其上排列有可震動的纖絲 (圖 17.21)。這種獨特構造的運動機制仍在研究中，很可能是透過縫隙向外射出蛋白質-多醣類物質而推動矽藻細胞。筆狀的矽藻可彼此相依而前後往返滑動，產生一個不斷變化的形體。

圖 17.20 矽藻
這些輻射對稱的矽藻具有獨特的雙瓣矽質外殼。

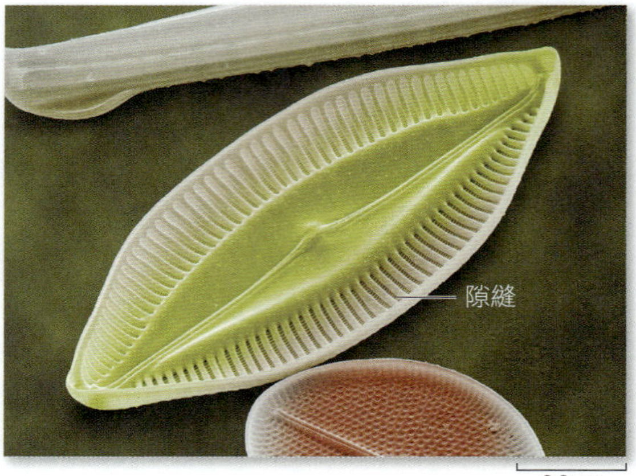

圖 17.21 矽藻的隙縫上排列有纖絲，可幫助細胞運動

卵菌類－「水黴菌」，有些成員具致病性

所有的卵菌類 (oomycetes)，或**水黴菌** (water molds)，可為寄生性或腐生性 (攝取死亡有機物質) 的生物。這類生物曾經被認為是真菌，這也是為何它們仍被稱為水黴菌，以及英文名稱中仍含有-mycetes 的原因。

它們與其他原生生物最大的區別處，在於此類生物含有可游動的孢子，稱之為「游孢子」(zoospores)，其上含有二根不相等的鞭毛，一根朝向前方，另一根則朝向後方。游孢子是經由無性生殖，從孢子囊中產生的。有性生殖時，則會先形成雄性與雌性的生殖器官，然後產生配子。大多數的卵菌類都生活於水中，但是它們有一個親戚，是植物的病原菌。

疫病黴菌 (*Phytophthora infestans*) 可造成馬鈴薯的晚疫病 (late blight)，是造成 1845 年與 1847 年愛爾蘭馬鈴薯大飢荒的元兇。在此大饑荒期間，大約有 40 萬人被餓死或是死於與飢餓有關的併發症，且造成約 200 萬人移民到美國與其他各地。

另一種卵菌類，*Saprolegnia* 水黴，則是魚類的病原菌，可造成魚類孵化場嚴重的損失。當被感染的魚苗被釋放到湖中後，此病原可感染兩棲類，於同一地點同一時間內，可殺死兩棲類數以百萬的卵。此病原菌被認為是，最近造成全世界兩棲類數目下降的原因之一。

關鍵學行成果 17.6

囊泡藻具有扁平的液泡，稱作囊泡。渦鞭毛藻可行光作用，具有二根鞭毛；而纖毛蟲則是具有纖毛的異營生物。不等鞭毛藻的成員包括多細胞的褐藻、在細胞壁外圍有矽質外殼的矽藻以及可產生具有二根不等長鞭毛之游動孢子的卵菌類。

17.7 有孔蟲超類群具有硬質的殼

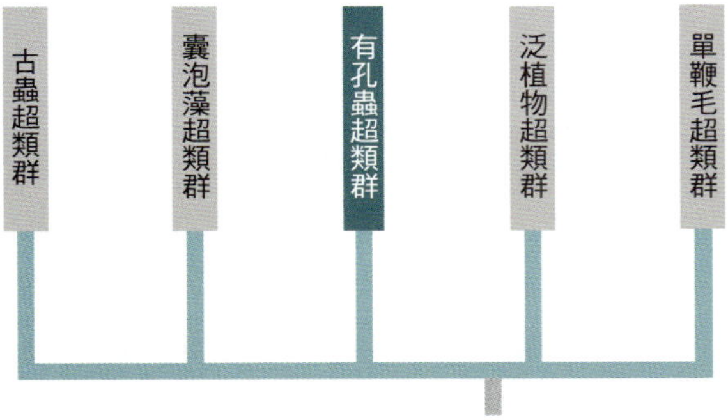

有孔蟲超類群 (Rhizaria) 與囊泡藻超類群密切相關。有孔蟲超類群包括二個單系譜系群：放射蟲與有孔蟲，但最近又提出第三個群組－絲足蟲。此三個類群組彼此在形態上差異極大，直到最近才被放到此超類群中，成為原生生物譜系樹中的一支。由於原生生物的譜系一直在快速變動，未來經過 DNA 分析的研究，毫無疑問的，此群生物也將會有更進一步的重整。

放射蟲門具有內在的矽質骨架

許多有孔蟲超類群的成員具有不固定形狀的體型，伸出的偽足經常會改變其外形。可以粗略的依特徵歸屬於變形蟲，這些具有相同偽足形狀的生物，也可出現於原生生物其他的群組中。但有孔蟲超類群中的一個群組，卻具有很不相同的構造。放射蟲門 (phylum Actinopoda) 中的一種常稱之為**放射蟲** (radiolarians) 的生物，可分泌矽質的外骨骼，使其細胞出現獨特的形狀，呈現兩側對稱或是輻射對稱。不同物種的外殼形成精巧與美麗的外形，其偽足可從外殼向外延伸成為尖刺狀，如圖 17.22 所示。這些原生質突出物，中間有微管支撐。

有孔蟲門的化石可形成龐大的石灰石沉積層

有孔蟲 (Forams) 為有孔蟲門 (phylum Foraminifera) 的一員，是異營的海洋原生生物。它們的大小約從 20 微米至數公分，類似微小的螺類，可形成三公尺深的海洋沉積層。此群生物的特徵為具有布滿小孔的外殼，稱為甲殼 (tests)，由有機物構成，其上並有碳酸鈣顆粒、砂粒，甚至來自海綿骨骼與棘皮動物骨板的骨針 (迷你的碳酸鈣針狀物) 加以強化。

視其所使用的建構材料而定，有孔蟲的外殼看起來非常不相同。一些種類具有非常亮麗的紅色、橘色或黃棕色。

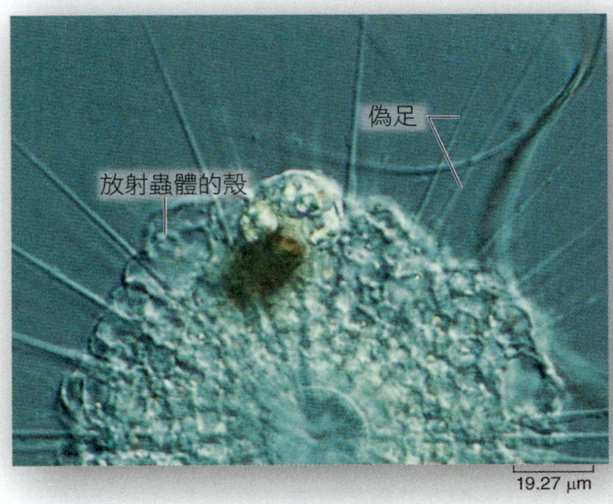

圖 17.22　具有針狀偽足的放射蟲

大多數的有孔蟲門生物生活於沙地，或附著在其他生物體上，但有二個科的成員則為自由漂浮的浮游生物體。它們的甲殼可為單腔室，但通常為多腔室，甲殼外形有時可呈螺旋狀，類似一個微小的螺類。稱為**管足** (podia) 的纖細原生質絲，可從殼體的小孔向外伸出 (圖 17.23)。管足可用來游泳、蒐集甲殼所需的原料以及覓食。有孔蟲可攝食非常廣泛的微小生物。

有孔蟲的生活史非常複雜，具有交互出現的單倍體與雙倍體世代。於二億年前，有孔蟲的甲殼化石大量堆積形成了地質上的沉積層。由於有孔蟲外殼之外形差異很大且非常易於保存下來，它們形成了許多地質上的景觀標誌。不同有孔蟲的型式，通常可作為石油勘探時是否找到貯積油層的指標。全世界具有非常普遍的石灰石區域，包括了英格蘭南部知名的景點，具有豐富有孔蟲的多佛白崖 (white cliffs of Dover) (圖 17.24)。

足絲蟲門以多種方式攝食

足絲蟲門 (cerozoans) 是經由基因體相似性，而組合在一起之變形蟲狀且具有鞭毛的一大群原生生物，它們的攝食方式非常多樣，可

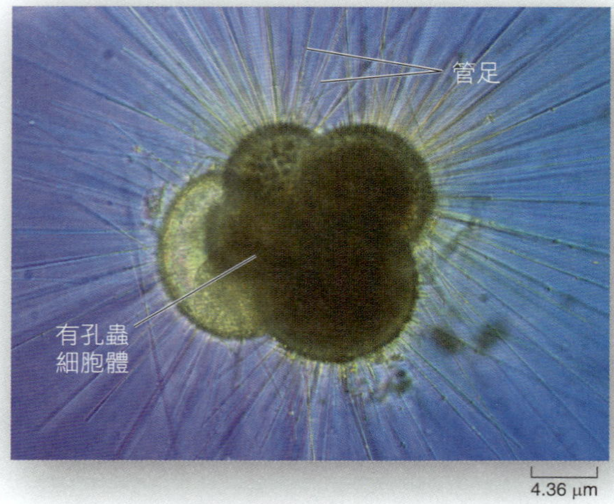

圖 17.23　一個有孔蟲的代表
管足為從這個有孔蟲石灰質甲殼向外伸出的纖細細胞質突出物。

圖 17.24　多佛白崖 (White cliffs of Dover)
形成此白崖的石灰石，幾乎全由原生生物的化石外殼構成，其中包括有孔蟲。

為捕食性的異營生物，捕食細菌、真菌以及其他原生生物；也可為光合性的自營生物；有些種類甚至可同時捕食細菌又同時進行光合作用。

關鍵學習成果 17.7

有孔蟲超類群具有二個不同的類群，具有玻璃質外骨骼的放射蟲，以及岩石外殼的有孔蟲。最近被提出的第三個類群，則是依據其分子相似性而組成。

17.8　泛植物超類群包括紅藻與綠藻

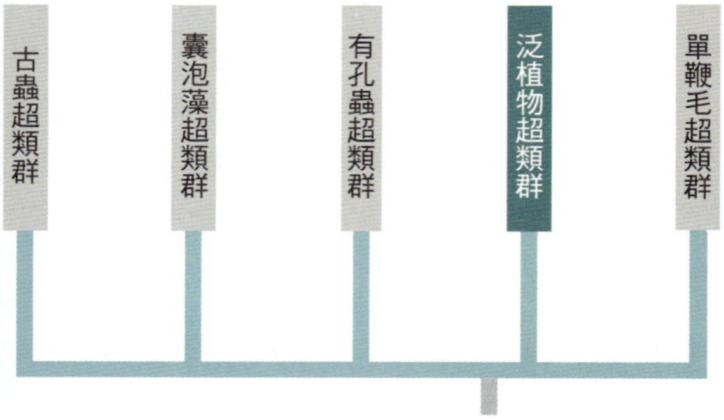

紅藻與綠藻構成了原生生物的第四個超類群，泛植物超類群 (Archaeplastida)，大約是 10 億年前，來自於一個單一的內共生而出

現。此超類群特別重要的原因是，有強大的證據顯示，今日陸地上所有的植物都是由此超類群中的一個成員，綠藻所演化而出。

紅藻門是可行光合作用的多細胞海藻

紅藻門 (Rhodophyta) 中的**紅藻** (red algae) 約有 6,000 多個被描述過的物種，均生活於海洋中 (圖 17.25)。但是對於紅藻門的起源卻有爭議，從基因體的比較，發現紅藻的起源很早，並與綠藻有共同的始祖。從紅藻與綠藻之葉綠體的分子比較來看，證據也顯示二者有同一的內共生起源。

紅藻以有性生殖來繁殖，常有世代交替。紅藻是唯一沒有鞭毛與中心粒的藻類，依賴海洋波浪來將其配子運送到其他個體處。

紅藻門 (Rhodophyta) (*rhodos* 拉丁文的意思就是紅色) 生物的紅顏色，是由於它們具有一種稱為藻紅素 (phycoerythrin) 的光合輔助色素，它遮掩了葉綠素的綠色。藻紅素與其他輔助色素，藻藍素 (phycocyanin) 和異藻藍素 (allophycocyanin)，均位於一個稱為藻膽體 (phycobilisomes) 的構造中。這些輔助色素可使紅藻吸收藍光與綠光，因為藍光與綠光可穿透海水，到達紅藻生長比較深的海水處。

圖 17.25　紅藻具有許多形態且大小不一

紅藻的體型可從很微小的單細胞個體，到很大的多細胞海藻，如北極光裂膜藻 (*Schizymenia borealis*) 的葉片可長達二公尺。大多數都是多細胞，也是熱帶海洋中常見到的藻類。它們有許多商業用途，例如壽司捲就是使用一種稱為紫菜 (Porphyra) 的多細胞紅藻，所做的海苔來包捲。紅藻的多糖類，也常被用來作為冰淇淋或化妝品的增稠劑。

綠藻門包括很多樣的各式綠藻

綠藻有二個不同的譜系：綠藻門 (chlorophytes)，即將於以下討論；以及輪藻門 (streptophytes)，其中的輪藻 (charophytes) 之後演化成為陸生植物。綠藻門特別引人入勝，因為它們非常多樣及特化。綠藻門的生物具有很多的化石紀錄，時間可上朔到 9,000 萬年前。它們與陸生植物在親緣上非常接近，尤其是它們的葉綠體。綠藻門的葉綠體，在生化上與植物非常相近，都含有葉綠素 *a* 與 *b*，以及一系列的類胡蘿蔔素。

單細胞綠藻

早期的**綠藻** (green algae) 可能類似現今的單胞藻 (*Chlamydomonas reinhardtii*)。細胞個體非常微小 (通常小於 25 微米)、綠色、圓形且在細胞前端具有二根鞭毛 (圖 17.26a)。它們居住於土壤中，但於水中可拍擊其鞭毛，而向相反方向快速運動。大多數的單胞藻是單倍體。

綠藻的幾條特化演化路線，就是由類似單胞藻類生物所發展而出，包括演化出不會游動的單細胞綠藻。當池水逐漸乾掉時，單胞藻可縮回它們的鞭毛，而成為不會運動的狀態。一些常出現在土壤中與樹皮上的藻類，綠球藻

(*Chlorella*) 就具有此類似的特徵，不過它們本身本來就沒有產生鞭毛的能力。

經由基因體定序計畫，提供了有關此類群原生生物演化上的更進一步資訊。當將單胞藻基因體上的 6,968 個蛋白質基因，與紅藻及另二個植物 (苔蘚與阿拉伯芥) 基因體相比較之後發現，僅有 172 個蛋白質基因是植物所獨有的。針對這些保守蛋白質的基因，將眾多原生生物分支類群與植物親緣關係樹加以比對，可對植物的演化提供更進一步的資訊。

群體與多細胞綠藻

真核生物曾發生過多次的「多細胞化」(multicellularity)，群體綠藻生物則提供了細胞特化，或多細胞化的最好例證。從單胞藻細胞特化的一個方向來看，值得關切的是，可游動的群體生物是如何產生的。其中一些屬的這類生物，它們的個別細胞很類似單胞藻。

研究最透徹的這類生物是團藻 (*Volvox*) (圖 17.26b)，一個由約 500~60,000 個個體細胞構成的單細胞層，並形成的一個空心球體。其中每一個個體細胞，都具有二根鞭毛。這些眾多細胞中，只有少數能進行繁殖。其中一些可行無性分裂生殖的細胞，向球體內部凹陷，產生一個新的球形群體生物，位於原先球形群體的內部。其餘可繁殖的細胞，則可產生配子，進行有性生殖。

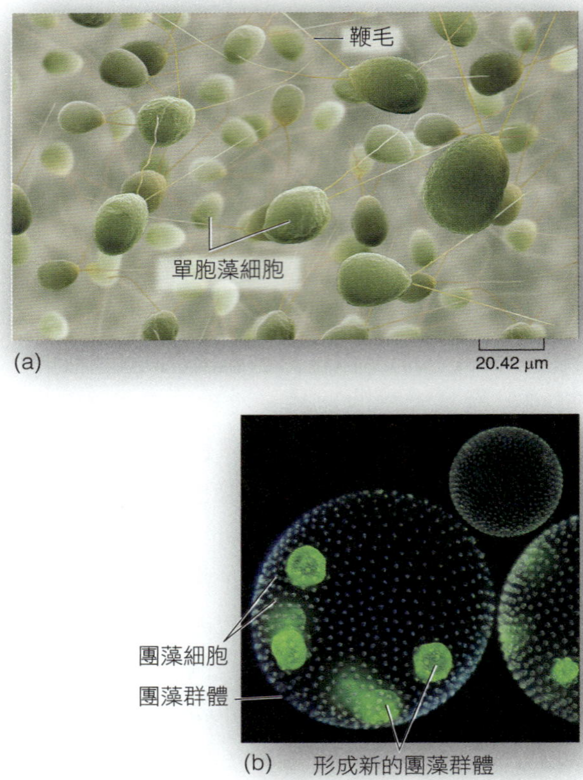

圖 17.26 綠藻
(a) 單胞藻是一個可游動的單細胞綠藻；(b) 團藻可形成群體，是邁向多細胞生物的中間階段。在此群體中，有些細胞可特化成生殖細胞。

輪藻是植物最近的親戚

輪藻門 (streptophytes) 中一個稱為**輪藻類** (charophytes) 的支序群，因為與植物親緣關係非常接近，而與其他綠藻有所區別。目前從 rRNA 與 DNA 所得到的分子證據，都指出植物是從輪藻演化而來的。但是要確認輪藻中的哪一個支序群，是親緣最接近而直接演化出植物的，則一直困擾著生物學家，因為輪藻的化石非常罕見。

輪藻類中有二個支序群與植物最接近，有 300 多個物種的輪藻屬 (*Charales*)，以及有 30 個物種的莢毛藻屬 (*Coleochaetales*) (圖 17.27)。現在仍在爭議何者與植物的親緣更近，二者都是淡水藻類，但輪藻的體型比較起來，相對的要比莢毛藻大許多。二者都具有與植物相似之處。莢毛藻具有細胞質間相連的原

圖 17.27 輪藻與莢毛藻是與陸生植物親緣最接近的二種藻類

生質絲 (plasmodesmata)，這在陸生植物中也很普遍。輪藻可行有絲分裂與胞質分裂，與陸生植物相似。二者都可產生較大且不會游動的卵細胞，以及具有鞭毛的精子，受精形成合子的過程也都與植物相似。此外，二者都可在沼澤或湖濱，生長成一大片綠色的藻墊。二者中，必定有一者能夠發展出適應耐乾旱的能力，並成功的登陸。

關鍵學習成果 17.8

紅藻在體型大小上差異極大，缺乏中心粒與鞭毛，生殖上具有典型的世代交替。綠藻的葉綠體與植物非常相似，基於許多形態與分子生物學上的證據，綠藻被認為是植物的近親。

17.9 單鞭毛超類群，邁向動物之路

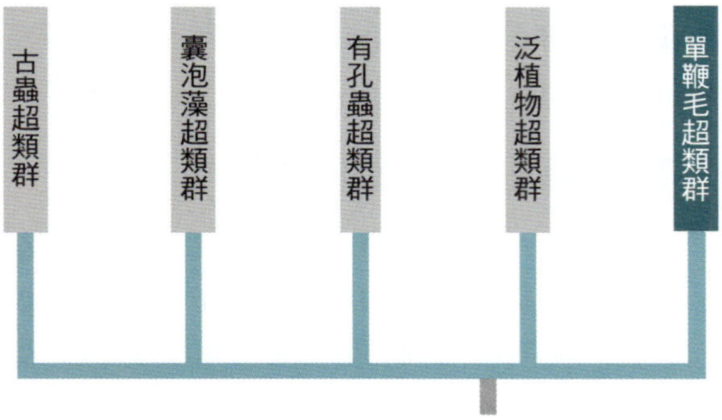

最近分子生物學上的研究，首次將變形蟲門的黏菌，歸類到原生生物親緣關係樹中。由數據顯示，單鞭毛超類群 (Unikonta) 具有二個很獨特的支序群。一個為已經詳知特性的原生質體黏菌與細胞性黏菌，另一個則是真菌與動物的始祖。

變形蟲門的原生質體黏菌與細胞性黏菌

變形蟲門 (Amoebozoa)，或稱為**黏菌** (slime molds)，是原生生物中幾個具有變形蟲之一的類群。變形蟲 (amoebas) 可利用它們的偽足到處運動。**偽足** (pseudopods) 是原生質向外流動的突出物，可拖動細胞向前移動，用來吞食食物顆粒。變形蟲可先向前伸出偽足，然後便向偽足方向流動 (圖 17.28)。偽足利用肌動蛋白 (actin) 與肌凝蛋白 (myosin) 的微絲來運動，類似脊椎動物的肌肉收縮。由於細胞體的任何一點都能產生偽足，因此變形蟲可向任何方向運動。

就像水黴菌一樣，黏菌也曾一度被認為是真菌。黏菌具有二個不同的世系：一個是原生質體黏菌 (plasmodial slime molds)，它們是巨大成團的多核 (multinucleate) 單細胞生物；另一個則是細胞性黏菌 (cellular slime molds)，由許多單一細胞聚集成團，並產生分化，具有初期形式的多細胞現象。

原生質體黏菌

原生質體黏菌以一個**原生質體** (plasmodium) 的型式進行流動，這是一個具有多細胞核且無細胞壁分隔的原生質團塊，就好像一團會移動的黏液 (圖 17.29)。這種型式稱為進食階段 (feeding phase)，原生質體可為橘色、黃色或其他任何顏色。

原生質體中的原生質，可進行反覆往返的

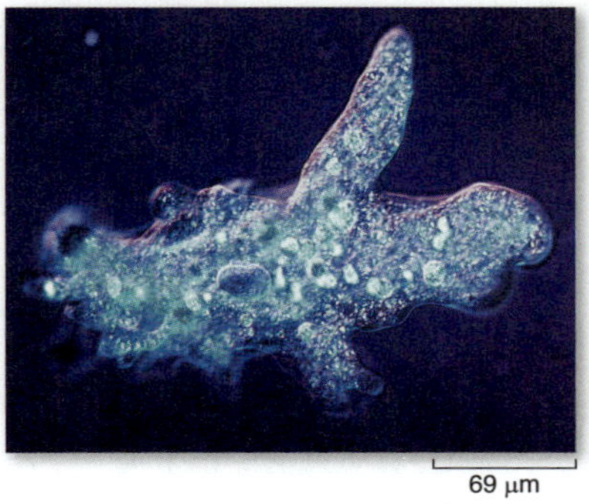

圖 17.28　變形蟲 (*Amoeba proteus*)
向外的突出物是其偽足；變形蟲可向其偽足處流動。

圖 17.29　一個原生質體黏菌
這個多細胞核的黏菌，蛇形半網黏菌 (*Hemitrichia serpula*) 到處移動，搜尋吞食細菌與各種有機顆粒。

流動，尤其是在顯微鏡下觀察時更是顯著。它們可穿過布上的網孔，或是在其他物品上移動。它們一面移動，一面吞食與消化細菌、酵母菌或是其他的有機顆粒。

這個多細胞核的原生質體，可同步進行有絲分裂。於有絲分裂的晚後期與末期，其核套膜會消失，它們也沒有中心粒。

當食物缺乏或是較乾燥時，原生質體會相對地，快速移動到一個新區域。於此新區域，它們停止運動，開始產生分化的孢子，或是分割成數個團塊，並產生獨立成熟的孢子囊 (sporangium)，囊中具有孢子。這些孢子囊型式很複雜，且看起來非常美麗 (圖 17.30)。

其孢子對不良環境具有高度抵抗力，於乾燥處可存活長達一年。

圖 17.30　一個原生質體黏菌的孢子囊
黏菌門 (phylum Myxomycota) 之團網黏菌 (*Arcyria*) 的孢子囊。

細胞性黏菌

細胞性黏菌是研究細胞分化很重要的一個生物類群，因為它們的發育系統相對上較簡單 (圖 17.31)。個別的個體以變形蟲方式於土壤上運行覓食，消化細菌。當食物缺乏時，個別的變形蟲細胞開始聚集形成一個「蛞蝓蟲」。這種聚集，是由於一些細胞會分泌環腺苷單磷酸 (cyclic adenosine monophosphate, cAMP)，其他的細胞接收到此 cAMP 信號後，就會向這些細胞聚攏過來，形成蛞蝓蟲。盤基網柄菌 (*Dictyostelium discoideum*) 這種細胞性黏菌，其蛞蝓蟲會變形並產生柄細胞與孢子細胞。最後孢子從孢子囊散布出去，於潮濕的土壤上可萌發產生新的變形蟲細胞。

真菌與動物的始祖

核變形蟲可能是真菌的始祖

真菌之原生生物始祖，一直以來都是一個謎。但由最近 DNA 序列的研究發現，一種吃食細菌的單細胞原生生物，**核變形蟲** (nucleariids)，與真菌有密切的親緣關係。

領鞭毛蟲可能是動物的始祖

從構造上與分子生物學上得到的證據顯示，**領鞭毛蟲** (choanoflagellates) 這種原生生物，與一種叫作海綿的原始動物非常類似。領鞭毛蟲具有一根單一的鞭毛，此鞭毛被一個漏斗狀具有收縮性的領子所包圍住，此領狀物與海綿非常類似，都是由緊密排列的絲狀物所構成。這種原生生物吃食此領狀物過濾水分而得到的細菌。它們群體生活的方式很類似一種淡水海綿 (圖 17.32)。

領鞭毛蟲與動物的親緣關係，可進一步展現在一個細胞表面蛋白質的高度相似性上。這種表面蛋白質是一種類似觸鬚的信號接收者，稱作酪胺酸激酶受體 (tyrosine kinase

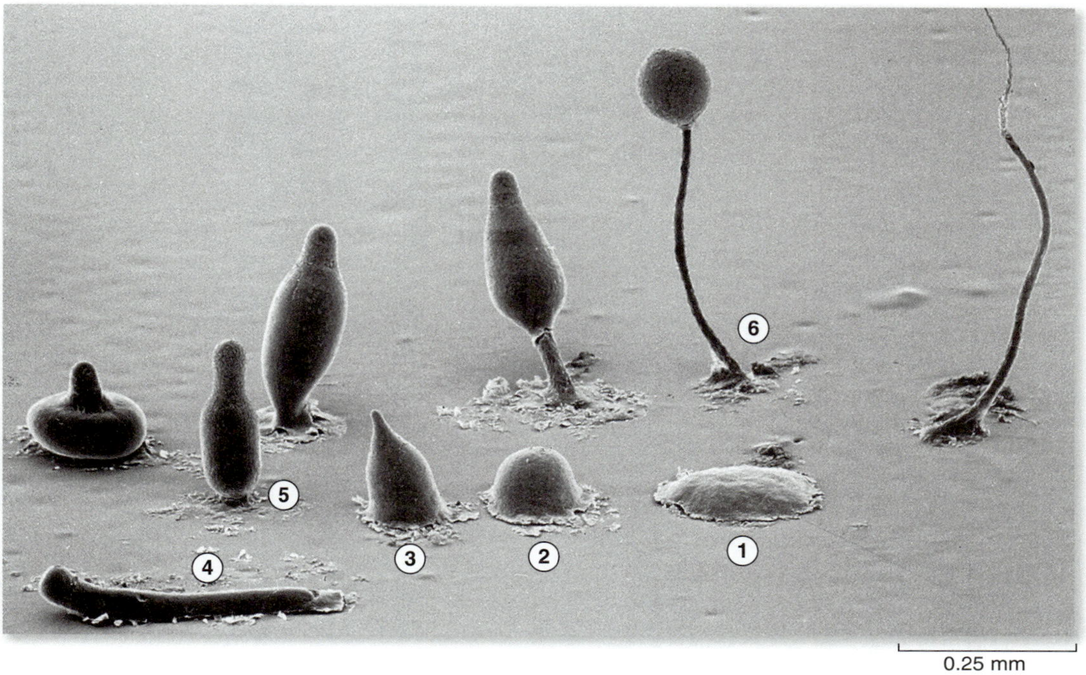

圖 17.31　一個細胞質黏菌盤基網柄菌 (*Dictyostelium discoideum*) 的發育

❶ 一個孢子萌發形成變形蟲，它不斷攝食與繁殖，直到食物耗盡。這時所有的變形蟲開始聚集到一個固定的中心。❷ 聚集的變形蟲形成一個細胞堆。❸ 此細胞堆產生一個尖端，並向一側傾倒。❹ 此細胞堆開始形成一個多細胞的「蛞蝓蟲」，長約 2~3 mm，並可向光亮處移動。❺ 蛞蝓蟲停止移動，開始向上堆積，細胞分化產生柄細胞與孢子細胞。❻ 於成熟的子實體中，變形蟲細胞形成囊孢子。

圖 17.32　群聚的領鞭毛蟲與海綿這種動物有非常接近的親緣關係

receptor)，其可接受從其他細胞傳遞來的信號。領鞭毛蟲與海綿都具有這種表面蛋白質。

關鍵學習成果 17.9

與其他變形蟲類似，黏菌也用偽足運動。原生質體黏菌由一個具有多核的單一細胞構成，而細胞性黏菌則是許多細胞的聚集體。核變形蟲被認為是真菌的始祖，領鞭毛蟲則與淡水海綿有許多相似性。

複習你的所學

真核生物的演化

真核細胞之起源

17.1.1 真核細胞具有最初始的胞器，首先出現於 15 億年前的顯微化石中。

17.1.2 許多細菌可向細胞內部折疊其原生質膜，形成向內的突出物。咸信這種機制造成了內質網與細胞核膜的起源。

- 真核生物的一些胞器，起源自內共生，可產生能量的細菌進入早期的真核細胞內，成為粒線體。相似地，光合作用細菌也可進入早期真核細胞，形成葉綠體。

性別的演化

17.2.1 真核生物的一個關鍵特徵，就是有性生殖，利用二個配子的結合產生後代。生物學家相信，有性生殖最早出現於真核生物並不是為了繁殖後代，而是為了在有絲分裂時，同源染色體可排列在一起，用來修補受損傷的染色體。

17.2.2 有性生殖可使基因發生重組，於其後代增加遺傳的多樣性。

17.2.3 有性生殖有三種型式：(1) 合子減數分裂，單倍體世代占了其生活史中的絕大多數時間。(2) 配子減數分裂，其雙倍體世代最顯著。(3) 孢子減數分裂，單倍體世代與雙倍體世代相同頻率交互出現。

原生生物

原生生物的一般生物學，最古老的真核生物

17.3.1 原生生物是最早出現的真核生物，它們是非常多樣的一個生物界。它們具有多樣的細胞表面、多樣的運動方式以及多樣的獲取能量方式。一些原生生物可產生囊胞，可保護細胞於惡劣的環境下生存。大多數原生生物以無性生殖為主，於有壓力環境下才進行有性生殖。

17.3.2 一些原生生物為單細胞生物，其他的則為群體或聚集生物。於藻類則出現真正的多細胞生物。

原生生物的分類

17.4.1 原生生物界的分類，一直在不斷地反覆修正中。經由分子生物學的分析，原生生物的各門，可歸類為五個超類群。

古蟲超類群具有鞭毛，其中一些沒有粒線體

17.5.1 雙滴蟲是單細胞生物，可用鞭毛運動，具有二個細胞核。

17.5.2 副基體蟲利用鞭毛與波浪狀的膜運動。

17.5.3 一些眼蟲具有葉綠體，可於光照下進行光合作用。它們具有表膜，並利用細胞前方的鞭毛運動。

囊泡藻超類群起源自二次共生

17.6.1 囊泡藻門具有膜下方的囊泡。渦鞭毛藻具有排列成對的鞭毛，可用旋轉方式運動。渦鞭毛藻大量繁殖時，可造成紅潮。頂複合器蟲是可形成孢子的動物寄生蟲，它們在細胞的一端，可形成一個由胞器構成的獨特構造，稱作頂複合器。纖毛蟲是異營性的單細胞原生生物，利用許多纖毛來運動與覓食。每一個細胞都具有一個大核與一個小核。

17.6.2 不等鞭毛藻之鞭毛上，具有纖細的毛狀物。褐藻基本上是大型的海藻，可進行世代交替，具有孢子體與配子體階段。矽藻於其細胞壁之外具有矽質的外殼，每一個細胞由二個玻璃質的外殼重疊套在一起，類似一個有蓋的盒子。卵菌類，也稱作水黴，是寄生性的原生生物，可產生具有二根鞭毛且能游動的孢子 (游孢子)。

有孔蟲超類群具有硬質的殼

17.7.1-2 放射蟲門的生物具有矽質的外骨骼，而有孔蟲門的生物則為海洋性的異營原生生物，外殼含有碳酸鈣，其上還有許多孔洞。

泛植物超類群包括紅藻與綠藻

17.8.1 紅藻門為光合性多細胞的海洋藻類。紅藻具有輔助色素，使其呈現紅色。它們缺乏中心粒與鞭毛，並利用世代交替進行生殖。

17.8.2 綠藻門包含很多樣的各式綠藻。單細胞的單胞藻具有二根鞭毛，而綠球藻則無鞭毛，且為無性生殖。團藻是群體綠藻生物的一員，其一些細胞可特化產生配子，但也可進行無性生殖。

17.8.3 輪藻類是陸生植物親緣關係最接近的親戚。其下具有二個亞群 — 輪藻與茨毛藻，具有與植物類似的特徵，例如細胞質間的連結、有絲分裂以及胞質分裂。

單鞭毛超類群，邁向動物之路

17.9.1 單鞭毛超類群的二個變形蟲譜系，分別為原生質體黏菌與細胞性黏菌。所有的黏菌都可形成聚集體的「蛞蝓蟲」，並可產生孢子。

17.9.2 核變形蟲可能是真菌的始祖，這種單細胞變形蟲可攝食細菌與藻類。

- 領鞭毛蟲可能是動物的始祖，其群體的結構與淡水海綿非常類似。

測試你的了解

1. 一個支持內共生理論是真核細胞起源的證據為
a. 真核細胞具有內膜
b. 粒線體與葉綠體有其自己的 DNA
c. 始祖細胞具有高基氏體與內質網
d. 核膜僅能來自於其他細胞

2. 原生生物不包括
a. 藻類
b. 變形蟲
c. 多細胞生物
d. 菇類

3. 雙滴蟲與副基體蟲都
a. 具有葉綠體
b. 為多細胞生物
c. 缺乏粒線體
d. 細胞壁上具有矽質

4. 頂複合器蟲之頂複合器的功用是
a. 在水中推動細胞
b. 鑽透宿主組織
c. 吸取食物
d. 偵測光線

5. 不等鞭毛藻類的大部分成員具有
a. 游孢子
b. 大纖毛
c. 鞭毛上含有細毛
d. 金藻海帶多醣

6. 放射蟲沒有
a. 硬質的碳酸鈣外殼
b. 變形蟲狀的細胞於一些類群
c. 光滑的矽質外骨骼
d. 針刺狀的偽足

7. 與綠藻不同，紅藻
a. 缺乏鞭毛
b. 具有藻紅素
c. 缺乏葉綠素
d. 以上有二者皆是

8. 變形蟲、有孔蟲與放射蟲使用何者來運動？
a. 細胞質
b. 鞭毛
c. 纖毛
d. 剛毛

9. 下列何者原生生物超類群，演化產生了二個多細胞生物界？
a. 囊泡藻超類群
b. 有孔蟲超類群
c. 泛植物超類群
d. 單鞭毛超類群

10. 分子分類學家認為真菌的原生生物始祖可能是
a. 輪藻
b. 領鞭毛蟲
c. 核變形蟲
d. 細胞性黏菌

Chapter 18

真菌的入侵陸地

生命演化自海洋，且侷限於海洋中超過十億年。當時，陸地上還是光禿禿的岩石。但於五億年前真菌開始入侵陸地後，這種荒涼的景象終於開始改變。第一個入侵陸地生物所面臨的困境，是無需誇大的。動物是異營的生物，因此牠們無法首先登陸，否則要吃什麼呢？真菌也是異營生物，因此也面臨相同問題！藻類可行光合作用，因此食物不成為其登陸的問題，陽光可提供其所需的所有能量。但是它們如何獲取養分？藻類無法直接從岩石取得磷、氮、鐵以及其他許多化學元素。要解決這種困境，就有點像以「互相抓背止癢」的方式來合作。一種稱為子囊菌的真菌，可和行光合作用的藻類互相合作，形成一種稱為地衣的共生體。在這張照片上看到的地衣，生長在岩石表面上，其中的藻類可從陽光獲取能量，而真菌則可從岩石中獲取礦物質。透過本章的學習，將對真菌感到熟悉，並可探討它們與藻類及植物間的關係。

真菌是多細胞生物

18.1 複雜的多細胞體

藻類是構造簡單的多細胞生物，它們填補了介於單細胞原生生物，與更複雜之多細胞生物 (真菌、植物與動物) 之間的演化空缺。於**複雜多細胞生物** (complex multicellular organisms)，生物個體由許多高度特化而互相協同作用的細胞組成。有三個界的生物屬於複雜多細胞生物：

1. **植物** (Plants)：輪藻 (多細胞藻類) 幾乎可確定是植物的直接祖先。事實上，輪藻於 19 世紀時就被認為是一種植物。但是，綠藻基本上是水生性的，其構造比植物簡單許多，因此在今日被認為是屬於六界系統中的原生生物界。
2. **動物** (Animals)：動物從領鞭毛蟲演化而來，領鞭毛蟲是與黏菌相關之單鞭毛超類群的原生生物。海綿是目前最簡單的動物，與領鞭毛蟲很接近。
3. **真菌** (Fungi)：真菌似乎也是從單鞭毛原生生物演化而來，DNA 的證據指出與核變形蟲最接近。在過去，水黴菌與黏菌曾被認為是真菌，而非原生生物。

或許複雜多細胞生物最重要的特徵就是細胞特化 (cell specialization)。試想，一個生物體中具有眾多種類不同的細胞，暗示了一件非常重要的事：不同的細胞使用不同的基因！從一個單一細胞 (於人類是受精卵) 變成一個具有多樣細胞之多細胞個體，此過程稱為**發育** (development)。細胞的特化是複雜多細胞生物的一個象徵，這種特化來自於活化不同的基因，所導致的不同細胞發育方式的結果。

第二個複雜多細胞生物的關鍵特徵，就是細胞間的*相互協調* (intercellular coordination)，也就是一個細胞的活動，會受到其他細胞活動的影響而有所調整。所有複雜多細胞生物的細胞，可利用稱為荷爾蒙的化學信號與其他細胞進行溝通。一些生物，例如海綿，相對上較少有細胞間的溝通；而其他生物，例如人類，幾乎所有的細胞都具有複雜的相互協調現象。

關鍵學習成果 18.1

真菌、植物與動物都是複雜的多細胞生物，具有特化的細胞型式，以及細胞間的相互協調。

18.2 真菌不是植物

真菌界是一個獨特的生物界，包含了大約 74,000 個物種。研究真菌的**真菌學家** (mycologists) 相信，還存在有更多的物種。雖然真菌曾經一度被歸類到植物界，但它們缺乏葉綠素，只有其外觀與不會運動的特徵與植物相似。真菌與植物顯著的不同之處如下：

真菌是異營生物　最顯著的，可能就是真菌缺乏葉綠素，例如菇類不是綠色的。實質上，所有的植物都能行光合作用，而真菌則無一能行光合作用。真菌之獲取食物，是分泌消化性的酵素到其四周環境中，然後吸收這些酵素分解出來的有機分子。

真菌具有絲狀的菌體　植物是由一群稱為組織 (tissues) 的不同功能細胞所構成。而植物不同的部位，也由數種不同的組織所構成。相對的，真菌基本上是絲狀構成的生物 (也就是說，它們的菌體是由排列成細長的菌絲 [hyphae] 所構成)。有時這些菌絲可緊密排列成為一團的*菌絲體* (mycelium) (圖 18.1)。

真菌具有不會游動的精子　一些植物具有利用鞭毛運動的精子，但絕大多數的真菌則無。

圖 18.1　一團菌絲形成菌絲體
真菌的菌體是由線條狀的菌絲所構成，它們緊密排列在一起，形成一團濃厚且互相交錯的菌絲體。此圖為森林落葉上所生長的菌絲體。大多數真菌的菌體，都是由這種菌絲體所構成。

真菌的細胞壁由幾丁質構成　真菌的細胞壁含有幾丁質 (chitin)，與螃蟹的甲殼成分相同。植物的細胞壁則是由纖維素構成，也是一種強韌的材質。但是幾丁質則比纖維素更能耐受微生物的分解。

真菌具有細胞核有絲分裂　真菌的有絲分裂與植物和其他真核生物不同，關鍵點為：真菌進行有絲分裂時，其核膜不會分解消失與重新形成，其有絲分裂的所有過程都在細胞核內進行。紡錘體在細胞核產生內形成，將染色體拖拉到細胞核的二極 (而不是像其他的真核生物，為細胞的二極)。

我們還可以列舉出一長串的不同處，但重點已很清楚：真菌與植物一點都不相同！

真菌的菌體

真菌主要為細長的絲狀物，稱之為**菌絲** (hyphae，單數為 hypha)，肉眼僅能勉強看見。基本上，一條菌絲就是由一長串的細胞所構成。許多不同的菌絲可聚集在一起，產生較大的構造，如同圖 18.2 所見之生長在樹幹上的支架真菌 (shelf fungus)。

真菌的主要菌體，並不是如菇傘的暫時性生殖構造，而是其穿透土壤與腐木中生長的大量網狀菌絲。菌絲可聚集成團，稱為**菌絲體**

圖 18.2　一種支架真菌，雲芝 (*Trametes versicolor*)

(mycelium，複數 mycelia)，其個別的菌絲可長達數公尺。

在這種構造中的真菌細胞，彼此間可有高度的溝通。雖然細胞間具有一種稱為中隔 (septa，單數 septum) 的橫隔細胞壁，但是中隔上具有孔道，並未完全阻隔細胞間的溝通，因此細胞質可在菌絲中從一個細胞流通到另一個細胞。圖 18.3 顯示二個細胞間的連結處，可見到中隔只是部分區隔了二個細胞。從一個真菌細胞到另一個細胞，細胞質可透過中隔上的孔道自由流通。記住，菌絲與菌絲體的尺度上差異是很大的，如圖 18.3 的菌絲只有 3.4 微米寬；而圖 18.1 的菌絲體則是肉眼可見的。

由於這種細胞質流通，全部菌絲所合成的

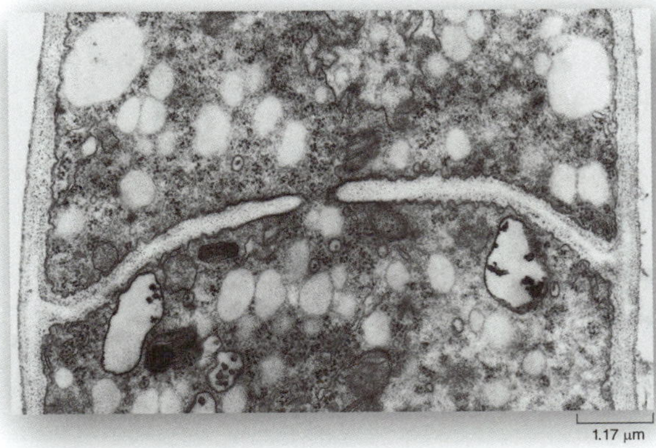

圖 18.3　菌絲細胞間的中隔與孔道
此張顯微攝影照片顯示出菌絲二個相鄰細胞，其間的中隔上具有孔道，可使細胞質在細胞間流通。

蛋白質就能運送到菌絲尖端。這種真菌菌絲體的特性可能是真菌界最重要的創新。這種特性使得真菌可以快速因應環境的變化：當食物與水分充足且溫度適宜時，真菌可以迅速生長。這種菌體結構可使真菌與環境間有一種特殊的關聯，使菌絲的每一部分都能有活力的進行代謝活動，旺盛地分解與吸收周遭的有機物質。

由於細胞質的流通，許多細胞核也可透過這些相連的細胞質而聯繫。細胞核之間不是被孤立隔絕的 (生殖細胞除外)；菌絲體中所有的細胞核都被相連的細胞質連接起來。的確，多細胞生物的整體概念，於真菌中有了新的意義，細胞間可以共享資源。

關鍵學習成果 18.2

真菌與植物一點都不相同。真菌的菌體基本上是由排列成長線條的細胞組成，且彼此間互相連通。

18.3　真菌的生殖與營養方式

真菌如何繁殖

真菌可行無性生殖與有性生殖。除了合子以外，所有的真菌細胞核都是單倍體。於真菌的有性生殖，通常需有來自不同「交配型」(mating types) 的二個個體，正如同人類需要二個性別。有性生殖開始於二個來自不同型的菌絲產生接觸，然後菌絲會互相融合。若為動物與植物，則下一步則為二個單倍體配子融合成為合子，二個細胞核會結合成為雙倍體細胞核。真菌卻有些不同。於大多數的真菌，此二個細胞核不會立刻融合，這種具有二個細胞核的真菌細胞，就稱之為**雙核的** (dikaryotic)。如果這二個細胞核來自二個遺傳上不相同的個體，則此菌絲細胞就稱為**異核體** (heterokaryon) (希臘文 hetero = other，karyon

= nuclear)；若是來自遺傳上相同的個體，則稱之為**同核體** (homokaryon) (希臘文 *homo* = one)。

當真菌產生生殖構造後，細胞間會產生完全隔離的中隔，這是真菌細胞體之間細胞質流通的唯一例外。真菌有三種生殖構造：(1) **配子囊** (gametangia) 可產生單倍體配子，配子結合形成合子後再進行減數分裂；(2) **孢子囊** (sporangia) 產生單倍體孢子，並散布繁殖；(3) **分生孢子柄** (conidiophores) 可快速地產生無性的**分生孢子** (conidia)，並散布到其他有食物的地區產生群聚。

孢子 (spores) 為真菌中常見的生殖方式，圖 18.4 的馬勃菌 (puffball fungus) 以一種近乎噴出的方式釋出孢子。孢子非常適合散播到各處，它們非常微小且輕盈，可在空氣中停留很長的時間，可以散布到很遠的地方。當孢子降落到合適的地點時便可萌發繁殖，長出新的菌絲。

真菌如何獲取養分

所有的真菌都可分泌消化性酵素到四周，這些酵素可以**體外消化** (external digestion) 的方式將有機物加以分解，而真菌便可吸收分解過後的有機分子。許多真菌可以分解木頭中的纖維素，將葡萄糖間的鍵結切斷，因此便可吸收葡萄糖分子作為食物。這也是為何真菌常生長在樹木上的原因。

有如捕蠅草這類肉食性植物，一些真菌也是活躍的獵捕者。如圖 18.5 為一種可食用的菇類秀珍菇 (*Pleurotus ostreatus*)，其菌絲可捕捉一種稱為線蟲 (nematodes) 的圓蟲，菌絲可分泌一種物質麻醉線蟲，使其無法動彈，然後菌絲便穿透進入蟲體，吸取其富含氮質的養分 (這是自然界生態系中經常缺乏的養分)。

圖 18.4　許多真菌可產生孢子
孢子從馬勃菌上方的小孔噴出。

關鍵學習成果 18.3

真菌可以無性生殖與有性生殖來繁殖。它們可分泌消化性的酵素到其四周，然後吸收酵素分解後的有機分子到菌體中。

真菌的多樣性

18.4　真菌種類

真菌的門

真菌是具有至少四億年歷史的一群古老生物，你可能已經很熟悉菇類 (mushrooms) 這個名詞 (圖 18.6)。真菌有接近 74,000 個物種，分屬八個類群，以及許多有待發掘的物種。許多真菌是有害的，因為當它們獲取食物時，可腐蝕敗壞許多不同的物質，並造成動物和特別是植物嚴重的疾病。但也有些其他的真菌是有用的，如製造麵包與啤酒就是利用一種單細胞真菌—酵母菌的生化活動，它們發酵時可產生

圖 18.5　蠔菇 (The oyster mushroom)
秀珍菇這個物種，其菌絲可使線蟲無法動彈，菇體為一種可食用菇類。

圖18.6 一個菇類
菇是擔子菌的生殖構造。許多可食用，但並非所有的都可食。此圖的毒蠅蕈 (*Amanita muscaria*) 具有致命的毒性。

大量的二氧化碳與酒精。工業上也常大量使用真菌，將複雜的有機物質轉換成為其他有用的分子；例如許多工業上的類固醇就是以此方式合成的。

分子生物上的證據，使我們對真菌種系發生的了解有很大的助益。最古老的真菌化石為類似一種球囊菌門 (Glomeromycota) 中已經絕跡的 *Glomus* 屬生物。但有趣的是，現在已經證實真菌的親緣與動物較接近，而非植物。化石與分子上的證據，主要為多個基因的 DNA 分析，都指出真菌與動物在 6 億 7,000 萬年前有一個共同的始祖，很可能是核變形蟲 (nucleariid) 一類的原生生物。

真菌本身之間的親緣關係，則是有相當大的爭議。傳統上，依據真菌的有性生殖方式，可將真菌區分為四個門：壺菌門 (Chytridiomycota [壺菌 chytrids])、接合菌門 (Zygomycota [接合菌 zygomycetes])、擔子菌門 (Basidiomycota [擔子菌 basidiomycetes]) 以及子囊菌門 (Ascomycota [子囊菌 ascomycetes])。但是有 17,000 種的真菌沒有觀察到其有性生殖，因此無法將之歸類到上述的四個門中；這些生物似乎已經失去其有性生殖的能力，因此被稱為「不完全真菌」(imperfect fungi)，且未歸類於真菌的親緣系統中。大多數導致皮膚疾病的真菌，包括香港腳及癬，都是不完全真菌所造成的。

藉助於大量的基因體序列數據，真菌學家於 2007 年同意將真菌區分為八個門：微孢子蟲門 (Microsporidia)、芽枝黴菌門 (Blastocladiomycota)、新美鞭菌門 (Neocallimastigomycota)、壺菌門 (Chytridiomycota)、接合菌門 (Zygomycota)、球囊菌門 (Glomeromycota)、擔子菌門 (Basidiomycota) 以及子囊菌門 (Ascomycota) (圖 18.7 及表 18.1)。

除了接合菌門外，其餘的都是單系群，這些單系群的每一成員都來自於一個單一的祖先。芽枝黴菌與新美鞭菌先前曾被歸類在壺菌門中。微孢子蟲門則是其餘所有真菌的姊妹，但有關其是否為真正的真菌，則仍有爭議。

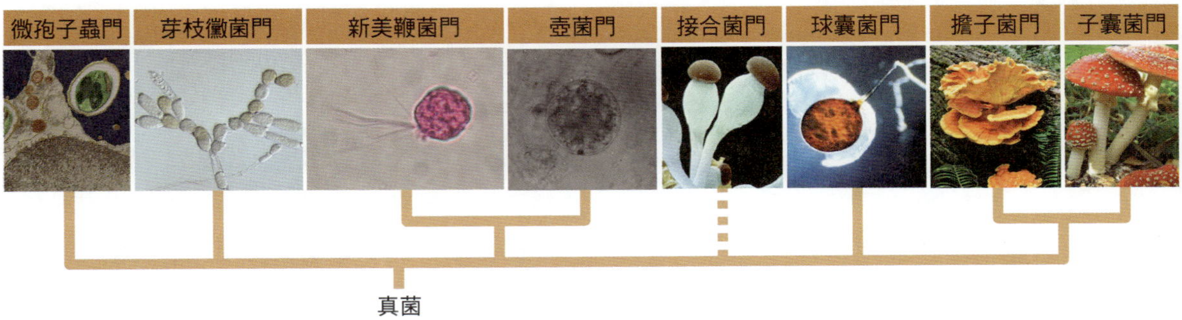

圖 18.7 真菌的八個門
除了接合菌門外，其餘的都是單系群。

關鍵學習成果 18.4

真菌是核變形蟲的後代。基於 DNA 與有性生殖方式的差異，真菌可分成八個門。

表 18.1 真菌

門	關鍵特徵	物種數目
微孢子蟲門 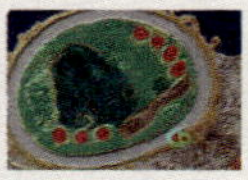	產孢子的動物細胞內寄生蟲；使用極管感染宿主；是最小的真核生物之一。	1,500
芽枝黴菌門 	有鞭毛的配子 (游孢子)；具有單倍體與雙倍體世代。	140
新美鞭菌門 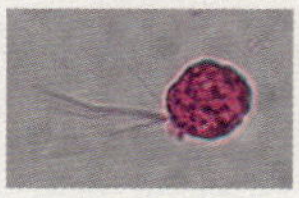	具有極多鞭毛的游孢子；缺乏粒線體的專性厭氧生物；出現於草食性生物的消化道中。	10
壺菌門 	產生有鞭毛的配子 (游孢子)；絕大多數為水生生物，可為淡水或海水。	1,500
接合菌門 	具有有性生殖與無性生殖；多核菌絲且無中隔，但生殖構造除外；菌絲可直接融合產生合子，合子萌發前會先進行減數分裂。	1,050
球囊菌門 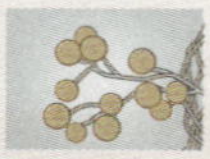	無鞭毛之無性孢子具有多個細胞核；可造成與植物共生的菌根。	150
擔子菌門 	以有性生殖繁殖，於稱為擔子柄上的棒狀構造上產生擔孢子；菌絲末端產生孢子的細胞稱之為擔子；偶爾可進行無性生殖。	22,000
子囊菌門 	以有性生殖繁殖；子囊中可產生子囊孢子；無性生殖也很常見。	32,000

18.5 微孢子蟲門是單細胞寄生蟲

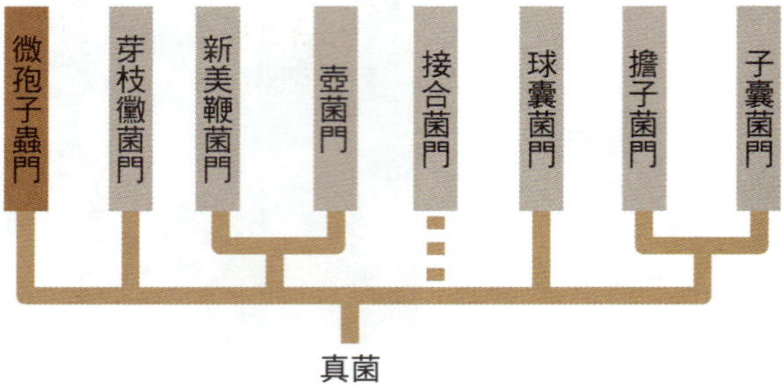

分類上的改變

微孢子蟲門 (Microsporidia) 是動物專性的細胞內寄生蟲，一直被認為是原生生物。由於其缺乏粒線體，使生物學家認為微孢子蟲是原生生物在尚未獲得粒線體之前，所分歧出去的一個分支。但將微孢子蟲中的兔腦炎微孢子蟲 (*Encephalitozoon cuniculi*) 之基因體加以定序，發現其 2.9-Mb 的基因體中具有粒線體功能的相關基因。因此可得到一個假說：微孢子蟲的祖先具有粒線體，但是已經高度退化了，粒線體衍生胞器是存在於微孢子蟲中的。基於來自序列分析的譜系研究，微孢子蟲已經從原生生物界移到真菌界了。

微孢子蟲可利用孢子感染宿主，其孢子具有一個極管 (polar tube) (圖 18.8)。極管可將孢子的內容物擠壓入宿主細胞，形成一個液泡，並控制了整個宿主細胞。兔腦炎微孢子蟲可感染腸道細胞與神經元，引發下痢與神經退化。了解微孢子蟲是一種真菌是很重要的，如此才能針對其特性做出有效的治療。

關鍵學習成果 18.5

微孢子蟲沒有粒線體；然而發現其具有粒線體的基因，顯示其祖先曾經有過粒線體。它們是專性的寄生蟲，可導致人類的疾病。

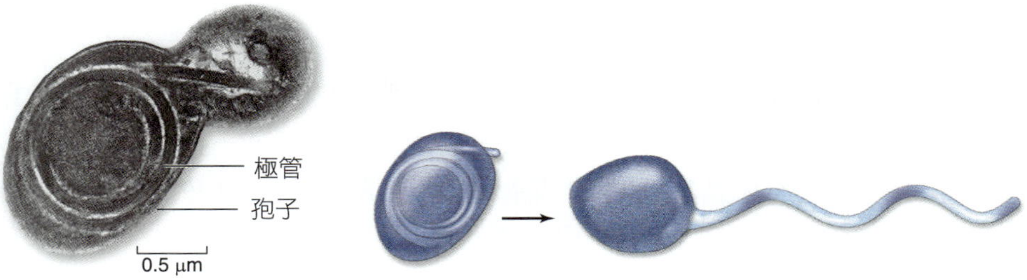

圖 18.8 兔腦炎微孢子蟲孢子的極管可感染宿主細胞

18.6 壺菌門具有有鞭毛的孢子

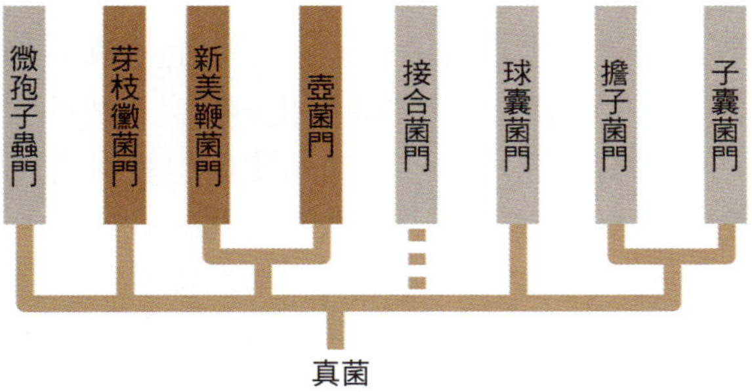

最原始的真菌

壺菌 (chytridiomycetes 或 chytrids) 是壺菌門 (Chytridiomycota) 的成員，為原始的真菌，仍保有其祖先就有之具鞭毛的配子 (稱為游孢子)。具可游動的游孢子，是此類群真菌的特色。壺菌的名稱得自希臘文 *chtridion*，意思是「小壺」，形容其釋放出游孢子的構造 (如圖 18.9)。大多數的壺菌是水生的，少數也可發現於潮濕的土壤中。

蛙壺菌 (*Batrachochytrium dendrobatidis*) 可造成兩生類的死亡。此真菌釋放出的孢子可附著在兩生類的皮膚上，並干擾其呼吸。其他一些壺菌，則可造成植物與藻類的疾病 (圖 18.10)。

芽枝黴菌門 (Blastocladiomycota) 是一門與壺菌很接近的生物，具有有單一鞭毛的游孢子。由於它們全都具有鞭毛，因此壺菌、芽枝黴菌以及新美鞭菌曾被歸類為同一個門中。但來自 DNA 的分析發現，此三者是分別來自於三個單一的譜系。

與壺菌更接近的一個門是**新美鞭菌門** (Neocallimastigomycota)。在草食性哺乳類的瘤胃 (rumens) 中，新美鞭菌可用酵素分解宿主食入植物中的纖維素與木質素。綿羊、乳牛、袋鼠以及大象都依賴此菌來獲取足夠的能量。這些厭氧的真菌都具有大幅退化且無嵴 (cristae) 的粒線體。它們的游孢子具有多根鞭毛，它們名稱中的 “mastig”，拉丁文的意思是

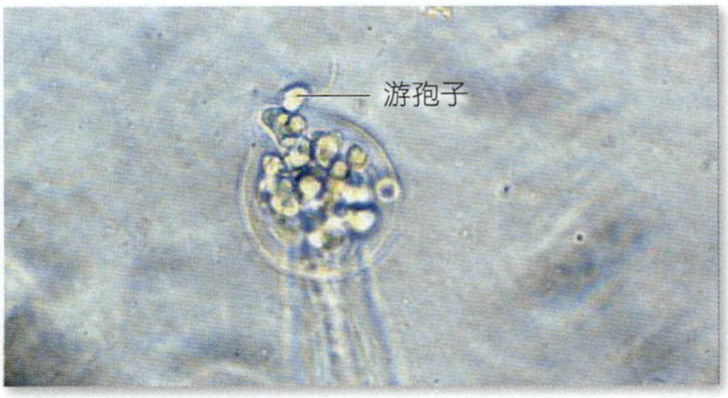

圖 18.9 釋放出游孢子
此壺狀的構造中含有游孢子，是壺菌的名稱由來。

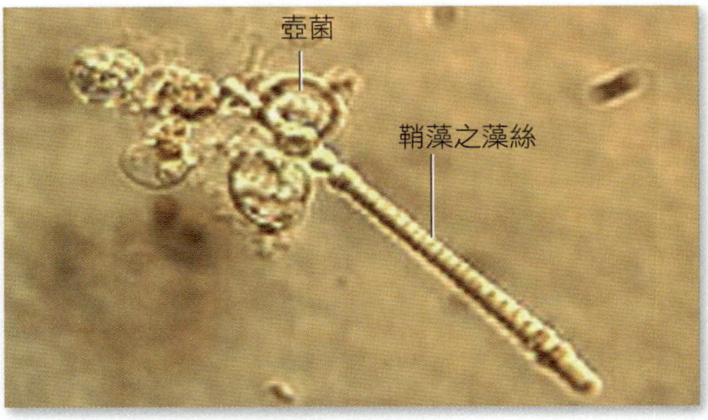

圖 18.10 壺菌可為植物的病原菌
生於水中之蛙壺菌的游孢子囊也可感染藻類。

「鞭子」，意指此菌具有鞭毛。

新美鞭菌屬 (*Neocallimastix*) 的菌種能夠只依賴纖維素而維生，其基因體中纖維分解酵素的基因，是經由水平轉移從細菌獲得的。

新美鞭菌所產生的眾多酵素，可分解植物細胞壁上的纖維素與木質素，這些酵素可利用於生產生物燃料。雖然分解纖維素來生產酒精是可行的，但是分解纖維素仍然有很大的阻礙。利用新美鞭菌來分解纖維素以生產酒精，是很有前景的。

關鍵學習成果 18.6

壺菌門、芽枝黴菌門以及新美鞭菌門，都具有有鞭毛的游孢子，是三個密切相關的門。壺菌門以壺狀的構造釋放出游孢子，芽枝黴菌門具有單鞭毛游孢子，而新美鞭菌門則可幫助反芻動物消化纖維素。

18.7 接合菌門可產生合子

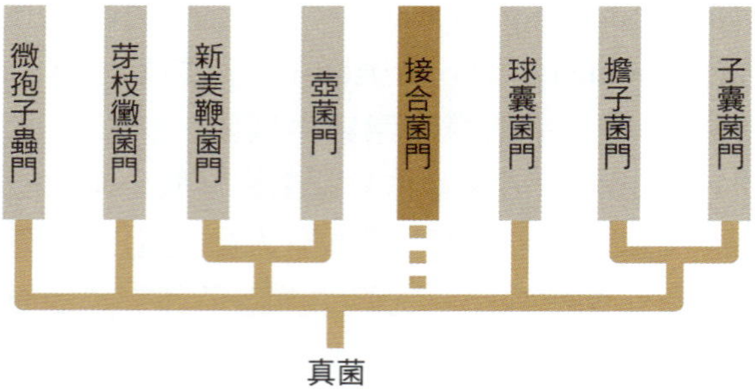

可產生合子的真菌

接合菌 (zygomycetes) 在真菌中是非常獨特的，其菌絲融合後，二個細胞核不會像其他真菌般產生異核體 (heterokaryon) (一個細胞內具有二個單倍體細胞核)，而是會融合產生一個雙倍體細胞核 (合子)，就好像動植物的精子與卵結合產生合子一樣。接合菌的英文名稱 *zygomycetes*，指的就是「會產生 zygotes (合子) 的真菌」。

接合菌並不是單系的，只是仍在研究其演化史時暫時歸類在同一類群的生物。此門只有 1,050 個已被命名的物種，只占了全部命名真菌的 1% 而已。其中包括了一些最常見的麵包黴 (或常稱為黑黴菌)，以及許多微小且可分解有機物質的真菌。

接合菌最常見的生殖方式是無性生殖。在其一條菌絲的頂端，產生完全分隔的中隔，形成一個直立的柄，頂端的孢子囊中則產生單倍體孢子，如圖 18.11 其生活史中所示類似棒棒糖的構造。其孢子可被風吹到新的處所，孢子然後萌發產生新的菌絲體。有性生殖較不常見，但可於有環境壓力時發生。來自二個不同品系的菌絲互相融合，其細胞核也會融合產生一個雙倍體合子。而融合的菌絲就形成一個堅韌而具抵抗性的構造，稱為**接合孢子囊** (zygosporangium)。接合孢子囊是一個休眠構造，可使生物度過不良的環境。當環境改變為合適生長時，接合孢子囊會產生一個頂端具有孢子囊的長柄，合子在孢子囊中減數分裂，產生單倍體孢子釋放而出。

關鍵學習成果 18.7

接合菌是不尋常的真菌，通常以無性生殖繁殖；但其菌絲也可融合產生合子，而非異核體。

18.8 球囊菌門是無性的植物共生菌

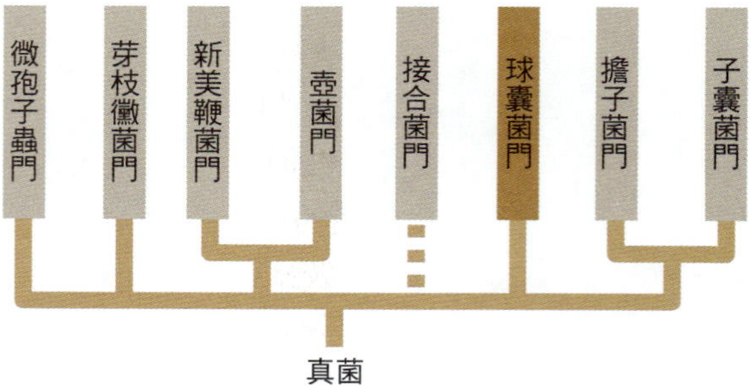

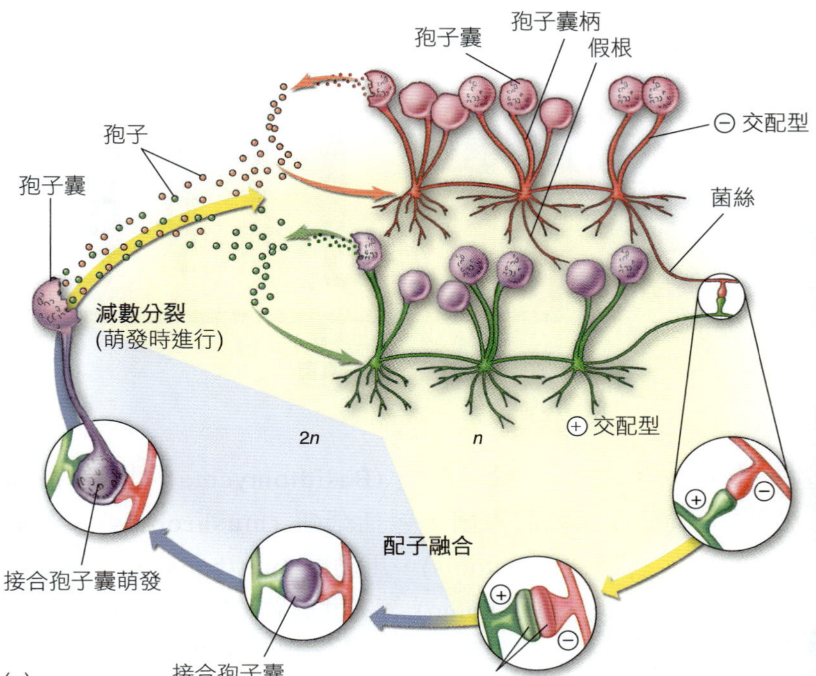

(a)

(b) 麵包黴之孢子囊柄約 1 公分高

圖 18.11　接合菌的生活史

(a) 麵包黴 (*Rhizopus*) 的生活史，它是一種常生長在潮濕麵包與類似物體上的接合菌。其菌絲可產生頂端具有孢子囊的直立孢子囊柄，見圖 (b)。當二條菌絲互相靠近融合後，它們的細胞核會融合而產生一個合子。合子是其生活史中唯一的雙倍體細胞，位於接合孢子囊中。當合子萌發時，可行減數分裂產生單倍體孢子，並長出單倍體菌絲。

菌根

球囊菌 (glomeromycetes) 是一群很小的真菌，只有 150 個被描述過的物種，很可能促進了陸生植物的演化。其菌絲前端可生長於樹木與草本植物之根部細胞內，形成一種有分枝的構造，有助於交換養分。球囊菌無法離開植物而獨立生存，其共生關係是互利的。球囊菌可提供植物必需的礦物質，主要為磷，而植物則提供碳水化合物給共生菌類。

這種真菌與植物的根共生體，稱為**菌根** (mycorrhizae)。有二種主要型式的菌根 (圖 18.12)。由球囊菌形成的叢枝菌根 (*arbuscular mycorrhizae*)，真菌菌絲可穿透植物根部的細胞，形成捲曲、脹大、略帶分枝的構造，菌絲也可向外生長到土壤中。而外生菌根 (ectomycorrhizae)，其菌絲會包圍植物根部細胞，但並不穿透進入。目前發現，叢枝菌根比較普遍，可與 200,000 種植物，約占所有植物的 70%，形成菌根。

無任何的球囊菌可產生地面上例如菇體之類的子實構造 (fruiting structures)。事實上，球囊菌到底有多少物種都很難精確算出。叢枝菌根已被大量研究中，因為於減低施用磷肥的情況下，它們有增加農作物產量的潛力。

研究早期植物化石，常發現有叢枝菌根的構造。這種共生體可能有助於植物向陸地殖民，當時的土壤非常貧瘠，且缺乏有機質。具有菌根的植物，比較容易在貧瘠的土壤中生長；從化石證據可以很合理的推斷，菌根共生體可以協助早期的植物在陸地上生存。早期維管束植物的近親，目前仍強烈依賴菌根來幫助它們的生存。

球囊菌的特性很難確定，部分原因是找不到其有性生殖的證據。球囊菌也證明了我們對真菌親緣關係的了解才剛剛開始。例如它們與接合菌類似，菌絲間缺乏中隔，因此曾被歸類為接合菌。然而，比較其核糖體小次單元 rRNA 基因的 DNA 序列，發現球囊菌是起源自單一支序群，與接合菌相距甚遠。與接合菌不同，球囊菌不會產生接合孢子。

關鍵學習成果 18.8

球囊菌是單一譜系的真菌。它們與植物根系專性共生的關係，起源久遠，也可能助益了陸生植物的演化。

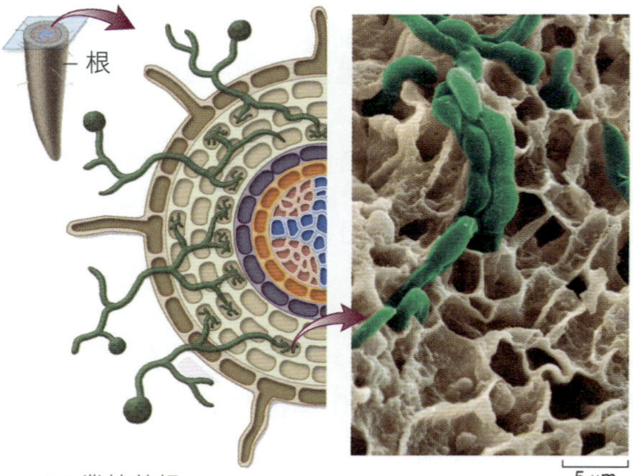

(a) 叢枝菌根

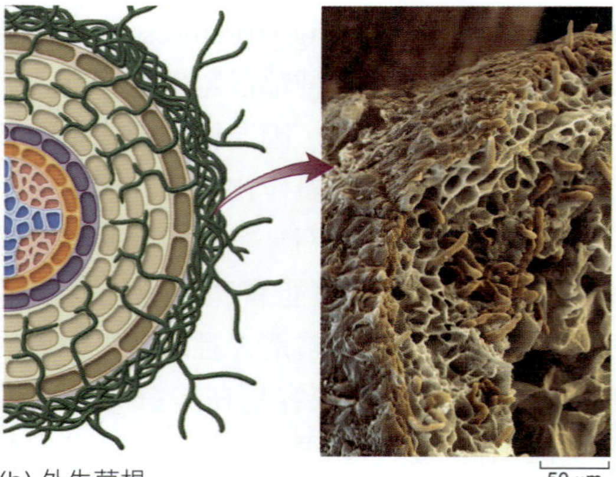

(b) 外生菌根

圖 18.12　二種型式的菌根

叢枝菌根的菌絲可穿透植物根部的細胞壁進入細胞生長。外生菌根的菌絲並不穿透細胞，而是環繞者細胞外圍於細胞間生長。

18.9　擔子菌門是菇類真菌

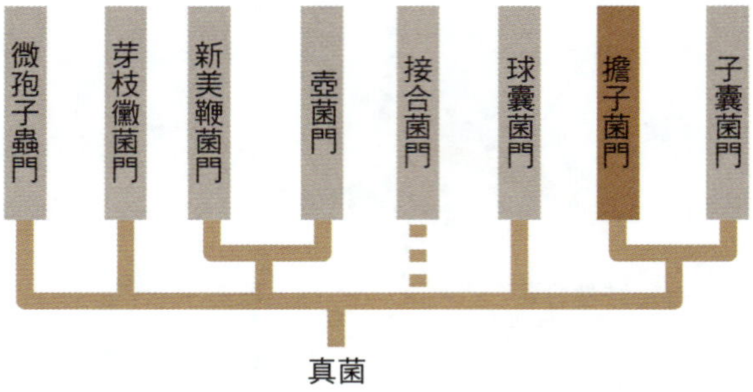

菇類

擔子菌門 (Basidiomycota) 是我們最熟悉的真菌，包括菇類 (mushrooms)、毒蕈 (toadstools)、馬勃菌 (puffballs)、支架真菌 (shelf fungi) 等，共有約 22,000 個物種。許多菇類可作為食物，但是其他的則可能具有劇毒。有些種類可種植作為作物－例如**洋菇** (*Agaricus bisporus*) 於 70 餘個國家種植，1998 年的產值超過 150 億美金。此外，擔子菌 (basidiomycetes) 中還包括了一些植物病原菌，例如銹病與黑穗病。銹病可導致植物出現鐵銹般的顏色，而黑穗病則因真菌的黑色孢子，使植物呈現黑色的粉狀物。

擔子菌的生活史 (圖 18.13a)，開始於一個萌發的孢子產生菌絲。此菌絲起初沒有中隔，類似接合菌。但是最終會在每個細胞核之間產生中隔，與子囊菌相同，中隔上會有一個孔道，可使細胞質於其間自由流通。這些菌絲可成長為複雜的菌絲體，當二個不同交配系的菌絲 (⊕ 與 ⊖) 融合後，二個細胞核仍然彼此分離而不會融合。當菌絲細胞中具有二個細胞核時，就稱之為雙核的 (dikaryotic, n+n)。此雙核的菌絲繼續成長為雙核的菌絲體，然後形成一個複雜的構造，稱為擔子果 (basidiocarp) 或菇體 (mushroom) (圖 18.13b)。

雙核的菌絲上，每一個細胞內的二個細胞核可同時存在很長的一段時間，而不會融合。與其他真菌門不相同，擔子菌的無性生殖不常

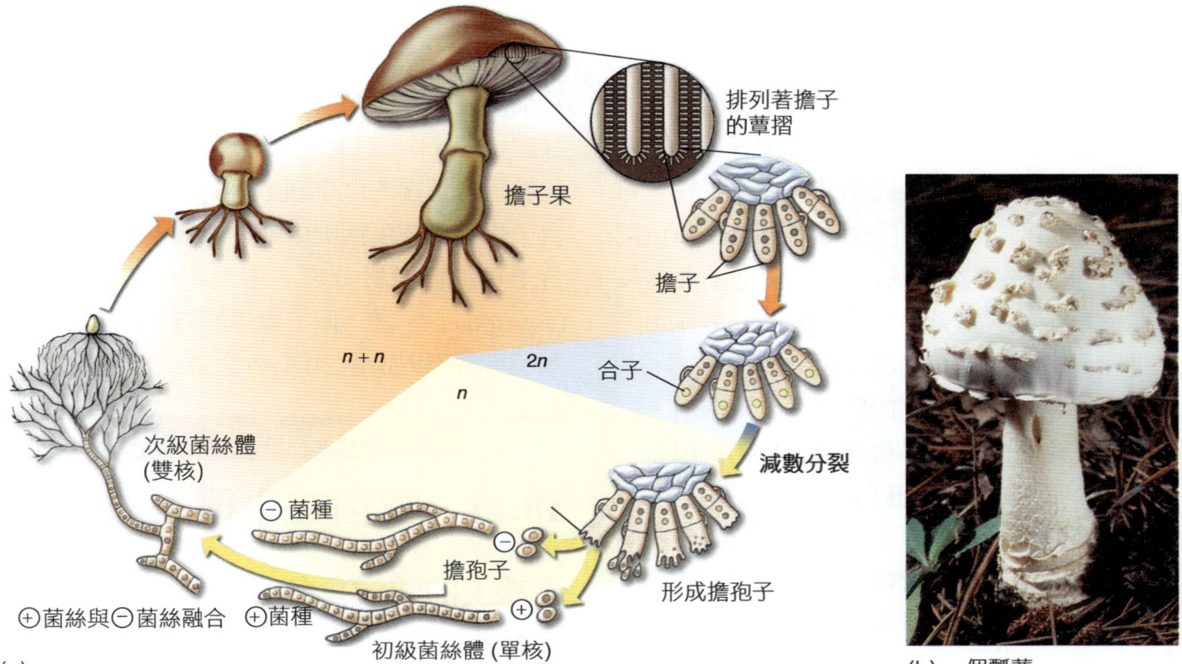

(a) (b) 一個瓢蕈

圖 18.13 擔子菌的生活史

(a) 擔子菌通常行有性生殖，在擔子中進行細胞核融合產生合子。於雌雄配子結合後立刻進行減數分裂，產生擔孢子。擔子菌最終會形成一個擔子果 (或菇體) (b)。

見，它們基本上以有性生殖為主。

在有性生殖中，雙核細胞中的二個細胞核融合成為合子 (生活史中唯一的雙倍體細胞) (見圖 18.13 右側處)。此現象發生於一個棒狀而稱為**擔子** (basidium，複數 basidia) 的生殖構造中。每一個擔子中會發生減數分裂，產生單倍體孢子，稱為**擔孢子** (basidiospores)。擔子產生於菇傘下方類似手風琴狀的蕈摺上，根據估計，一個 8 公分的菇傘，每小時可產生 4,000 萬個孢子！

關鍵學習成果 18.9

菇類是擔子菌，可產生棒狀的生殖構造，稱為擔子。

18.10 子囊菌門是最多樣的真菌

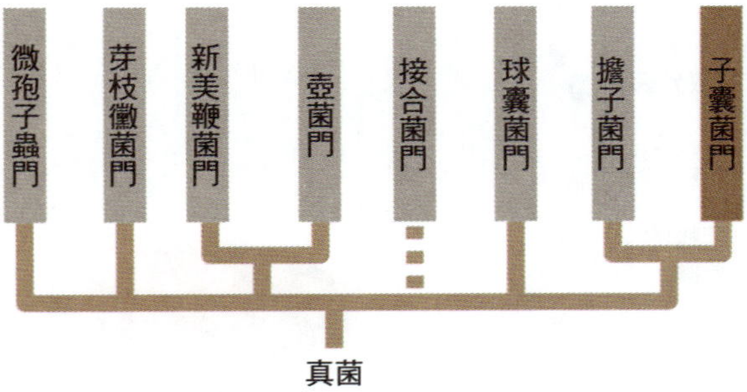

最大的真菌門

子囊菌門 (Phylum Ascomycota)，或稱**子囊菌** (ascomycetes)，是真菌界中最大的一個門，具有 32,000 個已命名的物種，每年還有許多新物種被發現。子囊菌包括了人類很熟悉又具經濟價值的酵母菌、黴菌、松露，以及許多植物的病原菌，例如荷蘭榆樹與板栗的枯萎病等。

子囊菌通常為無性生殖，其菌絲中具有不完全的中隔，中隔上有一個位於中央的孔道，因此細胞質可於細胞間流通。當菌絲頂端產生完全分隔的中隔時，便開始進行無性生殖，可產生無性的孢子，稱作*分生孢子* (conidia) (圖 18.14a 放大的圓圈區域)，每一個孢子通常具有數個細胞核。當分生孢子釋出時，氣流可將之攜帶到他處，然後萌發產生新菌絲。

請不要被其細胞核的數目而弄得混淆，這種多核的孢子其實是*單倍體* (haploid)，因為它僅具有一個版本的基因體 (一套染色體)，而非如一般雙倍體細胞中具有二套遺傳上有所不同的染色體。一個細胞實際上具有幾個細胞核並不重要，重要的是有幾套不同的基因體。

子囊菌的命名由來，是根據它的有性生殖構造，**子囊** (ascus，複數 asci) 而來，子囊通常於一個更大的稱之為*子囊果* (ascocarp) 的複雜構造內分化而成。圖 18.14b 中所見到的羊肚菌 (morel)，就是一個子囊果。子囊是一個位於菌絲頂端的微小細胞，其內可產生合子。合子是子囊菌生活史中唯一的雙倍體細胞核，合子可進行減數分裂，產生單倍體*子囊孢子* (ascospores)。當一個子囊爆開時，其內的子囊孢子可被彈出遠達 30 公分之遠。

真菌的生態

18.11 真菌在生態上的角色

生態上的關鍵角色

分解者

真菌與細菌是生物圈中的主要分解者

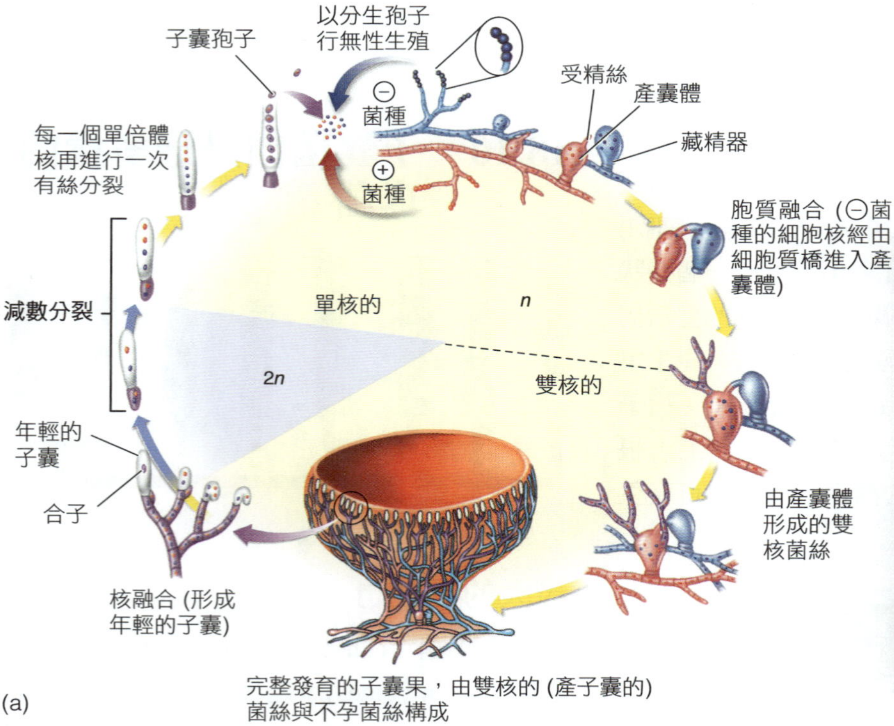

(b) 此黃色的羊肚菌是一種子囊菌

圖 18.14 子囊菌之生活史

(a) 以分生孢子進行無性生殖，特別的菌絲頂端可產生中隔而形成孢子。當開始有性生殖時，雌性配子囊 (或產囊體 [ascogonium]) 會透過一個稱為受精絲 (trichogyne) 的構造與雄性配子囊 (或藏精器 [antheridium]) 融合。雙核的菌絲與不孕的菌絲則會發育成子囊果 (b)。於子囊內，雙核會融合成為合子，之後合子再經由減數分裂產生單倍體子囊孢子。

(decomposers)，它們可分解有機物，將其中的物質重新送回生態系的循環。真菌是唯一能分解木質素 (lignin) 的生物，而木質素則是木頭的主要成分。經由分解這些物質，真菌可使死亡生物的碳、氮、磷重新供應給其他生物。

在分解有機物時，一些真菌可攻擊活的動植物，作為獲取有機分子的來源，而其他的真菌則只攻擊死亡體。真菌也是動物與植物常見的病原菌。圖 18.15 顯示了松蕈屬 (*Armillaria*) 真菌，感染了大片的針葉樹，真菌從圓圈中心開始感染，然後向外蔓延。真菌每年可造成農業上數十億美元的損失。

商業用途

使真菌成為生態系中重要角色的這種旺盛代謝活動，也可應用於商業上。製造麵包與啤酒依賴酵母菌的生化活動，酵母菌是一種單細胞的真菌，可產生大量的乙醇與二氧化碳。具有特殊風味的起司與釀製酒，也來自於一些真菌的代謝活動。大量的工業都依賴真菌以生化程序來製造出有機物質，例如檸檬酸。許多抗生素，包括青黴素，也是來自於真菌。

食用真菌與有毒真菌

許多子囊菌與擔子菌是可食用的，它們可從野外摘食或商業上種植生產。洋菇 (*Agaricus bisporuss*) 這種子囊菌，可在野外生長，但也是全世界最廣為人工種植的菇類。當洋菇還很小的時候，常被稱為「鈕扣菇」(button mushroom) (圖 18.16a)，長大後就當作波特貝勒菇 (portobello mushroom，也稱為大褐菇) 來販售。其他食用菇的例子包括雞油菌 (*Cantharellus cibarius*) (俗名 yellow canterelle)、羊肚菌 (morels) (圖 18.14b) 以及香菇 (*Lentinula edodes*) (俗名 shiitake mushroom) 等。選食菇類時必須特別當心，因為有許多菇類是有毒的。毒菇 (圖 18.16c) 可導致一系列的症狀，從對光敏感與消化問題，到產生幻覺、器官衰竭，乃至於死亡。

真菌聯合體

真菌可與許多藻類和植物形成聯合體，於

圖 18.15 世界上最大的生物？
此處顯示的松蕈是植物病原菌，摧殘著美國蒙大拿州一處針葉森林的三塊地區。此單一的菌株從一個中心點開始向外成長，左下方的圓圈面積約有 8 英畝大。

圖 18.16 食用菇類與有毒菇類
食用菇類包括 (a) 鈕扣菇與；(b) 雞油菌。有毒菇類包括；(c) 毒蠅蕈。

生物世界中扮演了很重要的角色。這些聯合體通常由異營性生物 (真菌) 與可行光合作用的生物 (藻類或植物) 所組成。真菌貢獻的功能是從環境中吸收礦物質與其他養分；而行光合作用者的功能則是吸收光能來製造有機分子。真菌缺乏食物來源，而光合作用者則缺乏養分，二者合作都有了食物與養分，互蒙其利。

菌根

真菌與植物根的聯合體，稱為菌根 (mycorrhizae) (希臘文 *myco* = 真菌，*rhizos* = 根)。大約 80% 的所有植物都與此種聯合菌根有關。事實上，根據估計世界上所有植物根的重量中有 15% 是由真菌構成的！圖 18.17 是長滿了真菌的歐洲小葉椴 (*Tilia cordata*) 的菌根，顯示這種聯合體是如何密切地結合在一起。

在一個菌根上，真菌的菌絲有如超高效率的根毛，從根部表面細胞或表皮處向外生長，它們可協助將土壤中的磷與其他礦物質，運送到植物根內。而植物則提供有機物質給此共生的真菌使用。從早期的植物化石中發現，球囊菌與植物的共生菌根 (見第 18.8 節)，於植物登陸上扮演了極重要的角色。

地衣

地衣 (lichen) 是真菌與可行光合作用夥伴的共生體。全部有紀錄的 15,000 種地衣中，除了 20 種以外，其餘全部都是由子囊菌擔任真菌的角色。地衣肉眼可見的部分，大部分是由真菌構成的；在真菌交錯的菌絲間則是藍綠菌、綠藻，有時候二者並存。充足的陽光可穿透菌絲，使內部的共生菌與藻類進行光合作用。特化的菌絲可包覆或穿透進入光合作用的細胞，有如高速公路般，將光合作用製造出的糖類與有機分子運送到真菌的各個部位。真菌可傳達特殊的生化信號給光合作用細胞，指揮藍綠菌與綠藻生產各種代謝物質，供應給共生的真菌。如果無共生的光合作用夥伴，真菌是無法獨自生存的。

耐久的真菌結構，結合了可行光合作用的夥伴，使得地衣可以入侵最艱困的棲地中來生存，從高山之巔到沙漠中乾燥裸露的岩塊，都可見到地衣的蹤跡。圖 18.18 中所見到生長在岩石上的橘色物質，就是一種地衣。在這種嚴苛與暴露的區域，通常地衣就是最先前來殖民生長的生物，它們可分解岩石，為其他生物的入侵開啟了大門。

圖 18.17　植物根部的菌根

菌根真菌生長於歐洲小葉椴的根部，形成共生的菌根。

圖 18.18　生長在岩石上的地衣

地衣對大氣中的污染物非常敏感，因為它們可直接吸收溶解於雨水或露水中的物質。這也是為何於都市及其附近看不到地衣的緣故－它們對汽機車與工廠排放的二氧化硫非常敏感。這種污染物會破壞它們的葉綠素分子，因而降低光合作用，也干擾了真菌與藍綠菌及藻類之間的生理平衡。

關鍵學習成果 18.11

真菌是重要的分解者，也扮演了許多生態上與商業上的重要角色。菌根是真菌與植物根部的共生體。地衣為真菌及光合作用夥伴 (藍綠菌或藻類) 的共生體。

複習你的所學

真菌是多細胞生物

複雜的多細胞體

18.1.1 真菌、植物及動物是複雜的多細胞生物，與結構簡單的藻類多細胞體不同。

- 真菌具有高度特化的細胞，細胞間可進行溝通。細胞的特化，需要各細胞使用不同的基因，因此在發育時，不同型式的細胞會活化不同的基因。細胞間的溝通，是透過釋放於個細胞間流動的化學信號。

真菌不是植物

18.2.1 真菌常被拿來與植物相比，但其與植物相同處只有不會運動這一點。真菌是異營性生物，它們不會行光合作用製造所需的食物。

18.2.2 真菌的菌體由細長的菌絲聚集在一起成為菌絲體而構成。大多數真菌的精子不會游動，與植物不同。真菌的細胞壁含有幾丁質，與植物細胞的纖維素細胞壁不同。真菌也會進行有絲分裂，但只有細胞核分裂，其細胞體則不分裂。

- 菌絲體中個別菌絲的細胞間具有不完全分隔的中隔，可使細胞質於細胞間互相流通。

真菌的生殖與營養方式

18.3.1 真菌具有有性生殖與無性生殖。有性生殖發生於二個不同交配型的菌絲互相融合，其單倍體細胞核可共存於細胞內，成為異核體。有時這些核也可於生殖構造內融合成為合子，但會立刻進行減數分裂。

- 真菌中發現三種有性生殖構造：配子囊、孢子囊以及分生孢子柄。

18.3.2 真菌分泌酵素到食物上，透過胞外消化吸收養分。食物於體外被分解，然後被真菌細胞吸收。真菌可分解纖維素，這是其常生長在樹木上的原因。

真菌的多樣性

真菌種類

18.4.1 真菌是可影響地球生命的一群重要生物。許多是有害的，可敗壞食物以及導致植物與動物的疾病。其他的則在工業上具有用途，可用來生產麵包和啤酒，以及許多工業上的用途。有 8 個主要的門：微孢子蟲門、芽枝黴菌門、新美鞭菌門、壺菌門、接合菌門、球囊菌門、擔子菌門以及子囊菌門。

微孢子蟲門是單細胞寄生蟲

18.5.1 微孢子蟲缺乏粒線體，因此是專性寄生的生物。DNA 數據將它們歸類為真菌。

壺菌門具有有鞭毛的孢子

18.6.1 壺菌與其近親，芽枝黴菌及新美鞭菌，都具有有鞭毛的孢子。壺菌中的蛙壺菌為蛙類的病原菌，可造成致命的皮膚感染。

接合菌門可產生合子

18.7.1 接合菌通常以無性生殖來繁殖，可從孢子囊中釋放出單倍體孢子。然而在壓力存在下，它們也可進行有性生殖。來自不同交配型的菌絲，可融合而產生一個雙倍體接合孢子囊，此囊可萌發而在菌絲頂端產生一個孢子囊。麵包黴是此門的成員之一。

球囊菌門是無性的植物共生菌

18.8.1 球囊菌是無性的共生真菌，可形成與植物根部共生的菌根，幫助植物入侵陸地。

擔子菌門是菇類真菌

18.9.1 擔子菌包括菇類、毒蕈、馬勃菌以及支架真菌。它們可進行有性生殖，二個不同交配型的菌絲可互相融合，然後可成長為一個雙核的菌絲體，稱為擔子果。其有性生殖構造—擔子，生長於菇傘下方。於擔子中，單倍體細胞核可融合產生合子，然後進行減數分裂產生單倍體擔孢子，最後釋出到外界。

子囊菌門是最多樣的真菌

18.10.1 子囊菌門是真菌界中最大的一個門，包括了羊肚菌、松露以及許多植物病原菌。它們通常為無性生殖，可釋出單倍體分生孢子。其生殖構造稱為子囊，位於雙核的菌絲頂端，是來自於不同交配型菌絲的融合體。單倍體核於子囊中融合，產生雙倍體合子，合子經由減數分裂形成子囊孢子，然後從子囊中釋出。

真菌的生態

真菌在生態上的角色

18.11.1 真菌在環境中擔任關鍵的分解者角色，真菌具有許多工業上的用途。

18.11.2 真菌可與許多植物的根密切結合，形成菌根；或是與藍綠菌或藻類結合形成地衣。

測試你的了解

1. 下列何者不是真菌的特徵？
a. 細胞壁由幾丁質構成
b. 核有絲分裂
c. 可進行光合作用的能力
d. 絲狀的構造

2. 菌絲體中菌絲構成的廣大網狀結構，其功能上的顯著性為
a. 它可使眾多的細胞參與生殖作用
b. 它提供了廣大的表面積來吸收養分
c. 它可使生物個體防止丟失細胞
d. 它可增加抵抗力，防止土壤細菌的侵襲

3. 真菌菌絲中含有二個遺傳不相同的細胞核，則可歸類為
a. 單核的　　c. 同核體的
b. 雙核的　　d. 異核體的

4. 於一未知來源的菌絲發現此菌絲缺乏中隔，且此菌主要以一群直立的柄進行無性生殖，但是偶爾也可觀察到有性生殖。你認為此菌應該分類為
a. 壺菌門　　c. 子囊菌門
b. 擔子菌門　　d. 接合菌門

5. 壺菌與其近親成員
a. 具有有鞭毛的游孢子
b. 對蛙類很危險
c. 可分解纖維素
d. 以上皆是

6. 接合菌與其他真菌不同，因為它不會產生
a. 菌絲體　　c. 異核體
b. 子實體　　d. 孢子囊

7. 外生菌根與叢枝菌根不同，因為
a. 外生菌根的菌絲可穿透植物根的外層細胞
b. 外生菌根的菌絲可延伸到根四周的土壤中
c. 外生菌根的菌絲不會穿透植物根的細胞壁
d. 外生菌根是二種菌根中最常見的

8. 擔子菌的減數分裂發生於
a. 菌絲　　c. 菌絲體
b. 擔子　　d. 擔子果

9. 於一個擔子菌的生活史中，可在下列何者中發現雙核的細胞？
a. 初級菌絲體　　c. 擔孢子
b. 次級菌絲體　　d. 合子

10. 除了少數例外，地衣中的真菌屬於
a. 接合菌　　c. 子囊菌
b. 擔子菌　　d. 球囊菌

第五單元　動物的演化

Chapter 19

動物的演化

動物是所有真核生物中外觀最分歧者。在此，常見的紙胡蜂 (*Polistes*) 是動物類群中最分歧的昆蟲成員。要將數百萬種動物做分類一直是生物學家的主要挑戰。這種胡蜂具有分節的外骨骼以及有關節的附肢，因此，基於這些特徵，牠被歸類為節肢動物。但是節肢動物與蝸牛等軟體動物的親緣如何相近？又與蚯蚓等有環節的蟲親緣如何？直到最近，生物學家把所有三類動物歸在一起，因牠們都有體腔，此即被假設是只演化一次的基本特徵。現在，分子分析顯示這樣的假設可能是錯誤的。反而應在軟體動物與具環節的蟲，和其他像人一樣在既有的身上逐漸增加體重的動物歸在一起，而將節肢動物和其他會蛻皮的動物歸為一類。這些動物藉由蛻去其外骨骼以增加其體型，此能力可能僅演化一次。所以，我們了解到即使在像分類這樣經由長期所建立而來的領域中，生物學仍經常在改變。

動物的簡介

19.1　動物的一般特徵

從早期的動物祖先，大量多樣化的動物已經演化形成。雖然不同類型的動物間之親緣仍在爭議中，所有動物有許多共通的特徵 (表 19.1)：(1) 所有動物都是異營的，且須攝取植物、藻類、動物或其他生物以獲得養分；(2) 所有動物都具多細胞，且不像植物及原生生物，動物細胞缺乏細胞壁；(3) 動物能夠到處移動；(4) 動物在體型及棲地上極為多樣；(5) 大部分動物進行有性生殖；(6) 動物具有獨特的組織及胚胎發育模式。

關鍵學習成果 19.1

動物是複雜的、多細胞、異營性的生物。大部分動物也具有獨特的組織。

19.2　動物的親緣關係樹

多細胞動物，或稱後生動物，以傳統方式區分為 35 個特殊且差異很大的動物門。這些門彼此間的親緣如何相近，已經是生物學家間長久討論的話題來源。

傳統的主張

分類學家已經嘗試藉由比較解剖特徵及胚胎發育階段，以構築動物的系統發生樹 (親緣關係樹；詳見 15.5 節)。有關動物主要分支的親緣關係樹，有出現一個獲得廣泛共識的結果。

第一個分支：組織　動物界被分類學家傳統地劃分成兩個主要分支：(1) **側生動物** (parazoa) – 此類動物大多缺乏確定的對稱性，且不具有組織或器官，由海綿、多孔動物門所組成；(2) **真後生動物** (eumetazoa) – 此類動物

表 19.1　動物的一般特徵

異營生物 (heterotrophs) 不像自營的植物及藻類，動物不能從無機化合物中構築有機分子。所有動物皆須藉由攝取其他生物而獲得能量及有機分子。有些動物 (草食者) 取食自營生物，其他動物 (肉食者) 取食異營生物；其他像這隻熊，則是雜食者，可取食自營及異營生物，還有其他 (食屑者) 取食分解中的生物。

多細胞的 (multicellular) 所有動物皆具多細胞，通常具有複雜個體，像這隻陽隧足。單細胞異營的生物稱為原生動物，其曾經被認為是簡單的動物，現今則被認為是大而多樣的原生生物界之成員，討論於第 17 章。

無細胞壁 (no cell walls) 動物細胞在多細胞生物中是獨特的，因為其缺乏細胞壁，且通常相當靈活，就像這些癌細胞。動物體的許多細胞會因胞外的結構蛋白框架如膠原蛋白而聚集一起。

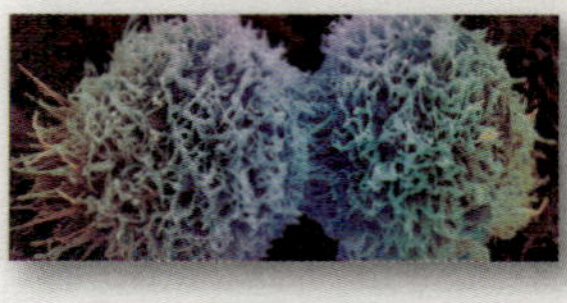

活躍的運動 (active movement) 動物能比其他界的成員還要快速移動並具複雜運動形式的能力，這可能是其最驚奇的特徵，且最直接與其細胞的靈活度以及神經與肌肉組織的演化有關。飛行是動物所特有的顯著運動形式，此能力在脊椎動物及昆蟲特別發達，像這隻蝴蝶。陸生的脊椎動物類群中，唯一從未演化飛行者的是兩生類。

外型多樣 (diverse in form) 幾乎所有動物 (99%) 是缺乏脊柱的無脊椎動物，如這隻倍足蟲。動物外型非常多樣，其體型大小從微小到無法以肉眼檢視，大到如鯨魚及巨大魷魚。

棲地多樣 (diverse in habitat) 動物界包括約 35 門，其中大多出現在海洋裡，如這些水母 (刺絲胞動物門)。生活在淡水中或陸生的動物門非常少。

有性生殖 (sexual reproduction) 大多數動物進行有性生殖，如同這兩隻陸龜正在進行交配。動物的卵不能自由活動，比小而具鞭毛的精子要大很多。在動物中，減數分裂所形成的細胞可直接行配子之功能。單倍體的細胞直接互相融合而形成受精卵。結果造成，除了少數例外，在動物之間沒有像植物有特殊的單倍體 (配子體) 以及二倍體 (孢子體) 世代的交替出現。

胚胎發育 (embryonic development) 大多數動物具有相似的胚胎發育模式。受精卵首先進行一系列的有絲分裂，稱為卵裂 (cleavage)，然後，像這分裂中的蛙卵，變成一個實心的細胞球體，桑椹胚 (morula)，再成為中空的細胞球體，囊胚 (blastula)。在大多數動物中，囊胚從一處向內摺而形成中空的囊，並在一端具有一個開口稱為胚孔 (blastopore)。此階段的胚胎稱為原腸胚 (gastrula)。後續的生長與原腸胚細胞的移動，在不同動物門之間則有很大的差異。

獨特組織 (unique tissues) 所有動物的細胞，除了海綿以外，都會構成特殊構造及功能組織 (tissues)。動物的獨特性是由於具有兩種與運動有關的組織：(1) 肌肉組織，強化動物的運動，以及 (2) 神經組織，與肌肉組織相連接，如此圖所示。

具有確定的形狀及對稱性，且在大多數實例中，其組織會構成器官及器官系統。在圖 19.1 中，所有在側生動物右側者皆屬真後生動物。

第二個分支：對稱性 真後生動物分支本身有兩個主要分支：(1) **輻射對稱動物** (Radiata；具輻射對稱性) 有兩層，其外層為*外胚層* (ectoderm)、內層為*內胚層* (endoderm)，故稱為雙胚層動物；(2) **兩側對稱動物** (Bilateria；具兩側對稱性) 是三胚層動物，在外胚層及內胚層之間產生第三層，*中胚層* (mesoderm)。

進一步分支 動物親緣關係樹的進一步分支是比較對動物門的演化史很重要之特性而設定，亦即該分支的所有動物共享體制之關鍵特性。兩側對稱動物被區分為具體腔以及缺乏者 (無體腔動物)；具體腔者再區分成真體腔 (被中胚層包圍的體腔) 以及缺乏者 (假體腔動物)；真體腔動物再區分為體腔衍生自消化管者以及缺乏者。

由於傳統分類學家所設定的階層屬於有或無的特性，故此方法所產生的親緣關係樹，如圖 19.1 所示，具有許多成對的分支。

動物親緣關係樹的新見解

傳統的動物系統發生，即使被長期廣泛接受，其簡單的有或無之建構方式一直存在著一些問題－為何少數類群不能適用於此標準架構。其強烈暗示生物學家傳統用於建構動物系統發生的關鍵體型特徵，如體節、體腔、具關節的附肢等，並不總是如預期般持續存在。倘若這些所謂的基礎特徵之改變模式被證明會普遍地在動物演化歷程中獲得後又再失去，那麼不同動物門間的親緣需要重新評估。

最近十年來，新的研究領域**分子系統分類** (molecular systematics) 利用在特定基因的 RNA 及 DNA 獨特序列，來鑑定親緣相近之動物類群的群組，並已產生出多樣的分子系統發生。雖然在許多重要觀點上彼此有差別，新的分子系統發生與傳統動物親緣關係樹有相同的主要分支架構 (比較圖 19.1 傳統的以及圖 19.2「新」的親緣關係樹，其中靠近基部的分支)。然而，大多數不贊同傳統系統發生

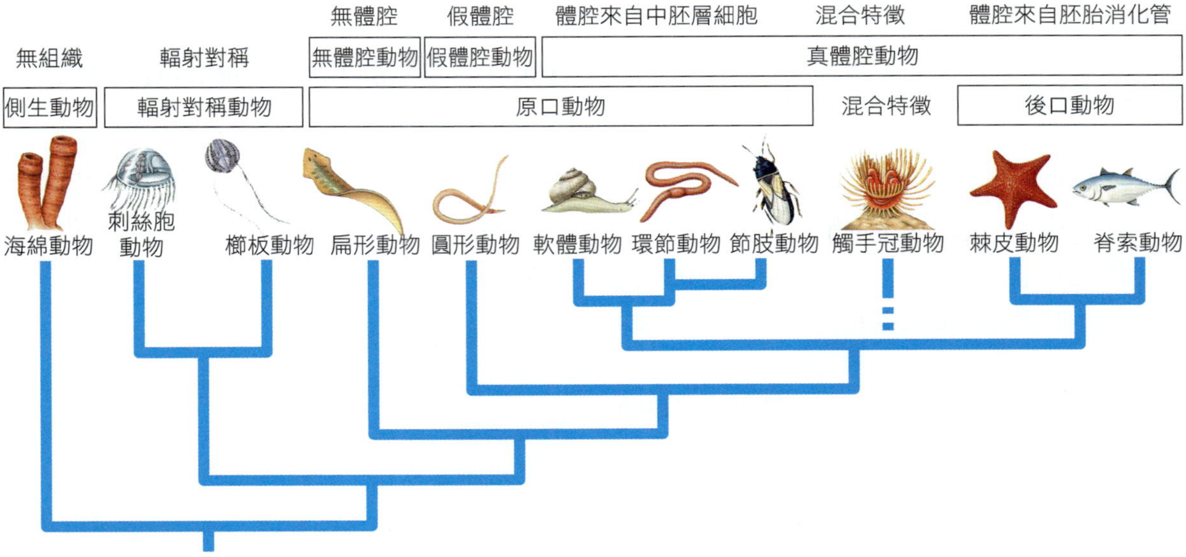

圖 19.1　動物的親緣關係樹：傳統的主張
生物學家已傳統地將動物區分成 35 個不同的門。圖上方說明一些主要動物門之間的關係。兩側對稱動物 (在圖中輻射對稱動物右側者) 被區分成三群，其具不同體腔形式：無體腔、假體腔以及真體腔。

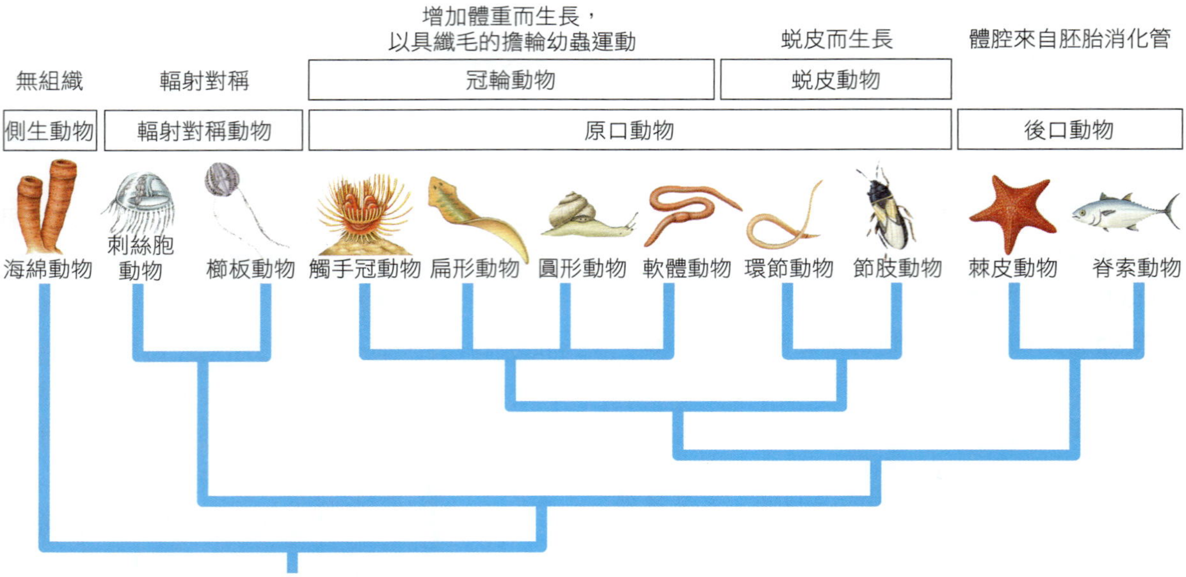

圖 19.2　動物親緣關係樹：新見解

系統發生呈現出原口動物可能較適於根據其是否在生長時會在既有身體上增加重量 (冠輪動物)，或是會歷經蛻皮過程 (蛻皮動物) 來分群。

(圖 19.1)，而認為原口動物應區分成冠輪動物及蛻皮動物兩個不同的分支 (圖 19.2)。圖 19.2 是從 DNA、核糖體 RNA 以及蛋白質的研究綜合而來的分子系統發生之共同樹狀圖。

冠輪動物 (Lophotrochozoans) 是生長時會在既有的身體上加入重量，此名稱是因為在這些以分子特徵界定的類群中，有一些門具有特殊的攝食構造稱為纖毛環 (lophophore) 而得名。這些動物包括渦蟲、軟體動物及環節動物。

蛻皮動物 (Ecdysozoans) 具有外骨骼，其必須脫去外殼以利動物生長。這類動物有蛻皮 (ecdysis) 的過程，故被稱為蛻皮動物，包括線蟲及節肢動物。

後生動物親緣關係樹的新見解僅是粗略的架構：目前，動物界的分子系統發生分析仍在初步開發階段。因此，本章中將以傳統的動物親緣關係樹來探討動物的多樣性。未來數年內，預期將會有龐大的分子數據加入以釐清動物親緣關係。

關鍵學習成果 19.2

與基於外形及構造的傳統方法相較，分子系統發生中的主要類群可從多個面向看出其親緣相近。

19.3　體制的六個關鍵轉變

動物的演化可以六個關鍵轉變來呈現：組織的演化、兩側對稱、體腔、體節、蛻皮以及後口的發育。這六個轉變分別顯示在圖 19.3 的動物演化樹中的分支點上。

1. 組織的演化

最簡單的動物，側生動物，缺乏明確的組織及器官。以海綿為代表，這些動物以聚集生長的細胞群存在，且有些微的細胞間協調。所有其他動物，真後生動物，則有具高度特化細胞所構成的不同組織。

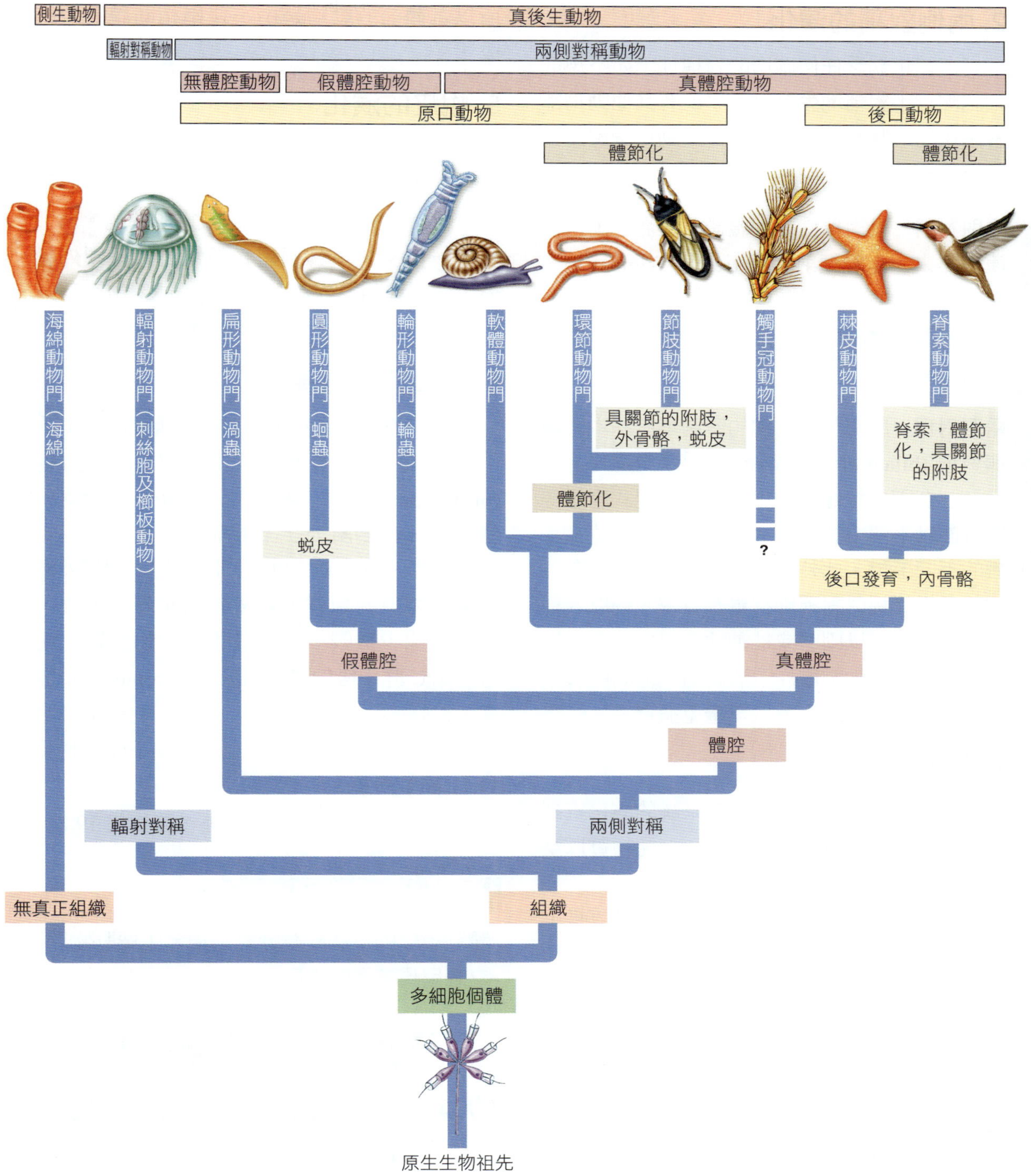

圖 19.3　動物之間的演化傾向

將檢視一系列在動物體制上的關鍵演化新興特徵，如圖中分支上所示。樹狀圖上標示出一些主要動物門。觸手冠動物呈現出原口與後口的特徵組合。在此傳統的樹狀圖中，假設體節化僅在無脊椎動物中衍生一次，而蛻皮則分別是在圓形及節肢動物中獨立衍生的。新近提出的分子系統發生則認為蛻皮僅衍生一次，而體節化則在環節、節肢及脊索動物中獨立衍生而成。

2. 兩側對稱的演化

海綿也缺乏任何確切的對稱性，如不規則細胞團般不對稱地生長。幾乎所有其他動物都有確切的形狀及對稱性，其可隨動物個體而在其上畫出想像的主軸。

輻射對稱　具對稱性的個體最早在海生動物裡演化出來，呈現**輻射對稱** (radial symmetry)。它們個體的部分圍繞著中央主軸，任何通過中軸的平面皆會將此生物分隔成兩個大致呈現鏡像的半面。

兩側對稱　所有其他動物的體制屬於基本的**兩側對稱** (bilateral symmetry)，此體制可將身體分為左右兩個鏡像。此特殊的架構型式容許身體各部以不同方式演化，使得不同器官位在身體的不同部位。此外，兩側對稱的動物可在各地移動得比輻射對稱動物更有效率，輻射對稱動物一般僅是以固著或被動地漂浮方式存在。由於兩側對稱動物增加了活動力，他們能有效地覓食、找尋交配對象以及避免獵食者。

3. 體腔的演化

在動物體制中，有效器官系統的演化直到演化出體腔才具有可支持器官、分配物質以及孕育複雜的發育交互作用等功能。

體腔的存在使得消化道變得更大且更長，可容許儲存未消化的食物且使其暴露在酵素的時間較長，以便能完全消化。內部體腔也提供了性腺 (卵巢及睪丸) 擴展的空間，可累積大量的卵與精子。如此的儲存能力可容許有多樣特化的交配策略，並盡可能在適當情況下釋出儲存的配子，以確保幼小子代的存活。

4. 體節的演化

動物體制的第四個轉變是將身體再分隔成**體節** (segments)。就如同工人從一系列預先製作之相同細部結構，再構築成一個隧道一樣，所以具體節的動物是由一連串相同體節所組成。

5. 蛻皮的演化

大部分體腔動物以逐漸增加身體重量方式生長。然而，這對具有堅硬外骨骼、僅能容納定量組織的動物造成了一個嚴重的問題。為了能進一步生長，其個體必須蛻去其堅硬外骨骼，此過程稱為**蛻皮** (molting；或學術名稱為 ecdysis)。蛻皮發生在圓形及節肢動物上。

6. 後口發育的演化

兩側對稱動物可依基本發育模式的不同而區分為兩群，一群稱為**原口動物** (protostomes；源自希臘文，*protos* 意指第一個；*stoma* 意指口) 且包括扁形動物、圓形、軟體動物、環節動物以及節肢動物。兩個外形非常不相似的類群，棘皮動物和脊索動物，以及其他少數較小的親緣相近動物門則一起組成第二群，**後口動物** (deuterostomes；希臘文，*deuteros* 意指第二個；*stoms* 意指口)。原口及後口動物在胚胎發育上有多項不同，將於 19.11 節中討論。

主要動物門的特徵之描述，詳如表 19.2。

關鍵學習成果 19.3

體制設計的六個關鍵轉變是現今主要動物門之間呈現差異的主因。

簡單的動物

19.4　海綿動物：沒有組織的動物

海綿 (sponges) 屬於海綿動物門的成員，是最簡單的動物。大多數的海綿完全缺乏對稱性，雖然其體內有些細胞為高度特化，但它們並不構成組織。海綿的個體僅是一團特化細胞

表 19.2 主要動物門

動物門	典型實例	關鍵特徵	物種估計數目
節肢動物門 (節肢動物)	昆蟲、螃蟹、 蜘蛛、倍足蟲 	所有動物門中最成功者；幾丁質外骨骼保護體節，具成對、有關節的附肢；大部分昆蟲類群具有翅膀；幾乎所有皆生活在淡水或陸地上	1,000,000
軟體動物門 (軟體動物)	蝸牛、蛤、 章魚、海蛞蝓 	柔軟的真體腔動物，其身體分成三部分：頭足、內臟團及外套膜；多數具有外殼；幾乎都有獨特之可銼磨的舌頭稱為齒舌；大多生活在海水或淡水中，但有 35,000 種為陸生	110,000
脊索動物門 (脊索動物)	哺乳類、魚類、 爬蟲類、鳥類、 兩棲類 	具體節且有脊索的真體腔動物；在生活史某階段具有背神經索、鰓裂以及尾部；脊椎動物中，脊索在發育過程中被脊柱取代；大多生活在海水，許多在淡水中，有 20,000 種為陸生	56,000
扁形動物門 (扁形動物)	渦蟲、條蟲、 吸蟲 	實心、無體節、兩側對稱的蟲；沒有體腔；消化腔，若具有，僅有一開口；生活在海水或淡水中，或是寄生	20,000
圓形動物門 (圓形動物)	蛔蟲, 蟯蟲、 鉤蟲、絲蟲 	假體腔、無體節、兩側對稱的蟲；管狀消化道從口通至肛門；體型細小；沒有纖毛；許多生活在土壤及水中沉積物中；有些是重要的動物寄生蟲	20,000
環節動物門 (環節動物)	蚯蚓、食骨蟲、 水蛭 	具體腔、成列體節、兩側對稱的蟲；完整消化道；大多有剛硬毛在每個體節上，稱為剛毛，以利在爬行時固定身體；生活在海水或淡水中，或是陸生	12,000
刺絲胞動物門 (刺絲胞動物)	水母、水螅、 珊瑚、海葵 	柔軟、膠狀的輻射對稱個體，其消化腔有單一開口；具有觸手，其含有稱為刺絲胞的細胞，會射出尖利如魚叉的刺絲囊；幾乎全生活在海水中	10,000
棘皮動物門 (棘皮動物)	海星、海膽、 錢幣海膽、海參 	成體呈輻射對稱的後口動物；內骨骼為鈣化骨板；五輻對稱且具有管足之特殊水管系統；身體斷落部分具再生能力；皆生活在海水中	6,000
海綿動物門 (海綿動物)	桶狀海綿、 穿孔海綿、 籃狀海綿、 瓶狀海綿 	身體不對稱，沒有明顯組織或器官；囊狀身體包括兩層膜，其具許多孔洞以利通透；內腔有一列過濾食物的細胞，稱為襟細胞；大多生活在海水中 (150 種在淡水)	5,150
觸手冠動物門 (蘚苔蟲或稱外肛動物)	藻苔蟲、蘚苔蟲 	極微小、水生的後口動物，其形成分支的群體，具有圓形或 U 形排列的纖狀觸手以利攝食，稱為纖毛環，其通常從堅硬外骨骼的孔中露出；蘚苔蟲也被稱為外肛動物，因為其肛門位在纖毛環外側；生活在海水或淡水中	4,000
輪形動物門	輪蟲 	小型、水生的假體腔動物，具有一輪纖毛圍繞口部，狀似輪子；幾乎都生活在淡水中	2,000

包裹成膠狀的群體，就像是含有果粒的果凍。然而，海綿細胞的確具有動物細胞的關鍵特性：細胞辨識力。例如，當海綿被細絲網過濾而成分離的細胞，它們會在濾網的另一側再聚集形成海綿。一團從單一海綿個體分開的細胞可以再形成全新的海綿。

現生物種約有 5,000 種，幾乎都生活在海水中。有些非常小，而有些則可大至直徑超過 2 公尺 (圖 19.4a 中可見潛水者幾乎可爬入此海綿中)。海綿成體固著在海底，且外型像水瓶 (如圖 19.4b 所示)。海綿外層覆蓋一層扁平細胞，稱為上皮細胞，以保護海綿。

在海綿動物門的特性說明中，將描述海綿構造。海綿的個體有許多小洞可通透。此動物門又稱多孔動物門 (Porifera) 即代表此孔洞系統。**襟細胞** (choanocytes) 或稱領細胞，排列在海綿內腔 (詳見襟細胞的放大手繪圖)。許多襟細胞的鞭毛顫動可讓水從孔洞流入內腔 (以黑色箭號表示)，並在內腔中流動。一立方公分的海綿組織，一天內可以帶動超過 20 公升的水進出海綿！為何要有這樣的水流動？海綿是個「濾食者」，每個襟細胞的鞭毛顫動可將水吸入其由小型、毛狀突起所形成的「領口」，像是尖樁柵欄。任何在水中的食物顆粒，例如原生生物及微小動物，會被攔截在柵欄內，並在後來被海綿的襟細胞或其他細胞所攝食。

(a) (b)

圖 19.4 海綿動物的多樣性

這兩種海水中的海綿屬於桶狀海綿，牠們歸屬於最大型的海綿，具有固定的外型。許多種的直徑可超過 2 公尺 (a)，而其他則較小 (b)。

關鍵學習成果 19.4

海綿的多細胞個體具有特化的細胞，但缺乏確切的對稱性及有架構的組織。

19.5 刺絲胞動物：組織導向更多特化

除了海綿以外的所有動物皆有對稱性及組織，因此是真後生動物。真後生動物的構造比海綿還要複雜許多，所有的真後生動物形成明顯的胚層。**輻射對稱的** (radially symmetrical；亦即個體的各部圍繞中央主軸排列) 真後生動物具有雙胚層；外層是**外胚層** (ectoderm)，將發育成表皮 (如本節動物門特性說明中的外層紫色細胞)，而內層**內胚層** (endoderm；內層黃色細胞)，將發育成腸皮層。在表皮及腸皮層之間形成的膠狀層稱為*中膠層* (mesoglea；紅色區域)。這些胚層構成基本體制，並分化出個體的許多組織。這些組織是海綿所缺乏者。

表現出對稱性及組織的最原始真後生動物是兩個輻射對稱的動物門，其個體架構圍繞著一個前後端的主軸，像是雛菊的花瓣，此動物的口端包括「口」。輻射對稱性提供多項益處給維持固著或接近水面活動的動物，或是漂浮性的動物。這些動物不能在其棲地自由游動，而是以個體的每一面來與環境交流。這兩個動物門是刺絲胞動物，包括水螅 (圖 19.5a)、水母 (圖 19.5b)、珊瑚 (圖 19.5c) 和海葵 (圖 19.5d)，以及櫛板動物，一個包括櫛水母的較小動物門。這兩個動物門一同被稱為輻射對稱動物 (Radiata)。其他真後生動物則以呈現基本的兩側對稱性，統稱為兩側對稱動物 (Bilateria)，將於 19.6 節討論。即使是海星，其成體呈現輻射對稱性，在幼蟲時是兩側對稱

海綿動物門：海綿

關鍵演化新興特徵：多細胞個體

海綿動物 (海綿動物門) 為多細胞個體－其包含許多細胞、許多明顯不同類型且其活動會相互合作的細胞。海綿的個體不對稱且沒有架構化的組織。

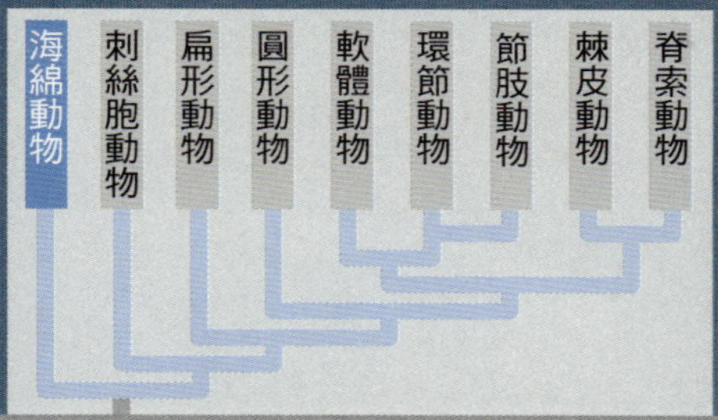
海綿動物
刺絲胞動物
扁形動物
圓形動物
軟體動物
環節動物
節肢動物
棘皮動物
脊索動物

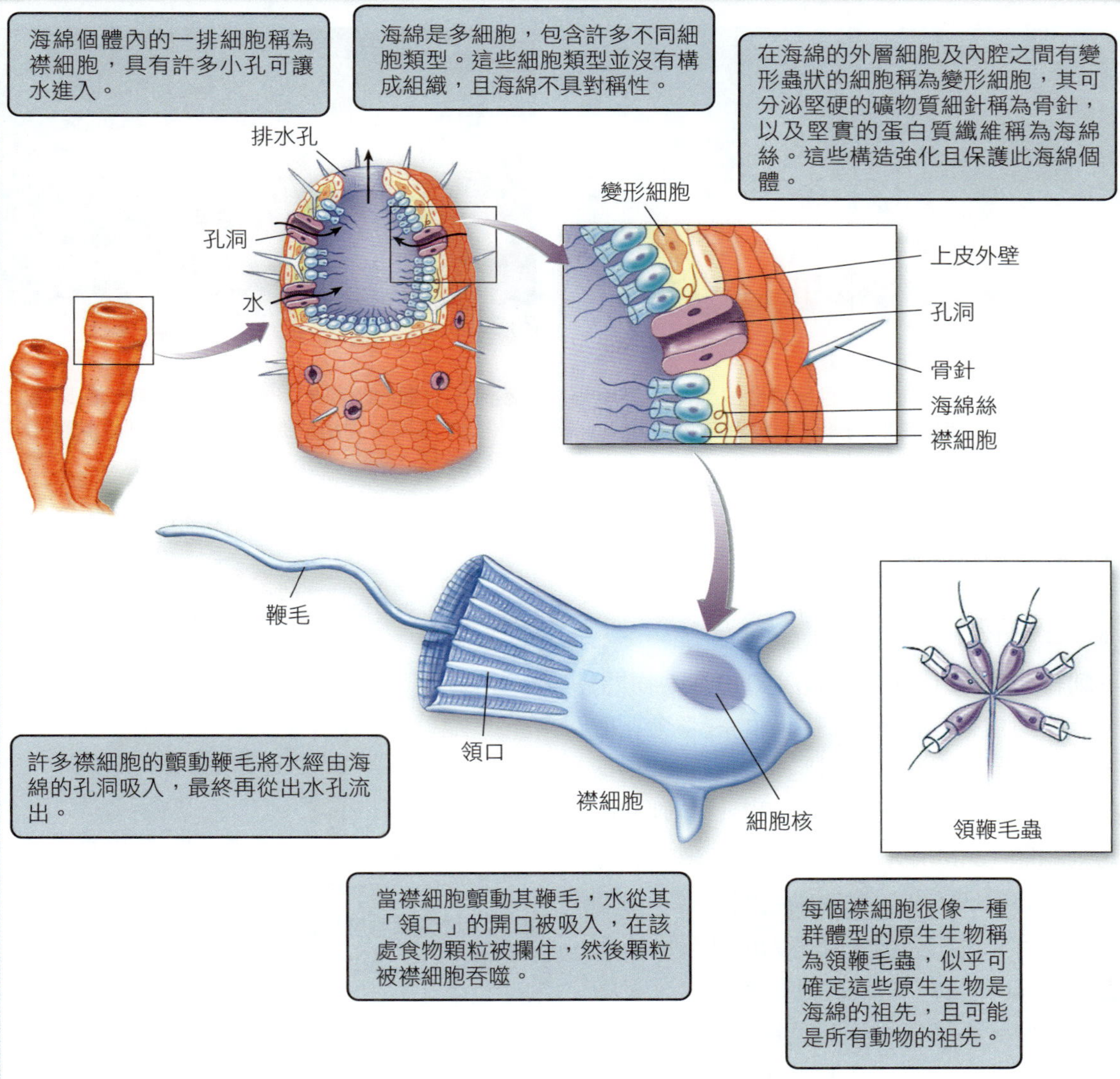
海綿個體內的一排細胞稱為襟細胞，具有許多小孔可讓水進入。
海綿是多細胞，包含許多不同細胞類型。這些細胞類型並沒有構成組織，且海綿不具對稱性。
在海綿的外層細胞及內腔之間有變形蟲狀的細胞稱為變形細胞，其可分泌堅硬的礦物質細針稱為骨針，以及堅實的蛋白質纖維稱為海綿絲。這些構造強化且保護此海綿個體。
排水孔
孔洞
水
變形細胞
上皮外壁
孔洞
骨針
海綿絲
襟細胞
鞭毛
領口
襟細胞
細胞核
領鞭毛蟲
許多襟細胞的顫動鞭毛將水經由海綿的孔洞吸入，最終再從出水孔流出。
當襟細胞顫動其鞭毛，水從其「領口」的開口被吸入，在該處食物顆粒被攔住，然後顆粒被襟細胞吞噬。
每個襟細胞很像一種群體型的原生生物稱為領鞭毛蟲，似乎可確定這些原生生物是海綿的祖先，且可能是所有動物的祖先。

的。

在輻射對稱動物中，主要的新興特徵是將食物行**胞外消化** (extracellular digestion)。消化作用起始於「細胞外側」，在一管道內腔，稱為消化循環腔 (gastrovascular cavity，或腸腔)。在食物被分解成較小顆粒時，腔內的細

圖 19.5　刺絲胞動物的代表種類
(a) 水螅是一群大多在海水中且呈群體生活的刺絲胞動物。然而，上圖的水螅是淡水中的屬，其成員以獨立水螅體存在；(b) 水母是透明的海生刺絲胞動物，其與 (c) 珊瑚和 (d) 海葵共同組成海中最大群的刺絲胞動物。

胞會將這些顆粒在細胞內完全消化。動物的胞外消化在其體內的腔室中進行。

刺絲胞動物

刺絲胞動物 (cnidarians) (刺絲胞動物門) 是肉食性動物，其利用在口周圍的觸手來抓取獵物，如魚及甲殼類。刺絲胞動物的關鍵特徵包括口周圍的細長觸手。這些觸手具有刺細胞稱為**刺絲胞** (cnidocytes)，有時在身體表面也有這特有的構造，並以此為動物門名稱。每個刺絲胞中有一個小型但極強有力的魚叉稱為**刺絲囊** (nematocyst)，刺絲胞動物利用牠來射獵物，然後把受傷的獵物拉回至具該刺絲胞的觸手。刺絲胞蓄存了非常高的內部滲透壓並用來將刺絲囊爆發似地推出，以致於其倒鈎能穿過螃蟹的硬殼。

刺絲胞動物有兩個基本體型：**水母體** (medusae) 為漂浮型 (如圖 19.6)，以及**水螅體** (polyps) 為固著型。許多刺絲胞動物僅以水母

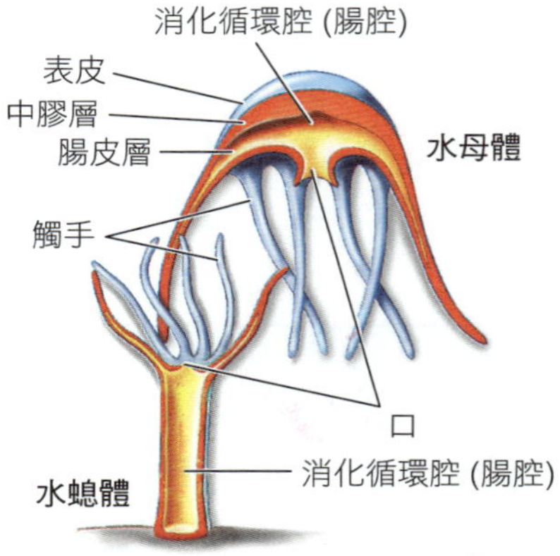

圖 19.6　刺絲胞動物的兩種基本體型
水母體 (上圖) 及水螅體 (下圖) 為許多刺絲胞動物生活史當中交替出現的兩階段，但許多物種 (例如珊瑚及海葵) 僅以水螅體存在。

體或者其他僅以水螅體存在，仍然也有其他是這兩階段交替出現在其生活史當中。

圖 19.7 顯示一種刺絲胞動物的生活史，其中有兩種體型交替出現。水母體為自由漂浮、膠狀的且通常是傘狀的體型，可產

刺絲胞動物門：刺絲胞動物

關鍵演化新興特徵：對稱性與組織

刺絲胞動物 (刺絲胞動物門)，如水螅的細胞會構成特化的組織。腸腔內側是特化為可行胞外消化，亦即在腸腔內進行消化，而不是在個別細胞中。刺絲胞動物不同於海綿，是輻射對稱的，其身體各部圍繞中央主軸排列，如雛菊的花瓣。

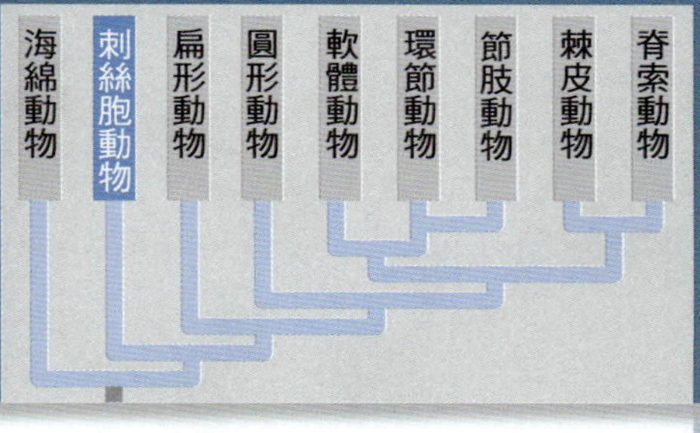

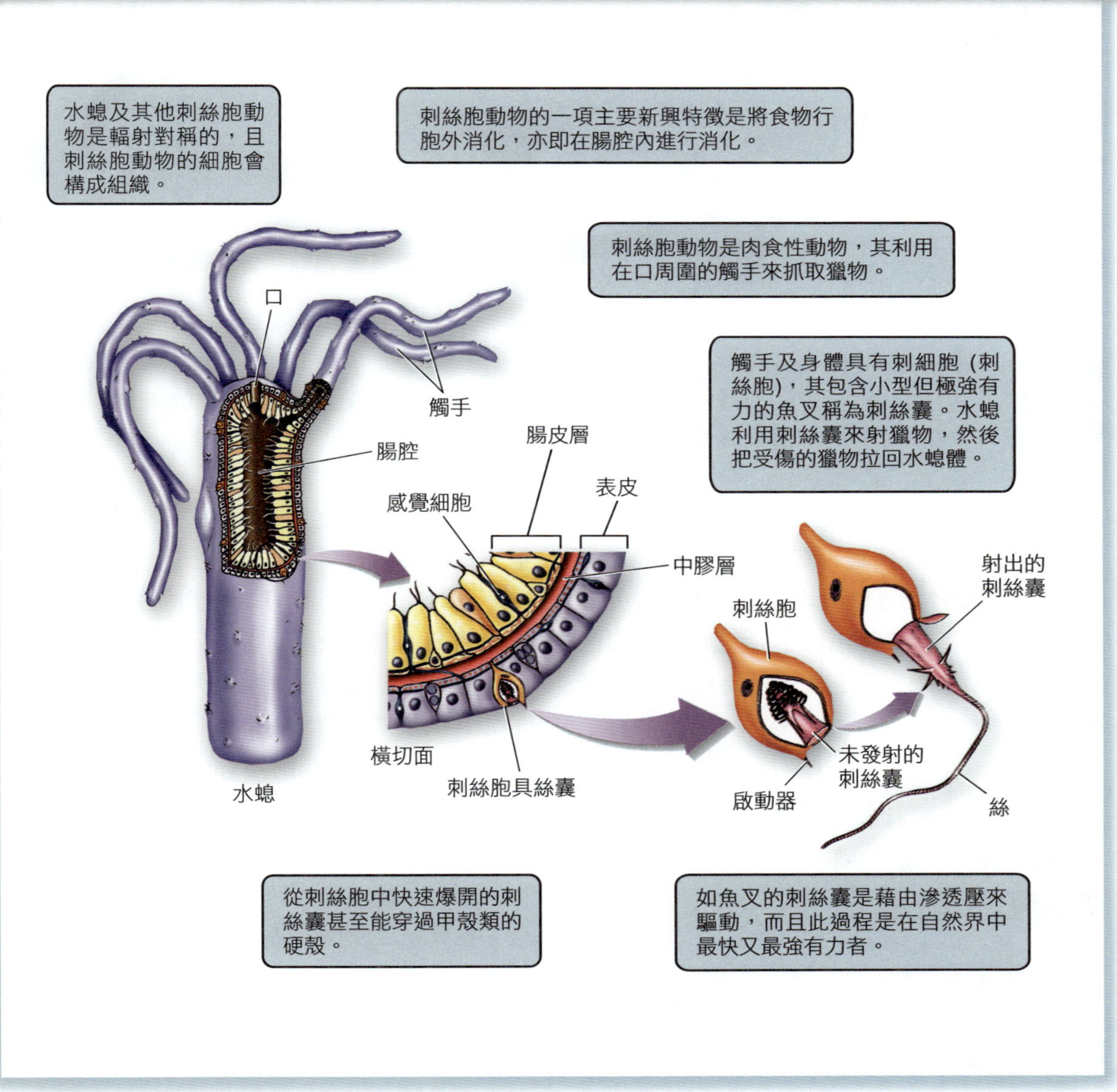
水螅及其他刺絲胞動物是輻射對稱的，且刺絲胞動物的細胞會構成組織。
刺絲胞動物的一項主要新興特徵是將食物行胞外消化，亦即在腸腔內進行消化。
刺絲胞動物是肉食性動物，其利用在口周圍的觸手來抓取獵物。
觸手及身體具有刺細胞 (刺絲胞)，其包含小型但極強有力的魚叉稱為刺絲囊。水螅利用刺絲囊來射獵物，然後把受傷的獵物拉回水螅體。
口
觸手
腸腔
腸皮層
表皮
感覺細胞
中膠層
刺絲胞
射出的
刺絲囊
橫切面
刺絲胞具絲囊
水螅
未發射的
刺絲囊
啟動器
絲
從刺絲胞中快速爆開的刺絲囊甚至能穿過甲殼類的硬殼。
如魚叉的刺絲囊是藉由滲透壓來驅動，而且此過程是在自然界中最快又最強有力者。

生配子。牠們的口朝下，具有一圈觸手懸垂在周邊 (因此是輻射對稱性)。水母體被俗稱為 “jellyfish” 是因為其膠狀內部，或稱為 “stinging nettles” (有刺鬚的) 是因為其刺絲胞。水螅體為圓柱狀、管狀的動物，通常固著在岩石上。牠們也呈現輻射對稱性。圖 19.5

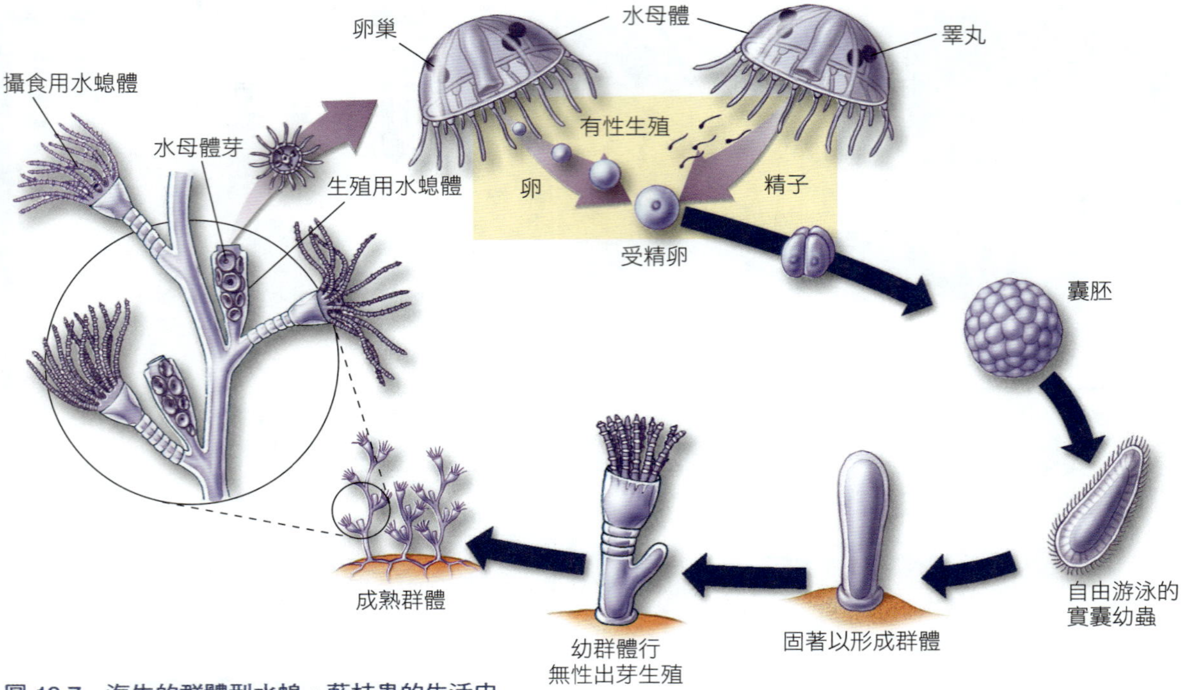

圖 19.7　海生的群體型水螅，藪枝蟲的生活史

水螅體產生出芽的無性生殖而形成群體。它們也可以進行有性生殖，藉由產生特化的芽形成水母體，然後產生配子。這些配子融合而成合子，進而發育為實囊幼蟲，接著固著而成為水螅體。

中的水螅、海葵以及珊瑚是水螅體的實例。在水螅體中，口位在遠離岩石的方向，因此通常是朝上。珊瑚會將碳酸鈣堆積在體外而成外部的「骨骼」，以作為棲所及保護之用，讓自己在其內部存活。這就是常被稱為珊瑚礁的構造。

關鍵學習成果 19.5

刺絲胞動物具輻射對稱性及有特化的組織，並且進行胞外消化。

兩側對稱的出現

19.6　扁形動物：兩側對稱

扁形動物的體制

所有的真後生動物，除了刺絲胞動物及櫛板動物之外，呈現**兩側對稱**－亦即，牠們有左右兩半，其彼此互為鏡像。比較圖 19.8 中輻射對稱的海葵與兩側對稱的松鼠，可明顯分辨其不同。任何將海葵切成兩半的三維平面都能產生鏡像；但對松鼠而言，只有綠色的縱剖面能產生鏡像。在看一個兩側對稱的動物時，通常稱其上半部為**背部** (dorsal)，而下半部為**腹部** (ventral)。前面為**前端** (anterior)，而後面為**後端** (posterior)。兩側對稱性是動物的主要演化優勢，因為牠容許身體的不同部位有了多種不同方式的特化。例如，其演化出明確的頭端，利於在自由移動時，由頭先穿過環境，其前端集中具有感覺器官，能偵測環境中的食物、危險以及交配對象。

兩側對稱的真後生動物產生三個胚層，並發育成身體的組織：外層是外胚層 (在圖 19.9 渦蟲手繪圖中的藍色部分)、內層的內胚層(黃色部分)、以及第三層的**中胚層** (mesoderm；紅色部分) 位於外胚層及內胚層之間。一般而

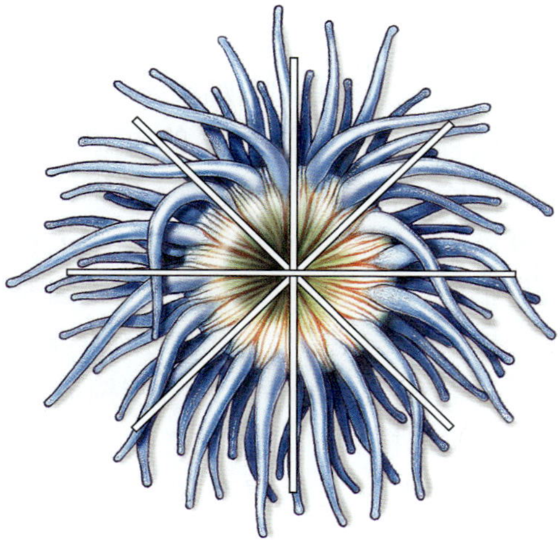

(a)

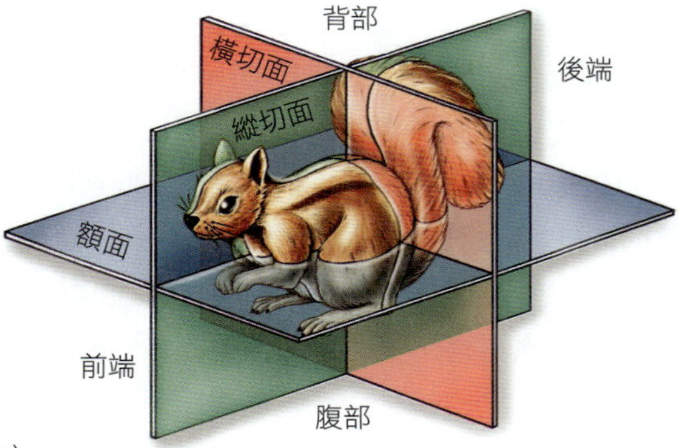

(b)

圖 19.8 輻射對稱與兩側對稱的差異
(a) 輻射對稱性是各部位圍繞中央主軸規則排列；(b) 兩側對稱性則是在體型中可分為左右兩半。

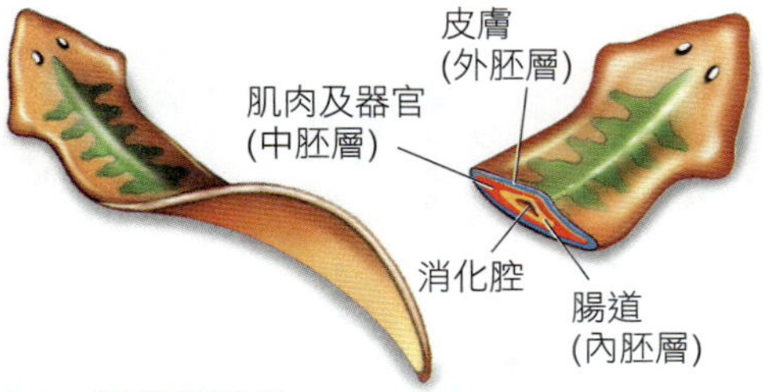

圖 19.9 渦蟲的體制
所有兩側對稱的真後生動物在其胚胎發育階段會產生三個胚層：外層的外胚層、中間的中胚層以及內層的內胚層。這些胚層將在成熟動物體中分別分化成皮膚、肌肉及器官，以及腸道。

言，覆蓋身體表面外層及神經系統是從外胚層發育而來；消化器官及腸道是從內胚層發育而來；而骨骼及肌肉則是從中胚層發育而來。

所有兩側對稱的動物中，扁形動物是具器官動物中最簡單者。例如實心的渦蟲除了消化道之外，缺乏任何內腔。倘若將一隻扁形動物切成兩半，如圖 19.9 所示，其腸道完全被組織及器官圍繞。此稱為**無體腔動物** (acoelomate)。

扁形動物

雖然扁形動物有簡單的體制，牠們的前端明顯有頭，且也有器官。扁形動物的體型範圍從小 1 於公厘至數公尺長 (如有些絛蟲)，且大部分寄生在其他動物體內，也有在不同棲地自由生活者 (圖 19.10)，自由生活者是肉食性及食屑性。

寄生的扁形動物分為兩綱：吸蟲及絛蟲。這兩群具有多層上皮，可抵抗消化酶及由寄主產生的免疫防禦－是其寄生生活史的重要特徵。有些寄生的扁形動物僅需一個寄主，但許多吸蟲需要有兩個或更多寄主始能完成其生活史。肝吸蟲 (*Clonorchis sinensis*) 除了人類 (或某些其他哺乳動物) 需要有兩個寄主。吸蟲的卵從哺乳動物 ❶ 釋出，被蝸牛攝入後，在其

(a) (b)

圖 19.10 扁形動物
(a) 一種常見的扁形動物，渦蟲屬 (*Planaria*)；(b) 一種海生、自由生活的扁形動物。

體內發育成蝌蚪狀的幼蟲 ❷，接著被釋出至水中。這些幼蟲鑽入魚的肌肉而形成胞囊 (圖 19.11)。哺乳動物因為吃了被感染的生魚而被感染 ❸。此寄生生活方式已造成寄生蟲一些未使用或不需要的特徵終究喪失。寄生的扁形動物缺乏自由生活者的某些特徵，如缺少適應優勢的感覺器官，此喪失有時會被認為與「退化演化」有關的。在本節動物門特性說明中所描述的條蟲即是個退化演化的典型實例，其個體已經退化到只剩兩項功能：攝食與生殖。

扁形動物的特徵

具消化腔之扁形動物的腸道只有一個開口，以致牠們不能同時吃、消化及排出不能消化的食物顆粒。因此，扁形動物不能像其他較進化的動物一樣持續攝食。其腸道分叉且廣布全身 (在圖 19.12 渦蟲構造中的綠色部分)，同時具有消化及運送食物的功能。其腸道上的細胞可以吞噬方式攝入大部分的食物顆粒，然後消化之。

扁形動物具有排泄系統，包括遍布全身的網狀微細小管。燈泡狀的**焰細胞** (flame cells) 中央空腔有纖毛 (如圖 19.12 的放大圖所示)，此細胞位於小管的側面分支上。焰細胞的纖毛將水及欲排泄的物質移動進入小管中，然後再從位於上皮細胞之間的出水孔排出。焰細胞的排泄功能顯然是次要的，扁形動物所排泄的代謝廢物中，絕大部分可能是直接擴散進入腸道，然後從口排出。

扁形動物缺乏**循環系統** (circulatory system)，其是由一個網狀的管子以攜帶液體、氧氣及食物分子，並送至身體各部位。

扁形動物的神經系統亦相當簡單，有些原始種類僅有架構鬆散的神經網。其簡單的中樞神經系統由縱向的神經索 (圖 19.12 橫剖面圖中，在腹面的藍色構造) 構成，在神經索之間有橫向連結，形成縱貫個體全長的梯狀構造。

自由生活之扁形動物的頭部具有眼點，是簡單的感應器官，使得蟲體可以區分光與暗。

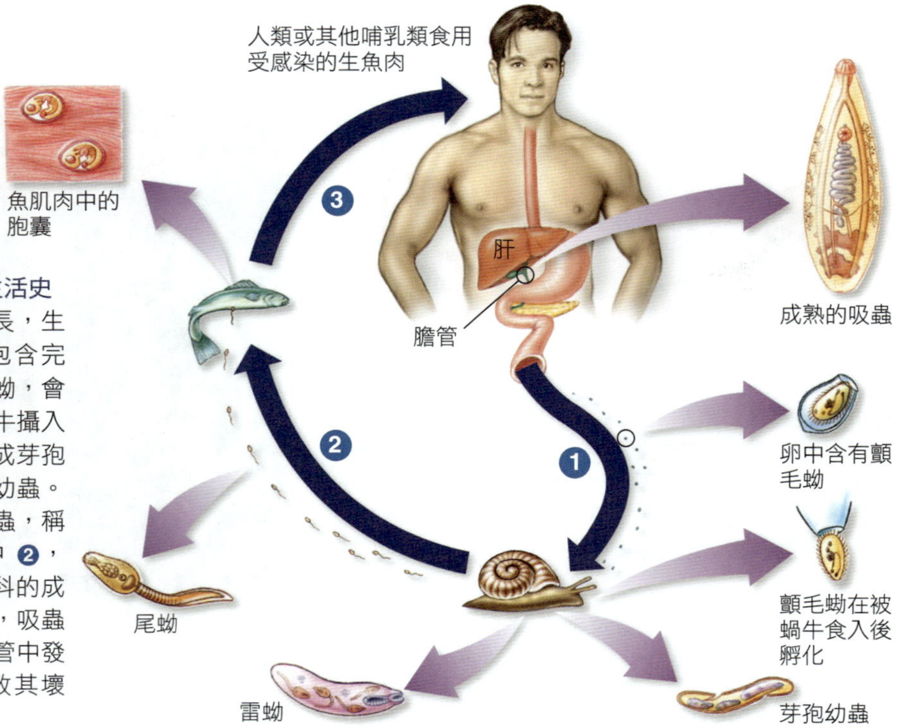

圖 19.11　人類肝吸蟲的生活史
成熟的吸蟲約 1~2 公分長，生活在肝臟的膽管中。卵包含完整的初齡幼蟲，或稱顫毛蚴，會隨糞便進入水中，而被蝸牛攝入 ❶。在蝸牛體內，卵轉型成芽孢幼蟲，其產生稱為雷蚴的幼蟲。這些幼蟲生長成蝌蚪狀幼蟲，稱為尾蚴。牠們再進入水中 ❷，並鑽入某些魚 (金魚及鯉科的成員) 的肌肉而形成胞囊 ❸，吸蟲從胞囊而出，並移動至膽管中發育成熟，侵蝕肝臟而導致其壞死。

扁形動物門：實心的扁蟲

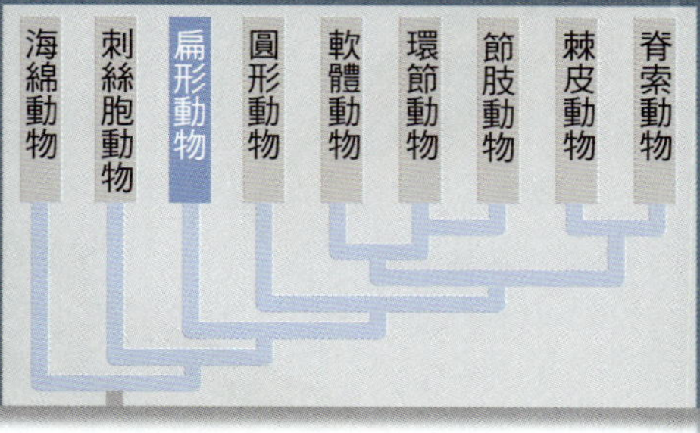

關鍵演化新興特徵：兩側對稱

扁形動物是無體腔、實心的扁蟲 (扁形動物門)，也是最早出現兩側對稱且具明顯的頭部者。扁形動物的中胚層之演化使消化及其他器官得以形成。

條蟲是寄生蟲，其頭部附著在寄主生物的腸壁上。成熟條蟲的個體可長達 10 公尺－比一台卡車還長。

實心的扁蟲是兩側對稱的無體腔動物。牠們的個體包含多層實心的組織，圍繞在中央腸道外。許多扁形動物的個體是柔軟且扁平的，像是一條膠帶或彩帶。

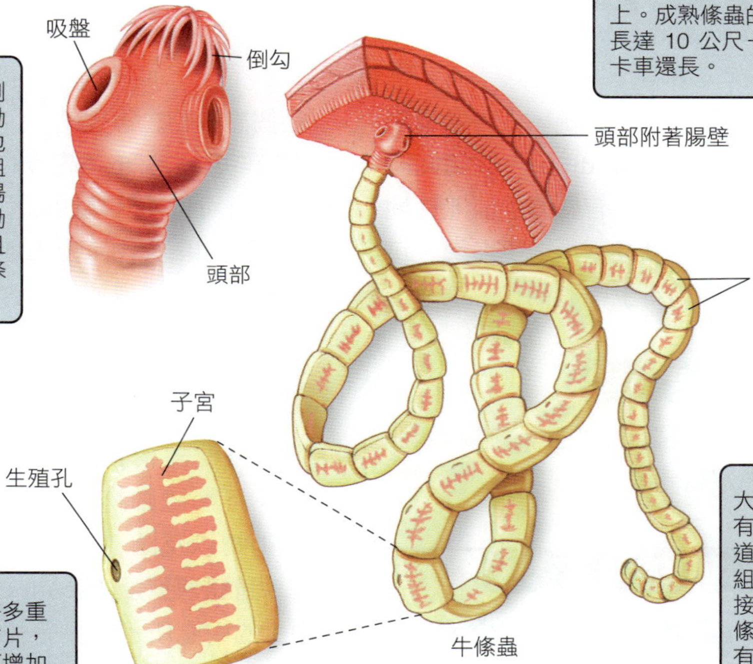

大部分實心的扁蟲有高度分叉的腸道，將食物與所有組織相鄰，以利直接透過體壁吸收。條蟲是個特例，其有實心個體，但缺乏消化腔。

條蟲的個體包括許多重複的體節，稱為節片，其離頭部愈遠者可增加其大小。條蟲的每個節片含有生殖器官，當蟲體的節片隨糞便離開人體，其胚胎可被牛或其他人所攝入，如此即將此寄生蟲傳到新的寄主。

當接近個體末端的節片脫落時，胚胎便經由生殖孔或是突破體壁而釋出。

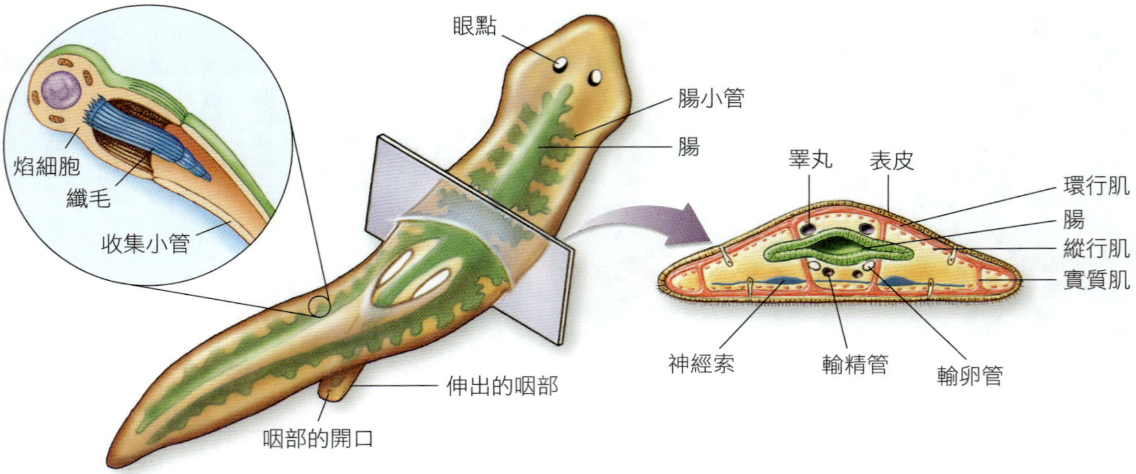

圖 19.12 扁形動物的解剖示意圖
圖中所示的是 *Dugesia* 屬的生物，是在許多生物實驗課程中使用之常見淡水「渦蟲」。

扁形動物有複雜的生殖系統，大多數扁形動物是**雌雄同體** (hermaphroditic)，個體同時具有雄性與雌性生殖構造。有些屬也能無性地再生；當單一個體被分割成兩半或更多塊，每一塊可以再生成完整的新生扁形動物。

關鍵學習成果 19.6

扁形動物具有內部器官、兩側對稱性以及明顯的頭部。牠們沒有體腔。

體腔的出現

19.7 圓形動物：體腔演化

體腔的優勢

所有兩側對稱的動物，除了扁形動物之外，體內具有一個腔室。內部體腔的演化是動物體制設計的重要改進，其理由有三：

1. **循環**：在體腔內的液體流動可當作循環系統，容許物質快速地從身體的一部位通到另一部位，且開啟了較大型個體之途徑。
2. **運動**：體腔內的液體使動物個體變得堅固，容許與肌肉收縮相抗衡，於是開啟了肌肉驅動個體運動之途徑。
3. **器官功能**：在充滿液體的密閉空間裡，個體的器官可行使其功能而不會因周圍肌肉而變形。例如，食物可自由地通過懸浮在體腔內的腸道，其通過速率不會被動物的移動所控制。

體腔的種類

在兩側對稱動物中，有三種基本的體制類型：無體腔動物，例如在前一節所討論的扁形動物以及圖 19.13 的上圖所示，沒有體腔。**假體腔動物** (Pseudocoelomates)，如圖 19.13 的中圖所示，具有一個體腔，稱為**假體腔** (Pseudocoel)，位於中胚層 (紅色層) 及內胚層 (黃色層) 之間。第三種體制是充滿液體的體腔並不是在內胚層及中胚層之間發育，而是完全在中胚層中。這樣的體腔稱為**真體腔** (coelom；圖 19.13 下圖的蚯蚓所示兩個圓弧狀的腔室)。真體腔動物的腸道以及其他器官系統懸浮在真體腔中。真體腔被一層上皮細胞所圍繞，且此類細胞完全由中胚層衍生而來。

體腔的發育顯現出一個問題－循環－在假體腔動物中是藉由攪拌體腔內的液體來解決。在真體腔動物中，腸道則再次被組織圍繞而形

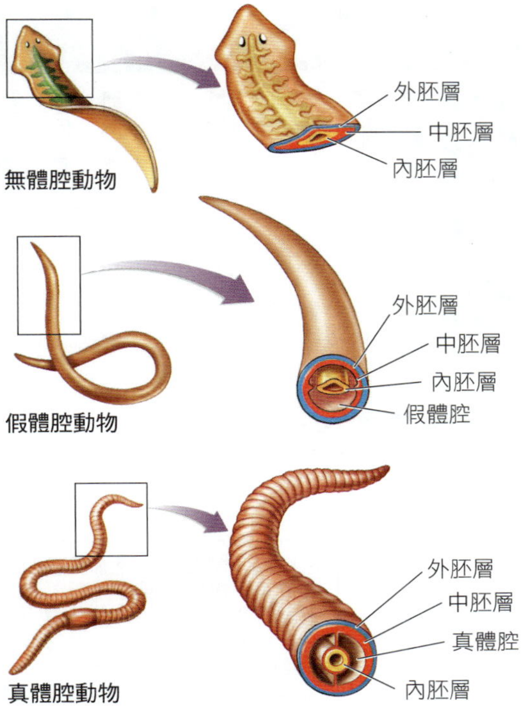

圖 19.13　兩側對稱動物的三種體制類型
無體腔動物，例如扁形動物，在消化道 (內胚層) 及外側體層 (外胚層) 之間沒有體腔。假體腔動物具有一個假體腔，位於內胚層及中胚層之間。真體腔動物具有一個真體腔，是完全在中胚層中發育而成，其兩側排列的也是中胚層組織。

成擴散的阻礙，此問題的解決方法是循環系統的發育。循環液體，或稱血液，攜帶養分及氧至組織中，然後移除廢棄物及二氧化碳。血液通常是藉由一或多個由富含肌肉的心臟收縮而被推動流經循環系統。在開放式循環系統中，血液從血管進入血竇與體液混合，然後在另一處再回到下一條血管。在封閉式循環系統中，血液維持與體液分開，而在血管網絡中被分別控制。相較於開放式循環系統，血液在封閉式循環系統中也可流動得較快且較有效率。

圓形動物：假體腔

兩側對稱動物，除了扁形動物以外，皆具有內部體腔。共有七個動物門具有假體腔，其中只有圓形動物門包含大量物種，約包括 20,000 種蛔蟲、線蟲以及其他圓形動物。科學家估計其實際種數可能接近已知的 100 倍。圓形動物門的成員可出現在任何地方，生活在海水及淡水棲地中者數量豐富且多樣，還有成員是動、植物的寄生蟲，像是腸道裡的蛔蟲 (圖 19.14a)。此外，許多線蟲是微小且生活在土壤裡，據估計一鏟肥沃的土壤中可平均含有 100 萬隻線蟲。

第二個具有假體腔體制的動物門是輪形動物門，即輪蟲。**輪蟲** (rotifers) 是水中常見的小型動物，其頭上具有一圈纖毛，在圖 19.14b 中隱約可見。它們的體長範圍從 0.04 至 2 公厘，共約有 2,000 種分布於全世界。輪蟲為兩側對稱且覆有幾丁質，藉由其纖毛來運動及攝食，可攝入細菌、原生生物及小型動物。

所有假體腔動物缺乏明確的循環系統；此角色藉由在假體腔內的液體移動來完成。大多數假體腔動物具有完整的、單向的消化道，其以類似組裝作業線一般運作。食物被瓦解、吸收，然後再被處理與儲存。

圓形動物門：圓形動物

線蟲是兩側對稱、細圓柱狀、無體節的

(a)

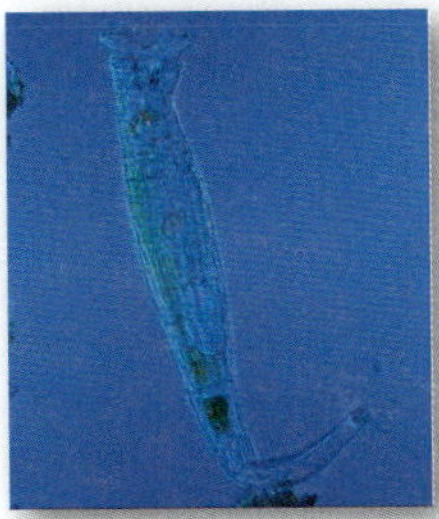
(b)

圖 19.14　假體腔動物
(a) 蛔蟲 (圓形動物門) 是腸道的圓形動物，其感染人類及其他動物。牠們的受精卵會隨糞便排出並可在土壤中維持活性數年；(b) 輪蟲 (輪形動物門) 是常見的水生動物，其藉由頭上一圈纖毛來攝食及運動。

圓形動物門：圓形動物

關鍵演化新興特徵：體腔

圓形動物 (圓形動物門) 體制設計之主要新興特徵是腸道與體壁之間的體腔。此腔室是假體腔，它容許養分能在全身循環並避免器官因肌肉運動而變形。

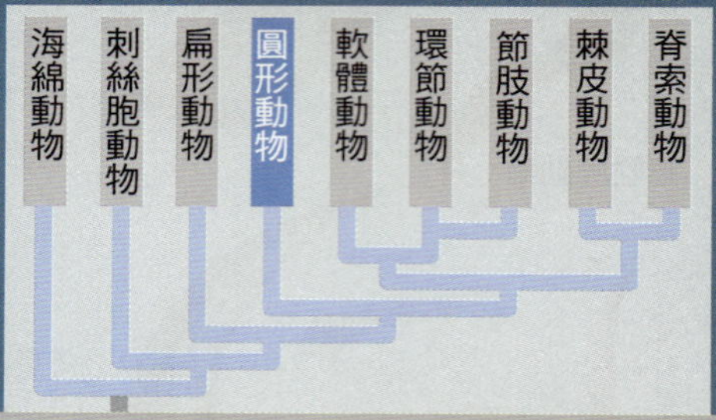

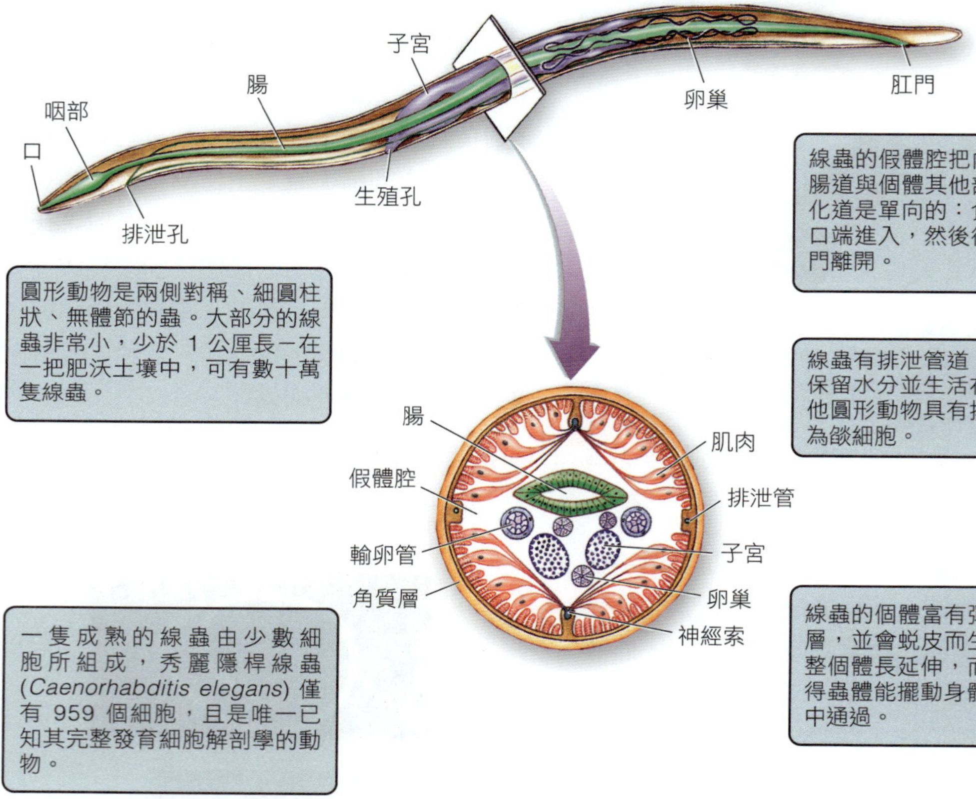

圓形動物是兩側對稱、細圓柱狀、無體節的蟲。大部分的線蟲非常小，少於 1 公厘長－在一把肥沃土壤中，可有數十萬隻線蟲。

線蟲的假體腔把內胚層長成的腸道與個體其他部位分開。消化道是單向的：食物由蟲體的口端進入，然後從另一端的肛門離開。

線蟲有排泄管道，使它們可以保留水分並生活在陸地上。其他圓形動物具有排泄細胞，稱為燄細胞。

一隻成熟的線蟲由少數細胞所組成，秀麗隱桿線蟲 (*Caenorhabditis elegans*) 僅有 959 個細胞，且是唯一已知其完整發育細胞解剖學的動物。

線蟲的個體富有彈性的厚角質層，並會蛻皮而生長。肌肉隨整個體長延伸，而非環繞，使得蟲體能擺動身體，以在土壤中通過。

蟲。在本節的動物門特性說明中，可見其縱剖及橫剖面，牠們覆有彈性的厚角質層，並會蛻皮而生長。牠們的肌肉層位在上皮之下方，並延伸至個體全長，而非環繞其個體。這些縱向的肌肉緊鄰個體外層，可將角質層及假體腔拉近而形成液壓式的骨骼。當線蟲運動時，其身體從一側向另一側擺動。

在靠近線蟲的口處前端的位置 (如圖中向左側的那端) 通常有直立的毛狀感應器官。口中通常配備有穿刺用的器官，稱為口針 (stylets)。食物會因富含肌肉的**咽部** (pharynx) 之吸食作用而經過口，再持續往下經過消化道的其他部分，並被瓦解、消化。有些與食物混合的水會在接近消化道末端而被再吸收。

線蟲完全缺乏鞭毛或纖毛，即使是其精細胞也如此。線蟲的生殖是有性的，通常雌雄異體 (雌性有卵巢、子宮及輸卵管，如動物門特性說明所示)。

有些線蟲寄生在人類、貓、狗以及牛、羊等經濟價值的動物身上。狗與貓的心絲蟲病即是線蟲寄生在動物的心臟所導致；人體的旋毛蟲病即是從吃到未煮熟或生的豬肉，由其內有旋毛蟲 (*Trichinella*) 的胞囊所引起的。

關鍵學習成果 19.7

有些動物的體腔是在內胚層及中胚層之間發育 (假體腔動物)，其他則在中胚層中發育而成 (真體腔動物)。圓形動物具有一個假體腔。線蟲，一種圓形動物，在土壤中很常見，且有許多是寄生蟲。

19.8 軟體動物：真體腔動物

真體腔動物

假體腔及真體腔之間功能上的差異以及真體腔動物成功適應的原因，與其胚胎發育的特性有關。在動物中，特化組織的發育涉及一個稱為**初級誘導** (primary induction) 的過程，其中有三種初級組織 (內胚層、中胚層及外胚層) 且彼此相接，交互作用需要實質的接觸。真體腔動物體制的主要優勢是牠容許中胚層與內胚層之間的接觸，所以初級誘導可在發育中發生。例如，中胚層與內胚層之間的接觸使得局部的消化道可發育成複雜及高度特化的部位如胃。在假體腔動物中，中胚層與內胚層被體腔分隔，限制了發育組織的交互作用。

軟體動物

真體腔動物中唯一沒有分節個體的主要動物門是軟體動物門。**軟體動物** (mollusks) 是除了節肢動物以外的最大動物門，大多為海生，但幾乎處處可見。

軟體動物包括三個常見類群，其具有非常不同的體制，然而其基本的體制設計相似。軟體動物的個體由三個明顯部分所組成：頭足、中央含有個體器官的部分稱為內臟團以及外套膜。軟體動物的足肌肉發達且適應於運動、附著、抓取食物 (在烏賊及章魚中)，或是這些功能的不同組合。**外套膜** (mantle) 是厚實折疊的組織如同斗篷包圍著內臟團，在其外套膜內襯上有鰓。**鰓** (gills) 是組織的絲狀突起，富含血管，以從循環在外套膜及內臟團之間的水中獲取氧，並釋出二氧化碳。

三個主要的軟體動物類群是腹足類、雙殼貝類及頭足類，其都在相同的基礎體制設計上有所不同。

1. **腹足類** (Gastropods) (如圖 19.15a 所示的蝸

(a)

(b)

(c)

圖 19.15 軟體動物的三個主要類群
(a) 腹足類；(b) 雙殼貝類；(c) 頭足類。

軟體動物門：軟體動物

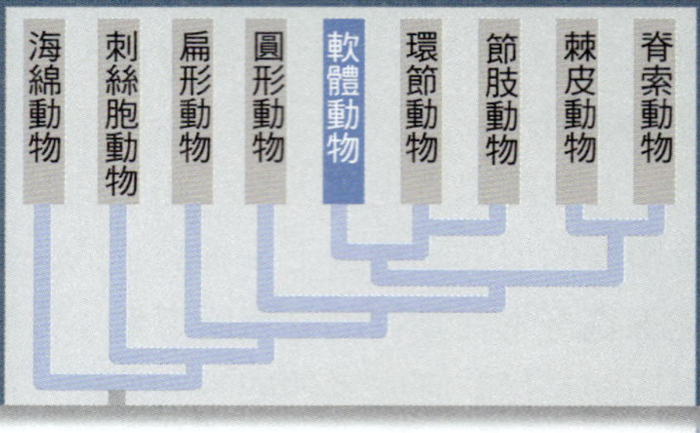

關鍵演化新興特徵：體腔

軟體動物 (軟體動物門) 如這隻蝸牛的體腔是真體腔，完全包圍在中胚層內。這容許中胚層及內胚層可直接接觸，使得這些交互作用導致高度特化器官的發育，如胃。

軟體動物是最早發育出有效排泄系統的動物之一。管狀構造稱為腎管 (一種腎臟) 收集從真體腔而來的廢棄物，並將之排至外套膜腔室中。

蝸牛具有三個腔室的心臟及開放式循環系統。其真體腔是侷限在圍繞心臟的小腔室。

外套膜是厚實折疊的組織，如同斗篷包圍著此軟體動物個體。在外套膜及個體間之腔室含有鰓，其從通過外套膜腔的水中抓取氧。在有些軟體動物，如蝸牛，外套膜分泌出堅硬的外殼。

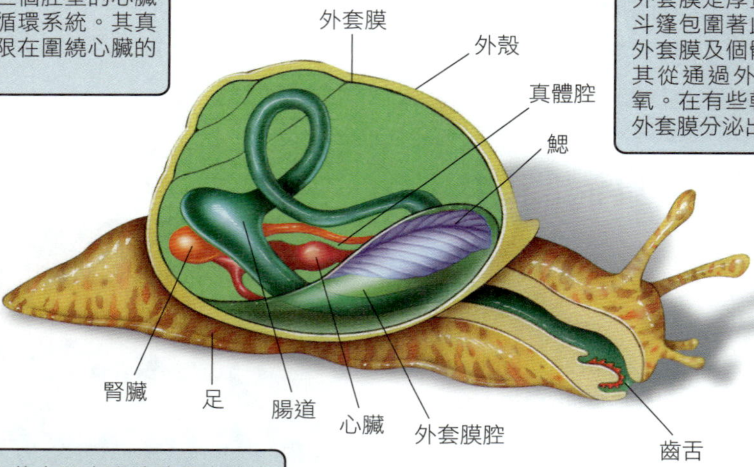

蝸牛藉由肌肉發達的足在地上爬行。烏賊藉由將水擠出外套膜腔室而射行於水中，如同火箭發射。

許多軟體動物是肉食動物，牠們利用化學感應構造來找到獵物，在蝸牛的口中有角質顎以及獨特可銼磨的舌，稱為齒舌。

牛，以及蛞蝓) 利用其肌肉發達的足爬行，且其外套膜通常會分泌出單一的堅硬保護殼。所有陸生的軟體動物都是腹足類。

2. **雙殼貝類** (Bivalves) (蚌殼、牡蠣及扇貝) 如其名稱所示，分泌出兩瓣且以鉸線相連的外殼 (圖 19.15b)，牠們藉由吸水進入殼中而濾食。

3. **頭足類** (Cephalopods) (如圖 19.15c 所示的章魚，以及烏賊) 具有變形的外套膜腔以產生如火箭發射的動力系統，能使其快速通過水中。在大部分類群中，其殼大幅退化成一個內部構造，或是缺乏殼的構造。

軟體動物的獨特特徵是**齒舌** (radula)，其是可銼磨且像牙齒的器官。齒舌具有成列突起且向後彎曲的牙齒，被一些蝸牛用來刮取岩石上的藻類。在牡蠣殼上的小孔洞是由腹足類所產生的，牠會從孔洞鑽入以殺死牡蠣並拉出其個體。

關鍵學習成果 19.8

軟體動物有真體腔，但不分節。雖然外型多樣，其基本體制設計包括足、內臟團及外套膜。

19.9 環節動物：體節的出現

在真體腔動物中，體制的早期關鍵新興特徵之一是**體節化** (segmentation)，由一列相同的體節構成一個個體。第一個演化出體節的動物是**環節動物** (annelid worms)，其個體是由一條幾乎相同的多個體節組合而成。體節化的最大優勢是它提供了演化的可塑性：在既有體節上的小改變可以產生具有不同功能的新體節。所以有些體節會變態為生殖，有些為攝食，以及其他為排除廢棄物。

所有環節動物的三分之二生活在海中 (如圖 19.16b 的剛毛蟲)；剩餘的大部分是蚯蚓 (如圖 19.16a 從地下冒出者)。環節動物體制的三項特徵如下：

(a) (b)

圖 19.16 環節動物的代表
(a) 蚯蚓是陸生的環節動物，這個夜間爬行者 (*Lumbricus terrestris*) 正離開其洞穴，爬過土壤；(b) 此剛毛蟲是水生的環節動物，一種多毛類。

1. **重複的體節**：環節動物的體節看起來是一列環狀構造排出個體的全長，體節依其內部分隔而被區分。在每個圓柱狀的體節中，都重複有排泄及運動器官。每個體節的真體腔中有液體形成液壓而使體節堅固。每個體節中的肌肉與體腔內的液體相抗衡。由於每個體節是分開的，故都能獨立地延展或收縮。例如，當蚯蚓在平坦表面上爬行時，牠會伸長其身體的一部分，並縮短其他部分 (見圖 22.8)。
2. **特化的體節**：在環節動物的前端體節包含蟲體的感覺器官。有些環節動物已演化出精細的眼睛，其具有水晶體及視網膜。一個前端的體節含有發育良好的腦神經節或腦。
3. **連接**：循環系統 (動物門特徵說明中的紅色血管) 攜帶血液從一體節到另一體節；而神經索 (圖中沿著腹壁的黃色鏈狀構造) 連接位在每個體節的神經中心以及腦。腦可以協調蚯蚓的活動。

關鍵學習成果 19.9

環節動物是分節的蟲，大部分物種是海生，但有大約三分之一的物種是陸生。

19.10 節肢動物：具關節附肢的出現

節肢動物的體制

節肢動物 (arthropods) 的顯著新興特徵是具關節的附肢，其是此類動物體制的起源特徵，也使之成為所有動物類群中最成功者。

具關節的附肢

節肢 (arthropod) 來自兩個希臘文字，*arthros*，意指關節，以及 *podes*，意指足。所有節肢動物 (圖 19.17) 都有具關節的附肢，有些有腳或可能變形為其他用途。節肢動物利用

環節動物門：環節動物

關鍵演化新與特徵：體節化

海生的多毛類及蚯蚓 (環節動物門) 是最早演化出一個重複體節體制的動物。大部分體節是相同的，且藉由分隔而彼此分開。

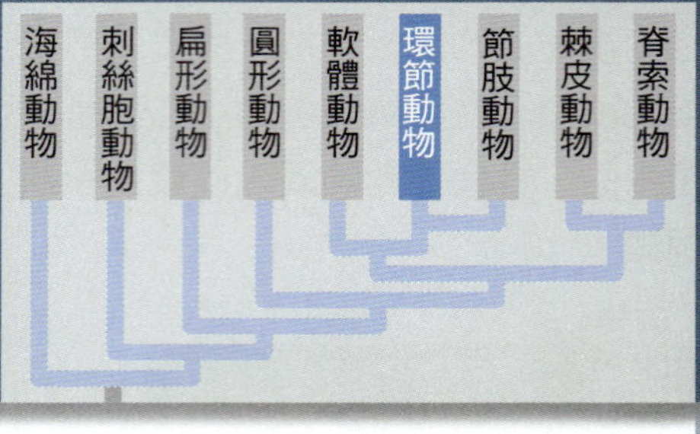

每個體節含有一組排泄器官 (腎管) 及神經中心。

蚯蚓藉由固定其剛毛在地上並向前拉，以利爬行。多毛類的環節動物有扁平的身體，可藉由彎曲而游泳或爬行。

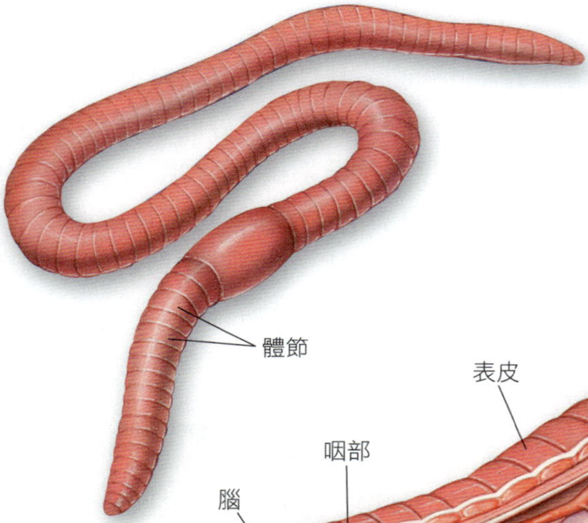

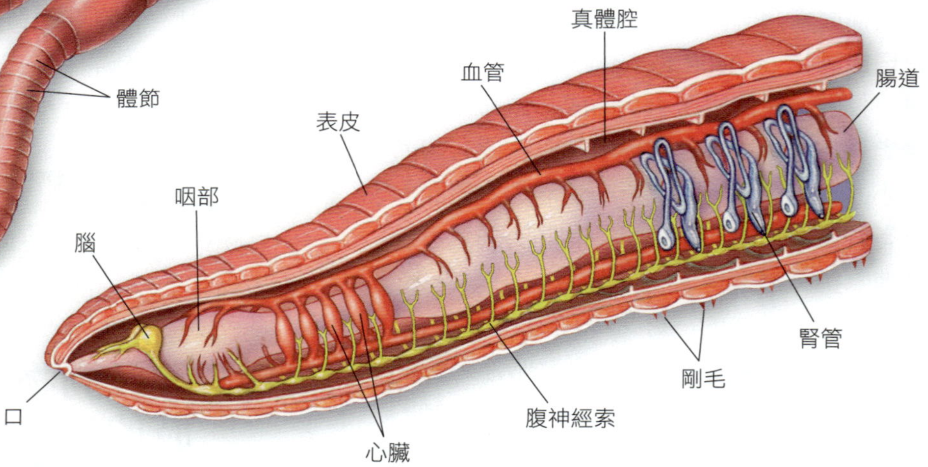

體節之間有循環及神經系統相連接，一系列的心臟位在前端以壓送血液。發育良好的腦位在前端體節，協調所有體節的活動。

每個體節有一個體腔，肌肉壓擠體腔內的液體，使得每個體節堅固如充氣的氣球。因為每個體節可以獨立收縮，蚯蚓可以藉由伸長一些體節並縮短其他體節而爬行。

具關節的附肢當作腳及翅膀來運動、當作觸角來感應其環境，以及當作口器來吸食、撕扯及咀嚼獵物。

堅硬的外骨骼

節肢動物體制具有第二項重要的新與特徵：由幾丁質組成的堅硬**外骨骼**

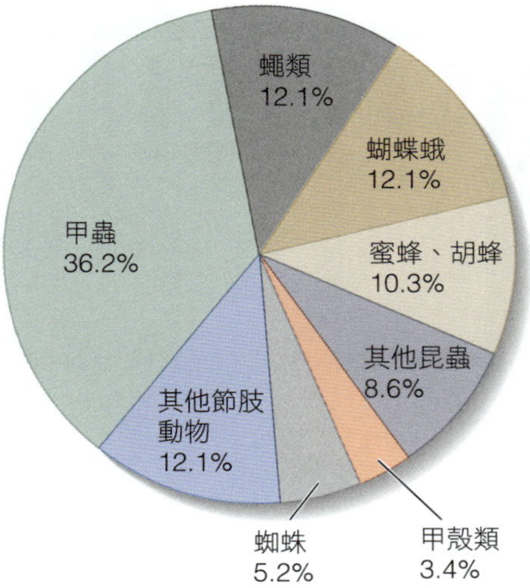

圖 19.17 節肢動物是成功的一群
在地球上所有已知物種中，大約有三分之二是節肢動物。所有節肢動物的 80% 是昆蟲，且已知的昆蟲中約有一半是甲蟲。

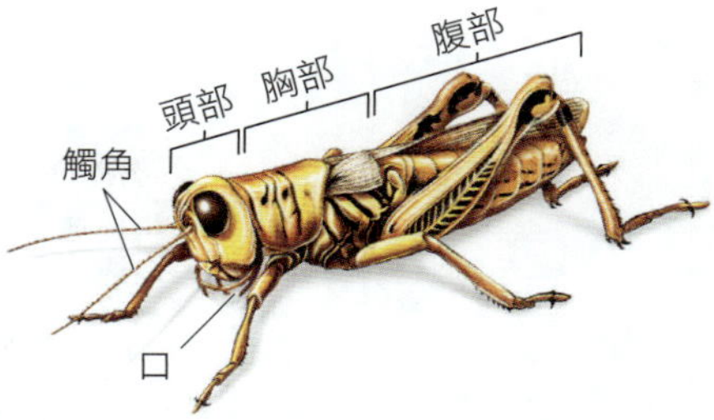

圖 19.18 昆蟲的體節
這隻蝗蟲說明了個體的體節化可在成熟的昆蟲看到。在多數昆蟲的幼蟲階段有許多體節，其在成熟時變成癒合而成三個成熟體節：頭、胸及腹部。附肢包括腳、翅膀、口器及觸角，且具有關節。

(exoskeleton)。在任何動物中，骨骼的關鍵功能是可以提供肌肉可附著的位置。而在節肢動物中，肌肉附著在堅硬幾丁外殼的內側，此外殼也保護動物免於被獵食者侵犯，並阻礙水分喪失。

然而，雖然幾丁質堅硬強壯，它也易脆且不能支持太多體重。由於大型昆蟲的外骨骼必須比小型昆蟲更厚，以耐受肌肉的拉扯，所以節肢動物的體型大小是受限制的。另一個在體型上的限制是：許多節肢動物，包括昆蟲，其身體的所有部分必須靠近呼吸通道以獲得氧。其理由是呼吸系統 (詳見 24.1 節) 攜帶氧給各組織，而非循環系統。

節肢動物個體有分節，個別體節通常僅在早期發育時存在。例如毛毛蟲 (幼蟲階段) 有許多體節，而蝴蝶 (及其他成熟昆蟲) 只有三個具功能的體節－頭、胸及腹部。有些體節化的現象仍可在圖 19.18 的蝗蟲看到，特別是在腹部可見其跡象。

節肢動物因為其新興的具關節附肢與外骨骼而已經被證實是非常成功的動物。在本節動物門說明中，將能了解節肢動物特徵的簡介。

有螯肢動物

節肢動物如蜘蛛、蟎、蠍子以及少數其他缺乏大顎 (mandibles) 者，稱為**有螯肢動物** (chelicerates)。牠們的口器，即**螯肢** (chelicerae)，是從接近動物前端的附肢演化而來，就像下圖中的跳蛛。螯肢是最前方的附肢，位於頭部。

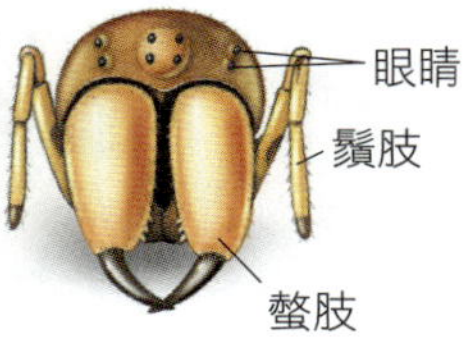

有螯肢動物中最古老的類群之一是鱟，現存者只有五種。鱟以背部朝上游泳，藉由其腹板移動並用其五對腳行走。鱟的身體被硬殼所覆蓋，並有一條尾端附屬物 (圖 19.19)。

有螯肢動物的三個綱中最大的是多為陸生

圖 19.19 鱟 (馬蹄蟹)
這些鱟 (*Limulus*) 從海面露出以便交配。

節肢動物門：節肢動物

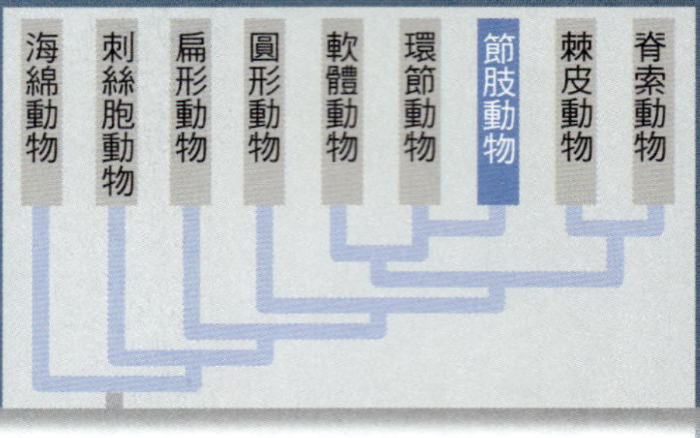

關鍵演化新興特徵：具關節的附肢及外骨骼

昆蟲及其他節肢動物 (節肢動物門) 有一個真體腔、分節的身體以及具關節的附肢。昆蟲個體的三個部分 (頭、胸及腹部) 事實上在發育時分別是由許多體節所癒合而成。所有節肢動物有強壯的幾丁質外骨骼。節肢動物的昆蟲綱已經演化出翅膀，使得昆蟲可以快速在空中飛行。

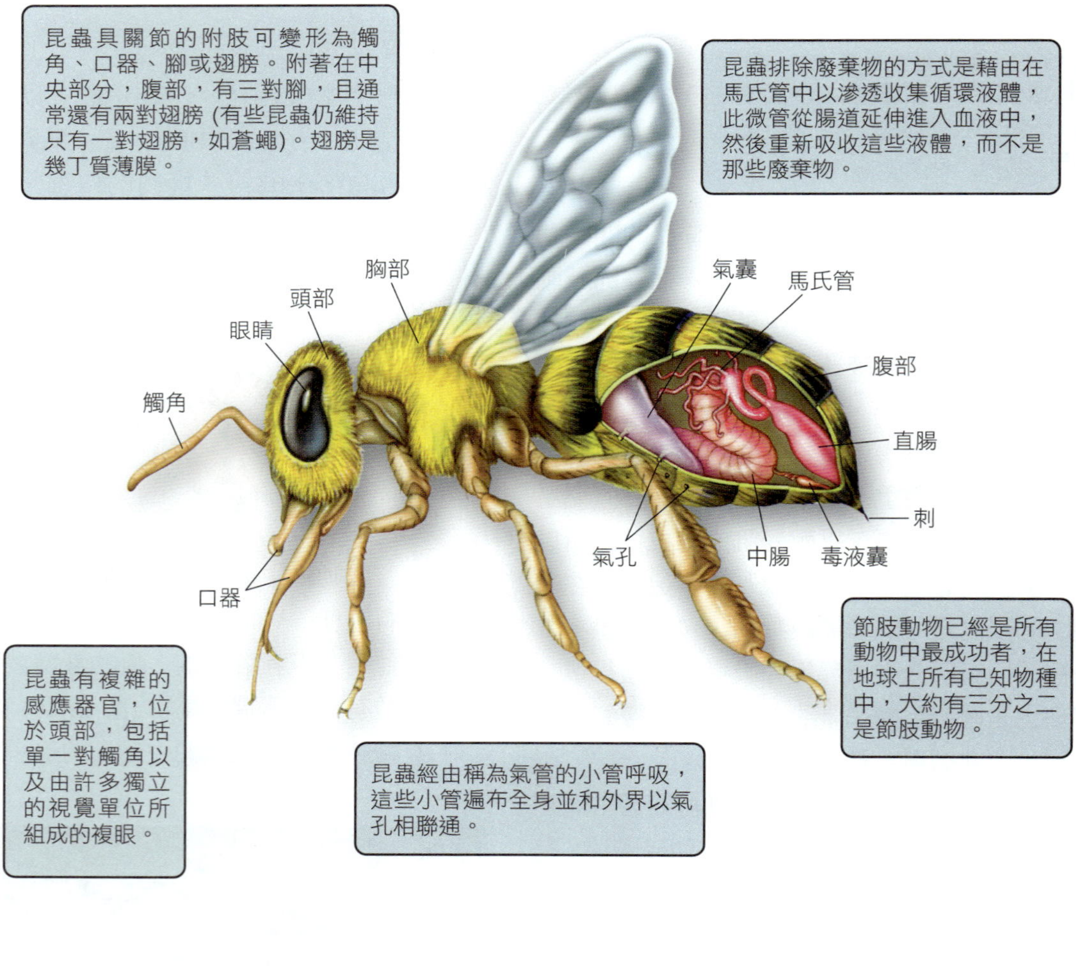
昆蟲具關節的附肢可變形為觸角、口器、腳或翅膀。附著在中央部分，腹部，有三對腳，且通常還有兩對翅膀 (有些昆蟲仍維持只有一對翅膀，如蒼蠅)。翅膀是幾丁質薄膜。
昆蟲排除廢棄物的方式是藉由在馬氏管中以滲透收集循環液體，此微管從腸道延伸進入血液中，然後重新吸收這些液體，而不是那些廢棄物。
胸部
頭部
眼睛
觸角
口器
氣囊
馬氏管
腹部
直腸
刺
氣孔
中腸
毒液囊
節肢動物已經是所有動物中最成功者，在地球上所有已知物種中，大約有三分之二是節肢動物。
昆蟲有複雜的感應器官，位於頭部，包括單一對觸角以及由許多獨立的視覺單位所組成的複眼。
昆蟲經由稱為氣管的小管呼吸，這些小管遍布全身並和外界以氣孔相聯通。

的蛛形綱，包括蜘蛛 (圖 19.20)、蜱、蟎、蠍子及盲蛛。大部分的蛛形動物為肉食者，雖然大多為草食者。蜱是以脊椎動物血液為食的外寄生蟲，有些蜱是疾病帶原者，例如恙蟲病。海蜘蛛也是有螯肢動物且相對常見的綱，特別是在海岸水域。

(a)

(b)

圖 19.20　蜘蛛
(a) 在美國及加拿大最毒的蜘蛛是黑寡婦 (*Latrodectus mactans*)；(b) 在這區域中，另一個有毒的蜘蛛是棕色遁蛛 (*Loxosceles reclusa*)，這兩種蜘蛛生存在溫帶及亞熱帶北美洲，但牠們很少咬人類。

具顎動物

其他的節肢動物具有**大顎**，其是由前端附肢對之一所變形而來，但不一定是最前方的一對附肢。下圖牛蟻的最前方一對附肢是觸角，而大顎是下一對附肢。這些節肢動物稱為**具顎動物** (mandibulates)，包括甲殼類、昆蟲、百足蟲、倍足蟲以及其他類群。

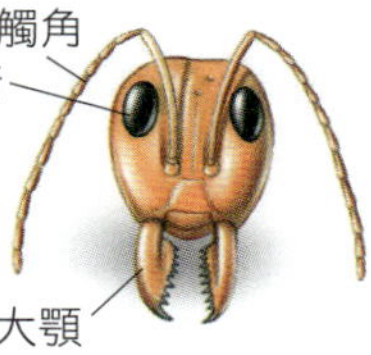

甲殼類　**甲殼類** (crustaceans；甲殼亞門) 是大而多樣的類群，主要是水生生物，包括螃蟹、蝦、龍蝦、螯蝦、水蚤、等足蟲、土鱉、藤壺及相近類群 (圖 19.21)。通常在海水及淡水棲地中極為豐多，且幾乎在所有水域生態系中扮演關鍵的重要角色。

大部分的甲殼類有兩對觸角 (第一對較短且通常被視為小觸角，如圖 19.22 所標示)、三對咀嚼附肢 (其中一對是大顎) 以及不同對數的腳。

甲殼類不同於昆蟲之處在於頭及胸部癒合而形成頭胸部，且牠們的腳位在腹部及頭胸部。許多甲殼類具有複眼。大型甲殼類以羽狀鰓進行氣體交換，而較小型者則直接經由角質層較薄的區域或是整個身體來進行。大部分的甲殼類為單性，甲殼類有許多特化的交配方式，且有些種類的個體會抱卵，或是以單顆卵或聚集成堆，直到其孵化。

(a)

(b)

(c)

圖 19.21　甲殼類
(a) 黑指珊瑚蟹；(b) 土鱉 (*Porcellio scaber*)；(c) 藤壺是固著性的動物，永遠吸附在堅硬物體上。

甲殼類包括海生、淡水生及陸生種類。甲殼類如蝦、龍蝦、螃蟹及螯蝦稱為十足類，具有 10 對腳，如圖 19.22。等足蟲及土鱉是陸生的甲殼類，但是通常生活在潮濕的地方。藤壺是一群在成熟時行固著生活，但有自由游泳的幼蟲期之甲殼類。

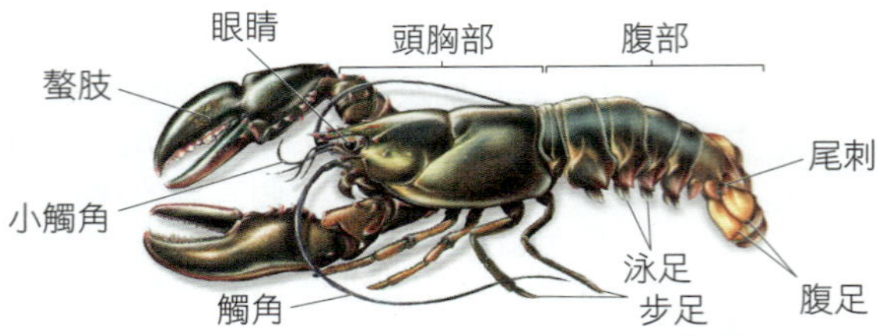

圖 19.22 龍蝦 (*Homorus americanus*) 的體制
圖中指出部分用來描述甲殼類的特殊名詞。例如其頭與胸部癒合而形成頭胸部，稱為泳足的附肢出現在腹部的兩側，且用於生殖及游泳。扁平的附肢稱為腹足，形成在腹部後端的複雜「划槳」。龍蝦也會有尾刺。

倍足蟲與百足蟲 倍足蟲與百足蟲的身體包括頭部及其後的許多相似的體節。百足蟲在每對體節上有一對腳 (圖 19.23a)，而倍足蟲則有兩對 (圖 19.23b)。百足蟲全部都是肉食者，且主要以昆蟲為食。而大部分倍足蟲是草食者，大多以腐爛的植物為食，主要生活在潮濕、受保護處，例如在落葉底下、腐木中、樹皮或石頭下，或在土壤中。

(a)

(b)

圖 19.23 百足蟲與倍足蟲
百足蟲是活躍的獵食者，而倍足蟲則是較少活動的草食者。(a) 百足蟲 (*Scolopendra*)；(b) 在北卡羅萊納州的倍足蟲 (*Sigmoria*)。

昆蟲 **昆蟲** (insects) 屬於昆蟲綱，是節肢動物中最大的一群，不論是從物種數或個體數來看，牠們是地球上最豐多的真核生物類群。大多數的昆蟲相對地小型，體型範圍從 0.1 公厘制約 30 公分長。昆蟲的身體分成三個部分：

1. **頭部**：昆蟲的頭非常複雜，具有單一對觸角以及精巧且可完全符合其食性的口器。例如，蚊子的口器適用於穿透皮膚 (圖 19.24a)；蝴蝶細長的口器可以解開捲曲而往下伸至花中 (圖 19.24b)；家蠅的短口器適用於吸取液體 (圖 19.24c)。大部分昆蟲有複眼，其是由獨立的視覺單位所組成。
2. **胸部**：胸部包括三個體節，每個具有一對腳。大部分昆蟲還有兩對翅膀附著在胸部。有些昆蟲外側的那對翅膀適於保護，而非飛行，如甲蟲、蝗蟲及蟋蟀。
3. **腹部**：腹部包括高達 12 個體節。消化作用主要發生在胃，而排泄作用則是通過馬氏管 (Malpighian tubules)，其構成一個有效的保水機制，且是節肢動物登上陸地存活的適應特性。

雖然昆蟲主要是陸生類群，牠們幾乎可生活在任何陸地及淡水棲地，有些甚至可生活在海水中。

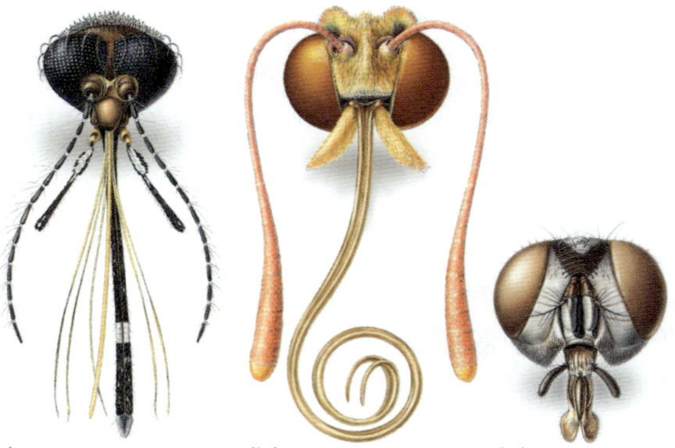

(a) (b) (c)

圖 19.24 三類昆蟲的變態口器
(a) 蚊子 (*Culex*)；(b) 苜蓿粉蝶 (*Colias*)；(c) 家蠅 (*Musca domestica*)。

關鍵學習成果 19.10

節肢動物，最成功的動物門，有具關節的附肢、堅硬外骨骼以及翅膀 (昆蟲具有)。

胚胎的再設計

19.11 原口與後口動物

在已介紹過的動物類群中，其基本上都有相同的胚胎發育，受精卵的細胞分裂產生一個空心的細胞球，囊胚，其內縮而形成兩層厚的球，並有胚孔向外開口。在軟體動物、圓形動物及節肢動物中，口是從胚孔或其附近發育而來。具有此發育方式的動物稱為**原口動物** (protostome；圖 19.26 上圖)。倘若這樣的動物有明顯的肛門或肛孔，則此開口會在後來從胚胎的另一部分發育而成。

第二個胚胎發育的明顯模式發生在棘皮與脊索動物中。在這些動物中，其肛門是從囊胚孔或其附近發育而來，而口則會在後來從囊胚的另一部分發育而成。此類群的動物門稱為**後口動物** (deuterostomes；圖 19.26 下圖)。

圖 19.25 昆蟲多樣性

(a) 有些昆蟲有堅硬的外骨骼，就像這隻獨角仙 (鞘翅目)，甲蟲的物種數比其他昆蟲的物種數總和還多；(b) 跳蚤 (隱翅目)，其側面扁平，可輕易在毛髮間穿梭；(c) 蜜蜂 (*Apis mellifera*) (膜翅目) 是廣泛家養且是開花植物有效的傳粉者；(d) 這隻蜻蜓 (蜻蛉目) 有易脆的外骨骼；(e) 真正的臭蟲 (*Edessa rufomarginata*) (半翅目)，一種產在巴拿馬的椿象；(f) 交配中的蝗蟲 (直翅目)；(g) 長尾水青蛾 (*Actias luna*) 產在維吉尼亞州，長尾水青蛾及其親緣相近的蝴蝶是最豔麗的昆蟲 (鱗翅目)。

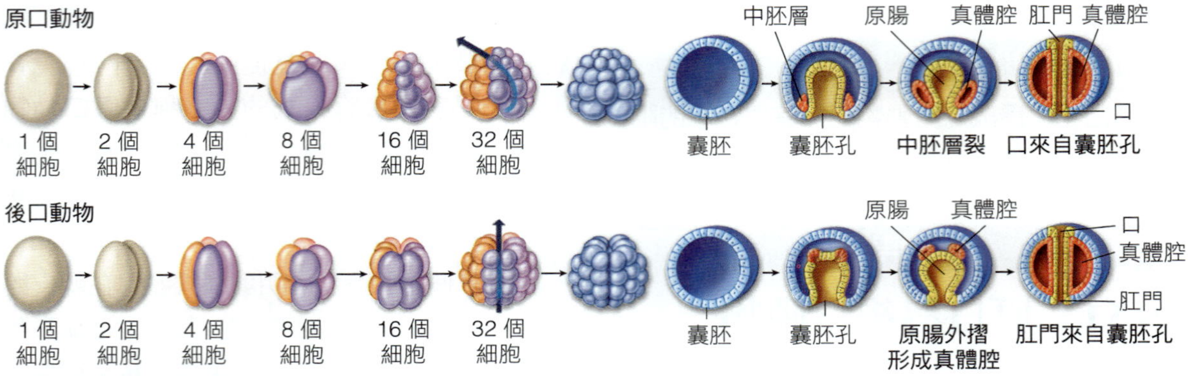

圖 19.26　原口與後口動物的胚胎發育
卵裂產生一個空心的細胞球，稱為囊胚，囊胚內摺而產生囊胚孔。在原口動物中，胚胎細胞以螺旋方式分裂並緊密相疊，囊胚孔變成口，而體腔源自中胚層分裂。在後口動物中，胚胎細胞以輻射方式分裂並排列疏鬆的細胞列，囊胚孔變成動物的肛門，而口則會在後來從另一端發育而成，其真體腔源自原腸的外摺。

後口動物代表胚胎發育的重大變革，除了胚孔的命運之外，後口動物不同於原口動物有其他三項特徵：

1. 在胚胎生長時的漸進細胞分裂稱為*卵裂* (cleavage)。幾乎所有原口動物為**螺旋卵裂** (spiral cleavage) 模式，因為可沿著分裂的細胞序列畫出一條從極軸向外的螺旋線。而後口動物則為**輻射卵裂** (radial cleavage) 模式，因為可沿著分裂的細胞序列畫出一條從極軸向外的半徑。
2. 在原口動物中，胚胎中每個細胞的發育命運從該細胞最早出現時即已固定。即使是在 4-細胞階段，每個細胞都不相同，包含不同的化學發育訊息，且倘若將細胞分開，沒有一個細胞可發育成完整的動物。相反地，在後口動物中，受精胚胎的第一個卵裂分裂產生相同的子細胞，且即使細胞分開，任何單一細胞皆可發育成完整的生物。
3. 在所有真體腔動物中，體腔源自中胚層。在原口動物中，體腔的腔室在中胚層擴大而使其細胞簡單地彼此分離；然而，在後口動物中，體腔通常是由**原腸** (archenteron) 外摺並經由囊胚孔對外開口，最終變成腸腔。此外翻的細胞衍生為中胚層細胞，且中胚層擴大而形成真體腔。

關鍵學習成果 19.11

在原口動物中，卵以螺旋方式分裂，囊胚孔變成口。在後口動物中，卵以輻射方式分裂，囊胚孔變成動物的肛門。

19.12　棘皮動物：第一個後口動物

第一個海生的後口動物是棘皮動物門的**棘皮動物** (echinoderms)。“*echinoderm*” 意指「刺狀皮膚」，其具有**內骨骼** (endoskeleton)，是由堅硬、富含鈣的小骨所組成，位在精細皮膚的內側，是真正的內骨骼。現生的棘皮動物幾乎全都生活在海底層 (圖 19.27)。海邊最常見的棘皮動物包括海星、海膽、錢幣海膽及海參。

棘皮動物的體制在發育時會有基本上的轉變：所有棘皮動物的幼蟲是兩側對稱的，但成熟時變成輻射對稱。棘皮動物的成體為五輻對稱，從海星的五臂可輕易看出。其神經系統包括一個中央神經環，並從此分出五個分支；它們能做出複雜的反應模式，但沒有一個中央控

棘皮動物門：棘皮動物

關鍵的演化新興特徵：後口發育及內骨骼

棘皮動物如海星 (棘皮動物門) 具有後口模式發育的真體腔動物。精細的皮膚延伸蓋住富含鈣的骨板，其通常癒合而成連續的堅固刺狀層。

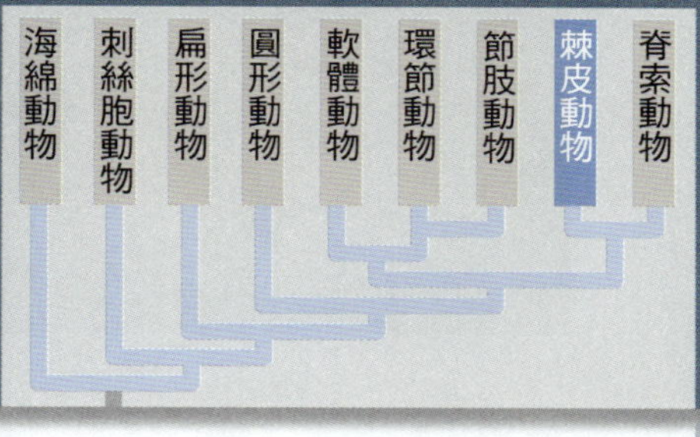

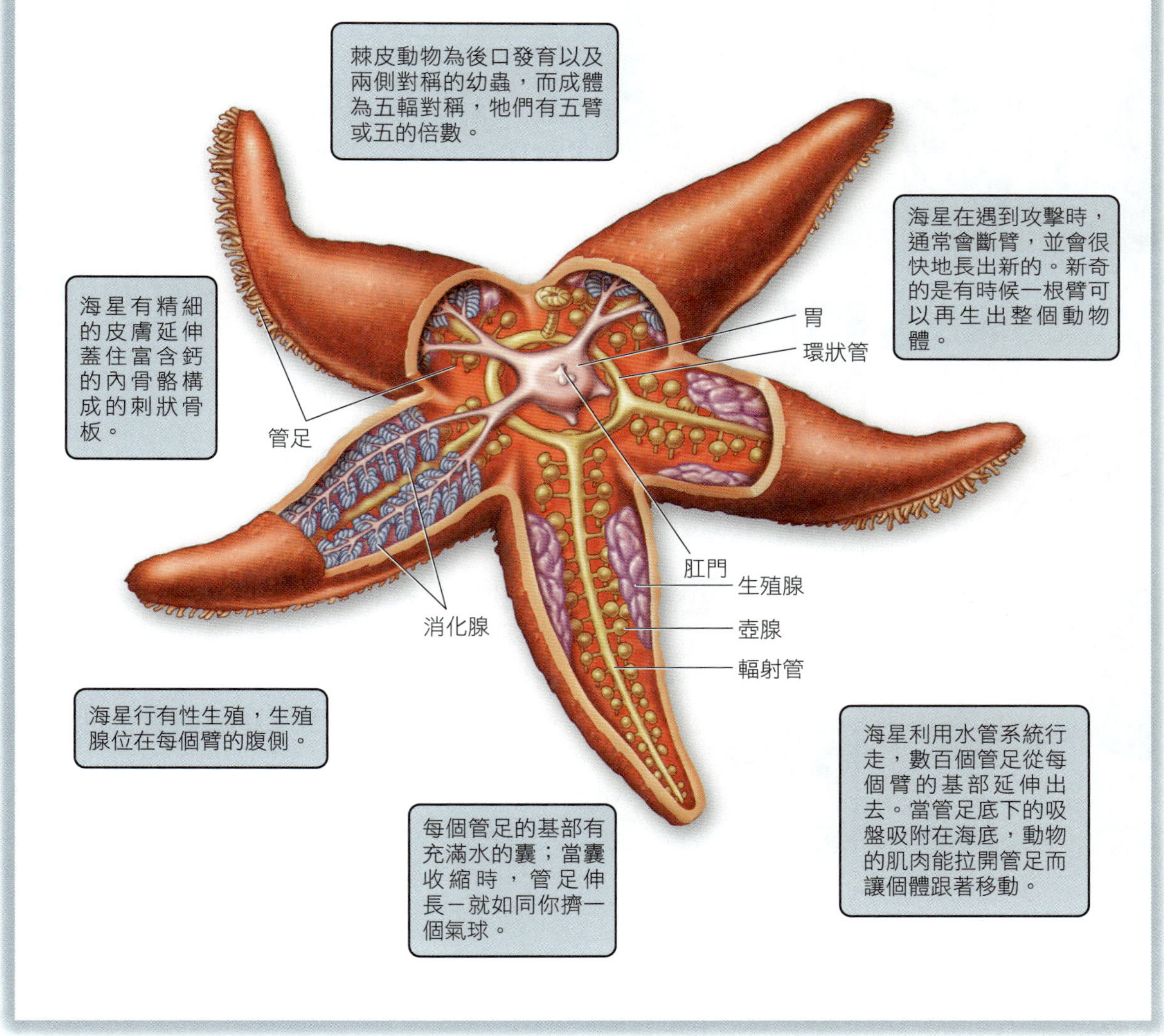
棘皮動物為後口發育以及兩側對稱的幼蟲，而成體為五輻對稱，牠們有五臂或五的倍數。
海星在遇到攻擊時，通常會斷臂，並會很快地長出新的。新奇的是有時候一根臂可以再生出整個動物體。
海星有精細的皮膚延伸蓋住富含鈣的內骨骼構成的刺狀骨板。
胃
環狀管
管足
肛門
生殖腺
壺腺
輻射管
消化腺
海星行有性生殖，生殖腺位在每個臂的腹側。
每個管足的基部有充滿水的囊；當囊收縮時，管足伸長—就如同你擠一個氣球。
海星利用水管系統行走，數百個管足從每個臂的基部延伸出去。當管足底下的吸盤吸附在海底，動物的肌肉能拉開管足而讓個體跟著移動。

管的「腦」。

棘皮動物的關鍵演化新興特徵是液壓系統的發育，以利於運動。此充滿液體的**水管系統** (water vascular system) 包括中央環狀管道，並從其分出五條輻射管道延伸至五臂中 (詳見本節的動物門特性說明)。每條輻射管道再伸出

(a)

(b)

(c)

(d)

(e)

(f)

圖 19.27　棘皮動物的多樣性
(a) 紫偽翼手參 (*Pseudocolochirus violaceus*)；(b) 在澳洲大堡礁的海百合 (海百合綱)；(c) 陽隧足 (*Ophiothrix*) (蛇尾綱)；(d) 錢幣海膽 (*Echinarachnius pama*)；(e) 大紅海膽 (*Strongylocentrotus franciscanus*)；(f) 在墨西哥加利佛尼亞灣的海星 (*Oreaster occidentalis*) (海星綱)。

許多微細小管通過短的側管，而成為數千個細小、中空的管足。在每個管足的基部是充滿液體的肌肉囊，當作一個活瓣 (圖中黃色球，標示為「壺腹」)。當肌肉囊收縮，其液體被阻擋以免再進入輻射管中，反而是被擠壓入管足中，而使之伸長。當管足伸長，會使它吸附在海底，通常有吸盤輔助。海星能將管足拉離海底，故能在海底移動。

大部分棘皮動物行有性生殖，但牠們具有讓喪失部分再生出的能力，屬於無性生殖。

關鍵學習成果 19.12

棘皮動物是後口動物，具有硬板的內骨骼，成熟個體呈輻射對稱。

19.13　脊索動物：骨骼的演進

脊索動物的一般特徵

脊索動物 (Chordates) (脊索動物門) 是後口的真體腔動物，其具有不同功能類型的內骨骼。脊索動物門成員的特徵是具有彈性的主軸，稱為**脊索** (notochord)，其是沿著胚胎背部發育而來。肌肉連接在這主軸上，使得早期的脊索能讓身體前後擺動而在水中游泳。從脊索動物演化至脊椎動物，故而出現真正的大型動物。脊索動物的特徵主要有以下四項：

1. **脊索** (notochord)：一個堅實但有彈性的主軸是在胚胎早期的神經索之下形成 (動物門特徵說明中的黃色軸)。
2. **神經索** (nerve cord)：單一、中空且位在背部的神經索 (特徵說明中的藍色軸)，有通達身體不同部位的神經附著其上。
3. **咽囊** (pharyngeal pouches)：位在口部之後一系列的囊，其在有些動物中發育成裂隙。這些裂隙開口至咽，咽是肌肉豐富的管，連通

脊索動物門：脊索動物

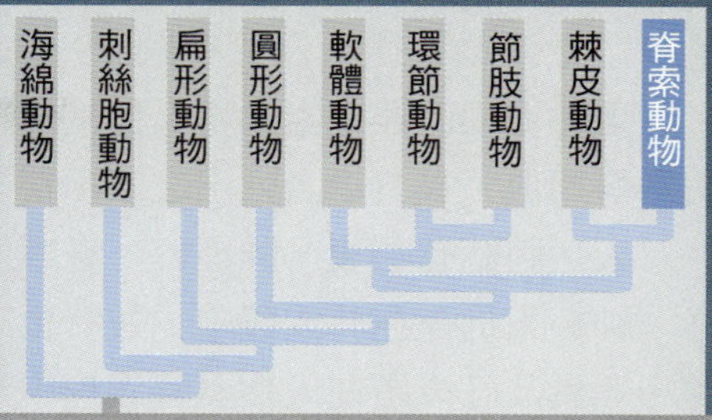
海綿動物
刺絲胞動物
扁形動物
圓形動物
軟體動物
環節動物
節肢動物
棘皮動物
脊索動物

關鍵演化的新興特徵：脊索

脊椎動物、海鞘以及文昌魚 (脊索動物門) 是真體腔動物，具有堅硬但有彈性的軸，稱為脊索，其作用在固定內部的肌肉、容許快速個體運動。脊索動物也具有咽囊 (其水生祖先的遺跡) 及背部中空的神經索。在脊椎動物中，脊索在胚胎發育中被脊柱所取代。

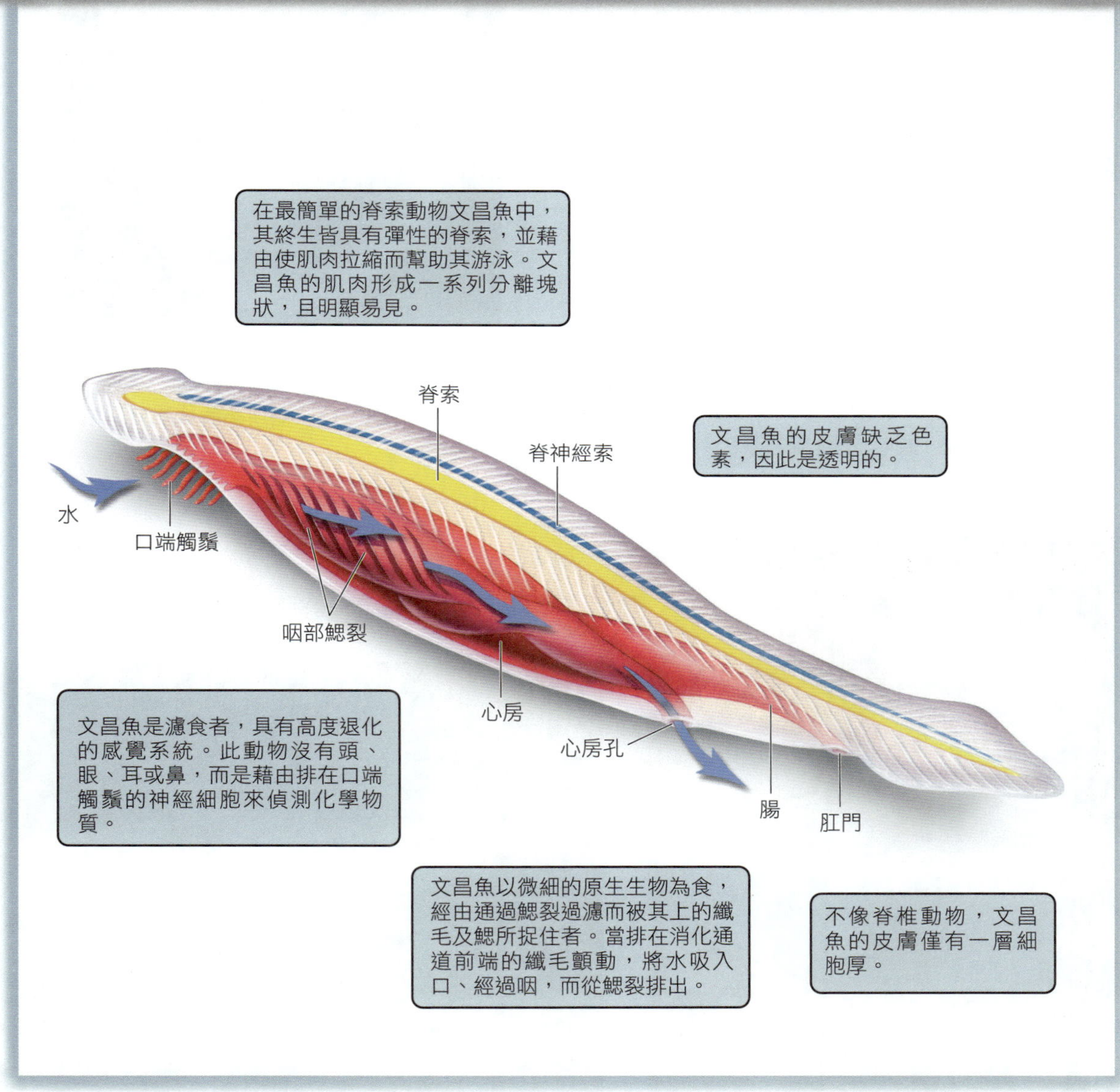
在最簡單的脊索動物文昌魚中，其終生皆具有彈性的脊索，並藉由使肌肉拉縮而幫助其游泳。文昌魚的肌肉形成一系列分離塊狀，且明顯易見。
脊索
脊神經索
文昌魚的皮膚缺乏色素，因此是透明的。
水
口端觸鬚
咽部鰓裂
心房
心房孔
腸
肛門
文昌魚是濾食者，具有高度退化的感覺系統。此動物沒有頭、眼、耳或鼻，而是藉由排在口端觸鬚的神經細胞來偵測化學物質。
文昌魚以微細的原生生物為食，經由通過鰓裂過濾而被其上的纖毛及鰓所捉住者。當排在消化通道前端的纖毛顫動，將水吸入口、經過咽，而從鰓裂排出。
不像脊椎動物，文昌魚的皮膚僅有一層細胞厚。

口部至消化道以及風管 (鰓裂標示於動物門特徵說明中)。

4. **肛後尾** (postanal tail)：脊索動物有從肛門向後延伸的尾部，此肛後尾至少在其胚胎發育期間存在。

所有脊索動物在其生活史的某一時段中，具有以上四項特徵。例如在圖 19.28a 的海鞘形狀更像海綿而非脊索動物，但其幼蟲時期則與蝌蚪相似，具有以上列出之四項特徵。

人類胚胎有咽囊、神經索、脊索以及肛後尾。神經索仍存在於成體中，並特化成腦及脊髓。咽囊及肛後尾在人類發育過程中消失，而脊索則被脊椎取代。在它們的體制中，所有脊索動物有分節，明顯分成塊狀的肌肉可以明顯地呈現出許多形式 (圖 19.29)。

脊椎動物

除了海鞘 (圖 19.28a) 及文昌魚 (圖 19.28b) 之外，所有脊索動物是**脊椎動物** (vertebrates)。脊椎動物有兩個重要特徵：

1. **背骨**：脊索被包圍，然後在胚胎發育期間被骨狀的脊柱所取代，其是一疊稱為脊椎 (vertebrae) 的骨頭包住背神經索。
2. **頭**：所有脊椎動物，除了最早期的魚類之外，具有明顯及特化良好的頭，其具有頭骨

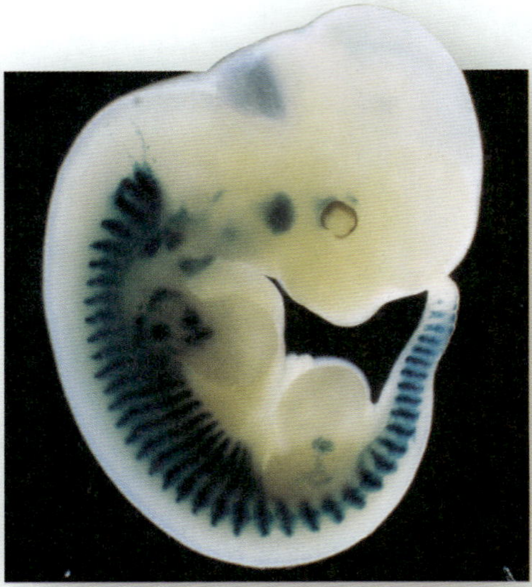

圖 19.29　老鼠的胚胎
發育約 11.5 天，肌肉已經區分成節，稱為體節 (照片中染成深色者)，反映出所有脊索動物具有基礎分節的特性。

(a)

(b)

圖 19.28　無脊椎的脊索動物
(a) 美麗的藍色及金色海鞘；(b) 文昌魚 (*Branchio-stoma lanceolatum*) 一部分埋在貝殼屑中，露出其前端。照片中，清晰可見其肌肉分節。

及腦。

所有的脊椎動物都有內部的骨骼，是由緊鄰該肌肉處的骨骼或軟骨所構成。此內骨骼使大型個體變得可能，且有不尋常的運動力量，其為脊椎動物的特徵。

關鍵學習成果 19.13

脊索動物在其發育的某個階段具有脊索，在脊椎動物的成體中，脊索被背骨所取代。

複習你的所學

動物的簡介

動物的一般特徵

19.1.1 動物是複雜的多細胞異營生物。牠們可運動及行有性生殖。動物細胞沒有細胞壁，且動物胚胎的發育模式相似。

動物的親緣關係樹

19.2.1-2 傳統上，動物根據形態特徵來分類。系統發生也可利用解剖的特徵及胚胎發育來決定。動物的 RNA 及 DNA 之分析正在形成新的系統發生樹。

體制的六個關鍵轉變

19.3.1 多樣化的動物可以其體制的六個關鍵轉變而被追蹤：組織的演化、兩側對稱、體腔、體節、蛻皮以及後口發育模式。

簡單的動物

海綿動物：沒有組織的動物

19.4.1 海綿屬於側生動物亞界，水生且具特化細胞，但沒有組織。瓶狀的成體固著在物體上。海綿是濾食者，特化的襟細胞可從過濾水中攔住食物顆粒。

刺絲胞動物：組織導向更多特化

19.5.1-2 刺絲胞動物具有兩側對稱的身體且雙胚層－外胚層及內胚層。刺絲胞動物是肉食者，抓取其獵物並在消化循環腔中進行胞內消化。許多刺絲胞動物僅以水螅體或水母體存在，但其他種類則會在其生活史中交替出現。

兩側對稱的出現

扁形動物：兩側對稱

19.6.1 除了外胚層及內胚層之外，兩側對稱的真後生動物還有在兩胚層之間的中胚層。

19.6.2-3 最簡單的兩側對稱動物是實心的蟲，包括扁形動物、吸蟲及其他寄生蟲。牠們有三胚層及消化腔，但沒有體腔。在許多扁形動物中，腸道會分支並同時作為消化及循環之用 (圖 19.12)。扁形動物有排泄系統，利用特化細胞稱為焰細胞，得以排出廢棄物。

體腔的出現

圓形動物：體腔演化

19.7.1-4 體腔的演化改善了循環、運動以及器官功能。圓形動物有一個位在內胚層及中胚層之間的體腔，其不是真正的體腔，故被稱為假體腔動物。

軟體動物：真體腔動物

19.8.1-2 軟體動物為真體腔動物：其體腔是在中胚層之內形成。其主要類群有：腹足類 (蝸牛及蛞蝓)、雙殼貝類 (蚌蛤及牡蠣) 以及頭足類 (章魚及烏賊)。所有的軟體動物包含頭足、內臟團及外套膜。

環節動物：體節的出現

19.9.1 體節化首先在環節動物中演化，且不同的體節可特化成不同功能。環節動物的基本體制是管中有管，消化道及其他器官懸浮在真體腔中。

節肢動物：具關節附肢的出現

19.10.1 節肢動物是最成功的動物門。節肢動物有分節，其體節癒合形成三個部分：頭、胸、腹部。此類群最早演化出具關節的附肢，其使得移動、抓取、咬、咀嚼等能力獲得改善。堅硬的外骨骼提供動物體的保護及當作肌肉固著之處。

19.10.2-3 節肢動物包括蜘蛛、蟎、蠍子、甲殼類、昆蟲、百足蟲及倍足蟲。

胚胎的再設計

原口與後口動物

19.11.1 真體腔動物中有兩種不同的發育模式，原口動物之胚孔發育成口，軟體動物、圓形動物及節肢動物屬之；後口動物包括棘皮動物及脊索動物，其胚孔發育成肛門。其他發育方面的不同包括原口動物為螺旋卵裂，而後口動物為輻射卵裂。

棘皮動物：第一個後口動物

19.12.1 棘皮動物有由骨板組成的內骨骼，位在皮膚內側。其成體為輻射對稱，顯然是對其環境的一種適應。

脊索動物：骨骼的演進

19.13.1 脊索動物有真正的內骨骼且可以具有脊索、背神經索、咽囊及肛後尾來區分。在脊椎動物中，脊索被背骨所取代。

測試你的了解

1. 在現代的動物系統發生分析中，原口動物基於哪個特徵而區分成兩大類群？
a. 身體對稱性　c. 蛻皮能力
b. 頭的存在　d. 脊椎的存在

2. 一個物種具有真體腔、後口發育且不會蛻皮，其屬於下列哪個類群？
a. 節肢動物　c. 軟體動物
b. 圓形動物　d. 棘皮動物

3. 海綿具有獨特的、領口狀且具鞭毛的細胞稱為？
a. 刺絲胞　c. 襟鞭毛蟲
b. 襟細胞　d. 上皮細胞

4. 刺絲胞動物門的動物與真菌相似的特徵是？
a. 幾丁質支持構造　c. 產生孢子
b. 胞內消化　d. 刺絲胞

5. 下列特徵中，何者不會出現在扁形動物門中？
a. 頭化　c. 消化道的特化
b. 具中胚層　d. 兩側對稱

6. 圓形動物門的假體腔以及環節動物門的真體腔之間的不同是假體腔是在圓形動物的中胚層及________之間發育，而真體腔則是在環節動物的________內發育。
a. 外胚層；中胚層　c. 外胚層；內胚層
b. 內胚層；中胚層　d. 內胚層；外胚層

7. 軟體動物的是有效的排泄構造
a. 腎小管　c. 外套膜
b. 齒舌　d. 無體節幼蟲

8. 體節化首先出現在環節動物，其演化優勢是
a. 藉由讓更多液體流動而消耗較少能量
b. 體節的特化以執行不同功能
c. 使得真體腔發育
d. 集中感覺及神經組織器官在運動方向上

9. 節肢動物體形的主要限制因子是？
a. 開放式循環系統沒有效率
b. 生物移動所需的肌肉重量
c. 支持非常大型昆蟲所需的厚外骨骼重量
d. 整個生物的重量，其倘若太重將在節肢動物蛻皮時壓碎其柔軟的身體

10. 具有螯肢、觸肢以及四對步足的節肢動物稱為？
a. 甲殼類　c. 昆蟲
b. 蛛形動物　d. 環節動物

11. 根據胚胎發育，下列哪個動物門與脊索動物的親緣最近？
a. 圓形　c. 棘皮
b. 節肢　d. 軟體

12. 棘皮動物以自由游泳且兩側對稱的幼蟲開始其生活史，然後成熟時變成輻射對稱。有些生物學家解釋這種在對稱性上的改變是在何者之適應？
a. 在環境中游走的動物，而非以固著生活者
b. 以固著生活的動物，而非在環境中游走者
c. 獵食者，而非濾食者
d. 生活在海水環境中的動物，而非在淡水環境中者

Chapter 20

脊椎動物的歷史

具有背骨的動物是生態系中最常見的生物。其有超過 54,000 種，它們的體型範圍差異驚人，從拇指大小的侏儒鼷鼠以及更小的蜂鳥，至如上圖中的大象以及更大的鯨魚。脊椎動物最早在海中演化出來，現今，所有脊椎動物中超過一半是魚類。但脊椎動物最成功之處是其在大約 3 億 5 千萬年前成功登上陸地。脊椎動物與節肢動物是目前陸地上的優勢生物。此成功大多是因為其內部器官系統之複雜性增加，且特別是脊椎動物特殊的內骨骼，其容許動物的體型長大。就像上圖的大象，人類是哺乳類，即具有毛且以乳汁餵食子代的脊椎動物。最早的哺乳類顯然與恐龍出現在相同時期，但在起初超過 1 億 5 千萬年期間內仍僅是弱勢的小群。當恐龍在 6 千 6 百萬年前滅絕之後，哺乳類存活下來，從此取代了恐龍曾經占領的許多生態角色。

脊椎動物演化的綜觀

20.1 古生代

科學家研究化石並估計其所在年代，他們將地球的過去時間區分成幾個大階段，稱為「**代**」(eras；圖 20.1 上方的橫條)。「代」再進一步細分成許多小階段，稱為「**紀**」(periods；「代」橫條下方的深藍色橫條)。接著，某些「紀」又再細分成「**世**」(epochs)，其可再分成「**期**」(ages；未顯示在圖中)。本章將會討論到不同的「代」和「紀」，此圖可能有助於對應回溯其相對時間。

幾乎所有至今仍存活的主要動物類群是源自**古生代** (Paleozoic era；圖上方淡紫色橫條) 初期的海洋，即在寒武紀 (5 億 4 千 5 百萬至 4 億 9 千萬年以前) 期間或緊接其後 (圖 20.2)。所以在地球上，動物類群的主要分歧大多發生在海洋裡，而來自古生代初期的化石也發現在海洋化石紀錄中。

許多出現在寒武紀的動物門，如在圖 20.2 中所示奇特的三葉蟲，並沒有存活的近親。鸚鵡螺 (有殼的頭足類軟體動物) 源自古生代，是 1 億年前的地球上最豐多的動物 (圖 20.3)。

最早的脊椎動物大約在 5 億年前從海裡演化形成－沒有大顎的魚類。牠們也沒有成對的鰭，一端有孔而另一端有鰭。接著在超過 1 億年的期間內，地球上僅有的脊椎動物是一系列不同類群的魚類。牠們在海洋裡成為優勢動物，有些體型大至 10 公尺長。

登上陸地

脊椎動物在石炭紀 (3 億 6 千萬至 2 億 8 千萬年前) 登上陸地，最早生活在陸地上的脊椎動物是兩棲類，現今的代表種類是青蛙、蟾蜍、蠑螈及蚓螈 (無足的兩棲動物)。最早已知的兩棲類是出現在泥盆紀，然後約在 3 億年

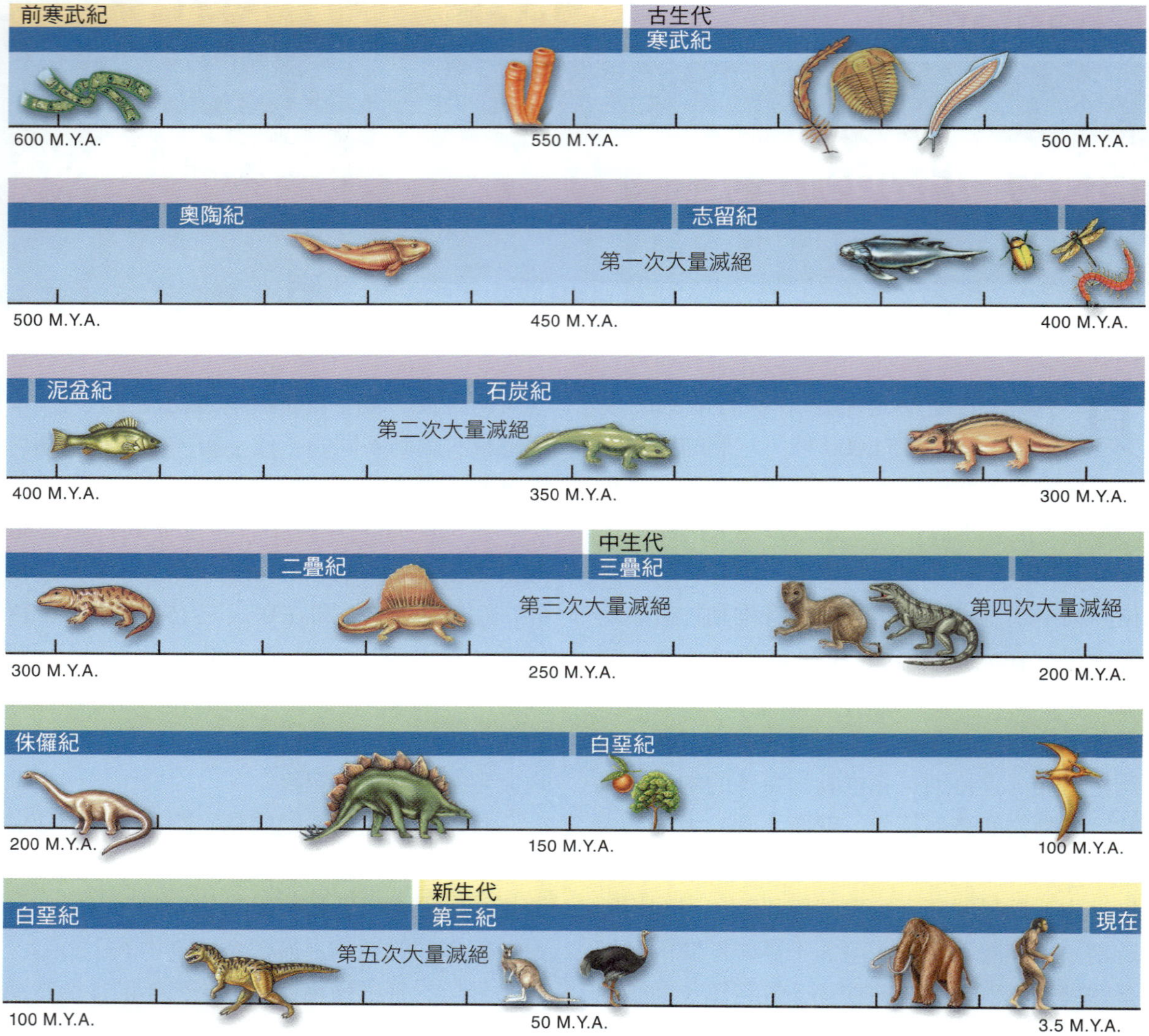

圖 20.1 演化時間軸

脊椎動物約在 5 億年 (即 500 百萬年) 前在海裡演化形成，並在 1 億 5 千萬年之後登上陸地。恐龍及哺乳類約在 2 億 2 千萬年前的三疊紀演化形成，恐龍在陸上生物中占優勢超過 1 億 5 千萬年，直到其在 6 千 6 百萬年前突然滅絕，使得哺乳類有機會興盛。

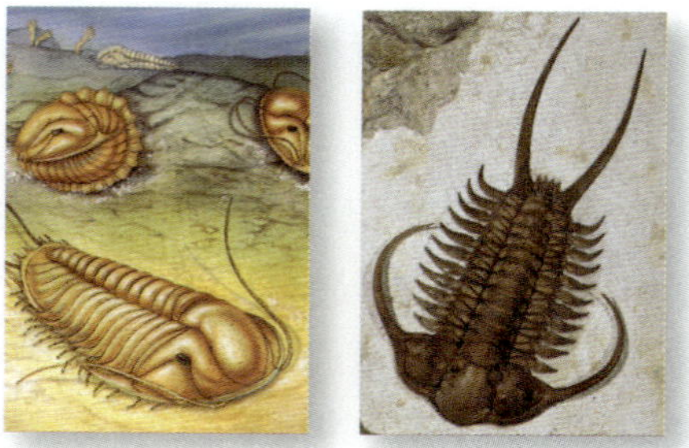

(a) (b)

圖 20.2 寒武紀的生物

(a) 此圖是重建寒武紀的海洋生物群聚中的三葉蟲；(b) 三葉蟲化石。

圖 20.3 侏儸紀的鸚鵡螺化石

前，最早爬蟲類出現。在 5 千萬年內，比兩棲類更適應生活在陸地的爬蟲類取代了牠們而成為地球上陸生優勢類群。盤龍 (圖 20.4 的扇形背動物) 是早期的爬蟲類。到了二疊紀，陸上主要的演化支系已經建立並擴大。

大量滅絕

地球上生物的歷史中可明顯看出有定期的滅絕事件發生，所喪失的物種遠超過新形成的物種。此特別急遽的物種歧異度下降稱為**大量滅絕** (mass extinctions)。總共發生了五次大量滅絕，最早的一次發生在奧陶紀末期約 4 億 3 千 8 百萬年前。在當時，最多的生物三葉蟲 (見圖 20.2)，是非常常見的海生節肢動物，變成滅絕。另一個大量滅絕發生約在 3 億 6 千萬年前，在泥盆紀末期。

第三次在地球上生物歷史發生最劇烈的滅絕是在二疊紀末 1 千萬年，為古生代的結束。當時估計所有海生動物的 96% 滅絕了！所有三葉蟲從此消失；只有一些腕足類物種存活。

大量滅絕遺留下大量空白的生態空間，因此，在此大量滅絕存活下來相對稀少的植物、動物及其他生物便接著快速演化。造成主要滅絕的原因所知甚少，以二疊紀的大量滅絕為例，有些科學家主張此滅絕是由於在海水中逐漸累積二氧化碳，這因為在超級大陸形成時的地殼變動所導致大尺度的火山活動之結果。大量的二氧化碳增加會嚴重地破壞動物執行代謝，以及產生其外殼的能力。

圖 20.4 早期的爬蟲類：盤龍

最有名且被充分研究的滅絕，發生在白堊紀末期 (6 千 6 百萬年前)，當時恐龍及其他不同生物滅絕了。最近的發現已支持一個假說，即此第五次大量滅絕事件的引發是由於一個小行星撞擊地球，可能導致全球森林火災，釋出大量顆粒至空氣中而遮蔽陽光達數月之久。

關鍵學習成果 20.1

動物界的分歧發生在海裡。登上陸地最成功的兩個動物門是節肢動物及脊索動物 (脊椎動物)。

20.2 中生代

中生代 (Mesozoic era；2 億 4 千 8 百萬至 6 千 6 百萬年前) 被分成三個時期：三疊紀、侏儸紀及白堊紀 (見圖 20.1)。在三疊紀末期，所有大陸聚成單一超級大陸稱為盤古大陸，其內部乾燥，皆為蔓延的沙漠。在侏儸紀，此盤古大陸開始裂開，細長海洋開始分離成北方的勞亞古陸 (未來的北美洲、歐洲及亞洲大陸) 以及南方的岡瓦納古陸 (未來的南美洲、非洲、澳洲及南極洲大陸)。這兩大陸塊在侏儸紀末期完全分開，海平面開始上升，且勞亞古陸及岡瓦納古陸開始被海洋所淹沒而形成淺的內陸海。此時全球氣候變得更為溫暖，因為有大部分陸地靠近海洋，狀況逐漸變得較不乾燥。在白堊紀時，勞亞古陸及岡瓦納古陸即分裂成現在的大陸。由於海平面持續上升，所以到了白堊紀中期，海平面已到達有史以來最高點，全球氣候大多為熱帶，炎熱潮濕得像在溫室中一樣。更重要的是，白堊紀早期可見最早出現的開花植物即被子植物。

中生代是陸上植物與動物急速演化的時期。隨著爬蟲類的成功，脊椎動物真正在地球表面成為優勢 (圖 20.5)，許多爬蟲類演化形成，其體型從像雞一般小型，大到甚至比連結

圖 20.5　有些恐龍相當巨大
這位小女孩站在活在白堊紀時期之大型肉食性恐龍的骨骼之前，雙足恐龍如暴龍 (*Tyrannosaurus*)、異特龍 (*Allosaurus*) 以及南方巨獸龍 (*Giganotosaurus*) 是當時生活在地球上最大型的陸上肉食動物。

卡車還大。例如僅是大型蜥腳類恐龍的腳即超過 18 呎高，顯示牠是體積非常大的動物。此時的動物中，還有些會飛行或游泳。恐龍、鳥類及哺乳類是從爬蟲類祖先之中演化而來。雖然恐龍及哺乳類在化石紀錄中顯然出現在同一時期，2 億至 2 億 2 千萬年前，恐龍很快地充滿了大型動物的生態區位。

在超過 1 億 5 千萬年期間內，恐龍是地球上的優勢類群 (圖 20.6)。在整個時期，大部分哺乳類的體型不會比貓還大。在侏儸紀及白堊紀期間，恐龍則到達其多樣化及優勢的最高點。

由於結束了古生代 (圖 20.1) 的主要滅絕，只有 4% 的物種存活至中生代。然而這些倖存者衍生出新物種，然後廣泛形成新的屬及科。在陸地上及海洋裡，幾乎所有生物類群的物種數已經在過去穩定地攀升長達 2 億 5 千萬年之久，且在此時達最高峰。這從二疊紀的大量滅絕所延伸的恢復，突然在 6 千 6 百萬年前發生中斷，即在白堊紀末期，恐龍消失，還有

(a) 三疊紀

(b) 侏儸紀

(c) 白堊紀

圖 20.6　恐龍
恐龍，所有陸生脊椎動物中最成功者，在陸上生物中占優勢長達 1 億 5 千萬年。在此的三張圖像代表中生代三個時期的景象。恐龍在其從三疊紀，經由侏儸紀及白堊紀這漫長的演化史中，改變甚大。這三張圖像僅提供在化石紀錄中可見到的多樣化體型之線索。

稱為翼龍的飛行爬蟲類 (圖 20.7)、大型海生爬蟲類及其他如鸚鵡螺等動物也同時滅絕。此滅絕代表中生代的結束，哺乳類快速地占領地盤，輪到牠們變得豐多且多樣－如現今的狀況一樣。

圖 20.7　已滅絕的飛行爬蟲類
照片中的翼龍與其他恐龍約在 6 千 6 百萬年前滅絕。

恐龍的變化

恐龍突然在 6 千 6 百萬年前從化石紀錄中消失 (圖 20.8)，在不到 2 百萬年的時間軸以內。牠們的滅絕是中生代的結束。造成此滅絕的是什麼？最被廣泛接受的理論指向當時小行星撞擊地球。此假說已獲得生物學家的廣泛接受，雖然仍有一些爭議存在，例如：無法確定恐龍突然滅絕，就像是隕石撞擊所造成；是否有其他動物及植物類群也顯現如同隕石撞擊所造成的結果。當在猶加敦半島外海的撞擊坑洞被發現之後，上述爭議大致獲得澄清。而到底在何時發生了猶加敦撞擊？新的確切測量指向撞擊時間是在 6 千 6 百萬年前。

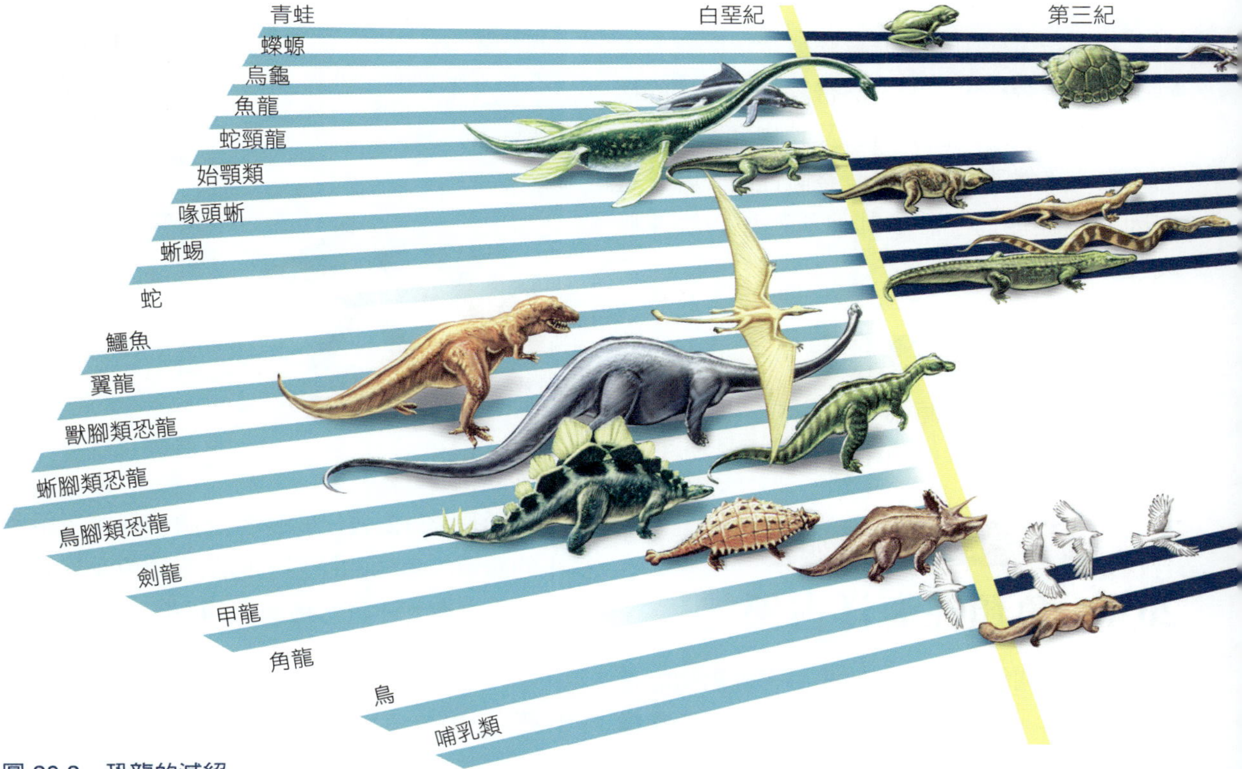

圖 20.8　恐龍的滅絕
恐龍在中生代末期滅絕，距今約 6 千 6 百萬年 (黃色線)，此主要滅絕事件也移除了大型海生爬蟲類 (蛇頸龍及魚龍)，還有最大的原始陸生哺乳類。鳥類及小型的哺乳類存活下來，並繼續占領恐龍留下來的空中及陸上生活環境。鱷魚、小型蜥蜴及烏龜也存活下來，但是爬蟲類從未再次達到像白堊紀時期般的多樣性。

關鍵學習成果 20.2

中生代是恐龍的時代。它們在 6 千 6 百萬年前突然滅絕，可能是隕石撞擊所造成的。

20.3 新生代

在**新生代** (Cenozoic era；6 千 6 百萬年前至今) 初期，氣候相對溫暖潮濕，在地球的兩極有如叢林般的森林，哺乳類從早期的小型夜行動物分歧出許多新的類群。哺乳類中，大部分現生的目都在這階段已經出現，可算是哺乳類具有最大多樣性的時期。

大約 4 千萬年前，全球進入冰河期。一系列的冰凍時期接續而來，最近者是在 1 萬年前結束。許多非常大型的哺乳類在冰河時期演化形成，包括乳齒象、長毛象、劍齒虎以及巨大的穴熊 (表 20.1)。

整個新生代中，由於氣候變化，影響各大陸出現溫帶森林、沙漠、熱帶森林等多樣的棲地，造就了不同類群的植物及動物發生地區性的演化。雖然哺乳類物種有整體性的下降，這些因素已經促進了許多其他新物種的快速形成。

關鍵學習成果 20.3

新生代是哺乳類的時代。許多大型哺乳類在冰河時期很常見，但現在已滅絕。

一系列的脊椎動物

20.4 魚類在海洋占優勢

一系列關鍵的演化特性使得脊椎動物能首度征服海洋，進而至陸地。圖 20.9 顯示脊椎動物的系統發生樹，在所有脊椎動物中有一半是**魚類** (fishes)。這最多樣且成功的脊椎動物類群，提供了兩棲類登上陸地的演化基礎。

表 20.1　一些已滅絕的新生代哺乳類

穴熊
在冰河時期，數量很多，此巨大的熊是素食者，以群體冬眠度冬。

大角鹿 (愛爾蘭麋鹿)
大角鹿屬 (*Megaloceros*) 是曾存活的鹿中最大型者，具有展開總長將近 4 公尺的鹿角。

長毛象
雖然現今只有兩種大象存活，象科在新生代早期很多樣化，許多可適應於寒冷環境的長毛象具有毛。

巨大地
大地 (*Megatherium*) 是 6 公尺大型的地獺，重達 3 公噸且與現今的大象一樣大。

劍齒虎
這些大型像獅子的大貓，其大顎可張開成 120 度，以便讓其上方的巨大劍齒刺入獵物。

魚類的特徵

從長達 12 公尺的鯨鯊至微小到如指甲大小的麗魚，魚類的體型、形狀、顏色及外觀差異甚大。雖然不同，所有魚類有四項重要的共通特徵：

1. **鰓** (gill)：魚類是生活在水中的動物，牠們藉由鰓從周圍水中取得溶氧。鰓是富含血管的絲狀組織，其位在口的後方。當魚吞入水，而水通過鰓時，氧氣即從水擴散至魚的

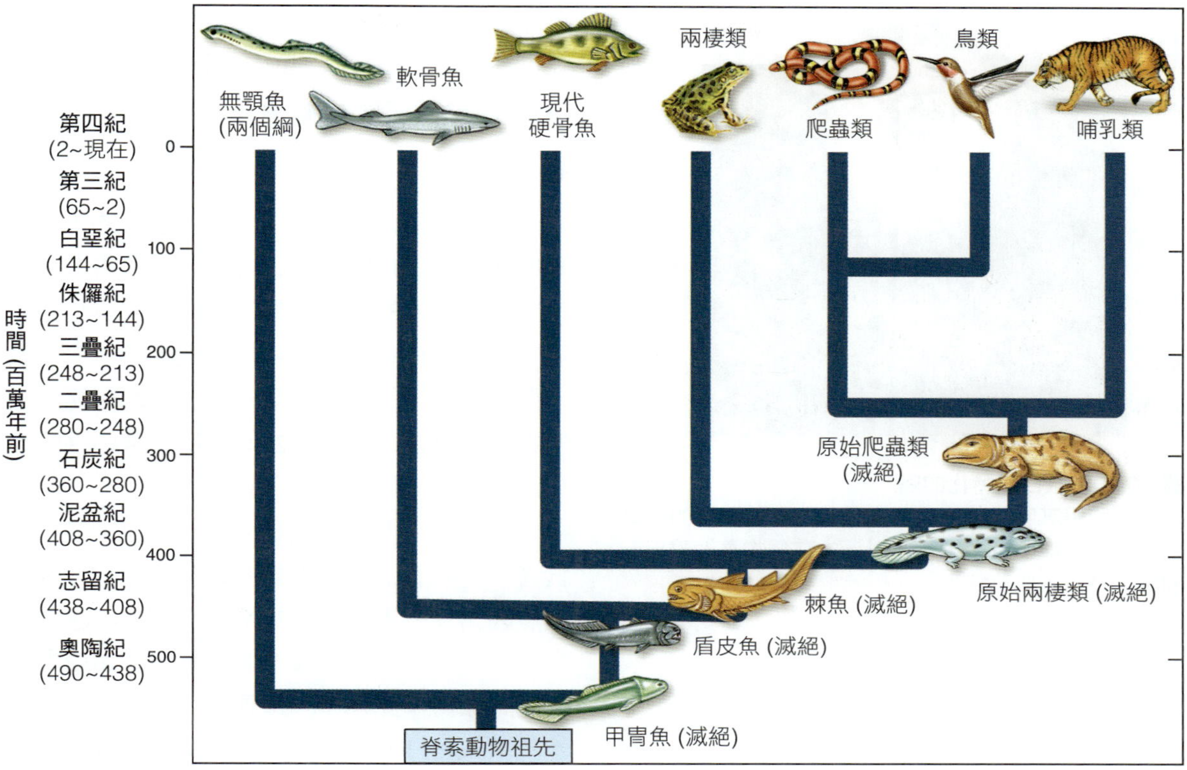

圖 20.9 脊椎動物的親緣關係樹

原始的兩棲類是從肉鰭魚衍生而來。原始的爬蟲類是從兩棲類衍生而來，接著衍生出哺乳類以及恐龍，其為現今鳥類的祖先。

血液中。

2. **脊柱** (vertebral column)：所有魚類具有內骨骼，以脊柱圍繞背神經索；腦被完全包在由骨骼或軟骨組成的頭骨中。
3. **單一迴路的血液循環**：血液從心臟推送至鰓，含氧血從鰓處再流過全身，然後回到心臟。心臟是一個肌肉豐富的管狀幫浦，由四個腔室所組成，可有次序地收縮。
4. **營養不足**：魚類不能合成芳香族的胺基酸，必須從其食物中獲得。此缺陷已經傳給所有的脊椎動物後代。

最早的魚類

最早具背骨的動物是無顎的魚類，其出現距今 5 億萬年的海洋中。這些魚類是一群被稱為甲冑魚的成員，ostracoderms 意指「帶殼的皮膚」。牠們精細的內骨骼是由軟骨建構而成。這些無顎且無齒的魚類在水中蠕動，從海底吸入小塊食物顆粒。這些最早的類群以鰓呼吸，但沒有鰭－僅由原始的尾部讓它們能在水中推進。現今存活的**無顎動物** (agnathans) 包括盲鰻及寄生的八目鰻，如圖 20.10 所示。

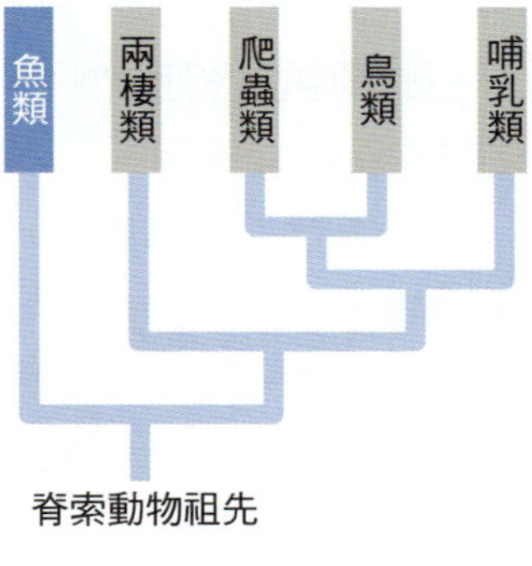

顎的演化

魚類的演化，以其適應了兩項挑戰而成為水中優勢的獵食者：

1. 什麼是抓取潛在獵物的最佳方式？

圖 20.10　八目鰻特化的嘴
八目鰻利用其吸盤狀的口將自己吸附在其獵食的魚身上。當牠們如此做之後，便以牙齒在獵物身上咬出一個洞，然後吸血為食。

2. 什麼是在水中追逐獵物的最佳方式？

取代無顎類的魚類是強有力的獵食者，其基本的重要演化新興特徵：顎的發育，如圖 20.11 所描述的，顎似乎是演化自一系列弧形支持的最前端 (紅色及藍色部分)，是由軟骨所組成，這些軟骨可加強鰓裂間組織並使鰓裂打開。如圖中由左而右所示，可看出鰓弧如何演化並重新組合成顎。

滅絕的盾皮魚類 (placoderms) 和棘魚類 (acanthodians) 皆有顎及成對的鰭。棘魚是獵食者且比胄甲魚更善於游泳，其具有七對鰭以協助游泳。較大型的盾皮魚類有巨大的頭並由厚重骨板所保護。

鯊魚及硬骨魚接著演化出多種在水中游得更好方式。在最近的 2 億 5 千萬年以來，所有在世界各地的海洋及河流中游泳之具顎魚類不是鯊魚 (及其近親，鰩) 就是硬骨魚。

鯊魚

鯊魚以強力有彈性的軟骨所組成的輕骨架來取代早期魚類的厚重硬骨骼，並改善游泳的速度及靈活度的問題。軟骨魚綱的成員包括鯊魚、魟以及鰩。鯊魚是非常強大的游泳者，具一個背鰭、一個尾鰭以及兩組成對的側鰭以控制在水中推進 (圖 20.12)；魟及鰩是扁平的鯊魚，其是底棲性。

有些最大型的鯊魚為濾食者，但大多為獵食者，牠們的口中有數排堅硬且尖銳的牙齒。鯊魚因為具有複雜的感覺系統而相當適應其獵食生活，其利用高度發達的嗅覺，從遠處即可偵測到獵物。此外，一種感覺系統也稱為側線系統 (lateral line system) 能讓鯊魚感覺到水體

圖 20.12　軟骨魚
加拉巴哥鯊魚是軟骨魚綱的成員，其主要是獵食者或食屑動物，大部分時間處在優游狀態。當牠們游動時，會讓水流經過牠們的鰓，進而由鰓中抽取水中的氧。

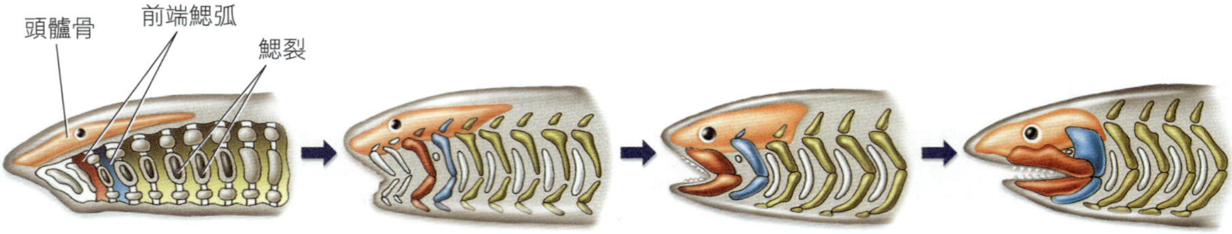

圖 20.11　魚類之間的關鍵演化：顎的演化
顎從古代無顎魚類的前端鰓弧演化而來。

的擾動。軟骨魚類的生殖是所有魚類中最進步的，鯊魚的卵為體內受精，在交配時，雄性以變態的鰭 (稱為交尾器)，抓住雌性，雄性的精子經由交尾器的溝槽進入雌性體內。約有 40% 的鯊魚、魟以及鰩會將受精卵產出，其他種類的卵則留在雌性體內發育，再產下幼體 (胎生)。還有一些種類的胚胎是在母體內發育，並以母體分泌物為食或從類似胎盤構造獲得營養。

硬骨魚

硬骨魚以非常不同的方式來改善游泳的速度及靈活度的問題 (圖 20.13)。硬骨魚利用完全由硬骨所構成的厚重內骨骼。這樣的內骨骼非常強壯，提供了強有力的肌肉可拉動的骨架。

硬骨魚仍有浮力，因為牠們具有**鰾** (swim bladder)。鰾是一個充氣的囊，可讓魚調控其浮力密度，故能不費力地保持在任何水深中漂浮。圖 20.14 的手繪放大圖可以了解鰾如何運作。

硬骨魚 (硬骨魚綱) 是由肉鰭魚亞綱及輻鰭魚亞綱所組成，其包括現今絕大多數的魚類。在輻鰭魚中，魚鰭僅含有骨狀鰭條作為支持並沒有肌肉；魚鰭需藉由體內的肌肉才能運動。在肉鰭魚中，魚鰭是多肌肉的，包含以關節相接的核心骨頭；在每個肉鰭的末梢才有骨狀鰭條 (詳見圖 20.15 ❶)。每個肉鰭內的肌肉能讓鰭條獨立運動。目前僅有八種存活，包括二種腔棘魚和六種肺魚。現今肉鰭魚雖然稀少，其扮演重要演化角色，牠們衍生出第一個四足動物，即兩棲類。

圖 20.13　硬骨魚
硬骨魚相當多樣化，其包括的物種數比其他所有脊椎動物的總和還多。這隻小丑魚是許多奇特種類之一，牠生活在熱帶海洋的珊瑚礁群中。

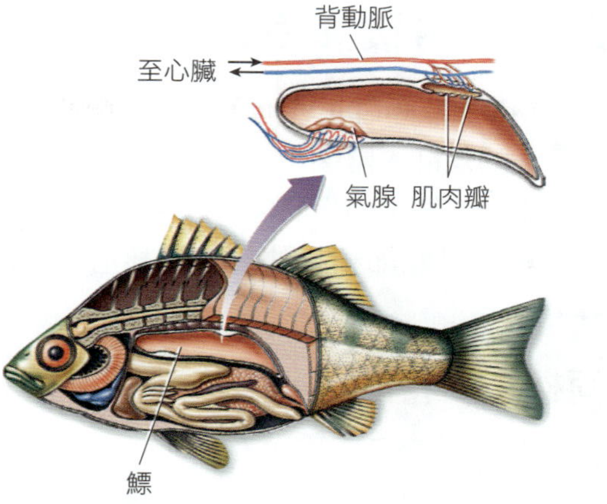

圖 20.14　鰾的示意圖
硬骨魚利用此構造以控制牠們在水中的浮力，其是由咽演化成為被部外突的囊。鰾藉由充滿或排出氣體來讓這隻魚控制浮力。氣體從血液中抽出，然後氣腺將氣體分泌至鰾中；氣體藉由肌肉瓣膜從鰾中釋出。

魚類的主要類群摘錄於表 20.2 中。硬骨魚是所有魚類，也是所有脊椎動物中，最成功者。硬骨魚如此驚人的成功是導因自一系列顯著的適應。除了鰾以外，牠們有高度發育的**側線系統** (lateral line system)，這是一種感覺系統，使得魚類能偵測水壓變化，故而能測得水中獵食者及獵物的移動。此外，大多數硬骨魚有一硬骨板稱為**鰓蓋** (operculum)，其覆蓋在頭部兩側的鰓上。鰓蓋的屈伸讓硬骨魚能將水推送至鰓。如風箱般地利用鰓蓋，讓硬骨魚即使靜止在水中，也能將水通過鰓。

關鍵學習成果 20.4

魚類的特徵是有鰓、單一迴路的簡單循環系統及脊柱。鯊魚是快速游泳者，而非常成功的硬骨魚有獨特的特性如鰾及側線系統。

20.5 兩棲類登陸

兩棲類 (am-phibians) 是最早登陸者中唯一存活的類群。兩棲類可能演化自肉鰭魚類，即其成對的鰭是由長而肉質、多肌肉的瓣狀，被由許多以關節相接的骨骼為核心主軸所支持。

兩棲類的特徵

兩棲類有五項關鍵特徵使其能成功登陸：

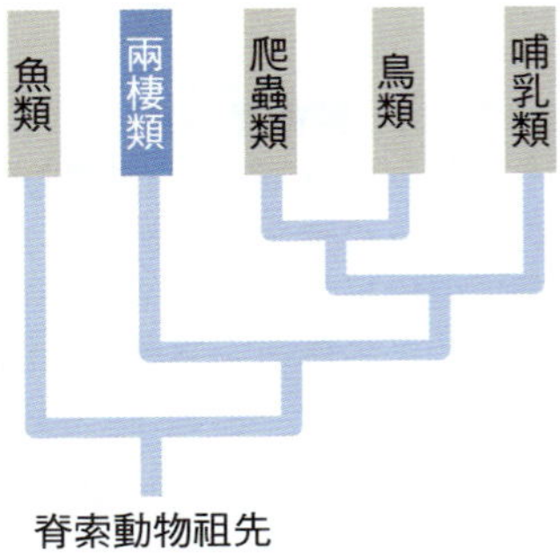

1. **腳**：青蛙和蠑螈有四隻腳且可在陸上自由移動。腳從鰭演化而來的方式如圖 20.15 所述。請留意早期兩棲類四肢 (圖 20.15 ❸)，其中骨骼的排列和在肉鰭魚 ❶ 及提塔利克魚 ❷ 所發現者很相似。腳是兩棲類登陸的關鍵特徵之一。
2. **肺**：大部分的兩棲類具有一對肺，雖然其內部表面發育不佳。肺是必需的，因為魚鰓的精細構造需要水的浮力來支持。
3. **皮膚呼吸**：青蛙、蠑螈以及蚓螈都直接透過皮膚來呼吸，以補足肺的利用，皮膚保持潮濕且提供極大的表面積。
4. **肺靜脈**：在血液被推動經過肺之後，兩條大型靜脈稱為肺靜脈，將充氧血送回心臟再推送出去。此容許充氧血在比其離開肺時以更高的壓力被推送至組織。
5. **在陸上運動及支持用的肌肉需要較大量的氧**。兩棲類心臟的腔室被隔壁分開，以免來自肺的充氧血與從身體其他部位回到心臟的無氧血混合。然而該分隔不完整，仍會有部分混合。

圖 20.15 兩棲類的關鍵適應特徵：腳的演化
在輻鰭魚中，鰭只含有鰭條。❶ 在肉鰭魚中，除了有鰭條之外，鰭有中央的核心骨骼 (在肉質瓣中)。有些肉鰭魚可移動到陸地上。❷ 在提塔利克魚不完整的化石中 (其不具有後肢)，肩、前臂及腕骨都與兩棲類相似，但此附肢的末梢像肉鰭魚者。❸ 在原始的兩棲類中，附肢股的位置移動了，且有骨狀趾。

兩棲類的歷史

兩棲類是陸上優勢脊椎動物長達 1 億年之久 (圖 20.16)。牠們在石炭紀時首次成為普遍常見者，當大部分陸地被低地熱帶沼澤所覆蓋。兩棲類在二疊紀中期到達最高多樣性。

兩棲綱中，三個現存的目是無尾目 (青蛙及蟾蜍)、有尾目 (蠑螈) 及無足目 (蚓螈) (表 20.3)。現今的兩棲類中，大多呈現出祖先型的生殖模式：產在水中的卵孵化成水棲、具鰓的幼蟲形式，其最終進行變態 (metamorphosis) 而成具肺的成體形式。許多

圖 20.16　二疊紀初期的陸生兩棲類
到了二疊紀，許多類型的兩棲類是完全陸生，有些種類有完整的青甲，如 *Cacops*。

表 20.2　魚類主要的綱

綱	典型代表		關鍵特徵	現存物種數目估計
棘魚綱	棘魚		具顎的魚；全已滅絕；成對的鰭以尖刺支撐	滅絕
盾皮魚綱	盾甲魚		具顎的魚；有盾甲護頭；通常相當大型	滅絕
硬骨魚綱				
輻鰭魚亞綱	輻鰭魚		最多樣的脊椎動物類群；鰾及硬骨骼；成對的鰭以骨狀鰭條支持	30,000
肉鰭魚亞綱	肉鰭魚		大多已滅絕的硬骨魚；兩棲類的祖先；有成對的肉鰭	8
軟骨魚綱	鯊魚、魟、鰩		流線型的獵食者；軟骨骨架；無鰾；體內受精	750
盲鰻綱	盲鰻		無顎魚；無成對附肢；食屑動物；大多盲目，但嗅覺非常發達	30
頭甲魚綱	八目鰻		大多已滅絕的無顎魚；無成對附肢；寄生及非寄生；皆在淡水生殖	35

表 20.3　兩棲類的目

目	典型代表		關鍵特徵	現存物種數目估計
無尾目	青蛙、蟾蜍		緊實、無尾的個體；頭大型與軀體癒合；後肢特化為跳躍	4,200
有尾目	蠑螈		細長身體；長尾且四肢與身體呈直角	500
無足目	蚓螈		熱帶類群，體型如蛇；尾部小到幾乎沒有；體內受精	150

兩棲類呈現此模式的例外，但所有皆與潮濕密切相連，即使非水棲環境，因為牠們的皮膚很薄。在潮濕棲地中，特別是在熱帶地區，兩棲類通常是最豐多且成功的脊椎動物。

關鍵學習成果 20.5

兩棲類是最早成功登陸的脊椎動物。牠們發育出腳、肺及肺靜脈，使得牠們能將充氧血再推送，並進而更有效地將氧送至身體的肌肉。

20.6 爬蟲類征服陸地

爬蟲類的特徵

所有爬蟲類共享一些基礎的特徵，這些特徵是從牠們取代兩棲類而成為陸上優勢脊椎動物時即已保存者：

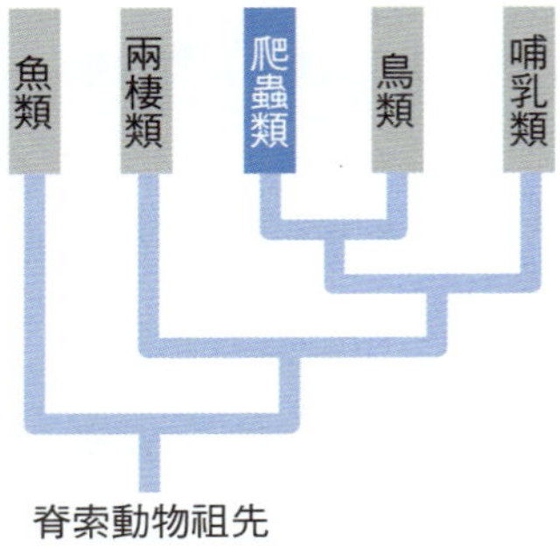

1. **羊膜卵**：兩棲類從未成功地完全成為陸生，因為兩棲類的卵必須產在水中以免乾掉。大部分爬蟲類則產下不透水的卵，其提供多層保護以免乾掉。爬蟲類的**羊膜卵** (amniotic egg) (圖 20.17) 包含食物資源 (卵黃) 及一系列的四層膜：絨毛膜 (最外層)、羊膜 (圍繞胚胎的膜)、卵黃囊 (含有卵黃) 及尿囊。
2. **乾燥皮膚**：兩棲類有潮濕的皮膚且必須維持在潮濕地方以免乾掉。在爬蟲類，有一層鱗片或冑甲覆蓋其身體以免喪失水分。
3. **以胸部呼吸**：兩棲類以擠壓其胸部而將氣體推送進入肺中；此限制了牠們的呼吸能力僅是其一口的體積。爬蟲類發展出以胸部呼吸，藉由展開與收縮肋骨架而將空氣吸入肺中，然後再將其壓出。

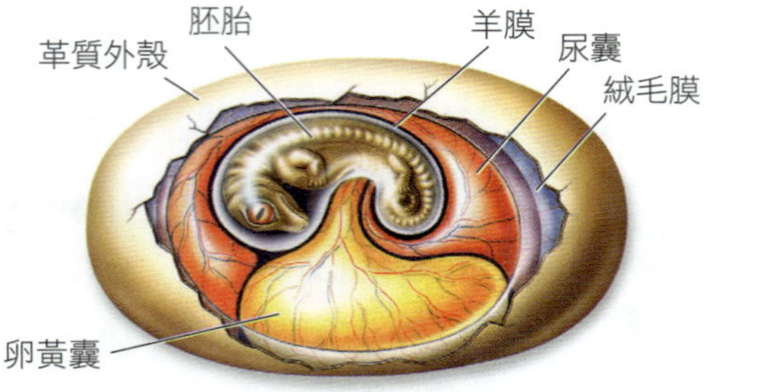

圖 20.17 不透水的卵
不透水的羊膜卵使得爬蟲類能生活在多種不同的陸上棲地。

此外，爬蟲類腳的排列能更有效地支撐體重，使得爬蟲類的身體能更大並且可以跑。還有肺及心臟也更加有效率。現今的爬蟲綱約有 7,000 種 (表 20.4)，且特別出現在地球上的每個潮濕及乾燥棲地。現代爬蟲類包括四個類群：龜及陸龜、鱷魚及短吻鱷、蛇及蜥蜴，以及楔齒蜥。

關鍵學習成果 20.6

爬蟲類有三種特徵使得牠們能在陸上適應良好：不透水的 (羊膜) 卵、乾燥皮膚以胸部呼吸。

20.7 鳥類在空中稱霸

鳥類的特徵

現代鳥類缺乏牙齒且只有尾巴的遺跡，但牠們仍然保留許多爬蟲類特徵。例如，鳥類產下羊膜卵，雖然鳥蛋的外殼非常硬，但不是革質。此外，爬蟲類的腳及鳥類的後腳上都有鱗片。什麼特徵讓鳥類獨特？哪些特徵可和現存的爬蟲類區分？

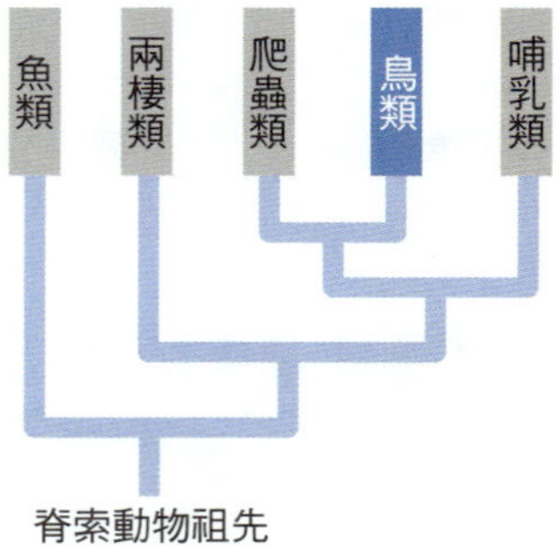

表 20.4 爬蟲類的目

目	典型代表	關鍵特徵	現存物種數目估計
鳥臀目	劍龍 	具有兩種向後的骨盆骨的恐龍，像鳥的骨盆；草食性，具有像烏龜的上喙；腳在身體下方	滅絕
蜥臀目	暴龍 	具有一種向前的骨盆骨的恐龍，像蜥蜴的骨盆；草食者及肉食者；腳在身體下方	滅絕
翼龍目	翼龍 	飛行的爬蟲類；翅膀是由第四指及身體之間的皮膚延伸而成；早期種類的全展翅可長達 60 公分，後期者則長達 12 公尺，使牠們成為有史以來在大的飛行動物；早期種類有牙齒及長尾，但有些後期種類顯現出類似鳥類的特徵，包括空心股，胸骨呈龍骨狀，尾變短，無牙齒及絕緣絲	滅絕
蛇頸龍目	蛇頸龍 	桶狀海生爬蟲類，具尖銳牙齒及大型如槳的鰭；有些具有蛇般的頸，長度達身體的二倍	滅絕
魚龍目	魚龍 	流線型海生爬蟲類，身體具有許多與鯊魚及現代魚類相似的特徵	滅絕
有鱗目 蜥蜴亞目	蜥蜴 	蜥蜴；四肢與身體呈垂直；肛門橫向開口；大多陸生	3,800
有鱗目 蛇亞目	蛇 	蛇；無足；蜿蜒而行；皮膚具鱗片，定期蛻皮；大多陸生	3,000
龜目	龜 陸龜 海龜 	古老的冑甲爬蟲類，具有骨板外殼且與脊椎及肋骨癒合；尖銳、角狀喙，無牙齒	250
鱷目	鱷魚 短吻鱷 大鱷魚 凱門鱷 	先進的爬蟲類，具有四腔室心臟及有齒窩的牙齒；肛門縱向開口；鳥類的現存近親	25
喙頭目	楔齒蜥 	曾為成功的類群，在恐龍之前消失，現今僅存一種；癒合、楔形、無齒窩的牙齒；在額頭的皮膚下方有原始第三眼	2

1. **羽毛**：從爬蟲類的鱗片衍生而來，羽毛具有兩項功能：提供上提以利飛行及保暖。羽毛是由中央羽軸及其上向外延伸的倒鉤組成 (圖 20.18)。這些倒鉤與二回分支稱為羽小支 (barbules) 相互勾在一起。此強化了羽毛的構造而不會增加太多重量。如同鱗片，羽毛可被替換。在現存動物中，羽毛是鳥類所特有。許多種類的恐龍也具有羽毛，有些具不同顏色條帶。
2. **飛行骨骼**：鳥的骨骼薄而空心。許多骨骼癒

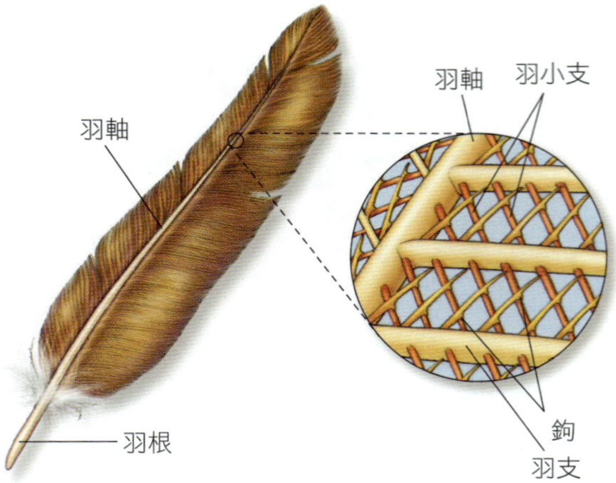

圖 20.18　羽毛
在羽毛的主要羽軸上的倒鉤有二回分支稱為羽小支，相鄰倒鉤的羽小支以微小的鉤相接。

圖 20.19　始祖鳥
始祖鳥活在 1 億 5 千萬年以前，是最古老的化石鳥類。

合後使得鳥類的骨骼比爬蟲類的還要更堅硬，且形成堅固的骨架，以在飛行時固定肌肉。靈活飛行的力量來自大的胸肌，其構成一隻鳥所有體重的 30%。從翅膀向下延伸並連接在胸骨上，此胸骨這些肌肉大幅擴大且具有明顯龍骨以利肌肉貼附。牠們也貼附在癒合的鎖骨俗稱許願骨上。沒有其他現生的脊椎動物具有癒合的鎖骨或具龍骨的胸骨。

鳥類是內溫性的，和哺乳類一樣。牠們藉由代謝散發足夠熱能以保持高體溫。鳥類比大部分哺乳類還能顯著地保持較高的體溫。此高體溫使代謝較快，以滿足飛行所需的巨大能量。

鳥類的歷史

1996 年在中國發現的化石顯示許多恐龍物種具有羽毛或類似羽毛的構造。有留下清楚化石的最古老鳥類是**始祖鳥** (*Archaeopteryx*；意指「古老翅膀」，如圖 20.19 所示)。牠的體型約像烏鴉，牠和小型獸腳類恐龍共享許多特徵。例如，牠有牙齒及像爬蟲類的長尾，而且不像現今的鳥類有中空的骨頭，其骨頭是實心的。到了白堊紀早期，在始祖鳥之後只有幾百萬年，一系列多樣的鳥類演化形成，具有許多現代鳥類的特徵。白堊紀的多樣化鳥類與翼龍共同在天空翱翔了 7 千萬年。

現今，約有 8,600 種鳥類 (鳥綱) 占據全世界各種不同棲地。鳥類主要的目整理於表 20.5 中。可從檢視牠們的嘴喙來了解生活史的大致狀況，例如，像老鷹等肉食性鳥類有尖銳的嘴喙以撕開肉；鴨子的嘴喙扁平以利翻動泥土；雀鸝的嘴喙短而厚以利咬碎種子。

關鍵學習成果 20.7

鳥類是恐龍的後代。羽毛及強壯且輕的骨骼使飛行變得可能。

20.8　哺乳類適應寒冷時期

哺乳類的特徵

現今多數大型陸棲脊椎動物是哺乳類。**哺乳類** (mammals) 約與恐龍同時演化形成，並與現存的哺乳類共享三個關鍵特徵：

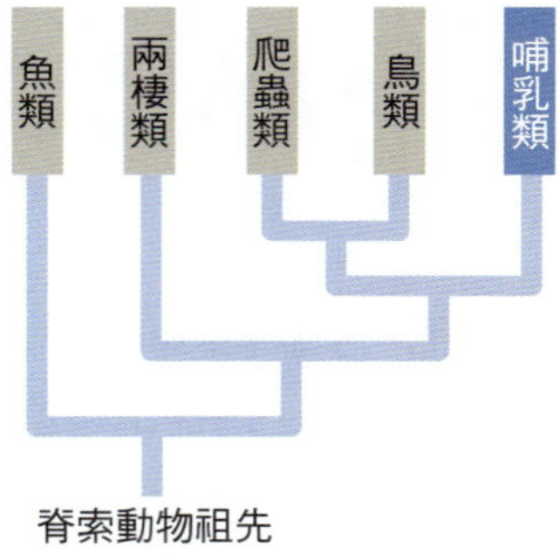

1. **乳腺**：雌性哺乳類有乳腺，其產生乳汁以

表 20.5　鳥類主要的目

目	典型代表		關鍵特徵	現存物種數目估計
雀形目	烏鴉、反舌鳥、知更、麻雀、椋鳥、鶯		**鳴唱鳥** 發聲器官發達；適於站立高處的腳；依賴型幼鳥	5,276 (所有鳥目中最大者；約占所有物種的 60%
雨燕目	蜂鳥、雨燕		**速飛型鳥** 短腳；個體小型、翅膀震擺快速	428
鴷形目	嚮蜜鴷、巨嘴鳥、啄木鳥		**啄木鳥或巨嘴鳥** 抓型腳；如鑿尖銳的嘴喙能穿破木頭	383
鸚形目	鳳頭鸚鵡、鸚鵡		**鸚鵡** 大型、強有力的嘴喙以壓碎種子；發聲器官發達	340
鴴形目	海雀、海鷗、鴴、鷸、燕鷗		**海鳥** 長、如高蹺的腳；細長、探針似的嘴喙	331
鴿形目	鳩、鴿		**鴿** 適於站立高處的腳；圓而肥碩的身體	303
隼形目	雕、鷹、隼、禿鷹		**打獵的鳥** 肉食性；敏銳視覺、尖銳嘴喙以利將肉撕裂；在白天活動	288
雞形目	雞、松雞、雉雞、		**鬥雞** 飛行能力通常有限；身體圓	268
鶴形目	鷺、黑鴨、鶴、秧雞		**沼澤的鳥** 長、如高蹺的腳；體型多樣；棲息於沼澤	209
雁形目	鴨、鵝、天鵝		**水鳥** 腳趾有蹼；有過濾突脊的寬嘴	150
鴞形目	倉鴞、角鴞		**貓頭鷹** 夜行性打獵的鳥；強壯嘴喙；強有力的腳	146
鸛形目	蒼鷺、朱鷺、鸛		**涉水鳥** 長腳；體型大	114
鸌形目	信天翁、海燕		**海鳥** 管型嘴；能長期飛行	104
企鵝目	國王企鵝、冠羽企鵝		**企鵝** 海生；翅膀特化利於游泳；無法飛行；僅發現在南半球；厚的絕緣羽毛	18
恐鳥目	鷸鴕		**鷸鴕** 無法飛行；小型；原始；僅產在紐西蘭	2
鴕鳥目	鴕鳥		**鴕鳥** 強有力的奔跑腳；無法飛行；只有二趾；體型非常大	1

哺育新生幼兒，即使母鯨也以乳汁哺育幼鯨。乳汁是高卡路里的食物 (人類乳汁每升有 750 大卡)，是快速生長的哺乳類新生兒所需的重要能量來源。

2. **毛髮**：在現存的脊椎動物中，只有哺乳類有毛髮 (即使鯨魚及海豚的口鼻部也有一些感覺剛毛)。毛髮是一種絲狀物，由充滿角蛋白的死細胞所構成。毛髮的最初功能是絕緣隔熱，藉由毛絨的保溫可確保哺乳類在恐龍消失時仍存活下來。
3. **中耳**：所有哺乳類有三個由爬蟲類的顎演化而成的中耳骨，這些骨頭在聽覺上扮演的角色是將由聲波振動鼓膜所產生的振幅放大。

哺乳類的歷史

我們已經從化石中了解許多有關哺乳類的演化歷史，最早的哺乳動物是從爬蟲類演化而來，如圖 20.20 所示。此小型、狀如鼩鼱、以昆蟲為食的最早期哺乳動物在恐龍占優勢的當時，僅是陸地上的一個不起眼的一份子。化石顯示這些早期哺乳動物有大眼窩，其可能是能在夜間活動的證據。

在恐龍活躍的 1 億 5 千 5 百萬年期間，哺乳類是一個少數類群。在 6 千 6 百萬年前的白堊紀末期，當恐龍及許多其他陸生及海生動物滅絕時，哺乳類快速分歧。哺乳類在約 1 千 5 百萬年前的三疊紀期間，達到其最大多樣性。

目前哺乳類的體型從 1.5 公克的鼩鼱至 100 公噸的鯨魚。所有哺乳類中，幾乎一半是囓齒動物 (老鼠及其近親)，而將近 1/4 是蝙蝠！哺乳類甚至進駐海洋，像在數百萬年前的蛇頸龍及魚龍等爬蟲類一樣成功－現今有 79 種鯨魚及海豚生活在海洋裡。哺乳類的主要目描述於表 20.6 中。

圖 20.20 一種獸孔類動物
此小型、如黃鼠狼的獸孔類可能具有毛髮，就像其後代，哺乳類一樣。

現今哺乳類的其他特徵

內溫性 現今的哺乳類是內溫的，此讓牠們能在晝夜任何時候活動，並在從沙漠至冰雪地帶等嚴酷環境中拓殖的重要適應。許多特徵使得內溫性所依賴的高代謝率變得可能，其中一部分包括毛髮提供絕緣、四腔室的心臟提供更有效率的血液循環以及橫膈 (diaphragm；肋骨架下方的特殊肌肉層，有助於呼吸) 提供更有效率的呼吸。

牙齒 爬蟲類有同型齒的齒列：個體的所有牙齒都相同。然而，哺乳類則為異型齒，具有不同類型的牙齒，其高度特化以配合特殊的取食習性。通常由檢驗其牙齒即可能決定此哺乳動物的食性，例如：狗的長犬牙很適合咬食並抓住獵物，其臼齒銳利以扯掉一塊塊的肉；相反地，馬沒有犬齒，牠反而有扁平、如鑿般的門牙來切斷一整口的植物，牠的臼齒布滿突脊以有效地研磨並咬碎堅硬的植物組織；囓齒類是咬食者且有長的門齒以咬開堅果及種子，如松鼠。這些門齒可持續生長，亦即其末稍可能變尖及磨損，但新的門齒生長可維持其長度。

胎盤 在大多數哺乳類物種中，雌性將其幼小胚胎放在其子宮內發育，藉由胎盤 (placenta) 供給養分，然後產下幼兒。胎盤是在母親子宮內的特化器官，其將胎兒的血液帶至與母親的血液接近處，胎盤是羊膜卵中的膜所演化而來。圖 20.21 顯示胎兒在子宮內的手繪圖，其右側是胎盤，連接臍帶。養分、水分及氧可由此處通過從母親送至胎兒，廢棄物也可送回到

表 20.6 哺乳類主要的目

目	典型代表	關鍵特徵	現存物種數目估計
囓齒目	海狸、小鼠、豪豬、大鼠 	**小型草食者** 如鑿的門齒	1,814
翼手目	蝙蝠 	**飛行的哺乳類** 主要吃水果或昆蟲；細長的手指；薄膜翅；夜行性；以聲納導航	986
食蟲目	鼴鼠、鼩鼱 	**小型穴居的哺乳類** 食蟲；最原始的具胎盤哺乳動物；大多時間在地下	390
有袋目	袋鼠、無尾熊 	**有袋的哺乳類** 幼兒在育兒袋發育	280
食肉目	熊、貓、浣熊、黃鼠狼、狗 	**食肉的獵食者** 牙齒適應撕裂肉塊；在澳洲沒有原生的近親	240
靈長目	猿、人、狐猴、猴 	**樹居者** 腦大型；雙眼視覺；對生的拇指；支系很早就與其他哺乳類分歧	233
偶蹄目	牛、鹿、長頸鹿、豬 	**有蹄的哺乳類** 具有二或四趾，大多為草食性	211
鯨目	海豚、鼠海豚、鯨魚 	**完全海生的哺乳類** 流線體型；前肢變態為鰭肢；無後肢；頭部正上方有吹氣洞；除了鼻口處之外，全身無毛	79
兔形目	兔、野兔、短耳野兔 	**如囓齒類的跳躍者** 四顆上門牙 (而非一般囓齒類的二顆)；後肢通常比前肢長；適應於跳躍	69
鰭族亞目	海獅、海豹、海象 	**海生的食肉動物** 只以魚為食；四肢變態適於游泳	34
貧齒目	食蟻獸、犰狳、樹 	**無齒的食蟲動物** 許多都無齒；但有些仍有退化如釘的牙齒	30
奇蹄目	馬、河馬、斑馬 	**具一或三趾的有蹄哺乳動物** 草食的牙齒，適於咀嚼	17
長鼻目	大象 	**長鼻的草食動物** 兩顆上門牙延長如長獠牙；最大的現存陸上動物	2

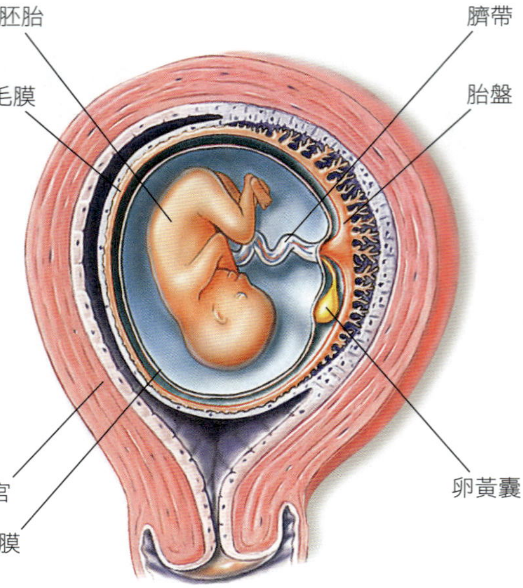

圖 20.21 胎盤

胎盤是羊膜卵中的膜所演化而來。臍帶是由尿囊演化而來，絨毛膜本身形成胎盤的大部分，胎盤可作為胚胎的臨時肺、腸及腎臟，而不曾混合母親及胎兒的血液。

(a)

(b)

(c)

圖 20.22 現今的哺乳類

(a) 針鼴 (*Tachyglossus aculeatus*) 是單孔類；(b) 有袋類包括袋鼠，成體以育兒袋攜帶幼兒；(c) 雌性非洲獅 (*Panthera leo*) (食肉目) 是具胎盤的哺乳類。

母親血液中而被帶走。

蹄與角 毛髮中的蛋白質 (角蛋白) 也是構成爪、指甲及蹄的材料。蹄是馬、牛、羊、羚羊及其他奔跑型哺乳動物腳趾上的特化角質墊。這些墊堅硬且角狀，可保護並作為腳趾的緩衝墊。

牛、羊及羚羊的角是由骨骼為核心和包圍其外的緊實角蛋白鞘所構成，骨骼核心接在頭骨上，且角並不脫落。反之，鹿角是由骨頭而不是角蛋白所構成。雄鹿每年長出一對角且角會脫落。

現今的哺乳類

單孔類：產卵的哺乳類 鴨嘴獸及兩種針鼴 (或稱有刺食蟻獸) (圖 20.22a) 是唯一現生的單孔類。單孔類有許多爬蟲類的特徵，包括產下有殼卵，但牠們也同時具有哺乳類的界定特徵：毛髮及功能性的乳腺。雌性缺乏發達的乳頭，所以新孵出的幼兒不能吸食，母親的乳汁反而是滲出在毛髮上，由幼兒利用其舌頭舔食。鴨嘴獸僅產在澳洲，擅於游泳。牠利用其寬嘴，就像鴨子一樣，伸入泥土中找尋蚯蚓或其他小動物為食。

有袋類：有袋的哺乳類 有袋類 (圖 20.22b) 及其他哺乳類之間的主要不同是牠們的胚胎發育模式。在有袋類中，受精卵被絨毛膜及羊膜所圍繞，但卵的周圍沒有像單孔類的殼。有袋類的胚胎是由無殼卵內的蛋黃提供養分。在生產之前，壽命短暫的胎盤才從絨毛膜形成。而在胚胎產下之後，此微小且無毛的胚胎爬至育兒袋中，然後抓住一個乳頭，持續其生長。

具胎盤的哺乳類 產生真正提供胚胎完整發育的胎盤之哺乳類稱為具胎盤的哺乳類(圖 20.22c)。現存的哺乳類中大多數物種屬於此類群，包括人類。不像有袋類，幼兒在被產下之前，歷經一段相當長的發育時期。

關鍵學習成果 20.8

哺乳類是內溫動物，其以乳汁哺育幼兒，並具有不同類型的牙齒。所有哺乳類至少有一些毛髮。

複習你的所學

脊椎動物演化的綜觀

古生代

20.1.1 動物界的生物起始於海洋，主要是在古生代。有些動物門沒有現生的近親，但現存所有主要動物類群的祖先可回溯至此時期。

中生代

20.2.1 中生代分成三個時期：三疊紀、侏儸紀及白堊紀。全球大部分的氣候為熱帶，兩棲類登陸並衍生出爬蟲類，早期的爬蟲類衍生出恐龍、鳥類及哺乳類。

20.2.2 中生代結束在 6 千 6 百萬年前的恐龍大量滅絕，可能是由於大型流星撞擊地球之故。

新生代

20.3.1 在目前的新生代期間，地球已經歷了氣候的變化，從相對溫暖潮濕的氣候至較涼爽乾燥者。由於恐龍的大量滅絕以及較冷的氣候，哺乳動物才能擴展至空下來的生態區位，並衍生出許多大型動物。

一系列的脊椎動物

魚類在海洋占優勢

20.4.1 魚類是所有脊椎動物的祖先。雖然牠們是非常分歧的類群，所有魚類有四個共通特徵：鰓、脊柱、單一迴路的循環系統及營養不足。

20.4.2-5 早期魚類缺乏顎，但顎的演化是其成為獵食者的關鍵。被視為終極獵食者的鯊魚有由軟骨構成的彈性骨骼，且是非常快速的游泳者。硬骨魚具有鰾以控制在水中的浮力，且牠們是脊椎動物中最成功的類群。

兩棲類登陸

20.5.1 兩棲類是最早登陸的脊椎動物，包括青蛙及蟾蜍、蠑螈及蚓螈。牠們可能從肉鰭魚演化而來，其具有從多肉的瓣狀延伸而成的鰭，肉鰭有具關節的骨頭來支持。魚類的化石顯示出從肉鰭轉型為腳的特性。

20.5.2 對陸上環境的適應包括腳的發育、肺、皮膚呼吸、肺靜脈及部分分離的心臟。兩棲類大部分的適應改善了從空氣中抽取氧氣並運送至組織的過程。

爬蟲類征服陸地

20.6.1 使爬蟲類比兩棲類更能適應陸上環境的關鍵特徵有不透水的羊膜卵、不透水的皮膚以免個體乾燥，以及擴大了肺功能的胸部呼吸之演化。

鳥類在空中稱霸

20.7.1 鳥類從恐龍演化而來，且在白堊紀時期分歧。鳥類的兩個關鍵特徵：羽毛及變態成利於飛行的骨骼。鳥類的骨骼很輕且薄而中空，但又堅固得容許肌肉附著。鳥類是內溫性的，使鳥類可適應於新生代較冷的氣候。

哺乳類適應寒冷時期

20.8.1 哺乳類的特徵有乳腺以哺育幼兒、羽毛以供絕緣，以及中耳骨以放大聲音。像鳥一樣，哺乳類是內溫性的。

20.8.2 哺乳類與恐龍同時演化形成，但直到第三紀恐龍滅絕後，牠們才達到最大多樣性。

20.8.3-4 胎盤的演化使得哺乳類能在母親體內孕育幼兒，現存的哺乳類有三個主要類群：單孔類、有袋類及具胎盤的類群。

測試你的了解

1. 在動物門中，只有兩個成功地在陸上棲地蓬勃發展成大量的物種及個體的是？
a. 節肢動物及環節動物
b. 海綿動物及脊索動物
c. 刺絲胞動物及節肢動物
d. 節肢動物及脊索動物

2. 恐龍達到其多樣化的最高峰是在
a. 新生代
c. 石炭紀及二疊紀

b. 三疊紀　　d. 侏儸紀及白堊紀

3. 恐龍在________萬年前滅絕。
a. 1 億 2 千 8 百　　c. 6 千 6 百
b. 4 億 3 千 8 百　　d. 1 億 2 千

4. 相較於現今氣候，在中生代之初，氣候是________。
a. 較冷　　c. 較溫暖
b. 一樣　　d. 較乾燥

5. 在所有現生或滅絕的魚類物種中，下列何者不是其共通的特徵？
a. 鰓　　c. 內骨骼、具背神經索
b. 顎　　d. 單一迴路循環系統

6. 最早的魚類沒有顎，顎是從何者演化而來？
a. 耳骨　　c. 變態的皮膚鱗片
b. 鰓弧　　d. 小骨板

7. 軟骨魚 (鯊魚) 及硬骨魚已經演化出解剖上的解決方式以增加游泳速度及靈活度。下列何者改變沒有出現在硬骨魚中？
a. 側線系統　　c. 軟骨組成的內骨骼
b. 藉由鰾來控制浮力　　d. 鰓蓋

8. 硬骨魚的________演化可對抗骨骼密度增加的作用。
a. 鰓　　c. 鰾
b. 顎　　d. 牙齒

9. 兩棲類演化出何者，以利其登陸？
a. 更有效的鰾　　c. 不透水的皮膚
b. 皮膚呼吸及肺　　d. 有殼卵

10. 爬蟲類的適應不包括
a. 羊膜卵　　c. 中耳骨
b. 皮膚上有一層鱗片　　d. 呼吸系統的變態

11. 鳥類所演化出利於飛行的特徵，包括哪些？
a. 腳上有如爬蟲類的鱗片
b. 具硬殼的羊膜卵
c. 體內受精
d. 骨架由薄而中空骨骼組成

12. 大多哺乳類物種的獨特特徵且是其他脊椎動物所沒有的是
a. 內溫性
b. 皮膚上有為了絕緣及保護以免乾燥的覆蓋
c. 毛髮
d. 脊索

13. 哺乳類與恐龍共同存活了 1 億 5 千 5 百萬年。在那段相當長遠的期間，哺乳類與何者相像？
a. 小型獸腳類恐龍　　c. 鴨嘴獸
b. 鼩鼱　　d. 當時優勢的恐龍

14. 內溫性是鳥類及哺乳類共通的生理特性，這些動物如何維持高的體溫？
a. 牠們生活在溫暖環境中
b. 牠們有高代謝率
c. 牠們飛行已產生熱能
d. 牠們吃很多

Chapter 21

人類如何演化

上圖的頭顱骨是個成熟男性原人，於 1961 年初夏在以色列的阿穆德洞穴發現的。此洞穴位在常年湧泉的河床上方 30 公尺，此水流將匯入加利利海。利用電子自旋共振技術，現代估計此原人所居住的洞穴年代約在 4~5 萬年前之間。可能是水源吸引這些原人前往駐紮，由頭顱骨間連接的閉合程度來判斷，此成熟男性約在 25 歲死亡，顯然是頭部側面被擊。他確定是尼安德塔人，具有長而狹窄的臉、眼睛上方有明顯眉峰，有完美的圓形頭顱，像一顆保齡球。此頭顱的年齡在尼安德塔人生活的期間來看，相對地是晚的，但其大腦容量則相當可觀。現代人的腦容量約 1,500 cc。而此個體的腦容量達 1,740 cc！雖沒有這個大，尼安德塔人的化石典型上有比現代人還大的腦容量，約為 1,650 cc。此引發一個非常有趣的問題：隨著原人演化，他們的腦容量會逐漸變大嗎？而此暗示尼安德塔人比我們聰明嗎？

靈長類的演化

21.1　人類的演化路徑

人類演化史開始於 6 千 5 百萬年前，從一群小型、樹居的食蟲哺乳動物以爆發式輻射狀衍生出蝙蝠、樹棲鼩鼱以及**靈長類** (primates)，此包含人類的目。

最早的靈長類

靈長類是具兩項獨特特徵的哺乳動物，牠們能成功地生活在樹上環境並以昆蟲為食：

1. **抓取用的手指及腳趾**：靈長類具有抓取用的手足，使牠們有抓握的四肢、在樹枝間懸盪、抓取食物，且在某些靈長類，可使用工具。許多靈長類的第一指是對生的。
2. **雙眼視力**：靈長類的眼睛向前移至臉的前方，此產生重疊的雙眼視野，讓大腦正確判斷距離，此對樹棲者很重要。

其他哺乳類也有雙眼視野，但只有靈長類同時具有雙眼視野及抓取用的手。

原猴與類人猿的演化

約在 4 千萬年前，最早的靈長類分歧為兩群：原猴與類人猿 (圖 21.1)。現今仍存活的**原猴** (prosimians) 包括：眼鏡猴、狐猴及懶猴。大部分的原猴是夜行性者。

類人猿 (anthropoids) 是較高階的靈長類，包括猴子、人猿與人類。一般認為類人猿是在非洲演化形成，其直接的後代是非常成功的靈長類猴子。大約在 3 千萬年前，有些類人猿遷徙至南美洲，其後代「新大陸」猴很容易被辨識：皆為樹棲，牠們有扁平展開的鼻子，且多數會用其能纏繞的長尾巴來抓住物體。相對地，「舊大陸」猴包括在地面活動以及樹棲的

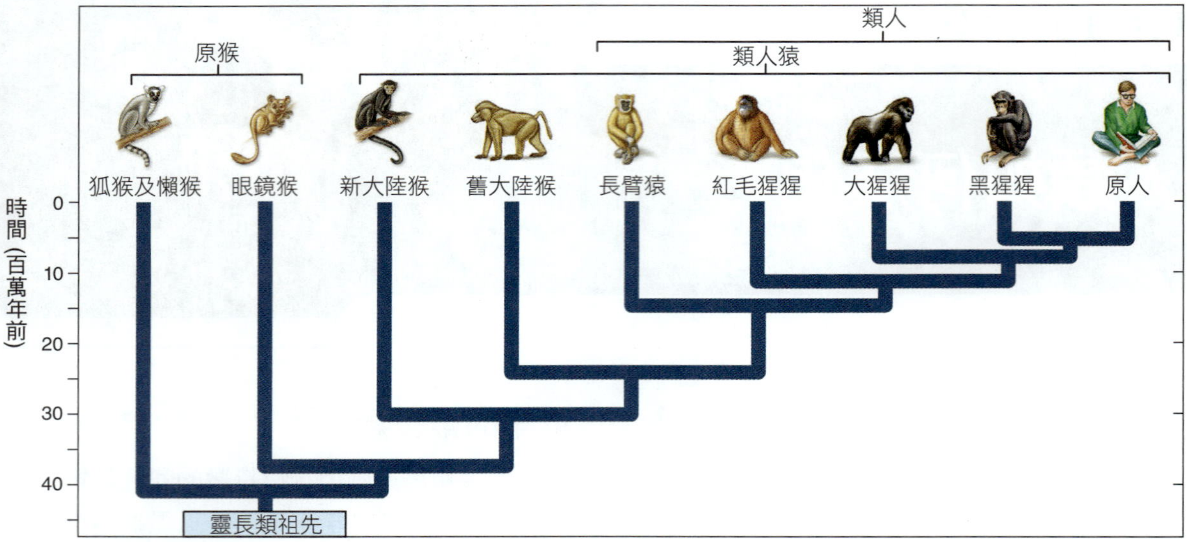

圖 21.1 靈長類的演化樹
最古老的靈長類是原猴，而原人則是最近才演化形成者。

物種，具有如狗的臉型且沒有可纏繞的尾巴。

關鍵學習成果 21.1

最早的靈長類是從小型、樹居的食蟲動物演化而來，且衍生出原猴與類人猿。

21.2 人猿如何演化

人猿與原人

類人從類人猿祖先演化而來，**類人** (hominoids) 包括**人猿** (apes) 及**原人** (hominids；人類及其直接祖先)。現生的人猿包括長臂猿 (*Hylobates*)、紅毛猩猩 (*Pongo*)、大猩猩 (*Gorilla*) 及黑猩猩 (*Pan*)。人猿有比猴子還大的腦，且沒有尾巴。除了長臂猿較小型之外，所有現生的人猿都比任何猴子大型。人猿曾經廣泛分布在非洲及亞洲，目前已變得稀少，生活在小區域內，在北美洲或南美洲都沒有人猿出現。

哪一種人猿與我們親緣最接近？

人猿的 DNA 研究已經解釋了許多有關現存的人猿如何演化形成。亞洲人猿最早演化形成，而長臂猿和紅毛猩猩兩個族系皆不與人類親緣相近。

非洲人猿約在 6 百至 1 千萬年前之間演化形成。這些人猿是與人類親緣最近的現生者；比起大猩猩，黑猩猩與人類的親緣較接近。因為此分歧發生在最近，人類與黑猩猩的基因沒有時間產生許多差異－人類與黑猩猩的細胞核 DNA 有 98.6% 是相同的，此基因相似度通常發現在同一屬的姊妹物種之間！大猩猩和人類的 DNA 差異約為 2.3%，此約略偏高的遺傳差異反映出大猩猩族系的演化時期較早，約在 8 百萬年前。

比較人猿至原人

類人的演化多半已反映出不同的運動模式。原人成為**二足的** (bipedal)、直立行走，而人猿演化成指關節行走，以其手指背來支撐體重。

人類不同於人猿的是在與二足運動模式有

關的多種解剖方面。因為人類以二足行走，其脊柱 (圖 21.2 中的綠色部位) 比人猿的還彎曲，且人類的脊柱位在頭顱骨的下方，而非在其後方 (詳見綠色脊柱與黃色頭顱骨的交接處)。人類的髖骨 (藍色) 變的較寬且較呈碗形，其骨骼向前彎以讓體重向雙腳上方的中央靠近。臀部、膝蓋及足部也都有改變其比例。

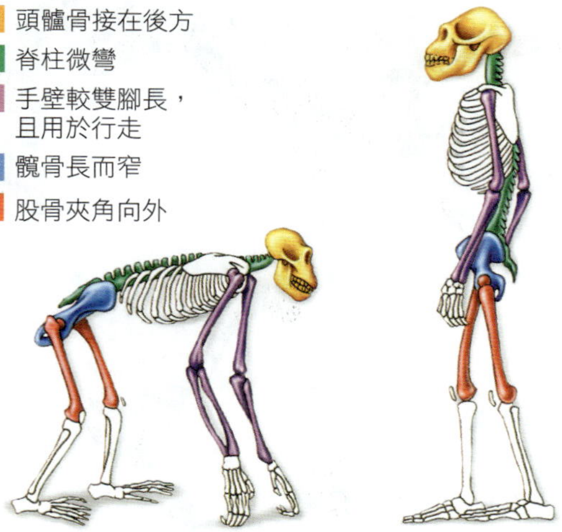

圖 21.2　人猿與原人骨骼的比較
早期人類，例如南方猿人，能夠直立行走是因為其手臂較短，其脊柱位在頭顱骨的下方，其髖骨呈碗型且讓體重向雙腳上方的中央靠近，其股骨夾角向內且直接在身體下方，以利承受體重。

由於人類以二足行走，其後肢承載大部分的體重，並占了 32~38% 的體重且較前肢長；人類前肢並不承受體重且僅占 7~9% 的體重。非洲人猿以四肢行走，其前、後肢都需承受體重；大猩猩的前肢 (紫色) 較後肢長，可承載 14~16% 的體重，而略短的後肢則約承載 18% 的體重。

關鍵學習成果 21.2

人猿與原人是從類人猿祖先衍生而來。在現生的人猿中，黑猩猩與人類的親緣最接近。

最早的原人

21.3　直立行走

二足行走的起源

500~1,000 萬年前，地球上的氣候開始變涼，非洲的大森林多被草原及開闊林地所取代。因應此變遷，新種的人猿演化形成，即二足的種類。這些新的人猿被稱為原人，亦即人類的族系。

原人的主要類群包括**人屬** (*Homo*) 的 3~7 個物種 (此取決於不同分類法)，較古老、腦較小的**南方猿人屬** (*Australopithecus*) 的七個物種，以及許多更古老的族系。在每次有決定性化石出土的案例中，原人都是二足且直立行走，此二足行走模式，雖非人類所獨有 (圖 21.3)，似乎已奠定了人屬的演化新路徑。

在非洲出土的化石證實二足行走可回溯至 400 萬年前；膝關節、髖骨及腳的骨骼皆呈現出直立姿態的特徵。另一方面，腦容量大增則直到約 200 萬年前才出現。在原人的演化中，直立行走明顯接著出現有大的腦容量。

支持早期的原人是二足的顯著證據是一組發現在東非拉托里的約有 69 個的原人足跡 (圖 21.4)，有兩個個體，一大一小並肩同行了 27 公尺，其足跡保存在 370 萬年的火山灰中！

關鍵學習成果 21.3

二足－直立行走的演化標示了原人演化的起點。

圖 21.3 直立行走已在脊椎動物之間演化多次
(a) 暴龍 (*Tyrannosaurus rex*；爬蟲類)；(b) 國王企鵝 (鳥類)；(c) 鴕鳥 (鳥類)；(d) 袋鼠 (哺乳類)；(e) 南方猿人 (*Australopithecus*；哺乳類)。

圖 21.4 拉托里南方猿人的足跡
這些南方猿人的足跡約在 370 萬年前，其在火山灰中的印痕顯示一強有力的腳跟著地且以拇趾深印，與人類在沙地上踏下足跡者十分相似。重要的是，該大拇趾並未像猴子或人猿一樣散開－此足跡顯然是由原人所留下。

21.4 原人的親緣關係樹

南方猿人

近年來，人類學家已經發現一系列相當驚人的早期原人化石，延伸回溯遠至 600~700 萬年。這些化石通常表現出原始及現代特徵的混合，搜尋更多早期原人化石的工作正持續進行著。

1995 年時，420 萬年前的原人化石在肯亞的瑞夫特峽谷被發現。此化石是破碎的，但其包括完整的上下顎、一片頭顱骨、手臂骨以及腿骨的一部分。這些化石被命名為湖畔南方猿人 (*Australopithecus anamensis*)，*anam* 是指圖爾卡納語的「湖泊」。雖明顯為南方猿人，這些化石在許多特徵上是人猿和 300 萬年前更完整化石的阿法南方猿人(*Australopithecus afarensis*) 的中間型。自此之後，有許多湖畔南方猿人的破碎樣本陸續被發現。

多數研究人員同意，湖畔南方猿人個體代表我們的親緣關係樹之真正基礎，即南方猿人屬的第一個成員，也是阿法南方猿人和本屬許多其他已發現化石之物種的祖先 (圖 21.5)。

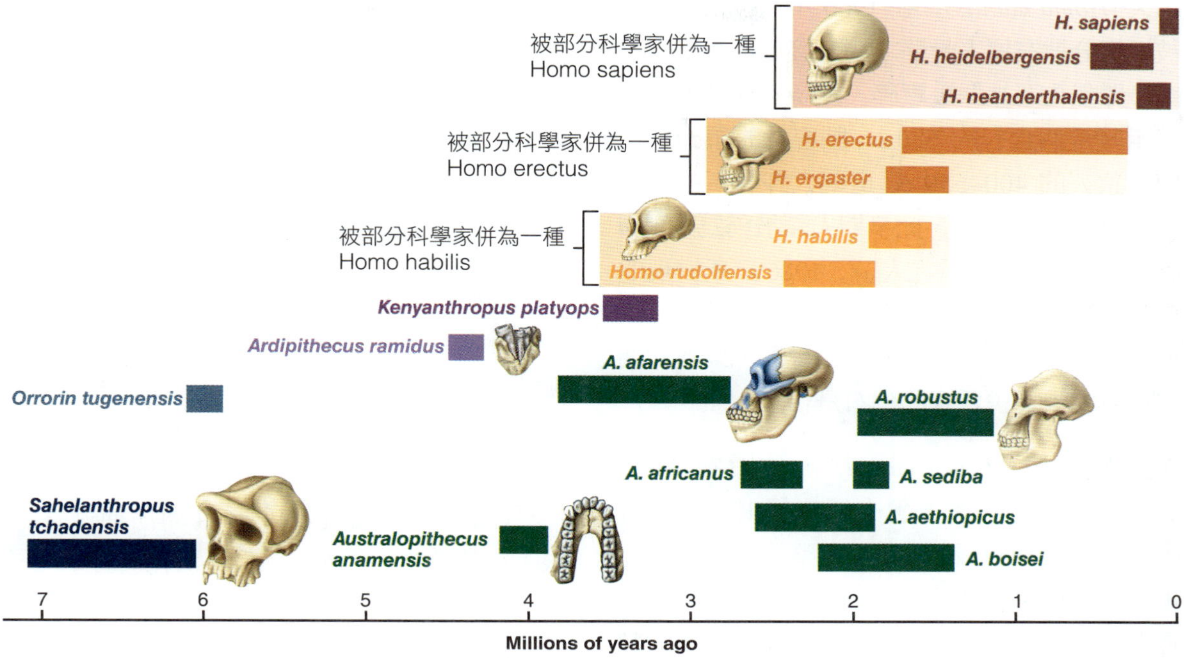

圖 21.5　原人的演化樹

在此最廣為接受的演化樹中，橫向的條帶顯示所提議的物種之最早及最後出現的日期。南方猿人屬的七個物種以及人屬的七個物種皆包括在內，還包括四個其他最新描述的早期原人的屬。

原人親緣關係樹之不同觀點

研究人員採用兩種不同哲理的方案來描述非洲原人化石多樣類群的特性。其中一組著重在不同化石的共通元素，且傾向將具共同關鍵特徵的化石集聚一起。這些化石之間的不同是構成群內分歧的主要元素。另一組研究人員更注重在原人化石之間的不同，他們更傾向於將具有不同特徵之化石界定為不同物種。例如，在圖 21.5 所呈現的原人親緣關係樹中，傾向合併者將人屬 (*Homo*) 界定出三個物種 (他們將紅色條帶歸為同一物種，深橘色者為第二個物種，以及淡橘色者為第三個物種)。另一方面，傾向分群者則界定出至少七種 (每個條帶皆代表不同物種)！直到我們發現更多化石，才有可能決定哪個觀點是正確的。

關鍵學習成果 20.4

最早的南方猿人雖描述為湖畔南方猿人，距今已超過 4 百萬年。有些研究員將所有人屬的化石界定為三種，而其他則認為至少七種。

最早的人類

21.5　非洲起源：人屬的初期

巧人

最早人類是從南方猿人祖先約在 200 萬年前演化而來。在最近的 40 年期間，有顯著數目的早期人屬之化石被發現，且每年都有新發現，使得人類演化樹基部的景象日漸清晰。

巧人 (*Homo habilis*) 在 1960 年代初期，石器被發現分散在原人骨骼之間，接近巧人出土之處。雖然化石被嚴重壓碎，許多碎片經重建後暗示其是個含有約 680 cc 腦容量的頭顱，比南方猿人的 400~550 cc 還要大許多。由於其使用器具 (圖 21.6)，此早期人類被稱為 *Homo habilis*，意指「巧手之人」。1986 年所發現的部分骨骼顯示巧人在構造上較小，其手臂比腳還長且具有與南方猿人相似的骨骼，以致初期許多研究人員曾質疑此化石是否為人類。

盧多爾夫人 (*Homo rudolfensis*) 在 1972 年，在肯亞北部盧多爾夫湖東部工作的利奇 (Richard Leakey) 發現幾乎完整的頭顱，其出現年代約略與巧人相同。此距今 190 萬年的頭顱骨，其腦容量達 750 cc 且有許多人類頭顱骨的特徵：他顯然是人類而非南方猿人。有些人類學家將此頭顱認定為巧人，主張其是大型男性。其他人類學家則將之界定為另一個物種盧多爾夫人，因為其有超大的腦容量。

匠人 (*Homo ergaster*) 有些早期的人屬化石並不容易符合以上這些物種，他們具有比盧多爾夫人更大的腦容量，具有更不像南方猿人的骨骼以及更像現代人類的體型與比例。有趣的是，他們也有如人類的小型頰齒。有些人類學家將這些標本界定為早期人屬的第三個物種匠人 (*Homo ergaster*，*ergaster* 源自希臘文，意指工匠)，如圖 21.7。

早期人屬如何多樣？

由於早期人屬的化石如此稀少，有關他們是否應全部合併為巧人或是分開為兩個物種 (盧多爾夫人和巧人) 的辯論正在進行中。如果兩個物種的界定被接受了，如同漸增研究人員的意見，那麼顯然人屬與盧多爾夫人這最古老物種歷經輻射適應 (如同第 14 章所描述者)，跟隨在其後的是巧人。由於其現代的骨架，匠人被併入直立人 (*H. erectus*)，且被認為最可能是人屬後來形成物種的祖先。

關鍵學習成果 21.5

人屬的早期物種 (本屬最古老的成員) 特別具有比南方猿人較大的腦容量，且可能會利用工具，也可能有很多不同的物種。

圖 21.6 巧人
一位藝術家對巧人的可能長相所作的演繹，因具有較大的腦容量及使用工具而將巧人與其他南方猿人區分開來。

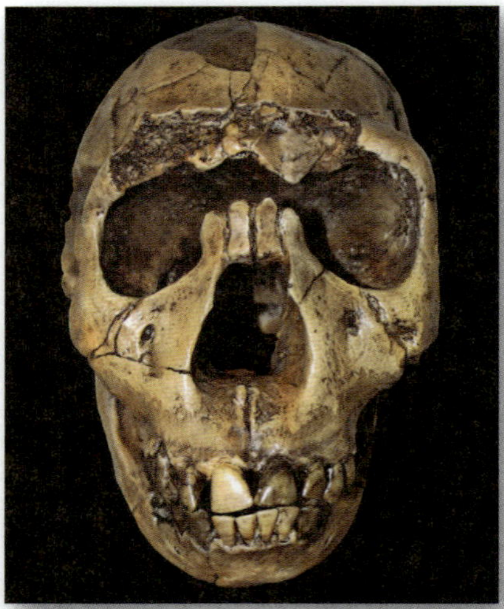

圖 21.7 匠人
這是個男孩的頭顱，他顯然在青春期初期即死亡，距今約 160 萬年且已被界定為物種匠人。他比早期原人高大，身高約 150 公分且體重約 47 公斤。

21.6 遠離非洲：直立人

直立人

有些科學家仍然爭議巧人成為真正人類的特性資格，然而不容置疑的是，**直立人** (*Homo erectus*) 是取代巧人的物種。許多樣本已被發現，直立人無疑是真正的人類。

爪哇人

在 1859 年達爾文出版《物種的起源》一書之後，就有許多有關「失去的連結」，探尋與人類及人猿相通的化石祖先。達爾文深信人類的起源落在非洲。一位荷蘭醫生兼解剖學家杜伯意斯 (Eugene Dubois) 為此問題所困惑，也被華萊士 (Alfred Russel Wallace) 認為人類的起源落在東南亞的信念所搖擺。杜伯意斯受紅毛猩猩這來自爪哇及婆羅洲「森林中的老人」所迷惑，許多紅毛猩猩的解剖特徵似乎可以融入這「失去的連結」的圖像中。所以杜伯意斯終止其行醫，而去爪哇這個紅毛猩猩的出生地找尋這「失去的連結」之化石證據。

杜伯意斯投入荷蘭皇家東印度軍團擔任軍醫並付諸行動，首先在蘇門答臘，然後在東爪哇蘇洛河畔的小村莊。在 1891 年，當在村民宣稱有「恐龍骨頭」的河畔小丘 (圖 21.8) 挖出一塊頭蓋骨，又在上游找到股骨。他為他的發現感到十分興奮，並非正式地稱之為**爪哇人** (Java man)，基於以下三個理由：

1. 此股骨的構造明顯表示該個體有長而直的雙腿，且擅長於行走。
2. 頭蓋骨的大小暗示其有非常大的腦容量，約 1,000 cc。
3. 更令人驚奇的，根據其他杜伯意斯所一起挖出的化石來判斷，這些骨頭似乎有 500,000 歲。

圖 21.8　最早發現直立人的地點
1891 年杜伯意斯在東爪哇蘇洛河畔的小丘挖掘，發現第一個證據支持人的起源可回溯超過一百萬年。

杜伯意斯所發現的原人化石遠比當時發現的所有化石還古老，但當時很少科學家願意接受其為人類的古老物種。在杜伯意斯死後數年，在爪哇所發現的化石約有 40 個個體與他發現者有相似的特徵及年紀，包括在 1969 年發現幾近完整的男性成體之頭顱骨。

北京人

在科學家被迫承認杜伯意斯一直都是對的之前，另一世代過去了。在 1920 年代，中國北京南方 40 公里左右的一個稱為「龍骨丘」的山洞中發現了一個頭顱骨，接著在該地點陸續出土了 14 個頭顱骨，許多保存良好，還包括了下顎及其他骨頭。此外，還發現有簡陋的工具，更重要的是有營火的灰燼。這些化石的模型被分送至世界各地的研究實驗室，而從北京出土的原始標本則裝載在卡車中並在 1941 年 12 月，即在第二次世界大戰日本入侵時期，從此在歷史謎團中消失，沒有人知道那輛卡車或其無價貨物的下落如何。

非常成功的物種

現在，爪哇人及北京人被認為屬於同一物種直立人。直立人比巧人高大許多 (約 150 公分高)，他直立行走，如同巧人，但有較大的腦容量 (約 1,000 cc)。直立人的頭顱容量約在南方猿人及智人 (*Homo sapiens*) 之間，其頭顱有明顯的眉峰且其顎趨近圓形，如同現代人類。更有趣的是，頭顱內側的形狀暗示直立人能夠說話。

直立人從何處而來？不意外地，他應該來自非洲。在 1976 年，一個完整的直立人頭顱骨在東非被發現，他約有 150 萬歲，比所發現的爪哇人及北京人還老 100 萬歲。遠比巧人成功的直立人很快在非洲廣泛分布並占優勢，且在 100 萬年內遷徙進入亞洲及歐洲。社會型物種的直立人以 20~50 人組成部落一起生活，通常居住在山洞中。他們能成功地獵殺大型動物，並利用燧石及骨頭製成的工具來宰殺獵物，且會以火烹煮：在中國的出土處還包含有馬、熊、大象、鹿及犀牛的殘骸。

直立人存活了超過 100 萬年，比人屬的其他物種還久。這些適應力佳的人類約在 500,000 年前在非洲消失，此時現代人出現，並在亞洲存活得更久。

關鍵學習成果 21.6

直立人在非洲演化形成，然後從該處遷徙至歐洲及亞洲。

現代人

21.7 智人也演化自非洲

智人

演化成現代人的歷程，當約 600,000 年前現代人首先在非洲出現時，即進入其最終階段。專注在人類多樣性的研究人員認為現代人有三個物種：海德堡人 (*Homo heidelbergensis*)、尼安德塔人 (*H. neanderthalensis*) 及智人 (*H. sapiens*)。

最古老的現代人，海德堡人，是來自衣索比亞距今 600,000 年前的化石。海德堡人具有更進步的解剖特徵，例如沿著頭顱中線有骨狀龍骨、在眼窩上方有厚脊以及腦容量大。此外，其前額及鼻骨也和智人的很相似。海德堡人似乎已經擴散至非洲、歐洲及亞洲西部的許多地區。

當直立人逐漸變稀少，約在 130,000 年前，一個新的人屬物種出現，尼安德塔人 (*H. neanderthalensis*) 出現在歐洲。尼安德塔人可能是從 500,000 年前一個衍生至現代人的祖先支系所分支而來。相較於現代人，尼安德塔人較矮、粗壯且有力。他們的頭顱大型，具突出的臉，額眉上方有沉重的骨狀脊，且腦殼較大。

遠離非洲－再一次？

我們的物種，**智人** (*Homo sapiens*)，已知的最古老化石是來自衣索比亞，且約 130,000 歲。在非洲及中東地區以外，沒有確切紀錄到年齡比 40,000 年還老的智人化石。此暗示智人在非洲演化而後遷徙至歐洲及亞洲，這假說稱為**最近遠離非洲模式** (Recently-Out-of-Africa Model)。而相反的觀點，**多區域假說** (Multiregional Hypothesis)，主張人類的種族從在世界不同地區的直立人獨立演化而成。

最近研究人類 DNA 的科學家已經協助澄清此爭議，他們將粒線體 DNA 及不同的細胞核基因之定序，已經一致地發現所有的智人共享一個遠在 170,000 年前的共同祖先。現在科學家普遍接受此廣泛基因數據的結論：多區域假說不正確，人類的親緣樹有單一主幹。

在智人的親緣樹中，DNA 數據顯示一個獨特的分支：在 52,000 年之前，非洲分支與不是非洲者分開。此與智人源自非洲的假說一致，從該處擴散至世界各地，與直立人在 50,000 年以前的路徑相似。圖 21.9 追溯人屬三個不同物種所提出之曾經走過的路徑。直立人最早演化形成並離開非洲，向外擴展至整個歐洲及非洲 (圖中以白色箭號表示者)。海德堡

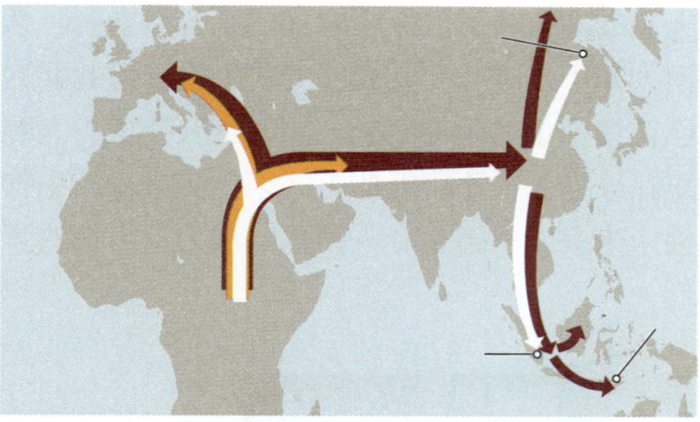

圖 21.9　遠離非洲－許多次
許多條證據顯示人屬是從非洲重複地擴展到歐洲及亞洲。首先，直立人 (白色箭號) 擴展遠至爪哇及中國。後來，海德堡人 (橘色箭號) 遷離非洲並進入歐洲及亞洲西部。而此模式在後來的智人 (紅色箭號) 又再重複，遷離非洲並進入歐洲及亞洲，最終進入澳洲及北美洲。由於冰河時期降溫而使海平面降低，導致現今被水隔離的陸塊之間的遷徙成為可能。尼安德塔人的化石僅出現在歐洲及地中海地區，代表此物種在歐洲已演化。

人在其後演化形成並依循相似的路徑 (橘色箭號)，而持續在其後的智人也重複此模式但旅行得更遠 (紅色箭號)。

最近人屬的第四個物種

證據持續累積並顯示在最近的 13,000 年前，有另一個人屬的物種存在，隱藏在印尼的偏遠小島上。佛洛勒斯人 (*Homo floresiensis*) 只有 100 公分高，此驚人的發現仍待確認。

第五個物種？

甚至在更近期，證據指向尚有第五個最近人屬物種存在的可能性，其在 40,000 年前與尼安德塔人及智人同時存在於亞洲。此證據來自在西伯利亞南部的嚴寒山洞中所保存的人類指頭骨骼之 DNA 萃取物。當 2012 年研究人員利用強有力的新技術從骨骼中取得的完整 DNA 基因體定序之後，發現一段人類序列而不是尼安德塔人或智人的序列。此數據顯示一個先前未知的人屬物種，既不是尼安德塔人也不是現代人。藉由比較基因體建議：這些丹尼索瓦人約在 200,000 年前從尼安德塔人分歧出來。

關鍵學習成果 21.7

智人，我們的物種，似乎已在非洲演化形成，然後再如同其之前的直立人及海德堡人一樣遷徙至歐洲及亞洲。

21.8　唯一存活的原人

尼安德塔人 (Neanderthals; *H. neanderthalensis*) 取名來自德國的尼安德山谷，1856 年首度在那裡發現化石。70,000 年前，尼安德塔人在歐洲及亞洲西部大部分地區皆很普遍，他們製造矛頭及手斧等多種工具，且生活在草棚或山洞中。

2010 年，科學家利用從三個生活在現今克羅埃西亞、距今超過 38,000 年的女性尼安德塔人其化石骨骼中萃取之 DNA 片段，將尼安德塔人的大量基因體定序。此基因體序列確定尼安德塔人具有與智人非常不同的 DNA，故支持尼安德塔人為不同物種的觀點。有趣的是，將此組合的尼安德塔人基因體與五個來自世界各地的現生人類之完整基因體相比較，歐洲及亞洲的現生智人有約 1~4% 的序列是從尼安德塔人遺傳而來，此結果暗示：早期現代人可能與尼安德塔人雜交！雖然基因共享的程度微小，但每個人類都帶有一些尼安德塔人的基因！

尼安德塔人的化石突然在約 34,000 年前從化石紀錄中消失，並被智人的化石稱為**克羅馬儂人** (Cro-Magnons；以在法國首度發現化石的山谷來命名) 所取代。目前只能猜測為何此突然取代會發生並在短時間內蔓延整個歐洲。某些證據指出克羅馬儂人來自非洲：在該處發現已有 100,000 歲的化石，本質上為現代人。

克羅馬儂人使用複雜的工具，有複雜的社會架構，且被認為已經完全有語言能力。他們以打獵維生，當時氣候較現在涼，且歐洲被草原覆蓋，是成群草食動物的棲地。

大約在 13,000 年前，具現代外表的人類最終擴散跨過西伯利亞至北美洲，當時冰河逐漸退去且西伯利亞及阿拉斯加間的陸橋仍相連。到了 10,000 年前，全世界大約有 500 萬人居住 (相較於今日超過 60 億的人口)。在 2002 年所執行的全球族群的基因體調查 (圖 21.10)，提供了清楚的證據顯示人類遷離非洲並跨越各地。

智人是獨特的

人類正處於漫長演化歷史的現前階段，而人屬的演化趨勢已逐漸增加的腦容量看到，然而人類不是唯一有認知能力的動物，但此能力已經精細化並延伸變成人類的重要特徵。人類正在以過去從不可能的方式來控制本身的生物性未來發展－這是令人興奮的潛力及可怕的責任。

關鍵學習成果 21.8

人類的物種，智人，擅長於認知思維及工具使用，且是唯一利用符號文字的動物。智人持續在演化。

圖 21.10 智人仍在演化中
研究員比較 52 個現代人族群的 DNA 基因群，已經發現五個主要遺傳類群，其大致對應主要地理區域。

複習你的所學

靈長類的演化

人類的演化路徑

21.1.1 靈長類是具有兩種關鍵特徵的哺乳類：可抓物的手指及腳趾，以及雙眼視野。這些特徵的組合使得靈長類得以成功地成為樹棲的食蟲動物。

21.1.2 早期靈長類分歧為兩群：原猴與類人猿。類人猿進一步分歧，在南美洲，他們演化成新大陸猴且為樹棲、具扁平鼻子與可纏繞的尾巴；在非洲則演化成舊大陸猴及類人。

人猿如何演化

21.2.1 類人包括人猿與原人，其分歧發生在牠們分別適應不同的運動方式。原人變成二足且直立行走。相較於人猿，在原人的骨骼中有許多的改變，反映此運動上的不同。

最早的原人

直立行走

21.3.1 雙足行走型並非人類特有，但是直立行走且有較大腦容量使得人屬走向新的演化路徑。

原人的親緣關係樹

21.4.1 人屬是從南方猿人屬衍生而來。

最早的人類

非洲起源：人屬的初期

21.5.1 早期人類，人屬 (*Homo*)，約在 200 萬年前從南方猿人屬 (*Australopithecus*) 的祖先演化而來，且匠人被認為很可能是人屬最近的祖先物種。

遠離非洲：直立人

21.6.1 直立人無疑是真正的人類物種。爪哇人是所發現直立人的第一個化石標本，其腳骨顯示其為二足的，其頭顱顯示腦容量為南方猿人的二倍，且化石年齡約 500,000 歲。

現代人

智人也演化自非洲

21.7.1 現代人約在 600,000 年前首先出現在非洲，有些科學家建議有三種現代人演化形成：海德堡人、尼安德塔人及智人。

唯一存活的原人

21.8.1 尼安德塔人在歐洲及亞洲盛行，但突然在約 34,000 年前消失，而被稱為克羅馬儂人的智人所取代。克羅馬儂人是複雜的工具使用者，已有社會組織及語言，且是獵人。

- 遷徙將人類分隔成不同大陸類群。人類物種在每一群內持續演化，在不同族群內因應地區情況而具有不同的適應外觀。

測試你的了解

1. 雖然許多哺乳類具有雙眼視野，使靈長類不同於這些哺乳類的解剖適應為何？
 a. 可纏繞的尾巴
 b. 手的拇指與其他手指對生
 c. 乳腺
 d. 皮膚被毛髮覆蓋

2. 類人是靈長類，不包括以下何者？
 a. 猴子 c. 狐猴
 b. 人猿 d. 人類

3. 下列原人的解剖特徵中，何者有助於雙足行走？
 a. 長而重的後肢 c. 碗狀的骨盆
 b. 彎曲的脊柱 d. 以上皆是

4. 在早期人類祖先中，哪項特徵先出現？
 a. 語言 c. 使用工具
 b. 增加的腦容量 d. 雙足行走

5. 南方猿人及人屬之間可以哪個特徵區分？
 a. 腦容量 c. 直立行走
 b. 出現在非洲 d. 以上皆是

6. 匠人與何者親緣更接近？
 a. 智人 c. 尼安德塔人
 b. 直立人 d. 巧人

7. 第一個大量遷徙至歐洲及亞洲的原人是？
 a. 智人 c. 尼安德塔人
 b. 海德堡人 d. 巧人

8. DNA 及染色體的研究似乎顯示智人起源自
 a. 許多不同地區，任何發現直立人之處
 b. 非洲
 c. 亞洲
 d. 歐洲

第六單元　動物的生理

Chapter 22

動物的構造與運動

動物極為多樣化，然而無論牠們之間的差異有多大，牠們都共享相同的基本體制，具有相同類型的組織及器官且有相同的運作方式。本章將開始詳細地探討動物的生物學，以及其個體的構造與功能。在檢視脊椎動物的主要組織之後，將在本章後段專注於動物體制如何達成複雜活動並移動，如何藉由協調神經、肌肉及骨骼等活動將自身在其所處環境中推進。在生物界的所有成員中，動物四處移動的能力是無與倫比的。在水中、陸地上、在空氣中，動物游泳、挖洞、爬行、蜿蜒而行、滑行、行走、跳躍、奔跑、滑翔、翱翔以及飛行。如圖中側行的響尾蛇能夠在沙漠的細沙上驚人地快速移動，此需藉由一系列肌肉的收縮，使得其長長的個體呈現出一系列的蜿蜒曲線。

動物的體制

22.1　體制設計的新興

動物體制的結構

如同在第 19 章所述，動物體制設計上的六種演化新興特徵導致在動物界中所見的多樣性。

組織

在體制設計上的第一個新興特徵是組織的發育 (表 22.1 中的 ❶)。最簡單的動物具有一些細胞的特化，但大多缺乏組織，如海綿；除了某些似乎具有初步的組織之外，所有其他動物皆具有組織及高度特化的細胞。

輻射與兩側對稱

所有海綿皆缺乏任何固定的對稱性，而是長成不規則群團。對稱性的個體，如表中的 ❷，最早在刺絲胞動物 (水母、海葵及珊瑚) 及櫛水母動物 (櫛水母) 中演化形成。這兩類動物的個體呈現**輻射對稱** (radial symmetry)，個體的不同部位會圍繞中央主軸排列。

所有其他動物的個體則呈現**兩側對稱** (bilateral symmetry)，個體只能在一個平面上被分成左右兩半。兩側對稱能讓個體各部位以不同的方式演化，使得個體不同部位的器官得以隔離。在一些較高等的動物如棘皮動物 (海星) 中，成體是輻射對稱，但幼蟲則是兩側對稱。

實心與體腔

另一個在動物體制演化上的另一個轉型是是體腔的演化 ❸。體腔容許有效率的器官系統、體內的體液更快速循環以及動物個體的複雜運動之演化。

動物界中可見三種個體規劃：有些動物稱為**無體腔動物** (acoelomates)，其不具有體腔。而**假體腔動物** (pseudocoelomates) 具有**假體腔** (pseudocoel)，其在內胚層及中胚層之間形成。而**真體腔動物** (coelomates) 具有**體腔** (coelom)，其完全在中胚層中形成。

無體節與具體節個體

動物體制中的進一步轉型涉及將身體分成多個**體節** (segments)，表 22.1 的 ❹。體節化容許有以下的演化優勢：

1. 在環節動物及其他高度分節的動物中，每個體節可繼續發育出或多或少完整的一組成體的器官系統。任何一個體節的損壞不一定會對個體造成死亡，因為其他體節複製了該體節的功能。
2. 當個別體節能獨立移動時，運動變得更有效率，因為動物個體的運動更有彈性。體節化可在所有環節動物、節肢動物以及脊索動物的個體中見到，雖然並非一直都很明顯。

漸增性生長與蛻皮

大多數體腔動物的生長與我們相似，以逐漸增加其個體重量方式。圓形動物及節肢動物的生長則完全不同，其身體被包覆在堅硬的外骨骼之內，且此外殼必須定期蛻去，稱為蛻皮 (表 22.1 的 ❺)，以提供較大體型所需的空間。

原口與後口動物

棘皮動物 (海星) 及脊索動物 (脊椎動物) 有一系列關鍵的胚胎特徵不同於其他動物所共享者，因為這些特徵極不可能演化超過一次，故認為這兩類似乎是具有相當不同之共同祖先的動物門。牠們是一群稱為**後口動物** (deuterostomes) (表 22.1 的 ❻) 的成員。所有其他體腔動物稱為**原口動物** (protostomes)。後口動物有三項胚胎生長不同於原口動物。

1. **卵裂形成中空球型胚的方式**：後口動物不同於原口動物之處在發育的最初階段時，決定細胞分裂平面的分裂方式。大多數原口動物進行螺旋式卵裂，而後口動物則為輻射式卵裂。
2. **胚孔決定個體主軸的方式**：後口動物不同於原口動物之處在於胚胎發育方式。原口動物的囊胚孔成為動物的口，肛門則在另一端發育形成。相反地，後口動物的囊胚孔成為動物的肛門，口則在另一端發育形成。
3. **胚胎的發育命運被固定**：大多數原口動物進行有限的卵裂，也因此每個細胞的發育命運很早就確定了，即使在四細胞期，沒有一個游離出來的細胞能繼續形成正常的個體。相反地，後口動物進行無限卵裂，每個細胞持續擁有發育成完整個體的能力。

關鍵學習成果 22.1

動物體制設計上的六個關鍵新興特徵造就了在動物界的極大多樣性。

22.2 脊椎動物個體的組織架構

所有脊椎動物有相同的基本結構：一條從口延伸至肛門的內部長管，懸浮在體腔的內部。許多陸生脊椎動物的體腔被區分為兩個部分：胸腔 (thoracic cavity)，內含心臟及肺；以及腹腔 (abdominal cavity)，內含胃、腸及肝。脊椎動物身體被內在的骨骼所支持，其由具關節的骨頭所構成的。頭顱骨包圍並保護大腦，而脊椎是一串骨骼所堆疊而成的脊柱，其圍繞脊髓。

脊椎動物的個體包含超過 100 種不同類型的細胞，並進而構成體內的構造及功能單元—組織。

表 22.1 體制設計的新興特徵

新興特徵	設計的差異	生物
❶ 特化細胞與組織 	大多數的海綿中，存在有特化的細胞類型，但沒有組成組織。而在所有其他動物中，細胞組成組織且透過細胞間的合作，這些組織會與此生物體的其他細胞及組織整合。	無組織：大多數的海綿；具組織：所有其他動物。
❷ 輻射與兩側對稱 	在輻射對稱中，身體的部位圍繞中央主軸 (通常是口) 排列。在兩側對稱中，身體可分割成左右兩半，其互為鏡像。兩側對稱造成身體的部位發生特化，如頭部。	輻射對稱：刺絲胞動物及棘皮動物的成體；兩側對稱：所有其他真後生動物。
❸ 實心與體腔 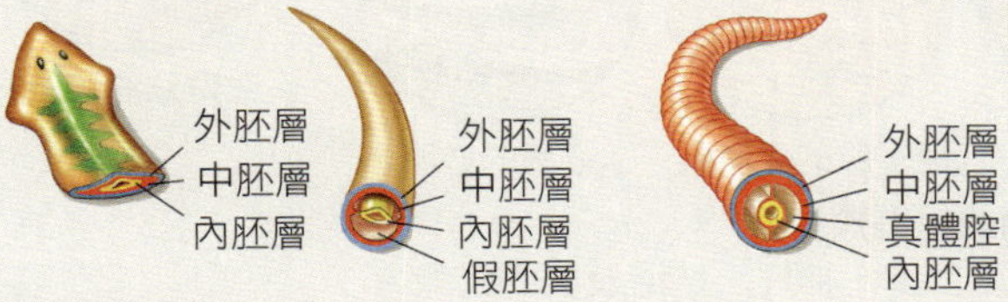	體腔的演化造就器官系統在體內擴張，且在體腔內獲得支持。缺乏體腔的動物為無體腔動物；假體腔動物的體腔在胚層之間形成；真體腔動物則是在內胚層之內形成。	無體腔動物：扁形動物；假體腔動物：圓形動物；真體腔動物：軟體動物、圓形動物、節肢動物、棘皮動物及脊索動物。
❹ 無體節與具體節個體 	在具體節動物中，個體被分隔成多個區間，稱為體節。體節化造成繁冗的構造，倘若有些體節受損，其可作為「備份」。具體節動物也可更有效地到處移動。	無體節、真體腔動物：軟體動物及棘皮動物；具體節動物：圓形動物、節肢動物及脊索動物。
❺ 漸增性生長與蛻皮 	因節肢動物及圓形動物 (線蟲) 的個體被包覆在堅固的外骨骼內，牠們必須定期蛻去其堅硬外骨骼，以能容納生長增加的體重，此過程正式稱為蛻皮。此不同於漸增性生長，其典型出現在人類及所有其他真體腔動物上。	蛻皮：節肢動物及圓形動物；漸增性生長：所有其他真體腔動物。
❻ 原口與後口動物 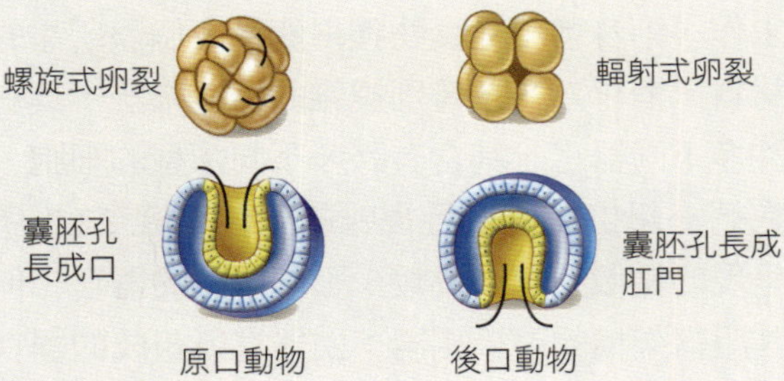	在原口動物中，細胞進行螺旋式卵裂，其囊胚孔長成口，且每個胚細胞的發育很早即已決定。在後口動物的發育，細胞進行輻射式卵裂，其囊胚孔長成肛門，而每個胚細胞的發育命運有彈性 (每個細胞保留發育為完整個體的能力)。	後口動物：棘皮動物及脊索動物；原口動物：所有其他兩側對稱動物。

組織

組織 (tissues) 是由一群相同類型的細胞組成，其在個體內行使特殊功能。當脊椎動物的個體發育時，組織即形成。在發育的初期，生長中的細胞團會分化成三種基本的細胞層：內胚層、中胚層及外胚層。此三種在胚胎中的細胞層接著會再特化成超過 100 種不同類型的細胞。

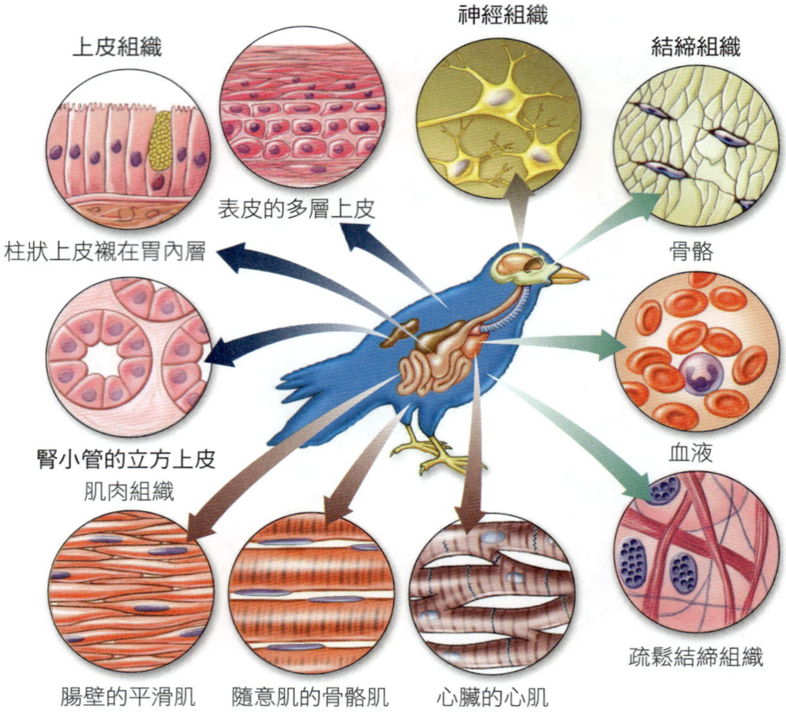

圖 22.1 脊椎動物的組織類型
四種基本組織類型是上皮、神經、結締及肌肉組織。

生物學家將成體的組織歸類成四大類別：上皮 (epithelial)、結締 (connective)、肌肉 (muscle) 及神經組織 (nerve tissue)。圖 22.1 的鳥包含所有四類組織，如在圓圈中的放大圖所示，每一類組織含有不同類型的細胞。其中以結締組織 (以淺綠色箭號標示) 特別多樣化。

器官

器官 (organs) 是個體構造中由多種不同組織一起組合而成一個較大的結構及功能單元，就如同一個工廠是由一群負責不同工作的人們一起合作以完成某種任務。心臟是一個器官，其包含心肌組織，並由結締組織所包覆，且有許多神經連接其上。這些組織共同合作以將血液推送至全身：心肌收縮，擠壓心臟而推送血液；結締組織就如同一個袋子以固定心臟的形狀，並確定心臟的不同腔室以適當的次序擠壓；而神經則控制心跳的速率。沒有單一組織可以完成心臟的工作。

脊椎動物的許多主要器官中，肺臟是陸生脊椎動物的器官，用以從空氣中吸取氧氣。而魚則以鰓來從水中完成相同的任務。胃是用以消化食物的器官，而肝臟是控制血液中糖及其他化學物質含量的器官。器官是脊椎動物的機器，每個器官都是從多種不同組織所建構而成，且每個都負責特殊任務。

器官系統

器官系統 (organ system) 是一群一起工作的器官，以執行重要功能。例如，脊椎動物的的消化系統是一個器官系統，由個別器官所組成，以切割食物 (嘴喙或牙齒)、將食物送至胃 (食道)、消化食物 (胃及腸)，然後將固態殘渣排出 (直腸)。倘若這些器官都能正確地行使其工作，則身體可從食物獲得能量及個體所需的材料。消化系統是特別複雜的器官系統，具有許多不同器官，其含有許多不同類型的細胞，它們一起工作以執行複雜的功能。圖 22.2 所呈現的循環系統涉及較少不同類型的器官，但其組織架構的層級相同：由器官所組成的器官

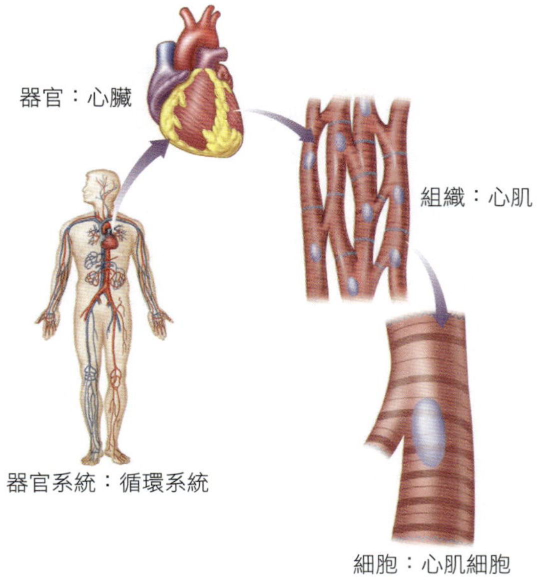

圖 22.2　脊椎動物個體的組成架構
類似的細胞合作而構成組織，共同作用的組織組成器官，許多共同運作的器官構成器官系統，例如循環系統。

系統，而器官則由組織所構成，組織由細胞所組成。

脊椎動物個體包含 11 種主要的器官系統：

1. **骨骼**：脊椎動物個體中，最易區別的特徵可能是其內骨骼。骨骼系統保護身體及提供移動、運動所需的支持。其主要組成為骨頭、頭顱骨、軟骨及韌帶。如同節肢動物，脊椎動物有具關節的附肢－手臂、手、腳以及足。
2. **循環**：循環系統輸送氧、養分及化學訊息至身體各細胞，且移除二氧化碳、化學廢物及水。其主要組成是心臟、血管及血液。
3. **內分泌**：內分泌系統藉由釋出荷爾蒙以協調並整合身體的活動。其主要組成是腦垂體、腎上腺、甲狀腺以及其他無管的腺體。
4. **神經**：身體的活動是以神經系統來協調，其主要組成是神經、感覺器官、大腦及脊髓。
5. **呼吸**：呼吸系統攝取氧並交換氣體，其主要組成是肺臟、氣管以及其他通氣路徑。
6. **免疫及淋巴**：免疫系統利用特別細胞，如淋巴球、巨噬細胞及抗體，從血流中移除外來個體。淋巴系統提供運送細胞外體液的管道，並快速送至循環系統，但也提供儲存免疫細胞的部位 (淋巴結及胸腺、扁桃腺及脾臟)。
7. **消化**：消化系統從攝入的食物中獲取溶解性的養分，其主要組成是口、食道、胃、腸、肝臟以及胰臟。
8. **泌尿**：泌尿系統從血流中移除代謝廢物，其主要組成是腎臟、膀胱以及相關管道。
9. **肌肉**：肌肉系統產生運動，包括在體內及其四肢者。其主要組成是骨骼肌、心肌及平滑肌。
10. **生殖**：生殖系統負責進行生殖，其主要組成是雄性的睪丸、雌性的卵巢以及相關的生殖構造。
11. **皮膚**：皮膚系統覆蓋並保護身體，其主要組成是皮膚、毛髮、指甲以及汗腺。

關鍵學習成果 22.2

脊椎動物個體中，相同類型的細胞群組成組織，器官是由多種不同組織所構成之身體構造。器官系統是一群共同合作的器官，以執行重要的功能。

脊椎動物個體的組織

22.3　上皮是保護組織

上皮的功能

從外在的組織開始介紹，上皮細胞是身體的衛兵及保護者，它們覆蓋在表面並決定哪些物質可進入、哪些不能。基本上脊椎動物身體的組織架構是管狀的，且是一個管子 (消化管) 懸浮在另一個管子 (體腔) 內，如同輪胎中有一個內管。身體的外部被細胞 (皮膚) 所覆蓋，其是從外胚層 (ectoderm) 組織發育而來；體腔所襯的細胞是發育自中胚層 (mesoderm) 組織；而消化道 (腸道) 中的內襯細胞是發育自內胚層 (endoderm) 組織。所有三種胚層皆衍生出上皮細胞。雖然在胚胎的起源不同，所有上皮細胞在形式及功能上大致相似，故統稱為**上皮** (epithelium)。

個體的上皮層以三種方式行使其功能：

1. 它們保護內襯組織，以免於脫水及機械性傷害。因為上皮包住身體的表面，每種物質要進出身體必須通過上皮層，甚至其厚得像圖 22.3 的毒蜥。
2. 它們提供感覺表面，脊椎動物的感覺器官中，許多事實上是變態的上皮細胞。
3. 它們分泌物質，大部分的分泌腺體是衍生自一團上皮細胞，其是在胚胎發育期間聚集一起者。

圖 22.3 上皮可免於脫水
毒蜥的厚鱗皮膚提供了免於脫水與受傷的保護層。對於所有陸棲脊椎動物而言，相對不透水的上皮層是防止脫水的必要保護。

上皮組織的種類

上皮細胞依據其形狀被分類為三種類型：扁平、立方體以及柱狀。上皮組織的層數通常只有一層或少數幾層細胞厚。每個上皮細胞僅具有少量細胞質，且有相對較低的代謝率。所有上皮的共通特徵是層層細胞緊密連接而其間幾乎沒有空隙。此類型的屏障是上皮行使功能的關鍵。

上皮具有相當良好的再生能力，上皮層的細胞會在生物的一生中經常被替換。例如，表皮即是形成皮膚的上皮，每兩週即被更新。

上皮組織有兩種一般類型，首先，肺臟及身體主要腔室的內膜是**單層上皮** (simple epithelium)，僅有一層細胞厚。在表 22.2 中的前三個 (❶、❷、❸) 是單層上皮。當閱讀每一種的功能時，可看出為何這些層僅有一層細胞厚－這些是許多物質必須通過的表面，以進出身體的各部位，且重要的是進出身體的路徑不能太長。其次，皮膚 (或表皮) 是**多層上皮** (stratified epithelium)，其由更多複雜的上皮細胞組成多層細胞厚的構造，如在表中的 ❹ 所示。多層是必需的，以提供適當的護墊及保護，且使皮膚能持續地替換其細胞。襯在呼吸道 ❺ 內側部分的上皮也看似多層上皮，但其實際上是單一層的**假多層上皮** (pseudostratified epithelium)。其看似多層是因為細胞核位在細胞中的不同處，而呈現出多層細胞的外觀。

單層上皮組織的一種類型且有分泌功能者是立方上皮，其出現在身體的**腺體** (glands) 中。內分泌腺分泌荷爾蒙進入血液中，而外分泌腺 (具管道且在身體外側有開口者) 則分泌汗水、乳汁、唾液以及消化酵素至體外，外分泌腺也分泌消化酵素至胃中。倘若仔細思考，胃及消化道是位在身體的外側，因為它們是通過身體的內部管道，物質可能從頭至尾通過此消化道 (即從口至肛門) 而從未進入體內。物質必須透過上皮層才能真正地進入身體。

表 22.2 上皮組織

組織		典型部位	組織功能
單層上皮 ❶ 扁平	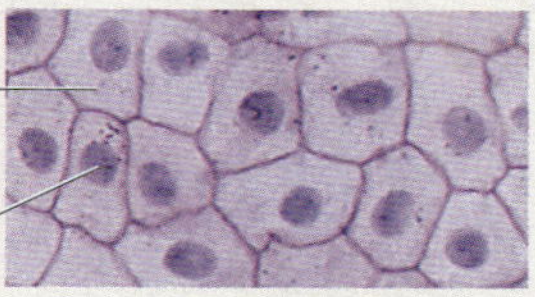	肺的內襯、微血管壁以及血管	扁而薄的細胞；提供擴散能直接發生的薄層；這些細胞的表面狀似地上的地磚
❷ 立方體	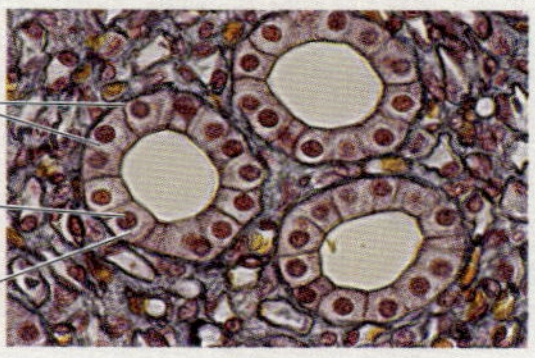	有些腺體及腎小管的內襯；卵巢的包覆層	富含特殊運送通道的細胞；功能在分泌及特殊吸收
❸ 柱狀	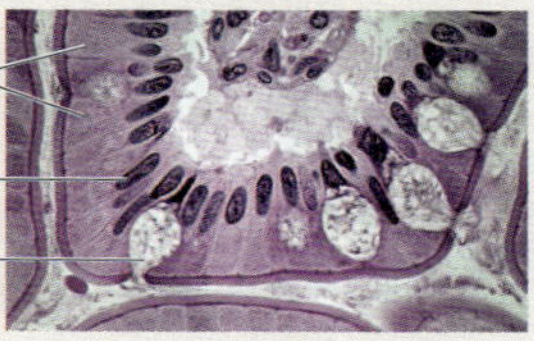	胃、腸道及部分呼吸道的表面內襯	較厚的細胞層；提供保護以及功能在分泌及吸收
多層上皮 ❹ 扁平	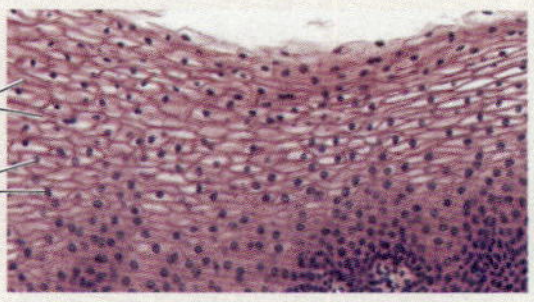	皮膚的外層；口腔的內襯	細胞的堅硬層；提供保護
假多層上皮 ❺ 柱狀	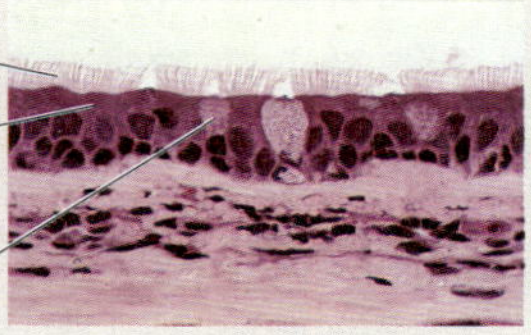	部分呼吸道的內襯	功能在分泌黏液；密布纖毛 (小如毛髮之突起) 其有助於黏液的移動；提供保護

關鍵學習成果 22.3

上皮組織是脊椎動物身體的保護組織，此外其提供保護及支持，脊椎動物的上皮組織可分泌關鍵物質。

22.4 結締組織支持個體

結締組織的類型

結締組織 (connective tissue) 的細胞提供脊椎動物身體結構組成的要件及其最強有力的防禦。這些細胞衍生自中胚層，有時是緊密排列，有時則疏鬆排列。結締組織的細胞可分成三種基本類型：(1) 免疫系統的細胞，可防禦其個體；(2) 骨骼系統的細胞，可支持個體；

以及 (3) 血液及脂肪細胞，可保存及分配物質至身體各部位。雖然當把這些多樣化類型的細胞歸在一起時，似乎顯得奇怪，然而所有結締組織共有的結構特徵：它們在空間分布大的細胞之間都有相當豐富的細胞外「基質」物質。

免疫結締組織

免疫系統的細胞，所謂「白血球」(表 22.3❶) 的許多種類，在血液中流遍全身。它們是入侵的微生物及癌細胞的行動獵人。免疫系統細胞的兩種主要類型是**巨噬細胞** (macrophages)，其可吞噬並消化入侵的微生物 (如在表 22.3 中的照片所示)，以及**淋巴細胞** (lymphocytes)，其可製造抗體或攻擊被病毒感染的細胞。免疫細胞是在稱為血漿的液態基質中被攜帶至全身。

骨骼結締組織

三種結締組織是骨骼系統的主要組成：纖維結締組織、軟骨及硬骨。雖然是由相似的細胞所組成，它們在個別細胞間基質的本質上並不相同。

1. **軟骨**：在軟骨中 ❸，**軟骨細胞** (chondrocytes) 之間的膠原蛋白基質形成長而沿著機械壓力直線的平行列，結果形成一個具有極大力量的堅實又有彈性的組織。在現代的無顎動物及軟骨魚中，軟骨組成了整個骨骼系統。然而在大部分脊椎動物的成體中，軟骨僅侷限在骨骼關節的表面，而形成自由移動的關節以及其他特殊部位。
2. **硬骨**：硬骨 ❹ 與軟骨相似，除了膠原蛋白纖維覆上磷酸鈣，使得組織堅固。硬骨的構造及其形成的方式將在下面討論。

儲存及運輸結締組織

第三個一般類型的結締組織是由特化成可以累積及運送特殊分子之細胞所組成，它們包括脂肪累積細胞組成的**脂肪組織** (adipose tissue) ❺。如表 22.3 脂肪組織中看似空白的區域，事實上這是在脂肪細胞中含有脂肪的液泡。**紅血球** (erythrocytes) ❻ 也具有運輸及儲存的功能。血液中每 1 cc 含有約 50 億個紅血球，其可輸送氧及二氧化碳，特別的是在其成熟期間，它們喪失了大部分的胞器包括細胞核、粒線體及內質網。反而是在每個紅血球內含有大約 3 億個血紅素分子，是一種可攜帶氧的蛋白質。

血漿 (plasma) 是紅血球在其中移動的液體。在操作面上，每個被細胞所利用的物質會溶在血漿中，包括無機鹽如鈉及鈣、身體廢棄物以及食物分子如糖、脂質及胺基酸。血漿也含有多種不同的蛋白質，包括抗體及白蛋白，其使得血液具有黏性。

細觀骨骼

脊椎動物的內骨骼因硬骨的結構特性而強壯，硬骨包括活的骨細胞，其被包覆在不活躍的基質中，此基質是由屬於結構蛋白之膠原蛋白及多種物質所組成，包括磷酸鈣鹽類稱為*氫氧磷灰石* (hydroxyapatite)。硬骨是藉由在膠原纖維上覆蓋氫氧磷灰石而產生；其結果是一個強而不易脆的材質。欲了解膠原纖維上如何覆上鈣鹽以製成如此理想的結構材質，想像一下玻璃纖維。玻璃纖維是將玻璃的纖維包埋在人造樹脂膠之中而成。加入強大力量之後，個別纖維是堅固的，但是它們也是易脆的。另一方面，人造樹脂膠則是有彈性但脆弱。玻璃纖維能這樣的組合既強壯又有彈性，是因為當壓力造成個別纖維斷裂，其裂痕會先進入樹脂膠，再到達另一個纖維的緣故。此樹脂膠歪曲且降低了壓力濃度－在效果上，此樹脂膠將壓力擴散至許多纖維上。

硬骨的建構與玻璃纖維的方式相似：磷酸鈣鹽類 (氫氧磷灰石) 這種小而針狀之結晶被

表 22.3 結締組織

組織		典型部位	組織功能	特徵細胞的類型
免疫				
❶ 白血球		循環系統	攻擊入侵微生物及病毒感染的細胞	巨噬細胞；淋巴球；肥大細胞
骨骼				
❷ 纖維結締組織				
疏鬆	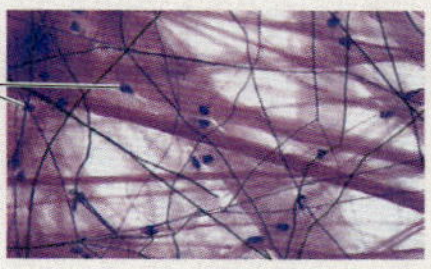	皮膚及其他上皮組織的下方	支持；提供上皮的液體儲存處	成纖維細胞
緻密		肌腱；肌肉外鞘；腎；肝；皮膚的真皮	提供彈性而強壯的連結	成纖維細胞
彈性		韌帶；大動脈；肺組織；皮膚	使組織能擴張並能恢復其原狀	成纖維細胞
❸ 軟骨	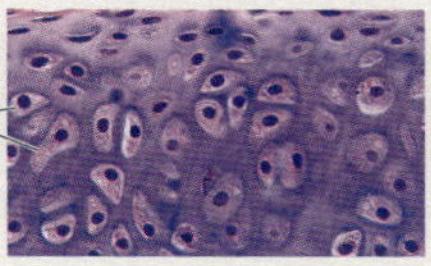	椎間盤；膝蓋及其他關節；耳朵；鼻子；氣管環	提供彈性支持；可減震並降低承重表面的磨擦	軟骨細胞 (特化的類似成纖維細胞)
❹ 骨頭		大部分的骨骼	保護內部器官；提供肌肉附著之堅固支持	成骨細胞 (特化的類似成纖維細胞)
儲存及運輸				
❺ 脂肪組織	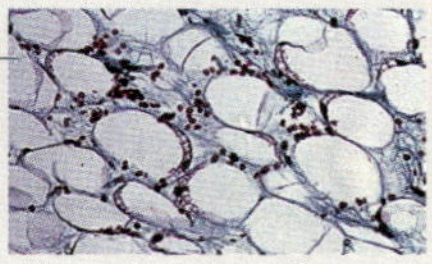	皮膚下方	儲存脂肪	特化的成纖維細胞 (脂肪細胞)
❻ 紅血球	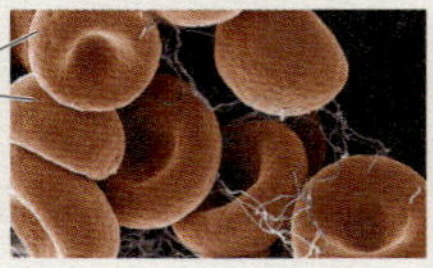	血漿	運送氧	紅血球

膠原蛋白纖維所圍繞，並充滿整個硬骨內。其沒有裂痕可以滲透深入硬骨，因為任何能折斷一個堅硬的氫氧磷灰石結晶的壓力皆傳至膠原蛋白基質而消散了壓力。氫氧磷灰石礦物質提供堅固性，而膠原蛋白則是提供彈性的「膠」。

我們大多認為骨頭實心如石頭。但事實上，骨頭是動態性的組織，其一直在重建。在圖 22.4 的骨頭橫切面顯示骨頭的外層是非常緻密且緊實，故被稱為**緻密骨** (compact

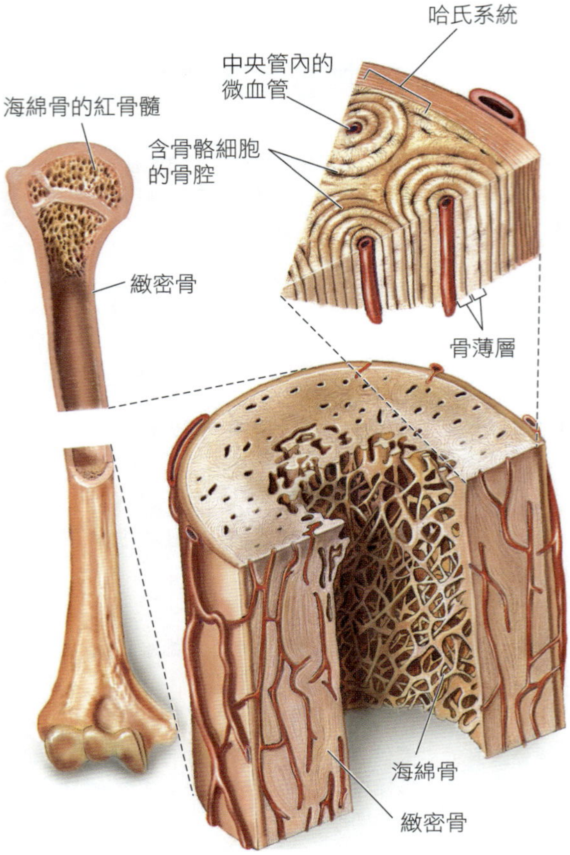

圖 22.4 骨頭的構造
骨頭有緻密緊實而使之強壯的部分，也有海綿狀的格子結構；紅血球即在骨髓中形成。骨骼細胞是成熟的成骨細胞，位在緻密的骨腔中。

bone)。其內部則較不緊密，具有更多開放格子狀的結構，稱為**海綿骨** (spongy bone)。海綿骨中的紅色骨髓會形成紅血球。新骨頭的形成有兩個階段：首先，膠原蛋白是由被稱為**成骨細胞** (osteoblasts) 所分泌，其沿著壓力方向堆疊而形成纖維基質。然後鈣鹽浸漬纖維，骨頭是由薄層以同心圓狀堆疊形成，如同在舊的水管上覆上一層層的漆。這些層次形成一系列的管子圍繞狹窄的中央管道，稱為**中央管** (central canal)，也稱為哈氏管 (Haversian canal)，其與骨頭主軸長度平行。在骨頭中有許多中央管，所有管子都相連通且含有血管及神經，以終身提供其活的骨頭形成細胞。

當骨頭在胚胎中首度形成時，成骨細胞利用軟骨的骨骼當作模板以形成硬骨。在兒童期，骨頭活躍地生長。相反地，在健康的年輕成體中，所有骨頭重量不會年年改變，但此並不表示不會發生改變，大量的鈣及數千個**骨骼細胞** (osteocytes；成熟的成骨細胞) 會經常被移除並替換，但骨骼總量不會改變，因為增加及移除的速率約略相同。

兩種細胞類型與此動態的骨頭「重新整裝」有關：成骨細胞負責堆積骨骼，而**破骨細胞** (osteoclasts) 分泌酵素以消化骨骼的有機基質，釋出鈣以被血流再吸收 (詳見圖 30.9)。骨頭的動態重新整裝調整骨頭對壓力承受的強度，新骨頭被沿著壓力方向而形成。當骨頭承受壓縮力時，成骨細胞所釋出的礦物質堆積會超過被破骨細胞所抽離者。那是為何長跑選手必須緩慢地增加他們企圖想要達到的距離，以容許他們的骨頭能沿著壓力的方向增強；否則，壓力造成的骨折會使他們跛腳。

當人的年紀增加，其背骨及其他骨骼傾向減輕重量，過量的骨質流失會導致骨質疏鬆。在開始發生骨質疏鬆之後，鈣及其他礦物質的替換會遠遠落後於抽離，導致骨骼組織逐漸崩毀。最終骨骼變得脆且易斷裂。圖 22.5 顯示骨質疏鬆對女性及男性的影響。相較於男性，女性發展出骨質疏鬆的可能性高出兩倍以上。

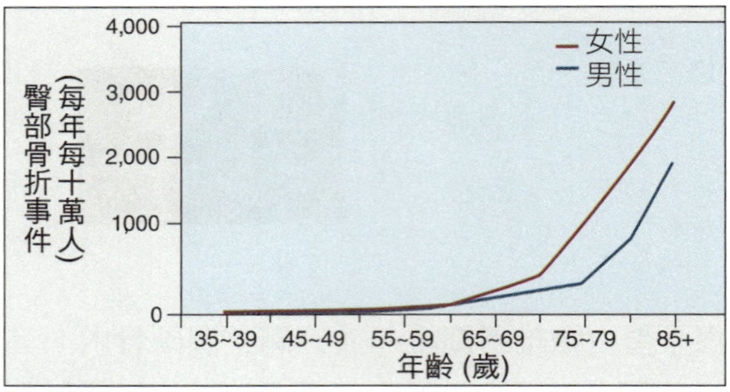

圖 22.5 骨質疏鬆
相較於年輕女性或男性，在較年長的女性常有骨質疏鬆的問題，其骨頭會逐漸喪失礦物質。圖中顯示男性及女性發生臀部骨折的情況。

關鍵學習成果 22.4

結締組織支持脊椎動物的身體，且由包埋在細胞外基質的細胞所組成。它們包括免疫系統的細胞、骨骼系統的細胞以及在身體各處的細胞，例如血液及脂肪細胞。骨骼是一種結締組織。

22.5 肌肉組織促使個體運動

肌肉細胞的類型

肌肉細胞是脊椎動物的動力來源。肌肉細胞的獨特特徵，是細胞中豐富的收縮蛋白纖維。這些纖維稱為**肌絲** (myofilaments)，是由肌動蛋白和肌凝蛋白所構成。脊椎動物的細胞有這些肌絲所構成的微細網絡，但肌肉細胞則比其他細胞還要多上更多。它們如同繩索中的纖維一般擁擠，幾乎占滿了整個肌肉細胞的體積時。當肌動蛋白和肌凝蛋白互相滑過時，肌肉收縮。就像撞擊裝有彈簧的門，在一個肌肉細胞中，所有這些纖維都一起縮短，可產生相當大的力量。肌肉收縮的過程將在 22.8 節中討論。

脊椎動物身體擁有三種不同類型的肌肉細胞：平滑肌、骨骼肌及心肌細胞 (表 22.4)。在平滑肌中，肌絲僅是疏鬆的組合 (詳見表中的 ❶)；在骨骼肌及心肌中，肌絲則聚集成束，形成纖維，稱為肌微纖維 (myofibrils)。每個肌微纖維包含數千個肌絲，且排列整齊，以便在同時互相滑過時，能提供最大的力量。骨骼肌及心肌通常被稱為橫紋肌，因為如在表中的 ❷ 及 ❸ 所示，在顯微鏡之下，它們的細胞縱切面都呈現出橫向條帶。

平滑肌

平滑肌 (smooth muscle) 細胞是長紡錘形，每個細胞含有一個細胞核。然而，其個別肌絲並不像在骨骼肌及心肌中一樣有次序地排列。平滑肌組織是由排列成片的細胞所組成，在有些組織中，平滑肌僅在被神經或荷爾蒙刺

表 22.4 肌肉組織

組織	典型位置	組織功能
❶ 平滑肌 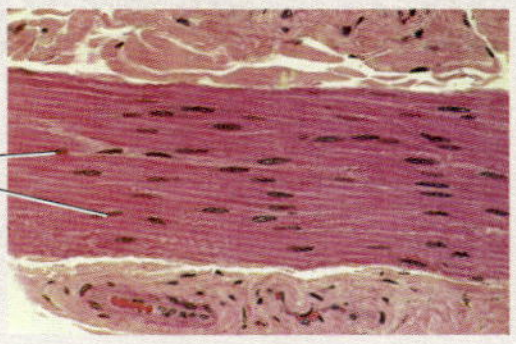	血管、胃及腸道的外壁	規律性的力量，不能隨意收縮，受到中樞神經系統的控制
❷ 骨骼肌 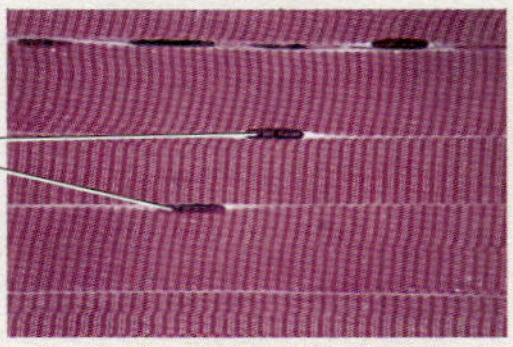	隨意肌	行走、提舉、說話以及其他隨意運動的力量
❸ 心肌 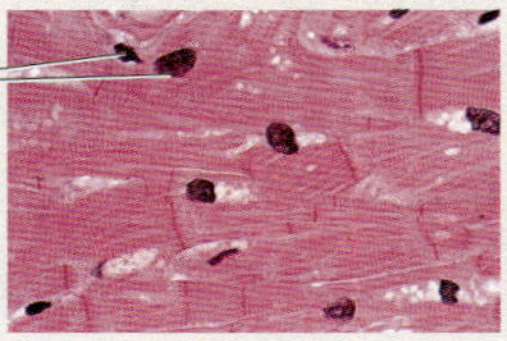	心臟外壁	高度相連結的細胞；促進啟動收縮訊息之快速傳播

激時才會收縮。這類肌肉的實例包括構成許多血管的外壁以及脊椎動物眼睛的虹膜。在其他平滑肌組織中，例如腸道外壁，每個細胞自然地收縮，導致此組織的緩慢而平穩的收縮現象。

骨骼肌

骨骼肌 (skeletal muscles) 可帶動骨骼的骨頭。骨骼肌細胞的產生是在其發育期間，藉由多個細胞末端的癒合而形成相當長的纖維。每個這樣的肌肉細胞纖維仍然含有所有起源的細胞核，其被推擠至細胞質的邊緣。如圖 22.6 所示，可見細胞核位在肌肉纖維的外側。每個**肌肉纖維** (muscle fiber) 包含了許多伸長的**肌微纖維** (myofibrils)，而每個肌微纖維則由許多肌絲，即蛋白纖維肌動蛋白和肌凝蛋白，所組成。

在圖 22.6 中，肌微纖維與肌絲已經從肌肉細胞中被拉出來，以利看出肌肉纖維的不同組成方式。肌肉細胞的關鍵特色是肌動蛋白和肌凝蛋白在細胞內的相對豐富程度，其能促使肌肉細胞的收縮。這些蛋白纖維是構成所有真核細胞的細胞骨架之一部分，但它們在肌肉細胞中的含量更加豐富，也更高度地具結構化。

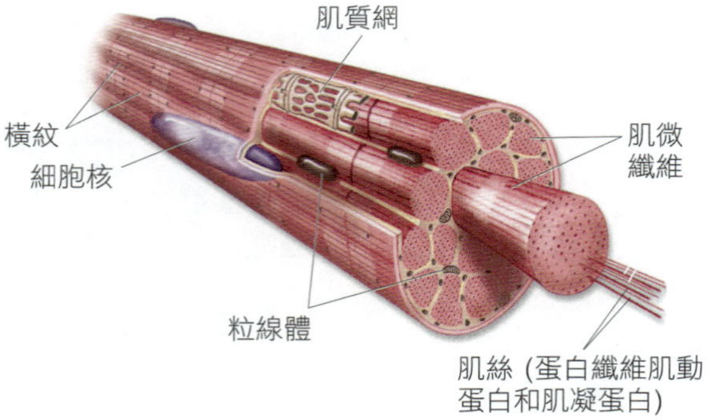

圖 22.6　骨骼肌的纖維或肌肉細胞

每條肌肉由多束的肌肉細胞或纖維所組成。每個肌肉纖維有許多肌微纖維，而肌微纖維則由許多肌絲所組成。肌肉細胞有油內質往改變而成的肌質網，負責肌肉中鈣離子的調節。

心肌

脊椎動物的心臟是由具橫紋的**心肌** (cardiac muscle) 所組成，其纖維的排列方式與骨骼肌很不同。心肌並不是由非常長而多核的細胞縱貫肌肉的全長，而是由成列的單細胞所組成，每個細胞有其自己的細胞核 (詳見表 22.4 中 ❸ 的照片)。成列的細胞被組成纖維，其會分支並互相連接而形成格狀網絡。此格狀構造對心肌行使功能的方式很重要，每個心肌細胞都與其相鄰細胞以電位相關聯，即藉由微小的洞稱為**裂隙接合** (gap junction)，穿過兩細胞相接處的原生質膜而連接。心臟收縮起始在一個位置，藉由打開穿過膜的通道，而運送離子通過膜。此改變了膜的電位特性，然後一個電位衝動便從一個細胞通過裂隙接合而傳至另一個細胞，造成心臟以規律的搏動方式進行收縮。

關鍵學習成果 22.5

肌肉組織是脊椎動物身體用以運動其四肢、收縮其器官以及推送血液經過其循環系統的工具。

22.6　神經組織可快速傳導訊息

神經組織細胞的類型

神經細胞攜帶訊息快速地從一個脊椎動物的器官至另一個器官。神經組織是脊椎動物組織的第四大類，其由兩種細胞所構成：(1) **神經元** (neurons)，為特化的神經衝動傳遞者，以及 (2) 支持的**神經膠細胞** (glial cells)，其可提供神經元營養、支持以及絕緣保護。

神經元具有高度特化的細胞結構，能快速傳遞訊息至全身。它們的細胞膜富含選擇性離子通道，其容許一波波的電荷活動向下傳至整個神經元細胞，作為神經衝動。

每個神經元包括三個部分，如圖 22.7 的示意圖：(1) 細胞本體，其包含細胞核；(2) 線狀的延伸，稱為**樹突** (dendrites)，從細胞本體向外突出，其作用類似觸角，可從其他細胞或感覺系統將神經衝動攜帶至細胞本體；以及 (3) 單一延伸，稱為**軸突** (axon)，其將神經衝動攜離細胞本體。軸突通常可攜帶神經衝動至相當長的距離：在長頸鹿，從頭顱延伸至髖骨的軸突約有三公尺長。

身體內有許多種不同形狀及大小的神經元。有些很小且僅有數個突起，還有一些是叢枝狀且有更多突起，此外仍有一些具有數公尺長的突起。即使如此，所有的都能符合如表 22.5 中所示的三種基本類型之一。*感覺神經元* (sensory neurons) ❶ 通常攜帶電位衝動從身體各部至中樞神經系統 (CNS)，即大腦及脊髓。*運動神經元* (motor neurons) ❷ 通常攜帶電位衝動從中樞神經系統至肌肉。*聯絡神經元* (association neurons) ❸ 出現在中樞神經系統之中，扮演感覺及運動神經元之間的「連接者」。這些將在第 28 章中進一步討論。神經元並不直接與另一個相接處，反而是有一個微小縫隙，稱為**突觸** (synapse)，隔開兩個神經元。神經元與另一個神經元的交流是藉由稱為

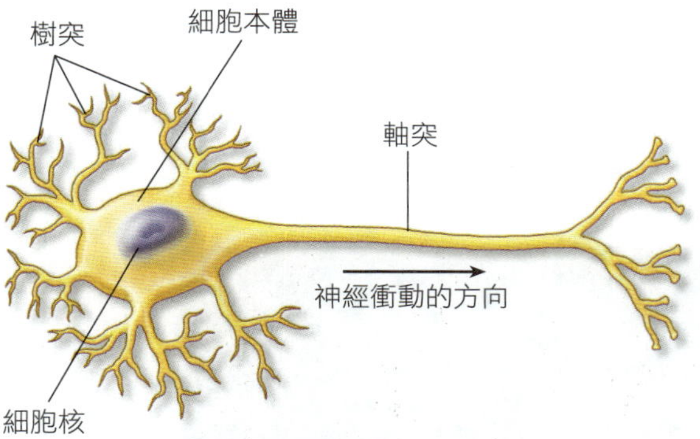

圖 22.7　神經元攜帶神經衝動

神經元攜帶神經衝動，即電荷訊息，從其起始點樹突至細胞本體，再傳至軸突的全長，最後可將訊息傳給鄰近的細胞。

表 22.5　神經元的類型

神經元	典型部位	功能
❶ 感覺神經元 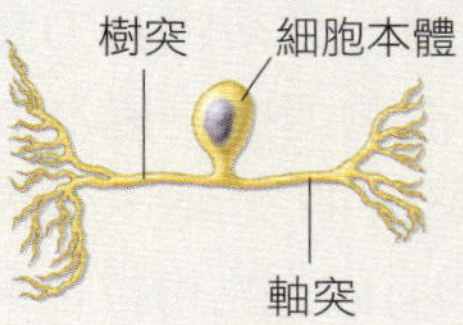	眼睛；耳朵；皮膚表面	接收有關身體狀況以及外界環境的訊息；將衝動從感覺接受器送至中樞神經系統 (CNS)
❷ 運動神經元 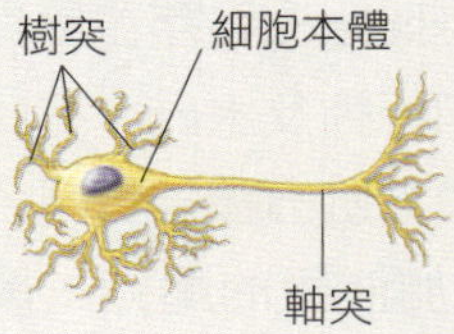	大腦及脊髓	刺激肌肉及腺體；將衝動送出 CNS，傳向肌肉及腺體
❸ 聯絡神經元 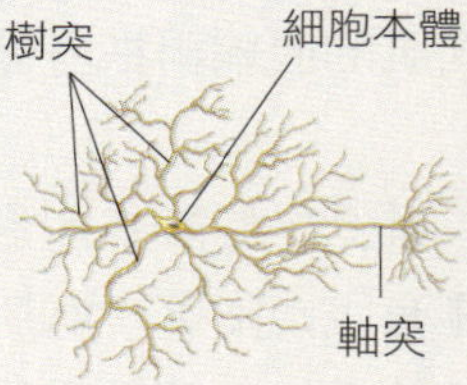	大腦及脊髓	整合訊息；在 CNS 內的神經元之間傳遞衝動

神經傳遞物 (neurotransmitters) 的化學訊息，通過縫隙來完成。

脊椎動物的神經，當用肉眼觀察時，狀似一條白線，但是它們事實上是由成束的軸突所構成。就像電話纜線一樣，神經包括大量的獨立交流管道－由數百條軸突所構成的束狀結構，每個軸突連接一個神經細胞而至一個肌肉纖維或其他類型的細胞。很重要的是不要將神經和神經元混為一談，神經是由許多神經元的軸突所組成，就像纜線是由許多鐵絲所組成一樣。

關鍵學習成果 22.6

神經組織提供脊椎動物個體一種交流與協調的方法。

骨骼及肌肉系統

22.7 骨骼類型

為了使肌肉能產生運動，必須將其力量加諸於另一物體上。動物能夠運動是因為其肌肉的對應兩端固著在堅硬的支架—**骨骼** (skeleton)—之上，所以肌肉有固定物可拉扯。動物界中有三種類型的骨骼系統：水管系骨骼、外骨骼以及內骨骼。

水管系骨骼 (hydraulic skeletons) 存在於身體軟的無脊椎動物中，例如蚯蚓及水母。在此例中，一個充滿液體的空腔被肌肉纖維包圍，當肌肉纖維收縮時，會增加液體的壓力。圖 22.8 中的蚯蚓以環形肌的波狀收縮向前移動，環形肌前端開始收縮並壓縮身體，使得液體壓力推動其前進。然後，縱向肌的收縮再把身體其他部分跟著向前拉。

外骨骼 (exoskeletons) 圍繞在身體外而形成一個堅硬的外殼，其內側有肌肉附著。當肌肉收縮，會移動其所附著的外骨片。節肢動物具有由多醣類幾丁質所構成的外骨骼，例如甲殼類 (圖 22.9) 及昆蟲。具有外骨骼的動物不能長得太大，因為其外骨骼必須變得較厚重以避免崩解。倘若一隻昆蟲有如大象的大小，那麼其外骨骼可能會過於厚重，以致其幾乎不能移動。

內骨骼 (endoskeletons) 存在於脊椎動物及棘皮動物中，是堅固的身體內部骨骼，其上有肌肉附著。脊椎動物具有軟而易塑形的外層，可延伸以容納其骨骼的運動。大多數脊椎動物的內骨骼是由骨頭所組成 (圖 22.10)。骨頭不像幾丁質，而是活的細胞組織，能夠生長、自我修補以及重新整裝，以因應外界壓力。

脊椎動物的內骨骼：人類的骨骼

人類的骨骼是由 206 塊骨頭所構成。其中 80 塊構成**主軸骨骼** (axial skeleton)，如圖 22.11 中的紫色骨頭，負責支撐身體的主軸；而其他的 126 塊骨頭為**附肢骨骼** (appendicular skeleton)，褐色骨頭，負責支持手臂和腳。

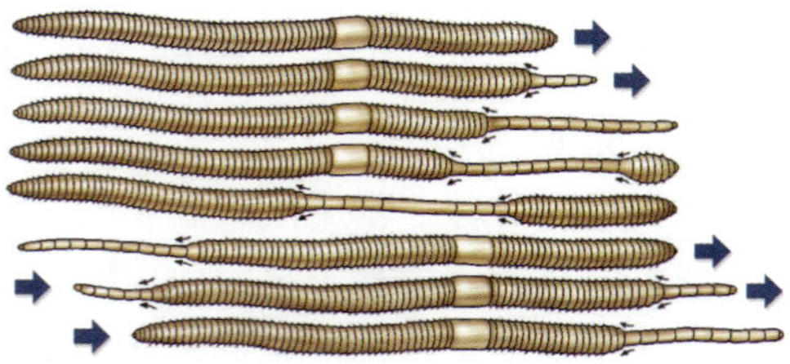

圖 22.8 蚯蚓有水管系骨骼
當蚯蚓的環形肌收縮時，其內的液體壓力壓迫縱向肌，然後縱向肌延伸以拉長蚯蚓的體節。蚯蚓身上向後的波狀收縮促使其個體向前移動。

圖 22.9 甲殼類有外骨骼
此岩蟹的外骨骼是鮮橘紅色。

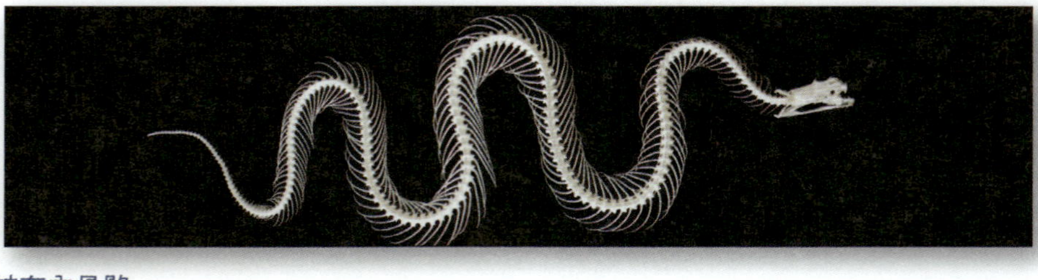

圖 22.10 蛇有內骨骼
大多數脊椎動物的內骨骼是由骨頭所組成，蛇的內骨骼特化而有利於快速側向運動。

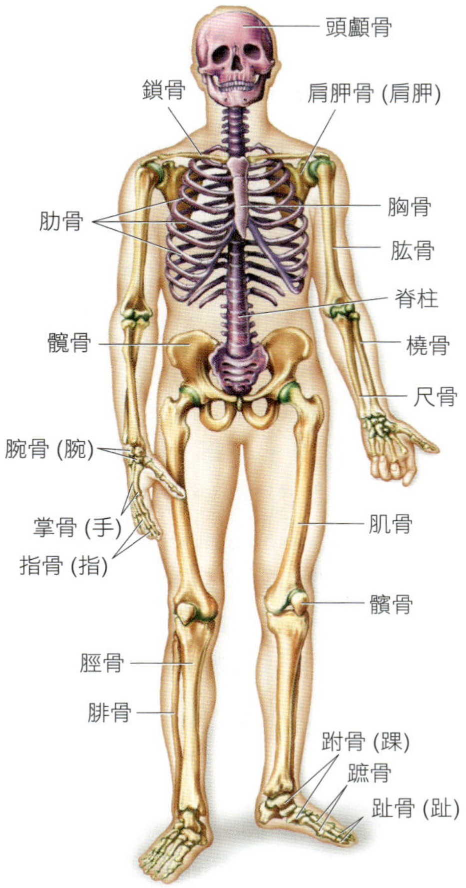

圖 22.11　主軸及附肢骨骼
主軸骨骼以紫色呈現，附肢骨骼以褐色呈現。部分關節則以綠色呈現。

主軸骨骼

主軸骨骼是由頭顱骨、背骨以及肋骨架所構成。在頭顱的 28 塊骨頭中，8 塊形成頭蓋包覆大腦，其餘為臉骨及中耳骨。

頭顱骨連接在背骨的前端，背骨也稱為脊椎 (spine)，或**脊柱** (vertebral column)。脊椎由 26 塊脊椎骨所組成，它們上下堆疊以提供一個圍繞並保護脊髓的可彎曲之柱狀構造。從脊椎向前彎曲的有 12 對肋骨，附著在胸骨的前方以形成在心臟及肺臟周圍的保護架。

附肢骨骼

附肢骨骼的 126 塊骨頭在肩部及臀部處與主軸骨骼相接。**肩帶** (pectoral girdle) 是由兩塊大而扁平的肩胛骨組成，其分別藉由細長彎曲的鎖骨而連接在胸骨的上端。手臂連接在肩胛骨上；每隻手臂及手包含 30 塊骨頭。鎖骨是身體中最常斷裂的骨頭。你能猜出為何如此？因為倘若你跌倒時，手臂向外伸直，大部分的力量會轉移到鎖骨上。

骨盆帶 (pelvic girdle) 形成碗狀以提供雙腳的強力連結，雙腳必須承受所有體重，每隻腳及足包含 30 塊骨頭。

關節 (joints)，即兩塊骨頭相接之處，提供了堅固內骨骼的可活動性，容許一定範圍的動作，其動作大小取決於關節的種類。依據其移動性，關節可分為三大類。不可移動關節，例如頭顱骨縫隙，僅有微小至無的移動力；輕微移動關節，例如在脊椎骨之間，容許骨頭有部分移動；自由移動關節，容許一定範圍內的移動，存在於大顎、手指、腳趾以及四肢 (肩膀、手肘、臀部、膝蓋)。依據關節的類型，骨頭在關節處藉由軟骨、纖維結締組織或是充滿潤滑液的纖維鞘而相接。

關鍵學習成果 22.7

動物的骨骼系統提供一個身體的肌肉能依附拉動的架構。許多身體軟的無脊椎動物利用水管系骨骼，而節肢動物有堅硬的外骨骼包覆其身體。棘皮動物和脊椎動物則有內骨骼，肌肉附著其上。

22.8　肌肉及其運作方式

三種類型的肌肉共同形成脊椎動物的肌肉系統。如先前所討論的，脊椎動物的身體能夠運動是因為骨骼肌以相當強的力量拉扯骨頭；心臟的推送是因為心肌的收縮；而食物在腸道中移動是因為平滑肌的規律性收縮。

細觀骨骼肌

骨骼肌可移動骨骼上的骨頭。人類主要的肌肉標示在圖 22.12 的右側，肌肉藉由帶狀的緻密結締組織，稱為**韌帶** (tendons)，附著在骨頭上。骨頭在可活動的接縫處，稱為*關節* (joints)，可任意旋轉，並被附著其上的肌肉前後拉動。肌肉的一端*起始端* (origin)，以韌帶附著在骨頭上。當肌肉收縮時，該處維持穩固不動，此提供了一個肌肉能依靠而拉動的支撐點。肌肉的另一端*嵌入端* (insertion)，則附著在骨頭上，其會在肌肉收縮時移動。例如縫匠肌的起始端及嵌入端標示在圖 22.12 的左側，此肌肉可協助腳在臀部彎曲，讓膝蓋向胸部靠近。此肌肉的起始端位在臀部並保持固定，而嵌入端位在膝蓋，如此，當肌肉收縮 (變短) 時，膝蓋會被向上拉向胸部。

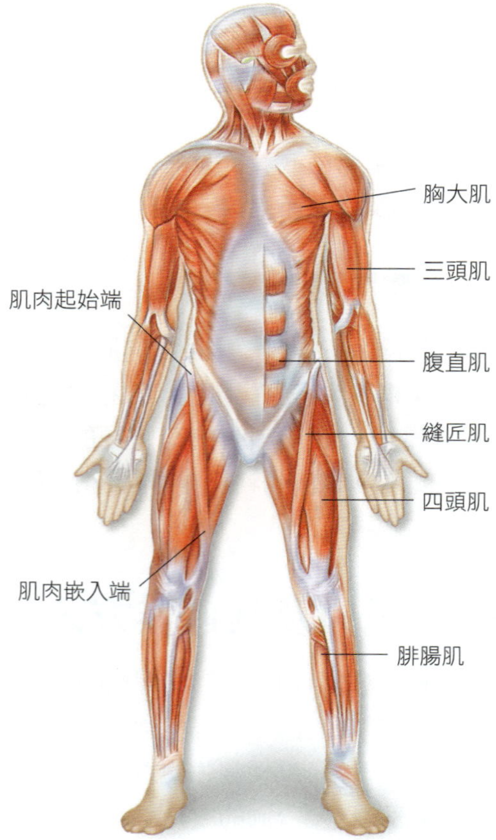

圖 22.12　肌肉系統
人類身體內的部分主要肌肉標示在右側，其起始端及嵌入端標示在左側。

肌肉只能拉、不能推，因為肌微纖維只會收縮而不會擴張。因此，脊椎動物中可移動關節的肌肉會成對附著在骨頭相對應的兩側，稱為屈肌及伸肌。如圖 22.13 所示，當大腿後側的**屈肌** (flexor) 收縮，小腿會被移動靠近大腿；當大腿前側的**伸肌** (extensor) 收縮，小腿則會被反向移動而遠離大腿。

所有肌肉會收縮，但其有兩種形式：等張及等長收縮。在**等張收縮** (isotonic contractions)，肌肉變短，並如上述般移動骨頭；在**等長收縮** (isometric contractions)，肌肉釋出一股力量但本身並不變短，此發生在你試圖舉起相當重的東西時。倘若你的肌肉產生足夠的力量，你終究能夠舉起重物，然後此等長收縮即轉變成等張收縮。

肌肉收縮

從圖 22.6 來回顧，肌微纖維是由成束的肌絲所構成。脊椎動物的肌肉中，極為細微而無法以肉眼看見的單一條肌絲，只有 8~12 奈米厚。每一條是長線狀細絲之肌動蛋白或肌凝蛋白。**肌動蛋白絲** (actin filament) 包括兩串肌動蛋白分子，彼此相互纏繞，像兩串珍珠疏鬆地纏繞著。**肌凝蛋白絲** (myosin filament) 也包

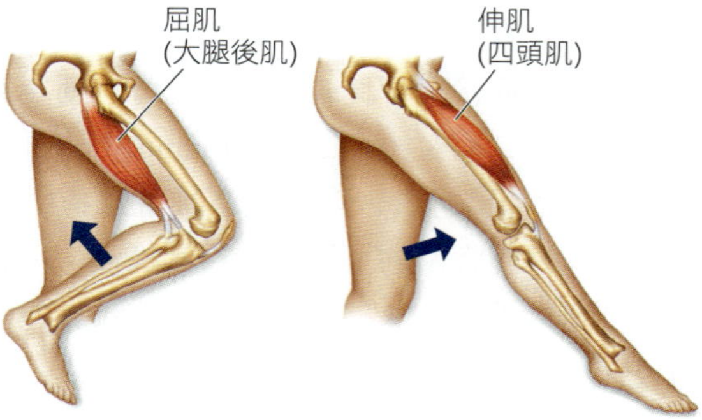

圖 22.13　屈肌及伸肌
肢體運動一直是肌肉收縮的結果，絕不是肌肉的伸張。將四肢收回的肌肉稱為屈肌；而將四肢伸直者稱為伸肌。

括兩串蛋白彼此相互纏繞，但肌凝蛋白絲大約是肌動蛋白絲的二倍長，且肌凝蛋白絲具有特殊形狀。肌凝蛋白絲的一端有非常長的柄，而另一端則有一個雙頭的球狀區，或「頭端」。整體來看，肌凝蛋白絲看起來有點像雙頭蛇，此特殊的構造是肌肉運作的關鍵。

肌肉如何收縮

肌肉收縮的**滑動絲模式** (sliding filament model)，如下方的「關鍵生物程序」所示，描述了肌動蛋白及肌凝蛋白如何導致肌肉收縮。在第 1 部分著重在圓球狀的肌凝蛋白頭端，當肌肉開始收縮，肌凝蛋白絲的頭端先移動，就像將你的手彎向腰部，頭端向後並向內彎曲，如第 2 部分所示。此將它們移動得更靠近它們棒狀的背軸，且在彎曲的方向上移動了數個奈米的距離。在肌凝蛋白絲本身中，其頭端彎區並沒有達成什麼－但此肌凝蛋白絲的頭端附著在肌動蛋白絲上！結果使得肌動蛋白絲隨著肌凝蛋白絲頭端的彎曲而被拉，導致肌動蛋白絲被肌凝蛋白絲帶動，而沿著其彎曲的方向滑動 (第 2 部分中的點狀圓形代表肌動蛋白絲的移動)。隨著一個接續另一個肌凝蛋白絲頭端的彎曲，在效果上，肌凝蛋白沿著肌動蛋白一步一步地「行走」。每一步需要消耗一分子的 ATP 以重新恢復肌凝蛋白絲頭端的角度 (如第 3 部分)，在它再次附著上肌動蛋白之前 (第 4 部分)，已準備好進行下一個彎曲。

肌動蛋白如何滑動經過肌凝蛋白而導致肌微纖維的收縮及肌肉細胞的運動？肌動蛋白絲被固定在一端，就在橫紋肌上稱為 Z 線的位置，即在「關鍵生物程序：滑動絲模式」上靠近兩側標示為淡紫色的條帶。兩條 Z 線之間的肌動蛋白及肌凝蛋白絲構成了收縮的單位，稱為**肌小節** (sarcomere)。因為肌動蛋白被如此拴住，它不會單純地移開，反而會把固著點跟著拉動。當肌動蛋白滑動經過肌凝蛋白時，它會帶著 Z 線移向肌凝蛋白。肌肉收縮的秘訣是每個肌凝蛋白插在兩對肌動蛋白絲之間，其兩端固定在 Z 線上，如在第 1 部分所示。其中一對向左移動，另一對向右移動，當此兩對肌動蛋白分子滑過肌凝蛋白核心時，會將 Z 線拉向彼此，如在第 2 及第 3 部分所示。當 Z

關鍵生物程序：肌微纖維收縮

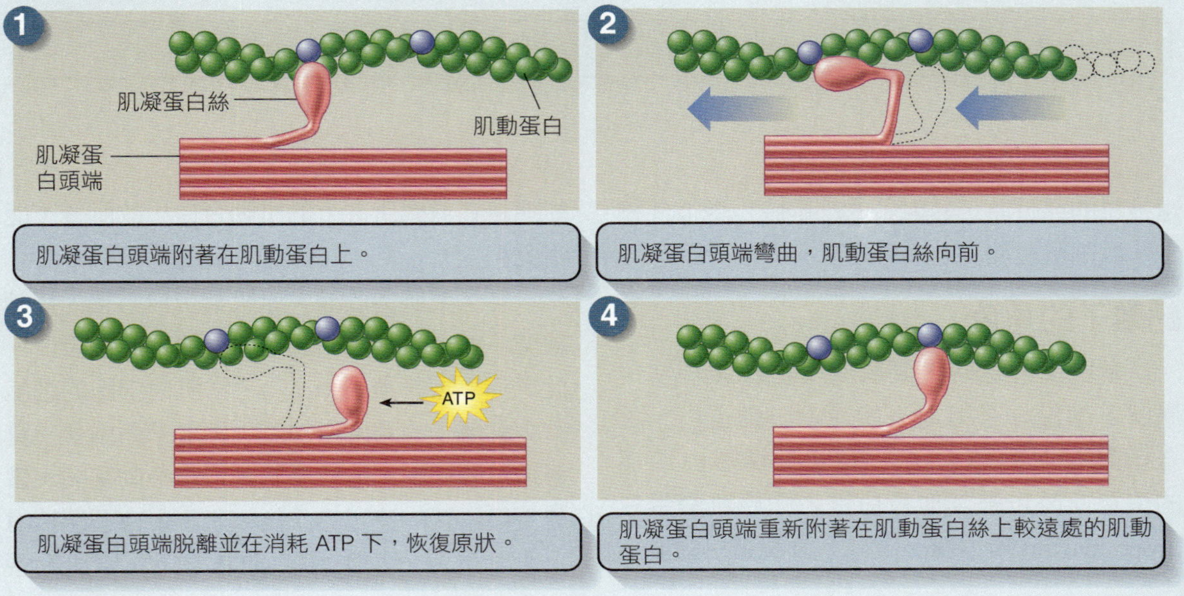

1 肌凝蛋白頭端附著在肌動蛋白上。

2 肌凝蛋白頭端彎曲，肌動蛋白絲向前。

3 肌凝蛋白頭端脫離並在消耗 ATP 下，恢復原狀。

4 肌凝蛋白頭端重新附著在肌動蛋白絲上較遠處的肌動蛋白。

關鍵生物程序：滑動絲模式

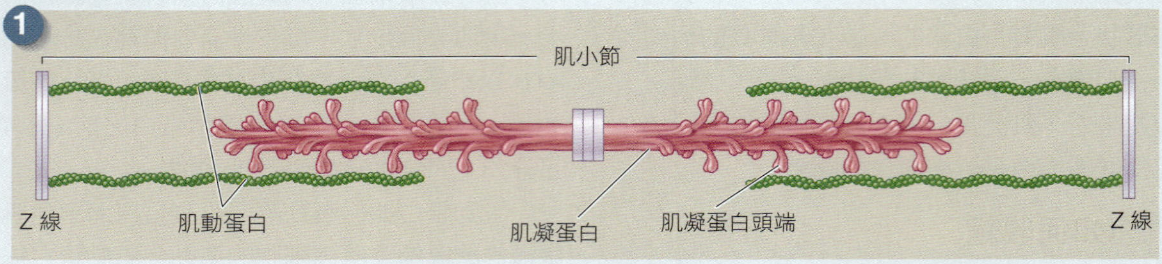

在肌凝蛋白絲的兩個頭端朝向相反方向。

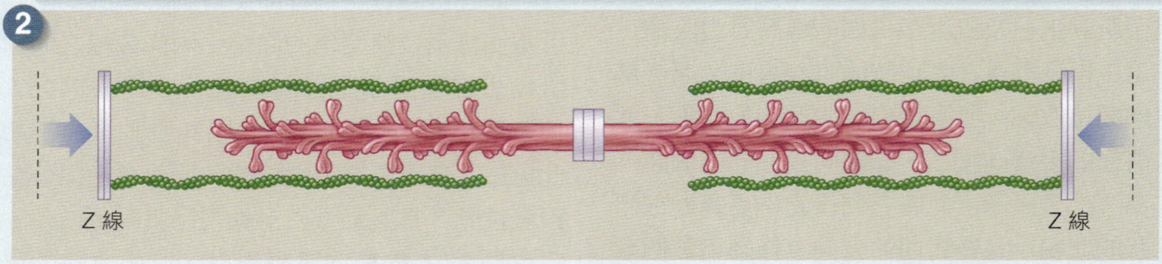

因此，當肌凝蛋白絲的右頭端沿著肌動蛋白絲「走動」，並將他們以及其附著的 Z 線向左拉向中央；而同一肌凝蛋白絲的左頭端沿著肌動蛋白絲「走動」，並將他們以及其附著的 Z 線向右拉向中央。

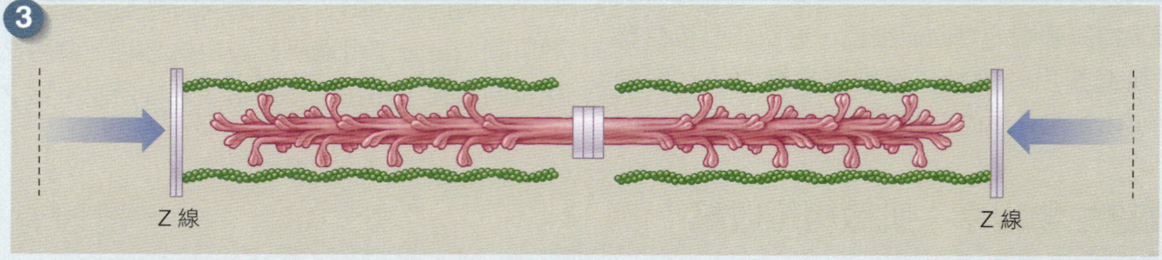

結果是兩條 Z 線向中央移動－然後收縮發生。

線被拉的靠近時，其附著的細胞膜也像彼此移動，故細胞收縮。

鈣離子的角色

當肌肉放鬆時，其肌凝蛋白絲頭端恢復原狀，準備好了但還不能連上肌動蛋白。這是因為在肌動蛋白上，附著肌凝蛋白頭端的位置此時也被其他蛋白質，即**原肌凝蛋白** (tropomyosin) 所占據。因此，肌凝蛋白頭端不能連接在放鬆肌肉上的肌動蛋白，故肌絲不能滑動。

為了讓肌肉收縮，原肌凝蛋白必須先移動讓開，如此肌凝蛋白頭端才能連上肌動蛋白。此過程需要鈣離子 (Ca^{++})，當肌肉細胞的細胞質中鈣離子的濃度增加時，鈣離子藉由蛋白質通道離開細胞，造成原肌凝蛋白移動讓開，當此更換位置的清況完成後，肌凝蛋白頭端接附上肌動蛋白，並在消耗 ATP 之下，沿肌動蛋白繼續往下一步，以縮短肌微纖維。

肌纖維將 Ca^{++} 儲存在變形的內質網，稱為**肌質網** (sarcoplasmic reticulum)，之中。當肌纖維受刺激而收縮，Ca^{++} 從肌質網釋出並擴散進入肌微纖維中，而啟動收縮。當肌肉工作過度時，Ca^{++} 通道變得易漏，會漏出少量的 Ca^{++}，弱化了肌肉收縮，進而導致肌肉疲勞。

關鍵學習成果 22.8

肌肉是由許多微細絲狀的肌動蛋白及肌凝蛋白組成的肌微纖維所構成。肌肉藉由消耗 ATP 而運作，以驅動肌凝蛋白沿著肌動蛋白而滑動，因而造成肌微纖維的收縮。

複習你的所學

動物的體制

體制設計的新興

22.1.1 許多新興特徵是動物界多樣性之關鍵：組織、輻射與兩側對稱、體腔、體節化、漸增性生長與蛻皮以及原口與後口發育。

脊椎動物個體的組織架構

22.2.1 所有脊椎動物有相同的一般架構：一個管子 (腸道或消化系統) 懸浮在腔室 (體腔) 中，其在許多陸生脊椎動物中被分隔為胸腔及腹腔。

22.2.2 身體的器官是由多種不同的組織共同合作，以執行更高層次的功能。

22.2.3 器官系統有共同合作的器官，以執行更大尺度的身體功能。脊椎動物的身體有 11 種主要器官系統。

脊椎動物個體的組織

上皮是保護組織

22.3.1 上皮組織是由不同類型的上皮細胞所組成，其覆蓋身體的內部及外部表面，提供保護。

22.3.2 上皮的構造決定其功能。有些類型的上皮是單層細胞且物質可通過。有些上皮是多層，提供保護。假多層上皮看起來具多層，但實際上僅有單層細胞，而其細胞核位置不均等。

結締組織支持個體

22.4.1 身體的結締組織在構造及功能上非常多樣化，但都是由包埋在胞外基質的細胞所組成。基質可以是堅硬的，如在骨頭中；具可塑性的，如在纖維結締組織、脂肪組織及軟骨中；或是液態的，在血液中，紅血球在液態基質 (稱為血漿) 中流動。結締組織的功能在儲存，運輸養分、氣體及免疫細胞，以及提供身體結構上的支持。

22.4.2 骨頭是活的組織。成骨細胞堆疊在纖維基質上，然後鈣的礦物質浸漬這些纖維，造成基質硬化而成緻密的骨頭。

肌肉組織促使個體運動

22.5.1 肌肉組織是動態的組織，其收縮會造成骨頭移動。肌肉組織有三種：平滑肌、骨骼肌及心肌細胞。所有三種肌肉都包含肌動蛋白絲及肌凝蛋白絲，但在肌微纖維的構成方式不同。

神經組織可快速傳導訊息

22.6.1 神經組織是由神經元及支持的神經膠細胞。神經元從身體的一處攜帶電荷衝動至另一處，提供身體交流及協調的一種方式。

骨骼及肌肉系統

骨骼類型

22.7.1 骨骼系統提供一個骨架，肌肉在其上作用而移動身體。柔軟的無脊椎動物有水管系骨骼，在其中肌肉作用在一個充滿液體的腔室。

22.7.2 人類的骨骼共有 206 塊骨頭，其構成主軸骨骼 (頭顱骨、背骨及肋骨) 及附肢骨骼 (手臂、肩膀、腳及臀部)。

肌肉及其運作方式

22.8.1 骨骼肌附著在骨骼的兩點上，一點附著在固定的骨頭上，稱為起始端。該肌肉跨過一個關節而附著在另一塊骨頭上，此處稱為嵌入點。當肌肉收縮時，嵌入點被拉得更靠近起始點，然後關節彎曲。肌肉成相對應的一對運作，以使關節彎曲或伸直。

22.8.2 成束的肌動蛋白和肌凝蛋白互相堆疊而形成規律的排列。肌凝蛋白接在肌動蛋白上，然後將肌動蛋白沿著其長度拉動，造成肌絲互相滑動。肌動蛋白之肌絲的一端被固定在稱為 Z 線的構造上，當肌動蛋白沿著肌凝蛋白滑動時，其固定點會被拉近，造成肌肉縮短。來自 ATP 的能量導致肌絲脫離，然後再附著，重新誘發滑動，此過程稱為滑動肌絲模式。

測試你的了解

1. 體節化是動物體制設計的一種新興特徵，它使得
a. 內部器官系統的發育更有效率
b. 運動更靈活，因為個別體節能獨立移動
c. 器官可放置在身體的不同部位
d. 提早決定胚胎期細胞的命運

2. 你的胃位在下列哪個腔室內？
a. 腹部的　c. 胸肺的
b. 心臟的　d. 胸椎的

3. 身體的所有器官有何共通處？
a. 含有相同類型的細胞
b. 由多種不同組織所構成
c. 衍生自外胚層
d. 可被視為循環系統的一部分

4. 下列動物的組織架構由小到大之排列順序，何者正確？
a. 細胞、組織、器官、器官系統、個體
b. 個體、器官系統、器官、組織、細胞
c. 組織、器官、細胞、器官系統、個體
d. 器官、組織、細胞、個體、器官系統

5. 下列何者不是上皮組織的功能？
a. 分泌物質
b. 提供感覺表面
c. 移動身體
d. 保護其內的組織免遭破壞及脫水

6. 下列何者是上皮組織不能做到的？
a. 形成屏障或界限
b. 在消化道中吸收營養
c. 在中央神經系統傳遞訊息
d. 在肺中容許氣體交換

7. 何者是結締組織的實例？
a. 手指的神經細胞　c. 腦細胞
b. 皮膚細胞　d. 紅血球

8. 當一個人患有骨質疏鬆，________的運作落在________之前。
a. 破骨細胞；成骨細胞
b. 破骨細胞；膠原纖維
c. 成骨細胞；破骨細胞
d. 成骨細胞；膠原纖維

9. 行走時，用以移動腳的肌肉是
a. 骨骼肌　c. 平滑肌
b. 心肌　d. 以上皆是

10. 神經衝動從一個神經細胞傳至另一個是藉由使用何者？
a. 荷爾蒙　c. 費洛蒙
b. 神經傳遞物質　d. 鈣離子

11. 下列動物中，何者有水管系骨骼？
a. 甲殼類　c. 海星
b. 海鞘　d. 水母

12. 脊柱是何者的一部分？
a. 附肢骨骼　c. 水管系骨骼
b. 主軸骨骼　d. 外骨骼

13. 附肢的雙向運動需要有一對肌肉，因為
a. 單一肌肉只能拉、不能推
b. 單一肌肉只能推、不能拉
c. 移動附肢需要多於一塊肌肉所產生的力量
d. 以上皆非

14. 在肌肉收縮的過程中，鈣的角色為何？
a. 收集 ATP 以供肌凝蛋白利用
b. 造成肌凝蛋白頭端移動位置，而使肌原纖維收縮
c. 造成肌凝蛋白頭端自肌動蛋白移開，而使肌肉放鬆
d. 露出肌凝蛋白在肌動蛋白上的連接點

Chapter 23

動物的循環

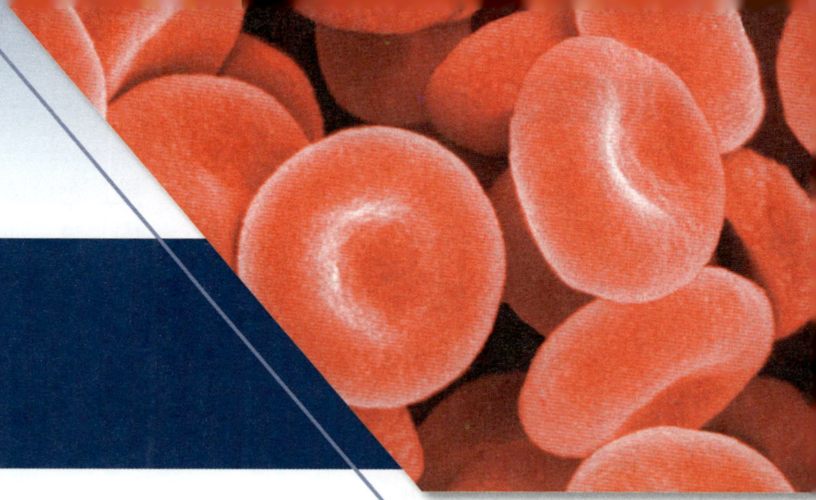

血液被視為生命的河流，在所有脊椎動物身體的組織中，血液是唯一的液態組織，一個可運送氣體、養分、荷爾蒙、抗體及廢棄物的液態快速道路遍布全身。構成血液呈液態狀的物質是富含蛋白質的液體，稱為血漿，其大約占了血液的 55%，其餘 45% 大部分是由紅、白血球所構成。在每一微升 (μl) 中大約有 500 萬個如上圖所示的紅血球！每個紅血球呈雙凹盤狀，就像一個中央被擠壓的圓形枕頭，且其內滿布一種稱為血紅素的蛋白質，其是一個含鐵的分子，故使得血液呈紅色。氧很容易連接上血紅素中的鐵，使得紅血球能夠成為有效的攜氧者。單一紅血球能一次攜帶約 10 億個氧分子。而紅血球的平均壽命僅有 120 天；在骨髓中，每秒約有 200 萬個新的紅血球產生，以置換死亡或毀損者。本章將檢視脊椎動物如何使用細胞，如同使用這些紅血球以及其周圍的液體，以運送氧、食物及任何訊息至全身。

動物的循環

23.1 開放式及閉鎖式循環系統

循環系統的構造

在脊椎動物體內，每個細胞必須從體外的有機分子獲得其生存所需之能量。回顧第 7 章，細胞藉由「燃燒」糖類 (如葡萄糖) 以獲取能量，使用氧並產生二氧化碳。在動物中，提供血液及血管的器官系統稱為*循環系統*，而獲得氧作為燃料並處理二氧化碳廢棄物的器官系統稱為*呼吸系統*。本章將討論循環系統，24 章則討論呼吸系統。

並非所有真核生物都有循環系統。在單細胞原生生物中，氧及養分可直接藉由擴散從外界水中環境獲得。

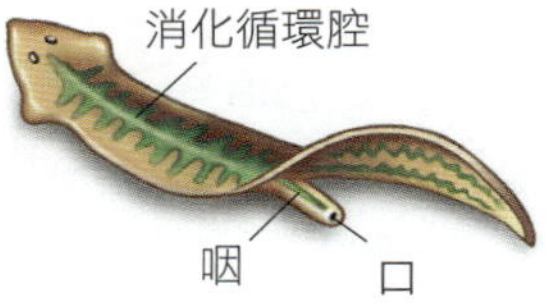

渦蟲：消化循環腔

動物以體腔來增大擴散的功效。刺絲胞動物 (如水螅) 以及扁形動物 (如渦蟲，上圖) 的細胞不是直接暴露在外界環境，就是暴露在稱為**消化循環腔** (gastrovascular cavity) 的體腔中。此構造兼具消化及循環的功能，藉由擴散直接從腔腸運送養分及氧至組織細胞中。渦蟲的消化循環腔 (上圖中標示為綠色) 廣泛地分支，以供應每個細胞氧及消化所得之養分。

較大的動物具有多層細胞厚的組織，所以許多細胞離身體表面或消化腔太遠，以致無法直接與環境交換物質。於是，氧及養分則藉由一個在循環系統內部的液體從環境及消化腔運輸至體內細胞。

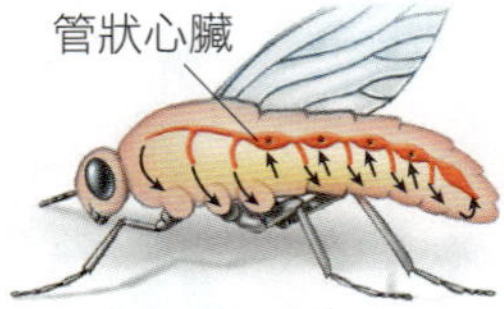

昆蟲：開放式循環

循環系統有兩種類型：開放式及閉鎖式。在**開放式循環系統** (open circulatory system)，例如在節肢動物及許多軟體動物者，循環液體 (血液) 與個體組織細胞外液體之間沒有區別。故此液體被稱為*血淋巴* (hemolymph)。昆蟲 (如蒼蠅示意圖) 有具肌肉的管道當作心臟，推送血淋巴通過一端開放的管道網絡，其會清空管內含物並送至身體各腔室內 (向下指的箭號)。在該處，血淋巴將營養送至體內各細胞，然後再經由心臟上的孔洞回到循環系統 (向上指的箭號)。當心臟抽吸時，這些孔會關閉，以免血淋巴回流至體腔中。

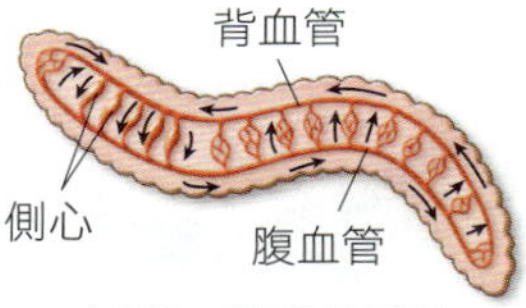

蚯蚓：閉鎖式循環

在**閉鎖式循環系統** (close circulatory system)，循環的液體 (或*血液*) 一直被封鎖在血管中，其將血液運送離開並回到一個幫浦，即*心臟*。不論血液推送至或遠離心臟，都一直留在此系統的血管中。環節動物及所有脊椎動物具有閉鎖式循環系統。環節動物 (如蚯蚓示意圖) 的背血管會規律性地收縮，其功能如同幫浦，血液即被推經五個相連的小型血管 (稱為側心)，其功能也等同幫浦，然後送至腹血管，其將血液向後運送 (下方的箭號)，直到其重新回到背血管中 (上方的箭號)。腹血管及背血管之間的較小型血管會分支，以供應蚯蚓的組織氧及養分，並攜離廢棄物。

脊椎動物的血管形成管狀網絡，允許血液從心臟流至個體的所有細胞，然後再回到心臟。動脈將血液攜離心臟，而靜脈則將血液帶回心臟。血液經過動脈而至靜脈系統之間的是*微血管*，這是最微細且最多的血管。

當血漿流經微血管時，血液的壓力迫使部分液體流出微血管壁。此衍生出的液體稱為**組織間隙液** (interstitial fluid)，其中有些會直接回到微血管內，而有些則進入位於血管周圍結締組織中的**淋巴管** (lymph vessels)。此現在稱為**淋巴** (lymph) 的液體，會在特殊的位置重回靜脈血液中。

脊椎動物循環系統的功能

循環系統的功能可分成三個部分：運輸、調節及保護。

1. **運輸**：細胞功能所必需的物質是由循環系統來運輸。這些物質可依功能歸類如下：

   呼吸　紅血球運輸氧至組織細胞中。在肺臟或鰓的微血管中，氧附著在紅血球中的血紅素分子上，然後被運送到全身細胞以行有氧呼吸。而細胞呼吸所產生之二氧化碳則被血液攜至肺臟或鰓以便排出。

   營養　消化系統負責將食物瓦解，以利養分能被小腸壁所吸收，並進入循環系統的血管中。然後血液則攜帶所吸收的消化產物經由肝臟而至全身細胞。

   排泄　血漿中的代謝廢棄物、多餘的水分與離子以及其他分子則經由腎臟的微血管過濾，然後以尿液排出。

   內分泌　血液攜帶來自內分泌腺所分泌的荷爾蒙至遠處的器官，然後調節其作用。

2. **調節**：心血管系統以兩種方式參與溫度的調節：

   溫度調節　在溫血的 (或稱為恆溫) 脊椎動物中，無論周遭溫度高低，體溫維持恆定。其中一部分是藉由位在皮膚下方的血管來做到，當氣溫寒冷時，淺層的血管壓縮以將溫血轉送至較深層的血管中。當氣溫暖和時，淺層的血管擴張，故使血液的溫熱能藉輻射散出體外。

熱交換　有些脊椎動物也利用**對流式熱交換** (countercurrent heat exchange) 在寒冷環境中維持熱度。圖 23.1 顯示對流式熱交換如何在海豚及殺人鯨中運作，在此過程中，從體內深層攜帶溫暖血液的血管 (紅色者)，經過從體表攜帶冰冷血液的相鄰血管 (藍色者) 時，會以流出的溫血加熱來自體表回流的冷血 (橫切面中的紅色箭號代表熱)，所以當此血液到達身體內部，即不再是冷的，如此可維持核心體溫的穩定。

3. **保護**：循環系統保護以避免外來微生物或毒素進入體內而造成傷害：

血栓　栓塞機制保護血管在損壞時不會讓血液過度喪失。此栓塞機制有來自血漿中的蛋白質以及稱為血小板的血液細胞構造共同參與 (將於 23.4 節中討論)。

免疫防禦　血液含有蛋白質及白血球，其提供免疫以防止許多致病的病原菌。有些白血球具吞噬能力，有些可產生抗體，而有些則藉由其他機制的作用來保護身體。

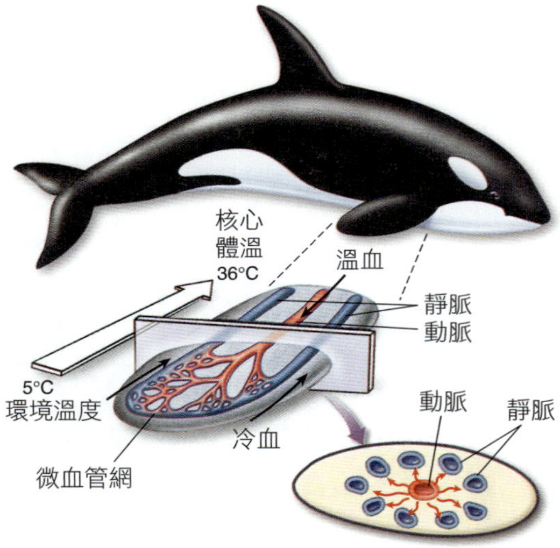

圖 23.1　對流式熱交換
許多海生的哺乳動物，例如此殺人鯨，可在寒冷水域中藉由對流方式讓動脈及靜脈之間進行熱交換，以限制熱的喪失。藉由從體內動脈中推送的溫血，將從皮膚靜脈中流回的冷血加熱，所以身體的核心體溫能在寒冷水域中維持恆定。在圖中的切面顯示靜脈如何圍繞著動脈，以使動脈及靜脈間的熱交換最大化。

關鍵學習成果 23.1

循環系統可以是開放式或閉鎖式。所有脊椎動物具有閉鎖式循環系統，其中血液由動脈從心臟流出，然後從靜脈流回心臟。循環系統可有多種不同功能，包括運輸、調節及保護。

23.2　脊椎動物循環系統的結構

心血管系統

脊椎動物的循環系統，也稱為**心血管系統** (cardiovascular system)，是由三部分所構成：(1) **心臟** (heart)，一個由肌肉構成的幫浦，可將血液推送至身體各部；(2) **血管** (blood vessels)，血液在其中移動的管狀網絡；(3) **血液** (blood)，在這些管子中循環者。

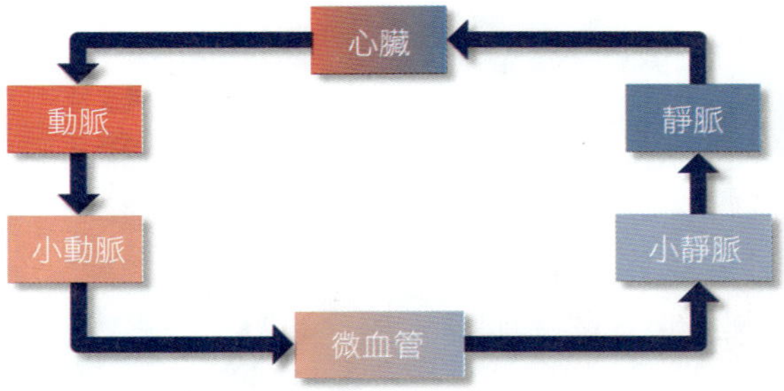

如上圖所示，血液從心臟循環至全身，經過由動脈、小動脈、微血管、小靜脈及靜脈所構成之血管系統，然後再回到心臟。

血液離開心臟所流經的血管稱為**動脈** (arteries)。血液從動脈經過由**小動脈** (arterioles) 組成的網絡，如圖 23.2a❶ 所示。從這些血管，血液終將被推進微血管網 ❷，其是更窄的管子所構成之細格子網，稱為**微**

血管 (capillaries；源自拉丁文，*capillus*，意旨「細髮」)。當通過微血管時，血液與身體的細胞交換氣體及代謝產物 (葡萄糖、維生素、荷爾蒙)。在經過微血管之後，血液流經**小靜脈** (venules) ❸，小靜脈所構成的網絡會清空而進入較大的**靜脈** (veins)，其收集了循環的血液並將之攜回至心臟。

微血管網可以是開放或封閉者，根據組織之生理需求而定。經由微血管的血流可被小型環狀肌肉的放縮或收縮而控制，此肌肉稱為微血管前括約肌 (precapillary sphincter)。微血管前括約肌因收縮而封閉的情況如圖 23.2b 所示，故血液會從微血管網送出。

微血管的直徑比體內的其他血管都還要小。哺乳動物的血液經由大動脈離開心臟，它為直徑超過 2 cm 的大血管；然而當血液抵達微血管時，其通過的血管直徑平均僅有 8 μm，其管徑減少了約 1,250 倍之多。

此血管口徑的減小有相當重要的效果。雖然每個微血管非常窄，由如此多的微血管所集結而得之血管橫斷面積總和卻是最大。結果使得血液有更多時間與周圍細胞外液體交換物質。等到血液抵達微血管末端，其已釋出其中的一些氧及養分，並且吸收了二氧化碳及其他廢棄產物。在通過大量的微血管網絡時，血液喪失大部分的壓力及黏性，也在很低的壓力下進入靜脈。經過微血管的血流就像水流出澆水器的灑水頭一樣－血流形成許多小水柱散出，其不費太大力量，也不如較多的血流進入微血管網時快速。

動脈：由心臟送出的快速路徑

動脈系統是由動脈及小動脈所組成，會將血液從心臟攜離。來自心臟的血液以搏動方式大量撞進動脈，而非平順的流動，就像心臟在每次收縮都強力地射出其內含物一樣。動脈必須能擴張以承受心臟每次收縮所造成的壓力，因此動脈是可擴張的血管，其管壁是由四層組織所構成 (圖23.3a)。最內層是由內皮所構成，其周圍是一層彈性纖維，然後一層厚的平滑肌，其外再被一層保護的結締組織所包覆。因為此層保護鞘很有彈性，所以當心臟收縮時，動脈能把其體積擴大至非常大，讓一股新血液流進動脈中。平滑肌層的穩定收縮可強化

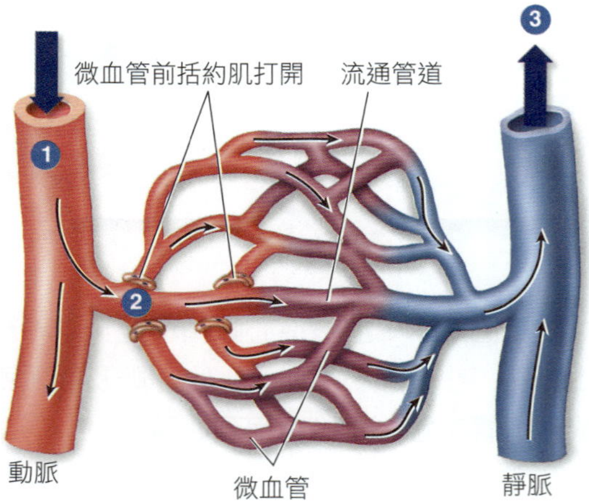

(a) 血液流經微血管網路

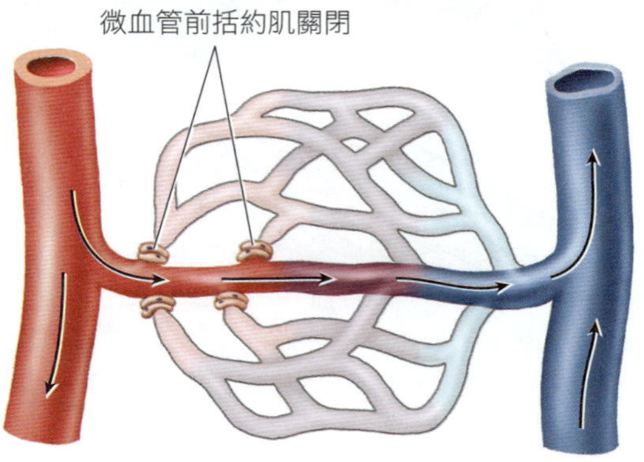

(b) 微血管網絡中的血流受限

圖 23.2 微血管網絡連接動脈與靜脈

微血管直接連接小動脈及小靜脈的管道，且分支成更細管道而組成網絡。在體內組織及紅血球之間，大部分的物質交換發生位在微血管網絡中的血球中。此進入微血管的血流是被入口處呈條帶狀的微血管前括約所控制。(a) 當括約肌打開時，血液會流入微血管中；(b) 當括約肌收縮時，微血管即關閉。

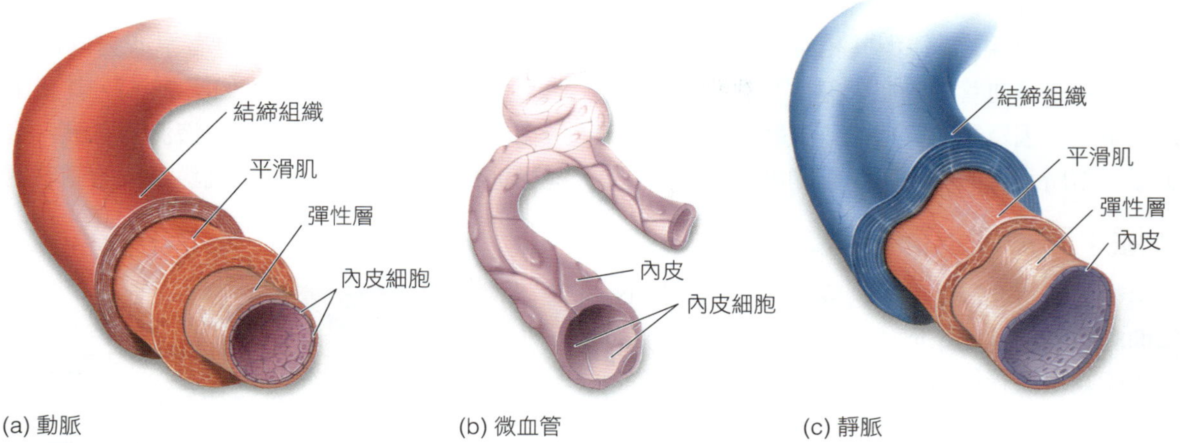

圖 23.3　血管的構造

(a) 動脈，其將血液攜離心臟，可擴張並由層層組織所組成；(b) 微血管是簡單的管子，其薄壁便於血液及身體細胞之間的物質交換；(c) 靜脈，其將血液運回心臟，不須像動脈一樣堅固，靜脈管壁有較動脈薄的肌肉層，且當空管時，管子呈扁塌。注意，此手繪圖並未依照比例，如課文中所述，動脈直徑可大至 2 cm，微血管直徑僅約 8 μm，而最大的靜脈直徑可達 3 cm。

血管壁以免過度擴張。

小動脈不同於動脈之處有二，其直徑較小，且其周圍的肌肉層能受荷爾蒙影響而放鬆，以擴大直徑並增加血流量，是身體活動量大時的優點。大部分的小動脈也與神經纖維相連接，當被這些神經刺激時，小動脈的內襯肌肉收縮，限制了血管的直徑，這樣的收縮限制了血流量，特別是在低溫或遭受壓力時期，可能達到最極端。當受驚嚇或感到冰冷時，臉色變得慘白，這是因為皮膚內的小動脈正在收縮中；而會臉紅則是由於相反的原因，當過熱或感到害羞時，聯絡至小動脈周圍肌肉的神經纖維被抑制，使得平滑肌放鬆並導致皮膚內的小血管擴張，將熱帶至表面以利釋放熱能。

微血管：物質交換的場所

微血管是將血液中的氧及食物分子傳送至身體細胞之處，也是廢棄的二氧化碳被吸收的地方。為了便利此交流，微血管狹窄 (圖 23.4) 且具有薄壁，以利氣體及代謝物質輕易通過。

在心血管系統的任何組成中，微血管的構造最簡單，其管壁僅有單細胞厚 (詳見圖 23.3b)。微血管平均約為 1 mm 長，且以微靜脈和小動脈相接。所有微血管都很狹窄，其內徑約 8 μm，只比紅血球的直徑 (5~7 μm) 略大一點。此設計對微血管的功能很重要，當紅血球通過時，藉由撞擊血管側壁 (如圖 23.4 中的細胞)，這些紅血球與微血管壁緊密接觸而使物質交換更為容易。

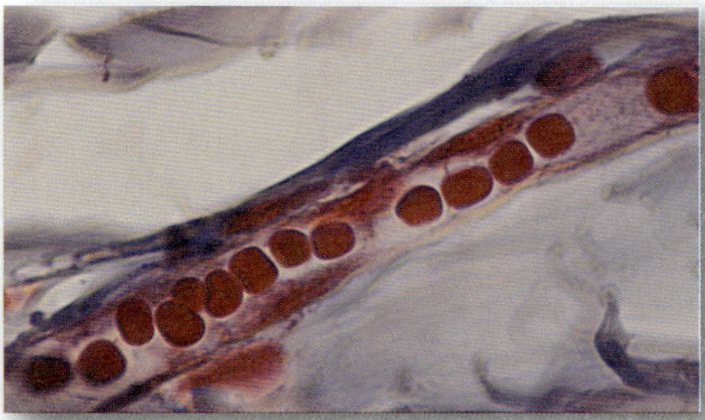

圖 23.4　微血管中的紅血球

微血管中的紅血球成一排通過，紅血球甚至能通過比其直徑更窄的微血管，藉由跳動的心臟所產生之壓力而推送。

幾乎所有脊椎動物的細胞與微血管的距離不會超過 100 μm。每條微血管對血流都有高度阻力，因為其直徑小。然而此延伸的微血管網絡的橫切面總面積 (即所有微血管直徑的總和，以面積呈現之) 比與其相接的動脈面積還大。因此在微血管中的血壓遠比在動脈者小。這很重要，因為微血管壁並不強壯，倘若處在動脈平常所承受的壓力下，它們則會爆裂。

靜脈：讓血液返回心臟

靜脈是將血液送回到心臟的血管。靜脈不須像動脈一樣承受脈博的壓力，因為心跳的力量會因為微血管網絡的高阻力及很大的橫切面積而弱化。因此靜脈管壁的肌肉及彈性纖維層薄很多，如圖 23.3c 所示。一個空的動脈會維持開放，如同水管，但當靜脈空了，其管壁就塌了，如同沒氣的氣球。圖 23.5 可見一個靜脈與一個動脈並排，左側的靜脈局部塌陷，而右側的動脈則維持其形狀。

由於血流在靜脈內的壓力低，避免任何對血流造成阻力就變得很重要，以免沒有足夠的壓力讓血液流回心臟。因為一個寬的血管對於血流的阻力比狹窄者低，所以靜脈的內部路徑通常相當寬，僅需很小的壓力差即能讓血液回到心臟。人體內最大靜脈是引導至心臟之腔靜脈，其直徑達 3 cm；這比你的拇指還寬！然而僅靠壓力不足以驅動靜脈的血液回到心臟，故有許多特徵可提供協助。其中最顯著的是，當圍繞在靜脈的骨骼肌收縮時，它們會壓縮靜脈而促進血液移動。靜脈也有單一方向的瓣膜 (靜脈內的小型瓣狀物；如圖 23.6)，其藉由避免血液逆向流動而確保此血液流回心臟。這些構造特徵可維持血流順著循環系統的循環運行。

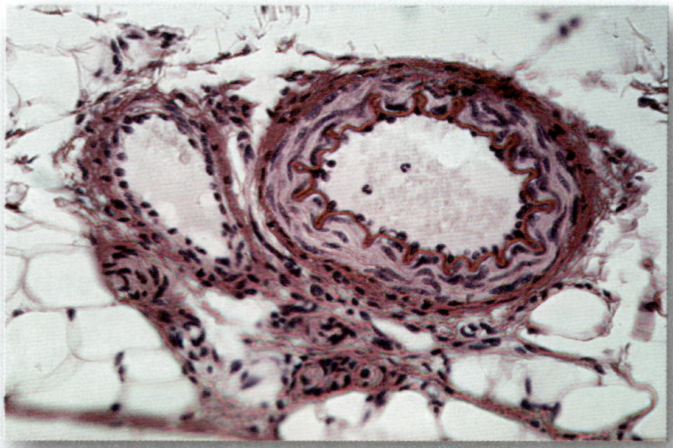

圖 23.5　靜脈和動脈
靜脈 (左側) 與動脈 (右側) 具有相同的一般結構，但在空管時，動脈能維持其形狀而靜脈會塌陷。

關鍵學習成果 23.2

脊椎動物循環系統的組成有動脈，其將血液帶離心臟；微血管，狹窄管子所構成的網絡，在此處透過其薄壁可進行氣體及食物分子的交換；以及靜脈，其讓血液從微血管回到心臟。

23.3　淋巴系統：收回失去的體液

淋巴循環

心血管系統是易漏的，液體被心臟的搏動壓力而擠壓漏出微血管的薄壁，雖然此喪失是不可避免－心血管系統若沒有薄壁的微小動脈，則不能進行其氣體及代謝物的交換－但是

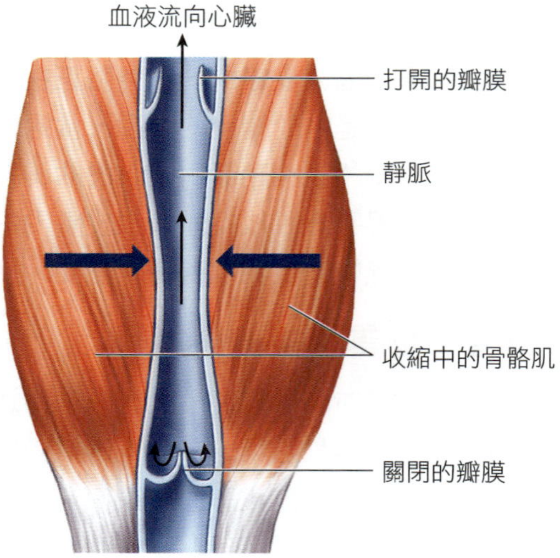

圖 23.6　血液在靜脈中的流動
靜脈瓣可確保血液流經靜脈為單向回到心臟。此血液的移動是在靜脈周圍骨骼肌的協助下進行。

由此喪失的組成內容更重要。在體內，每天大約有 4 公升的液體以此方式離開心血管系統，比身體總供應量 (約 5.6 公升的血液) 的一半還多！為收集並回收此液體，身體採用第二種循環系統稱為**淋巴系統** (lymphatic system)。如同血液循環系統，淋巴系統是由管子所構成的網絡；其分布全身，如圖 23.7 所示。

液體是從微血管在其鄰近小動脈端處被濾出，該處的血壓較高，如圖 23.8 的紅色箭號所示。大部分的液體藉由滲透回到微血管血液；然而，過量的液體會進入微淋巴管的開放端。這些微管收集從細胞周圍的液體並攜帶其經過一系列逐漸加大的管子直到兩條大型淋巴管，再經由單向瓣膜而匯入頸部較下方的靜脈中。一旦在淋巴系統中，此液體即稱為**淋巴** (lymph)。

在淋巴系統中，液體因淋巴管被體內的肌肉運動擠壓而被推進。此淋巴管含有一系列單向瓣膜，僅允許液體朝向頸部方向移動。在某些狀況下，淋巴管也會進行律動性的收縮。在許多魚類、所有兩棲和爬蟲類、鳥類胚胎及某些成鳥中，淋巴的移動是被**淋巴心臟** (lymph hearts) 所驅動。

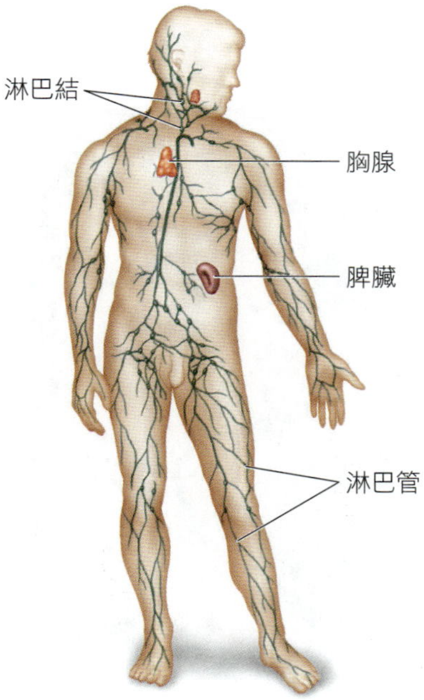

圖 23.7　人體的淋巴系統
淋巴系統是由淋巴管及微淋巴管、淋巴結以及淋巴器官 (包括脾臟及胸腺) 所組成。

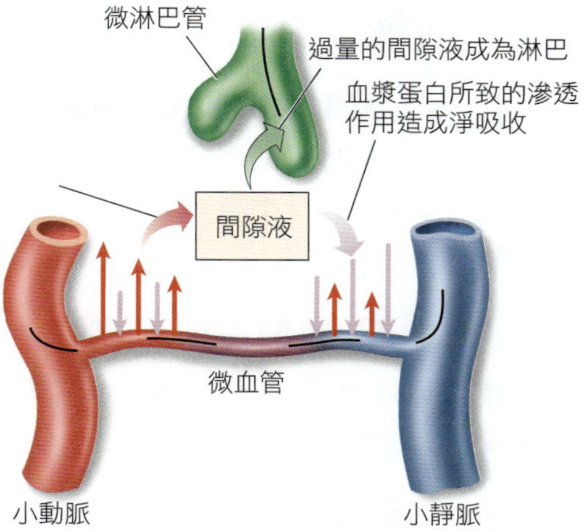

圖 23.8　微淋巴管將間隙中的液體重新收回
血壓迫使液體從微血管流進細胞周圍的間隙中，然後，在該處，液體重新進入血液或流入微淋巴管中。

淋巴系統有三種其他重要功能：

1. **將蛋白質回傳至循環系統**：由於大量的血液流出微血管，導致血中蛋白顯著流失。藉由重新取回喪失的液體，淋巴系統也能將喪失的蛋白質回傳。
2. **運輸從小腸吸收的脂質**：微淋巴管稱為乳糜管 (lacteals)，其穿透小腸的內襯，這些乳糜管會從消化道吸收脂質，最終透過淋巴系統將之運送至循環系統。
3. **協助身體的防禦**：沿著淋巴管，有膨大的淋巴結 (lymph nodes)，如圖 23.7 所示，其內充滿為防禦所特化的白血球。此淋巴系統可攜帶細菌至淋巴結及脾臟，然後將它們瓦解。

關鍵學習成果 23.3

淋巴系統將從微血管漏出的液體及蛋白質送回到循環系統。

23.4 血液

大約 5% 的體重是由循環在體內的動脈、靜脈及微血管中的血液所組成。血液包括液體的**血漿** (plasma)，以及循環其中之許多不同類型的細胞。

血漿：血液的液體

血漿 (blood plasma) 是複雜的水溶液，其具有非常不同類型的物質溶於其中。

1. **代謝物質及廢棄物**：倘若循環系統是脊椎動物的快速道路，血液則是在快速道路上的交通。溶於血漿中的有葡萄糖、維生素、荷爾蒙以及循環在體內細胞之間的廢棄物。
2. **鹽及離子**：如同生物的發源地—海水，血漿是稀釋的鹽溶液。主要的血漿離子有鈉離子、氯離子以及碳酸氫鹽。此外，血漿中還有微量的其他鹽類，例如鈣離子及鎂離子，以及金屬離子包括銅、鉀及鋅。
3. **蛋白質**：血漿中有 90% 是水，倘若其未含有如其通過細胞中的高蛋白質濃度。通過體內所有細胞的血液則會很快地因滲透而喪失其水分至細胞中，超過一半量的蛋白質是平衡體內細胞蛋白質含量所必需者，包含單一蛋白質，**血清蛋白** (serum albumin)，其隨血液循環當作抗滲透的力量。人類血液中，每公升含有 46 公克的血清蛋白。飢餓及蛋白質不足會導致血液中蛋白質含量降低。此血漿蛋白缺乏會造成身體的水腫，因為此時身體的細胞含有比血液還高的溶質含量，故會從缺少蛋白的血液中吸收水分。所以蛋白質缺乏綜合症等蛋白缺乏疾病的病癥之一就是水腫，即組織的浮腫，雖然其他因素也可能造成水腫。

肝臟產生大部分的血漿蛋白：白蛋白；α 及 β 球蛋白，其擔任脂質及固醇類荷爾蒙的攜帶者；以及纖維蛋白原，其是血液凝固所必需的。當試管中的血液凝固時，纖維蛋白原會轉換為不可溶的絲狀纖維蛋白，而成為凝血塊的一部分。圖 23.9 可見血液的凝集，此時碟狀的紅血球會被纏繞在絲狀纖維蛋白之間，而剩下的液體因沒有纖維蛋白而不能凝固，稱為**血清** (serum)。

血球：循環全身的細胞

雖然血液是液體，實際上幾乎有一半的體積被細胞所占據。血液中有三個主要的細胞組成，即紅血球、白血球以及細胞碎屑稱為血小板。在血液總體積中紅血球所占的比例稱為血液的**血球容比** (hematocrit)。在人類，血球容比通常約為 45%。

紅血球攜帶血紅素　每一微升 (μl) 的血液中含有約 500 萬個紅血球 (erythrocytes)。人類的每個紅血球，如圖 23.10 的上方圖所示，呈扁盤狀且兩側的中央凹陷，就像一個中央未完全相通的甜甜圈。紅血球攜帶氧至身體的細胞中，紅血球的內部幾乎完全充滿血紅素，其是一種能在肺臟鍵結氧並將之送到身體細胞的蛋白質。

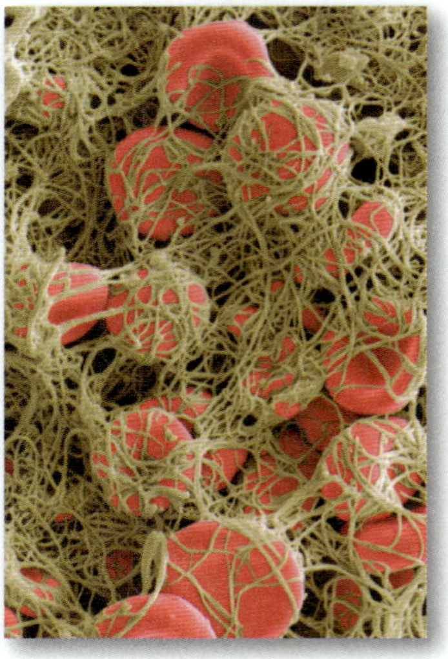

圖 23.9　絲狀的纖維蛋白
此掃描式電子顯微照片 (X5,000) 顯示纖維蛋白絲在紅血球之間。纖維蛋白是從血漿中的可溶性蛋白質 (纖維蛋白原) 所形成，會在血管受傷時，產生血栓。

血液細胞	在血液中的壽命	功能
 紅血球	120 天	輸送 O_2 及 CO_2
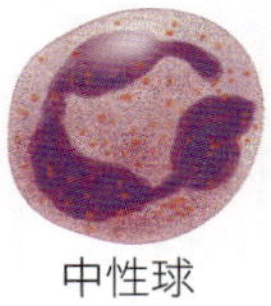 中性球	7 小時	免疫防禦
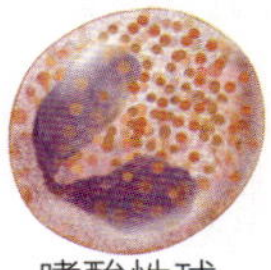 嗜酸性球	未知	對抗寄生蟲的防禦
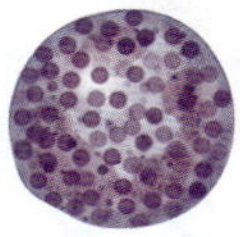 嗜鹼性球	未知	發炎反應
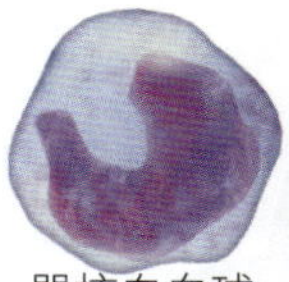 單核白血球	3 天	免疫監控 (巨噬細胞組織的前驅物)
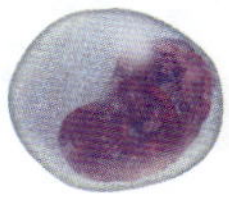 B 淋巴球	未知	抗體的產生 (血漿細胞的前驅物)
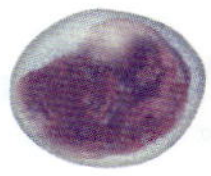 T 淋巴球	未知	細胞免疫反應
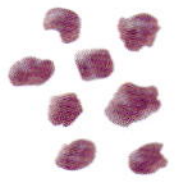 血小板	7~8 天	血液凝集

圖 23.10　血球細胞的類型
紅血球、白血球 (中性球、嗜酸性球、嗜鹼性球、單核白血球以及淋巴球) 以及血小板是脊椎動物的血液中三種主要細胞組成。

哺乳動物的成熟紅血球如同廂型車而非卡車般運作其功能。紅血球就像一台沒有引擎的汽車，既不含有細胞核也沒有製作蛋白質的相關胞器。因為它們缺乏細胞核，這些細胞不能自我修復，也因此有相當短的壽命；任何一個人類紅血球僅能存活約 4 個月。新的紅血球會持續地被骨骼內部的軟骨髓之細胞所生成，並被釋出進入血液中。

白血球防禦身體　在哺乳動物血液中少於 1% 的細胞是**白血球** (leukocytes)。白血球 (如圖 23.10 中所示，有點透明的細胞，其具有大型或形狀奇特的細胞核) 比紅血球還大。它們不含有血紅素，且基本上沒有顏色。白血球有多種不同類型，每一種都具有不同的功能。中性球是數量最多的白血球，接著依序為淋巴球、單核白血球、嗜酸性球以及嗜鹼性球。中性球就像神風敢死隊一樣發動攻擊，藉由釋出可殺死鄰近所有細胞－包括其本身－的化學物質，以對外來細胞做出反應。*單核白血球* (neutrophils) 生成*巨噬細胞* (macrophages；意指「大食客」)，其藉由吃掉外來細胞而攻擊並殺死它們。淋巴球包括 *B 細胞*，其可產生抗體，以及 *T 細胞*，其可殺死被感染的體細胞。

白血球的所有類型以及其他者可協助防禦身體以對抗入侵的微生物及其他外來物質，如將在第 27 章介紹者。不同於其他血球細胞，白血球並不侷限在血流中；它們是可移動的士兵，也會移出而進入細胞周圍的液體中。

血小板協助血液凝集　在骨髓中的特定大型細胞，稱為**巨核細胞** (megakaryocytes)，會規律地擠出一部分細胞質，這些細胞碎片，稱為**血小板** (platelets) (如圖 23.10 下方圖所示)，不含細胞核。進入血流之中，它們在血液凝集上扮演關鍵角色。在一塊血栓中，一團黏性的纖維蛋白絲 (如圖 23.9) 將血小板黏在一起而形成塊狀，可堵住血管的破洞。此血栓提供密而強的封鎖，此處形成血栓的纖維蛋白是由一系列的反應所構成，其起始於循環的血小板首先遇到傷口處，血小板會因受傷血管所釋出的化學物質而做出反應：釋出蛋白質因子進入血液中，進而開始凝集的過程。

關鍵學習成果 23.4

血液是一群細胞循環在富含蛋白質且鹹的液體 (稱為血漿) 中。有些循環在血液中的細胞可執行氣體交換；其他則參與防禦身體以對抗感染。

脊椎動物循環系統的演化

23.5 魚的循環

有腔室的心臟

脊椎動物的祖先脊索動物被認為具有簡單的管狀心臟，與現今在文昌魚有些相似 (詳見第 19 章)。這種心臟很小，僅是腹動脈的特定位置比其他部位的動脈有較厚的肌肉，其以簡單蠕狀波動方式收縮。

魚類鰓的發育需要一個更有效率的幫浦，由魚類可看到真正腔室幫浦的心臟之演化。魚的心臟 (圖 23.11a)，基本上是一個具有四個腔室依序排成一列的管子。前兩個腔室－**靜脈竇** (sinus venosus, SV) 與**心房** (atrium, A)－是負責收集的腔室，而後兩個－**心室** (ventricle, V) 與**動脈圓錐** (conus arteriosus, CA)－是負責推送的腔室。在較高等的脊椎動物中，SV 與 CA 腔室極為退化。

魚類心跳次序呈蠕狀波動，從後端 (SV) 開始而向前 (朝向 CA) 運動。此四腔室中最早收縮的是靜脈竇，接著是心房、心室，最後是動脈圓錐。在魚類，收縮所產生的電子衝動起始於靜脈竇；在其他脊椎動物，電子衝動則起始於與靜脈竇相對應的構造上。

魚類的心臟與鰓呼吸器配合得相當良好，

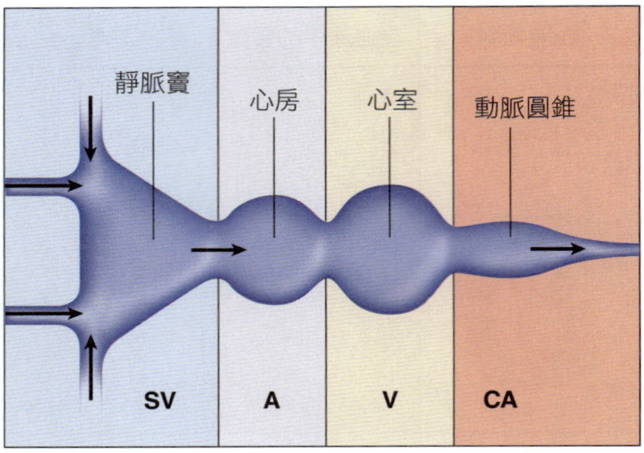

(a)

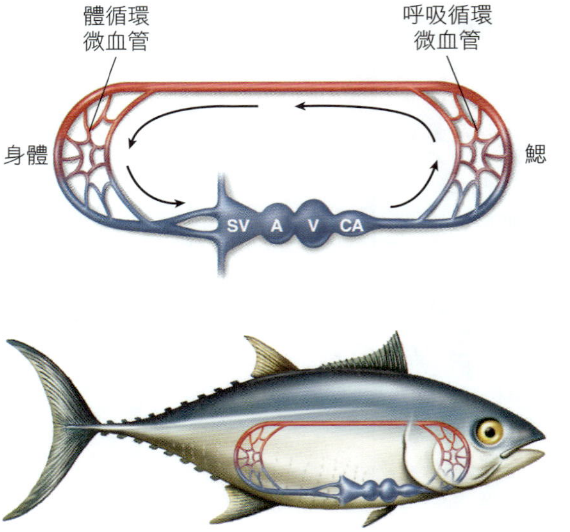

(b)

圖 23.11 魚的心臟及循環
(a) 魚的心臟之示意圖，顯示排成一列的腔室；(b) 魚的循環之示意圖，顯示血液被推送至鰓，然後血液直接流至身體各部。富含氧的血液 (充氧血) 以紅色代表；低氧的血液 (缺氧血) 以藍色代表。

且代表脊椎動物主要的新興特徵之一。其最大的優點可能是，送至身體組織的血液是完全充氧的，因為其最先被推送至鰓，如圖 23.11b 的循環週期所示。血液最先被推送經過鰓，然後沿著循環週期向右，而成為充氧血；接著血液從鰓流經動脈及微血管網絡至全身各部位；然後血液在經由靜脈回到心臟。然而，此排列有一個最大的限制，回顧 23.2 節，血液在通過微血管時，會喪失壓力。在魚類也如此，當血液通過鰓的微血管時，也會喪失由心臟收縮產生的壓力。因此，從鰓流經身體各部的循環非常緩慢，此特性限制了運送氧至全身的速率。

關鍵學習成果 23.5

魚類心臟是個特化的管子，包括四個排成一列的腔室，其將血液推送經過鰓，然後送至全身。

23.6 兩棲類及爬蟲類的循環

肺循環

肺臟的興起涉及在循環模式上的主要變異。在血液被心臟推送至肺臟之後，其不直接進入全身組織，反而回到心臟，此造成兩個循環：一個在心臟及肺臟之間循環，稱為**肺循環** (pulmonary circulation)，另一個則在心臟和身體其他部位之間的循環，稱為**體循環** (systemic circulation)。

倘若在心臟的構造上沒有發生改變，來自肺臟的充氧血將會在心臟與從身體其他部位返回的缺氧血相混合，此後果會造成心臟推送出充氧及缺氧血混合液，而非完全充氧的血液。兩棲類的心臟有許多構造特性可協助減低此混合的情況。首先，心房被隔膜分成兩個腔室：右心房 (在圖 23.12a 的藍色區域) 接收來自體循環的缺氧血，而左心房 (紅色區域) 接收來自肺臟的充氧血。此隔膜避免兩處儲存的血液在心房中混合，但是有些混合可能會發生在內含物從個別心房進入單一共通的心室中 (紫色區域)。然而，驚奇的是很少有混合真正發生。一個使得兩種血液供應分開的關鍵因子是動脈圓錐 (在前端基部的分叉構造)，其有一部分被另一個隔膜分開，此隔膜導引缺氧血進入肺動脈而流向肺臟，而充氧血則進入大動脈而送至全身的體循環。為了追蹤血液如何流經心臟，可跟隨缺氧血 (藍色箭號)，從身體至肺臟，然後充氧血 (紅色箭號) 從肺臟離開而至全身。

在水中的兩棲類，為補充血液中的氧之不足，可藉由從其皮膚擴散而獲得額外的氧，此

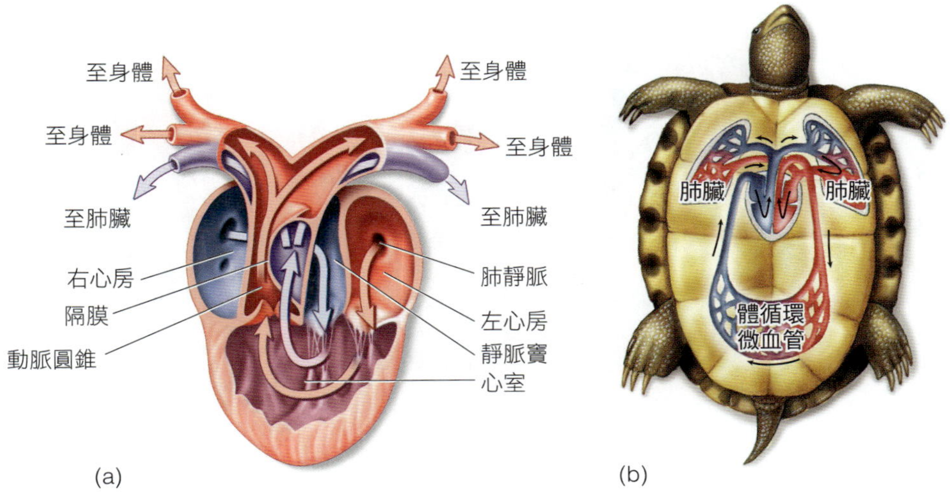

圖 23.12　兩棲類的心臟以及爬蟲類的循環
(a) 蛙心有兩心房但僅有一個心室，其將血液推送至肺臟及身體各部。雖然有可能發生混合，充氧及缺氧血 (分別為紅色及藍色) 在被推送至肺臟及身體各部時，極少發生混合；(b) 在爬蟲類，不但有兩個分開的心房，其心室也有局部分隔。

過程稱為體呼吸 (cutaneous respiration)。

爬蟲類中，額外的特化已經大幅減低心臟內的血液混合情況。除了有兩個分開的心房，兩棲類有一個隔膜局部地將心室分開，即在圖 23.12b 的紅及藍色兩半。此造成在心臟內充氧及缺氧血可更明顯地分開，此分隔在兩棲類的鱷魚目是完整的，即其有被完整隔膜分開的兩個心室，因此，鱷魚有完全分開的肺循環及體循環。另一個在爬蟲類的循環上之改變是動脈圓錐已經融入離開心臟的大型動脈管壁之中。

關鍵學習成果 23.6

兩棲類及爬蟲類有兩個循環：肺循環及體循環，其將血液分別導向肺及身體其他部位。

23.7 哺乳類及鳥類的循環

更有效率的心臟

哺乳類、鳥類及鱷魚有四腔室的心臟，是兩個真正分開的幫浦系統在一個單位之中共同運行。其中一個將血液推送至肺臟，而另一個則將血液推送至身體各部。左側有兩個相連的腔室，右側也如此，但這兩側並不彼此相通。在哺乳類及鳥類的雙循環系統所增加的效率被認為對內溫性 (溫血性) 的演化很重要，因為一個更有效率的循環是支持高代謝率所必需的。

循著血液流經哺乳類的心臟，如圖 23.13a，從來自肺臟富含氧的血液進入心臟開始，充氧血 (粉紅色箭號) 從肺臟進入左側心臟 (在圖的右側)，從大型血管，稱為**肺靜脈** (pulmonary veins)，直接清空進入**左心房** (left atrium)。然後血液從心房流經一個開口進入相通的腔室，**左心室** (left ventricle)。在此流動中，大約有 70% 是發生在心臟舒張的情況

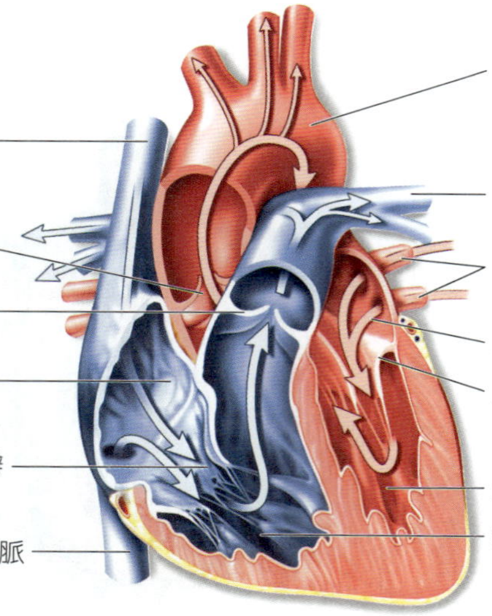

(a)

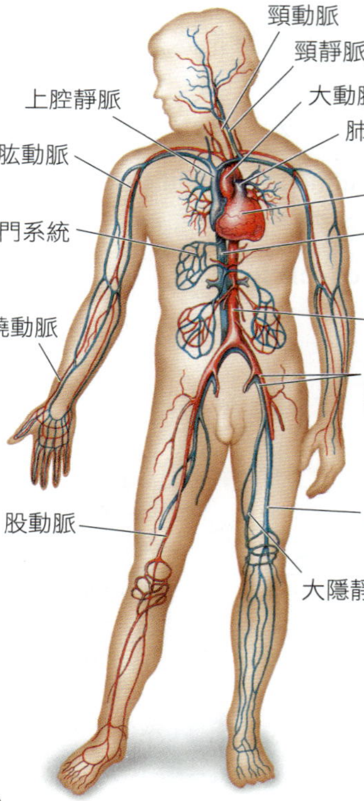

(b)

圖 23.13 哺乳類及鳥類的心臟及循環

(a) 不像兩棲類的心臟，此心臟有隔膜將心室分隔成左、右心室。來自肺臟的充氧血經由肺靜脈進入心臟的左心房，然後此血液進入左心室，從該處其通過大動脈進入全身循環，將氧送至組織。當氣體交換在組織處完成後，靜脈將血液送回心臟。在經由上腔及下腔靜脈進入右心房之後，缺氧血流進右心室，然後經過肺動脈半月瓣經由肺動脈進入肺臟；(b) 人體的循環系統，顯示出一些主要動脈及靜脈。

下。當心臟開始收縮時，心房先收縮，並將剩下的 30% 血液流進心室。

在短暫延遲之後，心室收縮。心室壁遠比心房壁還具更多肌肉 (如橫切面所示)，因此，這次的收縮更加強有力，它在單次強力壓縮下，將大部分的血液推送離開心室。此血液被一個大型、單向瓣膜，**二尖瓣** (bicuspid valve) 或左房室瓣，阻擋其回流至心房，在心室收縮時，此兩片瓣膜會被推擠關閉。

為了避免回流至心房，血液在收縮中的左心室只能從其他通道離開 (圖中，局部被大型藍色血管遮住)。它移動經過第二個開口，被引導進入一個大型血管，稱為**大動脈** (aorta)。大動脈藉一個單向瓣膜，**大動脈半月瓣** (arotic semilunar valve) 與左心房分隔。此大動脈半月瓣的方向容許血液流出心室。當此外流發生，大動脈半月瓣關閉，避免血液從大動脈再流回心臟。大動脈及其許多分支皆屬體循環的動脈，可攜帶富含氧的血液至全身各處。

最後，此血液在運送其氧至全身細胞之後，再度回到心臟。在返回時，它經過一系列逐漸加大的靜脈，最終來到兩條大靜脈，於是血液全部進入右心房。**上腔靜脈** (superior vena cava) 匯流上半身 (圖中，從心臟向上延伸者)，以及**下腔靜脈** (inferior vena cava) 匯流下半身 (圖中，從心臟向下延伸者)。

心臟右側的結構與左側相似，血液 (藍色箭號) 從**右心房** (right atrium) 經由一個單向瓣膜，**三尖瓣** (tricuspid valve) 或右房室瓣，進入**右心室** (right ventricle)，然後在右心室收縮時經過**肺動脈半月瓣** (pulmonary semilunar valve) 進入**肺動脈** (pulmonary arteries)，其攜帶缺氧血至肺臟。然後血液從肺臟帶著新鮮的氧返回進入心臟左側，再被推送至全身。圖 23.13b 顯示人類身體的主要靜脈及動脈。靜脈攜帶血液至心臟，而動脈將血液攜離心臟。

由於整體的循環系統是封閉的，在每一次的心臟搏動之下，相同量的血液必須流經肺循環，也須流經更大的體循環。因此，右及左心室在其每次的收縮皆須推送等量的血液。雖然被兩心室所推送的血液量相同，其所產生的壓力則不同。左心室將血液推送流經體循環路徑，比右心室具有較多肌肉且可產生較大的壓力。

監控心臟的表現

監控心跳的最簡單方式是利用聽診器來聽心臟在工作。第一個聲音，低音的「嚕」，是在心室收縮開始時，二尖瓣及三尖瓣關閉的聲音。一會兒，高音的「搭」，在心室收縮結束時，肺動脈瓣及大動脈瓣關閉的聲音。倘若瓣膜不完全關閉，或是倘若它們不完全打開，心臟內會有亂流。此亂流聽起來如同**心臟在呢喃** (heart murmur)，是液體晃動的聲音。

第二種方式檢視心跳的狀況是監測血壓。這是利用一個稱為血壓計的儀器來測量近手臂內側 (手肘) 上臂肱動脈內的血壓 (圖 23.14)，當充氣墊圍繞在上臂時，緊得足已停止血液流向下手臂 ❶，當充氣墊被放鬆，血液開始律動地流經動脈，並且可從聽診器偵測到。血壓計會記錄兩種測量結果：收縮壓 ❷ 是記錄在聽到心搏時，以及舒張壓 ❸ 是記錄在充氣墊

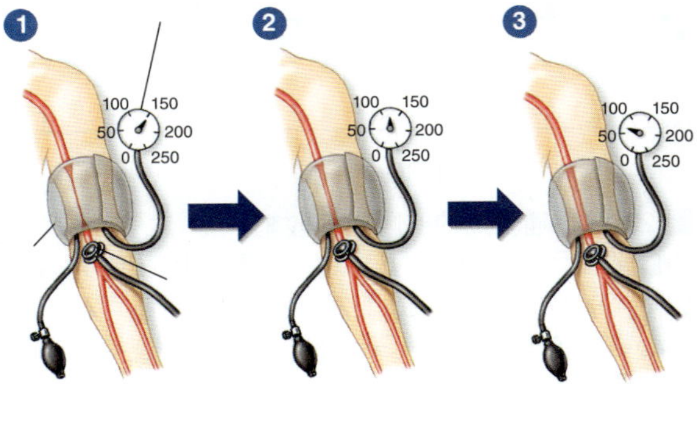

圖 23.14　測量血壓
血壓充氣墊被壓緊以阻止血液流經上臂動脈 ❶，當充氣墊被放鬆，當血壓出現在心搏可被聽診器偵測到時，即記錄收縮壓 ❷。當不再聽得到心搏時，即記錄舒張壓 ❸。

的壓力低到聲音停止時。

為了解這些測量，須記得心臟裡發生了什麼。在心跳的第一部分，心房正被填滿當中。在此時，動脈中的壓力會在引導血液從心臟左側離開進入身體各組織時而些微降低，此低壓稱為**舒張壓** (diastolic pressure)。在左心室收縮時，一波血液被推進體動脈系統，立刻在這些血管中提高血壓。此推進階段在大動脈瓣膜關閉後停止，而此高的血壓稱為**收縮壓** (systolic pressure)。正常血壓的數值：舒張壓是在 70~90、收縮壓 110~130。當動脈內壁堆積脂質，即一般所知的動脈粥樣硬化，血流通道直徑會變窄。倘若發生此情況，血液的收縮壓會升高。

心臟如何收縮

在整個脊椎動物心臟的演化史中，靜脈竇已扮演著節律點的角色，該處產生的搏動是心跳的起源。在哺乳類及鳥類中，靜脈竇不再是一個獨立的腔室，而是一些殘留在右心房壁上的組織，其位置靠近體靜脈血液全部進入心房處。此組織被稱為**竇房結** (sinoatrial node, SA node)，如圖 23.15 中的 ❶ 部分所示，其仍是心跳起源的位置。

心臟的收縮是一系列縝密協調的肌肉收縮。首先，心房一起收縮，接著心室收縮。收縮被竇房結所啟動，其膜自然地去級化 (亦即接收離子而造成其帶有更多正電荷)，造成具有規律節奏的電子訊息，此律動決定心跳的節奏。藉由此方式，竇房結成為心臟的節律點。每個電子訊息在此節律點的區域內啟動，然後快速地從一個心肌細胞傳遞至另一個，以一種幾乎同時包圍左、右心房的波動進行著，如圖 23.15 中的 ❶、❷ 部分的黃色區塊所示。

但是這些電子訊息不會立即擴散至心室，而在心臟下半部開始收縮之前有一暫停。此延後的理由是心臟的心房與心室之間被結締組織隔開，而使得電子訊息不能再延續下去。訊息不能傳至心室，除了一條在心肌細胞間的狹

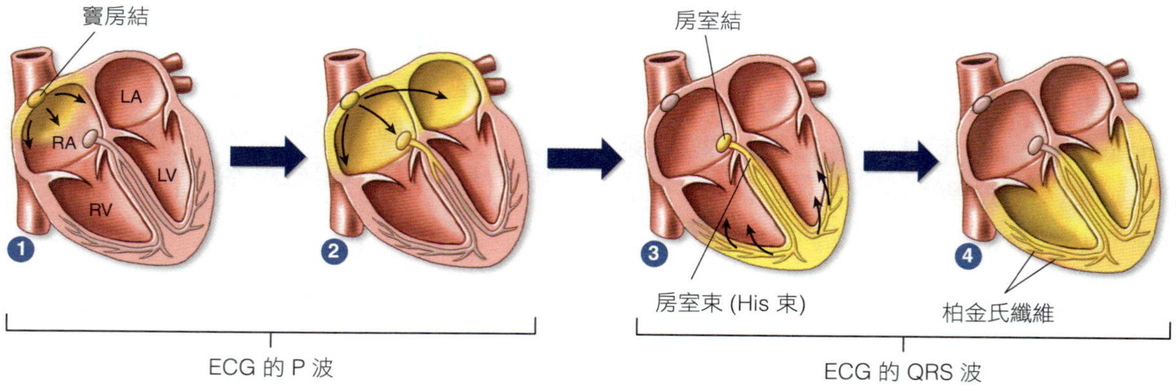

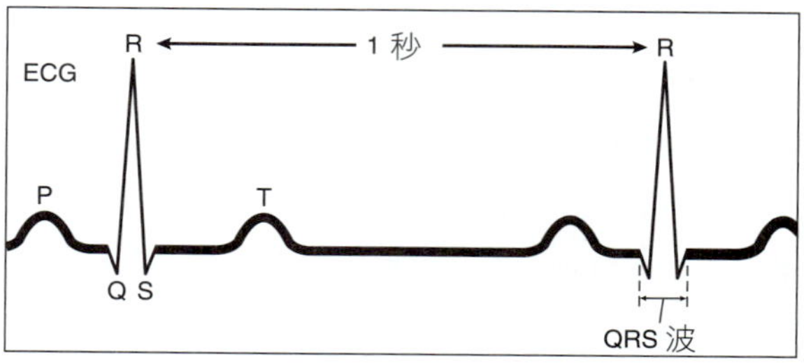

圖 23.15　哺乳類的心臟如何收縮

心臟收縮可被一個電子訊息所啟動 (以黃色突顯部位)，其起始在竇房結。此心臟的電位活動可被記錄成心電圖 (ECG 或 EKG)，如右側所示。當通過右側及左側動脈，而造成其收縮 (形成在 ECG 上的 P 波紋) 之後，訊號抵達房室結，並藉由 His 束繼續通過心房，然後此訊息被快速地藉由一組更細的纖維，稱為柏金氏纖維，傳遞過心室的表面，造成心室收縮 (在 ECG 上形成 GRS 波)。在 ECG 上的 T 波與放鬆的心室相對應，此 ECG 顯示心臟速率為每分鐘 60 次。

窄連結，被稱為**房室結** (atrioventricular node; AV node)，如圖中的 ❸，其連接成束特化肌肉之間的空隙，稱為**房室束** (bundle of His) 或 His 束。房室束分支形成能快速傳遞的**柏金氏纖維** (Purkinje fiber)，其幾乎同時啟動左、右心室的所有細胞之收縮，大約在心房收縮之後的 0.1 秒時。此延遲使得心房能在心室開始收縮之前，結束清空心房內含物而進入對應的心室。心室的收縮是從其尖端開始 (即心臟的末端)，在該處由於柏金氏纖維的去極化而起始電子訊息。然後收縮朝心房向上擴散 (如圖中 ❸、❹ 的黃色所示)，導致心室向上擠壓，促使血液向上送出心臟。

通過心臟表面的電子訊息產生電流，進而以波動方式通過全身。電子衝動的量非常微弱，但它能被置放在皮膚上的感應器偵測到。此記錄器稱為**心電圖** (ECG 或 EKG)，可顯示心臟細胞在心臟週期中所呈現的電子式反應 (圖 23.15)。**心臟週期** (cardiac cycle) 是一個呈現心臟收縮及舒張有次序的循環。在記錄圖的第一個高波峰 P 是因心房的電子活動所產生，第二個較高的波峰 QRS 是由心室刺激所產生；此時心室收縮並送出血液進入動脈。最後一個波峰 T 代表心室的舒張。

關鍵學習成果 23.7

哺乳類的心臟是雙循環的幫浦，左側推送充氧血至身體的組織，而右側推送缺氧血至肺臟。

複習你的所學

動物的循環

開放式及閉鎖式循環系統

23.1.1 動物細胞需要從環境中取得氧以及從所吃的食物中取得營養，但不是所有動物以相同方式完成此工作。刺絲胞動物及扁形動物有腔腸可循環交換的氣體及消化的產物。

23.1.2 在脊椎動物中，循環系統的三種主要功能是：運送物質至全身、調節體溫以及經由凝血和免疫以保護身體。

脊椎動物循環系統的結構

23.2.1 在脊椎動物中，血液從心臟經由動脈與小動脈至微血管。血液從微血管經由小靜脈與靜脈流回心臟。

23.2.2 血管在大小及構造上有差異，厚壁的動脈擴張以容納從跳動的心臟送來一波波的血液。

23.2.3 微血管的管壁由單一細胞層所組成，氣體、營養及廢棄物可直接通過。微血管網可被封閉而限制血液留在該區域內。

23.2.4 靜脈將血液送回心臟，流經靜脈的血液需有骨骼肌收縮的協助，且在靜脈內有單向瓣膜以維持血液免於在血管中倒流。

淋巴系統：收回失去的體液

23.3.1 由於微血管壁易漏，必需的液體會喪失至身體組織中。這些間隙液體會被淋巴系統收回至微淋巴管中。此液體稱為淋巴，匯入淋巴管。然後淋巴管將液體及喪失的蛋白質送回循環系統。淋巴系統具有其他與消化及免疫有關的功能。

血液

23.4.1 血液是鹹的且富含蛋白質的液體，藉循環系統流經全身。血液所含的液體稱為血漿。

23.4.2 紅血球 (圖 23.10) 參與氣體交換。不同類型的白血球負責防禦身體，抵抗感染。血小板是細胞碎片，參與血液的凝集。

脊椎動物循環系統的演化

魚的循環

23.5.1 魚的心臟包含一列腔室，其依序收縮。血液進入心臟並被收集在前兩個腔室靜脈竇及心房中。然後血液進入第三、第四個腔室心室及動脈圓錐，並將血液推送至全身。血液首先經過鰓以進行氣體交換，然後充氧血移動至全身，而缺氧血再回到心臟。

兩棲類及爬蟲類的循環

23.6.1 兩棲類及爬蟲類都有肺臟，因此其血液在兩個循環中推送 (圖 23.12)：在心臟和肺臟之間 (肺循環) 以及在心臟和身體之間 (體循環)。在第一個循環中，來自全身的缺氧血經由右心房回到心臟。血液再從右心房進入心室，然後送至肺臟以進行氣體交換。充氧血從肺臟循環進入左心房，然後進入心室，再推送至全身。在爬蟲類的心臟，心室有局部區隔，其降低充氧血與缺氧血的混合。

哺乳類及鳥類的循環

23.7.1 哺乳類及鳥類的心臟有雙循環幫浦－但是不像兩棲類及爬蟲類，心臟有四腔室。完全分離的肺循環與體循環系統改善了心臟的效率。

23.7.2 一個節律點稱為竇房結 (SA node) 可控制心跳速率。在該處啟動的電子衝動會誘導心房肌肉的收縮。此電子衝動傳送經過心房 (圖 23.15)，進而刺激房室結 (AV)。然後電子衝動從房室結下傳至心臟的尖端，並在該處啟動另一波的心室肌肉收縮。此心臟的電子衝動可被偵測並記錄成心電圖 (ECG)。

測試你的了解

1. 下列何者是開放式循環系統的特徵？
a. 血淋巴
b. 腔腸
c. 循環液與體組織液分開
d. 血液被包圍在血管中

2. 下列何者不是脊椎動物循環系統的功能？
a. 調節體溫
b. 保護以免受傷、外來毒素及微生物
c. 體內的物質運送
d. 以上皆是

3. 下列何者是血液循環的正確次序？
a. 心臟→動脈→小動脈→微血管→小靜脈→淋巴→心臟
b. 心臟→動脈→小動脈→微血管→靜脈→小靜脈→心臟
c. 心臟→動脈→小動脈→微血管→小靜脈→靜脈→心臟
d. 心臟→小動脈→動脈→微血管→小靜脈→靜脈→心臟

4. 下列敘述何者錯誤？
a. 只有動脈攜帶充氧血
b. 動脈與靜脈皆有一層平滑肌
c. 微血管網位在動脈及靜脈之間
d. 括約肌調節血流經過微血管

5. 廢棄物、氧、二氧化碳以及代謝產物如鹽類與食物分子的交換，發生在
a. 微血管　　c. 小動脈
b. 小靜脈　　d. 動脈

6. 靜脈的直徑通常大於動脈，因為
a. 靜脈需攜帶血液的壓力比動脈高
b. 靜脈攜帶的血液比動脈多
c. 靜脈有較少的肌肉以收縮其直徑
d. 具較大直徑的血管對血流的阻力降低

7. 淋巴系統就像循環系統，兩者皆
a. 有可過濾掉病原菌的結
b. 由動脈所構成
c 運送血液至心臟
d. 攜帶液體

8. 血液、血紅淋巴以及淋巴之間有哪些不同？

9. 血液細胞中，最多種類的是
a. 巨噬細胞　　c. 白血球
b. 血小板　　d. 紅血球

10. 在魚類，什麼優點可導致循環系統更有效？
a. 多肌肉的幫浦，首先出現在魚類
b. 閉鎖式循環系統，首先出現在魚類
c. 具分離腔室的心臟，首先出現在魚類
d. 雙循環系統，首先出現在魚類

11. 在兩棲類及爬蟲類的心臟中，增加的隔膜有利於
a. 較高血壓讓血液流動加快
b. 充氧血與缺氧血分隔較佳
c. 體溫調節較佳
d. 較易將養分送至所需組織

12. 四腔室的心臟及雙迴路的血管系統被認為對何者的演化是很重要的？
a. 運動　　c. 放熱性
b. 外溫性　　d. 內溫性

13. ECG 是量測
a. 在心跳循環期間的電位變化
b. 舒張期間，心室的 Ca^{2+} 濃度
c. 收縮期間，心房的力量
d. 收縮循環期間，被推送的血液量

Chapter 24

動物的呼吸

動物藉由攝食其他生物，從這些生物的有機分子獲取富含能量的電子，然後利用這些電子以驅動 ATP 及其他分子的合成，來獲得維持生命所需燃料之能量。之後，所消耗的電子則提供給氧氣 (O_2) 以形成水 (H_2O)，而剩下的碳原子則形成二氧化碳 (CO_2)。在作用上，動物獲取能量是利用氧以產生二氧化碳的過程。氧的吸收及二氧化碳的釋出統稱為呼吸。在脊椎動物中，呼吸機制的演化已經偏好將這兩種氣體之交換最大化的機制。在水中，最有效的呼吸機制是鰓，為硬骨魚及鯊魚 (如章首右上圖) 所利用。最早的陸生脊椎動物即兩棲類 (左上圖) 利用簡單的肺臟、也透過潮濕的皮膚來呼吸。爬蟲類 (如鱷魚)，已有可擴張的肋骨架可將空氣吸入肺臟。哺乳類 (中上圖) 有大為增加的內部表面積，使其成為更有力的呼吸器。鳥類已改善了其肺臟的呼吸設計，具有可容許交叉流動的氣囊。

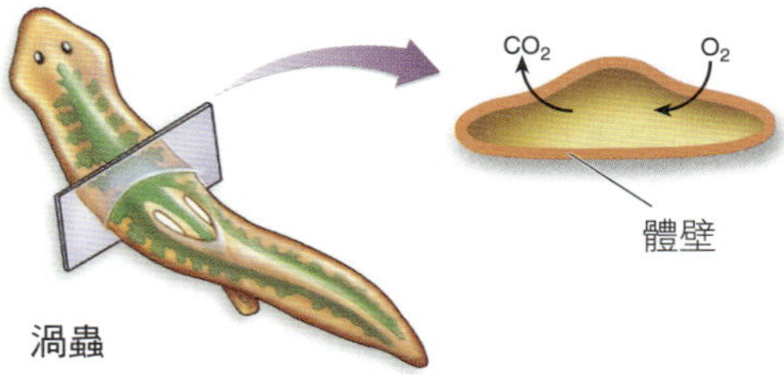

大部分的原始生物門在水中環境會直接透過擴散取得氧，每公升的水中含有約 10 ml 的溶氧。海綿、刺絲胞動物、許多扁形動物以及圓形動物，還有一些環節動物，都藉擴散從周圍的水中獲得其氧氣。氧氣及二氧化碳擴散通過其體表，如上圖的渦蟲所示。同樣地，有些兩棲動物綱成員的氣體交換也可藉直接擴散通過其潮濕的皮膚來完成。

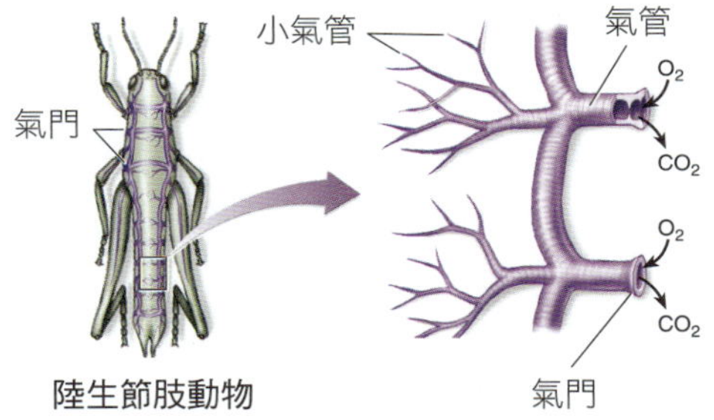

陸生的節肢動物沒有主要的呼吸器官，但有稱為**氣管** (tracheae) 所構成的網絡 (上圖中的紫色管)，可分支成更細的管子，將空氣帶至身體各部。氣管經由**氣門** (spiracles) 對體外開通，此氣門可被打開或關閉。

動物的呼吸

24.1 呼吸系統的類型

面對環境的挑戰

如第 7 章所討論，動物藉由儲存於碳氫鍵之間的高能量獲取其所需之能量。動物的氧化代謝需要穩定的氧氣供應。吸收氧氣並釋出二氧化碳統稱為**呼吸** (respiration)。

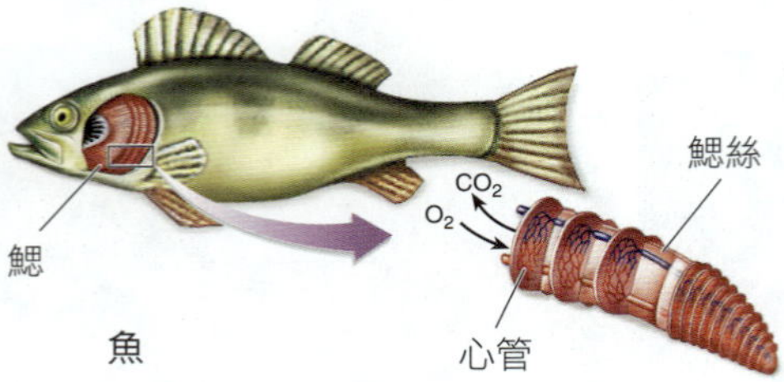

更演進的海生無脊椎動物 (軟體、節肢及棘皮動物) 擁有特殊的呼吸器官，稱為鰓，可增加擴散氧的表面積。**鰓** (gill) 基本上是薄層的組織，可在水中波動。鰓可以簡單，如棘皮動物上的乳突，或可複雜，如魚類之高度彎曲的鰓。在大部分的硬骨魚中，鰓被保護在鰓蓋內 (圖中已移除以便顯示魚的鰓)。因此，牠們的鰓並不在水中波動，而是讓水推送經過鰓，以利在通過鰓內的微血管壁時交換氣體。

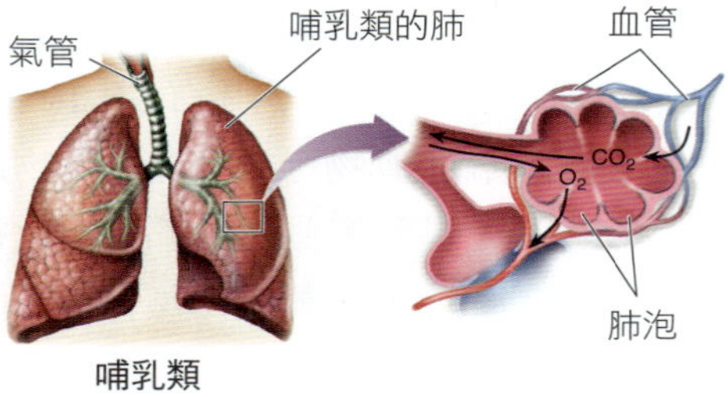

雖然鰓在水中是極有效率的呼吸器官，在大部分陸生脊椎動物，鰓則被一對呼吸器官**肺臟** (lungs) 所取代。鰓的細絲缺乏構造上的強度且依賴水的支持：離開水的魚會立即窒息，因為其鰓會塌陷。陸生脊椎動物的肺臟基本上是大型氣囊，其氣體交換發生在被吸入肺的氣體以及通過肺囊壁上微血管壁的血液之間。在哺乳類，肺臟的表面積－以及其氧氣收集的微血管－因有更微小的單元而大量增加，此小單元稱為肺泡 (如左方哺乳類之放大圖)。

關鍵學習成果 24.1

水生動物從水中抽取溶氧，有些藉由直接擴散，另一些藉由鰓。陸生動物則利用氣管或肺臟。

24.2 水生脊椎動物的呼吸系統

在水中呼吸

觀察在水中游泳的魚，可發現牠的嘴巴會持續地開閉，讓水通過其口腔並從嘴巴附近的裂縫流出，而且水是以單向通過鰓。

此吞水的過程在魚鰓的設計上已達到最優勢的核心。吞水最重要的是造成水總是以單向且唯一方向通過魚鰓 (圖 24.1)。同一方向通過魚鰓可容許水的**逆向流** (countercurrent flow)，此為抽取氧氣極有效的方式。以下說明其運作過程：

每個鰓是由兩條鰓絲所組成，而兩條鰓絲則是由薄膜板堆疊而成並會突出於水流中。當水流從前方至後方流經鰓絲 (在放大圖中以藍色箭號表示)，氧氣從水中擴散至在鰓絲內循

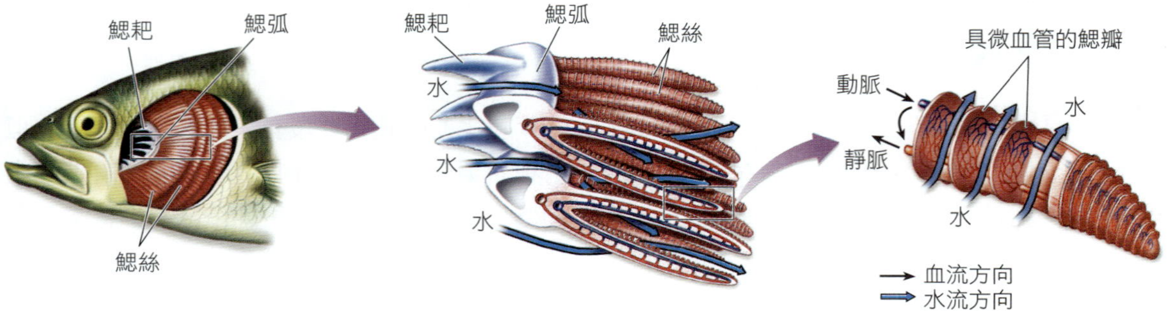

圖 24.1 魚鰓的構造

水從鰓弧通過鰓絲的上方 (在圖中從左至右)。水總是以相同方向通過鰓瓣，其與血液流過鰓瓣的方向相反。

環的血液中。在每條鰓絲中，血液是以相反於水流的方向流動，即從鰓絲的後方至前方。

逆向流動系統的優點是鰓絲血管中的血液總是會和高氧的水相遇，導致氧擴散至血管中。欲了解此原理，可比較在圖 24.2a 的逆流交換系統與在圖 24.2b 的順流交換系統。

在逆向流動系統，當血液和水的流向相反時，在底部的起始之氧濃度差異並不大 (在血液中為 10%，而在水中為 15%)，但是足以造成氧的擴散。當血中的氧濃度隨血液向上移動而增加時，血液持續遇到較高氧的水，即使在血液中氧濃度為 85% 時，其仍會遇到水中含氧達 100% 者。反觀在順向的氣體交換系統中，初期時氧氣擴散得很快，因為血液和水之間的含氧量差異很大 (0% 與 100%)，但當差異變小時，擴散很快地變慢，直到達到平衡 (50% 飽和)。因此，逆向流確保血液和水之間氧的濃度梯度在整個流動過程能維持，並容許氧沿著整條鰓絲長度都能擴散。

由於有逆向流，魚鰓中的血液能隨著水中溶氧進入鰓中而累積氧濃度。在生物所演化出的呼吸器中，硬骨魚的鰓是最有效率者。

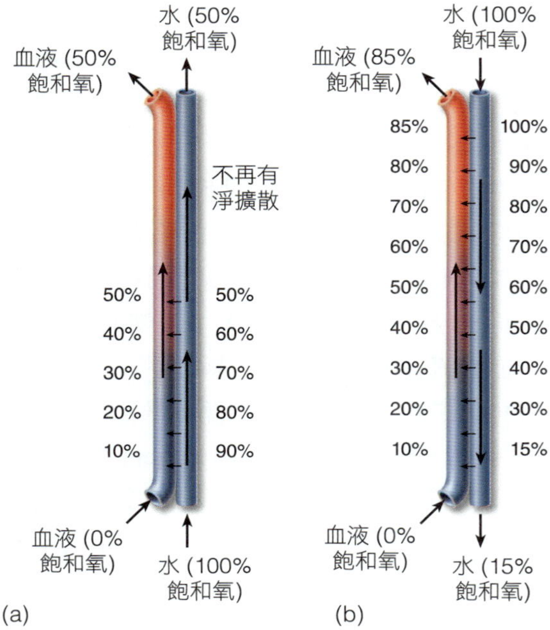

圖 24.2　逆向流

關鍵學習成果 24.2

魚鰓以逆向流，使其能非常有效率地抽取氧。

24.3　陸生脊椎動物的呼吸系統

兩棲類以肺臟從空氣中獲得氧

最早的陸生脊椎動物所面臨的主要挑戰之一是從空氣中取得氧。魚鰓是在水中收集氧的最佳器官，但在空氣中不能用。微細膜所構成的鰓系在空氣中無法獲得支撐，其膜會一個疊一個地塌陷－那是為何魚若離開水直接在空氣中就會因缺氧而窒息死亡的原因。

不像魚類，若把青蛙抓離開水將之放在乾燥地上，牠不會窒息，這是因為青蛙能經由其潮濕的皮膚呼吸，但主要是因為青蛙有肺臟。**肺臟** (lung) 是呼吸器官，其設計如同一個袋子，兩棲類的肺臟僅是一個具有彎曲內膜的囊，其對中央腔室有開口 (在圖 24.3a 中可見彎曲內膜)。在囊內，空氣通過一個管狀通道，從頭部進入，然後再從相同通道出來。肺臟並不像鰓一樣有效率，因為吸入的新空氣已經與肺臟中的舊空氣混合。但是每公升的空氣含有約 210 毫升的氧氣，是海水中的 20 倍以上。因此，由於在空氣中有相當多的氧氣，肺臟不需如鰓一般有效率。

爬蟲類與哺乳類增加肺臟表面積

爬蟲類比兩棲類更為活躍，所以牠們需要更多氧氣。但是爬蟲類不能像兩棲類一般地依賴其皮膚呼吸；其乾燥且具鱗片的皮膚是防水的，以防水分喪失。相反地，爬蟲類的肺臟含有較大的表面積，其內膜也因有許多小氣室而彎曲 (在圖 24.3b)，其大量地增加可擴散氧的

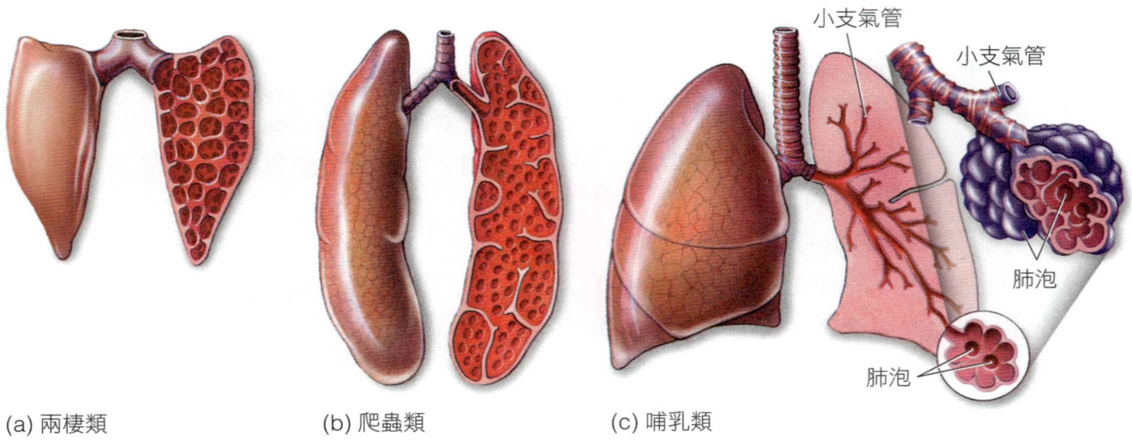

圖 24.3　脊椎動物肺臟的演化

表面積。

因為哺乳類藉由代謝來加熱以維持體溫，牠們甚至比爬蟲類對氧有更高的代謝需求。藉由增加肺臟內更多的擴散表面積，可以解決如何取得更多氧的問題。哺乳類的肺臟，在其內側表面擁有與多小腔室，稱為**肺泡** (alveoli)，其在圖 24.3c 中看似一串葡萄。每串藉由一條短的通道稱為**支氣管** (bronchiole) 可連接至肺臟的一個主要氣囊。肺臟中的空氣經由支氣管通道肺泡，所有氧的吸收及二氧化碳的排放都發生在此處。在更活躍的哺乳類中，每個肺泡更小更多，使得擴散面積更加大。人類的一葉肺臟中約有 3 億個肺泡，而可參與擴散的總表面積約為 80 平方公尺 (約身體表面積的 42 倍)！

鳥類有完美的肺臟

以增加肺臟中的表面積所能改善的效率有限，此限制在更活躍的哺乳類中已達到極限，此效率不足以滿足鳥類代謝的需求。飛行所衍生的呼吸需氧量，超過更活躍哺乳動物的囊狀肺之能力。不像蝙蝠的飛行涉及大量的滑行，大部分的鳥類在飛行時，會快速地拍打其翅膀，而且通常會持續一段相當長的時間。此密集的翅膀拍打很快地消耗掉大量能量，因為翅膀肌肉必須非常頻繁地收縮。所以飛行中的鳥類必須在其細胞內進行相當活躍的有氧呼吸，以補充被飛行肌肉所消耗掉的 ATP，故需要大量的氧。

鳥類改善肺臟的效率以符合飛行的需求。鳥類的肺臟和其外的一系列氣囊連結，當鳥吸氣時，空氣從這些氣囊將過肺臟直接進入後氣囊，如圖 24.4a 所示，其作用就像是儲存槽。當鳥呼氣時，氣流從這些氣囊向前流進肺臟，然後繼續流經另一組位在肺臟前方的前氣囊，最後呼出身體。圖 24.4b 顯示鳥類呼吸系統的三個組成：後氣囊、經過肺臟的空氣通道稱為側支氣管以及前氣囊。讓空氣通過鳥類的呼吸系統需有兩個呼吸循環。此複雜的路徑的優點即是：創造了流經肺臟的單一氣流。

空氣僅由單向流經鳥類肺臟，從後往前。此單向氣流造成兩項改善：(1) 沒有無用的體積，如同哺乳類的肺臟，所以通過鳥類肺臟擴散表面的空氣總是完全充氧；(2) 如同魚類的鰓，血液流經肺臟與單向的氣流不同方向，不是像魚為逆向；反而是微血管網與氣流流向成 90 度排列，稱為**交叉流** (crosscurrent flow) (圖 24.4c 的中間)。這不像魚類的 180 度排列般有效率 (左側)，但離開肺臟血液的含氧量仍然能比呼出的氣體者更多，其不是哺乳類的肺臟 (右側) 所能做到的。這是為何麻雀可輕易地在

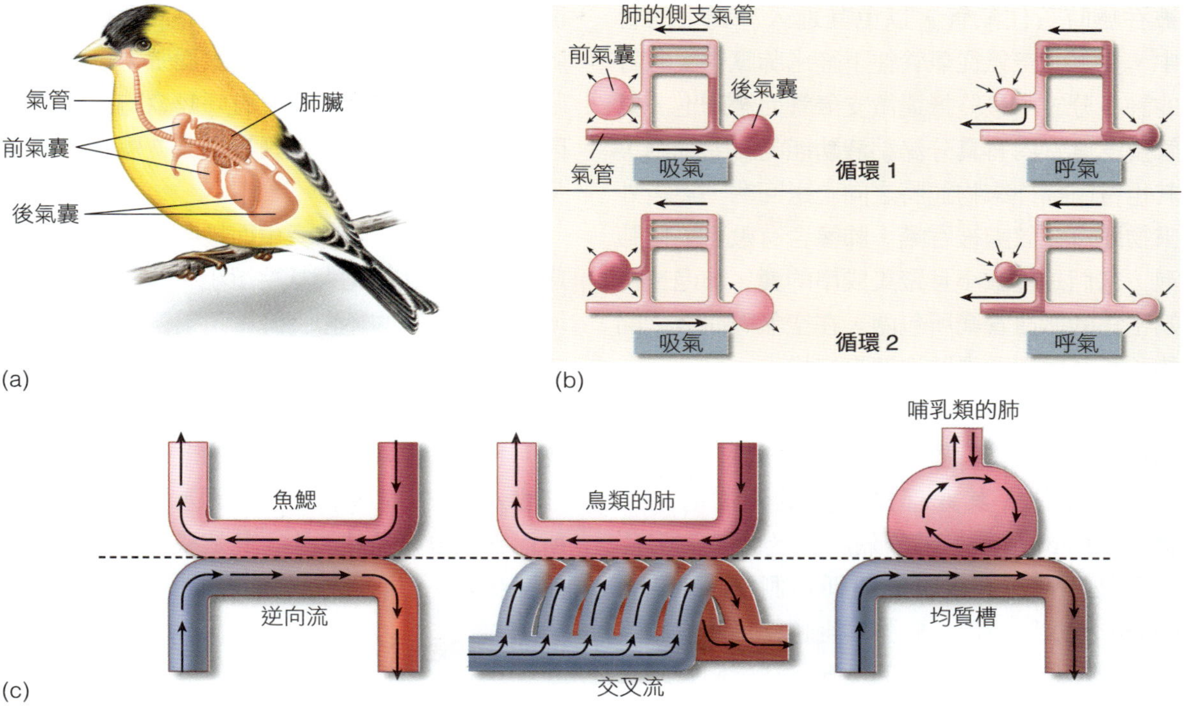

圖 24.4　鳥如何呼吸

(a) 鳥的呼吸系統是由氣管、前氣囊、肺臟及後氣囊所構成；(b) 呼吸發生在兩個循環中：在循環 1 中，空氣從氣管進入後氣囊，然後呼出而進如肺臟；在循環 2 中，空氣從肺臟抽出而進入前氣囊，然後經由氣管呼出。空氣經由肺臟的路徑總是同一方向，從後方向前方 (在此，即由右至左)；(c) 呼吸系統的效率降低，從魚類 (左) 至鳥類 (中)，然後至哺乳類 (右) 是最沒有效率的。

安第斯山海拔 6,000 公尺的高峰飛翔，但具有相同體重及相似高代謝率的老鼠則會氣喘吁吁；麻雀僅簡單地比老鼠獲得更多氧。

就如同魚鰓是最有效率的水中呼吸器，鳥的肺臟是最有效率的空氣呼吸器。兩者皆是藉由不同類型的流動系統來達成高效率呼吸。

關鍵學習成果 24.3

陸生脊椎動物利用肺臟以從空氣中抽取氧氣。鳥類的肺臟是最有效率的空氣呼吸器，藉由交叉流形式來達成高效呼吸。

24.4　哺乳類的呼吸系統

哺乳類呼吸的架構

哺乳類收集氧氣的機制雖然不如鳥類有效率，仍使其能在陸上棲地適應良好。如同所有陸生脊椎動物，哺乳類可從空氣中獲得代謝所需的氧。位在**胸腔** (thoracic cavity) 內的兩片肺 (圖 24.5)，分別在肺血管與氣管進入處連接身體其餘各部位。此氣管稱為**支氣管** (bronchus)，其連接兩片肺至一條長管，稱為**氣管** (trachea)，然後向上連通並在靠近嘴巴處對外開放。氣管及左、右兩條支氣管都被 C 型的軟骨環所支撐著。

在正常情況下，空氣經由鼻孔進入鼻腔並變得濕潤及增溫，此外，鼻孔內襯有毛，可濾掉灰塵及其他顆粒。當空氣經過鼻腔時，會被緊密的纖毛做進一步過濾，然後通過口腔後段，經由咽 (食物與空氣的共同通道)、再經過喉及氣管。因為空氣在喉嚨後段會跨過食物路徑，有一個特殊的瓣膜 (稱為會厭)。會在食物被吞嚥時蓋住氣管，以免其進入「錯」的管中。接著，空氣從氣管往下經過肺臟中支氣管的許多分支，最終抵達微支氣管而至肺泡。氣管及支氣管內有具分泌黏液功能的纖毛細胞，其也會阻擋外來物並將之向上送回咽，然後外來物即可在該處被吞嚥。肺臟含有數百萬個肺泡，它們是極微小且聚集成串的囊。肺泡被極為密集的微血管網所包圍，在空氣與血液之間的所有氣體即通過肺泡壁來交換。

哺乳類的呼吸器在構造上很簡單，其功能就是一個單循環的幫浦。胸腔的側面被肋骨圍住，其底部則有厚的肌肉層稱為**橫膈** (diaphragm) 來分隔胸腔及腹腔。每片肺則被非常薄而平滑的膜稱為**側膜** (pleural membrane) 所覆蓋。此膜本身也轉摺而成胸腔的內襯，其內即是肺臟的所在。在這兩層膜之間有非常少量的液體，可使得此兩層膜彼此靠近，有效地讓肺臟貼近胸腔壁。

肺泡所襯的上皮細胞會分泌脂蛋白分子的混合物稱為界面活性劑。這些界面活性劑會在肺泡內面形成薄膜，並降低表面張力以免造成肺泡塌陷。早產兒有時會有呼吸窘迫症候群，因為界面活性劑要等到妊娠期達 7 個月始能產生至適量。

空氣藉由負壓的產生而被吸入肺中－換言之，肺中的壓力比大氣壓還小。當肺臟的體積增加時，其內的壓力下降。這情況與風箱幫浦或手風琴的運作方式相似，當風箱擴張時，其內部體積增加，造成空氣快速進入。這在肺中如何發生？當圍繞胸腔的肌肉收縮時，造成胸腔變大，故肺的體積增加。因為肺緊貼胸腔，所以它們也擴張其大小，此造成肺內的負壓，於是空氣快速進入。

呼吸的機械作用

主動抽送空氣進出肺臟稱為**呼吸** (breathing)。在吸氣過程中，肌肉收縮而造成胸腔壁擴張，所以肋骨架向外、向上移動。橫膈為下頁「關鍵生物程序」說明中之紅色下方邊界，當它放鬆時會呈現圓拱形 (第一部分)，但在它收縮時則會向下變平 (第二部分)。在此作用下，就好像已經擴大了手風琴的風箱。

在呼氣過程中 (第三部分)，肋骨及橫膈回

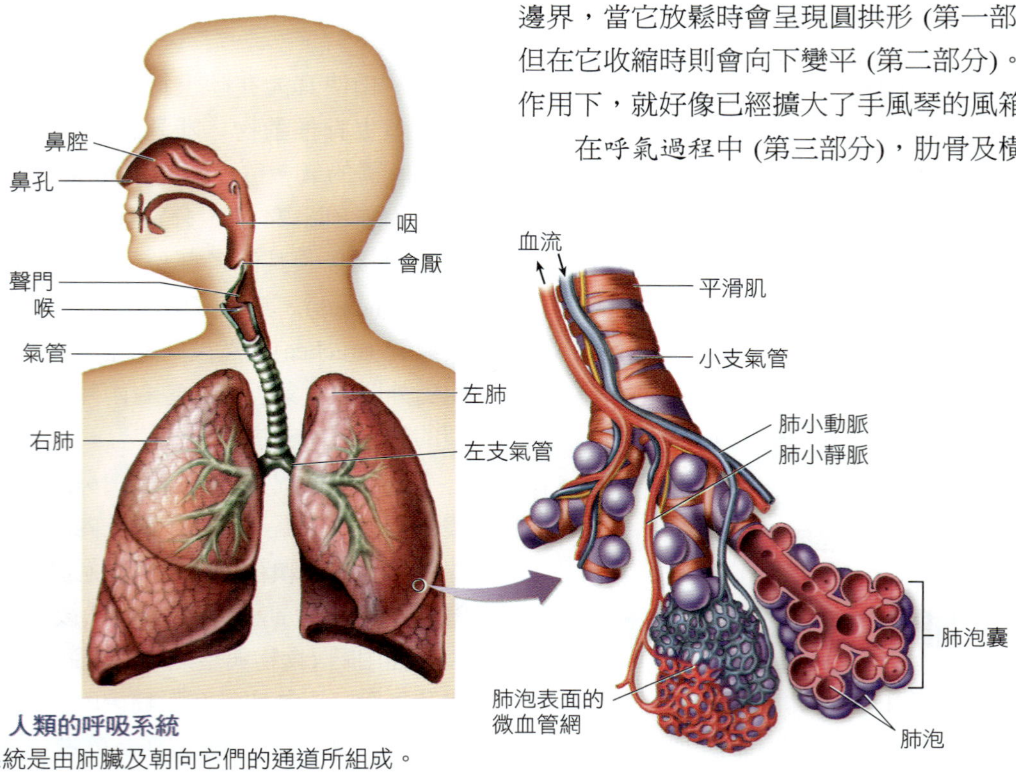

圖 24.5 人類的呼吸系統
此呼吸系統是由肺臟及朝向它們的通道所組成。

關鍵生物程序：呼吸

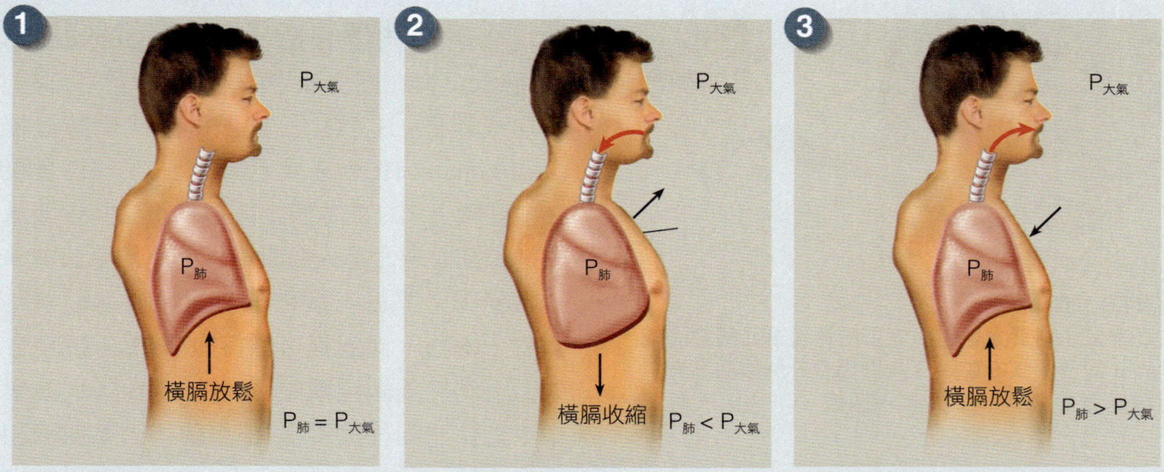

在吸氣之前，肺內的氣壓 (P肺) 與大氣壓力 (P大氣) 相等。

在吸氣時，橫膈收縮，且胸腔向下、向外擴大，此增加了胸腔及肺臟的體積，其降低在肺內的氣壓，然後空氣從體外流入肺中。

在呼氣時，橫膈放鬆，降低胸腔的體積，肺內的壓力增加，迫使空氣流出肺臟。

到其原先休息的位置。由於此動作是對肺臟加壓，且此壓力會均勻地傳遞至整個肺臟表面，迫使空氣從內部腔室推送回到大氣中。一般人在休息狀態下的呼吸可移動大約 0.5 公升的空氣，稱為**潮氣量** (tidal volume)。而被迫使進出肺臟的多餘空氣量稱為**肺活量** (vital capacity)，在男性約為 4.5 公升、女性約為 3.1 公升。在一次大量呼氣之後，肺臟中剩餘的空氣稱為**肺餘量** (residual volume)，一般約為 1.2 公升。

因肺臟的擴散面積並不完全暴露在充氧的空氣中，而是混合新鮮及部分充氧的空氣，所以哺乳類肺臟的呼吸效率遠不及最大量。鳥類的肺臟不含肺餘量，可達到更高的效率。

關鍵學習成果 24.4

在哺乳類，肺臟位在被肌肉圍繞的胸腔內。藉由收縮及放鬆，這些肌肉擴大或減少腔室的體積，迫使空氣進出肺臟。

24.5 呼吸如何運作：氣體交換

血紅素的關鍵角色

當氧從空氣擴散至肺臟內側裡襯的潮濕細胞中，其旅程才剛開始。氧從這些細胞通過進入血流中，然後被循環系統攜帶至全身 (見第 23 章)。據估計，倘若沒有循環系統的協助而僅藉由擴散，一分子的氧需要花三年才能從肺臟擴散至腳趾。

氧在循環系統中移動是被包附在一種稱為**血紅素** (hemoglobin) 的蛋白質上。血紅素分子含有鐵，可和氧連結，如圖 24.6 所示。此氧的連結是可逆的，以利氧在抵達體內組織時能卸載。血紅素是在紅血球製造並使其細胞呈色。血紅素從未離開這些細胞，其在血流中循環就像載貨的船。當紅血球通過肺臟中圍繞肺泡的微血管時，氧連結在其內的血紅素上。在紅血球內被攜離之後，這些攜氧的血紅素分子會釋出其氧分子至體內各處代謝中的細胞。

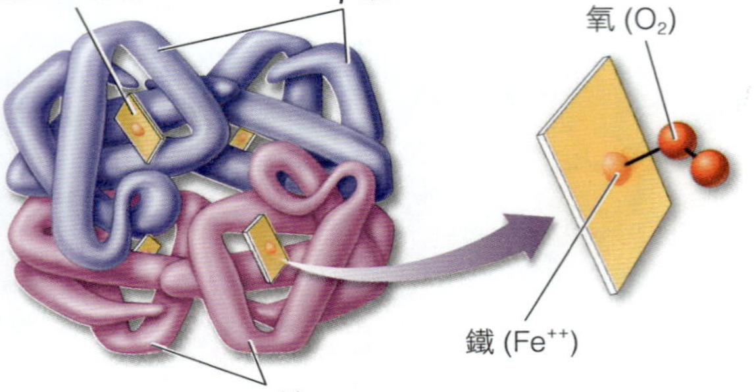

圖 24.6 血紅素分子

血紅素分子事實上是由四條蛋白質次單元鏈結而成：兩條 α 鏈及兩條 β 鏈。每條鏈都有一個原血紅素群，而每個原血紅素群中央有一個鐵，可連接一個氧分子。

氧的運送

血紅素分子就像是微小的氧分子海綿，在紅血球內吸滿氧，造成更多氧從血漿中擴散進來。在肺臟的血液供應中，氧的含量高 (本節關鍵生物程序的第一部分)，大多數的血紅素分子攜帶滿載的氧，之後在含氧量更低的組織中，血紅素便釋出其鍵結的氧 (如第三部分所示)。

在組織中，二氧化碳 (CO_2) 的存在導致血紅素的構型改變成較易釋出氧者，故加快了氧從血紅素卸載的速度。CO_2 對氧卸載之影響有其真正重要性，因為在細胞代謝部位 CO_2 會被組織產生。因此在這些進行代謝並產生 CO_2 的組織中，血液更易於卸載氧。

二氧化碳的運送

在紅血球卸載氧的同時 (第三部分)，它們也從組織吸收 CO_2。血液中大約有 8%的 CO_2 單純地溶於血漿中，另外 20% 則是與血紅素鍵結；然而它不是接在含有鐵的原血紅素群上，而是在血紅素分子的另一個位置，所以不會與氧競爭鍵結。剩下 72% 的 CO_2 則擴散至紅血球細胞中。為了讓來自組織的 CO_2 擴散至血漿中的量最大化，必須維持血漿中的 CO_2 含量低。自然的趨勢是讓 CO_2 從紅血球擴散出來，回到 CO_2 含量低的血漿中。為了避免此狀況發生，碳酸酐酶 (carbonic anhydrase) 會將 CO_2 與在紅血球中的水接合 (第四部分) 而形成碳酸 (H_2CO_3)，此酸解離成**碳酸氫根** (bicarbonate, HCO_3^-) 及氫離子 (H^+)。H^+ 會接在血紅素上，紅血球膜上的運輸蛋白將碳酸氫根送出紅血球而進入血漿中。此運輸蛋白會拿一個氯離子來換一個碳酸氫根，此過程稱為氯離子轉移。此過程可維持血漿中的 CO_2 含量低，利於周圍組織中更多的 CO_2 進入血漿中。此作法對移除 CO_2 很重要，因為血液和組織間的 CO_2 差異不大 (僅 5%)。碳酸氫根也有助於維持血液的酸鹼平衡 (詳見圖 2.14)。

血漿攜帶碳酸氫根離子回到肺臟 (第五部分)，肺內空氣中的 CO_2 濃度低，造成碳酸酐酶進行逆向的反應 (第六部分)，釋出氣態 CO_2 並從血液向外進入肺泡。此 CO_2 即隨著下次呼氣而離開身體。與血紅素鍵結之 CO_2 的五分之一也會離開，因為血紅素在 CO_2 濃度低時，與 O_2 的親和力比 CO_2 還高。CO_2 從紅血球向外擴散，會造成這些細胞內的血紅素釋放其 CO_2 鍵結，反而連接上 O_2，於是重新帶有 O_2 的紅血球便開始其下一次的呼吸旅程。

一氧化氮的運送

血紅素也能抓住與釋放氣態一氧化氮 (NO)，其在內皮細胞中產生。一氧化氮雖然在大氣中是有害氣體，但其在體內扮演重要生理角色，會作用在許多種類的細胞以改變細胞的形狀與功能。例如，在血管中，NO 的存在導致血管擴張，因為它可放鬆周圍的肌肉細胞。因此血流及血壓可被釋放至血流中的 NO 含量所調控。

血紅素攜帶 NO 而構成一特殊形式稱為超級一氧化氮。在此形式中，NO 已經獲得一個額外的電子並能鍵結在血紅素中的半胱胺

關鍵生物程序：呼吸過程中的氣體交換

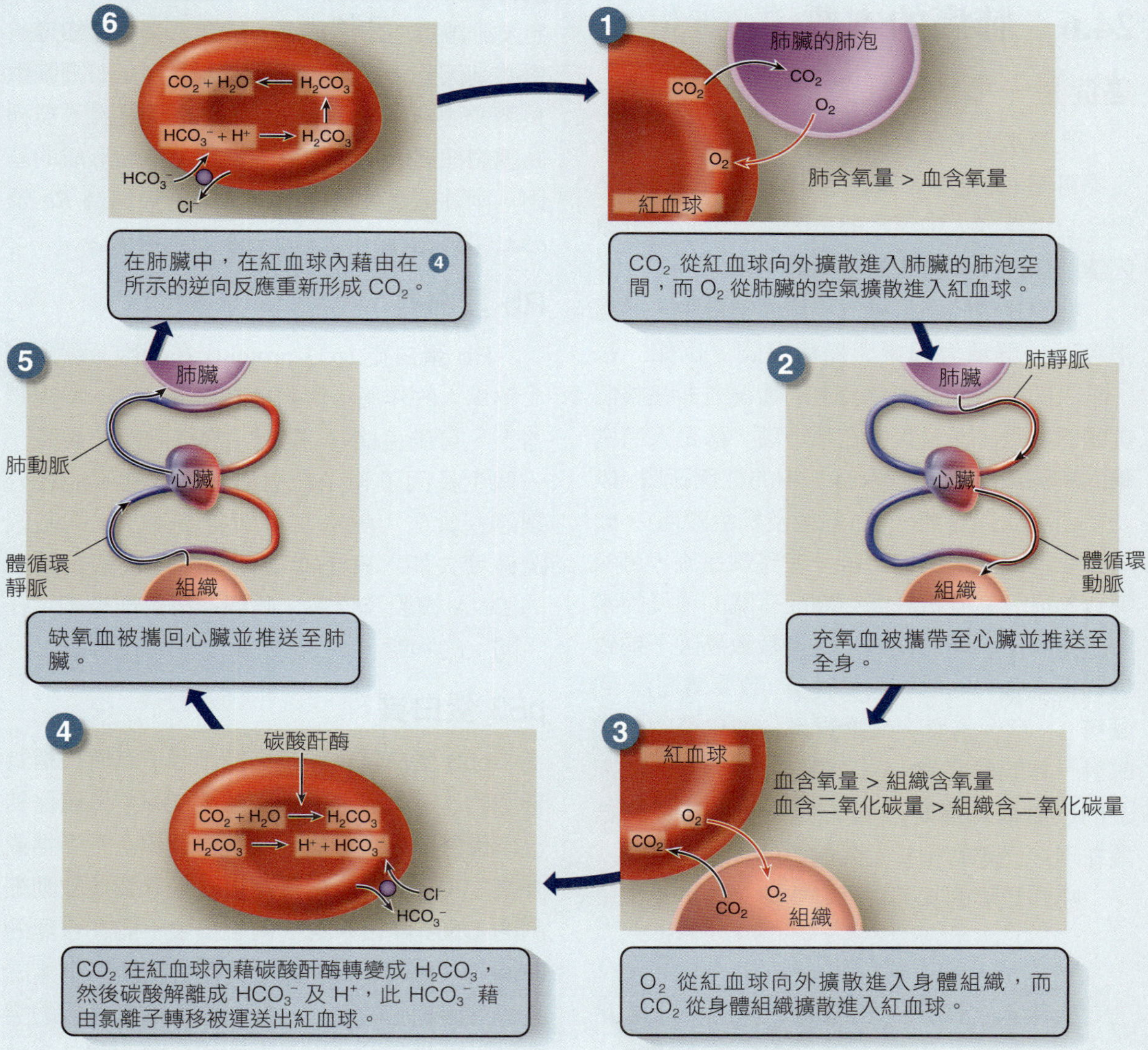
1
肺臟的肺泡
CO2
CO2
O2
O2
紅血球
肺含氧量 > 血含氧量
CO2 從紅血球向外擴散進入肺臟的肺泡空間，而 O2 從肺臟的空氣擴散進入紅血球。
2
肺臟
肺靜脈
心臟
組織
體循環動脈
充氧血被攜帶至心臟並推送至全身。
3
紅血球
血含氧量 > 組織含氧量
血含二氧化碳量 > 組織含二氧化碳量
O2
CO2
O2
CO2
組織
O2 從紅血球向外擴散進入身體組織，而 CO2 從身體組織擴散進入紅血球。
4
碳酸酐酶
CO2 + H2O → H2CO3
H2CO3 → H+ + HCO3−
Cl−
HCO3−
CO2 在紅血球內藉碳酸酐酶轉變成 H2CO3，然後碳酸解離成 HCO3− 及 H+，此 HCO3− 藉由氯離子轉移被運送出紅血球。
5
肺臟
肺動脈
心臟
體循環靜脈
組織
缺氧血被攜回心臟並推送至肺臟。
6
CO2 + H2O ← H2CO3
HCO3− + H+ → H2CO3
HCO3−
Cl−
在肺臟中，在紅血球內藉由在 4 所示的逆向反應重新形成 CO2。

酸上。在肺臟中，血紅素除了釋出 CO_2、吸收 O_2 之外，也吸收 NO 形成超級一氧化氮。在組織中，血紅素除了釋出 O_2、吸收 CO_2 之外，也釋出超級一氧化氮以 NO 形式進入血液中，使血管擴張，進而增加血液流入組織。另一方面，血紅素可利用其釋放氧所留下的鐵空位來抓住任何過剩的 NO，造成血管收縮而降低血液流入組織。當紅血球返回肺臟時，血紅素釋出 CO_2 及連上鐵的 NO，然後才準備好吸收 O_2 及超級一氧化氮，並繼續其週期。

關鍵學習成果 24.5

氧及 NO 藉由紅血球內的血紅素攜帶，在循環系統中遊走。大多數的 CO_2 是以碳酸氫根形式在血漿中運送。

肺癌與抽菸

24.6 肺癌的本質

癌症是一種基因缺失

人類常見的所有疾病之中，沒有一個比癌症更可怕 (詳見第 8 章)。**肺癌** (lung cancer) 是現今全世界成人中死亡的主因之一，是什麼原因讓肺癌成為美國人的主要殺手？

在尋找像肺癌這樣的致癌因素當中，已經揭發了一群環境因素與癌症有關。例如，每一千人即有一癌症案例發生的情況並非在整個美國都一致，而是集中在都市區，像是人口密集的美國東北地區 (圖 24.7 中的紅色區塊) 以及密西西比三角洲一帶 (紅色及棕色區塊)，此暗示環境因素，例如污染及殺蟲劑逕流，可能導致癌症。當分析許多與癌症有關的環境因素時，出現了明顯的模式：大多數致癌因子或致癌物都是強力的誘發突變物質 (致突變劑)。回顧第 11 章，誘發突變物質是一種化學物質或輻射，其能破壞 DNA，摧毀或改變基因 (基因上的改變稱為突變)。癌症是突變所造成的結論在現今已經有相當大量的證據支持。

哪些類群的基因被誘發突變了？近年來，

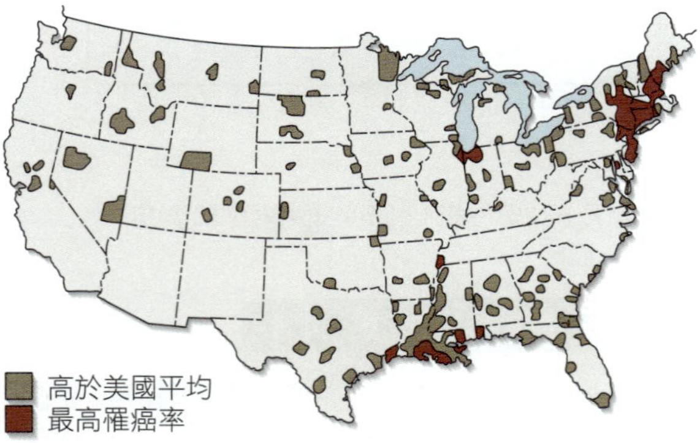

圖 24.7 美國癌症發生狀況
每一千人即有一癌症案例發生並非整個美國的一致情況，而是集中在都市區，即常有化學物質生產的地區，以及在密西西比三角洲一帶，其接收到從農業核心區而來的徑流。

研究人員已經發現僅是少數基因的突變即足以使得正常分裂的細胞轉形為癌症細胞。透過鑑定及分離這些癌症基因，研究人員已經知道：這些基因都涉及調控細胞的增殖 (亦即細胞生長與分裂有多快速)。此調控的關鍵因子被稱為腫瘤抑制因子，即可主動避免腫瘤形成的基因。兩種最重要的腫瘤抑制因子被稱為 *Rb* 及 *p53*，其分別產生 Rb 及 p53 的蛋白質。

Rb 蛋白質

Rb 蛋白質 (p53 protein) 在細胞分裂上有「煞車」的作用，其附著在細胞的 DNA 複製器上，可避免DNA 複製。當細胞要分裂時，一個生長因子和 Rb 相連，以致其不能在分裂過程當作「煞車」。倘若產生 Rb 的基因遭破壞失能，就不能當作「煞車」避免細胞的 DNA 複製及分裂。此調控按鈕則被鎖定在「開」的狀態。

p53 蛋白質

p53 蛋白質，此腫瘤抑制因子有時被稱為細胞的「守護天使」，可檢視 DNA 以確保其已準備好要分裂。當 p53 蛋白質偵測到受損或外來的 DNA 時，它會停止細胞分裂並啟動細胞的 DNA 修復系統。倘若損壞不能在合理的時間內被修復，p53 蛋白質便會切斷修復，誘發殺死該細胞的動作，於是類似造成癌症的突變就可被修復，或者具有該突變的細胞就可被排除。倘若產生 p53 蛋白質的基因因突變而受損，那麼未來的破壞將累積而無法修復。此破壞中可能會有導致癌症的突變，即原本應該被 p53 蛋白質修復者。在所有癌症中，50% 都有失能的 *p53* 基因。

抽菸導致肺癌

倘若癌症是導因於調節生長的基因遭破壞，那麼什麼是導致美國肺癌快速增加的因素？兩項證據特別值得一提：首先是有關抽菸者罹癌率的詳細資訊。不抽菸者平均每年的肺癌罹患率大約是每 10 萬人有 17 人，但是此數值隨著每天被抽的香菸數目而增加，在每天要抽 30 支香菸的人中，每 10 萬人有高達 300 人罹癌。

第二項證據是罹患肺癌的變化，其中抽菸習性的改變微小。仔細查看圖 24.8，上圖是來自男性的數據，顯示在美國從 1900 年，抽菸者 (藍線) 與罹患肺癌者 (紅線) 的曲線。

大約是從抽菸在男性當中開始增加之後的 30 年，肺癌也開始變得普遍。接著再看下方的圖，其呈現出女性的數據。由於社會習俗，在美國有顯著數量的女性不抽菸，直至第二次世界大戰之後 (藍線)，許多社會傳統改變了。到了 1963 年，僅有 6,588 位女性死於肺癌，但是隨著女性抽菸頻率增加，其罹患肺癌率也增加 (紅線)，同樣地，期間也有 30 年的差距。現今女性的抽菸人數已經達到與男性相同，且其肺癌死亡率如今正快速地接近男性者。在 2013 年有 73,290 位美國女性死於肺癌。

抽菸如何導致癌症？香菸的煙含有許多強力的致突變劑 (如苯比啶)，以及抽菸會將這些致突變劑引進肺組織中。例如苯比啶會鍵結在 *p53* 基因上的三處，並且造成這些位置的突變而中止基因活性。在 1997 年，科學家研究此腫瘤抑制因子基因顯示在香菸及肺癌之間有直接連結。他們發現，在所有肺癌中有 70% 的 *p53* 基因沒有活性。當這些無活性的 *p53* 基因被檢視時，證實它們的突變就發生在苯比啶鍵結的三個位置！明顯地，在香菸的煙中之化學物質苯比啶是造成肺癌的因素。

接著，避免肺癌的有效方式即是不抽菸。壽險公司已計算出，在統計上，抽一支香菸大約會減低壽命 10.7 分鐘 (比抽一支香菸所需的時間還長！)，每一包菸有 20 支香菸，隱含著未標示的訊息：此包菸的代價是 3 個半小時的

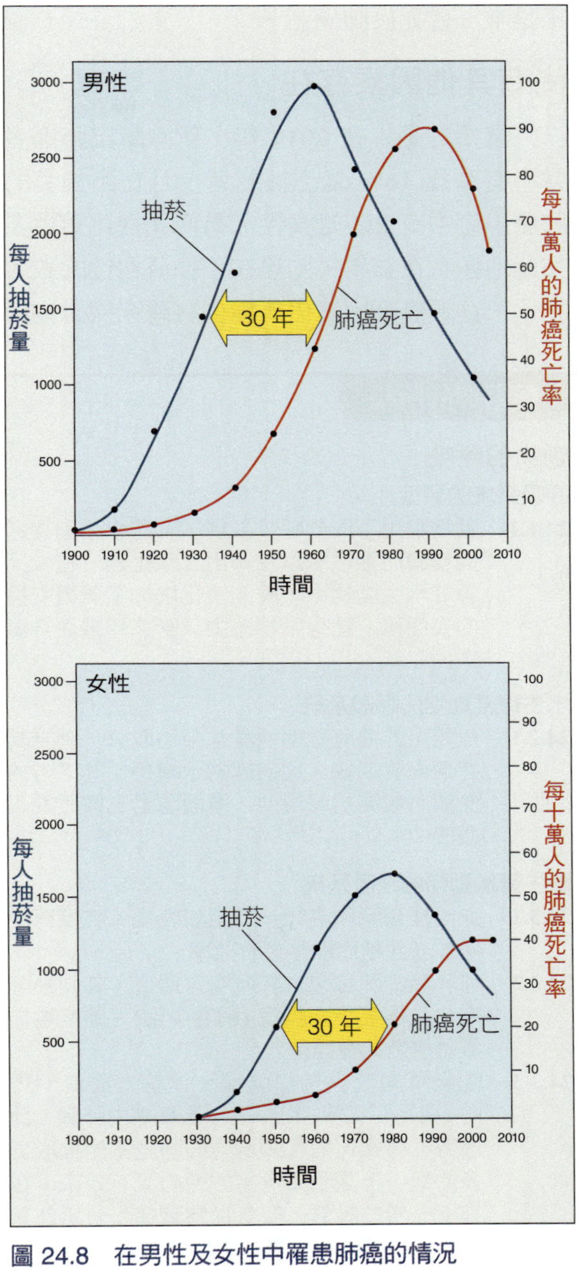

圖 24.8 在男性及女性中罹患肺癌的情況
肺癌在一百年前是罕見疾病，在美國，1900 年代初期，隨男性抽菸人數增加，肺癌罹患率也增加。女性在數年後也接續有此情況，在 2008 年，超過 71,000 為女性死於肺癌，比例為每 10 萬人中，高達 40 人。在那一年，其中抽菸者，女性約 20%、男性約 25%。

壽命。此外，統計並沒有說第一次抽菸致突變劑就不會作用在其基因上，年紀較大的人們並

不是唯一會死於肺癌者。

尚有其他因素存在

重要的是，在 2014 年，新診斷出肺癌者當中有高達 16% 是不抽菸者，且在不抽菸的肺癌患者中有 2/3 是女性。為何女性比男性多如此地多？在該年，肺癌在不抽菸女性的致死率比子宮頸癌高出三倍。極少有研究探討為何不抽菸而患肺癌的情況發生在女性者較高於男性，更多研究尚待進行。

關鍵學習成果 24.6

癌症導因自基因的突變，其在健康時，能調控細胞分裂。這些突變中，有許多可由香菸的煙所引起。

複習你的所學

動物的呼吸

呼吸系統的類型

24.1.1 動物利用不同的呼吸系統。有些水生動物通過皮膚而抽取氧以及釋出二氧化碳。在較高等的水生動物中，鰓的演化增加了氣體交換的表面積。陸生動物藉由氣管或肺臟從空氣中抽取氧。

水生脊椎動物的呼吸系統

24.2.1 魚鰓可非常有效率地從水中抽取氧，因為其有逆向流系統。通過鰓的水總是比其下方的血液有較高的氧濃度，進而驅動氧擴散進入血液中。

陸生脊椎動物的呼吸系統

24.3.1 從兩棲類至爬蟲類，乃至哺乳類，肺臟藉由增加表面積而變得更有效率。

24.3.2 哺乳類的肺臟包含許多空氣通道，其向外分支，並停在小型腔室 (稱為肺泡)。肺泡增加氣體擴散的表面積。

24.3.3 空氣單向流經鳥類肺臟，以垂直血流的方向 (稱為交叉流) 從一組後氣囊經由肺臟。此使得其肺臟比哺乳類均勻的肺腔室能抽取更多的氧，但是不如魚類的逆向流有效率。在其下一次的吸氣，空氣從肺臟進入一組前氣囊，並從該處把空氣呼出體外。

哺乳類的呼吸系統

24.4.1 哺乳類的肺臟中，支氣管連接每片肺至氣管。氣管是延伸至嘴巴後端的管子。肺臟的空氣管道止於肺泡，其被微血管包圍。氣體交換則是藉由肺泡單層細胞及微血管壁之通透而完成。

24.4.2 包在肺臟外側的膜與胸腔內層膜相貼近，此兩層膜之間的液體使得肺臟貼附在胸腔壁上。胸腔上的肌肉收縮，使肺臟內的空間擴大，導致空氣進入肺臟；肌肉放鬆則使空氣被呼出。

呼吸如何運作：氣體交換

24.5.1 在紅血球中的血紅素從肺臟攜帶氧至身體細胞中。在肺臟，氧濃度高，氧會擴散至血液的紅血球中。氧連接在血紅素的原血紅素群之鐵上。然後氧被攜帶至缺氧的身體部位，氧隨其濃度梯度擴散進入周圍組織的細胞中。

肺癌與抽菸

肺癌的本質

24.6.1 癌症導因自 DNA 的突變，其通常被環境中的化學物質所誘發。在美國，較高污染地區通常也有較高的罹癌率。

24.6.2 許多癌症已被認為與兩個關鍵腫瘤抑制基因 *Rb* 及 *p53* 的突變有關聯。這兩種基因所產生的蛋白質可控制細胞分裂，避免細胞在不當時機分裂。倘若突變破壞其中一個基因，細胞分裂則不能被控制。

測試你的了解

1. 無脊椎動物和脊椎動物的呼吸器官相似處是
a. 它們利用負壓呼吸
b. 它們利用逆向流系統
c. 它們增加擴散表面積
d. 空氣以單一方向流經器官

2. 在魚類的鰓中，逆向流使得
a. 動物的血液持續地接觸低氧量的水
b. 動物的血液持續地接觸等氧量的水
c. 動物的血液持續地接觸高氧量的水
d. 有較大的表面積以利氣體交換

3. 哪一群動物能最有效地從空氣中抽取氧？
a. 爬蟲類　c. 兩棲類
b. 鳥類　d. 哺乳類

4. 一般而言，對肺泡的需求會隨何者而增加？
a. 不同脊椎動物綱對能量需求增加
b. 不同脊椎動物綱對能量需求降低
c. 不同脊椎動物綱棲地改變
d. 不同脊椎動物綱對營養需求增加

5. 下列有關鳥類呼吸系統的敘述，何者錯誤？
a. 鳥類利用空氣與血液的交叉流來呼吸
b. 鳥類除了肺臟，還有氣囊
c. 要讓空氣流經鳥類的呼吸系統，需有三週期的呼吸
d. 鳥類吸氣時，其呼吸系統有兩處可留住空氣

6. 下列哪一個是空氣流入肺臟的正確路徑？
a. 鼻腔→支氣管→氣管→肺泡→微血管
b. 氣管→支氣管→微血管→肺泡
c. 鼻孔→鼻腔→氣管→支氣管→肺泡
d. 鼻孔→支氣管→氣管→肺泡

7. 深呼吸時，胸腔向外移動，是因為
a. 進來的空氣擴大了胸腔
b. 收縮腹部的肌肉迫使胸腔向外
c. 收縮胸部周圍的肌肉迫使胸腔向外
d. 正壓在肺臟內建立，擴大胸腔迫使胸腔向外

8. 氧是由何者運送？
a. 紅血球中的血紅素
b. 將之溶解於血漿中
c. 連接在血漿中的蛋白質
d. 血漿中的血小板

9. 大部分的二氧化碳是由何者運送？
a. 紅血球中的血紅素
b. 以碳酸氫根於血漿中
c. 血漿中的蛋白質
d. 以碳酸於血球中

10. 下列何者不是由血紅素攜帶？
a. 碳酸氫根　c. 氧
b. 二氧化碳　d. 超級一氧化氮

11. Rb 蛋白質的正常功能是
a. 當作細胞分裂的「煞車」
b. 產生視網膜母細胞瘤
c. 便於視網膜的色素沉澱
d. 啟動 DNA 複製

12. 在正常細胞中，*p53* 的角色是
a. 產生阻擋癌症的突變
b. 誘發無受限的細胞分裂
c. 偵測受損的 DNA
d. 將外插子以正確次序接合

13. 下列何者能導致癌症？
a. 抽菸　c. *Rb* 及 *p53* 的突變
b. 污染　d. 以上皆是

Chapter 25

食物在動物體內的消化路徑

動物不能行光合作用。動物是異營性，其藉由消耗及氧化存在於其他生物中的有機分子，以獲得驅動其生命的能量。所有動物必須持續地攝取植物食材或其他動物以能存活。這隻土撥鼠所咬的草會被吃，並且在其細胞內轉化成身體組織、能量以及廢棄物。在這些草裡面的分子中，大部分都太大以至於不能輕易地被土撥鼠的細胞所吸收，因此必須先被降解成較小的碎片：碳水化合物分解成單糖、蛋白質分解成胺基酸、脂肪分解成脂肪酸。此過程稱為消化，也是本章的重點。土撥鼠的消化系統是一條長的管道，從嘴巴通至肛門，具有特化的片段，可作為消化以及後續的吸收，以進入體內而轉成其所需之醣類、胺基酸以及脂肪酸，剩下的物質則以糞便被排出身體。近年來，研究人員已經發現，一隻海蛞蝓顯然從所攝食的藻類中取得葉綠體：這些海蛞蝓可能會行光合作用嗎？土撥鼠或其他任何脊椎動物尚未獲得此益處。本章將隨著食物移動經過脊椎動物體內的路徑，介紹這驚奇有趣的旅程。

食物能量與必需的營養

25.1 食物供給能量與生長

人如其食

動物所吃的食物不僅提供能量的資源，也提供動物體不能自我製造的必需分子，例如一些胺基酸及脂肪。脂肪含有大量的高能碳氫鍵，所以每公克所含能量遠高於碳水化合物或蛋白質。碳水化合物及蛋白質包含較多已經氧化的碳氧鍵，因此，脂肪是儲存能量相當有效的方式。當食物被攝取後，它不是被身體細胞所代謝，就是轉化成脂肪並儲存在脂肪細胞中。

身體利用碳水化合物作為能量，利用脂肪以構築細胞膜及其他細胞構造、隔絕神經組織以及提供能量。蛋白質則被用來作為能量以及當作細胞構造的構築材料、酵素、血紅素、荷爾蒙以及肌肉與骨骼組織。

在如北美洲及歐洲的富裕國家，顯著過重的情形相當普遍，這是習慣性過量及高脂肪飲食的結果，其中脂肪占了超過 35% 的攝取卡路里總量。適當體重的國際標準測量是體重指數 (BMI)，其估算方式是以體重 (公斤) 除以身高 (公尺) 的平方。圖 25.1 所呈現的是 BMI 量表。想知道自己的 BMI，可在左側欄找到身高 (以呎、吋計)，再橫向對應至體重 (以磅計)。BMI 值為 25 (深藍色格) 及更高者即代表過重，30 或更高則代表肥胖。過重者與冠狀動脈性心臟病、糖尿病以及許多其他疾病有高度相關。然而，讓自己挨餓也不是解決的方法，BMI 低於 18.5 並不健康，通常導因自飲食失常，包括神經性厭食症。

即使處在完全休息的動物也需要能量來支

25 過重臨界值　　過重

體重	100	105	110	115	120	125	130	135	140	145	150	155	160	165	170	175	180	185	190	195	200	205
身高																						
5' 0"	20	21	21	22	23	24	25	26	27	28	29	30	31	32	33	34	35	36	37	38	39	40
5' 1"	19	20	21	22	23	24	25	26	26	27	28	29	30	31	32	33	34	35	36	37	38	39
5' 2"	18	19	20	21	22	23	24	25	26	27	27	28	29	30	31	32	33	34	35	36	37	37
5' 3"	18	19	19	20	21	22	23	24	25	26	27	27	28	29	30	31	32	33	34	35	35	36
5' 4"	17	18	19	20	21	21	22	23	24	25	26	27	27	28	29	30	31	32	33	33	34	35
5' 5"	17	17	18	19	20	21	22	22	23	24	25	26	27	27	28	29	30	31	32	32	33	34
5' 6"	16	17	18	19	19	20	21	22	23	23	24	25	26	27	27	28	29	30	31	31	32	33
5' 7"	16	16	17	18	19	20	20	21	22	23	23	24	25	26	27	27	28	29	30	31	31	32
5' 8"	15	16	17	17	18	19	20	21	21	22	23	24	24	25	26	27	27	28	29	30	30	31
5' 9"	15	16	16	17	18	18	19	20	21	21	22	23	24	24	25	26	27	27	28	29	30	30
5' 10"	14	15	16	17	17	18	19	19	20	21	22	22	23	24	24	25	26	27	27	28	29	29
5' 11"	14	15	15	16	17	17	18	19	20	20	21	22	22	23	24	24	25	26	26	27	28	29
6' 0"	14	14	15	16	16	17	18	18	19	20	20	21	22	22	23	24	24	25	26	26	27	28
6' 1"	13	14	15	15	16	16	17	18	18	19	20	20	21	22	22	23	24	24	25	26	26	27
6' 2"	13	13	14	15	15	16	17	17	18	19	19	20	21	21	22	22	23	24	24	25	26	26
6' 3"	12	13	14	14	15	16	16	17	17	18	19	19	20	21	21	22	22	23	24	24	25	26
6' 4"	12	13	13	14	15	16	16	16	17	18	18	19	19	20	21	21	22	23	23	24	24	25

圖 25.1　你過重嗎？
此量表呈現體重指數 (BMI) 數值，其被官方健康部門用來決定某人是否過重。你的體重指數即位在你的身高與體重的交會處。
來源：*National Institutes of Health*

持其代謝作用。此最小能量消耗率稱為基礎代謝率 (basal metabolic rate, BMR)，對個人而言，其相對地穩定。運動會提高代謝率，使之高於基本量，所以身體每天所需的能量總量不僅是由 BMR 決定，還要加入身體運動量。因此，能量需求可因飲食選擇 (卡路里之攝取) 及運動所消耗的能量而改變。

食物的一個基本特徵是其纖維含量。纖維是植物食物的一部分，其不能被人類所消化，且存在於水果、蔬菜及穀類之中。然而其他動物已演化出許多不同方式，以處理具有相當高纖維含量的食物。

生長所必需的物質

在整個演化歷程中，許多動物已經喪失了製造特定必需物質的能力，而那些物質通常在其代謝作用中扮演重要角色。例如，蚊子及許多其他吸血昆蟲不能製造膽固醇，但牠們可從其飲食中得到，因為人類血液富含膽固醇。許多脊椎動物不能製造在組成蛋白質所需的 20 種胺基酸中的一或多種，人類不能合成的八種胺基酸是：離胺酸、色胺酸、蘇胺酸、甲硫胺酸、苯丙胺酸、白胺酸、異白胺酸以及纈胺酸。這些胺基酸稱為**必需胺基酸** (essential amino acids)，必須從食物的蛋白質中獲得。基於此理由，必須吃所謂的完全蛋白質；亦即其含有所有必需胺基酸。此外，所有脊椎動物也已經喪失合成特定之多元不飽和脂肪的能力，而此類脂肪提供了動物製造許多種脂肪所需的基礎架構。

微量元素　除了供應能量，所攝取的食物也必須供應身體必需元素，例如鈣及磷，還有多種不同的**微量元素** (trace elements)，其為一些僅需極少量的礦物質。微量元素如碘 (胸腺荷爾蒙的成分)、鈷 (維生素 B_{12} 的成分)、鋅與鉬

(酵素的成分)、錳以及硒。這些都是植物生長所必需，可能除了硒以外；動物則直接從所攝食的植物中獲得，或間接從吃了植物的動物中獲得。

維生素 僅需微量的必需有機物質被稱為**維生素** (vitamins)。人類需要至少 13 種不同的維生素。許多維生素是細胞酵素所必需的輔助因子。例如人類、猴子以及豚鼠已經喪失合成抗壞血酸 (維生素 C) 的能力，且會引發潛在性致死的疾病壞血病，倘若其食物中不添加維生素 C 會有衰弱、海綿狀牙齦以及皮膚和黏膜出血等病徵。

關鍵學習成果 25.1

食物是卡路里的必要來源。維持均衡的碳水化合物、蛋白質及脂肪是很重要的。一個人的體重指數為 25 或更多，代表其過重。食物也提供關鍵胺基酸，其是身體不能製造者，還提供必需之微量元素及維生素。

25.2 消化系統的類型

消化道的演化

異營生物根據其食物來源可分為三類。動物只以植物為食，屬於**草食者** (herbivores)；常見的例子有牛、馬、兔子及麻雀。吃肉的動物，如貓、老鷹、鱒魚及青蛙，**屬肉食者** (carnivores)。而**雜食者** (omnivores) 是既吃植物也吃其他動物的動物，如人類、豬、熊及烏鴉。

單細胞生物在細胞內消化其食物 (海綿也是)，以消化酵素在其細胞內分解食物顆粒。真菌及大部分動物則在細胞外消化其食物，真菌在其個體外，而動物則在消化腔內且連續至動物的外界環境。在扁形動物及刺絲胞動物如圖 25.2 的水螅，位於身體中央的消化

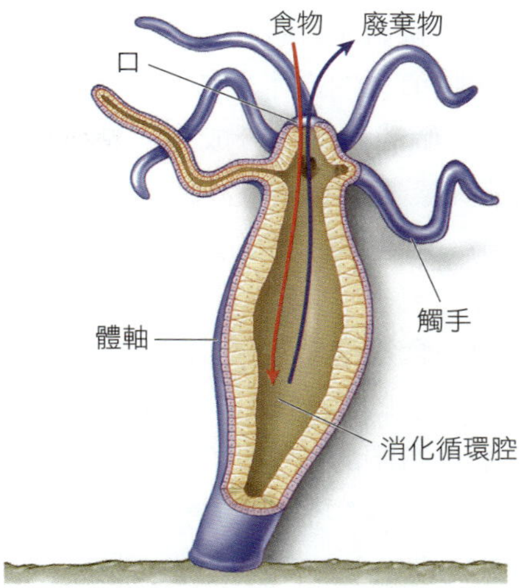

圖 25.2 雙向的消化道
食物顆粒從相同的開口進入並離開水螅的消化循環腔。

腔僅有一個在頂端的開口，其當作口 (紅色箭號，將食物帶入) 以及肛門 (藍色箭號，將食物傳出)。在此類型的消化系統稱為消化循環腔 (gastrovascular cavity) 沒有特化，因為每個細胞都暴露在消化食物的所有階段。

特化發生在消化道有口及肛門之分，所以食物的運送是單向的 (圖 25.3)。最原始的消

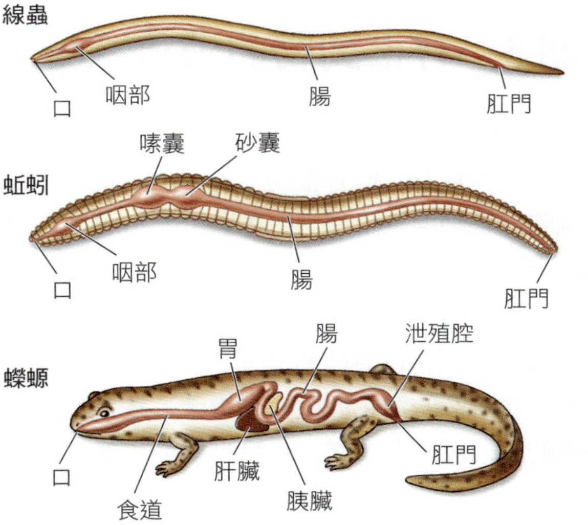

圖 25.3 單向的消化道
單向移動經由消化道容許消化系統的不同部位成為特化而具有不同的功能。

化道存在於線蟲 (圓形動物門) 中，其僅是單純的管狀腸道，內襯了上皮膜。蚯蚓 (環節動物門) 有一個消化道，分成不同區，以負責攝食、儲存 (嗉囊)、細碎化 (砂囊)、消化及食物吸收 (腸)。所有較高等的動物，如蠑螈，呈現相似的特化。

攝取的食物通常須經由牙齒 (在許多脊椎動物的口中) 的咀嚼動作而將之物理性細碎化，或是小石頭的研磨動作 (在蚯蚓及鳥類的砂囊內及在蜥腳類恐龍的胃內)。然後，化學性的**消化** (digestion) 主要發生在腸內，將較大的食物分子－多醣類、脂肪及蛋白質－分解成較小的次單元。化學消化涉及水解作用而從食物分離出次單元－主要為單糖、胺基酸及脂肪酸。這些化學消化的產物通過腸道的上皮內襯，最終進入血液，即是所謂的吸收。食物中任何不能被吸收的分子會從肛門被排出。

關鍵學習成果 25.2

大多數動物在細胞外消化其食物。單向的消化道運送食物，促使區段的特化，以行使不同功能。

25.3 脊椎動物的消化系統

多層的消化道

在人類及其他脊椎動物，消化系統包括一個管狀胃腸道及附屬消化器官 (圖 25.4)。從圖由上而下來看，胃腸道組成起始於口和咽，咽是口及鼻腔共同的通道。咽連至食道，其為一個富含肌肉的管道以運送食物至胃，並在該處有一些初步的消化發生。從胃部，食物經過小腸的第一段，在該處，一系列的消化酵素持續此消化過程。然後，消化的產物通過小腸壁進入血液中。小腸清空其中殘餘物質進入大腸，在該處水及礦物質會被吸收。在多數非哺乳類的脊椎動物中，廢棄產物從大腸進入一個稱為

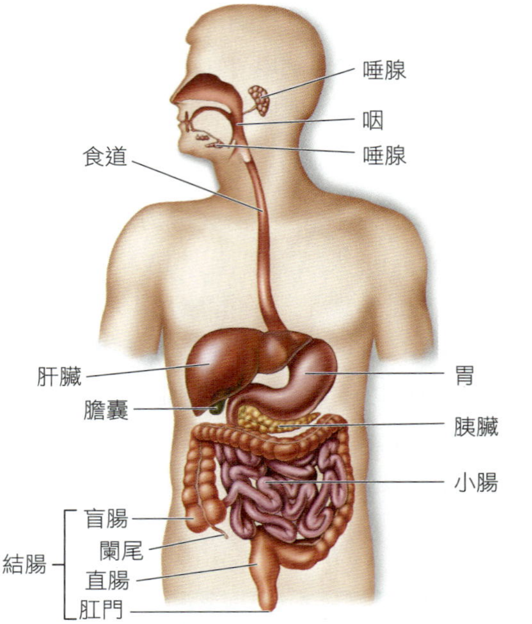

圖 25.4　人類的消化系統
在此顯示管狀胃腸道及附屬消化器官，結腸從盲腸延伸至肛門。

泄殖腔的腔室中 (詳如圖 25.3 的蠑螈)。在哺乳類，糞便物質通過大腸 (也稱為結腸) 進入直腸並從肛門排出。

脊椎動物的管狀胃腸道有特殊多層構造，如圖 25.5 所示。從腸的內部腔室向外，最內

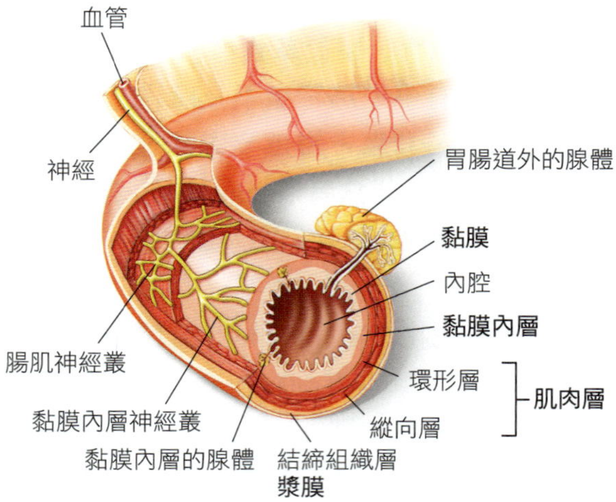

圖 25.5　胃腸道的層次
黏膜包含內襯的上皮；黏膜下層是由結締組織所構成 (較外層的漿膜也是)；以及肌肉層由平滑肌所組成。

層 (淡粉紅色) 是黏膜，即腔室內襯的上皮。接著的主要組織層，由結締組織構成，被稱為黏膜內層 (深粉紅色)。就在黏膜內層之外，有雙層的平滑肌；其內層呈環形排列，而外層呈縱向排列。較外側的結締組織層稱為漿膜，覆蓋腸道的外表層。纏繞成團的神經叢位在黏膜內層，可協助調節胃腸的活動。

關鍵學習成果 24.3

脊椎動物消化系統包括一管狀胃腸道，其由一系列組織層所構成。

25.4 口與牙齒

脊椎動物的牙齒

許多脊椎動物有牙齒，可咀嚼將食物咬碎成小顆粒，並分泌液態混合之。鳥類沒有牙齒，在其兩個腔室的胃中磨碎食物。在第一個腔室，前胃 (圖 25.6) 產生消化酵素，隨食物通過進入第二個腔室砂囊。砂囊含有許多被鳥類攝入的小石頭，其與食物被肌肉動作一起攪拌。此攪拌磨碎種子及其他堅硬食物材料成為更小的碎塊，其可更容易在腸內被消化。

回顧第 20 章，爬蟲類及魚類具同形齒列 (相同牙齒)，大部分哺乳類有異形齒列，不同的特化類型。可見超過四種不同類型的牙齒：門牙，其呈鑿狀並被用以咬與刺；虎牙，其為尖銳突出的牙齒並被用以撕開食物；以及前臼齒 (雙尖牙)與臼齒，其通常有壓扁的脊狀表面，以壓平並磨碎食物。位在哺乳類上、下顎的前齒是門牙，在門牙兩側的是虎牙，而在虎牙之後者依序為前臼齒及臼齒。

此異形齒列的一般模式在不同哺乳類中依據其飲食而有所不同 (圖 25.7)。例如，在食肉的哺乳類中，虎牙很發達、且前臼齒與臼齒則較像刀片，具尖銳的稜角適於切與剪。肉食動物通常將其獵物撕成片，但不須咀嚼之，因為消化酵素可直接作用在動物細胞。相反地，草食動物，例如牛及馬，必須在消化之前將植物組織的纖維細胞壁磨成粉，在這些哺乳類中，門牙相當發達且被用來切斷草及其他植物，虎牙較為退化或缺乏，前臼齒與臼齒則是大型、扁的牙齒，其上有複雜的脊，適於研磨。

人類是雜食動物，且人類的牙齒適於吃植物及動物食物。簡單來看，人類前排牙齒屬肉食者，後排則屬草食者。

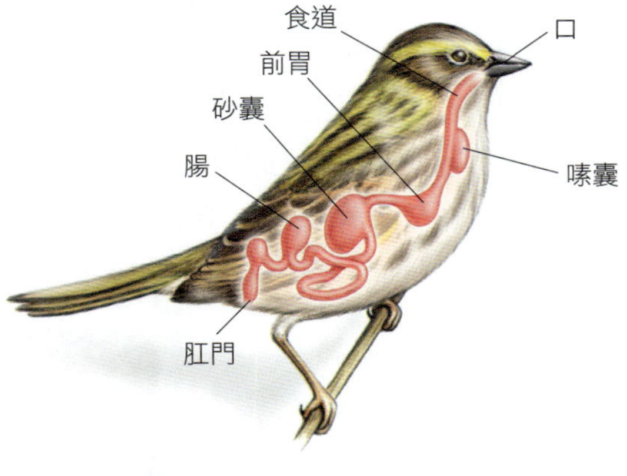

圖 25.6　鳥類的消化道
在鳥中，食物從口進入並儲存在嗉囊內。因為鳥類缺乏牙齒，牠們吞入堅硬固體或小石頭並存於砂囊中，以協助磨碎食物。在前胃所產生的消化酵素，在食物進入腸道之前，會與堅硬固體在砂囊內攪拌。

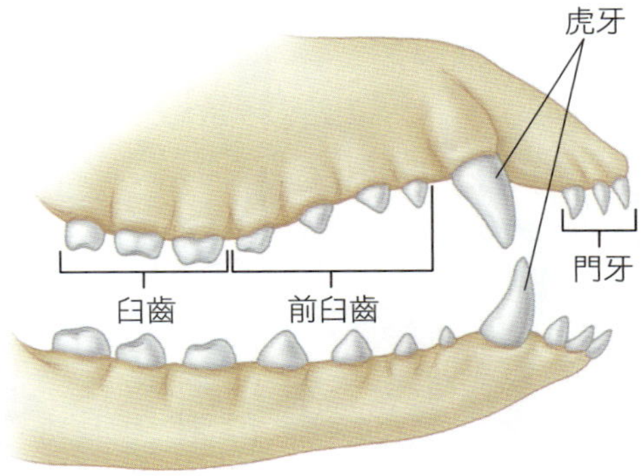

圖 25.7　異形齒列圖
不同哺乳類在其異形齒列上有特殊的變異。依其為草食、肉食或雜食而異。在此肉食動物中，虎牙最發達，且前臼齒及臼齒有突起，適於撕裂食物。在草食動物中，有些門牙很大，虎牙退化或缺乏，而前臼齒及臼齒扁平適於咬碎及研磨植物。

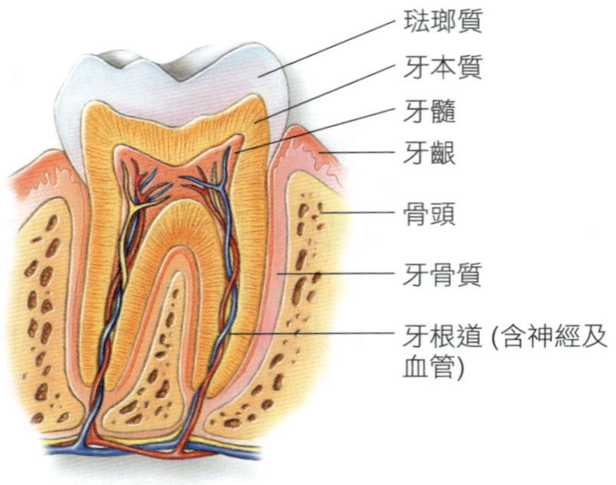

圖 25.8　人類牙齒
每個脊椎動物的牙齒是活的，具有中央的牙髓，其含有神經及血管。實際的咀嚼表面是堅硬的琺瑯質，包在較軟的牙本質之外，牙本質形成牙齒本體。

如圖 25.8 所示，牙齒是個活器官，由結締組織、神經及血管所構成，以牙骨質固定於一處，該物質呈骨狀，將牙齒固著在大顎上。牙齒的內部含有稱為牙髓的結締組織，其延伸進入牙根道，且含有神經及血管。一層鈣化組織稱為牙本質，圍住牙髓腔，露出牙齦的牙齒部分稱為齒冠，且被非常堅硬、無生命的物質，稱為琺瑯質。琺瑯質保護牙齒以免磨損以及由口中細菌所產生的酸。當細菌產生的酸分解琺瑯質時，會形成齟齒，使得細菌感染牙齒更內層的組織。

在口中處理食物

在口中，舌頭與唾液一起混合食物。人類有三對唾腺分泌唾液經由管道進入口腔黏膜內層裡。唾液可濕潤食物，使之容易吞嚥，且不會在其通過食道的過程中磨損所經過的組織。唾液也含有水解酵素，**唾液澱粉酶** (amylase) 起始了多醣類的澱粉之分解而成雙醣類的麥芽糖。然而在人類，此消化通常是少量的，因為大部分的人不會咀嚼食物太久。

唾腺的分泌被神經系統所控制，其在人類維持一定的流量，當口中沒有食物時，每分鐘約 0.5 ml。此持續分泌可使口腔維持潮濕。當口中有食物存在時，會誘導唾液分泌，亦即在口中對味覺敏感的神經傳送神經衝動至大腦，進而做出刺激唾腺的反應。最強力的刺激是酸性溶液；例如檸檬汁能增加八倍的唾液分泌量。在狗中，透過對食物的視覺、聽覺或嗅覺，會大量刺激其唾液分泌；但在人類，這些刺激較不如想到或談到食物時來得有效。

吞嚥

當食物已可被吞嚥，舌頭會將之移動至口腔後方。在哺乳類，吞嚥的過程開始於軟顎上升，向咽的後壁靠近 (圖 25.9)。軟顎的上升關閉鼻腔，以免食物進入其內 ❶。貼近咽的壓力會刺激其內壁，而傳送神經衝動至大腦的吞嚥中心，其反應是：肌肉受刺激而收縮，並使喉部上升。此推動聲門，即從喉進入氣管的開口，使其貼近會厭軟骨 ❷，這些動作保持食

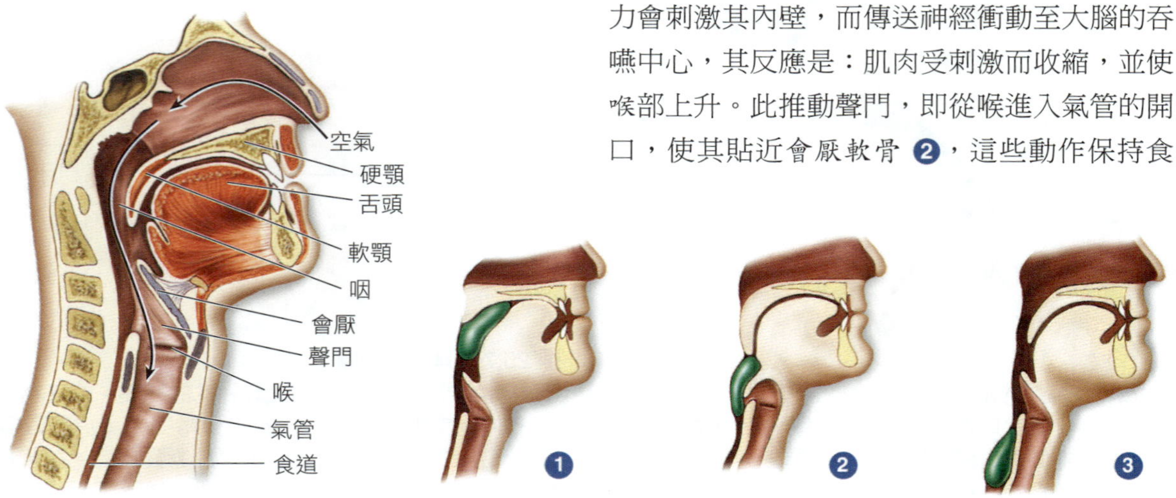

圖 25.9　人類的咽、顎及喉

物不會進入呼吸道，而是引導其進入食道 ❸。

關鍵學習成果 25.4

在許多脊椎動物中，攝取的食物經由特化牙齒的撕裂或研磨動作而成碎片。在鳥類，此過程是經由在砂囊內的小石頭研磨來完成。食物與唾液混合之後，被吞嚥並進入食道。

25.5 食道與胃

食道的構造與功能

吞下的食物進入肌肉發達的**食道** (esophagus)，其連接咽至胃部。在成人，食道約有 25 公分長；其上端 1/3 被骨骼肌包圍，以隨意地控制吞嚥，而其後 2/3 則由不隨意的平滑肌所包圍。吞嚥中心刺激這些肌肉做出漸進波動式的收縮，以將食物沿食道移動至胃部。在食物前面的肌肉放鬆以利食物自由通過，而其後面的肌肉收縮則將食物向前推送，如圖 25.10 所示。此由肌肉收縮所產生之規律性波動稱為**蠕動** (peristalsis)；其使得人類及其他動物即使處在上下顛倒的情況下也能吞嚥。

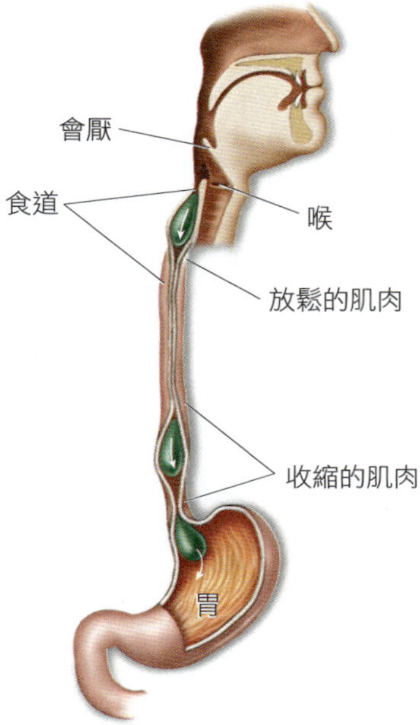

圖 25.10 食道及蠕動

在許多脊椎動物中，食物從食道移動至胃是由一圈平滑肌來控制，稱為**括約肌** (sphincter)，其因食物進入所產生的壓力而作出反應。此括約肌的收縮避免胃中的食物返回食道。囓齒類及馬在此處具有真正的括約肌，於是胃內含物不能倒退移動。人類缺乏真正的括約肌，胃內含物會在嘔吐時被帶回，亦即當在胃部及食道之間的括約肌收縮，胃內含物被強力地推返回口中而吐出。此括約肌的收縮也能造成胃酸進入食道，導致俗稱胃灼熱的不舒服感，慢性且嚴重症狀即稱為胃食道逆流。

胃的構造與功能

胃 (stomach) 是消化道的一個囊狀部分。其內側表面有高度彎曲，以利其在空囊時能摺小，在有食物時能撐開如氣球。因此當人類的胃在空囊時的容量僅約 50 毫升，其可撐大至裝滿 2~4 公升的食物。

胃含有多一層的平滑肌以利攪拌食物，使之與胃液混合。胃液是黏膜層中的管狀胃腺所分泌的酸性物質，此胃腺位於深皺褶的底部，即如圖 25.12 放大圖中的胃小凹。

這些外分泌腺含有兩種分泌細胞：胃壁細胞，其分泌鹽酸 (HCl)；以及胃主細胞，其分泌胃蛋白酶。此為相對較不活躍的酵素，接著在細胞外酸性環境中才轉化成更活躍的酵素，以免胃主細胞本身被消化掉。須注意的是，在胃內只有蛋白質會被局部消化並沒有顯著的碳水化合物或脂肪之消化。胃壁細胞也分泌多肽類，以利小腸吸收 B_{12}。

酸的作用

人類的胃每天產生大約 2 公升的 HCl 及其他胃液，形成在胃內相當酸的溶液。HCl 在此溶液中的濃度約為 10 微莫耳濃度，相當於 pH 值為 2。

因此，胃液比血液 (其正常 pH 值為 7.4) 還要酸約 250,000 倍。胃內的低 pH 值有助於使食物的蛋白質變性，使之更容易消化，且維持胃蛋白酶的最大活性。活躍的胃蛋白酶將食物的蛋白質水解成較短的多肽鏈，其須等到混合液進入小腸之後，才會被完全地消化。此時，局部消化的食物及胃液稱為**食糜** (chime)。

在胃內的酸性溶液也可殺死大部分一同隨食物被攝食的細菌。極少數在胃內存活的細菌接著進入腸道內並在其中生長繁殖，特別是在大腸內。事實上，在大部分脊椎動物的腸道中有大量的細菌繁衍，且細菌是糞便的主要組成。如之後將討論者，常駐在牛及其他反芻動物之消化道的細菌在這些哺乳類消化纖維素的能力上扮演關鍵角色。

潰瘍

很重要的一點是，胃不能產生太多酸。否則身體不能在後來的小腸中和酸性，其為消化最後階段的重要步驟。酸的產生是由荷爾蒙所控制，這些荷爾蒙是由分散在胃壁內的內分泌細胞所產生。荷爾蒙胃泌素調控在胃小凹的胃壁細胞合成 HCl，僅容許在胃內的 pH 值大約高於 1.5 時才能製作 HCl。

胃酸產量過多偶爾會造成胃壁侵蝕穿孔。然而，這樣的胃潰瘍很少見，因為胃黏膜的上皮細胞大致受到一層鹼性的黏液所保護，也因為這些細胞倘若受損，會因細胞分裂而被快速取代 (胃的上皮細胞每 2~3 天即被替換)。超過 90% 的胃腸道潰瘍是十二指腸潰瘍，其屬小腸的潰瘍。這些可能會在過量的酸食糜被送入十二指腸時產生，導致酸性不能被鹼性的胰液 (將於 25.8 節討論) 作用而適度地中和。潰瘍的罹患率會因避免自我消化的黏膜屏障被感染上一種稱為幽門螺旋桿菌 (*Helicobacter pylori*) 的細菌所弱化而增加。現代的抗生素治療可降低且通常可治癒潰瘍症狀。

離開胃部

食糜經由*幽門括約肌*離開胃部進入小腸，如圖 25.11 中胃的基部所示。這是所有碳水化合物、脂肪及蛋白質的最終消化之處，也是消化的產物－胺基酸、葡萄糖及脂肪酸－被吸收進入血管之處。只有食糜的水以及一些如阿斯匹靈和酒精等物質會經由胃壁被吸收。

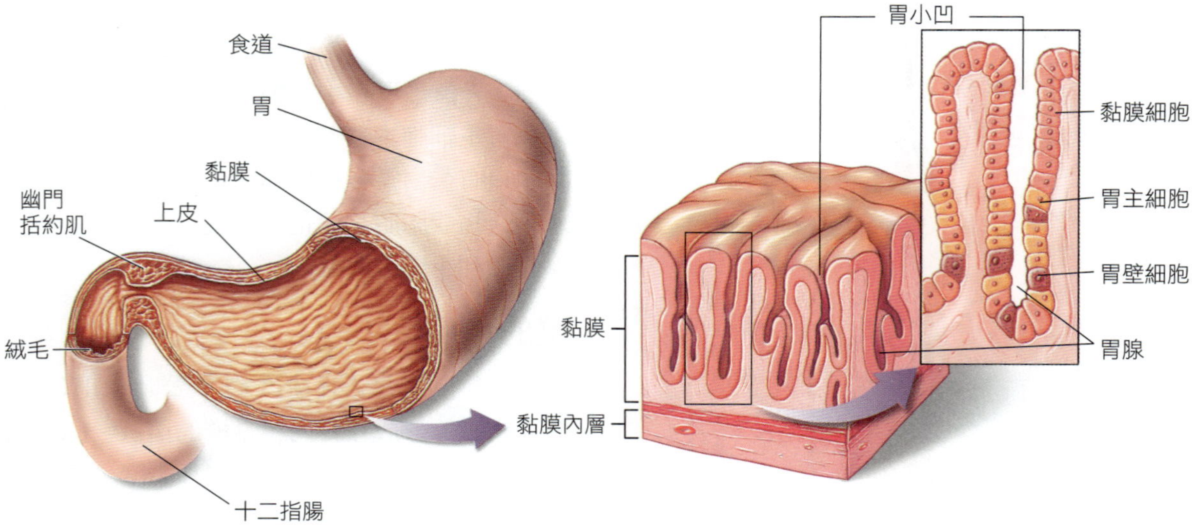

圖 25.11　胃及胃液

食物從食道進入胃部。胃的上皮壁上充滿胃小凹，其含有可分泌鹽酸及酵素胃蛋白酶原的腺體。胃腺包括黏膜細胞、分泌胃蛋白酶原的胃主細胞以及分泌 HCl 的胃壁細胞。胃小凹是胃腺的開口所在。

關鍵學習成果 25.5

蠕動式的收縮推動食物沿著食道進入胃部。胃液含有強的鹽酸及消化蛋白質的酵素，胃蛋白酶在胃中開始進行蛋白質的消化，分解成較短的多肽鏈。然後，酸性的食糜被經由幽門括約肌運送至小腸。

25.6 小腸與大腸

消化與吸收：小腸

消化道從胃出來而進入**小腸** (small intestine) (圖 25.12)，其是大分子分解成小分子之處。每次只有相對少部分的食物被送入小腸，以便有足夠時間將酸性中和並讓酵素作用。小腸是體內真正主要的消化場所，在其

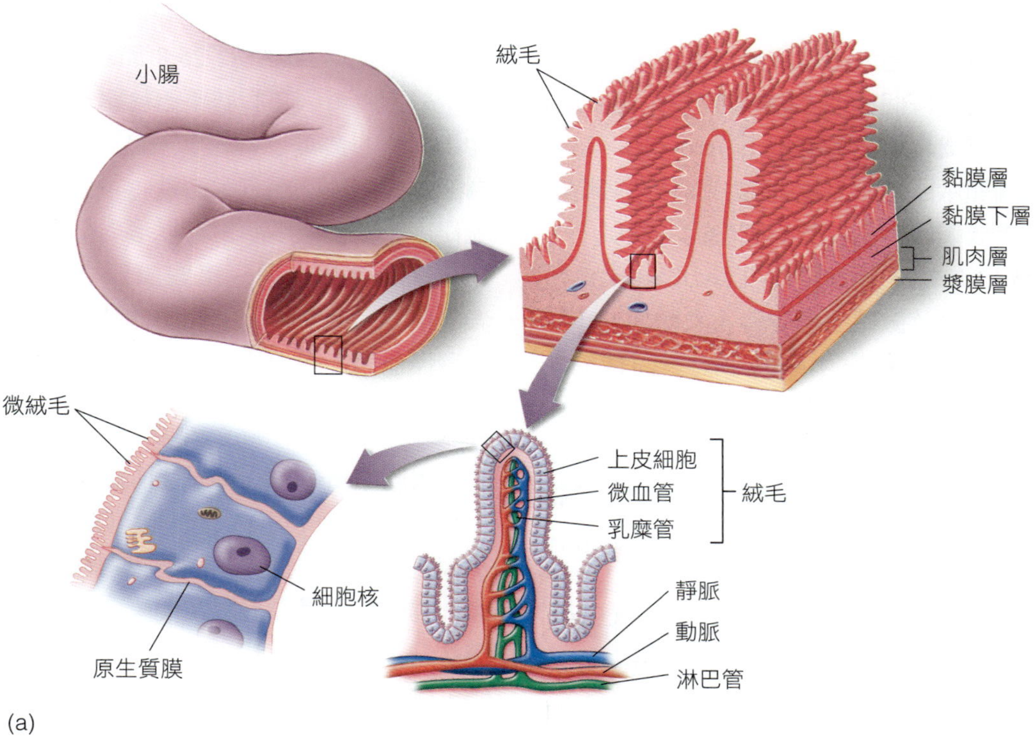

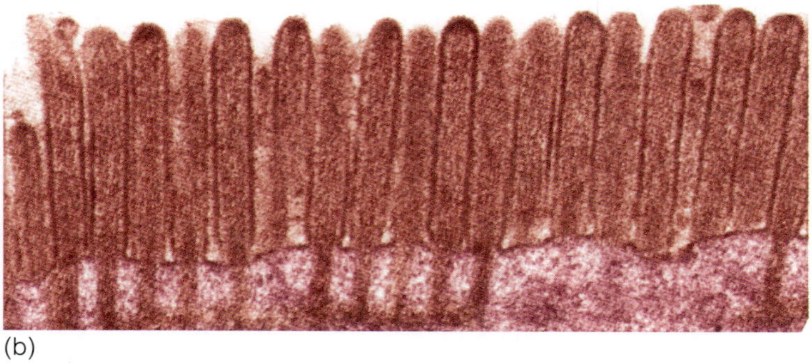

圖 25.12 小腸
(a) 小腸的橫切面顯示絨毛與微絨毛的構造；(b) 小腸微絨毛非常密集，提供小腸極為大量的表面積，是有效吸收的關鍵。

中，碳水化合物被分解成簡單的糖類，蛋白質被分解成胺基酸，脂肪被分解成胺基酸。一旦產生這些小分子，它們便能通過小腸的上皮壁進入血流之中。

其餘的小腸 (即總長的 96%) 包含了兩段：**空腸** (jejunum) 及**迴腸** (ileum)。空腸可持續進行消化，但迴腸則專注於吸收水及消化後的產物進入血流。在小腸的內襯皺摺成壟脊狀，如圖 25.12a 所示。這些壟脊覆蓋有細微的指狀突起稱為**絨毛** (villi)，如第一張放大圖所示，但每個絨毛太小以致無法以肉眼辨識。接著，覆蓋在每個絨毛上的細胞之外表面則有一片原生質突起稱為**微絨毛** (microvilli)。絨毛的放大圖顯示成列的上皮細胞，而這些細胞的更進一步放大顯示出在其細胞表面的微絨毛。在圖 25.12 的電子顯微照片可看出微絨毛的不同樣貌。絨毛及微絨毛兩者皆大大地增加小腸內襯的吸收表面積。小腸的平均表面積約為 300 平方公尺，比數個游泳池的表面還大！

通過小腸的物質總量大得驚人。以每天來看，每個人平均大約消耗 800 公克的固態食物以及 1,200 毫升的水 (總量約 2 公升)。此外再加入從唾腺而來的 1.5 公升的液體、2 公升來自胃、1.5 公升來自胰臟、0.5 公升來自肝臟以及 1.5 公升來自小腸的分泌液，加總高達 9 公升－超過你身體的總體積的 10%！然而，雖然流量大，但其淨通過量是小的。幾乎所有這些液體及固體在其通過小腸時會被吸收，亦即約有 8.5 公升通過小腸壁，而 0.35 公升通過大腸壁。在每天通過消化道之 800 公克的固態食物及 9 公升的液態中，只有大約 50 公克的固態及 100 毫升的液體會成為糞便排出身體。因此，消化道的液體吸收效率高達 99%，實在相當高。

消化分泌液

有些消化過程所必需的酵素是由小腸壁的細胞所分泌，然而大部分是從一個位在鄰近胃與小腸交接處的大型腺體胰臟所產生 (將於 25.8 節討論)。這是身體的主要外分泌腺 (經由管道分泌)。胰臟經由管道將其分泌液送進小腸的起始段**十二指腸** (duodenum)。人類的小腸大約有 6 公尺長，而只有前 25 公分是十二指腸，約占全長的 4%。胰臟的酵素就在十二指腸進入小腸並進行消化作用。

脊椎動物身體的大部分食物能量取得來自脂肪。脂肪的消化是由一群稱為膽鹽的分子來進行，其從肝臟 (將於 25.8 節討論) 分泌並進入十二指腸。因為脂肪不溶於水，故以油滴狀加入水狀的食糜中，然後一起進入小腸。膽鹽為部分脂溶性及部分水溶性，可像清潔劑一般地作用，它們與脂肪混合以形成微細小滴，此過程稱為乳化作用。這些微細小滴有較大的表面積，藉此使得分解脂肪的酵素 (即脂肪酶) 能發揮作用，進而快速消化脂肪的過程。

固態物質的濃縮：大腸

大腸 (large intestine) 或稱**結腸** (colon)，比小腸短很多，大約 1 公尺長，但它被稱為大腸是因為其具大口徑。小腸清空內含物直接送進與大腸的交接處即盲腸及闌尾，在人類這兩個構造已不再具有明顯功能。大腸不具消化功能，僅負責吸收約 6~7% 的液體。大腸並不彎曲，而是呈三段相對較直的段落，且其內側表面沒有絨毛。因此造成大腸的吸收面積只有小腸的 1/30。雖然有些水分、鈉鹽以及維生素 K 會經由其腸壁吸收，大腸的主要功能是當作堆積排泄物。在其中，未被消化的物質，包括大量的植物纖維及纖維素，會被壓縮成為最後排泄的產物**糞便** (feces) 並儲存。大腸內有許多細菌並可活躍地分裂。在結腸內，細菌發酵產生氣體的速率約為每天 500 毫升，此速率會因攝食豆類或其他植物成分而增加，因為未消化的植物材料 (纖維) 通過大腸會提供可發酵的物質。

消化道的最後一段是短而伸直的大腸，稱為**直腸** (rectum)。在結腸內壓縮的固態物透過環繞在大腸的肌肉蠕動收縮而經過直腸，然後從**肛門** (anus) 排出體外。

關鍵學習成果 25.6

大部分的消化發生在小腸的起始段落即十二指腸中。其餘的小腸則負責吸收水及消化後的產物。大腸會壓縮剩餘的固態廢棄物。

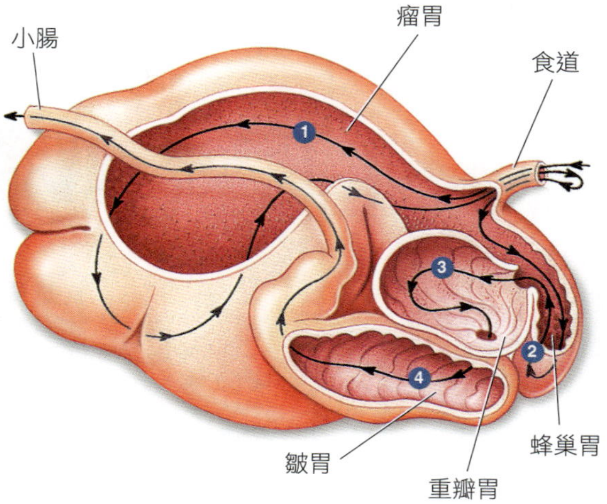

圖 25.13 反芻動物具有四腔室的胃
反芻動物，例如牛，所吃的禾草及其他植物進入瘤胃，在其中它們被局部消化。從該處，食物可被吐回口中再度咀嚼，然後，食物被傳送經過其他的四個腔室。只有皺胃分泌胃液。

25.7 脊椎動物消化系統的差異

消化纖維素的挑戰

大部分動物缺乏消化纖維素所需的酵素，纖維素是組成植物的主要構造之碳水化合物。然而有些動物的消化道含有原核生物及原生生物，可將纖維素轉化為宿主能消化的物質。雖然在人類的營養中，被胃腸道中的微生物消化者相對較少，但這是在許多其他類群的動物營養中的重要成分，包括如白蟻及蟑螂等昆蟲，以及一些食草的哺乳類。這些微生物及其宿主動物之間的關係是互利共生，他們為共生提供了非常好的實例。

牛、鹿以及其他草食動物 (稱為*反芻動物*) 具有分隔的胃。圖 25.13 顯示食物所經過的路徑，可藉此探索胃的區域。食物從瘤胃進入胃 ❶，可容納多達 50 加侖的瘤胃，如同一個消化槽，在其中的原核生物及原生生物可將纖維素及其他分子轉化為不同的簡單化合物。瘤胃位在四個腔室的前方是很重要的，因為其讓動物可將瘤胃的食物再吐出，然後再咀嚼 (循著箭號可見其在繞一圈瘤胃之後，離開胃、又再進入)，此活動稱為反芻作用。反芻後的食物再被吞回蜂巢胃 ❷，從該處其經過重瓣胃 ❸，再經過皺胃 ❹，最後在該處與胃液混合。因此，在功能上，只有皺胃相當於是人類的胃。此過程使得反芻動物 (如馬) 消化纖維素遠比缺乏瘤胃的哺乳類更有效率。

在有些非反芻的食草動物如囓齒類、馬以及兔類 (兔子及野兔) 中，微生物消化纖維素的過程發生在盲腸，這些動物的盲腸特別加大 (圖 25.14)。因為盲腸位於胃的後方，故不可能反芻其內含物。然而囓齒類及兔類已經演化出另一種消化纖維素的方式，以達到與反芻動物相似程度的效率。牠們藉由吃其所排出的糞便來做到，即可將食物第二次經過消化道，第二次通過使動物可能吸收到在其盲腸中被微生物分解所產生之營養，此稱為**食糞行為** (coprophagy；來自希臘文，*copros*，意指排泄物；以及 *phagein*，意指攝食)。倘若牠們被禁止吃自己的糞便，這些動物不能維持健康。相反地，如圖 25.14 的食蟲者及食肉者主要從動物體消化蛋白質，且有一個退化的盲腸或缺乏。反芻的草食動物有大的四腔室胃部以及盲腸，然而其大部分的植物消化發生在胃內。

所有哺乳類仰賴腸內細菌以合成維生素 K，其是凝血所必需者。鳥類缺乏這些細菌，

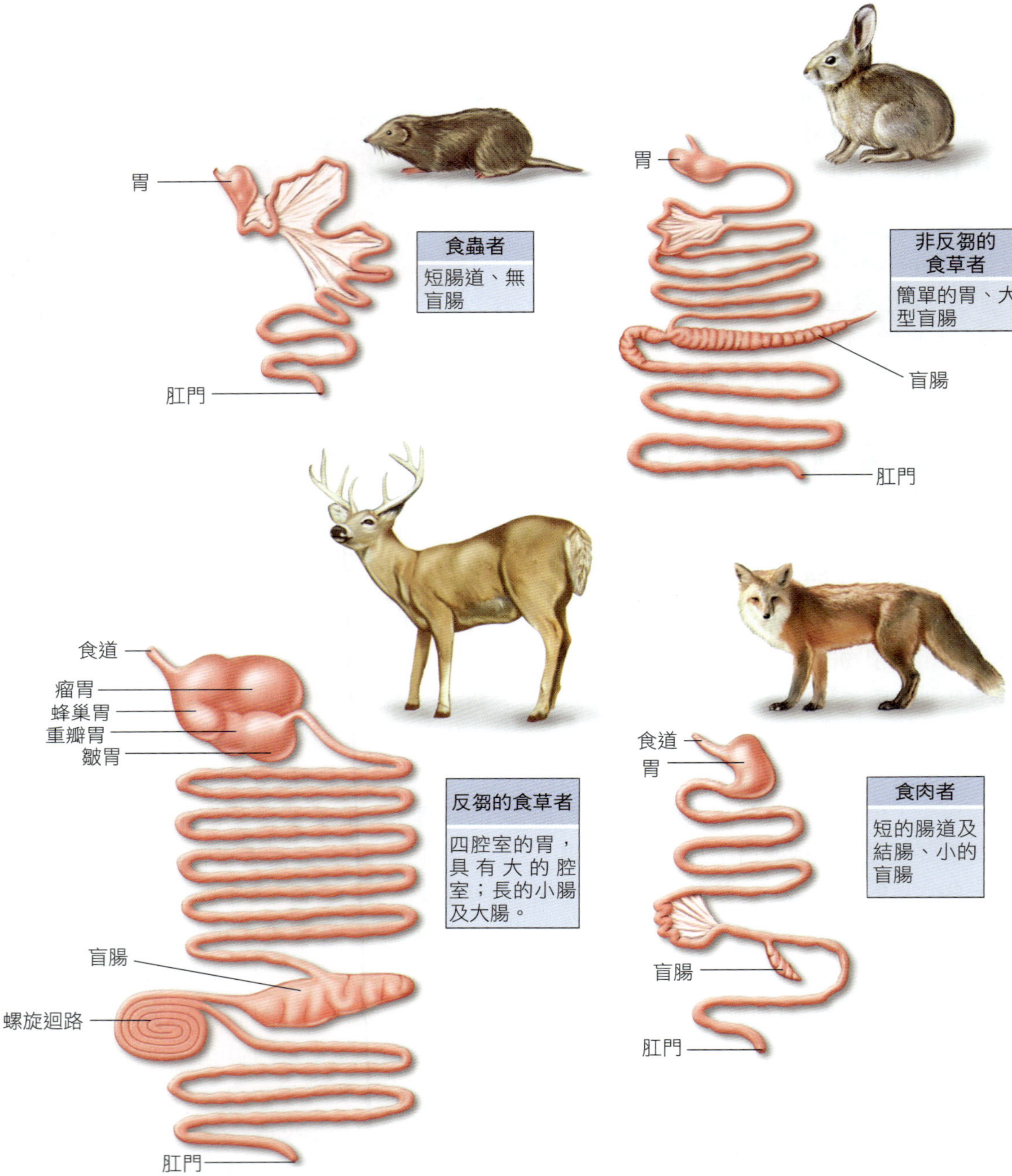

圖 25.14　不同哺乳類的消化系統反映其飲食

草食動物需要長的消化道且具特化的段落，以分解植物材料。蛋白質飲食較易被消化；因此食蟲的或食肉的哺乳類有較短的消化道且具極少特化的囊。

必須從食物中獲得所需維生素 K 之量。在人類，長期以抗生素治療會大大地降低腸內的細菌族群，故這樣的病人必須補充的維生素 K。

關鍵學習成果 25.7

植物的大部分食物價值都與纖維素有緊密關聯，許多動物的消化道擁有可消化纖維素的微生物。

25.8 輔助的消化器官

胰臟

胰臟 (pancreas) 是位於鄰近胃與小腸交接處的大型腺體 (詳見圖 25.4)，是一個貢獻分泌液至消化道的輔助器官。胰臟分泌液體經由胰管進入十二指腸，如圖 25.15 所示。在進入小腸之前，胰管與其他管道相連，如總膽管 (討論於後)。此液體包含大量的酵素，包括負責分解蛋白質的胰蛋白酶及糜蛋白酶。這些酵素的不活化態被釋放至十二指腸中，然後被腸內的酵素所活化。胰液也包含胰澱粉酶以消化澱粉，以及脂肪酶以消化脂肪。胰臟的酵素將蛋白質消化成較小的多肽鏈、多醣分解成較短的糖鏈以及將脂肪分解成脂肪酸及其他產物。然後這些分子的消化則由小腸酵素來完成。

胰液也含有碳酸氫根，其中和來自胃的 HCl，並使在十二指腸的食糜略偏鹼性。消化酵素及碳酸氫根是由成群稱為腺泡的分泌細胞。

除了其在消化上的外分泌角色之外，胰臟的功能也是內分泌腺體，可分泌多種荷爾蒙進入血液，以控制血中葡萄糖及其他營養的含量。這些荷爾蒙是由**胰島** (islets of Langerhans) 生成的。胰島是成群的內分泌細胞分散在整個胰臟中，如圖 25.15 的放大圖所示。兩種最重要的胰臟荷爾蒙胰島素及升糖激素將於第 26 及 30 章討論。

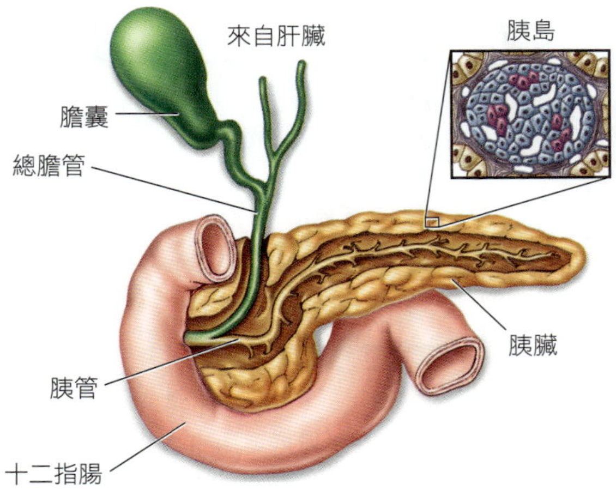

圖 25.15 胰管及膽管將內含物送進十二指腸。

肝臟與膽囊

肝臟 (liver) 是體內最大的器官。成人的肝臟重約 1.5 公斤，且其大小如一顆橄欖球。肝臟主要的外分泌物質是**膽汁** (bile)，一種由膽色素及**膽鹽** (bile salts) 的混合液體，會在食物的消化過程中被送進十二指腸。

膽鹽在脂肪的消化上扮演非常重要的角色。如前所述，脂肪不溶於水，所以它們以油滴存在於水狀的食糜中而進入腸道。膽鹽的作用如同清潔劑，將大油滴細分成更微細油滴組成的懸浮液。此脂肪乳化為小滴並產生極大的脂肪表面積，以利脂肪酶的作用，於是容許脂肪的消化過程更加快速。

膽汁在肝臟產生之後，被儲存在**膽囊** (gallbladder) 並濃縮 (在圖 25.15 中的綠色器官)。當帶油脂的食物抵達十二指腸，會誘發神經及內分泌的反射，其刺激膽囊收縮，導致膽汁被運送經過總膽管而進入十二指腸。

消化系統是高度特化且有許多不同器官參與的交互作用。圖 25.16 中摘錄在消化系統中的不同功能區塊以及參與的不同器官。有色的圓圈代表消化及酵素產生的主要部位：紅色為蛋白質消化、橘色為碳水化合物消化、綠色是脂肪消化以及藍色是核酸消化 (不在本章討論，因為核酸不是飲食中卡路里的主要來源)。

肝臟的調節功能

由於大的動脈從胃及腸道攜帶血液直接進入肝臟，肝臟的角色是在物質被運送至身體各處之前，以化學方式改變在腸道被吸收的型式。例如喝酒及服用其他藥物會被吸收進入肝細胞並代謝；這是為何肝臟常因酒精及藥物的濫用而受傷害。肝臟也可移除毒物、殺蟲劑、

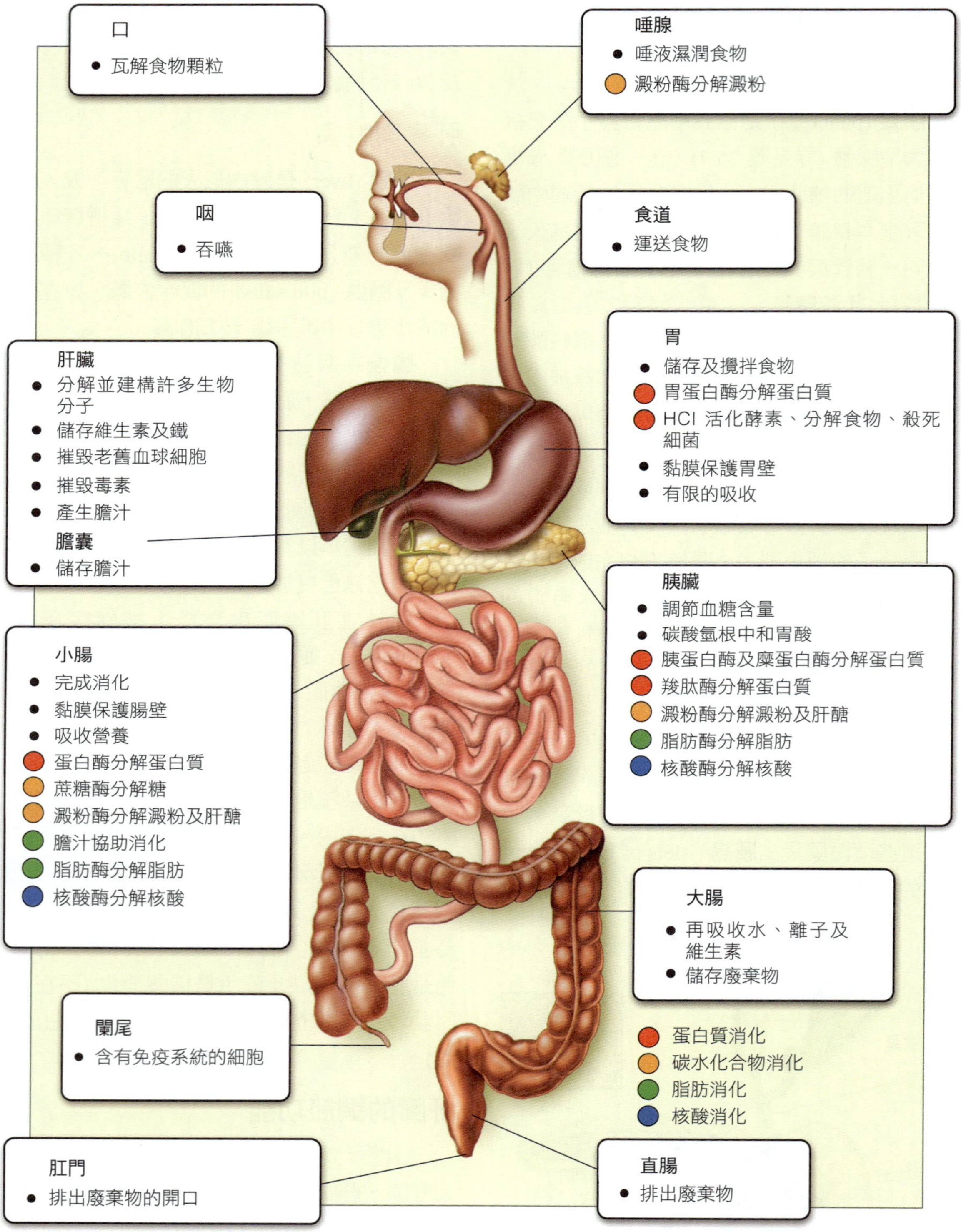
口
• 瓦解食物顆粒
唾腺
• 唾液濕潤食物
● 澱粉酶分解澱粉
咽
• 吞嚥
食道
• 運送食物
胃
• 儲存及攪拌食物
● 胃蛋白酶分解蛋白質
● HCl 活化酵素、分解食物、殺死細菌
• 黏膜保護胃壁
• 有限的吸收
肝臟
• 分解並建構許多生物分子
• 儲存維生素及鐵
• 摧毀老舊血球細胞
• 摧毀毒素
• 產生膽汁
膽囊
• 儲存膽汁
胰臟
• 調節血糖含量
• 碳酸氫根中和胃酸
● 胰蛋白酶及糜蛋白酶分解蛋白質
● 羧肽酶分解蛋白質
● 澱粉酶分解澱粉及肝醣
● 脂肪酶分解脂肪
● 核酸酶分解核酸
小腸
• 完成消化
• 黏膜保護腸壁
• 吸收營養
● 蛋白酶分解蛋白質
● 蔗糖酶分解糖
● 澱粉酶分解澱粉及肝醣
● 膽汁協助消化
● 脂肪酶分解脂肪
● 核酸酶分解核酸
大腸
• 再吸收水、離子及維生素
• 儲存廢棄物
闌尾
• 含有免疫系統的細胞
● 蛋白質消化
● 碳水化合物消化
● 脂肪消化
● 核酸消化
肛門
• 排出廢棄物的開口
直腸
• 排出廢棄物

圖 25.16 消化系統的器官及其功能
消化系統包含約 12 種不同器官，其作用在所攝取的食物上，從口腔開始而終止於肛門。所有這些器官必須適當地為身體工作以有效地獲得營養。

致癌劑以及其他毒物，將它們轉化成較無毒性的型式。此外，血液中可能有過量的胺基酸，其會被肝臟酵素轉化為葡萄糖。此轉化作用的第一步是胺基酸中移除胺基 ($-NH_2$)，此過程稱為脫胺作用。不像植物，動物不能再利用來自這些胺基的氮，且必須以含氮廢物型式排出。胺基酸的脫胺作用之產物是氨 (NH_3)，與二氧化碳組合成尿素。尿素被肝臟釋放至血流中，最後由腎臟將之移除，將在第 26 章說明。

關鍵學習成果 25.8

胰臟分泌消化酵素及碳酸氫根進入胰管。肝臟產生膽汁，並在膽囊中儲存與濃縮。肝臟及胰臟的荷爾蒙可調節血糖濃度。

複習你的所學

食物能量與必需的營養

食物供給能量與生長

25.1.1 動物消費食物以作為能量、必需分子以及礦物質的來源。從食物而來的能量不是用於代謝活動，就是在脂肪細胞中被儲存為脂肪。
- 一個稱為體重指數 (BMI) 的量測是一個簡單的指標，以決定一個人是否過重或肥胖。

25.1.2 許多動物必須在其飲食中攝取纖維，以維持健康的消化。動物也必須攝取蛋白質、水果及蔬菜以獲得身體所需但又不能自己產生之必需胺基酸、礦物質以及維生素。

消化

消化系統的類型

25.2.1 單細胞生物及海綿在細胞內消化食物。食物由個別細胞攝入，然後在細胞內分解。
- 所有其他動物在細胞外消化食物。消化酵素被釋出進入一個腔室或管道，並在其中分解食物。消化的產物然後被身體的細胞吸收。扁形動物及刺絲胞動物的水螅，被稱為消化循環腔。

脊椎動物的消化系統

25.3.1 脊椎動物的消化發生在具有不同消化功能區段特化的胃腸道中。

口與牙齒

25.4.1 在脊椎動物中，食物先被帶進口腔中。鳥類以砂囊絞碎食物，砂囊是其消化系統的一個囊。在砂囊中，鳥類吞下的食物會被攪拌，然後以小石頭磨碎。在其他脊椎動物中，牙齒用來咀嚼食物，並將之瓦解成更小的細碎。

25.4.2 被咀嚼後的食物與唾液在口腔中混合。唾液可濕潤食物，且含有唾液澱粉酶，其開始澱粉的消化。然後吞嚥潮濕的食物，經過口腔進入食道。

食道與胃

25.5.1 食物藉由肌肉收縮所形成的蠕動，沿著食道移動至胃。

25.5.2 在胃中，肌肉的收縮將食物與胃液攪拌，胃液含有鹽酸及可消化蛋白質的胃蛋白酶。在胃中的酸性狀態有助於讓蛋白質變性，以利其在小腸內較易被消化。離開胃時，局部消化的食物與胃酸的混合，稱為食糜。

小腸與大腸

25.6.1 酸性的食糜從胃通過，進入小腸的前段，其被中和並和其他消化酵素混合。有些酵素被小腸壁上的細胞所分泌，但大部分酵素及其他消化物質是由胰臟或其他附屬器官所產生的。其餘的小腸涉及食物分子及水的吸收。小腸的內襯皺褶成脊，其上覆蓋有指狀的突起稱為絨毛。襯在絨毛表面的細胞本身覆蓋了細胞質突起，稱為微絨毛。絨毛及微絨毛增加了吸收的表面積。

25.6.2 大腸收集並壓縮固態廢棄物，將之經由直腸及肛門排出。

脊椎動物消化系統的差異

25.7.1 在反芻動物中，消化纖維素的微生物生活在胃內稱為瘤胃的腔室。食物進入瘤胃，然後微生物開始消化纖維。然後此部分消化的食物被反芻、再次咀嚼並再次吞嚥，然後進入小腸，並在該處被吸收。

輔助的消化器官

25.8.1 胰臟產生消化蛋白質的胰蛋白酶及糜蛋白酶、消化澱粉的胰澱粉酶以及消化脂肪的脂肪酶。胰液也含有碳酸氫根，可中和食糜。

25.8.2 肝臟與產生膽汁 (膽色素及膽鹽的混合)，其瓦解脂肪。膽汁儲存在膽囊內，然後釋出進入小腸。所有消化器官都共同運作。

測試你的了解

1. 你的 BMI 是身體的
a. 生物代謝指標　c. 體重指數
b. 基礎代謝率　d. 基礎代謝能力

2. 蚊子不能合成
a. 8 種胺基酸
b. 特定多元不飽和脂肪
c. 芳香族胺基酸
d. 膽固醇

3. 食物單向經過許多動物類群的消化系統，容許
a. 細胞內消化
b. 消化系統不同段落的特化
c. 釋出消化酵素進入腸道中
d. 細胞外消化

4. 具有較長消化系統的生物，其協助瓦解不易消化的食物，通常是
a. 草食者　c. 雜食者
b. 肉食者　d. 食屑者

5. 砂囊的功用，如同牙齒，是
a. 咬住獵物
b. 開始食物的化學消化
c. 釋出酵素
d. 開始食物的物理消化

6. 在唾液中，澱粉酶
a. 消化葡萄糖　c. 分解澱粉
b. 中和酸性　d. 起始吞嚥

7. 當哺乳類吞嚥食物，可藉何者避免食物向上進入鼻腔？
a. 食道　c. 軟骨板
b. 舌頭　d. 會厭

8. 在消化系統中，蛋白質消化最先發生在
a. 口腔　c. 胃部
b. 食道　d. 小腸

9. 雖然胃部通常被認為是消化過程的主要角色，事實上大部分的化學消化發生在
a. 口腔　c. 十二指腸
b. 闌尾　d. 大腸

10. 大腸的主要功能是
a. 瓦解並吸收脂肪　c. 濃縮固態廢棄物
b. 吸收水　d. 吸收維生素 C

11. 下列敘述何者錯誤？
a. 肉食者有退化的盲腸或缺乏
b. 只有反芻動物能消化纖維素
c. 人類消化系統含有細菌，但不能從分解纖維素獲得營養
d. 反芻動物能夠再吐出食物

12. 分泌消化酵素及碳酸氫根容易進入小腸，以協助消化。
a. 胰臟　c. 膽囊
b. 肝臟　d. 以上皆是

13. ________及________在消化過程扮演重要角色，產生分解蛋白質、脂肪及碳水化合物所需之化學物質。
a. 肝臟；胰臟　c. 腎臟；闌尾
b. 肝臟；膽囊　d. 胰臟；膽囊

Chapter 26

內在環境的恆定

上圖中的男性正在流汗，這是每個人都會有的，當身體因運動量大或日曬太多而過熱時，即會如此。汗水的蒸發會冷卻皮膚，此為除熱的聰明機制。就像所有鳥類與哺乳類，人類身體會嘗試維持體溫的恆定，不論周遭空氣多熱或多冷，而流汗即是其中一種方式。倘若身體開始發燒超過 37°C (98.6°F)，就會開始流汗以釋放熱能；反之，倘若身體開始變涼而低於 37°C，就會發抖並產生熱能。維持體溫恆定僅是一個較廣泛的生理策略：脊椎動物維持其體內相對恆定的生理狀態。血液 pH 值、呼吸速率、血壓，血液中的水、鹽以及葡萄糖濃度－所有都由大腦仔細監測著，以持續維持在狹窄的範圍之內。此內在狀態的穩定平衡，即所謂的恆定性，是本章的主題。

恆定性

26.1 動物身體如何維持恆定性

負回饋迴路

隨著動物個體的演化，其特化情況也增加。每個細胞如同一個複雜的機器，可精細地調整以便在體內執行其確切的角色。細胞如此特化，故只可能在細胞外狀態維持在狹窄範圍內之下執行其功能。溫度、pH 值、葡萄糖與氧的濃度以及許多其他因子必須控制得相當地恆定，以利細胞能有效地行使功能，並且彼此適當地進行交互作用。

恆定性 (homeostasis) 可被定義為內在環境的動態恆定。使用「動態」這個詞是因為狀態從未絕對地恆定，而是在狹窄範圍內持續地波動。恆定性對生命是非常重要的，尤其是在脊椎動物體內，大部分的調節機制都與維持恆定性有關。

為了維持內部恆定，脊椎動物個體必須要有能夠量測內部環境的每個狀態之**受器** (sensors)，如圖 26.1 的綠色方框所示。它們持續地監測細胞外的狀態，並將此訊息 (通常是神經訊息) 轉達給一個**整合中心** (integrating center；黃色三角形)，其包含*設定值*，即該狀態的適當數值。在類似情況下，有許多調節點用在體溫、血糖濃度、肌腱的張力等。整合中心通常是在大腦或脊髓的特定部位，但在某些情況下，它也可以是內分泌腺的細胞。它從許多受器收到訊息，衡量每個受器輸入之相對強度，然後判斷該狀態的數值是否偏離設定值。當一個狀態發生偏離時 (即「刺激」，以紅色橢圓形代表)，受器偵測到了，整合中心便會送出訊息以增加或減少特定動器的活動。**動器** (effectors；藍色方格) 通常是肌肉或腺體，且能將有問題的狀態改變回到所設定的值，即是「反應」(紫色橢圓形)。

在人類，倘若體溫超過設定的 37°C，在

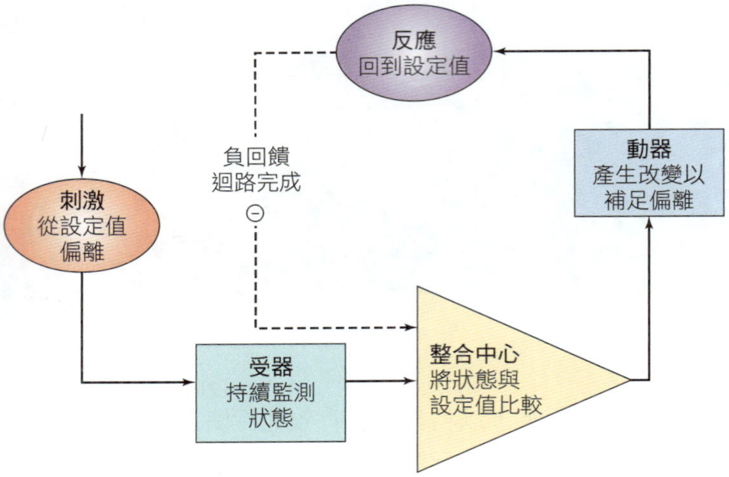

圖 26.1 負回饋迴路的一般示意圖
負回饋迴路可藉由更正偏離的設定值來維持恆定性的狀態，或達到內部環境的動態恆定。

大腦的受器偵測到此偏離，便經由整合中心作用 (也在大腦中)，然後這些受器會刺激動器 (例如汗腺)，以降低溫度。一般人認為動器是「捍衛」身體的設定值以免其偏離。因為動器的活動是受到其產生的作用所影響，且因為此調節是負向或逆向者，此種控制系統即被稱為**負回饋迴路** (negative feedback loop；圖 26.1)。

調節體溫

人類還有其他哺乳類及鳥類屬於內溫者，其能維持相對恆定的體溫，與環境溫度獨立分開。當血液溫度超過 37°C (98.6°F)，一處大腦區塊，稱為海馬迴 (在第 28 及 30 章討論) 的神經元會偵測到溫度變化。海馬迴可當作控制神經元並做出反應：出汗以促進熱發散、擴大皮膚的血管以及其他機制。這些反應傾向與體溫上升相斥。當體溫下降時，海馬迴會協調不同組的反應，例如發抖及血管收縮，其有助於升高體溫並更正對恆定性的起始挑戰。

除了哺乳類及鳥類之外，脊椎動物是外溫性的動物，其體溫或多或少依賴於環境的溫度。然而，可能會有所極限，許多外溫性的脊椎動物企圖維持某種程度的溫度恆定性。例如有些大型魚種，包括鮪魚、旗魚及某些鯊魚能維持其身體的某些部分處在比水溫明顯較高的溫度。爬蟲類企圖藉由行為上的方式來維持其體溫的恆定，例如將自己暴露在不同光照及陰暗處。這是為何你常看到蜥蜴在曬太陽，生病的蜥蜴甚至會藉由找尋較溫暖的地方以給自己「加溫」！

大部分無脊椎動物 (如節肢動物) 會改變行為以調整其體溫。例如許多蝴蝶必須達到特定的體溫始能飛行。在冷涼的清晨，牠們會將其身體轉向能吸收最大光照的角度。蛾和其他昆蟲利用顫抖反射以暖化其飛行用的肌肉。

調節血糖

當身體消化了含碳水化合物的一餐飯時，就等於是吸收了葡萄糖進入血液中。此導致血糖濃度的暫時升高，但會在數小時後逐漸下降。是什麼抑制餐後血糖濃度的升高？

血液中的葡萄糖含量持續被胰臟中的胰島受器所監控著 (在第 25 及 30 章中討論)。當葡萄糖濃度升高時 (在圖 26.2a 中的「高血糖」狀態)，胰島分泌荷爾蒙胰島素，其刺激血糖的吸收而進入肌肉、肝臟以及脂肪組織。肌肉及肝臟能將葡萄糖轉化為多醣類的肝醣。脂肪細胞能將葡萄糖轉化為脂肪。這些動作可降低血糖並幫助儲存能量作為身體之後可利用的型式。當足夠的血糖被吸收而達到設定值時，胰島素的釋放即停止。當血糖含量降低至設定值之下，例如在兩餐飯之間、齋戒期間以及運動中，肝臟釋放葡萄糖至血液中 (在圖 26.2b 中央的箭號)。此獲得的葡萄糖一部分是來自肝臟的肝醣之分解。肝臟肝醣之分解可經由兩種

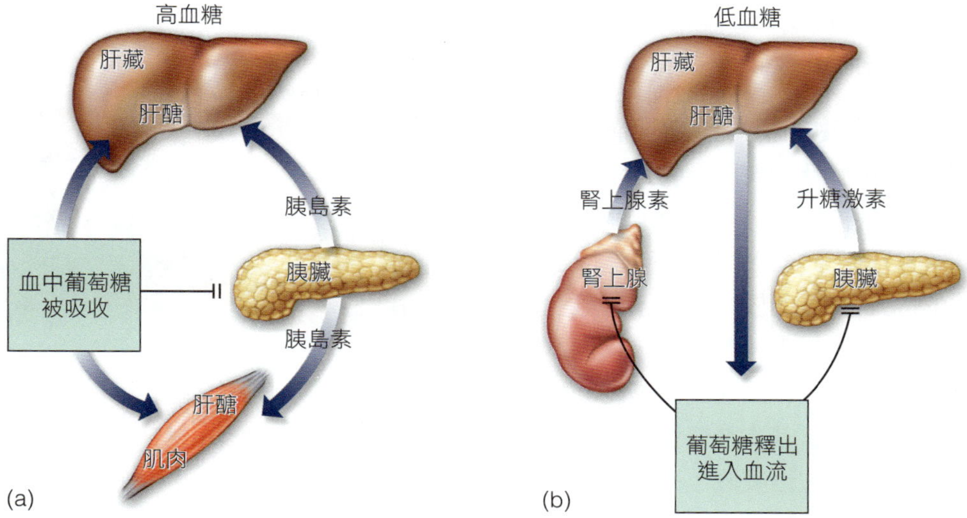

圖 26.2　控制血糖含量

(a) 當血糖含量高時，胰臟內的細胞產生荷爾蒙胰島素，其刺激肝臟及肌肉將葡萄糖轉化為肝醣；(b) 當血糖含量低時，胰臟內的其他細胞釋出荷爾蒙升糖激素進入血流中；此外，腎上腺的細胞釋出荷爾蒙腎上腺素進入血流中。抵達肝臟後，這兩種荷爾蒙的作用會促使肝臟之肝醣分解為葡萄糖。

方式來刺激：藉由荷爾蒙*升糖激素*，其也由胰島所分泌，以及荷爾蒙腎上腺素，其由腎上腺所分泌 (將在第 30 章詳細討論)。

關鍵學習成果 26.1

負回饋的機制可針對體內不同變數，修正其從設定值的偏離。藉此，如體溫及血糖即可被維持在一個正常範圍之內。

滲透調節

26.2　調節身體的水含量

滲透調節的機制

動物也必須小心地監測其體內的水含量。最早的動物演化發生在海水中，且所有動物的生理也反映此起源。在脊椎動物的體內，大約有 2/3 是水。倘若一個脊椎動物體內的水含量降低至此界限之下，動物就會死亡。動物利用不同的機制以達**滲透調節** (osmoregulation)，即調節身體的滲透組成，或是其含有多少水及鹽。許多脊椎動物體內的器官系統之適當運作需要血液的滲透濃度—即溶解於其中的溶質濃度—被維持在一個狹窄範圍內。

收縮泡 (contractile vacuoles)　動物已經演化出不同的機制以因應水平衡的問題。在許多動物及單細胞生物中，從身體移除水或鹽是和負責將代謝廢棄物移除的排泄系統相配合。原生生物例如草履蟲 (圖 26.3) 利用收縮泡來達成此目的，海綿的細胞亦如此。水及代謝廢棄物經由內質網的收集，並經由攝食通道進入收縮

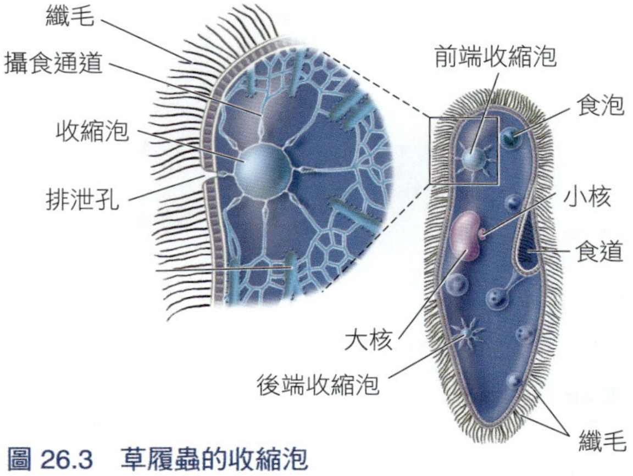

圖 26.3　草履蟲的收縮泡

泡。當此液泡收縮時，水及代謝廢棄物會被排擠出並從孔洞釋出其內含物。

燄細胞 多細胞動物有由排泄小管構成的系統，可將體內的液體及代謝廢棄物排擠出去。在渦蟲，這些小管被稱為腎原小管 (圖 26.4 中的綠色構造)。它們分支散布全身而呈燈泡狀的**燄細胞** (flame cell)，如放大圖所示。雖然這些簡單的排泄構造對身體外有開口，它們並沒有向體內的開口，而是藉由在燄細胞內的纖毛震動而將體液抽進來，其流進一條收集管。然後水及代謝廢棄物可被再吸收，而將被排出的物質則會從排泄孔送至體外。

腎管 (nephridia) 其他無脊椎動物具有對身體內、外側都有開口的小管所構成之系統。在蚯蚓中，這些小管被稱為腎管 (圖 26.5 中的藍色構造)。腎管從體腔獲取液體，經由過濾的過程而進入漏斗狀的構造稱為腎孔。

使用過濾這名詞是因為液體是在壓力之下形成且須通過小開口，所以比特定孔徑大小還要大的分子會被排除。相對於體腔中的液體而言，此過濾的液體是等張的 (即有相同的滲透濃度)，但隨其通過腎小管，NaCl 會被以主動運輸方式移除。將物質從小管送出然後進入周圍的體腔液體中，稱為再吸收。因為鹽會從過濾液被再吸收，故排出的尿液比體液更稀 (即為低張的)。

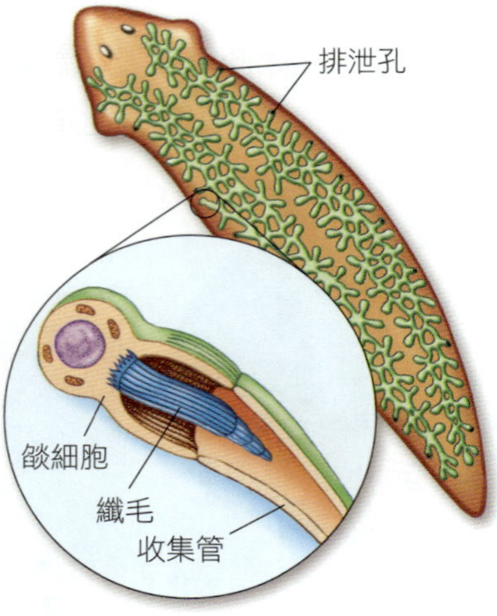

圖 26.4 渦蟲的腎原小管
小管的分支系統、燈泡狀的燄細胞以及排泄孔構成了渦蟲的腎原小管。

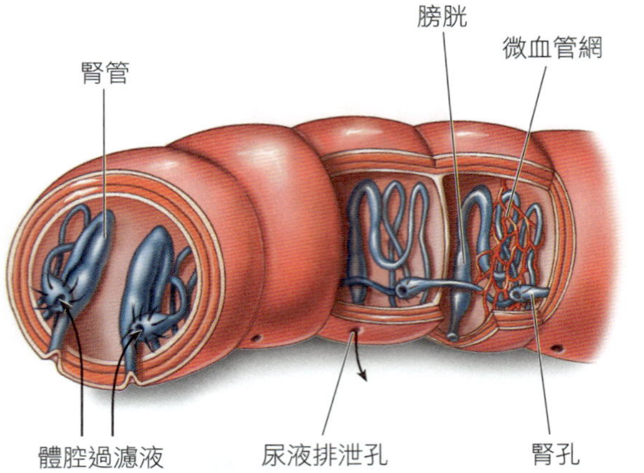

圖 26.5 環節動物的腎小管
大部分的無脊椎動物，例如在此的環節動物，有腎管。其由接收體腔過濾液的小管組成，此液體會經過漏斗狀的腎孔。鹽可從這些小管而被再吸收，剩下來的液體即尿液，則從開口排出進入外界環境。

馬氏管 昆蟲的排泄器官是**馬氏管** (Malpighian tubules)，在圖 26.6 中的綠色構造。馬氏管是消化道從後腸前端分支而成，尿液並不是這些小管過濾所形成，因為在體腔中的血液與在小管內者沒有壓力差，廢棄分子及鉀離子 (K^+) 反而會被主動地分泌進入小管中。在分泌時，來自體液的離子及分子被運送進入小管中，K^+ 的分泌產生了一個滲透梯度，導致水從身體的開放式循環系統藉由滲透進入小管。於是大部分的水及 K^+ 被再吸收經由後腸的上皮進入循環系統，僅留下小分子及廢棄產物從直腸與糞便一起排出。所以馬氏管提供了一種保留水分非常有效的方法。

腎臟 (kidneys) 脊椎動物的排泄器官是腎臟，將在 26.3 及 26.4 節中詳細說明。不同於昆蟲的馬氏管，腎臟藉由在壓力下過濾血液而產生小管的液體。除了含有廢棄產物及水之外，過濾液含有許多對動物有用的小分子，包

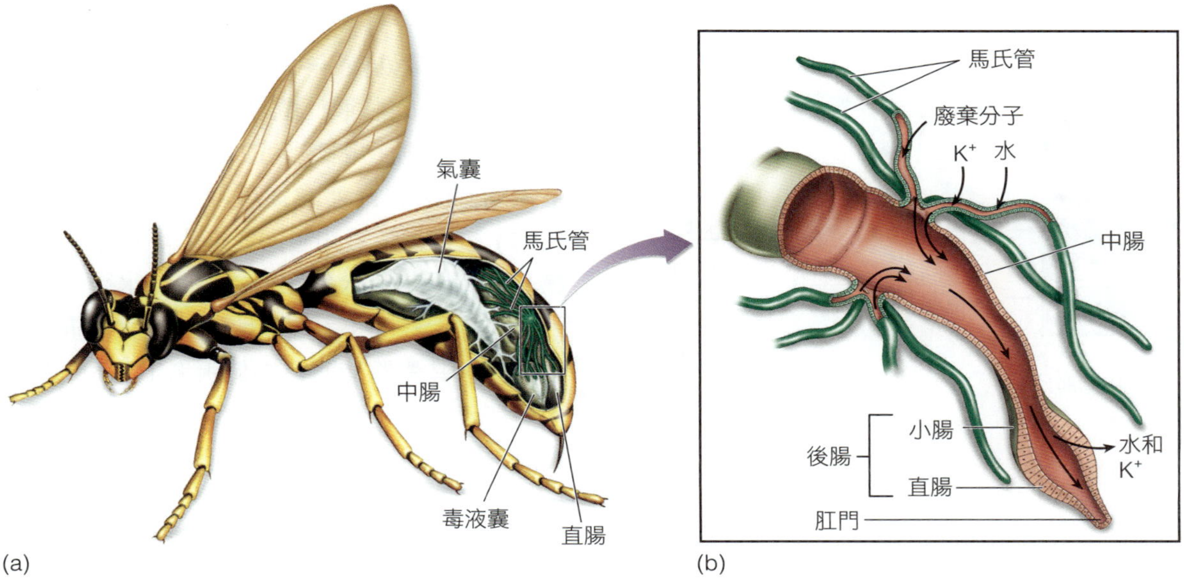

圖 26.6 昆蟲的馬氏管

(a) 昆蟲的馬氏管是消化道的延伸，其收集從身體循環系統的水及廢棄物；(b) K^+ 是被分泌進入小管，並讓水也滲透進入，大部分的水及 K^+ 會透過後腸壁而被再吸收。

括葡萄糖、胺基酸及維生素。這些分子及大部分的水會從小管被再吸收而進入血液，而廢棄物則留在過濾液中。額外的廢棄物可被小管分泌並加入濾液中，且最終的廢棄產物尿液會被排出體外。

選擇性再吸收提供了極大的可調整性；不同的脊椎動物類群已經演化出再吸收不同分子的能力，該類分子對特別的棲地有獨特價值。此可調整性是脊椎動物能夠在許多分歧環境中成功建立群聚所潛藏的關鍵因素。

關鍵學習成果 26.2

許多無脊椎動物過濾液體進入小管系統，然後再吸收離子及水，將剩下廢棄產物排泄出去。昆蟲藉由分泌 K^+ 進入小管，同時會使水也滲透進去，而產生排泄液。脊椎動物的腎臟產生過濾液，其進入小管，同時水會被再吸收。

脊椎動物的滲透調節

26.3 脊椎動物腎臟的演化

魚類

首先在淡水魚中演化形成的腎臟是一個複雜的器官，其含有多達百萬個重複拋棄式的單位，稱為**腎元** (nephrons)。下圖的腎元代表出現在哺乳類及鳥類者；血壓迫使血中液體流過一個位在每個腎元頂端的微血管網，稱為腎小球。腎小球留住血液細胞、蛋白質及其他在血液中有用的大分子，但容許水及小分子與溶於其中的廢棄物通過，而進入一個圍繞腎小球的杯狀構造，然後進入腎元管中。隨著濾過的液體經過腎元管的第一段 (下圖中標示為近端臂者)，有用的糖、胺基酸及離子 (如 Ca^{++}) 從液體中被以主動運輸收回，留下水即溶於其中的代謝廢棄物，稱為尿液。水及鹽會在腎元後段再吸收。

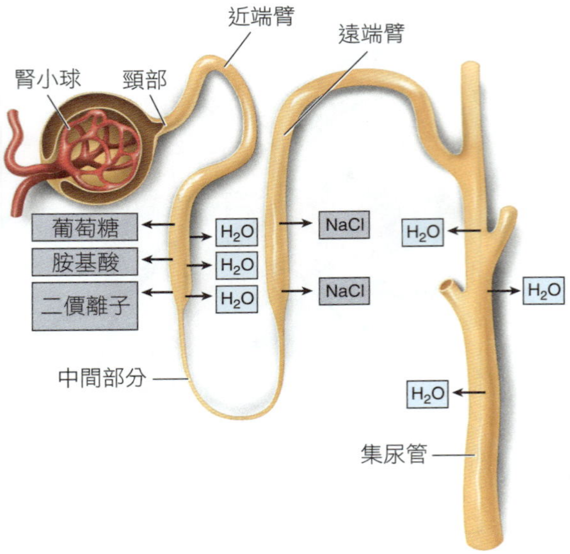

淡水魚

腎臟被認為最早演化在淡水硬骨魚中。因為淡水魚的體液比周圍的水有較大的滲透濃度，這些動物因為滲透及擴散而面臨兩種嚴重的問題：(1) 水會從環境中進入體內，以及 (2) 溶質通常離開體內並進入環境中。對於第一個問題，淡水魚採取不喝水 (水從口中進入，但經過鰓而不吞嚥) 且藉由排泄大量稀釋的尿液，其對體液而言為低張者 (如下圖的淡水魚所示)。對於第二個問題，牠們採用再吸收離子 (NaCl) 通過腎元小管，從腎小球濾過液再回到血液中。此外，牠們主動運輸離子 (NaCl) 通過其鰓，從周圍水中進入血液。

雖然相同的基本設計已經出現在所有脊椎動物腎臟中，而有一些改變。因為原始的腎小球濾過液相對於血液是等張的，所有脊椎動物能產生尿液，其相對於血液為等張 (藉由再吸收離子) 或低張的 (比血液還稀)。只有鳥類及哺乳類能從其腎小球濾過液中再吸收水，所產生之尿液為高張的 (比血液還濃)。

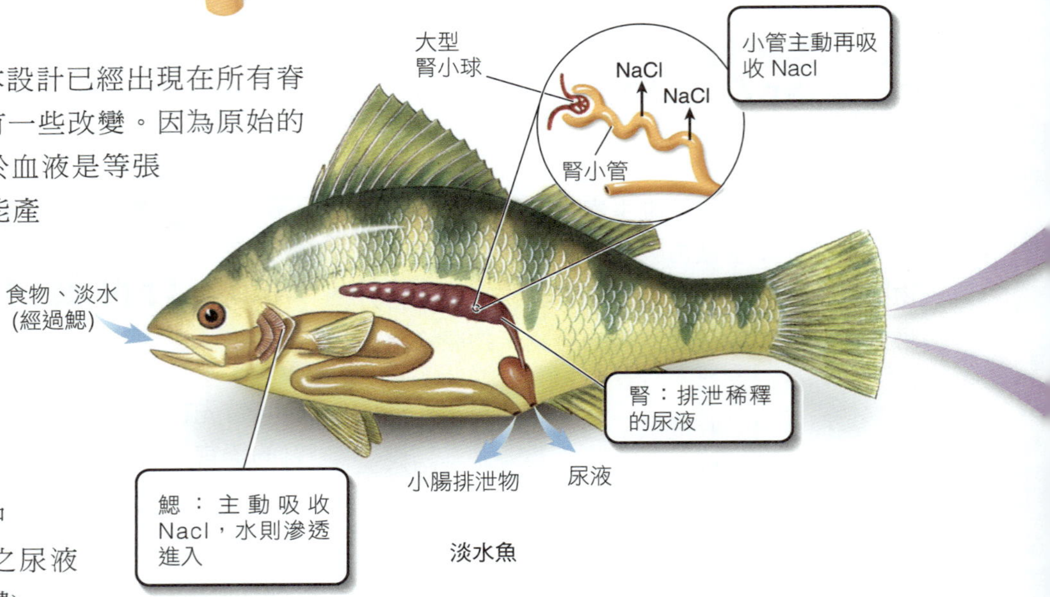

淡水魚

海生硬骨魚

雖然大多數的動物類群似乎已經最早在海裡演化，海生硬骨魚可能從淡水的祖先演化而來。牠們面臨顯著的新問題在於進入海水的轉變，因為相對於周圍的海水，牠們的體液是低張的。結果造成水經由鰓滲透離開其身體，且牠們也喪失水分在尿液中。為補償此持續的水分喪失，海生魚飲用大量海水。

在海生魚所飲用的海水中，有許多二價陽離子 (主要是 Ca^{++} 及 Mg^{++} 以 $MgSO_4$ 形式) 留在消化道內，並從肛門被排出。然而有些會被吸收進入血液中，如同單價的離子 K^+、Na^+ 及 Cl^-。大部分的單價離子是被主動運輸通過鰓而離開血液，而進入血液的二價離子 (在右上圖中以 $MgSO_4$ 為代表) 則被分泌進入腎元小管，然後隨尿液排出。在這兩種方式中，海生硬骨魚排出牠們飲用海水中的離子，牠們所排出的尿液，相對於其體液，是等張的。其比淡水魚的尿液更濃，但濃度仍不如鳥類及哺乳類者。

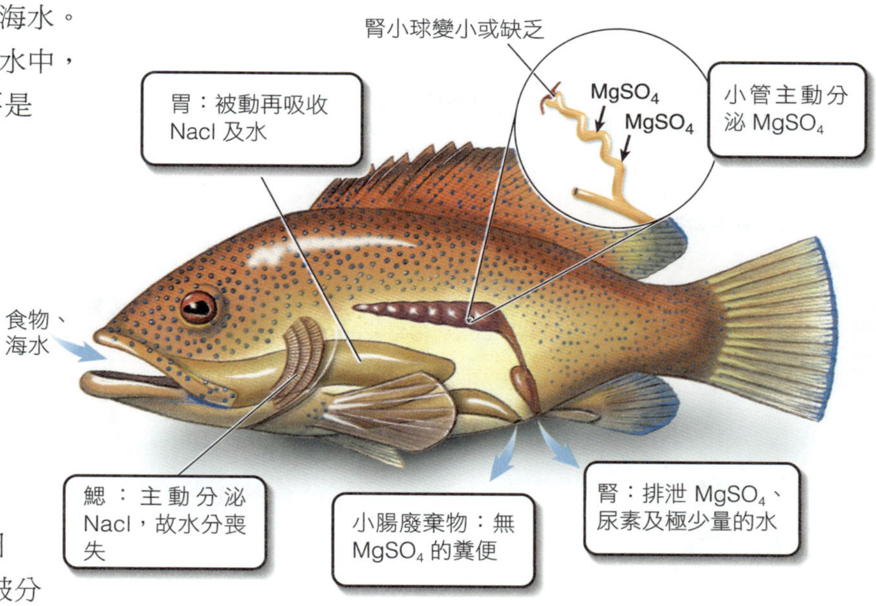

海水魚

軟骨魚

板鰓亞綱，如鯊魚、魟魚及鰩 (如圖所示)，是在軟骨魚綱 (軟骨魚類) 中最常見的亞綱。板鰓亞綱採用不同於硬骨魚的方式解決了其海水環境所存在的滲透問題。不同於硬骨魚因具有相對於海水的低張體液，而必須持續引用海水並主動將離子送出體外，板鰓亞綱反而是從腎元小管再吸收尿液，並維持血中尿素含量高出哺乳類的 100 倍。此增加的尿素使得牠們的血液幾乎與周圍的海水呈現等張。由於在等張溶液之間沒有水分的淨移動，故可避免水的喪失。於是，這些軟骨魚不需要飲用海水以維持滲透平衡，且其腎臟與鰓不須從其體內移除大量離子。板鰓亞綱的酵素與組織已經演化成能耐受高尿素濃度者。

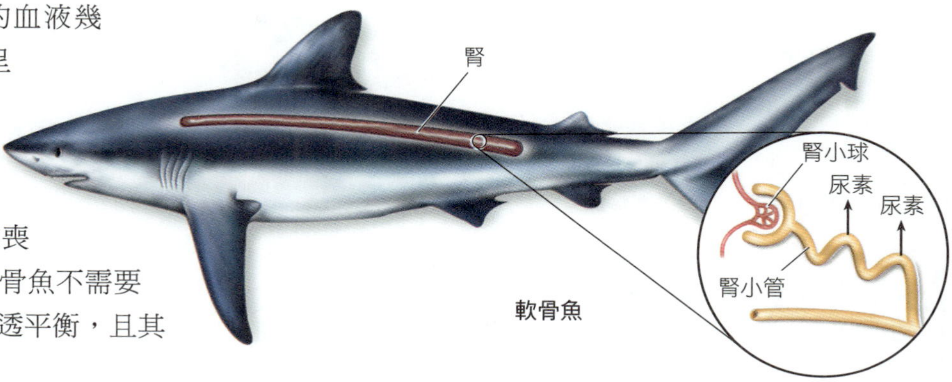

軟骨魚

兩棲類與爬蟲類

第一個陸生脊椎動物是兩棲類 (如圖 26.7 的上方圖所示)，且兩棲類的腎臟與淡水魚者雷同。此並不奇怪，因為兩棲類的一生中，有很長的時間是在淡水裡，且當其在陸上生活，牠們通常停留在潮濕地區。如同其淡水生的祖

脊椎動物	尿素濃度，相對於血液	
兩棲類	極度低張	皮膚吸收水中 Na^+
海生爬蟲類	等張	飲用海水；鹽腺分泌過量的鹽
海生鳥類	低度高張	飲用海水；鹽腺分泌過量的鹽；排出低度高張的尿液
海生哺乳類	極度高張	不飲用海水
陸生鳥類	低度高張	飲用淡水
沙漠哺乳類	極度高張	飲用淡水；從食物及代謝過程獲得水分
淡水魚類	極度低張	不飲用水
軟骨魚類	低張	腎臟再吸收尿素

圖 26.7　一些脊椎動物的滲透調節

只有鳥類及哺乳類可產生高張尿液，故而有效地保留水分。但海生爬蟲類及鳥類能飲用海水並藉由鹽腺排出過量的鹽。

先，兩棲類產生很稀的尿液，且牠們會藉由主動運輸透過其皮膚，從周圍水中獲得 Na^+，以補償其喪失者。

另一方面，爬蟲類生活在多樣的棲地中。那些主要在淡水生活的類群具有類似淡水魚及兩棲類的腎臟，如某些鱷魚。海生爬蟲類，如海龜及海蛇，具有相似於其淡水親戚的腎臟，但是須面臨相反的問題；牠們傾向喪失水分並吸收鹽。如同海生硬骨魚，牠們飲用海水並排出等張的尿液。海生魚類藉由主動運輸排出多餘的鹽通過其鰓，而海生爬蟲類則藉由鄰近鼻子或眼睛的鹽腺排出過多的鹽。

陸生爬蟲類的腎臟也會再吸收腎元小管中大部分的鹽及水，以便在乾燥環境中維持血液的體積。如同魚類及兩棲類，牠們不能產生比血漿濃度更高的尿液。然而，當其尿液進入其泄殖腔 (消化與排泄共通的管道)，更多的水可被再吸收。

哺乳類與鳥類

哺乳類及鳥類是唯一能夠產生比其體液更高滲透濃度的尿液者。此容許這些脊椎動物僅需少量的水即可排出其廢棄產物。例如駱駝、沙鼠及囊鼠 (*Perognathus*) 能排出分別比其血漿濃 8、14 及 22 倍的尿液。跳囊鼠 (*Dipodomys panamintensis*) (圖 26.8) 的腎臟非常有效率，以致其不須飲水；牠能從其食物以及從細胞的有氧呼吸獲得其所需的所有水分。

圖 26.8　沙漠哺乳類
跳囊鼠 (*Dipodomys panamintensis*) 有非常有效率的腎臟，其能藉由再吸收水分而濃縮尿液至相當高的程度，以將水分從身體喪失降至最低。此特色對跳囊鼠再乾燥或沙漠棲地存活是極為重要的。

高張尿液的產生是在腎元的彎曲段落中完成，其僅出現在哺乳類及鳥類。具有彎曲段落的腎元稱為亨利氏套，其伸入腎臟組織並能產生更濃的尿液。大部分哺乳類有一些具有短彎管的腎元，而其他種類的腎元則具較長的彎管。然而，鳥類有相對較少或缺乏長彎管的腎元，所以牠們不能產生像哺乳類一樣濃縮的尿液，牠們大多僅能再吸收足夠的水以產生比體液濃二倍的尿液。海生鳥類以飲用海水來解決水分喪失的問題，然後將多餘的鹽從眼睛附近的鹽腺排出並從嘴喙滴落 (圖 26.9)。

鳥類產生之中度高張的尿液，隨著從其消化道而來的糞便，一起被送到其泄殖腔。倘若有需要，更多的水會通過泄殖腔壁而被吸收，以產生半固態的白色醬液或小團而被排出。

關鍵學習成果 26.3

淡水魚的腎臟必須排出大量且非常稀的尿液，而海生硬骨魚則飲用海水並排出等張的尿液。淡水魚腎元的基本設計及功能仍保留於陸生脊椎動物中，其變異一特別是亨利氏套一使得哺乳類及鳥類能再吸收水而產生高張尿液。

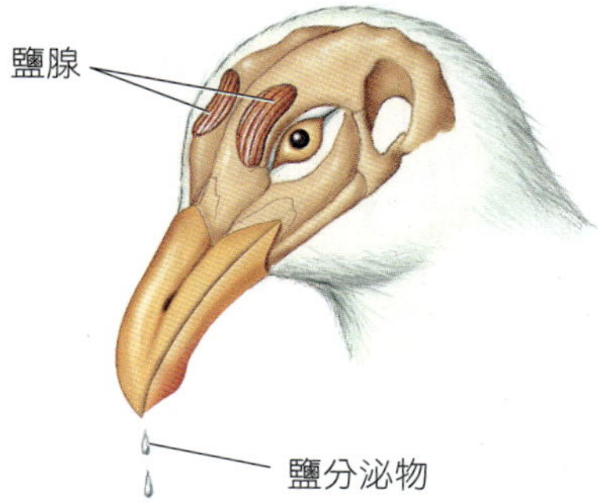

圖 26.9　海生鳥類飲用海水並從鹽腺排出多餘的鹽

26.4 哺乳類的腎臟

功能性部位

在人類，腎臟是位於下後背如拳頭大小的器官 (圖 26.10a)。每個腎臟接收來自腎動脈的血液，尿液即是從這血液產生的。尿液從每個腎臟流經**輸尿管** (ureter)，然後進入**膀胱** (urinary bladder)，最後尿液經由**尿道** (urethra) 排出體外。在腎臟中，輸尿管的開口撐開形成漏斗狀構造稱為腎盂 (renal pelvis)。腎盂有杯狀的延伸，可接收來自腎組織的尿液。腎組織被區分為在外側的**腎皮質** (renal cortex；含有血管，如圖 26.10b) 及內側的**腎髓質** (renal medulla；含有杯狀構造)。這些構造一同行使過濾、再吸收、分泌及排泄。

哺乳類的腎臟是由大約 100 萬個腎元所組成 (圖 26.10c)，每個腎元包括四個部位：

1. **過濾**：負責過濾的構造位在腎元的頂端，稱為**鮑氏囊** (Bowman's capsule)，在每個囊中，小動脈進入並分支形成血管網稱為**腎小球** (glomerulus；在圖中標示為 ❶)，這些微血管的管壁可作為過濾器，血壓迫使液體通過微血管壁，這些壁攔住血液中的蛋白質及其他大型分子，而讓水、小分子、離子及尿素 (初步代謝廢棄物) 通過。
2. **近曲小管**：鮑氏囊清空內含物進入近曲小管，在此重新回收大部分的水 (75%) 以及對身體有用的分子，如葡萄糖及不同的離子。
3. **腎管**：近曲小管連接至一條長而狹窄的管子稱為腎管 (標示為 ❷ 至 ❹)，其彎曲回到中心點。此長髮夾狀的彎管稱為**亨利氏套** (loop of Henle)，是再吸收的構造。當濾過液通過時，腎小管抽回額外 10% 的水進入下降支中。
4. **集尿管**：管內物質進入較大的收集管稱為**集尿管** (collecting duct) ❺。集尿管是個水分保留器重新從尿液回收額外 14% 的水，故能降低體內水分喪失。人類的尿液比血漿還要濃四倍－亦即集尿管從經過腎臟的濾過液中移除更多的水分。人體的腎臟完成此相當高程度的保水，藉由簡單但超級完美設計的機制：集尿管沿著腎元小管彎回，且此管容許尿素通透，尿素會擴散通過集尿管。此在圍繞管外組織中，大量增加區域的鹽類 (尿素)

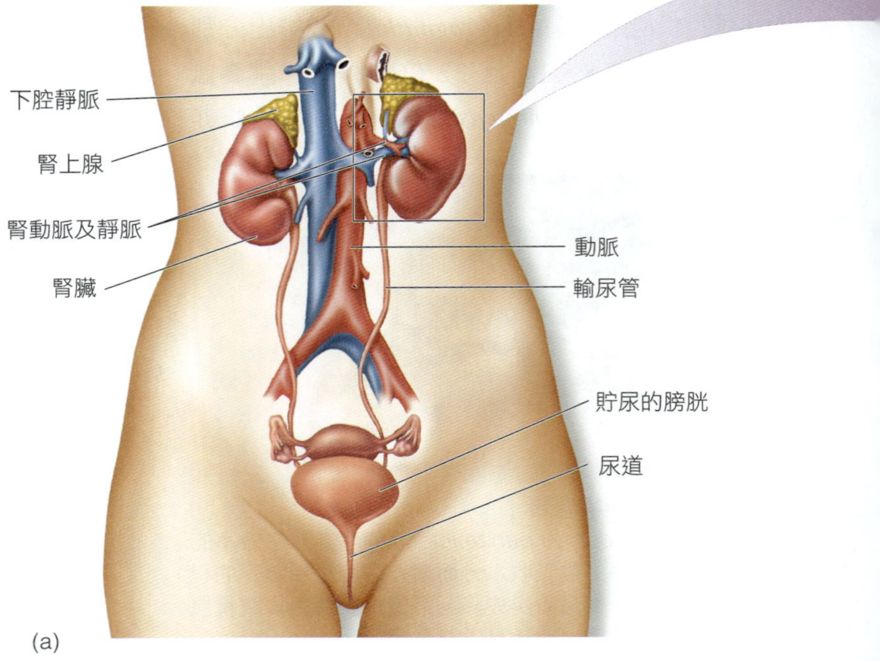

圖 26.10 哺乳類泌尿系統包含兩個腎臟，其每個包含約有 100 萬個腎元，其位在腎皮質及腎髓質內
(a) 泌尿系統包括腎臟；輸尿管，其從腎臟運送尿液至膀胱；以及尿道；(b) 腎臟呈豆子形狀的紅棕色器官，並含有約 100 萬個腎元；(c) 腎小球被一個稱為鮑氏囊的過濾器所圍繞。血壓迫使液體從血液經過腎小球，並進入腎元的近曲小管，在該處葡萄糖及小分子蛋白質從濾過液被在吸收。然後濾過液通過一個彎管，其包括近曲小管、亨利氏套以及集尿管，所有這些組成負責將水分從濾過液中移除。然後水分被血管收集並運送離開腎臟至體循環中。

濃度，導致尿液中的水向管外滲透。高鹽的組織從尿液中吸收水並將之傳至血管，進而攜出腎臟而回到血流中。

腎臟的運作

在哺乳動物腎臟中，尿液的形成涉及許多種分子在腎元及其周圍的微血管之間的移動。在圖 26.10c 中以五個步驟來表示：壓力過濾 ❶、水的再吸收 ❷、離子的選擇性再吸收 ❸、小管的分泌以及水的進一步再吸收 ❺。

壓力過濾　在血壓的推動下，小分子被推送通過腎小球的薄壁而進入鮑氏囊內 ❶。血球及大型分子不能通過，如蛋白質，結果進入腎小球的血液會被區分成兩個路徑：不可濾過的血液組成被留下並隨血液離開腎小球；以及可濾過的組成即通過並隨尿液離開腎小球。此可濾過的液體被稱為**腎小球濾液** (glomerular filtrate)，包含水、含氮廢棄物 (主要是尿素)、營養 (主要是葡萄糖及胺基酸) 以及不同的離子進入血液。

水的再吸收　來自腎小球的濾過液向下通過近曲小管而進入亨利氏套的下降支。鹽或尿素都不能通透此下降支的管壁，但水則可自由通透。因為周圍組織具有高濃度的尿素 (將於之後討論其理由)，水藉由滲透離開下降支 ❷，留下更濃的濾過液。

離子的選擇性再吸收　在亨利氏套的轉彎處，小管的管壁變得可讓鹽通透，但其通透性不如水。隨著濃縮的濾過液通過亨利氏套的上升支，這些營養會透出而進入周圍的組織 ❸，並在該處被血管攜離。在此上升支的上方部位，會有主動運輸的通道將鹽 (NaCl) 推送出去。留在濾過液的是尿素，其在初期以含氮廢棄物通過腎小球。此時，小管中尿素的濃度變得更高。

小管的分泌　在遠曲小管中，物質也會藉由小管分泌的過程而加入尿液中 ❹。此主動運輸過程會分泌其他含氮廢棄物進入尿液中，如尿酸及氨以及過多的氫離子。

水的進一步再吸收　接著，小管清空內含物進入集尿管並通過腎臟組織。不像小管，集尿管的下方部位可容許尿素通透，有些尿素即擴散進入周圍組織 (這是為何在亨利氏套的下降支周圍組織的尿素濃度高的原因，在圖中以深粉

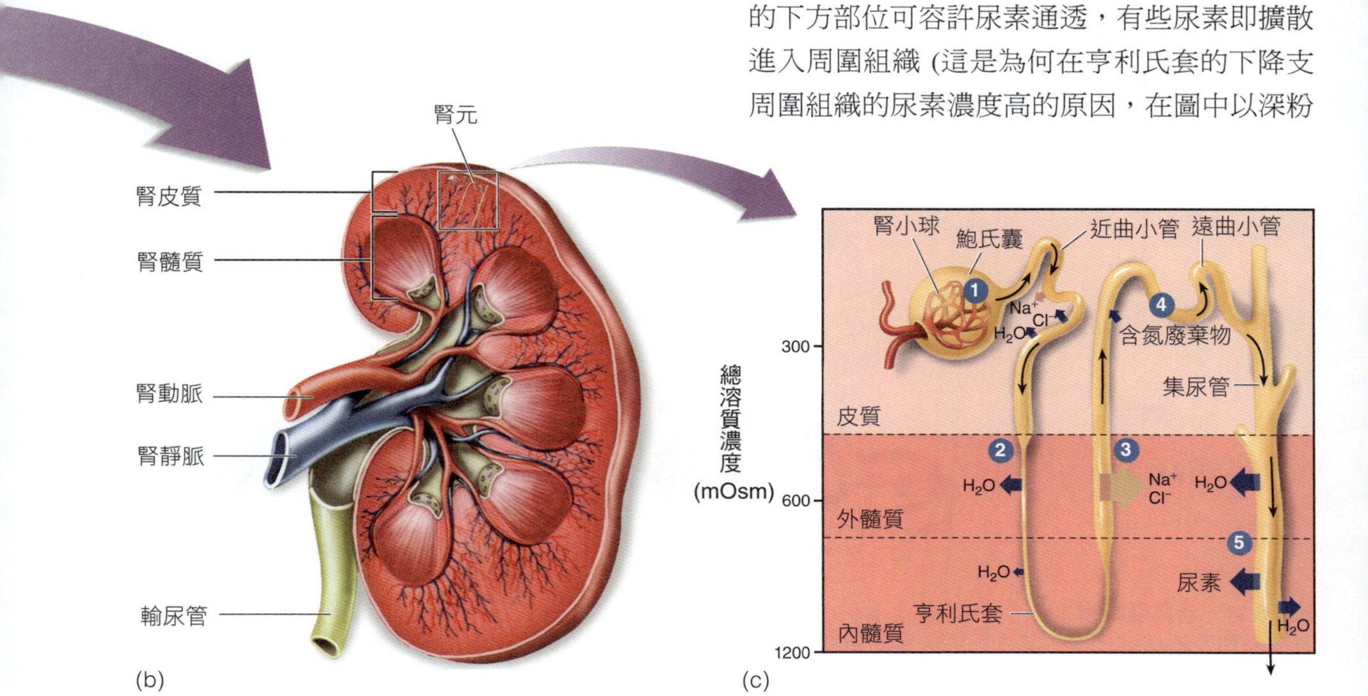

(b)　(c)

紅色代表)。此組織中的高尿酸濃度會導致更多水能從濾過液向外滲透通過 ❺。在鹽、營養以及水被吸收之後，這些留在集尿管內的濾過液就是尿液。

關鍵學習成果 26.4

哺乳類的腎臟將水分子推送經過一個過濾器，然後，在排除剩餘的尿液之前，再將水及有用的代謝產物與離子從濾過液中回收。

26.5 排出含氮廢棄物

氨的挑戰

胺基酸及核酸是含氮分子，當動物分解這些分子以獲得能量，或將其轉化為碳水化合物或脂肪時，它們會產生含氮的副產品稱為**含氮廢棄物** (nitrogenous wastes)，其必須從身體被清除。

胺基酸及核酸代謝的第一步是將胺基 ($-NH_2$) 移除並在肝臟中與 H^+ 組合形成**氨** (ammonia, NH_3)，如圖 26.11 的 ❶。氨對細胞是相當具毒性的，因此僅在非常稀的濃度下才安全。對硬骨魚及蝌蚪而言，排出氨並不是問題，其藉由從鰓擴散排除大部分，剩餘者則以非常稀的尿液排出 ❷。在鯊魚、成熟的兩棲類以及哺乳類，含氮廢棄物以毒性很低的**尿素** (urea) 型式排出 ❸。尿素是水溶性的，故能在尿液中被大量排出。其從在肝臟的合成處被血流攜帶至腎臟，然後隨尿液排出。

爬蟲類、鳥類及昆蟲則以**尿酸** (uric acid) 型式排出含氮廢棄物，其僅能略為溶解於水中。由於此低溶解性，尿酸會沉澱並且僅需極少量的水即能被排出。在鳥類排泄物中，尿酸形成白醬狀物質。這些動物類群合成尿酸的能力也很重要，因為牠們的卵被包在蛋殼內，含氮廢棄物會隨胚胎在蛋中生長而累積。尿酸的形成雖需要相當大量的代謝能量，才能產生可結晶並沉澱的化合物。在固態下，尿酸即使其仍存在於蛋中也不會影響胚胎的發育。

哺乳類也產生一些尿酸，為嘌呤核苷酸瓦

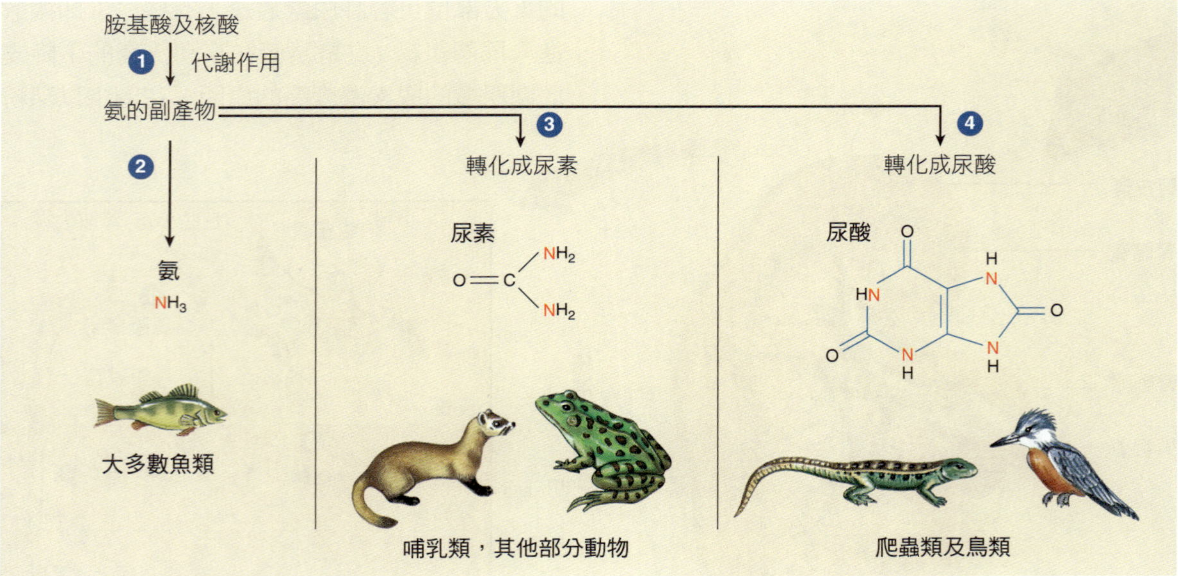

圖 26.11 含氮廢棄物

當胺基酸及核酸被代謝，其立即的含氮副產物是氨 ❶，其具有相當的毒性，但能透過硬骨魚的鰓被移除 ❷。哺乳類將氨轉化成尿素 ❸，其毒性較低。鳥類及陸生爬蟲類將之轉為成尿酸 ❹，其不溶於水。

解後的廢棄物。大部分哺乳類具有尿酸分解酶，可將尿酸轉化為更可溶的衍生物，**尿囊素** (allantoin)。只有人類、人猿及大丹狗缺乏此酵素，故必須排出尿素。在人類，過多的尿素及尿酸會堆積在關節處，而造成痛風的情況。

關鍵學習成果 26.5

胺基酸及核酸的代謝分解會產生副產物氨。氨會被硬骨魚排出，但其他脊椎動物則轉化含氮廢棄物而成尿素及尿酸，其是毒性較低的含氮廢棄物。

複習你的所學

恆定性

動物身體如何維持恆定性

26.1.1 動物維持相對恆定的內在狀態之過程稱為恆定性。恆定性即指內部環境在一狹窄的範圍內呈現一個動態的平衡。

26.1.2 爬蟲類企圖以改變行為來維持體溫的恆定，但哺乳類及鳥類是內溫性，藉由擴大代謝能量以維持相對恆定的體溫。

26.1.3 人類身體藉由荷爾蒙的作用來維持血糖含量的相對恆定。若血糖含量升高，例如在飲食之後，胰臟會釋出荷爾蒙胰島素以刺激在肌肉、肝臟及脂肪組織中的細胞吸收葡萄糖。當血糖含量下降，例如在兩餐飯之間，會從胰臟釋出荷爾蒙升糖激素，或從腎上腺釋出腎上腺素。這些荷爾蒙誘發儲存在肝臟中的葡萄糖釋出。

滲透調節

調節身體的水含量

26.2.1 生物已經演化出不同的機制以控制水的平衡。許多無脊椎動物利用不同的小管系統以收集體液並再吸收離子和水。渦蟲利用網狀的腎原小管；蚯蚓有腎管以過濾液體，且讓身體再吸收 NaCl，廢棄物及液體則以尿液方式從孔洞排出體外；昆蟲藉由分泌 K^+ 進入馬氏管，造成水滲透進入管中，水及 K^+ 再經由後腸的上皮吸收回來。

脊椎動物的滲透調節

脊椎動物腎臟的演化

26.3.1 腎元是腎臟的基本單元。液體從血液被推送進入，而有用的分子如糖類、胺基酸、離子、水及鹽則被再吸收。

26.3.2 淡水魚的腎臟排出較稀的尿液，而海生硬骨魚則飲用海水且排出與其等張的尿液。

26.3.3 兩棲類及爬蟲類的腎臟與魚類者相似。哺乳類及鳥類有亨利氏套，且能產生高濃度的尿液。海生鳥類飲用海水並從鹽腺排出過多的鹽。

哺乳類的腎臟

26.4.1 哺乳類的腎臟包括約 100 萬個腎元。腎元的功能是收集來自血液的濾過液，選擇性地再吸收離子和水，並將廢棄物排出體外。

26.4.2 在近曲小管中，大部分的水及重要分子會被再吸收，在亨利氏套的下降支中，水分會滲透回到周圍的組織，但此處的小管對鹽及尿素都不通透。而在小管的轉彎處，管壁變得可讓鹽及其他分子通透，進而讓其進入周圍的組織。此造成腎元小管周圍的組織中有較高濃度的溶質。

排出含氮廢棄物

26.5.1 在肝臟中，胺基酸及核酸的代謝分解會產生氨，此含氮廢棄物有毒，必須排出體外。

測試你的了解

1. 監測及調整身體狀態如溫度及 pH 值的過程稱為
a. 放熱　　c. 滲透調節
b. 恆定性　　d. 外溫性

2. 倘若你的血糖太低，荷爾蒙升糖激素被胰臟釋出，此荷爾蒙會造成
a. 釋出胰島素　　c. 肝醣的形成
b. 肝醣的分解　　d. 脂肪的形成

3. 下列何者沒有參與滲透調節？
a. 胰臟　　c. 馬氏管
b. 腎管　　d. 燄細胞

4. 為了維持血液中適當的水及溶質濃度，淡水硬骨魚必須飲用
a. 大量的水，並排出大量相對於體液為低張的尿液

b. 零水量，排出大量相對於體液為低張的尿液
c. 大量的水，並排出大量相對於體液為等張的尿液
d. 零水量，並排出大量相對於體液為等張的尿液

5. 相對於其血漿，下列哪類動物具有最低濃度之尿液？
a. 鳥　c. 人
b. 淡水魚　d. 鯊魚

6. 海生爬蟲類藉由________以排除過多的鹽。
a. 運送通過鰓　c. 在腎元小管再吸收
b. 經由鹽腺排泄　d. 經由泄殖腔排出

7. 對濾過液組成進行選擇性再吸收，發生在何處？
a. 鮑氏囊　c. 亨利氏套
b. 腎小球　d. 輸尿管

8. 一種病毒的感染特別會干擾離子從腎小球濾過液中的再吸收，此受攻擊的細胞位在
a. 鮑氏囊　c. 腎管
b. 腎小球　d. 集尿管

9. 水從腎臟濾過液中移除，是藉由何種過程？
a. 擴散　c. 便利擴散
b. 主動運輸　d. 滲透

10. 你在研究不同棲地之不同哺乳類物種的腎臟功能，故檢視來自沙漠環境的物種，並與來自熱帶環境者相比較。相較於熱帶物種，此沙漠物種預期會有
a. 較短的亨利氏套　c. 較短的近曲小管
b. 較長的亨利氏套　d. 較長的遠曲小管

11. 人類以________形式排泄其多餘的含氮廢棄物。
a. 尿酸結晶　c. 氨
b. 蛋白質　d. 尿素

12. 排泄系統的一個重要功能是排除在代謝過程中所產生之多餘的氮。下列何種生物是以沉澱物方式排除含氮廢棄物，故而僅用掉極少量的水？
a. 青蛙　c. 鴿子
b. 兔子　d. 駱駝

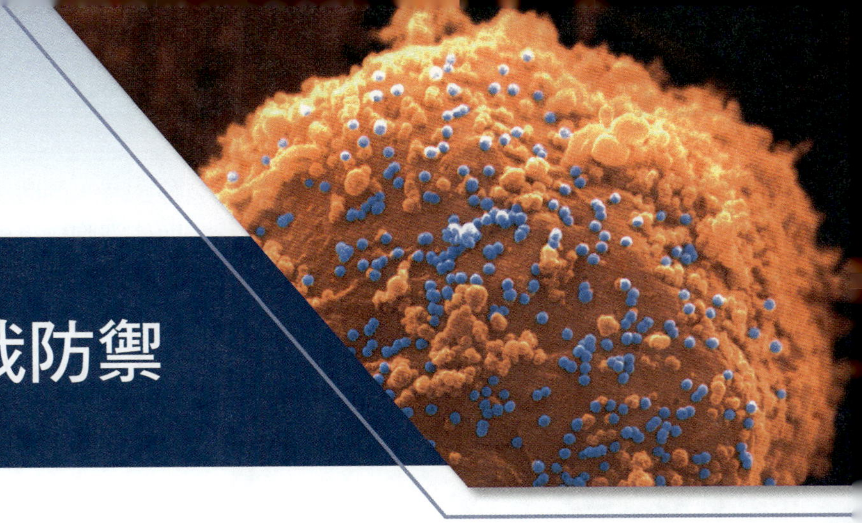

Chapter 27

動物如何自我防禦

所有動物都在不停地與細菌和病毒戰鬥，這些微生物正試圖享用細胞提供的豐富營養資源來繁殖。而動物另一陣線的戰事則非常不同，它們會與自我癌變而不斷滋生的細胞作戰。這二種戰爭使用相同的武器：免疫系統，來分別對抗微生物與癌細胞。本章將專注於脊椎動物的免疫系統，以及其在面對攻擊時如何防禦自己的身體。但有時免疫系統本身就是被感染的目標，使得身體喪失自我防禦的能力。AIDS 就是來自於一種稱為 HIV (人類免疫不全病毒) 的病毒所造成的這類感染疾病。此處所見到的細胞是一個稱為巨噬細胞的免疫細胞，它正在遭受 HIV 的感染。病毒的後代 (這張掃描電子顯微鏡圖片上的藍色顆粒) 正從這個被感染的細胞表面，以出芽方式釋放出來。這些病毒很快便會散播到鄰近的淋巴細胞，感染與殺死它們。最終，絕大多數的淋巴細胞都會被感染，免疫防禦也就被摧毀了。

三道防線

27.1　皮膚：第一道防線

三道防線的概觀

多細胞生物個體提供了一個營養盛宴，以及一個溫暖的庇護所，給微小的單細胞生物來進行生長與繁殖。我們生活在一個充滿微生物的世界，沒有一個動物能夠在不防禦的狀況下，抵擋它們的攻擊。動物之能生存是因為它們具有許多有效的防禦武器，來對抗時時刻刻的攻擊。

脊椎動物的身體，具有與中世紀武士防衛城市相同的武器，「城牆與護城河」使得進攻困難，「巡邏員」攻擊入侵者，「警衛」盤查任何徘徊不去的人，並對沒有適當通行證的人進行攻擊。

1. **城牆與護城河**：脊椎動物身體最外層的皮膚，是防禦微生物入侵的第一道屏障。呼吸道與消化道的黏膜也是身體防禦入侵的重要屏障。
2. **巡邏員**：如果第一道防線被穿透，身體就會發動一個*細胞大反擊*的反應，使用一連串的細胞與化學物來殺死微生物。在感染的第一時間，這些防禦措施就會立刻展開。
3. **警衛**：最後，身體還會有於血液中巡邏的警衛細胞，掃描它們所遇到的每一個細胞的表面。它們也是*特異性免疫反應* (specific immune response) 的一部分。這是一種免疫細胞，可積極地攻擊與殺死任何被辨識為外來的細胞，同時也會清除任何被病毒感染的細胞。

皮膚

皮膚，例如圖 27.1 中大象厚重而堅韌的皮膚，是脊椎動物最外層的構造，提供了防

圖 27.1　皮膚是身體的第一道防線
這隻年輕的大象具有堅韌的革質皮膚，比一般的皮帶還要厚，使得牠能跟隨象群在濃密的灌木叢中移動，而不會受傷。

禦微生物侵襲的功能。皮膚是我們最大的器官，占了體重的 15%。前臂上一平方公分的皮膚 (大約為一元硬幣大小) 上，具有 200 個神經末梢、10 根毛髮與肌肉、100 個汗腺、15 個油脂腺、3 根血管、12 個感熱器、2 個感冷器以及 25 個感壓器。在圖 27.2 上所見的皮膚切面，具有二層獨特的層面：外層的**表皮層** (epidermis)，以及下方的**真皮層** (dermis)。真皮之下則有一層**皮下層** (subcutaneous layer)。外層的表皮會不斷磨損而失去，並由下方的細胞向上遞補－人的身體在一小時中，會損失 150 萬個皮膚細胞！

皮膚的表皮層約為 10~30 個細胞厚，大約與一張紙的厚度相當。皮膚的最外層稱為**角質層** (stratum corneum)，這是觀看手或臉所見到的部位。這層的細胞會不斷地受到損傷，它們會磨損、受傷，並在從事各種身體活動時而喪失。它們也會生去水分而變乾燥。身體對付這種損傷的方法不是修復細胞，而是用取代的方式。角質層的細胞會不斷剝落，而真皮層的細胞則不斷分裂而向上補充 (在表皮與真皮交界處的深色細胞層)。這層**基底層** (basal layer) 的細胞，是脊椎動物身體中最活躍分裂中的細胞。新分裂而出的細胞向上推擠，在其向上方移動時，同時製造出角質蛋白 (keratin protein) 而使細胞變得堅韌。每一個細胞最終會到達最外層而成為角質層，在該處停留大約一個月，然後被新細胞取代而脫落。持續性頭皮症 (乾癬症 [psoriasis]) 為一種慢性皮膚病，新細胞只能停留 3~4 天，比正常狀況快了八倍。

皮膚的真皮層比表皮層厚了約 15~40 倍，它為表皮層提供了構造上的支撐，同時也可作為許多特化細胞在皮膚中的基質。當我們變老時產生的皺紋，就是出現在此層。製作皮帶與皮鞋的皮革，就是來自厚重動物的真皮層。真平層下方的皮下層組織，具有富含脂質的細胞，可作為衝撞時的避震器以及保持體溫的隔熱組織。

皮膚不僅可以利用幾乎不透水的屏障來防衛身體，並且可以利用化學武器來強化其防衛。例如，與毛幹 (shaft of hair) 及汗腺 (圖 27.2 中類似義大利麵的黃色線團) 相連的油脂腺，可使皮膚表面呈現酸性 (pH 值 4~5.5)，而抑制許多微生物的生長。汗液中含有溶菌酶 (lysozyme)，可攻擊與消化許多細菌的細胞壁。

其他外表面

除了皮膚之外的其他表面，例如眼睛，也暴露於外。與汗液相似，浸潤眼睛的淚水中也含有溶菌酶，可對抗細菌的感染。另外有二處病毒與微生物可能的入侵途徑也必須加以防衛：*消化道與呼吸道*。食物中含有微生物，但大多數會被唾液 (也含有溶菌酶)、胃部非常酸的環境 (pH 2) 以及腸內的消化酵素所殺死。微生物也存在於所吸入的空氣中。在支氣管與小支氣管表面上的細胞，會分泌一層黏液，使微生物在進入溫暖而潮濕的肺部之前被捕捉，以免受到微生物的侵襲。其他通道處的細胞，則具有纖毛 (cilia)，可不斷擺動將黏液向上方運送到喉部的聲門 (glottis) 處，類似一個電扶

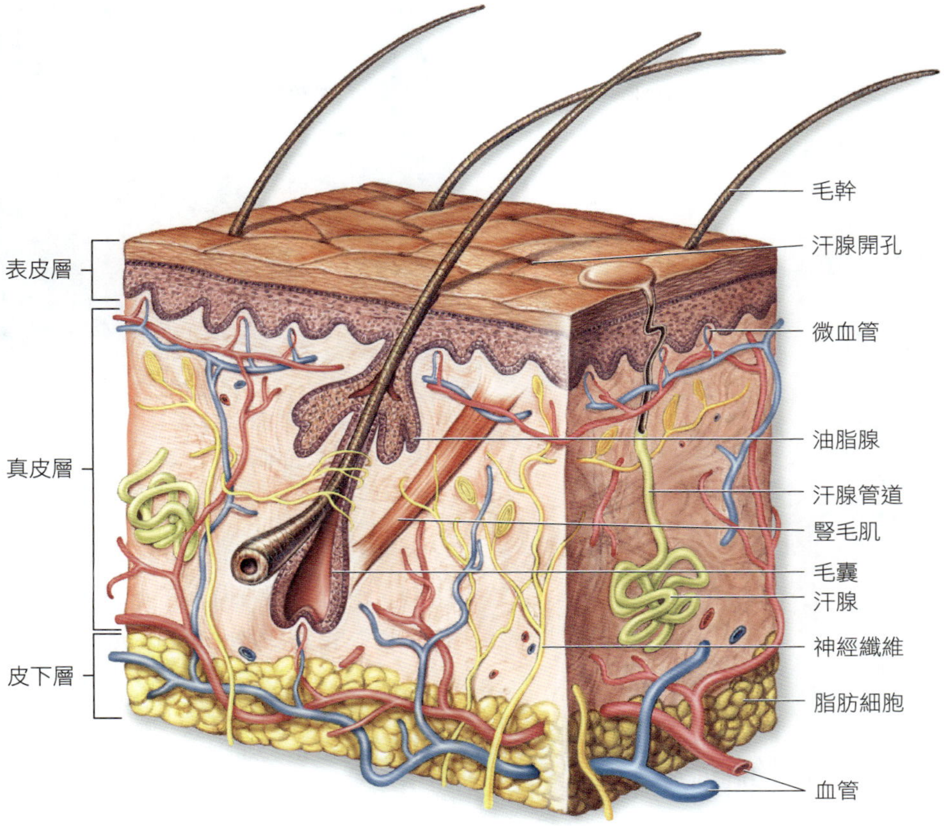

圖 27.2　人類皮膚的切面
皮膚可提供屏障來保護身體，其上有汗腺與油脂腺，其分泌物可使皮膚表面呈酸性，抑制微生物的生長。

梯。於聲門處，黏液可被咳出或是吞嚥，將可能侵犯的微生物帶離肺部。

關鍵學習成果 27.1

皮膚與分布於消化道和呼吸道處的黏膜，是身體的第一道防線。

27.2　細胞的反擊：第二道防線

表面的防衛是非常有效的，但是偶爾也會出現缺口。經由呼吸、飲食或是傷口與裂口，細菌與病毒可不時地進入我們的身體。當這些入侵生物進到較深的組織中，身體會展開另一道防線－細胞性與化學性防禦。有四種特別重要的型式：(1) 可殺死入侵微生物的細胞；(2) 可殺死入侵微生物的蛋白質；(3) 發炎反應，可加速防衛細胞到達感染處；(4) 溫度反應，提升體溫以降低微生物的生長。

雖然這些細胞與蛋白質在身體中到處漫遊，但是它們仍有一個中心貯存與分配的處所，稱之為**淋巴系統** (lymphatic system)。淋巴系統包括了如圖 27.3 中所示的各種構造：淋巴結 (lymph nodes)、淋巴器官 (lymphatic organs) 以及一個由淋巴微管 (lymphatic capillaries) 將淋巴液注入淋巴管的網狀結構。雖然淋巴系統也牽涉到循環系統的其他功能 (見第 23 章)，但它在免疫反應上則扮演了關鍵的角色。

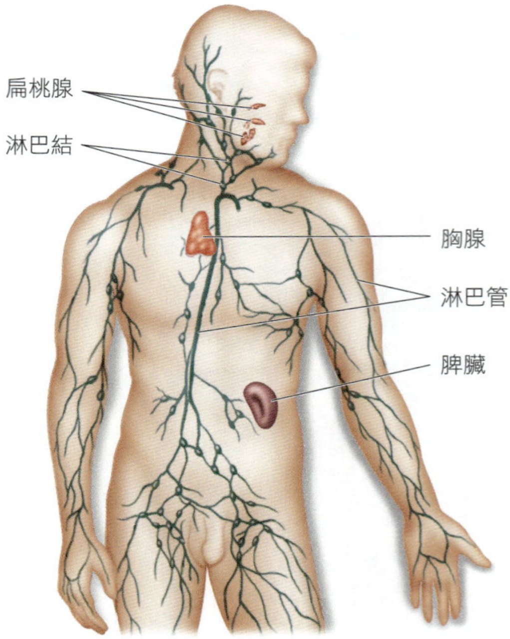

圖 27.3　淋巴系統
此處呈現出主要的淋巴管、器官與淋巴結。

可殺死入侵微生物的細胞

對抗感染最重要的反擊，是來自白血球細胞，它們可攻擊入侵的微生物。這些細胞在血液中巡邏，並在組織中等待入侵的微生物。這種毒殺細胞具有三種基本型式：巨噬細胞 (macrophages)、屬於吞噬細胞 (phagocytes) 的嗜中性細胞 (neutrophils) 以及天生殺手細胞 (natural killer cells)。這三種細胞可以區別自體細胞與外來細胞，因為自體細胞上具有可辨識自我的 MHC 蛋白質 (將於 27.4 節進一步討論)。每一種毒殺細胞，都具有不同的策略來殺死入侵的微生物。

巨噬細胞　稱為**巨噬細胞** (macrophages，希臘文，巨大的吃食者) 的白血球細胞，可吞食而殺死微生物，與變形蟲吞食食物顆粒非常類似。圖 27.4 所示的巨噬細胞，正在伸出長而黏的細胞質延伸物，用來捕捉香腸狀的細菌，並將其收回到細胞處吞食。雖然一些巨噬細胞會固著在一些特定的器官處，特別是脾臟，但是大多數則在全身的通道中巡行遊走，這些在血液、淋巴以及細胞間的液體中巡行的先導細胞，稱為**單核細胞** (monocytes)。

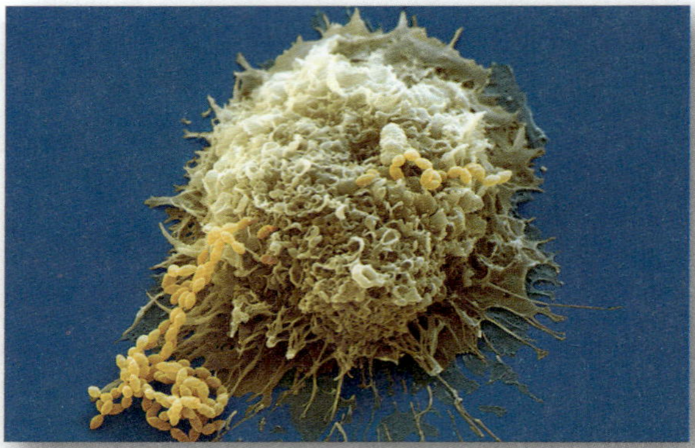

圖 27.4　正在作用的巨噬細胞
此張掃描式電子顯微鏡圖片上，一個巨噬細胞正在「捕食」桿狀的細菌。

嗜中性細胞　其他稱作**嗜中性細胞** (neutrophils) 的白血球細胞，其作用則類似神風特攻隊 (kamikazes)。除了可吞食微生物外，它們還可釋出化學物 (與家用漂白水相同) 來「中和」(neutralize) 整個區域，將鄰近的任何細菌都殺死，包括它們自己。一個嗜中性細胞就像投入感染區域的一顆手榴彈，將附近的任何生物都殺光。相對的，巨噬細胞一次只殺死一個入侵的細胞，但可持續生存發揮作用。

天生殺手細胞　第三種白血球，稱作**天生殺手細胞** (natural killer cells)，不會攻擊入侵的微生物，而是攻擊被這些微生物所感染的細胞。

天生殺手細胞利用一種穿孔蛋白 (perforin) 分子，在被感染的目標細胞上造成一個孔洞。圖 27.5a 的天生殺手細胞可釋放出一些穿孔蛋白分子，嵌插到目標細胞的原生質膜上，類似柵欄上的板片，形成一個可使水灌入的孔洞，使細胞脹大而破裂。天生殺手細胞能夠非常有效率地偵測與攻擊那些被病毒感染的細胞，也是我們身體中對抗癌細胞最有效的守衛。圖 27.5b 的照片中顯示一個癌細胞，於

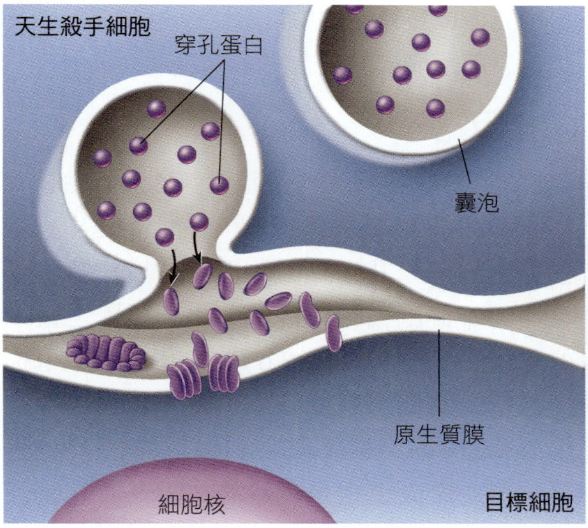

(a)

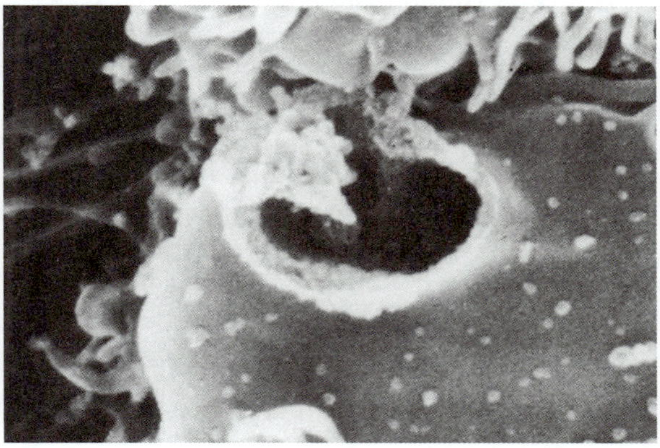

(b)

圖 27.5 天生殺手細胞可攻擊目標細胞

(a) 攻擊事件起始於天生殺手細胞與目標細胞的緊密結合。此種結合可引發天生殺手細胞內產生一連串的反應，充滿穿孔蛋白的囊泡開始移動到原生質膜處，將其內容物排出到其與目標細胞間的空隙中。穿孔蛋白分子結合到目標細胞的原生質膜上，形成一個孔洞，使水分進入並將細胞脹破；(b) 這個癌細胞被天生殺手細胞攻擊，在其原生質膜上產生一個孔洞。水分灌入癌細胞而將之脹大，最後將會破裂。

尚未發展成為腫瘤之前就被殺死了。

可殺死入侵微生物的蛋白質

脊椎動物的細胞防禦，會被一種非常有效稱作**補體系統** (complement system) 的化學防禦而補強。此系統含有大約 20 種非活化的蛋白質，在血漿中循環。當它們遇到細菌或真菌的細胞壁時，其防禦的活性就會被啟動。這些補體蛋白質會聚集形成一個膜攻擊複合體 (membrane attack complex)，並將之嵌插入外來細胞的原生質膜上，產生一個孔洞，類似天生殺手細胞之所為。與穿孔蛋白孔洞類似，圖 27.6 中的膜攻擊複合體可使水分進入外來的細胞中，使其膨大而脹破。二者的不同處在於，穿孔蛋白攻擊被感染的自體細胞，而補體則直接攻擊外來的細胞。當外來細胞被抗體結合後，也會引發這些補體的聚集，我們在之後的章節中還會加以討論。補體系統的蛋白質，能夠強化身體的其他防禦，有些可藉由激發組織胺的釋放而擴大發炎反應 (下節即將討論)；其他的則可吸引吞噬細胞 (單核細胞與嗜中性細胞) 到達感染的區域；還有一些可包覆到入侵的微生物體上，使其表面變粗糙，使吞噬細胞更容易攻擊這些微生物。

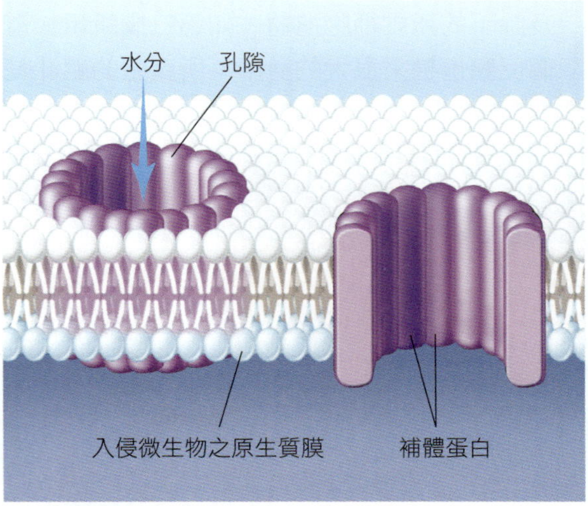

圖 27.6 補體蛋白攻擊入侵者

補體蛋白可形成一個穿膜的孔道，類似天生殺手細胞產生的穿孔蛋白孔洞。但是補體是自由懸浮的，它們可直接附著到入侵的微生物體上；而穿孔蛋白分子則嵌插入受感染的自體細胞上。

發炎反應

對感染之細胞性與化學性的積極反擊，可因**發炎反應** (inflammatory response) 而更為有效。發炎反應可區隔出三個階段，如圖 27.7 所示，桿狀細菌在受傷處進入了身體：

1. 在第一欄中，被感染或受傷的細胞釋放出化學警報信號，主要為組織胺與前列腺素。
2. 這些化學警報信號使血管擴張，除了可增加血流量到達受感染或受傷地點外，也可使血管壁因擴張而變薄，使微血管增加通透性。因此使發炎區域變紅與腫脹。
3. 在第二欄中，變大有裂隙微血管的血流量增加，可促進吞噬細胞從血管壁細胞接縫處鑽出，而爬行到感染處。首先到達的是嗜中性細胞，釋放出可殺死微生物的化學物質 (也可殺死附近的細胞與自己)。單核細胞隨後到達，轉變成巨噬細胞，開始吞食病原菌以及餘下的死亡細胞遺體，如第三欄所示。這個反擊也帶來很大的負擔；所產生的膿汁是由死亡或將死的嗜中性細胞、組織細胞以及病原菌所構成的混合物。

溫度反應

人類的病原細菌於高溫處無法良好生長。因此當巨噬細胞展開反擊時，它們會送出一些信號到腦部，升高身體的溫度。擔任體溫恆溫器的一群腦細胞，接收到化學信號之後，便會將體溫從 37℃ (98.6℉) 的恆常設定值提高數度。當體溫高於正常值時，便稱之為**發燒** (fever)。雖然發燒可以有效抑制微生物的生長，但過度高溫也是危險的，因為會抑制細胞關鍵酵素的作用。一般而言，當體溫高於 39.4℃ (103℉) 時，就被認為是危險的；若是體溫高於 40.6℃ (105℉) 時，則會致命。

關鍵學習成果 27.2

脊椎動物對感染，會引發一系列之細胞與化學武器的反應，包括細胞與穿孔蛋白可殺死入侵的微生物，以及發炎與體溫反應。

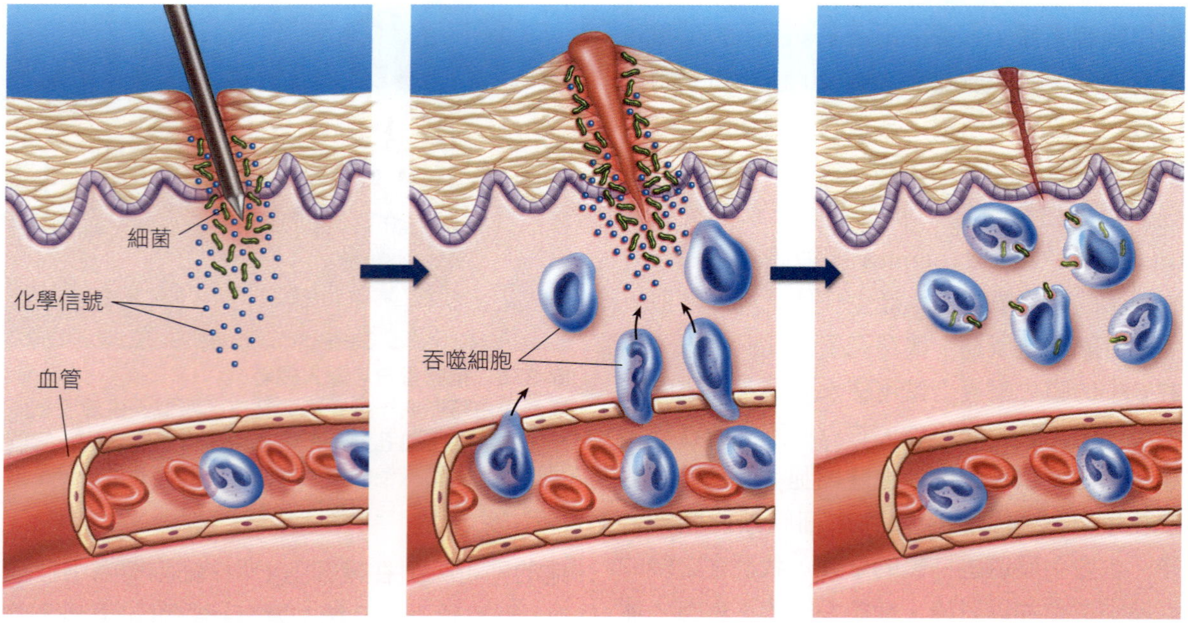

圖 27.7 一個局部發炎的歷程

當一個入侵微生物穿透過皮膚後，諸如組織胺與前列腺素的化學物質便可作為警報信號，而使附近的血管擴張。增加的血流可帶來一群吞噬細胞，以便攻擊與吞食這些入侵的微生物。

27.3 特異性免疫：第三道防線

淋巴細胞

細菌與病毒只會偶爾打垮第二道防線，當發生後，微生物還要面臨宿主的第三道防線，即特異性免疫反應 (specific immunity response)，也是身體最精心設計的防禦系統。

特異性免疫反應由白血球細胞 (white blood cells 或 leukocytes) 來執行。它們的數目非常眾多，身體的 10 兆到 100 兆的細胞中，每 100 個細胞中就有二個是白血球細胞！巨噬細胞是白血球細胞，嗜中性細胞與天生殺手細胞也是白血球細胞。除此而外，T 細胞、B 細胞、漿細胞 (plasma cells)、肥胖細胞 (mast cells) 以及單核細胞 (monocytes) 都是白血球細胞 (表 27.1)。T 細胞與 B 細胞也稱為**淋巴細胞** (lymphocytes)，是特異性免疫反應中的關鍵角色。

當它們從骨髓產生之後，**T 細胞** (T cells) 會遷移到胸腺 (thymus) 處 (稱為 T 細胞的原因)，胸腺是一個位於心臟上方的腺體 (見圖 27.3)。T 細胞於胸腺處，發展出對細菌與病毒表面抗原的辨識能力。**抗原** (antigens) 是諸如蛋白質類的大而複雜的分子，能夠引發身體的特異性免疫反應。我們的身體能製造出數千萬個不同的 T 細胞，每一個都能專一性的辨識一個特定的抗原。無任何入侵者能夠逃脫 T 細胞的辨識。

與 T 細胞不同，**B 細胞** (B cells) 不會運送到胸腺處；它們在骨髓處成熟 (B 細胞之命名來源，是最初在鳥類的 bursa [滑液囊] 處發現)。B 細胞成熟後，從骨髓離開進入血液與淋巴液中循環。與 T 細胞類似，每一個 B 細胞也能辨識特定的外來抗原。當一個 B 細胞遇到它能辨識的抗原時，便可快速分裂，其後代可分化成為漿細胞 (plasma cells) 與記憶細

表 27.1 免疫系統的細胞

細胞型式		功能
輔助 T 細胞		免疫反應之指揮官；偵測感染並發出警報，可引發 T 細胞與 B 細胞反應
記憶 T 細胞		對身體先前接觸過的抗原，提供一個快速而有效的反應
胞毒型 T 細胞		偵測與毒殺遭到感染的自體細胞；受到輔助 T 細胞的徵召
抑制 T 細胞		抑制 T 細胞與 B 細胞的活性，於感染受到控制後降低防禦
B 細胞	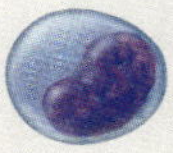	漿細胞與記憶細胞的前驅者；專精於辨識特異的外來抗原
記憶 B 細胞		對身體先前接觸過的抗原，提供一個快速而有效的反應
嗜中性細胞	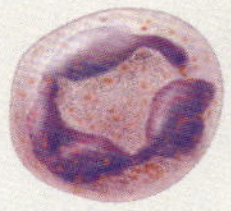	吞食入侵的細菌並可釋出化學物質殺死鄰近的細菌
漿細胞	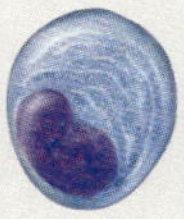	專注於生產抗體的生化工廠，用來直接對抗外來的抗原
肥胖細胞	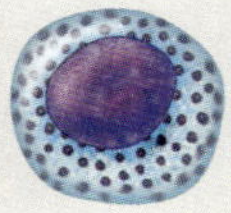	發炎反應的起始者，可幫助白血球到達感染位置；分泌組織胺，對過敏反應很重要
單核細胞	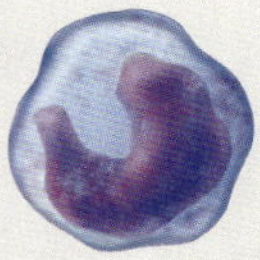	巨噬細胞的先驅者
巨噬細胞	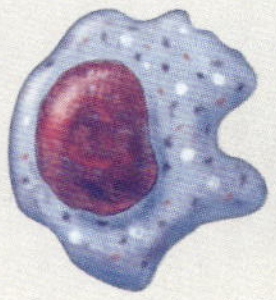	身體的第一道細胞防線；同時也可作為 B 細胞與 T 細胞之抗原呈現細胞，可吞噬被抗體包圍的細胞
天生殺手細胞		辨識與殺死被感染的自體細胞；天生殺手細胞可偵測與殺死被許多微生物所侵犯的細胞

胞 (memory cells)。每一個漿細胞就是一個能製造抗體 (antibodies) 的工廠。這些抗體能如同旗幟一般，黏附到進入體內的特定抗原上，使任何具有此抗原的細胞都能被辨識而受到摧毀。因此，B 細胞並不直接摧毀外來的入侵者，而是標記這些細胞，使其能被其他白血球細胞所辨識而加以摧毀。

B 細胞與 T 細胞也會產生一些記憶細胞，使身體具有一些先前暴露於抗原的記憶細胞，因此在下一次接觸到該抗原時能夠迅速反應，產生免疫反應。

關鍵學習成果 27.3

T 細胞在胸腺中發育成熟，而 B 細胞則在骨髓中發育成熟。T 細胞可攻擊帶有抗原的細胞。當 B 細胞遇到一個特定的抗原時，它可發育成為生產抗體的漿細胞。抗體可標記到細胞上，而使其被摧毀。

免疫反應

27.4 引發免疫反應

巨噬細胞

為了了解這第三道防線如何作用，以剛染上流行性感冒為例。流感病毒在小水滴中被吸入呼吸道，而進入身體。如果它們沒有被呼吸道黏膜上的黏液所捕捉 (第一道防線)，也逃過被巨噬細胞所吞噬 (第二道防線)，這些病毒便能感染與殺死黏膜細胞。

到了此點，巨噬細胞便開始引發免疫反應。巨噬細胞會檢視它所遇到的每一個細胞。我們身體上的每一個細胞的表面上，都攜有一類特殊之標記蛋白，稱作主要組織相容性複合體 (major histocompatibility complex) 蛋白或簡稱 **MHC 蛋白** (MHC proteins)。每一個人的 MHC 蛋白都不相同，有如指紋一般。圖 27.8a 中的 MHC 蛋白，於一個人身體上的每一個細胞都是完全相同的。因此，組織細胞上的 MHC 蛋白，可作為一種「自我」標記，使此

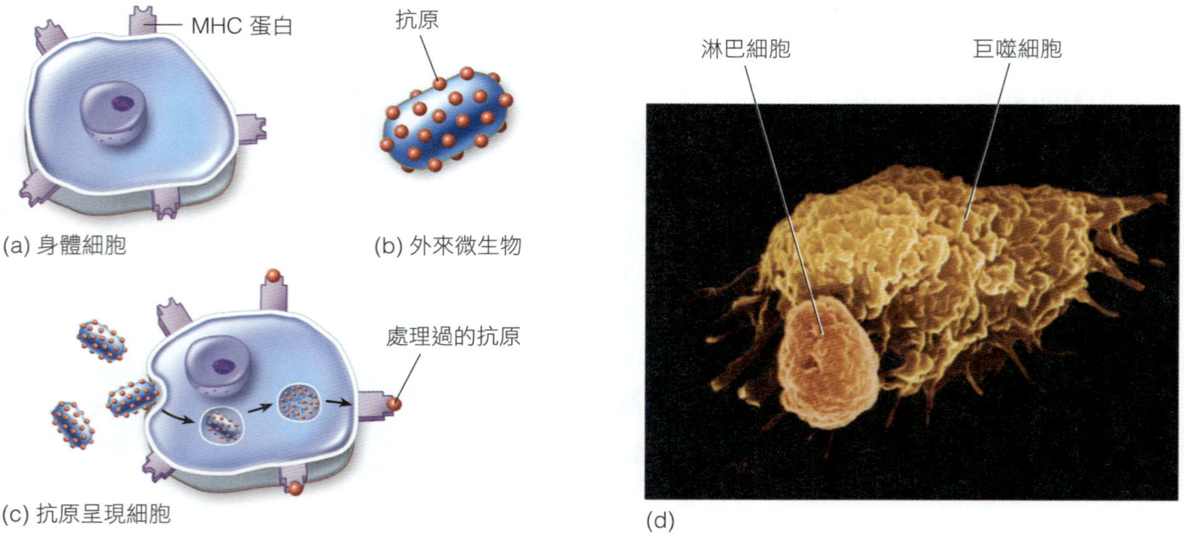

圖 27.8 抗原如何呈現

(a) 身體細胞表面上具有 MHC 蛋白，使細胞可被識別為「自我」細胞。免疫系統細胞不會攻擊此類細胞；(b) 外來細胞或是微生物，其體表上具有抗原；(c) 一個抗原必須先被處理，且與 MHC 蛋白結合出現在抗原呈現細胞體表上之後，T 細胞才能與抗原結合引發免疫反應；(d) 此張電子顯微鏡照片顯示，一個淋巴細胞 (左) 與一個巨噬細胞 (抗原呈現細胞) (右) 互相接觸中。

人的免疫系統能用來區別其他外來的細胞。例如圖 27.8b 中的外來微生物，具有不同的表面蛋白，因此會被視為抗原。

當身體受到一個外來微生物的感染之後，會被細胞吞入並進行部分分解。在細胞內，此微生物表面抗原可被處理 (processed)，並移到細胞原生質膜的表面上 (如圖 27.8c)。能執行這種功能的細胞，就稱為**抗原呈現細胞** (antigen-presenting cells)，通常為巨噬細胞。在膜上，此被處理過的抗原會與 MHC 複合體蛋白結合。這個程序對於 T 細胞的功能是關鍵性的，因為抗原必須以此種方式呈現之後，才能產生 T 細胞反應。但是 B 細胞則可與自由存在的抗原直接反應。

當巨噬細胞遇到一個病原體－例如一個缺乏 MHC 蛋白的外來細菌細胞，或是一個被病毒感染的自體細胞 (表面上有病毒蛋白)－便會釋放出一個化學警報信號。此警報信號是一個稱為**介白素-1** (interleukin-1) 的蛋白質 (interleukin 為拉丁文，意思是介於白血球細胞之間)。這個蛋白質可刺激**輔助 T 細胞** (helper T cells)，使其同時引發二項平行發展的免疫系統防禦：由 T 細胞進行的細胞免疫反應，以及由 B 細胞進行的抗體或體液免疫反應。由 T 細胞進行的免疫反應稱作*細胞反應* (cellular response)，是因為 T 淋巴細胞會去攻擊攜有抗原的細胞。而 B 細胞反應稱為*體液反應* (humoral response)，是因為抗體被分泌到血液以及體液 (body fluids) 中 (humor 是體液的意思)。

關鍵學習成果 27.4

當巨噬細胞遇到不具適當 MHC 蛋白的細胞時，它們會分泌一種化學警報信號來引發免疫反應。

27.5 T 細胞：細胞反應

當巨噬細胞處理外來抗原時，它們可引發**細胞免疫反應** (cellular immune response)，如圖 27.9 所示。如步驟 ❶，巨噬細胞分泌介白素-1，用來激發細胞分裂與 T 細胞的繁殖。輔助 T 細胞會因與巨噬細胞之 MHC 蛋白以及其上所呈現的抗原結合而活化，開始分泌**介白素-2** (interleukin-2) ❷ 來激發**胞毒型 T 細胞** (cytotoxic T cells) 的繁殖 ❸。胞毒型 T 細胞便可辨識與摧毀受到感染的細胞，此種毒殺必須在受感染細胞的 MHC 蛋白上呈現出外來抗原的狀況下才能進行 ❹。

我們的身體可以製造出數以百萬計的不同 T 細胞，每一個於其細胞膜上都具有一個單一而獨特的受體蛋白，此受體蛋白可以與一個抗原呈現細胞之特定的抗原-MHC 蛋白複合體結合。任何胞毒型 T 細胞之受體蛋白，如能吻合具有此抗原-MHC 蛋白複合體的細胞，就能開始快速繁殖，很快就能產生一大群能辨識含有外來抗原複合體的 T 細胞 ❹。許多被感染的細胞，能夠迅速被消滅掉的原因，是因為這個單一能辨識受到入侵微生物感染的 T 細胞，能夠大量複製出一大群的複製細胞，每一個都能夠執行相同的攻擊任務。身體上的任何細胞，如果有任何被微生物感染的跡象，都會被摧毀。胞毒型 T 細胞殺死感染細胞所使用的方式，與天生殺手細胞及補體很類似，它們可將受到感染的細胞之原生質膜上打出孔洞。於感染之後，一些活化的 T 細胞會產生記憶細胞 ❺，它們可存在於體內，當再次受到相同感染時，便可立即產生反應。

胞毒型 T 細胞也可攻擊任何外來的 MHC 蛋白。這正是為何移植腎臟時，常須從親戚中來尋找捐贈人的原因：因為親戚的 MHC 蛋白在遺傳上比較接近受贈者。一個稱作環孢靈素 (cyclosporine) 的藥物，常用於器官受贈者身

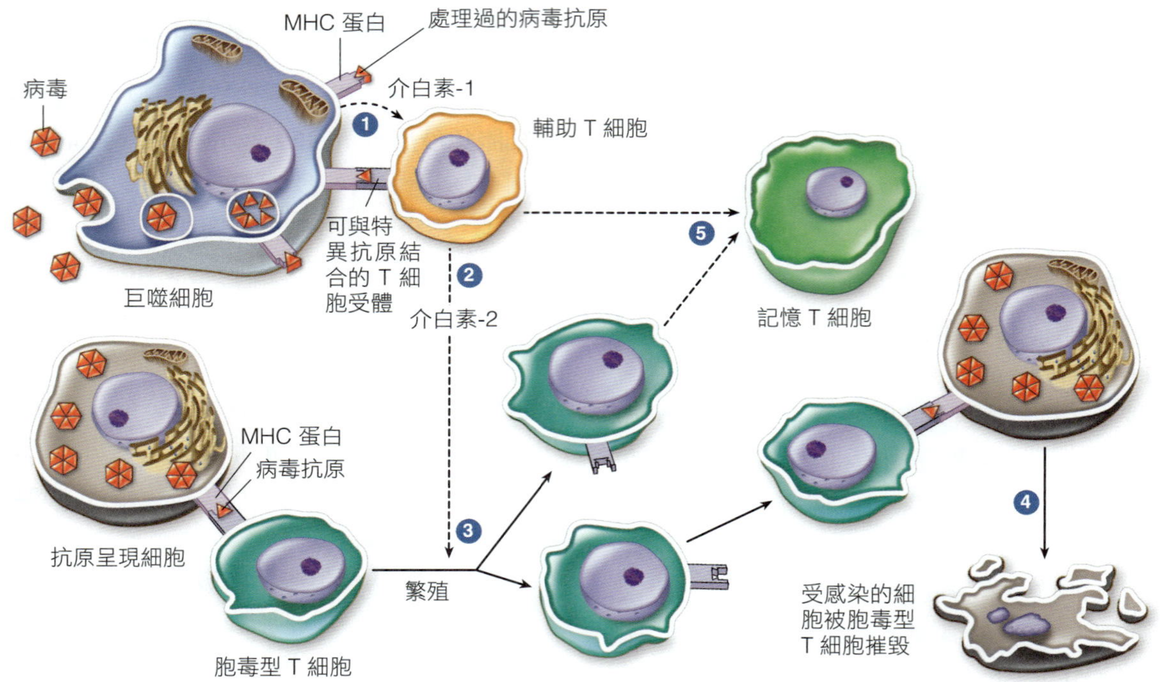

圖 27.9　T 細胞之免疫防禦

當巨噬細胞處理完一個抗原之後，可釋放出介白素-1，給輔助 T 細胞一個信號去結合抗原-MHC 蛋白複合體，因而引發輔助 T 細胞釋放出介白素-2 去激發胞毒型 T 細胞的繁殖。此外，當 T 細胞的受體吻合抗原呈現細胞上之抗原，而與抗原-MHC 蛋白複合體結合時，也會激發胞毒型 T 細胞的繁殖。受到此抗原微生物感染的體細胞就會被胞毒型 T 細胞摧毀。當感染逐漸消失後，抑制 T 細胞會將免疫反應「關閉」(未顯示在此圖上)。

上，因為此藥可抑制胞毒型 T 細胞。

癌細胞也顯示出會改變其表面上的「自我」標記，因此會被免疫細胞所辨識出，製造出所謂的「癌症特異性抗原」，但是有關對抗癌細胞的免疫警報系統，目前尚不完全明瞭。

關鍵學習成果 27.5

細胞免疫反應是由 T 細胞來執行，其可對受感染的細胞立即展開攻擊，殺死任何具有不尋常表面抗原的細胞。

27.6　B 細胞：體液反應

B 細胞也會對輔助 T 細胞起反應，受到介白素-1 的活化。與胞毒型 T 細胞類似，B 細胞的表面也有受體蛋白，每一個類型的 B 細胞受體都不相同。B 細胞可辨識入侵的微生物，與胞毒型 T 細胞辨識受到感染的細胞類似，但與胞毒型 T 細胞不同的是，它們本身不會進行攻擊。而是把沒有「身分鑑定」系統而即將被摧毀的病原體加上標記。於免疫反應的早期，即圖 27.10 中所謂的**體液免疫反應** (humoral immune response)，B 細胞置放的標記可引發補體蛋白去攻擊這些被標記的細胞。於反應的後期，B 細胞所置放的標記還會活化巨噬細胞與天生殺手細胞。

B 細胞置放標記的方式非常簡單且萬無一失。與 T 細胞表面的受體不同，T 細胞受體僅與抗原呈現細胞之抗原-MHC 蛋白複合體結合，B 細胞表面受體能與未經處理過的自由抗原結合，如步驟 1 所示。當 B 細胞遇到一個抗原時，抗原顆粒會藉由內吞作用進入 B 細

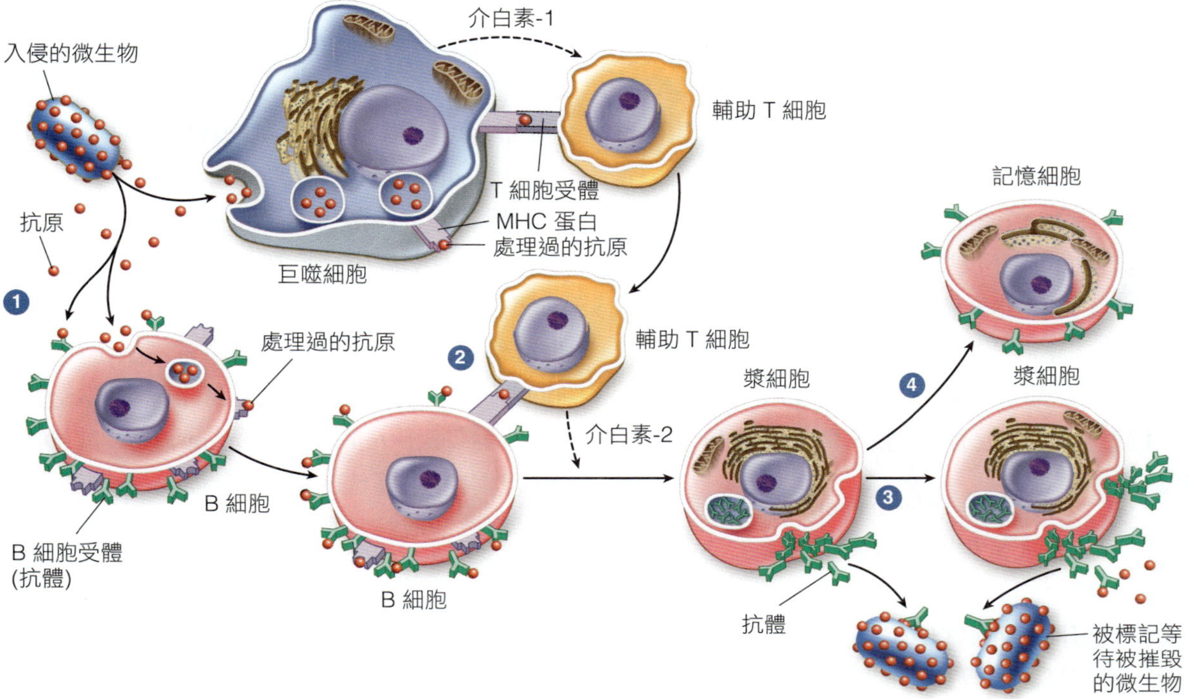

圖 27.10　B 細胞免疫防禦

入侵的顆粒被 B 細胞結合，與輔助 T 細胞作用後，B 細胞被活化而分裂。繁衍的 B 細胞可產生記憶細胞或分泌抗體的漿細胞，抗體則可與入侵的微生物結合將之標記，使微生物能被巨噬細胞辨識而被摧毀。

胞內，並將之處理放置到細胞表面上的 MHC 蛋白上。此時輔助 T 細胞可辨識此特異的抗體，會與 B 細胞表面的抗原-MHC 蛋白複合體結合 ❸，並釋放出介白素-2 來激發 B 細胞的分裂。此外，自由而未經處理過的抗原，會與位於 B 細胞表面上的抗體結合 (綠色 Y 字形的構造)。這種抗原的暴露，能引發更進一步的 B 細胞繁殖。B 細胞分裂後會產生壽命很短的漿細胞以及壽命很長的記憶細胞 ❹，漿細胞為生產抗體的工廠，而記憶細胞則可存在於體內很長的一段時間，當抗原再次進入身體時，記憶細胞可快速產生免疫反應。

抗體 (antibodies) 由蛋白質構成，含有二條較短的輕鏈 (light chains) 以及二條較長的重鏈 (heavy chains)，這四條蛋白質鏈結合在一起成為一個 Y 形的分子 (圖 27.11)。

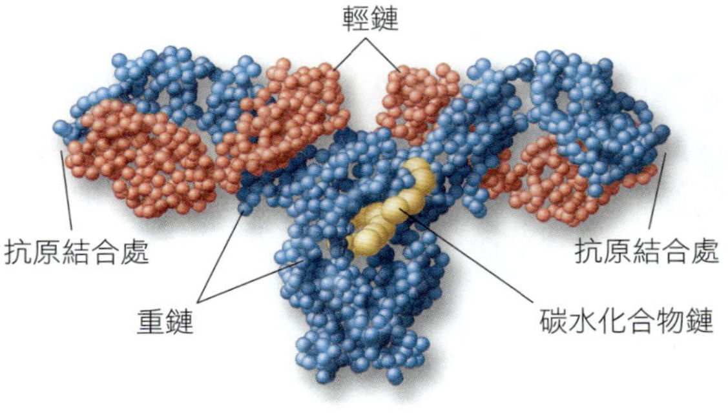

圖 27.11　一個抗體分子

此抗體分子模型中，每一個胺基酸用一個小球體代表。每一個分子由四個蛋白質鏈組成，二個輕鏈 (紅色) 與二個重鏈 (藍色)。這四個蛋白質鏈互相纏繞在一起，形成一個 Y 形的分子。稱作抗原的外來的分子，結合在 Y 形分子的雙臂處。

抗體屬於一類稱為**免疫球蛋白**(immunoglobulins，簡寫為 *Ig*) 的蛋白質，以下為五種不同的免疫球蛋白亞型：

1. IgM：這是當遇到抗原後，最早分泌出的來的一型抗體，也是位於 B 細胞表面上的受體。

2. IgG：這是抗體最主要的型式，通常於第二次以後的感染出現，是血漿中最主要的成分。
3. IgD：位於 B 細胞表面，是抗原的受體。其他的功能尚不明瞭。
4. IgA：這是外分泌物中最主要的抗體，存在於諸如唾液、黏液以及母乳中。
5. IgE：此類抗體可促進組織胺以及其他導致過敏症狀之成分的釋放，例如花粉熱。

每一個**漿細胞** (plasma cell) 都來自於 B 細胞，可產生大量相同的抗體，可與起初免疫反應中的抗原相結合。在血液中流動，這些抗體蛋白質可與任何具有抗原的細胞或微生物相結合，將之標記而等待被摧毀。補體蛋白、巨噬細胞或天生殺手細胞便可摧毀這些被抗體標記的細胞或微生物。

B 細胞防禦是非常強大的，因為其可增幅此效應達到最初遭遇病原菌的一百萬倍。它也是一個長久的防禦作用，因為並不是每一個 B 細胞都用來生產抗體，而是有一部分細胞會變成**記憶 B 細胞** (memory B cells)，持續在身體的組織中巡邏，於血液與淋巴液中循環很長一段時間－有些甚至可長達終生。

抗體的多樣性

脊椎動物的免疫系統能辨識幾乎所有非自我的外來分子－數以百萬計的抗原。雖然脊椎動物的染色體上僅有幾百個編碼為受體的基因，但是根據估計，人類的 B 細胞能夠製造出 10^6 至 10^9 個不同的抗體分子。脊椎動物如何能製出上百萬的抗原受體，而其染色體上僅有數百個編碼為受體的基因呢？

此問題的答案在於，這些數以百萬計的受體並不是以單一核苷酸序列製出的，而是將 3~4 個 DNA 片段組合而成，每一個片段負責受體分子的一部分。當要組合一個抗體時，不同的 DNA 序列會聚集到一起組合出一個完整的基因，編碼出抗體的二個重鏈與二個輕鏈 (圖 27.12)。此程序稱之為**體細胞重組** (somatic rearrangement)。

另二個程序還可產生更多的序列。首先，當二個 DNA 片段接合在一起時，會剔除一或二個核苷酸，在基因轉錄時會導致閱讀框碼產生位移，因此在製造蛋白質時會產生出完全不同的胺基酸序列。其次，當淋巴細胞開始分裂進行株系擴張 (clonal expansion) 時，其 DNA 複製也會產生隨機的錯誤 (突變)。這二個突變程序都會造成胺基酸序列的改變，此現象稱為**體細胞突變** (somatic mutation)，因此這些突變發生於體細胞，而非配子。

由於一個 B 細胞經過成熟過程，最終會具有任何輕鏈與任何重鏈的組合可能，因此不同抗體的總數目會達到驚人的：16,000 重鏈組合 × 1,200 輕鏈組合 = 1,900 萬不同種的可能

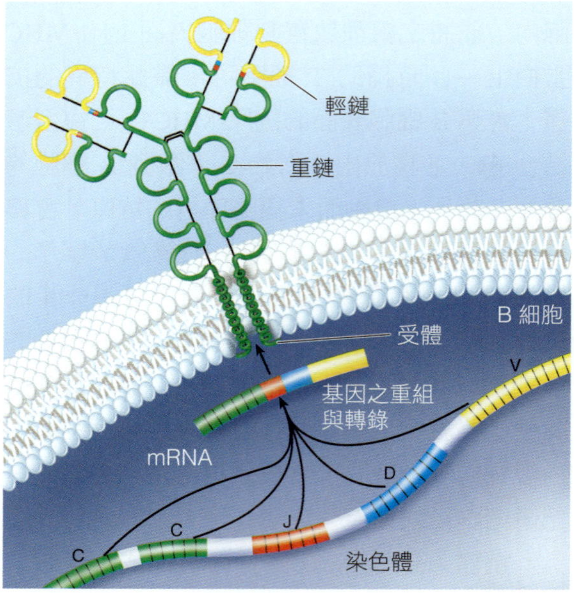

圖 27.12 抗體分子是由一個組合基因製造出來的 可編碼出抗體不同部位 (C，恆定區；J，結合區；D，多樣區；V，變異區) 之 DNA 上的不同區域，會組合起來成為一個完整基因，然後編碼出抗體。藉由片段的組合，得以製出眾多不同的抗體。

抗體。如果還想再把體細胞突變算進去，其總數目可超過二億個！T 細胞上的受體也與 B 細胞一樣多樣化，因為它們也具有相似的體細胞重組與突變。

關鍵學習成果 27.6

於體液免疫反應中，B 細胞利用抗體將被感染的細胞加上標記，以便使其能被補體蛋白、天生殺手細胞以及巨噬細胞所摧毀。

27.7 透過株系選擇之主動免疫

初級與次級免疫反應

當一個病原體第一次入侵身體時，僅有少數 B 細胞與 T 細胞具有能辨識抗原的受體。當抗原與淋巴細胞表面的受體結合之後，會激發細胞的分裂而產生一個株系 (clone) (一群遺傳完全相同的細胞族群)。這個過程就稱為**株系選擇** (clonal selection)。例如圖 27.13 中，第一次遇到水痘病毒 (chicken pox virus) 時，

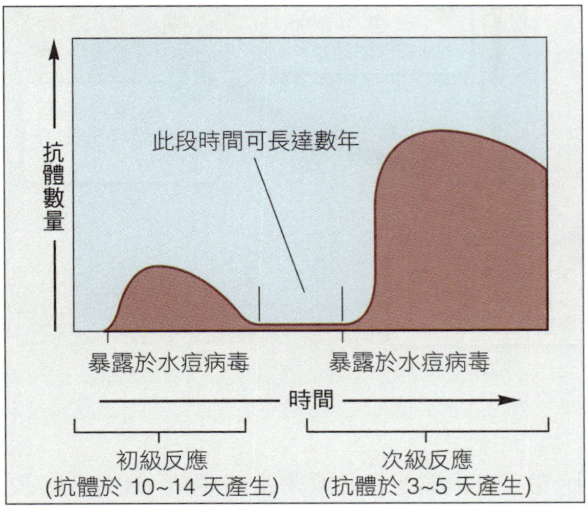

圖 27.13 主動免疫的發展
對水痘病毒能夠產生免疫，是因為初次暴露於病毒時，可刺激具有特異受體的淋巴細胞進行株系發育。經由株系選擇後，第二次的暴露可刺激免疫系統快速而大量的產生抗體，使個體免於生病。

僅有少數細胞能夠引發免疫反應，且反應很微弱。此稱為**初級免疫反應** (primary immune response)，如第一條曲線所示是首次遭遇病毒所產生的初始抗體數量。

如果初始免疫反應中有 B 細胞參與，其中一部分的細胞會變成可分泌抗體的漿細胞 (需花費 10~14 天清除體內水痘病毒)，另一部分則變成記憶細胞。一些參與初級免疫反應的 T 細胞，也會變成記憶細胞。由於在初級免疫反應之後，會形成一個針對此抗原的記憶細胞株系，因此於第二次感染相同病原體時，會產生一個快速而強烈的反應，如圖上的第二個曲線。

一個生物個體於初次暴露於某一病原體之後，體內可產生大量的記憶細胞，因此第二次暴露於相同病原體時，便可以立即產生大量的抗體。這是由於第一次的感染之後，體內即存在有大量可辨識此相同病原體的淋巴細胞株系之緣故。這種第二次暴露於相同抗原，而產生快而有效的免疫反應，就稱為**次級免疫反應** (secondary immune response)。

記憶細胞能存活達數十年之久，這就是為何一個人曾經罹患過水痘之後，很少會第二次再被感染的緣故。記憶細胞也是為何預防注射能發揮作用的原因。導致兒童疾病的病毒，其表面抗原每年的改變非常少，因此相同的抗體可以作用幾十年。其他的疾病，例如流行性感冒，其病毒的表面抗原基因可快速突變，使得每年都出現新的病毒品種，因此之前感染所產生的記憶細胞便無法辨識此新品種病毒。

雖然我們分開討論細胞免疫反應與體液免疫反應，但在身體中此二者是同時作用的。本節所述的關鍵生物程序，將依循一個病毒感染的步驟，顯示出細胞免疫防線與體液免疫防線如何共同作用，形成身體的特異性免疫反應。

當一個病毒攻擊身體時，病毒的蛋白質會陳列在受感染細胞的表面上 ❶。病毒與被感

關鍵生物程序：免疫反應

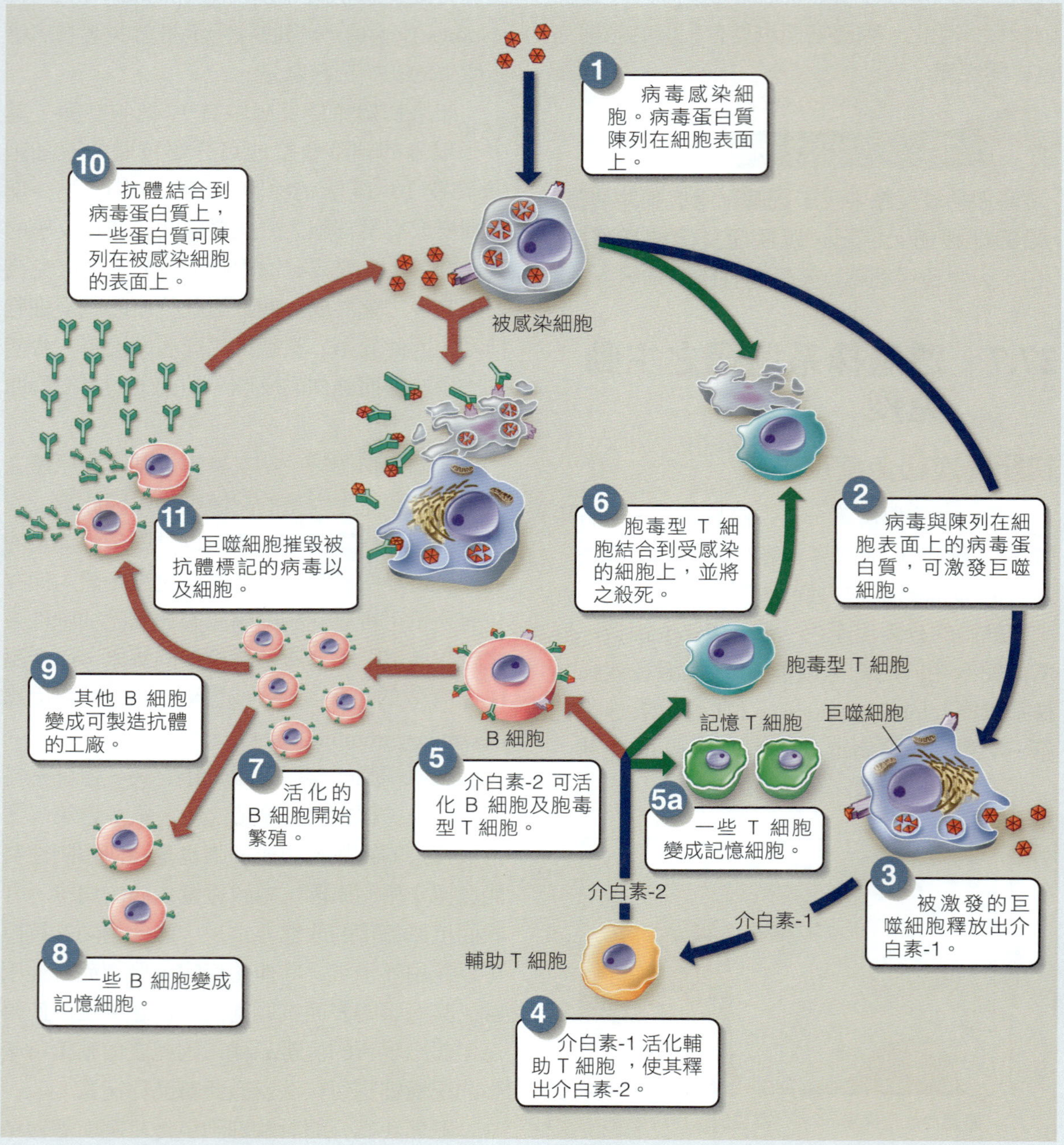
1
病毒感染細胞。病毒蛋白質陳列在細胞表面上。
被感染細胞
2
病毒與陳列在細胞表面上的病毒蛋白質，可激發巨噬細胞。
巨噬細胞
3
被激發的巨噬細胞釋放出介白素-1。
介白素-1
輔助 T 細胞
4
介白素-1 活化輔助 T 細胞，使其釋出介白素-2。
介白素-2
5
介白素-2 可活化 B 細胞及胞毒型 T 細胞。
5a
一些 T 細胞變成記憶細胞。
記憶 T 細胞
胞毒型 T 細胞
6
胞毒型 T 細胞結合到受感染的細胞上，並將之殺死。
B 細胞
7
活化的 B 細胞開始繁殖。
8
一些 B 細胞變成記憶細胞。
9
其他 B 細胞變成可製造抗體的工廠。
10
抗體結合到病毒蛋白質上，一些蛋白質可陳列在被感染細胞的表面上。
11
巨噬細胞摧毀被抗體標記的病毒以及細胞。

染的細胞被巨噬細胞所吞噬 ❷，病毒蛋白會陳列在巨噬細胞表面上與 MHC 蛋白結合，受到此刺激，巨噬細胞釋放出介白素-1 ❸。介白素-1 是一種警報信號，可激發輔助 T 細胞 ❹。活化的輔助 T 細胞分泌介白素-2，引發細胞免疫 (T 細胞) 反應與體液免疫 (B 細胞) 反應 ❺。於圖中，細胞反應請依循綠色箭頭指標，體液反應輕依循紅色箭頭指標。

一些被介白素-2 活化的 T 細胞，會變成記憶細胞 ❺a，可停留在體內並能對未來相同病毒的感染，引發快速的反擊。介白素-2 還會活化胞毒型 T 細胞，它們可與被病毒感染的細胞相結合，並將之殺死 ❻。

介白素-2 也可活化 B 細胞，使其開始繁殖 ❼。其中一些變成記憶細胞 ❽，可停留在體內並能對未來相同病毒的感染，引發快速的反應。其他的 B 細胞則變成漿細胞 ❾，可分泌直接對抗病毒表面蛋白的抗體。釋放到身體中的抗體，會與受到感染細胞表面上的病毒抗原結合 ❿，或是直接與病毒結合。被抗體標記上的細胞或病毒，就會被在身體中巡邏的巨噬細胞所摧毀 ⓫。如你所見，免疫反應的二個手臂互相合作，能夠有效地清除掉身體的入侵者。

關鍵學習成果 27.7

能夠產生一個強而有力的免疫反應，是由於受感染的細胞能夠激發 B 細胞與 T 細胞快速的分裂繁殖，產生一群反應細胞的株系。

27.8 預防接種

使免疫系統發揮作用

1796 年，一位英國鄉下醫師愛德華·簡納 (Edward Jenner) 進行了一項實驗，開啟了免疫學研究的大門。天花 (small pox) 在當時是一個很普遍又致命的疾病，但是簡納觀察到，擠牛奶的女工常會罹患一種很輕微的牛痘 (cowpox) (來自牛隻的傳染)，可是卻很少得到天花。於是簡納決定測試一下，牛痘是否能使人類對天花產生保護作用。他使人們先感染此輕微的牛痘 (圖 27.14)，正如同他所預測的，這些人對天花產生了免疫。

我們現在已知，天花與牛痘是由二種不同但卻類似的病毒所造成。簡納的病人注射了牛痘病毒之後，產生了對天花具有防禦作用的免疫反應。簡納所發明之利用注射一個無害的微生物，而對有害微生物產生免疫的程序，就稱為預防接種。換言之，**預防接種** (vaccination) 就是將一個死亡或失去致病能力的微生物，或近日更普遍的，一個無害但具有病原體蛋白質在其表面上的微生物，接種到人體中的程序。預防接種能引發對病原體產生免疫反應，而不會造成感染。受過預防接種的人，就可稱為對此疾病產生免疫了。

圖 27.14 免疫學的誕生
這張有名的油畫展示了愛德華·簡納於 1790 年間為病人注射牛痘疫苗，使他們對天花產生防護。

透過基因工程，科學家可以常規地生產「攜載式疫苗」(piggyback vaccines) 或是次單元疫苗 (subunit vaccines)。這些疫苗利用一個無害的病毒，其 DNA 中攜帶一個來自病原體的基因，此基因可編碼出位於病原體表面上的一個蛋白質。將一個病原體的蛋白質基因剪接到無害宿主的 DNA 中，可使此宿主於其體表上表現出此蛋白質。這種利用無害病毒來表現病原體蛋白質的方式，就好像披了狼皮的綿羊，不會對人體造成傷害，但卻能達到警戒保護的效果。由於身體對此疫苗產生反應而製造出抗體，因此身體一旦遇到真正的病原體時，便能產生免疫保護的效果。

既然記憶細胞能夠使人在下次感染時產生如此有效的防護功能，那為何還會反覆得到流行性感冒？使人無法對流感產生免疫的原因是，流感病毒發展出一種策略能夠逃避我們的免疫系統：它可改變。編碼出流感病毒表面蛋白的基因會快速產生突變，因此其表面蛋白也會快速改變。身體中的記憶細胞無法辨識這個改變過的病毒表面蛋白，因其與之前的表面蛋白不相同，記憶細胞先前的表面受體，現在無法吻合新的病毒蛋白質而與之結合。當這種新版的病毒入侵身體時，就必須重新發展出全新的免疫防禦。

有時流行的流感病毒表面蛋白，會具有人類的免疫系統無法直接辨識的形狀。例如 1918 年，經由突變產生的禽流感病毒，能夠很容易的由一個病人直接傳染給另一人，造成超過 2,000 萬的美國人與歐洲人在 18 個月期間內死亡。(圖 27.15)

流感病毒表面蛋白的另一種較不強烈的突變，也會不時發生，產生我們免疫系統無法辨識的新品種。每年的流感預防注射，就是要預防這些新品種。研究人員會檢視全球每季流行的品種，作出該年度可能流行的品種預測，然後準備疫苗來對抗該年度最主要的流感品種。然而，如第 16 章中所學到的，全新品種的禽流感病毒與豬流感病毒也能感染人類，同時在受感染的個體中所發生的基因重組，也會創造出更多新的病毒表面蛋白組合。

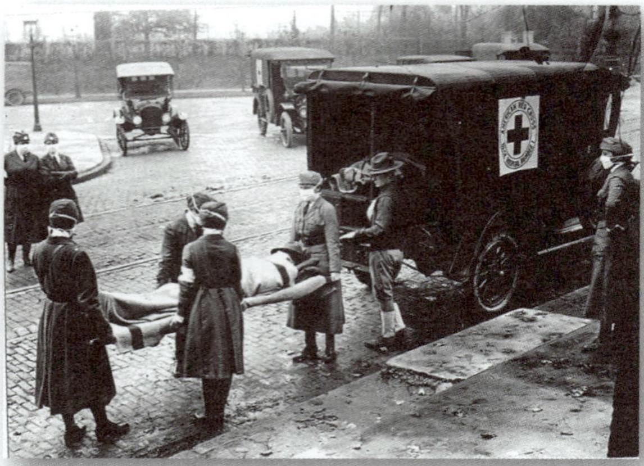

圖 27.15 1918 年流感大流行時，於 18 個月中殺死 2,000 萬人

在流行期間，美國就有 2,500 萬人受到感染，因此很難對每個人都提供照顧，紅十字會經常要日以繼夜的工作。

研發 AIDS 疫苗

在醫學史上，花費最大努力之一的，便是目前正在研發的對抗 HIV 之有效疫苗，該病毒是造成 AIDS (愛滋病) 的病原體。研究人員使用如圖 27.16 所示之攜載式抗體的方法進行研發。步驟 ❶ 到 ❸ 顯示如何分離 HIV 表面蛋白的編碼基因，然後將之插入一個無害的痘瘡病毒 (vaccinia virus) 之 DNA 中 (步驟 ❹ 與 ❺)。然後將這個基因工程改造過的痘瘡病毒注射入人體內 ❻，以便引發身體產生抗體及記憶細胞，來對抗 HIV 表面蛋白抗原 ❼。HIV 具有九個基因，可編碼出許多蛋白質。最初的努力，專注於產製一個具有 HIV *env* (envelope，套膜) 基因的次單元疫苗，此基因可編碼產生一個病毒外表的蛋白質。

不幸的是，HIV 病毒比流感病毒突變得還更快，從一個 HIV 品種所開發出的疫苗，無法對抗另一個品種。因此 AIDS 疫苗被稱為是在引發**狹效的中和性抗體** (narrowly neutralizing antibodies)，一種針對眾多 HIV 品種病毒，僅能保護其中之一或少數品種的疫苗。

新的疫苗研發方式看起來更有前景，致力於找出**廣效的中和性抗體** (broadly neutralizing antibodies) 能對抗許多 HIV 品種或甚至全部品種，得到的結果頗令人振奮。HIV 病毒體上有一個位置不太常發生突變，即其體表與感染細胞接觸的位置。研究人員設計出一個探針，其形狀可與病毒體上的關鍵位置完全相同，然後用此探針釣出可與其結合的抗體。到 2014

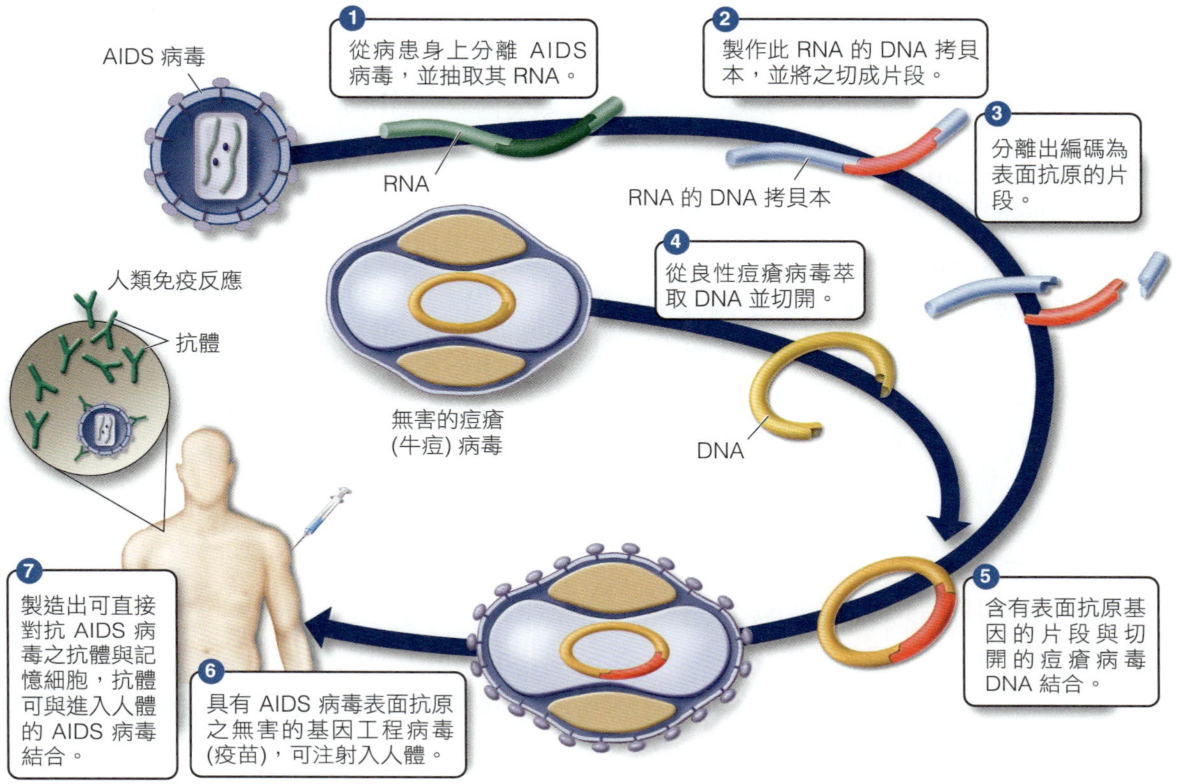

圖 27.16　研究人員正試圖建構一個 AIDS 疫苗

年為止，共找出了超過一打的中和性抗體。其中最強的一種抗體，可以中和 91% 已知的所有 AIDS 病毒品種！下一個階段，將進行一點「反向工程」(reverse engineering)，利用這些廣效的中和性抗體來改進原先的探針。最終，研究人員希望這個修飾過的探針，可以被用來當作用在人體上的疫苗，它可引發對抗 HIV 之廣效的中和性抗體，用來對抗 AIDS。

關鍵學習成果 27.8

疫苗是接種與病原體類似或是完全相等的抗原，以引發可以對抗病原體的免疫反應。

27.9　應用抗體於醫學診斷

血型

ABO 系統 (ABO system)　一個人的血型就是其紅血球細胞表面上的抗原類型。有數種類型的紅血球表面抗原，其中最主要的是 **ABO 血型** (ABO blood group)。以一個人的紅血球表面抗原而言，其可能是 A 型 (只具有 A 抗原)、B 型 (只具有 B 抗原)、AB 型 (同時具有 A 抗原與 B 抗原) 或 O 型 (沒有 A 抗原與 B 抗原)。

免疫系統可以容忍自己的紅血球抗原。例如一個 A 型的人，不會產生抗-A 的抗體，但是卻可產生抗-B 的抗體。相同的，B 型的人不會產生抗-B 抗體，但會產生抗-A 抗體。而 AB 型的人可容忍 A 抗原與 B 抗原，所以不會產生抗-A 抗體以及抗-B 抗體。O 型的人則可製造出抗-A 抗體與抗-B 抗體。

如果 A 型的血液於載玻片上與 B 型的血清互相混合，則血清中的抗-A 抗體會使血球凝聚在一起，稱為凝集作用 (agglutination) (如

圖 27.17 右上角圖片)。在輸血之前必須做這種血型測試，以避免在血管中發生凝集作用，否則會造成發炎與器官損傷。

Rh 因子 (Rh factor) 在大多數紅血球上之另一種類型的抗原，就是 *Rh* 因子 [Rh 代表恆河猴 (rhesus monkey)，於其首先發現 Rh 抗原]。具有此抗原的人稱為 Rh 陽性 (Rh-positive)，而不具此抗原的人就稱為 Rh 陰性 (Rh-negative)。Rh 陰性的人數較少，這是因為 Rh 陽性的等位基因對 Rh 陰性而言是顯性的，因此在人類族群中 Rh 陽性較普遍。當一位 Rh 陰性母親要生出 Rh 陽性嬰兒時，Rh 因子就要特別注意了。

由於嬰兒與母親的血液在胎盤處是分隔的 (見第 31 章)，Rh 陰性母親於懷孕時，並不會接觸到胎兒的 Rh 陽性抗原。然而在生產時，母親卻有不同的機會接觸到抗原，因而導致母親體內產生對抗 Rh 的抗體。因此當這位母親在下一次懷孕時 (且胎兒還是 Rh 陽性時)，這些抗體可通過胎盤，進入胎兒體內使其紅血球產生溶血的現象。因此嬰兒天生便會因貧血，而出現一種稱為胎兒紅血球母細胞增多症 (erythroblastosis fetalis) 的疾病，也稱為新生嬰兒的溶血性疾病 (hemolytic disease)。若要預防胎兒紅血球母細胞增多症的發生，可於 Rh 陰性母親出生每一胎 Rh 陽性嬰兒的 72 小時內，注射抗 Rh 因子的抗體。這些抗體可以和 Rh 抗原結合使之失去活性，防止母親對此抗原產生主動免疫反應。

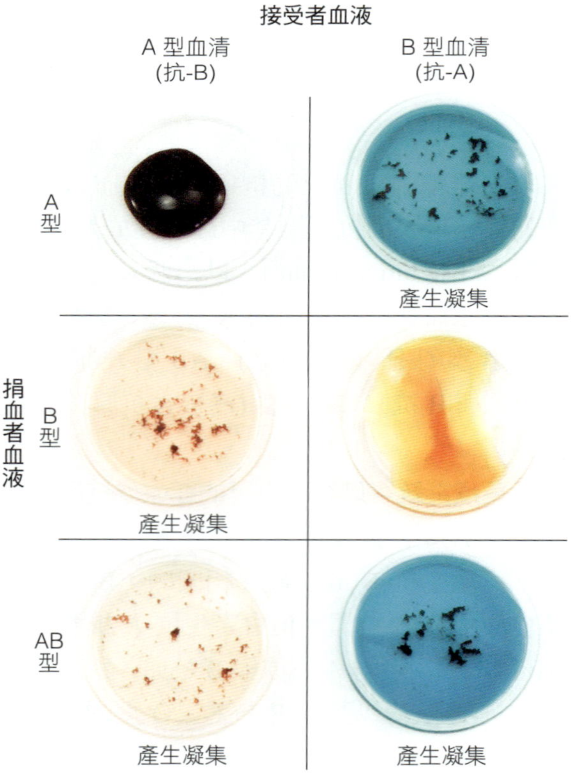

圖 27.17 血型
當各種血型血液與含有抗-A 與抗-B 血清混合後，可見到紅血球細胞的凝集現象。

單株抗體

單株抗體 (Monoclonal Antibodies) 是對單一抗原具有專一性的抗體。由於其可提供非常敏感的分析，單株抗體常被商業化成為產品，用於臨床上的實驗室檢測。例如現代的懷孕測試，使用包覆有單株抗體的顆粒，可檢測出懷孕荷爾蒙 (簡寫為hCG；見第 31 章) 抗原。於血液懷孕檢測中，這些顆粒與受測者的血液樣品混合，如果樣品中含有 hCG 荷爾蒙，就會與抗體起反應而使這些顆粒產生一個肉眼可觀測的凝集反應，即為陽性反應，代表受測者懷孕了。在一般藥局非處方籤購買的懷孕測試劑條，也是使用相同的原理，懷孕婦女的尿液中含有 hCG，可與測試劑條上的單株抗解結合，呈現陽性反應。

關鍵學習成果 27.9

凝集反應是因為不同的抗體，可與位於紅血球細胞表面上的 ABO 及 Rh 因子抗原相結合所致。單株抗體是商業化生產的產品，可與特定的單一抗原相反應。

擊敗免疫系統

27.10 過度活躍的免疫系統

自體免疫疾病

T 細胞與 B 細胞能夠區別自我細胞與外來非自我細胞的能力，是免疫系統的關鍵，也是使我們身體第三道防線能夠如此有效的主因。但是在一些疾病中，這個系統故障了，它們反而攻擊自己的組織。這類疾病就稱為**自體免疫疾病** (autoimmune diseases)。

多發硬化症 (multiple sclerosis) 是一種自體免疫疾病，通常發生於 20 歲至 40 歲的人。於多發硬化症，免疫系統會攻擊髓鞘 (myelin) (見第 28 章)，這是一種包圍在運動神經 (motor nerves) 外圍的絕緣性脂質 (有如電線外的橡皮)。請回想 22.6 節，神經衝動會沿著神經細胞而傳送，髓鞘的退化會干擾到神經衝動的傳送，最終將會完全停止。自主運動 (例如移動四肢) 以及非自主運動 (例如膀胱的控制) 功能都將喪失，最終會完全癱瘓而死亡。科學家目前還不知道是何原因，導致免疫系統去攻擊髓鞘。

另一個自體免疫疾病是第一型糖尿病，由於胰臟無法製造胰島素，使得細胞無法攝取葡萄糖。第一型糖尿病被認為是在胰臟中，製造胰島素的細胞遭受到免疫攻擊而導致。其他的自體免疫疾病還有類風濕性關節炎 (rheumatoid arthritis) (免疫系統攻擊關節組織)、紅斑性狼瘡 (lupus) (結締組織與腎臟遭受攻擊) 以及格雷氏病 (Grave's disease) (甲狀腺被攻擊) 等。

過敏

雖然人類的免疫系統能對真菌、寄生蟲、細菌以及病毒的感染提供有效的保護，但是有時免疫會作過頭，所引發的免疫反應會超過清除抗原之所需。在此種情況下，抗原就可稱為**過敏原** (allergen)，而此種免疫反應則稱為**過敏** (allergy)。花粉熱 (hay fever)，對微量的植物花粉顆粒過敏，就是一個為人熟知的過敏反應。許多人還會對堅果、蛋、牛奶、青黴素 (盤尼西林)，甚至塵蟎糞便釋出的蛋白質產生過敏 (圖 27.18)。還有些對羽毛枕頭過敏的人，實際上是對居住於羽毛中的蟎類過敏。

使過敏反應不舒服，有時甚至危險的原因是由於抗體結合到一種稱為**肥胖細胞** (mast cell) 的白血球細胞上。肥胖細胞在免疫反應中的作用，是引發發炎反應。圖 27.19 顯示了當肥胖細胞遇到可與其體表抗體結合的物質時，所作出的反應。肥胖細胞會釋放出組織胺與其他化學物質，引發微血管的腫脹。**組織胺** (histamines) 也會使黏膜上細胞的黏液分泌量增加，而造成流鼻水與鼻腔充血 (這些都是花粉熱的症狀)。大多數治療過敏的藥物，是屬於抗組織胺 (antihistamines) 類的藥物，其可阻斷組織胺的作用而緩解症狀。

氣喘 (asthma) 也是一種過敏反應，組織胺會使得肺中的空氣通道變得狹窄。當氣喘的病人暴露於過敏原時，會出現呼吸困難。

關鍵學習成果 27.10

自體免疫疾病，是對自己的細胞產生不恰當的反應，而過敏則是對無害的物質做出不恰當的免疫反應。

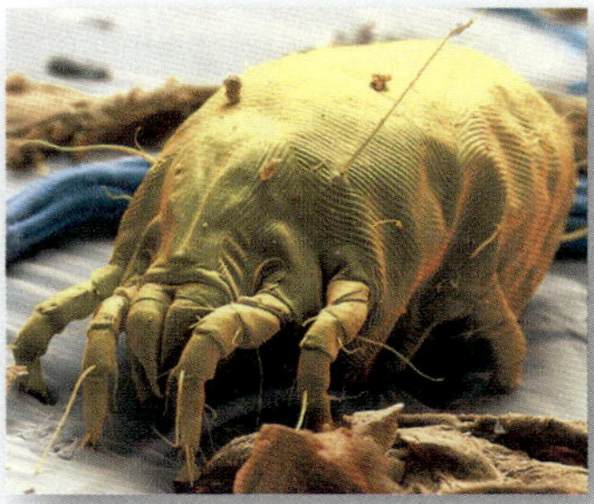

圖 27.18 塵蟎
這個微小的動物 *Dermatophagoides* 可造成許多人的過敏反應。

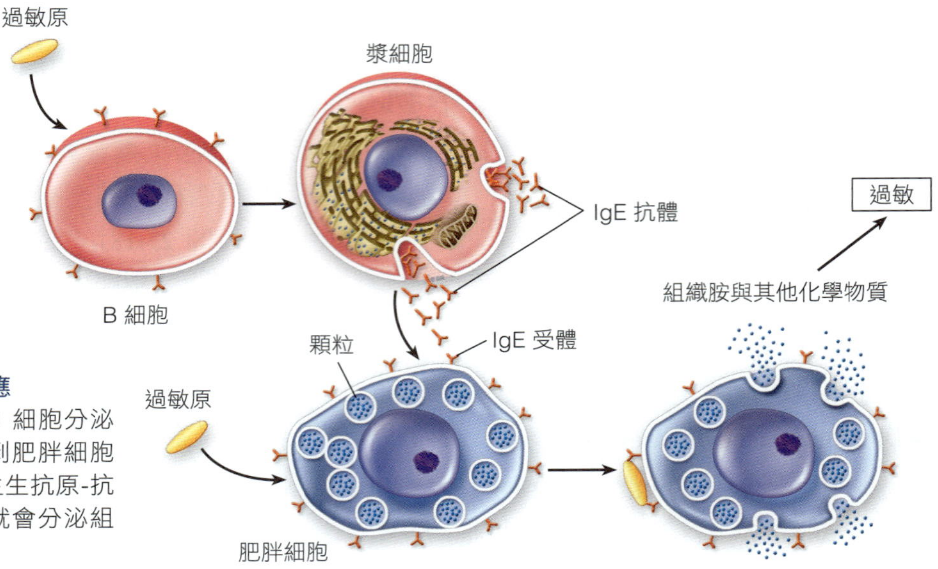

圖 27.19 一個過敏反應
於一個過敏反應中，B 細胞分泌 IgE 抗體，然後結合到肥胖細胞的原生質膜上，當發生生抗原-抗體結合時，肥胖細胞就會分泌組織胺。

27.11 AIDS：免疫系統的崩潰

HIV 如何攻擊免疫系統

AIDS (acquired immunodeficiency syndrome，後天免疫缺乏症候群，也稱愛滋病) 最初於 1981 年被正式認為是一個疾病。到了 2014 年底，美國共有約 636,000 人死於 AIDS，以及約 1,200 萬的人感染了 HIV (human immunodeficiency virus，人類免疫缺乏病毒)，即造成此疾病的病原體。在全世界，有 3,700 萬人受到感染，以及超過 3,200 萬人死亡，光 2014 年就有 120 萬人死於此疾病。HIV 很顯然是從一個感染非洲黑猩猩的病毒演化而來。此病毒發生突變，使其能夠辨識一個稱為 CD4 的人類細胞表面受體。HIV 會攻擊具有 CD4 受體的細胞 ($CD4^+$ 細胞)，包括巨噬細胞與 T 細胞，使它們失去活性，而癱瘓我們的免疫系統。殺死這些細胞之後，我們的免疫系統將無法對任何外來抗原產生反應，光是這個原因就使 AIDS 成為一個致命的疾病。

HIV 攻擊 $CD4^+$ 細胞，在這些被 HIV 感染的細胞內繁殖與複製，並釋放出複製的病毒去感染其他的 $CD4^+$ 細胞，隨著時間的進展，身體中全部的 $CD4^+$ 細胞都會被摧毀掉，而使免疫系統癱瘓。一個正常的成人，其 $CD4^+$ 細胞占了全部循環 T 細胞的 60%~80%。但是在一個 AIDS 病人中，其體內幾乎測不到 $CD4^+$ 細胞，也毫無免疫力。由於對感染不具防禦力，許多常見的感染都變得致命。同時也因為沒有能力辨識與消滅剛產生的癌細胞，死於癌症變得更普遍。確實，AIDS 最初會被發現，就是因為這些病人常出現一種罕見的卡波希氏肉瘤 (Kaposi's sarcoma) 癌症。AIDS 患者之死於癌症，超過其他任何死因。

AIDS 的死亡率為 100%；尚未有任何出現 AIDS 症狀的病人能夠恢復健康。此疾病並非是高度傳染性的，因為它僅能透過體液從一個個體傳給另一人，通常是透過性行為時的精液與陰道分泌物，以及透過濫用藥物使用之針頭上的血液而傳遞。然而，當感染了 HIV 之後，AIDS的 症狀要好幾年之後才會出現。圖 27.20 顯示出美國的 AIDS 發病的情形 (紅色曲線)，顯然比感染 HIV 的情形 (綠色曲線) 要來得延遲許多。由於這種症狀的延遲出現，感染 HIV 的人會在不知情的情況下，將病毒傳染

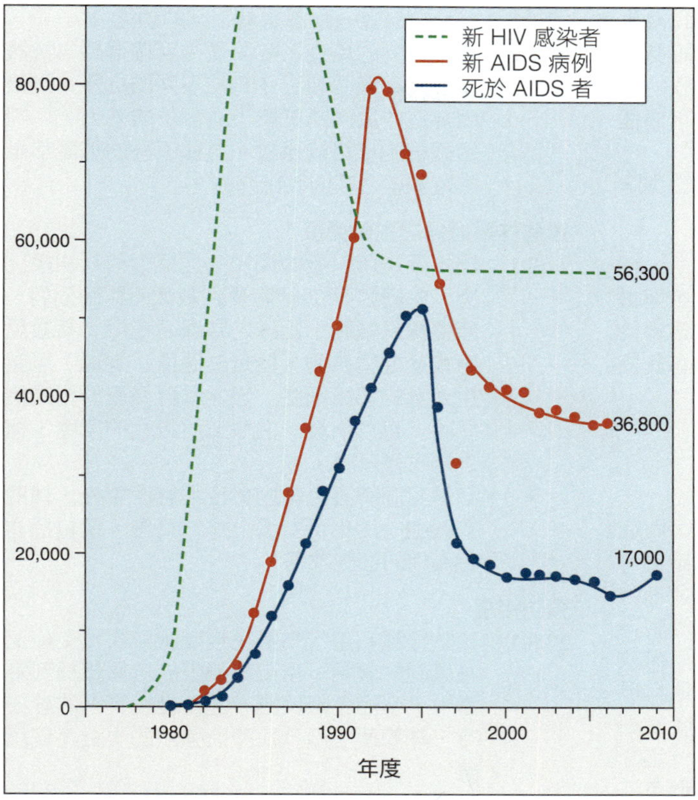

圖 27.20　美國之 AIDS 流行情形

美國的疾病管制中心報導，2016 年美國有 36,800 個新的 AIDS 病例。自從此疫病流行以來，已有超過 100 萬的病例及超過 65 萬人死亡。據估計，美國有超過 100 萬人，全世界則約 3 千 700 萬人，感染了 HIV 病毒。

給他人。在美國的覺醒宣傳活動，已成功地將 AIDS 病人的數目降低了許多。

在試管中，許多藥物可以抑制 HIV，包括了 AZT (azidothymidine，疊氮胸苷) 與其類似物 (可抑制病毒核酸的複製)，以及蛋白酶抑制劑 (protease inhibitors) (抑制病毒蛋白質的功能)。一種蛋白酶抑制劑與二種 AZT 類似物藥物的組合，可將許多病人血液中的 HIV 病毒完全清除。自從 1990s 年代引入並廣泛使用這種組合式療法 (combination therapy)，已將美國的 AIDS 死亡率降低了幾乎三分之二，從 1995 年的 51,414 人，及 1996 年的 38,074 人，降低到 2012 年的 13,712 人。

不幸的是，這種組合式療法似乎並不能將 HIV 從人體中全部清除。而病毒之從血液中消失，追蹤後發現，仍然存在於體內的淋巴組織中。如果停止組合式療法，血液中的病毒數量又會再次上升。由於嚴格的治療計畫以及藥物副作用，長期進行組合式療法似乎並不是一個好的策略。

科學家持續努力在找尋一個疫苗，希望能夠保護人類預防這個致命又無法醫治的疾病。但是經過 30 年以及新增 100 萬的美國人病例，科學家盡了一切努力，仍然還無法找出一個有效的疫苗。由於 HIV 具有驚人的突變速率，很少有人被完全相同的病毒感染。因此，針對某一品種病毒的臨床試驗疫苗，對於其他品種則無法發揮功效。針對 HIV 不會突變的部位來發展有效疫苗的提議，還有待努力。

關鍵學習成果 27.11

HIV 可感染與摧毀關鍵的淋巴細胞，因而癱瘓了我們的免疫系統。

複習你的所學

三道防線

皮膚：第一道防線

27.1.1-2 身體對抗感染有三道防線，第一道防線為皮膚與在消化道和呼吸道表面上的黏膜。

細胞的反擊：第二道防線

27.2.1 防禦的第二道防線是一個非特異性的細胞性攻擊。這道防線所使用的細胞與化學物質，會攻擊它們所遇到的所有外來物。

27.2.2 巨噬細胞與嗜中性細胞可攻擊入侵的微生物；而天生殺手細胞則攻擊被感染的細胞，在病原體散播到其他細胞之前將之殺死。

27.2.3 補體是自由浮動於血液中的蛋白質，可嵌插入外來細胞的膜上並將之殺死。

27.2.4-5 發炎反應可造成體溫的上升，也是第二道防線的一部分。

特異性免疫：第三道防線

27.3.1 第三道防線是特異性免疫。稱作 T 細胞與 B 細胞的淋巴細胞被「程式設計」，當暴露於特異性抗原之後，可尋找此抗原與攜有此抗原的細胞，然後加以摧毀。

免疫反應

引發免疫反應

27.4.1 入侵的微生物，其表面上具有蛋白質，與宿主細胞的 MHC 蛋白不相同。巨噬細胞可辨識自我的 MHC 蛋白，而外來的病毒或細胞因具有非自我蛋白質，因此會被巨噬細胞吞食並將之部分分解。來自微生物的抗原可陳列在巨噬細胞的表面上，因此稱作抗原呈現細胞。此抗原呈現細胞可將抗原呈現給 T 細胞，而引發 T 細胞反應。此細胞也可分泌介白素-1，用來刺激輔助 T 細胞，而引發免疫反應。

T 細胞：細胞反應

27.5.1 細胞反應與 T 細胞有關。抗原呈現細胞可活化輔助 T 細胞，使其分泌介白素-2。介白素-2 可刺激胞毒型 T 細胞，使它們可以辨識與殺死那些陳列出特異抗原的受感染細胞。在感染之後，還可產生記憶細胞停留在身體中，能對付之後的感染。

B 細胞：體液反應

27.6.1 體液免疫與 B 細胞有關。輔助 T 細胞可分泌介白素-2 來活化 B 細胞。活化後的 B 細胞可繁殖，並利用特異性的蛋白質將入侵者標記。被標記的細胞就會被非特異性的免疫系統所攻擊。活化的 B 細胞可分裂成為漿細胞及記憶細胞，循環於血液中。記憶細胞可在被相同抗原感染時變成漿細胞。

- 抗體蛋白質可分成五種亞型：IgM, IgG, IgD, IgA, IgE, 每一種都有其不同的功能。

27.6.2 脊椎動物的免疫系統可從幾百個編碼為抗體蛋白的基因中製出 10^9 種不同的抗體，這是因為這些編碼為抗體不同部位的基因，可經過體細胞重組的緣故。各種不同的抗體都是由這種組合基因製出來的。

透過株系選擇之主動免疫

27.7.1 經由感染所引發的最初免疫反應稱為初級反應。B 細胞與 T 細胞受到刺激而開始分裂，產生株系細胞，此稱之為株系選擇。初級反應較延遲與微弱，但是透過株系選擇，可產生大量的記憶細胞。因此當再暴露於相同抗原時，可以引發一個快速而較大的反應，稱之為次級反應。

- 身體可同時發生細胞免疫與體液免疫。輔助 T 細胞的活化可引發上述二反應，還包括非特異性的細胞攻擊。

預防接種

27.8.1 預防接種利用了初級免疫反應與次級免疫反應機制的優點。疫苗將無害的抗原接種到身體中，引發免疫反應。之後發生真正的感染時，身體便能產生快速而強烈的次級免疫反應。

應用抗體於醫學診斷

27.9.1-2 抗體可以敏銳檢測出抗原，因此可以用於各式各樣的醫學診斷，例如驗血型以及單株抗體的分析。

擊敗免疫系統

過度活躍的免疫系統

27.10.1 有時免疫系統所攻擊的對象，不是外來抗原或是病原體。於自體免疫反應中，身體會攻擊自我細胞。

27.10.2 於過敏反應中，身體會對無害的物質產生反應。

AIDS：免疫系統的崩潰

27.11.1 AIDS 是 HIV 感染所造成的一個致命性疾病。HIV 可攻擊巨噬細胞與輔助 T 細胞，摧毀可防禦其他感染的細胞。

測試你的了解

1. 免疫系統能夠辨識血液中外來的細胞，這是因為這些外來細胞
a. 被免疫系統偵測到正在摧毀其他細胞
b. 具有與身體細胞表面不相同的體表蛋白質
c. 具有與 T 細胞類似的 CD4 受體
d. 以上皆是

2. 補體系統
a. 包含 20 種血液蛋白

b. 可被細菌細胞壁引發反應
c. 以蛋白質將入侵細菌包圍
d. 以上皆是

3. 下列何者可作為警報信號，刺激輔助 T 細胞而活化身體的特異性免疫？
a. B 細胞
b. 介白素-1
c. 補體
d. 組織胺

4. 胞毒型 T 細胞
a. 可產生抗體
b. 可直接摧毀病原體
c. 可摧毀自由浮動在血液中的外來抗原
d. 可摧毀被病原感染的細胞

5. 抗體的產生發生於
a. T 細胞
b. 天生殺手細胞
c. B 細胞
d. 肥胖細胞

6. 針對一個特異性抗原能，未來能產生免疫是因為產生了
a. 漿細胞
b. 記憶 T 細胞與 B 細胞
c. 輔助 T 細胞
d. 單核細胞

7. 我們需要反覆接種流行性感冒疫苗，其原因為
a. 病毒只感染輔助 T 細胞，因而壓制了免疫系統
b. 病毒會改變其表面蛋白質，因而逃避了免疫的辨識
c. 流行性感冒不會引發免疫反應，因為「流感」只是一種發炎反應
d. 流行性感冒病毒太小了，無法作為好的抗原

8. 當身體的免疫系統攻擊自己的細胞時，就稱為
a. 發炎反應
b. 溫度反應
c. 自體免疫反應
d. 過敏反應

9. 如果你想用一個生物工程抗體來治療過敏，此抗體可以與導致過敏的抗體結合而使之失效。下列何者將是你的目標？
a. IgG
b. IgA
c. IgE
d. IgD

10. 被 HIV 感染而出現 AIDS 症狀者，通常會死於一個感染疾病或是癌症。這是因為 HIV 會攻擊
a. 輔助 T 細胞
b. 嗜中性細胞
c. 記憶 T 細胞與 B 細胞
d. 肥胖細胞

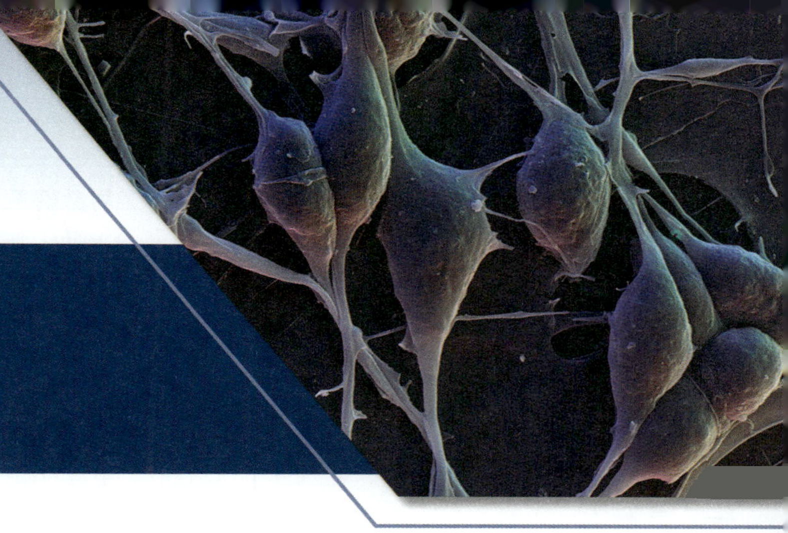

Chapter 28

神經系統

在脊椎動物中，中樞神經系統負責協調及調節身體的多種活動，其利用稱為神經元的特化細胞所形成的網絡來指揮隨意肌，以及另一個不可隨意的網絡來調控心肌和平滑肌。所有感覺的訊息是經由感覺神經末梢的去極化而得。由於大腦知道哪些神經元在傳送訊息以及它們多久送一次，所以能建立身體內部以及外部狀態的藍圖。圖中所見之神經元網絡，是放大 1,000 倍以上者，其位在大腦皮質處並可傳遞訊息。脊椎動物的腦含有數量相當驚人的神經元－人類的腦估計約有 1,000 億個神經元。大腦皮質是一層僅有數毫米厚的灰色物質，位在腦的外表面。由於神經元密集且高度彎曲，此處是較高意識活動之處。

神經元及其運作

28.1 動物神經系統的演化

動物必須能對環境的刺激作出反應，因此，牠必須有感覺受器以偵測刺激，並有運動輸出器以做出適當的反應。在大部分的無脊椎的動物門以及所有的脊椎動物綱中，感覺受器及運動輸出器藉由**神經系統** (nervous system) 來相連。如第 22 章所述，神經系統是有神經元 (圖 28.1) 及其支持細胞所組成。

一種神經元稱為**關聯神經元** (association neurons) 或**聯絡神經元** (interneurons)，存在於大部分無脊椎動物及所有脊椎動物，這些神經元位在脊椎動物的大腦及脊髓中，被統稱為**中樞神經系統** (central nervous system, CNS)，在圖 28.2 中以黃色圓圈表示。它們協助提供更複雜的反射以及更高的關聯功能，以大腦為例，包括學習及記憶，其需要整合許多輸入的

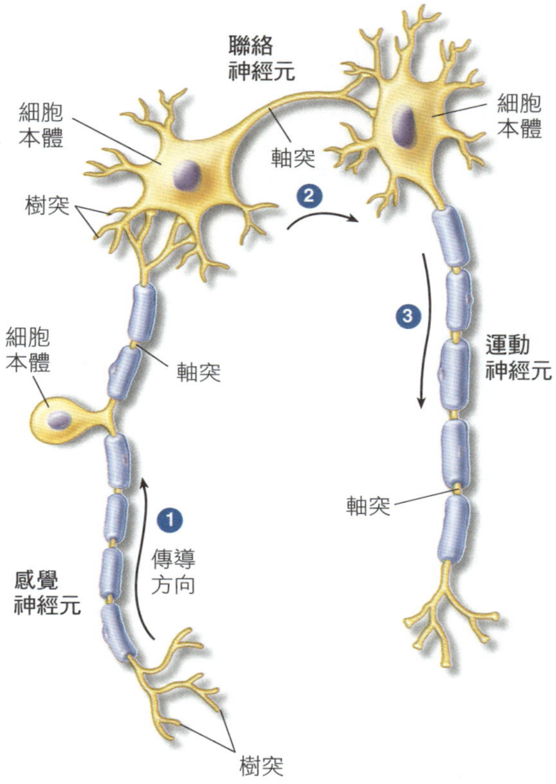

圖 28.1　三種神經元
感覺神經元攜帶有關環境的訊息至大腦和脊髓，聯絡神經元位在大腦及脊髓中，通常提供感覺及運動神經元之間的聯繫，運動神經元攜帶神經衝動至肌肉及腺體 (動器)。

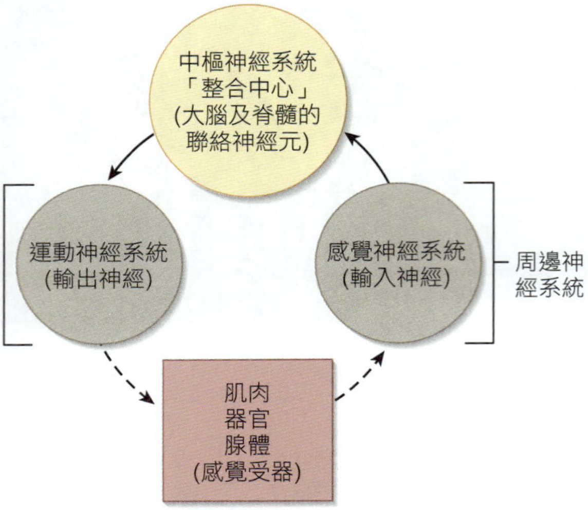

圖 28.2 脊椎動物神經系統的組成架構
中樞神經系統包括大腦及脊髓，可經由運動神經元下指令，也可從感覺經系統接收訊息。運動及感覺神經元共同構成周邊神經系統。

感覺訊息。

其他兩種神經元，**感覺 (或輸入) 神經元** [sensory (or afferent) neurons；圖 28.1 的 ❶] 攜帶神經衝動從感覺受器送至 CNS，**運動 (或輸出) 神經元** [motor (or efferent) neurons；❸] 將神經衝動從 CNS 攜出，送至動器－肌肉及腺體。輔助 (聯絡) 神經元 ❷ 在 CNS 中連接上述兩種神經元。運動及感覺神經元共同構成脊椎動物的**周邊神經系統** (peripheral nervous system, PNS)，圖 28.2 中括弧內的灰色圓圈)。

無脊椎動物神經系統

海綿是主要多細胞動物門中唯一缺乏神經者。海綿和其他所有多細胞動物不同，沒有訊息會從身體的一部分傳向另一部分。

最簡單的神經系統：反射 最簡單的神經系統出現在刺絲胞動物中，如水螅 ❶。所有神經元都很相似，其每個纖維大約等長。刺絲胞動物的神經元彼此相連成網散布全身，或稱神經網絡。雖然傳導很慢，任何一處的刺激終究會傳遍整個網絡。它們缺乏關聯的活動，無法控制複雜的動作，也幾乎沒有協調。所有的動作都是**反射** (reflex) 的結果，因為它是神經受刺激後自動產生的後果。

更複雜的神經系統：關聯活動 在神經系統中的第一個關聯活動見於扁形動物門中自由生活的渦蟲 ❷。兩條神經索縱貫渦蟲全身，狀似直立的梯子；周邊神經則向外延伸至身體的肌肉。此兩條神經索在身體前端相接，形成一個膨大的神經組織團，其也包含負責將神經元一一相接的關聯神經元。這原始的「腦」是個簡單的中樞神經系統，相較於可在刺絲胞動物，能夠控制比較複雜的肌肉反應。

脊椎動物的演化路徑 神經系統的所有後續演化改變，可視為在渦蟲所有特徵上的一系列修飾。

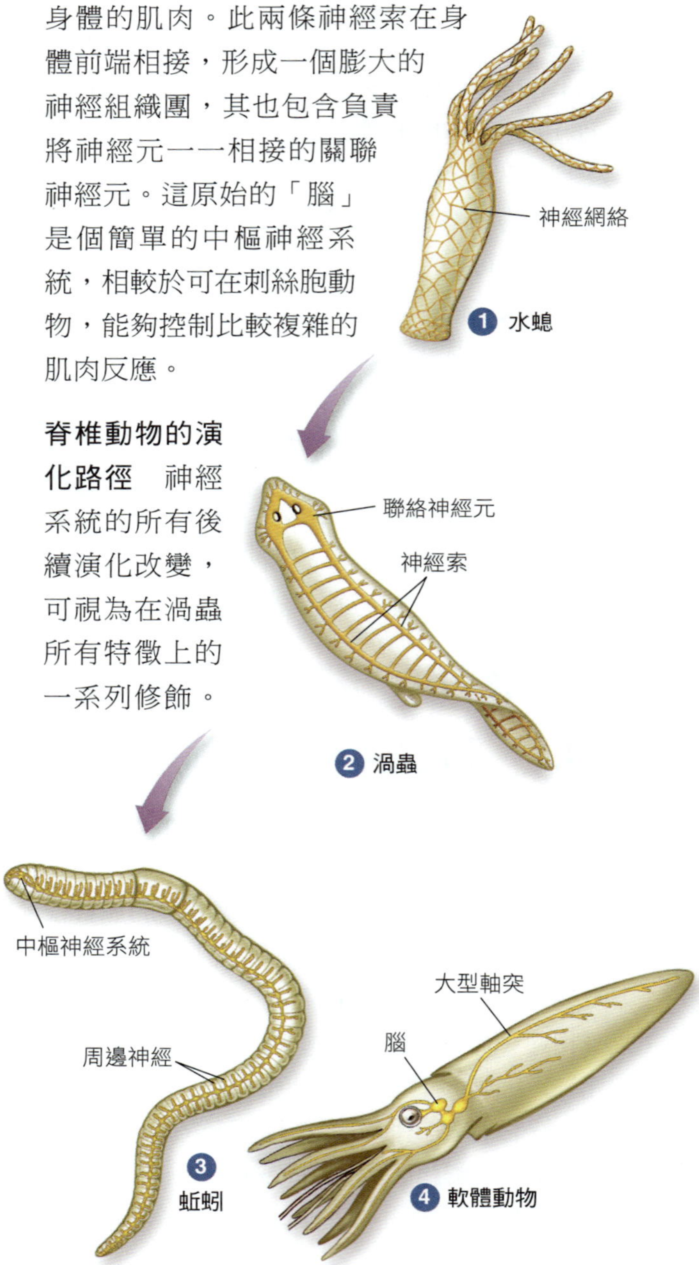

其可為五個趨勢，隨著神經系統演化得更加複雜，每個都逐漸變得更加突顯。

1. 更精細的感覺機制：特別是在脊椎動物中，感覺系統變得更加複雜。
2. 中樞及周邊神經系統的分化：例如蚯蚓 ❸ 具有中樞神經系統，其藉由周邊神經連接至全身各部位。
3. 感覺及運動神經的分化：朝特定方向運作的神經元變得更為特化 (感覺訊息傳送至大腦或是運動訊息傳送自大腦)。
4. 關聯部分更加複雜：中樞神經系統演化出更多的關聯神經元，急遽增加其輔助能力。
5. 腦功能增加：在軟體動物 ❹、節肢動物 ❺ 中，身體活動的協調變得更加局部化。在脊椎動物，神經索的前端演化出腦，將於本章後段討論。

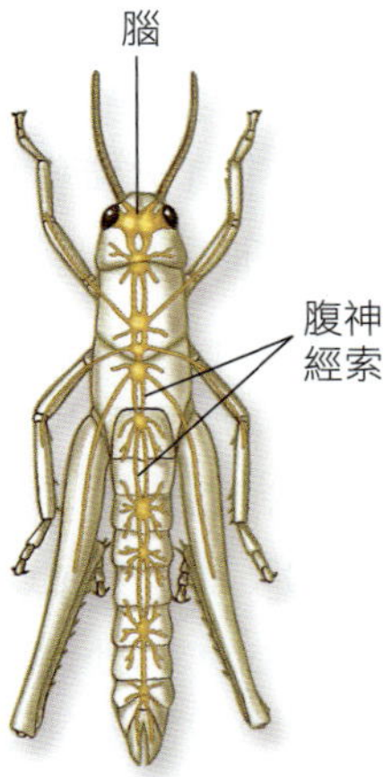

❺ 節肢動物

關鍵學習成果 28.1

隨著神經系統的演化，關聯活動逐漸增加，並漸趨集中在大腦進行。

28.2 神經元產生神經衝動

神經元

不論是中樞、運動、或感覺系統，神經系統的基本構成單元是神經細胞，又稱**神經元** (neuron)。所有神經元有基本結構，如同在圖 28.1 的三種細胞類型，且此共通細胞如圖 28.3a 所示。**細胞本體** (cell body) 是神經元的扁平部分，包含細胞核。短而細的分枝稱為**樹突** (dendrites)，從神經元的細胞本體一側延伸而出。樹突是輸入管道，神經衝動沿著樹突傳向細胞本體。運動及聯絡神經元具有高度分支的樹突，使其細胞能同時接收來自許多不同來源的訊息。從細胞本體的另一側延伸出去的是

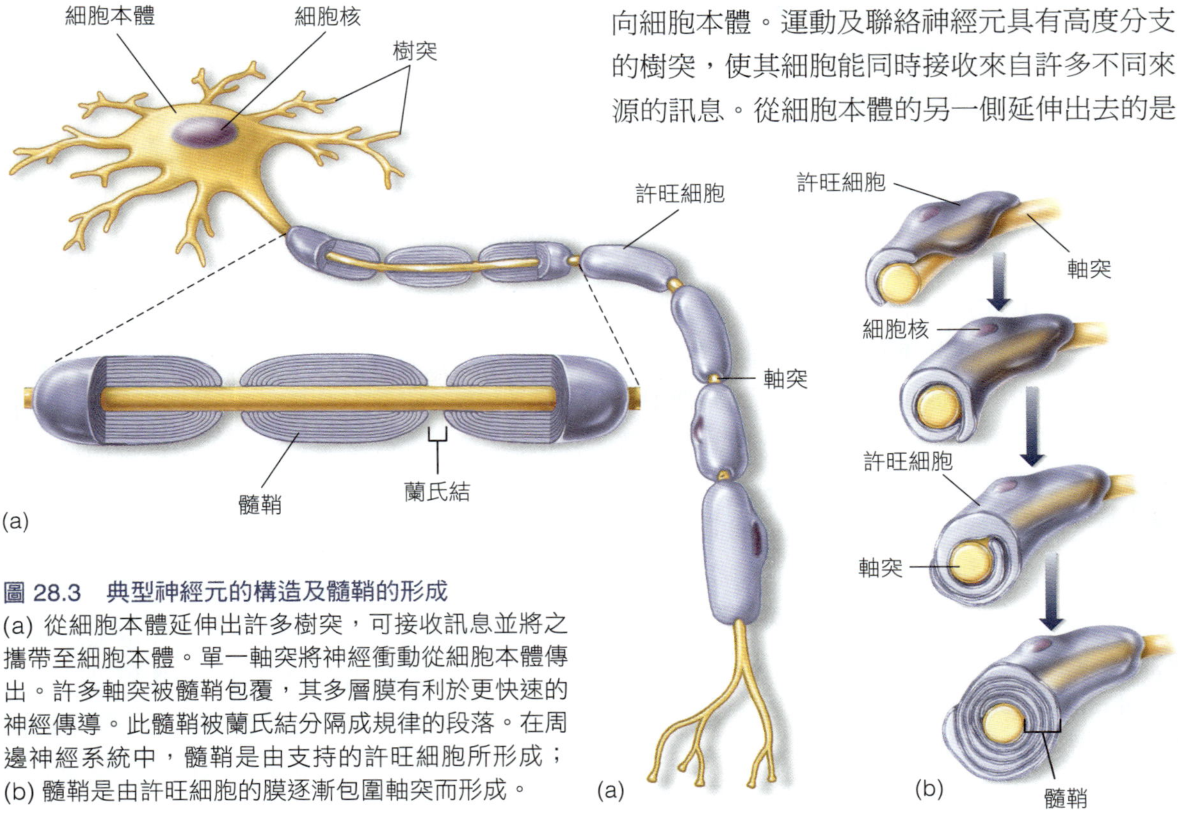

圖 28.3　典型神經元的構造及髓鞘的形成
(a) 從細胞本體延伸出許多樹突，可接收訊息並將之攜帶至細胞本體。單一軸突將神經衝動從細胞本體傳出。許多軸突被髓鞘包覆，其多層膜有利於更快速的神經傳導。此髓鞘被蘭氏結分隔成規律的段落。在周邊神經系統中，髓鞘是由支持的許旺細胞所形成；(b) 髓鞘是由許旺細胞的膜逐漸包圍軸突而形成。

單一的長管狀構造，稱為**軸突** (axon)。軸突是輸出管道，神經衝動沿著軸突向外傳送，遠離細胞本體，朝向另一個神經元或朝向肌肉或腺體。

大部分的神經元不能單獨地長久存活；它們所需的營養支持則由鄰近的**神經膠細胞** (neuroglial cells) 來提供。人類神經系統中有超過一半是由支持性的神經膠細胞所組成。其中兩種最重要者稱為**許旺細胞** (Schwann cells) 及**寡樹突神經膠細胞** (oligodendrocytes)，其以脂質 (稱為髓質) 的鞘包覆許多神經元的軸突，作為電子隔絕器。在 PNS，許旺細胞產生髓質；而在 CNS，寡樹突神經膠細胞產生髓質。在發育過程中，這些細胞與軸突相關聯，如圖 28.3b 的上方圖所示，並開始將自己多次纏繞在軸突上，形成**髓鞘** (myelin sheath)，由多層膜組成的隔絕器。髓鞘是呈段狀的，沒有隔絕的空隙稱為**蘭氏結** (node of Ranvier)。在蘭氏結處，軸突直接與周圍液體接觸。神經衝動在結與結間跳躍，加速其在軸突中向下移動。許多硬化症 (詳見第 27 章) 是致死性的臨床疾病，其導因自髓鞘的退化。

神經衝動

當一個神經元在「休息」、沒有攜帶神經衝動時，在神經元原生質膜上的活化運輸蛋白會將鈉離子 (Na^+) 送出，並將鉀離子 (K^+) 送進細胞。這些鈉－鉀幫浦已在第 4 章描述過。鈉離子一旦被送出細胞，便不易再回到細胞中，所以細胞外的鈉離子濃度漸增，同樣的，鉀離子在細胞內累積，然而它們不會有太高的濃度，因為許多鉀離子能經由開放的通道擴散出去。此休息階段在本節的「關鍵生物程序」第 1 部分中以黃色代表。結果使得神經元外側比內側更呈現正電，即稱為*休息膜電位* (resting membrane potential) 的狀態。此休息的原生質膜已被「極性化」。

神經元會持續擴張能量以將鈉離子送出細胞外，以便維持休息膜電位。細胞內多數蛋白質的淨負電荷也會加入此電位差異。科學家利用精細的設備已經能測量神經元內、外部的電位差異為 –70 毫瓦。此休息膜電位是神經衝動的起始點 (第 1 部分)。

神經衝動沿著軸突及樹突移動，如同離子經由**電壓門控通道** (voltage-gated channels) 進出神經元，亦即神經元膜上的蛋白質通道會因電壓而做出開與關的反應。當壓力或其他感覺輸入干擾了神經元的原生質膜時，造成在樹突上的鈉離子通道打開 (第 2 部分的紫色通道)，神經衝動即開始。結果導致鈉離子又從神經元外部湧入內部，使得其濃度梯度降低，而且在短暫片刻，膜內的局部區域被「去極化」，變得比該處軸突外側更加帶正電 (如在第 2 部分的粉紅色區塊)。

在去極化膜上的一小片之鈉離子通道維持打開的時間僅約 0.5 毫秒。然而，倘若電壓改變夠大，便會導致鄰近電壓門控鈉、鉀離子通道打開 (第 3 部分)。鈉離子通道先打開，其起始了一波去極化的過程向下移至神經元。此門控通道的打開導致鄰近電壓門控通道的開啟，就像一列倒下的骨牌。此局部可逆的電壓沿著軸突移動稱為**動作電位** (action potential)。動作電位依循「全有全無」定律：一個夠大的去極化會產生不是完整的動作電位，就是完全沒有，因為電壓門控的鈉離子通道完全打開或者全不開。一旦通道打開了，動作電位即形成，在些微的延遲之後，鉀離子電壓門控通道打開，且 K^+ 從細胞流出而降低其濃度梯度，使得細胞內部更加帶負電。此膜電位更具負電 (第 4 部分中的綠色區塊) 的情況，造成電壓門控的鈉離子通道再度關閉。在動作電位已通過之後且在休息膜電位被恢復之前的這段時間，稱為*不反應期*。第二個動作電位在不反應期間不能發動，直到休息膜電位被鈉－鉀幫浦的動作恢復，才會開啟。

休息膜電位的去極化和恢復僅需約 5 毫秒。在說出「神經」兩字的時間內，可接續發生完整的 100 個循環。

關鍵學習成果 28.2

神經元是特化為可傳導神經衝動的細胞。神經衝動導因自離子通過在神經元原生質膜上特定蛋白通道的移動，其通道之開閉是反應自化學或電子的刺激。

28.3 突觸

神經衝動沿著神經元遊走直到抵達軸突末端，其通常位在非常靠近另一個神經元、肌肉細胞或腺體。然而，軸突並沒有真的與其他細胞直接接觸，而是有一細縫約 10~20 奈米寬 (稱為突觸間隙) 分隔軸突末梢及目標細胞。此軸突與另一細胞的交接處稱為**突觸** (synapse)，如圖 28.4 所示。突觸的在軸突一端的膜 (圖的左側) 屬於**突觸前細胞** (presynaptic cell)；而在突觸接收側 (圖的右側) 則稱為**突觸後細胞** (postsynaptic cell)。

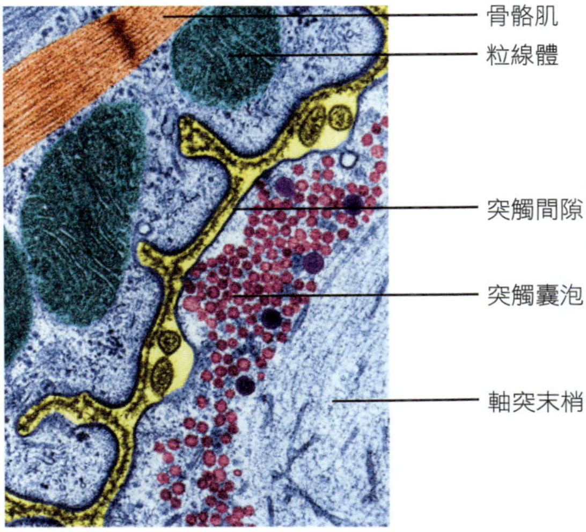

圖 28.4 突觸
此顯微照片清楚呈現在突觸前及突觸後細胞膜之間的空隙 (黃色部分)，其稱為突觸間隙。

關鍵生物程序：神經衝動

1

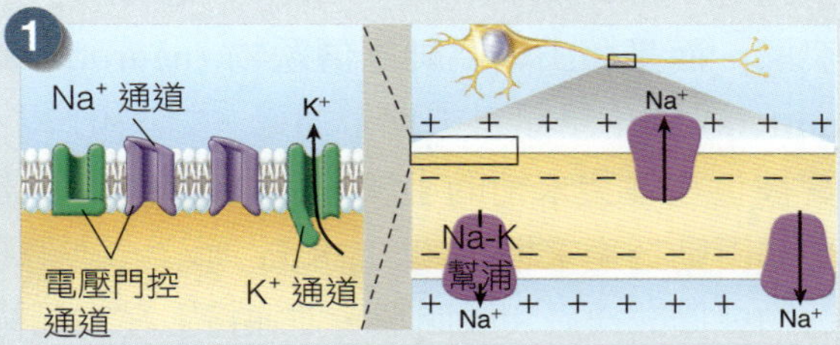

在休息膜電位時，軸突內部帶負電，因為鈉－鉀離子幫浦使外側的鈉維持在較高濃度。此時電壓門控離子通道關閉，但仍有少數 K^+ 漏出。

2

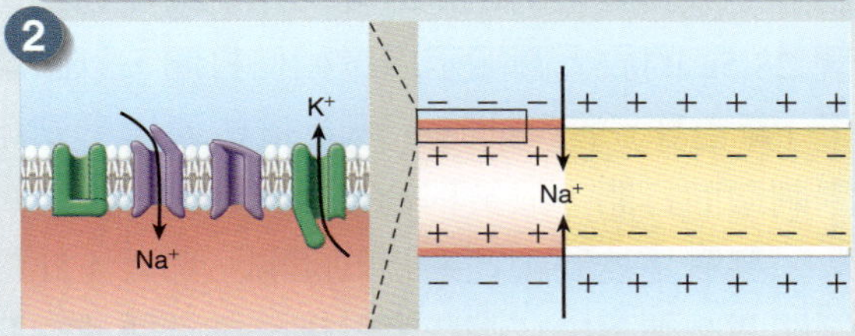

由於對刺激的反應，膜去極化：電壓門控鈉離子通道打開，鈉離子流進細胞，使得細胞內更加帶正電。

3

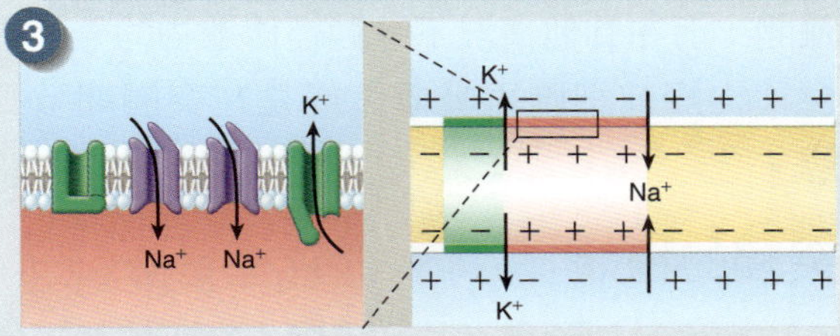

局部的電壓變化打開鄰近的鈉離子通道，進而產生動作電位。

4

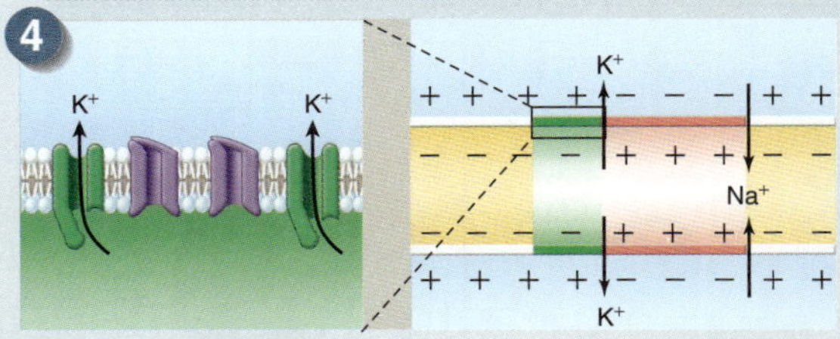

當動作電位沿著軸突向下傳得更遠，電壓門控鈉離子通道關閉，而鉀離子通道打開，使鉀離子得以流出細胞而恢復細胞內的負電位。最終，鈉－鉀離子幫浦恢復了休息膜電位。

神經傳遞物

當神經衝動到達軸突末端時，其訊息必須通過突觸以繼續傳送。訊息不能「跳」過突觸，而是藉由稱為**神經傳遞物** (neurotransmitters) 的化學訊息被攜帶通過。這些化學物質被包在軸突末梢的小囊 (或稱囊泡) 中。當神經衝動抵達末梢，如圖 28.5a 所示，神經傳遞物會擴散通過突觸間隙，並連接上在突觸後細胞的受體 (紫色構造)。當此神經傳遞物連接打開特殊離子通道，即允許離子進入突觸後細胞並造成其膜上的電位改變，訊息即能通過。圖 28.5a 的放大圖顯示通道如何打開，以讓離子 (黃色球) 進入細胞。因為這些通道受到化學刺激而打開，故被稱為*化學門控*。

突觸是控制神經系統的開關。然而，此控制開關必須藉由在某些定點排除神經傳遞物關閉，否則突觸後細胞會持續發啟動作電位。在有些情況下，神經傳遞物的分子會從突觸擴散離開；而在其他情況下，神經傳遞物的分子則會被突觸前細胞再吸收，或是在突觸間隙瓦解。

突觸的種類

脊椎動物神經系統利用數十種不同類型的神經傳遞物，每種可被接收細胞上的特定受體所辨識。它們通常屬於兩類，依其是否刺激或抑制突觸後細胞而定。

在*刺激性突觸*中，受體蛋白通常是化學門控鈉離子通道，表示通過膜的鈉離子通道可被神經傳遞物打開。鈉離子通道因和形狀適合的神經傳遞物相接而打開，允許鈉離子流進細胞。倘若被神經傳遞物打開的鈉離子通道數量足夠，即可啟動動作電位。

在*抑制性突觸*中，受體蛋白是化學門控鉀或氯離子通道，其和神經傳遞物相接後，即打開這些通道，導致帶正電的鉀離子離開，或是帶負電的氯離子進入，造成接收細胞內部更加帶負電。此抑制了動作電位的起始，因為負電壓改變細胞內部，表示必須有更多鈉離子通道被打開，以便如骨牌效應一般地起始電壓門控鈉離子通道，而開啟動作電位。

單一神經細胞可具有此兩種突觸連接至另一個神經細胞，如圖 28.6 的神經元。當來自刺激性及抑制性突觸的訊息傳到神經元的細胞本體時，刺激性的作用 (其導致內部較不具負電) 及抑制性的作用 (其導致內部更具負電) 彼此互相作用，結果即是整合的過程，其中不同的刺激性及抑制性電子作用會互相抵消

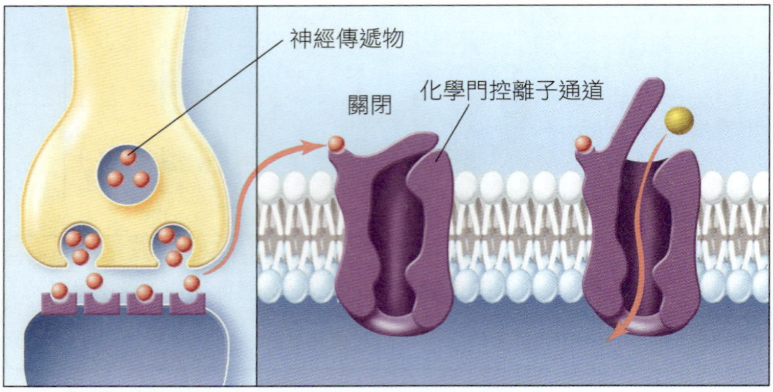

(a)

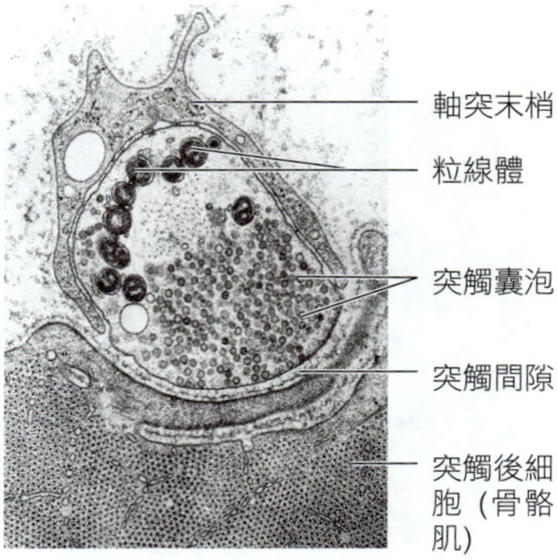

(b)

圖 28.5　在突觸發生的變化
(a) 當神經衝動到達軸突末梢，它會釋出神經傳遞物至突觸間隙中，此神經傳遞物分子擴散通過突觸，並連上突觸後細胞上的受體，而打開離子通道；(b) 在軸突末梢的穿透式電子顯微鏡照片顯示充滿突觸囊泡。

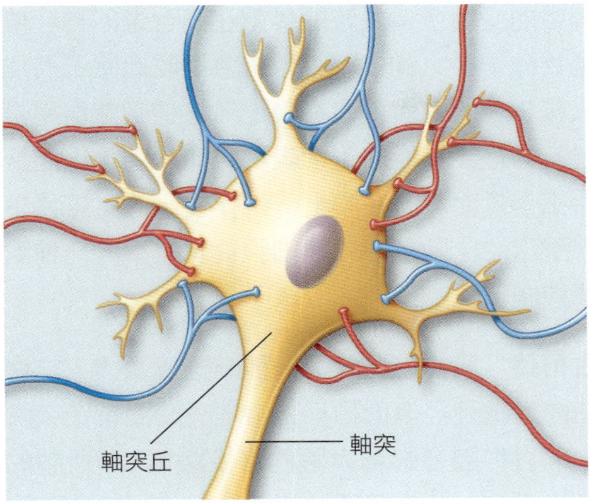

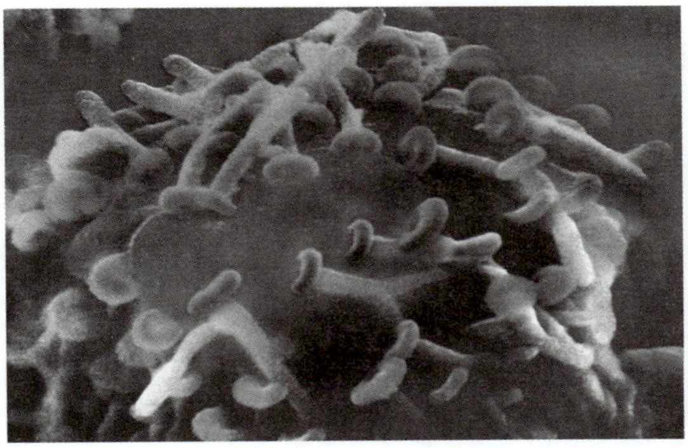

圖 28.6 整合
此圖說明許多不同的軸突突觸與突觸後細胞的本體及樹突相接。刺激性突觸以紅色代表，而抑制性突觸則是藍色。其在軸突丘輸入的影響總和將會決定神經衝動是否開始沿著軸突向下傳遞。電子顯微照片顯示神經元細胞本體以及許多的突觸。

或加強。在軸突基部的一個區域稱為**軸突丘** (axon hillock)，是此整合過程的發生處。倘若整合的結果是夠大的去極化，則動作電位即會啟動。神經元通常接收許多輸入訊息，在脊髓中的單一運動神經元上可有多達 50,000 個突觸。

神經傳遞物的種類

乙醯膽鹼 (ACh) 是神經肌肉交接處 (即在神經元及肌纖維之間形成的突觸) 所釋出的神經傳遞物。在與骨骼肌相接處，ACh 會形成刺激性的突觸，但在心肌則具有相反的作用，會造成抑制性突觸。

甘胺酸及 GABA 是抑制性神經傳遞物。此抑制性作用在身體運動及其他大腦功能之神經控制上非常重要。藥物煩靜錠 (diazepam) 可藉由加強 GABA 與其受體連接，而達到其鎮靜及其他效用。

生物胺是一群神經傳遞物，其包括多巴胺 (dopamine)、正腎上腺素 (norepinephrine)、血清素 (serotonin) 以及激素腎上腺素 (epinephrine)。這些神經傳遞物對身體有多種作用：多巴胺在控制身體活動很重要；正腎上腺素及腎上腺素參與自主神經系統，將討論於後；以及血清素則與睡眠調節及其他情緒狀態有關。藥物 PCP (天使丸) 可藉由阻斷從突觸移除生物胺而引出其效用。

關鍵學習成果 28.3

突觸是軸突與另一細胞之間的交接處。神經傳遞物攜帶訊息通過分開兩細胞的空隙，該訊息可以是刺激性或抑制性的作用，依何種離子通道開啟而定。

28.4 易成癮的藥物對化學突觸的作用

神經

身體有時會故意延長訊息通過突觸的時間，這是藉由在突觸中加入特殊且可久存的化學物質，稱為**神經調節物** (neuromodulators)。有些神經調節物可協助釋放神經傳遞物至突觸中；其他則會抑制神經傳遞物的再吸收，而使其繼續留在突觸中；此外還有會延遲被再吸收之神經傳遞物的瓦解，保留其在神經元的末梢，以便在下個訊息抵達時，再被釋放至突觸中。

心情、喜悅、傷痛及其他精神狀態可藉由偵測大腦中特殊類群的神經元來判定，這些神經元會利用特定類群的神經調節物及神經傳遞物。例如心情受到神經傳遞物血清素的強烈影響，許多研究人員認為心情低落導因自缺乏血清素。百憂解 (Prozac) 是全世界銷售最好的抗憂鬱劑，它可抑制血清素的再吸收，故而增加其在突觸的含量。圖 28.7 中的突觸呈現出百憂解的作用。釋放至突觸中的紅色血清素分子，通常會被突觸前細胞再吸收。如圓形放大圖所示，百憂解抑制此再吸收，讓血清素留在突觸中。

藥物成癮

當身體的細胞暴露在化學訊息中一段時間後，其容易喪失對具原始強度刺激的反應能力，神經細胞特別易於喪失此敏感度。倘若突觸中的受體蛋白長時間暴露在高含量的神經傳遞物分子中，神經細胞通常會反映此狀況而加入較少量的受體蛋白在膜上。這種回饋作用是所有神經元功能的正常表現，即是演化出能配合工作量而調整在膜上「工作檯」的「工具」(受體蛋白) 數量，以讓細胞更有效率的一種簡單機制。

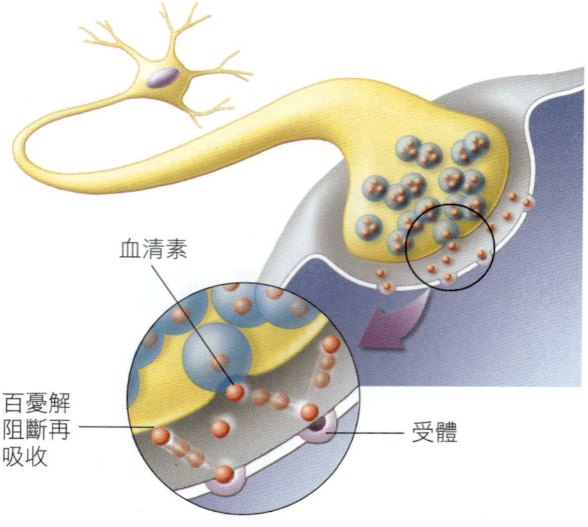

圖 28.7 藥物改變神經衝動通過突觸的方式
憂鬱可能導因自缺少神經傳遞物血清素。抗憂鬱劑百憂解，藉由阻斷血清素的再吸收，讓血清素留在突觸中的時間較久。

古柯鹼 藥物古柯鹼是一種神經傳遞物，它會造成大量神經傳遞物不正常地長時間留在突觸中。古柯鹼會影響大腦內喜悅路徑 (即所謂的邊緣系統，此大腦區域將於 28.6 節中討論) 中的神經細胞，這些細胞利用神經傳遞物多巴胺來傳遞喜悅訊息。在「關鍵生物程序」中的第 1 部分說明在突觸的正常活動，多巴胺分子 (紅色球) 即在此處被突觸前細胞的運輸蛋白再吸收。研究人員利用放射線標定古柯鹼分子，發現其會緊密連接在突觸前細胞的運輸蛋白上 (第 2 部分)。正常情況下，這些蛋白會在神經傳遞物多巴胺作用之後而將之移除，就像遊戲「音樂大風吹」，所有座位全被占據，最終就沒有空的運輸蛋白可被多巴胺分子所利用，所以多巴胺留在突觸中，不斷地開啟受體。當新的訊息到達時，更多的多巴胺加入，於是也更加頻繁地開啟喜悅路徑。

當邊緣神經系統神經細胞上的受體蛋白長時間暴露在高含量的多巴胺神經傳遞物分子中，神經細胞會藉由減少在表面的受體蛋白數量來「降低訊息的音量」(第 3 部分)。它們對較多數量的神經傳遞物分子所做出的反應是單純地降低這些分子可利用的目標數量。這位吸食古柯鹼者現已成癮。**上癮** (addiction) 是長期暴露在藥物中所引發的神經系統之生理適應。由於具有如此稀少的受體 (如第 4 部分)，多巴胺的正常含量並不能誘發在突觸後細胞的動作電位，因此這位吸食者需要更多藥物以維持甚至正常的邊緣系統之活動。

關鍵生物程序：藥物成癮

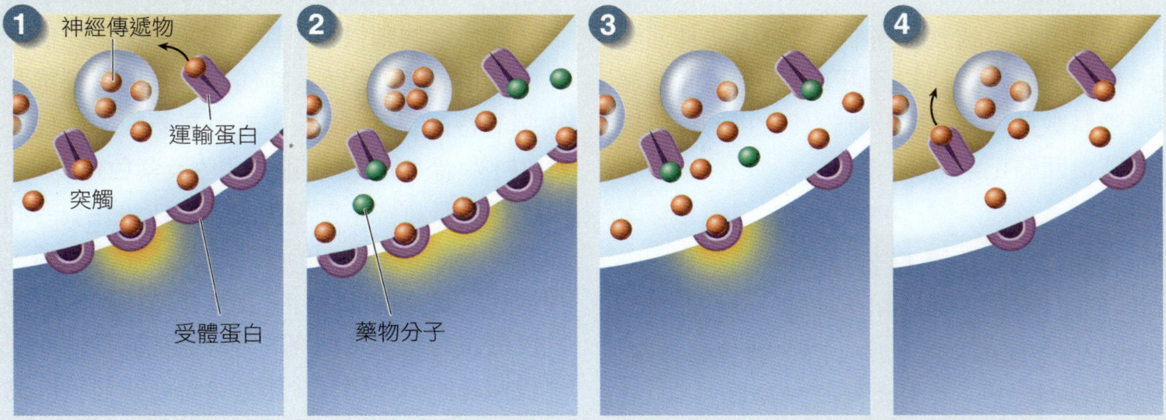

在正常的突觸，神經傳遞物會快速被運輸蛋白所回收，因此受體蛋白的啟動速率維持偏低。

藥物分子如古柯鹼連接上運輸子並阻擋回收，因此神經傳遞物含量上升，啟動速率也增加。

接收神經元藉由減少受體數量而「降低音量」，因此啟動速率以回覆正常。

倘若古柯鹼被移除，神經傳遞物會降為正常，但其量太低以致無法啟動已被減少的受體。

抽菸成癮也是藥物成癮嗎？

研究人員企圖探索抽菸習性形成的本質，利用以往所知有關古柯鹼的知識來執行似乎合理的實驗：他們應用放射性標定的菸草古柯鹼並將之輸入大腦中，以探尋它是接到哪一種運輸蛋白。

令他們大吃一驚的是，尼古丁忽略了突觸前細胞膜上的蛋白，而直接連上一個在突觸後細胞上的特殊受體！這完全是意料之外，由於尼古丁並非正常出現在大腦中的物質－為何該處會有其受體？

在深入的研究接續進行下，研究人員很快地知道「尼古丁受體」在正常之下是用來連接神經傳遞物乙醯膽鹼。這些受體是大腦中最重要的工具之一，大腦利用它們來協調許多其他種類受體的活動，就像是針對大範圍不同行為的敏感度作「微調」。

當神經生物學家比較抽菸者與不抽菸者的邊緣系統神經細胞時，他們發現兩種受試者的尼古丁受體數量以及用來產生此受體的 RNA 含量有變化，他們已經發現大腦會藉由兩種方式來「調降音量」，以適應長期暴露在尼古丁之下：(1) 產生較少量尼古丁能連接的受體；以及 (2) 改變啟動尼古丁受體的模式 (亦即其對神經傳遞物的敏感度)。

第二項調整即是針對抽菸對大腦活動的強烈影響。尼古丁藉由跨越大腦用以協調其許多活動的正常系統，進而改變了許多神經傳遞物釋放至突觸間隙的模式，包括乙醯膽鹼、多巴胺、血清素及許多其他者。結果造成在大腦內多數不同神經路徑的活動量產生變化。

會發生尼古丁成癮是因為大腦藉由產生許多改變，以補償了許多尼古丁所誘發的變異。所做的調整包括大腦內多種受體的數量及敏感度，以恢復活動的適當平衡。倘若停止抽菸，會發生什麼事？一切須重新來過！新的協調系統需要尼古丁以達到適切的神經路徑活動之平衡。此在任何情況下來說，就是成癮。身體的生理反應是深刻且無可避免的，只靠意志力是無法避免對尼古丁成癮。倘若長期抽菸，那麼將會成癮。

好消息是尼古丁的使用可被停止，被減量的訊息傳遞就可誘發神經細胞再度產生補償變化，恢復大腦內活動的適切平衡，一段時間之後，受體數量、敏感度及神經傳遞物的釋放模式都將會回歸正常。

關鍵學習成果 28.4

神經調節物是可久存的化學物質，其作用在突觸上以改變神經的功能。許多會成癮的藥物如古柯鹼及尼古丁的作用即是神經調節物。

中樞神經系統

28.5 脊椎動物腦的演化

三個基本部位

腦是脊椎動物所演化出最複雜的器官，且其能執行無數複雜的功能 (圖 28.8)。無顎動物化石 (五億年前佔優勢的魚類) 的腦殼內部顯示許多有關脊椎動物腦的早期演化階段之資訊，雖然這些腦很小，但已經可區分為三個部位，如圖 28.9 所示，其代表所有現存脊椎動物腦的特徵：(1) 後腦，或稱為菱腦 (黃色)；(2) 中腦 (綠色)；(3) 前腦 (藍色及紫色)。

後腦是這些早期腦的主要組成，在現今的魚類仍是如此。魚類的後腦包括小腦及延髓，可被視為是脊髓的延伸，主要負責協調性的運動反射。含有大量軸突的神經束如同纜線般上下貫穿脊髓至後腦。後腦整合許多來自肌肉的感覺訊息，並協調運動反應的模式。

此協調大部分是在後腦的小延伸區 (稱為小腦) 執行。在較演進的脊椎動物中，小腦扮演更加重要的角色成為協調中心，並且其大小相對地比在魚類中者還大。在所有脊椎動物中，小腦處理有關四肢所在位置與動作、肌肉放鬆或緊縮的狀態，以及身體與外界環境相對之一般位置的數據，這些數據會在小腦中被收集並合成，然後所產出的指令再被傳至輸出的路徑。

在魚類，腦的其他部位負責感覺資訊的接收及處理。中腦主要是由**視葉** [optic lobes；也

圖 28.8　需要練習才有好聽的叫聲
這隻幼小郊狼正在黃昏時刻嚎叫。牠的叫聲並不像牠父親般令人印象深刻－這還需要練習。牠的大腦正在反覆學習如何控制其聲帶。

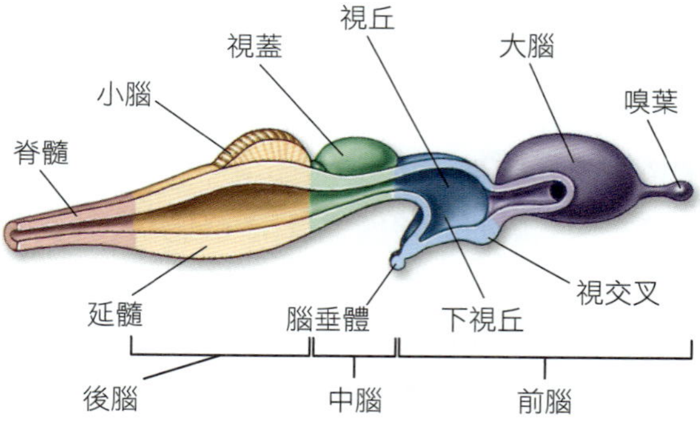

圖 28.9　原始魚種的腦
脊椎動物腦的基本組成可以在原始魚種的腦看到。腦被區分為三個區域，其在所有脊椎動物所占比例不同：後腦，在魚類是最大的部位；中腦，在魚類主要負責處理視覺資訊；以及前腦，主要與魚類的嗅覺有關。在陸生脊椎動物中，相較於在魚類中，前腦在神經處理上扮演更重要的角色。

稱為**視蓋** (optic tectum)] 所組成，其接收並處理視覺資訊，而前腦則負責處理嗅覺資訊。魚的腦可終身持續生長，此持續生長與其他類群的脊椎動物非常不同，後者大多在胎兒期即完成發育。人類的腦可持續生長至幼兒初期，但是一旦停止發育即不再新生神經元，除了參與長期記憶的海馬迴之外。

優勢的前腦

從兩棲類開始，並在爬蟲類中持續更加占優勢，感覺資訊逐漸集中在前腦。此模式是在脊椎動物腦的進一步發育中優勢演化趨勢。在圖 28.10 中，腦的不同部位以顏色分區，可見腦發育的演化趨勢，在哺乳類中，前腦的大腦逐漸變大。

在爬蟲類、兩棲類、鳥類及哺乳類中，前腦包括兩部分：間腦 (diencephalon) 及端腦 (telencephalon)。間腦包括視丘及下視丘 (在圖 28.9 中的藍色部分)。**視丘** (thalamus) 是一個在輸入的感覺資訊和大腦之間的整合及傳達中心。**下視丘** (hypothalamus) 參與基本的驅動器及情緒，以及控制腦垂體的分泌，進而調控身體的許多其他內分泌腺 (詳見第 30 章)。經由與神經系統及內分泌系統的連結，下視丘可協助協調神經和激素對內在刺激與情緒的反應。端腦位在前腦的前端，大多負責關聯活動 (圖 28.9 及 28.10 的紫色部位)，在哺乳類中，端腦被稱為**大腦** (cerebrum)。

大腦的擴張

檢視圖 28.10 中各動物的腦容量及體型大小，可看出在魚類、兩棲類及爬蟲類 (圖中分支點左側)，以及鳥類和哺乳類 (圖中分支點右側) 之間相當大的差異。特別是哺乳類的腦相對於其體型特別地大，這在鯨豚類及人類中尤其明顯。哺乳類的腦容量增加大多是由於其大

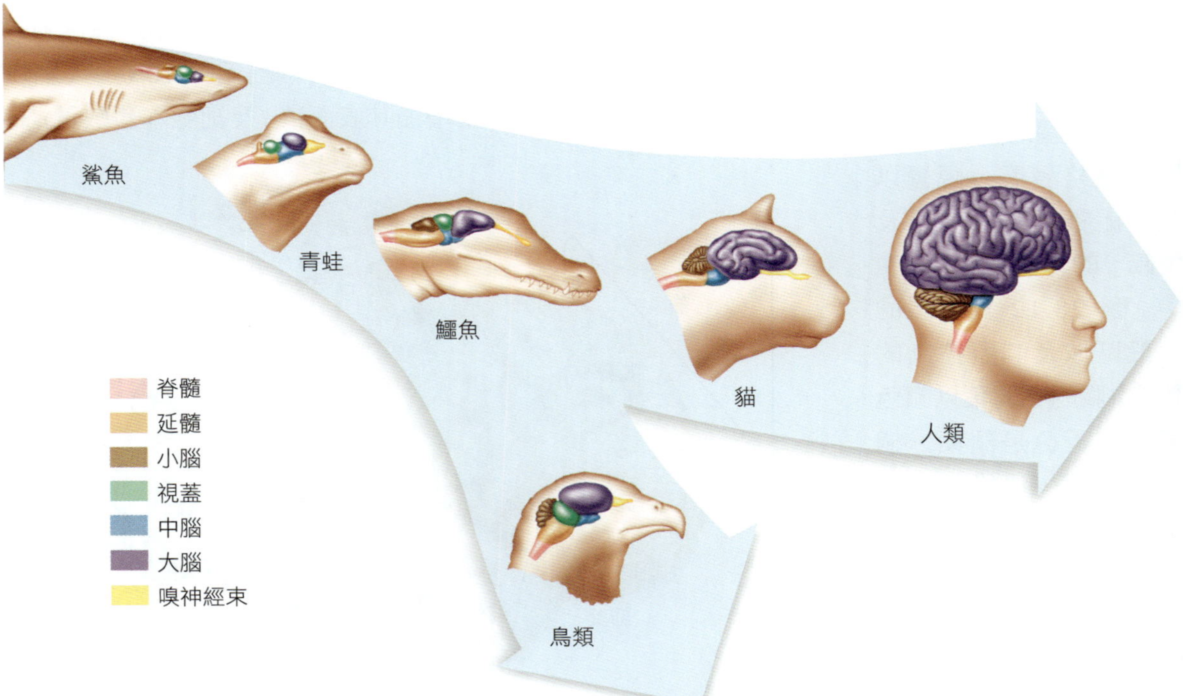

圖 28.10　脊椎動物腦的演化

在鯊魚及其他魚類，後腦占優勢，而腦的其他部分主要負責處理感覺資訊。在兩棲及爬蟲類，前腦更加變大，其包含較大的大腦負責關聯活動。在鳥類，其演化自爬蟲類，大腦變得更占優勢。在哺乳類，大腦包住視蓋，且是腦的最大部位。大腦的占優勢在人類達到最大，其幾乎包住腦的其他部位。

腦 (是哺乳類腦的優勢部位) 大幅擴大，大腦是哺乳類的相關、聯想及學習中心。它接收來自全身的感覺數據，並發出運動指令至身體各部。

關鍵學習成果 28.5

在魚類，後腦形成大部分的腦，隨著陸生脊椎動物演化形成，前腦逐漸變得較占優勢。

28.6 腦的運作

大腦是控制中心

雖然脊椎動物的腦在不同組成的相對重要性方面有所差異，人類的腦是說明脊椎動物腦的功能之最佳模式。人類的腦中大約有 85% 的重量是由大腦組成，如圖 28.11 中的灰褐色、彎曲部分。

大腦是腦中大型而圓的區域，其被一條溝分隔成左右兩半，稱為大腦半球。圖 28.11 中的腦剖面是切過中央溝，已移除左半球以顯示右半球。半球又區分為額葉、頂葉、枕葉以及顳葉。大腦的功能涵蓋語言、理性思維、記憶、性格發展、視覺以及一組被稱為「思考及情感」的其他活動。

圖 28.12 顯示腦的一般區域及其所控制的功能 (腦的不同葉以顏色區分：黃色是額葉，橘色是頂葉，淺綠色是枕葉，而淺紫色是顳葉)。大腦狀似一個具皺褶的香菇，位在腦的其他部位的上方，並如同手握拳頭而將它們包圍。

大部分的大腦神經活動發生在薄且呈灰色的外層，其僅數毫米厚，稱為**大腦皮質** (cerebral cortex，cortex 源自拉丁文，意指樹皮)，這層呈現灰色是因為其密集的神經細胞本體。人類大腦皮質包含有超過 100 億個神經細胞，大約腦中所有神經元的 10%。大腦皮質的皺褶增加其表面積 (及細胞本體數量) 高

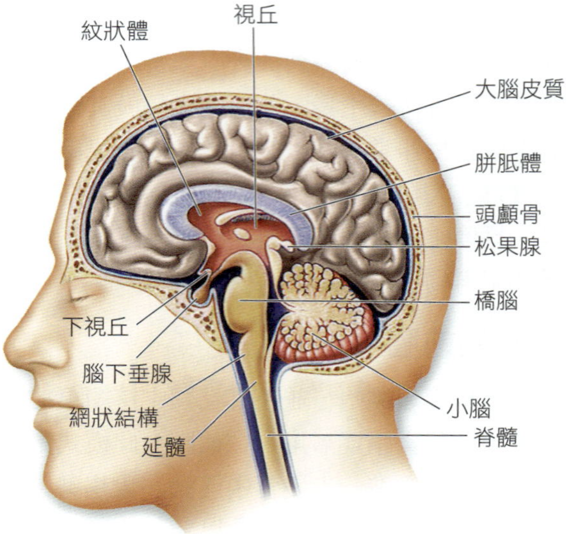

圖 28.11 人類大腦的剖面
大腦占據腦的大部分，在表面僅可見其外層大腦皮質。

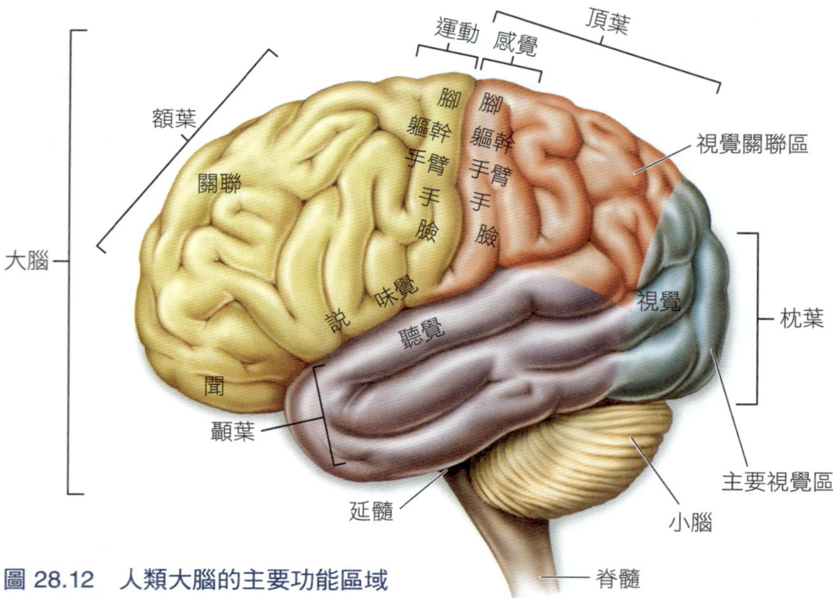

圖 28.12 人類大腦的主要功能區域
大腦皮質的特殊區域與身體的不同部位及功能有關。

達三倍。在皮質下層是實心的白色區域，充滿具髓鞘的神經纖維，其負責在皮質及腦的其他部位之間傳達訊息。

左、右大腦半球藉由成束的神經元連結，稱為**神經束** (tracts)。這些神經束如同訊息快速道路，將腦的個別半球之運作情況通知另一半。由於這些神經束在腦的胼胝體 (corpus callosum；圖 28.11 的藍色帶狀) 交叉跨越，每個腦半球控制身體相對一側的肌肉及腺體。因此，右手上的觸覺主要是來自左半球，其可能會啟動右手的動作來反應。

有時候在腦中的血管會被血栓所阻塞而導致稱為**中風** (stroke) 的疾病。在中風期間，腦內的某區域循環受阻而造成腦組織死亡，在大腦一側發生嚴重中風會造成身體另一側的麻痺。

視丘及下視丘處理訊息

視丘及下視丘位在大腦的下方，是處理訊息的重要中心。視丘是腦內感覺處理的主要位置，聽覺、視覺及其他來自感覺受器的訊息會進入視丘，然後被傳達至大腦皮質的感覺區域。視丘也控制平衡，衍生自肌肉的姿勢相關訊息以及衍生自耳內感應器的方位相關訊息會與來自小腦的訊息組合並傳給視丘，視丘處理訊息並將之傳達至大腦皮質上適當的運動中心。

下視丘整合所有身體內部的活動，它控制腦幹內的所有中心，進而調控體溫、血壓、呼吸以及心跳。它也指揮腦中主要產生激素的腺體腦垂體的分泌。下視丘藉由密集的神經元網絡連結至大腦皮質的部分區域，此網絡與下視丘的某些部位以及腦內稱為海馬迴 (hippocampus) 和杏仁體 (amygdala) 的區域共同組成**邊緣系統** (limbic system)。在圖 28.13 中的綠色區域代表邊緣系統的組成。邊緣系統的運作與脊椎動物的許多最深層的驅動器及情

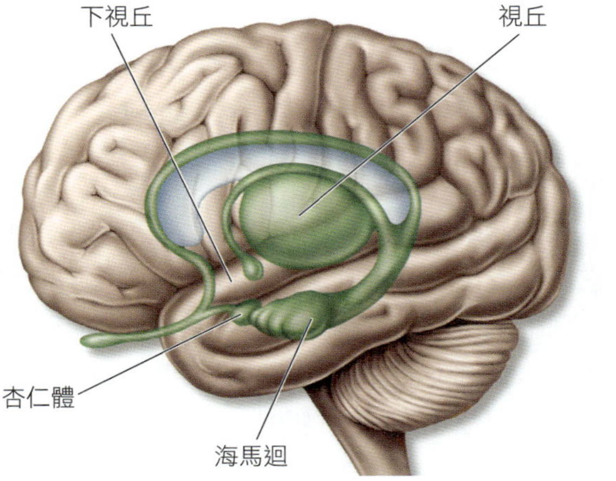

圖 28.13　邊緣系統
海馬迴及杏仁體是邊緣系統的主要組成，其控制最深層的驅動器及情緒。

緒有關，包括痛苦、憤怒、性愛、飢餓、口渴及喜悅，皆以杏仁體為中心。如前所述，邊緣系統是腦內被古柯鹼影響的區域，它也與記憶有關且以海馬迴為中心。

小腦協調肌肉運動

從腦的基部延伸出的構造是**小腦** (cerebellum)。小腦控制平衡、姿勢以及肌肉協調。這個小型、狀似花椰菜的構造，在人類及其他哺乳類中相當發達，在鳥類甚至發育得更好。鳥類可表現出比人類更複雜的平衡行為，因為牠們在空中立體地移動。想像一下：鳥類要停在枝條上時，動作須精準到不會撞上枝條，故此類動作需要良好的平衡及協調性。

腦幹控制重要的身體過程

腦幹 (brain stem) 是中腦、橋腦以及延髓的統稱，將腦的其他部位連接至脊髓。此軸狀構造含有控制呼吸、吞嚥以及消化過程的神經元，也控制心臟跳動及血管的口徑大小。腦幹經由一個稱為**網狀結構** (reticular formation) 的神經網絡連接至腦的其他部位，此廣布的連接使得這些神經在意識、感知及睡眠上不可或

缺。此網狀結構會過濾感覺輸入，使人能在如車輛交通等繁雜的噪音中入睡，並能在電話鈴響時立即醒來。

語言及其他較高的功能

雖然兩個大腦半球在構造上似乎相似，但它們負責不同的活動。研究此功能側化最徹底的例子是語言。大腦左半球是語言的「優勢」半球，此半球是大部分語言相關之神經處理區。此對慣用右手者的 90% 以及慣用左手者的三分之二的人們而言是如此。在優勢的半球中，有兩個語言區：一個在語言理解及將思維說成話語的形成上很重要，另一個則負責一般性運動輸出所需的語言溝通。在圖 28.14 中的不同語言活動確定在腦的不同部位進行。

腦的最大神秘處之一是記憶與學習，腦中沒有任何一區可存放記憶的所有項目，雖然記憶會因腦的一部分 (特別是顳葉) 被移除而受損，但並非完全喪失。許多記憶即使受損仍能保留，而使用那些受損記憶的能力也會隨時間逐漸復原。

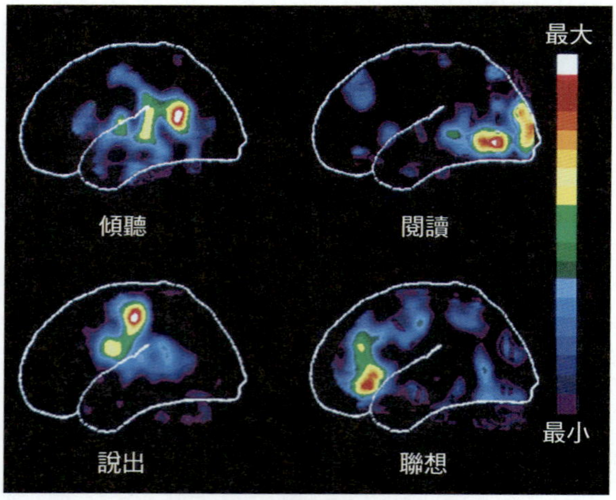

圖 28.14　大腦不同區域控制多種不同的活動
此圖顯示腦如何反映以下人類主題，當被要求傾聽口說的一個字、安靜地閱讀同樣的字、重複大聲說出那個字、然後聯想出一個與第一個字相關的字。白色、紅色及黃色區域顯示最大的活動。相較於圖 28.12，即可見腦內區域如何對應。

在短期及長期記憶之間顯然有些基礎上的差異。短期記憶是短暫的，僅維持一小段時間，這樣的記憶能藉由應用電擊而被移除，只完整保留先前儲存的長期記憶。此結果顯示，短期記憶是以暫時的神經興奮形式所作之電子性儲存。相反地，長期記憶顯然參與在腦內的某些神經連接之構造變化。顳葉的兩部分 (海馬迴及杏仁體) 皆參與在短期記憶以及其合併為長期記憶的過程中。

阿茲海默症的機制仍是個謎

在過去，我們對阿茲海默症的了解甚少，其為腦中的記憶與思維過程變得功能失調的狀態。科學家並不同意有關此疾病的生物本質及其導因。有兩種假設被提出：一則建議腦內的神經細胞由外向內被殺死；另一個則是由內而外。

在第一個假設中，外在的蛋白 (稱為 β-類澱粉胜肽) 殺死神經細胞。在蛋白處理過程上的錯誤而產生一個不正常型式的胜肽，然後其形成聚合體或斑塊。此斑塊開始填充在腦中，並會傷害或殺死神經細胞。然而，最近的一種可抑制 β-類澱粉合成之藥物的臨床試驗顯示其會讓阿茲海默症更加惡化而並非治癒之。

第二個假說仍維持，神經細胞被不正常型式的內在蛋白所殺死。此蛋白稱為濤蛋白 (τ)，正常之下它具有可維持蛋白運輸微管之功能。不正常的 τ 蛋白會聚集成螺旋片段而形成纏繞，干擾神經細胞的正常功能。研究人員仍持續研究此纏繞或斑塊是否是阿茲海默症的成因或是結果。

關鍵學習成果 28.6

腦內的關聯活動集中在外層的大腦皮質。而大腦下方的視丘及下視丘負責處理訊息及整合身體活動。小腦則協調肌肉運動。

28.7 脊髓

脊髓 (spinal cord) 是一整束神經元從腦向下延伸經過背骨，如圖 28.15 所示。

圖 28.16 是脊髓的橫剖面，顯示中央的暗灰色區域，其內含神經細胞本體，形成貫穿整條脊髓內部的軸心，此軸心被包在呈鞘狀的軸突及樹突內，因為它們有髓鞘包覆，故使得脊髓的整個外圍呈現白色。脊髓被一列脊椎骨所包圍並保護，脊髓神經從每塊脊椎骨之間傳出至身體各部，身體與腦之間的訊息會在脊髓上下游走，如同訊息快速公路。

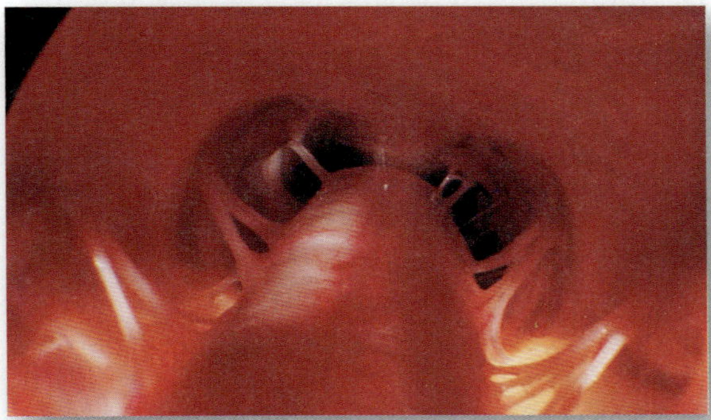

圖 28.15　向下俯視人類脊髓
可見成對的脊神經從脊髓向外延伸，腦及脊髓能沿著這些神經與身體各部溝通。

在每段脊髓中，運動神經從脊髓延伸至肌肉。從脊髓的脊發出的運動神經負責控制頭部以下大部分的肌肉。這是為何脊髓受傷通常會出現下半身麻痺情況的原因。

脊髓再生

在過去，科學家已嘗試藉由將身體其他部位的神經植入，以建立空隙上的橋樑並作為脊髓再生的導引，來修復嚴重受損的脊髓。但是，這些實驗大多失敗，因為神經橋樑不能從白質通到灰質。此外，在脊髓中有個抑制神經生長的因子。神經生物學家在發現纖維母細胞生長因子會刺激神經生長之後，試圖將曾與纖維母細胞生長因子混合的纖維蛋白，從白質到灰質加諸在神經上。

三個月之後，裝上神經橋樑的大鼠在其下半身開始表現出動作。在進一步的實驗動物分析中，染料測試顯示脊髓神經已經從空隙兩側再度生長。許多科學家認為類似處理方式具有應用在人類醫學上的潛力。然而大多數發生在人類的脊髓受傷並沒有涉及完全受損的脊髓；通常只是神經被壓擠。此外，雖然具有神經橋樑的大鼠的確重新獲得一些運動能力，然而測試顯示牠們幾乎不能行走或站立。

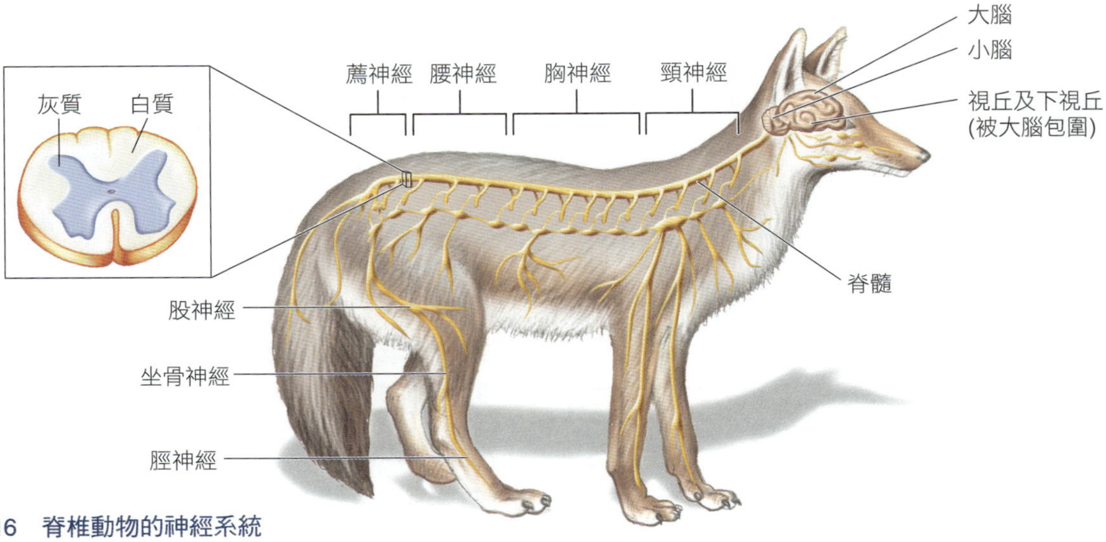

圖 28.16　脊椎動物的神經系統
腦是褐色部分，而脊髓及神經則是黃色部分。

關鍵學習成果 28.7

脊髓在脊椎動物中被背骨所保護，可延伸運動神經至頭部以下的肌肉。

周邊神經系統

28.8 隨意及自主神經系統

神經系統分為兩個主要部分：中樞神經系統 (圖 28.17 中的粉紅色方格，其包括腦和脊髓) 與周邊神經系統 (藍色方格，其包括運動及感覺路徑)。脊椎動物周邊神經系統的運動路徑可進一步區分為**軀體 (隨意) 神經系統** [somatic (voluntary) nervous system]，負責傳達指令至骨骼肌，以及**自主 (不隨意) 神經系統** [autonomic (involuntary) nervous system]，負責刺激腺體及傳達指令至身體的平滑肌，也傳至心肌。隨意神經系統可被意識所控制，例如你可命令你的手移動。相反地，自主神經系統不能被意識所控制，例如你不能告訴消化道的平滑肌加速其動作。中樞神經系統可超越隨意及自主神經系統而下達指令，但人僅能意識得到隨意的指令。

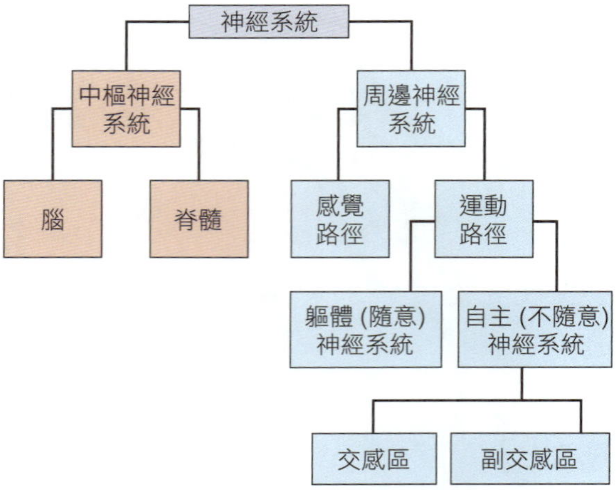

圖 28.17　脊椎動物神經系統的分區
周邊神經系統的運動路徑有軀體 (隨意) 神經系統及自主神經系統兩種。

隨意神經系統

隨意神經系統的運動神經元刺激骨骼肌以兩種方式收縮。第一，運動神經元可刺激身體的骨骼肌依意識指令而啟動收縮反應。例如，倘若你要拍打籃球，你的 CNS 送出訊息經由運動神經元至你的手臂及手的肌肉。然而，骨骼肌也可被刺激而表現出反射動作，其不需意識的控制。

反射能進行快速動作　身體的運動神經元被連接至全身，使身體能在危險狀況之下，甚至在動物能意識到威脅之前，即特別快速地動作。這些瞬間發生的不隨意運動稱為反射。**反射** (reflex) 可對刺激產生快速的運動反應，因為傳來有關威脅訊息的感覺神經元直接將訊息傳給運動神經元。最常見的身體反射之一是眨眼，是一種保護眼睛的反射。倘若有任何東西接近你的眼睛，例如飛過來一隻昆蟲，眼瞼甚至會在你察覺發生什麼事之前，就會眨一下，在大腦知道眼睛有危險之前，反射已經發生。

因為參與訊息傳遞的神經元非常少，所以反射非常快速。許多反射從未到達大腦，「危險」神經衝動最遠僅傳送到脊髓，然後就直接返回而作出運動反應。大多數的反射僅涉及感覺神經元與運動神經元之間的單一連結。而一些如圖 28.18 的膝跳反射則是單一突觸的反射弧。從圖中可見，當肌腱被敲時，感覺神經元 (即包在肌肉中的伸展受器)「感受」到肌肉的延伸。此伸展可能會傷及肌肉，所以神經衝動被送至脊髓，其與運動神經元直接以突觸相連，而沒有經過聯絡神經元。同理，當你踩到尖物時，你的腳會縮回而遠離危險，此尖物所造成的感覺神經元神經衝動通過脊髓然後到達運動神經元，而造成你腳中的肌肉收縮，於是讓腳縮回。

自主神經系統

有些運動神經元一直處在活躍狀態，甚

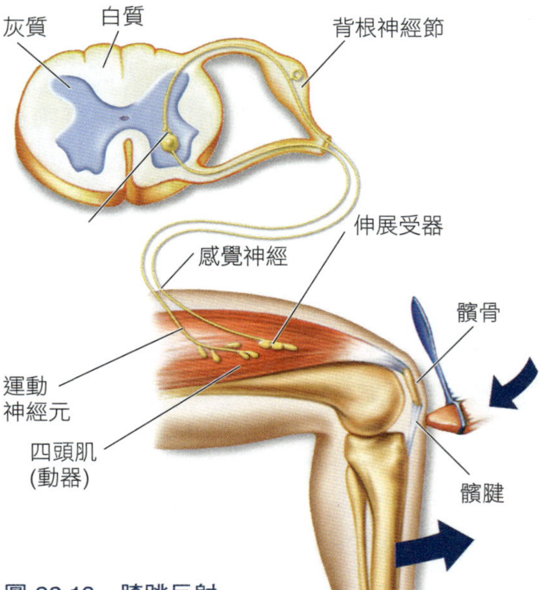

圖 28.18 膝跳反射
膝跳是最有名的不隨意反應，是由於四頭肌的伸展受器被活化所產生。當塑膠槌頭輕敲髕腱時，肌肉中的肌肉及伸展受器會被伸展，有個訊息向上傳至感覺神經元，其傳送訊息至四頭肌而使之收縮。

至在睡覺時亦如此。這些神經元從 CNS 攜帶訊息，以維持身體活動，即使身體本身並不活躍。這些神經元組成自主神經系統。*Autonomic* 一詞即代表不隨意，自主神經系統攜帶訊息至肌肉及腺體，是在動物未察覺之下運作。

自主神經系統是 CNS 用以維持身體恆定性的指令網絡。藉此系統，CNS 可調節心跳並控制血管壁的肌肉收縮。此系統可指揮肌肉以控制血壓、呼吸以及食物在消化系統中的移動。它也攜帶訊息以協助刺激腺體分泌淚液、黏液以及消化酵素。

自主神經系統是由兩個作用相反的部分所組成，一個是**交感神經系統** (sympathetic nervous system)，在壓力存在時占優勢。它控制「奮戰或者逃離」的反應、增加血壓和心跳速率以及血流至肌肉。交感神經系統 (圖 28.19) 由一個具短的運動軸突網絡所組成，其

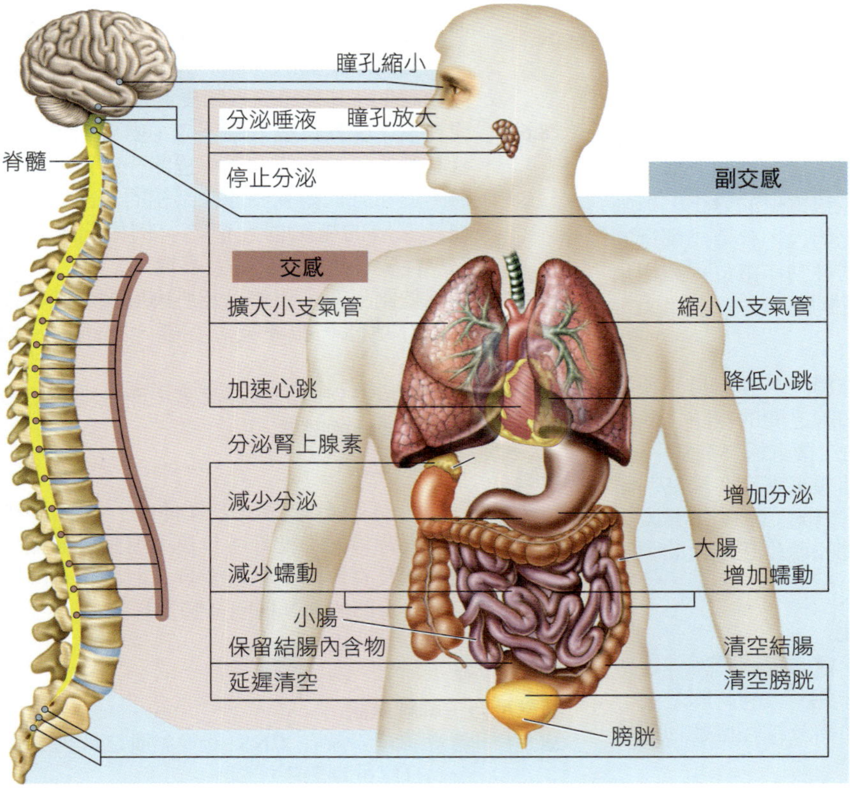

圖 28.19 交感及副交感神經系統如何交互作用
神經路徑從這兩個系統運行至每個指出的器官，除了腎上腺以外，它僅被交感神經系統所觸發。

從脊髓延伸而至成群的神經元本體稱為**神經節** (ganglia)，即圖中呈現位在脊髓右側的一條較深色條帶。在圖 28.16 中也可見鏈狀的神經節。從神經節延伸出之長的運動神經元會直接連到每個目標器官。另一個是**副交感神經系統** (parasympathetic nervous system) 則具有相反的作用。它藉由減緩心跳和呼吸速率，以及藉由促進消化和排泄，來保留能量。副交感神經系統是由一個具長的運動軸突網絡所組成，其從位在脊髓上、下兩側的運動神經元延伸而出；這些軸突延伸至緊鄰器官的神經節處。

大多數的腺體、平滑肌以及心肌會接收到來自交感及副交感神經系統穩定輸入的訊息。CNS 藉由改變此兩種訊息的比例來決定刺激或抑制該器官，進而控制活動。

關鍵學習成果 28.8

隨意神經系統傳達指令至骨骼肌，且可被意識所控制。自主神經系統統傳達指令至肌肉及腺體，其不能被意識所控制。

複習你的所學

神經元及其運作

動物神經系統的演化

28.1.1 動物利用神經系統來對其環境做出反應。在脊椎動物中，中樞神經系統 (腦及脊髓) 接收來自感覺神經系統的訊息，然後經由運動神經系統發出指令。

- 神經系統由神經元及支持細胞所組成。神經系統中有三種神經元：感覺神經元、運動神經元以及關聯神經元。

神經元產生神經衝動

28.2.1 神經元有一個細胞本體、接收訊息的樹突以及傳導來自細胞的神經衝動之長的軸突。

28.2.2 神經衝動起始於某種感覺輸入干擾了神經元的原生質膜，造成鈉離子通道打開。這個離子在膜的一區運動會導致電位的變化，稱為去極化。倘若電壓變化夠大，會造成鄰近的離子通道打開。此可誘發動作電位，去極化的波動會沿著軸突向下擴展。

突觸

28.3.1 當神經衝動到達軸突末梢時，其訊息必須通過在此神經元與另一細胞之間的空隙，此神經元與另一細胞之間的交接處稱為突觸。

28.3.2 根據流進細胞的離子種類來判定突觸為刺激性或抑制性。所有神經輸入會在突觸後細胞內整合 (圖 28.6)，總和產生正或負的膜電位。

易成癮的藥物對化學突觸的作用

28.4.1 稱為神經調節物的分子會強化或降低神經傳遞物在突觸上的作用。許多精神狀態是由一群使用特定的神經調節物及神經傳遞物的神經元來決定。

28.4.2-3 古柯鹼及尼古丁會成癮是因為神經系統會因藥物而反映出受體形狀的改變，故當藥物被移除時，身體不能立即回到正常功能。

中樞神經系統

脊椎動物腦的演化

28.5.1 隨著脊椎動物演化，前腦逐漸占優勢。

腦的運作

28.6.1 在人類的腦中，大腦占約 85%，且具語言、理性思維、記憶、性格發展、視覺以及許多其他更高層活動的功能。大腦的大部分神經活動發生在其外層的大腦皮質。

28.6.2 視丘及下視丘位在大腦下方，處理訊息及整合身體的不同功能。下視丘的一些區域加上海馬迴和杏仁體屬於邊緣系統的一部分，其涉及深層的驅動器及情緒，例如痛苦、憤怒、性愛、飢餓、口渴及喜悅。

28.6.3-4 小腦控制平衡、姿勢以及肌肉協調。腦幹控制生存功能，如呼吸、吞嚥、心跳以及消化。

28.6.5 短期記憶是暫時的神經興奮，而長期記憶涉及神經連結的改變。

脊髓

28.7.1 脊髓是從腦向背部下方延伸的一大束神經元，被背骨的脊椎骨所包覆。運動神經攜帶來自腦及脊髓的衝動至全身，而感覺神經則將來自身體的衝動攜回至腦及脊髓。

周邊神經系統

隨意及自主神經系統

28.8.1 隨意神經系統在 CNS 及骨骼肌之間傳達指令，且能被意識所控制。

28.8.2 反射的運作不受意識控制，如膝跳反射。
28.8.3 自主神經系統由相反的交感及副交感兩部分所組成，其非意識地在 CNS 及肌肉與腺體之間傳達指令。

測試你的了解

1. 聯絡神經元位在何處？
a. 腦 c. 周邊神經系統
b. 脊髓 d. 以上兩者

2. 神經細胞的膜快速去極化所造成的動作電位導因自？
a. 鈉離子的流入
b. 鈉 / 鉀離子幫浦的作用
c. 鉀離子的流入
d. 以上皆是

3. 在軸突與另一細胞之間的交接處稱為
a. 軸突丘 c. 突觸
b. 軸突末端 d. 動作電位

4. 激發的神經傳遞物會藉由打開何者，而啟動突觸後神經元的動作電位？
a. 突觸後神經元的鈉離子門控
b. 突觸後神經元的鉀離子門控
c. 突觸後神經元的氯離子門控
d. 突觸後神經元的鈣離子門控

5. 神經傳遞物與神經調節物的差異為何？
a. 神經調節物加速突觸傳遞
b. 神經調節物的壽命短
c. 神經調節物調控神經傳遞物的作用
d. 兩者無差異

6. 古柯鹼成癮發生在？
a. 古柯鹼連接在突觸前膜上的多巴胺運輸蛋白
b. 在邊緣神經系統的神經細胞中，突觸後多巴胺受體的數量減少
c. 在邊緣神經系統的突觸中，神經傳遞物的量上升
d. 多巴胺運輸蛋白失去功能

7. 抽菸會導致成癮是因為腦
a. 減少尼古丁受體的數量
b. 改變尼古丁受體對神經傳遞物的敏感度
c. 喪失瓦解尼古丁的能力
d. 以上兩者

8. 脊椎動物腦的演化之主要趨勢是何者漸占優勢？
a. 端腦 c. 下視丘
b. 小腦 d. 後腦

9. 大腦中，大部分的神經活動發生在何處？
a. 大腦皮質 c. 視丘
b. 胼胝體 d. 網狀結構

10. 身體內部活動的整合是由何處控制？
a. 大腦 c. 下視丘
b. 小腦 d. 腦幹

11. 小腦的角色是控制
a. 平衡 c. 心跳
b. 呼吸 d. 感知

12. 邊緣系統的目的是
a. 協調來自鼻子的嗅覺訊息與來自眼睛的視覺訊息
b. 處理重要的思維及學習
c. 與肌肉協調眼睛的訊息
d. 協調情緒

13. 短期及長期記憶的主要差別是只有長期記憶
a. 可藉由應用電擊而移除
b. 以電子方式儲存在顳葉中
c. 在 CNS 突觸中涉及結構改變
d. 以上兩者

14. 來自脊髓的運動神經控制大部分的
a. 邊緣系統 c. 理性思維及語言
b. 頭以下的肌肉 d. 枕葉的視覺處理

15. 下列何者不會出現在周邊神經系統中？
a. 運動神經元 c. 感覺神經元
b. 關聯神經元 d. 許旺細胞

16. 功能反射
a. 僅須有一個感覺神經元及一個運動神經元
b. 須有一個感覺神經元、視丘及一個運動神經元
c. 須有大腦皮質及一個運動神經元
d. 僅須有大腦皮質及視丘

17. 自主神經系統的目的與下列何者無關？
a. 刺激腺體
b. 傳達訊息給骨骼肌
c. 傳達訊息給心肌及平滑肌
d. 調節身體的恆定性

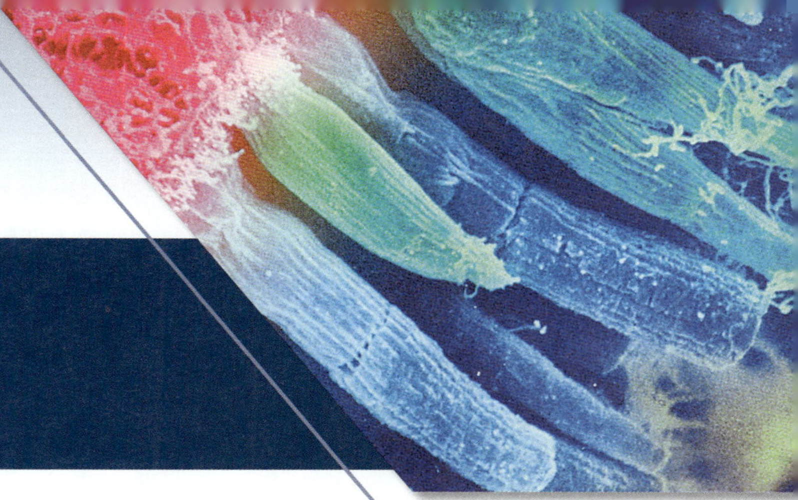

Chapter 29

感覺

感覺神經元 (Sensory neuron) 接收由不同類型感覺受器細胞，如上圖所示的脊椎動物眼睛的視桿細胞及視錐細胞所傳入的訊息。所有感覺訊號都是經由傳入感覺神經元 (afferent sensory neuron) 細胞，以相同的動作電位方式送達中樞神經系統 (central nervous system, CNS)。不同的感覺神經元細胞伸向大腦的不同部位，並與不同感覺模式相連結，感覺的強度取決於動作電位傳導的頻率。是夕陽、交響樂或是刺骨疼痛感覺，則是取決於大腦接收這些訊號的感覺神經元種類，並以其傳導的動作電位及神經衝動的頻率來加以區別。因此聽覺神經元受到人為刺激則大腦會將之感知為聲音，而視神經受到相同程度刺激，則大腦會將之感知為一道閃光。

感覺神經系統

29.1 感覺訊息之處理

試想：如果無法感知周遭發生的任何事物會是怎樣的狀況？想像一下如果無法聽、看、觸或嗅。人在感覺完全被剝奪情況下，不久就會瘋掉，因為感覺是人類經驗連結，及認知身體與周遭環境事物關係之橋樑。

感覺受器

感覺神經系統 (sensory nervous system) 告知中樞神經系統 (CNS) 周遭發生了什麼事情。至少成打的不同感覺神經元檢測出身體內外的狀況變化，並將之傳導至 CNS。

這些特化的感覺細胞藉由其特有的**感覺受器** (sensory receptors) 可分別檢測出包括血壓變化、韌帶拉力及空中氣味等。這些由複雜感覺受器細胞組成的許多組織統稱為**感覺器官** (sensory organs)，如圖 29.1 所示的耳朵即屬感覺器官。

大腦如何感知進入的神經衝動 (nerve impulse) 是光、聲或痛覺？這些訊息傳入到如電線電路般的 CNS，藉由其內神經元彼此間的交互作用，而被大腦不同區域所接收。大腦感知光是因其訊號是源自具感光受器 (light receptor) 的感覺神經元。這可由當用手指按壓眼角時會有如看到星光，因由眼睛傳來的所有神經衝動大腦會將之感知為光。

圖 29.1　跳囊鼠具有特化的耳朵

跳囊鼠的耳朵為適應其夜間生活而特化成能聽到獵食者發出的低頻聲響，如貓頭鷹翅膀拍動，或響尾蛇鱗片擦過地面的聲音。其耳朵也能適應聲音傳導不良的沙漠乾燥空氣的環境。

感覺訊息路徑

傳送到 CNS 的感覺訊息路徑由三階段組成：

1. **刺激** (stimulation)：刺激訊號作用到感覺受器上。
2. **傳導** (transduction)：感覺受器會啟動感覺神經元上離子通道的開或閉，將刺激轉換成電位。
3. **傳輸** (transmission)：感覺神經元介導神經衝動沿著輸入路徑傳到中樞神經系統。

所有感覺受體皆能藉由打開或關閉感覺神經元膜上的**刺激閘門控制型通道** (stimulus-gated channels) 以誘發神經衝動，除了視覺光受器外，這些是屬鈉離子通道可將膜去極化並啟動電訊號，如刺激夠大，此去極化可誘發動作電位 (action potential)，感覺的刺激越大，膜上的受器去極化越大，則造成的動作電位頻率越高。這些通道可被化學或機械刺激，如碰觸、熱或冷刺激打開。這些受器依環境介入用以打開通道的刺激不同而彼此不同，身體具有許多種類受體，能感受不同身體狀況或不同性質的外在環境刺激。

外感受器　感受外在環境刺激的受體稱為外感受器 (Exteroceptors)，幾乎所有脊椎動物的外感覺皆由其登陸前演化源自水中，因此很多陸生脊椎動物的感覺著重在使其能在水中暢行的感覺刺激，主要利用那些在其由海洋到陸地轉換時期仍存留的感覺受器。以聽覺為例，利用水生動物來源的類似受器將空氣介導的刺激轉成由水介導的刺激。有些如魚的放電器官的感覺系統在水中運作良好但在空氣中則運作不良，所以陸生動物不會有。反之，陸生生物所具有的遠紅外線感覺受器在海洋中則無作用。

內感受器　感知源自體內刺激的感覺受器稱為內感受器 (Interoceptors)，其可偵測感知肌肉長度及張力、肢體位置、疼痛、血液化學、血容量、血壓及身體溫度。許多內感受器較諸外感受器而言較簡單，近似於原始感覺受器。

感知體內環境

體內感覺受器會通知中樞神經系統以反映身體各部位的狀況，這些訊息傳到大腦協調中心下視丘 (hypothalamus)，以因應並維持體內環境之衡定，脊椎動物個體針對不同內在環境狀況，具有多樣的感覺受器。

溫度變化　皮膚具有兩種對溫度變化敏感的神經末梢，一種感知冷的刺激，另一種則感知熱。中樞神經系統藉由比較兩者傳來的訊息得知外在環境溫度。

血液化學　動脈 (Arteries) 管壁上具有感知血中二氧化碳含量的受器。大腦利用此訊息調節個體之呼吸速率，當二氧化碳含量高於正常值時，就會增加呼吸速率。

疼痛　組織易發生損傷的表面部位具有特化神經末梢，可感知組織損傷，當神經末梢受損或變形時，中樞神經系統的反應是改變血壓，並以反射動作將肢體撤離危險傷害。

肌肉收縮　肌肉深層具有稱為牽張受器 (stretch receptor) 可感知肌肉之伸展，該受器組成的神經末梢包住肌纖維束外面，如圖 29.2 所示，當肌肉伸展時肌纖維變長，牽張螺旋樣神經末梢 (如拉動彈簧樣)，會誘發連續的神經衝動送達大腦，大腦能隨時將依訊號決定肌肉長度變化頻率，中樞神經系統會統整由呼吸或運動等數個肌肉傳來的訊號而控制個體之運動。

血壓　個體之血壓變化由位於主動脈管壁上的壓力感受器 (baroreceptor) 的神經末梢來感知，血壓增加時，動脈管壁受牽張，如圖 29.3 所示，會使其上的感覺神經元送往中樞神經的

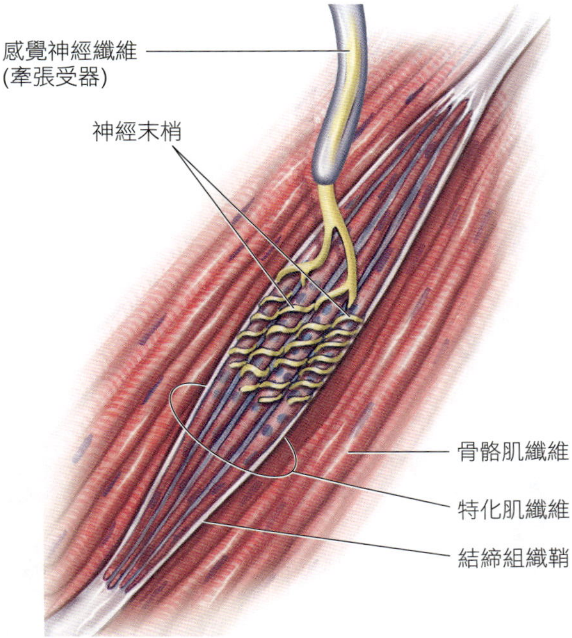

圖 29.2　牽張受器埋在骨骼肌內
肌肉伸張拉長肌纖維使神經末梢變形並沿著神經纖維送出神經衝動。

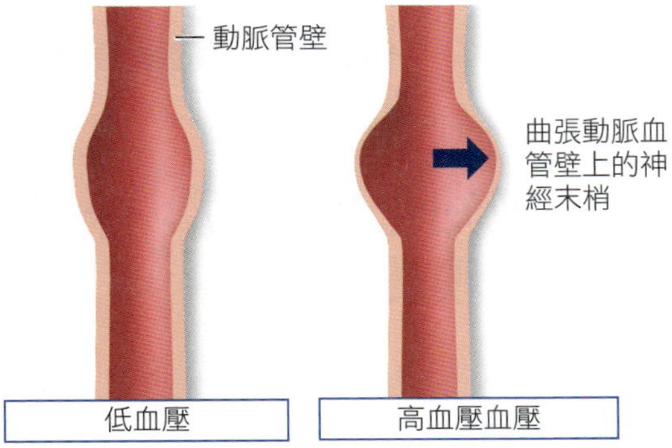

圖 29.3　壓力受器如何運作
神經末梢呈網狀脈絡覆蓋住動脈管壁較薄處，血壓高時會造成此處向外鼓凸牽張神經末梢並使送出神經衝動。

神經衝動輸送速率增加。當血管壁不受力牽張則速率下降，因此，中樞神經系統是依據神經衝動頻率持續監控量測血壓。

觸覺　皮膚表層下方埋有許多類型的壓力受器 (pressure receptor) 以傳導觸覺，有些特化成可感知快速壓力變化，有些則可感測施加的壓力持續的時間及強度，另有些觸覺受器則對震動較敏感。

關鍵學習成果 29.1

感覺受器受刺激以誘發神經衝動，所有的感覺神經衝動皆相同，不同處在於其刺激源不同及傳導到大腦的部位不同。許多類型的感覺受器告知下視丘身體各部位內在環境狀況，使其可以協調維持個體之衡定 (homeostasis)。

感覺之接收

29.2　感知重力及運動

耳中有兩種受器告知大腦身體所在的三度空間狀態，圖 29.4 中呈現內耳的解剖圖像及這類受器所在的位置及加速度。

平衡：大腦利用重力方向為主軸以決定身體垂直直立方向，感知重力方向的感覺受器為在內耳內的橢圓囊 (utricle) 及球囊 (saccule) 內的毛細胞 (hair cell)，其頂端伸入到**耳石** (otoliths) 顆粒，並與之一起埋在明膠狀基質中。假想將鉛筆矗立在一玻璃杯中，不論以哪個方向輕觸玻璃，鉛筆在杯中總沿著杯緣擺動，在橢圓囊及球囊內的耳石隨著重力拉動而移動其位置，以刺激毛細胞。

關鍵學習成果 29.2

身體能感知重力及加速度是因纖毛被耳石或液體打歪了，身體如以等速朝同一方向運動則無法感知。

運動：大腦利用一種可感知液體往運動方向相反的方向打歪纖毛的感覺受器來感知運動，在內耳有三個充滿液體的半規管 (semicircular canals)，彼此互成直角並分別伸向不同平面

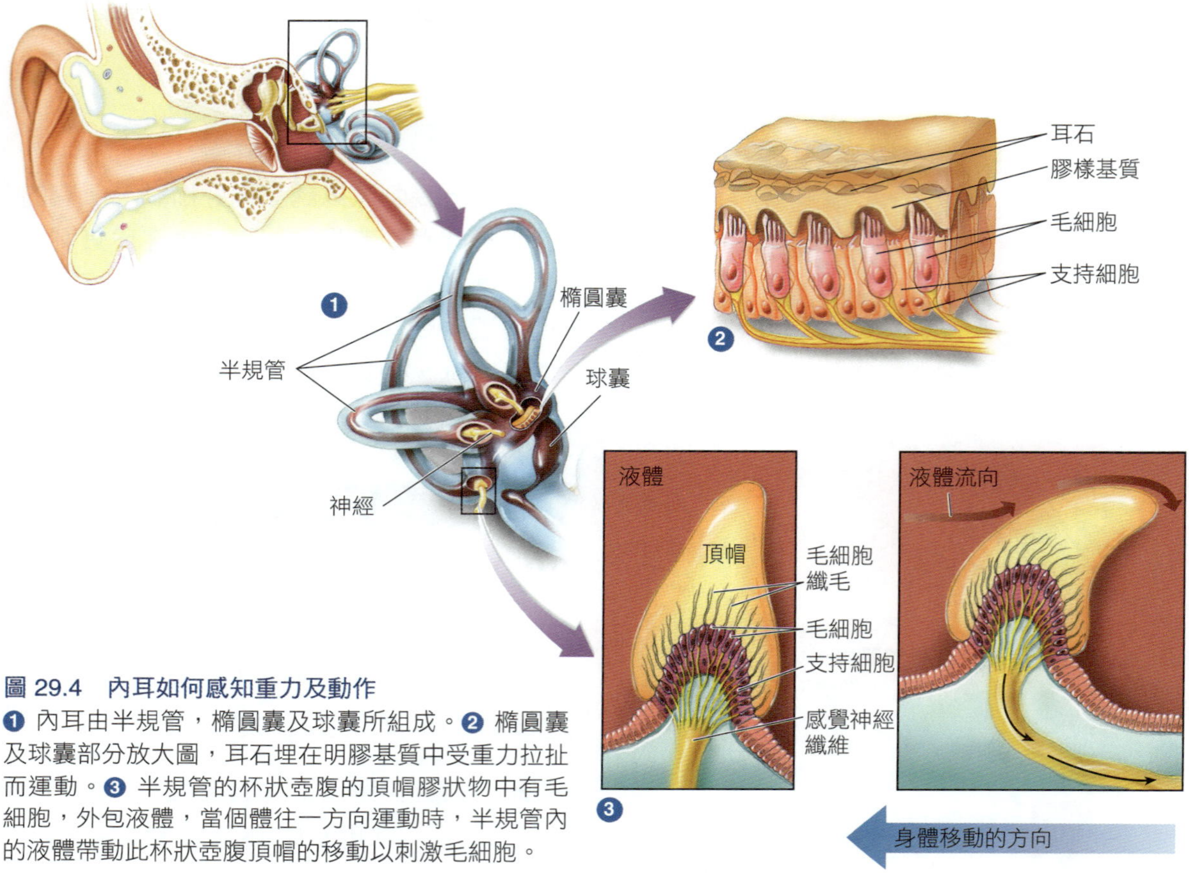

圖 29.4　內耳如何感知重力及動作

❶ 內耳由半規管，橢圓囊及球囊所組成。❷ 橢圓囊及球囊部分放大圖，耳石埋在明膠基質中受重力拉扯而運動。❸ 半規管的杯狀壺腹的頂帽膠狀物中有毛細胞，外包液體，當個體往一方向運動時，半規管內的液體帶動此杯狀壺腹頂帽的移動以刺激毛細胞。

(圖中 ❶ 處)，使得往任何方向的運動都可以被偵測到，其感覺細胞成群的纖毛伸向管腔，每個細胞的纖毛排列組成如帳篷樣的頂帽 (cupula) (圖中 ❸ 處) 構造，當頭部運動時半規管液體會以相反方向推擠頂帽，任一方向的運動皆會被呈三個平面排列的三個半規管之一所檢測到，而大腦能由比較每一半規管傳來的訊號分析出複雜的運動資訊。

半規管無法感知身體以直線方式運動，因為管中液體不會流動，這也是為何人在以等速向前運行的車內或飛機內時，不會有運動感覺的原因。

29.3　感知化學物質：味覺及嗅覺

味覺

脊椎動物能感知許多空氣中及食物內的化合物。在舌頭表面凸出的乳突 (papillae) 埋有味蕾 (參見圖 29.5)。圖內洋蔥狀構造即為味蕾，其內含有許多味覺受器細胞，每一細胞都具有如指頭樣的微絨毛 (microvilli)，延伸至味覺毛孔 (taste pore)，食物中的化學物質溶於唾液中，流經味覺毛孔而接觸味覺細胞。各式味蕾用以感知食物中的化學物質、如鹹、酸、甜、苦及鮮味 (umami)。在舌頭接觸到這些化學物質時，其味覺細胞將這些訊息分別經由各式感覺神經元傳遞給大腦。

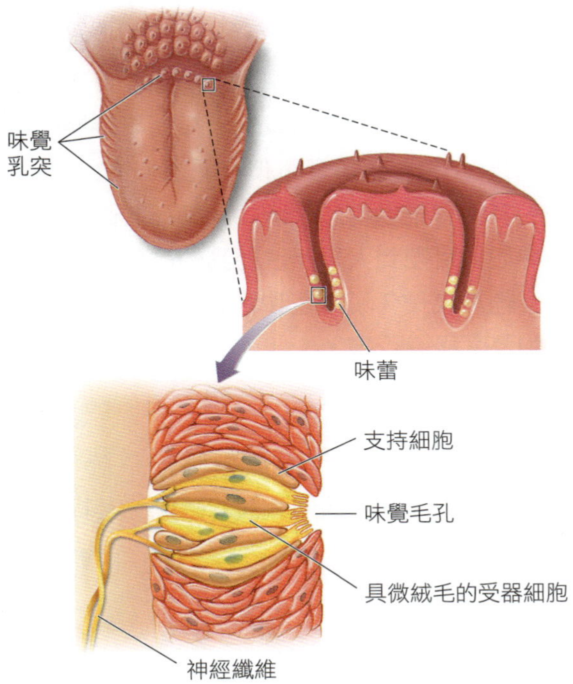

圖 29.5 味覺
人類舌頭的味蕾群聚形成凸狀乳突構造，各種味蕾都由味覺受器細胞聚集成花蕾樣，形成向口腔開放的味覺毛孔。

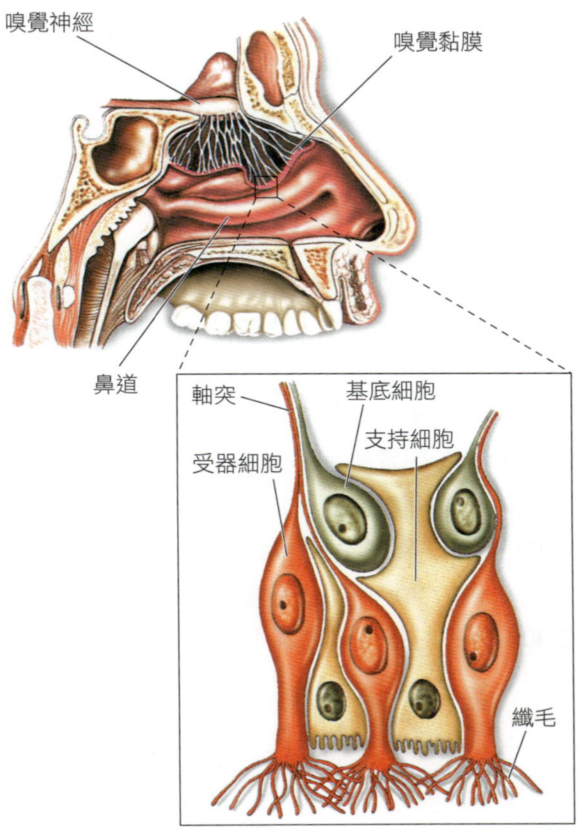

圖 29.6 嗅覺
人類味覺受器神經元細胞位在鼻道上皮，此感覺神經元的軸突伸向後方，經由嗅覺神經直接傳到大腦。

嗅覺

如圖 29.6 所示，鼻道上皮內埋有對化學物質敏感的神經元細胞，當其感知化學物質時，會將訊息傳給大腦專司部位進行接收及分析。有些脊椎動物如狗具有比人類更靈敏的嗅覺神經元。動物的嗅覺跟味覺都很重要，會告訴我們食物的美味，這也是何以感冒鼻塞時，食物嚐起來較不美味的原因。其他種類受器也很重要，如辣椒的辣味並不屬化學受器，而是由痛覺受器來感知。

關鍵學習成果 29.3

味覺及嗅覺為化學受器，許多脊椎動物具有完善的嗅覺。

29.4 感知聲音：聽覺

空氣的震動

人類藉由感知空氣振動而聽到聲音，空氣振動的壓力波拍打在耳內鼓膜上，如圖 29.7 所示，耳鼓膜內側有三塊小骨，分別為聽骨 (Ossicles)，可有如槓桿系統般增加震動的力道，傳導並增加振幅，使聲波的震動可以穿過第二層膜，到達充滿液體的內耳。內耳腔形如緊緊捲起的蝸牛殼故稱耳蝸 (cochlea，有如蝸牛的拉丁文名稱)，聽骨所在的中耳與喉嚨的歐氏管 (Eustachia tube) 相連通，以平衡中耳內外空氣壓力，所以當飛機下降著陸過程中，耳膜會有突然砰的聲音，因內外側耳道壓力突然恢復平衡，這對耳鼓膜的正常運作是絕對必要的。

耳蝸內膜上的毛細胞是聲音受器，其沿著螺旋腔室中央往上或往下伸，將耳蝸管分隔成上下兩個充滿液體的管腔 (見圖 29.7)，毛細胞不會伸到有液體的管腔中，而是有一層膜將之覆蓋住 (圖中深藍色膜)。當聲波進入耳蝸，會使腔室中的液體移動，造成此膜的振動，使毛細胞的纖毛因膜施壓其上而彎曲，並使其將神經衝動傳導到感覺神經元，再傳入大腦產生聽覺。不同音頻的聲音造成不同膜部位的振動，因而刺激不同感覺神經元的作用，用以反應並告知中樞神經系統所傳導聲音的頻率。如每秒振動 20,000 次，又稱為赫茲 (Hz) 的較高頻聲波，會使較靠近中耳區的膜移動，中頻率的約 2,000 赫茲的聲波則會振動位在耳蝸一半長度部位的膜，最低頻約 500 赫茲的聲波會振動位於耳蝸末端部位的膜。

聲音的強度取決於神經元衝動傳導的頻率，個人聽覺能力則取決於耳蝸膜彈性強韌度，人耳無法聽到低於 20 赫茲的低音階聲音，但有些脊椎動物可以。人類幼年時期能聽到二萬赫茲的高頻音，但年長後此能力漸喪失。有些脊椎動物能聽辨四萬赫茲的高音頻聲音，如狗可聽到人類無法聽到的高頻哨音。

經常或長久暴露在吵雜噪音會使高頻區毛細胞及耳蝸膜受損。

側線系統

如圖 29.8 所示的魚類側線系統 (The lateral line system) 輔助魚類的聽覺。其提供另

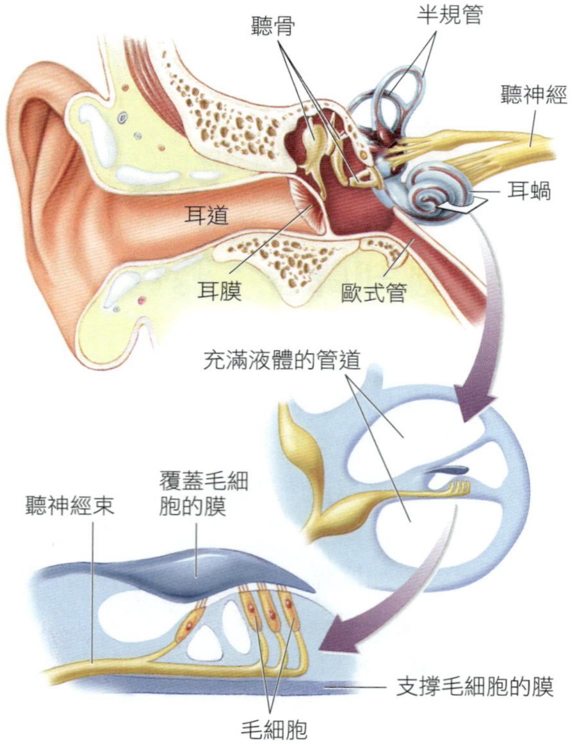

圖 29.7　人類耳朵構造及功能

聲波通過耳道抵達鼓膜，使其帶動耳內三小聽骨使作用在內膜上，此過程啟動耳蝸管中液體之波動，致使蓋在毛細胞上的膜隨之前後擺動，推擠毛細胞，並使得與其連結的神經元發動神經衝動。

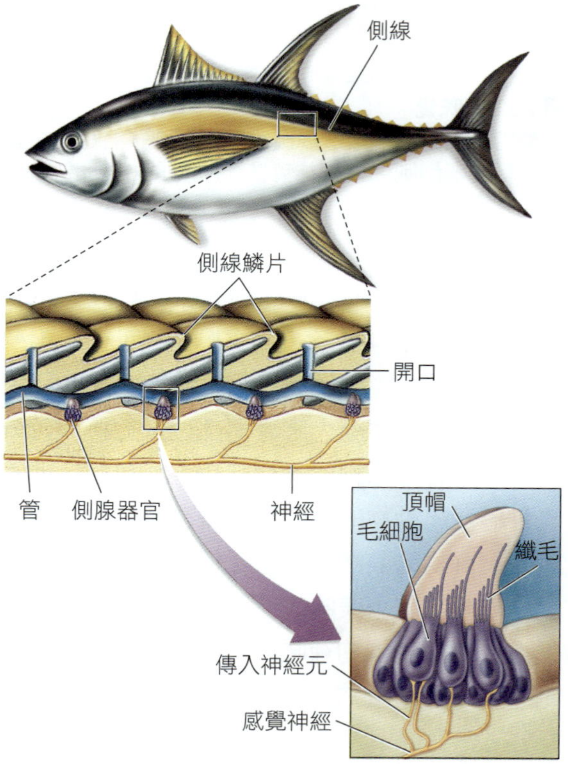

圖 29.8　側線系統

此系統由與魚身等長埋在皮下的管子所組成，管內有具毛細胞的感覺構造，其纖毛伸向凝膠樣頂帽，壓力波透過管內液體傳動，打歪纖毛而使得附屬毛細胞的感覺神經元去極化。

類不同的感覺構造供感知遠距觸覺。魚類能感覺水中物體傳來的壓力波及低頻振動，而感知其獵物，或與其他群體中個體同步游泳。側線系統使生活在黑暗洞穴的魚類能感知水流通過側線受器的模式變化，而能監控其環境狀況。兩棲類的幼蟲期也具有相同系統，但在發育過程經歷變態 (metamorphosis) 時消失，故在陸生脊椎動物就不再具有此系統。

側線系統由在魚類皮膚的縱管 (longitudinal canal) 內的感覺構造部則有數個管，如在放大的圖中顯示的，縱管部分表面具有髮狀突起且由毛細胞組成的感覺構造所包圍，並形成開口向縱管的側線器官 (lateral line organ)，毛細胞的突起物伸向稱為頂帽的明膠膜，細胞下方有感覺神經元分布可將神經脈衝傳向大腦。魚所在環境中傳來的振動經縱管造成小杯的運動，使得毛細胞上的纖毛彎曲，並刺激分布其上的感覺神經元，使產生神經脈衝並傳送到大腦。

聲納

有些哺乳類族群在暗黑環境中生活及覓食，得克服黑暗的限制。在黑暗中飛行的蝙蝠可以避開在其飛行路線上的障礙物，即使是直徑小於 1 毫米的電線。在地底活動的鼩鼱也利用類似的無光視覺，海下的鯨魚及海豚也是，這些動物皆以聲納 (Sonar) 來感知距離，牠們會發出聲音，並量測聲音碰到物體折回的時間，這種步驟稱為**迴聲定位** (echolocation)。圖 29.9 中的蝙蝠可發出持續 2~3 毫秒，且每秒重複數百次的拍擊滴答聲響，這種聽覺聲納系統可以獲得非常複雜精緻的 3D 圖像，幫助蝙蝠在黑暗中找到其獵物蛾。

圖 29.9　蝙蝠利用超音波定位一隻飛蛾
此飛行中的蝙蝠會發射出高頻鳴響，並聆聽計算聲音碰到蛾身反射折返所需的時間，因此，其即使在完全黑暗情況下也可看見此蛾。

關鍵學習成果 29.4

當聲音受器感知空氣振動聲波壓力作用在耳鼓膜，此壓力波被增幅放大後，會作用在毛細胞後，被其再傳送到大腦。魚類感知水中壓力波就跟耳朵感知聲音一樣，許多脊椎動物藉由物體將聲波反彈回來而感知這些物體的距離。

29.5　感知光線：視覺

眼睛之演化

光線比其他任何刺激更能提供關於環境的詳盡訊息，光線的視覺由特殊感覺構造眼睛來感知。眼睛具有感覺受器視桿細胞及視錐細胞以感測光線中的光子，這兩種細胞內有色素可吸收光線中的能量，並在感覺神經元中將之轉換成神經衝動。

光受器捕抓光能量而啟動視覺，由於光線是以直線方式行進且幾乎即時到達，因此視覺訊息可用以決定物體的方向及距離，再無其他刺激源可以比光提供的訊息更詳盡了。

許多非脊椎動物具有光受器聚集在眼點的簡單視覺系統，如圖 29.10 的扁蟲具有由色素分子組成的眼點，可接受光刺激使光受器細胞產生神經衝動。

雖然眼點可感知光方向，但其無法形成影像。在環節、軟體、節肢及脊椎等四門動物，則已演化出發育健全能形成影像的眼睛。雖然

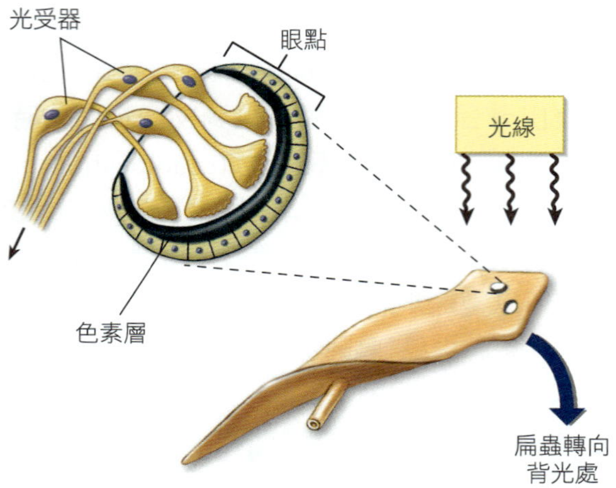

圖 29.10　扁蟲的簡單眼點
眼點的一側具有一層色素層可屏蔽由動物後方傳來的光線，因此由動物前方來的光線較易偵測到，扁蟲會為避開光線而轉向。

此四種不同的眼睛都使用相同的光捕抓分子，看起來很相似 (圖 29.11)，但其卻是各自獨立演化而得。

脊椎動物眼睛構造

脊椎動物眼睛有如以鏡片聚焦的相機，光線先通過一層透明的**角膜** (cornea) 保護層 (圖 29.12 中淡藍色層)，將光線聚焦到眼睛後方的**水晶體** (lens) 上，水晶體藉由一條懸掛韌帶而附著在**睫狀肌** (ciliary muscles) 上，當光束穿過時，睫狀肌會依據物體之遠近而收縮或放鬆，以改變調整水晶體形狀，使光線被完全聚焦。在人類眼睛角膜與水晶體中間的彩色部分，就是如快門的**虹膜** (Iris)，虹膜中央有透明部分是為**瞳孔** (pupil)，其在光線暗時瞳孔會變大，但在光線弱時會變小，用以調節進入眼睛的光線量。

光線通過瞳孔會由水晶體將之聚焦到眼後具有光敏受器細胞排列其表面的**視網膜** (retina)。視網膜為眼睛感光部分，脊椎動物的視網膜具有兩種光受器，稱為**視桿細胞** (rods) 及**視錐細胞** (cones)，被光線刺激後產生神經衝動經由一條短而粗的視神經 (optic nerve) 路徑傳到大腦。如圖 29.13 所示，圖中長而上方平整的視桿細胞對光線很敏感，可在昏暗光線下偵測各式灰階光線，但無法區分各種顏色的界線，只能產生不明確的圖像。圖中外形上方尖凸的細胞為視錐細胞，具有對顏色及邊界敏感的感光受器，可產生清晰圖像。脊椎動物視網膜中央黃斑部分，具有一稱為**中央窩** (fovea) 的黃斑小窩，此部位約由三百萬個視錐細胞緊密組裝而成，可產生最清晰的影像，因此我們常轉動眼睛使得想看清楚的物件能在此區成像。

脊椎動物的眼睛可以濾掉短波光線，這可解決一困難的光學問題，任何勻稱的鏡片較諸於長波其較會折射短波，此現象稱為色差 (chromatic aberration)，使得短波無法如長波一樣的被聚焦，因此脊椎動物的眼睛排除短波，但昆蟲眼睛不會將光線聚焦，因而可以清楚看到較短的紫外線光波，可將之應用在其捕食及求偶上。

視桿細胞及視錐細胞如何運作

眼睛的視桿細胞及視錐細胞能偵測光線的單一光子，其所以能如此靈敏，是因為這些視覺細胞具有一種色素能吸收並敏銳感知單一光子，這些色素是來自於植物製造的類胡蘿蔔素 (carotenoids)，這是為何說吃胡蘿蔔有助於夜間視覺，其顏色呈橘色是因含有類胡蘿蔔素成分的胡蘿蔔素 (carotene)。人類的視覺色素是胡蘿蔔素的片段稱為**順式視黃醛** (*cis*-retinal)，此色素與一稱為**視紫蛋白** (opsin) 結合形成光偵測複合體**視紫質** (rhodopsin)。

當此視黃醛視覺色素接收光子時，如圖 29.14 中虛線部分所示的直線末端分子會旋轉向上伸直改變其構形，變成**反式視黃醛** (*trans*-retinal)，並誘使與色素附著的視紫質蛋白的構形改變，因而誘發一連串的神經衝動。

圖 29.11　三種動物門的眼睛
雖然表面看來很相似，這些眼睛的結構很不同且不同源，每一種都是個別演化而來；儘管看來外觀複雜，卻具有較簡單的結構。

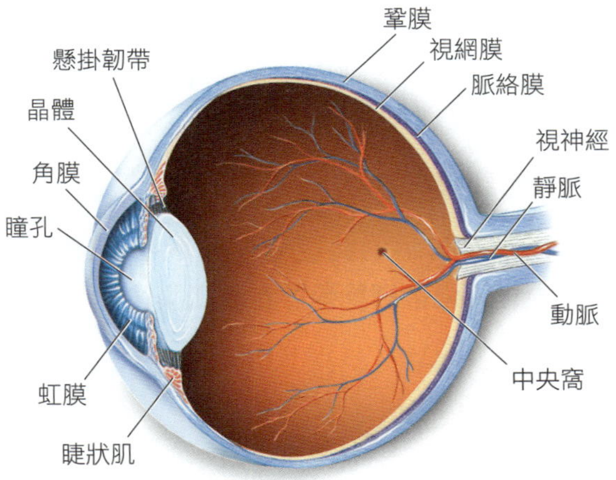

圖 29.12　人類眼睛的構造
光線通過透明角膜經水晶體聚焦到眼底的視網膜。

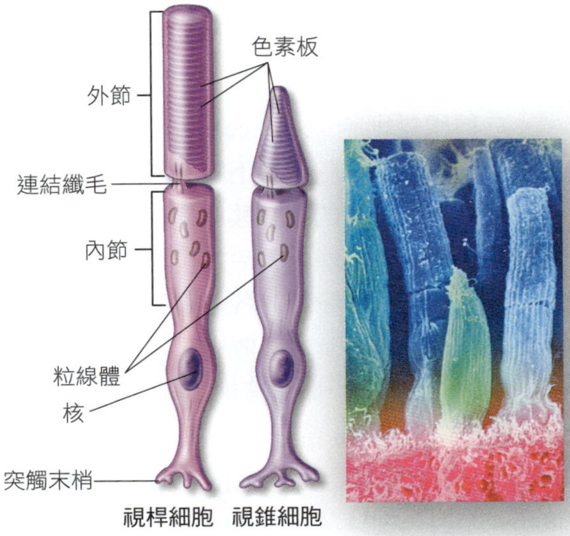

圖 29.13　視桿細胞及視錐細胞
左邊寬管狀細胞是視桿細胞，其旁錐狀者為視錐細胞。電子顯微圖像顯示人類的視桿細胞常較視錐細胞大。

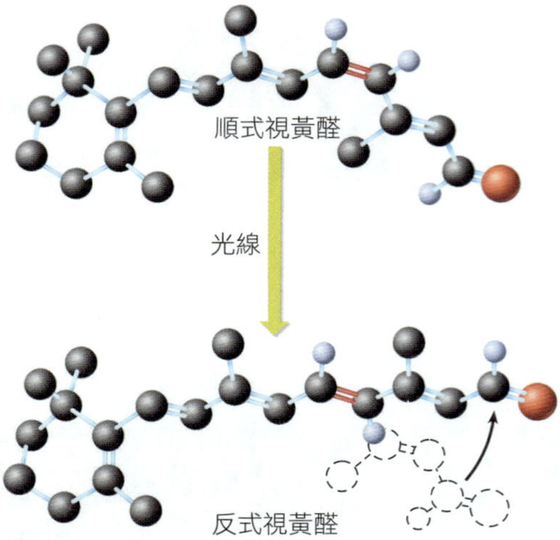

圖 29.14　光的吸收
當光線被順式視黃醛吸收時色素構型轉變成反式視黃醛。

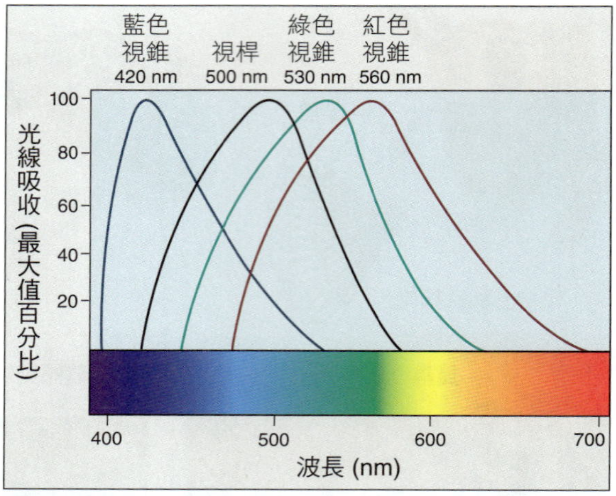

圖 29.15　彩色視覺
順式視黃醛吸收光譜在視錐細胞會從視桿細胞的 500 奈米吸光譜偏移，偏移的量決定被視錐細胞吸收的光顏色：420 奈米波長產生藍光吸收，530 奈米波長則造成綠光吸收，而 560 奈米波長則造成紅光吸收。紅色視錐細胞並不會在紅光譜有最大吸光，但它是僅有可吸收紅光的視錐細胞。

每一個視紫質會活化數百個稱為轉導蛋白 (transducing) 分子，每個這類活化因子會再誘發數百個酵素分子，使刺激光受器膜上的鈉離子通道蛋白，其刺激速率為每秒約 1,000 次。此刺激流瀑使得單一光子可對光受器造成很大的刺激效應。

彩色視覺

三種**視錐細胞** (cone cells) 使我們具有彩色視覺，每一種細胞具有不同的視紫蛋白，每種蛋白具有其獨特的胺基酸序列及構形，並影響與其附著的視黃醛的靈活度，並改變其吸光的波長，圖 29.15 所示為各視桿及視錐細胞所能吸收的光線波長及其吸收光譜。視桿細胞可吸收 500 nm 波長，視錐細胞則有三種視紫蛋白分別吸收 420 nm 藍光、 530 nm 綠光及 560 nm 紅光。大腦經比對此三種視錐細胞傳來的訊號的相對強度以計算其他顏色的深淺。

有些人具有色盲 (color blind)，無法看到所有的三種顏色。主因為先天上的遺傳缺少一種或多種視錐細胞，不具有正常視覺人所具有的三種彩色視覺，如只具有兩種視錐細胞的人，無法看到第三種顏色，如紅綠色盲者不具有紅色視錐細胞，無法區分紅色及綠色 (圖 29.16)，色盲為性聯遺傳特徵，男性比女性較易具有色盲。

多數脊椎動物尤其是那些在白天較活躍的晝行性動物跟昆蟲類一樣具有彩色視覺，蜜蜂可看到人類無法看到的近紫外線波段的光線，魚烏龜及鳥類具有四到五種視錐細胞，多出的視錐細胞使得這些動物能看到近紫外線光，許多哺乳類只具有兩種視錐細胞。

將光線訊息傳導給大腦

光通過眼睛的路徑與你預期所見剛好相反，視桿及視錐細胞是位在視網膜後方，不在

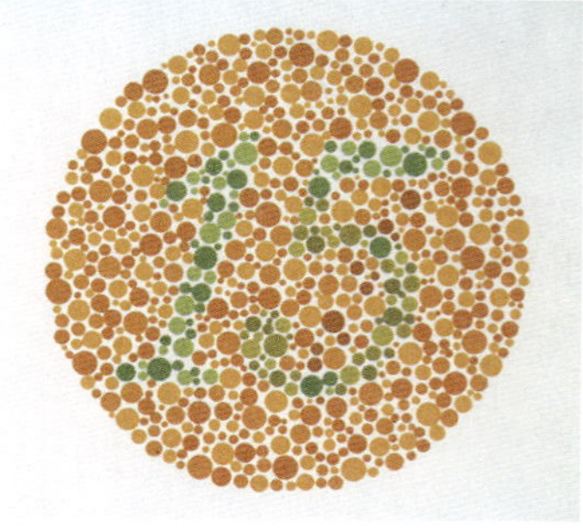

圖 29.16　色盲檢測
正常人看到數字 15，但具紅綠色盲者只看到點，而無法看到數字。

前面，如追蹤圖 29.17 中光的路徑可見到，光線通過幾層神經節、雙極細胞才能到達視桿及視錐細胞，一旦光受器被活化，會刺激雙極細胞，進而刺激神經節，因此視網膜中神經衝動的方向與光線方向相反。

動作電位由神經節細胞的軸突衍生並傳播給視丘 (thalamus) 的外側膝狀體 (lateral geniculate nuclei) 並投射到大腦皮質 (cerebral cortex)，在其眼睛接收視野的特定區域被大腦感知為光線訊息。在神經節細胞活動模式會被編碼成點對點的光接收視野圖像，使得視網膜及大腦可以將物體在視覺空間成像，此外在每個神經節產生神經衝動的頻率反映每個點光線的強度資訊，而神經節細胞經由雙極細胞與三種視錐細胞連結會提供色彩訊息。

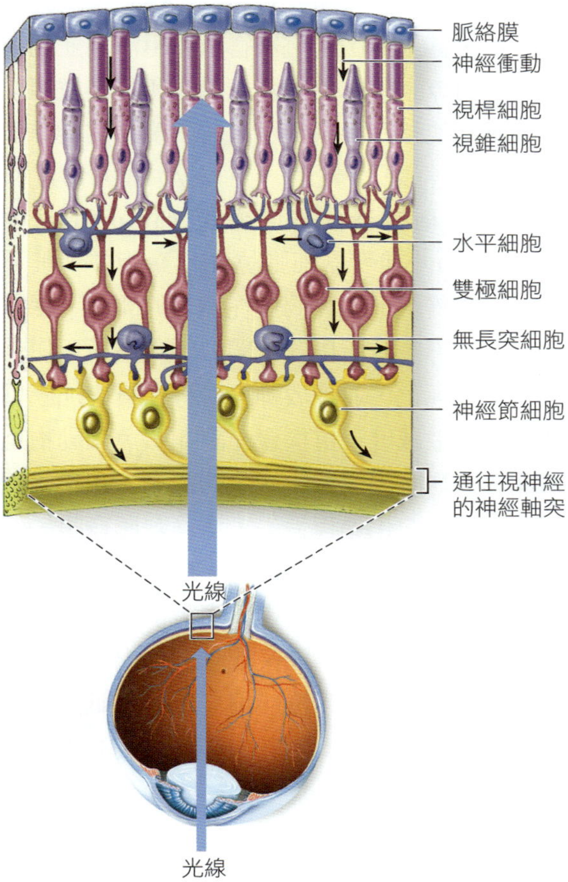

圖 29.17　視網膜的結構
視桿及視錐細胞位在視網膜後方，光線通過超過四層其他類細胞才到達視桿及視錐細胞，黑色箭頭顯示神經衝動如何經由雙極細胞傳達到神經節，並到達視神經。

雙目視覺

包含人類在內的靈長類及多數的掠食動物具有位在臉兩邊的一雙眼睛，當兩眼聚焦在同一物件上時，因雙眼各自望向物體的視角不同，因而成像會有些許不同，這種些微的像位差異，卻允許這些動物能具有**雙目視覺** (binocular vision)，而能感知三度空間影像，可感測物體的深度及距離。這類的眼睛望向前方，並以最大重疊視野使得可產生立體視覺 (stereoscopic vision)，如圖 29.18 中眼前方每個藍色三角形所示即為單隻眼睛的視覺視野。

反知，在身為被獵動物，則其眼睛常長在頭部的兩側，此雖無法有雙目視覺，但可以放大整體能感知的視野。對深度的視覺感知與能從各角度偵測到潛在的敵人相比較不重要，如在美洲小丘鷸的眼睛就位在頭顱相反方向，所以具有 360 度視角，不須轉頭就能偵測到後方的敵人。多數的鳥類的雙眼位於兩側，且每一視網膜都有兩個小窩以適應其需求，一個小窩具有與哺乳類動物視網膜中央窩類似功能，可提供銳利的前方視覺，另一小窩則提供較銳利之側邊視覺。

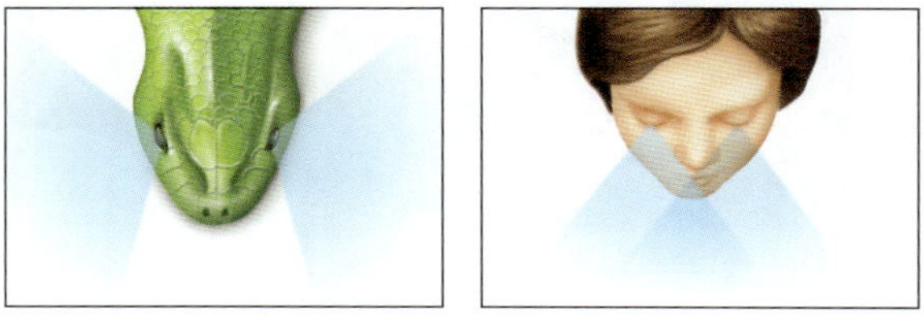

圖 29.18　雙目視覺
當眼睛位於頭部側邊時 (如左圖)，兩眼視野不重疊，因此不具有雙目視覺，當兩眼位於頭部前端 (如右圖) 時，兩眼視野會重疊，則可感知視覺深度。

關鍵學習成果 29.5

視覺受體偵測物體反射光，雙目視覺提供大腦形成物體之三度空間影像。

29.6 脊椎動物的其他感覺

感知其他頻譜

視覺雖是所有生活在有光照環境的脊椎動物之主要的感覺方式，但可見光線並非是脊椎動物用以感知環境狀況的唯一電磁波頻譜。

熱

波長比可見光波還長的電磁輻射波，因能量太低而無法被光線受器偵測到，這種遠紅外線輻射波段就是一般認知的熱輻射線。水為不良環境刺激因子，因其為高熱容而易吸收熱。反之，空氣為低熱容，所以熱在空氣中為很好的潛在有用刺激因子。唯一可以感知遠紅外線的脊椎動物是響尾蛇屬的蝮蛇 (見圖 29.19)。

蝮蛇具有一對的窩器 (pit organ) 可偵測熱，其位在頭部兩側，於眼睛及鼻孔間，窩器構造使得響尾蛇即使在視線被遮蔽，仍可準確定位，成功襲擊一隻蟲或是死老鼠。窩器組成為兩腔，中間具隔膜。遠紅外線投射於此隔膜，使其變熱，並刺激膜上的溫度感受器，雖然此溫度受器之本質仍未完全被探究，但學者推測可能是兩腔室具有對溫度敏感的神經元分布其中，用以提供跟雙眼能達成的相類似立體訊息。蛇類的窩器傳輸資訊在腦部的確是由與脊椎動物視覺中心類似的結構進行處理的。

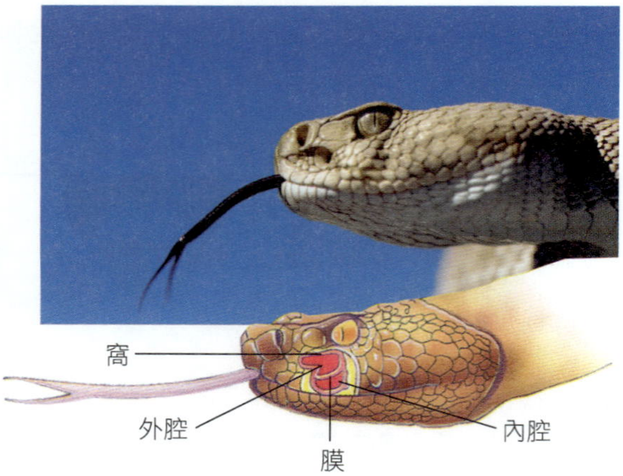

圖 29.19 「看見」熱
響尾蛇在眼睛及鼻孔間的凹陷處開口在窩器，下方為切開剖面圖可見到由中間膜隔出的兩腔室，此獨特器官使得其能感知遠紅外線輻射熱。

電流訊號

雖然空氣無法傳導電流訊號，水卻是個很好的電流導體，所有水生動物可由肌肉收縮產生電流，一些不同的魚群可偵測這些電流訊號，電魚甚至會由其電器官放出電流，並利用這些弱電流定位其獵物及配偶之所在，並用以建構其即使是在混濁環境下的三度空間影像。

軟骨魚類 (鯊魚、魟魚及鰩魚) 具有電流受器稱為洛倫齊尼壺腹 (ampullae of Lorenzini)，其受器細胞位在一囊袋中，其藉由充滿膠質管上的孔洞通往體表的開口，膠質是很好的導體，所以管子開口的負電荷可使受器基部去極化，並釋放神經傳導物質增加感覺神經元之敏感度。這樣會允許如鯊魚類動物能偵測其獵物肌肉收縮所產生的電場。在硬骨魚類雖然在其演化過程丟失了洛倫齊尼壺腹，但電流受器在有些硬骨魚族群又重現，其使用的感覺受器結構上與洛倫齊尼壺腹很類似。而在產蛋哺乳類，如鴨嘴獸又獨立演化出具有電流受器，其鴨嘴上的受器能偵測蝦或魚肌肉收縮所產生的電流，使此哺乳類在夜間或混濁水中都能捕抓獵物。

磁場

鰻魚、鯊魚及許多鳥類可以順著地球磁場線飛翔，即使微小如細菌也會利用磁力線自我定位。將鳥類關在暗黑籠子內，使無法使用其視覺，但其仍會在籠內振翅力圖往其每年正常遷徙的方向移動，但如果將籠子周圍磁場以人磁鐵順時鐘偏移 120 度角，則一隻原本正常往北飛的鳥會往東南偏東方向飛行。針對脊椎動物的磁場受器之本質，學者雖有許多臆測，但其機制目前為止仍未被釐清。

關鍵學習成果 29.6

響尾蛇屬蝮蛇能以遠紅外線（熱）定位獵物，許多水生脊椎動物用電流受器以辨識其所在環境輪廓，並定位其獵物。磁場受器有助鳥類遷徙。

複習你的所學

感覺神系統

感覺訊息之處理

29.1.1 稱為感覺受器的神經元起始並攜帶神經衝動從全身各處至 CNS，不同感覺細胞會被不同刺激所刺激。

29.1.2 從感覺受器送至 CNS 的訊息路徑有三個階段：刺激、傳導及傳輸。外感受器感受外在環境刺激，而內感受器感知源自體內的刺激。

29.1.3 內感受器有多種，皆可告知中樞神經系統關於身體的狀況。肌肉的牽張受器使 CNS 可控制肌肉運動。血管中的壓力感受器提供 CNS 持續監控量測血壓。這些及其他受器與 CNS 溝通，於是身體能反應以維持體內的穩定狀態。

感覺之接收

感知重力及運動

29.2.1 內耳的感覺受器感知重力及加速度，身體因這些受器如何被刺激而能做出維持平衡的反應。

- 內耳內的橢圓囊及球囊內的毛細胞被在明膠狀基質中的耳石移動所刺激而偵測到重力。
- 可因半規管的頂帽內之毛細胞偏移而偵測到運動，三個半規管彼此伸向不同平面，故在任何平面的運動皆可被偵測到。

感知化學物質：味覺及嗅覺

29.3.1 利用舌頭上的味蕾可透過味覺偵測到化學物質，味覺受器細胞能偵測到鹹、酸、甜、苦及鮮味。

29.3.2 化學物質也可藉由鼻道上皮內埋的嗅覺受器來偵測。

感知聲音：聽覺

29.4.1 當空氣振動並拍打在耳內鼓膜時，可偵測到聲音。當鼓膜移動，耳蝸被振動，進而將振波轉移通過第二層膜而到達內耳中充滿液體的耳蝸。

- 耳蝸內膜上的毛細胞尖端與一層膜接觸，膜會因反應聲波而振動。隨聲波在耳蝸中移動，不同群的毛細胞會被刺激。

29.4.2 魚類的側線系統輔助其聽覺。頂帽的毛細胞伸進充滿液體的管中，當管內水分因壓力波而動，毛細胞會被刺激。

29.4.3 有些動物會利用聲納，以聲波來畫出其環境的地圖。這些動物發出聲音，然後感覺受器會量測聲音碰到物體折回的時間，這過程稱為迴聲定位。陸生及水生動物皆會利用此方式，特別顯著的是夜間飛行的蝙蝠。

感知光線：視覺

29.5.1 眼睛的感覺受器稱為光受器可感測光線。有些無脊椎動物具有簡單視覺系統，其由光受器聚集而成眼點。渦蟲的眼點可感知光線方向但不能形成視覺影像。

- 其他無脊椎動物及脊椎動物已經獨自演化出發育完善、可形成影像的眼睛。

29.5.2 人類的眼睛中，光線經過角膜及瞳孔，然後經水晶體聚焦在眼睛後側表面的視網膜上。

29.5.3 脊椎動物的視網膜含有兩種光受器細胞稱為視桿及視錐細胞。視桿細胞能在昏暗光線下偵測不同灰階，而視錐細胞可偵測不同色光並產生清晰圖像。

- 視桿膜中央有一區緊密的視錐細胞稱為中央窩。
- 視桿及視錐細胞因含有色素分子而可偵測光線。人類的視覺色素是順式視黃醛，當其吸收光子時，順式視黃醛的構形改變成反式視黃醛，進而刺激感覺受器。
- 視桿細胞可吸收 500 nm 波長，人類有三種視錐細胞以分別吸收不同波長的光。藍視錐細胞吸收 420 nm 的光、綠視錐細胞吸收 530 nm 的光及紅視錐細胞吸收 560 nm 的光。
- 色盲者是因為缺少一種或多種視錐細胞，故無法看到視覺光譜的所有顏色。

29.5.4 光在刺激視桿及視錐細胞之前會通過視網膜的多層不同細胞，然後神經衝動會傳回視神經，其方向與光線相反。

- 眼睛位在臉的前方，如人類，可讓雙眼視覺增加感知深度。其他動物的眼睛位在頭的兩側，可有較大的視野。

脊椎動物的其他感覺

29.6.1 蝮蛇能用可偵測熱的窩器來測遠紅光。

有些水生動物演化出電流受器，且許多種生物體可依據地球磁場來定位。

測試你的了解

1. 大腦能知道進來的神經衝動是光、聲音或疼痛，是因為
a. 感覺受器的特質
b. 感覺訊息的頻率
c. 感覺訊息的振幅
d. 連接至 CNS 的特定位置

2. 感知三階段的次序何者正確？
a. 傳導、刺激、傳輸
b. 傳輸、傳導、刺激
c. 刺激、傳輸、傳導
d. 刺激、傳導、傳輸

3. CNS 如何解讀感覺刺激的強度？

4. 激烈運動後，手臂肌肉疼痛。此痛感由何者偵測？
a. 神經傳遞物　c. 聯絡神經元
b. 內感受器　d. 外感受器

5. 下列耳朵構造中，何者與感覺平衡與重力有關？
a. 耳蝸　c. 橢圓囊
b. 聽骨　d. 鼓膜

6. 下列何者不能提供動物有關食物的訊息？
a. 光受器　c. 痛覺受器
b. 味覺受器　d. 嗅覺受器

7. 耳朵藉由何者的運動而偵測到聲音？
a. 頂帽內的毛細胞
b. 耳蝸內膜
c. 明膠狀基質中的耳石
d. 耳咽管

8. 蝙蝠看見物體就像在完全黑暗下飛行中的蛾，其利用
a. 雷達　c.遠紅光受器
b. 迴聲定位　d.黑暗啟動的視紫質

9. 環節、軟體、節肢及脊椎動物的感覺系統有何共通處？
a. 牠們都利用相同味覺刺激
b. 牠們都利用神經元偵測震動
c. 牠們都有獨自演化之可成像的眼睛
d. 牠們都利用在皮膚的化學受器以偵測食物

10. ________是眼睛視桿及視錐細胞都有的光色素。
a. 胡蘿蔔素　c.光敏素
b. 順式視黃醛　d.葉綠素

11. 有些魚類、鳥類及烏龜能看到紫外光是
a. 牠們食用相同食物所致
b. 因為視桿細胞的敏感度移向較低波長的光
c. 由於這些物種有更多種類的視錐細胞
d. 對夜間活動的適應

12. 雙目視覺
a. 在被獵食的動物中較普遍
b. 擴大整體的感知視野
c. 較能感測物體的深度及距離
d. 只有在視野完全重疊時才可能做到

13. 感覺訊息通過脊椎動物眼睛的方向與光線通過視網膜的路徑________。
a. 平行　b. 相反

Chapter 30

動物身體中的化學信號

於脊椎動物及其他大多數動物中，中樞神經系統藉由荷爾蒙這種化學信號，影響生理活動的改變，來協調與管控身體之各式各樣的活動。你可能對許多荷爾蒙感到熟悉－腎上腺素、動情素、睪固酮、胰島素、甲狀腺激素。然而其中一些，在不同動物中之作用是不相同的。例如，兩生類從幼體變態為成體時，需要甲狀腺荷爾蒙。於爬蟲類及兩生類，黑色素細胞促素可促進體色的變化。上方圖的綠變色蜥 (*Anolis carolinensis*)，當接受到環境或是生理信號時，會轉變成下方圖的棕褐色。經由黑色素細胞促素的引發，5~10 分鐘內，體色又會反轉變成綠色。於本章，你會遇到許多荷爾蒙，有些你可能很熟悉，也有些你可能不熟悉，但是它們都可能被脊椎動用來調節身體的狀況。

神經內分泌系統

30.1 荷爾蒙

化學信號

荷爾蒙 (hormone) 是身體某處所製造出的一種化學信號，能穩定地運送到遠處的其他部位而發揮作用。使用化學性的荷爾蒙作為傳訊者，在控制身體器官上，較快速的電子訊號 (如神經衝動) 有更佳的三大優點。第一，化學分子能夠透過血液到達所有的組織 (請想像用神經將所有的細胞連結起來！)，而且通常只需很少量即可。第二，化學信號能比電信號持續得更久，這是荷爾蒙一個很大的優點，可用來控制緩慢的過程，例如生長與發育。第三，許多不同的化學物質可當作荷爾蒙，因此不同的荷爾蒙分子能夠標定不同的組織。

一般而言，荷爾蒙是由腺體產生的，其中大部分是受到神經系統的控制。由於這些腺體完全包埋於組織中，而不具連通到外界的管道，因此也被稱為**內分泌腺體** (endocrine glands) (來自希臘文，endo 是在其內的意思)。荷爾蒙由這些腺體直接分泌而進入血液中，這與**外分泌腺體** (exocrine glands) 不相同 (例如汗腺有管道)。如圖 30.1 所示，人體內具有十餘種主要的內分泌腺體，構成了內分泌系統。

指揮鏈

內分泌系統 (endocrine system) 與運動神經系統 (motor nervous system)，為中樞神經系統 (CNS) 將命令傳達給身體各器官的主要路徑。二者關係非常密切，因此有時也被視為屬於同一個系統—**神經內分泌系統** (neuroendocrine system)，而**下視丘** (hypothalamus) 則被認為是神經內分泌系統的總開關板。下視丘可不斷地檢查身體的狀況，維持一個稱之為衡定 (homeostasis) 的內在環

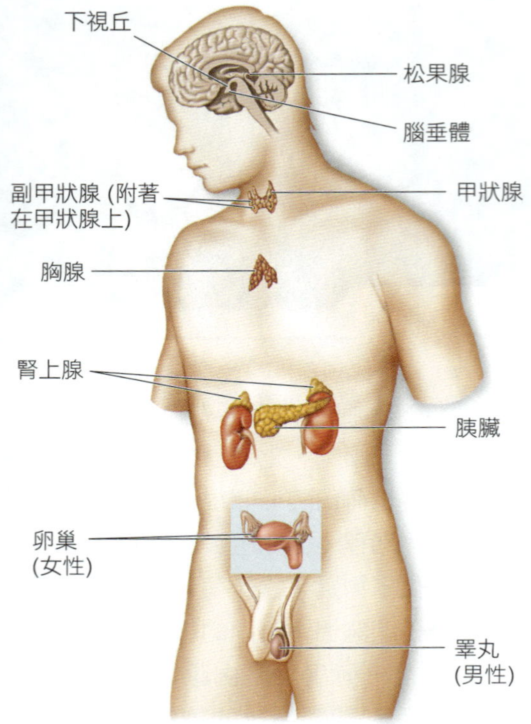

圖 30.1 內分泌系統的主要線體
腦垂體與腎上腺都由二個腺體構成。

境。身體太熱或是太冷了嗎？缺乏燃料了嗎？血壓太高了嗎？如果身體無法處於衡定，下視丘可有數種方法來進行矯正。例如，下視丘需要加速心跳時，它可送出一個神經信號到延腦，或是利用化學命令使腎上腺分泌腎上腺素，二者都能使心跳加快。至於下視丘究竟要使用哪一種方式，則視此效應的長短需求而定。一個化學信號所能維持的時間，通常比神經信號要久。

下視丘可發出命令給附近的一個腺體—腦垂體 (pituitary)，然後腦垂體便可送出化學信號到身體中的各個製造荷爾蒙的腺體。腦垂體是利用短柄懸掛於下視丘下方的腺體，化學信號便可透過此短柄而傳遞。例如下視丘釋放出之促甲狀腺釋素 (thyrotropin-releasing hormone, TRH)，可引發腦垂體釋出一種稱為促甲狀腺素 (thyrotropin, 或 thyroid-stimulating hormone, TSH) 的荷爾蒙，然後 TSH 可運送到甲狀腺處，使甲狀腺釋出甲狀腺激素。

關鍵生物程序：荷爾蒙間的溝通

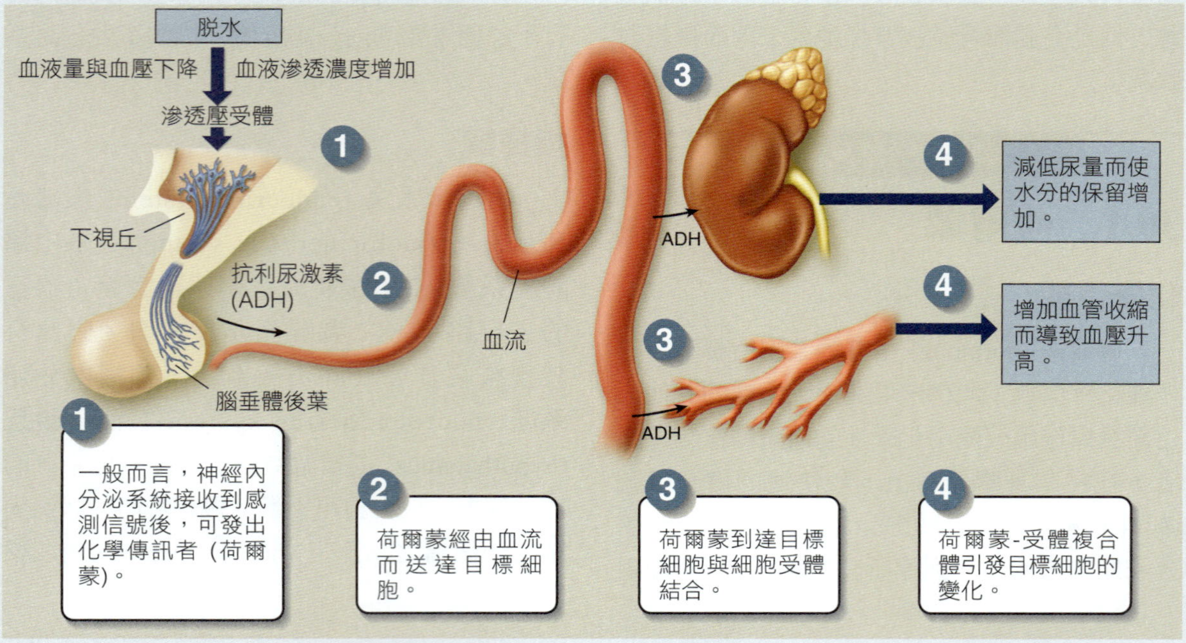

這類下視丘的荷爾蒙，聯合起來掌控了腦垂體，因此 CNS 是透過這種指揮鏈來調控身體的荷爾蒙。下視丘釋出的荷爾蒙，可使腦垂體合成相對應的腦垂體荷爾蒙，然後運送到遠處的內分泌腺體，使該腺體製造出其特定的內分泌荷爾蒙。下視丘也會分泌抑制性荷爾蒙，抑制腦垂體分泌特定的荷爾蒙。

荷爾蒙如何發揮作用

荷爾蒙能夠在身體中作為有效傳訊者的關鍵因素，是因為一個特定的荷爾蒙只能影響其特定的目標細胞。那麼一個目標細胞，要如何來辨識此特定的荷爾蒙而忽略其他的呢？在目標細胞膜上或是細胞內具有受體蛋白，其形狀能夠吻合此特定荷爾蒙，有如手套能夠吻合手的形狀。如第 28 章所述，神經細胞於其突觸處具有高度專一的受體，每一個受體的形狀只能對特定的神經傳導物分子作出「反應」。類似的，能對特定荷爾蒙作出反應的目標細胞，其受體蛋白的形狀也只能吻合特定的荷爾蒙，而非其他者。因此，身體中的化學溝通需要二個因素：一個信號分子 (荷爾蒙)，與一個目標細胞體表面上或細胞內的受體。此系統具有高度的專一性，這是因為受體蛋白的形狀只能吻合特定的荷爾蒙。

內分泌腺體分泌的荷爾蒙有四種化學類別：

1. **多肽** (polypeptides) 由排列成鏈的胺基酸組成，通常短於 100 個胺基酸。例如胰島素 (insulin) 與抗利尿激素 (antidiuretic hormone, ADH)。
2. **醣蛋白** (glycoproteins) 由其上附有碳水化合物且長於 100 個胺基酸的多肽鏈構成。例如激濾泡素 (follicle-stimulating hormone, FSH) 與促黃體素 (luteinizing hormone, LH)。
3. **胺類** (amines) 由胺基酸中的酪胺酸與色胺酸轉化而來，包括由腎上腺髓質、甲狀腺以及松果腺所分泌的荷爾蒙。
4. **類固醇** (steroids) 轉化自膽固醇的脂質，包括睪固酮、動情素、黃體激素、醛固酮以及皮質醇等。

荷爾蒙信號所進行的溝通路徑，可從「關鍵生物程序」中的一系列簡單步驟看出：

❶ **發出命令**：CNS 的下視丘控制許多荷爾蒙的釋出。一些由下視丘細胞所製造的荷爾蒙，可貯存於腦垂體後葉，然後依據腦部傳來的信號而釋放到血液中。

❷ **傳送信號**：由於荷爾蒙能作用於鄰近的細胞，因此大多數是經由血液運送到全身各處。

❸ **擊中目標**：當荷爾蒙遇到具有可吻合受體的目標細胞時，荷爾蒙可結合到受體上。

❹ **產生效應**：當荷爾蒙與受體蛋白結合後，蛋白質可改變形狀而引發細胞活性的改變。

關鍵學習成果 30.1

荷爾蒙之能夠發揮作用，是由於它們能被專一的受體所辨識。因此，只有那些具有適當受體的細胞才會對一個特定的荷爾蒙產生反應。

30.2 荷爾蒙如何標定細胞

類固醇荷爾蒙進入細胞

一些可與荷爾蒙結合的受體蛋白，位於目標細胞之細胞質或細胞核中，因此這些荷爾蒙需為脂溶性的分子，稱為**類固醇荷爾蒙** (steroid hormones)。這些荷爾蒙的化學分子具有多環的形狀，類似柵欄鐵絲網孔。所有類固醇荷爾蒙都是由膽固醇製出的，這是一個具有四個環結構的複雜分子。促進第二性徵發育的荷爾蒙，都是屬於類固醇荷爾蒙，包括了睪固

酮 (testosterone)、以及可控制女性生殖的動情素 (estrogen) 與黃體固酮 (progesterone) (將於第 31 章討論)。皮質醇 (cortisol) 也是一種類固醇荷爾蒙。

類固醇荷爾蒙，例如動情素 (圖 30.2 中以「E」代表)，可穿過原生質膜的脂雙層 ❶ 並與細胞內的受體結合，且通常是在細胞核內 (例如此例的動情素)。此荷爾蒙與受體的複合體，可結合到細胞核內的 DNA上 ❷，並啟動一個黃體固酮受體蛋白的基因使此基因可被轉錄 ❸。受體蛋白質就可被合成 ❹，然後可與進入細胞的黃體固酮結合 ❺，進而啟動其他另一套基因。

被一些舉重選手與其他運動員所使用的**同化類固醇** (anabolic steroids)，是一種類似男性性荷爾蒙睪固酮的合成化合物。當注射入肌肉後，可活化生長基因而使肌肉細胞合成更多的蛋白質，因而增加肌肉與強度。然而，這種同化類固醇對男性與女性都具有許多危險的副作用，包括肝臟損傷、心臟疾病、高血壓、痤瘡、禿髮以及心理失常等。男性還會感受到睪丸功能受到壓抑而出現女性化，而女性則會出現雄性化。如果青少年使用，還會出現生長發育遲緩與加速青春期提早來臨。

胜肽荷爾蒙作用於細胞表面

其他的荷爾蒙受體嵌插在原生質膜上，其辨識區域則朝向細胞外面。胜肽荷爾蒙可結合到如圖 30.3 的受體上 ❶，其具有典型的短胜肽鏈 (雖然也有一些完整大小的蛋白質)。**胜肽荷爾蒙** (peptide hormone) 與受體的結合，可引發此受體蛋白質朝向細胞質方向部位的改變。

此改變可引發細胞質內的一系列事件，其方式通常是透過一個細胞內稱之為**第二傳訊者** (second messenger) ❷ 的中間信號，其可大幅度擴大原先的信號強度，並導致細胞產生變化 ❸。

一個第二傳訊者如何放大一個荷爾蒙的信號？這是因為它能活化酵素。一個最常見的第二傳訊者是環 AMP (cAMP)，如「關鍵生物程

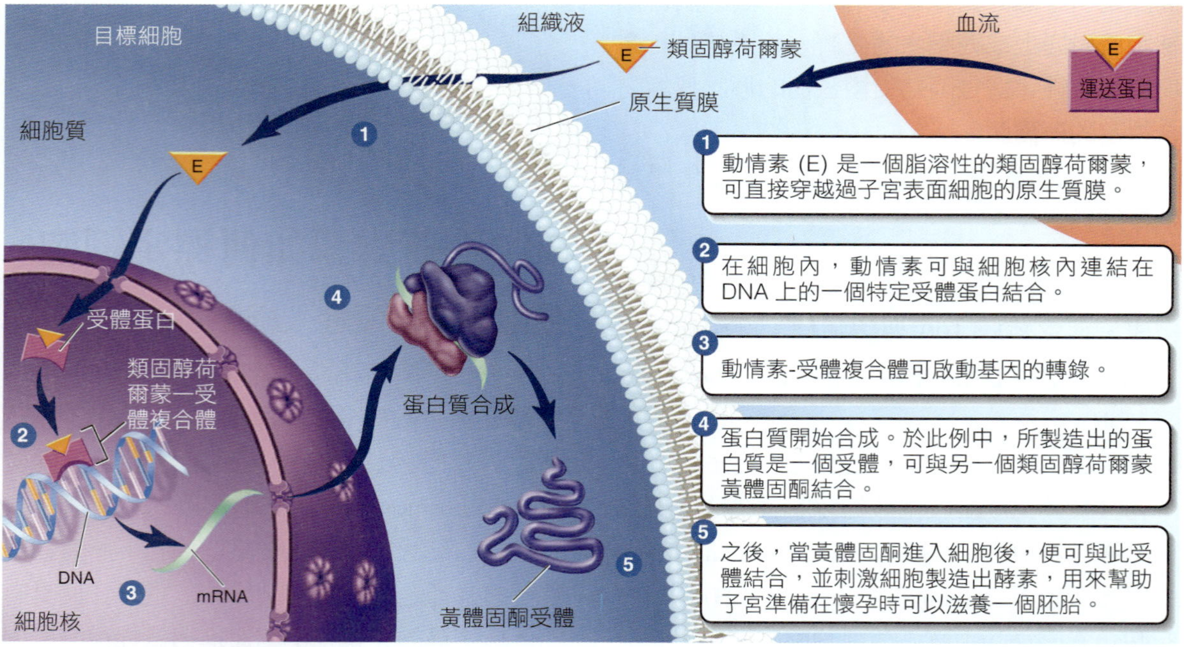

目標細胞
組織液
血流
E
類固醇荷爾蒙
E
運送蛋白
原生質膜
細胞質
1
E
1
動情素 (E) 是一個脂溶性的類固醇荷爾蒙，可直接穿越過子宮表面細胞的原生質膜。
2
在細胞內，動情素可與細胞核內連結在 DNA 上的一個特定受體蛋白結合。
3
動情素-受體複合體可啟動基因的轉錄。
4
蛋白質開始合成。於此例中，所製造出的蛋白質是一個受體，可與另一個類固醇荷爾蒙黃體固酮結合。
5
之後，當黃體固酮進入細胞後，便可與此受體結合，並刺激細胞製造出酵素，用來幫助子宮準備在懷孕時可以滋養一個胚胎。
受體蛋白
類固醇荷爾蒙一受體複合體
2
4
蛋白質合成
DNA
3
mRNA
細胞核
5
黃體固酮受體

圖 30.2　類固醇荷爾蒙如何作用

關鍵生物程序：第二傳訊者

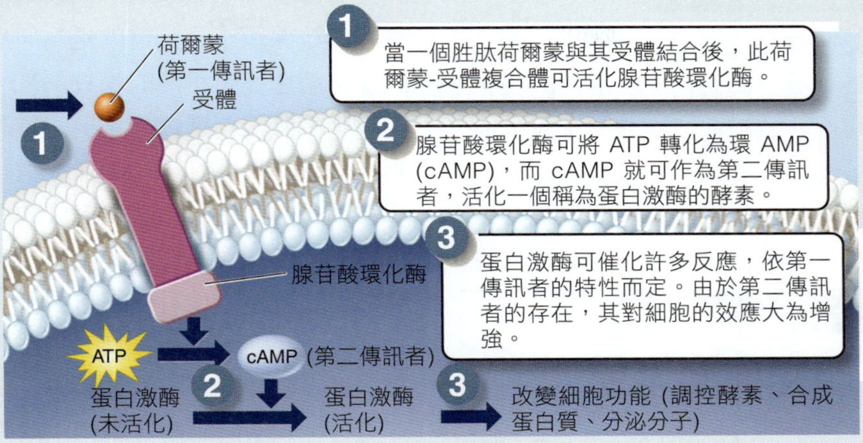
荷爾蒙
(第一傳訊者)
受體
1
腺苷酸環化酶
ATP
cAMP (第二傳訊者)
蛋白激酶
(未活化)
2
蛋白激酶
(活化)
3
改變細胞功能 (調控酵素、合成蛋白質、分泌分子)
1 當一個胜肽荷爾蒙與其受體結合後，此荷爾蒙-受體複合體可活化腺苷酸環化酶。
2 腺苷酸環化酶可將 ATP 轉化為環 AMP (cAMP)，而 cAMP 就可作為第二傳訊者，活化一個稱為蛋白激酶的酵素。
3 蛋白激酶可催化許多反應，依第一傳訊者的特性而定。由於第二傳訊者的存在，其對細胞的效應大為增強。

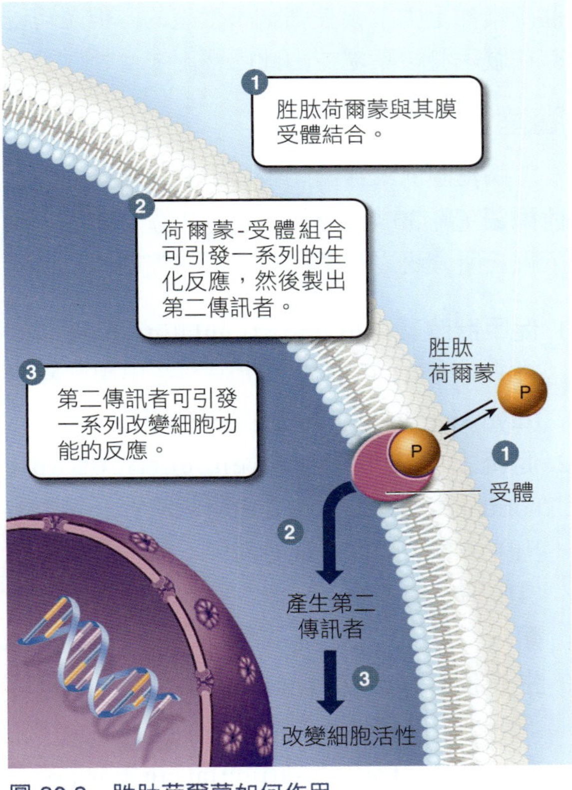

圖 30.3　胜肽荷爾蒙如何作用

序」所示。環 AMP 是被一個酵素從 ATP 製作出來的產物，此酵素可將 ATP 移除二個單位的磷酸鹽產生 AMP，然後再將 AMP 的末端連接起來，使之成為一個環狀分子。一個單一荷爾蒙分子與原生質膜上的受體結合後，可在細胞質中產生許多第二傳訊者。而每一個第二傳訊者又能活化某一酵素的諸多分子。在某些情況下，一個酵素分子還能再去活化許多其他酵素。因此，第二傳訊者能使一個荷爾蒙分子在細胞內產生巨大的效應，遠比一個荷爾蒙分子直接進入細胞內，去尋找目標分子，所產生的效應要大得多。

胰島素就是透過第二傳訊者系統產生作用之眾多種類的荷爾蒙之一。它提供了一個有關胜肽荷爾蒙在目標細胞內，如何達成其效應之研究透徹的案例。許多人類細胞的原生質膜上具有胰島素受體，通常為數百個，但在一些有關葡萄糖代謝的組織上，受體的數量就非常多。例如一個肝臟細胞，其上的胰島素受體可超過 100,000 個。當胰島素分子與一個受體結合後，受體的形狀會發生改變，促使細胞內面鄰近的一個信號調節蛋白質啟動 Ca^{++} 離子的釋放。此 Ca^{++} 離子可作為第二傳訊者，促使許多細胞酵素產生一系列的反應，大幅增強了原先信號的強度。

關鍵學習成果 30.2

類固醇荷爾蒙可穿過細胞原生質膜，與細胞內的受體結合，產生一個複合體去改變特定基因的轉錄。胜肽荷爾蒙不會進入細胞，而是與目標細胞表面上的受體結合，然後引發細胞內一系列的酵素活動。

主要的內分泌腺體

30.3 下視丘與腦垂體

下視丘是神經內分泌系統的「控制中心」，可透過釋出的荷爾蒙來控制鄰近的**腦垂體** (pituitary gland)。腦垂體則位於下視丘下方的一個骨質的隱窩內，其可產生荷爾蒙去影響身體其他的內分泌腺體。腦垂體的後方稱為後葉 (posterior lobe)，所分泌的荷爾蒙負責調控水分的保存、溢乳以及女性子宮的收縮；而腦垂體前葉 (anterior lobe) 所分泌的荷爾蒙，則負責調控其他的內分泌腺體。

腦垂體後葉

腦垂體後葉含有源自下視丘細胞的軸突 (見圖 30.5)，其所分泌的荷爾蒙，實際上是來自位於下視丘的神經細胞本體。其荷爾蒙透過軸突管道而運送到腦垂體後葉，並貯存於該處最後釋出。

腦垂體後葉的角色最早於 1912 年被了解，當時有一件不尋常的醫學案例被報導出來：一位頭部受到槍擊之後的人，出現了令人吃驚的後遺症—不斷地每隔 30 分鐘就要小便一次。子彈卡在他的腦垂體處，經由後續的研究發現，如將腦垂體切除也會導致此相同的不尋常症狀。腦垂體的萃取液中，發現含有一種使腎臟保留體內水分的物質。到了 1950 年代間，終於分離出一種稱為**血管加壓素** (vasopressin) 的胜肽荷爾蒙 [也可稱之為**抗利尿素** (antidiuretic hormone, ADH)]。ADH 可調控腎臟對水分的保存，如果缺乏 ADH，腎臟將無法保留水分，這就是為何那顆子彈會導致那位病患不斷小便的緣故。

腦垂體後葉還會分泌另一種荷爾蒙，**催產素** (oxytocin)，具有與 ADH 非常類似的結構，二者都是由九個胺基酸所構成的短胜肽鏈，但它們的功能卻很不相同。催產素可於生產時引發子宮的收縮，也可促進母親分泌乳汁。促進乳汁分泌的原因為：母親乳頭上具有感測受體，當受到嬰兒吸吮的刺激時，可送出信號到下視丘，刺激腦垂體後葉釋出催產素。催產素經由血流運動到乳房，可促使乳汁管道四周的肌肉收縮，因而使乳腺分泌出乳汁。ADH 與催產素都是由下視丘細胞所生產的，但是可貯存在腦垂體後葉處並由此處釋出。

腦垂體前葉

腦垂體前葉腺體能製造出七種主要的胜肽荷爾蒙 (圖 30.4 中藍色部分)，每一種都受到下視丘所分泌之一個特定信號的控制：

1. **促甲狀腺素** (thyroid-stimulating hormone, TSH)：TSH 可促使甲狀腺製造出甲狀腺素 (thyroxine)，促進氧化性呼吸作用。
2. **促腎上腺皮質素** (adrenocorticotropic hormone, ACTH)：ACTH 可刺激腎上腺製造出許多類固醇荷爾蒙。其中一些可調控從脂質製造出葡萄糖；其他的則調控血液中的鹽類。
3. **生長激素** (growth hormone, GH)：GH 可促進全身肌肉與骨骼的生長。
4. **激濾泡素** (follicle-stimulating hormone, FSH)：FSH 可促進女性月經週期中製造卵子以及釋放出動情素。於男性，此荷爾蒙則調控睪丸中精子的發育。
5. **促黃體素** (luteinizing hormone, LH，有時也稱排卵素)：LH 在女性月經週期中扮演重

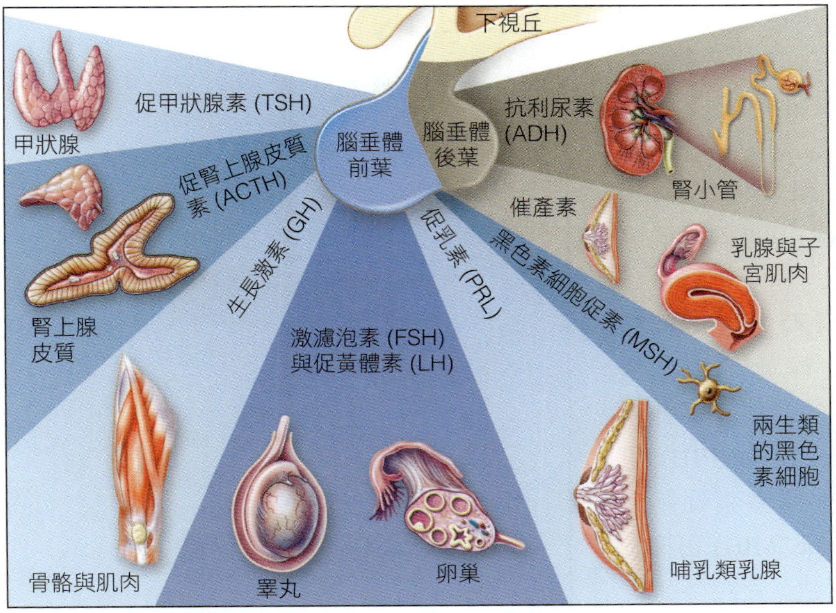

圖 30.4 腦垂體的角色

要的角色，可引發排卵 (釋出一個成熟的卵子)。它也可促使男性的性腺製造睪固酮，引發與維持男性的第二性徵，與生殖無直接關係。

6. **促乳素** (prolactin, PRL)：促乳素可受到催產素的刺激而分泌，能促進乳房分泌乳汁。
7. **黑色素細胞促素** (melanocyte-stimulating hormone, MSH)：於爬蟲類與兩生類，MSH 可促進表皮顏色的變化。此荷爾蒙在人類中的功用還不太明瞭。

下視丘如何控制腦垂體前葉

如之前所述，下視丘可利用一群特殊的荷爾蒙，來調控腦垂體前葉荷爾蒙的製造與分泌。下視丘的神經元可分泌這些釋放性與抑制性的荷爾蒙，到下視丘基部的微血管中。圖 30.5 顯示出下視丘中這二類的神經元的相互關係。如之前所述，有些神經元 (圖中藍色者) 可延伸到腦垂體的後葉，軸突將荷爾蒙運送到該處貯存與釋放。下視丘的其他神經元 (圖中黃色者) 可產生釋放性與抑制性的荷爾蒙，並將之釋放到微血管中。這些微血管匯集成腦垂體柄中的小靜脈，然後進入前葉中的微血管網中。這個不尋常的血管系統，就稱為下視丘腦垂體門脈系統 (hypothalamohypophyseal portal system)。它之所以被稱為門脈系統的原因是，因為它是由第一個微血管網 (capillary bed) 向下發展而出的第二個微血管網；身體中之另一個門脈系統則是位於肝臟中。

每一個透過此門脈系統傳送到腦垂體前葉的荷爾蒙，可以調控一個特定之腦垂體前葉荷爾蒙的分泌。例如促甲狀腺釋素 (thyrotropin releasing hormone, TRH) 可刺激 TSH 的釋放；皮質釋素 (corticotropin-releasing

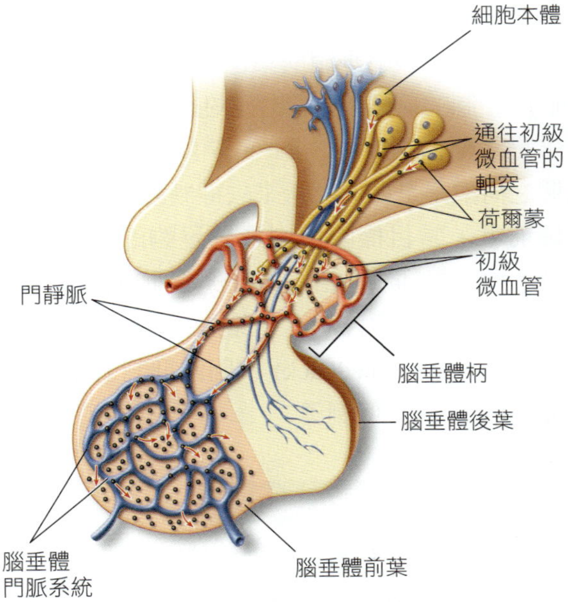

圖 30.5 下視丘對腦垂體前葉之荷爾蒙控制
下視丘的神經元所分泌的荷爾蒙，經由很短的血管運送到腦垂體前葉腺體處，於該處它們可刺激或抑制腦垂體前葉荷爾蒙的釋出。

hormone, CRH) 可刺激 ACTH 的釋放；促性腺素釋素 (gonadotropin-releasing hormone, GnRH) 可刺激 FSH 與 LH 的釋放；生長素釋素 (growth-hormone-releasing hormone, GHRH) 可刺激 GH 的釋放；以及促乳素釋因 (prolactin-releasing factor, PRF) 可刺激促乳素的釋放。

下視丘還可分泌抑制性荷爾蒙，抑制一些腦垂體前葉荷爾蒙的釋放：體抑素 (somatostatin) 可抑制 GH 的釋放；促乳素抑素 (prolactin-inhibiting hormone, PIH) 可抑制促乳素的釋放；以及促黑激素抑制素 (melanotropin-inhibiting hormone, MIH) 可抑制 MSH 的釋放。

由於下視丘荷爾蒙能夠控制腦垂體前葉腺體分泌荷爾蒙，而腦垂體前葉荷爾蒙又控制其他內分泌腺體，因此下視丘可被視為一個「主宰腺體」(master gland)，掌控了身體荷爾蒙的分泌。但是這個概念並非永遠是對的，有二個原因：第一，有些內分泌腺體，諸如腎上腺髓質與胰臟，並非直接由這個系統所調控。第二，下視丘與腦垂體前葉也會反過來，受到它們所控制的荷爾蒙之調控！在大多數情況下，這是一種抑制調控。圖 30.6 顯示出，目標腺體之荷爾蒙是如何反過來去抑制下視丘與腦垂體前葉。當目標腺體製造出足夠的荷爾蒙之後，會回饋抑制來自下視丘與腦垂體前葉的刺激荷爾蒙，如虛線所示。此控制系統，即為**負回饋** (negative feedback) 或**回饋抑制** (feedback inhibition) 的一個例子。

關鍵學習成果 30.3

腦垂體後葉具有源自下視丘神經元的軸突，可製造荷爾蒙。腦垂體前葉可對下視丘荷爾蒙產生反應，製出一些腦垂體荷爾蒙，可運送到遠方的腺體處，使之分泌特定的荷爾蒙。

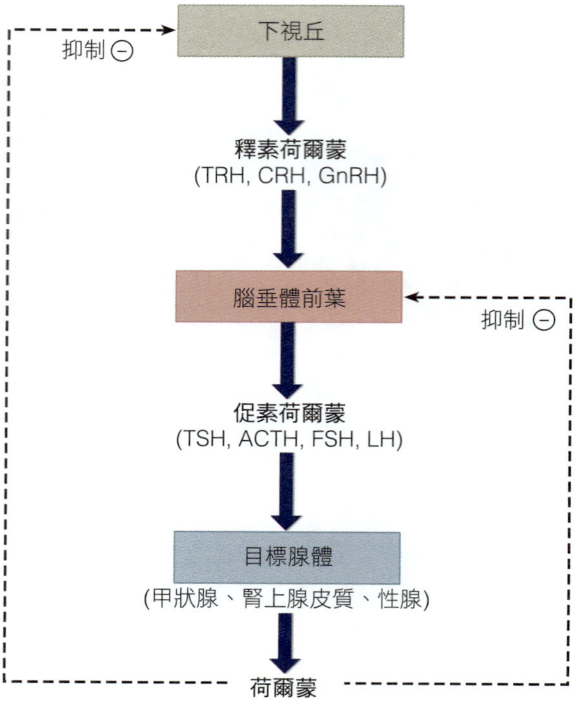

圖 30.6 負回饋
一些內分泌腺體所分泌的荷爾蒙，可回饋抑制下視丘之釋素荷爾蒙以及腦垂體前葉之促素荷爾蒙。

30.4 胰臟

使葡萄糖維持恆定

胰臟 (pancreas) 位於胃的後方，並以一個狹管與小腸相連。它可透過此管道分泌許多消化酵素到消化道中，一直以來被認為是一個外分泌腺體。然而在 1869 年，一位名叫保羅．蘭格漢 (Paul Langerhans) 的醫學院學生，發現了一些到處散布在胰臟中的不尋常細胞群。到了 1893 年，醫師們認為這些被命名為蘭氏小島 (islet of Langerhans) 的細胞群，可製造防止糖尿病的物質。**糖尿病** (diabetes mellitus) 是一個嚴重的疾病，即使一個人血液中的葡萄糖含量很高，其細胞仍然無法從血液中攝取葡萄糖。有些病患會減輕體重並感到飢餓；其他的病患則會出現循環不良，甚至有時因為循環受阻而截肢。糖尿病是成人眼盲的主要原因，也造成了三分之一的腎衰竭病患。在美國，糖尿病是第七大死因。

蘭氏小島製造的物質，即是我們熟知的胜肽荷爾蒙*胰島素* (insulin)，直到 1922 年才被分離出來。二位多倫多醫院的醫師，將從牛胰臟萃取出來的胰島素注射入一位 13 歲的男童身上，這個男童的體重已經低到只有 29 公斤 (65 磅)，並認為無救了。醫院的紀錄並未詳述這個歷史性的重要試驗，僅簡單記載「15 cc 的 MaxLeod's 血清。二邊的屁股上各注射 7~1/2 cc」這次的注射，使此男童的血糖降低了 25%－他的細胞開始攝取葡萄糖了。另一次更強的萃取液注射，使他的血糖幾乎降到正常值。

這是胰島素治療成功的首例。胰臟中的蘭氏小島細胞可製造二種荷爾蒙，二者交互作用來管控血液中的葡萄糖含量，那就是*胰島素*與*升糖素* (glucagon)。胰島素是一個貯存性的荷爾蒙，可將養分暫存起來以備需要時使用。它可促進肝臟貯存肝醣，以及脂肪細胞貯存三酸甘油脂。當吃入食物後 (圖 30.7 左方)，蘭氏小島中的 β 細胞開始分泌胰島素，使身體中的細胞攝入葡萄糖將之以肝醣以及三酸甘油脂的型式貯存起來，以備之後使用。當身體活動使用血糖作為燃料而使血糖降低時 (圖 30.7 右方)，蘭氏小島中稱為 *α* 細胞的其他細胞，開始分泌升糖素，可促使肝細胞釋出貯存的葡萄糖，以及使脂肪細胞分解三酸甘油脂，以提供能量的需求。此二種荷爾蒙互相合作，使血液中的葡萄糖濃度維持在一個狹窄的範圍內。

美國有 2,600 萬的人，以及全球有超過 3 億 4,700 萬的人患有**糖尿病** (diabetes)。糖尿病有二種，大約 5%~10% 的病患為第一型糖尿病 (type I diabetes)，這是一種自體免疫疾病，身體的免疫系統會去攻擊蘭氏小島，導致胰島素分泌不足，也稱為青少年糖尿病。常發生於 20 歲以前，患者需要每日注射胰島素來治療。

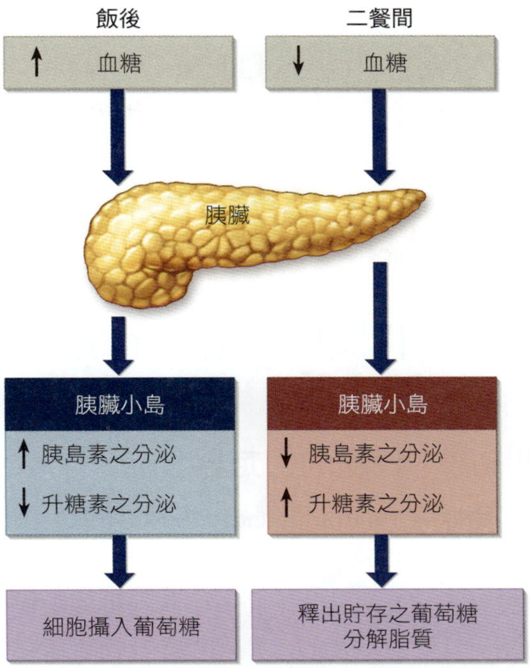

圖 30.7 胰臟分泌胰島素與升糖素來調控血糖濃度
吃過一餐後，蘭氏小島的 β 細胞提高胰島素的分泌，促進血液中的葡萄糖進入組織細胞。在二餐中間，蘭氏小島之 α 細胞增加升糖素的分泌，可導致貯存的葡萄糖被釋放出來，以及脂肪的分解。

於第二型糖尿病 (type II diabetes)，血液中的胰島素含量通常高於正常值，而細胞不會對胰島素產生反應。此類型的糖尿病通常發生於年齡超過 40 歲的人，通常是體重過重所導致的後果。於美國，80% 之第二型糖尿病患者都有肥胖問題。這些第二型糖尿病患的細胞，四周充滿了食物，會降低對胰島素的敏感度來減少葡萄糖的攝入。很類似藥物成癮者的神經元，於長期接觸藥物後會降低其神經傳導物受體的數目，而這些肥胖的人則會降低細胞的胰島素受體數目。為了彌補，胰臟會釋出更多的胰島素，而某些人由於胰島素製造細胞長期過勞，最後會停止工作。第二型糖尿病，通常以改善飲食與運動來加以治療。

關鍵學習成果 30.4

胰臟內的成群細胞可分泌胰島素與升糖素。胰島素可促進葡萄糖的貯存，而升糖素則促進肝醣的分解。二者合作，可使葡萄糖濃度保持在一個狹窄的範圍內。

30.5 甲狀腺、副甲狀腺與腎上腺

甲狀腺：代謝的恆定器

甲狀腺 (thyroid gland) 的形狀類似一個盾牌 (thyros 名稱來自希臘文，意思是盾牌)，就位於脖子前面喉結的下方。甲狀腺可製數種荷爾蒙，其中最重要的二種是可提升代謝速率與生長的**甲狀腺素** (thyroxine)，以及抑制骨骼釋出鈣質的**降血鈣素** (calcitonin)。

甲狀腺素可透過幾種重要的方式來調控身體的代謝水平，如無足夠的甲狀腺素，生長會變得遲緩。例如甲狀腺機能低下的兒童，無法以正常速率來分解碳水化合物與合成蛋白質，這種狀況稱為癡呆症 (cretinism)，造成發育不良。甲狀腺會受到下視丘的刺激而分泌甲狀腺素，而下視丘則受到甲狀腺素的回饋抑制。圖 30.8a 中的虛線顯示，甲狀腺素可分別抑制下視丘與腦垂體前葉之分泌 TRH 與 TSH。甲狀腺素中含有碘，如果飲食中的碘含量太低，甲狀腺就無法製造出足夠量的甲狀腺素，也無法抑制下視丘。因此下視丘便會持續刺激甲狀腺使其不斷長大，徒勞地嘗試製出更多的甲狀腺素。生長過大的甲狀腺，就稱為甲狀腺腫 (goiter) (圖 30.8b)。這就是為何一般食鹽中需要添加碘的原因。如果甲狀腺過度活躍，則會製出過多的甲狀腺素使代謝過於活躍，而導致心跳過快、體重降低以及較高的體溫。

降血鈣素可維持身體適度的鈣含量，將於之後再詳細討論。

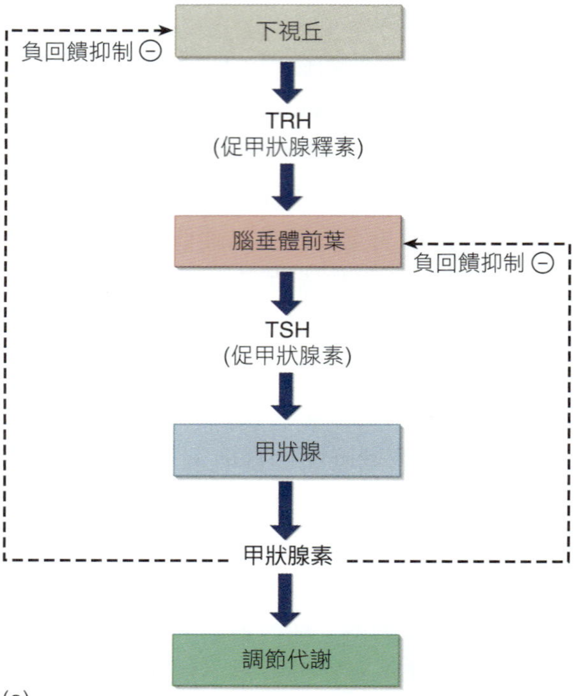

(a)

(b)

圖 30.8 甲狀腺可分泌甲狀腺素
(a) 甲狀腺素可利用負回饋調控下視丘與腦垂體前葉；(b) 如果食物中缺乏碘，會導致甲狀腺腫，分泌的甲狀腺素也會下降。由於 TSH 之刺激甲狀腺並未受到抑制，因此甲狀腺便會腫大。

副甲狀腺：調節鈣含量

副甲狀腺 (parathyroid glands) 是四個連在甲狀線上的小腺體。小而不顯著，一直被研究人員所忽略，直到上一個世紀才獲得重視。其首次被認為可以分泌荷爾蒙的證據，來自於將

之切除的狗隻實驗：狗血液中的鈣質會大幅降低到正常值的一半。然而，如果注射副甲狀腺的萃取物，血鈣的含量就會恢復正常。如果注射過量的萃取物，血鈣就會過高，且狗的骨骼也會逐漸受損。很顯然的，副甲狀腺可製造出對鈣質有作用的荷爾蒙，使鈣質能進入或從骨骼中釋出。

副甲狀腺製造的荷爾蒙，稱為**副甲狀腺素** (parathyroid hormone, PTH) (圖 30.9)，這是我身體中維持生命所必需的二種荷爾蒙其中之一 [另一個是由腎上腺所分泌的醛固酮 (aldosterone)]。PTH 可調節血液中的鈣濃度，而鈣離子則是肌肉收縮的關鍵因子。透過鈣離子的釋放，神經衝動則可使肌肉收縮。脊椎動物若不能驅動心肌的收縮作用，將無法生存，而這些肌肉的收縮，又有賴於能將鈣離子維持在一個狹窄的範圍內。

PTH 的作用類似自動保護裝置，確保鈣的濃度不會降得太低。當血鈣降低時 (圖 30.9a)，PTH 會釋放到血液中，並運送到骨骼處作用於成骨細胞 (藍色的細胞)，刺激它們分解骨基質而釋放出鈣質進入血液中。PTH 也可作用於腎臟，促進其從濾液中吸收鈣離子，並活化維生素 D，是幫助小腸吸收鈣質所必需的。當食物中缺乏維生素 D，會導致骨骼形成不良造成佝僂病 (rickets)。當血液中缺乏鈣質而促使副甲狀腺合成 PTH 時，我們的身體其實是犧牲了骨骼來維持鈣離子於一狹窄的範圍內，以便使肌肉與神經能夠正常運作。先前介紹過的一個降血鈣素，是甲狀腺所分泌的一種荷爾蒙，其作用與 PTH 剛好相反。當血液中的鈣濃度上升時 (圖 30.9b)，降血鈣素會使成骨細胞 (橙色的細胞) 吸收鈣質而構築骨骼。

腎上腺：二合一的腺體

哺乳類具有二個**腎上腺** (adrenal glands)，每一個剛好分別位於一個腎臟的上方 (見表 30.1)。每一個腎上腺由二部分構成：(1) 一個內部的核心，稱為**髓質** (medulla)，可產生腎上腺素 (adrenaline，或稱為 epinephrine) 及正腎上腺素 (norepinephrine)；(2) 一個外部的殼層，稱為**皮質** (cortex)，可產生類固醇荷爾蒙皮質醇 (cortisol) 與醛固酮 (aldosterone)。

腎上腺髓質：緊急警戒警報 髓質可於有壓力時釋出**腎上腺素** (adrenaline, epinephrine) 及**正腎上腺素** (norepinephrine)，這些荷爾蒙可作為緊急信號，使身體快速部署燃料。這些荷爾蒙產生的全身警戒反應，與交感神經系統的效應相同，但是時間能維持更久。這些荷爾蒙所產生的效應，包括心跳加快、血壓升高、血糖增

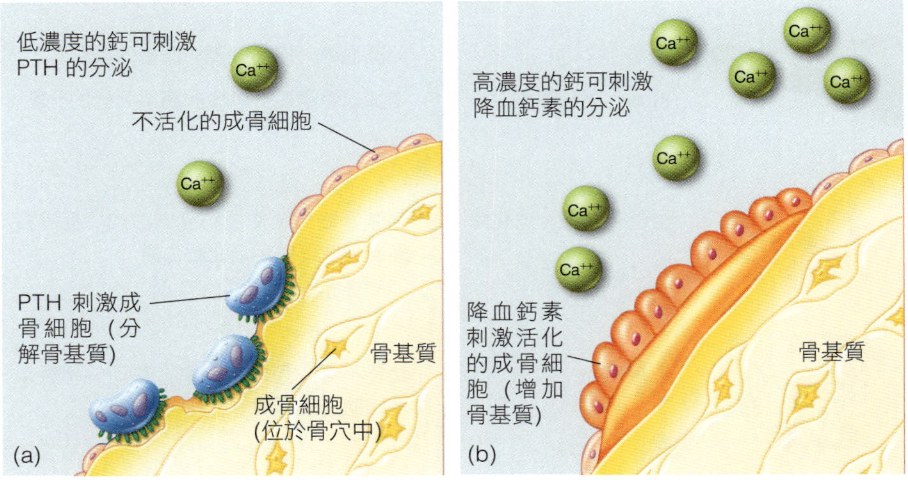
低濃度的鈣可刺激 PTH 的分泌
Ca++
不活化的成骨細胞
PTH 刺激成骨細胞 (分解骨基質)
骨基質
成骨細胞 (位於骨穴中)
(a)
高濃度的鈣可刺激降血鈣素的分泌
降血鈣素刺激活化的成骨細胞 (增加骨基質)
骨基質
(b)

圖 30.9 維持血液中適當的鈣濃度
(a) 當血液中鈣的濃度太低時，副甲狀腺可製造出更多的 PTH，刺激骨骼分解釋放出鈣；(b) 反過來，血液中有過高的鈣時，可刺激甲狀腺分泌降血鈣素，可抑制骨骼釋出鈣質，並刺激成骨細胞從血中移走鈣，並堆積於骨骼中。

表 30.1 主要的內分泌腺體

內分泌腺與荷爾蒙	目標	主要作用
腎上腺皮質 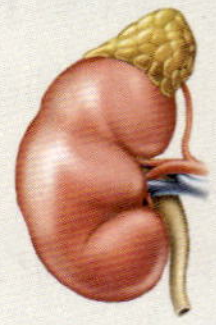		
醛固酮	腎小管	維持鈉與鉀的平衡
皮質酮	全體	對長期壓力的調適；提升血糖濃度；代謝脂肪
腎上腺髓質 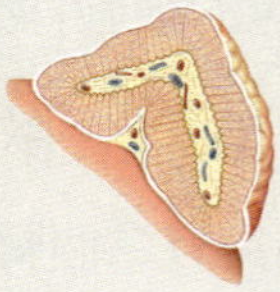		
腎上腺素與正腎上腺素	平滑肌，心肌，血管，骨骼肌	引發壓力反應；增加心跳、血壓、代謝速率；使血管擴張；代謝脂質；升高血糖
下視丘 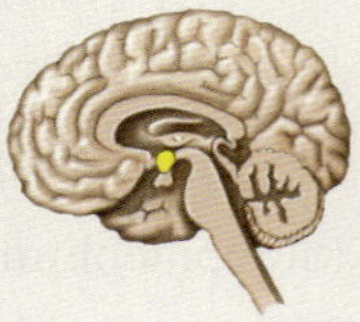		
甲狀腺促素釋素 (TRH)	腦垂體前葉	刺激腦垂體前葉分泌 TSH
皮質釋素 (CRH)	腦垂體前葉	刺激腦垂體前葉分泌 ACTH
促性腺素釋素 (GnRH)	腦垂體前葉	刺激腦垂體前葉分泌 FSH 與 LH
促乳素釋因 (PRF)	腦垂體前葉	刺激腦垂體前葉分泌 PRL
生長素釋素 (GHRH)	腦垂體前葉	刺激腦垂體前葉分泌 GH
促乳素抑素 (PIH)	腦垂體前葉	抑制腦垂體前葉分泌 PRL
體抑素	腦垂體前葉	抑制腦垂體前葉分泌 GH
促黑激素抑制素 (MIH)	腦垂體前葉	刺激腦垂體前葉分泌 MSH
卵巢 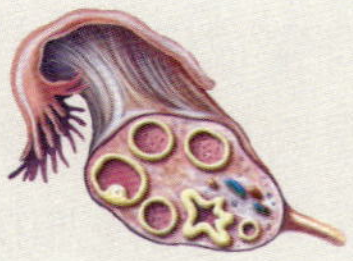		
動情素	全體；女性生殖構造	女性於青春期，刺激其第二性徵的發展，以及性器官的生長；使子宮每個月為懷孕做準備
黃體固酮	子宮，乳房	完成子宮對懷孕的準備；刺激乳房的發育
胰臟 		
胰島素	全體	降低血糖，增加肝臟對肝醣的貯存
升糖素	肝臟，脂肪組織	增加血糖濃度；刺激肝臟中肝醣的分解
副甲狀腺 		
副甲狀腺素 (PTH)	骨骼，腎臟，消化道	刺激骨骼分解使血鈣濃度增加；促進腎臟再吸收鈣質；活化維生素 D
松果腺 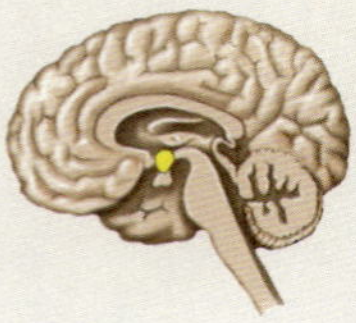		
褪黑激素	下視丘	功能不詳；可幫助人類青春期的轉變以及協助睡眠週期

表 30.1 主要的內分系腺體 (續)

內分泌腺與荷爾蒙	目標	主要作用
腦垂體後業 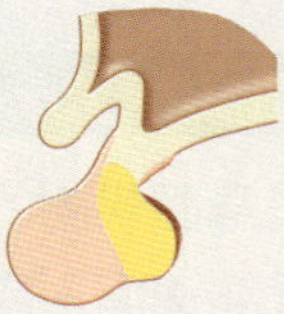		
催產素 (OT)	子宮	刺激子宮收縮
	乳腺	刺激分泌乳汁
血管加壓素 (抗利尿激素 (ADH)	腎臟	保存水分，增加血壓
腦垂體前葉 		
生長激素 (GH)	全體	藉由促進蛋白質合成與脂肪分解來刺激生長
促乳素 (PRL)	乳腺	維持產後泌乳
促甲狀腺素 (TSH)	甲狀腺	刺激甲狀腺素的分泌
促腎上腺皮質素 (ACTH)	腎上腺皮質	此激腎上腺皮質素的分泌
激濾泡素 (FSH)	性腺	刺激女性卵泡成長與分泌動情素；刺激男性製造精子
促黃體素 (LH)	卵巢與睪丸	刺激女性排卵與形成黃體；刺激男性分泌睪固酮
黑色素細胞促素 (MSH)	皮膚	刺激爬蟲類與兩生類體色變化；於哺乳類功能不明
睪丸 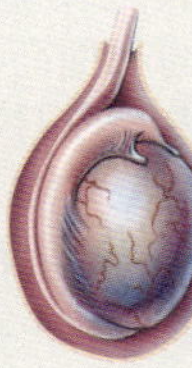		
睪固酮	全體；男性生殖構造	刺激男性第二性徵的發育以及青春期的發育陡增；刺激性器官的發育；刺激精子的製造
甲狀腺 		
甲狀腺激素 (甲狀腺素、T4 及其他)	全體	刺激代謝速率；為正常成長與發育所必需的
降血鈣素	骨骼	抑制骨骼釋出鈣質而使血鈣濃度降低
胸腺 		
胸腺素	白血球細胞	促進白血球的製造與成熟

加以及增加心臟與肺臟的血流量。

腎上腺皮質：維持適量的鹽類 腎上腺皮質可製造類固醇荷爾蒙**皮質醇** (cortisol，也稱 hydrocortisone)，可作用於身體上的許多不同細胞以維持健康。它可促進碳水化合物的代謝，並降低發炎反應。此荷爾蒙的合成衍生物，例如普賴鬆 (prednisone)，被廣泛應用於醫學上的抗發炎反應。皮質醇也常被稱為壓力荷爾蒙 (stress hormone)，於身體遭受壓力時釋出，用來對抗壓力。但是當身體長期處於慢性壓力時，會因皮質醇的含量過高而出現問題。此時可導致血壓過高、降低免疫反應、脂肪堆積以及血糖異常。這些慢性效應對健康不利。

腎上腺皮質也可製造**醛固酮** (aldosterone)，主要作用於腎臟，可促進從尿液中吸收鈉離子與其他鹽類，同時也可增加水分的再吸收。鈉離子在神經傳導上，以及其他身體功能上都具有重要的角色。水分則可維持血量與血壓。醛固酮是我身體中維持生命所必需的二種荷爾蒙其中之一 (另一個是 PTH)。如果切除了腎上腺，將會造成致命的影響。

關鍵學習成果 30.5

甲狀腺是身體代謝的恆定器，可分泌荷爾蒙來調整代謝速率。副甲狀腺素可調節血液中的鈣濃度。腎上腺髓質可分泌腎上腺素及正腎上腺素。腎上腺皮質分泌之醛固酮，則可在腎臟中促進鈉離子與其他鹽類的再吸收。

複習你的所學

神經內分泌系統

荷爾蒙

30.1.1 荷爾蒙是由腺體或其他內分泌組織所分泌的化學信號，可傳送到身體的遠處。內分泌腺體製造荷爾蒙，並將之釋放進入血液中。

31.1.2 內分泌腺體與組織是受到中樞神經系統的控制，主要的是下視丘。下視丘所下達的一個命令，可促使內分泌腺體釋出一種荷爾蒙。具有此荷爾蒙受體的目標細胞便可對其做出反應。當荷爾蒙與受體結合後，可引發細胞的反應，通常為細胞的活性或基因的表現。

31.1.3 荷爾蒙的四種化學類型，分別為胜肽、醣蛋白、胺類以及類固醇。

荷爾蒙如何標定細胞

30.2.1 類固醇荷爾蒙為脂溶性分子，它們可通透過目標細胞的原生質膜，而與細胞質或細胞核中的受體結合。荷爾蒙-受體複合體可結合到 DNA 上，改變基因的表現，而導致細胞功能的改變。

- 胜肽荷爾蒙無法穿透過原生質膜，但可與膜上的受體結合。當與受體結合後，可使受體內側產生變化，並活化一個第二傳訊者。

30.2.2 諸如環 AMP 的第二傳訊者，可活化細胞內的酵素，這些酵素再引發細胞活動的改變。第二傳訊系統是一個串聯反應，可強化信號並改變細胞的活動。

主要的內分泌腺體

下視丘與腦垂體

30.3.1 腦垂體實際上包含二個腺體：後葉腺體與前葉腺體。後葉的發育可視為下視丘的延伸，由下視丘神經細胞延伸的軸突所構成。

- 腦垂體後葉所釋出的荷爾蒙，實際上是由下視丘所製造，經由軸突運送到後葉處貯存與釋放。後葉所分泌的荷爾蒙包括使腎臟保存水分的抗利尿激素 (ADH)，以及於生產時使子宮收縮與分泌乳汁的催產素。

30.3.2 腦垂體前葉源自上皮組織，可製造出其所分泌的七種荷爾蒙，即促甲狀腺素 (TSH)、促腎上腺皮質素 (ACTH)、生長激素 (GH)、激濾泡素 (FSH)、促黃體素 (LH)、促乳素 (PRL) 以及黑色素細胞促素 (MSH)。腦垂體前葉是受到下視丘所控制的。

30.3.3 下視丘所製造的荷爾蒙，會釋入包圍腦垂體柄的微血管 (稱為下視丘腦垂體門脈系統) 中，然後運行到腦垂體前葉處。許多荷爾蒙受到負回饋抑制，當釋出足夠的荷爾蒙之後，它們會反過來抑制荷爾蒙的生產過程。

胰臟

30.4.1 胰臟可釋出二種荷爾蒙到血液中，胰島素與升糖素，此二者可交互作用維持血糖濃度的穩定。胰島素可促進細胞攝取葡萄糖，升糖素則刺激肝醣的分解，產生葡萄糖。蘭氏小島中的二種不同細胞，分別製造出胰島素與升糖素。

- 當胰島素不足或是細胞無法對胰島素產生反應時，就會造成糖尿病。

甲狀腺、副甲狀腺與腎上腺

30.5.1 甲狀腺可製造數種荷爾蒙，但其中最重要的二種，即為可增加代謝與生長速率的甲狀腺素，以及促進骨骼吸收鈣質的降血鈣素。甲狀腺素是受到負回饋控制的，過多或不足都會導致嚴重的健康問題。

30.5.2 副甲狀腺是附著在甲狀腺上的四個小腺體。副甲狀腺可分泌副甲狀腺素 (PTH)。PTH 可調節血液中的鈣濃度。低血鈣時會刺激副甲狀腺釋出 PTH。PTH 作用於骨骼，使其分解而釋出 Ca^{++} 到血液中。當 Ca^{++} 濃度上升後，甲狀腺會釋出降血鈣素，刺激骨骼吸收 Ca^{++} 而製造出新的骨組織。

30.5.3 腎上腺實際上由二個腺體構成：構成內部核心的髓質，以及構成外殼的皮質。髓質可分泌腎上腺素與正腎上腺素，皮質則分泌醛固酮，與 PTH 類似，是維持生命所必需。其可促進從尿液中攝取鈉與水分。

測試你的了解

1. 化學信號比電信號所具有的一個優點是
- a. 對刺激產生的反應非常快速
- b. 雖然需要大量的化學物，但其更有效率
- c. 化學信號作用的時間較電子信號長久，適用於較慢的程序
- d. 化學信號可對內在與外在刺激做出反應

2. 內分泌系統的協調中心是
- a. 下視丘　　c. 甲狀腺
- b. 腎上腺　　d. 胰臟

3. 類固醇荷爾蒙的作用與胜肽荷爾蒙不同，因為
- a. 胜肽荷爾蒙必須進入細胞內作用，而類固醇荷爾蒙則作用於細胞膜的表面上
- b. 類固醇荷爾蒙必須進入細胞內作用，而胜肽荷爾蒙則作用於細胞膜的表面上
- c. 胜肽荷爾蒙形成一個荷爾蒙受體複合體，直接作用於 DNA 上；而類固醇荷爾蒙可釋放出一個第二傳訊者，而引發酵素作用。
- d. 以上皆非

4. 第二傳訊者可藉由何者來強化荷爾蒙的信號？
- a. 增加其產量
- b. 穩定荷爾蒙的結構
- c. 引發一個酵素的串聯反應
- d. 活化干擾 mRNA

5. 可調節尿液中水之濃度的荷爾蒙，是從哪個腺體釋出的？
- a. 甲狀腺　　c. 腦垂體前葉
- b. 胸腺　　d. 腦垂體後葉

6. 下列何者可刺激腎上腺，製造出許多固醇類荷爾蒙？
- a. ACTH　　c. TSH
- b. LH　　d. MSH

7. 第一型糖尿病是由於內分泌________腺細胞的不正常而導致。
- a. 腦垂體後葉　　c. 肝臟
- b. 胰臟　　d. 腦垂體前葉

8. 如果你拉長二餐間的時間，你的身體會製造出
- a. 胰島素來提高血糖　　c. 胰島素來降低血糖
- b. 升糖素來提高血糖　　d. 升糖素來降低血糖

9. 甲狀腺之釋放降血鈣素，是受到下列何者的引發？
- a. 血液中葡萄糖含量太高
- b. 血液中鈉含量太高
- c. 血液中鈣含量太高
- d. 血液中碘含量太高

10. 除了醛固酮以外，另一個維持生命所必需的荷爾蒙是
- a. 甲狀腺素　　c. 降血鈣素
- b. 甲狀腺激素　　d. 副甲狀腺素

Chapter 31

動物生殖與發育

動物的生殖繁衍後代是天性使然，如貓發情時的叫聲，窗外昆蟲的鳴叫，沼澤中蛙類的呱呱聲，北方冰凍荒原狼嚎，這些聲音意味著生命世界渴望生殖繁衍後代的衝動，在演化歷史長流中被定格的模式。

人類家族繁衍意識誘使我們主動履行此要務，人們很難不回應新生嬰兒使人感覺溫暖的微笑，正如雙親滿心歡喜地看著正哺乳媽媽懷中嬰兒般。本章將聚焦在人類所屬脊椎動物的性與繁殖，這是遠比學術興趣更重要的主題，更是年輕學子們應當修習的課題。

脊椎動物的生殖

31.1 無性及有性生殖

生殖策略

並非所有生殖行為都需兩位親代參與，無性生殖之子代在遺傳上與其親代完全相同，這是原生生物、腔腸動物及海鞘類動物的主要生殖方式，也發生在有些較複雜的動物。

經由有絲分裂，單一親代細胞產生遺傳上一致的細胞，使得眼蟲能以二分裂 (fission) 方式進行無性生殖，如圖 31.1 中所呈現的。正如 DNA 會複製一樣，鞭毛類的細胞構造也會複製，核分裂為二個完全一致的核並各自分配到子細胞中。

腔腸動物一般以**出芽** (budding) 方式繁殖，親代個體的一部分脫離母體，並分化形成一新的個體。新個體可以是完全獨立的，也可以是仍與親代附著形成一群體。

與無性生殖不同，有性生殖發生在兩種細胞的結合，這些細胞稱為**配子** (gametes)，一種稱為精子，另一種為卵子，兩者結合形成受

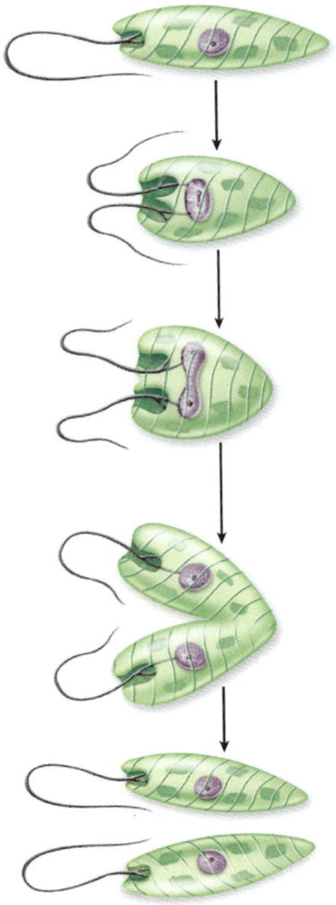

圖 31.1　原生生物的無性生殖
原生生物眼蟲以無性方式繁衍後代，成熟個體以分裂方式形成兩個完整個體。

精卵，或稱**合子** (zygote)，其會經過有絲分裂而發育成一個新的多細胞的雙倍體 (diploid) 個體，其細胞具有成對的兩套同源染色體，配子細胞由性器官或睪丸及卵巢的**性腺** (gonads) 經減數分裂而產生，為單倍體 (haploid)。

不同的性策略

單性生殖 (parthenogenesis) 是一種在許多品種的節肢動物常見的生殖方式，其子代由未受精的卵發育而成。有些品種是完全單性生殖，有些則是有性生殖與單性生殖在不同世代交替進行。比如在蜜蜂，蜂后只交配一次並將精子儲存，並控制精子之排放，排卵子時如無精子則卵子發育成雄的工蜂 (drones)，如卵子能受精則發育成蜂后或雌性工蜂。

蘇俄生物學家 Ilya Darevsky 曾於 1958 年報導第一例在脊椎動物的不尋常生殖模式，他觀察到 *Laceria* 種的小型蜥蜴的有些族群中都是雌性個體，顯示這些蜥蜴可以生下未受精的蛋，且可存活並發育成個體。也就是說，牠們不需要精子，能行單性生殖，進一步的研究發現其他種蜥蜴也能行單性生殖。

雌雄同體 (hermaphroditism) 是另類生殖策略，生物個體同時具有睪丸及卵巢而可同時產生精子及卵子。如圖 31.2a 中的深海鱸魚就屬雌雄同體，兩不同個體在交配時都各自同時產生精子及卵子，但彼此相互使對方的卵子受精。絛蟲也是雌雄同體，其可自我受精繁殖，畢竟在同一宿主體內很難碰到另一隻絛蟲，但有機會也可行異體交配受精。大多數的雌雄同體動物需要另一個體以進行繁殖，像蚯蚓及深海鱸魚。

循序雌雄同體 (sequential hermaphroditism) 個體可依序改變其性別以進行繁衍，可見於許多種魚類。在珊瑚礁魚可見到兩種情形：雌性先熟 (protogyny)，先是雌性後轉成雄性。或是雄性先熟 (protandry)，先為雄性後轉成雌性。雙帶錦魚 (見圖 31.2b) 之性轉變受制於其社交狀況，經常生活在大族群中只有強勢雄魚可以繁殖，如將之移出則最大的雌魚會快速轉成雄性魚取而代之。

(a)

(b)

圖 31.2　雌雄同體及雌性先熟
(a) 深海鱸魚為雌雄同體，在單次配對交配中，可以轉換其性角色達四次。上圖所示為彎曲的雄魚正在使其下不動的配偶所產出向上漂浮的卵受精；(b) 雙帶錦魚為雌性先熟。圖中為大的雄魚 (剛轉性的藍頭魚) 與體型較小的雌魚。

性別決定

在前述魚類及有些爬蟲類品種在環境變化時會改變其性別，在哺乳類其性別在胚胎發育早期就已決定，人類男性及女性的生殖系統在受孕後 40 天前是相似的，在此時間發育為精卵的細胞會移行至性腺內而分別發育成男性的睪丸或女性的卵巢，如胚胎具有 XY

染色體，則 Y 染色體上有一基因其產物可將性腺發育成睪丸 (如圖 31.3 左邊所示)，在女性具有 XX，則此 Y 基因產物不存在，因此性腺發育成卵巢 (如圖右邊所示)。最近的證據顯示此性別決定基因為 Y 染色體上的 *SRY* (sex-determining region of the Y chromosome) 基因，此 *SRY* 基因在各種不同脊椎動物群演化上具高度保守性。

胚胎的睪丸一旦形成即開始分泌睪固酮及其他荷爾蒙促使男性外生殖器及其他附屬生殖器官之形成 (如圖中藍色框所示)。如睪丸未形成則胚胎會發育成具有女性外生殖器及附屬生殖器官。卵巢在此時期仍不具功能，因此並不參與女性性器官之發育。換句話說，也就是哺乳類胚胎在無睪丸分泌促男性性徵發育荷爾蒙的情況下，將會預設的發育成女性外生殖器及附屬性器官。

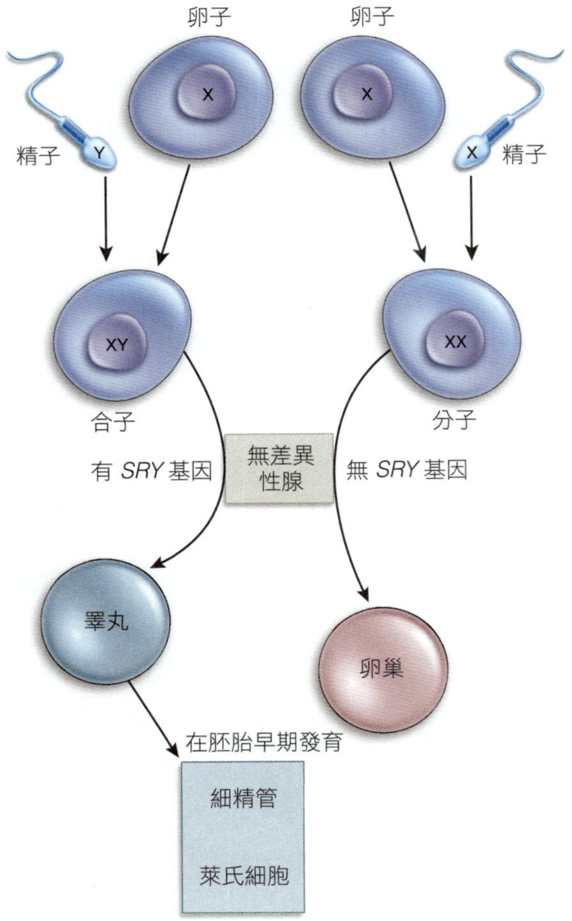

圖 31.3　性別決定

哺乳類性別由 Y 染色體上的 *SRY* 基因決定。當 Y 染色體及 *SRY* 基因存在時，可發育成睪丸，其不存在則會發育成卵巢。

關鍵學習成果 31.1

動物常行有性生殖，但也有許多動物以一分為二、出芽或單性生殖等無性生殖方式繁衍。有性生殖通常由物種不同個體的配子進行融合，但有些物種則為雌雄同體。

31.2　脊椎動物有性生殖之演化

體外及體內受精

脊椎動物在其移居陸地前，在海洋生活時即演化出有性生殖。多數海洋硬骨魚類品種的雌性會產大量的蛋或卵，並將之釋放到水中，雄魚通常會將其精子釋放到含有蛋的水中，自由的配子在水中結合，此過程稱為**體外受精** (external fertilization)。

海水對配子而言雖不至於有害，但會使之快速散開，因此雌雄魚配子之釋放幾乎同時，多數海洋魚種限制其配子釋放在特定的有限時期，有些一年才繁殖一次，有些則較頻繁。海洋只有少數的季節線索讓海洋物種可以利用，以使其雌雄個體的繁殖時程同期化，其中最讓人信服的訊號是月亮的週期，每個月的週期中，月亮離地球最近時，因重力吸引的關係使得海潮高漲，許多海洋生物可感知其變化，而誘使其繁殖，而依月週期進行配子之釋放。

多數魚種以體外授精方式繁殖，但其他脊椎動物則行**體內受精** (internal fertilization)，入侵陸地使得物種面臨脫水的危機，這對小而脆弱的配子而言是嚴重問題。對陸生脊椎動物及有些魚類更是強大的篩選壓力，促使其演化出將雄性配子置入雌性體內生殖管腔中，則即使成年後已完全生活在陸地上，仍可以在非脫水環境下進行受精的策略。以體內受精的脊椎動物有三種胚胎及胎兒發育策略，端看發育胎兒與母親及卵的關係而可區分為卵生、卵胎生及胎生。

卵生：體內受精的蛋被置於媽媽體外完成其胚胎之發育。如在一些硬骨魚類、多數的爬蟲類、有些軟骨魚類、兩棲類、少數哺乳類及所有的鳥類皆屬卵生。

卵胎生：卵於受精後仍留在母體內完成其胚胎發育，但胚胎成長的養分來自於卵黃。待完全發育完成後才脫離母體，如硬骨魚類，包括熱帶魚、孔雀魚、大肚魚、有些軟骨魚類及許多爬蟲類屬之。

胎生：胎兒由母體血液獲取養分滋養，並完成個體發育。多數軟骨魚類、有些兩棲類、少數爬蟲類及所有的哺乳類屬之 (圖 31.4)。

圖 31.4　胎生脊椎動物將能活動的胎兒帶在其體內
這隻長頸鹿媽媽正舔著在其體內發育完成剛生下的小長頸鹿，其很快就可用搖擺不定的腳走路。

魚類及兩棲類

魚類：許多硬骨魚類 (teleosts) 的卵在體外受精，只在其卵黃中儲存足夠讓胚胎發育短時期的養分，當養分用完後幼魚就得從周圍水中獲取食物，存活的幼魚發育快速很快成熟。在單次交配時受精的卵很多，但水中微生物的感染及獵食者多，所以只有少數能存活發育為成熟個體。

與硬骨魚相比，多數軟骨魚類以體內受精，雄魚以特化的腹鰭將精子放入雌魚體內，幼魚通常以胎生方式發育成個體。

兩棲類：其在登陸生活前並未完全適應陸上環境，其生活史仍侷限在有水的環境。如圖 31.5 中的紅點蠑螈在水中繁殖，有腮的幼螈在水中發育後登陸生活。許多兩棲類跟多數的硬骨魚類一樣行體外受精，雌雄個體皆由消化，生殖及泌尿系統的共同開口的泄殖腔 (cloaca) 釋出配子到體外受精。

青蛙及蟾蜍則在水中，雄性個體抓住雌個體並分泌帶有精子的液體到雌性個體排到水中卵子上，進行體外受精 (參見圖 31.6)。

雖然多數兩棲類在水中發育，但在圖 31.7

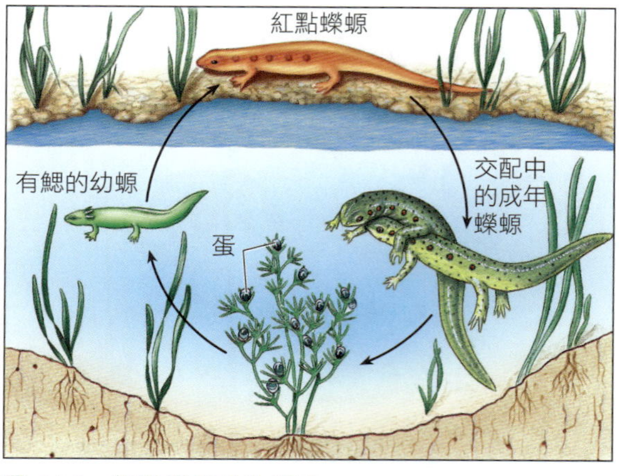

圖 31.5　紅點蠑螈的生活史
許多蠑螈的生活史具有水生及陸生兩種時期，紅點蠑螈產卵於水中並孵化成幼螈，具有鰓及似鰭的尾巴。經一段生長期後，可變態長成陸生紅點蠑螈時期，再經變態又長成水生繁衍的成年蠑螈。

圖 31.6 蛙卵在體外受精
當青蛙交配時，雄蛙鈎住雌蛙促使其釋放出大量的成熟蛙卵，雄蛙並在蛙卵上方排出精子。

圖 31.7 幼蛙發育的不同方式
(a) 毒箭頭青蛙的雄蛙將蝌蚪背在背上；(b) 蘇里南青蛙的雌蛙背上有特化育雛袋，卵在袋中發育成小蛙；(c) 南美侏儒有袋類青蛙的雌蛙也將其發育中幼雛背在背部的袋中；(d) 達爾文蛙的蝌蚪在父親的鳴囊中長成幼蛙後由父親嘴巴中冒出。

中呈現一些有趣的例外情況。有些蛙種如圖 (d) 中的達爾文蛙，受精卵在父親鳴囊及胃中發育成蝌蚪，長成幼蛙後才由父親嘴巴中離開。

大多數兩棲類發育過程可分成胚胎期、幼蟲期及成年期，跟一些昆蟲的生活史類似。胚胎由卵黃獲得營養在卵中發育，孵化後形成自由游動的攝食機器似的水生幼蟲，可持續以此形式生活一段時間，幼蟲的身軀快速增長，如青蛙或蟾蜍的幼蟲可在幾週內由如筆尖大小長成到金魚般大。當長到足夠大時，就開始發育轉換，變態 (metamorphosis) 形成陸生成蛙。

爬蟲類及鳥類

多數的爬蟲類及所有的鳥類都是卵生，其蛋具有防止水分蒸發防水膜的羊膜蛋 (amniotic eggs)。蛋在體內受精後，媽媽下蛋後，蛋中胎兒在體外完成發育。如脊椎動物體內受精一般，許多爬蟲類雄性具有管狀陰莖器官可將精子置入雌性體內稱為交配 (copulation)(圖 31.8)。陰莖具有可勃起的組織可變硬穿透深入雌性生殖管。

爬蟲類具有所有三類型的體內受精型態，多數為卵生，下蛋後棄之。受精卵在通過輸卵管 (由卵巢延伸出的生殖管) 時會被包覆形成具有皮革般外殼的蛋。其他爬蟲類則屬卵胎生 (受精蛋在媽媽體內發育成胚胎後孵化成胎兒)，或是屬於胎生 (胎兒在母體中發育，且其營養來自母體而非來自卵黃)。

所有鳥類都行體內受精，雖然多數雄鳥不具有陰莖。但在天鵝、鵝及鴕鳥等大型鳥類的

圖 31.8 雄性藉由交配將精子導入雌性體中

雄鳥其泄殖腔可延伸形成假陰莖。圖 31.9a 中呈現鳥類蛋形成過程。當受精卵通過輸卵管(由上往下)時，輸卵管腺體會分泌白蛋白及硬殼，此點為鳥蛋與爬蟲類的蛋的區別處。爬蟲類屬於變溫動物 (poikilotherms，動物的體溫因環境溫度而變化)，但鳥類則為恆溫動物 (homeotherms，動物體溫維持相對恆定，不受環境溫度因素影響)，因此鳥類於下蛋後以孵蛋方式保持蛋的溫度 (圖 31.9b)。

爬蟲類及鳥類的有殼蛋對這些脊椎動物適應陸地生活很重要，因有殼蛋可產在乾燥地方，稱為羊膜蛋，因胚胎在有羊膜包覆充滿液體的羊膜腔內發育。羊膜為胚外膜，由胚胎細胞形成但在胚胎體外。羊膜蛋還具有三種胚外膜，卵黃囊為其中一種。魚類及兩棲類的蛋只具有卵黃囊一種胚外膜。

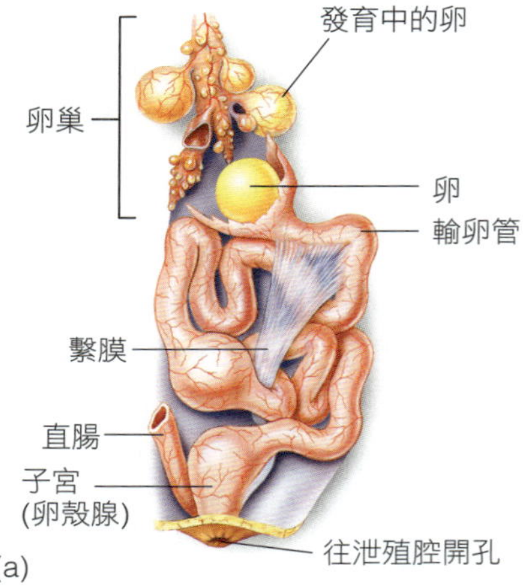

(b)

圖 31.9 鳥類蛋的形成及孵化
(a) 鳥類卵子排出在輸卵管上方部位行體內受精，當受精卵沿輸卵管往下移動時，白蛋白、卵殼膜及卵殼會分泌包住受精卵；(b) 正在孵蛋的天鵝，鳥類的蛋產下後，以孵蛋方式保持其溫度。

哺乳類

有些哺乳類一年繁殖一次為季節性生殖動物，如狗、狼及熊，有些如馬跟羊一年中雌性動物會有多個短的生殖週期，但雄性個體則較持平無明顯生殖週期。雌性生殖週期一般在排卵時釋出成熟卵子，此時為發情期，此時期雌性對雄性動物才有性接受 (sexually receptive)。故此時期稱為發情 (estrus)，因此生殖週期又稱為發情週期 (estrus cycle)。雌性動物會持續其發情週期直到其懷孕為止。

在發情期大多數哺乳類體內腦垂體 (pituitary gland) 前葉分泌的濾泡刺激素 (follicle-stimulating hormone, FSH) 及促黃體素 (luteinizing hormone, LH) 會改變，這會造成卵巢中卵細胞的發育及荷爾蒙分泌的改變。人類與猿猴具有與其他哺乳類相似的月經週期，具有週期性荷爾蒙變化及排卵。但不同的是，人類及某些猿類的雌性具有月經 (menstruation)，子宮內膜會週期性的剝離及出血，可在週期間的任何時期進行交配。

兔及貓與多數其他哺乳類不同，其雌性在交配時會被反射刺激使其促黃體素分泌，以誘導卵巢排卵 (參見 31.5 節之說明)，因而造成這些動物具有旺盛的繁殖能力。

單孔目動物 (monotremes) (為最初級哺乳類：包含鴨嘴獸及針鼴)，跟其演化起源的爬蟲類一樣，屬於卵生動物，牠們會在巢中 (見圖 31.10a)，或特殊的袋中孵蛋，孵化的幼雛舔其母親的皮膚獲取由乳腺分泌的乳汁，單孔目動物並無乳頭構造。其他的哺乳類皆為胎生，並依據牠們撫育幼雛的方式細分成兩大

(a) 單孔目動物　(b) 有袋類動物　(c) 胎盤哺乳類動物

圖 31.10　哺乳動物的生殖
(a) 單孔目動物鴨嘴獸下蛋在巢中；(b) 有袋類袋鼠生出的胚胎在母親袋中完成其發育；(c) 具胎盤哺乳類雌鹿正在給牠的小鹿餵乳，胚胎因在母體子宮內較長時期，所以發育較完全。

類。

有袋類動物 (marsupials) 是一群包括負鼠及袋鼠的動物，其生下的胚胎尚未完全發育，胚胎需在媽媽皮膚所形成的袋狀構造內繼續發育，依賴媽媽乳腺的乳頭提供其養分完成發育 (圖 31.10b)。

胎盤哺乳類動物 (placental mammals) (圖 31.10c) 會停留在媽媽子宮內經過一段較長的發育期。胚胎藉由胚外膜及母體子宮內表層所組成的胎盤 (placenta) 構造供給其發育所需之營養。在胎盤處胎兒及母體血管彼此緊密靠近，因此胎兒可藉胎盤獲取母體血液滲透過來的養分，在本章 31.7 節會對胎盤進行詳細介紹。

關鍵學習成果 31.2

青蛙及多數的硬骨魚類行體外受精，其他脊椎動物則行體內受精。鳥類及多數爬蟲類如單孔目動物一樣會生出不滲水的蛋，所有其他哺乳類則行胎生。

人類的生殖系統

31.3　男性

男性配子在睪丸中形成

人類雄性配子或稱**精子** (sperm) 是高度特化以攜帶遺傳訊息為其主要功能的細胞，在減數分裂後產生的精子具有 23 個染色體有別於雄性身體具 46 個染色體的其他體細胞，精子在人類正常體溫的攝氏 37 度下無法成功完成其發育，因此負責精子製造器官的兩顆**睪丸** (testes) 在胎兒發育過程會移動到懸掛在兩腿間的袋狀**陰囊** (scrotum) 中，以維持在比正常體溫約低 3 度的溫度，睪丸中具有會分泌雄性荷爾蒙**睪固酮** (testosterone) 的細胞。

圖 31.12 ❶ 為睪丸內部構造圖，顯示其由數百個分隔空間所組成，每個空間裡疊滿了許多彼此纏繞的稱為**細精管** (seminiferous tubules) 的管狀物 (參見 ❷ 的橫切面)，精子由細精管外圍 (參見圖中 ❸ 放大的圖像) 生殖細胞 (germinal cells) 所製造，此過程稱為精子生成 (spermatogenesis)，細胞在進行減

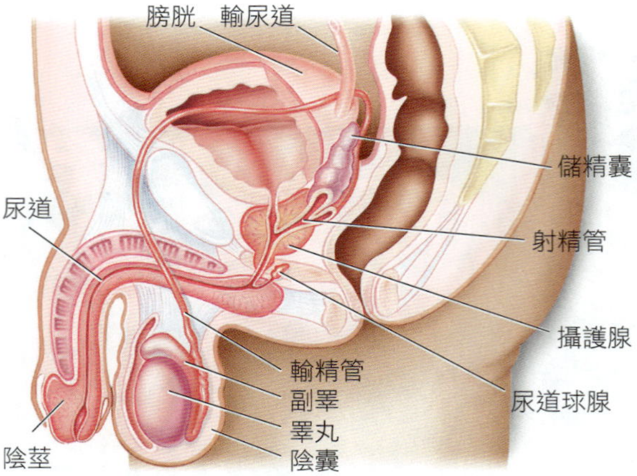

圖 31.11 男性生殖器官
睪丸是精子形成的地方，副睪覆蓋其上方，精子通過在副睪內高度纏繞的管道發育成熟，由副睪延伸出的長管是輸精管。

數分裂過程中，會逐漸向管腔方向移動，精子 (spermatozoa) 形成後，會被釋出進入管腔中 (圖中 ❺ 處)。男性每天可產出數百萬隻精子，如無射精排出，則會在體內被分解再吸收利用。

當精子在睪丸內的減數分裂中間期製出後，送達具有彎曲管道的**副睪** (epididymis)(參見圖 31.12) 中，經約 18 小時後，由不會運動而發育為可運動的成熟精子，具有簡單的頭、身體及尾巴 (圖 31.13)。

精子頭部緊包著核，具有如帽的頂體 (acrosome)，內含酵素幫助其穿透卵外的保護層，體部及尾巴提供向前推進的動力。尾巴具有鞭毛，體部中具有作為鞭毛底座的中心粒及提供鞭毛擺動能量的粒線體。

精子由副睪輸入一條長**輸精管** (vas deferens)，當性交時精子由輸精管送至生殖道與泌尿道會合的**尿道** (urethra) 由陰莖排出，精子混在提供其能量並由**儲精囊** (seminal vesicles) 及**攝護腺** (prostate gland) 分泌的**精液** (semen) 中排出。

男性配子由陰莖傳送

在人類及一些哺乳類動物的**陰莖** (penis)

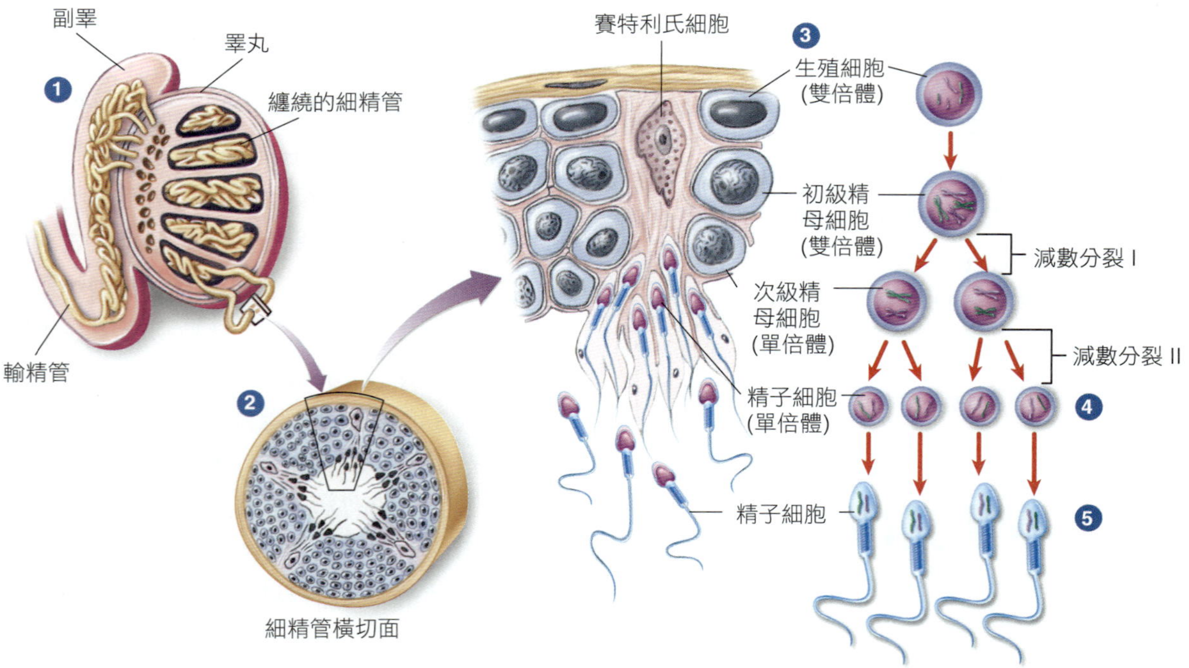

圖 31.12 睪丸及精子的形成
在睪丸內 ❶，細精管 ❷ 是精子形成的位置，在細精管 ❸ 中的生殖細胞會變成雙倍體的初級精母細胞，再經過減數分裂後形成單倍體精子細胞 ❹，精子細胞會再發育形成可動的精子 ❺，在細精管壁內的賽特利氏非生殖細胞可協助精子細胞發育成可移動的精子。

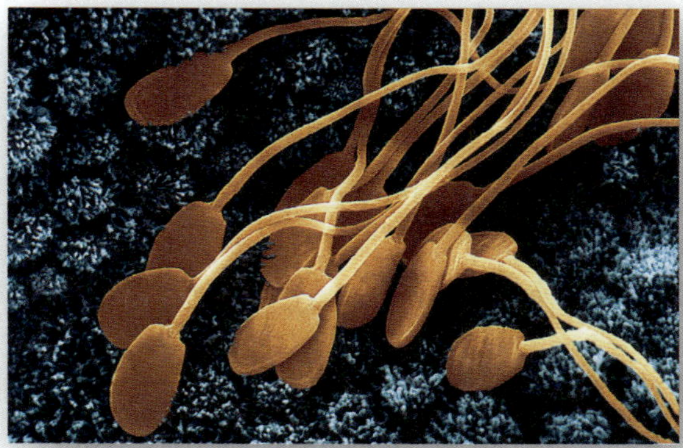

圖 31.13 人類精子細胞
精子具有一條長尾巴可以推進其泳動，並有一內含核的頭，精子頂體中有酵素，可分解通往卵子路徑通道上的物質，有助其受精。

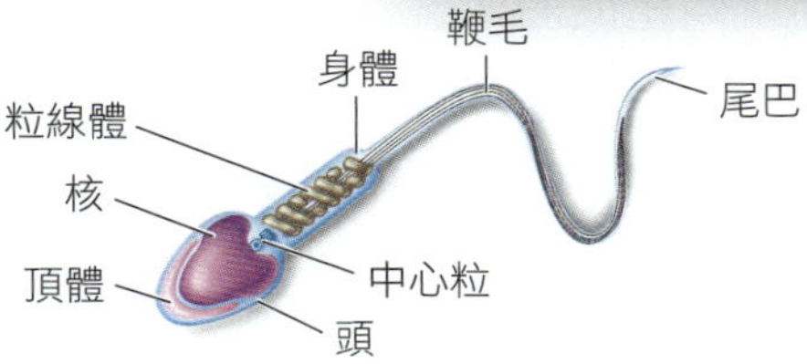

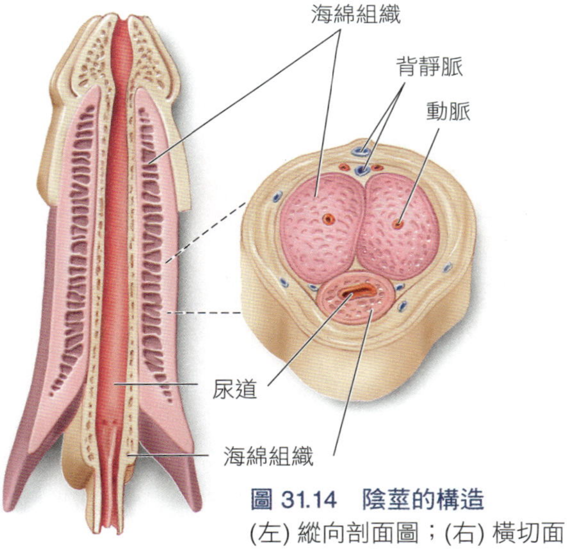

圖 31.14 陰莖的構造
(左) 縱向剖面圖；(右) 橫切面

是一條外在管子，與兩條海綿組織組成的長管狀構造並排 (參見圖 13.14 的橫切面)。其下方第三條海綿組織長管中包著尿道，其為尿液及射出精液排放之共通管道。海綿組織中布滿空隙管腔，在神經衝動刺激下中樞神經促使其內分布的小動脈膨脹充血，如吹氣般使得陰莖勃起變硬，性交時雌性陰道對抽動的陰莖之物理性刺激則會造成精液之排放，此同時，輸精管包覆的肌肉之收縮也促使精子順著輸精管排放到尿道中。

尿道球腺所分泌透明潤滑液體可中和殘餘的尿液及潤滑陰莖頭端，進一步的刺激則造成陰莖底部肌肉強烈收縮而造成**射精** (ejaculation)，射出約 2 至 5 毫升精液。

每 5 毫升精液中約含有數億隻精子，這些精子經過長距離游動才能與卵子成功結合，期間經歷的風險非常高，因此精液中得含高數目的精子才有受精勝算。精液中每毫升精子數量，如果少於 2 千萬個精子的雄性個體，會被診斷為罹患不孕症。

關鍵學習成果 31.3

雄性睪丸持續製造大量雄性配子精子，並在副睪中熟成後，儲存於輸精管中，並以陰莖傳輸給雌性。

31.4 女性

每個月只有單個女性配子發育成熟

在女性卵子由位於腹腔的卵巢最外層緊緻堆疊的**卵母細胞** (oocytes) 發育而成 (圖 31.15)，女性一生中所有的卵母細胞在出生時即已存在，與男性配子製造細胞持續分裂不同的是女性在其每一生殖週期只有一個或少數幾個卵母細胞被誘發並持續發育至排卵 (ovulation)，其他則維持在未發育期。

女性出生時其卵巢約具有兩百萬個卵母細胞，都已啟動其第一次減數分裂，故又可稱為*初級卵母細胞* (如圖 31.16 中的 ❶)，都處於第一次減數分裂的前期，以等待接收來自腦垂體的濾泡刺激素 (FSH) 或促黃體激素 (LH) 訊號，以開啟其減數分裂後續發育進程。

女性在青春期開始時性成熟，此時 FSH

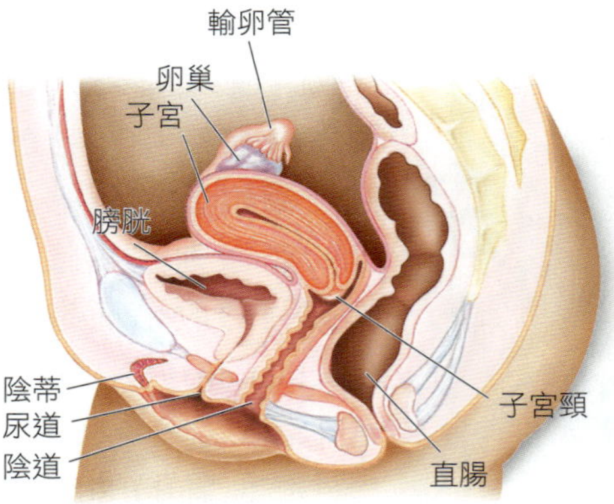

圖 31.15 女性生殖系統
女性生殖系統之器官特化以產生配子，並提供配子受精後的胚胎發育場所。

及 LH 釋放啟動幾個卵母細胞的第一次減數分裂，形成*次級卵母細胞*及無功能之*極體* ❷，在人類通常只有單一個卵子發育成熟，其餘則會萎縮。如果多於一個卵子發育成熟且都成功受精則會形成異卵雙生 (fraternal twins)。大約每 28 天有一個卵發育成熟並排卵，但精確排卵時間則每月不同，每位女性終其一生其具有的兩百萬個卵母細胞只有約 400 個會發育成熟並排卵。

受精發生在輸卵管

輸卵管 (oviducts 或 fallopian tubes) 將卵子由卵巢輸往**子宮** (uterus)，人類的子宮是約拳頭大的由肌肉組成的梨形器官，在基部變窄由呈環狀肌肉組成的**子宮頸** (cervix) 通往陰道 (圖 31.17a)。靈長類外的哺乳類雌性動物具有較複雜的生殖道，其部分子宮形成子宮角。

子宮內層由複層上皮膜組成稱為**子宮內膜** (endometrium)，人類的子宮內膜在每月一次的月經時期會剝落，剩餘的部分會於下個週期再

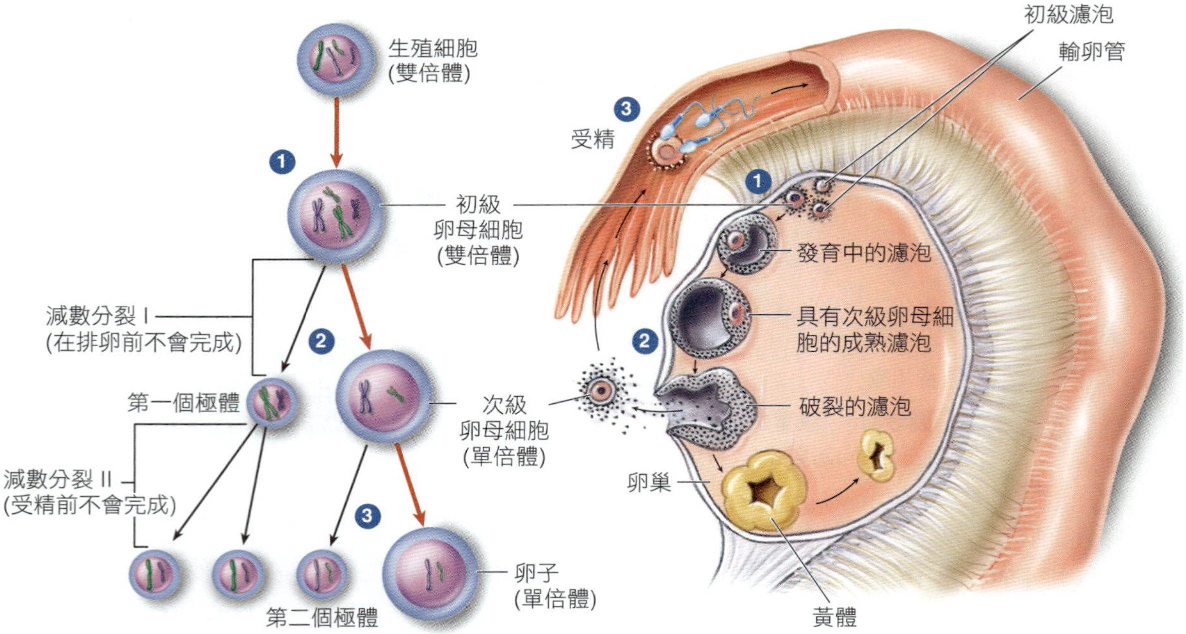

圖 31.16 卵巢與卵子形成
本圖左邊呈現卵子經由減數分裂發育成熟之過程，圖右邊則呈現卵子發育熟成經過之旅程，並以數字分別標示出兩者相對應的時期。女性出生時其卵巢約具有兩百萬個卵母細胞，皆已啟動其第一次減數分裂，並停止，此時稱為初級卵母細胞 ❶，其發育停止，直到接收到濾泡刺激素 (FSH) 或促黃體激素 (LH) 釋放的適當訊號，以開啟少數卵母細胞的減數分裂後繼續發育進程，但只有一個卵子會成功發育熟成，其餘則萎縮。雙倍體初級卵母細胞完成第一次減數分裂，其中一子細胞形成無功能之極體，另一則形成單倍體次級卵母細胞，並與極體一起排卵釋出 ❷。釋出之次級卵母細胞要待其受精後才完成第二次減數分裂，形成兩個無功能極體及一個單倍體卵子，後者可與單倍體精子授精融合形成一個雙倍體合子。

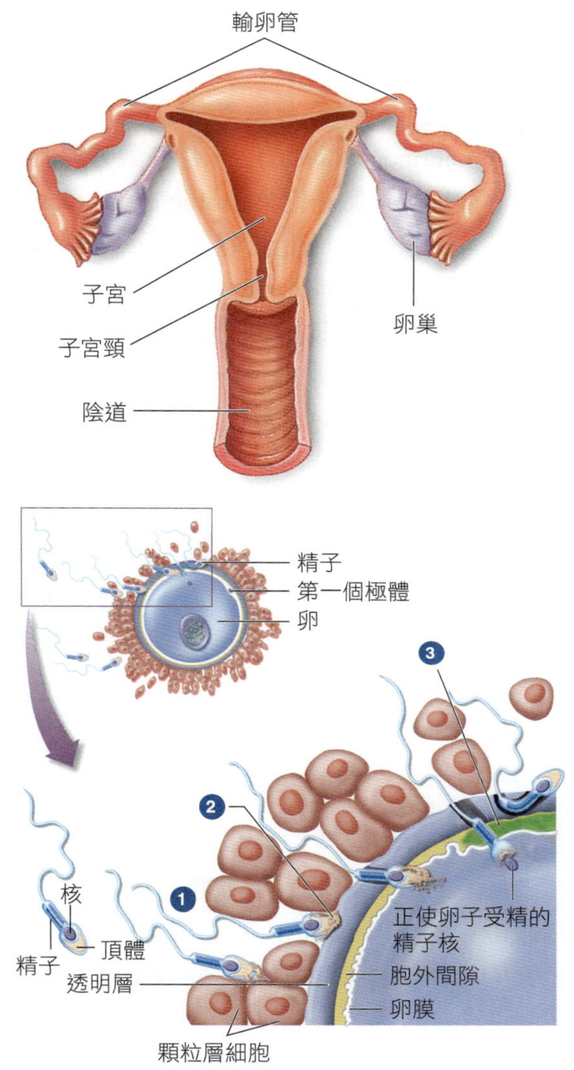

圖 31.17 受精發生在輸卵管內

(a) 輸卵管由子宮延伸出，精子由陰道往輸卵管方向游動；(b) 在輸卵管中精子穿過卵細胞外層並使卵子受精。

增生更新。排卵後輸卵管的平滑肌會有節奏地收縮，並在卵子後方擠壓，使其緩慢往子宮的方向推進。約需 5 到 7 天才到達子宮，如卵子未在 24 小時內受精則無法順利發育。

性交時精子被送到陰道中，陰道是由薄層的肌肉組成的長約 7 公分管子，其連接通往子宮口，精子利用其鞭毛泳動進入子宮並到達輸卵管中，在此處約能存活 6 天，如性交發生在排卵前 5 天，或在其後一天，則具活力卵子會位在輸卵管上部位，而數百萬個精子中則僅有少數幾打的精子會游到卵子所在的部位，精子須穿透兩個在次級卵母細胞 (圖 31.17b 中的號碼 ❶ 處所示) 外圍的保護層，一層為顆粒層細胞 (granulosa cells)，另一稱為蛋白透明層 (zona pellucida)。精子頂體帽 (圖 31.13) 中的酵素會將此兩保護層消化，首先到達的精子穿過第二保護層 (號碼 ❷ 處) 時會刺激卵子完成減數分裂 II，同時阻斷其他精子 (號碼 ❸ 所示) 的進入。減數分裂 II 產生**卵子** (ovum) 及兩個無功能的極體 (參見圖 31.16 號碼 ❸ 處)。當雌雄兩個單倍體核在卵中相遇受精形成合子，並經過一序列細胞分裂並沿輸卵管往下移動，約六天後到達子宮並附著到子宮內膜，在此繼續後續長時間胚胎發育，最終產出嬰兒。

關鍵學習成果 31.4

在人類每 28 天雌性荷爾蒙會刺激一顆或少數幾顆卵子之發育，排卵後卵子細胞沿輸卵管往下移動，如途中受精則會在子宮壁中著床。

31.5 荷爾蒙協調生殖週期

月經週期

雌性生殖週期稱為**月經週期** (menstrual cycle)，區分成兩個時期，濾泡期：在此時期卵子達到成熟並排卵。黃體期：身體在此時期進行懷孕之準備。這些時期皆由荷爾蒙協調進行，在人類生殖過程中扮演重要角色，由腦垂體及卵巢分泌釋放的荷爾蒙會啟動協調個體相關組織的性發育。配子之產生也是另一需要緊密協調，依時序進行的發育步驟。而成功受精更是啟動在母體內因應懷孕變化的發育程序。

性荷爾蒙的產生主要是由下視丘 (hypothalamus) 協調，其分泌促進釋放的因子到腦垂體，促使其產生特定的性荷爾蒙，下視丘的功能並受到回饋抑制機制之調節。當標的器官接收到腦垂體荷爾蒙的訊號時開始產生其荷爾蒙，隨血流到下視丘以阻斷腦垂體荷爾蒙之生產。此外更有正向回饋機制，荷爾蒙回到下視丘促進腦垂體荷爾蒙之分泌。

促進卵子之熟成

濾泡期 (follicular phase) 是月經週期的第一期對應如圖 31.18 所標示的第零天到第 14 天，在此時期一些**濾泡** (follicle) (卵母細胞及其周邊組織) 受荷爾蒙刺激而開始發育。下視丘分泌促性腺素釋放激素 (Gonadotropin-releasing hormone, GnRH)，作用在腦垂體促使其開始分泌少量**激濾泡素** (follicle-stimulating hormone, FSH) 及**促黃體素** (luteinizing hormone, LH)(圖中號碼 ❶ 所示)，這些激素刺激濾泡生長 (圖中號碼 ❷ 所示) 並促發育中的濾泡分泌如圖中號碼 ❸ 所示的雌性激素動情素 (estrogen)，或稱雌二醇 (estradiol)。

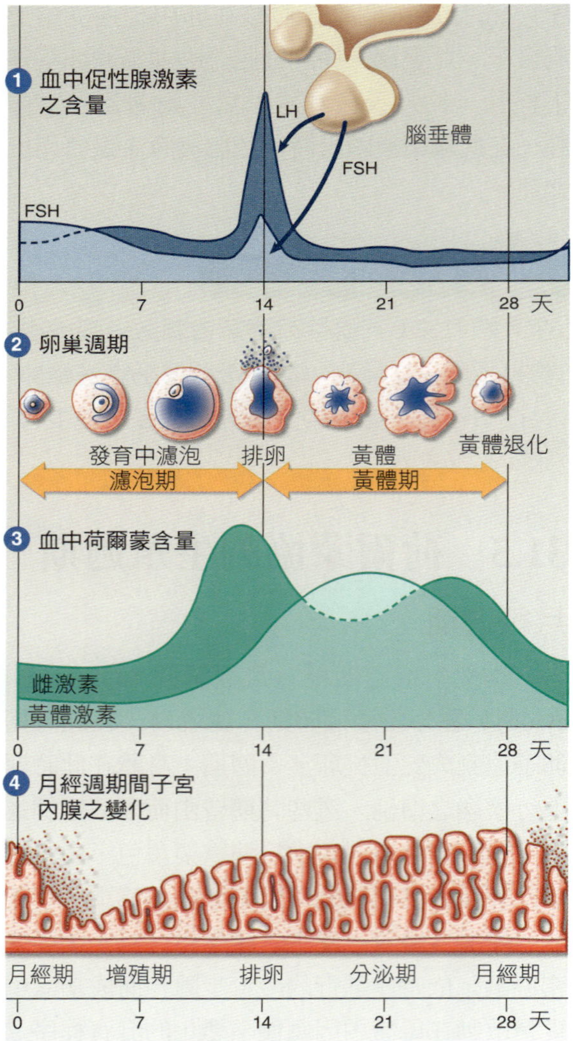

圖 31.18 人類的月經週期
在月經週期中四種荷爾蒙調控排卵及準備著床於子宮內膜。

最初時少量雌激素具負向回饋作用抑制 FSH 及 LH 之分泌，但血中雌激素的增加回饋作用在下視丘促使其在腦垂體前葉抑制其製造 FSH 及 LH，當 FSH 量下降時通常僅有一個濾泡會發育成熟，在濾泡期後期時雌激素量激升，並開始正向回饋的促進 FSH 及 LH 的分泌，月經週期中雌激素量的上升是濾泡期完成的訊息。

身體的受精準備

月經週期的第二時期**黃體期** (luteal phase) 指週期的第 14 天到 28 天。下視丘於高量雌激素的正向回饋刺激下，促使腦垂體前葉快速分泌大量的 LH 及 FSH (參見圖中號碼 ❶ 的第 14 天)，LH 升高量遠超過 FSH，且持續 24 小時之久，在 LH 量達高峰時，促使濾泡破裂並誘發排卵，濾泡中的卵子被釋放到通往子宮的輸卵管內。卵子釋出並離開時雌激素含量即下降，LH 主導破裂濾泡之修復形成實心呈黃色的**黃體** (corpus luteum)。黃體很快開始分泌**黃體激素** (progesterone) (參見圖 31.18 中號碼 ❸ 淡綠色曲線) 及少量雌激素，黃體激素及雌激素可回饋抑制 FSH 及 LH 之分泌，避免再次排卵。黃體激素幫助身體做受精之準備包括促使子宮內膜增厚 (圖 31.18 中號碼 ❹)，如卵子未在排卵後很快受精則黃體激素減產甚至最終停止產生，則黃體期結束，增厚的子宮內膜隨即剝落伴隨月經期的出血。**月經** (menstruation) 一般發生在兩次排卵的中間時間 (呈現在圖 31.18 第 28 天處)，但在女性個體間月經發生的時間差異大。

在黃體期結束時雌激素及黃體激素都不再製造，此時腦垂體前葉又可產生 FSH 及 LH 啟動另一生殖週期。生殖週期雖因人而異，但通常每 28 天一個週期。比每月一次為週期還頻繁些，但仍稱之為月經，因拉丁文的 mens 是月的意思，所以生殖週期也稱為月經週期。

如果卵子在輸卵管上端處受精 (圖 31.19 的號碼 ❷ 處)，則合子邊往子宮方向移動，一面進行一序列稱為卵裂 (cleavage，見圖中號碼 ❸ 處) 的細胞分裂，在其囊胚期會嵌入到子宮內膜中 (見圖中號碼 ❹)。小小胚胎會分泌類黃體激素，亦即人類絨毛促性腺激素 (human chorionic gonadotropin, hCG)，可維持黃體使其持續分泌高量雌激素及黃體激素，以避免終止懷孕的月經之發生，因 hCG 由胚胎產生而非來自母體，因此，可用 hCG 含量來作為懷孕檢測之依據。

關鍵學習成果 31.5

人類及猿猴具有由週期性荷爾蒙分泌及排卵所驅動之月經週期，此週期由一個家族荷爾蒙所協同調節的濾泡期及黃體期兩個時期所組成。

胚胎發育之過程

31.6 胚胎發育

卵裂：啟動胚胎發育

受精 (fertilization) 開啟一連串精心策畫的發育進程 (表 31.1)，人類胚胎發育的首要任務為在受精形成合子後快速分裂，細胞以一分為二的方式，在 30 小時內形成由許多小小細胞組成的合子。此稱為**卵裂**，此時合子總體大小不變但細胞數目大大增加，形成由 32 個細胞組成的**桑椹胚** (morula)，其組成的細胞稱為**囊胚細胞** (blastomere)，會持續分裂並分泌液體到細胞團的中心，最終形成由 500 到 2,000 個

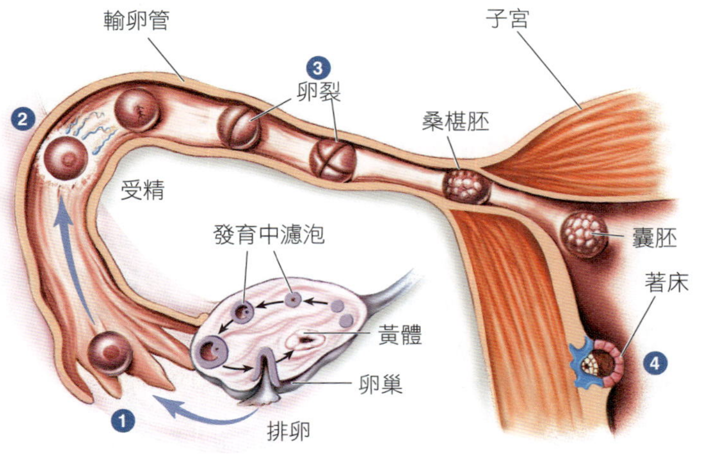

(a)

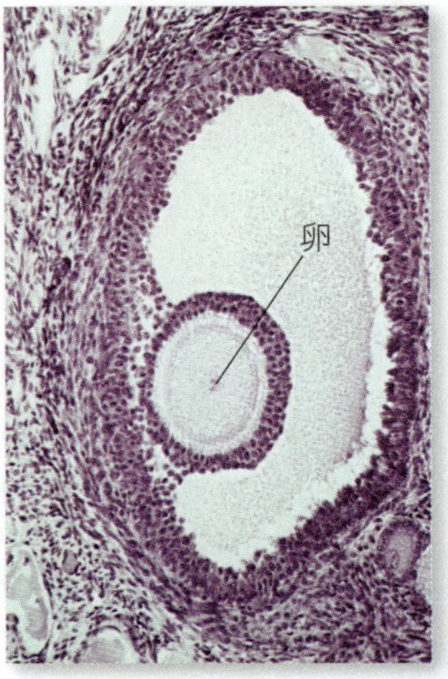

(b)

圖 31.19 一顆卵子之旅途

(a) 卵子在濾泡中產出，於排卵時釋放後被往上捲入輸卵管中 (號碼 ❶ 處)，在管壁收縮推進下移動，與向上泳動的精子相遇而在輸卵管中受精 (號碼 ❷ 處)；當受精卵往輸卵管 ❸ 下方移動時經由數次有絲分裂形成桑椹胚，進而成為囊胚並植入到子宮內壁中 ❹，在此繼續其發育；(b) 在卵巢卵泡中成熟的卵子，每一月經週期中，幾顆卵泡受到 FSH 及 LH 刺激影響下生長，但只有一顆會發育成熟並排卵。

表 31.1　哺乳類發育的各階段

	時期 (齡)	說明
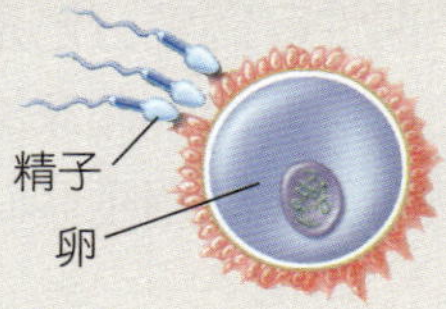	受精 (1 天)	單倍體雌雄配子融合形成雙倍體合子。
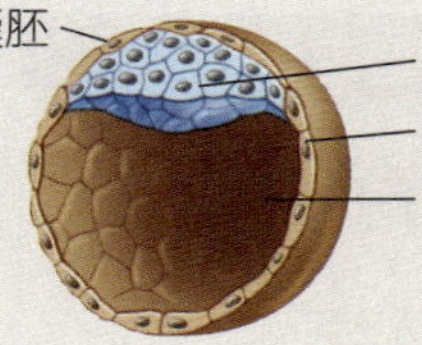	卵囊 (2~10 天)	合子分裂形成許多細胞但總體體積不增加，不同細胞接收卵子不同部位的細胞質因此接收不同的調節訊息而有不同分化方向。
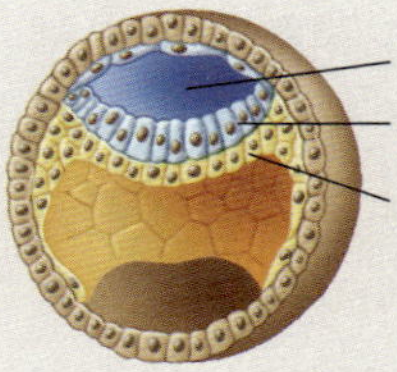	原腸胚形成 (11~15 天)	胚胎內細胞移動並形成初級三胚層、外胚層和內胚層先發育形成，中胚層繼而形成。
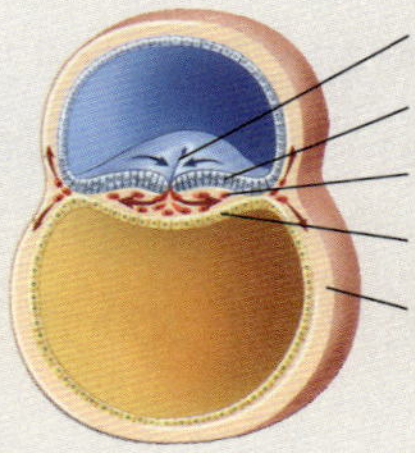		
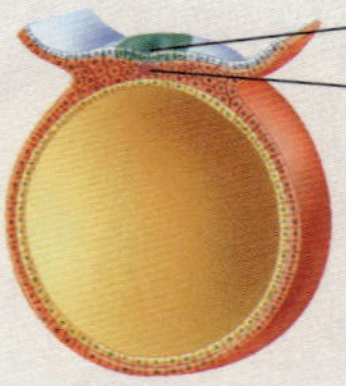	神經胚同形成 (16~25 天)	所有脊索動物第一個形成的器官為脊索，第二個為神經管。
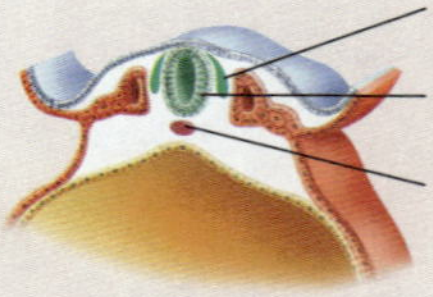		神經胚形成時，神經脊在神經管形成，產生神經脊會發育成數個脊椎動物的數種特有結構，如感覺神經元、交感神經元、許旺神經鞘細胞及其他類細胞。
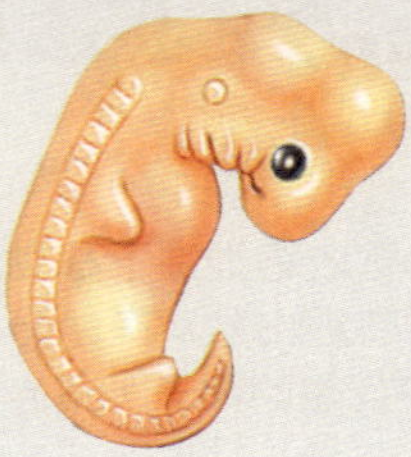	器官形成 (26 天起)	三種初級胚層細胞以各種組合方式形成身體的器官。

細胞組成的中空球體，稱為**囊胚** (blastocyst)，其中央充滿液體形成**囊胚腔** (blastocoel)。囊胚之一端具有內細胞團 (inner cell mass) 會發育形成發育中的胚胎，其外圍細胞則形成滋胚層細胞 (trophoblast)，會釋放出在 31.5 節內文中所提到的 hCG 荷爾蒙。

在卵裂期間，桑椹胚在輸卵管中向下移動，到了 64 個細胞時期，有 61 個細胞會形成滋胚層細胞，只有三個細胞會發育形成胚胎本體 (embryo proper)，並在約 6 天後形成囊胚著床於子宮內膜，開始快速生長，並促使包圍胚胎外的保護及滋養膜之形成，其一為包在胚胎外的**羊膜** (amnion)，另一為由滋胚層細胞所形成的**絨毛膜** (chorion)，會與子宮組織一起形成**胎盤** (placenta)，將由母體血液的營養提供給胚胎作為其生長所需之養分 (參見圖 20.23 及 30.21)。

原腸胚形成：啟動發育變化

受精後 10 到 11 天時，在內細胞團表面的一群細胞開始精心計畫的向內遷移的**原腸腔形成** (gastrulation) 步驟。首先，囊胚內細胞團下層細胞分化形成**內胚層** (endoderm)，上層細胞則分化成**外胚層** (ectoderm)，在此之後**中胚層** (mesoderm) 則由向內凹陷的上層細胞加上胚胎中線**溝狀原索** (primitive streak) 共同分化形成。

在原腸胚形成期間囊胚細胞團中約有一半的細胞會移動到胚胎的內部，此種細胞移動大抵決定了未來胚胎之發育。最終形成三個初級胚層，各胚層的最終發育命運列述如下：

外胚層：表皮層、中樞神經系統、感覺器官及神經脊 (neural crest)。
內胚層：骨骼、肌肉、血管、心臟及性腺。
內胚層：消化道及呼吸道內層、肝臟及胰臟。

神經胚形成：身體結構之決定

在第三週發育的胚胎中有三種主要細胞型態開始發育成身體的組織及器官，此發育階段稱為**神經胚形成** (neurulation)。

第一種脊椎動物特徵是形成柔性桿狀的**脊索** (notochord)，其在原腸胚形成期完成後不久，就沿著胚胎中線的背部表面形成。接著第二個脊椎動物特徵**神經管** (neural tube) 隨即在神經索上方形成，並於後續分化為脊髓 (spinal cord) 及腦。在神經管閉鎖前，兩條帶狀區的細胞會向下脫離本體而形成**神經脊** (neural crest)，其內細胞會形成脊椎內的神經結構。

當神經管由外胚層形成時，人類身體的其他基本架構快速地由中胚層變化形成，在發育中的脊索兩邊會形成分段狀的**體節** (somites) 組織，並發育成肌肉，脊椎及結締組織。當發育繼續進行下去則形成更多體節，在沿著體節間的另一帶狀中胚層則發育形成身體的腎臟、腎上腺及性腺等重要腺體。剩餘的中胚層則向外移動包圍在內胚層外圍，最終中胚層形成兩層，外層附在體壁上，內層則附在腸管上，中間則形成**體腔** (coelom)，亦即成人的體腔 (body cavity)。

胚胎在第三週結束時，超過成打的體節會明顯可見，血管及腸管開始發育，此時胚胎大約為 2 公厘長。

關鍵學習成果 31.6

脊椎動物胚胎發育分三階段：卵裂、形成中空球體及原腸胚形成。細胞向內移動形成初級組織，神經胚形成及開始形成器官。

31.7 胎兒發育

胎兒的生長

第四週：器官形成

在懷孕第四週，胎兒器官開始形成，此稱為**器官形成** (Organogenesis) (圖 31.20a，下方繪圖幫助對應胎兒照片中之結構)。在此時期，眼睛形成，心臟開始規律跳動，發育出四腔。每分鐘心臟跳動 70 下，在 70 年中至少可跳動 25 億次，在胎兒發育的第四週結束時，可看見超過 30 對體節，形成手臂及腳的肢芽已開始形成，胎兒成長兩倍大，約 5 公厘長。

雖然多數婦女仍無自覺已懷孕，但在第四週結束時胎兒發育已進展，此時期是發育關鍵期需按部就班依序進行，任何干擾容易阻斷發育，在此時期胎兒容易自發性流產。此外，懷孕婦女如於孕期第一個月飲酒，容易造成胎兒酒精症候群 (fetal alcohol syndrome)，生下的胎兒易有臉部畸形及嚴重精神發育遲滯，在美國其發生機率約為兩百五十分之一。

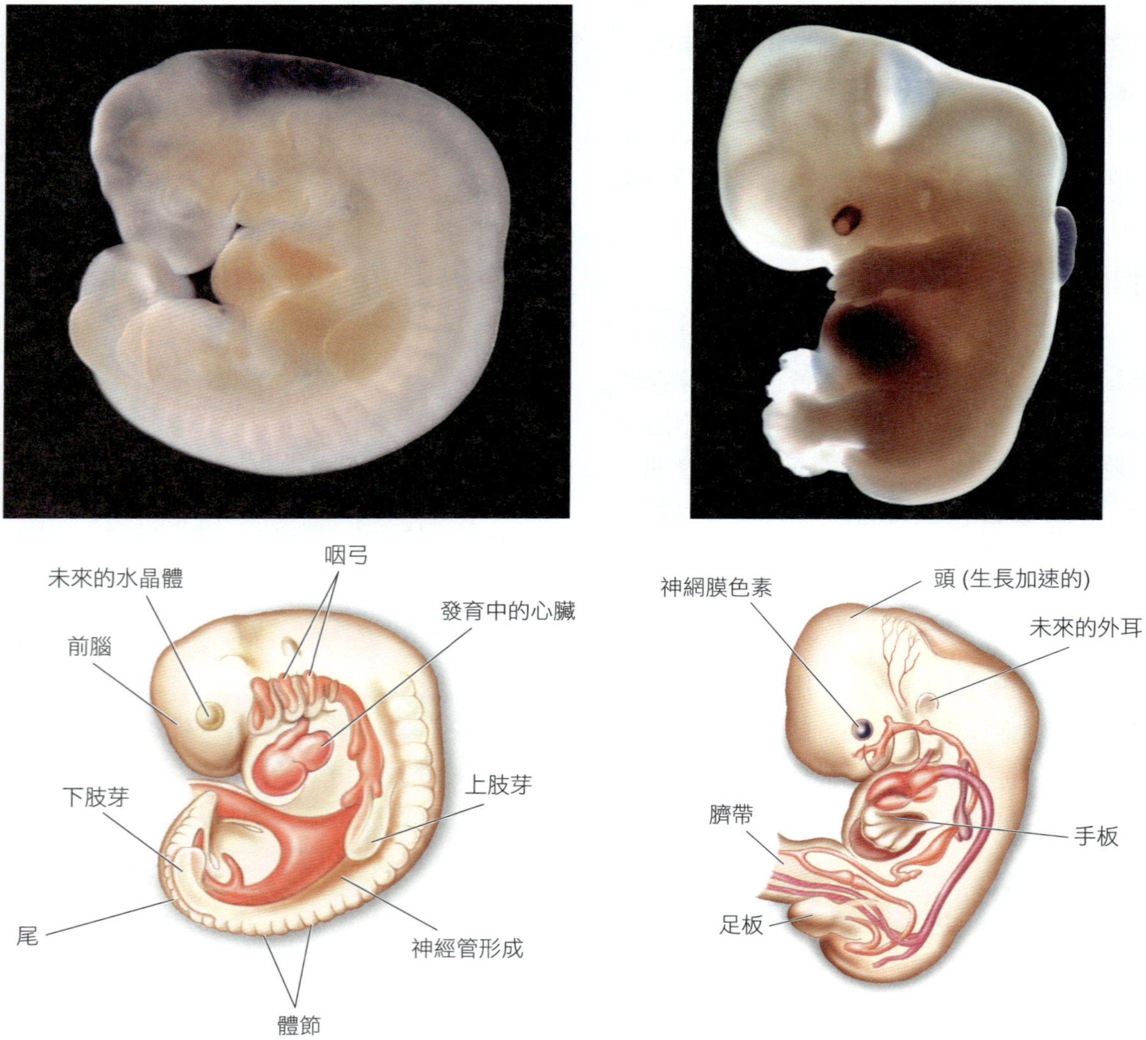

(a) (b)

圖 31.20　發育中的人類胚胎
(a) 四週；(b) 七週；(c) 三個月；(d) 四個月。

第二個月：胚胎開始成形

在懷孕第二個月胎兒外型變化很大開始成形 (圖 31.20b)。胚胎四肢具備成年外型，明顯可見手臂、腿、膝、手肘、手及腳指頭，短的骨質尾巴等構造。人類演化的遺跡骨質尾巴最終會融合形成尾骨 (coccyx 或 tailbone)，在體腔中可見如肝及胰臟等主要器官。胎兒在第二個月結束時長成約 25 公厘長，重約 1 公克，已具人類之外觀。

第三個月：完成發育

胚胎的發育除了肺臟及腦以外的器官皆已完全，肺臟的發育要到妊娠第三期才會完成，而腦部則到出生還會持續發育，至此發育中的人類個體稱為**胎兒** (fetus) 不再稱為胚胎。接續的是個體的成長，神經系統及感覺器官在第三個月發育，胎兒開始有面部表情，並有原始的反射動作，如驚嚇反射和吸吮等動作。在此時期結束時身體主要器官形成都已確立，手臂及腳開始會運動 (圖 31.20c)。

妊娠中期：胎兒認真生長

第二妊娠期 (或稱妊娠中期) 是胎兒生長時期，在懷孕第四及第五個月胎兒長到約 175 公厘長，體重約 225 公克。骨頭在第四個月形成，在第五個月時長毛髮覆蓋頭及全身，此種絨毛似的毛髮稱為**胎毛** (lanugo)，為另一人類進化的遺跡，在後續發育期會消失。第四個月

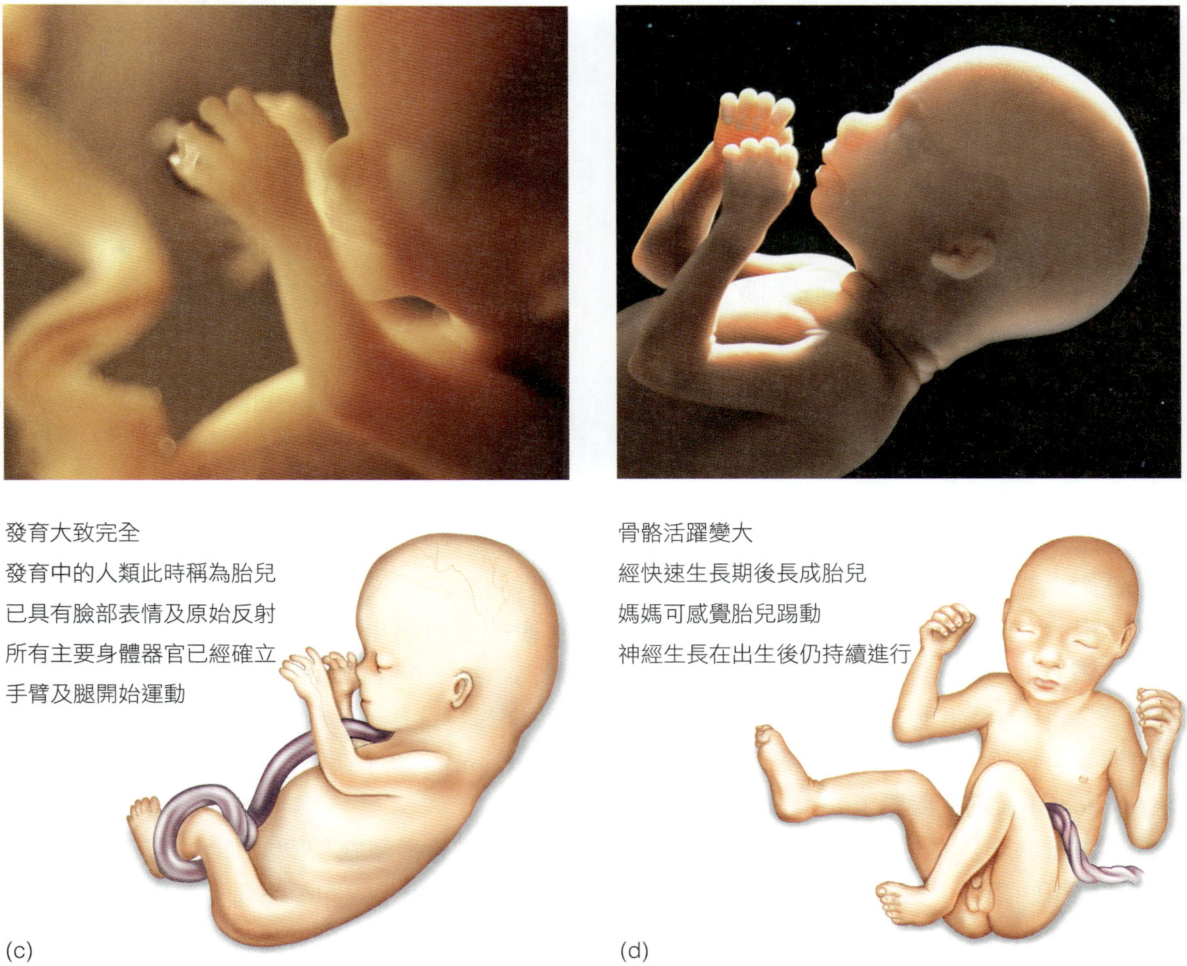
發育大致完全
發育中的人類此時稱為胎兒
已具有臉部表情及原始反射
所有主要身體器官已經確立
手臂及腿開始運動
(c)
骨骼活躍變大
經快速生長期後長成胎兒
媽媽可感覺胎兒踢動
神經生長在出生後仍持續進行
(d)

圖 31.20 (續)

結束時母親可感覺胎兒的踢動，第五個月結束時可透過聽筒聽到胎兒的心跳聲。

在孕期第六個月時胎兒加速生長，結束時會長到超過 0.3 公尺長，約 0.6 公斤重。最終出生前的生長會持續，但此時期的胎兒仍無法在無醫療支持下於子宮外存活。

妊娠後期：生長步調加速

妊娠後期為快速生長期，在懷孕第七到第九個月胎兒體重增兩倍以上，此期不只在個體增長，多數主要大腦神經束及新神經細胞在此時期發育形成。

胎兒此期的生長主要依賴由胎盤 (placenta) 送來的母體血中養分，胎盤 (圖 31.21) 具有血管，經由**臍帶** (umbilical cord) 延伸進入子宮內襯組織，母體血流浸潤胎盤組織在不需與胎兒血液混合的情況下，使血液中的養分透過胎盤滲入胎兒血流中以滋養胎兒個體之成長。如母體營養不良，將嚴重影響此時期胎兒之發育，造成生長遲滯之嬰兒。

在妊娠後期結束時，胎兒神經生長尚未完全，其在出生後仍可持續發育。但此期的胎兒可以自己存在，那何以胎兒不等神經長完全再出生呢？因為胎兒持續生長，要趕在其體積能通過母親骨盆的大小時生出，否則生產時將會危及胎兒及母體。

生產

在距上次月經週期約 40 週時開始生產。除了來自胎兒的訊號外，母體荷爾蒙也改變以啟動**陣痛** (labor)。在陣痛期子宮頸緩慢擴張，羊膜破裂，羊水流出陰道，此稱為破水。子宮收縮開始有規律增強，將胎兒推出子宮，**催產素** (oxytocin) 及**前列腺素** (prostaglandins) 正向回饋刺激增加子宮收縮。胎兒在孕期後期通常呈頭部向下的姿勢，在陰道生產期，胎兒被推出子宮頸經由陰道產出 (圖 31.22)。臍帶仍附著在嬰兒身上，醫護人員會綁好並剪斷臍帶。

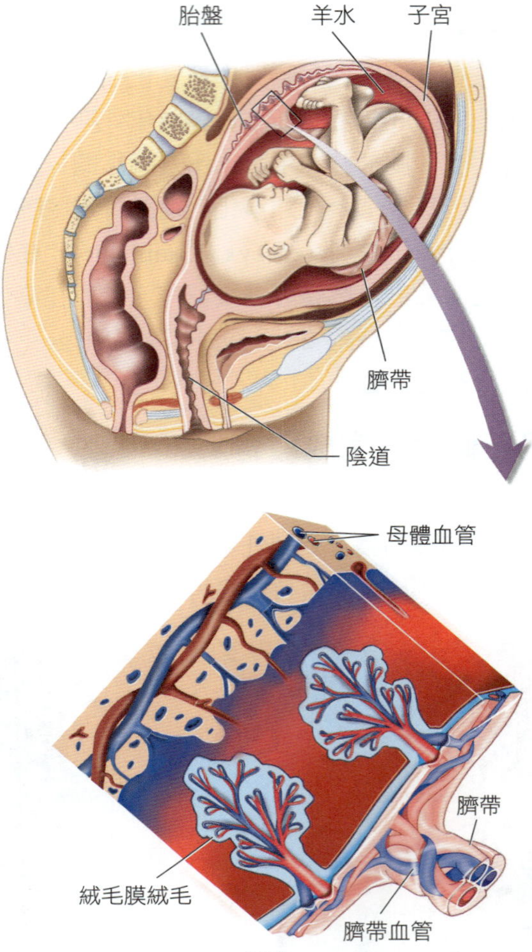

圖 31.21 胎盤之結構
胎盤含有胎兒及母體組織，由胎兒絨毛膜絨毛延伸出穿透母體組織浸潤於母體血液中，氧氣及養分由母血滲透進胎兒血液。

嬰兒由水中環境轉而生活於大氣環境中，體內各器官都要因應此重大改變。在生產後子宮繼續收縮排出胎盤及其依附的膜構造，此稱為胎衣 (afterbirth)。在由陰道生產會傷及胎兒及母親時可施行剖腹產 (caesarian section 或 C-section)，以手術方式將胎兒及胎盤一併由子宮取出。

母體荷爾蒙在懷孕後期會促使乳腺準備好，在嬰兒出生後即行哺乳。通常在生產後第三天腦垂體前葉的荷爾蒙催乳素 (prolactin) 就會刺激乳腺分泌一種只含少量脂肪，主由蛋白

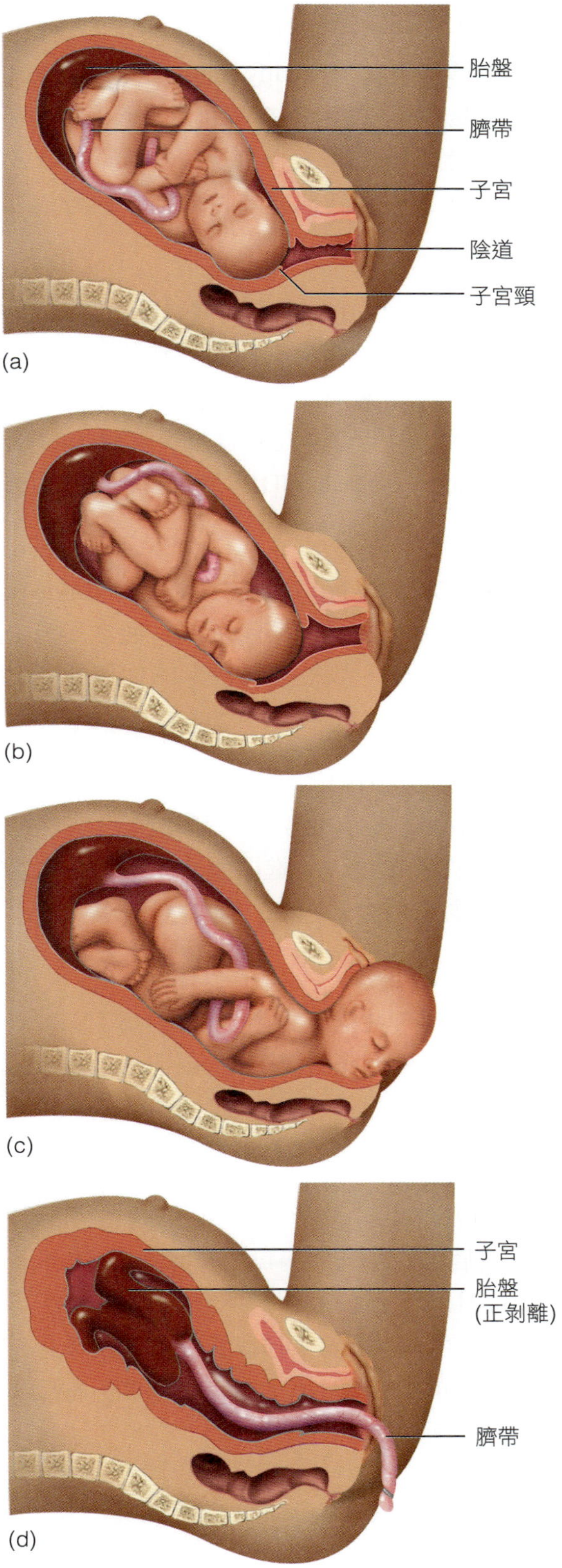

圖 31.22　分娩的時期

質及乳糖組成稱為初乳 (colostrum) 的乳汁，當嬰兒吸奶時會促使母體腦垂體後葉荷爾蒙催產素 (oxytocin) 之釋放，刺激乳腺開始分泌乳汁。

產後發育

嬰兒出生後仍持續快速生長，數月內體重倍增，不同器官生長速率不同，且嬰兒身體各部分的比率與成人的不同，例如新生兒的頭在比例上就較大，但在出生後頭部的生長較身體其他部位慢，此種身體不同部位生長速率不同的現象稱為*異速生長* (allometric growth)。

出生時發育中的人類神經系統以超過每分鐘平均產出 25 萬個新神經細胞的速率增長，並在出生後六個月後大致停止產出新神經元，只在腦部少數小區域的新神經元增長會持續到成年時期。人類腦部生長在出生後的幾年內仍持續發育生長，因此此時期獲得充足的營養對腦神經健全發育極為重要。

關鍵學習成果 31.7

胎兒的主要發育在孕期初期進行，器官在第四週開始形成，在第二個月結束時即具備人類雛形，胚胎發育在孕婦仍未知覺懷孕時即完成，在孕期中期及後期主要進行胎兒生長。

生育控制及性傳播疾病

31.8　避孕及性傳播疾病

避孕

人類的性行為是生活情趣，並非以懷孕為目的，因此性交時採取**生育控制** (birth control) 或避孕 (contraception) 措施，是避免懷孕的方式。

節制：避免懷孕最有效方法就是避免性行為，

完全避免有違配偶間感情交流及性關係，避開可能懷孕的日期，在所謂安全期的日子仍可享受性生活。此策略稱為安全期避孕法 (rhythm method)，或是**自然家庭計畫生育** (natural family planning)，但因排卵日期不易精準預測，其失敗率約有 20% 到 30% 之高。

阻礙卵子成熟：是美國最盛行的方法，每天吃荷爾蒙或**生育控制藥丸** (birth control pills)。藥丸成分為雌激素及黃體激素，抑制腦垂體分泌 FSH 及 LH，卵巢濾泡無 FSH 就不會成熟，沒有 LH 則不會排卵。也可以注射方式給藥，每 1~3 個月注射一次 medroxy progesterone (Depo-Provera)，或使用經皮吸收的生育控制荷爾蒙貼片，或手術皮下植入釋放荷爾蒙的膠囊等方式。失敗率約小於 2%。

緊急避孕法或稱 **B 計畫**，在性行為後服用高劑量黃體激素藥丸，阻斷排卵，其失敗率差異大，無法作為主要生育控制法。

阻斷胚胎著床：在子宮內置入避孕環或不規則稱為**子宮內避孕裝置** (intrauterine devices, IUDs) 的刺激物件，干擾胚胎著床。此法很有效，失敗率小於 2%。以化學藥劑 RU-486 阻斷黃體激素造成子宮內膜剝離阻斷胚胎著床。RU-486 具有很嚴重副作用需要依照醫師指示才能服用。

精子阻斷術：利用**保險套** (condom) 套住陰莖就可阻止性交時精子的輸送，卵子就不會受精，但此方法失敗率高達 15%，另一辦法為性交前在子宮頸裝上**避孕隔膜子宮帽** (diaphragm)，但此法失敗率平均約為 20%。

精子毀壞：在女性陰道中破壞精子達成控制生育之目的，於性交前使用**殺精子的軟膏** (spermicidal jellies)、**栓劑** (suppositories) 或**泡沫** (foams)，失敗率約在 3~20%。

透過性傳播之疾病

性傳播疾病 (Sexually transmitted diseases, STDs) 是指經由性行為接觸而傳播的疾病。在第 27 章討論的致命病毒性疾病愛滋病 (AIDS) 屬之，另外尚有其他重要性傳播疾病分述如下：

淋病 (Gonorrhea)：由淋病雙球菌 (*Neisseria gonorrhoeae*) 所引起的疾病，會經由陰莖或陰道排出物而傳染。可用抗生素治療，在婦女如不治療可能會引起骨盆發炎疾病 (pelvic inflammatory disease, PID)，造成輸卵管結痂及阻塞。

披衣菌 (Chlamydia)：由披衣菌屬的 *Chlamydia trachomonatis* 細菌所引起，通常受感染婦女不會察覺，故被稱為靜默的性傳播疾病 (silence STD)。

梅毒 (Syphilis)：其元凶為梅毒螺旋體 (*Trepenoma pallidium*)，是最具破壞性的 STDs，如沒治療，會進展成心臟疾病，智能缺陷及神經損傷，可能造成運動能力喪失或瞎眼。

生殖器疱疹：此病在美國是最常見的 STD，由第二型單純疱疹病毒 (Herpes simplex virus type 2, HSV-2) 感染所致，會造成陰莖、陰唇及陰道，或子宮頸起水泡並結痂。

子宮頸癌：此病有 70% 的病例是由性行為傳播的病毒人類乳突病毒 (Human papillomavirus, HPV) 感染所引起。新發展出的疫苗 Gardasil 可以阻斷婦女被病毒感染，並降低約三分之二的死亡率 (每年約有 290,000 名婦女罹患該病死亡)。

關鍵學習成果 31.8

生育控制有許多方法可選用，多數很有效，性傳播疾病藉由性接觸而散播。

複習你的所學

脊椎動物的生殖

無性及有性生殖

31.1.1 原生生物及部分動物主要以二分裂或出芽的無性方式生殖，但大多數動物進行有性生殖。

31.1.2 動物能進行單性生殖或可以是雌雄同體。單性生殖以未受精的卵產生子代。雌雄同體同時具有睪丸及卵巢且可同時產生精子及卵子。

31.1.3 哺乳類的性別由 Y 染色體上的 *SRY* 基因決定。具有 XY 的胚胎將發育為男性，而 XX 則為女性。

脊椎動物有性生殖之演化

31.2.1-2 大多數的魚及兩棲類進行體外受精，但多數其他脊椎動物則是體內受精。即使是體內受精，發育可在母體內或母體外進行。

31.2.3 鳥類及多數爬蟲類會產下防水的蛋，以免於乾燥。

31.2.4 有袋類及胎盤哺乳類動物為胎生，但單孔目動物則為卵生。

人類的生殖系統

男性

31.3.1 精子在睪丸中產生。睪丸有大量纏繞的細精管，並以精子生成過程形成精子。精子在發育及減數分裂過程中會逐漸向管腔移動並進入副睪。成熟的精子儲存在輸精管中，當性交時精子經由陰莖被送入女性體內。

女性

31.4.1 女性配子或卵子在下腹部的卵巢內從卵母細胞發育形成。女性出生時其卵巢約具有兩百萬個卵母細胞，都停留在其第一次減數分裂階段。濾泡刺激素 (FSH) 及促黃體激素 (LH) 開啟少數卵母細胞的減數分裂後續發育進程，但在每月週期中通常只有一個卵子成功發育熟成。

31.4.2 卵子從卵巢排出並進入輸卵管，被送到陰道的精子游泳經過子宮頸及子宮並到達輸卵管中，到達卵子所在。通常只有一個精子穿透卵子的保護層，此時卵母細胞完成減數分裂 II，即進行受精作用。受精卵 (稱為合子) 沿輸卵管往下移動至子宮並附著到子宮內膜，繼續完成其發育。

荷爾蒙協調生殖週期

31.5.1 人類生殖週期 (稱為月經週期) 可分為兩個時期：濾泡期及黃體期。

31.5.2 濾泡期始於 FSH 及 LH 的分泌，其刺激卵母細胞的發育及分泌動情素。動情素可作為負向回饋的訊息，以抑制腦垂體前葉分泌 FSH。

31.5.3 黃體期始於 LH 量達高峰時，促使排卵及黃體的形成。黃體開始分泌黃體激素，其促使子宮做好讓合子著床的準備。

- 倘若合子在子宮內膜著床，雌激素及黃體激素會因為胚胎人類絨毛促性腺激素 (hCG) 而維持高量。
- 倘若受精作用未發生，雌激素及黃體激素含量下降，增厚的子宮內膜隨即剝落，即稱為月經，然後新的週期開始。

胚胎發育之過程

胚胎發育

31.6.1 脊椎動物的胚胎發育有三個階段。第一階段稱為卵裂，經過數百次的細胞分裂，最終形成囊胚。

31.6.2 第二階段稱為原腸胚形成，此期間細胞會移動，最終形成三個胚層：內胚層、外胚層及中胚層。

31.6.3 第三階段稱為神經胚形成，包含脊索和神經管的形成。

胎兒發育

31.7.1 懷孕第四週時，器官開始形成；在三個月結束時，除了腦與肺之外，大多數器官都已發育。

- 第二及第三妊娠期的生長最顯著，此時胎兒經由胎盤獲取營養。

31.7.2 在陣痛及分娩期間，胎兒及胎盤從子宮排出，荷爾蒙調節乳汁的生成，嬰兒出生後即行哺乳。

生育控制及性傳播疾病

避孕及性傳播疾病

31.8.1 不同避孕方法包括可作用在避免卵子成熟、胚胎著床以及阻斷或殺死精子。

31.8.2 性傳播疾病是指經由性行為接觸而傳播，其中 AIDS 是會致命的，而其他者若不治療，也相當具破壞性。

測試你的了解

1. 哺乳類的胚胎生殖器將發育為卵巢
a. 倘若 SRY 基因被表現
b. 倘若兩個性染色體皆為 X
c. 倘若性染色體為 X 及 Y
d. 在第 40 天之內

2. 體內與體外受精的差異在於該物種是
a. 產生羊膜卵者會行體內受精
b. 不產生羊膜卵者會行體外受精
c. 個體早熟者且有乳腺
d. 下蛋者會行體外受精

3. 兩棲類幼體階段的功能是使得
a. 肌肉骨骼系統延續發育
b. 捕食期間可延續
c. 免於被獵食
d. 避免發生變態

4. 哪種構造使得人類男性睪丸的溫度比身體其他部位低 3°C？
a. 細精管　c. 輸精管
b. 副睪　d. 陰囊

5. 人類女性的卵母細胞發育需有何荷爾蒙？
a. 雌激素和睪固酮　c. 黃體激素和睪固酮
b. FSH 及 LH　d. 催產素及催乳素

6. 月經週期的第一時期
a. 被遽增的 LH 所誘導
b. 是黃體期
c. 以分泌黃體激素為特徵
d. 是濾泡期

7. 當懷孕發生時，子宮內膜因何者而得以維持？
a. 胚胎釋出 hCG　c. 下視丘釋出 GnRH
b. 黃體激素含量下降　d. FSH 增量

8. 下列胚胎發育過程中，何者最晚發生？
a. 卵裂　c. 原腸胚形成
b. 神經胚形成　d. 受精作用

9. 在人類發育過程中，最早形成的器官是？
a. 心臟　c. 脊索
b. 腦　d. 肝

10. 在________末期，身體的所有主要器官已經建立，是人類胎兒發育的關鍵階段。
a. 第二妊娠期　c. 第四妊娠期
b. 第一妊娠期　d. 第三妊娠期

11. 陣痛時的子宮收縮是受到何者的刺激？
a. 雌激素　c. 催產素
b. 催乳素　d. 黃體激素

12. 下列何者不是避孕的方法？
a. 破壞卵子　c. 阻斷精子
b. 避免卵子成熟　d. 避免胚胎著床

第七單元　植物的演化與生理

Chapter 32

植物的演化

植物被認為是綠藻的後代。在 4 億 5,500 萬年前，植物與其同伴真菌首先登上陸地；目前最古老的現生植物具有菌根，顯示與真菌有關聯。陸地環境所存在的許多挑戰之一是：當固著在定點時，尋找交配對象有困難。大部分早期植物採用的解決方式是其雄性個體將其配子以花粉形式送至風中，藉由氣流將花粉傳到鄰近的雌性個體上。這種策略特別適用在同物種的植株生長密集的情況下。如圖中的大型紅木是陸地上最大型的生物體之一，其生長在密集森林且以風力傳粉。然而，另一種解決方式更好用，植物演化出花來吸引昆蟲。當昆蟲訪花採蜜時，牠們身上沾滿花粉。當牠們到另一朵花採蜜時，就會讓身上的花粉落在花上，完成授粉。而且不論兩棵植株距離多遠，昆蟲都找得到。本章將介紹此策略以及其他當植物登陸時所面臨的演化挑戰。

植物

32.1　適應陸地生活

陸生自營生物

植物是複雜的多細胞生物體，是陸生**自營生物** (autotrophs)，也就是它們幾乎都生長在陸地上，且藉光合作用即可自給自足。*autotroph* 這個名詞來自希臘，*auto* 意指「自我」，*trophos* 則指「營養提供者」。現在，植物是地球表面的優勢生物體。本章將探討植物如何適應陸地生活。

可能是今日植物祖先的綠藻是水生生物，它們無法適應陸地生活。在它們的後代可在陸地生活之前，它們必須克服許多環境的挑戰。例如它們必須從充滿石頭的表面吸收礦物質，也必須找到保存水分的方法，以及必須發展出可在陸上生殖的方式。

吸收礦物質

植物需要相對大量的六種無機礦物質：氮、鉀、鈣、磷、鎂及硫，在這些礦物質中，每種都占植物體乾重的 1% 以上。藻類從水中吸收這些礦物質，但陸地上的植物要從哪裡獲得呢？土壤中。土壤是地殼外層風化而來，其混合了多種組成，包括沙土、石塊、黏土、泥土、腐植質 (部分腐爛的有機材料) 以及其他不同型式的礦物質和有機物質。土壤中還有豐富的微生物，可分解並回收有機碎屑。植物可從根部吸收水及礦物質 (詳見第 33 章)。大部分的根都分布在表土中，其是礦物質顆粒、活生物體和腐植質的混合。當表土因沖蝕而喪失，土壤則會失去抓住水分與養分的能力。

最初出現的植物似乎已與真菌發展出一種特殊關係，這是植物能在陸上棲地吸收礦物質的關鍵因素。在許多早期化石植物，如 *Cooksonia* (見圖 32.5) 和 *Rhynia* 植物的根或地下莖中，真菌可在植物細胞內和細胞間與之親密生長。如同在第 18 章所述，這種共生關係的構造稱為**菌根** (mycorrhizae)。在有菌根的植物中，真菌可促使植物從多石塊的土壤中吸收磷及其他營養，而植物則提供有機分子給真菌利用。

保存水分

在陸上生活的關鍵挑戰之一是需要避免過度乾燥。植物具有一防水的覆蓋層稱為**角質層** (cuticle) 以解決這個問題。這覆蓋層是由不透水的蠟質所構成，就像在閃亮汽車表面打蠟一樣，角質層可避免水進入或離開莖或葉片。水只能從根部進入植物體內，而角質層則可避免水分散失至空氣中。然而確實有通道可通過角質層，也就是藉由葉片和綠色嫩莖上稱為**氣孔** (stomata；單數為 stoma) 的特化孔洞通過。

圖 32.1 是葉片下表面的氣孔，其剖面圖可看出氣孔在葉片中與其他細胞的關聯性。除了蘚類以外，氣孔分布在植物體的某些部分，可讓二氧化碳擴散進入植物體內以行光合作用，並讓水及氧氣從此孔洞出去。圍成氣孔的是兩個保衛細胞；當水分藉由滲透進入或離開保衛細胞時，氣孔會脹大 (打開) 或縮小 (關閉)。氣孔的開與關可控制水分從葉片喪失，也讓二氧化碳進入 (詳見圖 33.13)。大多數植物中，水是以液態型式由根部進入，而以氣體從葉片的下表面離開植物體。

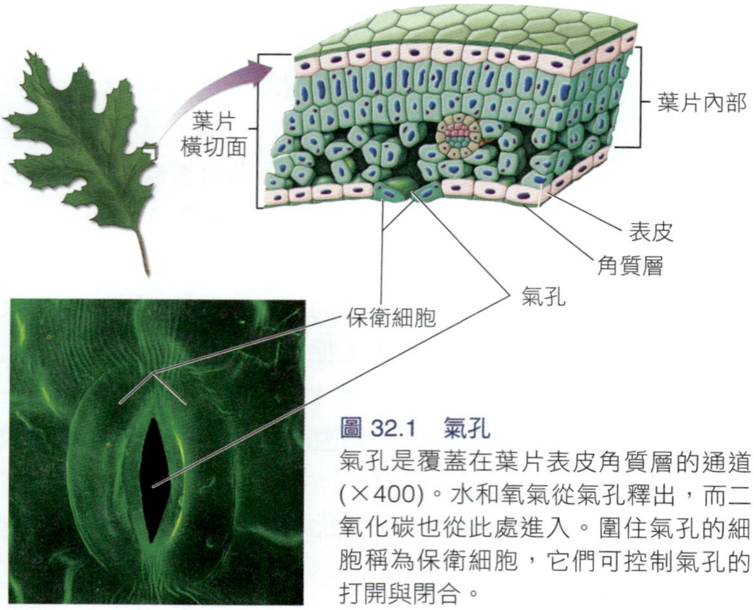

圖 32.1　氣孔
氣孔是覆蓋在葉片表皮角質層的通道 (×400)。水和氧氣從氣孔釋出，而二氧化碳也從此處進入。圍住氣孔的細胞稱為保衛細胞，它們可控制氣孔的打開與閉合。

在陸上生殖

在陸上行有性生殖，須將配子由一個體傳到另一個體內，這對植物是一種挑戰，因為它們不能移動。在最早的植物中，卵被一層細胞所包圍，必須有水膜讓精細胞游至卵，並完成受精。而在後來的植物中演化出花粉，提供了傳遞配子且不讓其乾死的方式。花粉粒受保護以免乾燥，且可讓植物藉風力或動物傳送配子。

生活史的改變　在許多藻類中，生活史的大部分都是單倍體的細胞 (詳見 17.2 節)，配子融合而成的合子是唯一的雙倍體細胞，且它立即進行減數分裂以再度形成單倍體的細胞。相反地，在最早的植物中，減數分裂延後進行，合子細胞進行分裂產生多細胞的雙倍體構造。於是，在生活史中有一明顯的部分是雙倍體。這種改變導致**世代交替** (alternation of generations)，即雙倍體世代和單倍體世代相互交替。圖 32.2 是呈現世代交替的生活史。植物學家稱這單倍體世代 (黃色區塊) 為**配子體** (gametophyte)，因為它藉由有絲分裂形成單倍體的配子 ❶。雙倍體世代 (藍色區塊) 為**孢子體** (sporophyte)，因為它藉由減數分裂形成單倍體的孢子 ❹。

以蘚苔植物這些原始植物來看，其大多為配子體的組

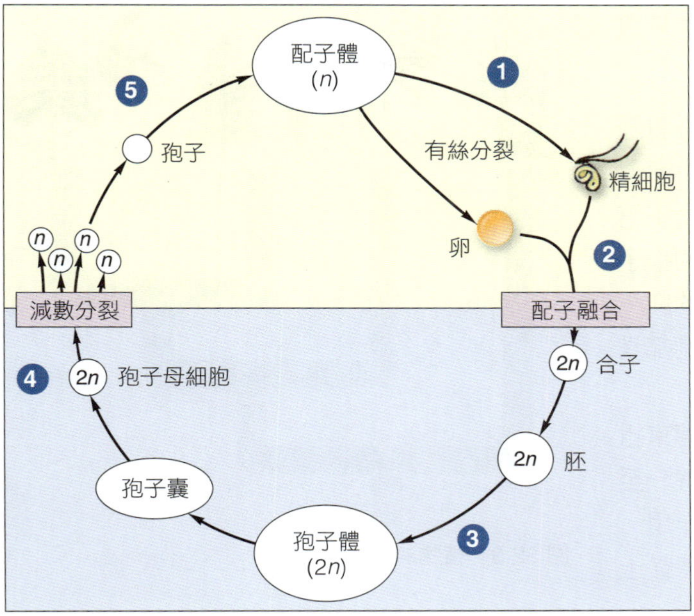

圖 32.2 植物生活史的共通模式
在植物生活史中，雙倍體世代與單倍體世代交替。單倍體 (n) 的配子體與雙倍體 ($2n$) 的孢子體相互交替。❶ 配子體經由有絲分裂產生精細胞和卵。❷ 精細胞和卵最終結合而成孢子體世代中第一個雙倍體的細胞合子。❸ 合子進行細胞分裂而最終形成孢子體。❹ 在孢子體中產生孢子的構造孢子囊裡，發生減數分裂而產生孢子，其是配子體世代的第一個單倍體細胞 ❺。

織。如下方照片中的綠色葉狀構造；而照片中連在較大配子體的組織上之小型棕色構造則是孢子體。

以後來衍生出來的植物如松樹來看，其大多為孢子體的組織，這些植物的配子體通常遠小於孢子體，且常包在孢子體組織中。如下方照片是松樹的雄配子體 (花粉粒)，它們不是能行光合作用的細胞且依賴孢子體組織，而且通常會被包圍住。

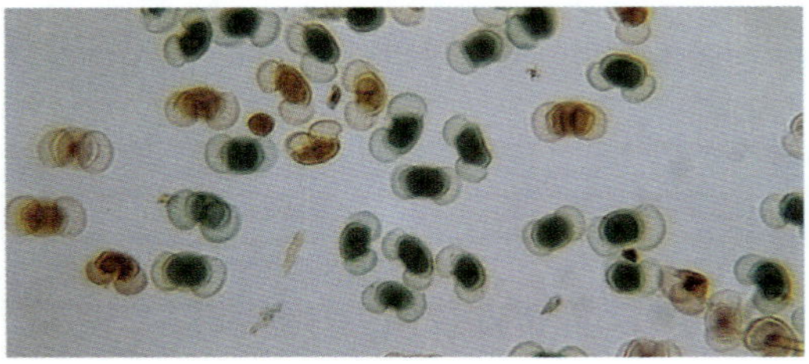

關鍵學習成果 32.1

植物是在陸地上可行光合作用的多細胞生物，且從綠藻演化而來。植物藉由發展出與同伴真菌一起吸收礦物質、防水覆蓋層來保存水分以及在陸地上生殖，而演化為適應陸上的生物。

32.2 植物的演化

當植物在陸地上建立地位，它們逐漸發展出許多其他特徵，有助於其在這嶄新卻壓力大的棲地中成功地演化。例如，在最早的植物中，其地上及地下部之間並沒有太大差異；而後來，根部和莖演化出特化的組織，能適於其特殊的地下或地上環境。特化維管束組織的演化讓植物能長得高大，例如，相較於較原始的苔類植株，近期才演化出來的樹木可以長出較大的個體。

在探討植物多樣性時，我們將檢視許多重要的演化趨勢。表 32.1 中有各植物門的整體介紹及其特徵。除了其他有趣且重要的改變衍生出來之外，有四項關鍵的新變異導致今日所見主要植物類群的演化 (圖 32.3)。

1. **世代交替**：雖然藻類有單倍體和雙倍體階段，但雙倍體階段並非生活史中的明顯部分。相反地，即使最早的植物 (無維管束植物，圖 32.4 的第一條縱線)，雙倍體的孢子體是較大的構造，且保護卵及發育中的胚。在生活史中，孢子體在形態及所占比例都具優勢，進而在植物演化史中漸趨重要。
2. **維管束組織**：第二個關鍵新變異是維管束組織的出現。維管束組織可輸送水分及養分至植物體全身，並且提供結構上的支持作用。由於維管束組織的演化，使得植物能將從土

圖 32.3　植物的演化

表 32.1　植物門

門	典型例子	關鍵特徵	現生物種約略數目
無維管束植物			
蘚類植物門 (蘚類) Hepaticophyta	地錢屬 *Marchantia* 	無維管束組織；缺乏真正的根和葉；生長在潮濕棲地，並藉由滲透及擴散獲得水分及養分；受精作用需要水；配子體是生活史中的優勢構造；三個門曾歸類一起。	15,600
角蘚植物門 (角蘚) Anthocerophyta	角蘚屬 *Anthoceros*		
苔類植物門 (苔類) Bryophyta	*Polytrichum, Sphagnum* (土馬騌、水苔)		
無種子維管束植物			
石松植物門 (石松) Lycophyta	*Lycopodium* 石松屬 	無種子維管束植物，外形與苔類相似但是雙倍體；受精作用需要水；孢子體是生活史中的優勢構造；出現在潮濕的森林棲地。	1,150
蕨類植物門 (蕨類) Pterophyta	*Azolla, Sphaeropteris* 滿江紅屬、筆筒樹 (水生蕨類及樹蕨) 木賊屬 *Equisetum* 松葉蕨屬 *Psilotum* 	無種子維管束植物；受精作用需要水；孢子體形態多樣，且在生活史中占優勢。	11,000

壤吸引而來的水分送到植物體較高部分，且由於其堅固特性而使植物能長得較高大，並在較乾燥環境下生長。最早的維管束植物是無種子的維管束植物，即圖 32.4 的第二條縱線。

3. **種子**：種子的演化 (詳見 32.6 節) 是使植物能在陸上環境占優勢的關鍵新變異。種子提供營養及堅固持久的覆蓋層來保護胚，直到其遭遇適於生長的條件為止。最早具有種子的植物是裸子植物，即圖 32.3 的第三條縱線。
4. **花及果實**：花及果實的演化是改進固定不動的植物間之成功交配機會，以及協助種子散播的關鍵新變異。花可以保護卵且可增進受精的機率，使得位在相距較遠的植物間可成功交配。果實包覆種子並協助其散播，使植物物種較易進入新的且可能更適存的環境。被子植物，圖 32.3 的第四條縱線，是唯一可開花及結果的植物。

關鍵學習成果 32.2

植物從淡水中的綠藻演化而來，並逐漸發展出在生活史中較占優勢的雙倍體階段、維管束組織運輸系統、保護胚的種子以及有利於受精及種子散播的花與果實。

表 32.1　植物門 (續)

門	典型例子	關鍵特徵	現生物種約略數目
種子植物			
松柏植物門 (松柏類) Coniferophyta	松樹、雲杉、樅樹、紅木、雲松 	裸子植物；風力傳粉；在受粉時，胚珠局部裸露；無花；種子藉風力散播；精細胞不具鞭毛；孢子體是生活史中的優勢構造；葉呈針狀或鱗片狀；多數物種為常綠型，且聚集生長；是地球上常見的樹木。	601
蘇鐵植物門 (角蘇) Cycadophyta	蘇鐵 	裸子植物；風力傳粉或可能為昆蟲傳粉；生長緩慢，外形像棕櫚；精細胞具鞭毛；樹木有雌雄之分；孢子體在生活史中占優勢。	206
尼藤植物門 (麻黃) Gnetophyta	麻黃 *Welwitschia* (二葉樹) 	裸子植物；精細胞不能運動；灌木及藤本；風力傳粉或可能為昆蟲傳粉；植物有雌雄之分；孢子體在生活史中占優勢。	65
銀杏植物門 Ginkgophyta	銀杏 	裸子植物；葉片扇形且於冬天掉落 (落葉性)；種子肉質且有臭味；精細胞能運動；樹木有雌雄之分；孢子體在生活史中占優勢。	1
被子植物門 又稱開花植物 Anthophyta	橡樹、玉米、小麥、玫瑰 	會開花；藉由風力、動物及水傳粉；特徵是胚珠被心皮完全包覆；受精作用有兩個精核參與：一個形成胚、另一個與極核體形成種子所需之胚乳；受精作用後，心皮及受精的胚珠 (此時稱為種子) 一起長成果實；孢子體是生活史中的優勢構造。	250,000

無種子植物

32.3 無維管束植物

蘚類及角蘚

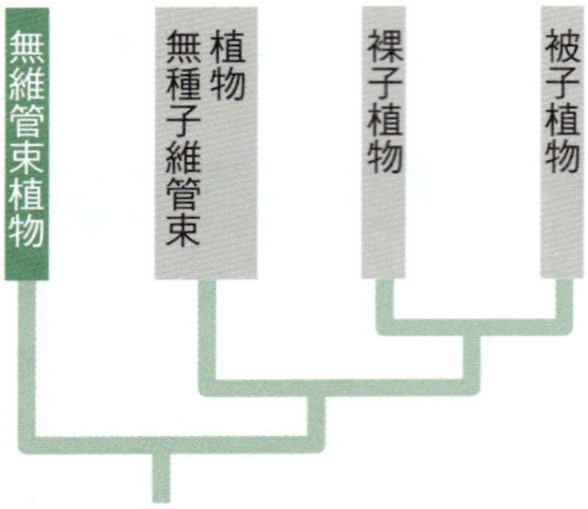

第一個成功的陸生植物沒有維管束系統，沒有可將水分及養分送到全身的構造。這嚴重限制了植物體的最大體型，因為所有的物質須藉由滲透及擴散來運送。現存的此類植物只有兩個門：**蘚類** (liverworts；蘚類植物門) 以及**角蘚** (hornworts；角蘚植物門)，完全缺乏維管束系統。在中世紀安格魯-撒克遜時期為這些植物取名時，“*wort*” 意指「草」。蘚類是現生植物最簡單者。

具原始輸送系統的植物：苔類

這群植物中的另一個門－**苔類** (mosses；苔類植物門)，是最早演化出特化的細胞，可將水和碳水化合物往上送到配子體的莖中。這些輸送細胞沒有特化的細胞壁增厚，反而是像不太堅硬的管子且不能將水送得很高。由於這些輸送細胞被認為很可能是原始的維管束系統，故苔類通常被植物學家將它和蘚類與角蘚一起歸為「無維管束」植物。「泥炭苔」[水苔屬 (*Sphagnum*)] 可作為燃料或土壤的調節介質。圖 32.4 是多數苔類的生活史，包括單倍體的配子體世代 (植物的綠色部分)，以雄或雌個體存在；而雙倍體的孢子體世代 (棕色柄且有頂端膨大) 則是在卵受精之後，從配子體的雌個體 ❸ 長出。孢子體內的細胞進行減數分裂產生單倍體的孢子 ❹，可長成配子體 ❺。

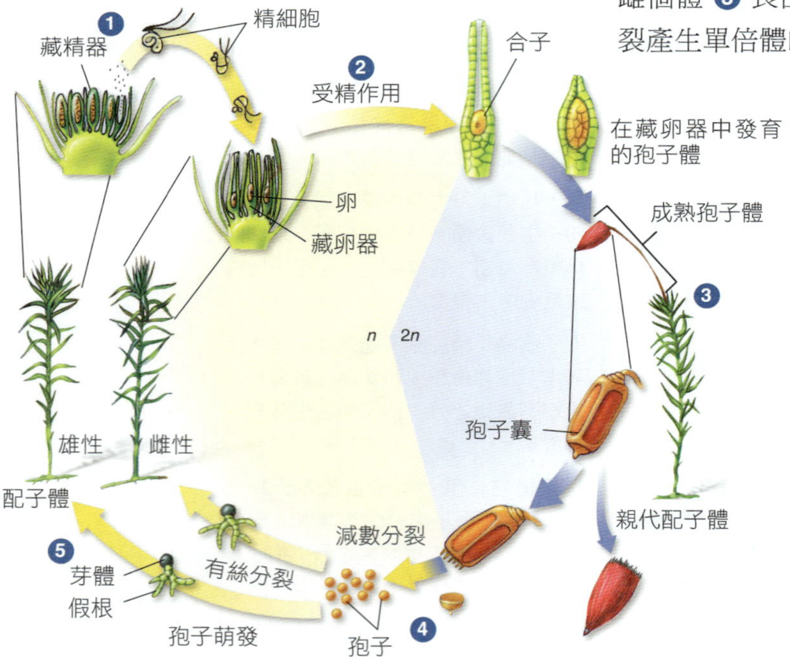

土馬騌 (*Polytrichum*)

圖 32.4 苔類的生活史

在單倍體的世代中，精細胞從藏精器 (產生精子的構造) 中釋出 ❶，它們在水中游向藏卵器 (產生卵的構造)，然後由頸部往下至卵處，發生受精作用 ❷，形成合子，而後發育為雙倍體的孢子體。孢子體從藏卵器長出，並在頂端形成孢子囊 ❸。孢子體長在配子體之上，如照片所示，且最終經由減數分裂產生孢子。孢子從孢子囊 ❹ 散布出去，孢子萌發長成配子體。

關鍵學習成果 32.3

蘚類與角蘚完全缺乏維管束系統，苔類有柔軟簡單的輸送細胞束。

32.4 維管束組織的演化

移動的液體

植物中其餘七個門的植物皆有由高度特化的細胞所構成之有效的維管束系統，稱為**維管束植物** (vascular plants)。圖 32.5 中古老的維管束植物化石是 *Cooksonia*，顯示其具有分支、沒有葉片之莖系，且頂端有可形成孢子的構造，稱為孢子囊。

Cooksonia 和其他之後演化的早期植物藉由發展出有效輸送水分及養分的系統，也就是**維管束組織** (vascular tissues；拉丁文 "*vasculum*" 意指「管道」)，成功地在陸地上進駐。這些組織包括成束的特化圓柱狀或長形的細胞，形成由管狀構造組成的網絡，貫通莖而進入葉 (圖 32.6)。木質部是維管束組織的一種，負責輸送水及溶在水中的礦物質，且從根向上送；另一種維管束組織是韌皮部，將碳水化合物送至植物全身。

圖 32.5 最早的維管束植物
目前具有完整化石的最早維管束植物是 *Cooksonia*，這化石顯示一棵生長在 4 億 1,000 萬年前的植物；其具有直立分支的莖且其頂端有產生孢子的孢子囊。

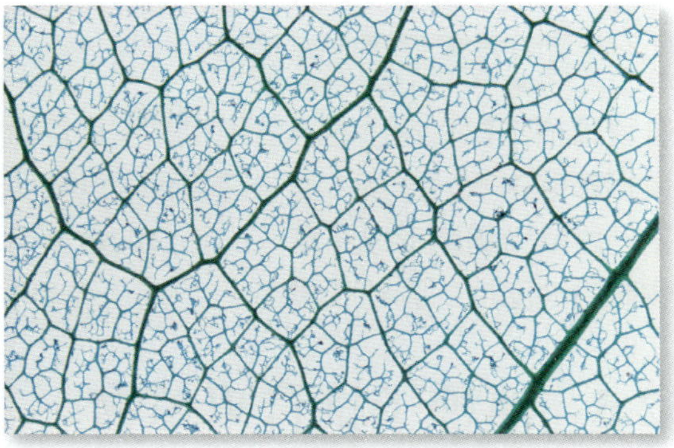

圖 32.6 葉子的維管束系統
維管束植物的葉脈包含成串的特化細胞以運送養分及水分。此圖為放大 3 倍之葉子中的葉脈，其餘組織皆已移除。

多數早期維管束植物似乎都在莖和根的頂端經由細胞分裂而生長。想像一下疊盤子，僅會愈堆疊愈高而不會變寬！這種生長稱為**初級生長** (primary growth)，且十分成功。在石炭紀時期 (約在 3 億 5 千萬年前至億 9 千萬年前之間)，也就是目前大部分的世界化石燃料形成的時期，歐洲及北美地區的低地沼澤是以一種早期無種子的樹占優勢，稱為石松。

約在 3 億 8 千萬年前，維管束植物發展出新的生長模式，可以在樹皮以內分裂，形成一圈細胞，在植物的周圍區域產生新的細胞，這種生長稱為**次級生長** (secondary growth)。直到次級生長演化出來之後，維管束植物變成樹幹粗，也因而變高。這樣進一步的演化使得高大森林占優勢成為可能。植物的次級生長而產生**木材** (wood)，樹木橫切面上的年輪是次級生長的區域 (春季至夏季) 緊鄰極少生長的區域 (秋季至冬季)。

關鍵學習成果 32.4

維管束植物具有特化的維管束組織，其包括從根部輸送水分至葉片的中空管子，以及另一種維管束組織形成將葉片的養分輸送至植物體其他部位的圓柱狀構造。

32.5 無種子維管束植物

蕨類

最早的維管束植物缺乏種子，且在現今七個維管束植物門當中，有兩個門不產生種子，其中一個無種子維管束植物門是蕨類 (蕨類植物門，Pterophyta)，其包括生長在森林底層的典型蕨類，如圖 32.7a、b 所示，也包括松葉蕨 (圖 32.7c) 及木賊 (圖 32.7d)。另一個植物門是石松類 (石松植物門，Lycophyta；圖 32.7e)，其包括石松。這兩個植物門都具有可自由游泳的精細胞，需在

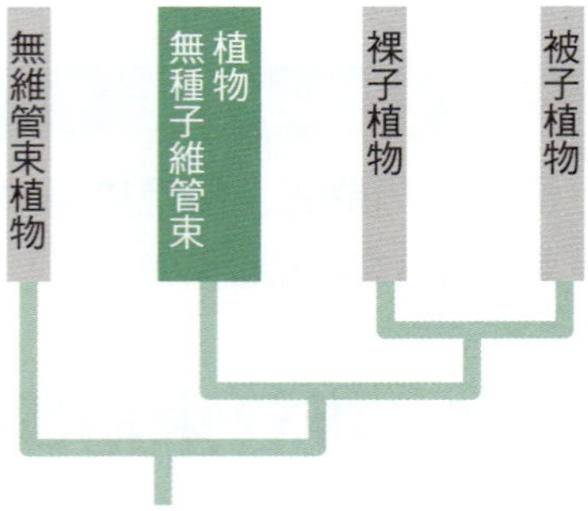

圖 32.7 無種子維管束植物

(a) 馬來西亞森林中的樹蕨 (蕨類植物門)，蕨類是產生孢子之維管束植物的一個大類群；(b) 在紅木森林底層的蕨類；(c) 松葉蕨，它沒有根或葉；(d) 木賊，*Equisetum telmateia*，此物種形成兩種直立莖，其一為綠色、可行光合作用；另一則多為淡棕色，且頂端為產生孢子的「毬果」狀構造；(e) 石松 (石松植物門) 雖然在外型上與苔類的配子體相似，但在此圖的明顯植株是孢子體。

淡水中始能完成受精作用。

無種子的維管束植物中最占優勢的是**蕨類** (ferns，圖 32.8)，其分布於世界各地，但在熱帶地區最豐富。其植株大多矮小，直徑僅達數公分，但也有蕨類是現今可見的大型植物之一。

蕨類的生活史開啟了重要的演化變異，而在種子植物時達最高峰。像苔類等沒有維管束的植物絕大部分是配子體 (單倍體) 組織，而像蕨類等無種子的維管束植物則有配子體與孢子體兩種個體，各自獨立且能自營生活。配子體，如圖 32.8 上方的心型植物體，可產生卵和精細胞 ❶，當精細胞藉水游泳至卵處完成受精 ❷，合子長成孢子體 ❸。孢子體可產生單倍體的孢子，位在葉片的下表面成棕色群團，稱為孢子囊堆 (sori，單數為 sorus ❹)，之中，孢子從孢子囊堆釋出，飄至地上，然後萌發長成單倍體的配子體。蕨類配子體小而薄、心形、可行光合作用，長在潮濕的地方。蕨類孢子體則大型且較複雜，具有長而垂直的**葉片** (frond)，肉眼所見的大型蕨類個體通常多為孢子體。

關鍵學習成果 32.5

蕨類是維管束植物中缺乏種子的類群，如同無維管束的植物一樣，以孢子生殖。

種子的興起

32.6 種子植物的演化

被子植物

維管束植物中的一關鍵演化衍進是發展出一項對胚的保護構造，稱為**種子** (seed)。在陸地生活的過程中，種子是一項重要的適應，因為它保護處於易受害的胚胎期之植物體。圖 32.9 是蘇鐵植物及其種子 (照片中的綠色小球) 長在毬果鱗片的邊緣。此時，種子中的胚體受到保護。種子的演化是促使植物在陸地上占優勢的重要關鍵。

維管束植物中，種子植物的來臨是孢子體 (雙倍體) 世代在生活史中占優勢情形達到最高峰的主力。種子植物產生雄和雌兩種配子體，且每種只包含少數幾個細胞。這兩種配子體各自在孢子體內發育，且完全依賴其養分。雄配子體，也就是被稱為**花粉粒** (pollen grains) 的構造，是由**小孢子** (microspores) 發育而來。花粉粒被攜帶至雌配子體中的卵，不須有自然水域的環境。**大孢子** (megaspores) 在**胚珠** (ovule) 內產生，花粉可藉由昆蟲、風力或其他方式傳至胚珠，稱為**授粉作用** (pollination)。接著，花粉粒裂開而發芽，或稱萌發，且內含精細胞的花粉管向外延伸，直接將精細胞傳送到卵。因此，在授粉作用及受精作用過程中，不需有自然的水域。

植物學家大多同意所有的種子植物都來自單一共同祖先。種子植物共有五個門，其中四個統稱為**裸子植物** (gymnosperms；來自希臘文，*gymnos* 意指「裸露」，而 *sperma* 意指「種子」)。在授粉作用時，其胚珠沒有完全被孢子體組織所包圍。裸子植物是最早的種子植物，而後來其演化成種子植物的第五群，稱為**被子植物** (angiosperms；來自希臘文，*angion* 意指「容器」，而 *sperma* 意指「種子」)，即被子植物門。被子植物或稱開花植物，是所有植物門中最近才演化出來的一個。被子植物與所有裸子植物不同之處在於：在受粉時，胚珠被完全包在一朵花中的一個容器裡，此容器稱為**心皮** (carpel)，是由孢子體組織構成。本章將在之後討論裸子植物和被子植物。

種子的構造

種子有三個部分，如圖 32.10 所示的玉

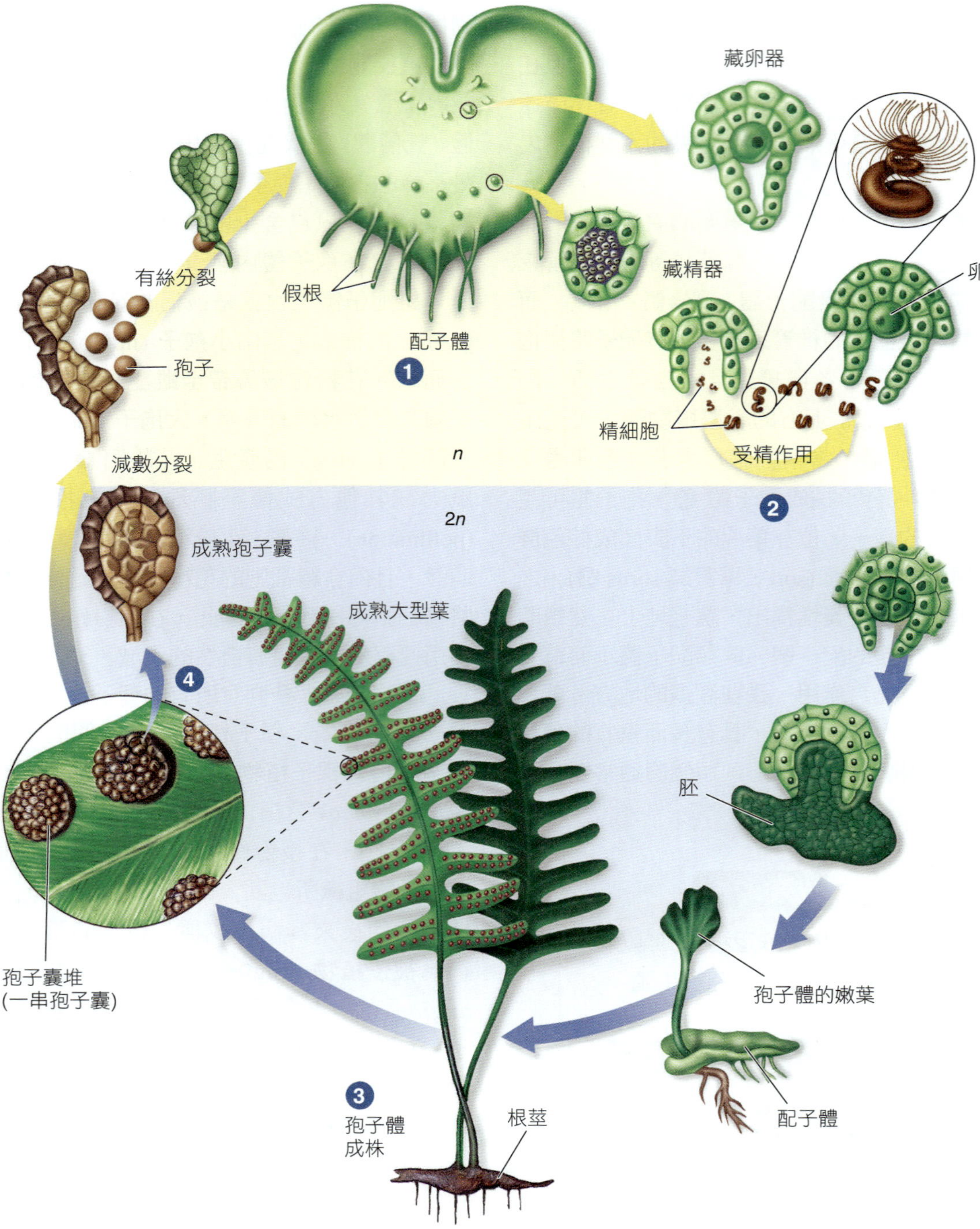

圖 32.8　蕨類的生活史

❶ 單倍體的配子體生長在潮濕的地方，假根 (固定構造) 從其下表面長出。卵在藏卵器中形成，而精細胞則在藏精器內產生，這兩構造位於配子體下表面。精細胞釋出後，藉由水游泳至藏卵器口，進入並與卵完成受精 ❷。精卵結合為合子，即第一個雙倍體的孢子體細胞。合子在藏卵器內開始生長，最後長成的孢子體即蕨類植株 ❸，其體型遠大於配子體。大多數的蕨類具有少數或較多的橫走莖稱為根莖，在土中延伸。孢子體的葉子，俗稱為大型葉 (frond)，其上有聚集成群的孢子囊，稱為孢子囊堆 (sori，單數為 sorus；❹)。孢子囊內的細胞進行減數分裂產生孢子。在多數蕨類中，孢子的釋放如爆發一般，而後孢子便萌發成一個新的配子體。

圖 32.9 種子植物
這種蘇鐵的種子就像所有的種子，包含了一個幼小的植物胚和一層保護層。蘇鐵是裸子植物 (種子裸露的植物)，且其種子從毬果鱗片的邊緣發育出來。

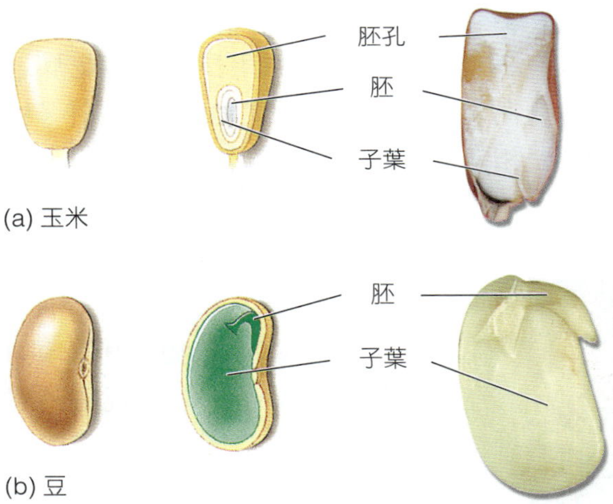

圖 32.10 種子的基本構造
種子包括一個孢子體 (雙倍體) 的胚以及一個營養源稱為胚乳 (a)；或是營養存在於子葉中 (b)。種皮是由親代的孢子體組織所構成，可包圍種子並保護胚。

米及豆類種子可見，(1) 孢子體的胚，(2) 開花植物中，提供胚發育的營養源稱為**胚乳** (endosperm；胚乳占玉米種子的大部分，也是爆米花的白色部分)，以及 (3) 一層能抗乾燥的保護層。有些種子中，胚乳在胚的發育過程中用完，並把營養存在胚的葉狀構造中，稱為**子葉** (cotyledons)。例如在豆類種子中，胚乳的功能被子葉所取代。由於植物扎根在一處的土中，種子是其將下一代傳播至新地點的方式。種子的堅硬表層 (由來自親代的組織所形成) 可在傳播至新地點時提供保護。種子藉由許多方式傳播，如空氣、水及動物。許多在空中散播的種子具有協助飄得更遠的構造，例如有些松樹的種子上附著有薄而平的翅，這些翅有助於讓種子隨氣流飄至新地區。

當種子掉落在地上之後，它可能留在那裡休眠許多年。然而當條件適合、特別是夠濕潤時，種子便萌發並開始生長成一棵幼小植株 (圖 32.11)。大多數的種子儲存有充足的營養，以便讓新植株開始生長時，即有預備好的能量來源可利用。

種子的來臨在植物的演化上有極大的影響，種子特別適應在陸地上生活，至少是在以下四個方面：

1. **散播**：這是最重要的一點，種子使得植物下一代的遷徙與散播至新棲地更加便利。
2. **休眠**：種子可讓植物在環境條件不適宜時延後發育，例如在乾燥時期，然後在環境改善之前，維持休眠狀態。

圖 32.11 種子使得植物能度過乾燥季節
種子在遇到適宜生長的環境之前，會維持休眠。當有雨時，種子萌發並快速生長以能善用這相對短暫且有水的時段。這種豆科植物樹 (*Cercidium floridum*) 有堅硬的種子 (如小圖所示)，僅有在果莢裂開之後才能萌發。雨水可沖洗掉種子表面抑制萌發的化學物質，當種子被暫時的洪水沖刷至小水溝時，其堅硬種皮會裂開。

3. **萌發**：發育的再起始與環境因子有關，例如溫度。種子容許胚的發育過程與植物棲地的重要因子同步，例如每年的季節。
4. **營養**：在種子萌發之後，小苗發育的重要階段，小苗必須由種子提供營養，以建立自己的生存。

關鍵學習成果 32.6

種子是休眠的雙倍體胚，其被圍在儲存的營養組織裡，且有堅硬的保護層。種子改善了植物能在多變環境下成功生殖的機會。

32.7 裸子植物

裸子植物的種類

裸子植物有四個門 (圖 32.12)：松柏類 (松柏植物門；Coniferophyta)、蘇鐵類 (蘇鐵植物門；Cycadophyta)、尼藤類 (尼藤植物門；Gnetophyta) 以及銀杏 (銀杏植物門；Ginkgophyta)。松柏類是裸子植物的四門中最常見者，包括松樹、雲杉、鐵杉、雪松、紅木、紅豆杉、柏樹以及樅樹，如圖 32.12a 的道格拉斯杉。松柏類是可以在毬果中產生種子的樹，其種子 (胚珠) 在毬果的鱗片上發育，且在授粉作用時裸露。多數的松柏類具有針狀葉，這是可減少水分喪失的演化適應。松柏類通常生長在中度乾燥地區，包括北半球的北方極地大針葉林。許多種類都是相當重要的木材和紙漿來源。

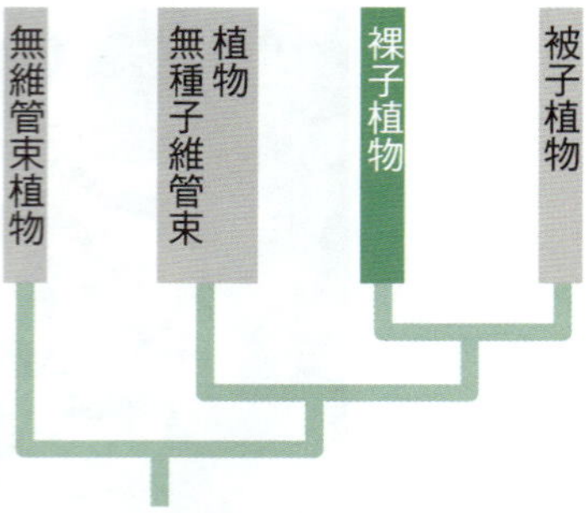

其他三個裸子植物門則包括分布有限的蘇鐵 (圖 32.12b)，它們是恐龍全盛時期侏儸紀 (在 2 億 1,300 至 1 億 4,400 萬年前) 的優勢陸上植物，其有短的莖及棕櫚狀的葉子，它們現在僅廣泛分布在整個熱帶地區。尼藤植物

圖 32.12 裸子植物

(a) 此道格拉斯杉屬於松柏類，常生長成一大片森林；(b) 非洲的蘇鐵物種 *Encephalortos transvenosus* (蘇鐵植物門)，如圖所示，此蘇鐵有像蕨類的葉子以及產生種子的毬果；(c) 二葉樹 (*Welwitschia mirabilis*) (尼藤植物門) 生長在非洲，此植物有兩片帶狀的葉子，是從胡蘿蔔狀的根之上方周圍的細胞分裂柱狀區長出來；(d) 銀杏樹 (*Ginkgo biloba*) 是銀杏植物門唯一現存的代表種類，此群植物在二億年前曾占優勢。在這些存活的種子植物中，只有蘇鐵和銀杏具有會游泳的精子。

門的植物僅包括三類植物，且其外形都很特別。其中一種可能是最奇特的，如圖 32.12c 所示的二葉樹屬 (*Welwitschia*)，它生長在非洲西南部，環境惡劣的納米班沙漠之空曠沙地。二葉樹就像一棵倒栽的植物，其兩條帶狀革質的葉片可持續從基部增長，葉片末梢則因長在沙漠的沙地上而裂開。銀杏樹 (*Ginkgo biloba*) 只有一個物種，其葉片呈扇形 (如圖 32.12d 所示) 且會在秋天脫落。化石證據顯示，銀杏植物門曾經廣泛分布在北半球。銀杏的生殖構造分別長在不同的植株上，雌株的種子肉質外層會發出如腐敗奶油的臭味，然而在許多亞洲國家，其種子被視為高級食材。在西方國家則因為其種子的怪味而偏好以無性繁殖方式來栽植雄株。由於銀杏抗空氣污染，常被種來當作行道樹。

裸子植物的一生

以松柏類為典型裸子植物的例子，圖 32.13 為松柏類的生活史。松柏類會產生兩種毬果，雌毬果 ❸ 具有包含卵細胞的雌配子體；雄毬果 ❶ 含有花粉粒。松柏類的花粉粒 ❷ 小而輕，藉風力傳至雌毬果，因為任何特別的花粉粒，非常不可能成功地被攜帶至雌毬果上 (風會將它吹至任何地方)，故產生大量花粉粒，以確定至少能有少數可順利讓雌毬果受粉。基於此理由，大量花粉粒從雄毬果釋出，通常會在池塘及湖面上，甚至在擋風玻璃上呈現一層黃色膜。

當一顆花粉粒落在雌毬果鱗片上的胚株，一條細長管子從花粉細胞長出，花粉管向下伸長，並輸送雄配子到含有卵的雌配子體中，精卵結合稱為受精作用 ❺，形成合子，然後發育成胚。此合子是孢子體世代的起始。接著是

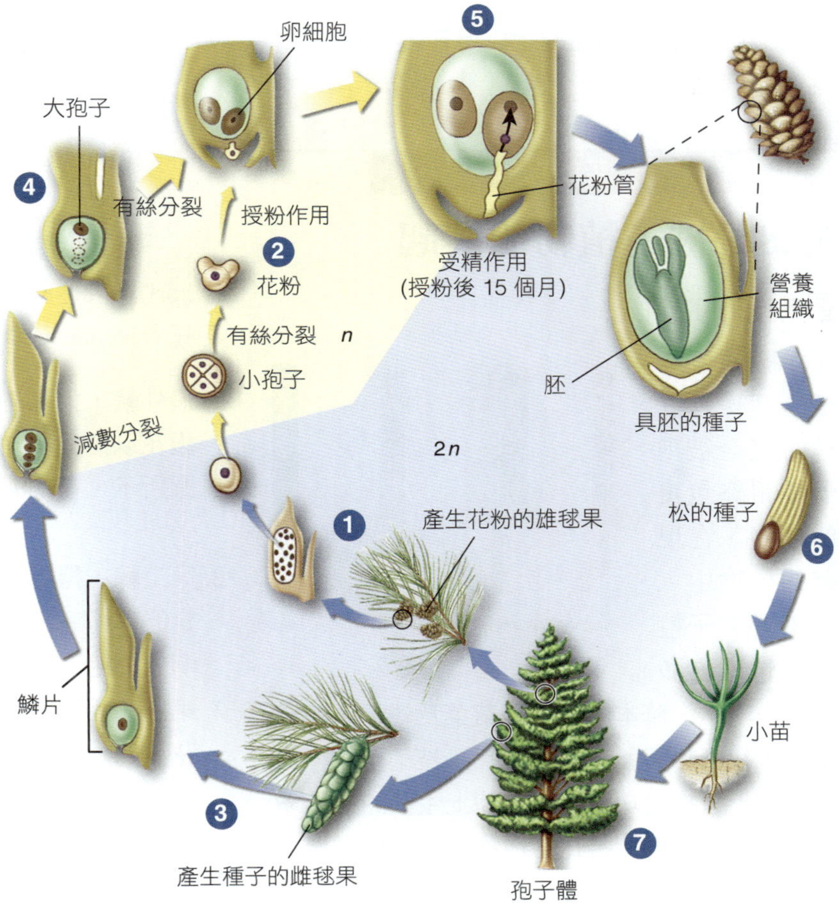

圖 32.13　松柏類的生活史

所有的種子植物中，配子體世代極度退化。在類以松樹的松柏類中，相對較纖弱的雄毬果 ❶ 含有小孢子，其進而形成花粉粒 ❷，即雄配子體。而大家所熟悉的松樹雌毬果 ❸ 則是比雄毬果明顯較重且較可持續生長的構造。在每個鱗片上的表面有兩顆胚珠，終將成為兩顆種子。胚珠含有大孢子，其進而形成雌配子體。當花粉粒落在鱗片胚株上，並萌發成細長花粉管向卵伸長。當花粉管進入配子體內生長至卵附近 ❹，精細胞被釋出 ❺，並使卵受精而形成合子。此合子在胚珠中發育成胚，而胚珠則成熟為種子 ❻。最後，種子從毬果釋出落下並萌發，胚恢復活力生長成為一棵新的松樹 ❼。

種子植物生殖過程中最重要的改善，它並不像人從受精卵直接生長成熟一樣讓合子直接發育為成熟的孢子體，受精後的胚珠發育成種子 ❻。松樹的種子含有一片像風帆的構造，可協助種子隨風飄散，於是種子被散播至新的棲地。若種子落下的環境條件適宜，種子便會萌發並開始形成新的孢子體植株 ❼。

關鍵學習成果 32.7

裸子植物是種子植物，在授粉作用時，其胚珠並不完全被二倍體的組織所包覆。裸子植物不具有花。

花的演化

32.8 被子植物的興起

最成功的植物

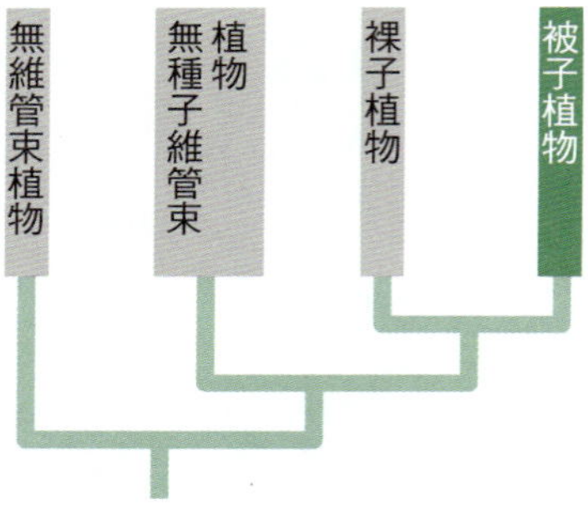

被子植物是指胚珠在受精時完全被孢子體組織包覆的植物，在現存的植物中，90% 是被子植物，包括許多喬木、灌木、草本、禾草、蔬菜及穀物，簡單來說，我們每天所見者幾乎都是被子植物。

被子植物成功地克服在陸上生活的最後一個困難挑戰：直接將花粉從物種的一個體傳至另一個體。裸子植物從未能克服此挑戰，其花粉粒是被動地由風力散布，能遇見雌毬果可能要靠運氣。而被子植物藉由誘導昆蟲及其他動物來幫忙攜帶！能讓此以動物成為協助授粉作用的工具是花，這也是被子植物的重大進步。

花

花 (flower) 是被子植物的生殖器官。花如同是一個複雜的授粉作用機器，它可利用鮮豔的花色來吸引昆蟲 (或鳥或小型哺乳類)，以花蜜來誘導昆蟲進入花中，以及讓昆蟲在訪花時，其身上容易沾上花粉的構造。然後，當昆蟲再去拜訪另一朵花時，花粉也會被帶去。在受精作用之後，花的不同部位也可發育成種子及果實。

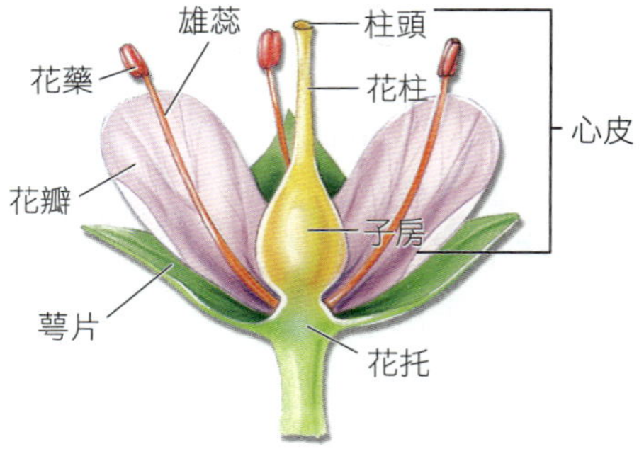

一朵花的基本構造包括四圈同心圓或稱輪 (whorl)，且這些構造著生在一個基座上，稱為**花托** (receptacle)：

1. 最外輪，稱為花的**萼片** (sepal)，通常作為保護花以免受傷，這些綠色葉狀構造，如手繪圖所示，在功能上可視為保護花芽的特化葉子。
2. 第二輪，稱為花的**花瓣** (petal)，用以吸引特定的傳粉者。花瓣有特殊的色素，通常是鮮明的顏色，如手繪圖所示的淡紫色。
3. 第三輪，稱為花的**雄蕊** (stamen)，包含產生花粉的「雄性」部位，如手繪圖所示，雄蕊是一細長的花絲以及位在頂端且內含花粉的膨大**花藥** (anther)。
4. 第四輪也是最內圈，稱為花的**心**

皮 (carpel)，包含產生卵的「雌性」部位，如手繪圖所示，心皮是個瓶狀構造。心皮是完全包覆胚珠的孢子體組織，胚珠內則可發育出卵細胞。胚珠位於心皮下方膨大的部位，稱為**子房** (ovary)；通常從子房延伸出細柄，稱為**花柱** (style)，且有具黏性的頂端稱為**柱頭** (stigma)，以接收花粉。當花授粉之後，花粉管從柱頭上的花粉粒長出，並在花柱中向下延伸至子房，以便讓其內的卵受精。

關鍵學習成果 32.8

被子植物是胚珠在受精時完全被孢子體組織包覆的種子植物，且利用花來吸引傳粉者。

(a) (b) (c)

圖 32.14 蜜蜂如何看一朵花
(a) 在正常光照下拍攝的一朵黃花，以及 (b) 同一朵花在 UV 光下的照片。對蜜蜂而言，這朵花的照片就像是明顯的中心標靶；(c) 當蜜蜂在花裡面時，全身覆蓋了花粉，再帶到鄰近的花上。

32.9 為何有不同類型的花?

吸引傳粉者的策略

昆蟲的訪花不是隨機的。事實上，有些昆蟲會被特定的花所吸引，昆蟲會辨認特別的顏色模式及味道並尋找相似的花。昆蟲與植物已共同演化，所以有些昆蟲會固定去拜訪特定種類的花。結果特定的昆蟲便將花粉從同物種的一朵花傳至另一朵。這樣的物種專一性使得昆蟲傳粉如此有效率。

在所有的昆蟲傳粉者中，蜜蜂的數量最多。蜜蜂確定蜜源的方法通常最先是以味道，然後注意到花的顏色和形狀，蜂媒花通常是黃色或藍色，如圖 32.14a 的花所示。例如圖 32.14a 的黃花在紫外光濾鏡下，看起來很不同，如圖 32.14b。紫外光照射可顯現出花中央的深色區塊即是花蜜的所在。為何會有這些隱藏的訊息？因為對能看到紫外光線的蜜蜂而言，這些訊息並沒有隱藏。在花中，蜜蜂身上沾滿花粉，如圖 32.14c。當蜜蜂離開這朵花，再訪另一朵花時，牠帶走花粉，幫鄰近的花傳粉。

還有許多其他昆蟲可幫花傳粉，蝴蝶喜歡拜訪如天藍繡球的花，其有「降落場」可供昆蟲停留探索。這些花具有典型的細長花管且內含花蜜，蝴蝶可用其捲曲的長口器 (像從嘴巴延伸出去的細水管) 取得。在晚上訪花的蛾，會被白色或非常淡色的花所吸引，這類的花通常有濃郁的味道且在微光下容易被發現者。藉由蠅類傳粉的花，通常呈淡棕色且有臭味，如蘿摩科植物。

有趣的是，紅色的花不常被昆蟲所拜訪，因為紅色並非多數昆蟲所能「看見」的明顯顏色。誰為紅花傳粉？蜂鳥與太陽鳥 (圖 32.15)！對這些鳥而言，紅色是非常明顯的。鳥類沒有發達的嗅覺，通常不能以味道定位，這也是紅花通常沒有香味。有些被子植物改回與祖先相同的風力傳粉，特別是橡樹、樺樹以及最重要的禾草，這些植物的花為小型、淡綠

圖 32.15 此紅色的花是由蜂鳥傳粉
在哥斯大黎加的森林中，這隻長尾蜂鳥正從旅人蕉的紅花吸取花蜜，圖中可見蜂鳥的嘴喙上沾了花粉。

色且沒有味道。其他的被子植物是水生的種類，如同它們在陸上生活的祖先，水生植物的花通常會露出水面，以風力或昆蟲傳粉。

關鍵學習成果 32.9

花可被視為吸引傳粉者的工具，不同類型的傳粉者會被不同類型的花所吸引。

32.10 雙重受精

裸子植物的種子通常含有營養組織，以在萌發後的關鍵時期能即刻提供營養給發育中的植株。然而被子植物已大幅地改善種子在此方面的功能。被子植物在其種子中產生一種特殊且高營養的組織稱為**胚乳** (endosperm)。以下說明其由來，圖 32.16 顯示被子植物的生活史，但此過程包括兩個部分：雄與雌兩者，如同在此生活史的上方有兩組箭號。

我們從生活史圖中左側孢子體的花 ❶ 開始說明，雄配子體 (花粉粒) 的發育發生在花藥內，及圖最上方的那組箭號，在花藥的橫切面 ❷ 中，可見小孢子母細胞發育成花粉粒。花粉粒含有兩個單倍體的精細胞，當花粉黏附在心皮 (產生卵細胞的雌性器官) 上方的柱頭時，它開始形成花粉管 ❹。黃色的花粉管在心皮中向下伸長，到達子房內的胚珠 ❺，花粉管的兩個精細胞 (小型紫色細胞) 移至花粉管下方，並進入子房胚珠，第一個精細胞與卵 (子房胚珠基部的綠色細胞) 結合，形成合子而後發育成胚。另一個精細胞則和另兩個減數分裂後所產生的極核結合形成一個三倍體 (三套染色體，$3n$) 的胚乳細胞，此細胞分裂得比合子快速，進而產生種子中營養豐富的胚乳組織 (胚周圍的棕色部分) ❻。這個由兩個精細胞產生合子及胚乳的受精過程稱為**雙重受精** (double fertilization)。此雙重受精產生胚乳的特性僅發生在被子植物中。

有些被子植物例如豌豆或紅豆，其胚乳在種子成熟時即已完全用罄，營養儲存在胚中的膨大肉質葉片稱為子葉，而其他被子植物如玉米，其成熟種子含有豐富的胚乳，可供種子萌發後利用。它也有一片子葉，但此用於在萌發時保護小苗，而非當作食物來源。

有些被子植物的胚具有兩片子葉，故稱為**雙子葉植物** (dicotyledons 或 dicots)，最早的被子植物就類似這一群。典型的雙子葉植物有網狀脈的葉片，且花的各輪構造數目是四或五倍數 (圖 32.17 的上方圖)，橡樹及楓樹就是雙子葉植物，許多灌木也是。

另一些較晚才演化的被子植物中，其胚具有單一子葉，故稱為**單子葉植物** (monocotyledons 或 monocots)，典型的單子葉植物有平行脈的葉片，且花的各輪構造數目是三倍數 (圖 32.17 的右方圖)，禾草類是所有植物中數量最多者之一，即是以風力受粉的單子葉植物。

關鍵學習成果 32.10

被子植物的胚珠會被兩個精細胞受精，其一與卵結合形成合子，另一與兩個極核形成三倍體 ($3n$) 且富含營養的胚乳。

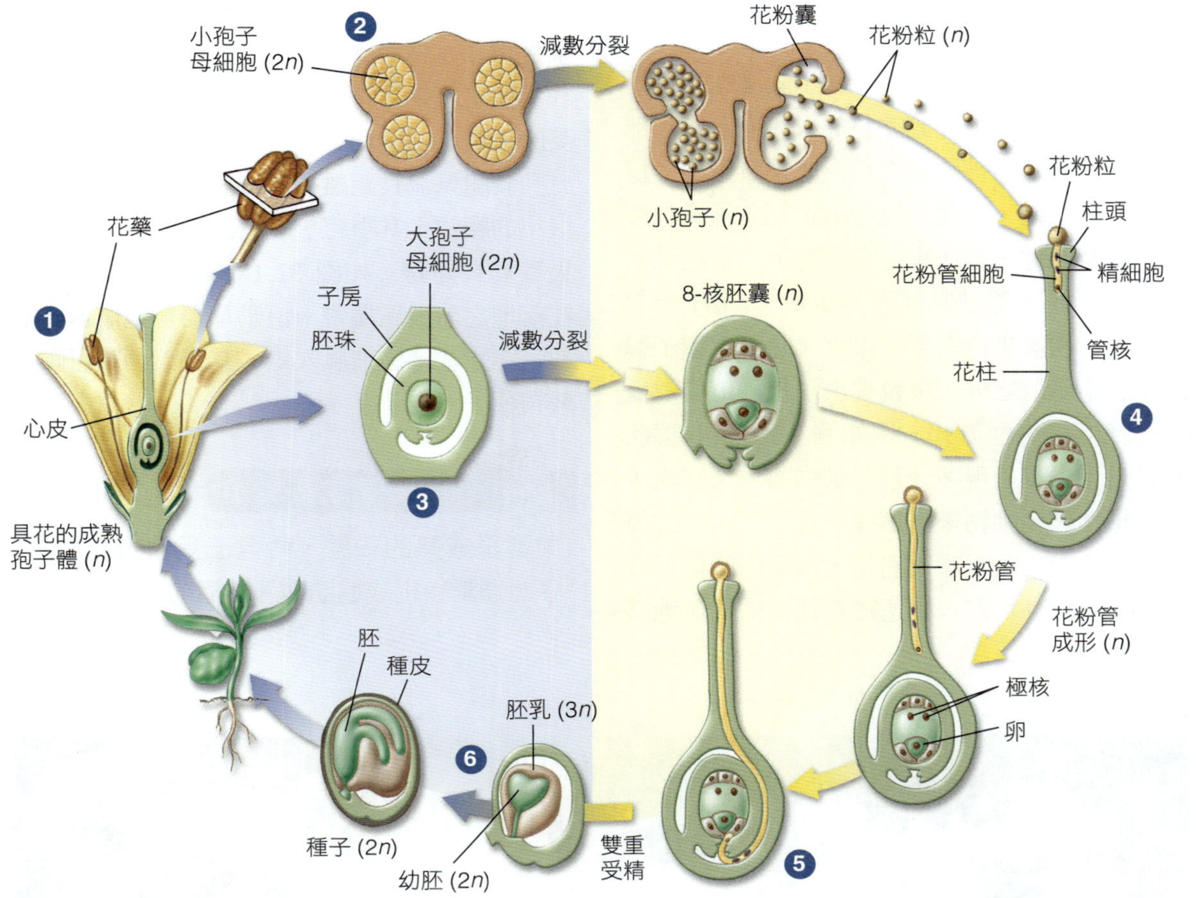

圖 32.16　被子植物的生活史

如同裸子植物，被子植物的孢子體是占優勢的世代。卵在胚珠裡的胚囊中形成，而胚珠則包覆在心皮中 ❸。在多數的被子植物中，心皮具有細長的花柱及其頂端的柱頭，花粉粒則在柱頭表面萌發 ❹。另一方面，花粉粒在花藥 ❷ 中形成，並且在花粉粒釋出之前或之後，會分化成為成熟之三細胞階段。被子植物具有獨特的受精作用包括雙重過程 ❺：一個精細胞與卵結合形成合子；同時，另一個精細胞與兩個極核結合產生初級的胚乳核，其為三倍體。合子與初級胚乳核分別進行有絲分裂產生胚與胚乳 ❻。胚乳是被子植物專有的組織，其提供胚與幼小植株營養。在發育中的胚之外圍，胚珠成為種子的一部分，而子房長成果實，以力散播。倘若環境條件不適宜，種子也可使植物進入休眠期。

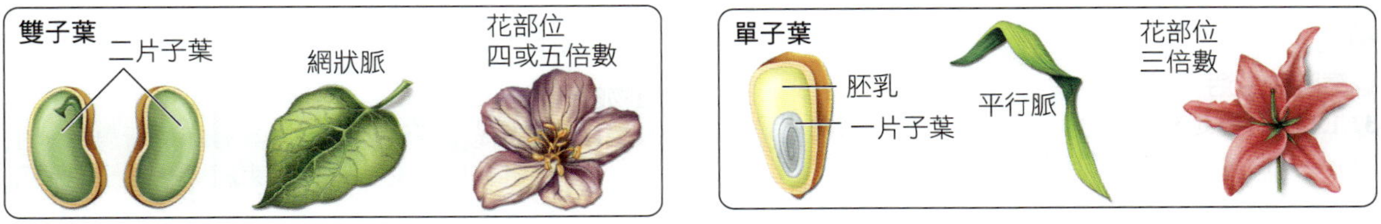

圖 32.17　雙子葉與單子葉植物

雙子葉植物具有兩片子葉及網狀葉脈，它們的花部位數目是四或五倍數。單子葉植物則有一片子葉、平行葉脈以及其花部位數目是三 (或三的倍數)。

32.11 果實

如同成熟的胚珠會長成種子，圍在胚珠外層的成熟子房也會長成完整的果實或其中一部分。這也是為何被子植物可形成果實但裸子植物不能的原因。這兩大類的植物都有組織包覆卵，稱為胚珠，且後來都長成種子。但在被子植物中，胚珠還被其他層的組織 (子房) 所包覆，且子房後來會發育成果實。除了將種子釋出至風中飄散之外，果實提供了被子植物散播下一代的第二種方式。例如圖 32.18a 的莓狀漿果是使果實呈現多汁且對動物而言又好吃，被子植物鼓勵動物來吃這些果實，而其中的種子可抵抗動物的咀嚼及消化，未受傷的種子即隨糞便排出動物體，在遠離親代植株的新地區準備萌發。

雖然許多果實是藉由動物散播的，而有些果實可藉水散播，如圖 32.18b 的椰子，以及許多植物的果實特化成由風力散播，例如蒲公英的果實小型且乾燥，並具有羽毛狀的構造，有利於隨氣流長距離攜帶。許多禾草的果實是很小的顆粒，其很輕，易於隨風飄散。楓樹的果實具有翅膀，如圖 32.18c 所示，有助於其在落地之前被風攜帶。滾動草則是整個植株斷裂，在空曠地區被風吹走，其在滾動時可順便散布種子。

關鍵學習成果 32.11

果實是成熟的子房，內含已受精發育的種子，通常特化成協助種子散播的構造。

(a)

(b)

(c)

圖 32.18　果實的不同散播方式
(a) 莓狀的漿果是藉由動物散播的果實；(b) 椰子是藉水散播的果實，會被漂送至新的島嶼環境；(c) 楓樹的果實乾燥且具有翅膀，藉由風力攜帶，像個小型直升機在空中隨風飄散。

複習你的所學

植物

適應陸地生活

32.1.1 植物是複雜的多細胞自營生物，藉由光合作用產生自己所需的營養。

- 植物從土壤中取得水及營養，並藉由一不透水的角質層來控制水分喪失。體表的氣孔可與空氣進行氣體交換。
- 花粉的適應使陸上植物能在乾燥環境下傳送配子，花粉粒保護配子以免其乾死。植物的生活史有世代交替，在其中單倍體的配子體與雙倍體的孢子體交替出現。隨著植物演化，孢子體在生活史中愈來愈占優勢。

植物的演化

32.2.1 植物從綠藻演化而來，具有四項新變異：生活史有世代交替、維管束組織、種子以及花與果實。

- 在世代交替中，植物在其一生中有一段可產生配子的多細胞單倍體階段，以及另一個多細胞雙倍體階段。當植物演化時，雙倍體的孢子體成為更加優勢的構造。
- 維管束組織的演化使植物能從土壤將水及礦

物質往上送，也將養分送至個體全身，使它們能長高。

- 種子提供其發育中的胚保護及營養，花與果實則改善了成功交配和種子分布的機會。

無種子植物

無維管束植物

32.3.1 蘚類及角蘚沒有維管束，苔類植物體內有輸送水分和碳水化合物的特化細胞，但沒有堅硬的維管束組織。

維管束組織的演化

32.4.1 維管束組織包括特化的柱狀或延長的細胞，其形成一個連通全身的網絡，可從根部輸送水分以及將葉片所生成的碳水化合物運送至植物體全身。

無種子維管束植物

32.5.1 最原始的維管束植物是石松與蕨類植物門。這些植物因具有維管束而可長得非常高大，但因缺乏種子，需要水以完成受精作用。孢子體比配子體還大。

種子的興起

種子植物的演化

32.6.1 種子植物含有不同的雄和雌的配子體，雄配子體稱為花粉粒，可產生精細胞，並被攜帶至雌配子體中的卵。種子植物的受精作用不需要水。

32.6.2 種子是提供植物胚之保護的演化新變異。種子包括胚及營養組織，被包在抗旱的保護層。

裸子植物

32.7.1 裸子植物是不開花的種子植物，當發生授粉作用時，種子在毬果內。花粉由雄毬果產生，藉由風力傳播至雌毬果中，即是卵發生受精作用之處。胚珠並沒有像開花植物一樣完全被雙倍體組織所包住。

花的演化

被子植物的興起

32.8.1 被子植物又稱開花植物，是胚珠被孢子體組織完全包住的植物。

32.8.2 花是生殖構造，花的基本構造包括四輪同心圓：最外圈是綠色萼片以保護花；其次是有色彩的花瓣以吸引傳粉者；第三輪含有具柄及花藥的雄蕊；最內輪則是心皮，其子房內含卵。

為何有不同類型的花？

32.9.1 花的大小、形狀及顏色有很大差異，所以它們可被特定的傳粉者所辨識。

雙重受精

32.10.1 雙重受精提供營養給萌發中的植物，花粉管產生兩個精細胞在管中移動，一個精細胞與卵結合，另一個則與兩個極核結合形成三倍體的胚乳。被子植物可分成兩群：單子葉及雙子葉植物。

果實

32.11.1 被子植物更進一步新興的構造是子房發育成果實組織。果實可幫助種子散播至新棲地。

測試你的了解

1. 陸上植物演化的主要挑戰是何種問題？
a. 太多陽光 c. 脫水
b. 獵食者 d. 沒有足夠的碳

2. 下列哪一個敘述或系統對植物演化而言不是獨特的？
a. 葉綠體 c. 種子
b. 維管束組織 d. 花與果實

3. 苔類、蘚類及角蘚不能長成大型植株，是因為
a. 它們缺乏葉綠素
b. 它們沒有特化的維管束組織可將水分送得很高
c. 光合作用進行的速率無法太快
d. 世代交替不能使植物在生殖之前長得太高

4. 下列何者是維管束組織的類別？
a. 小孢子及大孢子 c. 木質部及韌皮部
b. 子葉 d. 氣孔

5. 可將蕨類與其他複雜的維管束植物區別的特徵是蕨類沒有
a. 維管束系統 c. 生活史具有世代交替
b. 葉綠體 d. 種子

6. 在種子植物中，________可產生花粉粒，______可產生卵。
a. 小孢子；花粉粒 c. 大孢子；心皮
b. 心皮；柱頭 d. 小孢子；大孢子

7. 在種子中，子葉可協助
a. 受精作用 c. 營養
b. 光合作用 d. 散播

8. 裸子植物以何特徵而與其他種子植物區分？
a. 維管束系統
b. 以風力傳播花粉
c. 胚珠在受粉時沒有被孢子體完全包覆

d. 果實與花

9. 被子植物以何特徵而與其他種子植物區分？
a. 維管束系統
b. 以風力傳播花粉
c. 胚珠在受粉時沒有被孢子體完全包覆
d. 果實與花

10. 下列何者與植物的雄性構造無關？
a. 大孢子　c. 花粉粒
b. 藏精器　d. 小孢子

11. 花的形狀和顏色與哪個過程有關？
a. 授粉作用　c. 萌發
b. 光合作用　d. 次級生長

12. 單子葉與雙子葉植物不同處不包括下列何者？
a. 葉脈的模式　c. 花部分的數目
b. 雙重受精的過程　d. 子葉的數目

13. 在雙重受精時，一個精細胞產生雙倍體的____，另一個則產生三倍體的________。
a. 合子；胚乳　c. 大孢子母細胞；合子
b. 胚乳；小孢子　d. 極核；合子

14. 被子植物中，果實來自
a. 萼片　c. 子房
b. 花藥　d. 花托

15. 果實不是來自裸子植物的原因為何？
a. 在裸子植物，種子被胚珠包覆
b. 在被子植物，子房被胚珠包覆
c. 在裸子植物，胚珠被子房包覆
d. 在被子植物，胚珠被子房包覆

Chapter 33

植物的構造與功能

在許多植物種類當中，喬木是最高大的，可在周遭的植被中長高突出以獲取陽光。在這闊葉森林中，春天的綠葉被視為進行光合作用的超大型機器，將所獲得之粗原料加工製成生長與生殖所需的有機分子。對典型的植物而言，一棵樹以其葉綠素獲取光能，此綠色色素是葉子呈現特定顏色的主要來源。一棵樹由根部吸收土壤營養，其根部在周遭的土壤中蔓延而成細微網絡。而連接一棵樹的葉子與根部的是莖，它呈高大型且木質圓柱狀，是構成整棵樹體積的主要部分。莖即是一棵樹的樹幹且是其運輸要道，將水及土壤中的水溶性營養運送至位在數公尺高空中的葉，並將在葉子行光合作用所產生的碳水化合物往下回傳至根。本章將綜覽這自然界最有趣的創新之一，植物個體。

植物組織的構造與功能

33.1　維管束植物的結構

植物個體

大多數的植物具有相同的基本架構，以及相同的主要器官類群：根、莖及葉。維管束植物在其莖中有維管束組織，負責輸送水、礦物質及養分至植物體全身。

一棵維管束植物可從縱軸面來看其結構 (圖 33.1)。地下部位稱為**根** (root)，而地上部位稱為**莖部** (shoot)，雖然在某些情況下，根可能延伸出地表，而某些莖部也會伸入土中。

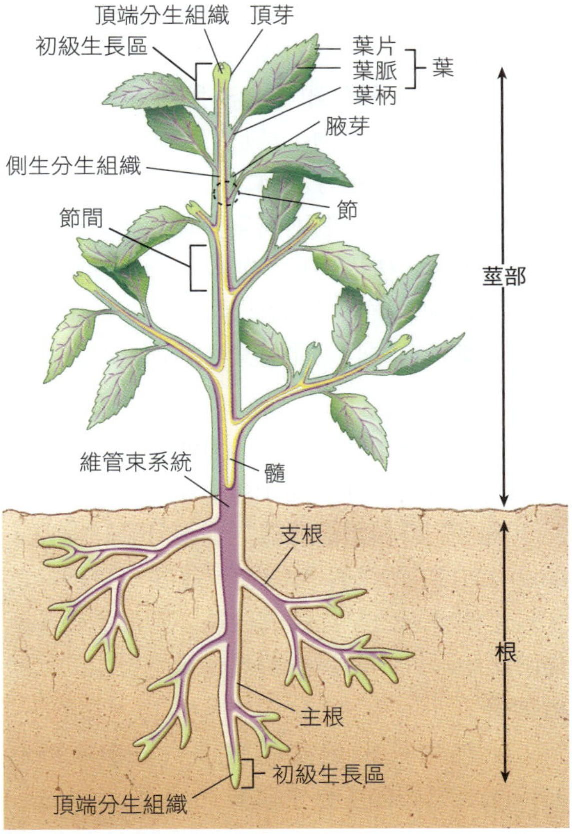

圖 33.1　植物個體

此雙子葉植物的個體包括地上部位稱為莖部 (莖與葉) 以及地下部位稱為根。植物的伸長也就是初級生長，其細胞分裂發生在根和莖末梢的一團稱為頂端分生組織 (淡綠色部位) 的細胞區。植物的加粗也就是次級生長，則發生在莖中的側生分生組織 (黃色部位)，使植物可如同把皮帶放寬鬆般地增加其圓周。

雖然根和莖部在基本構造上並不相同，其共通特色就是，在植物一生中，兩者的生長都位在頂端。根在土壤中竄生並吸收植物所必需的水及多種礦物質。它也可穩固植物體。莖部包括莖和葉，**莖** (stem) 是構成**葉片** (leaves) 展示位置的主架構，而葉子則是進行光合作用的所在地。葉子的排列大小及形狀對於植物產生營養而言，是非常重要的。花以及最終形成的果實與種子也都在莖部形成。

分生組織

植物的生長是在其根與莖部頂端增加新組織。植物為何如此生長？植物個體具有由未特化細胞所組成的生長區稱為**分生組織** (meristems)。分生組織是細胞分裂旺盛的區域，不但可造成植物生長且可持續自我補充。換言之，一個細胞分裂為二，其中一個維持具有分生能力；另一個則獨自分化而成為個體的一部分，導致植物生長。如此，分生細胞的功能類似動物體內的「幹細胞」(stem cell)，且分子證據顯示它們可能有某些共通的基因表現路徑。

在植物中，**初級生長** (primary growth) 從**頂端分生組織** (apical meristems) 的頂端開始。此組織位在根和莖部頂端之細胞分裂旺盛區，如圖 33.1 中的淡綠色位置。這些分生組織的生長主要會導致植物體的伸長，當個體頂端延伸時，所形成的即是由初級組織所組成的初級植物體。

加粗生長即是**次級生長** (secondary growth)，則與**側生分生組織** (lateral meristems) 有關，其為柱狀的分生組織，如圖 33.1 中的黃色部位。此處的細胞持續分裂而主要導致植物體的加粗。側生分生組織有兩種：*維管束形成層*，其產生最終堆積成粗莖的次級木質部與韌皮部；以及*木栓形成層*，其位在根與莖部產生樹皮的外層。

關鍵學習成果 33.1

維管束植物體是一個連續的構造，由一群管子從根連至葉，並且具有稱為分生組織的生長區。

33.2 植物組織的類型

植物的器包括根、莖、葉以及部分種類還有花及果實，是由不同組合的組織所構成。組織是一群由特化方式相同的細胞所共同組成之結構性與功能性的單元。大多數的植物具有三種主要組織類型：(1) *基本組織*，是維管束組織被包埋於其中者；(2) *表皮組織*，是植物體外的保護層；以及 (3) *維管束組織*，負責向上運輸水分及溶解的礦物質至植物高處，並運送光合作用產物至全身。每種主要組織都由多種特定類型的細胞所組成，各種細胞的構造與其所在位置組織的功能有關。

基本組織

薄壁細胞 (parenchyma cells) 是各種植物細胞類型中最不特化且最常見者；它們是構成葉、莖和根的主體。薄壁細胞不同於部分其他細胞類型，以成熟時仍為活細胞為特色，具有功能完整的細胞質與細胞核。它們負責執行生存所需之基本功能，包括光合作用、細胞呼吸以及養分與水分之儲存。果實與蔬菜的可食部

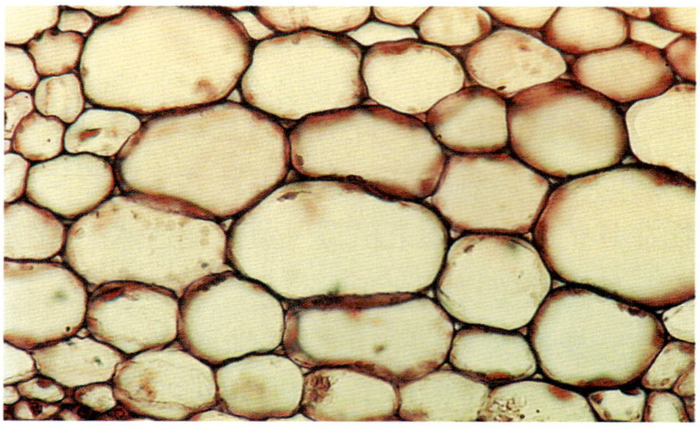

薄壁

分是由薄壁細胞所組成。它們可以行細胞分裂，且在細胞再生與傷口癒合過程中扮演重要角色。如圖所示，薄壁細胞僅有薄的細胞壁稱為**初生細胞壁** (primary cell walls)，其成分主要纖維素，可在細胞仍在生長時持續堆疊。

厚角細胞 (collenchyma cells) 如同薄壁細胞，成熟時為活細胞且可存活數年。這些細胞通常是長柱形，且其細胞壁厚度不同 (如圖所示)。厚角細胞提供植物器官支持力，它們相對有韌性，使這些器官可以彎曲但不會斷掉，它們通常位在莖表皮以內數層，或位在葉柄及沿著葉脈上形成束狀或連續的圓柱狀，束狀的厚角細胞提供尚未發生次級生長的莖支持力。我們所吃的芹菜部分 (葉柄) 所具有的「線條」，主要就是由厚角細胞及維管束所組成。

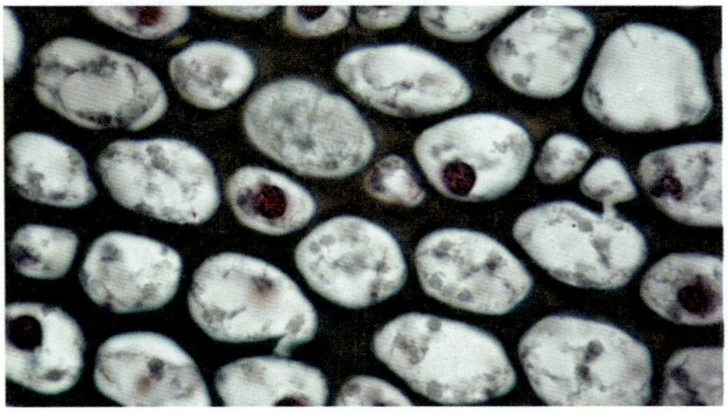

厚角組織

厚壁細胞 (sclerenchyma cells) 不同於薄壁細胞及厚角細胞，具有堅硬且厚的細胞壁稱為**次生細胞壁** (secondary cell walls)。它們通常在成熟時不含有活的細胞質。當細胞停止生長且形狀不再長大，次生細胞壁會堆疊在初生細胞壁以內，次生細胞壁提供強度及硬度。厚壁細胞有兩種：**纖維** (fibers)，細長形細胞且通常聚集成束；**硬化細胞** (sclereids)，有多種形狀但通常有分叉，在圖中所示的淡紅色細胞，有時又稱「石細胞」(stone cells)。成團的硬化細胞即是讓你在吃梨果肉時感受到的沙沙口感。纖維和硬化細胞都有厚壁且可強化所在的組織。比較硬化細胞及其周圍的薄壁細胞之細胞壁厚度。

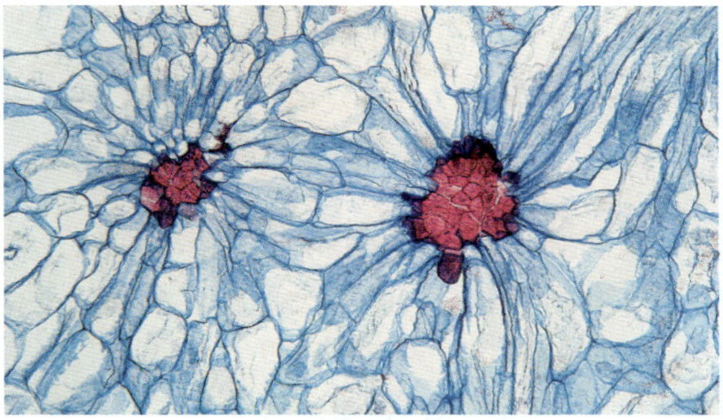

厚壁組織

表層組織

在所有初級植物體各部位的外層都被扁平的表皮細胞所覆蓋。這些是植物表皮 (或外層) 中占最多的細胞。表皮是單一層細胞厚且可提供有效防止水分喪失的保護層。表皮通常有厚的蠟質層稱為**角質層** (cuticle) 所覆蓋，它可避免紫外線傷害及水分喪失。在某些情況下，表層組織可更延伸而形成樹木的樹皮。

毛茸 (trichomes) 是表皮向外生長者，出現在莖部，即莖與葉的表面。毛茸的形態在不同種類植物上差異很大，從圓頂形至球頂形。絨毛狀或毛狀葉即是葉表蓋滿毛茸，在顯微鏡下看起來像厚密的纖維。毛茸在調控葉表面熱

毛茸

度的及濕度平衡上扮演重要角色，就如同動物身上的毛具隔熱作用。其他的毛茸還包括腺體，可分泌黏稠或有毒物質以驅趕潛在的草食動物。

保衛細胞 (guard cells) 是成對的細胞，其圍成一個如嘴形的表皮開口稱為**氣孔** (stoma；複數為 stomata)。保衛細胞與氣孔經常出現在葉子表皮，偶爾出現在莖部其他部分，如莖或果實。氧氣、二氧化碳及水蒸氣經由氣孔通過表皮。氣孔的開閉是藉由感應外界因子，如濕度與陽光的供給量。在每平方公分的葉表面上，有從 1,000 至超過 100 萬個氣孔。許多植物中，葉片下表面的氣孔數目比上表面還多，這是減少水分喪失的設計。

根毛 (root hairs) 位在生長中的嫩根接近頂端處，是一表皮細胞向外的管狀突出物。因為根毛僅是一個細胞的細胞質延伸而非分開的細胞，在表皮細胞與根毛之間沒有橫壁隔開。根毛可維持根部與周圍土壤顆粒的親密接觸，因為根毛大量增加根的表面積，它們也就增加了根從土壤吸收水分與礦物質的效率。的確，大多數的水分與礦物質吸收是經由根毛至植物體內，特別是草本植物。當根生長時，在較老根上的根毛會脫落，同時新生根毛則在根尖附近新伸長的部位形成。

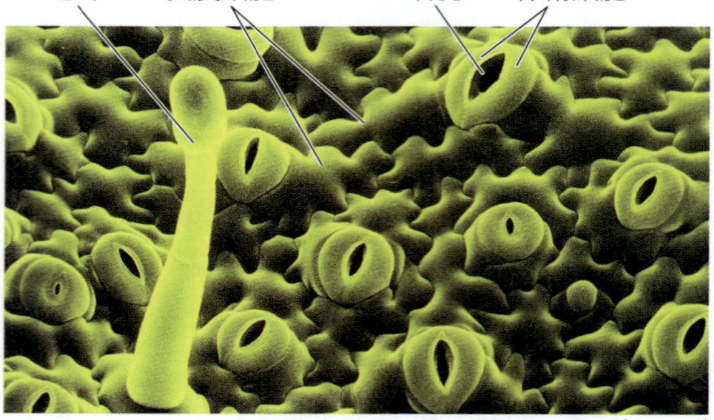

氣孔

根毛

維管束組織

維管束植物具有兩種運輸或維管束組織：木質部與韌皮部。

木質部 (xylem) 是植物的主要輸水組織，可形成一連續系統貫穿全身。在此系統中，水分 (及溶於其中的礦物質) 從根部以不中斷的水流向上送至莖部。當水抵達葉片時，大部分會以水蒸氣經由氣孔進入空氣中。

木質部的兩種主要輸水細胞是**管胞** (tracheids) 和**導管細胞** (vessel elements)，其都有厚的次級細胞壁堆疊在初級細胞壁以內。這些細胞呈長形，在成熟時沒有活的細胞質 (死細胞)。管胞是細長形細胞且其端壁會相重疊，由管胞組成的輸水構造中，水分從一個管胞至另一個管胞中時，須經過在次級細胞壁上的開口稱為壁孔。相反地，導管細胞是長形細胞且端壁與端壁相接，此端壁可以是幾乎完全開通或有數條細胞壁及一些穿孔，水分可直接通過穿孔。一整列相接的導管細胞形成導管 [如下頁圖右上方是紅楓 (*Acer rubrum*) 的掃描電子顯微鏡照片，顯示其管胞和導管]。原始的被子植物和其他維管束植物僅有管胞，但大部分的被子植物都有導管。導管輸送水的效率遠高於聚集成束的管胞。

韌皮部 (phloem) 是維管束植物主要運送養分的組織，韌皮部中的養分是藉由兩種細長的細胞來負責運送：**篩細胞** (sieve cells) 和**篩管細胞** (sieve-tube members)。此兩種的差別在於細胞之間的穿孔，篩細胞的穿孔較小。無種

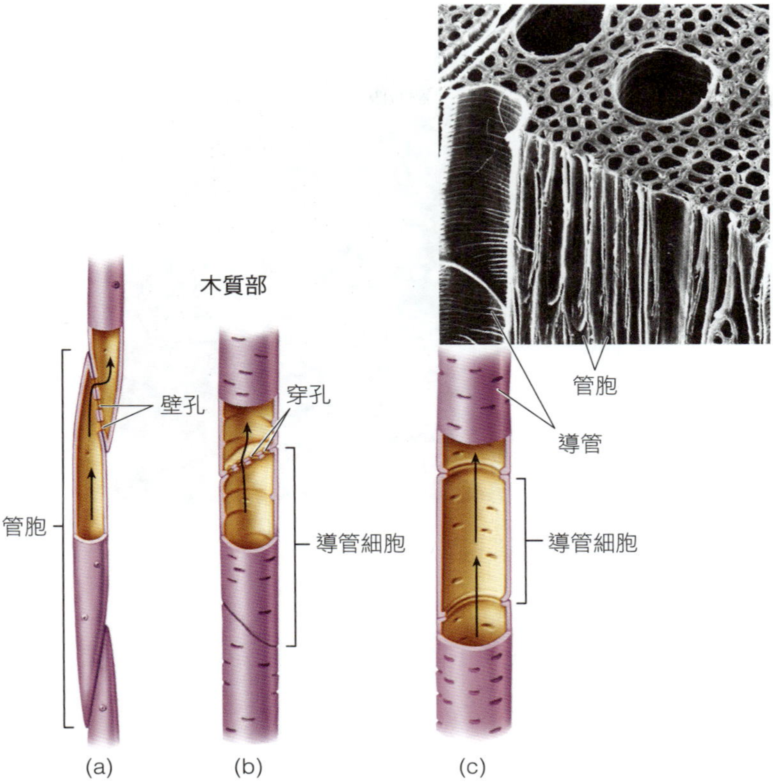

稱為篩板。篩管細胞以端壁相接，如下圖所示，形成細長列稱為**篩管** (sieve tubes)。一種稱為**伴細胞** (companion cells) 的特化薄壁細胞固定和篩管細胞相關聯，在圖中可見伴細胞位在篩管細胞的左側。伴細胞顯然具有某些代謝功能，以維持對應的篩管細胞之機能；其細胞質經由稱為原生質絲 (plasmodesmata) 的通道連至篩管細胞。

除了運輸細胞之外，木質部與韌皮部還有纖維 (厚壁細胞) 以及薄壁細胞。薄壁細胞具儲存之功能，纖維則提供支持及部分儲存。木質部纖維常用在造紙上。

子維管束植物及裸子植物僅具有篩細胞，大多數被子植物則有篩管細胞。兩種細胞上有成堆的孔 (即篩域)，可作為相接的篩細胞或篩管細胞之細胞質連通的通道。此兩種細胞都是活的，但其細胞核在成熟期間已消失。

在篩管細胞中，有些篩域具有較大的孔

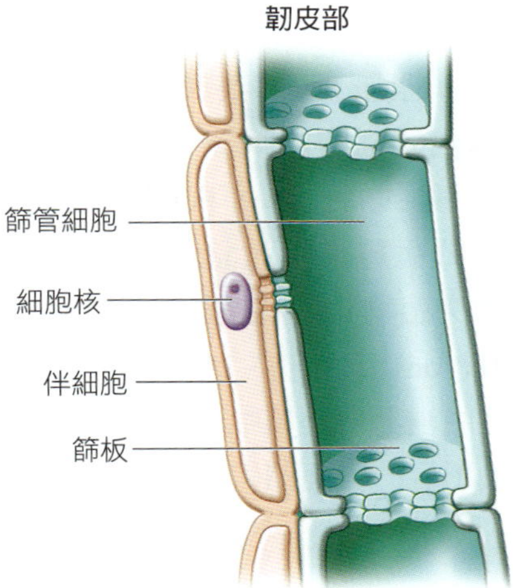

關鍵學習成果 33.2

植物包括多種的基本組織、表層組織 (外覆蓋層) 以及維管束組織 (運輸組織)。

植物個體

三種構成植物體的營養器官是：根、莖和葉。在檢視其基本結構時，了解這些器官通常會特化出不同功能是很重要的。例如根和莖可特化成具有儲存水及營養功能者，葉可特化為防禦之用，如仙人掌的刺。

33.3 根

根的構造

根的結構與發育比莖還簡單，故在此先檢視它。然而根有不同類型，在此顯示的根構造常見於許多雙子葉植物中。

根的最外層是表皮，大量的薄壁組織且有

根的維管束位於其中者是*皮層* (cortex)。在上面的圖中，可見雙子葉植物根包含木質部與韌皮部。細看中央部分，可見中軸的木質部具放射狀的芒，在木質部放射芒之間的是成束的初級韌皮部，圍繞維管束組織中柱且形成其向外的邊界是由一或更多層的圓柱狀細胞所組成稱為**周鞘** (pericycle)。**支根** (或側根) 是從周鞘形成。在周鞘外側的是**內皮** (endodermis)，是特化細胞組成的單層構造，可調控維管束組織與其外的根組織之間的水流。

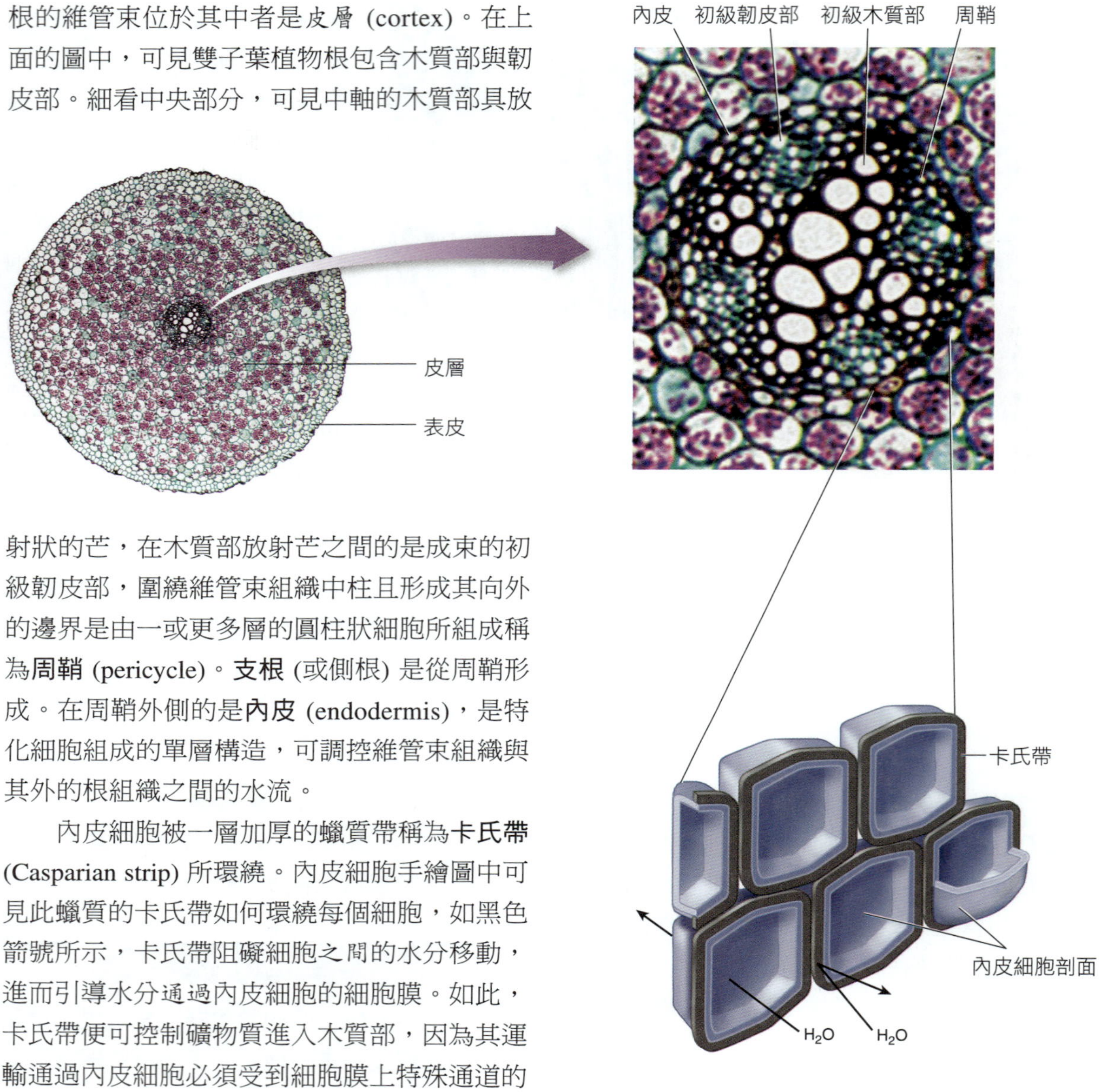

內皮細胞被一層加厚的蠟質帶稱為**卡氏帶** (Casparian strip) 所環繞。內皮細胞手繪圖中可見此蠟質的卡氏帶如何環繞每個細胞，如黑色箭號所示，卡氏帶阻礙細胞之間的水分移動，進而引導水分通過內皮細胞的細胞膜。如此，卡氏帶便可控制礦物質進入木質部，因為其運輸通過內皮細胞必須受到細胞膜上特殊通道的調控。

分生組織

根的頂端分生組織可分裂並同時以朝向植物體的方向或向外產生細胞。三種初級分生組織是：**原始皮層** (protoderm)，長成表皮；**原始形成層** (procambium)，產生初級的維管束組織 (初級木質部和初級韌皮部)；以及**基本分生組織**，分化成基本組織，其主要由薄壁細胞所組成 (圖 33.2)。

向外的細胞分裂導致形成 thimblelike 較沒有結構化的細胞團稱為**根帽** (root cap)。當根在土壤中生長時，根帽會覆蓋並保護根的頂端分生組織。大量的根毛 (即單一表皮細胞的突出物)。會在稱為*分化區* (zone of differentiation) 處形成。幾乎所有的水分及礦物質都經由根毛自土壤中吸收進來，因為此處大量增加了根的表面積與吸收力。

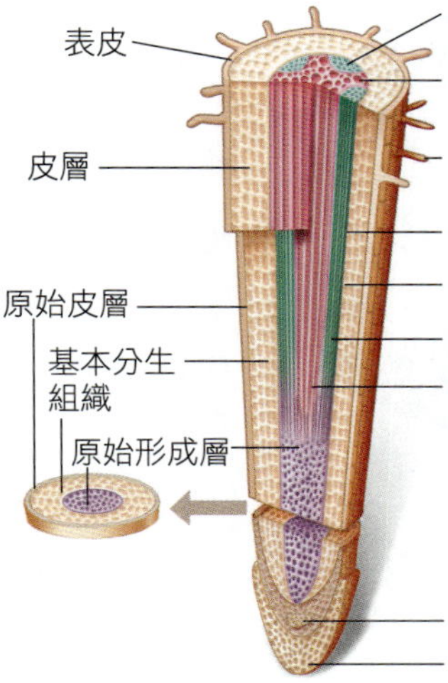

(a) 雙子葉

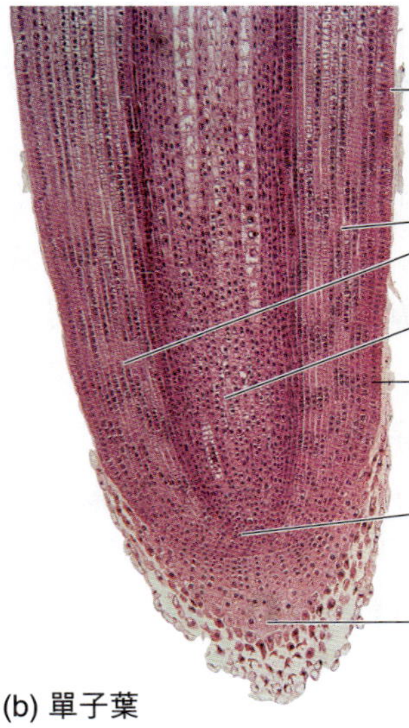

(b) 單子葉

圖 33.2 雙子葉與單子葉植物根的構造

(a) 雙子葉根部之初級分生組織的示意圖，顯示它們與頂端分生組織之關係。 這三種初級分生組織是：原始皮層，進而分化成表皮；原始形成層，進而分化成維管束；以及基本分生組織，進而分化成基本組織；(b) 單子葉植物玉米 (*Zea mays*) 根尖的正中間縱切面，顯示出原始皮層、原始形成層以及基本分生組織的分化。

支根

根和莖之間基本的不同點之一是其分支的特性。在莖中，分支是從莖表面的芽；而在根中，分支則是離根尖一段距離才由於周鞘的細胞分裂而長出。發育中的支根 (圖 33.3 中染成紅色的細胞團) 會經過皮層而向根的表面生長，最後突破表皮而建構成為支根。

在某些植物中，根可從莖或其他不是根的地方長出，這些根稱為*不定根* (adventitious roots)。不定根可出現在長春藤、洋蔥鱗莖、多年生的禾草以及其他可產生在地下橫走莖 (根莖) 的植物中。

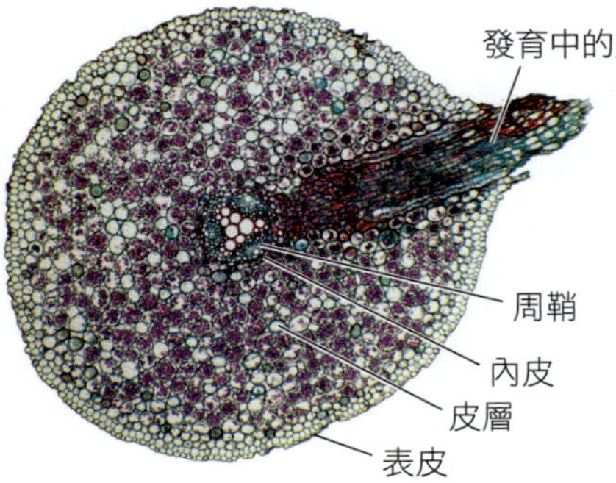

圖 33.3 支根

黑柳樹 (*Salix nigra*) 的支根通過皮層長出。支根起源於主根表面內部，而莖的分支則是起源於表面。

關鍵學習成果 33.3

根為植物體的地下部，適應於從土壤中吸收水和礦物質。

33.4 莖

莖提供植物體的主要結構性支撐，也是葉片伸展位置的支架。莖通常會經歷初級與次級的生長，是重要經濟材料木材的來源。

初級生長

在莖部的初級生長中，葉子先以**葉原體** (primordia，單數為 primordium) 的形式出現，即以嫩葉的雛型聚集在頂端分生組織的周圍，然後隨莖本身的伸長而展開並生長。莖上長出葉子的位置稱為節 (如圖 33.4 中的小方框所示)，而在兩個接觸點 (節) 之間的莖段稱為節

間 (大方框)。當葉子延展至成熟時，芽 (小而未分化的側莖) 會在每片葉的**腋側** (axil) 發育出來 (即在葉與莖的夾角處長出)。這些芽有自己的嫩葉 (圖 33.4)，可伸長形成側枝，或者維持小型且休眠的狀態。莖部頂芽產生的激素會向下移動，持續抑制靠近莖頂之側芽的生長。側芽開始延展是在莖部伸長至激素量不足之處，或是在頂芽被摘除時，例如修剪植物。

在柔軟的嫩莖中，成束的維管束組織 (木質部和韌皮部) 之排列方式在雙子葉與單子葉植物中所有不同。雙子葉植物中，維管束在靠近莖的外側排列成一圓柱狀 (圖 33.5a)。單子葉植物中，維管束分散於整個莖中 (圖 33.5b)。除了其他在第 32 章討論過的特性之外，此維管束組織的架構不同顯示了兩大被子植物類群之差異。維管束包含初級木質部與初級韌皮部，在僅有初級生長的階段時，雙子葉植物莖中央的基本組織稱為**髓** (pith；在圖 33.5a 中央染成粉紅色的細胞)，較靠近外圍的部分是**皮層** (cortex；在靠近外圍染成淡綠色的細胞)。

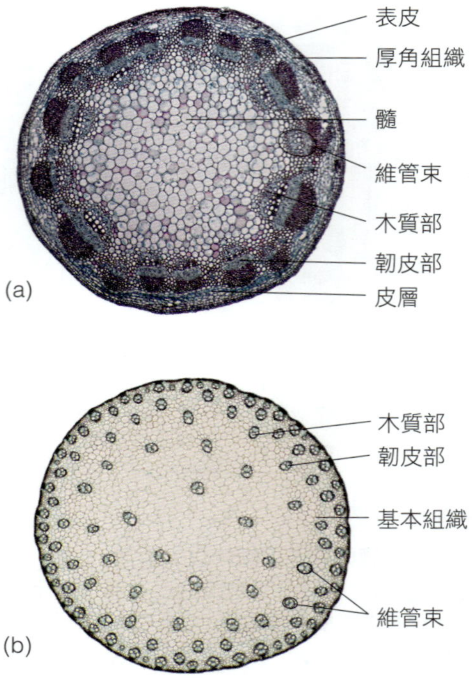

圖 33.5 雙子葉和單子葉植物莖的比較
(a) 常見雙子葉植物，向日葵 (*Helianthus annuus*)，嫩莖的橫切面，維管束圍繞在莖的外側；(b) 單子葉植物，玉米 (*Zea mays*)，莖的橫切面，分散排列的維管束是此類群的特徵。

次級生長

在莖中，次級生長 (莖的加粗而非伸長) 是源自一個側生分生組織稱為*維管束形成層*的分化。其是木本植物中，位於樹皮和莖主體的一圈分裂活躍的細胞。

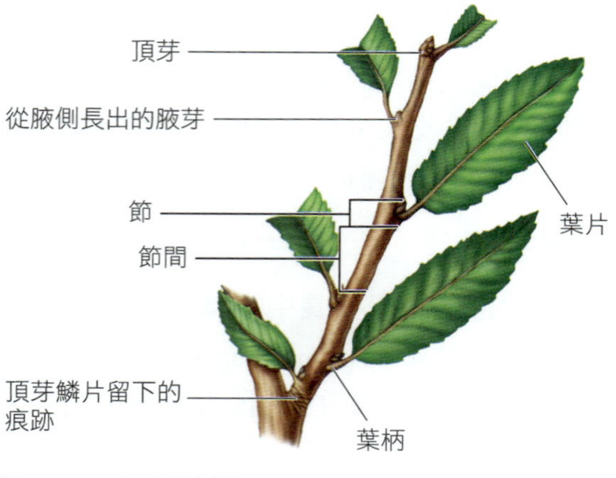

圖 33.4 木本的枝條
這段枝條顯示出莖的主要構造，包括節與節間區域、在腋側的腋芽以及葉子。

維管束形成層位在莖的維管束中，在木質部 (圖 33.6 中的紫色部位) 與韌皮部 (圖 33.6 中的淡綠色部位) 之間發育形成。圓柱狀的維管束形成層能完整成形是由於有些在維管束之間的薄壁細胞之分化。當維管束形成層建構完成時，其包括延長、略扁且具大液胞的細胞。從維管束形成層向外 (朝向樹皮) 分裂的細胞會成為次級韌皮部；而向外分裂的細胞會成為次級木質部。

除了維管束形成層建構完成之外，第二種側生分生組織**木栓形成層** (cork cambium) 會在莖的外層細胞發育形成。木栓形成層通常包括成片正在分裂的細胞，且會隨其分裂而逐漸向莖的內部深入。木栓形成層向外會剝落的是緊密排列的**木栓細胞** (cork cells)；它們含有脂質且幾乎不透水且在成熟時是死的細胞。木栓形成層向內分裂產生一層薄壁細胞，木栓層、木栓形成層以及這層薄壁細胞共同組成**周皮** (periderm) (如圖 33.6 所示)，其是植物外部的保護層。

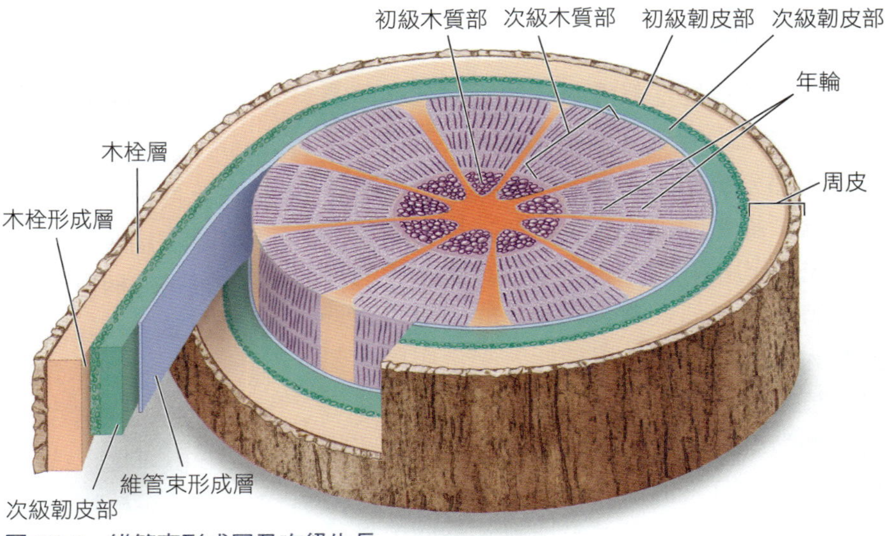

圖 33.6　維管束形成層及次級生長
維管束形成層和木栓形成層 (側生分生組織) 產生次級組織，導致莖的腰圍增加。每一年有新的一層次級組織會堆疊上去而形成木材的環紋。

木栓覆蓋在成熟的莖或根之表面。**樹皮** (bark) 是指在成熟的莖或根中，所有在維管束形成層以外的組織。因為維管束形成層是在次級植物體的任何部位中具最薄的細胞壁者，所以樹皮即從這一層而和堆疊的次級木質部剝離。

木材 (wood) 是可從植物取得之最有用、具經濟重要性且美麗的產物之一。從解剖上來看，木材是堆疊的次級木質部 (圖 33.6 中淡紫色扇形區域)。隨著次級木質部的年齡漸增，其細胞內漸有膠質與樹脂滲入，故木材顏色加深。也因此，一個樹幹木材靠近中央處稱為心材，其比鄰近維管束形成層的木材 (稱為邊材) 來得深色且緻密。邊材仍活躍地參與植物中的水分運輸。

由於堆疊的方式，木材通常呈現多重環紋。在圖 33.7 所見松樹木盤上的環紋反映出樹木的維管束形成層在春天及夏天，也就是在水分充足且溫度適宜生長時，相較於秋天與冬天水分少且氣候寒冷，其分裂旺盛。因此，在生長季節形成較大且壁較薄的細胞層 (較淡色的環紋)，會與在非生長季所長出的較小、較深色且壁較厚的細胞層交替出現。新的環紋會在每年向莖外側堆疊，樹幹中有像這樣年輪的樹木即可被估算出其年齡。年輪的寬度可提供一些環境因素的線索，例如年輪較窄的區域可能代表植物經歷了一段較長的乾旱期，然後緊接著是較濕的數年。如圖 33.7 所示，你可以估算出樹木的年齡嗎？

圖 33.7　松樹木盤上的年輪
測試自己是否了解其形成，回答此問題：寬且較內側的年輪比窄且外側的年輪老或年輕？

關鍵學習成果 33.4

莖是植物體地上部的架構，其可在頂端及圓周兩處生長。

33.5 葉

葉子通常是莖部最明顯的器官且在構造上很多樣 (圖 33.8)。當莖頂向外生長時，葉子是大部分植物的主要採光的器官。植物體中，含葉綠體的細胞大多位在葉片，也是大部分光合作用發生之處 (詳見第 6 章)。不同於此的特例包括仙人掌，其綠色的莖取代葉子負責大部分的光合作用功能。光合作用主要是在植物體「較綠」的部分進行，因為其包含較多最有效率的光合色素葉綠素。在某些植物中，尚有其他色素而使葉子呈現綠色以外的顏色。如同在第 6 章所述，輔助色素可吸收其他波長的光。所以，雖然彩葉草與紅楓樹的葉子略帶紅色，這些葉子仍含有葉綠素，且是植物行光合作用的主要部位。

莖和根的頂端分生組織能在適宜條件下無限期地生長。然而，葉子是由包圍在中間厚實部分的**邊緣分生組織** (marginal meristems) 所生長而成。邊緣分生組織向外生長而最終形成葉子的**葉片** (blade；扁平部分)，而中央則長成中肋。當葉子完全展開，其邊緣分生組織即停止生長。

除了扁平的葉片之外，大部分葉子還有一條細長的柄稱為**葉柄** (petiole)。兩片葉狀的構造**托葉** (stipules) 位在葉柄基部連接莖的兩側。葉脈包含木質部及韌皮部，分布於整個葉片上。如在第 32 章所述，大部分雙子葉植物中，其葉脈形式呈現網狀脈 (圖 33.9a)。大部分單子葉植物中則為平行脈，如圖 33.9b 所示的葉，其兩側垂直中肋的脈向呈現平行。

葉片有各種不同外形，從卵形至深裂呈瓣狀，甚至成為分開的小葉。在**單葉** (simple leaves) 中 (圖 33.8a、b)，如樺樹或楓樹，其具有單一葉片且沒有裂開，但有些單葉有鋸齒、缺刻或裂瓣，如楓樹或樺樹的

(a)

(b)

(c)

(d)

(e)

(f)

圖 33.8 葉子
葉子外形極為多樣。(a) 灰樺木的單葉，即僅有單一葉片；(b) 楓樹的單葉，其邊緣裂成瓣狀；(c) 黑胡桃的羽狀複葉，其小葉沿著主脈的中央主軸成對長出；(d) 鵝掌楸的掌狀複葉，其小葉從一點放射狀展開；(e) 松樹的葉子堅挺且呈針狀；(f) 許多特殊種類的特化葉子會出現在不同種類的植物中。例如某些植物產生類似花瓣的葉子或苞片，這個聖誕紅花中最明顯部分是紅色苞片，即是圍繞在中央小型且淡黃色真正的花之特化葉子。

葉。在**複葉** (compound leaves) 中，如胡桃樹和鵝掌楸，其葉片分割成小葉。若小葉成對排列在共同主軸 (相當於單葉的中央主脈，或稱中肋) 上，則為**羽狀複葉** (pinnately compound leaf)，如黑胡桃 (圖 33.8e)。然而，若小葉從葉片基部與葉柄相接的共同點以放射狀展開，則為**掌狀複葉** (palmately compound leaf)，如鵝掌楸 (詳見圖 33.8d)。

葉子的著生位置也有多種變化，葉子可為**互生** (alternately)，互生葉通常螺旋環繞在莖上；或可為**對生** (opposite)；少數則由三片或更多葉子呈現**輪生** (whorl)，在一個節上有一輪葉子長在同高度。

互生 (螺旋)：長春藤　對生：長春花　輪生：車葉草

(a)　(b)

圖 33.9　雙子葉和單子葉植物的葉子

(a) 雙子葉植物的葉子具有網狀葉脈；(b) 單子葉植物則具有平行葉脈。

一個典型的葉子包括大量的薄壁組織，稱為**葉肉** (mesophyll)，其中有維管束 (或稱葉脈) 貫穿。在葉的上表皮內側是一或多層密集且呈柱狀的薄壁細胞稱為**柵狀組織** (palisade mesophyll，圖 33.10 中染成紅色的細胞)，這些細胞比其他的葉細胞含有較多葉綠體，故較能行光合作用。這是合理的解釋：鄰近表面可獲得較多陽光。葉的內部構造，除了葉脈之外，還包括**海綿組織** (spongy mesophyll)。因為海綿組織細胞之間有大型細胞間隙，其功能是氣體交換，特別是讓二氧化碳從空氣中進入葉肉細胞。在圖 33.10 的照片中，可見海綿組織，但其氣室則在手繪圖中較易分辨。這些細胞間隙是直接或間接地與下表皮的氣孔相通。

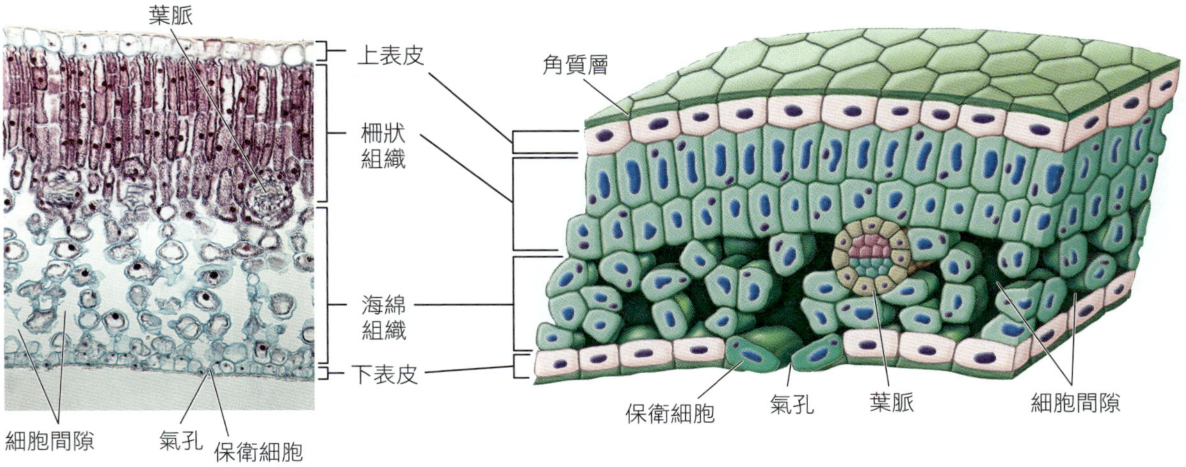

圖 33.10　葉的橫切面

在葉的橫切面中，可見柵狀組織與海綿組織、維管束或葉脈，以及表皮的排列位置，表皮上有由保衛細胞所圍成的氣孔。

關鍵學習成果 33.5

葉子是植物體行光合作用的器官，其外形及排列不同。

植物的運輸與營養

33.6 水分的移動

維管束植物有運輸系統，負責從個體的一處運送液體及養分至另一處。要讓一棵植物正常運作，需有兩種運輸過程：首先，在葉子行光合作用所產生的碳水化合物分子必須被攜帶至植物體其他所有的活細胞中。為達此功能，能讓碳水化合物分子溶解於其中的液體必須能在運輸管中上、下雙向移動。其次，土壤中的礦物質和水必須被根所吸收，並攜帶至葉子及其他植物細胞。在此過程中，液體在運輸管中向上移動。植物利用分別由木質部與韌皮部細胞構成成列的特化運輸管，來完成這兩種過程 (圖 33.11)。

內聚力-附著力-張力學說

一棵大樹上的許多葉子可以生長在離地面 10 層樓的高處，樹木如何做到將水分向如此高的地方運送？有多個因素參與運作以將水向上送至植物高度。水分進入植物根的初始運動須有滲透作用參與。水分進入根部細胞是因為木質部內的液體比在周圍環境中含有較多的溶質－如第 4 章所述，水分會從含低溶質濃度處通過膜向含高溶質濃度處移動。然而，這力量稱為根壓 (root pressure) 仍不足以將水向上「推」入植物莖中。

毛細作用 (capillary action) 增加了「拉」力。毛細作用是由於具極性的水分子對帶電的表面所產生之微弱電子吸力稱為附著力 (adhesion)。在實驗室中，玻璃管中的水柱上升是因為水分子對玻璃管內側的帶電分子有吸力，故將管中的水上「拉」。圖 33.12 即表現出此過程，為何在較窄的管子中的水會向上移動得更高？水分子被玻璃分子所吸引，而水在

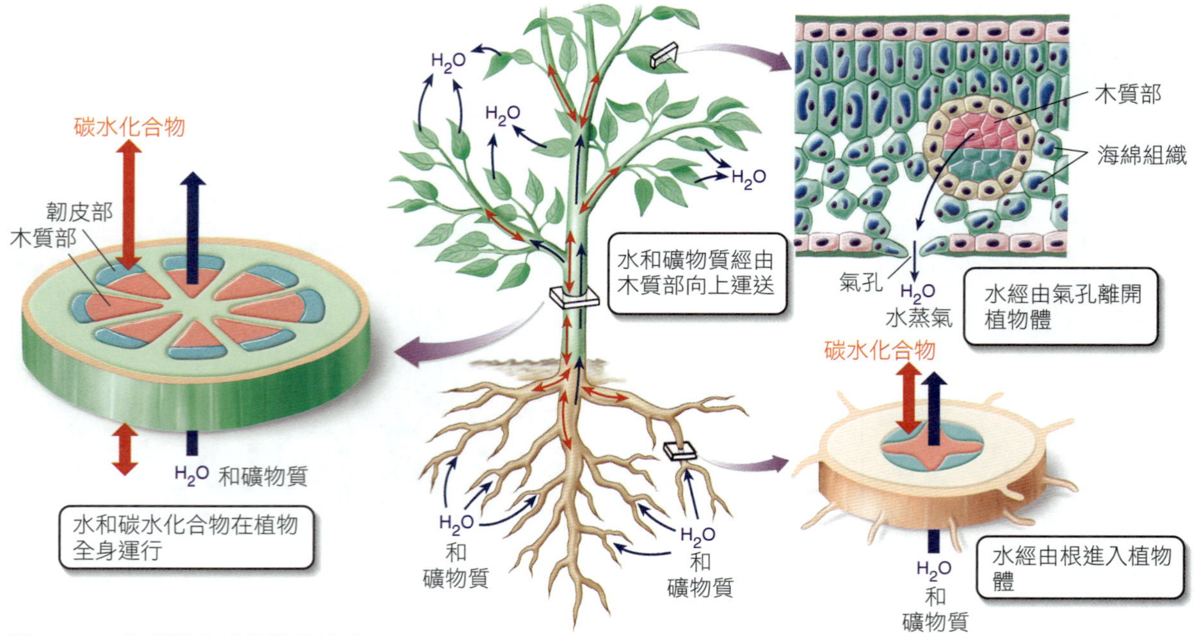

圖 33.11 物質進出植物體的流向
水分和礦物質通過植物的根，並經由木質部被運送至植物體的所有部位 (藍色箭號)。水分從葉子的氣孔離開植物體。葉中生成的碳水化合物則可經由韌皮部在植物全身循環 (紅色箭號)。

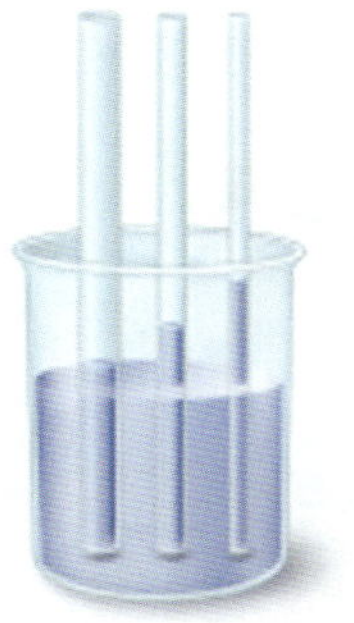

圖 33.12　毛細作用
毛細作用造成窄管中的水上升得比周圍的水高。水分子對玻璃管面的吸引力，即使水上升的力，比會讓水下掉的地心引力還強。管子愈窄，其容許固定水量之吸附力的表面積愈大，管中水分上升得愈高。

較窄的管子中向上移動得更高，則是因為可容許附著力的表面積遠大於口徑較大的管子。

然而，雖然毛細作用可以產生讓水上升 1~2 公尺的動力，它仍不足以將水分向上送至高大樹木的頂端。這需由第二個非常強的「拉」力來完成，即是由蒸散作用來提供 (說明於後)。藉由打開管子並對管子頂端開口側面吹氣，即可展現蒸散作用如何讓水分在植物莖中向上移動。

相對乾燥的氣流會導致暴露在水柱上方表面的水分子從管子蒸發。管中的水面不會下降，因為當水分子從頂端被拉走時，就被從下方拉上來之新的水分子所遞補。就其本質來看，植物體內也是如此進行的。當空氣吹過葉表面，會造成水分因蒸發而喪失，此在植物的開放頂端形成一個「拉」力，於是進入根部之新的水分子就會被上拉至植物體內。水分子對植物體內之狹窄導管壁上的附著力也有助於維持水流向植物上端。

一棵高大樹木的水柱不會單純因水的重量而中斷，因為水分子具有與生俱來的力量，其是來自水分子之間容易形成氫鍵。這些氫鍵導致水分子的*內聚力* (cohesion) (詳見第 2 章)；換言之，水柱可抵抗中斷。水珠持續落下即是內聚力特性的最佳例證。這種抵抗力稱為*抗張強度* (tensile strength)，其與水柱的直徑成反比；亦即水柱直徑愈小，抗張強度愈大。因此植物必須有非常窄的運輸導管以善用此抗張強度的特性。

地心引力、附著力以及內聚力造成的抗張強度之組合共同影響水在植物體內的移動，稱為**內聚力-附著力-張力學說** (cohesion-adhesion-tension theory)。值得注意的是，水在植物體內向上移動是被動的過程，不須消耗植物體內的能量。

蒸散作用

水分離開植物體的過程稱為**蒸散作用** (transpiration)。植物根部所吸收的水中，有超過 90% 最終會喪失在空氣中，且幾乎都是從葉子離開。它是以水蒸氣的形式，主要是經由氣孔蒸發，詳見下頁的「關鍵生物程序」示意圖中的第 1 部分所示。

在從植物內部移動至外界的旅程中，水分子先從木質部滲透進入葉子的海綿葉肉細胞，然後水分在葉內經由海綿組織中圍成細胞間隙的細胞壁蒸發而出，而形成一個個空氣小包，從細胞間隙通過氣孔連到葉子外面。從海綿葉肉細胞表面蒸發的水將持續從葉子的葉脈末梢消失。然後從木質部滲透出的水分子取代蒸發的水分子。因為成束的木質部在植物體內以不中斷的水柱從根至葉持續運輸水分，當在葉片細胞間隙中的一部分水蒸氣通過氣孔而出，在此間隙中的水蒸氣補給會持續由下方的水柱來更新 (第 2 部分)，最終則是從根而來 (第 3 部分)。因為蒸散作用的過程取決於蒸發，故影響蒸發的因素也會影響蒸散作用。除了先前所提之空氣會通過氣孔，空氣中的濕度也會影響蒸發的速率；濕度高則會使蒸發下降，濕度低則上升。溫度也會影響蒸發的速率；溫度高則會使蒸發上升，溫度低則下降。此溫度的作用特別重要，因為蒸發可讓植物組織降溫。

葉子的構造特徵如氣孔、角質層以及細胞間隙的演化可回應兩種互相矛盾的需求：一方面須減少水分散失至空氣中，另一方面則容許光合作用所必需的二氧化碳進入。下面將討論

關鍵生物程序：蒸散作用

1
H2O
H2O
乾空氣
H2O
2
H2O
3
H2O
H2O
H2O
乾空氣通過葉子，造成水蒸氣從氣孔蒸發出去。
水分從葉子喪失形成一股吸力，使得莖中的水分經由木質部向上移動。
更多水分經由根進入植物體，以取代向上移至莖中的水分。

植物如何解決此問題。

蒸散作用的調節：氣孔的開閉

植物在短時間內要控制水分喪失的唯一方法是關閉氣孔。許多植物在面臨水分逆境時可以做到此點。但是氣孔必須打開至少一段時間，如此光合作用所必需的二氧化碳才能進入植物體內。在氣孔開閉的模式中，植物必須同時回應保留水分之需以及容許二氧化碳進入之需。

氣孔的打開與關閉是因為其保衛細胞內的水壓改變。氣孔周圍的保衛細胞是長形如臘腸般的細胞，並在其端點相接。保衛細胞是綠色的 (圖 33.13)，其細胞壁的纖維素微絲會環繞細胞，所以當細胞**膨脹** (turgid) (因充滿水而脹大) 時，纖維素微絲伸展而導致細胞彎曲，故氣孔打開並盡可能加大，如圖中左側所示。保衛細胞的膨壓是由於主動吸收離子而使水分滲入細胞中所造成。

有些環境因子會影響氣孔的開閉，其中最重要的是水分喪失。凋萎的植物因水分喪失而使氣孔關閉。二氧化碳濃度上升也會導致多數植物的氣孔關閉。大多數植物種類中，氣孔在有光時會打開而黑暗時關閉。

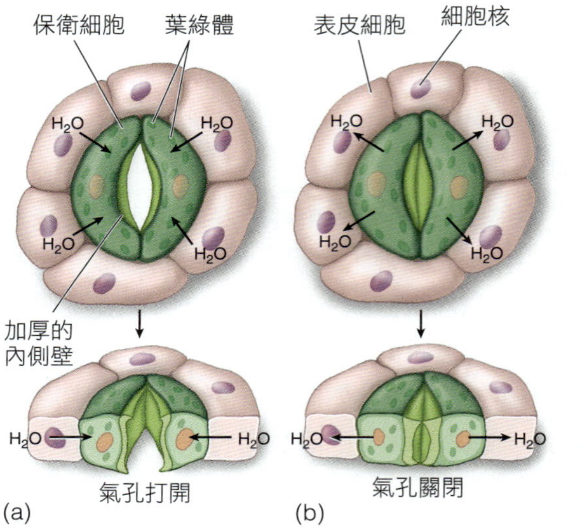

圖 33.13 保衛細胞如何調控氣孔的打開與關閉
(a) 當保衛細胞含有高的溶質時，水分滲透進入保衛細胞，導致其膨脹並向外彎曲，因而讓氣孔打開；(b) 當保衛細胞含有低的溶質時，水分離開保衛細胞，導致其變軟，因此讓氣孔關閉。

水分由根部吸收

大部分被根吸收的水分是經由表皮細胞延伸出的根毛，這些根毛使得根外形如羽毛 (圖 33.14)。這些根毛大量增加表面積因此增加水分吸收能力。根毛會因充滿水而脹大，因為它們含有比在土壤中的水更高濃度的溶解性礦物質和其他溶質；因此，水分會向其穩定地移

圖 33.14　根毛
在這蘿蔔 (*Raphanus sativus*) 幼苗的根頂端後方有豐多的微細根毛。

動。一旦進入根中，水會向內流至木質部的輸導細胞。

水並非唯一經由具根毛的細胞進入根的物質，礦物質亦同。根毛細胞的膜含有不同的離子通道，其可主動地將特定離子送進植物體內，即使在與濃度梯度相反之下亦可進行。這些離子有許多是植物營養素，然後成為木質部中水流的組成分而被輸送至植物體全身。

關鍵學習成果 33.6

藉由從葉的蒸散作用，水分從根部被上拉至植物莖中。

33.7　碳水化合物的運輸

轉運作用

大部分的碳水化合物是在植物葉子及其他綠色部位製成，進而轉化成可運輸的分子，如蔗糖，且經韌皮部移動至植物體的其他部位。此過程即是**轉運作用** (translocation)，使適當的碳水化合物聚合體能為植物活躍生長區域所利用。

這些糖分在植物體內的運行機制已透過利用放射性同位素以及蚜蟲 (一群吸食植物汁液的昆蟲) 被確切地證實。蚜蟲將其口器刺入葉與莖的韌皮部細胞，以從中獲得大量的糖分。當蚜蟲從葉子被切下時，液體仍持續從被切斷且露出植物組織的口器流出，因此可以此純液形式來進行分析。韌皮部內的液體含有 10% 至 25% 的溶解性固態物質，且通常幾乎都是蔗糖。

利用蚜蟲以取得重要樣本並用放射性追蹤劑標定，研究人員已得知韌皮部的物質移動可以相當快：測得其速率為每小時 50 至 100 公分。此轉運作用的運動方式是被動的過程，不須消耗植物體所需的能量。物質之所以能以**質量流動** (mass flow) 方式在韌皮部中運輸，是因為滲透所產生的水壓。

關鍵生物程序示意圖可依序說明轉運作用的過程。光合作用所產生的蔗糖是以主動方式裝載至維管束的篩管 (或篩細胞) (第 1 部分)，此裝載增加篩管中的溶質濃度，故水分滲入管中 (第 2 部分)。產生蔗糖的部位稱為*供應區* (source)；而從篩管送出蔗糖的部位稱為*需求區* (sink)。需求區包括根部及植物體中其他不行光合作用的部位，如嫩葉與果實。水流入韌皮部會促使韌皮部中的含糖物質向植物下方流動 (第 3 部分)，蔗糖則被卸載然後儲存在需求區 (第 4 部分)。在那裡，篩管內的溶質濃度因蔗糖被移除而下降。這些過程導致水分在篩管中，從蔗糖被加入的區域移動至蔗糖被移除的區域，而此蔗糖是被動地與水分一起移動之推論即為*壓力流假說* (pressure-flow hypothesis)。

關鍵學習成果 33.7

碳水化合物是藉由被動滲透的轉運作用過程在植物體內移動。

關鍵生物程序：轉運作用

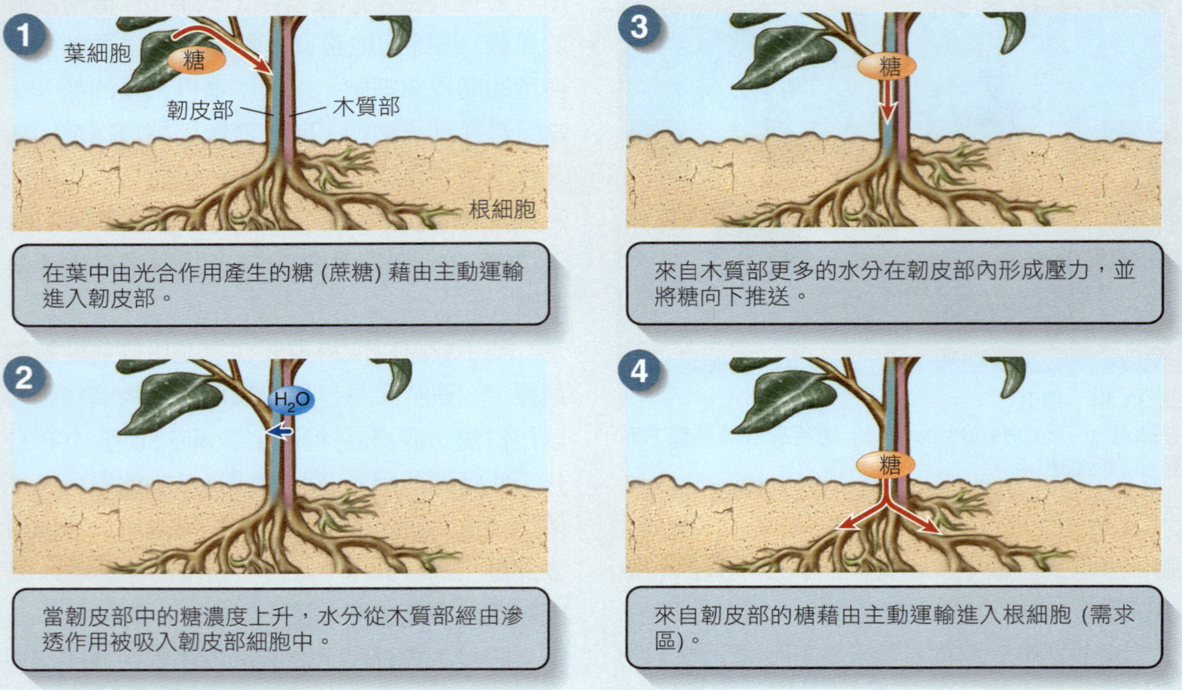

1
葉細胞
糖
韌皮部
木質部
根細胞
在葉中由光合作用產生的糖 (蔗糖) 藉由主動運輸進入韌皮部。
2
H_2O
當韌皮部中的糖濃度上升，水分從木質部經由滲透作用被吸入韌皮部細胞中。
3
糖
來自木質部更多的水分在韌皮部內形成壓力，並將糖向下推送。
4
糖
來自韌皮部的糖藉由主動運輸進入根細胞 (需求區)。

複習你的所學

植物組織的構造與功能

維管束植物的結構

33.1.1 大部分植物具有根、莖與葉，然而其外形通常並不相同。維管束組織貫穿個體全身，連接根、莖與葉。

33.1.2 生長發生在分生組織的部位。根尖與莖頂有頂端分生組織，其為初級生長的所在位置。初級生長縱向延伸植物體。而增加植物腰圍寬度稱為次級生長，發生在側生分生組織，其為圓柱狀的分生組織。

植物組織的類型

33.2.1 基本組織是構成植物體的主要部分，且含有許多不同類型的細胞，分別是薄壁細胞、厚角細胞及厚壁細胞。

33.2.2 表層組織構成植物體的外層，其包括表皮細胞，其被一層蠟質稱為角質層所覆蓋 (但根部細胞沒有角質層)。成對的保衛細胞是表皮上的特化細胞。兩個保衛細胞之間的空隙稱為氣孔，隨其開閉而允許氣體交換。

33.2.3 維管束組織是由木質部與韌皮部組成的。木質部包括輸送水分的細胞：管胞及導管細胞。韌皮部包括輸送養分的細胞：篩細胞及篩管細胞。伴細胞是負責維持篩管細胞代謝功能之相關的韌皮部細胞。

植物個體

根

33.3.1 根是適應從土壤吸收水分和礦物質的器官。以維管束為核心，外圍有周鞘，更外層則是由單一層的內皮所圍繞。蠟質的卡氏帶環繞內皮細胞，並且阻擋水分從細胞之間通過。

33.3.2 根的原始皮層分化成表皮，原始形成層產生維管束組織，而基本分生組織則產生基本組織。

33.3.3 支根起始於周鞘，而非表皮，並且穿過皮層生長。

莖

33.4.1 莖可作為葉片位置分布的架構，維管束組織成束排列。葉子從莖節處長出。

33.4.2 次級生長出現在側生分生組織處，包括維管束形成層分化產生木質部與韌皮部，以及木栓形成層產生樹皮內多層的木栓層。木材的形成是來自次級木質部的堆疊，且在春夏時較厚。

葉

33.5.1 葉是行光合作用的主要部位，它們從莖長出，藉由邊緣分生組織而生長成葉片。葉的大小、形狀及排列多不相同。可行光合作用的柵狀葉肉細胞靠近表面，下方則有海綿葉肉細胞層，且其具有大的細胞間隙，有利於進行氣體交換。

植物的運輸與營養

水分的移動

33.6.1 碳水化合物和水分是分別由韌皮部與木質部來運送。

33.6.2 水藉由滲透作用進入根部，根壓與毛細作用使得水分向上送至組織中。然而促使水分向上在高大莖中移動，需要有較強的力量：內聚力與附著力的組合，亦即內聚力—附著力—張力學說。蒸散作用即是水蒸氣從葉子蒸發，造成「拉力」而使木質部中的水向上移。

33.6.3 圍成氣孔的保衛細胞會在水分充足時膨大，此膨壓造成氣孔打開，促使水分蒸發出去。當面臨水分逆境時，水分離開保衛細胞而使氣孔關閉，減少水分喪失。

碳水化合物的運輸

33.7.1 碳水化合物在葉子形成後，在韌皮部組織中運送至植物全身。轉運作用涉及水分滲透移入韌皮細胞，促使糖分向「需求區」移動，並以醣類型式儲存，以利日後之需。

測試你的了解

1. 大部分的維管束植物不包括下列何者？
a. 莖　c. 花
b. 根　d. 葉

2. 維管束植物的生長起始於
a. 光合作用組織　c. 分生組織
b. 根部組織　d. 葉表皮組織

3. 基本組織中負責大部分代謝及儲存功能的是
a. 薄壁細胞　c. 厚壁細胞
b. 厚角細胞　d. 硬化細胞

4. 下列哪種細胞在成熟時缺乏活的細胞質？
a. 薄壁細胞　c. 厚角細胞
b. 伴細胞　d. 厚壁細胞

5. 下列哪種植物細胞類型與其功能無法配對？
a. 木質部－運送礦物質營養
b. 韌皮部－樹皮的一部分
c. 毛茸－減少蒸發作用
d. 厚角組織－行光合作用

6. 在維管束植物中，韌皮部組織主要是
a. 運輸水分　c. 運輸礦物質
b. 運輸碳水化合物　d. 支持植物體

7. 根不同於莖是因為根沒有
a. 導管細胞　c. 表皮
b. 節　d. 基本組織

8. 若將植物根中的周鞘改放在表皮層，這會對根的生長有何影響？
a. 在根的成熟區中，次級生長不會發生
b. 根的頂端分生組織會在表層組織處產生維管束組織
c. 因為周鞘通常就位在根中靠近表皮處，故沒有改變
d. 支根會從根的外層長出，且無法與維管束相連接

9. 在根中，支根的生長起始於
a. 根表皮　c. 基本分生組織
b. 根毛　d. 周鞘

10. 單子葉與雙子葉植物的莖之間，不同的是
a. 單子葉植物沒有芽
b. 維管束組織的組成架構
c. 具有保衛細胞
d. 缺乏氣孔

11. 在莖中，負責次級生長的組織是
a. 厚角組織　c. 形成層
b. 髓　d. 皮層

12. 下列敘述何者不明確？
a. 從葉子蒸發的水分最終會被從木質部擴散而來的水所取代。
b. 植物體內，木質部向上運送水分，而韌皮部則將碳水化合物送至全身。
c. 水分在木質部中的移動大多是歸因於壓力流假說。
d. 水分通過膜的移動通常是歸因於溶質濃度之不同。

13. 水柱的張力強度
a. 隨水柱直徑成正比改變
b. 隨水柱高度成正比改變
c. 隨水柱直徑成反比改變

d. 隨水柱高度成反比改變

14. 若你可以改變氣孔打開的機制，並強迫其維持關閉，則植物將會發生何種變化？
a. 糖的合成可能變慢　c. 前兩者都可能發生
b. 水分運輸可能變慢　d. 前兩者都不可能發生

15. 碳水化合物在植物體內以被動方式移動的過程稱為
a. 蒸散作用　c. 轉譯
b. 轉運作用　d. 蒸發

Chapter 34

植物的生殖與發育

種子是植物的基本適應之一。它們由風或動物攜帶，能將下一代傳播至遠處，確保植物有機會占領任何適當的棲地。種子可視為一個遺傳物質的保護包，其是一個停留在休眠狀態的胚胎期個體，藉由多種機制如防水的保護層以使種子內部不碰到水。當種子落在適宜的土壤上時，其防水的保護層裂開，胚胎開始生長，此過程稱為萌發。上圖為萌發中的大豆植物種子，有嫩葉向上生長且根向下朝土壤延伸。對許多種子而言，濕潤與適中溫度即足以誘導萌發。然而，有些種子則需更極端的誘因，例如許多松樹物種需暴露在極端溫度，如歷經森林大火；定期的森林大火提供了森林破空，而容許陽光照射至小苗，且從被火燒死的樹木組織提供豐富的營養進入土壤中。

開花植物的生殖

34.1 被子植物的生殖

兩種生殖方式

被子植物演化成功的獨特之有性生殖特徵是花與果實。本章將著重在開花植物的有性生殖，但被子植物也可進行無性生殖。

無性生殖

在**無性生殖** (asexual reproduction) 中，個體從單一親代遺傳到所有染色體，因此其遺傳物質與該親代完全相同。無性生殖可產生親代的複製體。

在穩定的環境中，一般認為無性生殖比有性生殖更有利，因為其容許個體投資較低的能量即可生殖，且可維持成功的特徵。無性生殖的常見方式是*營養繁殖*，所以新個體僅是從親代的一部分複製而成。

植物的營養繁殖有以下數種：

走莖 (runner)　有些植物藉由走莖生殖，其是沿著土壤表面生長的細長莖。草莓植物 (如圖) 藉走莖生殖，在莖節處有不定根產生，並伸入土壤中。在此處，葉子和花會形成並有新的莖部長出，持續再延伸走莖。

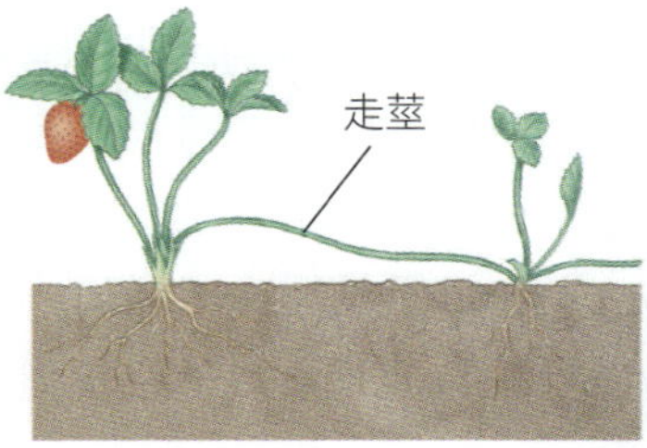

根莖 (rhizome)　根莖是地下的橫走莖，並在地下形成網絡。如同走莖，在節處可產生新的可開花之莖部。許多雜草的有害特徵即是這類的生長方式所造成的，但是禾草和許多園藝植物，如

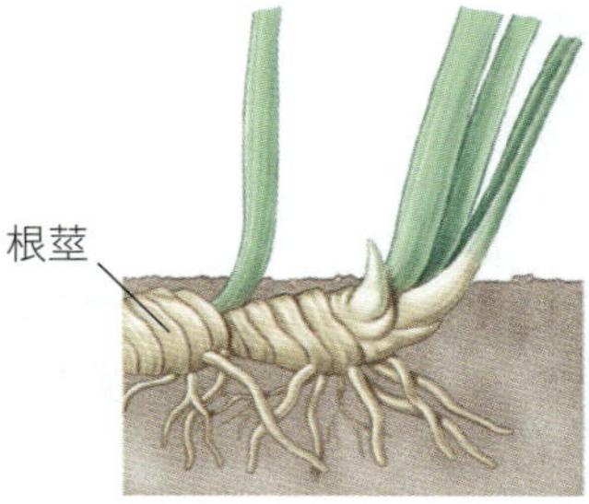

鳶尾，也都以此方式生殖。其他特化的地下莖稱為塊莖，其功能為儲存養分及生殖。馬鈴薯是特化的地下莖，以儲存養分，並在「芽眼」處產生新植物。

根芽 (sucker)　有些植物的根會產生「根芽」，可長成新植物體，例如櫻桃、蘋果及黑莓植物。又如試圖將蒲公英從地裡拔除時，斷掉的剩餘根段可以長出新植物體。

不定芽體 (adventitious plantlet)　在一些植物中，即使葉子也能生殖。一個實例是居家常見的大葉落地生根 (*Kalanchoë daigremontiana*)，或被稱為「多子之母」，此植物的俗稱是基於會有許多小植物芽體從葉緣凹陷處的具分生能力之組織長出，如右圖所示。落地生根通常都是藉由這些小芽體繁殖，小芽落在地上並生根抓地而生長。

有性生殖

植物的有性生活史具有特殊的世代交替，其中雙倍體的孢子體世代會產生單倍體的配子體世代，如在第 32 章所描述。

在被子植物中，發育中的配子體世代完全被親代的孢子體組織所包覆。雄配子體是**花粉粒** (pollen grains)，其由小孢子發育而來。雌配子體是**胚囊** (embryo sac)，其由大孢子發育而來。小孢子與大孢子將詳細描述於後。花粉粒和胚囊都分別在被子植物的特殊構造「花」中產生。花粉粒是在延伸至花外的花藥中產生，而胚囊則位在花的基部。

關鍵學習成果 34.1

被子植物的生殖包括無性與有性生殖兩種方式。

開花植物的有性生殖

34.2 花的構造

花是個生殖工具

花含有一些被子植物用以進行有性生殖的器官。如同動物，被子植物有分別產生雄與雌配子 (精細胞與卵) 的構造，但被子植物有性生殖的器官與動物之不同有兩項。首先，被子植物的雌雄構造通常長在同一朵花裡，但不總是如此。第二，被子植物的有性生殖構造並非在成熟個體中的永久部分。被子植物的花與生殖器官是季節性發育的，這些開花季節會對應於適合授粉作用的時期，利於將花粉傳送到一朵花的雌性構造上。

花通常包括雄與雌兩部分，雄性者稱為雄蕊，即在圖 34.1a 的花剖面示意圖中的長絲狀構造。在每個花絲頂端有個膨大部分稱為花藥，內含花粉。雌性者稱為心皮，為圖中的瓶狀構造。心皮包括基部膨大部分稱為子房、細柄稱為花柱，以及具黏性的頂端稱為柱頭可接收花粉。子房內含有卵細胞。花通常包含雄蕊與心皮，如圖 34.1a 所示，但也有些例外。開花植物的不同物種，如楊柳以及一些桑樹具不完全花，即僅含有雄或雌部分的花。有僅具胚珠或僅具花粉之不完全花的植物稱

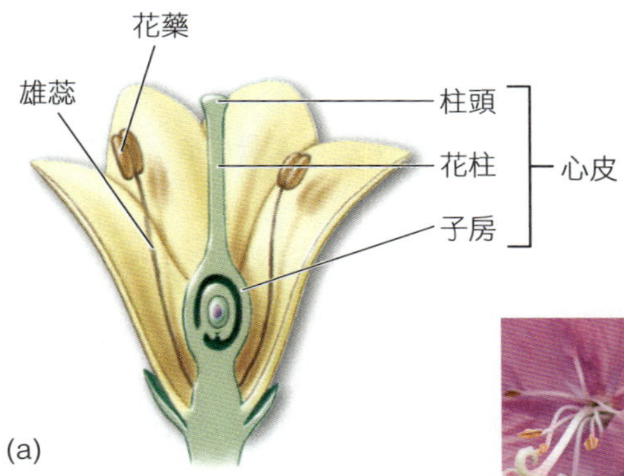

圖 34.1　花的構造
(a) 大多數的花包括雌與雄兩部分，柳蘭 (*Epilobium angustifolium*) 的花包括雌與雄兩構造，但卻在不同時間成熟。雄階段的花 (b) 先開放，雌階段的花 (c) 具有延長的花柱，高於雄蕊。

為雌雄異株 (dioecious)，此字出自希臘文，意指「兩房」。這些植物不能自花授粉且必須依賴異花授粉。而另一群植物有分開的雄花及雌花，但它們長在同一植株上稱為雌雄同株 (monoecious)，意指「單房」。在雌雄同株的植物中，雌雄花可能在不同時間成熟，以增加異花授粉的機會。

即使在每朵花具有功能完整的雄蕊和心皮，這些構造可能在不同時間成熟，此可避免自花授粉。例如圖 34.1b、c 所示柳蘭的花，同時具有雄蕊和心皮，但此構造在不同時間成熟，首先是雄蕊先成熟 (圖 34.1b)，接著花藥裂開而釋出花粉。然後大約兩天之後，花柱延長超過雄蕊 (圖 34.1c)，此柱頭的四裂瓣已可接受花粉，然而所有的花並非都在相同階段。以柳蘭為例，在較低處的花先開，而當較高處的花開且釋放花粉時，則低處的花正是雌蕊階段，如此利於花粉被傳送到另一朵花的柱頭上，促使異花授粉。

花粉的形成

若將花藥切成兩半，如下頁的圖上方所示，可見四個花粉囊，每個囊含有多個小孢子母細胞 ❶。花粉囊內的小孢子母細胞被特化的腔室包圍保護，每個小孢子母細胞進行減數分裂，但在此僅單獨看一個腔室中的變化 ❷。雙倍體 ($2n$) 的小孢子母細胞經減數分裂而形成四個單倍體 ($1n$) 的小孢子 ❸。接著每個小孢子進行有絲分而形成花粉粒，其含有一個生殖細胞 (花粉粒中的紫色細胞) 以及一個管核。管核將形成花粉管，而生殖細胞將於後來分裂形成兩個精細胞，以使雌細胞受精。

卵的形成

卵在被子植物花中的**胚珠** (ovule) 發育，胚珠位在心皮基部的子房中，在每個胚珠中有一個大孢子母細胞 ❶，如下頁的圖下方所

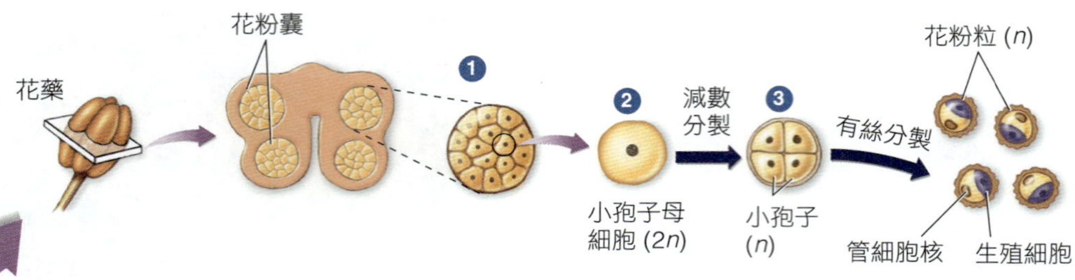

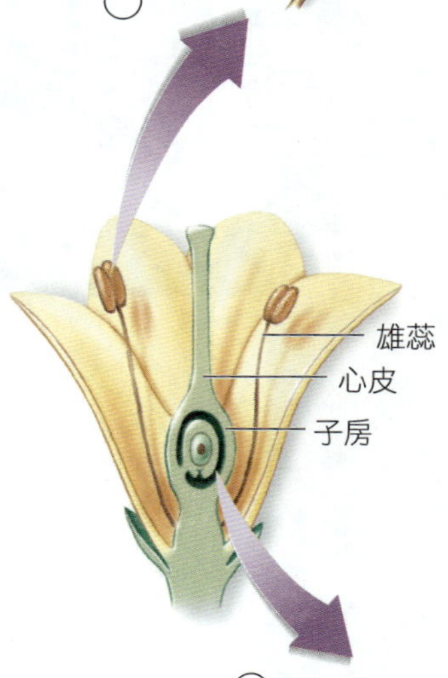

示，每個雙倍體的大孢子母細胞進行減數分裂，形成四個單倍體的大孢子 ❷。然而在大多數植物中，四個大孢子僅有一個存活，其餘被胚珠吸收。此僅存的大孢子 ❸ 進行多次的有絲分裂而產生八個核，其被包在稱為胚囊 ❹ 的構造中。在胚囊內，這八個核排列成特定方式：一個核 (綠色的卵細胞) 位在靠近胚囊開口處；兩個核則位在卵細胞上方的單一細胞中且稱為極核；在卵細胞兩側的核稱為助細胞；而另外三個核位在胚

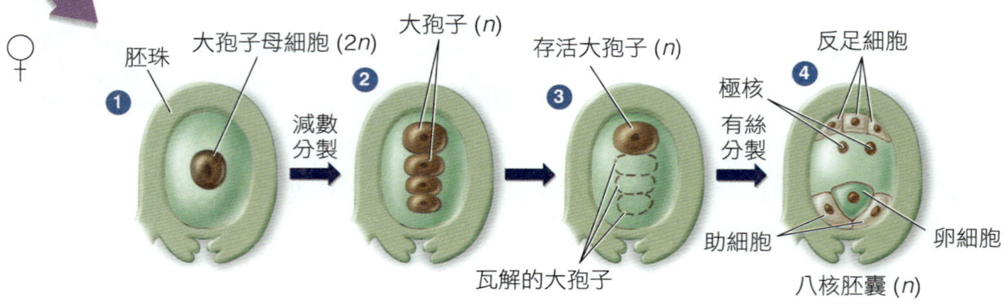

囊上方即卵細胞的對側的細胞中，稱為反足細胞。

雖然所有花具有相同基本構造也扮演相同功能角色，但它們的外形卻不相同。在花的顏色、形狀、大小及其他特徵皆有相當多的差異，圖 34.2 僅顯示出花的所有變異中的一小部分。

關鍵學習成果 34.2

被子植物的花參與有性生殖，其含有雄性與雌性生殖構造。花粉粒在花藥中發育，胚囊則在胚珠中發育。

34.3 配子在花中結合

授粉作用

授粉作用 (Pollination) 是花粉從花藥被送至柱頭的過程。花粉可藉風或動物被攜帶至花上，或是它可在個別花中自己完成。當花粉從一朵花的花藥在同一朵花的柱頭授粉，可導致自體受精。對於有些植物，自花授粉和自體受精的發生是因為自花授粉可排除對動物傳粉的需求，並在穩定環境中維持有利的表徵。然而其他植物則是適應於異體授粉，即由同種的兩個體來完成交配。在一棵植物中僅有雄性或雌性花者 (雌雄異株植物) 須行異體授粉，而同

圖 34.2　不同類型的花

此圖中不同的花都利用相同構造在植物生殖行使其功能，但它們看起來非常不同。左上方的是樺木的花屬於不完全花，在照片左側的雄花向下垂，而右側上彎著是雌花聚集的構造。樺木是風媒花植物，所以花呈土褐色且缺乏其他以昆蟲傳粉的鮮艷花色。這些蟲媒花利用彩色花朵來吸引傳粉者。

一朵花的雄和雌性構造出現時間不同者也須如此。

即使在同一朵花的雄蕊和柱頭同時成熟，有些植物則會出現**自體不相容性** (self-incompatibility)。自體不相容性是由於花粉和柱頭互相辨識出彼此有遺傳相關性，於是花的授粉作用被阻擋，如圖 34.3a 的左側所示。

在許多被子植物中，花粉粒被昆蟲或其他動物從一朵花攜帶至另一朵花，這些訪花者是為了取食或其他報酬，或是因為被花的特徵所欺騙而誤以為是報酬。**蜜液** (nectar) 是富含糖分並含有胺基酸以及其他物質的液體，通常作為訪花動物的報酬。成功的授粉作用有賴於植物吸引昆蟲及其他動物通常足以讓花粉被從一朵花攜帶至該特定物種的另一朵花 (圖 34.3b)。

這些動物即傳粉者與開花植物之間的關係對這兩群生物的演化是很重要的，此稱為**共同演化** (coevolution)。開花植物即使其固定地上不動，也可利用昆蟲傳遞花粉，能在平常且大致受控制的基礎下，將其配子傳播出去。植物對傳粉者愈具吸引力，植物被拜訪次數就會愈頻繁。因此任何可造成植物被其訪花者更多拜訪的表徵改變，皆提供天擇優勢。這情況導致

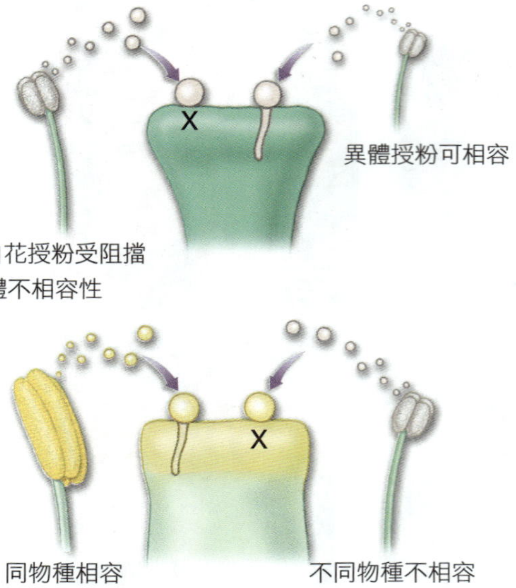

圖 34.3　授粉作用中的不相容性
(a) 某些植物種類不能自花授粉，若花粉粒落在同一植物的柱頭上，授粉作用會受阻擋，但若是異體授粉，則可順利發生；(b) 受昆蟲或動物操控的授粉作用可增加植物體被同種的其他個體授粉的機率，但不會被不同種的個體授粉。

圖 34.4　昆蟲的授粉作用
(a) 蜜蜂通常被黃花吸引；(b) 這隻蝴蝶有長的口器，使牠可深入花中吸食蜜液。

多種具有非常不同花形的被子植物物種的演化，如圖 34.2 所示。

為了讓以動物傳粉的作用更有效率，特定的昆蟲或其他動物必須拜訪同一物種的植物個體。花的顏色及形式已因演化而成形，以促使此專一性。黃色與藍色的花特別吸引蜜蜂 (圖 34.4a)；而紅花吸引鳥類但卻不特別被昆蟲所注意。

有些花具有非常長的花筒，且有蜜液在其深處產生；只有具細長嘴喙的蜂鳥或具長而捲曲口器的蛾或蝴蝶能到達蜜液所在位置。圖 34.4b 可見蝴蝶的長口器深入一朵花中。

有些被子植物和所有裸子植物之中，花粉隨風吹飄並被送達柱頭。此系統有效運行，同種的植物個體必須生長在相對較近之處，因為相較於昆蟲或其他動物，風無法把花粉吹得非常遠或非常確切的位置。因為像雲杉或松樹這些裸子植物生長成密集林，所以風力授粉非常有效率。如樺樹、禾草及豬草等以風力授粉的被子植物也傾向密集生長。風力授粉的被子植

圖 34.5　授粉作用與受精作用
當花粉落在一朵花的柱頭上時，花粉管細胞往胚囊方向生長，形成花粉管。當花粉管生長時，生殖細胞分裂成兩個精細胞。當花粉管抵達胚囊時，會突破其中一個助細胞並釋出精細胞。在雙重受精的過程中，一個精核與卵細胞結合而形成雙倍體 ($2n$) 的合子，另一個精核則與兩個極核結合形成三倍體的胚乳核。

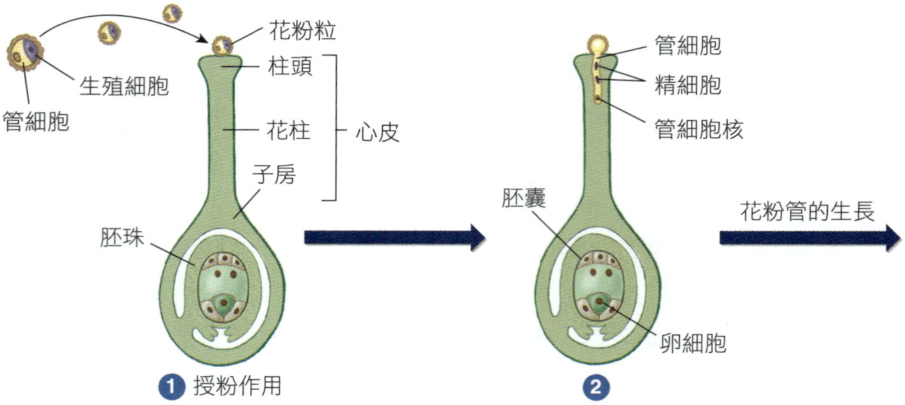

物，其花通常很小，淡綠色且無味，它們的花瓣不是縮小就是完全缺乏，也通常產生大量的花粉。

雙重受精

當花粉粒被風、動物或自花授粉傳遞之後，它附在具黏且糖分物質之柱頭上，然後開始長出**花粉管** (pollen tube) (圖 34.5 ❶)，伸入花柱。花粉管在糖分物質的包圍之下生長，花粉管細胞內的生殖細胞分裂形成兩個精細胞 ❷。花粉管持續生長直到抵達子房內的胚珠 ❸。

當花粉管到達胚珠中胚囊的入口，一個在卵細胞周圍的核退化，然後花粉管進入細胞，花粉管頂端破裂並釋出兩個精細胞 ❹。其中一個精細胞與卵受精形成合子。另一個精細胞與位在胚囊中央的兩個極核，形成三倍體 (3*n*) 的初級胚乳核 ❺。初級胚乳核最終將發育成為胚乳，以提供發育中的胚胎營養 (詳見 32 章)。此被子植物的受精作用過程有兩個精細胞參與，稱為**雙重受精** (double fertilization)。

關鍵學習成果 34.3

授粉作用中，花粉被攜帶至雌性柱頭上。花粉管生長之後，雙重受精導致胚胎及胚乳的發育。

34.4 種子

在受精作用與成熟之間所有發生的事件統稱為發育。在發育期間，細胞逐漸變得更加特化或分化。在圖 34.6 的下方列中，可見植物發育的第一個階段，即活躍地分裂以形成有組織化的細胞團稱為胚胎，如 ❻ 所示。在被子植物中，胚胎中細胞類型的分化，幾乎在受精作用之後即開始。到了第五天，即可在胚胎細胞團內看到主要的組織系統，且再隔一天即可見到根與莖的頂端分生組織的特化，如 ❼ 所示。這發育中的胚胎首先由胚乳提供營養，而後有些植物改由種子葉提供，此葉狀的養分儲存構造稱為**子葉** (cotyledons)。

被子植物胚胎發育的初期有非常重要的階段：胚胎停止發育並因乾燥而呈休眠狀態。在許多植物中，胚胎的發育會在頂端分生組織及子葉分化之後暫停，如 ❽ 所示。此時，植物胚珠已成熟為**種子** (seed)，其包括休眠的胚胎及儲存的養分資源，這兩者被具保護功能且較不透水的種皮所包覆。種皮是胚珠最外的覆蓋層所發育而來。

一旦種皮在胚胎的周圍完整發育之後，胚胎大部分的代謝活動即停止；一個成熟的種子僅含有約 10% 的水分，在此情況下，種子和其內的幼小植物體相當穩定。

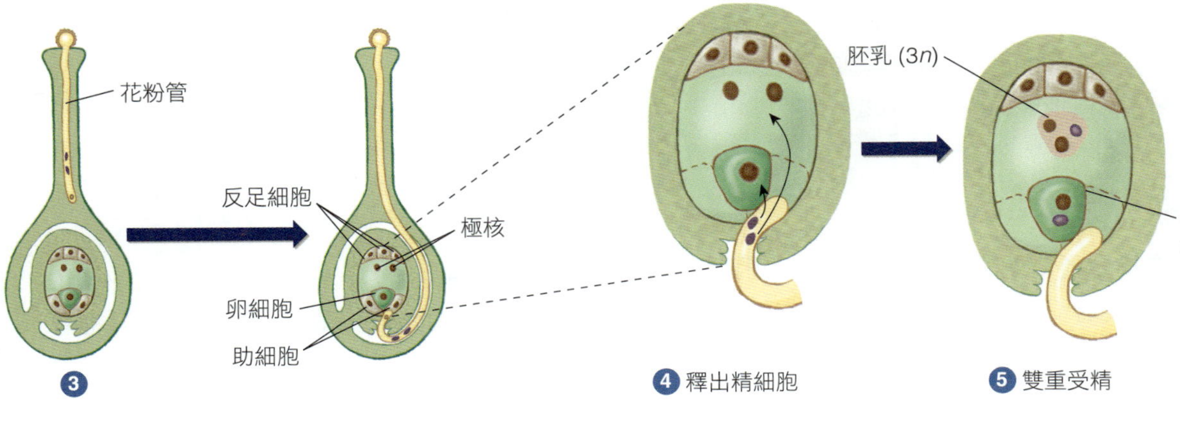

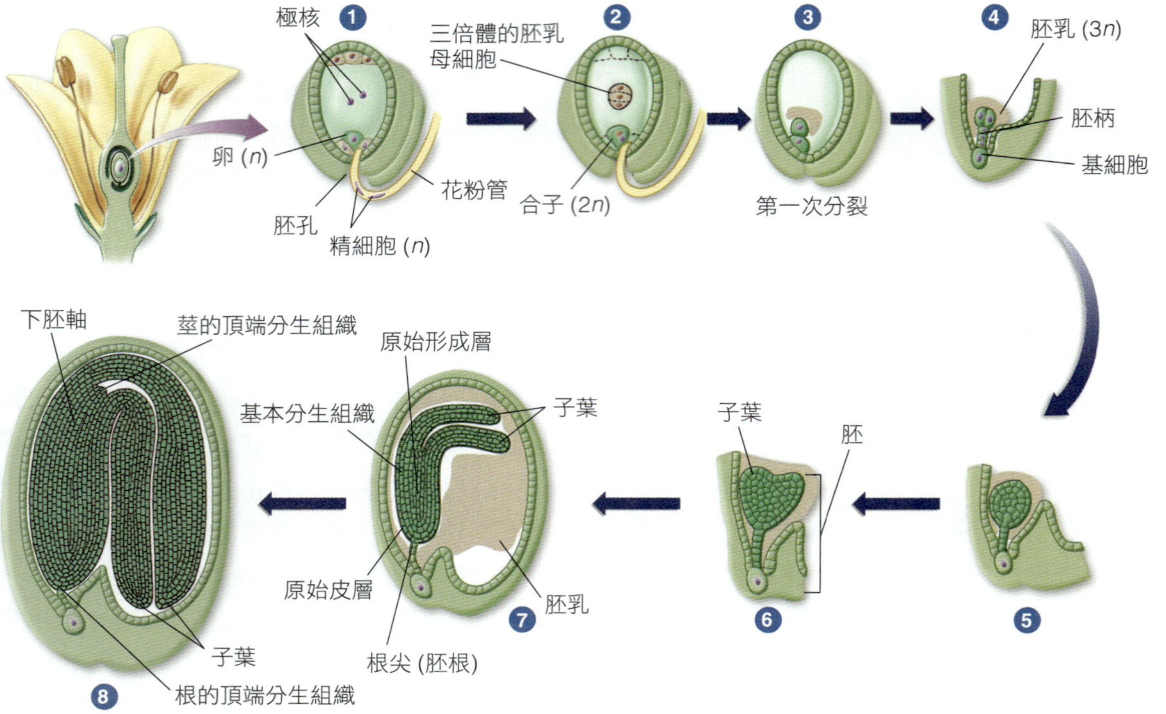

圖 34.6　被子植物胚胎的發育

在合子形成之後，第一次細胞分裂是非對稱的 ❸，而在另一次分裂之後，最靠近花粉管進入的開口處的細胞稱為基細胞，進行一系列的分裂並形成一細長列的細胞稱為胚柄 ❹。其他三個細胞持續分裂而形成細胞團且層狀排列 ❺。大約在細胞分裂的第五天，在細胞團內可看到發育中植物的主要組織系統 ❼。

萌發 (germination) 即胚胎重新恢復代謝活動以導致成熟植物的生長，此過程只有在水分及氧到達胚胎時才能進行，有時還會涉及種子的開裂。據知有些植物的種子已存在數百年而有些甚至數千年都仍具活性。種子會在適合植物存活的條件下才萌發。

> **關鍵學習成果 34.4**
>
> 種子包括休眠的胚胎以及足夠的營養儲存，並有堅硬且抗乾旱的種皮包覆。

34.5　果實

在種子形成期間，花的子房開始發育成果實。花的演化是被子植物成功與分歧的關鍵。然而對被子植物的成功同等重要的是果實的演化，其有助於種子散播。果實可由很多種方式形成並顯現出大範圍的特化。

子房壁可分為獨特的三層，且可發展出從肉質到乾硬的多元果實類型。肉果有三種主要類型：漿果、核果及仁果。*漿果* – 如葡萄、番茄 (圖 34.7a) 和辣椒 – 典型的多種子果實，且其子房壁的內層為肉質。*核果* – 如桃子 (圖 34.7b)、橄欖、李子和櫻桃 – 果實的內層為堅硬且緊貼著單一種子。*仁果* – 如蘋果 (圖 34.7c) 和梨 – 果實的肉質部分是花的一部分且深埋在花托 (即花莖的膨大基部，花瓣和萼片著生處)，其子房的內層是堅硬而革質的膜並包覆種子。

具有肉質外層且通常是黑色、鮮藍或紅色的果實 (如圖 34.7d)，通常藉由鳥類和其他脊椎動物傳播。這些動物會取食這些果實，在將

圖 34.7　果實類型與常見的散播方式
(a) 番茄是肉果之一，稱為漿果，具有許多種子；(b) 桃子是肉果之一，稱為核果，具有單一大型種子；(c) 蘋果是肉果之一，稱為仁果，具多個種子；(d) 金銀花屬植物 (*Lonicera*) 的鮮紅色漿果可吸引鳥類，鳥類可將之吃入體內或黏在腳上而散播至遠處；(e) 蒲公英 (*Taraxacum officinale*) 的種子被包覆在具有「冠毛」的乾果中，有利於以風散播；(f) 倉耳 (*Xanthium strumarium*) 的果實具刺，易於黏在經過的動物身上。

種子當作固體廢棄物排泄出來之前，動物攜帶種子至不同地方。沒被動物消化系統傷害的種子於是就從一適宜的棲地被傳送到另一適宜的棲地。其他被風傳播的果實、或是黏附在哺乳動物的毛髮或鳥類的羽毛上的果實稱為乾果，因為它們缺乏可食果實的肉質部分，而且它們的子房形成堅硬層而非肉質組織。乾果可有利於其散播的構造，如圖 34.7e 蓬鬆的蒲公英或是如圖 34.7f 帶刺的倉耳，它們可附在毛髮上 (或襪子、褲子) 並被帶至新棲地。此外，還有其他果實如紅樹林、椰子樹以及某些特別生長在或靠近海邊或沼澤的植物，可藉由水流散播各地。

關鍵學習成果 34.5

果實是特化以達廣泛散播的構造，例如藉由風、水、黏附動物體散播，或是肉果可被取食。

34.6　萌發

當種子遇到適合其萌發的環境時，它會怎麼樣？首先，它會吸水。在萌發之初，種子組織因為太乾以致需大力吸水。一開始，代謝作用可能是無氧的，但當種皮裂開之後，有氧代謝便取而代之。此時，氧氣必須存在以供發育中的胚胎之用，因為植物與人一樣，需氧以配合活躍的生長 (見第 7 章)。極少植物能在水中產生種子並成功地萌發，雖然有些植物如水稻，已演化出可耐受無氧狀況且能在初期以無氧呼吸。圖 34.8 顯示雙子葉 (左側) 及單子葉 (右側) 植物從萌發至初期發育的各階段。第一個階段在兩類植物都是根的突出。接著，在雙子葉植物中，子葉隨莖部從地下突出，最終子葉凋萎且第一片葉子開始進行光合作用。在單子葉植物中，子葉不從地下露出，反而是一個稱為芽鞘的構造 (圍繞突出莖部的鞘) 推出土表，第一片葉子露出並開始行光合作用。

(a)

圖 34.8　被子植物的發育

(a) 雙子葉植物的發育，以大豆為例。第一個露出的構造是胚根，接著是雙子葉植物的兩片子葉。子葉隨下胚軸 (子葉之下的莖) 從土壤中被推上來。子葉是種子的葉子且可提供生長中植物的營養。之後，葉子發育並經由光合作用提供營養，然後子葉凋萎並從莖上脱落。花在莖節處發育出來；(b) 單子葉植物的發育，以玉米為例。第一個露出的構造是胚根或初生根，單子葉植物有一片子葉，其不會露出地表。芽鞘是個管狀的鞘，它圍繞莖及葉並在其向上推出土壤時提供保護。

(b)

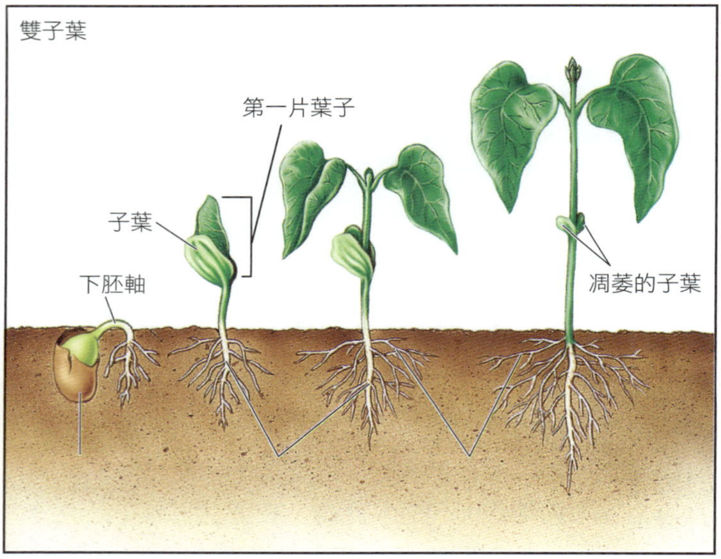

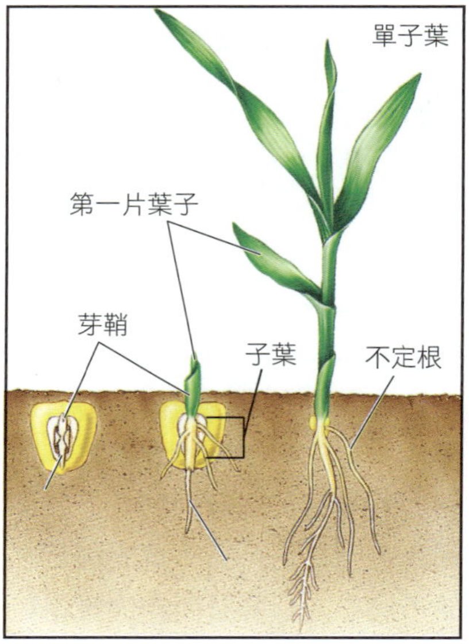

關鍵學習成果 34.6

萌發是種子生長與生殖的恢復，被水分所誘導。

34.7　生長與營養

營養素

如同人類需要某些營養素如碳水化合物、胺基酸及維生素以供生存，植物也需有不同的營養來生長並維持健康。缺乏重要的營養素可能會減緩植物的生長，或使植物更容易染上疾病，或甚至死亡。

大量元素

植物需要許多營養素，其中有些是大量元素 (即是植物需要相對大量)，而其他則是微量元素 (即是僅需要極少量)。這些營養素被視為必需是因為植物本身不能製造它們，而必須由外界提供。例如，植物可製造胺基酸以建構蛋白質，但它不能製造組成胺基酸的碳或氮元素，因此這些是必需元素。大量元素有九種：

碳、氫和氧此三種是所有的有機化合物皆有的元素，還包括氮 (胺基酸所必需的)、鉀、鈣、磷、鎂 (位在葉綠素分子的中央) 以及硫。每一種大量元素的含量，以碳元素為例，可輕易超過健康植株乾重的 1%。

大量元素以多種方式參與植物的代謝，氮 (N) 是藉由固氮細菌的協助從土壤中獲得，它是蛋白質及核酸的必要組成。在保衛細胞中，鉀 (K) 離子可調節**膨壓** (turgor pressure) (細胞內的壓力，是由於水分移入細胞的結果)，也因此可調控植物喪失水分以及吸收二氧化碳的速率。鈣 (Ca) 是中膠層的必需成分，其是位在植物細胞壁之間的結構成分，鈣也可幫忙維持膜的物理完整性。鎂 (Mg) 是葉綠素分子的一部分。磷 (P) 存在於許多關鍵生物分子之中，例如核酸及 ATP，詳見之前的章節。硫 (S) 是建構蛋白質所必需的胺基酸 (半胱胺酸) 之關鍵成分。

微量元素

七種微量元素 (鐵、氯、銅、錳、鋅、鉬及硼) 在大多數植物中的組成含量可從少於 1 至數百個 ppm (百萬分之一)。大量元素在 19 世紀即已普遍被發現，而多數微量元素則是最近才被偵測出來，因科技已發展到可容許研究人員鑑定並操作非常微小的量。

鑑定必需元素

元素需求是利用水耕方式來評估的，圖 34.9 顯示其操作：一棵植物的根懸浮在含有營養素的有氧水中。此水溶液中含有所有必需營養素且比例正確，但只將一種已知或可疑的營養素排除。然後讓此植物生長並研究不正常病徵，其能代表是由於需要此被排除元素所導致者。

提供一個了解微量元素的「微量」程度的方式：若要將正常劑量的鉬加入嚴重缺乏此元素的澳大利亞土壤中，則每公頃需約 34 公克 (大約手抓一把的量)，且每 10 年才須添加一次！大多數植物可在水耕下生長得很好，此種植法雖然昂貴，但在商業目的上，有時也算實用。在分析化學方面，此法則利於採收材料與測試不同化學分子的含量。其中一項應用是碳含量提高 (全球暖化的後果之一) 影響植物生長的研究，二氧化碳的量增加，造成有些植物的葉子面積會增大，但是相較於碳，其氮含量則減少。此現象對草食動物而言，則會降低葉子的營養價值。

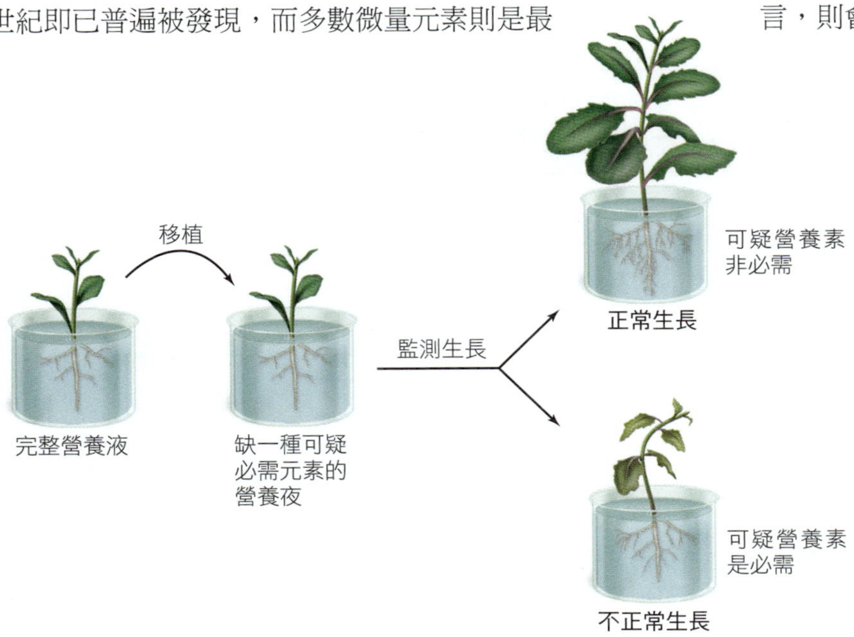

圖 34.9　鑑定植物的營養需求

將一棵小苗先培長在完整的營養液中，之後再移植到缺乏一種可疑必需元素的營養液中。然後研究記錄該小苗的生長及其是否出現不正常的病徵，例如葉子變色及發育不良。若小苗的生長正常，則該缺乏的營養元素可能不是必需的；若小苗的生長不正常，則該缺乏的營養元素是生長必需的。

關鍵學習成果 34.7

所有植物需要相當多的九種大量元素才能存活，它們也需要有極少量的七種微量元素。

調節植物生長

34.8 植物激素

種子萌發後，生長與分化模式即在胚胎中建立，並不斷地重複至植物死亡。但是植物的分化與動物不同，是可大幅逆行的。植物學家在 1950 年代首先報導，從成熟個體分離出來之已分化的細胞能夠分別長成完整的個體。在如圖 34.10 所示的實驗中，史都華 (F. C. Steward) 從胡蘿蔔中取出小塊的韌皮部組織所誘導形成新的植物體，其外形正常且完全具孕性。從已分化的組織再生成完整植株的作法已在許多植物中執行成功，包括棉花、番茄及櫻桃。這些實驗清楚地證實原有已分化的韌皮部組織仍然含有一些細胞，其維持了分化成完整植株所必需的所有遺傳潛力。在植物組織分化期間，這些細胞並沒有喪失任何遺傳訊息，且沒有完全不可逆的步驟。

一旦種子萌發了，植物的進一步發育有賴於具分生能力的組織之活動，此組織藉由激素來與環境產生交互作用 (將討論於後)。莖部與根部頂端分生組織產生成熟植株的所有其他細胞，分化或是特化組織的形成可發生在植物上的五個階段，如圖 34.11 所示。莖部與根部頂

1
從胡蘿蔔中取出小塊的韌皮部組織。
2
將韌皮部組織置於含有生長培養液的三角瓶中。
3
搖晃三角瓶使其中組織團上的細胞脫離。
4
分離的細胞快速生長；將之置於培養基上，可長出根及莖部。
5
最後，植株可正常生長並開花。

圖 34.10 史都華如何從已分化的組織再生成一棵植物

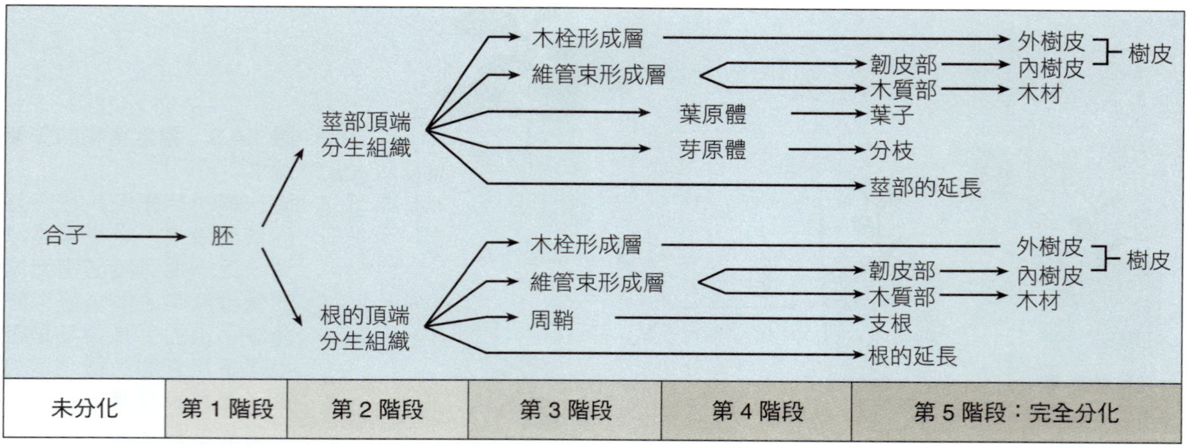

圖 34.11 植物分化的階段

如圖所示，植物體內已分化的細胞與組織都是來自莖部與根部頂端分生組織。然而必須注意的是，此顯示出組織的來源，而非組織在植物體的位置。例如木質部和韌皮部的維管束組織是來自維管束形成層，但這些組織則存在於植物體全身包括在葉子、莖部及根中。

端分生組織的建立是在第 2 階段；在此之後，組織變得更為分化。

史都華的組織再生實驗及許多其他實驗都可歸納出一個共通的結論：在已分化的植物組織中，當給予適當的環境訊息時，有些具細胞核的細胞能夠表現其隱藏的遺傳訊息。而當相同類型的細胞納入正常生長中的植物之中時，什麼使得其遺傳潛力停止表現？如後所示，部分基因的表現是被植物激素所控制。

激素是少量 (通常微量) 的化學物質，其在生物體的一處產生之後，再運送到生物體的其他部位以刺激某些生理過程並抑制其他作用。這些特殊的生理作用方式不但受到激素存在的影響，也受到接獲激素訊息的特定組織所造成的作用影響。

在動物體中，有許多稱為內分泌腺的器官僅負責激素的生成 (激素也在其他器官產生)。另一方面，在植物體內，所有的激素都在不是為此目的且有其他功能的組織中產生。

植物激素最少有五種：植物生長素、吉貝素、細胞分裂素、乙烯及離層酸。它們的化學結構與描述如表 34.1 所示。一定還有其他種類的植物激素存在，但未被充分了解。激素在植物體內有多種功能；相同激素有多種不同作

表 34.1　主要植物激素的功能

激素	主要功能	產生或發現之植物部位	實際應用
植物生長素 (IAA) 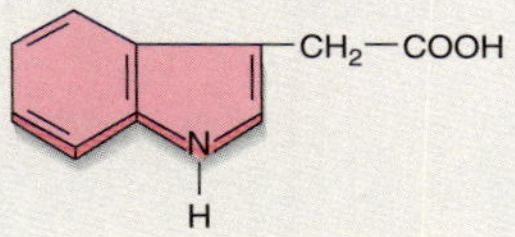	促進莖伸長及生長；形成不定根；抑制葉脫落；促進細胞分裂 (與細胞分裂素一起作用)；誘導乙烯生成；促進側芽休眠	頂端分生組織；植物其他未成熟部位	產生無子果實；合成之植物生長素作為殺蟲劑
吉貝素 (GA_1, GA_2, GA_3,等) 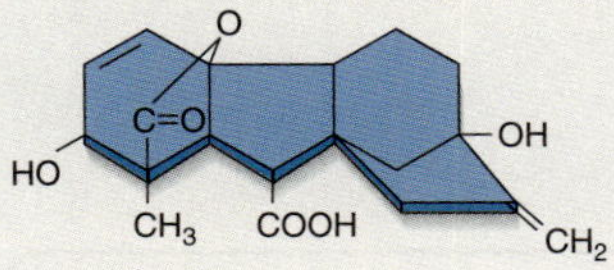	促進莖伸長；在萌發種子中刺激激素的產生	根尖與莖頂；幼葉；種子	釀酒時使大麥種子同時萌芽；二年生植物提早產生種子；藉由增加空間而使果實增大
細胞分裂素 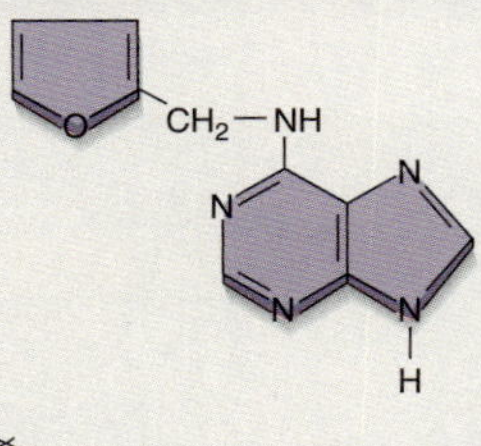	在植物生長素存在下，刺激細胞分裂；促進葉綠體發育；延遲葉的老化；促進側芽形成	根尖分生組織；未成熟的果實	組織培養及生物技術；修剪喬木及灌木而使「填滿」空間
乙烯 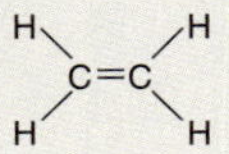	控制葉、花及果實脫落；促進果實成熟	根、莖頂端分生組織；葉在莖節處；老化的花；成熟果實	促使為維持新鮮而提早採收的農產果實成熟
離層素 (ABA) 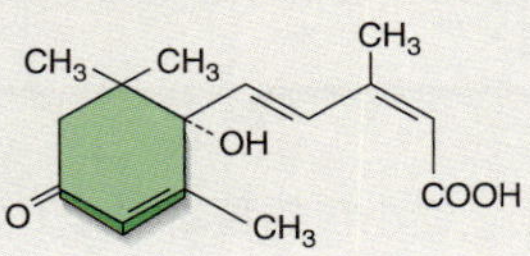	控制氣孔關閉；控制某些種子休眠；抑制其他激素的作用	葉、果實、根冠、種子	植物對逆境的耐受度研究，特別是乾旱

用，可在植物體內不同部位、不同時期以及與其他激素以不同方式交互作用。植物激素的研究是現今活躍且重要的領域，特別是在探討激素如何產生產生其效用方面。

關鍵學習成果 34.8

植物組織的發育是由激素作用所控制。激素藉由調控關鍵基因的表現而作用在植物身上。

34.9 植物生長素

偉大的演化學家達爾文在其晚年對植物的研究興趣漸增。1881 年，他和他的兒子 (Francis Darwin) 發表一本書名為《植物運動的動力》，書中指出一系列的實驗來探討生長中的植物向光彎曲的方式，即**向光性** (phototropism) 現象 (圖 34.12)。

在那些實驗中，達爾文父子觀察到植物會向光生長 ❶，如果將小苗的頂端蓋住，則植物不會向光彎曲 ❷，而控制組實驗顯示遮蓋物並不會影響方向性的生長模式 ❸；另一個控制組顯示遮住植物較低處並不會阻礙方向性的生長 ❺。達爾文父子提出假說：當植物莖部受單向照光時，有個「影響因子」會在莖部的最頂端產生，然後向下運送，造成莖部彎曲。此後，許多植物學家進行一系列的實驗來證實：造成莖部彎曲的物質是一種化學物質稱為**植物生長素** (auxin)。

植物生長素如何控制植物生長，是在 1926 年被荷蘭的植物生理學家文特 (Frits Went) 在其博士論文研究中發現的 (圖 34.13)。

在文特的實驗中，他證實了從在照光下

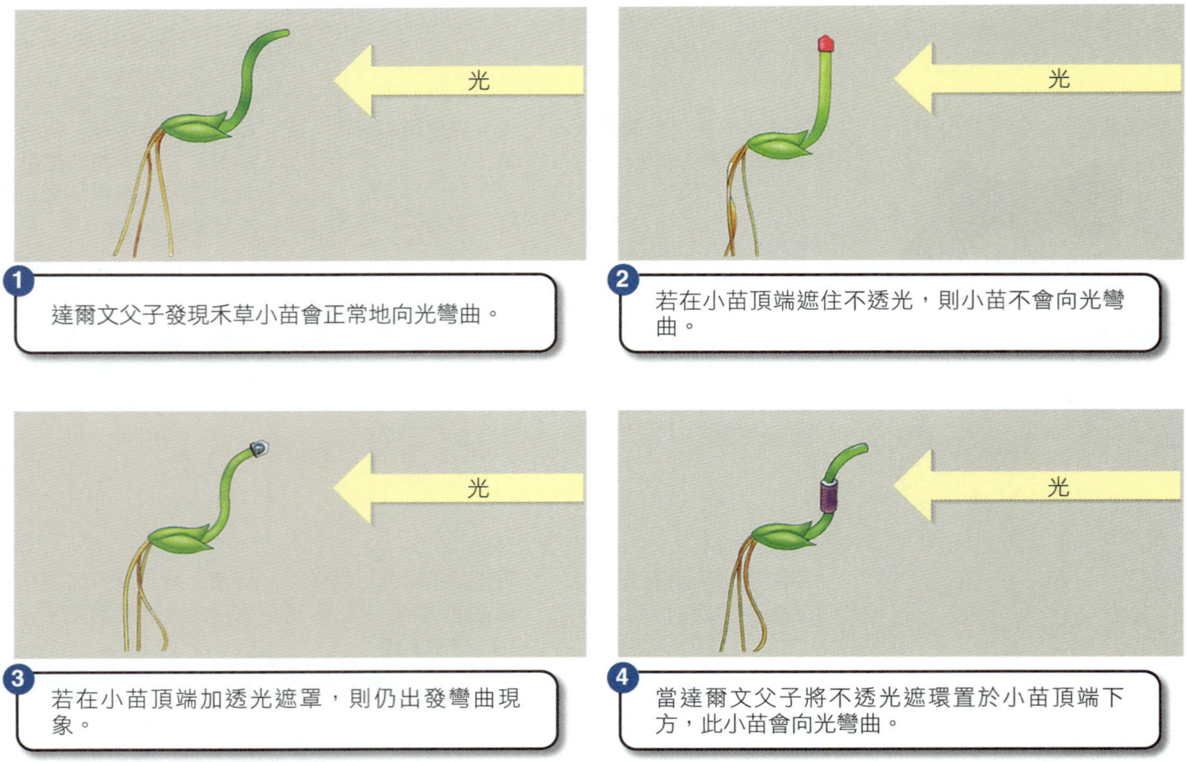
光
1 達爾文父子發現禾草小苗會正常地向光彎曲。
光
2 若在小苗頂端遮住不透光，則小苗不會向光彎曲。
光
3 若在小苗頂端加透光遮罩，則仍出發彎曲現象。
光
4 當達爾文父子將不透光遮環置於小苗頂端下方，此小苗會向光彎曲。

圖 34.12　達爾文的向光性實驗
達爾文父子從這些實驗獲得結論：由於對光的反應，有個會造成彎曲的「影響因子」從小苗的頂端向其下方運送而使小苗發生彎曲。

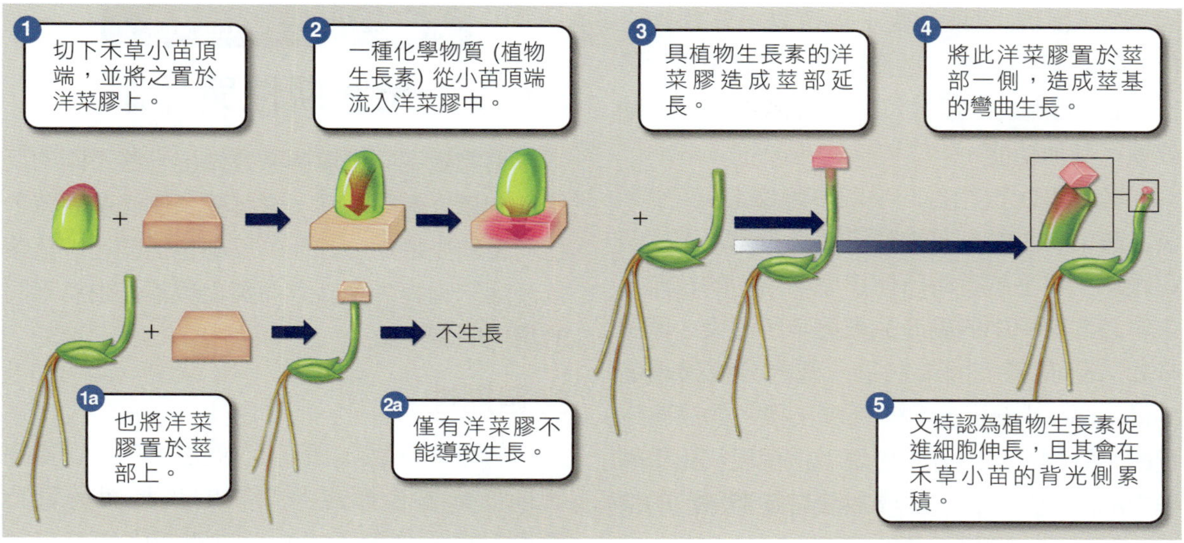
1
切下禾草小苗頂端，並將之置於洋菜膠上。
2
一種化學物質 (植物生長素) 從小苗頂端流入洋菜膠中。
3
具植物生長素的洋菜膠造成莖部延長。
4
將此洋菜膠置於莖部一側，造成莖基的彎曲生長。
不生長
1a
也將洋菜膠置於莖部上。
2a
僅有洋菜膠不能導致生長。
5
文特認為植物生長素促進細胞伸長，且其會在禾草小苗的背光側累積。

圖 34.13　文特如何證實植物生長素對植物生長的作用
此實驗顯示在小苗頂端的一種化學物質如何導致莖部延長和彎曲。步驟 1a 與 2a 則顯示控制組的實驗。

生長的禾草小苗頂端流至洋菜膠中的物質 (第 ❶ 及 ❷ 步驟) 可促進細胞延長 (顯示於第 ❸ 步驟)。倘若讓這個化學訊息僅流入小苗一側的組織，則會導致其生長得比另一側多 (第 ❹ 步驟)。控制組實驗顯示這些作用並非因為洋菜膠本身的特性 (第 1a 及 2a 步驟)。他將他發現的物質命名為植物生長素 (auxin) ，源自希臘文 *auxin* 意指「增加」。

文特的實驗提供了了解約在 45 年之前達爾文父子所得到的反應：禾草小苗向光彎曲是因為莖部的背光側有較多的植物生長素；因此，其細胞延長程度較照光側者多，於是使植物向光彎曲，如圖 34.14 中的放大圖所示。後來的實驗顯示植物生長素在正常植株中會對光有反應而遠離照光側且向背光側移動，導致植物向光彎曲。

植物生長素的作用可藉由在添加後數分鐘內從細胞壁所增加的延展能力來顯現。研究人員猜測促使細胞壁的多醣彼此相連的共軛鍵會因對植物生長素起反應而發生了極大的改變，故而促使細胞吸水而脹大。

人工合成的植物生長素經常用在控制雜草上。當作為殺草劑時，它們的劑量會高於在植物體內的正常濃度。更重要的是所使用的合成植物生長素是 2,4-二氯苯氧基乙酸，俗稱 2,4-D，它會殺死草皮中的雜草，但不傷害草皮，

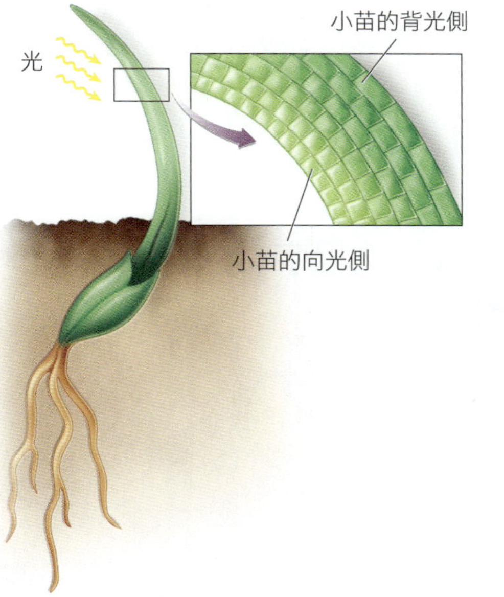
光
小苗的背光側
小苗的向光側

圖 34.14　植物生長素導致細胞延長
在背光側的植物細胞含有較多的植物生長素並且比在照光側的細胞生長得較快、延長得較多，導致植物向光彎曲。

因為它只影響闊葉的雙子葉植物。當添加之後，雜草簡直就是「生長到死」，會快速地降低 ATP 的生成，以致沒有剩餘的能量來運輸或執行其他功能。

與 2,4-D 很相近的是殺草劑 2,4,5-三氯苯氧乙酸 (2,4,5-T)，其被廣泛用來殺死木本樹苗與雜草。這是越戰時所使用惡名昭彰的橙劑，它容易被製程中的副產品戴奧辛所污染，戴奧辛對人們有害，因為它是一種**內分泌破壞者** (endocrine disrupter)，一種會干擾人類發育過程的化學物質。內分泌破壞者這個現代化學製程中的副產品，由於其釋放量有逐漸增加的情況，這是重大環境隱憂的主題之一。

關鍵學習成果 34.9

主要促進生長的植物激素是植物生長素，其增加細胞壁的可塑性，以促使在特定方向的生長。

植物對環境刺激的反應

34.10 光週期性與休眠

植物對不同環境刺激會做出一些不同的反應。本章之前討論到，當其受到側光刺激時，植物會向光彎曲。其他的反應包括開花、落葉以及葉子因喪失葉綠素而黃化也都是由於不同的環境刺激所致。

光週期性

無可或缺地，所有真核生物都受到晝夜週期所影響，而許多植物的生長與發育特徵也都會受到每天 24 小時週期中的晝夜比例改變而影響。這樣的反應統稱為**光週期性** (photoperiodism)，這是一個生物體以相對晝夜長短來量測季節變化的機制。這些光週期反應中，最明顯的是有關被子植物的開花現象。

日照長度會隨季節而變，當離赤道愈遠，其變化就愈大。與日照長度有關的植物開花反應可分為三個基本類型：長日照植物，如下方

關鍵生物程序：光週期性

1
午夜
6 P.M.
6 A.M.
中午
長日照植物
短日照植物
初夏。短黑夜誘導長日照植物開花，如鳶尾；但短日照植物不開花，如一枝黃花。
2
午夜
6 P.M.
6 A.M.
中午
長日照植物
短日照植物
秋末。長黑夜誘導短日照植物開花，如一枝黃花；但長日照植物不開花，如鳶尾。
3
短暫照光
6 P.M.
6 A.M.
中午
長日照植物
短日照植物
中斷黑夜。若冬天的長夜被人為以短暫光照中斷，則一枝黃花不會開花，但鳶尾會開花。

「關鍵生物程序」第 1 部分中的鳶尾會在夏季開花，此時的黑夜長度短於某特定時間 (且白晝變長)。反之，短日照植物在黑夜長度長於某臨界時間 (且白晝變短) 時，會開始產生花；如第 2 部分的一枝黃花不在夏天而在秋天開花。因此，許多在春天及初夏開花的是長日照植物，而在秋天開花的是短日照植物。此外在第 3 部分「中斷黑夜」的實驗中明白顯示，實際上是「連續黑夜長度」在誘導開花。在長夜中的短暫照光會誘導鳶尾開花，而即使此日照時間較短，仍抑制了一枝黃花的開花。

除了長日照和短日照植物之外，有些植物屬於中性日照植物，亦即其開花不受日照的長短影響。

光週期性的化學基礎

對日照和黑暗的開花反應是受到多種以複雜方式交互作用的化學物質所控制，雖然在這些化學物質之中，有些的本質已被推導出來，然而不同化學物一起作用進而促進或抑制開花的反應，至今仍在辯論之中。

植物含有一種色素**光敏素** (phytochrome)，其以兩種型式存在：P_r (不活化態) 和 P_{fr} (活化態)。當 P_{fr} 存在時，開花等生物反應會受影響。當 P_r 吸收光 (660 nm－橘紅色光)，它會立即轉型成 P_{fr}；反之，當 P_{fr} 在黑暗或吸收遠紅光 (730 nm－深紅色光)，它則會立即轉型成 P_r，並且停止生物反應。

短日照植物中，有 P_{fr} 時會引發生物反應而抑制開花，P_{fr} 的量在黑暗中會逐漸減少，其分子轉型成 P_r。當黑暗時間足夠，抑制作用即停止而開花反應得以被誘導。然而單一照射波長約 660 nm 的紅光，會讓 P_r 分子轉型為 P_{fr}，開花反應則會被阻斷。

休眠

植物對其外在環境的反應絕大部分是藉由改變其生長速率。植物在環境不適合時會完全停止生長而變成休眠，此能力對其存活很重要。在溫帶地區，休眠通常與冬天相關，當在低溫且因結冰而缺水的情況下，使植物不可能生長，在此季節中，落葉性喬木及灌木的芽維持休眠，其內的頂端分生組織則被層層苞鱗保護。多年生草本植物則在其短莖或粗根中儲存養分，以在地下度過冬天。許多其他類的植物包括大部分的一年生植物，則是以種子型式度冬。

關鍵學習成果 34.10

植物生長與生殖對光週期很敏感，其利用化學物質來將開花與季節作聯結。

34.11 向性

向性是植物對外界刺激所做出之具方向性且不可逆的生長反應 (圖 34.15)。它們控制了植物生長的模式，進而影響其外形。

植物的向性主要包括三類：

向光性　生長中的植物會向光彎曲 (圖 34.15a，如先前所述)。

向地性　對地心引力所造成莖向上且根向下生長的反應趨勢稱為向地性。這兩種反應皆有適應上的重要性。如同圖 34.15b 花盆中的莖向上彎曲，莖會向上生長，有利於比那些不彎曲者獲得更多陽光；而向下生長的根則比那些不彎曲者更有利於遇到更適合的環境。

向觸性　這「向觸性」一詞是源自希臘文的字根 *thigma*，意指「碰觸」。向觸性定義為植物對碰觸的反應。例子包括植物捲鬚，其可快速在莖或其他物體周圍捲曲攀附，以及纏繞性的植物如旋花科的蔓藤也會捲繞在物體上(圖 34.15c)。這些行為是對碰觸所產生的快速反應。植物表皮中有特化的細胞群顯然與向觸性反應有關，但它們確切的反應模式尚未被清楚了解。

(a)

(b)

(c)

關鍵學習成果 34.11

植物體的生長對光、地心引力或碰觸通常很敏感。

圖 34.15　向光性引導植物體的生長

(a) 芫荽植物 (*Coriandrum*) 向左側的光生長，表現出向光性；(b) 四季豆 (*Phaseolius vulgaris*) 表現出向地性，可見莖部與地心引力反向的反應；(c) 此纏繞莖所呈現之向觸性反應導致莖捲繞在與其相接觸的物體上。

複習你的所學

開花植物的生殖

被子植物的生殖

34.1.1 被子植物可行無性與有性生殖。在無性生殖中，子代與親代的遺傳物質完全相同；這通常涉及營養繁殖。植物使用許多型式的營養繁殖，包括走莖、根莖、根芽以及不定芽體。

開花植物的有性生殖

花的構造

34.2.1 花有雄性及雌性構造。雄性構造包括雄蕊及產生花粉的花藥。花粉粒即雄配子體，在花藥中產生。雌性構造包括柱頭、花柱及由心皮所構成的子房。胚囊即雌配子體，在位於子房內的胚珠中形成。

配子在花中結合

34.3.1 花粉粒被風或動物送至花朵上，花粉粒掉落在柱頭上，並延伸成花粉管穿過花柱抵達胚珠的基部 (圖 34.5)。

34.3.2 兩個精細胞在花粉管中向下移動，一個精細胞和卵受精，而另一個則與兩個極核結合，此過程稱為雙重受精。授粉作用與受精作用促成配子結合。

種子

34.4.1 受精卵開始分裂而形成胚胎，在莖與根的頂端分生組織形成後，胚胎停止生長並在種子中呈現休眠。

果實

34.5.1 在種子形成的過程中，花的子房開始發育為果實，以包裹種子。子房壁可有不同的發育而形成不同類型的果實。果實可有不同的散播方式：肉果被動物取食，然後再經由其糞便散播；乾果通常藉風力、水流或動物散播，乾果有協助其散播的構造。

萌發

34.6.1 種子在適合的情況下萌發。種子吸收水並利用胚乳或子葉為營養來源，當種皮裂開，植物即開始生長。單子葉與雙子葉植物的整體過程相似，但所參與的構造不同。

生長與營養

34.7.1 所有植物需要關鍵元素始能存活及旺盛。植物需要九種大量元素以及七種必需微量元素。植物的營養需求可藉由水耕方式來評估。

調節植物生長

植物激素

34.8.1 激素是僅產生非常微量但會影響生長與發育的化學物質。至少有五種主要的植物激素：植物生長素、吉貝素、細胞分裂素、乙烯及離層酸。

植物生長素

34.9.1 以前的研究員包括達爾文父子，描述現今稱為向光性的過程，即植物會向光彎曲。在一系列的實驗中，他們顯示植物頂端會向光彎曲。文特鑑定了一化學物質稱為植物生長素，其參與向光性的過程。當植物在側面光照下，植物生長素會從頂端釋出而導致植物在背光面細胞伸長，造成向光生長。

植物對環境刺激的反應

光週期性與休眠

34.10.1 日照長度影響開花，此過程稱為光週期性。有些植物對短日照而有開花的反應，有些是對長日照，而有些則為中性日照植物。一種植物色素光敏素有兩種型式，會在黑暗中轉換。活化型的光敏素 (P_{fr}) 會抑制開花。黑暗會將 P_{fr} 轉換為 P_{r}，而導致開花。植物藉由進入休眠期停止生長，而在不適合環境下存活。

向性

34.11.1 向性是對外界刺激所做的反應，是不可逆的生長模式。向光性是向著光的生長反應；向地性是對地心引力的拉力所產生的生長反應；此導致莖向上生長而根向下生長；向觸性是對碰觸的生長反應。

測試你的了解

1. 被子植物無性生殖的常見形式稱為
a. 雙重受精　　c. 營養繁殖
b. 異體受精　　d. 配子發生

2. 花的雄性構造不包括以下何者？
a. 花藥　　c. 雄蕊
b. 柱頭　　d. 小孢子

3. 被子植物同時含有雌、雄花者稱為
a. 雌雄異株　　c. 根莖
b. 雌雄同株　　d. 不完全花

4. 當花粉從一朵花的花藥在另一朵花的柱頭上，此過程稱為
a. 污點化　　c. 自花授粉
b. 異花授粉　　d. 萌發

5. 胚乳是由何者結合產生的？
a. 一個中央細胞與一個精細胞
b. 一個精細胞與一個單倍體細胞核
c. 兩個細胞核與一個精細胞
d. 一個胚柄細胞與一個卵細胞

6. 在有些植物中，發育中的胚胎是由何構造提供營養？
a. 芽鞘　　c. 子葉
b. 蜜液　　d. 仁果

7. 果實是從花的哪部分生成的？
a. 子房　　c. 心皮
b. 萼片　　d. 柱頭

8. 為了讓種子萌發，休眠的植物胚胎必須獲得
a. 二氧化碳和水　　c. 氧和氮
b. 氮和水　　d. 氧和水

9. 植物所需要的大量必需元素不包括以下何者？
a. 鐵　　c. 鈣
b. 氮　　d. 鎂

10. 分生組織藉由使用何者來調節植物的生長與發育？
a. 碳水化合物　　c. 激素
b. 可用的水量　　d. 向光性

11. 激素植物生長素會導致
a. 植物莖的細胞縮短，藉由釋出水
b. 果實成熟
c. 植物莖的細胞伸長
d. 更多側枝的生長

12. 被子植物開花是受到何者控制？
a. 溫度　　c. 光週期
b. 吉貝素　　d. 鎂

13. 植物對碰觸的敏感性稱為
a. 向觸性　　c. 向光性
b. 向地性　　d. 以上皆非

第八單元　生物生存的環境

Chapter 35

族群與群聚

發生在特殊生態系的最重要生態事件，通常涉及棲息其中的生物。在此所看到的這群蜂湧而上的昆蟲是遷徙的蝗蟲，飛蝗 (*Locusta migratoria*) 在 1988 年飛越北非的農場。在多數年間，蝗蟲數量不豐多且不會群湧飛行。然而在特殊偏好的年間，當食物充足且氣候溫和，豐富的資源會導致蝗蟲族群非比尋常地生長。當達到高的族群密度時，蝗蟲呈現不同的荷爾蒙及生理特徵，然後成群飛走。在飛越整片地域時，蝗群會取食任何可及的植物，完全將整片地域剝光。群湧飛行的蝗蟲雖然在北美洲並不常見，但在非洲及歐亞大面積地區則造成傳奇性的災害。本章將檢視自然族群如何成長以及哪些因素限制此成長。

生態

35.1　何謂生態？

生態 (ecology) 是研究生物如何彼此以及與其環境交互作用。生態也包括研究生物的分布及豐多程度，其包括族群的成長與在族群成長上的限制和影響。

生態架構的層級

生態學家認為生物分群可在六個漸次涵蓋更廣的組織層級。新的特徵會根據每個層級組成間的交互情形進而在每個更高的層級中衍生而出。

1. **族群**：一起生活的相同物種個體是一族群的成員。他們有相互交配的潛力、享有相通棲地且使用棲地所提供之相同資源庫。
2. **物種**：具有特別類型的所有族群形成一個物種。物種的族群可交互作用且會影響該物種整體之生態特徵。
3. **群聚**：一起生活在相同地區的不同物種之族群統稱為群聚。典型而言，不同物種會使用共享棲地中的不同資源 (圖 35.1)。
4. 生態系：群聚及與其交互作用的非生物因素合稱為**生態系** (ecosystem)。生態系最終會被源自太陽的能量流以及一些組成生物在生活上所仰賴之必需元素的循環所影響。如圖 35.1 的紅木森林群聚即是生態系的一部分，其中大型樹木與其他生物以及其周遭環境會彼此發生交互作用。
5. **生物群系**：生物群系是生活在陸上的植物、動物及微生物之主要組合，其出現在廣闊且具特定環境特徵之地理區域中。實例包括沙漠、熱帶雨林以及草原。類似的歸群模式也發生在海洋及淡水棲地中。
6. **生物圈**：世界上所有的生物群系以及海洋和淡水的所有組成共同組合而成一個相互交流的系統稱為生物圈。在一個生物群系中的改變可以對其他者產生極大影響。

雖然生物群系及生物圈被視為生態組織架

圖 35.1　紅木群聚

(a) 在加州及內華達西南部的海岸紅木森林中以紅木 (*Sequoia sempervirens*) 族群為優勢，其他在此紅木群聚中的物種包括；(b) 劍蕨 (*Polystichum munitum*)；(c) 紅木酢漿草 (*Oxalis oregana*) 及 (d) 地金龜 (*Pterostichus lama*)。

構中的較高層級，但在這組織層級中，**生態系**是基礎功能單元，就如同細胞被認定為所有活的生物之基本單元而不是組織或器官。

本書將藉由檢視族群及群聚，從基礎層級的生態研究開始，然後循著層級逐步檢視生態系、生物群系，並於最後對生物圈的狀態做審慎地關切檢視。雖然將此主題劃分成不同章節，但不能忽視生物不能生活在真空中的事實，個體彼此間以及與其外在環境之間皆會相互交流，這些交互作用也為存活而帶來新的挑戰及障礙。

環境的挑戰

外在環境的本質可大致決定哪些生物會生活在特定氣候或地區。環境的關鍵因子包括：

溫度　大部分生物適應於相對狹窄的溫度範圍內，且倘若溫度太冷或太熱，則無法生長繁盛。例如植物的生長季節強烈地受到溫度影響。

水　所有生物都需要水，在陸地上，水通常稀少，所以降雨類型對生物有主要影響。

陽光　幾乎所有生態系仰賴被光合作用所獲取的能量，因此陽光的可供應量會影響一個生態系所能支持的生物量，特別是在水面下的海洋環境中。

土壤　物理特性的一致性、酸鹼度以及土壤中礦物質的可獲得量通常嚴重地限制了植物的生長，特別是土壤中的氮與磷。

在一天、一個季節或一生當中，單一生物體必須因應某個範圍內的生存條件。許多生物能藉由在生理、形態或行為上的調整來適應環境變化。例如，當天氣熱時會流汗，經由蒸發以增加熱量散失，故而可避免過熱。在一些哺乳類的形態適應可包括在冬天時會漸增厚的毛髮覆蓋 (圖 35.2)。

許多動物藉由行為 (如四處移動) 以面對環境中的變異，因此可避免掉不適當的區域。例如，一隻熱帶蜥蜴會試圖藉由在太陽下取暖，但是當變得太熱時，則躲至陰涼處以維持相當一致的體溫 (圖 35.3)。

這些生理、形態或行為上的能力是在特殊環境設定下，長時間以來天擇作用下的結果，

圖 35.2　冬天的狼
這隻灰狼在冬天長出較厚的毛髮覆蓋以使其身體隔熱。散失的體溫會被留在覆蓋的毛髮包圍之空氣中保留熱度，故而能在冬天裡協助維持牠的體溫。

圖 35.3　哥斯大黎加的蜥蜴
這隻變色蜥蜴在炎熱白天中躲至陰涼處，以協助保持其體溫較外界升高的溫度涼爽。

此解釋了為何一個被移至不同環境的生物體不易存活。

關鍵學習成果 35.1

生態學是研究存活在同區域的生物如何彼此以及與其外在環境交流。一個生態系是一個動態的生態系統，其挑戰生物去因應改變中的外在環境而做出調整。

族群

35.2　族群的範圍

生物體以**族群** (population) 的成員，在同一時間、地點一起成群出現。不論族群是一群鳥、昆蟲、植物或是人類，生態學家可研究族群的許多關鍵元素，並進而對其了解更多。

族群的存活處

*族群*有五個特別重要的部分：*族群範圍*是指一個族群出現的整個範圍；*族群分布* (population distribution) 是指在此範圍內的個體之間的空間模式；*族群大小*是指一個族群所包含的個體數目；*族群密度*是指許多個體如何共享一個區域；*族群成長*則描述一個族群如何成長或縮小且速率如何，以下將分別討論。

族群的範圍

沒有族群 (甚至沒有人類族群) 可發生在世界各地的所有棲地。事實上，大多數的物種有相對受限的地理範圍，且有些物種的範圍非常狹窄。例如，內華達州南部的魔鬼洞的鱂魚生活在單一熱噴泉中，而索科羅等足蟲只出現在新墨西哥州的單一噴泉系統中。圖 35.4 顯示一些物種被發現是在孤立棲地的單一族群。而在另一更極端的是有些物種分布廣泛，例如常見的海豚 (*Delphinus delphis*) 則在全世界各海洋皆可發現。

生物必須能適應其所生存的環境。北極熊只能適應在寒冷的北極生活，牠們不會出現在熱帶雨林中。在黃石公園的熱噴泉裡，有些原核生物能在接近沸騰的熱水中存活，但牠們不會出現在鄰近較涼的溪水中。每個族群有自己的需求如溫度、濕度、特定種類的食物以及一系列的其他因素，這些因素能決定何處可生活與繁殖、何處不行。此外，在其他適合的棲地中，有獵食者、競爭者或寄生者存在，可避免族群獨占一個地區，此主題將在 35.9 節探討。

範圍的擴展與縮小

族群範圍並非靜態，反而是隨時間在變。這些改變的發生有兩個原因。在某些情況下，環境會改變。例如，在冰河時期末 (約 10,000 年前)，當冰河退縮之後，許多北美洲的植物

圖 35.4 僅存在於一處的物種
這些物種 (以及許多其他物種) 只有單一族群。牠 (它) 們都是瀕臨滅絕的物種，倘若其單一棲地碰巧發生任何狀況，則該族群 (該物種) 將會滅絕。

及動物族群向北擴展。在此同時，氣候變得暖和，物種隨著海拔高度遷移以利存活，在較高海拔的溫度比低海拔涼，例如在較冷的溫度較能存活的樹木分布範圍，會從溫度上升的地區往較涼的山上偏移，如圖 35.5 所示。

此外，族群能從不恰當的棲地擴展其分布範圍至適宜且之前未占據之處。如原生於非洲的牛背鷺在 1800 年代末期出現在南美洲北部，這些鳥遷徙了將近 2,000 哩，可能在強風協助之下橫跨大海。此後，牠們穩定地擴展分布範圍，如今已可在美國各地發現到牠們。

關鍵學習成果 35.2

族群是一群共同生存在相同地區的同物種個體。其分布範圍 (即族群所占據的區域) 會隨時間改變。

35.3 族群分布

影響物種範圍的關鍵特徵是其族群的個體的分布方式。它們可以是逢機分布、平均分布或是聚集分布 (圖 35.7)。

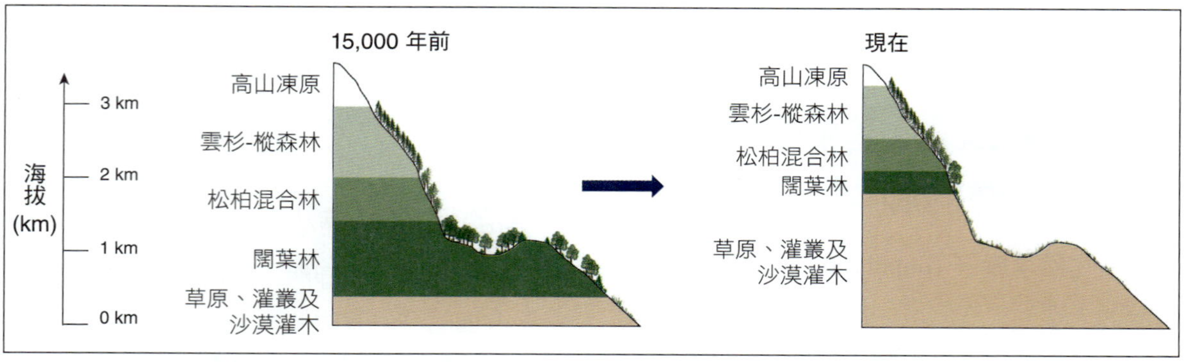

圖 35.5 北美洲西南部山區的族群範圍隨海拔高低遷移
在 15,000 年前的冰河時期，氣候比現在還要冷。當氣候變暖和，需要較冷溫度的樹木物種已經將其分布的海拔高度上移，以便能在其可適應的氣候條件下生活。

逢機分布

當個體彼此間沒有強烈的交互作用，或者個體與其環境間沒有非均質性的問題，則其在族群內會呈現逢機分布。逢機分布在自然界並不普遍，然而在巴拿馬雨林中，有些樹木物種顯然呈現逢機分布 (圖 35.7b)。

平均分布

族群內的平均分布通常是導因於對資源的競爭。然而其形成的方法不同。在動物中，如圖 35.8 所示的平均分布通常是由於行為上的交互作用。在許多物種中，單一或兩種性別的個體會防禦其領域以排除其他個體。這些領域提供擁有者額外獲得如食物、水分、庇護所或交配對象的機會，並且個體傾向平均分布於整個棲地。甚至在非領域性的物種中，個體通常維持一個防禦空間，不允許其他動物的入侵。

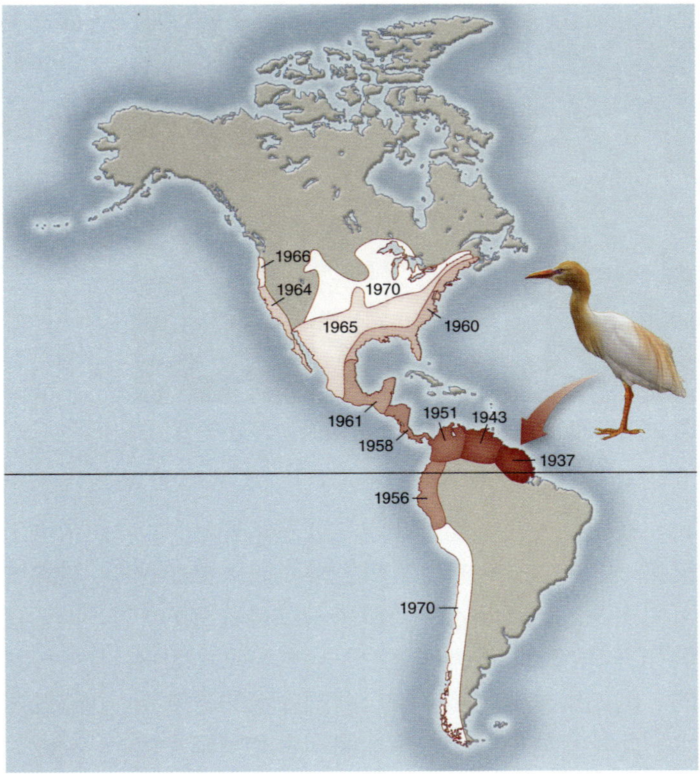

圖 35.6 牛背鷺的範圍擴展

牛背鷺的名稱由來是因為其跟隨在牛及其他有蹄動物身後，捕捉任何被擾動的昆蟲或小型脊椎動物。在 1800 年代末期首先抵達南美洲，自從 1930 年代，此物種的範圍擴展已被詳細記載，當時已西移並向北美洲北移，同時也向南移向安第斯山脈西側，接近南美洲的最南端。

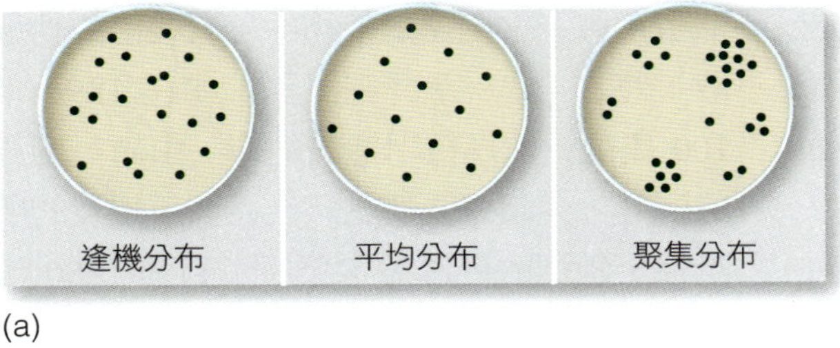

圖 35.7 族群分布

分布的不同模式可呈現為 (a) 細菌菌落的不同分布，及 (b) 在巴拿馬相同地點的三種不同樹木物種。

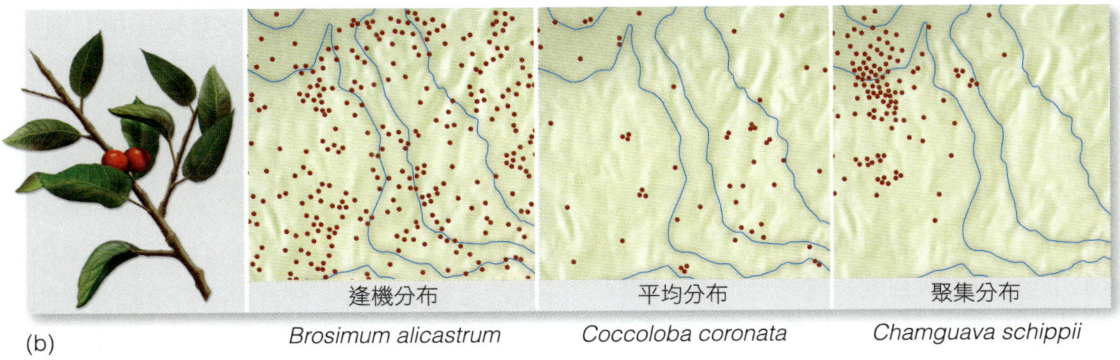

圖 35.8　紐西蘭的塘鵝族群所呈現的均勻分布

在植物中，平均分布也是競爭資源常見的結果 (圖 35.7b)。植物個體距離太近將會競爭可用光源、營養及水。此競爭可以是直接的，例如一株植物的陰影蓋住另一株；或是間接的，例如兩株植物競爭來自共同區域的營養或水。此外有些植物如木焦油樹，會在周圍土壤中產生對其他物種有毒害的化學物質。在以上案例中，只有能彼此保持適當距離的植物方可共存，於是導致平均分布。

聚集分布

個體因環境資源分布不均的情況下會反映出聚集的現象 (詳見圖 35.7b)。聚集分布在自然界中很常見，因為動物、植物及微生物個體傾向喜好確切的土壤類型、濕度或是其他方面的環境，以作為其適應的最佳狀態。

社會型的交互作用也可導致聚集分布，許多物種以大群體的方式生活及移動，故而出現許多不同的統稱如鳥群、牧群及獅群。這樣的成群聚集可提供許多優點，包括增加對獵食者的警覺性與防禦力、減少在空中及水中移動的能量耗損，以及使用類群所有成員的訊息。

在較廣闊的尺度上，族群通常在其範圍內部的密度最高，而愈朝向邊緣則密度漸減。這樣的模式通常是導因自在不同地區的環境變異方式。族群通常較能適應在其分布的內部狀態。當環境狀態改變時，個體便不能適應良好，於是密度降低。

散播機制

散播至新地區的方法有多種。例如，蜥蜴能在許多偏僻的小島上形成聚落，可能是因為其個體或牠們的蛋能夠漂浮或隨著植被漂流。在偏遠的島嶼上，蝙蝠通常是唯一的哺乳類，因為牠們能飛到那些島嶼上。許多植物的種子設計成多種形式以利散播。許多種子以流體動力設計以能隨風長距離飄散。其他則有能黏附在動物的毛髮或羽毛上的構造，以便能在掉落至地上之前被攜至遠處。還有其他是被包在肉質果實中，這些種子能經由哺乳類或鳥類的消化系統，然後能在其隨糞便排出之處萌發。最後，杉寄生 (*Arceuthobium*) 的種子是從果實基部以爆發方式被噴出。雖然長距離散播事件導致成功建立新族群的機率很小，但在數百萬年以來，許多這樣的散播已經發生過。

人類的作用

藉由改變環境，人類已經使得一些物種 (如郊狼) 得以擴展其範圍並進駐之前未占領的區域。更進一步地，人類已扮演許多物種的散播者角色。這些轉殖植物中，有些已成功地擴散，將在第 38 章詳細討論。如在 1896 年，100 隻歐洲椋鳥被引進紐約市，由於一個錯誤的引導，企圖想要建立莎士比亞所提及的所有鳥種。牠們的族群穩定擴展，到了 1980 年，牠們已占滿整個美國。無數關於動植物的相同故事不斷發生，且此名單逐年增加中。很不幸地，這些入侵者的成功通常是因犧牲了原生物種而得，將在第 38 章進一步討論。

關鍵學習成果 35.3

族群中的個體分布可以是逢機分布、平均分布或是聚集分布，且有一部分是視資源的可利用性而定。

35.4 族群成長

族群成長速率

任何族群的重要特性之一是其**族群大小** (population size) 亦即族群中的個體數目。例如，倘若一整個物種僅由一個或少數幾個小族群所組成，則該物種可能會走向滅絕，特別是其出現在已經 (或者正在) 被徹底改變的地區當中。此外，除了族群大小，**族群密度** (population density) 即在單位面積如每平方公里內出現的個體數目，通常是個重要特徵。族群的密度是個體間如何彼此靠近或如何一起生活的寫照。以小家族成群生活的動物如圖 35.9a 的西伯利亞老虎，通常有極少的獵食者，而一大群生活的動物如圖 35.9b 的牛羚，則以較大數量一起活動才會安全。

指數型成長模式

族群成長的最簡單模式是假設一個族群成長的速率沒有最大值之限制。此速率以 r 表示且稱為**生物潛力** (biotic potential)，是指在沒有成長速率限制之下，特定物種的族群將會增加。以數學方式表示，其可定義為以下公式：

$$G = r_i N$$

其中 N 是族群個體數，G 是隨時間之個體數的改變 (成長速率)，以及 r_i 是該族群自然增加之既有 (intrinsic) 速率，即代表成長之內在能力。

族群增加的實際速率 r 被定義為出生率 b 及死亡率 d 間之差異，並以個體在族群中移入或移出來修正，是否有遷出 (從地區 e 移出) 或遷入 (移入地區 i)，因此

$$r = (b - d) + (i - e)$$

個體的遷移可對族群成長速率造成主要衝擊。例如在 20 世紀末的數十年間，美國人口

(a)

(b)

圖 35.9　族群密度

(a) 西伯利亞老虎占據了很大的領域 (一般一隻成熟雄性有 60~100 平方公里) 因為在密集的西伯利亞森林中，相對缺少獵食者，特別是在冬季；(b) 此塞倫蓋提牛羚群有超過 100 萬隻個體。

增加大多是因為移民遷入，由原有的居民所新增的人口數仍不及總增加數目的一半。

任何族群成長之內在能力是呈現指數型且稱為指數型成長 (exponential growth)。即使當增加的速率維持恆定，其在個體數目上的實際增加仍會隨族群大小成長而快速上升。在圖 35.10 中，快速的指數型成長為紅線所示。此類成長模式與在投資上的複合利息所得者相似。在操作上，這類模式僅代表一段短暫時間的結果，通常發生生物體抵達具有豐多資源的新棲地之初期，自然案例包括來自歐洲的蒲公英首度散播在北美洲的田野及草原中；藻類在新形成的池塘中形成群落；或是植物首度抵達

最近從海中冒出的小島。

承載力

不論族群成長有多快速，它們終將達到一個限制，這是由於如空間、陽光、水或營養等重要環境因素資源不足之故。一個族群通常總會在一個特定族群大小達到穩定，此稱為族群在特定地區的**承載力** (carrying capacity)，且族群大小則會呈現平穩，如圖 35.10 中的藍線所示。承載力是一個地區所能支持的最大個體數。

邏輯型成長模式

當族群朝向其承載力時，成長速率會大幅減緩，因為新個體的可利用資源逐漸稀少。這樣的族群成長曲線總是受限於一或多個環境因素，可約略循著**邏輯型成長方程式** (logistic growth equation) 調整其成長速率，以因應漸減的限制因素之可利用性。

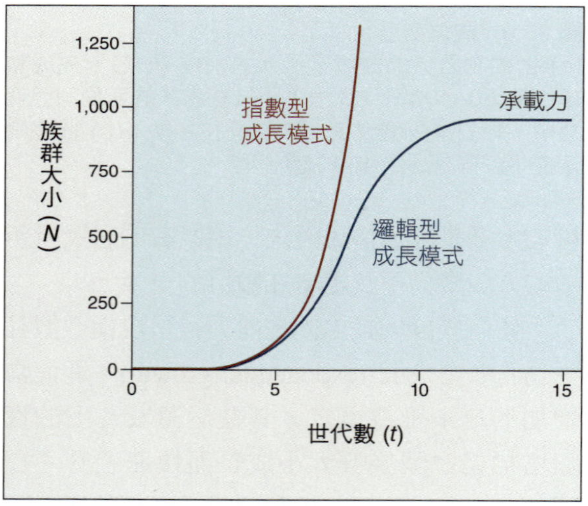

圖 35.10 族群成長的兩種模式

紅線代表一個族群的指數型成長，其 r = 1.0。藍線則代表一個族群的邏輯型成長，其 r = 1.0 且 K = 1,000 個體。起初，邏輯型成長以指數型上升，然後，當資源變得有限制、出生率下降或是死亡率上升，則成長變慢。當死亡率等於出生率時，則成長停止。承載力 (K) 最終仰賴於環境可利用的資源。

$$G = rN\left(\frac{K-N}{K}\right)$$

在此族群的邏輯型成長模式中，族群的成長速率 (G) 等於其增加之速率 (r 乘以 N 是在任一時間內出現的個體數目)，以資源可利用量來做調整。此調整是藉由 rN 乘上尚未使用的 K 之分數 (K 減去 N，再除以 K)。隨著 N 增加 (族群大小增加)，r 所乘上的分數 (剩下的資源) 會變得愈來愈少，且族群增加速率也會下降。

以數學方式表示，當 N 接近 K 時，族群成長速率 (G) 開始變慢，直至其到達 0，此時 $N = K$ (圖 35.10 中的藍線)。在操作上，在固定資源之下，例如在更多個體當中增加競爭、廢棄物的累積或獵食性的速率增加等因素會導致成長速率下降。

由圖來看，倘若以 N 對 t (時間) 作圖可得到一個 S 型的**邏輯函數成長曲線** (sigmoid growth curve)，即大多數生物族群所呈現的特性。此曲線稱為「sigmoid」是因為其形狀有雙彎曲，與 S 字母相似。當族群大小在承載力達穩定時，其成長速率減緩，最終便停止。圖 35.11 中的海狗族群具有承載力約為 10,000 隻具生殖力的雄個體。

對特定的棲地而言，當族群接近其承載力時，例如競爭資源、遷出以及累積有毒廢物等過程皆傾向增加。該族群成員所競爭的資源可能是食物、庇護處、光、交配位置、交配對象或任何其他生存與生殖所需的因素。

關鍵學習成果 35.4

在特定地區的族群大小呈現穩定，此數目是該地區對該物種的承載力。族群大小會增加至其所在環境之承載力。

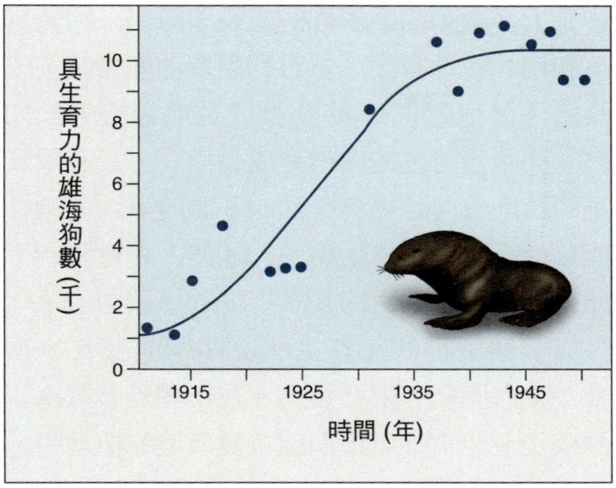

圖 35.11 大部分的自然族群呈現邏輯型成長
這些數據代表在阿拉斯加聖保羅島上的海狗 (*Callorhinus ursinus*) 族群。海狗在 1800 年代末期因為被獵殺而幾乎導致滅絕，而在 1911 年被禁止獵殺之後，族群終得復返。現今，具生育能力之雄個體且有妻妾的數目約在 10,000 隻上下，推測為該島的承載力。

35.5 族群密度的影響

調節族群成長的因素

與密度無關的作用

在自然界，許多因素會調節族群的成長，而與族群大小無關但可調節其成長者稱為**與密度無關的作用** (density-independent effects)。不同的因素會以與密度無關的方式來影響族群。大部分因素多與外在環境有關，例如天氣 (極端寒冷的冬天、乾旱、暴風雨、洪水) 以及物理性毀壞 (火山爆發及火災)。不論族群的大小，個體通常會被這些活動所影響。在經常發生以上事件的地區中，族群會呈現出不規則的成長模式，亦即當狀態相對好時，族群大小會快速增加；但只要環境變得艱難，就會極遽下降。

與密度有關的作用

與族群大小有關且會調節其成長者稱為**與密度有關的作用** (density-dependent effects)。在動物中，這些作用可能伴隨有荷爾蒙改變，其能改變行為，進而影響族群的大小。一個驚人的例子發生在遷徙的蝗蟲 (如本章首頁)。當牠們變得擁擠，蝗蟲會產生荷爾蒙導致牠們進入遷徙期；這些蝗蟲會成群離開，長距離飛至新棲地。一般來說，當族群大小增加時，與密度有關的作用會有漸增的效用。在圖 35.12 中，當美洲哥雀族群成長時，族群內的個體會因有限資源而增加競爭強度。達爾文提出這些作用會造成天擇，而且個體在競爭有限因素時會改善其適應。

族群生產力最大化

在人類所開發的自然系統中 (如漁業)，目標是藉由在族群處於其 *S* 型成長曲線的早期上升階段時開發，以獲得最大生產力。在這樣的階段，族群及個體的成長快速，且以融入這些生物體內的材料量而言，其淨生產力是最高的。

由於經濟漁業刻意操作，故可一直在曲線的陡升上快速成長部分收穫。*最大永續產量* (圖 35.13 中的紅線) 則落在 *S* 曲線的中間。在此點附近收穫一個經濟需求物種的族群將會獲得最佳的永續產量。

過度收穫一個小於此臨界大小的族群可能

圖 35.12 與密度有關的作用
美洲哥雀 (*Melospiza melodia*) 的生殖成功隨族群大小的上升而降低。

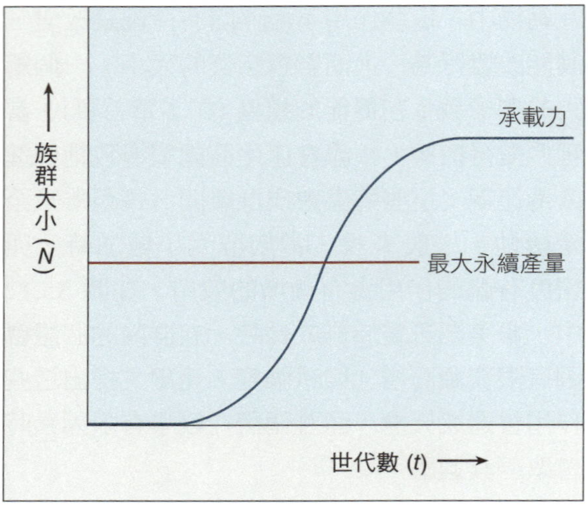

圖 35.13 最大永續產量
為經濟目的而採收生物體的目標是僅要收穫足夠生物體以使目前產量達到最大，但也能使族群永續以為未來的產量。當此族群處在 S 曲線的快速成長階段時，才採收此生物，但不過度採收，如此將可達到永續產量。

會破壞其生產力長達數年之久，或甚至導致其走向滅絕。事實上在 1972 年的聖嬰現象造成其族群銳減之後，此情況曾發生在秘魯的鯷魚漁業。要決定具經濟價值物種的族群量之不同等級通常是困難的，而沒有此資訊，要決定最適於長期永續的有效收穫產量也一樣困難。

關鍵學習成果 35.5

與密度無關的作用是受到一些不受族群大小影響的操作因素所控制；而與密度有關的作用則是由參與族群大小增加的因素所造成。

35.6 生命史的適應

競爭形塑生命史

當不受到所在環境資源的限制時，許多植物、昆蟲及細菌的族群成長速率會非常快速。具有比族群所需還多之可利用資源的棲地會偏好非常快速且通常趨近於指數型成長的生殖速率。

大多數動物的族群的成長率較慢，因為其可利用的資源有限。當可利用資源變少時，成長會下降而形成一個 *S* 型成長曲線接近於如 35.4 節中所討論的邏輯型成長模式。具有限資源的棲地會導致更多強烈的資源競爭，而偏好能存活且更有效成功生殖的個體。在此限制下能存活的個體數目即是該族群的承載力 (*K*)。

一個生物的完整生活史即構成其生命歷程。生命歷程有很多類型。在一個具有豐富資源或是在非常不可預期或多變環境的棲地中，有些生命歷程的適應偏好快速生長，在此環境中的生物體會善用其偶爾出現的資源。因此，它們會提早生殖，產生許多小型且能快速成熟的子代，並偏好採取「大爆發性」的生殖方式。以指數型成長模式來看，這些適應皆偏好高的增加速率 *r*，被稱為 ***r*-選擇的適應** (r-selected adaptations)。生命歷程呈現 *r*-選擇的適應之生物包括蒲公英、蚜蟲、老鼠及蟑螂

圖 35.14 指數型成長的後果
所有生物都有潛力能產生比實際發生在自然界還要大的族群。德國蟑螂 (*Blatella germanica*) 是常見的居家害蟲，每六個月會產生 80 個子代。倘若每隻孵化出來的蟑螂皆存活了三代，那麼廚房可能會像這個根據理論而得之烹飪界的惡夢，此為史密斯索尼亞自然史博物館中所捏造出來者。

(圖 35.14)。

另一種生命歷程的適應偏好能在一個個體會競爭有限資源的棲地中存活者。這些特徵包括延後生殖，產生少量但大型且緩慢成熟的子代，並能獲得完善的親代照護，以及採取其他與「承載力」有關的生殖方式。以邏輯型成長模式來看，這些適應皆偏好在接近環境的承載力 (*K*) 之下生殖，被稱為 **K-選擇的適應** (*K*-selected adaptations)。呈現 *K*-選擇的適應生命歷程之生物包括椰子樹、美洲鶴以及鯨魚。

一般而言，生活在變遷快速的棲地之族群傾向於呈現 *r*-選擇的適應，而生活在較穩定且競爭的棲地之近親生物族群傾向於呈現 *K*-選擇的適應。大多數自然的族群顯現其生命歷程的適應，同時存在有連續性且其範圍可從完全 *r*-選擇特性而至完全 *K*-選擇特性者。表 35.1 列出此連續性的兩個極端之適應特性。

關鍵學習成果 35.6

有些生命史之適應偏好接近指數型成長，而其他則偏好較有競爭的邏輯型成長。

表 35.1 *r*-選擇 與 *K*-選擇的適應之生命歷程

適應	*r*-選擇的族群	*K*-選擇的族群
第一次生殖的年齡	早	晚
體內平衡能力	有限	通常廣泛
存活期	短	長
成熟時間	短	長
死亡率	通常高	通常低
每次生殖所產生的子代數目	很多	很少
一生中的生殖次數	通常一次	通常多次
親代照護	無	通常完善
子代或蛋的大小	小	大

35.7 族群統計

影響成長速率的因素

人口統計 (demography) 是對族群的統計研究。這名詞源自兩個希臘文：*demos* 意指「人民」，而 *graphos* 意指「測量」。因此，人口統計代表人民的測量，或者可擴及對族群特徵的調查。人口統計是幫助預測族群大小未來將如何變化的科學。倘若出大於死亡大，族群會成長；反之，死亡大於出生，則族群縮小。因為出生率及死亡率與族群的年齡結構和性別比例有關。

年齡結構

許多一年生的植物及昆蟲會在一年中的特殊季節進行其生殖，然後死亡。所有這些族群的成員都具相同年齡。多年生植物及較長壽的動物則具有超過一個世代的個體，故其在任何一年中，不同年齡的個體會在族群中生殖。具有相同年齡的一群個體被成為**同齡層** (cohort)。

在一個族群中，每個同齡層有特殊的出生率，或**生育率** (fecundity)，其定義為在標準時間 (例如一年) 內所產生的子代數，以及特殊的**死亡率** (mortality)，在該時間內死亡的個體數。一個族群的成長速率有來於出生率及死亡率之間的不同。

在每個同齡層中個體的相對數目被稱為族群的年齡結構。由於不同年齡的個體具有不同的生育率及死亡率，所以年齡結構對族群的成長率有重要的衝擊。例如，一個由大多數年輕個體所組成的族群傾向於快速成長，因為具生殖能力者所占比例正在增加當中。

性別比例

族群中的雌雄個體占比例是其性別比例，生殖數量通常直接與雌個體數有關，但在一個物種中，若單一雄性可和多個雌性交配，則雄個體數與生殖數量更加相關。在鹿、麋鹿、獅子及許多其他動物中，具生殖力的雄性會保護與其交配的妻妾，以避免其他雄性來搶奪交配。在這樣的物種中，雄性個體數目的下降只會單純地改變生殖交配對象的身分，而不會降低出生數目。相反地，在一夫一妻的物種如許多鳥類中，每一對會形成長久的生殖關係，雄性數目的減少會直接降低出生數目。

死亡率與生存曲線

一個族群增加本身既有的速率與其中生物體的年齡及不同年齡層個體的生殖表現有關。族群的**年齡分布** (age distribution) 是指族群中不同年齡層的個體比例，其在物種間不相同。性別比例及世代時間與物種交配系統有關，也可對族群成長有顯著作用。一個族群的大小隨時間維持相當穩定者稱為穩定族群。在這樣的族群中，出生及遷入必須與死亡及遷出達到平衡。

生存曲線 (survivorship curve) 可用來表現出年齡分布是族群的特性，其中生存是指被定義在生物族群中特定年齡能存活的百分比。不同生存曲線的實例如圖 35.15 所示。在水螅中，個體皆可能在各年齡層死亡，如生存曲線中的藍色直線 (第 II 型) 所示。牡蠣與植物類似，會產生大量子代，但只有少量可以繼續存活至生殖階段。然而，一旦牠們存活下來並長成具生殖力的個體，牠們的死亡率相當低 (紅色線，第 III 型生存曲線)。最後，即使人類嬰兒容易有相對較高的死亡率，人類及部分其他動物種類的死亡率在達到生殖年齡後，會逐漸上升 (綠色線，第 I 型生存曲線)。

關鍵學習成果 35.7

族群成長率對年齡結構很敏感，某些物種之死亡率在年輕群中較高，而另一些則在年老群；還有極少物種則是死亡率與年齡無關。

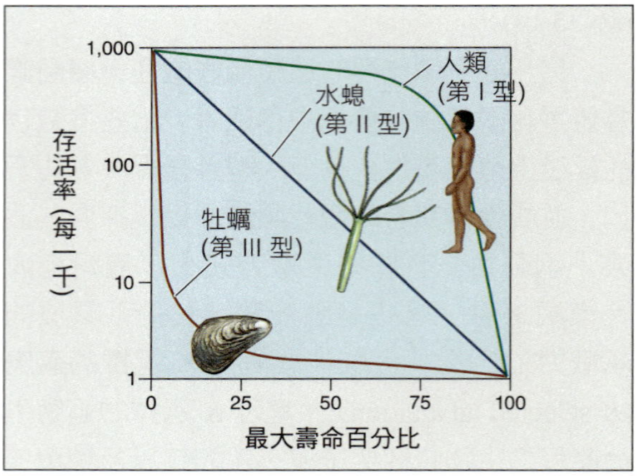

圖 35.15 生存曲線
為方便說明，存活率 (縱軸) 是取其對數值。人類為第 I 型生活史，水螅 (與水母相近的動物) 是第 II 型，牡蠣是第 III 型。

競爭如何形塑群聚

35.8 群聚

群聚如何發揮功能

地球上幾乎任何地方都有物種占據，有時被許多種，例如在亞馬遜雨林中；也有些僅被少數種占據，例如在黃石公園熱噴泉近於沸騰的水中，僅有一些微生物可存活。**群聚** (community) 代表生存在任何特殊地點的物種，如在圖 35.16a 的大草原上所看到的一群植物及動物，還有一些看不到的 (像真菌、原生生物及微生物)。群聚的特色可藉由其組成物種的名錄來表示，或是藉由物種豐富度 (所出現的不同物種數目) 或初級生產力等特性來呈現。

群聚成員之間的交互作用控制了許多生態及環境的過程。這些交互作用如獵食 (圖 35.16b)、競爭 (圖 35.16c) 和互利共生，會影響特定物種的族群生物學 (如族群優勢度是否增加或降低)，也會影響能量及營養在生態系中循環的方式。生態系包括活的生物所組成的群聚及其周遭的非生物組成，將於第 36 章更詳細探討。

科學家以多種方式來研究生物群聚，其範圍從詳細觀察至精心設計的大尺度實驗。有些研究案例著重在整個群聚，另外還有僅研究很可能會有交互作用的一小組物種。不論其如何被研究，皆包含群聚的組成與功能這兩方面。

現今大多數生態學家偏好個體概念。因為普遍來看，物種似乎可以獨立因應變遷中的環境狀態。所以，倘若有些物種出現且變得更占優勢而其他變得弱勢甚至消失不見，則整個地貌上的群聚組成將會有劇烈改變。競爭是重要的因素，其會影響個體，進而影響群聚。

關鍵學習成果 35.8

群聚包括出現在同一地點的所有物種，其交互作用會塑造出生態及演化的模式。

35.9　生態區位與競爭

群聚內的競爭

在群聚中，每個生物占領一個特殊的地位或稱**生態區位** (niche)。生物所占領的生態區位是指其利用環境資源的所有方式之組合。生態區位可描述為空間之使用、食物消費、溫度範圍、交配的適當狀態、濕度需求及其他因素。生態區位並不是**棲地** (habitat) 的同義詞，棲地是指生物生活之處，也就是一個地方，而生態區位是指生活的方式。許多物種可共享一個棲地，但沒有兩個物種可長期占領完全相同的生態區位。

有時物種不能占領其完整的生態區位是因為其他物種的存在或缺乏。物種能以多種方式相互交流，而此交流可以具正面或負面效果。**競爭** (competition) 是因兩個物種試圖利用相同資源但資源不足以滿足雙方所致。

不同物種個體之間的競爭稱為**物種間競爭** (interspecific competition)。物種間競爭通常會發生在取食方式類似的物種之間。另一種類型的競爭稱為**物種內競爭** (intraspecific competition)，是同一物種內的個體之間的競爭。

實際生態區位

由於競爭，生物恐怕不能占領整個區位，即理論上能使用的**基本生態區位** (fundamental

(a)

(b)

(c)

圖 35.16　坦尚尼亞的草原群聚
群聚包括出現在同一地點的所有物種－植物、動物、真菌、原生生物及原核生物。如 (a) 坦尚尼亞曼亞拉湖國家公園的草原群聚。群聚中的物種會彼此產生交互作用，如同 (b) 的獵食，或是 (c) 互相競爭資源。

niche) 或稱理論區位。生物的真正的生態區位是能占領有競爭者的區位，稱為其**實際生態區位** (realized niche)。

在一個古典的研究中，加州大學聖芭芭拉分校的康乃爾 (J. H. Connell) 探討兩種藤壺間的競爭交互作用，這兩種共同生活在蘇格蘭海岸的岩石上。藤壺是海洋動物 (甲殼類)，有可以自由游泳的幼蟲。此幼蟲終將固著在岩石上，並一直維持固著生活。在康乃爾研究的兩物種中，*Chthamalus stellatus* (圖 35.17 中較小的藤壺) 生活在較淺水灘中，通常因潮汐活動而暴露在空氣中，而 *Semibalanus balanoides* (較大的藤壺) 生活在深溝的較低處，極少暴露於大氣中。在這較深的區域，*Semibalanus* 總是能競爭勝出，並將 *Chthamalus* 排擠出岩石之外而削弱之，甚至取代其棲地而開始生長。然而，當康乃爾將 *Semibalanus* 從此區域移除，*Chthamalus* 可輕易占領較深區域，顯示其沒有生理上或其他一般避免其建立區位的障礙。相反地，*Semibalanus* 不能在 *Chthamalus* 平常出現的淺水灘棲地中存活；其顯然不具有特殊生理上及形態上的適應，故使得 *Chthamalus* 能占領淺水灘。因此，在蘇格蘭的康乃爾實驗中，*Chthamalus* 藤壺的基本生態區位包括 *Semibalanus* 者 (紅色虛線箭號)，但其實際生態區位則更窄 (紅色實線箭號)，這是因為 *Chthamalus* 的基本生態區位被 *Semibalanus* 所競爭排出之故。

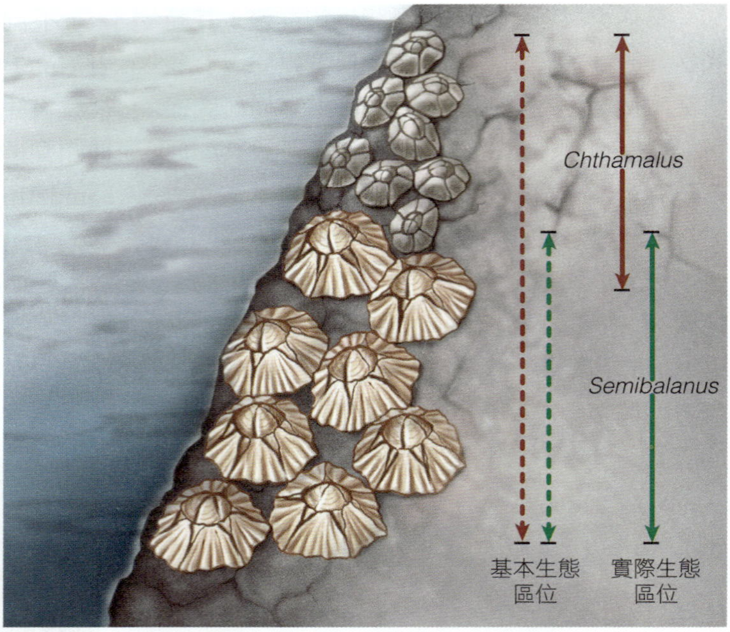

圖 35.17 兩種藤壺間的競爭限制了生態區位的使用
Chthamalus 能生活在深水及淺水地區 (其基本生態區位)，但 *Semibalanus* 迫使 *Chthamalus* 離開其基本生態區位的一部分，此與 *Semibalanus* 的實際生態區位重疊。

獵食者，如同競爭者，也能限制一個物種的實際生態區位。在先前實例中，當沒有競爭時，*Chthamalus* 能完全占領其基本生態區位。然而，一旦資源受限，其他物種開始競爭相同資源。此外，獵食者會開始更頻繁地認出此物種，故其族群將被迫轉入實際生態區位。例如，一種稱為聖約翰草的植物被引進並在加州開闊的牧場棲地中擴展開來，其占領所有的基本生態區位，直到有一種以此植物為食的甲蟲被引進至此棲地。於是該植物族群很快地減少，現在只出現在甲蟲無法生存的陰暗地區。

競爭排斥

在 1934~1935 年期間的古典實驗中，俄羅斯的生態學家高斯 (G. F. Gause) 研究小型原生生物草履蟲屬 (*Paramecium*) 的三個物種間之競爭。此三種獨立在培養管中皆能生活得很好 (圖 35.18a)，獵食在培養液中以懸浮的麥片為食之細菌及酵母菌。然而，當高斯將 *P. aurelia*及 *P. caudatum* 放在一起生長 (圖 35.18b)，*P. caudatum* 的成員 (綠線) 總是下降至滅絕，留下唯一的存活者 *P. aurelia*。為什麼？高斯發現，*P. aurelia* 能比其競爭者 *P. caudatum* 的生長快速六倍，因為牠能使用有限的可用資源。

從如此的實驗中，高斯歸納為競爭排除原理。此原理陳述出，倘若兩物種競爭同一資源，那麼能較有效地利用資源的物種最終會在該處排除其他物種，亦即沒有兩物種具相同生態區位能共存。

生態區位重疊

為了解更多，高斯在進一步的實驗中，挑戰在其早先實驗戰敗的物種 *P. caudatum* 與第三個物種 *P. bursaria* 之間的關係。由於他預期此兩物種也會對有限的細菌食物供應來競爭，高斯認為其中一種會勝出，如同其先前實驗所發生者。但結果不如預期，兩個物種反而都在培養管中存活下來 (圖 35.18c)；草履蟲找到分割食物資源的方法。牠們如何做到的？在培養管上半部的氧濃度及細菌密度高，*P. caudatum* 占優勢，因其較能以細菌為食。然而，在管子下半部的氧濃度較低，適合以不同潛力的食物 (酵母菌) 生長，且 *P. bursaria* 較能以此為食。這兩個物種的基本生態區位都是整個培養管，但其實際生態區位則僅是管中的一部分。

高斯的競爭排除原理可被重新陳述為：當資源有限時，沒有兩個物種能永遠占領相同的生態區位。而物種也確實可以共存並競爭相同的資源。高斯的理論預測，若兩個物種能長期共存，則其資源必須沒有限制，或其生態區位將在一或多項特性上永不相同。否則一個物種會超越另一個，且第二個物種必然會經由競爭排斥而無可避免地面臨滅絕的結果。

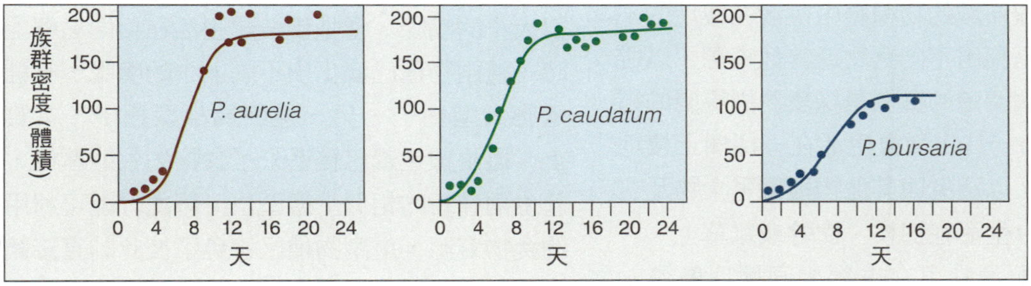

(a)

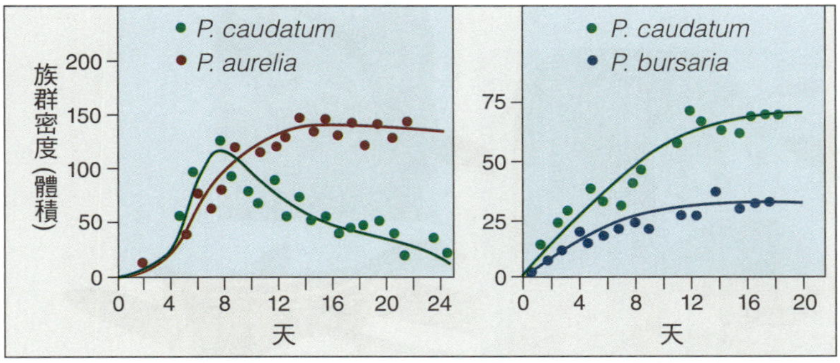

(b)

圖 35.18 三種草履蟲之間的競爭排斥

在微生物的世界裡，草履蟲是一群惡劣的獵食者。草履蟲以消化獵物為食；牠們的細胞膜會包圍細菌或酵母菌的細胞，形成含有獵物細胞的食泡。在高斯的實驗中，(a) 他發現草履蟲的三個物種皆可獨立在培養管中生活得很好；(b) 然而，當 *P. aurelia* 和一同生長，則 *P. caudatum* 會減少並滅絕，因為牠們共享實際生態棲位，且 *P. aurelia* 對食物資源的競爭超越過 *P. caudatum*；(c) *P. caudatum* 和 *P. bursaria* 則能共存，雖然是在較小的族群中，因為這兩種有不同的實際生態棲位，故避開了競爭。

近年來，有關競爭排除的角色不僅是在決定群聚的結構上，也在演化歷程的設定上，都是眾所爭議的議題。當資源豐富時，物種在利用上可以大致重疊，然而當一或多種資源突然變得極為有限 (例如處在乾旱期)，競爭的角色會變得更加明顯。當生態棲位重疊時，會有兩種可能結果：競爭排斥 (勝者取得所有資源) 或是資源分配 (分散資源以產生兩種實際生態區位)。只有透過資源分配，物種才能持續長期共存。

資源分配

高斯的排除理論具有非常重要的後果：兩物種間持續強大的競爭，這情況在自然群聚中很罕見。不是一個物種驅使另一種走向滅絕，就是天擇降低彼此間的競爭，例如經由**資源分配** (resource partitioning)。在資源分配中，生活在相同地理區域的物種藉由生活在棲地的不同部分，或是利用不同食物或其他資源，以避免競爭。一個清楚的實例是綠變色蜥蜴屬的蜥蜴 (圖 35.19)，其物種會生活在一棵樹上棲地的不同部位，以避免與其他物種競爭食物及空間，故牠們會生活在樹枝、樹幹或雜草上。

資源分配通常可在占領相同地理區域的近親物種上，其被稱為**同域物種** (sympatric species) (源自希臘文，*syn*，意指相同，而 *patria*，意指地域)，這些物種藉由演化成適應利用不同棲地、食物或其他資源來避免競爭。不生活在相同地理區域的近親物種稱為**異域物種** (allopatric species) (源自希臘文，*allos*，意指其他，而 *patria*，意指地域)，通常使用相同棲地部位及食物資源，但因牠們不處於競爭狀態，天擇並不偏好區分生態區位的演化改變。

當一對近親物種出現在相同地點時，牠們傾向會在形態及行為上，比生活在不同區域的這兩物種，表現出更大的差異。**性狀置換** (character displacement)，在同域物種間的明顯差異被認為是已經被天擇偏好的機制，以利用資源分配而減少競爭。性狀置換可在達爾文雀鶯之間明顯易見。圖 35.20 的兩種加拉巴哥雀鶯，當其分別生活在不同島嶼上時，其具有相似大小的嘴喙。當牠們一起生活在相同島嶼上時，這兩物種已演化出不同大小的嘴喙，一種適應大型種子，另一種則為小型種子。本質上，這兩種雀鶯已經區分了食物的生態區位，產生兩種新的相似生態區位。藉由分配可利用的食物資源，這兩物種已避免了彼此的直接競

圖 35.19　蜥蜴物種之間的資源分配

在加勒比海的綠變色蜥蜴屬 (*Anolis*) 物種會以多種方式分配其樹上棲地，有些物種占領樹冠層 (a)，其他利用周圍的樹枝 (b)，還有其他則被發現在樹幹基部 (c)，此外，有些利用在開闊地上的雜草區 (d)。這種資源分配的相同模式已經在不同的加勒比海島嶼上獨立演化形成。

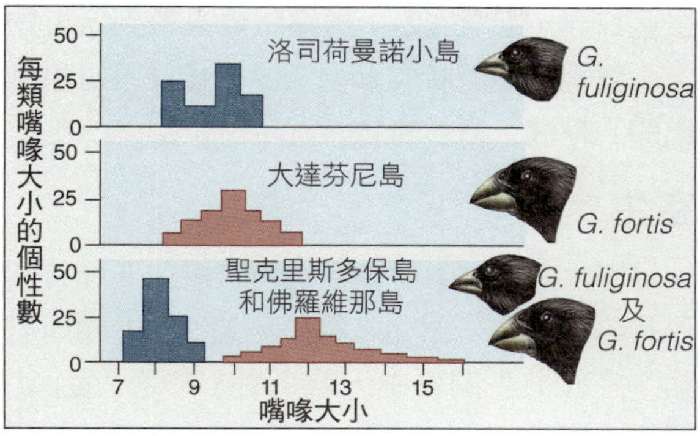

圖 35.20　性狀置換

這兩種加拉巴哥雀鸞 (*Geospiza*)，當分開生活時，嘴喙大小相似；但當一起生活時，則大小不同。

爭，因此能在相同棲地一起生活。

關鍵學習成果 35.9

生態區位可被定義為一個生物利用其環境的方式倘若資源有限，沒有兩個物種能永遠占領相同的生態區位而沒有競爭或驅使一種走向滅絕。同域物種會分配可用資源，減少彼此間的競爭。

物種交互作用

35.10　共同演化與共生

前一節描述了兩個生態區位重疊的物種間之競爭所得之「勝者全贏」的結果。在自然中的其他關係則是較低競爭性且更具合作性。

共同演化

群聚中共同生活的植物、動物、原生生物、真菌及原核生物已經改變，且數百萬年以來持續地互相調整。例如，開花植物的許多有關藉由動物傳播植物配子的特徵已經演化形成 (圖 35.21)。同樣地，這些動物已經演化出一些特別的特徵，能使牠們有效地從牠們拜訪的植物中 (通常是植物的花朵) 獲得食物或其他資源。此外，許多開花植物的種子有使其更可能被傳播至新的適當棲地之特徵。

圖 35.21　蝙蝠的授粉作用

許多開花植物已經與其他物種共同演化以方便花粉的傳播。昆蟲是廣為所知的傳粉者，但牠們並非唯一一類。注意蝙蝠鼻上滿布的花粉。

這樣的交互作用涉及了生物群聚成員的特徵歷經長期的相互演化調整，是**共同演化** (coevolution) 的實例。共同演化是兩個或多個物種彼此間的適應。本節將探討物種交互作用的多個方式，有些涉及共同演化。

共生是廣泛存在的

在共生關係中，兩種或多種生物共同生活而形成通常詳盡的以及或多或少永恆的關係。所有共生關係皆有涉及其中生物之間進行共同演化的潛力，且在許多情況下，此共同演化的結果十分迷人。共生的實例包括地衣，其是某些真菌及綠藻或藍綠菌 (詳見第 18 章) 的關聯性。其他重要的實例還包括菌根，即真菌及多數植物種類根部的關聯性，其中植物提供真菌碳水化合物。相似地，出現在豆類植物及某些其他種類植物中的根瘤，包含可固定大氣中的氮並將之轉成可供其宿主植物利用者。

共生關係的主要類型包括 (1) **互利共生** (mutualism)，其參與的雙方物種都受益；(2) **寄生** (parasitism)，其一方物種受益但另一方受害；以及 (3) **片利共生** (commensalism)，其一方物種受益但另一方既不受益也不受害。寄生也可視為一種形式的獵食 (詳見 35.11 節)，雖然被獵食的一方不一定會死亡。

互利共生

互利共生是一種生物間的共生關係，其兩物種皆受益。互利共生的實例在決定生物群聚的結構方面基本上是重要的。有些特別重要的互利共生實例發生在開花植物及其動物拜訪者之間，包括昆蟲、鳥類及蝙蝠。如在第 32 章所討論者，在演化歷程中，花特徵的大部分演化與其訪花動物的覓食有關，且動物在覓食時順便在個體間散布花粉。同時，動物的特徵已改變，增加其專一性以獲得食物或從特殊種類的花中獲得其他物質。

另一個互利共生的實例涉及螞蟻和蚜蟲。蚜蟲是小型的昆蟲，利用其穿刺的口器從活植物的韌皮部中吸食汁液。牠們從此汁液中萃取出特定量的蔗糖及其他養分，但牠們將絕大部分養分經由肛門改變另一種形式排出。某些螞蟻已經由此獲得好處，在作用上，牠們在馴養這些蚜蟲 (圖 35.22)。螞蟻將蚜蟲帶到新植物上，讓牠們接觸新的食物資源，然後將蚜蟲排出的「糖液」當作食物。

圖 35.22　互利共生：螞蟻和蚜蟲
這些螞蟻在照護蚜蟲 (小型綠色生物)，以蚜蟲持續排出的「糖液」為食，並將蚜蟲四處移動，並保護牠們免受獵食者之害。

寄生

寄生是一種共生關係也可被視為一種特別形式的獵食者－獵物之關係，如 35.11 節所討論。在此共生關係中，獵食者 (或寄生者) 比獵物 (或寄主) 小很多，且與之維持密切的關係。寄生會對寄主生物有害且對寄生者有益，但是不像在獵食者－獵物之關係，寄生者通常不會殺害其寄主。寄生的概念似乎很明顯，但個別情況通常令人驚奇地難以與獵食及其他類型的共生作區別。

外部寄生者　寄生者以一個生物外在表面為食稱為**外部寄生者** (external parasites 或 ectoparasites)。蝨子一生都居住在脊椎動物 (主要是鳥類及哺乳類) 身體上，一般被認為是寄生者。蚊子不算是寄生者，即使其從鳥類及哺乳類以類似蝨子的方式吸取食物，因為牠們與其宿主的交互作用非常簡短。

內部寄生者　脊椎動物被**內部寄生者** (endoparasites) 在其體內寄生，這些寄生者為不同門的動物及原生生物之成員。無脊椎動物也有許多類型的寄生者生活在其體內。細菌及病毒通常不被認為是寄生者，即使牠們完全符合我們的定義。內部寄生一般被界定為比外部寄生者有更加極端的專一性。如同感染人類的許多原生生物以及無脊椎寄生者所示，牠們的構造通常被簡化，喪失了不必要的部分。

片利共生

片利共生是一種共生關係，其一方物種受益但另一方既不受害也未受益。在自然界，一物種的個體通常會貼附在另一成員的外部。例如附生性植物是生長在其他植物枝條上的植物。一般而言，宿主植物沒有受害，而長在其上的附生植物則受益。相似地，不同的海生動物如藤壺，生活在其他可自由活動的海洋動物，如鯨魚上，故而被動地被四處攜帶而不傷害其宿主。這些「乘客」比其固定在一個地方獲得更多的保護而免被獵食，而且牠們也可取得新的食物資源。隨著宿主到處移動時，這些動物所接收到的水系循環增加，此對濾食性的「乘客」而言極為重要。

片利共生的實例 最熟知的片利共生實例是特定小型熱帶魚及海葵之間的關係，海葵為具有觸手的海洋生物 (見第 19 章)，即使這些觸手能快速麻醉其他碰觸到牠們的魚類，特定物種的熱帶魚已經演化出在海葵觸手間生活的能力。這些海葵魚類以宿主海葵的食物所留下之碎屑為食，而且在此驚人情況下仍未受傷。

在陸地上，有此類比關係出現在黃嘴牛椋鳥及草食動物如牛或犀牛之間。黃嘴牛椋鳥大部分時間都緊跟著該食草動物，撿掉其上的寄生蟲及其他昆蟲，完成其生活史也與其宿主動物有密切關係。

片利共生在何時是片利共生？ 在這些狀況下，每個例子很難確定第二個夥伴是否獲得益處；片利共生與互利共生之間沒有明確的界線。例如，對海葵而言，其觸手間的食物碎屑被清除可算是有益的；如此可能較容易再捕捉其他獵物。同樣地，倘若從其身上被撿除的蟲是有害的，如蜱或跳蚤，則草食動物可從其與黃嘴牛椋鳥或牛背鷺的關係獲得好處。倘若這是對的，那麼其關係是互利用生。然而，若鳥類也撿除傷口上的痂而造成流血並可能感染，那麼其關係是寄生。在真正的片利共生中，只有其中的一個夥伴受益而另一個既無受害也無受益。倘若草食動物沒有因為其身體的蜱被吃掉或因黃嘴牛椋鳥以其身上的蟲為食而受害，那麼這是片利共生的實例。

關鍵學習成果 35.10

共同演化描述物種彼此間長期的演化調整。在共生中，兩個或多個物種共同生活。互利共生涉及物種之間的合作，讓彼此皆獲利。在寄生中，一個生物當作另一個的寄主，通常造成寄主受害。片利共生是一個生物被另一個做有益的利用。

35.11 獵食者－獵物的交互作用

在前一節中，我們認定寄生為一種共生關係、一種特殊形式的獵食者－**獵物之交互作用** (predator-prey interaction)，其中獵食者比其獵物小很多，且通常不會殺死牠。**獵食** (predation) 是一個生物被另一個體型通常相似或較大者消費。在此觀點下，獵食包括每種情況，從花豹捕捉並吃掉一隻羚羊，以至鯨魚取食微小的海洋浮游生物。

自然界中，獵食者通常對獵物族群有很大的影響。在最具戲劇化的例證中，有些涉及人類從一地區加入或排除獵食者的情況。例如，大型肉食性動物在美國東部大部分地區被移除的事件，已經導致白尾鹿族群的大爆發，牠們撕食了棲地中所有其可觸及的可食植物。同樣地，在美國西部海岸，當海獺被獵殺至幾近滅絕時，海獺的主要獵物海膽的族群爆發了。然而，外觀有時是會欺騙的。在蘇必略湖的羅以爾小島，麋鹿藉由在通常酷寒的冬天橫跨湖上的冰抵達島上，並在孤立中自由地繁衍。後來，當野狼也橫跨湖上的冰來到島上，博物學家大多假設野狼會在控制麋鹿族群上扮演關鍵角色。然而更仔細的研究已顯示事實上並非如此。大多數野狼吃掉的麋鹿是年老或生病的個體，因為牠們終究是無法長久存活的。一般而言，麋鹿數量會被可取得的食物、疾病及其他因素所控制，而非野狼 (圖 35.23)。

獵食者－獵物的循環

族群的循環是有些小型哺乳類物種的特徵，如旅鼠，且牠們顯然是被刺激，至少在某些情況下是被獵食者刺激。生態學家從 1920 年代起已經在研究野兔族群的循環 (圖 35.24)。他們發現在北美洲的雪靴野兔 (*Lepus americanus*) 依循 10 年一循環 (事實上，其變異是從 8~11 年)。在一個典型的循環中，其數量會降低 10~30 倍，也有可能高達 100 倍。產生此循環的兩個因素顯然是其取食的植物及獵食者。

關鍵學習成果 35.11

獵物族群可被其獵食者所影響，有些獵食者及其獵物的族群會以循環的方式震盪起伏。

35.12 擬態

長相相似的重要性

獵物間已演化出不同策略以阻止獵食。有些物種利用物理或化學防禦，含有毒素的生物會展現此事實當作警告或保護色。有趣的是，在牠們的演化歷程中，許多無毒的動物也產生與不好吃或危險且具保護色者相像的特性，此外被保護的物種之間也可互相模擬。

(a)

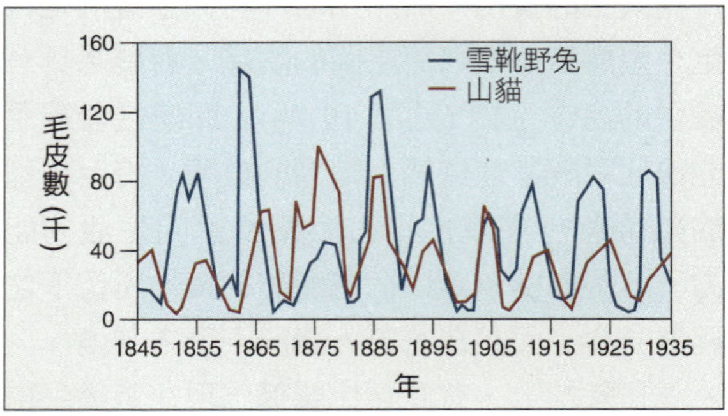

(b)

圖 35.24 獵食者－獵物的循環
(a) 雪靴野兔被一隻山貓追逐；(b) 在加拿大北部，山貓及雪靴野兔的數目會互相調和震盪。此數據是根據 1845~1935 年的動物毛皮數目，當野兔的數目成長時，山貓的數目也增加，且大約每 10 年重複一個循環。獵食者 (山貓) 以及可利用的食物資源兩者控制著野兔的數目。山貓的數目被獵物 (雪靴野兔) 的可捕獲性所控制。

圖 35.23 狼群追趕麋鹿－結果將會如何？
在密西根的羅以爾小島上，一大群野狼在追趕一隻麋鹿。牠們追逐這隻麋鹿大約二公里遠，然後牠轉身面向在雪深及胸的雪地奔跑已疲憊不堪的狼群。這群野狼躺下，然後麋鹿就走開。

貝氏擬態

貝氏擬態 (Batesian mimicry) 為貝氏 (Henry Bates) 所命名，此十九世紀的英國博物學家在 1857 年首先將此類擬態引發大家的注意。在他的南美洲亞馬遜地區旅程中，貝氏發現許多可口的昆蟲與顏色鮮豔但不可口的物種相似。他解釋此擬態可避免獵食者，其被此偽裝愚弄誤以為該擬態是真的不可口者。

貝氏擬態的最有名實例中，許多發生在蝴蝶及蛾上。顯然地，此類系統中的獵食者應該是利用視覺訊號來獵捕其獵物；否則，相似顏色模式不會對潛在獵食者起作用。還有漸增的例證顯示貝氏擬態也能涉及非視覺訊號，例如嗅覺，雖然這樣的實例對人類並不明顯。

符合貝氏擬態模式之蝴蝶類型是一群其毛毛蟲以一或少數近親植物科別為食者，且這些植物具有毒性化學物質的強力保護。這模式的蝴蝶將這些植物的有毒分子融入其體內，而相反地，擬態蝴蝶的毛毛蟲之攝食習性則不太限制，牠們以一群未被有毒化學物質保護的植物科別為食。

在北美洲蝴蝶裡，一個經常被研究的擬態是大樺斑蝶 (*Limenitis archippus*) (圖 35.25b)。此蝴蝶與有毒的帝王斑蝶 (圖 35.25a) 相似，其分布從加拿大中部、經過美國，進入墨西哥。大樺斑蝶的毛毛蟲以楊柳及黃楊為食，且不論是毛毛蟲或成蟲都不被認為對鳥類是難吃的，雖然最近的發現可能對此有所爭議。有趣的是，在大樺斑蝶成蟲所見之貝氏擬態並未延伸至其毛毛蟲：大樺斑蝶的毛毛蟲則以葉片為保護色，與鳥的糞便相像，然而帝王斑蝶的不可口毛毛蟲則長得相當顯眼。

貝氏擬態也發生在脊椎動物上，其最有名的案例可能是猩紅王蛇，其紅、黑及黃色條帶模擬劇毒的珊瑚蛇。

(a)

(b)

圖 35.25　貝氏擬態

(a) 這隻模式動物，帝王斑蝶 (*Danaus plexippus*) 保護自身免於鳥類或其他獵食者取食，是因其具有在幼蟲從馬利筋及夾竹桃取食而融入體內的強心苷。帝王斑蝶成蟲藉由警戒色來展示其毒性；(b) 這隻模擬動物，大樺斑蝶 (*Limenitis archippus*) 是有毒的帝王斑蝶的貝氏擬態。雖然大樺斑蝶與帝王斑蝶不相關，但外觀很相像，所以學會不去吃不可口帝王斑蝶的獵食者也會避開大樺斑蝶。

穆氏擬態

另一種擬態，**穆氏擬態** (Müllerian mimicry) 是以德國生物學家穆勒 (Fritz Müller) 命名，他是第一位在 1878 年描述此擬態者。在穆氏擬態中，許多未相關但具保護性的動物物種會互相相像，因此會叮人的不同種類黃蜂的腹部有黃和黑色條紋，牠們可能並非來自具有黃和黑色條紋的共同祖先之後代。一般而言，黃和黑色條紋及鮮紅色傾向是警告依賴視覺的獵食者常見的顏色模式。倘若所有有毒或危險性的動物彼此相像，那麼牠們會獲得好處，因獵食者會更快學會避開牠們。

關鍵學習成果 35.12

在貝氏擬態中，不具保護性的物種會與不可口的其他種類相像，兩物種都具保護色。在穆氏擬態中，二或多種不相關但具保護色的物種彼此相像，於是達成一種群體防禦。

群聚的穩定度

35.13　生態系的演替

緩慢但急遽的變化會發生在群聚中，而有次序地以另一個更複雜者取代之。這個過程稱為**演替** (succession)，是任何人都熟悉的現象，都見過空地逐漸被漸增的植物所占據，或是池塘變成旱地並逐漸被植物所攻占。

次級演替

倘若一個林地被清空並棄之不顧，植物會逐漸占領這區域。最終，被清空的痕跡消失了，而這區域再次變成樹林。相似地，強烈的洪水可能會清除河床上許多生物，留下大部分的沙石；一陣子以後，河床漸漸地再成為原生生物、無脊椎動物及其他水生生物的棲地。這種演替發生在既存群聚遭破壞的地區，稱為**次級演替** (secondary succession)。

初級演替

相反地，**初級演替** (primary succession) 發生在裸露且完全沒有生命的基質上，如岩石。初級演替會發生在冰河退去之後所生成的湖泊中、從海中形成的火山島嶼上以及冰河退去後所暴露出的陸地上。在冰河退去後的礫石上所發生之初級演替提供了一個實例，在圖 35.26 上呈現了土壤中的氮濃度在初級演替發生時如何改變。在裸露且礦物質貧瘠的土壤上，地衣是第一個生長者並形成小塊的土壤。從地衣所分泌出的酸性物質有利於基質的瓦解，以增加土壤的累積。然後苔類在此土塊上定駐 (圖 35.26a)，最終在土壤中建立了足夠的營養以供赤楊灌叢進駐 (圖 35.26b)。這些初次進駐的植物顯然形成一個**先驅群聚** (pioneering community)。超過 100 年以來，赤楊 (圖 35.26c) 累積了土壤中的氮量直到雲杉能茂盛生長，最終聚集而排擠赤楊，然後形成一個緻密的雲杉森林 (圖 35.26c)。

初級演替中止於群聚達到**極盛相群聚** (climax community) 時，此時其族群維持相對穩定且成為該地區整體的特色。然而，因為地區的氣候持續在變，此演替的過程通常很緩慢，且許多演替尚未達到其極盛相。

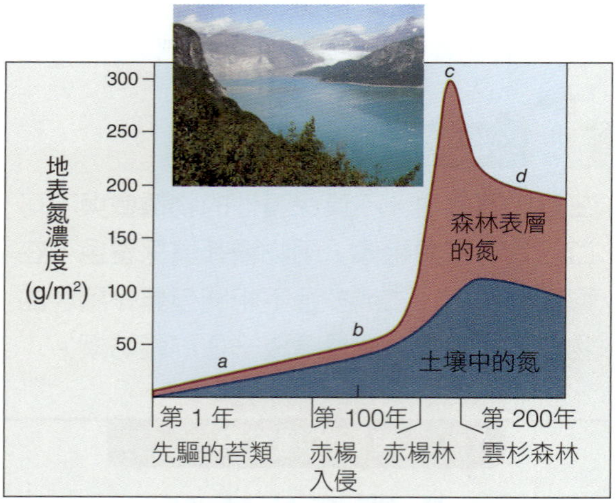

圖 35.26 植物演替使得土壤產生漸次的改變
起初，阿拉斯加冰河灣的冰河礫石有極少的土壤氮素，但是可固氮的赤楊 (上圖的照片) 導致土壤中氮素的累積，促進接續的松柏森林的生長。在照片中所見的所有水是 1941 年的冰，是從遠處可見的冰河退去的一部分。

為何演替會發生

演替的發生是因為物種改變了棲地及其中可用的資源，故而偏好其他物種。在此過程中有三種特別重要的動態概念：耐受力、促進性及抑制性。

1. **耐受力**：在演替早期階段是以草生的 *r*-選擇物種為特色，能耐受在貧瘠地區中艱困的非生物狀態的群聚，但不能在已建立的群聚中順利競爭。
2. **促進性**：草生的早期演替階段引進了棲地上的區域變化，而偏好其他非草生性物種。因此，在圖 35.26 冰河灣的苔類固定氮素，進而容許赤楊入侵。接著，赤楊的落葉分解，降低了土壤中的酸鹼值，容許需要酸性土壤的雲杉及鐵杉的入侵。
3. **抑制性**：有時，由一個物種所導致的棲地中的變化，反而偏好其他物種而抑制該物種本身的生長。例如赤楊不能在酸性土壤中生長良好，於是雲杉及鐵杉取而代之。

當生態系成熟了，更多 *K*-選擇的物種取代 *r*-選擇者，物種豐富度及總生物量增加，但淨生產力降低。由於演替的較早期階段比後期者更具生產力，農業系統多刻意維持在演替的較早期階段，以保持高的淨生產力。

關鍵學習成果 35.13

在演替中，群聚會隨時間改變且通常處於可預期的次序之中。

複習你的所學

生態

何謂生態？

35.1.1 生態是研究生物彼此間以及與其環境如何交互作用。生態架構中有六個層級：族群、物種、群聚、生態系、生物群系及生物圈。

族群

族群的範圍

35.2.1 一個族群是一群一起生活且會相互影響存活的同物種個體。

35.2.2 族群所占領的區域 (即族群範圍) 能因反映環境變遷或是因遷徙至先前不可利用的棲地而改變。

族群分布

35.3.1-3 資源的可利用性大多取決於個體如何在族群內分布。

族群成長

35.4.1 族群大小、族群密度和族群成長是族群的其他關鍵特徵。

35.4.2-3 指數型成長發生在沒有限制其成長的因素之族群中。當資源用罄，族群成長減緩並穩定在一個大小稱為承載力。在此階段，族群呈現邏輯型成長。

族群密度的影響

35.5.1 氣候及外在破壞等是與密度無關的作用因素，並作用在族群成長上，無論族群大小。

- 與密度有關的作用之因素 (如資源) 會受族群大小增加而影響。當資源用罄，個體死亡而降低族群大小。處在 *S* 型成長曲線上升階段之族群受個體喪失的影響較小，在該階段被稱為最大的永續產量。

生命歷程的適應

35.6.1 資源豐富的族群經歷極少競爭且生殖快速；這些生物呈現 *r*-選擇適應。而經歷資源有限且競爭的族群則傾向於更有效的生殖而呈現 *K*-選擇的適應。

族群統計

35.7.1 人口統計是族群的統計研究，可預測未來的族群大小。

35.7.2 生存曲線說明在族群中不同年齡層之間死亡率的衝擊。

競爭如何形塑群聚

群聚

35.8.1 生活在同一地區的一群生物稱為群聚，這些個體彼此競爭和合作以使群聚穩定。

生態區位與競爭

35.9.1-3 生態區位是指個體在其環境中使用所有可用資源的方式。競爭限制了一個生物使用其生態區位的所有資源。

35.9.4 兩物種不能使用相同生態區位；其一種不是將另一種排擠而驅使其滅絕，稱為競爭排斥；就是兩者將分割生態區位而成兩個較小的生態區位，稱為資源區分。

物種交互作用

共同演化與共生

35.10.1 共同演化是兩個或多個物種彼此間的適應。共生關係涉及一起生活的兩個或多個不同物種的生物，並形成某種永久的關係。共生關係 (如地衣與菌根) 可導致共同演化。

35.10.2 主要的共生關係包括互利共生、寄生及片利共生。

獵食者－獵物的交互作用

35.11.1 在獵食者－獵物關係中，獵食者殺死並消費獵物。有時候，在沒有獵食者的情況下，獵物族群能快速成長。

擬態

35.12.1 擬態發生在一個生物利用另一個生物的警戒色，貝氏擬態即發生在一個無害的物種模仿另一個有害的物種；而穆氏擬態則是一群有害的物種有相似的警戒色模式。

群聚的穩定度

生態系的演替

35.13.1 演替是一個群聚置換另一個。次級演替是接續在既存的群聚發生干擾之後，而初級演替則發生在之前沒有生命存在的地區。

35.13.2 演替會發生有賴於不同物種如何呈現其耐受力、促進性及抑制性。

測試你的了解

1. 在生態架構的層級中最低者，由單一物種所組成的個體，其一起生活，共享相同資源，並有交配之潛力者，稱為
a. 族群 c. 生態系
b. 群聚 d. 生物群系

2. 族群中的個體與其他個體競爭資源，將傾向呈現何種分布？
a. 平均 c. 小群
b. 隨機 d. 密集成群

3. 指數型及邏輯型成長之間的差異是
a. 指數型成長依賴出生及死亡率，但邏輯型則否
b. 在邏輯型成長中，遷出與遷入並不重要
c. 兩者皆受族群密度影響，但邏輯型成長較緩慢
d. 在出生及死亡率，只有邏輯型成長反映出與密度有關的作用

4. 當族群中的個體隨時間維持約略相同，也就是說這些生物的族群已經達到其
a. 分散性 c. 承載力
b. 生物潛力 d. 族群密度

5. 下列性狀中，何者不是具有 K-選擇適應之生物的特性？
a. 壽命短
b. 每個生殖季產生的子代稀少
c. 親代對子代的照護完善
d. 低死亡率

6. 倘若族群的年齡結構顯示年紀較大的個體比年輕者更多，那麼其生育力
a. 將上升，且其死亡率將下降
b. 將下降，且其死亡率將上升
c. 及死亡率將相同
d. 及死亡率將不改變

7. 在第 I 型的生存曲線中，死亡率
a. 將在生命後期急速上升
b. 在任何年齡皆相同
c. 不能以年齡來預測
d. 集中在具生殖力之前

8. 所有生活在相同地區的生物組成
a. 生物群系 c. 生態系
b. 族群 d. 群聚

9. 對占領相同空間的類似物種而言，它們的生態區位必須有所不同，這兩物種都能存活的方式是藉由
a. 競爭排斥 c. 資源分配
b. 種間競爭 d. 種內競爭

10. 親緣相近的物種沒有生活在同一地區是
a. 異域的 c. 同域的
b. 取代的 d. 分配的

11. 兩物種間的關係，其中一種受益而另一種既未受害也未獲利，稱為
a. 寄生 c. 互利共生
b. 片利共生 d. 競爭

12. 許多獵物物種的族群循環通常是由獵食者及________所產生的。
a. 擬態 c. 氣候模式
b. 可食植物 d. 可用水源

13. 許多種類叮咬型胡蜂的黃黑相間條帶模式是何者的實例？
a. 寄生 c. 片利共生
b. 穆氏擬態 d. 貝氏擬態

14. 發生在廢棄農地上的演替最適於描述為
a. 共同演化 c. 次級演替
b. 初級演替 d. 草原演替

15. 相較於後期較高階的群聚而言，在演替初期的群聚有________。
a. 較高的生物量 c. 較多物種豐富度
b. 較低生產力 d. 以上皆非

Chapter 36

生態系

地球提供給生物體的遠多於只是一個地方可站立或游泳。許多化學物質在我們個體內部及周遭非生物環境之間循環。我們的生活與周遭環境形成微妙的平衡，其容易受到人類活動所干擾。所有生活在同一地點的生物體以及所有在此環境中會影響生物體生存的非生物項目共同以一個基本的生物單元或生態系來運作。這個在加州高地山脈的草原是一個生態系，而地獄谷的沙漠也是。所有地球表面的高山、沙漠及深海底層都富含生物，雖然它不會總是看起來如此。同樣的生態原理也適用於所有地球上群聚的組織結構，不論是陸上或海裡，雖然其細節可能差別甚大。生態學是研究生態系以及生活其中的生物體。本章將著重在一起生活的生物群聚之功能原理以及決定為何特定種類的生物體會在特定地點一起生活的非生物與生物因素。對於生態系如何運作的確切了解將是在新世紀保護這生物世界的重要課題。

生態系中的能量

36.1 能量在生態系間流動

何謂生態系？

生態系是生物組織結構中最複雜的層級。總體而言，生態系中的生物體調節能量的取得與消耗以及化學物質的循環。所有生物體須依賴其他生物體－植物、藻類及有些細菌－的能力以回收生命的基本組成。

生態學家把這世界視為由不同環境所組成的大拼布，所有小片會彼此相接且相互作用。以鹿所生活的森林草地為例，生態學家稱在特定地點生活的所有生物為**群聚** (community)。舉例來說，共同生活在森林中的所有動物、植物、真菌及微生物等稱為森林群聚。生態學家稱群聚所生活的地點為**棲地** (habitat)，而土壤及流經此地的水是森林棲地的關鍵組成。以上群聚與棲地兩者的總和即是一個**生態系** (ecosystem)。生態系是可自行維持的一群生物體及其外在環境。生態系可以大到像整個森林，也可小至一個潮池。

能量的路徑：生態系中誰吃了誰

能量從太陽流入生物世界，太陽以同樣的陽光照射在地球上。地球之所以有生物存在是因為有些持續的光能可以被吸收，並經由光合作用的過程而轉為化學能，然後被用來製成有機分子如碳水化合物、核酸、蛋白質以及脂質等，這些有機分子即稱為食物。生物體利用食物中的能量來製造新的物質以利生長、修補受傷組織及生殖，還有無數的其他需要能量的動作例如翻書。

若將在生態系中的所有生物想成是化學機器，其需要藉由光合作用所吸收的能量來發動。直接吸收光能的生物體稱為**生產者** (producers)，包括植物、藻類及某些細菌，其經由行光合作用產生自己的能量儲存分子，故可稱為自營生物 (autotrophs)。生態系中的其他生物體都是**消費者** (consumers)，藉由取食生產者或其他動物來獲得其能量儲存分子，故可稱為異營生物 (heterotrophs)。

生態學家把生態系中的每種生物依其能量來源界定出營養層級。**營養層級** (trophic level) 是由在生態系中不同生物體所組成，且其能量來源從起始的太陽算起具有相同的消費「階層數」。因此，如圖 36.1 所示，植物的營養層級是 1；而以植物為食的草食動物的營養層級是 2；以草食動物為食的肉食動物的營養層級是 3。營養層級高的動物吃食物鏈中較高者 (如圖 36.1 的高階肉食動物)。食物能量在生態系中由一個營養層級傳至下一個，當其路徑是簡單的線性進階如同鏈狀，稱為**食物鏈** (food chain)。食物鏈以分解者為終點，分解者會將死亡的生物體或其排泄物瓦解掉，讓有機物質回到土壤中。

圖 36.1　生態系中營養層級
生態學家把群聚中的所有成員根據其攝食關係界定出不同的營養層級。

生產者

任何生態系中最低的營養層級是生產者，在多數陸域生態系為綠色植物，而淡水中多為藻類。植物利用太陽能來製造富含能量的糖分子。它們通常也吸收空氣中的二氧化碳以及土壤中的氮素及其他關鍵物質，並利用這些來製造生物分子。重要的是植物除了生產之外，也會消費。例如植物的根部不能行光合作用，因為地底下沒有陽光。根部取得能量的方式是利用其他部位所產生的能量儲存分子 (在此，即是植物的葉子)。

生產者和草食動物

草食動物

第二營養層級是**草食動物** (herbivores)，即以植物為食的動物。牠們是生態系的初級消費者，鹿及斑馬是草食動物，犀牛、雞 (大部分是) 以及毛毛蟲也是。

大部分的草食動物仰賴「協助者」來幫忙消化纖維素，其是植物的構造組成材料。例如乳牛的腸道中有大量的菌落可分解纖維素，白蟻也是如此。人類不能消化纖維素，因為我們缺乏這些細菌，這是為何乳牛可以只吃草維生，而人類不能。

肉食動物

第三營養層級是以草食動物為食的動物，稱為**肉食動物** (carnivores)。牠們是生態系的次級消費者，老虎及野狼是肉食動物，蚊子以及藍松鴉也是。

有些動物如熊及人類可以吃植物及動物，故稱為**雜食動物** (omnivores)。牠們利用植物儲存的單糖及澱粉為食物，而不是纖維素。

許多複雜的生態系包括第四營養層級，由以其他肉食動物為食的動物所組成。牠們被稱為三級消費者或高級消費者，吃藍松鴉的黃鼠狼就是三級消費者。僅有極少數的生態系包含四個以上的營養層級，其理由將討論於後。

肉食動物

雜食動物

食屑動物與分解者

在每個生態系中，有一個特別的消費者層級包括**食屑動物** (detritivores)，即以死亡的生物體為食 (又稱為食腐肉動物)，例如蚯蚓、螃蟹及禿鷹。

分解者 (decomposers) 是可將有機物質分

食屑動物

分解者

解的生物體，使得營養素可供給其他生物體所利用。它們從所有營養層級中獲得能量，細菌及真菌是陸域生態系的主要分解者。

能量流經各營養層級

有多少能量會流經一個生態系？**初級生產力** (primary productivity) 是指在特定地區、單位時間內，光能被可行光合作用的生物體轉換成有機化合物的總量。一個生態系的**淨初級生產力** (net primary productivity) 是指在單位時間內，被光合作用所固定的光能總量，減去被行光合作用的生物體因代謝活動所消耗掉者。簡單而言，儲存在有機化合物的能量可被異營生物所利用。生態系中所有生物體的總重量稱為此生態系的**生物量** (biomass)，當其量增加即是此生態系的淨生產力。有些生態系例如水蠟燭沼澤濕地具有高的淨初級生產力，而其他如熱帶雨林也有相對高的淨初級生產力，但雨林的生物量則遠高於濕地區域。因此，雨林的淨初級生產力相較於其本身的生物量則小很多。

當植物利用光能來製造如纖維素等構造分子時，它會喪失大量熱能。事實上，植物所吸收的能量中，大約只有一半會儲存在其所製造的分子中，另一半能量則喪失掉。這是能量經過此生態系時會發生的許多流失情況的第一個。當流經一個生態系的能量是以每個營養層級來量測時，我們可發現在每個營養層級可用的能量中，有 80%~95% 並未傳至下一層級。換言之，僅有 5%~20% 的能量是透過營養層級傳至下一層級。例如在圖 36.2 中所示，最後傳到甲蟲體內的能量大約僅有其所吃的植物能量的 17%。

同樣地，當肉食動物吃草食動物，有相當多的能量也會從存在於草食動物的分子中的能量喪失。這是為何食物鏈通常包括三或四個階層的理由。有太多能量在每個階層喪失，以至於當能量分別併入四階營養層級的生物體內之後，幾乎沒有可用的能量會留在生態系中。

圖 36.3 代表淡水生態系能量流的典型研究。每個方格代表從不同營養層級所獲得的能量，其中生產者 (藻類及藍綠菌) 的方格最大。

在被藻類及藍綠菌所固定的 1000 卡潛在能量中，大約有 150 卡傳給小型消費者浮游動物體內，其中約有 30 卡被併入稱為香魚的小型魚體內，其為此生態系的主要次級消費者。

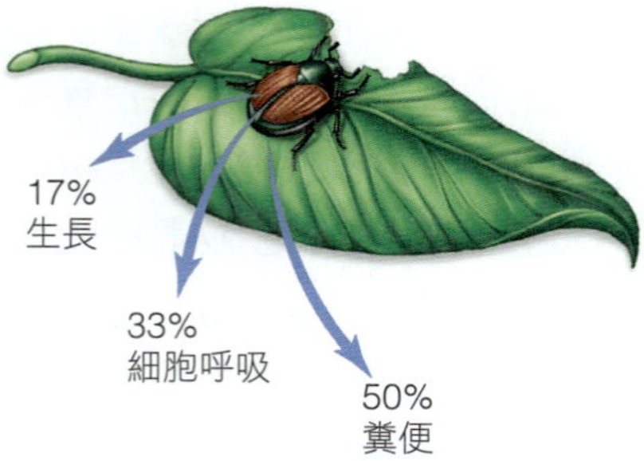

圖 36.2 異營生物如何利用食物能量
一個異營生物只能同化其所攝取能量的一部分。例如，倘若咬一口所含的能量為 500 焦耳 (1 焦耳 = 0.239 卡)，其中大約 50%，250 焦耳會從糞便喪失；約 33%，165 焦耳是用在細胞呼吸上；還有 17%，85 焦耳則是轉成消費者的生物量。只有這 85 焦耳可供下一營養層級利用。

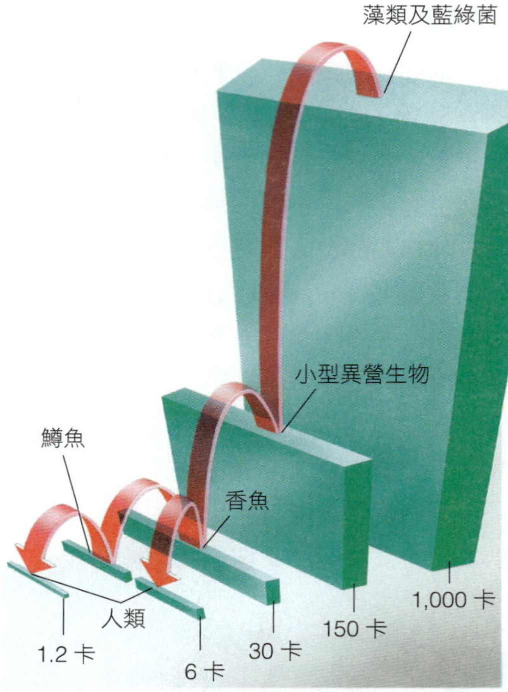

圖 36.3 生態系中的能量流失
在紐約的卡尤加湖的典型研究中，從食物網的所有點精確量測出其能量路徑。

倘若人類吃香魚，他們將會獲得最初進入此生態系的能量 1,000 卡中的 6 卡；倘若鱒魚吃掉香魚、人類再吃鱒魚，則人類僅獲得 1,000 卡中的 1.2 卡，因此，在大多數的生態系中，能量的路徑並不是簡單的線狀，因為一個動物體通常會在多個營養層級取食，如此造成較複雜的能量流路徑稱為**食物網** (food web)，如圖 36.4 所示。

關鍵學習成果 36.1

能量在生態系中，經生產者至草食動物、再至肉食動物，最後到食屑動物及分解者。大部分的能量會在每個階段喪失。

36.2 生態金字塔

食物鏈中的能量流失

如前所述，植物固定了約 1% 的太陽能在

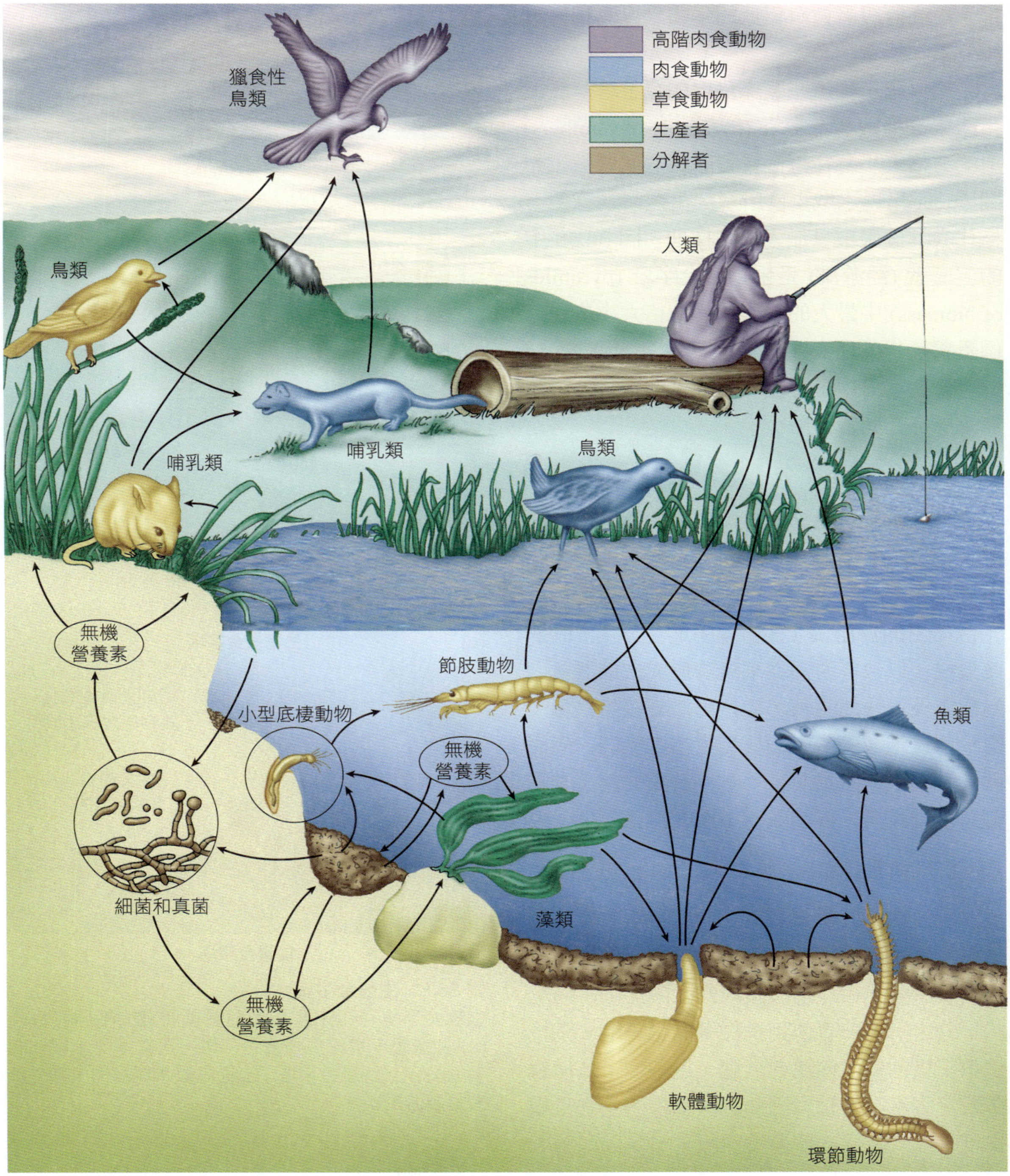

圖 36.4　食物網
食物網比線狀的食物鏈更為複雜，其能量行經的路徑從一個營養層級到下一個，然後又再以複雜的方式返回。

本身的綠色部分上。接著，在食物鏈上的下一個成員則平均利用其攝食的生物體所能提供能量的 10% 來併入自己個體中，因此，在任何生態系中，較低營養層級的個體數通常有遠大於更高層級者。同樣地，在一個生態系中，初級生產者的生物量比初級消費者還大，依此類推，更高層級者會有更低的生物量以及相對更少的潛在能量。

若以圖示，這些關係呈現如金字塔一般。生態學家稱**數量金字塔** (pyramids of numbers) 上的方格大小為在每個營養層級的個體數，如圖 36.5a 呈現水域實例所示，生產者為綠色方格代表其個體數量最大，同樣地，圖 36.5b 中的生產者 (浮游藻) 是**生物量金字塔** (pyramids of biomass) 中最大的一群，其方格大小為在每個營養層級的所有生物體之總重量。圖 36.5d 的能量金字塔中，生產者是最大的方格，表示能量儲存在此營養層級中。

倒向的金字塔

有些水域生態系會呈現倒向的金字塔，如圖 36.5c 所示。在浮游生物的生態系中，以小型漂浮在水中的生物為主，浮游動物攝取可行光合作用的浮游藻 (食物鏈中的生產者) 的速度太快，以致浮游藻從來無法形成大族群。因為浮游藻可快速生殖，群聚可以支持生物量及數量都比浮游藻還大的異營生物之族群。然而就營養層級的能量而言，吃浮游藻的浮游動物雖然數量較多，但其僅含 10% 的能量。

高階肉食動物

發生在每個營養層級上的能量流失會限制一個群聚所能支持的高階肉食動物之數量。如之前所示，光合作用所獲取的太陽能中，僅有約千分之一會一直傳到食物鏈的第三階，然後到第三級消費者如蛇或老鷹。這解釋了為何獅子或老鷹沒有天敵：因為這些動物的生物量根本不足以支持另一個營養層級。

在數量金字塔中，高階獵食者通常是相當大型的動物。因此，金字塔頂端所剩無幾的生物量多集中在少數的個體上。

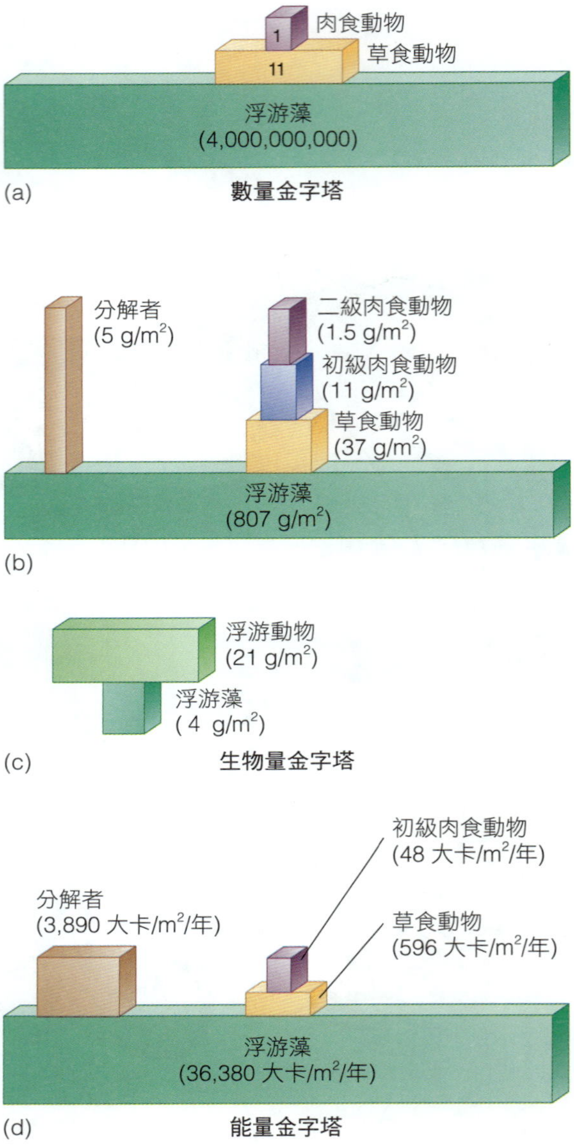

圖 36.5 生態金字塔

生態金字塔可用來測量每個營養層級的不同特性。(a) 數量金字塔；生物量金字塔，正常者 (b) 與倒向者 (c)；(d) 能量金字塔。上面是以水域為例，其生產者是浮游藻。

關鍵學習成果 36.2

因為能量會在食物鏈的每個階層喪失，初級生產者 (可行光合作用的生物) 的生物量通常大於以其為食的草食動物，而草食動物的生物量則大於以其為食的肉食動物。

生態系中的物質循環

36.3 水的循環

不像能量是以單一方向在地球上的生態系中流傳 (從太陽至生產者再至消費者)，生態系中的非生物組成則可在其中四處傳遞以及再利用。生態學家稱這樣不斷再利用為回收，或更常見者為**循環** (cycling)。可不斷再利用的物質包括所有構成土壤、水及空氣的化學物質。對於任何健全的生態系而言，四種物質的適當循環是非常重要的，它們是：水、碳，以及土壤中的營養元素氮及磷。

水、碳以及土壤中營養元素的路徑 (從環境至活的生物體然後再返回) 會形成封閉性的迴路或循環。在每個循環中，化學物質會在生物體中停留一段時間，然後回到非生物的環境中，這過程通常稱為是生物地質化學循環 簡稱生地化循環。

生態系的所有非生物組成中，水對生物組成的影響最大。在大範圍的生態系中，水的充足及其循環方式會決定該生態系的生物豐富度 (即有多少不同種類的生物以及其個別數量)。

生態系中水的循環有兩種方式：環境的水循環以及有機的水循環，如圖 36.6 所示。

環境的水循環

在環境的水循環中，大氣中的水蒸氣凝集成雨水或雪 (在圖 36.6 中稱為沉降) 降落到地球表面。被太陽照射加熱後，它再藉由**蒸發** (evaporation) 從湖泊、河川及海洋返回大氣中，然後又再次凝集降落到地球表面。

有機的水循環

在有機的水循環中，地表水不直接回到大氣中，而是被植物的根所吸收。在植物體內流傳之後，水再經由葉片的氣孔從葉片表面蒸發而返回大氣中。這種從葉片表面蒸發稱為**蒸**

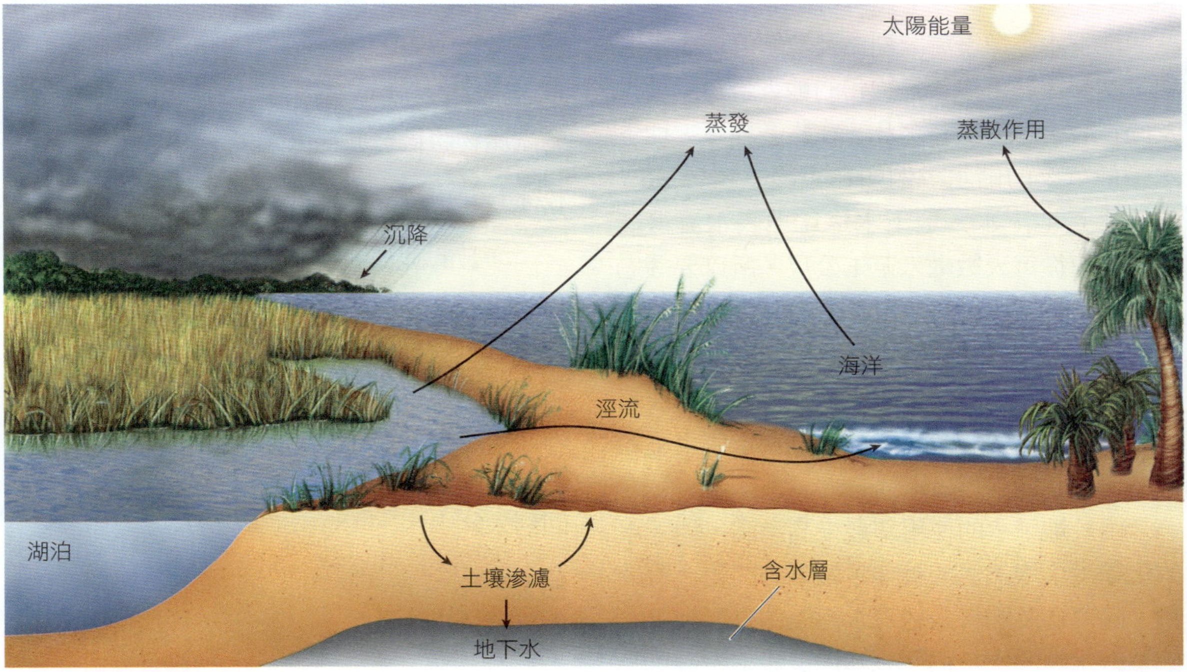

圖 36.6 水的循環
降落至陸地的沉降經過地下水、湖泊及河川，終究會流到海洋。太陽能導致蒸發，將水加進大氣中。植物經由蒸散作用而排出水分，也將水加進大氣中。大氣中的水以雨水或雪降落至陸地及海洋，而完成水的循環。

散作用 (transpiration)。蒸散作用也受到太陽影響：太陽的熱能會造成風的對流，藉由吹過葉片上方而將濕氣從植物中帶走。

中斷水循環

在鬱密森林生態系如熱帶雨林中，有超過 90% 的濕氣會被植物所吸收，然後再蒸散回到空氣中。因為在雨林內有許多植物如此做，所以植被是區域雨水的主要來源。事實上，這些植物製造其本身的雨水：濕氣從植物向上飄至大氣中，再轉成雨水回到地球。

當森林遭砍伐時，生物體內的水循環遭到中斷，濕氣不再回到大氣中。水流入大海，而不是上升到大氣再降下成雨水。德國偉大的探險家凡韓伯特 (Alexander von Humboldt) 在其 1799~1805 年的遠征期間，他的報告提出哥倫比亞熱帶雨林的樹木遭伐除，水無法返回大氣，故導致半乾燥的沙漠。現在的悲劇是這樣的伐木正在許多熱帶地區發生。

地下水污染

地下水不像溪流、湖泊及池塘等地表水明顯，其存在於可滲透且飽和的地下岩石、沙粒及碎石層中，稱為*含水層*。在許多地區，地下水是最重要的儲水，例如在美國，超過 96% 的淡水是地下水。地下水遠比地表水流得緩慢，流速從每天數毫米至 1 公尺，所以要透過環境的水循環來補充此部分是非常緩慢的。在美國，地下水中約 25% 供作民生用水、約 50% 為飲用水。鄉村地區傾向幾乎完全依賴地下水，且其使用情況上升至地表水使用率的兩倍。

由於地下水的使用率愈來高愈高，地下水的化學污染增加也成為非常嚴重的問題。殺蟲劑、除草劑及肥料是地下水污染的主要來源，因為含水層的水量很大、其恢復速率緩慢以及其不易接近，想要將其中的污染物移除，實際上是不可能辦到的。

關鍵學習成果 36.3

水在生態系中循環，經由沉降及蒸發而進入大氣，有些也會經由植物體再回到大氣中。

36.4 碳的循環

地球的大氣層包含豐富的碳，且以二氧化碳 (CO_2) 的氣體型式存在。在大氣與生物體之間的碳循環通常會被鎖定在生物體內或地下深層歷經一段長期時間。此循環起始於植物利用 CO_2 來行光合作用，以製造有機分子，如此植物便將 CO_2 的碳原子留在生物體內。碳原子再經由呼吸作用、燃燒及侵蝕等方式返回至大氣的 CO_2 中。此碳的循環如圖 36.7 所示。

呼吸作用

生態系中大部分的生物會呼吸，它們會從有機食物分子中裂解出碳原子以獲取能量，然後將之與氧結合而成 CO_2。植物會呼吸，吃植物的草食動物也會，吃草食動物的肉食動物也如此。這些生物都利用氧來從食物中抽出能量，而 CO_2 就是最後留下的。這個呼吸作用的副產物將被釋放至大氣中。

燃燒

多數的碳被固定在木材中，且會停留許多年，只有在木材被燃燒或分解時才會返回大氣中。有時候，碳在生物界所停留的時間會相當的長，例如被埋在沉積物裡的植物可能會因壓力而逐漸轉形為煤炭或石油。最初被這些植物固定的碳只有在燃燒煤炭或石油時才會被釋放回到大氣中。

侵蝕

在海水中有非常大量的碳，且以溶解態的 CO_2 呈現。這種型式的碳會被海中的生物抽離海水，而被利用來構築其碳酸鈣的硬殼。當這

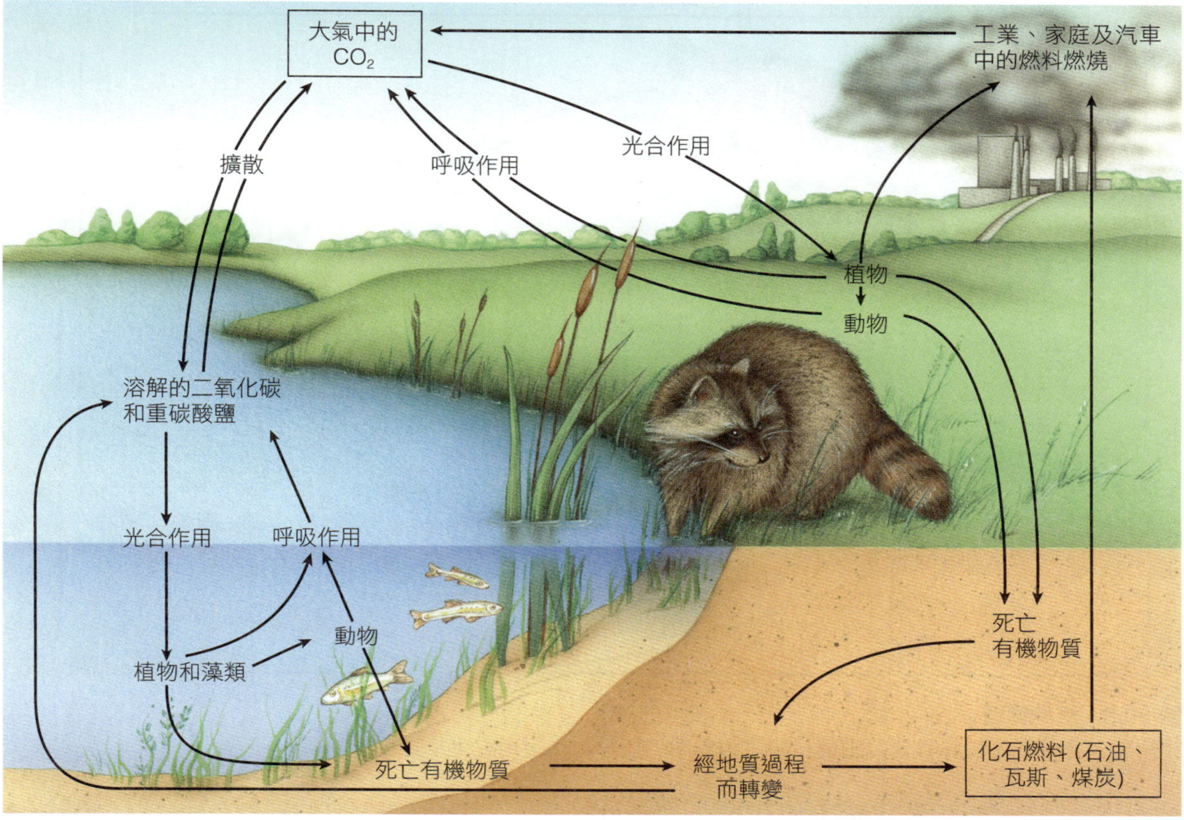

圖 36.7　碳的循環
大氣和水中的碳被行光合作用的生物固定下來，然後經由呼吸作用、燃燒及侵蝕等方式返回大氣中。

些海中生物死亡時，其外殼沉至海底而轉化成沉積物，進而形成石灰岩。最終石灰岩因海洋退去而露出，並遭風化及侵蝕而導致碳被沖刷並溶於海洋中，再經由擴散返回碳循環。

關鍵學習成果 36.4

藉由光合作用從大氣中固定下來的碳會再經由呼吸作用、燃燒及侵蝕等方式返回大氣中。

36.5　土壤營養鹽及其他化合物的循環

氮的循環

生物體含有許多氮 (蛋白質的主要組成)，大氣中亦如此，其中約有 78.08% 是氮氣 (N_2)。然而在這兩個貯存庫之間的化學連結非常微細，因為大部分生物體不能利用其周遭空氣中豐富的 N_2。氮氣中，兩個氮原子之間有特別強力的三共價鍵，很難打斷其鍵結。幸運地，有些種類的細菌可以打斷氮的三鍵，然後將氮原子與氫相接 (形成「固定的」氮-氨 [NH_3]，再變成銨離子 [NH_4^+])，此過程稱為**固氮作用** (nitrogen fixation)。

早在光合作用把氧氣引入地球大氣中之前，細菌在生物歷史初期即演化出固氮的能力，且這仍是這些細菌能夠做的唯一方式－即使有一點氧氣就會毒害此過程。現今，在氧氣充斥的情況下，這些細菌活在沒有氧的囊胞構造中，或在豆類、白楊樹及一些其他植物的根瘤組織之特殊不透氣細胞中。圖 36.8 顯示氮循環如何運作，細菌製造其他生物所需的氮，

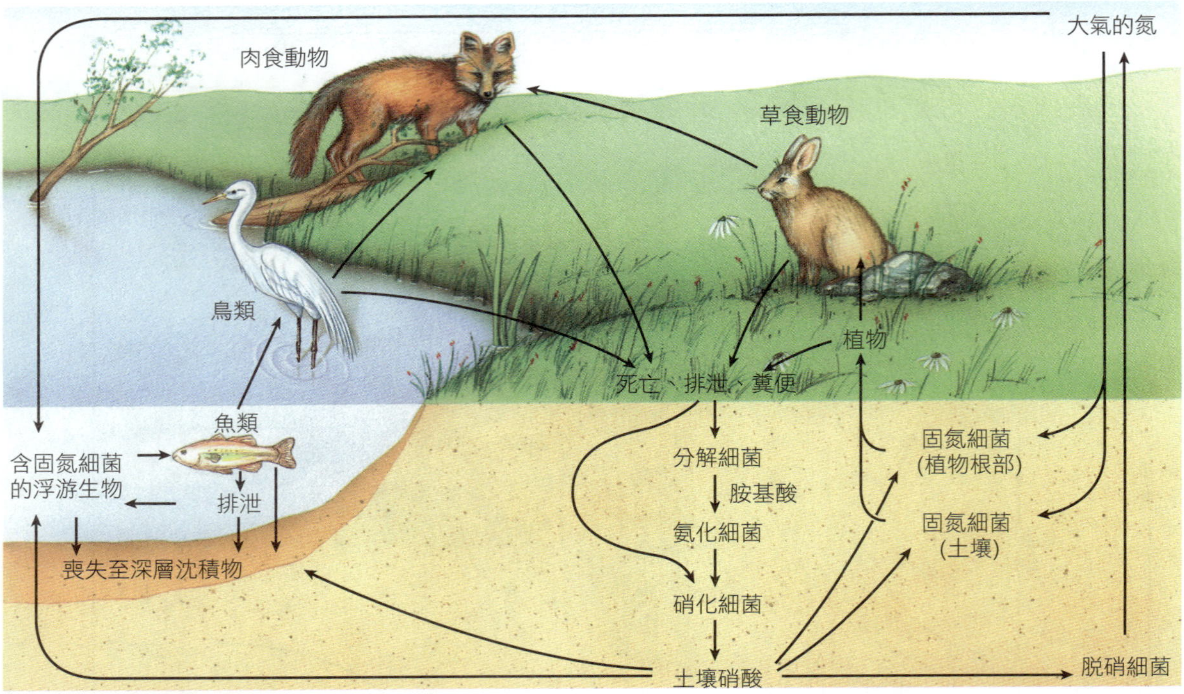

圖 36.8　氮的循環
相對較少種類的生物－其皆為細菌－能將大氣中的氮轉化為可用在生物過程的型式。

此氮在食物鏈中隨一生物獵食另一生物而往高階移動，終究隨個體死亡或排泄物而返回。分解細菌及氨化細菌會將氮轉成氨及銨離子型式。持續此循環，硝化細菌會將銨離子轉化成硝酸鹽 (NO_3^-)，然後脫硝細菌能將硝酸鹽轉化為氮氣 (N_2) 而回到大氣中。

生態系中植物的生長通常嚴重受限於土壤中是否有被「固定」的氮，這是為何農夫會在農地上施肥的原因。然而，現在大部分被農夫施加入土壤中被固定的氮並不是有機的，是經由工業化工廠所生產者而非細菌的固氮作用，此化工製程占整個氮循環的比例高達 30%。

磷的循環

磷是所有生物體的必需元素，在 ATP 及 DNA 中皆為關鍵組成。磷在特殊生態系的土壤中通常含量有限，且因為磷並不形成氣體，不存在於大氣中。大部分的磷以磷酸鈣的礦物質型式存在於土壤及岩石中，如圖 36.9 所示，在水中溶解形成磷酸離子 (可口可樂即是加了糖的磷酸鹽溶液)。這些磷酸離子會被植物的根部吸收，然後被利用來製造如 ATP 及 DNA 等有機分子。

當植物及動物死亡且腐敗，土壤中的細菌會把有機磷轉化回到磷酸離子，而完成循環。

在淡水湖泊生態系中，磷的含量通常相當低，以避免水中的藻類大量生長。由於人類活動非刻意地添加磷而使湖泊生態系顯得特別脆弱。例如農業肥料及許多商業用的清潔劑都富含磷。湖泊的水因磷的添加所造成的污染，首先會在湖面因藻類生長而產生綠色懸浮物，倘若持續有污染，則老化的藻類會死亡，以死亡藻類細胞為食的細菌會消耗掉湖中大部分的溶氧，導致魚類及無脊椎動物缺氧窒息。如此快速而無法控制的生長是由於在水域生態系中有過量的營養鹽，稱為**優養化** (eutrophication)。

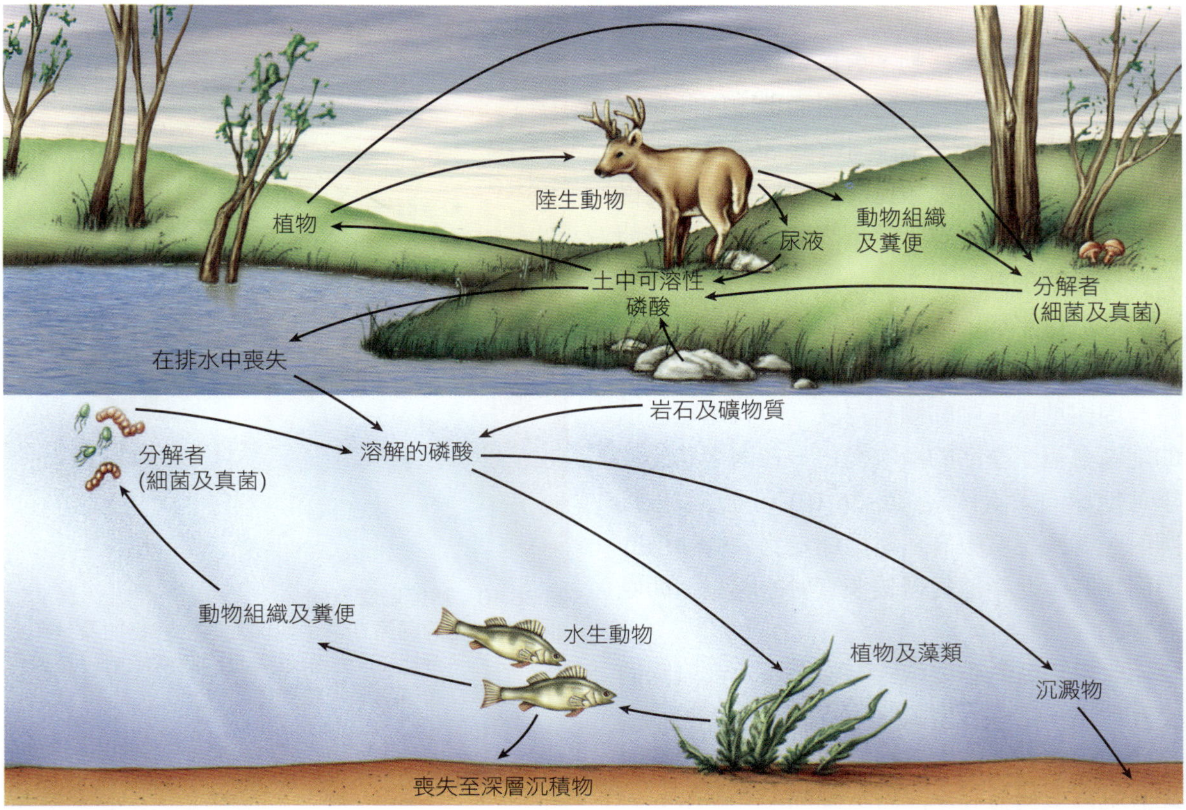

圖 36.9 磷的循環
磷在植物營養中扮演重要角色，僅次於氮。磷是最有可能因含量過少而限制植物生長的組成成分。

其他化合物的循環

許多其他化合物會經由生態系的循環，且必須被維持在一個平衡的狀態，以成為健康的生態系。適當的平衡是重要的，有些化合物會在其濃度超過循環所需之正常量而變得有害，就像前述的磷一樣。其他化合物，當超過循環所需之正常量，會對生態系有相似的破壞。

硫是經由大氣來循環的化學物質，當其經由燃燒煤炭的發電廠大量排放至大氣時，會對生態系有害。過量的硫與水蒸氣及氧結合而產生硫酸，然後這種酸以沉降方式返回生態系，這種「酸雨」將在第 38 章進一步討論。

重金屬包括汞、鎘及鉛在經由生物的食物鏈循環時，會特別具破壞性，因為它們傾向在營養層級愈高的生物體內逐漸累積，此過程稱為*生物放大作用*，將在第 38 章進一步討論。

關鍵學習成果 36.5

大部分的地球大氣是雙原子的氮氣，但它不能被大多數生物所利用。特定的細菌能藉由固氮作用而將這些氮氣轉化成氨，然後這些氮會經由地球的生態系來循環。對生物很重要的磷也在生物體及環境之間循環。

氣象如何形塑生態系

36.6 太陽與大氣的環流

幾何學推動氣象

這個世界含有相當多樣化的生態系，因為其地區之間的氣候變化甚大。在一天中，美國邁阿密及波士頓通常就會有非常不同類型的天氣。這並不稀奇，熱帶比溫帶地區溫暖是因為太陽射線幾乎垂直照向赤道鄰近地區。當陽光從赤道向溫帶緯度移動，會以更斜的角度照在地球上，而擴展成更大的照射面積，因此單位面積所能提供的能量就更小 (圖 36.10)。因為地球是圓的，有些區域比其他區域從太陽獲得較多能量，使得地球上有不同氣候，也間接地有多樣化的生態系。

地球每年環繞太陽的軌道以及其每天依本身主軸自轉都對決定全球氣候很重要。由於公轉一周與地球主軸的傾斜角度，所有遠離赤道的地區會經歷季節的漸次變化。在南半球的夏季，地球向太陽傾斜 (圖 36.10)，陽光較直接照射，導致溫度較高。當地球走到公轉軌道的對面端時，北半球獲得較多直射的陽光，即處於夏季。

大氣環流的主要模式是導因自六大氣團的交互作用。這些大型氣團 (如下圖的環繞箭號) 是成對出現，一個在北緯、另一個在南緯。這些氣團會影響氣候是因為氣團的上升與下降影響其溫度，進而決定其保持濕氣的能力。

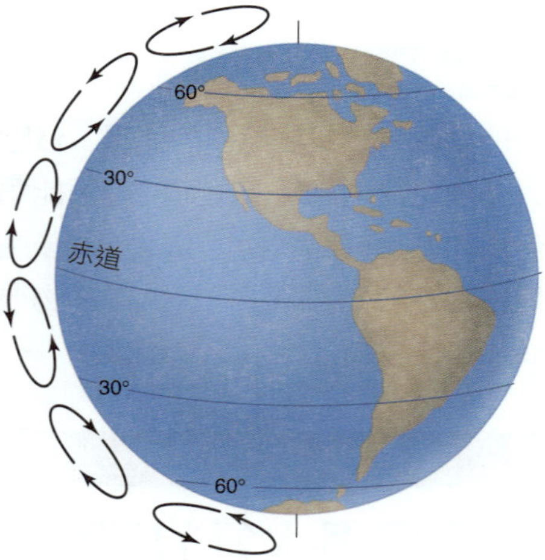

在赤道附近，溫暖空氣上升並飄向兩極 (如在赤道的箭號上升而繞向兩極)，當氣團上升並變涼，因冷空氣能抓住的水蒸氣較暖空氣少，而喪失大部分的濕氣，這就解釋了為何在空氣溫暖的熱帶地區降雨較多。當此氣團移

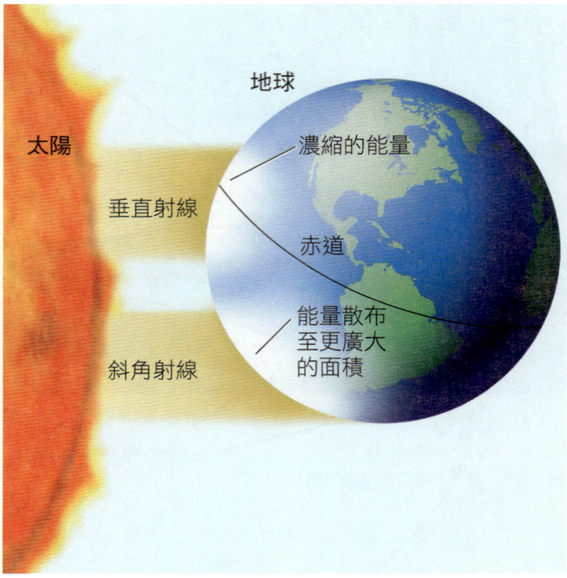

圖 36.10　緯度影響氣候
地球與太陽的關係在決定地球上的生物特性及分布上很重要，熱帶比溫帶地區溫暖是因為太陽射線直接照射，在單位面積內產生較多能量。

動至大約北緯或南緯 30 度，冷且乾的空氣下降，並且再被加熱，然後就像海綿一樣開始吸水，形成一個低降雨的寬廣區域。不意外地，世界上所有的大沙漠都位在靠近北緯或南緯 30 度區域。在這些緯度區域的空氣仍然比在兩極地區溫暖，所以，暖空氣持續飄向兩極。在大約北緯或南緯 60 度地區，空氣上升、冷卻並卸下其濕氣，這樣的地區是世界上最多溫帶森林者。最後，這上升的空氣在兩極附近下降，形成沉降非常低的區域。

關鍵學習成果 36.6

太陽推動大氣的環流，導致在熱帶地區的降雨以及在緯度 30 度的帶狀沙漠。

36.7　緯度與海拔

熱帶生態系的溫度較高的原因很簡單：單位面積內有較多陽光照在熱帶緯度區 (圖 36.10)。太陽輻射在太陽直射時最強，而這僅發生在熱帶地區，陽光垂直照射赤道。溫度也會隨海拔而改變，海拔愈高就會逐漸變冷。在任何特定緯度上，海拔每升高 1,000 公尺，氣溫會下降約六度。溫度隨海拔而改變的生態效應與溫度隨緯度而改變的情形相同。如圖 36.11 所示：在墨西哥南部山區 (圖 36.11b)，海拔升高 1,000 公尺所造成的溫度下降相當於在北美洲的緯度增加 880 公里 (圖 36.11a)。這是為何在愈遠離赤道，其「森林線」(樹木能生長的海拔上限) 的海拔會漸低的原因。

雨影

當一團移動的空氣碰到一座山，它會被迫向上移動，而當它在較高海拔被冷卻之後，其空氣的保濕能力下降，於是會在山的迎風面

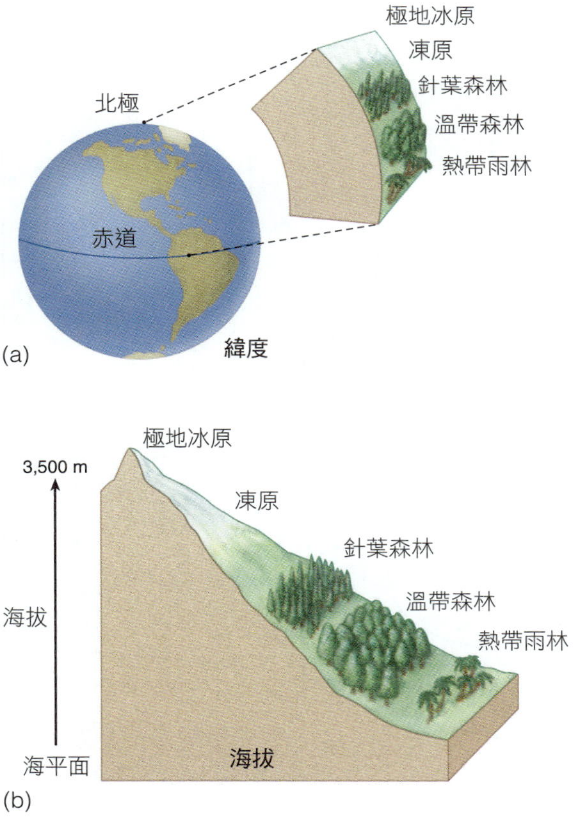

圖 36.11　海拔如何影響生態系
隨著緯度由赤道向北及向南增加，在海平面的陸域生態系 (a) 通常會和發生熱帶地區當海拔增加的陸域生態系 (b) 的情況相同。

形成降雨，如下圖所示。因此，從太平洋吹來帶著濕氣的風在遇到內華達山脈時，會上升並降溫，當風冷卻後，其保濕能力下降，於是形成降雨。

在山的背風面則相當不同，當空氣通過最高峰然後下降在山的背風面上，其空氣被加溫，所以保濕能力增加。由於空氣吸收了所有的濕氣而將周遭環境變得乾燥，通常會形成沙漠。這個效應稱為**雨影** (rain shadow)，與造成像地獄谷的沙漠有關，此沙漠就在內華達山脈的溫尼山 (Mount Whitney) 的雨影範圍內。

相似的效應也會發生在較大的尺度上。區域性氣候是指位在地球上不同位置的地區但因其地理相似而有相似的氣候。地中海型氣候就是在夏天時，冷風從冷的海洋吹到溫暖陸地，導致空氣中的保濕能力上升，沉降被阻擋，這與山的背風面發生的狀況很相似。這作用說明了乾燥炎熱的夏季以及冷涼潮濕的冬季之地中海型氣候，也出現在加州南方的一部分、智利中部、澳洲西南部以及南非的開普敦地區。這樣的氣候在全球並不尋常，在其發生的地區中演化出許多不尋常的特有 (只分布在特定地區) 動植物。

關鍵學習成果 36.7

溫度隨緯度增加而下降，海拔升高也一樣。在山的向風面降雨量較高，空氣隨山脈上升而失去其濕氣；然後在背風面下降，乾燥的空氣增溫並吸收濕氣而形成沙漠。

36.8 海洋中環流的類型

海洋環流類型是由大氣環流來決定的，亦即洋流間接地被太陽所帶動。如前所述，從太陽而來的熱輻射輸入造成大氣流動，然後風帶動海洋的流動。海洋環流以表層水流占優勢，而形成螺旋型式稱為渦流，其在亞熱帶高壓地區 (約北緯及南緯 30 度之間) 移動。如圖 36.12 中的紅色及藍色箭號所示，這些渦流在北半球以順時鐘、南半球以逆時鐘方向移動。它們重新分布熱能，不但對海洋有重大影響，同時也會影響海岸陸地。例如在北大西洋的墨西哥灣流 (圖中的紅色箭號，代表其攜帶溫暖洋流) 從北美洲加州北部的哈特拉斯海角漂流出去，然後到達歐洲接近不列顛群島南部。由於墨西哥灣流，使得歐洲西部比北美洲東部同緯度地區更溫暖、氣候更宜人。一般而言，在北半球西側大陸的溫帶區域較東側溫暖；而在南半球則相反。

南美洲的西部外海，洪保德洋流攜帶富含磷的寒冷水流北上至西部海岸。磷是從海底隨著向上湧的寒冷洋流而被攜帶上來，此寒冷洋流是吹向太平洋沿岸山坡的海風所形成的。此高營養鹽的洋流使得海洋生物豐富，而支持了秘魯及智利北部的漁業。以這些生物為食的海鳥則負責在這些國家海岸上累積具商業重要性的高磷鳥糞層。

聖嬰現象及海洋生態

每年在聖誕節期間，一股暖流從熱帶向下

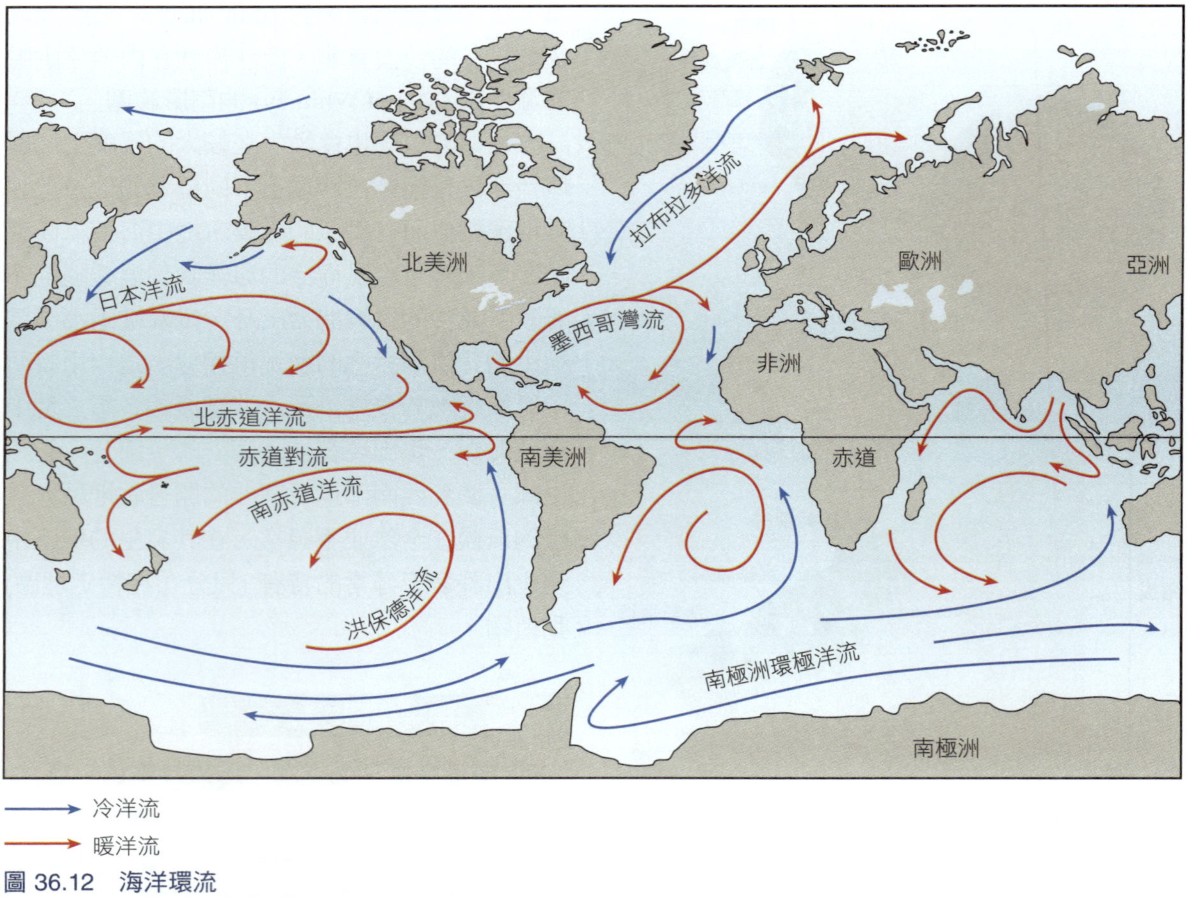

圖 36.12 海洋環流
在各海洋的環流，大量表層水以螺旋方式移動稱為渦流；海洋環流會影響其鄰近陸地的氣候。

流經祕魯及厄瓜多海岸，輕微減低魚類族群，而讓當地漁民有時間休息。當地漁民稱這樣的聖誕節洋流為聖嬰 (即代表基督嬰孩)。科學家引用聖嬰南方震動現象 (ENSO) 來代表相似的急遽性現象，此會在每 2~7 年發生一次，且不僅是地區性也是全球性的改變。

現在科學家對於聖嬰現象期間會發生怎樣的變化有相當清楚的了解。在正常情況下，太平洋會固定被由東向西的信風所吹拂，這些風將溫暖的表層水從海洋東側 (秘魯、厄瓜多及智利) 吹走，並且讓冷水從深海上湧而將營養鹽攜帶上來，供給浮游生物、進而魚類所利用。這溫暖的表層水在西側 (澳洲及菲律賓群島附近) 累積而使水溫升高數度，而且比太平洋東側水面高出約一公尺。但是，倘若信風輕微地減弱，溫暖水便會回返而跨越海洋 (如圖 36.13 中所示，在澳洲及南美洲北部海岸之間延伸的深紅色帶狀)，導致聖嬰現象。

事實上，信風輕微減弱是風流動型式改變的一部分，其會在每間隔 2~7 年內不規則地發生。一旦風輕微減弱，海洋東側變溫暖，其上方的空氣變得較暖且較輕。東側空氣變得與西側更相似，而造成橫跨海洋的氣壓差下降。因為氣壓差會帶動風吹，於是信風更加減弱，使得溫暖水持續返回東側。

最後的結果是把西太平洋的氣象系統東移 6,000 公里。通常會對印尼及菲律賓群島帶來雨量的熱帶暴風雨即是當溫暖的海水接近這些島嶼時，導致其上方空氣上升、變冷並凝集濕氣成為雲所造成的。當溫暖的水向東移動，雲也會跟著動，使得原先多雨的地區變得乾燥 (如圖 36.13 的淡粉紅色陰影區塊所示)。相反地，南美洲西側沿岸的海水通常太冷以至於無法引發太多降雨，卻變得非常潮濕 (打點的紅色區塊)，同時上湧水因水變暖而減緩。在聖嬰期間，經濟魚類庫存量幾乎從秘魯及智利海域消失，且浮游生物下降至正常豐多情況的 1/20。在 1972 及 1977 年的聖嬰期間，秘魯高商業價值的鯷魚漁業幾乎被完全摧毀。

反聖嬰現象 (La Niña)　聖嬰現象是自然發生的氣候循環中的極端階段，但如同在所有循環，它也會有相反方面。聖嬰現象的特徵是在太平洋東側會有不尋常的溫暖海水，而反聖嬰則是在太平洋東側會有不尋常的寒冷海水。由東向西吹的信風增強而使得太平洋東側沿岸上湧冷水增多，於是南美洲沿岸的海水溫度比正常時下降達七度之多。雖然對反聖嬰現象的了

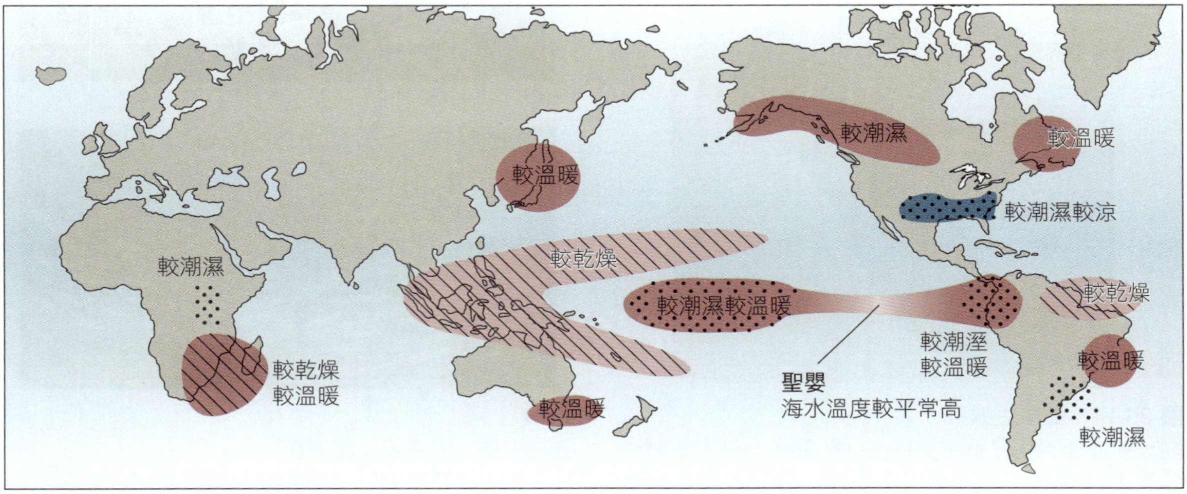

圖 36.13　聖嬰現象的作用
聖嬰海流，當溫暖洋流從太平洋西側向東移動時，在世界各地產生不尋常的氣象型態。

解不如聖嬰現象，反聖嬰現象所造成相當極端的效應則幾乎是與聖嬰現象相反。在美國，反聖嬰現象的效應在冬季月份特別明顯。

關鍵學習成果 36.8

全球的海洋以大型渦流在循環，且受大陸塊而偏轉。像聖嬰現象及反聖嬰現象，干擾的洋流會對全球氣候帶來急遽的影響。

生態系的主要類型

36.9 海洋生態系

地球表面幾乎有 3/4 是被水所覆蓋。海洋的平均深度超過 3 公里，而且大部分區域是寒冷而黑暗。因為光線不能穿透得更深，能行光合作用的生物被侷限在少數幾百公尺的上層 (在圖 36.14 中的淡藍色區域)。幾乎所有生活在這一層下方的生物都以落下的有機碎屑為食。三個主要的海洋生態系是淺海、開闊海面以及深海水域 (圖 36.14)。

淺海水域

地球的海洋表面很少是淺的，但這大部分沿岸區域所包含的物種種類比海洋的其他部分都還高出很多 (圖 36.15a)。全球的大型商業性漁業多發生在沿岸區域的岸邊，其從陸地衍生而來的營養鹽比開闊海洋還要豐富。此區域的一部分是由退潮時會暴露在空氣中的**潮間帶** (intertidal region) 所組成。另有少部分包圍水體者，例如通常在河口及海灣形成，其鹽度在海水及淡水之間，被統稱為**河口** (estuaries)。河口是全世界最天然肥沃的區域之一，通常含有豐富的沉水性及出水性植物、藻類及微小的生物。它們提供大部分沿岸魚種及有殼動物的繁殖地，其通常可在河口及開闊水域中被捕獲。

開闊海面

在海洋水體上層、陽光可穿透的區域中自由漂浮的是由多樣化的微小生物所組成的生物群聚。大部分的浮游生物出現在海洋的上層 100 公尺處。許多魚類也在此區游泳並以浮游生物或其他小魚為食 (圖 36.15b)。有些浮游

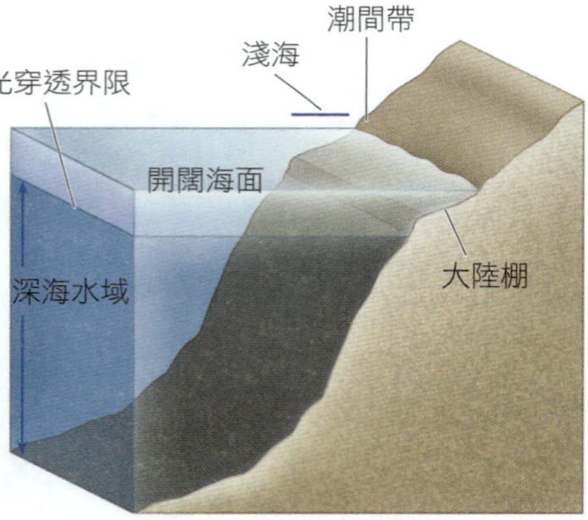

圖 36.14 海洋生態系
地球的海洋包括三個主要的海洋生態系，淺海水域生態系出現在海岸線及珊瑚礁地區。開闊海面生態系出現在上層 100~200 公尺深、陽光可穿透之處。最後，深海水域生態系是 300 公尺以下的區域。

(a)

(b)

圖 36.15 淺海及開闊海面
(a) 魚類以及其他種類的動物在某些區域的海岸水域之珊瑚礁裡尋覓食物及避難處；(b) 開闊海域的上層包含浮游生物及大量魚群，如圖中的大眼鯛。

生物包括藻類及細菌可行光合作用故稱為浮游藻。這些生物體負責地球上所發生的光合作用之 40%，而其中有超過一半是由個體直徑小於 10 μm 接近生物體大小的底限的生物來執行，而且牠們幾乎全部都生活在海洋表層，是陽光可完全穿透的區域。

深海水域

在離表面 300 公尺以下的深海水域中，很少有陽光穿透。相較於海洋其他區域，這裡幾乎沒有生物生存，但仍包含有一些在地球上任何地方可發現的最奇特生物。許多棲息在深海的生物具有生物發光 (可產生光) 的部位，可用來作為溝通或吸引獵物之用 (圖 36.16a)。

在深海中，氧的供應通常是很重要的，而且當水溫變得更溫暖，水體所含的氧更少。因此，深海裡的氧量成為較溫暖海洋區域內的深海生物生存之重要限制因素。相反地，二氧化碳在深海裡則幾乎從未受到限制。礦物質在海裡的分布比在陸地上更加均質化，陸上的土壤通常反映其從原始岩石風化之後的組成。

深海海底酷寒且空曠，一直被認為是生物的沙漠。然而最近海洋生物學家仔細探測深海而有不同畫面 (圖 36.16c)。海床其實富含生物，在大西洋及太平洋的數百公尺深處所採集的樣本中發現，通常在數公里深、在黑暗且高壓的情況下，有大量的海洋無脊椎動物生長。粗略估計深海生物多樣性已高達數十萬種，許多顯然是地區特有。其物種多樣性高到可以和熱帶雨林相當！此豐富情況是前所未有的，新物種通常需要某些屏障以利分歧 (見第 14 章)，且海底層似乎相當一致。然而極少會有遷徙發生在深海族群間，而此缺乏移動性可推動區域種化及物種的形成。區塊化環境有助於該地物種的形成；深海生態學家也已發現有微細但強大的資源屏障在深海興起的實證。

在深海中沒有陽光，此處的生物如何獲得其能量？有些利用從上層落至海底的碎屑為能量，其他深海生物是自營性，透過**海底熱噴泉系統** (hydrothermal vent systems) 來獲得能量。此系統是因海水流經多孔的岩石，圍繞在由地殼之下的熱熔岩溢出至表面所形成的裂縫。此系統又稱為深海熱氣，提供大範圍的異營生物能量 (圖 36.16b)。在這些熱氣周圍地區的海水被加熱，其溫度可超過 350°C，且含有高濃度的硫化氫。在這深海熱氣周圍生長的原核生物

(a)

(b)

(c)

圖 36.16 深海水域

(a) 在這深海魚的眼睛下方的亮點是因為有會發光的細菌共生之故；(b) 這些大型管蟲活在熱氣的周圍，從該處裂縫所噴出的熱泉溫度達 350℃，然後再降溫為 2℃ 的周圍海水；(c) 這兩個海葵形狀如同海底的向日葵，事實上是動物，其利用玻璃海綿的主軸來抓取「海中雪花」為食，其是由上方數公里的海洋表層所飄落至海底的食物碎屑。

可以獲得能量，並透過化學合成而非光合作用而產生碳水化合物。如同植物，這些是自營性；它們從硫化氫抽取能量以製造食物，就如同植物從太陽獲得能量來製造其食物。這些原核生物以共生方式生活在深海熱氣周圍的異營生物之組織內。這些動物提供原核生物生存之處並獲得養分，而這些原核生物則反過來提供該動物有機化合物當作其食物。

雖然在海底發現許多新類型的小型無脊椎動物，且海洋中有極高的生物量，但超過在所有被描述的種類之 90% 是陸上生物。每個最大群的生物包括昆蟲、蟎、線蟲、真菌及植物，皆有生活在海中的代表，但它們在所有描述過的總數中，僅占非常小的一部分。

關鍵學習成果 35.8

三個主要的海洋生態系是淺海、開闊海面以及深海水域。在潮間淺灘及深海這兩處的群聚都非常具多樣性。

36.10 淡水生態系

淡水生態系如湖泊、池塘、河流及濕地，與海洋及陸域生態系很不相同，它們的面積非常受到限制。內陸湖泊約占地球表面的 1.8%，而河、溪流及濕地約占 0.4%。所有淡水棲地都與陸上棲地緊密相連，其中間型棲地為林澤與沼澤 (濕地)。此外，大量的有機與無機物質會持續從生活在鄰近陸上的群聚進入淡水水體中 (圖 36.17a)。許多類型的生物侷限在淡水棲地中 (圖 36.17b、c)，當它們出現在河及溪流中，必須能設法讓自己貼附住，以抵抗或避免水流的影響或被沖走的危險。

如同海洋，池塘及湖泊中生物居住處也分為三區：淺岸區 (沿岸區)、開闊水域表層區 (湖沼透光層) 及光線無法穿透的深水區。

湖泊也可根據其產生的有機物質分成兩

(b)

圖 36.17 淡水生態系
這溪流 (a) 位在加州北部海岸山脈，如同在所有溪流中，會有大量有機物質落下或從山邊的群聚滲入水中。此輸入將提供溪流中大部分生物的生產力。如黃金鱒魚等生物 (b) 以及將卵背在其背部的大型水生昆蟲 (負子蟲) (c) 僅能生活在淡水棲地中。

類，**寡養湖泊** (oligotrophic lakes) (圖 36.18b) 中，有機物及營養相對稀少。這樣的湖泊通常很深且其深水體中總是富含氧。寡養湖泊極易受污染影響，此污染來自流失掉的肥料、污水及清潔劑中而來之過量的磷。另一方面，**優養湖泊** (eutrophic lake) 有豐多的礦物質及有機物質供應 (圖 36.18c)。在夏季低水位時，水中是缺氧的，因為含有大量的有機物質且在低層中的有氧分解者會快速地耗盡氧。這些滯留水體在秋季循環 (在秋季翻轉期間，將討論於下) 至表層，然後滲入更多氧。

熱分層

熱分層 (thermal stratification) 是在溫帶地區的大型湖泊之特性，溫度為 4°C 的水 (此時

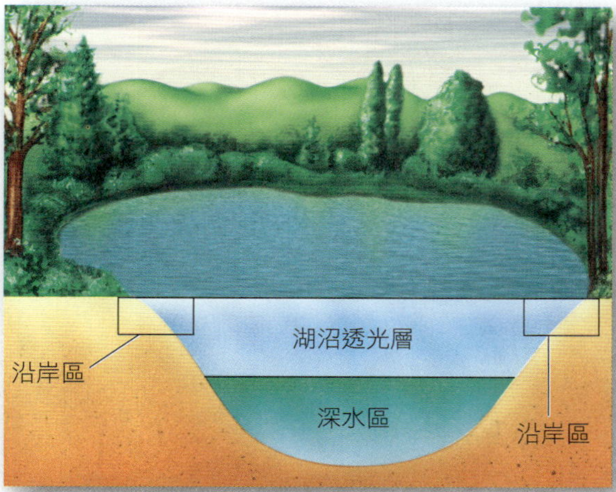

(a)

(b) 寡養湖泊

(c) 優養湖泊

圖 36.18　池塘與湖泊的特性
(a) 池塘及湖泊可依據生活其中之生物體的類型分成三區：淺岸區 (沿岸區) 位於湖泊的邊緣，易讓藻類附著以及供食藻昆蟲生活。開闊水域表層區 (湖沼透光層) 跨過整個湖面，為浮水藻類、浮游動物及魚類生長的區域。黑暗的深水區含有許多細菌及如蚯蚓般的生物，其以落在湖底的死亡殘骸為食。湖泊可以是寡養的 (b)，含有及少量的有機物質，或是優養的 (c)，含有豐富的有機物質。

的水密度最高) 會下沉至不論是較暖或較冷的水層之下。隨著在圖 36.19 的大湖泊裡之變化，起始於冬季 ❶，其 4°C 的水會下沉至更冷的水層之下，即在 0°C 的表面凝結為冰，在冰層之下，水維持在 0~4°C 之間，植物及動物可存活。在春季 ❷，當冰溶化，表層水被加溫至 4°C，然後下沉至更冷的水層之下，將含有湖更底層的營養之更冷的水向上帶，此過程稱為*春季翻轉*。

在夏季 ❸，更溫暖的水在較冷的水層上方，在這兩水層之間的區域稱為*溫變層*，即溫度會急遽改變。倘若潛入夏季的溫帶池塘，可能會感受到這些水層的存在。依特定地區的氣候而定，溫暖的較上層可在夏季變成 20 公尺厚。在秋季 ❹，其表層溫度會下降直到其降至更冷的 4°C 下層，此時，上、下兩層水混合，此過程稱為*秋季翻轉*。因此，在春季及秋季，較冷的水到達湖泊表面，把新鮮之溶解營養鹽往表層送。

關鍵學習成果 36.10

淡水生態系在地球表面約占 2%；全部都與鄰近的陸域生態系緊密相連。其中有些的有機物質很常見，而其他則很稀少。湖泊中的溫度分層每年會在春、秋兩季翻轉兩次。

36.11　陸域生態系

生物群系

生長在陸地的人類傾向於關注陸域生態系。**生物群系**是一個出現在廣大地區的陸域生態系，每個生物群系具有特殊的氣候以及一群生物。

生物群系可以多種方式分類，而七個最廣為出現的生物群系 (在圖 36.21 標示成不同色塊) 分別是 (1) 熱帶雨林 (深綠色)、(2) 大草原

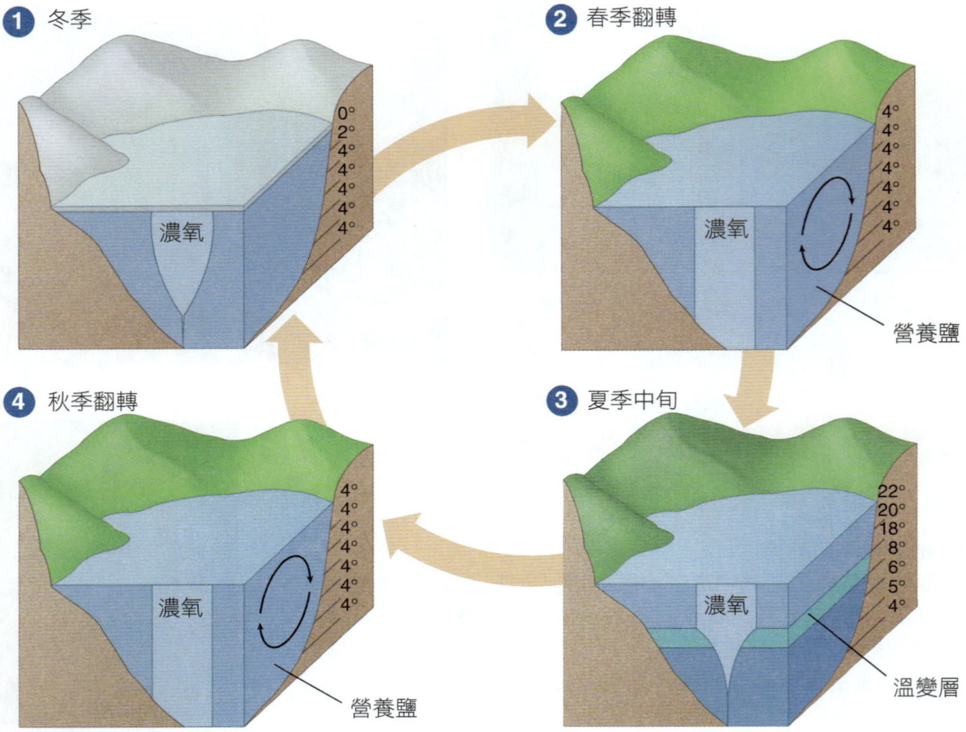

圖 36.19　淡水池塘或湖泊之春、秋季的翻轉
在溫帶地區的大池塘或湖泊中，分層的模式在春、秋季翻轉時而向上設定。在夏季中旬 (右下方)，水體分三層，密度最高者在 4℃，表層較溫暖的水之密度較低，溫變層是溫度急遽改變的水層，位在兩者之間。在夏季及冬季，氧的濃度在較深處較低，而在春季及秋季，則在所有深度皆相似。

(粉紅色)、(3) 沙漠 (淺黃色)、(4) 溫帶草原 (棕褐色)、(5) 溫帶落葉森林 (棕色)、(6) 針葉森林 (紫色) 及 (7) 凍原 (淺藍色)。主要有這七個生物群系而不是一個或 80 個的原因是它們已演化成適合某地區的氣候，且地球上有七個主要氣候。這七個生物群系彼此間差異相當大，但是在其內有許多一致性；不論出現在地球的何處，一個特定的生物群系通常看起來相似，有許多相同種類的生物存活其中。

還有其他七種較不廣泛分布的生物群系，如圖 36.20 所示：灌木叢原、極地冰原、高原區、溫帶常綠森林、溫濕常綠森林、熱帶季風森林以及半沙漠。

倘若沒有山脈、沒有因陸塊的不規則輪廓或沒有不同的海洋溫度所造成的氣候效應，那麼每個生物群系會形成一個環繞地球的帶狀分布。事實上，其分布極為受到這些因素的影響，特別是海拔高度。因此，洛磯山脈的高峰上所覆蓋的植被類型與凍原相似，而其他與灌木叢原相似的森林類型則會出現在較低海拔處。就是因為這些理由而造成生物群系分布如此不規則。一個很明顯的趨勢是那些正常發生在高緯度的生物群系也會如同高山一樣，有緯度梯度之變化。換言之，在赤道的極北方與極南方的生物群系在海平面的情況也會發生在熱帶地區的高海拔山區 (詳見圖 36.11)。

七個主要生物群系有熱帶雨林、大草原、沙漠、溫帶草原、溫帶落葉森林、針葉森林及凍原，其顯著特徵以及許多分布較不廣泛的生物群系將詳細描述於後。

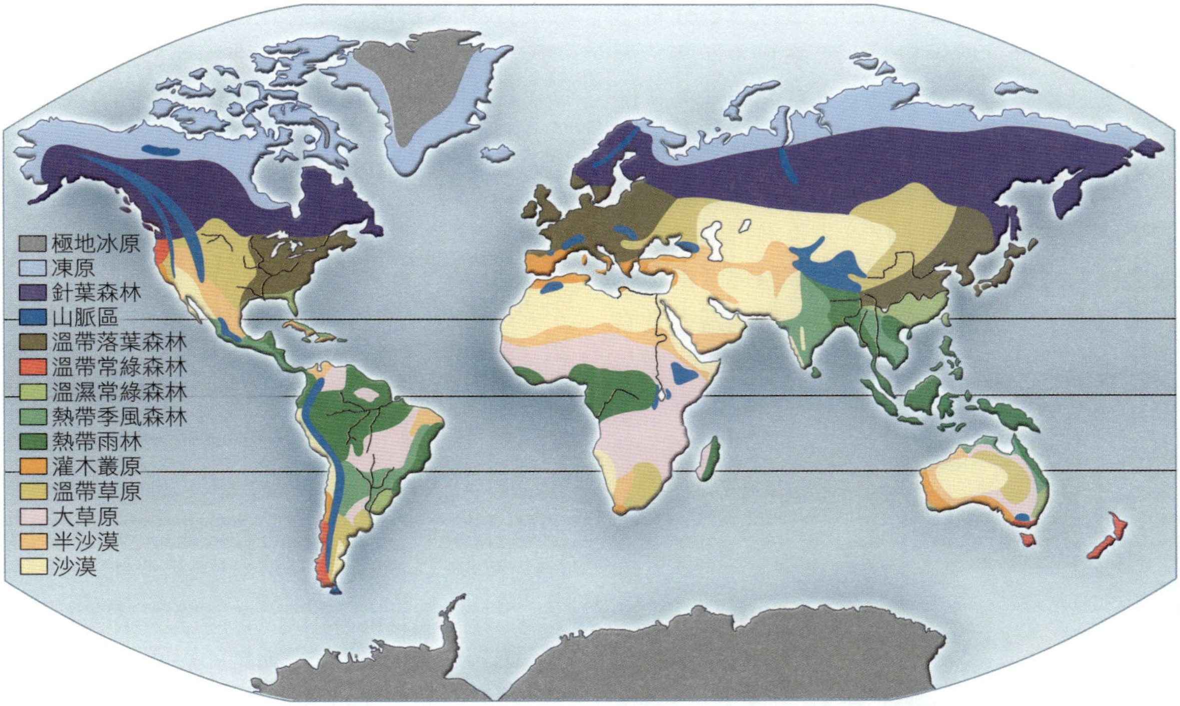

圖 36.20　地球上的生物群系之分布

七個主要生物群系是熱帶雨林、大草原、沙漠、溫帶草原、溫帶落葉森林、針葉森林及凍原，此外還顯示七個分布較不廣泛者。

青翠的熱帶雨林

雨林每年會有超過 250 公分的降雨量，是地球上最豐富的生態系。在此包含了至少有全球陸生動植物物種的一半，種數超過 200 萬種！在巴西朗多尼亞的熱帶森林中，單一平方哩就有 1,200 種蝴蝶，這是在美國及加拿大所發現的數目總和之兩倍。熱帶雨林的群聚組成是多樣的，其中每種動植物或微生物通常都是某一特定區域內所代表的極少數個體。在南美洲、非洲及東南亞都有廣泛的熱帶雨林，但是全世界的熱帶雨林正在被摧毀，也包括生活在其中的無數物種，有些可能尚未被人類所見過。也許全世界的物種中有 1/4 將會在人類有生之年內隨著雨林而消失。

熱帶雨林

大草原

大草原：乾燥的熱帶草原

在熱帶邊緣的乾燥氣候中，可發現世界的**大草原** (savanna)，其地形空曠，通常有廣泛分枝的樹木，且其降雨 (每年 75~125 cm) 有季節性。許多動、植物只有在雨季時才活躍，大群草食動物是在非洲大草原常見的生活者。這樣的動物群聚也曾在更新世時期的北美洲溫帶草原發生過，但現在主要存在於非洲。以全球的尺度來看，大草原生物群系是熱帶雨林及沙漠之間的轉型階段，當這些大草原逐漸轉型成農業用途，以提供食物給在亞熱帶地區大量擴展的人類族群時，棲息在大草原的生物其生存變得困難，大象、河馬及獵豹都是現今的瀕危物種；獅子與長頸鹿也很快地將緊隨在後。

沙漠

溫帶草原

溫帶落葉森林

沙漠：火熱的沙地

在大陸塊的內陸區域，可發現世界的大沙漠，特別是在非洲 (撒哈拉)、亞洲 (戈壁) 以及澳洲 (大沙漠)。**沙漠** (desert) 是年雨量低於 25 cm 的乾燥地區，其雨量太低以至於植被稀少，生存須依賴水分的保存。全球地表面積的 1/4 是沙漠，生活其中的動植物會偏好將其活動限制在一年內的某些時段，亦即當有水的時候。在沙漠中，大部分的脊椎動物生活在深層、涼爽且有時帶一點濕氣的地洞中。那些在一年的多數時間內活躍者會在晚間溫度相對涼爽時出來活動。而有些動物如駱駝則能在有水的時候喝入大量的水，然後在長期乾旱下存活。許多動物則單純地遷徙或穿過沙漠，到達牠們能夠找到有季節性豐多食物的區域。

草原：豐盛的草地

在赤道與兩極之間的中段區域是溫帶草原生長處。這些草原曾經覆蓋北美洲的大部分內陸，而且也廣泛分布在歐亞地區及南美洲。當這樣的草原轉型為農業，通常是具高生產力的。在美國及加拿大南部的許多肥沃農地，起初是溫帶大**草原** (prairy)。多年生的草具有特殊的根系，可深入土壤中，且草原的土壤多是深厚且肥沃。溫帶草原通常是大群食草的哺乳類所棲息處。在北美洲，草原上曾經有一大群的大型美洲野牛和叉角羚，目前這些牛群幾乎完全消失，因為大部分的草原早已被轉型為地球上最富裕的農業區域。

落葉森林：豐多的闊葉森林

溫和的氣候 (夏季溫暖而冬季冷涼) 以及充足降雨可促進歐亞地區、美國東北部及加拿大東部的**落葉森林** (deciduous forest) 的生長。

落葉樹會在冬季落葉，鹿、熊、水狸及浣熊是在溫帶地區常見的動物。因為溫帶落葉森林代表橫跨北美洲及歐亞地區數百萬年以來所遺留下的廣大森林，這些保留區域具有相通的動植物，特別是在亞洲東部及美北洲東部都曾經更廣泛分布。例如短吻鱷魚只出現在中國及美國東南部；又如亞洲東部的落葉森林之物種豐多，因為其氣候狀態一直維持恆定。

針葉森林：人跡罕見的松柏森林

由松柏類樹木 (雲杉、鐵杉、落羽松及冷杉) 所構成的一大圈北方森林橫跨亞洲及北美洲的廣大區域。松柏類是指其樹葉像針且終年不脫落的樹木。這種生態系稱為**針葉森林** (taiga) 是地球上最大者。此處的冬季長且冷，雨量如同炎熱的沙漠一樣稀少且多在夏季降下。因為其生長季太短而不易經營農作，很少人居住其中。許多大型動物如麋鹿、駝鹿、鹿及一些像狼、熊、山貓及狼獾生活在此森林中。傳統上，在此地區，採毛皮一項是常見的工作，伐木林產也很重要。林澤、湖泊及池塘很常見，且其邊緣通常是楊樹或樺樹。大部分樹木會以單種或少數物種而組成鬱密樹林。

凍原：寒冷、水苔平原

在極北邊，松柏大森林上方、極地冰原下方的區域，很少有樹木、多為草原，稱為**凍原** (tundra)，此處開闊、被風吹襲且通常有水苔覆蓋。這生態系分布廣大，占地球表面的 1/5。極少有雨水或雪落下，在北極短暫夏季期間，當真的下雨時，雨水在冰凍的地表形成水苔灘地。**永凍層** (permafrost) 通常位在地表約 1 公尺厚的範圍內。樹木矮小且大多侷限在溪流及湖泊邊緣。大型食草動物包括麝香野牛、馴鹿以及肉食動物如狼、狐狸及山貓，生活在凍原中。旅鼠族群的上升與下降會形成長期循環，其對以旅鼠為食的動物具有重要影響。

灌木叢原

灌木叢原 (chaparral) 包括常綠且通常多刺的灌木及矮樹，在具乾燥夏季之地中海型氣候地區形成群聚。這些地區包括加州、智利中部、南非的開普敦地區、澳洲西南部以及地中海地區。許多出現在灌木叢原的植物種類只能在暴露在火災的炎熱溫度之後才能萌發，加州的灌木叢原及其鄰近地區即是由落葉森林歷經長期演進而來。

針葉森林

凍原

灌木叢原

極地冰原

極地冰原 (polar ice) 如帽子覆蓋在北邊的北極洋以及南邊的南極洲。兩極幾乎沒有任何沉降，因此雖然冰很多，但是淡水很少。在冬季的月份，幾乎沒有日出。在南極洲，生物大多侷限在沿岸，因為南極冰帽覆蓋陸地，沒有被來自海洋循環所釋放的熱能加溫而變得非常寒冷。因此，只有原核生物、藻類及一些小型昆蟲生活在廣大的南極內陸。

極地冰原

熱帶季風森林

熱帶高地森林出現在熱帶及亞熱帶地區，且比雨林的緯度略高或是局部氣候較乾燥。在此森林中，大多數的樹木是落葉性且在乾季時落葉。此落葉現象使得陽光穿過來到森林的下層及地表，此處的灌木鬱密以及小型樹木生長快速。降雨是極典型的季節性，在季風期間，雨量可達每天數吋，而在乾季時則接近乾旱情況，特別是在遠離海洋的地區如印度中部。

熱帶季風森林

關鍵學習成果 36.11

生物群系是主要的陸域群聚，大多以溫度及降雨模式來界定。

複習你的所學

生態系中的能量

能量在生態系間流動

36.1.1 生態系包括群聚及在特定地區的棲地。能量持續從太陽流進生態系中，然後在食物鏈的生物之間傳遞。

36.1.2 來自太陽的能量被行光合作用的生產者所固定，然後生產者被草食動物取食，接著再被食肉動物吃掉。所有營養層級的生物死亡之後，其殘骸則被食屑動物及分解者所消費取用。

36.1.3 生態系的淨初級生產力是指被生產力所固定下來之所有能量總和。能量會在食物鏈的每個營養層級喪失，因此僅有 5~20% 的可用能量會被傳遞至下一個營養層級。

生態金字塔

36.2.1 因為能量會在通過食物鏈的不同營養層級時喪失，故在較低的營養層級中通常含有更多個體。同理，在較高的營養層級中，其生物量也會變少，能量亦同。生態的金字塔說明了此個體數量、生物量與能量的分布。

生態系中的物質循環

水的循環

36.3.1 生態系的非生物組成會在生態系中循環。此物質的循環通常涉及活的生物體並且反映為生物地質化學的循環。

36.3.2 水循環有兩種：環境與生物體的循環。在環境的循環中，大氣中的水以沉降方式循環，降落至地球並經由蒸發重新進入大氣。在生物體的循環中，水循環經由植物根部進入而藉蒸散作用以水蒸氣離開。地下水被留存在地底的含水層中，其通過水循環的速率更緩慢。

碳的循環

36.4.1 碳從大氣循環經由植物的光合作用中之 CO_2 固碳作用。然後碳經由細胞呼吸作用以 CO_2 返回大氣中，但有些碳也會被儲存在生物體的組織中。最後，碳會因燃燒化石燃料以及藉由侵蝕之後的擴散而重新回到大氣中。

土壤營養鹽及其他化合物的循環

36.5.1 大氣中的氮氣會被特定種類的細菌所固定。

動物攝食已吸收被固定氮的植物。氮經由動物排泄及分解作用而返回生態系。

36.5.2 磷也會在生態系中循環，且會在缺乏處造成生物的生長受限制，或是在水域生態系中，當含量過多時會造成問題。

36.5.3 6 其他化學物質如硫及重金屬也會在生態系中循環。當其過量時，會造成生態系的問題。

氣象如何形塑生態系

太陽與大氣的環流

36.6.1 太陽的加熱力量與大氣環流會影響蒸發，導致地球上的某些地區如熱帶產生較大量的降雨。

緯度與海拔

36.7.1 溫度與沉降都會受到緯度與海拔的類似影響，從赤道至兩極的生態系有相似的變化，其生態系會從海拔至高山頂而改變。

36.7.2 溫度改變導致雨影效應，其沉降會落在山的迎風面，導致背風面形成沙漠。

海洋中環流的類型

36.8.1 地球的海洋以循環模式來將溫暖及冷涼的海水分布至不同地區。這些洋流類型影響全球的氣候。

36.8.2 聖嬰現象是出現在太平洋上的溫暖洋流，其以 2~7 年形成不規則的循環。

生態系的主要類型

海洋生態系

36.9.1 海洋生態系分為主要三種：淺海、開闊海面以及深海水域。每一種都受光及溫度影響。

淡水生態系

36.10.1 淡水生態系與其周圍的陸域環境緊密連結。淡水生態系會受光、溫度及營養鹽的影響。湖泊中可依光的穿透量不同而分為三區。

36.10.2 湖泊中的溫度變異稱為熱分層，其會帶來湖泊的翻轉而使營養鹽重新分布。

陸域生態系

36.11.1 生物群系是出現在世界各地的陸域群聚，每個生物群系依據其溫度及降雨模式而有其特有的生物類群

測試你的了解

1. 生態系是
a. 生物的群聚
b. 生物群聚及其棲地
c. 一個物種生活的地方
d. 一群一起生活的物種

2. 來自太陽的能量會被下列何者吸收並轉化為化學能？
a. 草食動物　c. 生產者
b. 肉食動物　d. 食屑動物

3. 當能量從一營養層級轉至下一個時，會有相當多的能量以何種型式喪失？
a. 不可消化的生物量　c. 代謝
b. 熱能　d. 以上皆是

4. 在生態的金字塔上層，肉食動物的數目會受何者限制？
a. 肉食動物上層的生物數目
b. 生產者之下的營養層級數目
c. 分解者的生物量
d. 轉移至上層肉食動物所含能量

5. 水文學家是研究水循環及移動的科學家，他們參考從地面的水以蒸發蒸散作用的方式返回大氣，前半是蒸發而後半的蒸散作用是指水的蒸發是
a. 經由植物　c. 經由植物排至地面
b. 經由動物呼吸　d. 從河流表面

6. 下列哪個有關地下水的敘述錯誤？
a. 在美國，地下水供 50% 的族群飲用
b. 地下水的減少比補充還快
c. 地下水遭到污染更加嚴重
d. 清除地下水的污染物很容易達成

7. 碳循環包括以化石燃料儲存，其如何釋出？
a. 呼吸　c. 侵蝕
b. 燃燒　d. 以上皆是

8. 有些細菌能夠「固定」氮，表示
a. 它們將氨轉化成亞硝酸及硝酸
b. 它們將大氣中的氮氣轉化成生物可利用的含氮型式
c. 它們將含氮化合物分解並釋出銨離子
d. 它們將硝酸轉化成氮氣

9. 生物體內，磷是用來建構
a. 蛋白質　c. ATP
b. 碳水化合物　d. 類固醇

10. 生物放大作用發生在
a. 較高營養層級的組織中之污染物濃度增加
b. 污染物的作用因生物體內的化學交互作用而放大
c. 將生物放在解剖顯微鏡下
d. 當污染物被生物攝入後，其作用比預期者還大

11. 倘若地球的旋轉主軸沒有傾斜，則在北半球及南

半球的季節變化會

a. 相反　　c. 減少

b. 維持一樣　　d. 不存在

12. 當從加拿大北方向南旅行至美國，森林線的海拔高度增加。這是因為緯度

a. 增加，溫度增加　　c. 增加，濕度降低

b. 降低，溫度增加　　d. 降低，濕度增加

13. 雨影會導致

a. 極端潮濕狀態，因為沒有風吹過山頂

b. 乾燥空氣向兩極移動，使得在南、北緯 15~30 度的區域內空氣變涼而下降

c. 兩極地很少從較溫暖的熱帶地區獲得濕氣，所以較乾燥

d. 在山的降風面呈現沙漠狀態，因為空氣變熱而使風的保濕能力增加

14. 在南半球的渦流

a. 是由深海的海水驅動

b. 順時鐘移動

c. 讓大陸塊的西側變溫暖

d. 逆時鐘移動

15. 聖嬰現象導因自

a. 北太平洋渦流的震動

b. 由東向西吹的信風減弱

c. 東太平洋的海水溫度寒冷

d. 由東向西吹的信風增強

16. 地球上所有光合作用中有多少比例是由生活在開闊海面的浮游生物來執行？

a. 75%　　c. 40%

b. 25%　　d. 90%

17. 寡養湖泊的環境是

a. 低氧以及高營養鹽　　c. 高氧以及低營養鹽

b. 高氧以及高營養鹽　　d. 低氧以及低營養鹽

18. 在夏季的淡水湖泊中，多層的溫度遽變，是哪一類型？

a. 優養化　　c. 寡養化

b. 深淵層　　d. 溫變層

19. 下列哪個生物群系不出現在赤道以南？

a. 極地冰帽　　c. 凍原

b. 大草原　　d. 熱帶季風森林

Chapter 37

動物行為與環境

這隻狗的敬禮動作是告訴另一隻狗：「我們一起玩吧！」的姿勢。小狗的尾巴在空中搖擺、前腳平放地面且眼睛向上看，希望其夥伴會同意。每隻狗都用同樣的方式來邀請同伴玩耍，小獵犬、黃金獵犬如此，即使狼也是如此。敬禮是一種先天的行為，所有的犬科動物都了解其含義。另一方面，這隻狗也會表現出與其他狗不同的行為，牠會學著「坐下」或「打滾」或接飛盤、趕羊群，甚至叼報紙進來。令人驚訝的是，牠能解決複雜的問題。狼和其他野生犬科動物都是社會型動物，牠們成群生活，共同合作打獵或育幼。當然，還有些是狗無法學會的，無論其花多大心力去嘗試。雖然狗會吠叫、嚎叫或哀鳴，牠都不會說話。行為生物學家探討動物如何表現行為以及為何牠們如此表現而非另一種方式，學者發現令人驚奇的是，除了語言以外，人類和猿猴之間的行為極為相近。即使是人類和狗也有比想像中還多的共通行為。

某些行為是遺傳決定的

37.1 研究行為的方法

解釋行為

動物可對其環境做出的反應有多種不同方式。水獺在秋天構築水庫而成湖泊，而鳥類會在春天鳴唱。蜜蜂尋找蜜源，當牠們發現蜜源時，會飛回蜂窩並傳達此好消息。欲了解這些行為，不僅必須去欣賞動物表現出特定行為的內在因素，也要明白誘發單一行為背後的各種外在環境面向。

行為可被定義為生物對其環境刺激所表現出的反應。在具有神經系統的動物中，行為通常是錯綜複雜的。利用眼睛、耳朵以及其他不同的感覺器官，許多動物能夠感知環境刺激、處理訊息以及指示適當的肢體反應，其可能是既複雜且微妙的。

動物行為的觀察可以兩種方式檢視之。首先可能會問這是*如何發生作用*？動物的感覺、神經網絡及內部狀態如何在生理上一起運作以產生行為？如同機械技師研究汽車的機器如何運轉一樣，心理學家會說這是在探討一個問題的**近因** (proximate causation)。要分析一個行為的近因，可能要量測荷爾蒙含量或記錄腦中特定神經元的衝動情形。心理學領域多集中在探討近因。

接著可能會問其*為何*都這樣作用，為何此行為會涉及這樣的型式？這個對環境的特定反應有什麼適應價值？這是一個問題的**遠因** (ultimate causation)。要研究一個行為的遠因，可能要試圖去尋找其如何影響動物的存活或生殖的成功。動物行為學的領域多集中在探討遠因。

任何行為都可從這兩方面來檢視。例

如，為什麼一隻雄性鳴禽會在繁殖季節鳴唱 (圖 37.1)？一種解釋是：較長的鳴唱天數可誘發其體內的類固醇性荷爾蒙 (睪固酮) 含量增加，進而增加在鳴禽腦內的荷爾蒙接受器與荷爾蒙鍵結而誘發鳴唱。睪固酮含量的增加即是雄性鳴禽鳴唱之近因。

另一種解釋是：雄鳥表現出藉由天擇所留下較適應其環境的行為模式。在此方面，雄性鳴禽以鳴唱來對抗其他雄鳥以爭取存在領域，並且吸引雌鳥以利繁殖。這些繁殖動機是針對雄性鳴禽鳴唱行為之遠因或演化的解釋。

生物學上具爭議性的領域

行為的研究一直具爭議性。爭議問題之一是動物的行為是否由多個基因所決定，或者是透過學習及經驗所得。換言之，行為是天然 (本能) 還是培育 (學習) 而來的？在過去，這個問題被認定是「非一即二」的論點，但現在已知須有複雜的交互作用始能形成最終行為。本章將進一步以科學方法研究本能與學習來檢視動物行為，以及決定行為的各種交互作用模式，並探討行為的遠因與近因。

圖 37.1　兩種觀察行為的方式
這隻雄性鳴禽的鳴唱是因為其睪固酮含量高，誘發其腦內先天的「歌曲程式」。而另一方面來看，牠以鳴唱來捍衛其領域，並且吸引交配對象，這是涉及提高其生殖適性的行為。

關鍵學習成果 37.1

動物行為是動物對其環境刺激的反應。有些生物學家研究行為的生理機制，其他則探討與行為發展相關的演化驅動力。

37.2　本能行為的類型

先天行為的實例

在動物行為領域的早期研究著重在顯然是先天的行為模式。因為動物的行為通常是制式的，亦即在同物種的不同個體會有相同的方式，行為科學家提出不同意見認為行為必須奠基在神經系統的預設路徑上。在他們的意見中，這些神經路徑是從基因藍圖建構，且導致動物主要表現出相同行為，從其第一次形成並持續一生。

動物行為的先天本能之典型研究是在實地執行而非利用實驗動物。在自然情況下研究動物行為稱為**動物行為學** (ethology)。

羅倫茲 (Konrad Lorenz) 研究鵝撿蛋的行為是行為學家所稱之本能行為的明顯例子。在圖 37.2a 的手繪圖顯示當鵝在其窩中孵蛋時，發現一顆被撞離開窩的蛋，牠會向那顆蛋伸長脖子、起身、用其嘴喙下側穩住蛋，然後以脖子兩側擺動的方式將蛋滾回窩。即使在將蛋撿回窩的過程中將蛋移除，鵝仍會完成該行為，好像是因看到窩外的蛋而啟動程式所引發的動作一樣。

根據像羅倫茲一樣的行為學家所言，撿蛋的行為是被**訊號刺激** (sign stimulus) (也稱為關鍵刺激) 所誘發的，在此案例即是呈現出窩外有蛋的情況。在鵝腦內的神經連結方式，**先天釋放機制** (innate releasing mechanism) 是指對訊號刺激反應而以神經指導動作程式，或稱**固定動作模式** (fixed action pattern) 即造成鵝做出複雜的撿蛋行為。

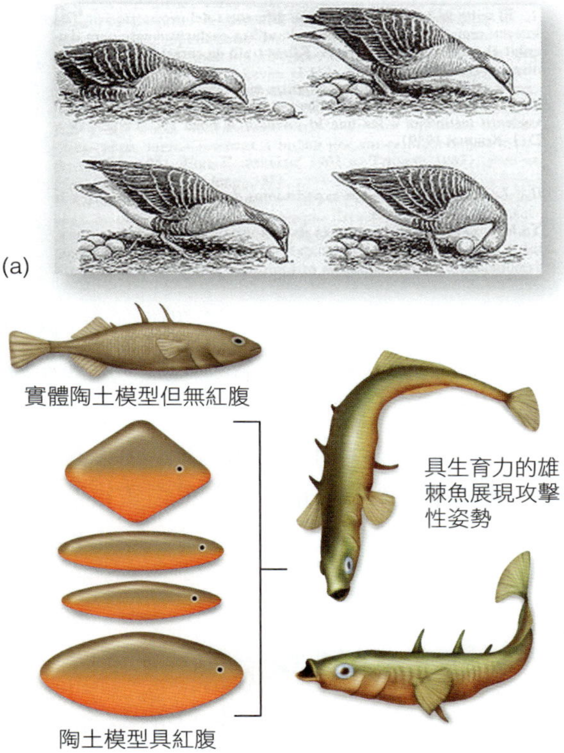

圖 37.2 訊號刺激與固定動作模式
(a) 鵝撿蛋的一系列動作是一種固定動作模式，一旦牠偵測到訊號刺激 (窩外有蛋)，鵝就會表現出整套動作：牠會向那顆蛋伸長脖子、起身、用嘴喙下側穩住蛋，以脖子兩側擺動的方式將蛋滾回窩；(b) 在棘魚中，紅色代表訊號刺激，其會誘發雄魚的固定動作模式：攻擊性威脅表現或姿勢。將上方圖中的陶土模型給雄魚看時，牠對第一次看到像雄棘魚但沒有繁殖期紅腹特徵的模型，通常較不會做出攻擊性的表現。

更普遍的是，此訊號刺激是環境中的「訊息」來誘發行為，先天釋放機制是腦內的固定組成，而固定動作模式則是制式的動作。

由研究鳥類及其他動物的固定動作模式，行為學家發現，在某些情況下，許多不同的物體都可誘發固定動作模式，例如鵝會嘗試將棒球、甚至啤酒罐滾回其窩中！

訊號刺激的一般特性之明顯實例可以庭伯俊 (Niko Tinbergen) 所研究之雄性棘魚交配行為為代表。在繁殖季節時，雄魚的腹面會呈現出鮮紅色，雄性極具領域性，對其他靠近的雄魚會有攻擊的動作，牠們會先表現出攻擊性的樣子 (如圖 37.2b 右側所示)，倘若入侵的雄魚不退卻，牠們就會發動攻擊。然而庭伯俊在實驗水族箱中觀察到一隻雄性棘魚在紅色消防車從窗外經過時，也表現出攻擊性的樣子，他了解紅色才是訊號刺激。因此，他利用如圖 37.2b 左側的多種不像魚的模型來挑釁雄魚，結果發現只要有紅色條帶的模型就會誘使雄魚產生攻擊性表現。

關鍵學習成果 37.2

行為學家研究動物行為的方法強調先天的本能行為，其是在神經系統中預設路徑所呈現的結果。

37.3 遺傳對行為的作用

天然相較於培育

雖然大部分動物行為並非如被早期行為學家所研究的固有本能，許多動物行為仍顯著受到由親代傳至子代的基因所影響。換言之，「天然」在決定行為模式上扮演關鍵角色。

倘若基因決定行為，那麼可能須研究其遺傳，就如同孟德爾研究豌豆的花色一樣，這種探究稱為**行為遺傳學** (behavioral genetics)。

遺傳雜交種的研究

行為遺傳學的研究已揭發了許多關於類似孟德爾遺傳的行為實例。康乃爾大學的迪爾格 (William Dilger) 檢視兩種愛情鳥，其以枝條、紙張以及其他材料來築巢的方式不同。其中一種稱為費雪愛情鳥，會以嘴喙去銜築巢材料，而另一種是桃臉愛情鳥，則會把材料塞在其尾羽下方。當迪爾格將這兩種交配而產下雜交種，他發現雜交種攜帶築巢材料的方式是介於兩親代之間的中間型：牠們會反覆地把材料在嘴喙及尾羽間移位。其他有關蟋蟀與樹蛙求偶歌曲的研究也顯示出雜交行為的中間型特性；具有兩親代物種基因的雜交種所產生的歌曲也是其兩親代所鳴唱者的組合。

雙胞胎的研究

基因對行為的影響也可藉由比較人類完全相同的雙胞胎之行為來看到。完全相同的雙胞胎是指基因相同，因為大部分的雙胞胎都被一起扶養長大，他們行為上的相似可能起因自相同基因或是源自成長過程中的共享經驗。然而在某些情況下，雙胞胎在出生後即被分開在不同的家庭養育，近期以 50 對雙胞胎所進行的研究顯示，即使他們通常在不同的情況下被扶養長大，許多仍在個性、氣質、甚至休閒活動具相似性。這些結果顯示基因在決定人類行為上扮演關鍵角色，雖然基因對比於環境的相對重要性仍相當具有爭議性。

細探基因如何影響行為

一個被研究透徹的老鼠基因突變提供了特定基因如何影響行為的清楚探究。1996 年，行為遺傳學家發現一個基因 *fosB* 其似乎決定雌鼠是否會培育其幼兒。以 *fosB* 的兩個對偶基因都被踢除 (即以實驗移除) 的雌鼠來起始研究，這些雌鼠生產後即忽視其新生兒，和那些正常會照顧及保護之母親照護行為之雌鼠有顯著差別 (圖 37.3)。

圖 37.3 一個基因改變母親育兒行為
在老鼠，正常的母鼠很會照護其下一代，牠會把離開身邊的幼兒撿回來，會蹲伏在幼兒身邊。沒有 *fosB* 對偶基因的母鼠不會有上述的行為，而讓其幼兒暴露在外。

此忽視育幼的行為顯然是導因於一種鏈鎖反應。當母鼠一開始檢視初生兒時，其聽覺、嗅覺及觸覺的訊息會轉送至下視丘，在那裡 *fosB* 對偶基因會被活化而產生特殊蛋白質，進而活化酵素及其他兩種會影響下視丘內的神經途徑，這些在腦內的改變將導致母鼠對其初生兒表現出培育的反應。一般而言，檢視初生兒所得之資訊可被視為一種訊號刺激，*fosB* 基因是先天釋放機制，而育兒行為則是所產生的動作模式。

在缺少 *fosB* 對偶基因的母鼠中，其先天釋放機制在中途被停止，沒有蛋白質被活化，腦內的神經途徑沒有被建立，就無法產生育兒行為。

關鍵學習成果 37.3

基因在許多行為上扮演關鍵角色的結論受到大範圍的動物，包括人類的相關研究所支持。

行為也受學習所影響

37.4 動物如何學習

學習與制約

動物表現出來的許多行為模式並非僅是本能。在很多情況下，動物會根據其先前的經驗而改變其行為，此過程稱為**學習** (learning)。最簡單的學習是**非關聯性學習** (nonassociative learning)，動物不須在兩個刺激之間或是刺激與反應之間形成關聯性。非關聯性學習的一個類型是促進感受性，即重複一個刺激以產生更強的反應。另一類型是習慣性，即對重複刺激產生漸弱的反應。在很多情況下，第一次遇到的刺激會激發強裂的反應，但這反應強度會隨重複接觸而逐漸下降。以每天可見者為例，你仍會注意到你此刻坐著的椅子嗎？習慣性會被認為是種學習而非因刺激所引發的反應。處在一個複雜的環境中，當面臨密集而來的刺激時，能夠忽略不重要的刺激是很重要的。

行為的改變涉及在兩個刺激之間或是刺激與反應之間形成關聯性，此稱為**關聯性學習** (associative learning)。其行為是經由關聯而被改變或被制約，這種類型的學習比習慣性更為複雜。兩種主要的關聯性學習稱為古典制約與操作制約，其差別在於其關聯的建立方式。

古典制約

在**古典制約** (classical conditioning) 中，兩類的刺激成對出現導致動物對這兩種刺激形成關聯。當俄國心理學家帕洛夫 (Ivan Pavlov)把肉粉 (一種非制約刺激放在狗的面前，狗會做出流口水的反應。倘若在給肉粉的同時，給予另一個不相關的刺激如搖鈴聲，然後經過多次重複測試之後，這隻狗在僅有鈴聲時，也會有流口水的反應。這隻狗已學會將不相關的聲音刺激關聯到肉粉刺激。牠對鈴聲的反應已經變成制約的；而此鈴聲則是一種制約刺激。

操作制約

在**操作制約** (operant conditioning) 中，動物會學習將行為反應與獎勵或處罰作關聯。心理學家史金納 (B. F. Skinner) 以大鼠來研究操作制約，他將大鼠放在一個實驗箱子 (暱稱為「史金納箱子」) 裡，當大鼠在箱子裡探索時，牠偶爾會壓到一個槓桿而出現一塊食物。第一次，大鼠忽略槓桿並吃掉食物，然後繼續移動。然而，牠很快地學會將壓槓桿 (行為反應) 關聯至食物 (獎勵)。當受制約的大鼠饑餓時，牠會一直壓槓桿，這種嘗試錯誤的學習對大部分的脊椎動物很重要。

印痕

動物成熟之後，牠可能會對其他個體產生偏好或社會性吸引，這將對其在未來生活的行為造成極大影響。此過程稱為**印痕** (imprinting)，有時被視為一種學習。親代印痕是親代與子代之間的社會性親近關係，例如有些種類的幼鳥會在孵化後的數小時內即跟隨其母鳥身後，在母鳥及幼鳥間形成很強的親近關係。這是一種關聯性學習；幼鳥在一個重要時段 (以鵝為例，約為 13~16 小時) 內所形成的關聯性。幼鳥會跟隨其孵化後所看到的第一個對象，並且導引其社會性行為而將該對象視為其母親。行為學家羅倫茲 (Konrad Lorenz) 從鵝蛋開始養育鵝，把自己當作印痕的模式，小鵝則把他當作是牠們的母親，忠心地跟隨在他身後 (圖 37.4)。

關鍵學習成果 37.4

習慣性與促進感受性是學習的簡單類型，沒有形成刺激與反應之間的關聯性。相反地，關聯性學習 (制約與印痕) 則涉及兩個刺激之間或刺激與反應之間關聯性的形成。

圖 37.4 一個不可能的母親
一群渴望的小鵝跟隨在羅倫茲身後，好像他是牠們的母親。他是牠們孵化後所看到的第一個對象，並把他當作印痕的模式。

37.5 本能與學習互動

基因形成行為的界限

有些動物先天具有易形成特定關聯的傾向。有些成對的刺激可因操作制約而關聯，其他則不行。例如鴿子可以學會將食物與顏色關聯，但卻不能與聲音關聯；另一方面，牠們會將危險與聲音關聯，但卻不能與顏色關聯。這種學習準備即顯示出動物所能學習的內容會受到生物特性影響，換言之，學習可能僅限於在本能所設定的範圍之內。

先天程式所設定的動物本能已經是其強化適應反應之後的演化結果，鴿子能夠吃的種子具有鴿子能看得見的顯著顏色，但沒有鴿子能聽見的聲音。鴿子害怕的獵食者可能會發出聲音但沒有明顯的顏色。

行為通常反映生態因素

對一個動物的生態知識是了解其行為的關鍵，正如同行為的遺傳組成已演化使得動物能配合其棲地。例如，有些鳥類如北美星鴉以種子為食，牠們會在種子充裕時，把種子埋在土裡以便在冬天取食。一隻鳥可埋藏數千顆種子，並在後來 (甚至是九個月之後) 才挖掘出來。這令人預期這些鳥具有不尋常的空間記憶力，而這的確是研究人員所發現的。一隻北美星鴉能記得將近 2,000 顆種子的位置，利用地形地貌以及周遭物體作為空間參考目標，以記住其位置。進一步檢查發現，北美星鴉有特別大的海馬迴，此為腦內記憶儲存中心。

本能與學習之間的交互作用

白冠雀首次得到其求偶鳴唱聲的方式，提供了在行為發展過程中，本能與學習之間交互作用的極佳實例。成熟鳥類的求偶鳴唱聲具有物種專一性。動物行為學家馬勒 (Peter Marler) 藉由將雄鳥飼養在一個裝有擴音及收音設備的隔音培養室中，以控制雄鳥在成熟時可聽到的聲音，然後將成鳥的鳴唱聲記錄為聲波圖。相較於正常聲波圖 (圖 37.5a)，他發現在發育過程中都沒有聽過任何鳴唱聲的白冠雀成鳥有發展不良的鳴唱聲 (圖 37.5b)。倘若牠們只聽過不同物種，北美歌雀的鳴唱聲也會有同樣的結果。但是，若聽過同種成鳥的鳴唱聲，則會發展出正常的鳴唱聲，甚至在幼鳥聽到北美歌雀的鳴唱聲與其牠們同種的鳴唱聲混唱時，這結果也會一樣。

馬勒的結果表示這些鳥有遺傳模板或本能程式，來引導牠們學習適當的鳴唱聲。在發育的重要階段，這模板會接受正確的鳴唱聲為模型，因此，鳴唱聲的獲得有賴於學習，但只有來自正確物種的鳴唱聲才會被學習。

雖然鳴唱聲模板是遺傳決定的，馬勒發現學習也在鳴唱聲發展中扮演顯著的角色。倘若一隻白冠雀幼鳥在其發育重要階段聽過同種的鳴唱聲之後失聰，牠成熟時仍將有不良的鳴唱聲。鳥必須「練習」傾聽自己的鳴唱聲，把牠所聽到的來對應牠已接受的鳴唱聲模式。

有些鳥種的雄鳥並沒有機會聽到同種鳥的鳴唱聲，在這情況下，雄鳥顯然本能地知道其同種的鳴唱聲。例如布穀鳥是巢寄生；雌鳥在其他物種的鳥巢內下蛋，孵出的幼鳥則由其扶養親鳥代為養育。當布穀鳥成熟時，牠們唱的是同種的鳴唱聲，而非其扶養親鳥的鳴唱聲。

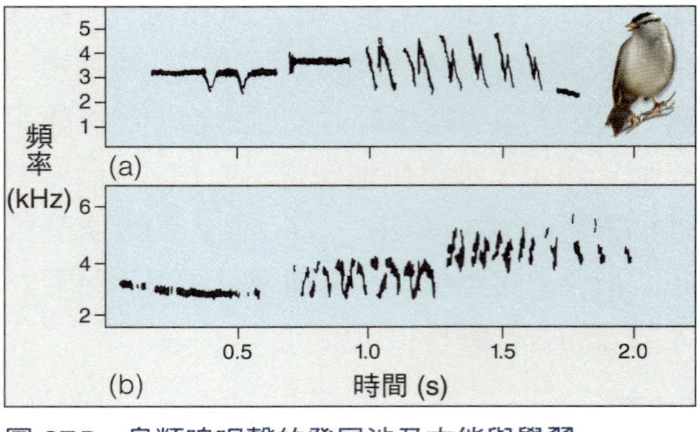

圖 37.5 鳥類鳴唱聲的發展涉及本能與學習
白冠雀雄鳥鳴唱聲的聲波圖，在其發展期間，暴露在同種的鳴唱聲 (a) 與沒有聽到鳴唱聲 (b) 者不相同，其差別顯示僅靠遺傳設定不足以產生正常的鳴唱聲。

因為巢寄生的雄鳥在發育時聽到宿主物種的鳴唱聲，已能適應去忽略「不正確」的刺激，所以不會有錯誤的鳴唱聲模式。在此物種中，天擇提供了雄鳥遺傳設定的鳴唱聲，完全由本能來引導。

關鍵學習成果 37.5

行為是本能 (受基因影響) 與透過經驗學習而來。基因被認為會限制行為可被改變的範圍以及可形成關聯的類型。

37.6 動物認知

許多動物能推理

數十年以來，動物行為學家斷然地否定非人類的動物能推理的主張。替代的主流是：將動物視為牠們可透過本能以及簡單且先天設計的學習，來對環境作出反應。

近年來，研究人員已認真注意到動物意識的主題。其核心問題是非人類的動物是否顯現出**認知行為** (cognitive behavior)，換言之，牠們會處理訊息並作出被認為是思考的反應嗎？

有意識性規劃的實證

哪些類型的行為可展現出認知？有些生長在都會地區的鳥會從不均勻的牛奶瓶上移除鋁箔蓋，以取得瓶底的鮮奶油。日本獼猴知道將穀粒浮在水面而與砂粒分開，並教其他獼猴如此做。黑猩猩會拉下樹枝上的葉子，把它塞進白蟻窩的入口以收集白蟻，此暗示猿猴會事先進行有意識性的規劃，完全清楚想要做的事。海獺會把石頭當作「鎚子」來敲破蚌蛤，通常還會把其喜歡的石頭保留很久，好像牠很清楚未來還會使用它。

解決問題

動物解決問題的一些實例很難採用其他方式來說明它不是某種認知 (或稱推理) 過程的結果。例如，在 1920 年代所進行的一系列古典實驗中，一隻黑猩猩被關在一個房間裡，從天花板垂掛一根香蕉且位在黑猩猩拿不到的高處，在這房間地板上還有許多箱子。經過幾次跳高去抓香蕉的失敗嘗試之後，黑猩猩突然看到那些箱子，立刻將箱子移到香蕉下方，並堆疊箱子然後爬上去獲取獎賞。許多人不能如此快速地解決此問題。

像黑猩猩這樣與人類親緣接近的動物具有明顯的智力，並不驚奇。然而或許更令人驚訝的是，最近的研究發現其他動物也顯現出認知的例證。烏鴉 (圖 37.6) 通常被認為是最聰明的鳥類之一，佛蒙特大學的海利克 (Bernd Heinrich) 利用一群人工養育的烏鴉來進行實驗，其生活在戶外鳥籠中。

海利克用繩子綁一塊肉，然後再讓它垂掛在鳥籠裡的樹枝上。烏鴉喜歡吃肉但從未見過繩子，所以不能立即吃到肉。數小時之後，烏鴉們在此期間定期地看著那塊肉但沒有其他的舉動，一隻烏鴉飛到樹枝上，向下用嘴喙抓住

圖 37.6　烏鴉會解決問題
這隻烏鴉面臨從未遇見的問題，並找到獲得繩子末端的肉之方法，即重複拉近一段繩子並用腳壓住它。

繩子，將它往上拉並用腳固定住，然後再向下拉起一段繩子，重複此動作數次，每次都把肉拉近一點，終於，這塊肉來到那隻烏鴉可觸及之處並被抓來吃掉。這隻烏鴉面臨全新的問題，並找到解決方法，最終，其他五隻烏鴉中，有三隻也想到如何獲得肉。此結果毫無疑問地顯示烏鴉已衍生出認知能力。

關鍵學習成果 37.6

在動物認知能力上的研究仍處於初階段，但有些實例提出令人信服的主張：動物能夠推理。

演化力量形塑行為

37.7 行為生態學

行為的演化重要性

動物行為的探究可區分為三類：(1) 行為發展的研究，羅倫茲的鵝之印痕就是此種。(2) 行為的生理基礎之研究，*fosB* 基因在母鼠育兒行為的衝擊分析就是此種。(3) 行為功能 (亦即演化重要性) 的研究。第三類的研究是**行為生態學** (behavioral ecology) 領域的生物學家所要陳述者。行為生態學是探討天擇如何形塑行為的研究。

行為生態學檢視行為的存活價值，動物的行為如何促使動物繼續存活與繁殖，或是保持其子代存活到可以繁殖？因此，行為生態學的研究著重在行為的適應重要性。換言之，著重在行為對動物的生殖成功或適性上的貢獻。

須切記的是，行為的所有遺傳差異不一定都具有存活的價值。許多在自然族群中的遺傳差異是隨機突變的結果，其意外地變得普遍，此過程稱為遺傳漂變。目前僅能從實驗去得知某特殊行為是否為天擇所偏好。

諾貝爾獎得主庭伯俊 (Niko Tinbergen) 的海鷗築巢先驅研究提供了極佳的實例，說明行為生態學家如何探討行為之演化重要性之潛力。庭伯俊觀察到海鷗巢中從蛋孵出小鳥後，其親鳥便快速清除巢中的蛋殼，為何如此？這樣的行為能賦予海鷗何種可能的演化優勢？

為探討此問題，庭伯俊把雞蛋上漆來模擬海鷗蛋，其色澤與海鷗築巢的天然環境相似 (圖 37.7)，並將模擬蛋分別置放在整個築巢區地上。他把破的蛋殼放在部分模擬蛋旁邊，然後放置沒有蛋殼的模擬蛋當作對照組。接著他觀察哪些蛋較容易被烏鴉發現，因為烏鴉會拿蛋殼內部的白色來作為指引，牠們會重複吃蛋殼旁邊的模擬蛋而傾向忽略單獨放在背景單調的模擬蛋。庭伯俊因此下結論：清除蛋殼的行為具適應性，的確對海鷗賦予演化優勢。清除巢中的蛋殼可降低未孵化的蛋 (也可能包括剛孵出的幼鳥) 被獵食，故而增加子代的存活機會。

要知道適應的性狀如何具演化優勢並不容

圖 37.7 蛋殼移除的適應價值
庭伯俊 (Niko Tinbergen) 把雞蛋上漆來模擬有深斑點之棕色海鷗蛋，這樣的斑點蛋看似海鷗鳥巢邊的岩石地面。這些模擬蛋被用來測試假說：模擬蛋不容易被獵食者發現，故增加幼鳥的存活機會。他把破的蛋殼放在模擬蛋旁邊來測試假說：破蛋殼內部的白色會吸引獵食者。

易，有些行為可降低被獵食如移除蛋殼。其他行為促進能量吸收，以供應增加子代數目所需。也有其他行為是對疾病降低接觸機會或是增加抵抗力，促進找到配偶的能力，或以某些方法來增加個別的適性，亦即其貢獻給下一世代的子代之能力。

關鍵學習成果 37.7

行為生態學是探討天擇如何形塑行為的研究。

37.8 行為的成本效益分析

行為生態學家檢視行為演化優勢的一個重要方法是探討它所提供的演化效益是否高於其成本。因此，例如倘若一個行為能使親代增加食物之取得，那它會是天擇所偏好的。增加子代的存活，這是明顯的適應效益，但它來自成本的消耗。覓食或捍衛食物供應量會讓親代暴露在被獵食的危險中，而降低親代存活以養育子代的機率。欲了解這類的行為，必須仔細地評估其中的成本與效益。

覓食行為

對於許多動物而言，牠們能吃的食物可以有多種大小以及可在多個地方被發現。動物必須抉擇該選吃什麼食物以及該走多遠去找到食物。這些抉擇稱為動物的**覓食行為** (foraging behavior)。每個抉擇涉及效益及其相關的耗費 (成本)。因此，雖然較大的食物可含有較多能量，但可能較難獲取且較不充裕。所以，覓食涉及食物所含能量與取得食物所需的成本之間的取捨。

覓食動物攝取每種可用食物的淨能量 (以卡計量) 之算法是單純地將食物所含的能量減去追逐及處理食物所耗費的能量。乍看之下，可能會以為演化會偏好覓食行為，其盡可能在能量上更有效率。這樣的推理會延伸至所謂的**最佳覓食理論** (optimal foraging theory) (圖 37.8)，其預測動物將會選擇食物種類以使其在每單位覓食時間內所吸收之淨能量達到最大量。

最佳覓食理論正確嗎？許多覓食者都會偏好利用那些可以在單位時間內收回最大能量的食物種類。例如岸邊的螃蟹傾向主要以中間大小的貝類為食，其提供了最大能量回收。較大貝類提供較大能量但也耗費較多能量來敲破外殼。許多其他動物也會做出收回最大能量的行為。

關鍵問題是藉由最佳覓食所獲得的增加能量資源會導致增加生殖成功。在許多例子中，的確如此。多種不同的動物包括松鼠、斑馬魚及圓網蜘蛛，當親代有更多的食物能量時，養育成功的子代數目就會增加。

然而在其他例子中，覓食的成本似乎超出其所獲效益。面臨被獵食危險的動物本身通常最好將花在覓食的時間減至最少，許多動物在獵食者存在時會改變其覓食行為，反映出食物與危機之間的取捨。

領域行為

動物通常會在一個大區域 (或棲地範圍) 內活動。許多物種中，許多個體的棲地範圍重疊，但每個個體僅會捍衛其棲地範圍

圖 37.8 最佳的覓食
這隻金背黃鼠的最佳覓食因獲得之淨能量增加而得到好處，因此而導致增加生殖成功。

的一部分且獨自利用它。此行為稱為**領域性** (territoriality)。

藉由展示來捍衛其領域是在宣告該領域被占據，且可藉由公開的攻擊性來展現。一隻鳥在其領域內的棲息處鳴叫，以避免鄰近小鳥的入侵。倘若入侵的小鳥不被鳴叫聲所嚇走，領域擁有者會企圖攻擊以驅趕入侵者。

為何不是所有的動物都具領域性？此解答與成本效益分析有關。動物的領域性行為之真正適應價值有賴於行為的效益與其成本之間的取捨。領域性提供清楚的效益，包括從鄰近資源取得食物的機會增加 (圖 37.9)、容易找到躲開獵食者的避難所以及獨享交配對象。

然而領域性行為的成本也可很顯著，例如鳥的鳴叫聲是很耗損能量的，且競爭者的攻擊會導致其受傷。此外，藉由鳴叫聲或視覺展現的宣告會對獵食者顯現出其所在位置。在許多例證中，特別是在食物資源充裕時，捍衛容易取得的資源則不值得耗費此成本。

關鍵學習成果 37.8

天擇傾向偏好覓食與領域性行為的演化，其可將能量的獲得最大化，雖然其他如避開獵食者的考量也很重要。

圖 37.9 領域性的好處
非洲的太陽鳥與蜂鳥的生態相似，藉由捍衛花朵來增加可利用的花蜜量。太陽鳥每小時將耗費 3,000 卡趕走入侵者。

37.9 遷徙行為

動物如何導航

許多動物在一地繁殖，然後在另一地度過這一年的其他時間。像這樣長距離且每年往返移動稱為**遷徙** (migration) (詳見圖 37.11)。遷徙行為在鳥類中特別常見。雁鴨類在每年秋天從加拿大北部跨越美國向南遷徙以度過冬天，然後在每年春天再北返回巢。鶯鳥及其他食蟲的鳴禽在熱帶地區度冬，然後在春夏季在美國及加拿大繁殖，此時的昆蟲量充裕。帝王蝶在每年秋天從北美洲的中部及東部遷徙至墨西哥中部山區的一些具地理區隔的小型松柏森林去度冬。夏天時，灰鯨在北極海覓食，然後游泳 10,000 公里到加州巴哈的溫暖外海，冬季期間就在此覓食。

生物學家對研究遷徙有很大興趣，在企圖了解動物如何能在如此長距離內正確地導航時，必須了解*羅盤感應* (能以特定方向移動的先天能力，稱為「跟著方位走」) 以及*地圖感應* (能根據動物的位置調整方位的學習能力)。椋鳥的實驗如圖 37.10 所示，指出沒有經驗的鳥用的是羅盤感應，而之前已有遷徙過較老的鳥也用地圖感應來幫助牠們導航，因為在本質上，牠們知道路徑。研究人員在荷蘭這個遷徙路程的中點處捕捉遷徙的鳥，然後將牠們送至瑞士釋放。沒有經驗的鳥 (紅色箭號) 會繼續依照起初的方向飛行，而有經驗的鳥 (藍色箭號) 則能調整路徑並抵達牠們正常的度冬地點。

羅盤感應

現在我們對於鳥類如何利用羅盤感應有所了解，許多候鳥具有偵測地球磁場的能力，能使牠們感應方位。在一個封閉的鳥籠中，牠們會企圖向正確的地理方向移動，即使沒有可見的外在導引。然而，放置一個強力的磁鐵在鳥

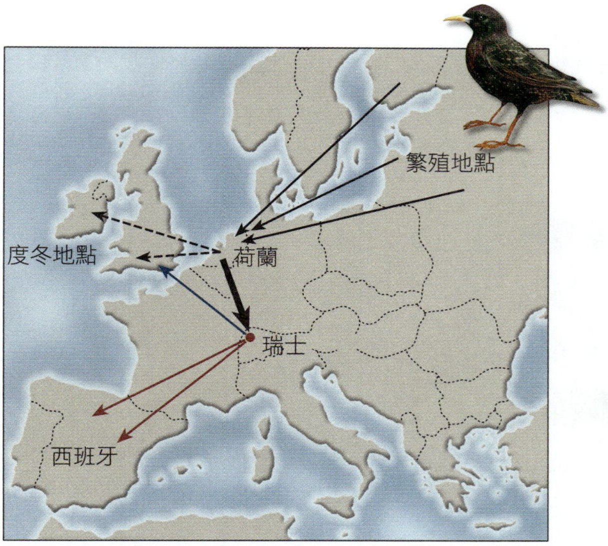

圖 37.10 椋鳥學習如何導航
沒有經驗的年輕候鳥之導航能力與之前曾歷經遷徙旅程的成鳥不同。在荷蘭這個從波羅的海的出生地到度冬的英倫島嶼之遷徙路程的中點處，捕捉遷徙的椋鳥，並送至瑞士釋放。有經驗的年長椋鳥則能補償此錯置而飛向正常的度冬地點 (藍色箭號)。然而沒有經驗的年輕椋鳥會繼續依照起初的方向飛行，而飛向西班牙 (紅色箭號)。

籠旁，將會改變鳥企圖移動的方向。

年輕候鳥的首次遷徙顯然是先天被地球磁場所導引。沒有經驗的候鳥也利用太陽以及特別利用星星來定自己的方位 (候鳥主要在晚間飛行)。

靛青白頰鳥在白天飛行並且用太陽來定方位，並以北極星當作參考點，以彌補白天的消逝，因北極星在空中不會移動。椋鳥則應用其內部的生理時鐘來彌補太陽在空中的位移，倘若被關的椋鳥給予固定位置的實驗太陽，牠們會因實驗太陽每小時 15 度的改變，而以和太陽位移速率相同的方式改變其方位。

地圖感應

候鳥及其他動物如何獲得其地圖感應仍少為人知。在首次遷徙期間，年輕候鳥隨同有經驗且熟悉路徑者所形成的隊形，並在整段旅程中學會認識特定指引，例如高山及海岸線。

在沒有特徵的地面上遷徙的動物則更是個謎。以綠色海龜為例 (圖 37.11)，每年有許多重達 400 磅的海龜以其不可思議的精準方向，從巴西中部橫越大西洋歷經 1,400 哩的寬闊海洋來到亞森松島，雌龜在島上下蛋。海龜在海中破浪而行，如何在海平面找到這超過 1,000 哩的岩石島嶼？雖然最近研究指出海浪飄動的方向提供導航指引，但沒有人能確切知道。

關鍵學習成果 37.9

許多動物以可預期的方式遷徙，藉由看著太陽及星星來導航。通常年輕者也藉由跟隨有經驗者來學習路徑。

37.10 生殖行為

性擇

動物的生殖成功直接受到其生殖行為影響，因為這些行為影響個體能活多久、多久交配一次以及每次交配可產生多少子代。

非均勻生殖是競爭交配機會所導致的結果，此現象被稱為**性擇** (sexual selection)。性擇涉及同性性擇或是同性成員之間的交互作用 (如達爾文所說的，「在爭鬥中征服其他雄性的力量」)，以及異性性擇 (「魅力」)。

同性性擇會導致用於與其他雄性爭鬥的構造之演化 (如鹿角或公羊角)。為配偶而戰，不論是象徵性或真實的，都是一種爭勝行為的型式，即是因威脅、展現或真實的爭鬥所引發的對抗。

異性性擇亦稱為**擇偶** (mate choice) 會導致複雜的求愛行為之演化，以及像是長尾羽或鮮豔羽毛等用以「說服」異性成員來交配的裝飾之演化。例如雄孔雀會在雌性面前展開尾羽遊行，圖 37.12 顯示雄性的尾羽上的眼點愈多，牠會吸引更多配偶。

灰鯨
灰鯨在北極海及北太平洋度過下天，然後向南遷徙至其冬天繁殖處墨西哥外海。灰鯨的遷徙，往返約 13,000 哩，被認為是任何哺乳類的遷徙中最長者。

美國橙尾鴝鶯
美國橙尾鴝鶯是「新大陸候鳥」，一種在北美洲度過春夏而在南美洲度冬的鳥。許多新大陸的候鳥因其冬天及夏天棲地的破碎化與瓦解而使族群下降。

斑頭雁
斑頭雁在西藏築巢，然後飛越喜馬拉雅山脈向南至印度度冬。在這 1,000 哩旅程中，斑頭雁會直接飛過聖母峰上方，使牠們成為全世界飛最高的候鳥之一。

帝王蝶
秋季時，帝王蝶會經歷不可思議的 2,500 哩遷徙，以在樹上棲息度冬。在洛基山脈西部的帝王蝶遷徙至加州南部；而洛基山脈東部的帝王蝶遷徙至墨西哥，令人驚訝的是，2~5 個世代會在此遷徙路程中產生。

綠色海龜
綠色海龜的有些族群會遷徙游過大西洋，在其亞森松島的產卵處及其巴西海岸的覓食場之間長達 1,300 哩。個體通常會返回到其出生的海灘築巢。

牛羚
每年有 140 萬頭的牛羚和超過 20 萬頭斑馬及羚羊一同跟隨雨及河流的順時鐘方式遷徙。牛群們從北部肯亞的馬賽馬拉到其出生地南部坦尚尼亞的塞倫蓋地。

圖 37.11　遷徙的實例

擇偶的好處

為何會有交配偏好演化出來？其適應價值是什麼？生物學家提出許多原因：

1. 在許多鳥類和動物種類中，雄性幫忙養育下一代，在這些例子中，雌性會從選擇可提供最好照顧的雄性獲得好處。換言之，雄性親

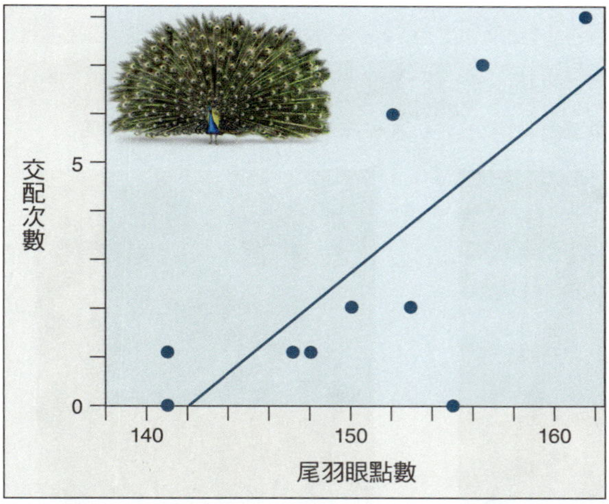

圖 37.12 雄性孔雀的尾羽是性擇的結果
實驗顯示具平淡尾羽的雌性孔雀偏好與具有較多彩色眼點的尾羽之雄性交配。

代愈好，雌性可能會有更多後代成功存活。

2. 在其他物種中，雄性不提供照顧但會保護領域以提供食物、築巢位置及獵食者避難所。這些物種的雌性會選擇可提供最好領域的雄性，以使其生殖成功達到最大。
3. 在有些物種中，雄性不提供雌性任何益處，倘若雌性選擇較有活力的雄性，則可能至少在某種程度上是導因於好的基因組成，故雌性將可確保其子代從父親獲得良好基因。

配對系統

動物的生殖行為基本上每種皆不同，有些動物在繁殖季節時會和許多夥伴交配，有些則只與一個。動物在繁殖季節時會交配的典型數目稱為**配對系統** (mating system)。在動物之間，有三種主要的配對系統：一夫一妻制、一夫多妻制及一妻多夫制。

如同擇偶，配對系統的演化使得生殖適性最大化。例如，雄性會捍衛具有供給一個以上雌性足夠資源的領域。具有如此高品質領域的雄性可能已有一個配偶，但是雌性能與這樣的雄性交配會比與沒有配偶且具低品質領域者交配還更具優勢。

雖然一夫多妻制在動物中較為常見，一妻多夫制也會出現在不同的動物上，例如一種在海邊活動的水鳥斑鷸，其雄性負責孵蛋與養育，且雌性與二或多個雄性交配並留下蛋而離開。

繁殖策略

在繁殖季節期間，動物會做出多個重要的「決定」，包括其配偶的選擇 (擇偶)、幾個交配對象 (配對系統) 還有花費多少時間及能量在照顧子代 (養育)。這些決定是**動物繁殖策略** (animal's reproductive strategy) 的所有面向，是一組讓物種的繁殖成功最大化所演化出的行為。

關鍵學習成果 37.10

天擇已偏好擇偶、配對系統及養育行為的演化，以使繁殖成功最大化。

社會型行為

37.11 社會型群體內的通訊

許多昆蟲、魚類、鳥類及哺乳類以社會群體方式生活，在群體成員之間溝通訊息。例如有些個體在哺乳類社會中擔任「守衛」，當獵食者出現時，守衛會發出**警戒叫聲** (alarm call)，然後群體中的成員則會開始找尋避難所。社會型昆蟲例如螞蟻及蜜蜂會分泌稱為**警戒費洛蒙** (alarm pheromones) 的化學物質，以誘導攻擊行為。螞蟻也會在巢穴及食物來源之間分泌**追蹤費洛蒙** (trail pheromones)，以利導引其他成員到食物所在 (圖 37.13)。蜜蜂有極複雜的**舞蹈語言** (dance language) 導引蜂巢成員到蜜源所在。

蜜蜂的舞蹈語言

歐洲蜜蜂 (*Apis mellifera*) 活在有 3~4 萬隻

表 37.1 動物行為

覓食行為	領域行為	遷徙行為
選擇、取得並吃掉食物	捍衛部分家園範圍，並單獨利用之	在一年的某個時段移至一新地點

蠣鷸將找到的節肢動物或蚌殼放在地上或石頭上拍碎以獲取食物。	雄海象互相打鬥以擁有領域，只有最大的雄性能維護含有許多雌性的領域。	牛羚進行每年的遷徙以找尋新的草原及水源。遷徙的族群能包括百萬隻個體且能延伸數千哩長。
求愛	**養育**	**社會行為**
吸引或與可能的交配對象溝通	產生並照顧下一代	溝通訊息及與社會群體中的成員互動

這隻雄蛙正在鳴叫，產生吸引雌性的叫聲。	雌獅分擔養育獅群的幼兒，以增加這些幼獅存活成熟的機會。	這些切葉蟻在昆蟲社會中屬不同工蟻階級，大隻的是負責搬葉子的工蟻；較小隻的是保護工蟻免受攻擊的兵蟻。

蜜蜂的蜂巢中，其行為整合而成複雜的聚落。工蜂會飛離蜂巢數哩外去覓食，收集來自不同植物的花蜜及花粉，根據其食物能有多少能量報酬而定。蜜蜂利用的食物來源多呈區塊出現，且每個區塊能提供超過一隻蜜蜂所能帶回蜂巢的食物量。一個聚落能夠利用一個區塊的資源是因為有偵測蜂的行為，其負責確定區塊並藉由舞蹈語言將其位置訊息傳達給蜂巢

圖 37.13　螞蟻跟隨費洛蒙路徑
追蹤費洛蒙可組織合作性覓食。第一隻螞蟻到食物來源所走的路徑，很快就被其他蟻群跟隨，因為第一隻螞蟻釋放費洛蒙的緣故。

同伴。許多年以來，諾貝爾獎得主凡弗立胥 (Karl von Frisch) 解釋了此溝通系統的細節。

在成功的偵測蜂回到蜂巢之後，牠在垂直的蜂巢上展現出非凡的行為模式稱為*搖擺舞蹈* (圖 37.14)。蜜蜂舞蹈的路徑像一個 8 字，在路徑的直線部分上，蜜蜂振動或搖擺其腹部並發出爆裂聲，牠會定期停止以給其蜂巢伙伴一點花蜜樣本，那是牠從其收穫處帶回巢的。隨著牠的舞蹈，其他伙伴也緊跟著並很快地就成為新的蜜源之覓食者。

凡弗立胥及其研究團隊宣稱其他蜜蜂利用在搖擺舞蹈的訊息，以定位其蜜源。根據他們的實驗，偵測蜂以展示蜜源與蜂巢以及太陽的角度來提示蜜源「方向」，作為從蜂巢壁上的舞蹈之直線與垂直線的偏差。換言之，倘若蜜蜂直線向上移動，則蜜源就是與太陽同方向，但是若蜜源在相對於太陽方向的 30 度角，則蜜蜂的向上移動會離垂直線 30 度角。蜜源的「距離」則是藉由舞蹈的律動或振動程度來顯示。

加州大學生物學家溫納 (Adrian Wenner) 不相信舞蹈語言傳達了任何有關食物位置的訊息，他挑戰凡弗立胥的實驗。溫納維持花的味道作為補給蜂到達新蜜源的重要導引。兩個研究團隊分別發表論文支持各自論點而引發激烈爭議。

這樣的爭議是很有益處的，因為可因此而產生出創新的實驗。在此，這在大部分科學家心中的「舞蹈語言爭議」在 1970 年代中期被谷德 (James L. Gould) 的創意研究給解開。谷德設計的實驗中，蜂巢成員被偵測蜂的舞蹈欺騙而誤解方向。所以，倘若牠們利用視覺訊息，谷德能夠操控蜂巢成員該去的方向；倘若氣味是牠們所利用的導引，蜂巢成員就會出現在蜜源處。但是牠們呈現的與谷德所預期的一樣，因此確定了凡弗立胥的論點。

最近，研究人員將蜜蜂的舞蹈語言研究更加深入，設計了可完全控制型式舞蹈的機器蜜蜂。牠們的舞蹈被電腦程式所控制，並可完美地產生自然的蜜蜂舞蹈；機器蜜蜂甚至會停下來給食物樣本！使用機器蜜蜂讓科學家確切地

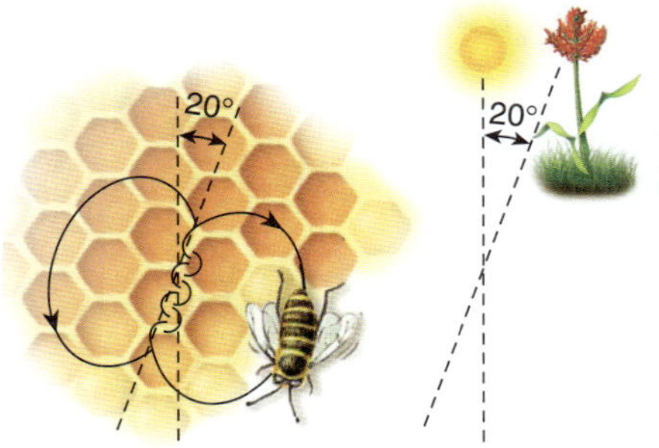

(a)

(b)

圖 37.14　蜜蜂的搖擺舞蹈
(a) 舞蹈的蜜蜂所展現之蜜源、蜂巢及太陽之間的角度，是指舞蹈中的直線與垂直線之間的角度。在此，可見食物就在太陽向右 20 度的方向，蜜蜂在蜂巢壁上舞蹈的直線部分與垂直線之間的角度就是向右 20 度；(b) 偵測蜂在蜂巢中的舞蹈。

判定哪個指示訊息可導引蜜蜂成員至蜜源位置。

靈長類的語言

一些靈長類有「詞彙」，能讓個體溝通以確定特定的獵食者。例如非洲長尾猴的發聲可區分老鷹、花豹及蛇。圖 37.15b 的兩個聲波圖顯示對老鷹及花豹的警戒聲，其分別在類群中的其他成員引發不同反應。黑猩猩及大猩猩可學會辨識非常多的符號，且使用這些符號來溝通一些抽象的概念。

人類語言的複雜程度起初會顯現出違背生物的解釋，但更仔細去檢視便可顯示此相異事實上僅是表面上的，所有語言都有許多基本構造上的相似性。大約 3,000 種人類語言都可從由 40 個子音所構成的相同組合而來 (英文用了其中的 24 個)，且任何人都能學習。研究人員相信這些相似處反映出人類大腦處理抽象訊息的方式，這是所有人類經由遺傳決定的特徵。

語言在年幼時開始發展，人類在嬰兒時即能夠辨認出說話特徵的 40 個子音，包括那些不存在於他們即將學習的特定語言中，而讓他們忽略其他子音。相反地，在嬰兒時沒有聽過某些子音的人，成人之後極少能分辨或產生那些子音。這是為何說英語的人們很難掌握以喉音的法語 “r”；說法語的人們典型地以 “z” 取代英語的 “th”；原生日語通常用 “r” 取代不熟悉的英語中的 “l”。小孩歷經一段咿啞學語期，他們透過嘗試錯誤來學會如何正確說出該語言。接著，小孩能很快且容易地學會數千字中的一個詞彙。如同咿啞學語期，這快速學習期似乎是遺傳設計好的，接著是形成簡單語句的階段，雖然文法不正確，但可傳達訊息。學習文法規則就構成獲取語言的最後步驟。

雖然語言是人類溝通的主要管道，味道與其他非語言的訊號 (如「肢體語言」) 也可傳達訊息。然而很難判定這些人類的其他溝通管道之相對重要性。

關鍵學習成果 37.11

動物溝通的研究涉及訊號的專一性、其訊息內容以及產生與接收訊號方法的分析。

37.12 利他主義與群居

利他主義的疑惑

利他主義 (Altruism) 是指動作的表現會有利於其他個體，但對動作者須有所耗費，此在

(a)

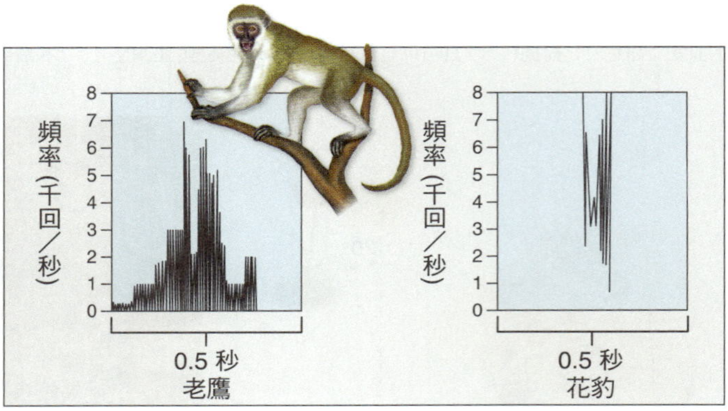

(b)

圖 37.15 靈長類的語義學

(a) 這隻花豹可有效率地獵食靈長類，牠已攻擊一隻長尾猴並將之吃掉；(b) 對長尾猴而言，相較於其成員看到一隻老鷹，逃避花豹的攻擊是非常不同的挑戰。每個特殊的叫聲可引發不同且具適應性的逃避行為。

動物世界中，會以許多方式發生。例如，在許多鳥類物種中，雙親在其他成鳥的幫助下養育其子代。在哺乳類及鳥類物種中，偵測到獵食者的個體會發出警戒聲，警告其群體的成員，即使這樣的動作似乎會引起獵食者對發出叫聲者的注意。最後，有幼獅的母獅會讓所有幼獅(包括其他母獅的子代) 來吸奶。

利他主義的存在已讓演化生物學家困惑很久。倘若利他主義給一個個體強加了一項成本，那麼一個利他主義的等位基因如何被天擇所偏好？一般會認為這樣的等位基因具有適應劣勢，因此其在基因庫裡所占的頻率應該會隨時間而降低。

一些有關利他主義的解釋可以說明其演化，其中一項建議是：這樣的性狀有利於物種的演化。在這樣解釋裡的問題是天擇作用在物種的個體而非物種本身。因此，倘若等位基因會導致個體做出有利於其他個體但對自身造成損害的行為；甚至可能使性狀朝對物種整體有害，但只對單一個體有利的方向演化，那麼這種等位基因將不會被天擇所偏好。

有些例子中，天擇可作用在一群個體上，但這情況很稀少。例如，倘若族群內演化出超級相殘的等位基因，則具有此等位基因的個體將會被偏好的，如此將會有更多可吃的食物；然而這群體最後也可能將自食其果而走向滅絕，且此等位基因將會從這物種中被移除。在有些情況中，這樣的**群體選擇** (group selection) 會發生，但讓其發生的條件在自然界很少見。因此在大部分的情況下，「利於物種」不能解釋此利他主義的演化。

另一個可能是：利他行為到頭來似乎不是利他，例如在巢穴的協助者通常年輕，且可藉由幫助已有經驗的繁殖者而得到珍貴的養育經驗。此外，個體藉由留在一個地區內，可在有經驗的繁殖者死後接收該領域。同樣地，例如狐獴的警戒聲 (圖 37.16) 會造成其他同伴的驚慌，但事實上這可能是有益處的。在造成混淆之後，發聲者可能可以逃脫而沒被發現。近年來詳細的現地研究已顯示出有些動作的確是利他的，但其他則似乎仍不確定。

圖 37.16 這是利他行為，或不是？
狐獴 (*Suricata suricata*) 是一種極具社會型的貓鼬物種，其生活在非洲南部卡拉哈里沙漠的半乾燥砂地上。這隻狐獴哨兵正在輪值偵測獵食者。在其警覺的保安之下，群體中的其他成員可以專注在覓食。當這哨兵發出警戒聲時，會讓自己的生命處在危險中，這是利他行為的明顯例證。

互惠

個體可形成「伙伴關係」，進而會有互相交換利他行為的發生，因為如此做可以讓伙伴雙方獲利。在互惠利他主義的演化中，「欺騙者」 (非互惠者) 會被排除在外，並從未來幫助中切除。倘若利他行為相對地不是很昂貴，那麼一個不互惠的欺騙者所得到的小利益將會被不接受未來幫助者的潛在耗費所完全抵消掉，因此欺騙便不再發生。

例如吸血蝙蝠以 8~12 隻成群棲息在樹洞中，因為這些蝙蝠有很高的代謝速率，最近未攝食的個體可能會死。發現宿主的蝙蝠會吸大量的血，而貢獻小量禮物給一個室友對提供者本身的能量耗費不大，且能確保不餓死。吸血蝙蝠會和之前的互惠者分享所吸的血。倘若一個個體沒有把血給之前的互惠者，牠將被排除在未來分享血的行列之外。

親屬選擇

對利他主義起源的最具影響力之解釋是哈明頓 (William D. Hamilton) 在 1964 年所提出者。在此最好藉由引用在 1932 年由偉大的族群遺傳學家哈登 (J. B. S. Haldane) 在酒吧留下的一句傳言來說明。哈登說他會願意為他的二位兄弟或八位堂兄弟送上性命。就演化來說，哈登的說法很合理，因為哈登從其父母所得到的每個等位基因，其兄弟皆有 50% 的機會獲得相同的等位基因。因此，統計預測他的兩個兄弟也會把哈登的特定等位基因組合都傳給下一代，就如同他自己傳的一樣。相似地，哈登及其堂兄弟會有 1/8 的等位基因是相同的，他們的父親是兄弟，會有 1/2 的對等位因是相同的，然後其小孩會得到其中的 1/2，而其中平均又有 1/2 會是相同的；$1/2 \times 1/2 \times 1/2 = 1/8$。所以八位堂兄弟會和哈登本人一樣傳遞給下一代同樣多的等位基因。哈明頓很清楚地看出哈登的論點：天擇會偏好任何可以增加個體等位基因實際傳至下一代的策略。

哈明頓藉由將協助轉向親屬或遺傳相近的親屬來顯示利他主義可增加其親屬的生殖成功，足以彌補其本身適性的天擇。因為利他主義者的行為增加了本身的基因在其親屬中繁殖的機會，這情況會被天擇所偏好。偏好利他而導向其親屬的選擇稱為**親屬選擇** (kin selection)，雖然所偏好的是合作行為，但其基因事實上是「自私的行為表現」，因為其鼓勵生物體支持在其他個體上也保有其相同的基因。換言之，倘若一個個體具有一個可導致利他主義的顯性等位基因，那麼任何可增加其親屬適性且可在未來子代中增加此等位基因頻率的動作將會獲偏好，即使該動作對表現該動作者本身有害。

親屬選擇的實例

哈明頓的親屬選擇模式預測利他主義可能會導向近親，亦即當兩個體間之親屬親緣愈近，其潛在遺傳報酬將愈大。

許多親屬選擇的實例發生在動物界，貝爾丁 (Belding) 的地松鼠 (黃鼠)，當牠們看到獵食者如郊狼或獾時，會發出警戒叫聲。獵食者可能會攻擊發聲的地松鼠，所以提供訊號的地點將會讓地松鼠處於危險之中。地松鼠群落的社會單位包括一個母親及其女兒、姐妹、阿姨及姪女們。當牠們成熟時，雄性會從其出生處散播至遠處，因此，群落中的雄性成體與雌性並沒有遺傳相關性。研究人員藉由以不同染料標示模式標定在群落中所有地松鼠的毛上，並記錄哪個個體發聲及其發聲的社會狀況，結果發現：有親屬在附近生活的雌性很可能比沒有者還會發出警戒聲。如同預期，雄性傾向叫得沒那麼頻繁，因為牠們與大部分的群落成員沒有親緣關係。

另一個親屬選擇的實例來自一種稱為白額蜂虎的鳥 (圖 37.17)，其活在非洲河邊，以 100~2,000 隻組成一個群落。

白額蜂虎與地松鼠相反，雄鳥通常留在其出生的群落中，而雌鳥則向外散播去加入新群落。許多蜂虎並不養育自己的下一代，而是幫助其他成員。這些鳥大多相對年輕，但協助者也包括嘗試築巢失敗的年長者。平均而言，有一個協助者存在之下，存活的子代數就能加倍。兩線證據可支持親屬選擇是此物種決定幫助行為的論點，首先，正常的協助者是雄性，

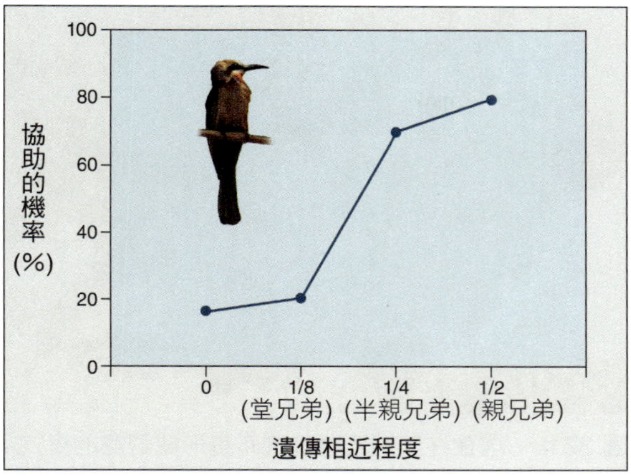

圖 37.17　親屬選擇常見於脊椎動物中
白額蜂虎 (*Merops bullockoides*) 中，沒有生殖的個體將會幫助養育其他成鳥的下一代。大部分的協助者是近親，幫助其他成鳥的機率會因其遺傳相近而增加。

其通常與群落中的鳥親緣相近，而親緣不相近的非雌性。第二，當鳥可以選擇協助不同親代時，牠們幾乎總是選擇與自己親緣相近的親代。圖 37.17 的曲線比較一隻鳥在巢中協助的機率 (y 軸) 及與協助者的關係 (x 軸)，與協助者親緣愈接近 (朝向曲線的右側)，在巢內成為協助者的機率愈高。

關鍵學習成果 37.12

許多因素與利他行為的演化有關。倘若利他的動作是互相的，個體會直接獲利；此外，親屬選擇也解釋利他主義的等位基因如何增加該基因頻率，倘若利他行為導向其親屬。

37.13　動物社會

群體生活

多樣的生物體如細菌、刺絲胞動物、昆蟲、魚類、鳥類、土撥鼠、鯨及黑猩猩等會以社會群體生活。為涵蓋大範圍的社會型現象，可將**社會** (society) 廣泛定義為一群同物種的生物體，其以合作方式組織而成。

為何有些物種的個體放棄單獨存在而成為一個群體的成員？根據前述親屬選擇的解釋，群體是由近親所組成。另一方面，個體會從社會型生活而直接獲得好處，例如加入群體的一隻鳥可以獲得更大的保護以免被獵食，當群體的大小增加，被獵食的危險就減少，因為有更多的個體在注意環境中的獵食者。

昆蟲社會

在昆蟲中，此社會型特性主要在兩個目之中演化：膜翅目 (如螞蟻、蜜蜂及黃蜂) 及同翅目 (如白蟻)，雖然還有其他少數昆蟲類群也屬於社會型物種。這些社會型昆蟲群落包括不同**階級** (castes)，即是一群在體型及形態不同的個體，其執行不同任務，例如勞動者及衛兵。

蜜蜂：在蜜蜂中，女王蜂藉由分泌費洛蒙 (稱為「女王蜂物質」) 來維持其在蜂巢中的優勢，抑制其他雌性個體的卵巢發育，使牠們成為不孕的工蜂。雄蜂只在為了交配才產生。倘若在春天時，這群落增加得太大，有些成員沒有受到足夠量的女王蜂物質影響，群落於是開始準備新的蜂群，即工蜂製造多個新的女王蜂室，以供新女王的發育。偵查的工蜂會找尋新的巢位，並通知群落此地點。舊女王蜂以及一群雌工蜂便移到新巢位，而在留下來的群落中則有新的女王蜂興起，並殺掉其他潛在的女王，然後飛出來交配，再飛回去「統治」蜂巢。

切葉蟻：切葉蟻是另一個社會型昆蟲之特殊生活方式的極佳例子。切葉蟻生活在含有數百萬隻個體的群落，住在地下以培養真菌為食。其如土堆的蟻塚就像超過 100 平方公尺的地下城市，具有數百個入口及腔室，而且往地下深達五公尺。工蟻的工作分工與其體型有關，工蟻每天沿著路徑從巢穴至一棵樹或灌木，將葉子切成小片並攜回巢穴。小型的工蟻再把葉片嚼成細碎，然後在地下真菌腔室內鋪平，更小型的工蟻則把真菌菌絲接種在細碎中 (最近分子研究指出蟻類已培養這些真菌長達 5,000 萬年！) 很快地，一片茂盛的真菌培養床即開始生長，而其他工蟻則修除不要的真菌種類、保母蟻將巢內的幼蟲帶到真菌床的特定位置，讓幼蟲在上面取食。這些幼蟲中的一部分將長成可生殖的蟻后，牠們將從此巢穴散播出去，開始新的群落並重複這生活史。

脊椎動物社會

脊椎動物的社會群體和具有高度結構化與整合性以及獨特利他型式的昆蟲社會相反，其組織化及團結性通常較不嚴謹。每個脊椎動物社會群體有其特定的大小、成員的穩定性、可生殖的雌雄個體數以及配對系統的模式。行為生態學家已經知道脊椎動物群體的組織模式最常受到如食物類型及獵食性等生態因素所影響。

非洲的織布鳥從周圍的植被構成巢穴，是描繪生態及社會結構之間關係的最佳實例。牠們大約有 90 個物種可依照其所形成之社會群體類型來區分。其中有一群物種生活在森林裡，會構築偽裝且獨立的巢穴。雄性與雌性屬一夫一妻制；牠們覓食昆蟲來餵食其幼鳥。另一群物種則在草原的樹上群體築巢 (圖 37.18)，牠們屬一夫多妻制且群體覓食種子。

這兩群物種的覓食及築巢習性與其配對系統有關。在森林中，昆蟲難以尋覓且雙親必須合作來餵食幼鳥，其偽裝的巢穴不會引起獵食者對其窩中幼鳥的注意。而在開闊的草原上，構築隱密的巢穴並不可行，所以居住在非洲草原的織布鳥保護其幼鳥免於被獵食的方式是在稀少的樹上築巢。在安全巢穴如此缺乏的情況下，這些鳥必須群體築巢。因為種子豐多，雌鳥能獲得養育幼鳥所需的食物而不需雄鳥的協助。沒有養育之責的雄鳥可以花時間向許多雌鳥求愛，此即一夫多妻的配對系統。

圖 37.18　居住在非洲草原的織布鳥形成群體的巢穴

關鍵學習成果 37.13

昆蟲社會極具結構性且包括不同的階級。脊椎動物社會的型式則受環境狀態所影響。

37.14　人類的社會型行為

基因與人類行為

生物學裡最深刻的課程之一是：人類是動物且其親緣最近的是黑猩猩，並且具有某種特殊型式的生命而與其他動物不同。在本章描述過的動物行為中，人類社會行為的特性應屬於哪一種？

如前所述，基因在決定許多項動物行為上扮演關鍵角色。從老鼠的育兒行為至鳴禽的遷徙行為，基因的改變已造成極大的衝擊。這導引出一個重要的預測，倘若行為有其基因根據，又倘若行為會影響動物存活及育兒的能力，那麼行為肯定應該與天擇有關，就如同其他基因調控的性狀會對存活造成衝擊一樣。行為學即是研究在自然情況下的動物行為之科學，它已提供了相當多的證據顯示行為的確會演化。

針對社會行為受基因影響的程度而言，包

括人類在內的動物之複雜社會行為應該也會演化。研究此方面的動物行為起初稱為**社會生物學** (sociobiology)，而現今通常稱為**演化心理學** (evolutionary psychology)，是由哈佛大學的威爾森 (E. O. Wilson) 率先發起的研究領域。

基因確實會以多種重要方式來影響人類的行為。全球人類的臉部表情都很相似，不論是在何種文化或語言之下，此論點即表示這些臉部表情具有其深刻的基因根據。出生即眼盲的嬰兒仍然會笑及皺眉，即使他們從來沒有見過其他人臉上有這樣的表情。同樣地，研究基因完全相同之雙胞胎的結果顯示性格與智力具有高度遺傳性：這些性狀中遠超過 50% 的變異數 (即在個體間很「分散」) 是因為基因的緣故。

然而，學習也的確會對人類如何表現行為造成巨大衝擊。在人類會發出的 40 個子音當中，美國的幼兒學會 24 個左右，而且很快就失去發出其餘子音的能力。就如同鳥類從有經驗的成鳥學習鳴叫聲及遷徙模式一樣，人類的幼兒從傾聽周遭成人的聲音來學會說話。

多樣性是人類文化的特點

一群生物學家在七個廣泛分散的區域中之研究黑猩猩的社會行為，當他們比較彼此的記錄時，發現有 39 種行為與一些如社會行為、求愛以及使用工具等有關的動作，且是在某些群體中是常見者，但卻在其他群體中沒有出現。每個族群似乎有其獨特的一套行為模式，且似乎也已各自發展出其慣用的行為模式，並由每個世代教給其子代，亦即黑猩猩有其文化。

沒有動物會表現出如人類族群這樣高的文化差異程度 (圖 37.19)，即使我們的近親黑猩猩也沒有。人類包含一妻多夫制、一夫多妻制、一夫一妻制的社會群體，有些群體常有爭戰而其他則從未發生。在有些文化中，禁止堂兄弟姐妹通婚；而其他則鼓勵之。相較於人類文化如此高度多樣性，其他物種的社會行為之差異性是極為細微。

圖 37.19　紐約城市街景

人類文化是作用在決定行為基因的演化產物，此論點之明確程度仍是行為生物學家熱烈討論的疑點。然而選擇要回答此疑問者顯然會提出：大多數的行為是由經驗所塑造的。人類文化及產生文化的行為改變得很快，甚至快到無法反映出基因的演化。文化的多樣性是人類物種的特點，即使不是大多被學習及經驗所決定，也一定強烈地受到其影響。

關鍵學習成果 37.14

如同在其他動物中，人類的行為是在基因所設定的限制內，由經驗所塑造的。遺傳及學習兩者皆在決定人類行為如何表現上扮演關鍵角色。

複習你的所學

某些行為是遺傳決定的

研究行為的方法

37.1.1 動物行為的研究是探討動物如何對其環境的刺激作出反應，包括檢視如何以及為何該行為會發生。本能 (天然的) 與學習 (培育的) 皆在行為中扮演重要角色。

本能行為的類型

37.2.1 本能行為是指同物種的所有個體會表現出相同的行為，且可被神經系統中預設的路徑所控制者。一個訊號刺激會誘發行為稱為固定動作模式，例如鵝撿蛋模式。

遺傳對行為的作用

37.3.1 大部分的行為並非固有的本能，而是強烈受到基因的影響，因此其可被當作遺傳性狀來研究。雜交種、雙胞胎以及基因改造老鼠常被用來研究受基因影響的行為。

行為也受學習所影響

動物如何學習

37.4.1 許多行為是學習而來的，是基於先前的經驗而被形成或改變的。古典制約是當兩種刺激被聯結而造成該動物學會將此兩種刺激作關聯的結果。操作制約是當動物將行為與報酬或處罰作關聯的結果。印痕是當動物形成社會性的親近關係，此通常發生在特定的關鍵期間。

本能與學習互動

37.5.1 行為通常可以是由基因決定 (先天的) 及透過學習而改變。基因會限制一個行為透過學習而改變的程度。生態與行為有密切關係，且了解一個動物的生態棲位可以更清楚其行為。

動物認知

37.6.1 當人類已演化出極顯著的認知能力時，研究顯示其他動物也具有不同程度的認知能力。有些動物的行為顯現出其能預先推理計畫。還有其他動物會表現出解決問題的能力，當處於新的情況之下，例如懸掛一塊肉但烏鴉卻取不到，牠們會以解決問題的能力來對此情況作出反應。

演化力量形塑行為

行為生態學

37.7.1 行為生態學是研究天擇如何形塑行為。只有具遺傳基礎且可提供對存活或生殖具優勢的行為，才能夠藉由天擇來作用。

行為的成本效益分析

37.8.1-2 對個體存活有利的每個行為而言，通常都連帶有其成本。例如太陽鳥的覓食及領域行為是藉由提供食物及避難所給個體及其子代，但會因被獵食或消耗能量而對親代帶來危險。此效益必須高出成本以使該行為被天擇所偏好。

遷徙行為

37.9.1 遷徙是動物一生中都會改變的行為。沒有經驗的動物似乎會依賴羅盤感應 (跟隨一個方向)，而有經驗者則更加依賴地圖感應 (可根據地點改變路徑的學習能力)。

生殖行為

37.10.1-3 可使生殖達到最大的行為會被天擇所偏好。通常這些行為涉及擇偶、配對系統及養育行為。擇偶已經導致複雜的求愛行為與身體特徵裝飾之演化。

社會型行為

社會型群體內的通訊

37.11.1-2 溝通是發生在群居或社會型動物上的行為，有些動物分泌化學費洛蒙來與其他動物溝通訊息。其他可利用運動，像蜜蜂的搖擺舞蹈。雖然不像人類語言般複雜，聽覺的訊號可被其他動物用來溝通大量的訊息。

利他主義與群居

37.12.1 利他主義行為的演化發生在群居或社會型動物中。利他主義會涉及回報的原因是它作用或發生效益在親屬上，稱為親屬選擇。

動物社會

37.13.1 許多類型的動物以群體或社會型生活，有些昆蟲的社會具高度組織化。

人類的社會型行為

37.14.1 遺傳及學習皆在人類行為中扮演關鍵角色，但其可達何種程度仍激烈爭議中。

測試你的了解

1. 有關行為近因的問題說明
   a. 行為的適應價值
   b. 在生理上，行為如何產生
   c. 行為為何如此演化
   d. 以上兩者皆是
2. 本能行為模式
   a. 倘若刺激改變，其即可被改變
   b. 不能被改，因為這些行為似乎建構在腦及神經系統中
   c. 倘若環境條件在一段時間，一年或更久，開始改變，其即可被改變
   d. 不能被改，因為這些行為是在年輕時學會的
3. 老鼠的母親照護行為之研究顯示基因對行為的影響，此研究較人類雙胞胎研究還清楚是因為
   a. 具有或缺乏特定基因、特定代謝路徑以及特定行為之間有明顯聯結
   b. 老鼠的行為比人類者更不複雜且更容易被研究
   c. 親代照護對老鼠的影響比人類還大
   d. 以上皆非
4. 以語言指令及獎賞來訓練一隻狗來表演動作，是何者的例子？
   a. 非關聯學習　　c. 古典制約
   b. 操作制約　　d. 印痕
5. 白冠雀獲得求偶鳴唱聲的方式，是何者的例子？
   a. 本能被經驗改變　　c. 古典制約
   b. 操作制約　　d. 印痕
6. 在行為生態學的領域中，會問哪個問題？
   a. 行為會遺傳嗎？
   b. 行為會適應嗎？
   c. 行為會因經驗而改變嗎？
   d. 行為會因發育而決定嗎？
7. 食物的選擇及去找它的旅程稱為
   a. 領域性　　c. 遷徙行為
   b. 印痕　　d. 覓食行為
8. 在電影大白鯊中，大白鯊在充滿七月游泳者的海邊外建立了覓食領域。事實上，這樣的領域性不會被預期，因為
   a. 鯊魚沒有領域性
   b. 食物種類 (如游泳者) 太少
   c. 食物種類 (如游泳者) 太多
   d. 捕鯊者的危險性太高
9. 羅盤感應與地圖感應之間的差別在於地圖感應
   a. 是追隨方向的本能
   b. 通常能被強力的磁鐵偏折
   c. 是調整方向的學習而得的能力
   d. 可引導候鳥在夜間飛行
10. 雄性之間為配偶而爭鬥，是何者的例子？
    a. 配偶選擇　　c. 同性性擇
    b. 異性性擇　　d. 群體選擇
11. 求愛儀式被認為是經由何者而來？
    a. 同性性擇　　c. 異性性擇
    b. 鬥毆行為　　d. 親屬選擇
12. 配對系統中雌性與多個雄性交配，稱為
    a. 雄性先熟　　c. 一夫多妻制
    b. 一妻多夫制　　d. 一夫一妻制
13. 人類語言是以多少子音為基礎？
    a. 5　　c. 120
    b. 24　　d. 40
14. 在餵食及飢餓的吸血蝙蝠之間血液食物的分享，而對於只接受不分享的蝙蝠則會被排擠，此是何者的例子？
    a. 協助者　　c. 互惠
    b. 親屬選擇　　d. 群體選擇
15. 脊椎動物社會結構較昆蟲社會鬆散，這些社會的組織最受下列何者影響？
    a. 哪些雌性較易生殖
    b. 遷徙模式
    c. 與鄰近的社會相較，其領域多大
    d. 生態因素如食物類型及獵食性

Chapter 38

人類對生態系的影響

這張是目前堪稱典型的國家地理雜誌的人物照片，女孩凝視著不確定的未來。她是阿富汗難民，因為一場一時興起的戰爭毀掉了她的家園家庭，還有她所熟悉的一切。她的表情傳遞了一個關於人類未來的訊息：人類在這日漸不安定、過度擁擠又污染的地球上所面臨的問題已不再是假設的。這些問題是眼前亟待解決的。本章綜觀這些問題，然後專注在解決方法；應該做什麼以陳述真正的問題。身為關注的公民，首要任務必須是清楚地了解問題的本質。環境的問題很尖銳，而且需要生物學的知識作為必要的工具以利於解決這些問題。有句話說，我們並不是從我們的父母得到地球這個遺產，而是從我們的子女借來的。我們必須保留一個他們可以生活的世界，這是未來的挑戰，且是即將務必面對的挑戰。在世界的許多角落，未來正在發生。

全球變遷

38.1 污染

化學性污染

我們的世界是一個生態陸地、一個有著高度互動的生物圈，且其中只要有一個生態系遭破壞，便會對其他許多生態系造成不好的影響。在美國伊利諾州燃燒高硫煤炭而殺死了佛蒙特州的樹木；在紐約州丟棄冰箱冷媒則破壞了在南極洲上方的大氣臭氧層，導致馬德里的皮膚癌病例增加。生物學家稱這樣對整個生態系的廣泛影響為**全球變遷** (global change)。全球變遷的模式在近年來已經成為事實，包括化學性污染、酸雨、臭氧層破洞、溫室效應以及喪失生物多樣性，這是面對人類未來最嚴重的問題之一。

化學性污染所造成的問題在近年來已經演變得非常嚴重，不僅因為重工業的成長，也因為在工業國家的太過不重視的態度。例如，1989 年疏於控制的原油油輪「亞森瓦迪茲」號在阿拉斯加擱淺，其漏油污染了北美洲海岸超過數公里，殺死了許多生長在海岸的生物，並且造成地面覆上一層厚厚的污泥。倘若油輪裝載的油量不高出水線，就幾乎不會有原油流失，但是因為裝載太過量，且高出水線部分的油量之重量迫使數千噸的原油從油輪船殼上的破洞流出。為何政策容許像這樣的過度裝載？

空氣污染：空氣污染是世界上許多城市的主要問題。在墨西哥市，在各角落經常會賣氧氣給顧客吸用者。像紐約、波士頓及費城都被認為是灰色天空的城市，是因為空氣中的污染物通常是工業所排放的二氧化硫。而像洛杉磯被稱為棕色天空的城市，是因為其空氣中的污染物在陽光下進行化學作用而形成煙霧。

水污染：水污染是由於我們無視污染的態度所

造成非常嚴重的後果。「將它從水槽沖下」這句話在今日擁擠的世界並不適用。目前已經沒有足夠的水可用來稀釋大量人口所持續產生的許多物質，雖然污水處理的方法已有改善，湖泊與流經各地的河川仍因污水而逐漸受到污染。此外，肥料和殺蟲劑也會從農地裡被大量沖洗至水中。

農業化學物質

現在的「流行」農業擴張以及特別是將高強度種植引進開發中國家的綠色革命，已經造成非常大量的多種新興化學物質被引用在全球生態系中，特別是殺蟲劑、殺草劑以及肥料。工業化國家如美國現在嘗試仔細監測這些化學物質的副作用，不幸地，雖已不再生產，大量多種有毒化學物質仍然在生態系中循環。

例如氯化碳氫化合物、其他包括 DDT、氯丹、林丹以及地特靈等化合物曾在美國被廣泛使用，現已在禁用，然而這些仍在美國製作並輸出至仍持續使用的其他國家。氯化碳氫化合物分子的分解緩慢，且會在動物脂肪組織中累積。進一步地，會隨著食物鏈傳遞，這些化合物累積濃度漸增的過程稱為**生物放大** (biological magnification)。圖 38.1 顯示在浮游生物中的微量濃度的 DDT 如何隨著水生食物鏈傳遞而增加至顯著的量。

在美國與其他地區，DDT 造成一系列的生態問題，導致在許多猛禽物種如游隼、白頭鷹、魚鷹及褐鵜鶘產生薄而脆弱的蛋殼。在 1960 年代後期，DDT 被及時禁用而拯救這些鳥類免於滅絕，氯化物具有其他不良的副作用，且會在動物體內呈現類似荷爾蒙的作用。

關鍵學習成果 38.1

在世界各地，工業化的增加導致更高層次的污染。

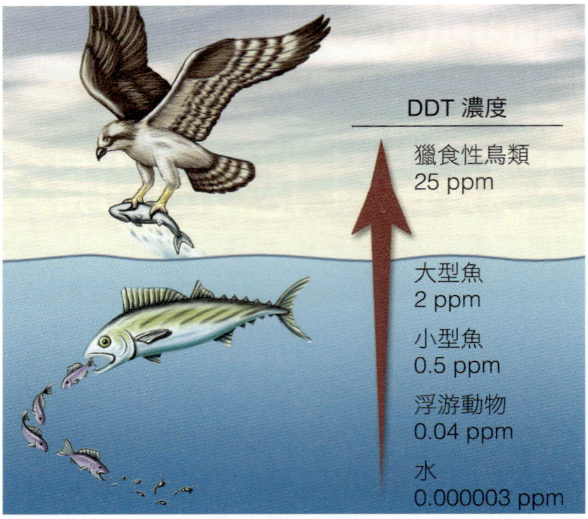

圖 38.1 DDT 的生物放大作用
因為 DDT 在動物脂肪組織中累積，此化合物在食物鏈的較高階生物內變成增高濃度者。

38.2 酸性沉降

酸雨的威脅

在圖 38.2 中的大煙囪是燃燒煤的發電廠，由這些煙囪將濃煙高高送入大氣中。這濃煙含有高濃度的二氧化硫及其他硫酸鹽，其與空氣中的水蒸氣結合後會產生酸。第一個高煙囪是 1950 年代中期在柏林興建，且此設計快速地傳遞歐洲與美國。高煙囪的用意是將富含

圖 38.2 大煙囪輸出污染
在這燃燒煤的火力發電廠，高大的煙囪將污染遠遠地送至大氣中。

硫的濃煙高高釋放至大氣中，風會吹散並稀釋它，將酸雨帶走。

然而在 1970 年代，科學家開始注意到這些從富含硫的濃煙所產生的酸具有破壞性的作用。報導指出，在整個北歐湖泊的生物多樣性都出現急遽下降的情況，有些甚至變成沒有生物。德國大黑森林的樹木似乎逐漸死亡，且其傷害並非侷限在歐洲，在美國東部及加拿大，許多森林和湖泊也都遭到嚴重破壞。

結果發現當硫被帶入大氣較高層中，與水蒸氣結合產生硫酸，這酸被帶離其來源處，但後來它隨水形成酸雨及雪飄下。這種酸性沉降的污染即稱為**酸雨** (acid rain)，但酸性沉降通常較正確。天然雨水的 pH 值很少會低於 5.6，然而在美國有許多區域的雨及雪之 pH 值皆低於 5.3，而在東北部的 pH 值為 4.2 或曾經更低，而暴風雨偶爾也會低至 3.0。

酸性沉降毀損生命，在美國及加拿大東北部的森林已被嚴重破壞。事實上，目前估計在北半球至少約有 140 萬公頃的森林受到酸性沉降 (圖 38.3) 的不利影響。此外，在瑞典及挪威的數千個湖泊已不再有魚。在美國及加拿大東北部的數萬個湖泊裡的生物相也正面臨死亡，湖水的 pH 值降至 5.0 以下。當水的 pH 值在 5.0 以下，許多魚種及其他水生動物會死亡或無法生殖。

圖 38.3 酸性沉降
酸性沉降正在殺害在北美洲與歐洲森林中的許多樹木，大部分的傷害是對菌根，即生存在樹根中的真菌。樹木需要菌根以從土壤中獲取營養。

解決的方法是清除硫的釋放，而這似乎很容易。但是要實施這解決方案有一些嚴重問題。首先，此方案很昂貴。在美國，安裝與維持必要的廢氣「清淨機」的費用每年估計約需 50 億美金。另一個困難是這污染的產生者與接受者相隔甚遠，且沒有任一方願意付如此昂貴的費用，因為他們都認為這是其他國家的問題。清淨空氣的立法已開始正視這問題，並授權清淨部分在美國的廢氣排放，雖然在全世界仍有許多廢氣問題亟待處理。

關鍵學習成果 38.2

酸性沉降的污染簡稱酸雨，正在破壞歐洲與北美洲的森林與湖泊生態系。解決方案是清淨排放的廢氣。

38.3 臭氧層破洞

破壞地球的輻射保護層

生物只有在大氣中藉由光合作用而加上一層臭氧保護層之後，才能夠離開海洋在陸地表面建立群落。想像一下，倘若此保護層被去掉，後果會如何？令人擔憂的是，我們顯然正在破壞它！從 1975 年起，地球的臭氧層開始瓦解，同年九月在南極上空，衛星照片顯示其臭氧濃度比其他地區的大氣層出現無法預期地低。它就好像某種「臭氧啃食者」，正在啃食南極的天空，造成一個低於一般臭氧濃度的奇怪區域稱為**臭氧破洞** (ozone hole)。此後數年，更多的臭氧消失而使這個破洞變得更大更深。圖 38.4 的衛星照片顯示在較低臭氧的淺紫色 (南極也是紫色，代表這臭氧破洞完全覆蓋其上)。曲線圖顯示在 10 年內臭氧破洞的大小變化，最大者出現在 2000 年 (藍線) 的九月。

什麼吃掉臭氧層？科學家不久即發現罪魁

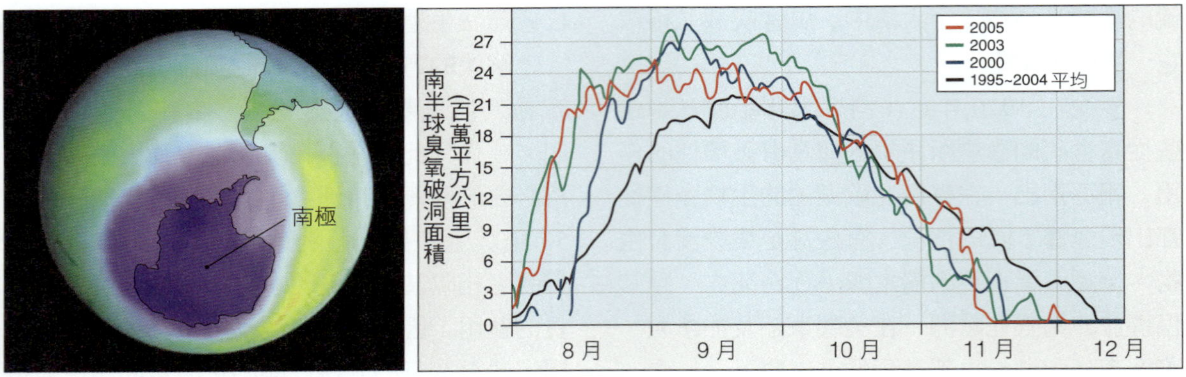

圖 38.4　南極洲上方的臭氧層破洞

數十年以來，美國太空總署 (NASA) 已追蹤到南極洲上方臭氧消失的程度。從 1975 年以來，臭氧破洞每年出現在八月，即南極冬季期間，此時陽光誘導在南極上方冷空氣中的化學反應。這破洞在九月更加嚴重，而當溫度在 11~12 月上升時，面積則變小。在 2000 年，面積 2,840 萬平方公里的破洞 (衛星影像的紫色部分) 覆蓋的範圍超過美國、加拿大及墨西哥的總面積，是紀錄中最大的破洞。2000 年 9 月，這破洞擴大到蓬塔阿雷納斯 (Punta Arenas) 這擁有 120,000 人口的智利南方城市，使居民暴露在高量的紫外光輻射中。

禍首是一向被認為無害的化學物質—**氯氟碳化合物** (CFCs)。CFCs 被大量用在電冰箱及冷氣機當作冷媒、噴霧器中的氣體等，CFCs 一度被認為是具化學惰性，但是 CFCs 是非常穩定的化學物質且會持續在大氣中累積。在南、北極上方將近 50 公里的高處，溫度很低，CFCs 會黏附在冰凍的水蒸氣上，並且當作化學反應的催化劑，因此 CFCs 催化臭氧 (O_3) 轉化為氧氣 (O_2) 且不會自我消耗。大氣中，很穩定的 CFCs 仍維持在那裡並持續進行催化反應中。目前全世界臭氧的減少已超過 3%。

紫外光的輻射對人類健康的影響受到嚴重關切。大氣層中的臭氧含量每下降 1% 預估會導致皮膚癌上升 6%。在全世界中緯度地區，臭氧總含量大約下降 3%，其後果可能會導致罹患致死的黑色素瘤皮膚癌增加 20%。

一般認為，在較高的大氣層中，破壞臭氧的化學物質含量正趨平穩，因為有超過 180 個國家在 1980 年代簽署了一個國際協定淘汰大多數 CFCs 的生產。2005 年的臭氧破洞達最高約 2,500 萬平方公里 (約為北美洲的面積)，低於在 2000 年的世界紀錄面積 2,840 萬平方公里。目前電腦模式推測南極的臭氧破洞應該會在 2065 年恢復，而約在 2023 年北極上方的臭氧層破壞將會減少。

關鍵學習成果 38.3

CFCs 正在催化破壞較高處大氣中的臭氧層，使得地球表面暴露在危險的輻射中，國際間正試圖解決此問題且已顯現成效。

38.4　全球暖化

工業社會已使用便宜能量超過 150 年，大部分能量來自燃燒化石燃料－煤炭、石油及瓦斯。煤炭、石油及瓦斯是古代植物的殘骸，因壓力及時間而轉變成富含碳的「化石燃料」。當這樣的化石燃料燃燒時，此碳與氧原子結合而產生二氧化碳 (CO_2)。工業社會燃燒化石燃料已釋放出極大量的二氧化碳至大氣中。沒有人注意到此情況是因為大氣被認為是無害的，且因為大氣是無限的資源，並能夠吸收與分散任何的量。結果發現這兩種假設都不對，且在近數十年中，大氣中二氧化碳的含量已急遽上升且持續增加中。

值得留意的是二氧化碳並非在大氣中無所

事事，在二氧化碳分子中的化學鍵可轉換陽光的輻射能但留住較長波長的紅外光或熱，其會從地球表面反射出去且避免它們再輻射回到太空中，此即成為俗稱的**溫室效應** (greenhouse effect)。缺乏此類「留住」大氣能力的星球比具此功能者還冷，倘若地球當初沒有「留住」大氣，則地球平均溫度將是 –20°C 而非實際的 +15°C。

全球暖化起因於溫室效應氣體

最近數十年以來，平均全球溫度的上升，此地球大氣的明顯變化被稱為**全球暖化** (global warming) (如圖 38.5 中的紅色曲線所示)，與大氣中上升的二氧化碳濃度 (藍色曲線) 有相關，這顯示全球暖化可能是大氣中的溫室氣體 (二氧化碳、CFCs、氧氮化物及甲烷) 累積所造成的，此說法已爭議很久，且將在本章後面的探討與分析中詳細檢視。在一系列的事實檢視之後，科學家之間有了令人震撼的共識：溫室氣體的確導致全球暖化。

溫室氣體含量的增加會造成平均全球溫度上升 1~4°C，這會對降雨模式、主要農地以及

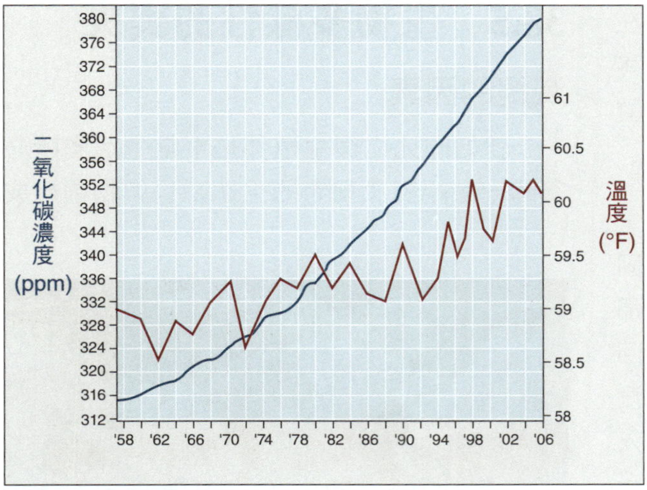

圖 38.5　溫室效應

數年來，大氣中二氧化碳的濃度呈現穩定上升 (藍色曲線)。紅色曲線顯示同時期的平均全球溫度。注意從 1950 年代開始，溫度普遍升高，特別在 1980 年代開始急遽上升。此數據是綜合自美國國家大氣研究中心及其他資訊。

海平面造成嚴重衝擊。

對降雨模式的影響　全球暖化被預期會對降雨模式有主要影響，曾遭遇乾旱的地區可能會更缺雨水，造成更嚴重的缺水狀況。最近聖嬰現象 (詳見第 36 章) 日漸頻繁，且大型颶風災難可能顯示氣候的變遷是全球暖化所造成，這樣的情況已經開始發生。

對農業的影響　全球暖化對農業所造成的正面及負面影響都被預估。溫度較暖且大氣中二氧化碳含量上升預估會讓某些農作產量增加，但對其他農作有負面影響。全球暖化造成的乾旱也會對農作有負面影響。熱帶地區的植物在接近其溫度的最上限之下生長；任何的溫度上升都可能會對熱帶農地的農產造成負面衝擊。

海平面上升　地球上大量的水是被封鎖成冰存在於冰河與極地冰帽中。當全球溫度上升，這大冰儲會開始融化，大部分來自冰河融化的水最終流到海洋，導致海平面上升。愈高的水位可被預期將造成低地洪水氾濫的情況。

不同政府之間對於全球暖化所應有的作為意見極不相同，1990 年的聯邦淨化空氣法以及京都議定書已訂定降低溫室氣體排放的目標，全球各國正朝向降低排放邁進，但仍有許多亟待完成。

以地球工程學對抗全球暖化

大氣的二氧化碳含量處在 200 萬年來的高點，且從 1900 年以來明顯升高 (圖 38.6)，於是全球溫度快速上升中。倘若什麼都不做以轉圜此趨勢，地球上的海洋將會因極地冰塊融化而上升。乾旱與極端氣候也將成為稀疏平常的情況。

要轉圜此趨勢，我們應該做什麼？由於人類將 CO_2 釋放至大氣中所引發的全球暖化，有兩種可行的解決方案，其一是降低人類所釋放的二氧化碳量，當

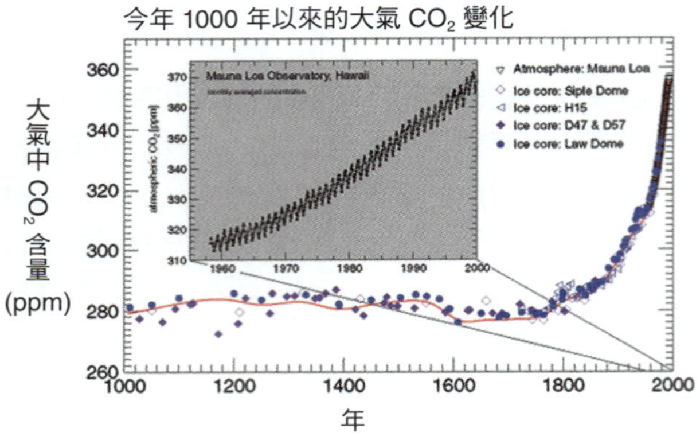

圖 38.6　大氣中二氧化碳含量

大氣中的 CO_2 含量可以多種不同方法估算，此圖顯示在過去 1,000 年期間，最初 800 年僅有微幅增加，然而在後面的 200 年，則急遽增加。在夏威夷毛納羅亞氣象站所測得的確切數據顯示現今仍穩定增加中。

試圖降低汽車及發電廠的釋放之後，並沒有發生任何嚴重的衝擊。2015 年在巴黎的會議，世界上的已開發國家同意將嘗試更加強控制碳排放，訂定長程目標以降低燃煤及其他化石燃料。沒有人知道這些努力是否將成功，但是這嘗試是必要的。

另一個可能解決全球暖化的方案是**地球工程學** (geoengineering)，藉由刻意干預以改變地球的氣候。在許多提案中，多數為不切實際的，但有兩個方案被認真評估，一個是藉由在地球海洋施肥以誘導大量的光合作用，進而移除 CO_2，而另一個方案則是在大氣中加入硫酸鹽噴霧劑以將陽光反射離開地表。

海洋施肥　將地球大氣中過多的 CO_2 移除，這構想是知易行難。企圖將大氣中的 CO_2 固定在深井中，以大尺度來看似乎不切實際。那麼該放在哪裡？奇怪的是，最可信的答案是回歸起源處。在一系列對此構想進行小尺度的測試中，海水添加鐵總會成功地將大氣的碳吸入海水中 (圖 38.7)，雖然結果不如在實驗室中所得者來得有效。

陽光反射　第二個地球工程學方案沒有企圖要降低大氣中 CO_2 含量，而是將高平流層轉變成鏡子，將陽光射線反射回到太空中。雖然此方案的 CO_2 含量仍升高，但全球氣候並未變暖，因為光線不是被 CO_2 分子所吸收，而是被反射回到太空。

如何將平流層轉變成鏡子？研究人員提出在高空中注入硫酸顆粒，使之懸浮而成噴霧劑，這些顆粒如同無數的微小鏡子，從太空看起來，地球將是因反射光線而呈光亮。每年將需要數十萬噸的噴霧劑加入大氣中，做得到嗎？為確認可行性的唯一做法將是去測試。

如同在海洋施鐵肥，使用硫酸噴霧劑以反射從地球大氣層而來的陽光是個有爭議的方案，因為可能會發生巨大的不可預期之生態上與氣候上的後果。

關鍵學習成果 38.4

人類燃燒化石燃料已造成大氣中的 CO_2 含量大量增加，進而導致全球暖化。對抗全球暖化的兩個地球工程學方案是對海洋施鐵肥以及反射陽光。

38.5　生物多樣性的喪失

滅絕的因素

就如同死亡與生殖都是平常生活史所必須的，滅絕對於穩定的生態系也與物種形成

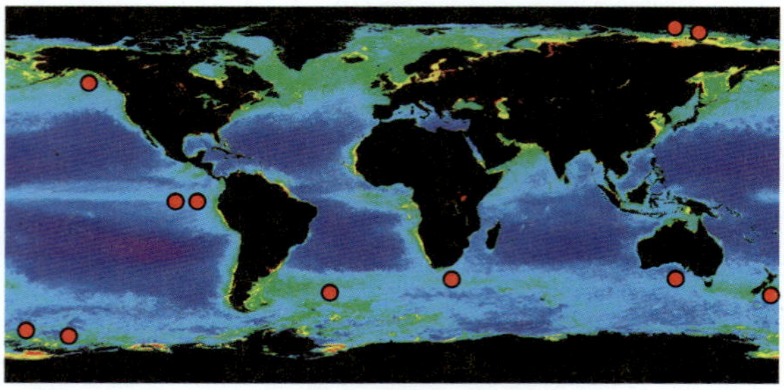

圖 38.7　為海洋施鐵肥的實驗

11 個小尺度的海洋實驗測站，自 1988 年即開始進行實驗。

一樣是正常且必須的。科學所知的物種有超過 99% 已滅絕，然而，目前滅絕的速率高得令人警覺，在 1600~1700 年代，鳥類及哺乳類的滅絕速率大約是每十年有一種，但 1850~1950 年代，則上升為每年有一種，而 1986~1990 年之間已是每年四種，這明顯上升的滅絕速率就是**生物多樣性危機** (biodiversity crisis) 的核心所在。

什麼因素造成滅絕呢？生物學家已確認出三個因素會在許多滅絕事件扮演關鍵角色：棲地消失、物種過度膨脹以及入侵物種 (圖 38.8)。

棲地消失　棲地消失是滅絕的單一重要成因。在目前所有類型棲地被大量地破壞，從雨林至海底，這沒有值得驚訝的。天然棲地可能有四方面遭受到人類不利的影響：(1) 結構破壞、(2) 污染、(3) 人類干擾以及 (4) 棲地破碎化 (棲地被分隔成許多小的隔離區塊)。如圖 38.9 所見，在馬達加斯加雨林棲地的結構破壞正快速發生中，並造成物種瀕臨滅絕。

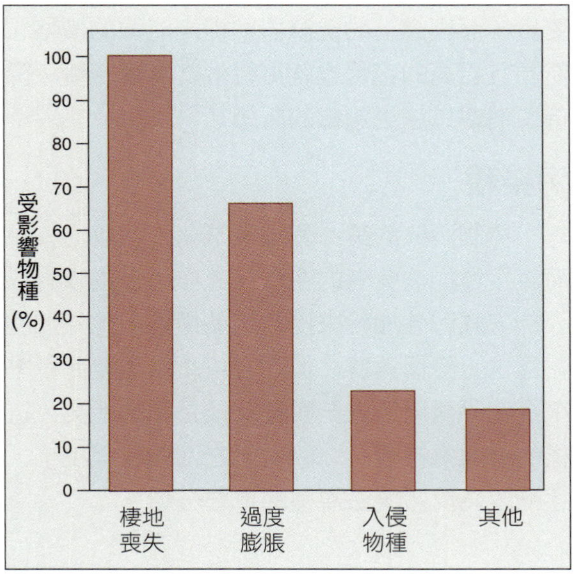

圖 38.8　造成動物滅絕的因素
這些數據代表已知在澳洲、亞洲及美洲的哺乳類，有些滅絕可有多於一種起因。

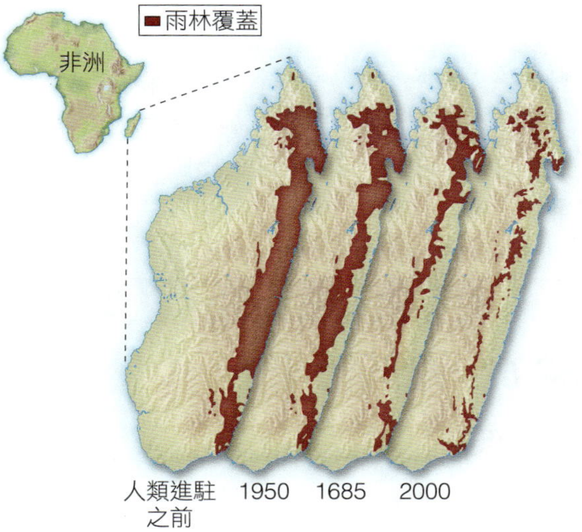

圖 38.9　滅絕與棲地破壞
馬達加斯加是位在東非海岸外的島嶼，其東海岸雨林的變遷已逐漸因島上人口增長而遭破壞。現在有 90% 原始森林的覆蓋已消失，許多物種已滅絕，且還有許多其他種類受威脅，包括馬達加斯加的 31 種靈長類中的 16 種。

物種過度膨脹　遭人類獵殺或捕獲的物種已歷史性地成為滅絕的嚴重風險，甚至有些物種族群起初是非常豐多的。在最近過度膨脹的歷史中，有許多實例：旅鴿、美洲野牛、許多鯨魚物種、具經濟價值的魚如亞特蘭大藍鰭鮪魚以及在西印度群島的桃花心木都只剩少許。

入侵物種　偶爾會有新物種進入棲地中並形成聚落，通常會因此而耗費掉一個原生物種。聚落的形成在自然界很少發生，但是人類引起的破壞性後果而造成這過程變得更加平常。引進外來物種已經抹除或威脅到許多原生族群。物種的引進可有多種方式，但通常不是刻意的。植物和動物可在護育場所被轉移，就如同被船、車及飛機載走，又如在木材產品中的甲蟲幼蟲。這些物種進入新的環境之後，該處沒有原生的獵食者來控制它們的族群，故因此而超越過原生物種。

關鍵學習成果 38.5

生物多樣性的消失可歸因於一些主要因素，包括棲地消失、物種過度膨脹以及入侵物種。

拯救我們的環境

38.6 減低污染

環境保護的立法

人類活動對生物圈帶來嚴重壓力，我們必須儘快找到減低有害衝擊的方法。欲成功地去面對挑戰的四個特別重要之關鍵方向是：降低污染、保存不可取代的資源、找尋新能源以及控制人口成長。

欲解決工業污染問題，首要是了解這個問題的起因。在本質上，對環境健康程度訂出適當價值是我們經濟上的失敗。能量及許多工業產品的真正花費包括生產的直接花費如原料及工資，以及間接花費如生態系的污染。經濟學家已為污染訂出一個「最適」的量，其是根據降低污染的花費相較於容許污染所造成社會與環境的花費來訂定。此最適經濟污染量即是圖 38.10 中的藍色點。倘若容許比最適值更多的污染，則社會花費太高，但是若容許比最適值還低者，則經濟花費就會太高。

污染的間接花費通常不太受到重視，然而間接花費不會因我們的忽略而消失。它們只是簡單地傳至未來世代，這是破壞我們賴以為生的生態系所要負出的代價。很迅速地，未來即代表現在。在無法支持更多破壞的情況下，我們的世界極需要一些作為。

反污染的法規

在美國有運用兩項有效的方案來控制污染，首先是通過禁止污染的法規。在過去的 20 年期間，法律開始明文禁止污染的擴散，

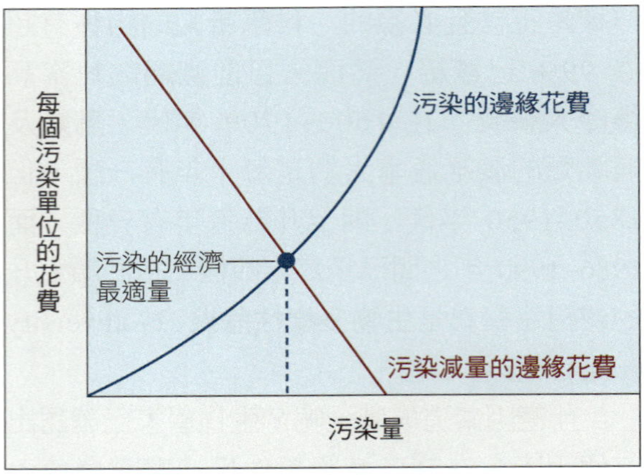

圖 38.10 污染是否有「最適」量？

經濟學家訂出一個「最適」污染量，即在特定的點，其排除下一個污染單位 (污染減量的邊緣花費) 對等於該污染單位 (污染的邊緣花費) 所造成的破壞花費。

藉由訂定能進入環境排放物質的嚴格標準，例如所有車輛必須裝置有效催化轉換器以排除汽車濃煙。類似的還有，在 1990 年「清淨空氣法案」要求發電廠須清除硫排放。他們能藉由在煙囪上設置洗滌器或是藉由燃燒低硫的煤炭 (這些淨煤技術較為昂貴)。這效果是消費者付費以免污染環境。濃煙轉換器的花費使得汽車更貴，而煙囪上的洗滌器則提高能源的價格。新穎且更高的花費也就更接近其真實花費，降低了消費以達更適當的層級。

污染稅

控制污染的第二個方案是藉由加收污染稅而直接增加消費者的花費，此作用是由政府以人為方式即外加稅來提高商品價格，此外加的花費也會降低消費，但政府可藉由調整此稅率來企圖平衡環境安全與經濟成長間的衝突。這樣的稅通常被視為「碳交易之污染牌照稅」，逐漸成為反污染法規裡的重要一環。

關鍵學習成果 38.6

當價格不包含環境花費時，自由市場的經濟通常會造就出污染。因此設計了相關法律與稅收來作為補償。

38.7 保存不可取代的資源

並非所有的破壞皆可修復

在生態系遭破壞的多種方式當中，有個問題因特別嚴重而突顯出來：消耗或破壞我們所共同分享的資源，但其卻無法在未來被取代 (圖 38.11)。雖然一條遭污染的河流可被淨化，但沒有人能夠恢復一個已滅絕的物種。在美國，三種不可取代的資源正以緊急的速度在下降中：表土、地下水以及生物多樣性。

表土

美國是地球上農產量最豐盛的國家之一，絕大多數是因為大部分面積覆蓋有特別肥沃的土壤。在美國中西部農業地帶跨越過去著名的大草原地帶。該生態系的土壤一點一點地累積了無數世代的動植物，直到人類進駐耕作之前，其富含腐植質的土壤向下深達數呎。

美國人無法取代此肥沃的**表土** (topsoil)，他們在這塊土地上建立了宏大資產，然而他們也讓這表土以每十年數公分的速率在喪失當中 (圖 38.11)。從 1950 年以來，美國已喪失了四分之一的表土！由於重複地耕地翻土以清除雜草，導致雨水沖刷帶走更多更多的表土，流入河川，最後進入大海。目前迫切需要有新方法來減輕對密集耕種的依賴。有些可能作法包括使用遺傳工程來使農作物對殺草劑產生抵抗性，以及利用梯田來重新收回流失的表土。

地下水

第二項無法取代的資源是**地下水** (groundwater)，即被留在土壤底下、岩石孔隙

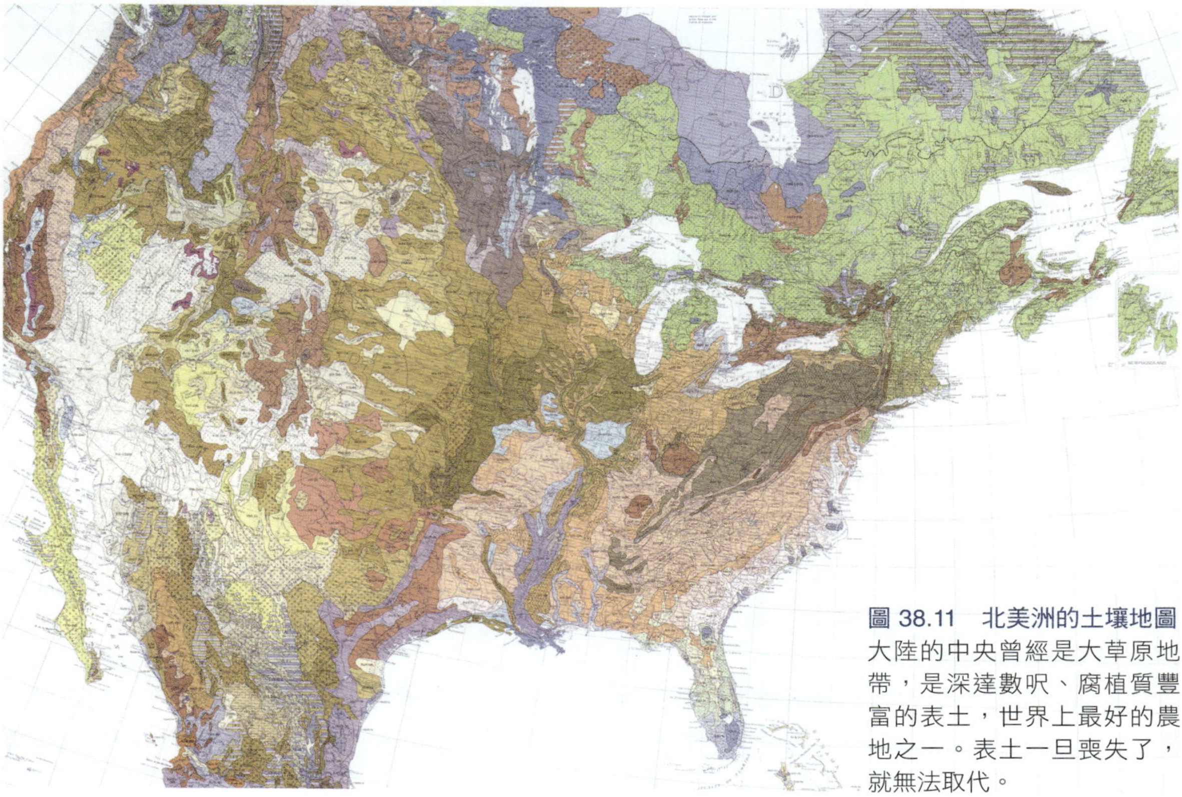

圖 38.11　北美洲的土壤地圖　大陸的中央曾經是大草原地帶，是深達數呎、腐植質豐富的表土，世界上最好的農地之一。表土一旦喪失了，就無法取代。

裡的儲水處稱為含水層。在超過 1 萬 2,000 年前的最後一個冰河時期，融化的水非常緩慢地滲入其地下貯水處。因為我們無法取代這些水源，所以不應浪費這寶貴資源。

在美國的大部分區域，地方政府花費相對極少的心力在控制地下水的使用。結果造成有大部分浪費在澆灌草皮、洗車以及使用噴水池。還有很大部分是在不經意間被粗糙處理的化學廢棄物所污染，而且一旦污染進入地下水之中，就沒有移除的有效方法。某些城市，如鳳凰城及拉斯維加斯，可能在數十年內即將完全沒有地下水。

生物多樣性

在我們存活的這一生中，面臨滅絕的物種數目遠超過已滅絕的恐龍數目。像這樣災難式的多樣性消失，對我們每一人都很重要，因為一旦這些物種消失，我們了解它們以及其對我們的可能益處之機會也跟著消失。我們所用的食物總供應數量僅是 250,000 種可利用植物中的 20 種，這事實應該可讓我們停手，如同燒毀圖書館而未閱讀裡面的書，我們不知道我們浪費了什麼。我們所能確定的是我們無法再收回所失去的，滅絕是永遠的。

在最近的 20 年內，全球的熱帶雨林大約有一半不是已被燒毀改作為牧場，就是被砍伐作為木材 (圖 38.12)。超過 600 萬平方公里已被摧毀，其喪失率因每年在熱帶的人口成長而上升。在 1990 年代，平均每年大約有 160,000 平方公里的森林被砍伐，速率高於每秒 0.6 公頃 (1.5 畝)！以此速率，全球的雨林將在你有生之年就完全消失。在此過程中，估計將有五分之一或更多 (超過 100 萬種) 的動植物種類會滅絕，這將會是自從恐龍世代至少在 6,500 萬年以來空前的滅絕事件。

你不應被哄騙而認為喪失生物多樣性的問題只限制在熱帶，現在太平洋西北部的原始林正被以極凶猛的速率被砍伐，大部分是供應出口木材，美國政府耗費更多經費以補貼砍伐森

(a)

(b)

(c)

圖 38.12 熱帶雨林的破壞
(a) 這大火正在摧毀巴西的雨林，將被清除當作養牛的牧場；(b) 這火勢蔓延太廣且太高，以致於其濃煙可從太空中看到；(c) 此清除森林的長期後果就像在巴西里約熱內盧的大西洋雨林只剩下光禿禿的坡地。

林的損失 (例如美國林業署開闢方便到達的道路)。若以目前的速率，十年後將所剩無幾。這也不是僅侷限在一個區域的問題。在整個美國，天然林被全伐而被木材的純林所取代，並像種植玉米一樣排列整齊。當我們自己都無法維護周遭的生物多樣性，實在很難責備生活在熱帶地區的人們。

但是，喪失物種到底有何壞處？生物多樣性的價值是什麼？一個物種的消失意味著會有三種耗費：(1) 我們可能從物種獲得之商品的直接經濟價值；(2) 物種所產生之間接經濟價值利益，無須我們直接消費此物種，例如生態系的能量循環；以及 (3) 物種在倫理上與美學上的價值。保護物種的價值並不難見，那些是我們利用其來作為食物、醫藥、衣服、能量及庇護所，但是其他物種則對維持健康生態系而言是至關重要的；若摧毀了生物多樣性，我們會造成不穩定的情況且減低生產力。其他物種增加了這生態系的美，不會因為其很難訂下價格而不重要。

關鍵學習成果 38.7

不可取代的資源正在全球各地被以驚人的速度消耗當中；其中關鍵者包括表土、地下水以及生物多樣性。

38.8 約束人口的成長

人類爆增

倘若我們想要解決在本章所提的所有問題，我們只能爭取時間來說明基本問題：人口過多。

人類約在 12,000~13,000 年以前首先到達北美洲，他們跨過西伯利亞及阿拉斯加間的狹窄海峽，然後南向遷徙至南美洲的南端。直到 10,000 年以前，當大陸的冰層退去，農業開始發展，約有 500 萬人生活在地球上，遍布在除了南極洲以外的陸塊上。透過農業，使得許多新興且更值得依賴的資源成為可供利用，人口因此而更加快速成長。在 2,000 年後的基督時期，地球上約有 1 億 3,000 萬人。而在 1650 年，全球人口已倍增又倍增而達到五億。起始於 1700 年代初期，科技的改變已使人類更能控制其食物供應，並發展出許多疾病的治療方式，也在棲所及儲存能力方面有所改善，使得人類面對不確定的氣候而不再如此脆弱。這些改變使得人類得以擴增其生存棲地的最大承載力，因此跳脫其邏輯性成長之限制，而成為如圖 38.13 所呈現的爆發性成長。

雖然人口在過去 300 年呈現爆發性成長，人類平均出生率已穩定地維持在全球每年每

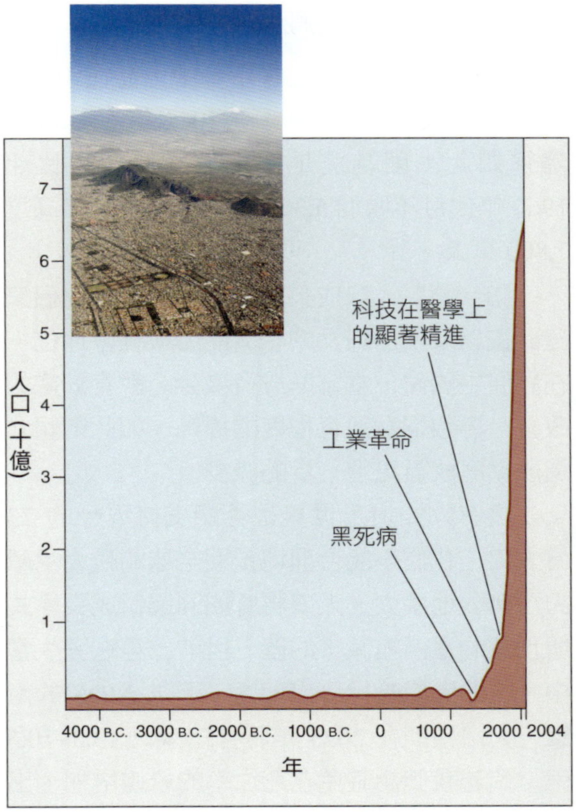

圖 38.13 人口的成長
在過去 300 年，全球人口已經穩定成長中，而現在，地球上有超過 73 億人口。墨西哥市 (小圖) 這全球最大的城市之一，已有約 2,000 萬人居住其中。

1,000 人約有 20 人出生。然而，由於衛生條件廣泛變好以及醫療技術增進，死亡率已穩定下降，目前達到每年每 1,000 人約有二人。出生與死亡率間的差異加速人口成長率為每年 1.2%，這似乎是個小數目，但其實不然，因為族群大小極為龐大。

全球人口在 2015 年高達 73 億，且每年增加約 7,800 萬，這將會導致在 60 年後人口倍增。另一個角度來看，全球每天約增加 214,000 人或者每分鐘約 152 人。以此速率，全球人口將持續增加，且可能在 10 億人口達到穩定。這樣的成長不能再繼續，因為這世界無法再供應下去。就如同癌細胞不可能在你身體裡生長而最終不殺了你。因此人類不能在這生態圈內無所顧忌地持續生長而不摧毀它。

人口成長速率漸減

全球人口成長率已在下降中，從在 1965~70 年期間最高的 2.0% 降至 2011 年的 1.2%。儘管如此，因為這是個更大的族群，比起 1960 年代每年增加 5,300 萬，現在則新增高達 7,800 萬人。

聯合國對人口成長率下降的貢獻是提倡家庭計畫以及增加婦女的經濟能力與社會地位。在發展中國家，當家庭成員減少，教育計畫的改善，導致婦女教育程度的提升，如此則傾向造成家庭成員更進一步的減少。

沒有人知道這世界是否能支持現今的 73 億人口，我們不能合理地預期全球的最大承載力可無限地擴大。人口將會如同邏輯成長模式所預期的逐漸縮減；的確，目前已經在發生當中。在非洲撒哈拉以南地區，因為 AIDS 的衝擊，人口預期在 2025 年將會縮減為 13.3~10.5 億。倘若我們想避免在死亡率的急遽增加，出生率必須持續下降。

族群金字塔

全球整體人口持續快速成長，然而此成長在全球各地並非均一。有些國家如墨西哥現正快速生長中，圖 38.14 顯示墨西哥的出生率 (藍色曲線)，雖然下降中仍遠大過其穩定的死亡率 (紅色曲線)。

一個國家的開發與否通常和其人口成長快速與否有相關。表 38.1 為三個不同開發程度國家的比較。發育中國家衣索比亞有較高的生育率，結果造成比巴西或美國還高的出生率。但是衣索比亞也有較高的嬰兒死亡率以及較短的預期壽命。整體而言，衣索比亞的人口將會比巴西或美國更快倍增。

族群在未來的預期成長速率可藉由族群金字塔的圖來預估，圖 38.15 的直條圖顯示每個年齡分級的人數 (圖中可見部分實例)。男性呈現在垂直年齡軸的左側 (藍色直條) 而女性在右側 (紅色直條)。在大部分的人類族群金字塔中，年紀較大的女性人數比年紀較大的男性不成比例地高，因為大部分地區的女性比男性的預期壽命較長，在美國 2005 年金字塔的上半部即顯而易見。

檢視這樣的金字塔可預測出生與死亡的趨勢。一般而言，長方形的金字塔是族群穩定的

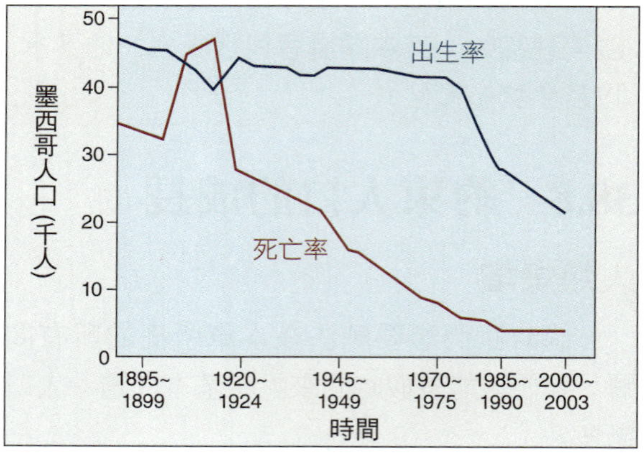

圖 38.14　為何墨西哥的人口在增加中？
墨西哥的死亡率 (紅色曲線) 已在下降中，然而其出生率 (藍色曲線) 在 1970 年以前仍維持相當穩定。出生－死亡率間的不同則因高出生率而加大。1970 年起，政府努力降低出生率且已相當成功。雖然出生率維持很高，預期在最近的未來會開始平穩並持續下降。

表 38.1 2006 年已開發與開發中國家的人口數據比較

	美國 (高度開發)	巴西 (中度開發)	衣索比亞 (開發中)
生育率	2.1	2.3	5.4
在目前生育率下的世代時間 (年)	72.2	55.5	27.9
嬰兒死亡率 (死亡/1,000 出生)	6.5	27	77
預期壽命 (年)	78	72	49
平均收入 (美元)	$44,260	$8,800	$1,190

國家之特色；他們的人口數既不成長也不減縮。三角形的金字塔，如 2005 年肯亞的金字塔是呈現未來族群會快速成長的國家之特色，當其族群的大部分尚未進入具生殖力的年齡。倒三角形者則代表族群在萎縮中。

比較圖 38.15 中美國及肯亞的族群金字塔之不同，美國在 2005 年近似長方形的金字塔，40~59 歲的人群代表「嬰兒潮」，即有多數嬰兒在第二次世界大戰之後出生。

媒體所稱之「美國老齡化」即是表示有絕大比例的人群將在未來對健保系統及其他與年齡有關的系統造成衝擊。相反地，肯亞的三角形金字塔預期未來有爆發性的成長，肯亞的人口預計在不到 20 年內即會加倍。

然而，值得注意的是這些預估並未將天然災害及像 AIDS 等會影響族群大小的流行病所造成的巨大衝擊考慮進去。在非洲撒哈拉南部，AIDS 已將出生時的預期壽命減低 20 年。圖 38.16 顯示兩個在非洲波札那的族群金字塔預期結果，該地區有超過 36% 的族群患有 HIV 或 AIDS 流行病，圖中直條的無色部分代表在 2025 年沒有被 AIDS 流行病影響，而有色者則是反映 AIDS 作用的實際預期結果。

已開發國家的消費層級也是個問題

世界上的已開發國家應該更留意如何減少消耗資源所造成的衝擊。的確全球族群最富裕的 20% 消費了全球資源的 86%，並產生了

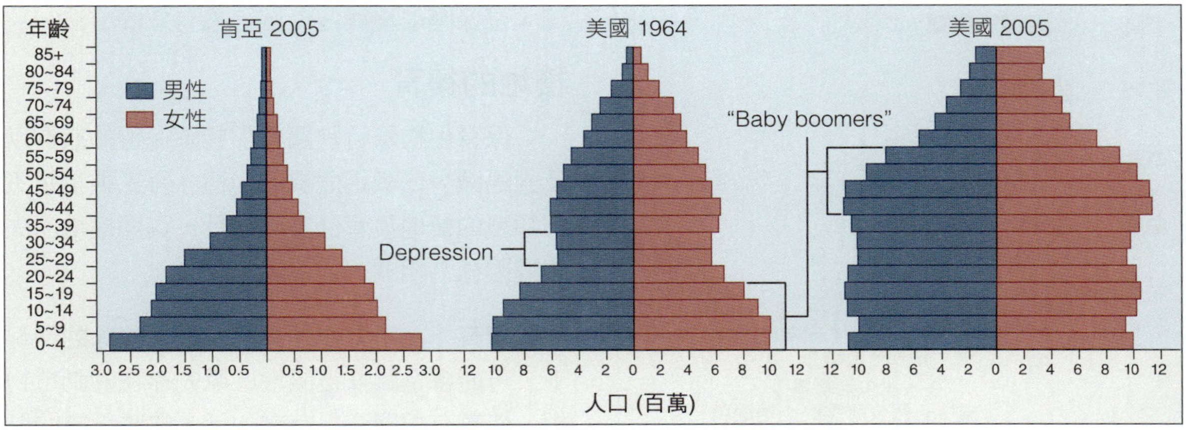

圖 38.15 族群金字塔

這些族群金字塔圖是根據族群的年齡分布所繪製的。肯亞的金字塔具寬的基部因為有多數為尚未達生殖能力的人口，當所有年輕人開始有小孩，則族群將會快速成長。美國在 2005 年的金字塔可見有一大部分的人口處在「嬰兒潮」人群之中，金字塔中間凸出是因為在 1945~1964 年之間出生增加，如在 1964 年的金字塔圖中所示。1964 年金字塔圖中的 25~34 歲人群代表在經濟大蕭條中出生者，且數目比其前後年出生者少。

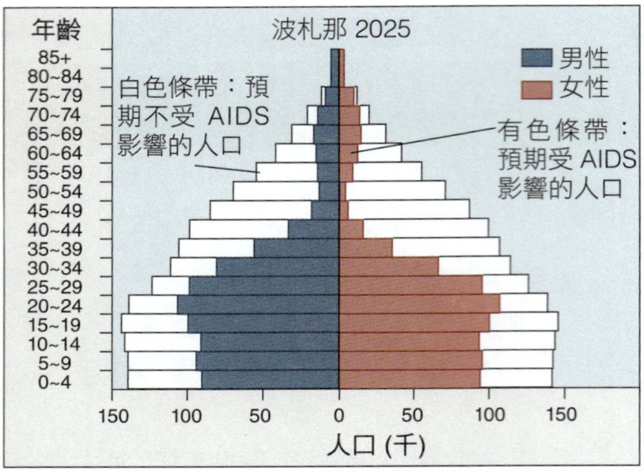

圖 38.16　AIDS 對波札那人口的預期影響 (在 2025 年時)

53% 全球碳排放。然而，全球最貧窮的 20% 則僅負責 1.3% 的消費及 3% 的碳排放。

量化此不均衡情況的一種方式是計算所謂的**生態足跡** (ecological footprint)，即土地所需的生產力以支持一個人在特定族群生存一生的基本需求。如圖 38.17 所示，在美國，一個人的生態足跡比在印度生活的人要高出 10 倍以上。

基於這些測量，研究人員已計算出人類所使用的資源比自然能持續取代者還要多出三分之一；倘若所有人都生活在已開發國家的生活基準，那麼仍需要有兩個地球才夠用。

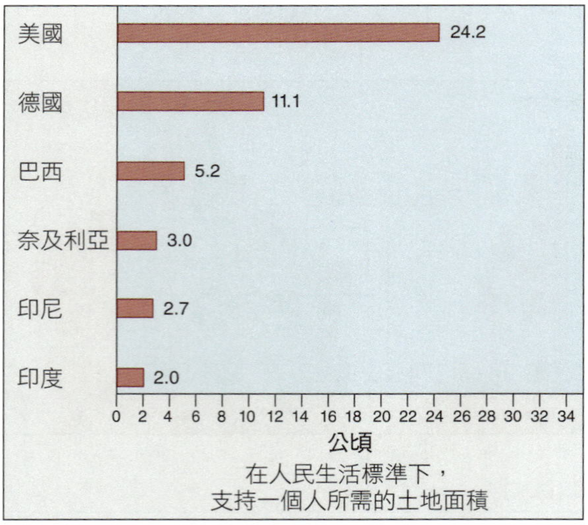

圖 38.17　2003 年在不同國家人民的生態足跡
生態足跡在計算需要多少土地以支持一個人在特定族群生存一生的基本需求，包括生產食物、森林產物以及房屋建材所需的面積。

關鍵學習成果 38.8

在所有其他環境關心的核心問題是全球人口的快速成長，目前必須積極努力的是減低其成長。

解決環境問題

38.9　保存瀕危物種

物種復育計畫

一旦了解特定物種滅絕的原因，就可能會思考訂定復育計畫。倘若其導因是商業性的過度採收，就必須設定規範法則以減低衝擊，並保護受威脅物種的生存。倘若導因是棲地喪失，則可制定喪失棲地恢復的計畫。在孤立的小族群中，遺傳變異性的消失可藉由從遺傳不同的族群中移植個體進駐。處於即刻瀕臨滅絕的族群則可經由捕捉並引入圈養復育計畫，然後再重新引進其他適宜的棲地。

保留生態系並在物種受威脅之前即積極監測，是保護環境與避免滅絕最有效的方法。

棲地的復育

保育生物學特別關心那些須保留的族群以及面臨減少或滅絕危機的物種。有三種相當不同類型的棲地復育計畫可執行，具與棲地消失的導因極為相關。

原始復育　在所有物種都已完全被移除的情況下，可能會企圖恢復該地區原先存在的動植物相，倘若有相關資料存在的話。欲將荒廢的農田復育回大草原 (圖 38.18)，如何知道該種植些什麼？雖然理論上可能可以重新建立每一種原先物種以至其原始所占的比例，但欲重建一

(a)

(b)

圖 38.18　棲地的復育
威斯康辛大學的麥迪遜植物園擔任起生態復育開路先鋒。(a) 大草原復育的初始階段，攝於 1935 年 11 月；(b) 現今的大草原樣貌，其拍攝地點與 1935 年的照片位置約略相近。

個群聚，必須知道所有原來的居住者種類以及每個物種相關的生態特性。我們很少有如此多的資訊，所以沒有任何一個復育是真正地回到原始狀態。

移除入侵物種　有時候物種的棲地是因單一入侵物種而遭摧毀。在此情況下，棲地的復育涉及將此入侵物種移除。例如非洲的維多利亞湖中，原本有超過 300 種慈鯛，牠們是一些小型且色彩多變化的魚種，又稱七彩神仙魚。然而在 1954 年，一種有經濟價值且具貪婪食性的魚種尼羅河鱸被引進維多利亞湖中，之後數十年，這些鱸魚似乎沒有帶來明顯的衝擊，然後某種原因導致尼羅河鱸爆增且快速在湖中蔓延，一併吃掉湖中的七彩神仙魚。到了 1986 年，超過 70% 的七彩神仙魚種類已消失，包括生活在開闊水域的物種。

上述情況若再加入第二項因素則會更複雜。一種浮水性水草布袋蓮 (*Eichornia crassipes*) 從南美洲被引進維多利亞湖中，布袋蓮在優養水質中可繁殖得極為快速，會迅速地成遍覆蓋整個水灣及入水口，使得那些生長在封閉水域的七彩神仙魚之沿岸棲地消失。

為了讓曾經多樣化的七彩神仙魚回到維多利亞湖中，棲地復育比繁殖與重新儲存這些瀕危物種還要重要。優養化情形必須先被逆轉，引進的布袋蓮與尼羅河鱸的族群須受到嚴格控管或移除。

清理與棲地再造　受化學性污染嚴重破壞的棲地須清除污染之後才能恢復。新英格蘭的納虛瓦河之成功復育案例 (將在 38.11 節說明)，即表示同心協力可以讓一個嚴重污染的棲地恢復至相對原始的狀態。

圈養繁殖

復原計畫通常是特別針對一種或少數物種，會涉及直接干預自然族群，以避免滅絕之立即威脅。將在野外捕捉到的個體進行圈養繁殖的計畫被應用在拯救有消失之立即危險的黑足鼬和加州禿鷹族群上。其他圈養繁殖計畫也有成功的結果。

維護基因多樣性

物種復育計畫成功的障礙之一是：在啟動復育計畫時，物種普遍已有很嚴重的危機。當族群變得非常小，大部分的基因多樣性已喪失，倘若一個計畫要想有成功的機會，所有的努力都須放在盡可能維護其基因多樣性。

保留關鍵物種

關鍵物種是指對其生態系的結構與功能上具有特別強大影響力的物種，其消失會造成災害性的後果。

生態系的保育

棲地破碎化是生物多樣性保育所做努力的

最普遍的敵人之一。有些物種僅需要大區塊的棲地以利興盛，且保育所做的努力若不能提供適宜大小的棲地，就必然要失敗。目前已顯示：在隔離的棲地區塊，物種的消失遠比大範圍保留者快速，保育生物學家已促成，特別在熱帶地區，設立所謂的「大保留區」即大面積的土地上包含有由一至多個未受干擾的棲地組成的核心區域。

這些年以來，除了著重在維護夠大的保留區，保育生物學家也已經找到保留生物多樣性的最佳方法，即是著重完整生態系的保留，而非僅重視特定物種。因此，多數案例的關注力正轉向確定最需保留的生態系，而且要找出既能保護生活其生態系中的物種也要維護該生態系功能的有效方式。

關鍵學習成果 38.9

在物種層級的復育計畫必須著重在棲地喪失與破碎化，且通常也須處理基因多樣性的顯著下降問題。

38.10 尋找更清淨的能量資源

替代的能量資源

現今社會使用化石燃料的習慣已導致極大量的 CO_2 回歸到地球大氣中。單就 2005 年來看，美國因燃燒化石燃料而排放 60 億公噸的 CO_2 到地球大氣中。這樣龐大的流量正在產生一個非刻意但非常嚴重的後果：地球愈來愈溫暖。

許多國家都轉向核能以解決對能量需求增加的問題。在 2007 年，全球共有 436 個核能反應爐在發電，產生約全球 14% 的電力。

理論上，核能可以提供大量且便宜的能量，但事實上則不太鼓勵。核能會帶來許多問題如安全、廢料處置及防護措施等，倘若它要在我們未來提供明顯比例的能量，那麼上述問題必須先能克服才行。

還有多種不同的清淨能量資源可以減低化石燃料的使用。其中有許多是可再生的能量，例如太陽能可自然地補充。在圖 38.19a 的太陽能板可收集太陽光的能量來加熱水或其他液體形成蒸氣以轉動渦輪並進而產生電力。更小的應用是利用太陽能板連接光伏電池，將光能直接轉成電力。其他再生能量的資源包括風力 (詳見圖 38.19b)，以及更特別的生物質量即利用植物如玉米、甘蔗等以產生乙醇來取代汽車的汽油。

細探乙醇

乙醇就是含有雙碳的酒精 (CH_3CH_2OH)，也是啤酒及各種飲用酒中的酒精。由於碳氫鍵

(a)

(b)

圖 38.19 替代的能量資源

(a) 太陽能是利用大型鏡子來收集自太陽的能量，這些太陽能板從太陽吸收熱能，用來煮沸水 (或其他液體) 而產生的蒸氣以轉動大型渦輪 (不見於圖中)，進而產生電力；(b) 風力能量是根據古老的技術改進而成為大尺度的利用方式。大型風場帶動風的動能來轉換成電力。

富含能量，乙醇成為很好的燃料。相較於燃燒一加侖的汽油，汽車燃燒等量的乙醇會釋出約其 80% 的能量。

燃燒乙醇怎麼不會增加更多的 CO_2 至大氣中？請注意「更多」這兩個字，乙醇是植物中的糖經由酵母菌發酵而來，也是啤酒及各種飲用酒的發酵過程。倘若汽車燃燒的碳分子是經由植物行光合作用所產生者，那麼這些分子只是由植物從大氣中取得，然後再回歸大氣罷了，大氣中的 CO_2 淨量沒有增加。

當乙醇被當作燃料時，是將之加入汽油中，並非只燃燒乙醇。新型的靈活燃料車輛 (FFVs) 具有重新設計的引擎，可燃燒 100% 汽油及稱為 E85 的酒精汽油 (即 85% 乙醇及 15% 汽油混合)。採用乙醇為汽車燃料對於對抗全球暖化而言，是一項好消息。

在美國，商業用的乙醇燃料是用傳統的糖發酵所製成，其中的糖取自玉米粒。我們如何能從玉米植株的其他部分獲得乙醇？玉米莖稈、葉片及玉米芯的組成分子是什麼？它們主要是由三種有機分子組成：40% 的纖維素、40% 的半纖維素以及 10% 的木質素。

首先看纖維素，在所有的生物裡，所有的有機碳中有一半是纖維素。如同澱粉一樣，纖維素含有成鏈狀相接的葡萄糖。那為何不利用纖維素的糖來製造乙醇？因為澱粉與纖維素之間有細微但重要的化學相異性。澱粉分子中的每個葡萄糖有六個碳原子排列成環狀。在纖維素分子中，葡萄糖分子的環是內部向外，酵母菌的酵素不能攻擊像這樣的鏈結。欲利用纖維素來產生乙醇，生物工程師必須先找到教會酵母菌切斷這些鏈結的方法。

有些微生物具有此功能的酵素；否則乳牛便無法只靠吃草存活，白蟻也不能吃木頭。利用在第 13 章討論過的基因工程技術，是可能將酵母菌以生物工程改造成能夠利用纖維素發酵。西班牙的研究人員已成功地從白蟻腸道植物分解細菌抽取分解纖維素的基因之 DNA，加入酵母菌 DNA 中，進而可發酵纖維素生物質量。

我們也不能忘記半纖維素，其含有玉米植株裡五之一的碳。半纖維素就像纖維素一樣，但是由五碳糖所組成。含有能分解半纖維素為游離五碳糖所必需酵素的細菌基因已透過工程改造構被築完成，所以此方法似乎很具說服力。

玉米也不是唯一可以當作生物質量的植物。還有其他生長快速的植物可當作產生燃料的來源，包括柳枝稷 (switchgrass) 以及一些白楊雜交種與柳樹的樹木。這些植物能在不適宜像玉米一樣成排種植的農作之土地上被栽種，特別是容易被沖蝕的土壤，然後留下肥沃的土壤給食用作物如玉米、大豆及小麥等利用。纖維素的其他來源包括工業及商業廢棄物如鋸木屑及紙漿也可被用來產生乙醇，可利用的還有葉子與庭院廢棄物、城市廢棄物中大量的紙張與厚紙板。我們可能在不久的未來就能在我們的油箱裡加入從農地輾轉產出的燃料而非化石燃料，以維護全世界的最大利益。

關鍵學習成果 38.10

可重新利用的替代能量，特別是從生物質量而來的汽車燃料，正如同較乾淨的能量資源一樣，逐漸變得更加重要。

38.11 每個人都能造就不同

解決環境問題

解決全球環境問題的方法之發展需要眾多不同類型的公眾及商業活動。然而，重要的關鍵角色通常是那些了解解決環境問題狀況的人們，即使是一個人也能造成不同；此論點可以兩個案例來說明。

納虛瓦河

納虛瓦河流經美國新英格蘭的核心地區，在 1900 年代初期被建在麻州的工廠嚴重污染。直到 1960 年代，這條河流因被污染堵塞而被宣告為生態廢川。1962 年，當史都德 (Marion Stoddart) 搬到這河邊的一個小鎮上時，她被嚇到，於是她向州政府提出設立一條「綠色河道」，即在河的兩側種樹，但政府對買下這骯髒河流兩側土地並不感興趣。所以史都德組織了淨化納虛瓦河委員會，並開始遊說活動以禁止將化學物質及廢棄物倒入河中。這個委員會將一瓶瓶骯髒的河水呈現給所多政客、在鎮上的會議中發言、向商人募款以籌建污水處理廠，也開始清理河岸的垃圾。這個由史都德發起的公民遊說活動，大幅促進 1966 年麻州淨化水質法案的通過。現在已禁止工業廢棄物倒入這條河中，而且這條河已經恢復很多 (圖 38.20)。

圖 38.20　淨化納虛瓦河
圖左側是 1960 年代的納虛瓦河，其遭到嚴重污染，因沿岸工廠直接將廢棄物排放到河中。圖右側是現今的狀況，這條河大部分是乾淨的。

華盛頓湖

位在西雅圖以東的華盛頓湖是個面積為 86 平方公里的淡水湖。在第二次世界大戰之後，它逐漸被大樓林立的西雅圖郊區所包圍。在 1940~1953 年期間，十個城市廢水處理廠將其處理後的廢水排入湖中。這些排出的廢水被認為是「無害的」，號稱安全到足以飲用。直到 1950 年代中期，大量的廢水排放至湖中 (可嘗試計算其排放量：8000 萬公升/天 × 365 天/年 × 10 年)。1954 年華盛頓大學西雅圖分校的生態學教授愛德蒙森 (W. T. Edmondson) 注意到他的研究生所提出的報告：在湖中發現有絲狀藍綠藻生長。這類藍綠藻需要大量的營養鹽，而這通常是深的淡水湖所缺乏的，此表示生活污水已經讓這湖泊變肥沃了！愛德蒙森感到震驚並在 1956 年開始遊說活動，以提醒政府官員正視此危機：因細菌分解死亡的藍綠藻，將快速地耗盡湖中的氧，會進而導致這湖泊死亡。五年以後，聯合城市稅收挹注經費建蓋一個污水處理廠，將其排放水注入大海。如今這個湖泊是乾淨的 (圖 38.21)。

考量發生在全球的許多環境問題時，很容易感到挫敗，但切勿忽視這從檢視這些問題所引發的唯一最重要結論：事實上，每個問題都可解決。被污染的湖泊可以被淨化；骯髒的煙囪可被修改以移除有毒氣體；關鍵資源的浪費可被停止。須做到的是：清楚了解問題並致力於解決它。美國家庭**回收** (recycle) 鋁罐及報紙的積極程度即證明民眾想要成為問題解決者而非問題製造者。

圖 38.21　西雅圖的華盛頓湖

西雅圖的華盛頓湖被住宅區、商業區及工業區所包圍。直到 1950 年代，生活廢水及殘餘肥料的流入導致湖中的藻華，其最終將耗盡湖中的氧。1956 年開始致力於淨化湖水，如今這湖泊是乾淨的。

關鍵學習成果 38.11

在解決環境問題時，一個人的投入能造成重大的不同。

複習你的所學

全球變遷

污染

38.1.1 污染導致全球變化，因其影響可從其來源處廣泛散布。空氣和水會因對生物體有害的化學物質被釋放至生態系中而受到影響。

38.1.2 使用農業化學物質例如殺蟲劑、殺草劑及肥料，已廣泛且對動物造成嚴重影響。當有害化學物質隨著食物鏈而濃度漸增，生物放大作用便發生。

酸性沉降

38.2.1 燃燒煤炭將硫排放至大氣中，它會與水蒸氣混合形成硫酸。此酸性沉降以雨或雪的形式飄落回到地球通稱為酸雨，其遠離污染來源並殺害動物及植被。

臭氧層破洞

38.3.1 臭氧 (O_3) 在地球大氣上層形成保護層，阻擋從太陽而來的有害 UV 射線。

- 氯氟碳化合物 (CFCs) 被用於冷卻系統中，與臭氧作用，轉化為不能阻擋 UV 射線的氧氣 (O_2)，稱為臭氧層破洞。此會造成高危險的輻射含量直達地球。

全球暖化

38.4.1 燃燒化石燃料會釋出二氧化碳至大氣中，更多的二氧化碳因此而回歸到生態系。二氧化碳留在大氣中並抓住來自太陽的遠紅光 (熱能)，此現象稱為溫室效應。

38.4.2 全球均溫已在穩定上升中，此過程稱為全球暖化。全球暖化預期將對全球降雨、農業及海平面上升造成主要的衝擊。

生物多樣性的喪失

38.5.1 滅絕是生物會面臨的事實，但在目前物種消失的速率卻驚人地高。現今與滅絕最相關的三種因素包括棲地消失、物種過度膨脹以及入侵物種。

拯救我們的環境

減低污染

38.6.1 人類活動對生物圈帶來嚴重壓力。降低污染需要檢視與污染有關的花費。對抗污染的法規及污染稅都是開始降低污染花費的作法。

保存不可取代的資源

38.7.1 利用或破壞不可取代的資源可能是人類所面臨的最嚴重問題。農業必需的表土正快速變少。地下水是濾過土壤至地下儲水處，是我們飲用水的主要來源，但現今遭到浪費與污染。生物多樣性因滅絕而降低，主要因為像雨林等棲地的消失。

約束人口的成長

38.8.1 人口的快速成長是所有環境問題的根基。更多的人口表示資源減少中、更多土地被開發且造成更多污染。

38.8.2 科技使得人口在近 300 年呈指數性成長，如今人口已超過 73 億。

38.8.3 人口成長的速率不同，開發中國家的成長速率比已開發國家快，然而需更多資源以支持已開發國家的族群。

解決環境問題

保存瀕危物種

38.9.1 為了企圖減緩生物多樣性消失，復育計畫正在進行中，以拯救瀕危物種，這些計畫包括棲地復育、圈養繁殖及生態系的保育。

38.9.2 關鍵物種對其生態系的結構與功能上扮演特別強烈的影響角色。

尋找更清淨的能量資源

38.10.1 燃燒化石燃料會造成污染、重要資源減少及全球暖化。必須有能量的替代資源，可回收的能量資源如陽光及風力是可信的替代者。

38.10.2 乙醇是從玉米及甘蔗等植物所得的糖蒸餾而來，也包括藉由發酵纖維素生物質所得的糖，提供了可再利用之能量資源的潛力。

每個人都能造就不同

38.11.1 環境成功的故事是經由一個或少數人所造就的不同而得以從生態災難恢復。

測試你的了解

1. 「灰色天空的城市」是何者造成的結果？
a. 空氣污染的生物放大作用
b. 氯化碳氫化合物是主要的空氣污染源
c. 殺蟲劑是主要的空氣污染源
d. 二氧化硫是主要的空氣污染源

2. 酸雨的主要導因是
a. 汽車與卡車排氣　c. 氯氟碳化合物
b. 燃煤的發電廠　d. 氯化碳氫化合物

3. 臭氧層的破壞是因為
a. 汽車與卡車排氣　c. 氯氟碳化合物
b. 燃煤的發電廠　d. 氯化碳氫化合物

4. 所謂「溫室效應」是讓地球不會像月亮般黑暗和寒冷之唯一原因。溫室暖化使地球均溫增加
a. 70°F　c. 50°C
b. 32°F　d. 35°C

5. 全球暖化不影響下列何者？
a. 下雨模式　c. 臭氧含量
b. 海平面上升　d. 農業

6. 現今滅絕的最相關的因素是
a. 棲地消失　c. 新入侵物種
b. 物種過度膨脹　d. 以上三者同樣有關

7. 自由市場經濟通常會促進污染，因為
a. 環境的花費很難被認定為經濟的一部分
b. 供應永不能跟上需求，所以工業必須增加輸出以陳述需求
c. 能量的花費及粗材料很不相同
d. 有關污染的法規無法執行

8. 保留生物多樣性是
a. 需要保留物種可能的直接價值，例如新藥物。
b. 不需要像滅絕是自然的循環一樣且不應被干擾
c. 需要確定所有生態區位都被填滿
d. 不需受工業發展的干擾

9. 哪個因素與在最近 300 多年以來人口大量增加無關？
a. 從現代化的農作技術而有更大量且可靠的食物保存
b. 因醫療改善而降低死亡率
c. 當國家開發時，開擴空間的增加量
d. 增加衛生措施

10. 全球人口成長率
a. 正呈現指數型成長
b. 正銳減中
c. 已達高峰平穩階段
d. 以緩慢速率增加

11. 人口金字塔的基部寬廣代表
a. 族群穩定國家的特徵
b. 與經濟已完善開發的國家有關
c. 包括不成比例的較年長的女性
d. 未來將面臨快速成長

12. 將瀕危黑足鼬以及加州禿鷹族群從野外移除以利在動物園及田野試驗區進行繁殖計畫，是藉由何者進行復育的例子？
a. 原始復育　c. 棲地再造
b. 棲地復育　d. 圈養繁殖

13. 倘若移除一物種將導致生態系崩解，該物種又稱為
a. 關鍵物種　c. 受威脅物種
b. 瀕危物種　d. 以上皆非

14. 可更新能量的方法不包括下列何者？
a. 破裂　c. 風力農場
b. 太陽能板　d. 纖維素發酵

15. 半纖維素是
a. 交叉鏈結的葡萄糖聚合物
b. 部分分解的纖維素
c. 五碳糖的聚合物
d. 纖維素與木質素的複合物

Appendix

測試你的了解解答

Chapter 1
1.a 2.c 3.d 4.c 5.b 6.a 7.a
8.d 9.c 10.d 11.b

Chapter 2
1.b 2.b 3.c 4.b 5.a 6.c 7.b
8.c 9.a 10.c 11.a 12.b 13.c

Chapter 3
1.b 2.c 3.c 4.b 5.b 6.a 7.b
8.c 9.c 10.a 11.a

Chapter 4
1.c 2.d 3.c 4.d 5.c 6.a 7.d
8.d 9.b 10.d

Chapter 5
1.d 2.b 3.d 4.d 5.d 6.c 7.c
8.b 9.a 10.d

Chapter 6
1.c 2.b 3.d 4.b 5.c 6.b 7.c
8.d 9.a 10.b

Chapter 7
1.c 2.b 3.d 4.b 5.a 6.d 7.a
8.a 9.c 10.c

Chapter 8
1.a 2.a 3.c 4.c 5.c 6.c 7.d
8.略 9.b 10.略 11.d 12.b 13.a
14.c 15.d 16.a 17.略 18.b 19.略
20.b 21.略 22.b 23.a 24.d 25.b
26.略

Chapter 9
1.d 2.d 3.a 4.c 5.b 6.c 7.d
8.a 9.a 10.b 11.c 12.b 13.b
14.c 15.略 16.略 17.c 18.d

Chapter 10
1.d 2.a 3.c 4.b 5.a 6.d 7.c
8.b 9.d 10.b

Chapter 11
1.b 2.b 3.a 4.c 5.c 6.b 7.c
8.a 9.c 10.c

Chapter 12
1.a 2.a 3.c 4.a 5.a 6.d 7.b
8.d 9.d 10.d

Chapter 13
1.b 2.b 3.a 4.a 5.d 6.b 7.d
8.c 9.a 10.b

Chapter 14
1.c 2.c 3.b 4.a 5.a 6.a 7.d
8.d 9.d 10.c

Chapter 15
1.a 2.c 3.d 4.c 5.a 6.a 7.c
8.d 9.d 10.c

Chapter 16
1.c 2.d 3.c 4.c 5.b 6.d 7.a
8.c 9.b 10.b

Chapter 17
1.b 2.d 3.c 4.b 5.c 6.a 7.a
8.a 9.d 10.c

Chapter 18
1.b 2.b 3.d 4.d 5.d 6.c 7.c
8.b 9.b 10.d

Chapter 19
1.c 2.d 3.b 4.c 5.c 6.b 7.a
8.b 9.c 10.b 11.c 12.b

Chapter 20
1.d 2.d 3.c 4.c 5.b 6.b 7.c
8.c 9.b 10.c 11.d 12.c 13.b
14.b

Chapter 21
1.b 2.c 3.d 4.d 5.a 6.b 7.d
8.b

Chapter 22
1.b 2.a 3.b 4.a 5.c 6.c 7.d
8.c 9.a 10.b 11.d 12.b 13.a
14.d

Chapter 23
1.a 2.d 3.c 4.a 5.a 6.d 7.d
8.略 9.d 10.c 11.b 12.d 13.a

Chapter 24
1.d 2.c 3.b 4.a 5.c 6.c 7.c
8.a 9.b 10.a 11.a 12.c 13.d

Chapter 25
1.c 2.d 3.b 4.a 5.d 6.c 7.c
8.c 9.c 10.c 11.b 12.a 13.a

Chapter 26
1.b 2.b 3.a 4.b 5.b 6.b 7.c
8.d 9.略 10.d 11.c

Chapter 27
1.b 2.d 3.b 4.d 5.c 6.b 7.b
8.c 9.c 10.a

Chapter 28
1.d 2.a 3.c 4.a 5.c 6.b 7.d
8.a 9.a 10.c 11.a 12.d 13.d
14.b 15.b 16.a 17.b

Chapter 29
1.d 2.d 3.略 4.b 5.c 6.a 7.b
8.b 9.c 10.b 11.c 12.c 13.b

Chapter 30
1.c 2.a 3.b 4.c 5.d 6.a 7.b
8.b 9.c 10.d

Chapter 31
1.b 2.a 3.b 4.d 5.b 6.d 7.a
8.b 9.c 10.b 11.c 12.a

Chapter 32
1.c 2.a 3.b 4.c 5.d 6.d 7.c
8.c 9.d 10.a 11.a 12.b 13.a
14.c 15.a

Chapter 33
1.c 2.c 3.a 4.d 5.d 6.b 7.b
8.d 9.d 10.b 11.c 12.c 13.c
14.c 15.b

Chapter 34
1.c 2.b 3.b 4.b 5.c 6.c 7.a
8.d 9.a 10.c 11.c 12.c 13.a

Chapter 35
1.a 2.a 3.c 4.c 5.a 6.b 7.a
8.d 9.c 10.a 11.b 12.b 13.b
14.c 15.d

Chapter 36
1.b 2.c 3.d 4.d 5.a 6.d 7.b
8.b 9.c 10.a 11.d 12.b 13.d
14.d 15.b 16.c 17.c 18.d 19.c

Chapter 37
1.b 2.b 3.a 4.b 5.a 6.b 7.d
8.d 9.c 10.b 11.c 12.b 13.d
14.c 15.d

Chapter 38
1.d 2.b 3.c 4.d 5.c 6.a 7.a
8.a 9.c 10.b 11.a 12.d 13.a
14.a 15.c

圖片來源

第 1 章

章首: © Lissa Harrison；圖 1.1 古菌界: ©Power and Syred/Science Source；圖 1.1 細菌界: ©Alfred Pasieka/Science Source；圖 1.1 原生生物界: NOAA/ Claire Fackler, CINMS；圖 1.1 菌物界: © Russell Illig/Getty Images；圖 1.1 植物界: ©Corbis RF；圖 1.1 動物界: ©Alan and Sandy Carey/Getty Images RF；圖 1.2: ©Melba Photo Agency/ PunchStock RF；圖 1.3: ©Jonathan Lewis/Getty Images；表 1.1 (歐洲岩鴿): ©David Thyberg/Getty Images RF；表 1.1 (紅扇尾鴿): ©Kenneth Fink/Science Source；表 1.1 (仙女燕子鴿): ©Tom McHugh/Science Source；表 1.1 (螞蟻): ©Bazzano Photography/Alamy；表 1.1 (鷹): ©Corbis RF；表 1.1 (河馬): ©Peter Johnson/Corbis RF；表 1.1 (蛾): ©Steve Byland/Getty Images RF；圖 1.5: ©William C. Ober；圖 1.8: NASA Ozone Watch；圖 1.9: ©Handout/MCT/ Newscom；圖 1.10: ©Laguna Design/ Getty Images；圖1.13: ©CNRI/Science Source。

第 2 章

章首: ©Stan Kujawa/Alamy；圖 2.1: ©Thinkstock Images/Jupiter Images RF；圖 2.7: Courtesy of National Institutes of Health；p.25 (右): ©Bettmann/Corbis；p.26 照片: ©Corbis RF；圖 2.10a: ©Ingram Publishing RF；圖 2.10b: ©Hermann Eisenbeiss/Science Source；圖2.12 (coke): ©McGraw-Hill Education/Bob Coyle；圖 2.12 (water): ©McGraw-Hill Education/Jacques Cornell；圖 2.12 (cleaner): ©McGraw-Hill Education/Jill Braaten。

第 3 章

章首: ©Maximilian Stock Ltd/Science Source；圖 3.1: ©McGraw-Hill Education；圖 3.4(a): ©Corbis；圖 3.4(b): ©Susumu Nishinaga/Getty Images；圖 3.4(c): © Steve Allen/ Getty Images；圖 3.4(d): ©Pixtal/ AGE Fotostock RF；圖 3.4(e): ©Steve Gschmeissner/Getty Images RF；圖 3.4(f): © Shutterstock / In Green；圖 3.7: ©Dr. Gopal Murti/Science Source；p.41: ©Raiph Eggle Jr./ Science Soure. 圖 3.14 照片: ©Scimat/ Science Source；表 3.2 (乳糖): ©David Frazier/Corbis RF；表 3.2 (蔗糖): ©H. Wiesenhofer/PhotoLink/Getty RF；表 3.2 (澱粉): ©Ben Blankenburg/Corbis RF；表 3.2 (肝醣): ©Suza Scalora/ Photodisc/Getty Images RF；表 3.2 (纖維素): ©Corbis RF；表 3.2 (幾丁質): NOAA/Lieutenant Elizabeth Crapo；圖 3.15(b) 照片: ©Getty Images RF；圖 3.15(c) 照片: ©C Squared Studios/ Getty RF；圖3.16c-d: ©Brand X Pictures/PunchStock RF。

第 4 章

章首: ©Eric V. Grave/Science Source；表 4.1 (亮視野): ©Michael Abbey/ Science Source；表 4.1 (暗視野): ©M. I. Walker/Science Source；表 4.1 (位相差): ©Greg Antipa/Science Source；表 4.1 (微分干涉): ©micro_ photo/Getty Images RF；表 4.1 (螢光): ©Gerd Guenther/Science Source；表 4.1 (共軛焦): ©David Becker/Science Source；表 4.1 (穿透式): ©Microworks/ Phototake；表 4.1 (掃描式): ©SPL/ Science Source；圖 4.5(a): ©SPL/ Science Source；圖 4.5(b): ©Andrew Syred/Science Source；圖 4.5(c): ©Alfred Pasieka/Science Source；圖 4.5(d): ©Microfield Scientific Ltd/ Science Source；P.62照片: ©Don W. Fawcett/Science Source；圖 4.9(b): ©BSIP SA/Alamy；圖 4.10 照片: Photo courtesy Dr. Kenneth Miller, Brown University；圖 4.13: ©Biophoto Associates/Science Source；圖 4.14: ©Lester V. Bergman/Corbis；圖 4.5(b): ©Alamy RF；圖 4.16: ©Aaron J. Bell/ Science Source；圖 4.18: ©Biophoto Associates/Science Source；圖 4.21 照片: ©David M. Phillips/Science Source；圖 4.23(b): C ourtesy Dr. Birgit Satir, Albert Einstein College of Medicine；圖 4.24 照片: ©Don W. Fawcett/Science Source。

第 5 章

章首: ©Jane Buron/Bruce Coleman/ Photoshot；圖 5.3: ©Keith Eng, 2008 RF。

第 6 章

章首: ©Corbis RF；p.97照片: ©Roger Brooks/Beateworks/Corbis RF；p.100: ©Corbis RF；圖 6.4: ©Image Source/ Getty Images RF。

第 7 章

章首: ©Ed Reschke/Photolibrary/Getty Images；圖 7.1: ©Robert A. Caputo/ Aurora Photos。

第 8 章

章首: ©Andrew S. Bajer；圖 8.1(a): ©Lee D. Simon/Science Source；圖 8.3: ©SPL/Science Source；圖 8.5 照片: ©Andrew S. Bajer；圖 8.6(a): ©David M. Phillips/Science Source；圖 8.7: ©Petit Format/Science Source；圖 8.12: ©Moredun Animal Health LTD/ Science Source。

第 9 章

章首: ©Adrian T Sumner/Science Source；圖 9.2: © MIXA/Getty Images；圖 9.7: ©Ed Reschke/ Photolibrary/Getty Images；圖 9.7: ©Ed Reschke/Photolibrary/Getty Images。

第 10 章

章首: ©McGraw-Hill Education/Richard Gross；圖 10.4: ©MShieldsPhotos/ Alamy；圖 10.12: ©David Hyde and Wayne Falda/McGraw-Hill Education；圖 10.15(a): ©Thomas Kokta/Peter Arnold/Getty Images；圖 10.15(b): ©Danita Delimont/Gallo Images/ Getty Images；圖 10.17(a): ©Richard Hutchings/Science Source；圖 10.17(b): ©tomaspavelka/iStock/Getty Images RF；圖 10.17(c): ©William H. Mullins/Science Source；圖 10.17(d): ©Teemu Jääskelä/Getty Images RF；圖 10.18: ©Corbis；圖 10.21: ©David M. Phillips/Science Source；圖 10.24: ©SPL/Science Source；圖 10.26(a): Courtesy The Colorado Genetics Laboratory, Denver, CO; Director, Karen Swisshelm, PhD, FACMG；圖 10.26(b):

©Stockbyte/Veer RF；圖 10.29 照片: Library of Congress/O'Sullivan, Timothy H.；圖 10.21 照片: ©PHAS/UIG/Getty Images；p.182: ©Bettmann/Corbis；圖 10.32: ©Eye of Science/Science Source；圖 10.37: ©Gusto/Science Source；圖 10.38: ©Pascal Goetgheluck/Science Source。

第 11 章

章首: ©Michael Dunning/Photographer's Choice/Getty Images；圖 11.4(a): ©Science Source；圖 11.4(b): ©A.C. Barrington Brown/Science Source；圖 11.8: ©Don W. Fawcett/Science Source；圖 11.9: ©Eye of Science/Science Source。

第 12 章

圖 12.1: R C Williams, "Use of polylysine for adsorption of nucleic acids and enzymes to electron microscope specimen films," PNAS, Vol. 74, No. 6, June 1, 1977, pp. 2311–2315. Used with permission.；圖 12.15 照片: courtesy Dr. Victoria Foe。

第 13 章

章首: ©ZUMAPRESS/Newscom；圖 13.4 (左): Courtesy Dr. Ken Culver, Photo by John Crawford, National Institutes of Health；圖 13.4 (中): ©DEPOSITPHOTOS/ avemario；圖 13.4 (右 1): ©DEPOSITPHOTOS/goodgold99；圖 13.4 (右 2): ©DEPOSITPHOTOS/artistrobd；(左下): ©Dr. Gopal Murti/Science Source；圖 13.8: ©Philippe Plailly/SPL/Science Source；圖 13.10: Courtesy Yongchang Chen, PhD of the following study: Niu Y, Shen B, Cui Y, Chen Y, Wang J, Wang L, Kang Y, Zhao X, Si W, Li W, Xiang AP, Zhou J, Guo X, Bi Y, Si C, Hu B, Dong G, Wang H, Zhou Z, Li T, Tan T, Pu X, Wang F, Ji S, Zhou Q, Huang X, Ji W, Sha J. Generation of gene-modified cynomolgus monkey via Cas9/RNA-mediated gene targeting in one-cell embryos. Cell. 2014 Feb 13; 156(4):836-43.；p.237: CDC/James Gathany；圖 13.13: Courtesy Monsanto Company；圖 13.14: Photo courtesy Ingo Potrykus & Peter Beyer, photo by Peter Beyer；圖 13.15: ©Getty Images；圖 13.16 照片: ©Paul Clements/AP Images；圖 13.17: (史納比和雌性狗): ©Hwang Woo-suk/AP Images；圖13.17 (母親): ©Seoul National University/Handout/Reuters/Corbis；圖 13.18: ©University of Wisconsin–Madison News & Public Affairs；圖 13.20: ©Alex Wong/Hulton Archive/Getty Images；圖 13.21: ©Tek Image/Science Source；圖 13.23: ©Dr. Linda Stannard, UCT/SPL/Science Source。

第 14 章

章首 (上左): ©William H. Mullins/Science Source；章首 (上右): ©Michael Stubblefield/Alamy RF；章首 (下左): ©Tierbild Okapia/Science Source；章首 (下右): ©Celia Mannings/Alamy；圖 14.1: ©Huntington Library/Superstock；圖 14.5: ©Rene Frederick/Digital Vision/Getty RF；圖 14.7 (左): © surz/123RF；圖 14.7 (右): © Paul Reeves Photography / Shutterstock；圖 14.10: ©Andy Crawford/Dorling Kindersley/Getty Images；圖14.10: ©Andy Crawford/Dorling Kindersley/Getty Images；圖 14.12: All: Courtesy Michael Richardson and Ronan O'Rahilly；圖14.14 來源: Modified from "Taking Flight" image from The New York Times, December 15, 1988.；p.265: ©Ted Daeschler/VIREO；圖 14.19: Courtesy Dr. Victor A. McKusick, Johns Hopkins University；圖 14.24 (上): ©Perennou Nuridsany/Science Source；圖 14.24 (下): ©Bill Coster IN/Alamy；p.279 全部: Michael W. Nachman, Hopi E. Hoekstra, and Susan L. D'Agostino, "The genetic basis of adaptive melanism in pocket mice," PNAS, Vol. 100, No. 9, April 29, 2003, pp. 5268-5273. ©National Academy of Sciences, U.S.A. Used with permission.；圖 14.27: Photo courtesy H. Rodd；圖 14.28(a): ©Michele Burgess/Corbis RF；圖 14.28(b): ©Corbis RF；圖 14.28(c): ©Porterfield/Science Source。

第 15 章

章首: ©Dave Watts/Alamy；圖 15.2-a (corn): ©Corbis RF；圖 15.2-a (Wheat): ©GarethPriceGFX/iStock/Getty Images RF；圖 15.2-b (bear): ©PunchStock/Getty Images RF；圖 15.2-b (koala): ©Corbis RF；圖 15.2-c (American): USFWS/Lee Karney；圖 15.2-c (European): ©Ingram Publishing/SuperStock RF；圖 15.4 (馬): ©Juniors Bildarchiv/Alamy RF；圖 15.4 (驢): ©Photodisc Collection/Getty Images RF；圖 15.4 (騾): ©Steve Taylor/Alamy RF；圖 15.9(b): ©Oxford Scientific/Getty Imgaes。

第 16 章

章首: ©Jean-Marc Bouju/AP Images；圖 16.1: ©Don Farrall/Getty Images RF；圖 16.4 (桿狀): ©Science Photo Library/Getty Images RF；圖 16.4 (球狀): ©S. Lowry/Univ Ulster/Getty Images；圖 16.4 (螺旋狀): ©Ed Reschke/Photolibrary/Getty Images；圖 16.4 (鞭毛): ©A. Barry Dowsett/Science Source；圖16.4 (鏈狀): ©Steve Gschmeissner/Getty Images RF；圖 16.4 (柄狀): ©Phototake；圖 16.5: Photo courtesy Dr. Charles Brinton；圖 16.6 (左): ©Accent Alaska.com/Alamy；圖 16.6 (右): ©Bryan Hodgson/National Geographic/Getty Images；圖 16.7: ©Michael Just/age fotostock/Getty Images；圖 16.8: ©Dwight R. Kuhn；圖 16.10(a): ©Dept. of Microbiology, Biozentrum/Science Source；圖 16.12: ©Scott Camazine/Science Source；p.319 左上: USFWS/Robert Burton；p.319 左下: ©Digital Vision/Getty Images RF；p.319 右上: CDC/Dr. Frederick A. Murphy；p.319 右中: CDC/James Gathany；p.319 右下: ©Eric & David Hosling/Corbis；p.320: ©Tim Zurowski/Corbis。

第 17 章

章首: ©De Agostini Picture Library/Getty Images；圖 17.3: ©Ed Reschke/Peter Arnold/Getty Images；圖 17.5: ©Dennis Kunkel Microscopy, Inc.；圖 17.6: ©Stephen Durr RF；圖 17.7: ©Andrew H. Knoll, Harvard University；圖 17.10: CDC/Dr. Stan Erlandsen and Dr. Dennis Feely；圖 17.11: ©BSIP/UIG/Getty Images；圖 17.12(a): ©Andrew Syred/ScienceSource；圖 17.13(a): ©Patrick Robert/Sygma/Corbis；圖 17.13(b): ©Eye of Science/Science Source；圖 17.15: ©Eye of Science/Science Source；圖 17.18: ©DJ Patterson/Maple Ferryman；圖 17.19: NOAA/CINMS/Claire Fackler；圖 17.20: ©Jan Hinsch/SPL/Getty Images；圖 17.21: ©Andrew Syred/Science Source；圖 17.22: ©Nuridsany et Perennou/Science Source；圖 17.23: ©Claude Carre/Science Source；圖 17.24: ©Markus Keller/age fotostock；圖 17.25 (上左): ©Sanamyan/Alamy；圖 17.25 (上右): ©Premaphotos/Alamy；圖 17.25 (下): ©Premaphotos/Alamy；圖 17.26(a): ©Andrew Syred/Science Source；圖 17.26(b): ©blickwinkel/Alamy；圖 17.27(a): ©Bob Gibbons/Alamy；圖 17.27(b): ©Dr. Charles F. Delwiche, University of Maryland；圖 17.28: ©Eye of Science/Science Source；圖 17.29: ©Eye of Science/Science Source；圖 17.30: ©Eye of Science/Science Source；圖 17.31: ©Mark J. Grimson；圖 17.32: ©DJ Patterson/Maple Ferryman。

第 18 章

章首: ©Corbis RF；圖 18.1: ©Udomsook/iStock/Getty Images RF；圖 18.2: ©imagebroker/Alamy RF；圖 18.3: ©Biophoto Associates/Science Source；圖 18.4: ©RF Company/Alamy RF；圖 18.5: ©L. West/Science Source；圖 18.6: © RF Company/Alamy；圖 18.7a: ©Eye of Science/Science Source；圖 18.7b: ©Carolina Biological Supply Company/Phototake；圖 18.7c: © 陳又嘉 / 國立屏東科技大學；圖18.7d: ©Dr. David Midgley；圖 18.7e: ©Andrew Syred/Science Source；圖 18.7f: ©Universal Images Group/Superstock；圖 18.7g: ©inga spence/Alamy；圖 18.7h: ©Tinke Hamming/Ingram Publishing RF；表 18.1 (微孢子): ©Eye of Science/Science Source；表 18.1 (芽枝黴): ©Biology Pics/Science Source；表 18.1 (新美鞭): © 陳又嘉 / 國立屏東科技大學；圖18.8: Fedorko DP, Hijazi YM. Application of molecular techniques to the diagnosis of microsporidial infection. Emerging Infectious Diseases. 1996;2(3):183-191. Available from http://wwwnc.cdc.gov 0.5 ¬m /eid/article/2/3/96-0304；圖 18.9: ©Dr. Daniel A. Wubah；圖 18.10: Johnson ML, Speare R. Survival of Batrachochytrium dendrobatidis in water: quarantine and disease control implications. Emerg Infect Dis Volume 9, Number 8, 2003 Aug. Available from: URL: http://wwwnc.cdc.gov/eid/article/9/8/03-0145；圖 18.11(b): ©Garry DeLong/Oxford Scientific/Getty Images；圖 18.12 照片: ©Eye of Science/Science Source；圖 18.13(b): ©Corbis RF；圖 18.14(b): ©Corbis RF；圖18.15: USDA, Forest Service/Ralph Williams；圖 18.16(a): © Ingram Publishing/SuperStock；圖 18.16(b): ©Luca DiCecco/Alamy RF；圖 18.16(c): © RF Company / Alamy；圖 18.17: ©Dr. Jeremy Burgess/Science Source；圖 18.18: ©Corbis RF。

第 19 章

章首: ©Bartomeu Borrell/age fotostock；表 19.1 (異營生物): ©Corbis RF；表 19.1 (多細胞的): ©Corbis RF；表 19.1 (無細胞壁): ©Science Photo Library/Alamy RF；表 19.1 (活躍的運動): ©P. Chinnapong/Shutterstock RF；表 19.1 (外型): ©George Grall/National Geographic/Getty Images；表 19.1 (棲地): ©Corbis RF；表 19.1 (有性生殖): ©M&G Therin-Weise/age fotostocky/Getty Images；表 19.1 (胚胎發育): ©Cabisco/Phototake；表 19.1 (獨特組織): ©Ed Reschke/Photolibrary/Getty Images；圖 19.4(a): ©ImageState/PunchStock RF；圖 19.4(b): ©Corbis RF；圖 19.5(a): ©Ted Kinsman/Science Source；圖 19.5(b): ©Corbis RF；圖 19.5(c): ©Darryl Leniuk/Getty Images RF；圖 19.5(d): ©Allan Bergmann Jensen/Alamy RF；圖 19.10(a): NHPA/M. I. Walker；圖 19.10(b): ©Charles Stirling (Diving)/Alamy；圖 19.14(a): ©London Scientific Films/Oxford Scientific/Getty Images；圖 19.14(b): ©Melba Photo Agency/PunchStock RF；圖 19.15(a): ©Sebastian Duda/123RF；圖 19.15(b): ©Comstock Images/PictureQuest RF；圖 19.15(c): ©Juniors Bildarchiv GmbH/Alamy RF；圖 19.16(a): ©Colin Varndell/Photolibrary/Getty Images；圖 19.16(b): ©Darlyne A. Murawski/National Geographic/Getty Images；圖 19.19: ©National Geographic Society/Getty Images；圖 19.20(a): ©Mark Kostich/Getty Images RF；圖 19.20(b): ©S. Camazine, K. Visscher/Science Source；圖 19.21(a: ©Comstock Images/PictureQuest RF；圖 19.21(b): ©Astrid & Hanns-Frieder Michler/Science Source；圖 19.21(c): ©MJ Photography/Alamy RF；圖 19.23(a): ©Matthijs Kuijpers/Alamy RF；圖 19.23(b: ©Michael P. Gadomski/Science Source；圖 19.25(a): ©IT Stock Free/Alamy RF；圖 19.25(b): ©Daniel Cooper/Getty Images RF；圖 19.25(c): ©IT Stock/age fotostock RF；圖 19.25(d): ©ChatchawalPhumkaew/Getty Images RF；圖 19.25(e): ©Paul Harcourt Davies/Science Source；圖 19.25(f): ©NHPA/James Carmichael, Jr. RF；圖 19.25(g): ©Cleveland P. Hickman；圖 19.27(a): ©DEPOSITPHOTOS/wrangel；圖 19.27(b): ©Borut Furlan/WaterFrame/Getty Images；圖 19.27(c): ©William C. Ober；圖 19.27(d): ©Andrew J. Martinez/Science Source；圖 19.27(e): ©Jeff Rotman/The Image Bank/Getty Images；圖 19.27(f): ©ImageState/PunchStock RF；圖 19.28(a): ©Corbis RF；圖 19.28(b): ©Heather Angel/Natural VisionsAlamy；圖 19.29: ©Eric N. Olson/The University of Texas MD Anderson Cancer Center。

第 20 章

章首: ©DLILLC/Corbis RF；圖 20.2(a): ©Laurie O'Keefe/Science Source；圖 20.2(b): ©Aneese/iStock/Getty Images RF；圖 20.3: © anyka/123RF；圖 20.4: ©Leonello Calvetti/Stocktrek Images/Getty Images RF；圖 20.5: ©Stephen Wilkes/Getty Images；圖 20.6(a~c): ©Karen Carr；圖 20.7: ©Kevin Schafer/Photolibrary/Getty Images；圖 20.10: ©Tom McHugh/Science Source；圖 20.12: ©Stephen Frink Collection/Alamy；圖 20.13: ©Levent Konuk/Shutterstock RF；圖 20.16:©The Natural History Museum/The Image Works；圖 20.22(a): © H Lansdown / Alamy Stock Photo；圖 20.22(b): ©Al Franklin/Corbis RF；圖 20.22(c): ©Corbis RF。

第 21 章

章首: ©Ira Block/National Geographic/Getty Images；圖 21.3(a): © Brand X Pictures/Getty Images；圖 21.3(b): ©Brand X Pictures/Getty Images RF；圖 21.3(c): ©John Carnemolla/Getty Images RF；圖 21.3(d: ©Corbis RF；圖 21.3(e): ©Lionel Bret/Science Source；圖 21.4: ©John Reader/Science Source；圖 21.6: ©Publiphoto/Science Source；圖 21.7: ©Sabena Jane Blackbird/Alamy；圖 21.8: ©Kenneth Garrett/Newscom。

第 22 章
章首: ©Anthony Bannister/NHPA/Photoshot/Newscom；圖 22.3: ©Tim Flach/The Image Bank/Getty Images；表 22.2(1): ©McGraw-Hill Education/Al Telser；表 22.2(2): ©Ed Reschke/Photolibrary/Getty Images；表 22.2(3): ©Ed Reschke/Photolibrary/Getty Images；表 22.2(4): ©McGraw-Hill Education/Al Telser；表 22.2(5): ©Ed Reschke/Photolibrary/Getty Images；表 22.3(1): ©Biology Media/Science Source；表 22.3(2): ©Biophoto Associates/Science Source；表 22.3(3): ©Chuck Brown/Science Source；表 22.3(5): ©Biophoto Associates/Science Source；表 22.3(6): ©Science Photo Library/Getty Images RF；表 22.4(1): ©Ed Reschke/Photolibrary/Getty Images；表 22.4(2): ©Ed Reschke/Photolibrary/Getty Images；表 22.4(3): ©Ed Reschke/Photolibrary/Getty Images；圖22.9: ©Brand X Pictures/PunchStock RF；圖 22.10: ©Garry Gay/Photographer's Choice/Getty Images RF。

第 23 章
章首: ©Susumu Nishinaga/Science Photo Library/Getty Images；圖 23.4: ©Ed Reschke/Getty Images；圖 23.5: ©Ed Reschke/Photolibrary/Getty Images；圖 23.9: ©Science Photo Library/Getty Images RF。

第 24 章
章首 (鯊魚，松鼠): ©Corbis RF；章首 (鱷魚): © National Park Service / Judd Patterson；章首 (青蛙): ©Brandon Alms / Getty Images RF；章首 (鳥): ©David H. Lewis / Getty Images RF。

第 25 章
章首: ©image100/Corbis RF；圖 25.12(b): ©Steve Gschmeissner/Science Source RF。

第 26 章
章首: ©Brand X Pictures/PunchStock RF；p.504 照片: ©Ron Steiner/Alamy RF；p.505 照片:©Comstock Images/PictureQuest RF；圖 26.8: ©Rick & Nora Bowers/Alamy。

第 27 章
章首: ©CDC/Science Source；圖 27.1: ©DEPOSITPHOTOS / StuPorter；圖 27.4: ©Eye of Science/Science Source；圖 27.5(b): Courtesy Dr. Gilla Kaplan；圖 27.8(d): ©CNRI/Science Source；圖 27.14: ©Bettmann/Corbis；圖 27.15: ©PhotoQuest/Archive Photos/Getty Images；圖 27.17: ©Ivan Ivanov/iStock/Getty Images RF；圖 27.18: ©Oliver Meckes/Science Source。

第 28 章
章首: ©David Scharf/Science Source；圖 28.4: ©Don W. Fawcett/T. Reese/Science Source；圖 28.5(b): ©Don W. Fawcett/Science Source；圖 28.6 照片: ©Science Source；圖 28.8: ©Danita Delimont/Gallo Images/Getty Images；圖 28.14: Courtesy Dr. Marcus E. Raichle, Washington University, McDonnell Center for High Brain Function；圖 28.15: ©Lennart Nilsson/TT News Agency。

第 29 章
章首: ©Omokron/Science Source；圖 29.1: ©Rick & Nora Bowers/Alamy；圖 29.11 (昆蟲): ©Yousef Al Habshi / Getty Images RF；圖 29.11 (軟體動物): ©加利福尼亞海洋世界/ Corbis RF；圖 29.11 (脊椎動物): ©Corbis RF；圖 29.13 照片: ©Omokron/Science Source；圖 29.19: ©Ryan McVay/The Image Bank/Getty Images。

第 30 章
章首: ©William H. Mullins/Science Source。

第 31 章
章首: ©Science Source；圖 31.4: ©Connie Bransilver/Science Source；圖 31.6: ©NaturePL/SuperStock；圖 31.8: ©M&G Therin-Weise/age fotostocky/Getty Images；圖 31.9(b): ©Mike Powles/Oxford Scientific/Getty Images；圖 31.10(a): ©Jean Phillippe Varin/Science Source；圖 31.10(b): ©Tom McHugh/Science Source；圖 31.10(c): ©Corbis/Volume 86 RF；圖 31.13 照片: ©David M. Phillips/Science Source；圖 31.19(b): ©Ed Reschke/Photolibrary/Getty Images；圖 31.20(a~b): ©Bradley Smith；圖 31.20(c): ©Dopamine/Science Source；圖 31.20(d): ©Tissuepix/Science Source。

第 32 章
章首: ©Corbis RF；圖 32.1: ©David M. Phillips/Science Source；p.611 (中): ©Steven P. Lynch RF； p.611 (下): ©McGraw-Hill Education/Richard Gross；p.614 (土馬鬃): ©blickwinkel/Alamy；圖 32.5: Courtesy Hans Steur, The Netherlands；圖 32.6: ©Ray Simons/Science Source；圖 32.7(a): ©Digital Vision/Getty Images RF；圖 32.7(b): ©Corbis RF；圖 32.7(c): ©Kingsley R. Stern；圖 32.7(d): ©Stuart Wilson/Science Source；圖 32.7(e): ©Dieter Hopf/imageBROKER/Alamy RF；圖 32.9: ©Kingsley R. Stern；圖 32.11 (樹): ©Ron and Patty Thomas/The Image Bank/Getty Images；圖 32.11 (種子): ©Dan Suzio/Science Source；圖 32.12(a): ©Corbis RF；圖 32.12(b): ©Images Etc Ltd/Moment MobileRF；圖 32.12(c): ©imagebroker/Alamy RF；圖 32.12(d): ©Nancy Nehring/iStock RF；p.620(下)©Dr. Nick Kurzenko/Science Photo Library/Alamy；圖 32.14(a): ©Leonard Lessin/Science Source；圖 32.14(b): ©Leonard Lessin/Science Source；圖 32.14(c): ©Rudy Malmquist/Flickr Open/Getty Images RF；圖 32.15: ©Glenn Bartley/All Canada Photos/Corbis；圖 32.18(a): ©Patrick Johns/Corbis；圖 32.18(b): ©John Kaprielian/Science Source；圖 32.18(c): ©Kingsley R. Stern。

第 33 章
章首: ©Scott T. Smith/Corbis；p.630 (薄壁): ©Biophoto Associates/Science Source；p.631 (厚角): ©Ed Reschke/Getty Images；p.631 (厚壁): ©Garry DeLong/Oxford Scientific/Getty Images；p.631 (毛茸): ©Andrew Syred/Science Source；p.632 (氣孔): ©Dr. Jeremy Burgess/Science Source；p.632 (根毛): ©Kingsley R. Stern；p.632照片: ©Ed Reschke/Photolibrary/Getty Images；圖 33.2(b): ©Garry DeLong/Science Source；圖 33.3: ©Patrick J. Lynch/Science Source；圖 33.3(a~b): ©Ed Reschke/Getty Images；圖 33.7: ©malerapaso/E+/Getty Images RF；圖 33.8(a): ©VIDOK/iStock/Getty Images RF；圖 33.8(b): ©Corbis RF；圖 33.8(c): ©DEA/S. Montanari/De Agostini Picture Library/Getty Images；圖 33.8(d): ©DEPOSITPHOTOS/zatvor；圖 33.8€: ©Corbis RF；圖 33.8(f): ©Design

Pics/Don Hammond RF；圖 33.9(a): ©Corbis RF；圖 33.9(b): ©sot/Digital Vision/Getty Images RF；圖 33.10: ©Ed Reschke/Photolibrary/Getty Images；圖33.14: ©Kingsley R. Stern。

第 34 章

章首: ©Adam Hart-Davis/Science Source；p.648 (上): ©Jerome Wexler/Science Source；p.648 (下): ©Medioimages/PunchStock RF；圖 34.1(b): ©blickwinkel/Alamy；圖 34.1(c): ©Robert McGouey/Alamy；圖 34.2 (樺木): ©blickwinkel/Alamy；圖 34.2 (仙人掌): ©DEPOSITPHOTOS/OlafSpeier；圖 34.2 (香葉草): ©Ed Reschke/Photolibrary/Getty Images；圖 34.2 (蘭花): ©Image Plan/Corbis RF；圖 34.2 (向日葵): ©Imagesource/PictureQuest RF；圖 34.2 (聖誕紅): USDA/Scott Bauer；圖 34.2 (刺猬仙人掌): ©Fuse/Getty Images RF；圖 34.2 (玫瑰): ©Comstock Images/Getty Images RF；圖 34.4(a): ©Corbis RF；圖34.4(b): ©DEPOSITPHOTOS / anekoho；圖 34.7(a): ©Corbis RF；圖 34.7(b): USDA/Jack Dykinga；圖 34.7(c): ©pongsak deethongngam/123RF；圖 34.7(d): ©Eric Crichton/Dorling Kindersley/Getty Images；圖 34.7€: ©Corbis RF；圖 34.7(f): ©Ed Reschke/Photolibrary/Getty Images；圖 34.8(a): ©Nigel Cattlin/Alamy；圖 34.8(b): ©Ed Reschke/Photolibrary/Getty Images；圖 34.15(a): ©Maryann Frazier/Science Source；圖 34.15(b): ©Martin Shields/Science Source；圖 34.15(c): ©PhotoAlto/Odilon Dimier/Getty Images RF。

第 35 章

章首: ©Photoshot Holdings Ltd/Alamy；圖 35.1(a): ©Vanessa Vick/Science Source；圖 35.1(b): ©George Ostertag/age fotostock/Alamy；圖 35.1(c): ©komezo/iStock/Getty Images RF；圖 35.1(d): ©Stuart Wilson/Science Source；圖 35.2: ©Ingram Publishing/age Fotostock RF；圖 35.3: ©Tom Pepeira/Iconotec RF；圖 35.7: Source: Data from Elizabeth Losos, Center for Tropical Forest Science, Smithsonian Tropical Research Institute.；圖 35.8: ©DPK-Photo/Alamy RF；圖 35.9(a): © Shutterstock / Jan Stria；圖 35.9(b): ©Jon Arnold Images Ltd/Alamy RF；圖 35.2: Courtesy National Museum of Natural History, Smithsonian Institution；圖 35.16(a): ©Tim Davis/Science Source；圖 35.16(b): ©webguzs/iStock RF；圖 35.16(c): ©image100/Corbis RF；圖 35.21: ©Dr. Merlin D. Tuttle/Science Source；圖 35.22: ©Francesco Tomasinelli/Science Source；圖 35.23: Courtesy Rolf O. Peterson；圖 35.24(a): ©Alan & Sandy Carey/Science Source；圖 35.25(a~b): ©Bill Brooks/Alamy RF；圖 35.26: USGS/Bruce F. Molnia。

第 36 章

章首: ©Bill Ross/Corbis；p.692: ©Dave G. Houser/Corbis；p.693 (肉食): ©Corbis RF；p.693 (雜食): ©aodaodaod/iStock/Getty Images RF；p.693 (食屑): ©aodaodaod/iStock/Getty Images RF；p.693 (分解者): ©Emmanuel Lattes/Alamy；圖 36.7: ©Kazuyoshi Nomachi/Corbis；圖 36.15(a): ©Digital Vision/PictureQuest RF；圖 36.15(b): ©Rich Carey/Shutterstock；圖 36.16(a): ©Ron and Valerie Tay/age fotostock；圖 36.16(b): NOAA Okeanos Explorer Program, Galapagos Rift；圖 36.16(c): ©Kenneth L. Smith；圖 36.17(a): ©Jerry Whaley/Getty Images RF；圖 36.17(b): ©Tom McHugh/Science Source；圖 36.17(c): ©Dwight R. Kuhn；圖 36.18(b~c): ©Corbis RF；p.711 (熱帶雨林): ©travelstock44/Alamy；p.711 (大草原): ©David Min/Getty Images RF；p.712 (沙漠): ©Comstock/Stockbyte/Getty Images RF；p.712 (溫帶草原): ©Michael Forsberg/National Geographic/Getty Images；p.712 (溫帶落葉森林): ©Marvin Dembinsky Photo Associates/Alamy；p.713 (針葉森林): ©Charlie Ott/Science Source；p.713 (凍原): ©Cliff LeSergent/Alamy RF；p.713 (灌木叢原): ©Tom McHugh/Science Source；p.714 (極地冰原): ©moodboard/Glow Images；p.714 (熱帶季風森林): ©H Lansdown/Alamy RF。

第 37 章

章首: ©Renee Lynn/Science Source；圖 37.1: ©Stone/Getty Images；圖 37.3: ©Tom McHugh/Science Source；圖 37.4: ©Thomas D. McAvoy/Time & Life Pictures/Getty Images；圖 37.6: Courtesy Bernd Heinrich；圖 37.7: ©Nina Leen/Time & Life Pictures/Getty；圖 37.8: ©David R. Frazier Photolibrary/Alamy RF；圖 37.9: ©Hoberman/age footstock；圖 37.11 (灰鯨): ©Francois Gohier/Science Source；圖 37.11 (橙尾鴝鶯): ©Steve Byland/123RF；圖 37.11 (斑頭雁): ©John Downer/Oxford Scientific/Getty Images；圖 37.11 (帝王蝶): ©Corbis RF；圖 37.11 (海龜): ©Comstock Images/PictureQuest RF；圖 37.11 (牛羚): ©Image Source/PunchStock RF；表 37.1 (蠣鷸): ©Eric & David Hosling/Corbis；表 37.1 (海象): ©Marc Moritsch/National Geographic Stock；表 37.1 (牛羚): ©Image Source/PunchStock RF；表 37.1 (蛙): ©Roberta Olenick/All Canada Photos/Getty Images；表 37.1 (獅): ©Arturo de Frias/Shutterstock；表 37.1 (蟻): © Amazon-Images / Alamy Stock Photo；圖 37.13: ©Scott Camazine/Alamy；圖 37.13: ©Scott Camazine/Alamy；圖 37.14(b): ©Scott Camazine/Science Source；圖 37.15(a): ©Beverly Joubert/National Geographic/Gettty Images；圖 37.16: ©Nigel Dennis/Science Source；圖 37.18: ©David Hosking/Science Source；圖 37.19: ©David M. Grossman/The Image Works。

第 38 章

章首: ©Steve McCurry/Magnum Photos；圖 38.2: ©Corbis RF；圖 38.3: ©Ludwig Werle/Picture Press/Getty Images；圖 38.4: NASA Ozone Watch；圖 38.7: NASA；圖 38.11: Source: Based on the Soil Map of the World from the Food and Agriculture Organization of the United Nations.；圖 38.12(a): ©Digital Vision/PunchStock RF；圖 38.12(b): NASA；圖 38.12(c): ©BrazilPhotos.com/Alamy；圖 38.13 照片: ©Dan Fairchild/Photography Moment/Getty Images RF；圖 38.18: University of Wisconsin - Madison Arboretum；圖 38.19(a): ©Corbis RF；圖3 8.19(b): ©Creatas/PunchStock RF；p.757: ©Corbis RF；圖 38.20: Courtesy Nashua River Watershed Association；圖 38.21: ©Neil Rabinowitz/Corbis。

Applications Index

中文索引

9+2 排列　9+2 arrangement　71
ABO 血型　ABO blood group　171, 529
ABO 系統　ABO system　529
ATP 合成酶　ATP synthase　121
B 細胞　B cells　519
C_3 光合作用　C_3 photosynthesis　107
C_4 光合作用　C_4 photosynthesis　109
DNA 疫苗　DNA vaccine　235
DNA 修復　DNA repair　200
DNA 複製　DNA replication　198
K-選擇的適應　*K*-selected adaptations　677
MHC 蛋白　MHC proteins　520
Rh 因子　Rh factor　530
RNA 干擾　RNA interference　219
RNA 聚合酶　RNA polymerase　207
r-選擇的適應　*r*-selected adaptations　676
T 細胞　T cells　519
β-氧化作用　β-oxidation　124

一劃

乙醯輔酶 A　acetyl-CoA　116

二劃

二分裂　binary fission　127
二分裂生殖　binary fission　306, 329
二名　binomials　288
二名法　binomial system　287
二尖瓣　bicuspid valve　465
二性狀雜合體　dihybrid　163
人口統計　demography　677
人猿　apes　422
人擇　artificial selection　6, 272
人屬　Homo　423
十二指腸　duodenum　492

三劃

三尖瓣　tricuspid valve　465
三酸甘油酯　triacylglycerol 或 triglyceride　46
三體性的　trisomics　178
上皮　epithelium　438
上位現象　epistasis　169
上腔靜脈　superior vena cava　465
上癮　addiction　544
下腔靜脈　inferior vena cava　465
下視丘　hypothalamus　547, 571
大孢子　megaspores　617
大草原　savanna　711
大動脈　aorta　465
大動脈半月瓣　arotic semilunar valve　465
大量滅絕　mass extinctions　403
大腦　cerebrum　547
大腦皮質　cerebral cortex　548
大腸　large intestine　492
子房　ovary　623
子宮　uterus　596
子宮內膜　endometrium　596
子宮內避孕裝置　intrauterine devices, IUDs　606
子宮頸　cervix　596
子葉　cotyledons　619, 653
子囊　ascus　362
子囊菌　ascomycetes　361
子囊菌門　Phylum Ascomycota　361
小孢子　microspores　617
小動脈　arterioles　455
小腦　cerebellum　549
小腸　small intestine　491
小靜脈　venules　456
工業黑化現象　industrial melanism　278

四劃

不完全顯性　incomplete dominance　168
不定芽體　adventitious plantlet　648
不飽和　unsaturated　46
中子　neutrons　19
中心粒　centrioles　60
中央液泡　central vacuole　60
中央窩　fovea　564
中央管　central canal　442
中生代　Mesozoic era　403
中胚層　mesoderm　378, 601
中風　stroke　549
中樞神經系統　central nervous system, CNS　537
中膠層　middle lamella　73
互生　alternately　639
互利共生　mutualism　684
互換　crossing over　147
互補性　complementarity　196
介白素-1　interleukin-1　521
介白素-2　interleukin-2　521
元素　element　20
內分泌破壞者　endocrine disrupter　662
內分泌腺體　endocrine glands　571
內皮　endodermis　634
內共生　endosymbiosis　66
內共生理論　endosymbiotic theory　324
內孢子　endospores　306
內胚層　endoderm　374, 601
內骨骼　endoskeleton　394, 446
內部寄生者　endoparasites　684
內群　ingroup　293
內聚力　cohesion　28
內聚力-附著力-張力學說　cohesion-adhesion-tension theory　641
內膜系統　endomembrane system　59, 62
內質網　endoplasmic reticulum　62
分子　molecule　4, 24
分子系統分類　molecular systematics　369
分子時鐘　molecular clocks　263
分支　clade　292
分生孢子　conidia　354
分生孢子柄　conidiophores　354
分生組織　meristems　630
分歧性天擇　disruptive selection　273
分解者　decomposers　693
分離律　law of segregation　163
分類　classification　287
分類群　taxon；複數為 taxa　288
化石　fossils　260
化學　Chemistry　19
化學反應　chemical reaction　86
化學鍵　chemical bond　24
反式視黃醛　trans-retinal　564
反射　reflex　538, 552
反密碼子　anticodon　209
反聖嬰現象　La Niña　705
反應物　reactants　87
反轉錄酶　reverse transcriptase　317
天生殺手細胞　natural killer cells　516
天擇　natural selection　6, 272, 256
心皮　carpel　617, 622
心肌　cardiac muscle　444
心血管系統　cardiovascular system　455
心房　atrium; A　462
心室　ventricle; V　462
心電圖　ECG 或 EKG　467
心臟　heart　455
心臟在呢喃　heart murmur　465
心臟週期　cardiac cycle　467
支序圖　cladogram　292
支序學　cladistics　292
支氣管　bronchiole　472, 473
方向性天擇　directional selection　274
月經　menstruation　599
月經週期　menstrual cycle　597
木材　wood　615, 637
木栓形成層　cork cambium　636
木栓細胞　cork cells　636

木質部 xylem 632
毛茸 trichomes 631
水母體 medusae 376
水晶體 lens 564
水解 hydrolysis 36
水管系骨骼 hydraulic skeletons 446
水管系統 water vascular system 395
水螅體 polyps 376
水黴菌 water molds 340
爪哇人 Java man 427
片利共生 commensalism 684

五劃

世 epochs 401
世代交替 alternation of generations 328, 610
主動運輸 active transport 81
主軸骨骼 axial skeleton 446
代 eras 401
出芽 budding 329, 587
卡氏帶 Casparian strip 634
卡爾文循環 Calvin cycle 100, 107
去氧核糖核酸 deoxyribonucleic acid, DNA 42
古生代 Paleozoic era 401
古典制約 classical conditioning 721
古蟲超類群 Excavata 331
可見光 visible light 101
右心房 right atrium 465
右心室 right ventricle 465
外分泌腺體 exocrine glands 571
外吐作用 exocytosis 79
外胚層 ectoderm 374, 601
外套膜 mantle 385
外骨骼 exoskeleton 388, 446
外部寄生者 external parasites 或 ectoparasites 684
外群 outgroup 293
尼安德塔人 Neanderthals; H. neanderthalensis 429
左心房 left atrium 464
左心室 left ventricle 464
巨核細胞 megakaryocytes 461
巨噬細胞 macrophages 440, 516
平滑內質網 smooth ER 63
平滑肌 smooth muscle 443
必需胺基酸 essential amino acids 484
正腎上腺素 norepinephrine 581
永凍層 permafrost 713
甘油 glycerol 46
生化途徑 biochemical pathway 89
生存曲線 survivorship curve 678
生育控制 birth control 605
生育控制藥丸 birth control pills 606
生育率 fecundity 677
生物多樣性危機 biodiversity crisis 747
生物量 biomass 693
生物量金字塔 pyramids of biomass 696
生物種概念 biological species concept 282
生物潛力 biotic potential 673
生物膜 biofilms 310
生長因子 growth factors 135
生產者 producers 692
生殖上被隔離 reproductively isolated 282
生殖系細胞 germ-line cells 144
生殖性複製 reproductive cloning 247
生殖隔離機制 reproductive isolating mechanisms 282
生態 ecology 667
生態系 ecosystem 691
生態足跡 ecological footprint 754
生態區位 niche 679
甲狀腺 thyroid gland 580
甲狀腺素 thyroxine 580
甲殼類 crustaceans 391
白血球 leukocytes 461
皮下層 subcutaneous layer 514
皮質 cortex 581, 636
皮質醇 cortisol，也稱 hydrocortisone 583
目 order 289

六劃

交叉流 crosscurrent flow 472
交感神經系統 sympathetic nervous system 553
伊波拉病毒 Ebola virus 319
先天釋放機制 innate releasing mechanism 718
先驅者效應 founder effect 271
先驅群聚 pioneering community 688
光子 photons 101
光反應 light-dependent reactions 100
光合生物 phototrophs 329
光合作用 photosynthesis 94, 97
光系統 photosystem 102
光呼吸作用 photorespiration 109
光敏素 phytochrome 663
光週期性 photoperiodism 662
全能性 totipotent 244
全球暖化 global warming 745
全球變遷 global change 741
共生 symbiosis 6
共同演化 coevolution 651, 683
共價鍵 covalent bond 25
共顯性 codominant 171
印痕 imprinting 721
合子 zygote 588
合子減數分裂 zygotic meiosis 327, 329
同化類固醇 anabolic steroids 574
同功構造 analogous structures 262
同型合子的 homozygous 159
同核體 homokaryon 354
同域物種 sympatric species 682
同源構造 homologous structures 261
同齡層 cohort 677
向光性 phototropism 659
回饋抑制 feedback inhibition 91, 578
地下水 groundwater 749
地衣 lichen 364
地球工程學 geoengineering 746
多名 polynomials 288
多肽 polypeptides 38, 573
多效性的 pleiotropic 167
多區域假說 Multiregional Hypothesis 428
多基因的 polygenic 167
多細胞化 multicellularity 329
多細胞生物 Multicellular organisms 330
多層上皮 stratified epithelium 438
多醣 polysaccharides 46
年齡分布 age distribution 678
托葉 stipules 638
有孔蟲 Forams 341
有孔蟲超類群 Rhizaria 331
有性生活史 sexual life cycle 327
有性生殖 sexual reproduction 144, 325
有性生殖 syngamy 143
有袋類動物 marsupials 593
有機分子 organic molecules 35
有螯肢動物 chelicerates 389
次級生長 secondary growth 615, 630
次級免疫反應 secondary immune response 525
次級演替 secondary succession 688
次級壁 secondary wall 73
死亡率 mortality 677
米勒-尤里實驗 Miller-Urey experiment 302
羊膜 amnion 601
羊膜卵 amniotic egg 412
羊膜穿刺術 amniocentesis 186
羽狀複葉 pinnately compound leaf 639
耳石 otoliths 559
肉食者 carnivores 485
肉食動物 carnivores 693
肌小節 sarcomere 449
肌肉纖維 muscle fiber 444
肌動蛋白 actin 66
肌動蛋白絲 actin filament 448
肌絲 myofilaments 443
肌微纖維 myofibrils 444
肌質網 sarcoplasmic reticulum 451
肌凝蛋白絲 myosin filament 448
自主 (不隨意) 神經系統 autonomic (involuntary) nervous system 552
自然家庭計畫生育 natural family planning 606
自營生物 autotrophs 307, 609

自體不相容性　self-incompatibility　650
自體免疫疾病　autoimmune diseases　531
自體受精　self-fertilization　326
色素　pigments　102
血小板　platelets　461
血友病　hemophilia　182
血紅素　hemoglobin　475
血液　blood　455
血清　serum　460
血清蛋白　serum albumin　460
血球容比　hematocrit　460
血管　blood vessels　455
血管加壓素　vasopressin　576
血漿　plasma　440, 460
行為生態學　behavioral ecology　724
行為遺傳學　behavioral genetics　719
西尼羅病毒　West Nile virus　320

七劃

成骨細胞　osteoblasts　441
成體幹細胞　adult stem cell　245
亨利氏套　loop of Henle　508
伴細胞　companion cells　633
伴護蛋白　chaperone proteins　40
伸肌　extensor　448
位能　potential energy　85
低張的　hypotonic　77
克氏循環　Krebs cycle　118
克羅馬儂人　Cro-Magnons　429
利他主義　Altruism　732
卵子　ovum　597
卵母細胞　oocytes　595
吞噬生物　phagotrophs　329
吞噬體　phagosomes　329
含氮廢棄物　nitrogenous wastes　510
尿素　urea　510
尿道　urethra　508, 594
尿酸　uric acid　510
尿囊素　allantoin　511
抑制物　repressor　91
抑制蛋白　repressor　215
抑癌基因　tumor-suppressor genes　138
抗利尿素　antidiuretic hormone, ADH　576
抗原　antigens　519
抗原呈現細胞　antigen-presenting cells　521
抗體　antibodies　523
沙漠　desert　712
系統分類　systematics　292
系統發生　phylogeny　292
系統發生樹　phylogenetic trees　292
肛後尾　postanal tail　397
肝醣　glycogen　46
肝臟　liver　495
角膜　cornea　564
角質層　cuticle　610, 631
角質層　stratum corneum　514
角蘚　hornworts　614
貝氏擬態　Batesian mimicry　686
走莖　runner　647
足絲蟲門　cerozoans　342
初生細胞壁　primary cell walls　631
初級 RNA 轉錄本　primary RNA transcript　211
初級生長　primary growth　615, 630
初級生產力　primary productivity　693
初級免疫反應　primary immune response　525
初級演替　primary succession　688
初級誘導　primary induction　385
初級壁　primary wall　72

八劃

免疫球蛋白　immu-noglobulins，簡寫為 Ig　523
兩側對稱　bilateral symmetry　372, 433
兩側對稱動物　Bilateria　369
兩棲類　am-phibians　410
具顎動物　mandibulates　391
刺絲胞　cnidocytes　376
刺絲胞動物　cnidarians　376
刺絲囊　nematocyst　376
刺激閘門控制型通道　stimulus-gated channels　558
受精　fertilization　143, 599
受質　substrates　87
受質層次磷酸化　substrate-level phosphorylation　114
受器　sensors　499
受體媒介式胞吞作用　Receptor-Mediated Endocytosis　80
周鞘　pericycle　634
周邊神經系統　peripheral nervous system, PNS　538
呼吸　breathing　474
呼吸　respiration　469
固定動作模式　fixed action pattern　718
固氮作用　nitrogen fixation　310, 699
姊妹染色分體　sister chromatids　129
始祖鳥　Archaeopteryx　414
孢子　spores　354
孢子減數分裂　sporic meiosis　328, 329
孢子囊　sporangia　354
孢子體　sporophyte　610
孤雌生殖　parthenogenesis　326
屈肌　flexor　448
性狀置換　character displacement　682
性染色體　sex chromosomes　176
性腺　gonads　588
性擇　sexual selection　270, 727
性聯的　sex-linked　175
房室束　bundle of His　467
房室結　atrioventricular node; AV node　467
承載力　carrying capacity　674
披衣菌　Chlamydia　606
放射性同位素定年代　radioisotopic dating　23
放射性衰變　radioactive decay　22
放射性同位素　radioactive isotopes　22
放射蟲　radiolarians　341
昆蟲　insects　392
林奈的分類系統　Linnaean system of classification　289
河口　estuaries　706
治療性複製　therapeutic cloning　247
泛植物超類群　Archaeplastida　331
泡沫　foams　606
泡沫模型　bubble model　302
物種　species　253, 288
物種內競爭　intraspecific competition　679
物種間競爭　interspecific competition　679
物質　matter　19
直立人　Homo erectus　427
直腸　rectum　493
矽藻　diatoms　340
社會　society　735
社會生物學　sociobiology　737
空腸　jejunum　492
肥胖細胞　mast cell　531
肩帶　pectoral girdle　447
肺泡　alveoli　472
肺活量　vital capacity　475
肺動脈　pulmonary arteries　465
肺動脈半月瓣　pulmonary semilunar valve　465
肺循環　pulmonary circulation　463
肺餘量　residual volume　475
肺靜脈　pulmonary veins　464
肺癌　lung cancer　478
肺臟　lung　470, 471
肽鍵　peptide bond　38
表土　topsoil　749
表皮層　epidermis　514
表面積-體積比　surface-to-volume ratio　53
表現型　phenotype　160
表膜　pellicle　334
表觀遺傳修飾　epigenetic modification　217
表觀遺傳學　epigenetics　244
近因　proximate causation　717
附肢骨骼　appendicular skeleton　446
非逢機交配　nonrandom mating　270
非循環式光磷酸化　noncyclic photophosphorylation　105
非極性分子　nonpolar molecules　26
非極端古細菌　nonextreme archaea　298
非整倍體　aneuploidy　177

非關聯性學習 nonassociative learning 720

九劃

促進性擴散 facilitated diffusion 76
促黃體素 luteinizing hormone, LH 598
保衛細胞 guard cells 632
保險套 condom 606
冠輪動物 Lophotrochozoans 370
前列腺素 prostaglandins 604
前端 anterior 378
南方猿人屬 Australopithecus 423
厚角細胞 collenchyma cells 631
咽部 pharynx 384
咽囊 pharyngeal pouches 396
哈溫平衡 Hardy-Weinberg equilibrium 268
後口動物 deuterostomes 372, 393, 434
後端 posterior 378
恆定性 Homeostasis 499
括約肌 sphincter 489
柏金氏纖維 Purkinje fiber 467
染色質 chromatin 62, 130
染色體 chromosomes 62
染色體未分離 nondisjunction 177
染色體重排 chromosome rearrangements 202
查夫定律 Chargaff's rule 194
柱頭 stigma 623
柵狀組織 palisade mesophyll 639
洋菇 Agaricus bisporus 360
活化物 activator 91
活化能 activation energy 88
活化蛋白 activator 215
活化蛋白 coactivators 219
活性位 active site 89
流行性感冒 influenza 319
界 kingdom 1, 289
科 family 289
科學方法 scientific method 12
科學名 scientific name 289
穿透式電子顯微鏡 transmission electron microscope, TEM 54
突現性質 emergent properties 5
突觸 synapse 445, 541
突觸前細胞 presynaptic cell 541
突觸後細胞 postsynaptic cell 541
突變 mutation 138, 200, 270
紀 periods 401
紅血球 erythrocytes 440
紅藻 red algae 343
胃 stomach 489
背部 dorsal 378
胎兒 fetus 603
胎盤 placenta 601
胎盤哺乳類動物 placental mammals 593
胚乳 endosperm 619, 624
胚胎幹細胞 embryonic stem cells 244
胚珠 ovule 617, 649
胚囊 embryo sac 648
胜肽荷爾蒙 peptide hormone 574
胞外消化 extracellular digestion 375
胞外基質 extracellular matrix, ECM 73
胞吞作用 endocytosis 79
胞毒型 T 細胞 cytotoxic T cells 521
胞飲作用 pinocytosis 80
胞嘧啶 cytosine 194
胞器 organelle 4, 59
胞噬作用 Phagocytosis 80
虹膜 Iris 564
衍生特徵 derived characters 292
負回饋 negative feedback 578
負回饋迴路 negative feedback loop 500
軌道 orbital 21
重組 recombination 200
降血鈣素 calcitonin 580
限制酶 restriction enzyme 230
革蘭氏陰性 gram-negative 306
革蘭氏陽性 gram-positive 306
食泡 food vacuoles 329
食物網 food web 694
食物鏈 food chain 692
食屑動物 detritivores 693
食道 esophagus 489
食滲透生物 osmotrophs 329
食糜 chime 490
食糞行為 coprophagy 493

十劃

花 flower 622
花柱 style 623
花粉粒 pollen grains 617, 648
花粉管 pollen tube 653
花瓣 petal 622
花藥 anther 622
芽枝黴菌門 Blastocladiomycota 357
致癌基因 oncogenes 138
修飾比例 modified ratio 169
個體 Organism 5
個體層次 Organismal Level 4
凍原 tundra 713
原人 hominids 422
原口動物 protostomes 372, 393, 434
原子 Atoms 4
原子序 atomic number 20
原生生物 Protists 328
原生生物界 Protista 296
原生質絲 plasmodesmata 60
原生質膜 plasma membrane 56
原生質體 plasmodium 345
原肌凝蛋白 tropomyosin 450
原始皮層 protoderm 634
原始形成層 procambium 634
原型致癌基因 proto-oncogenes 138
原核生物 Prokaryotes 305
原核細胞 prokaryotes 58
原猴 prosimians 421
原腸 archenteron 394
原腸腔形成 gastrulation 601
原噬菌體 prophage 314
哺乳類 mammals 414
唐氏症 Down Syndrome 178
套模 envelope 312
射精 ejaculation 595
栓劑 suppositories 606
株系選擇 clonal selection 525
核小體 nucleosome 131
核仁 nucleolus 62
核分裂 karyokinesis 133
核孔 nuclear pores 61
核苷酸 nucleotides 42, 193
核套膜 nuclear envelope 61
核酸 nucleic acids 42
核糖核酸 ribonucleic acid, RNA 42
核糖體 ribosome 62, 209
核變形蟲 nucleariids 346
根 root 629
根毛 root hairs 632
根芽 sucker 648
根莖 rhizome 647
根帽 root cap 634
桑椹胚 morula 599
氣孔 stoma；複數為 stomata 109, 610, 632
氣門 spiracles 469
氣喘 asthma 531
氣管 tracheae 469, 473
氧化作用 oxidation 114
氧化性代謝 oxidative metabolism 64
氧化還原反應 oxidation-reduction reaction，或簡寫成 redox reaction 114
氨 ammonia, NH_3 510
海底熱噴泉系統 hydrothermal vent systems 707
海綿 sponges 372
海綿骨 spongy bone 442
海綿組織 spongy mesophyll 639
消化 digestion 486
消化循環腔 gastrovascular cavity 453
消費者 consumers 692
狹效的中和性抗體 narrowly neutralizing antibodies 528
病毒 viruses 310
真皮層 dermis 514
真後生動物 eumetazoa 367
真核 eukaryote 323
真核細胞 eukaryotes 59
真菌界 Fungi 295

真菌學家 mycologists 352
真體腔 coelom 382
真體腔動物 coelomates 434
破骨細胞 osteoclasts 442
神經元 neuron 444, 539
神經內分泌系統 neuroendocrine system 571
神經束 tracts 549
神經系統 nervous system 537
神經胚形成 neurulation 601
神經索 nerve cord 396
神經脊 neural crest 601
神經傳遞物 neurotransmitters 445, 542
神經節 ganglia 554
神經節苷脂 gangliosides 64
神經管 neural tube 601
神經膠細胞 glial cells 444
神經膠細胞 neuroglial cells 540
神經調節物 neuromodulators 543
純種 true-breeding 156
胰島 islets of Langerhans 495
胰島素 insulin 233
胰臟 pancreas 495, 578
胸腔 thoracic cavity 473
胺基酸 amino acids 38
胺類 amines 573
能量 energy 20, 85
脂肪組織 adipose tissue 440
脂肪酸 fatty acid 46
脂質 lipids 46
脂雙層 lipid bilayer 56
脊柱 vertebral column 447
脊索 notochord 396, 601
脊索動物 Chordates 396
脊椎動物 vertebrates 398
脊髓 spinal cord 551
臭氧破洞 ozone hole 743
訊號刺激 sign stimulus 718
記憶 B 細胞 memory B cells 524
迴腸 ileum 492
迴聲定位 echolocation 563
追蹤物 tracer 22
追蹤費洛蒙 trail pheromones 729
逆向流 countercurrent flow 470
配子 gametes 143, 587
配子減數分裂 gametic meiosis 327, 329
配子囊 gametangia 354
配子體 gametophyte 610
配對系統 mating system 729
針葉森林 taiga 713
陣痛 labor 604
馬氏管 Malpighian tubules 502
骨盆帶 pelvic girdle 447
骨骼 skeleton 446
骨骼肌 skeletal muscles 444
骨骼細胞 osteocytes 442
高風險懷孕 high-risk pregnancy 186
高基氏複合體 Golgi complex 63
高基氏體 Golgi bodies 63
高張的 hypertonic 77
高溫嗜酸菌 thermoacidophiles 309

十一劃

苔類 mosses 614
假多層上皮 pseudostratified epithelium 438
假體腔 Pseudocoel 382, 434
假體腔動物 Pseudocoelomates 382, 434
側生分生組織 lateral meristems 630
側生動物 parazoa 367
側線系統 lateral line system 409
側膜 pleural membrane 474
偽足 pseudopods 345
副甲狀腺 parathyroid glands 580
副甲狀腺素 parathyroid hormone, PTH 581
副交感神經系統 parasympathetic nervous system 554
副睪 epididymis 594
動力蛋白 dynein 72
動作電位 action potential 540
動物式營養攝食者 holozoic feeders 329
動物行為學 ethology 718
動物界 Animalia 295
動物繁殖策略 animal's reproductive strategy 729
動能 kinetic energy 85
動脈 arteries 455
動脈圓錐 conus arteriosus; CA 462
動器 effectors 499
啟動子 promoter 214
基本生態區位 fundamental niche 679
基本轉錄因子 basal transcription factors 218
基因 gene 159, 208
基因工程 genetic engineering 230
基因表現 gene expression 206
基因型 genotype 160
基因座 locus，複數為 loci 160
基因學説 gene theory 15
基因靜默 gene silencing 219
基因轉移治療 gene transfer therapy 247
基因轉變 gene conversion 314
基因體 genome 15, 225
基因體學 genomics 225
基底層 basal layer 514
基質 matrix 65, 119
基質 stroma 66
基體 basal body 71
寄生 parasitism 684
密碼子 codon 208
專一轉錄因子 specific transcription factors 218
掃描式電子顯微鏡 scanning electron microscope, SEM 54
授粉作用 pollination 617, 650
接合作用 conjugation 306
接合孢子囊 zygosporangium 358
接合菌 zygomycetes 358
控制組實驗 control experiment 11
族群 population 669
族群大小 population size 673
族群密度 population density 673
族群遺傳學 population genetics 267
殺精子的軟膏 spermicidal jellies 606
氫氧根離子 hydroxide ion, OH– 29
氫鍵 hydrogen bond 26
氫離子 hydrogen ion, H+ 29
液泡 vacuoles 70
淋巴 lymph 454, 459
淋巴心臟 lymph hearts 459
淋巴系統 lymphatic system 459, 515
淋巴細胞 lymphocytes 440, 519
淋巴管 lymph vessels 454
淨初級生產力 net primary productivity 693
球囊菌 glomeromycetes 359
瓶頸效應 bottleneck effect 271
產甲烷菌 Methanogens 298, 309
產物 products 87
眼蟲 euglenoids 334
移碼突變 frame-shift mutation 202
第一子代 F1 generation 156
第二子代 F2 generation 157
第二傳訊者 second messenger 574
第八因子 factor VIII 234
粒線體 mitochondria 複數，mitochondrion 單數 59, 64
粗糙內質網 rough ER 63
細胞 Cells 51
細胞本體 cell body 539
細胞免疫反應 cellular immune response 521
細胞呼吸 cellular respiration 94, 113
細胞核 nucleus 59, 61
細胞骨架 cytoskeleton 59, 66
細胞質分裂 cytokinesis 133
細胞壁 cell wall 60, 72,133
細胞學説 cell theory 13, 52
細精管 seminiferous tubules 593
組蛋白 histone 131
組織 tissues 436
組織胺 histamines 531
組織間隙液 interstitial fluid 454
脱水反應 dehydration reaction 36
蛋白質 proteins 37
被子植物 angiosperms 617

覓食行為 foraging behavior 725
許旺細胞 Schwann cells 540
軟骨細胞 chondrocytes 440
軟體動物 mollusks 385
連續變異 continuous variation 167
閉鎖式循環系統 close circulatory system 454
陰莖 penis 594
陰囊 scrotum 593
頂端分生組織 apical meristems 630
頂複合器蟲類 apicomplexans 337
魚類 fishes 406
唾液澱粉酶 amylase 488
視丘 thalamus 547
視桿細胞 rods 564
視紫蛋白 opsin 564
視紫質 rhodopsin 564
視葉 optic lobes 546
視網膜 retina 564
視蓋 optic tectum 547
視錐細胞 cone cells 564
鳥嘌呤 guanine 194

十二劃

茲卡病毒 Zika virus 319
草食者 herbivores 485
草食動物 herbivores 692
草原 prairy 712
異位 allosteric site 91
異形細胞 heterocysts 310
異型合子的 heterozygous 159
異型合子優勢 heterozygote advantage 276
異核體 heterokaryon 353
異域物種 allopatric species 682
異營生物 heterotrophs 307
疏水性 hydrophobic 29
單子葉植物 monocotyledons 624
單孔目動物 monotremes 592
單性生殖 parthenogenesis 588
單染色體的 monosomic 178
單倍體 haploid 143
單核細胞 monocytes 516
單葉 simple leaves 638
單層上皮 simple epithelium 438
單醣 monosaccharides 44
單鞭毛超類群 Unikonta 331
單體 monomers 36
壺菌 chytridiomycetes 或 chytrids 357
媒介子 mediators 219
幾丁質 chitin 46
循序雌雄同體 sequential hermaphroditism 588
循環系統 circulatory system 380
掌狀複葉 palmately compound leaf 639
普里昂蛋白 prion 41
景天酸代謝 crassulacean acid metabolism, CAM 110
智人 Homo sapiens 428
替代假說 alternative hypothesis 10
最佳覓食理論 optimal foraging theory 725
最近遠離非洲模式 Recently-Out-of-Africa Model 428
期 ages 401
棘皮動物 echinoderms 394
棲地 habitat 679, 691
植物生長素 auxin 660
植物界 Plantae 295
殼體 capsid 312
氯氟碳化合物 CFCs 744
減數分裂 meiosis 128, 143
減數分裂 I meiosis I 145
渦鞭毛藻 dinoflagellates 336
無性生殖 asexual reproduction 144, 326, 647
無顎動物 agnathans 407
無體腔動物 acoelomates 379, 433
焰細胞 flame cells 380
發育 development 351
發炎反應 inflammatory response 518
發酵作用 fermentation 122
發燒 fever 518
等位因子 (基因) alleles 159, 267
等位基因的頻率 allele frequency 267
等長收縮 isometric contractions 448
等張收縮 isotonic contractions 448
等張的 isotonic 77
結合位 binding site 89
結核病 tuberculosis, TB 310
結腸 colon 492
結締組織 connective tissue 439
絨毛 villi 492
絨毛膜 chorion 601
絨毛膜採樣 chorionic villus sampling 186
腋側 axil 636
腎上腺 adrenal glands 581
腎上腺素 adrenaline, epinephrine 581
腎小球 glomerulus 508
腎小球濾液 glomerular filtrate 509
腎元 nephrons 503
腎皮質 renal cortex 508
腎髓質 renal medulla 508
舒張壓 diastolic pressure 466
著床前遺傳篩檢 preimplantation genetic screening 187
裂隙接合 gap junction 444
裂體生殖 schizogony 329
超音波 ultrasound 186
軸突 axon 445, 540
軸突丘 axon hillock 543
鈉-鉀幫浦 sodium-potassium pump, Na^+-K^+ pump 81
開放式循環系統 open circulatory system 454
階級 castes 735
雄蕊 stamen 622
集尿管 collecting duct 508
韌皮部 phloem 632
韌帶 tendons 448
順式視黃醛 cis-retinal 564
黃體 corpus luteum 598
黃體期 luteal phase 598
黃體激素 progesterone 598
胸腺嘧啶 thymine 194

十三劃

荷爾蒙 hormone 571
莖 stem 630
莖部 shoot 629
莢膜 capsule 306
催化 catalysis 40, 88
催產素 oxytocin 576, 604
傳染性海綿狀腦病變 transmissible spongiform encephalopathy, TSEs 41
傳訊 RNA messenger RNA, mRNA 207
傳統分類學 traditional taxonomy 293
嗜中性細胞 neutro-phils 516
嗜極端菌 Extremophiles 298
嵴 cristae 複數，crista 單數 65
微血管 capillaries 455
微孢子蟲門 Microsporidia 356
微球體 microspheres 303
微絨毛 microvilli 492
微量元素 trace elements 484
感覺 (或輸入) 神經元 sensory (or afferent) neurons 538
感覺受器 sensory receptors 557
感覺神經系統 sensory nervous system 557
感覺器官 sensory organs 557
新生代 Cenozoic era 406
新美鞭菌門 Neocallimastigomycota 357
暗反應 light-independent reactions 100
極地冰原 polar ice 714
極性分子 polar molecules 26
極盛相群聚 climax community 688
溝狀原索 primitive streak 601
溫室效應 greenhouse effect 745
溶小體 lysosomes 63
溶質 solute 77
滑動絲模式 sliding filament model 449
睪丸 testes 593
睪固酮 testosterone 593
睫狀肌 ciliary muscles 564
節肢動物 arthropods 387
群聚 community 678, 691
群體生物 colonial organism 330
群體選擇 group selection 733

腦垂體 pituitary gland 576
腦幹 brain stem 549
腫瘤 tumor 138
腹足類 Gastropods 385
腹部 ventral 378
腺苷二磷酸 adenosine diphosphate, ADP 92
腺苷三磷酸 adenosine triphosphate, ATP 92
腺苷單磷酸 adenosine monophosphate, AMP 92
腺體 glands 438
落葉森林 deciduous forest 712
葉片 blade 638
葉片 frond 617
葉片 leaves 630
葉肉 mesophyll 639
葉柄 petiole 638
葉原體 primordia，單數為 primordium 635
葉綠素 chlorophyll 99
葉綠餅 granum 單數，grana 複數 65
葉綠體 chloroplast 60, 65, 325
蛻皮 molting 372
蛻皮動物 Ecdysozoans 370
補體系統 complement system 517
解析度 resolution 53
試交 testcross 162
資源分配 resource partitioning 682
跨膜蛋白 transmembrane proteins 57
載體蛋白 carrier proteins 76
運動 (或輸出) 神經元 motor (or efferent) neurons 538
過氧化體 peroxisomes 63
電子 electrons 19
電子傳遞鏈 electron transport chain 119
電磁波譜 electromagnetic spectrum 101
電壓門控通道 voltage-gated channels 540
預防接種 vaccination 527
雌雄同體 hermaphroditic 382, 588

十四劃

菌根 mycorrhizae 359, 610
菌絲 hyphae，單數為 hypha 352
菌絲體 mycelium，複數 mycelia 352
萌發 germination 654
飽和 saturated 46
嘌呤 purines 194
嘧啶 pyrimidines 194
寡養湖泊 oligotrophic lakes 708
寡樹突神經膠細胞 oligodendrocytes 540
實際生態區位 realized niche 680
實驗 experiment 10
對生 opposite 639
對流式熱交換 countercurrent heat exchange 455
滲透 osmosis 76
滲透調節 osmoregulation 501
滲透壓 osmotic pressure 77
腺嘌呤 adenine 194
演化心理學 evolutionary psychology 737
演化學說 theory of evolution 15
演替 succession 687
演繹推理 deductive reasoning 8
碳酸氫根 bicarbonate, HCO_3^- 476
種子 seed 617, 653
種化 speciation 281
管足 podia 342
管胞 tracheids 632
精液 semen 594
綠藻 green algae 343
維生素 vitamins 485
維管束組織 vascular tissues 615
維管束植物 vascular plants 615
綱 class 289
網狀結構 reticular formation 549
聚合物 polymer 36
聚核苷酸鏈 polynucleotide chains 42
聚集 Aggregates 330
腐食性營養攝食者 saprozoic feeders 329
膀胱 urinary bladder 508
與密度有關的作用 density-dependent effects 675
與密度無關的作用 density-independent effects 675
舞蹈語言 dance language 729
蜜液 nectar 651
裸子植物 gymnosperms 617
認知行為 cognitive behavior 723
誘變劑 mutagens 202
輔助 T 細胞 helper T cells 521
遠因 ultimate causation 717
酵素 enzymes 36, 88
酸雨 acid rain 743
需能 endergonic 87
領域性 territoriality 726
領鞭毛蟲 choanoflagellates 346

十五劃

萼片 sepal 622
增強子 enhancers 218
廣效的中和性抗體 broadly neutralizing antibodies 528
數量金字塔 pyramids of numbers 696
漿細胞 plasma cell 524
潛溶 lysogeny 314
潮氣量 tidal volume 475
潮間帶 intertidal region 706
熱力學 thermodynamics 85
熱力學第一定律 first law of thermodynamics 86
熱力學第二定律 second law of thermodynamics 87
熱分層 thermal stratification 708
熵 entropy 87
線毛 pillus 單數，pili 複數 59, 306
緩衝物 buffer 30
緻密骨 compact bone 441
膜蛋白 membrane proteins 56
膜間腔 intermembrane space 119
複式顯微鏡 compound microscopes 54
複葉 compound leaves 639
複雜多細胞生物 complex multicellular organisms 351
褐藻 brown algae 338
質子 protons 19
質量流動 mass flow 643
質量數 mass number 20
輪 whorl 622
輪生 whorl 639
輪蟲 rotifers 383
輪藻類 charophytes 344
齒舌 radula 386
導管細胞 vessel elements 632
整合中心 integrating center 499
整聯蛋白 integrins 73

十六劃

蒸散作用 transpiration 641, 697
遷徙 migration 271, 726
器官 organs 436
器官形成 Organogenesis 602
器官系統 organ systems 436
噬菌體 bacteriophages 313
學習 learning 720
學說 theory 12
擇偶 mate choice 727
操作制約 operant conditioning 721
操縱組 operon 215
擔子 basidium，複數 basidia 361
樹皮 bark 637
樹突 dendrites 445, 539
機率 probability 160
橫膈 diaphragm 474
澱粉 starch 46
激濾泡素 follicle-stimulating hormone, FSH 598
濃度梯度 concentration gradient 74
濃縮 condensation 131
燄細胞 flame cell 502
獨立分配 independent assortment 147
獨立分配律 law of independent assortment 164
穆氏擬態 Müllerian mimicry 687
篩細胞 sieve cells 632

十七劃

十八劃

十九劃

二十劃

二十一劃

二十二劃

二十三劃

二十四劃

中文	English	頁碼
篩管	sieve tubes	633
篩管細胞	sieve-tube members	632
糖尿病	diabetes mellitus	578, 579
糖解作用	glycolysis	114
膨壓	turgor pressure	78, 657
親水性	hydrophilic	28
親代	P generation	156
親屬選擇	kin selection	734
輸卵管	oviducts 或 fallopian tubes	596
輸尿管	ureter	508
輸精管	vas deferens	594
輻射卵裂	radial cleavage	394
輻射對稱	radial symmetry	372, 433
輻射對稱的	radially symmetrical	374
輻射對稱動物	Radiata	369
辨識序列	signature sequences	298
選擇	selection	272
選擇性剪接	alternative splicing	213
選擇性通透	selective permeable	74
遺傳	heredity	155
遺傳的染色體學說	chromosomal theory of inheritance	15
遺傳密碼	genetic code	208
遺傳漂變	genetic drift	271
遺傳學說	theory of heredity	15
遺傳諮詢	genetic counseling	185
靜水壓	hydrostatic pressure	77
靜脈	veins	456
靜脈竇	sinus venosus, SV	462
頭足類	Cephalopods	386
鮑氏囊	Bowman's capsule	508

中文	English	頁碼
優養化	eutrophication	700
優養湖泊	eutrophic lake	708
營養層級	trophic level	692
環節動物	annelid worms	387
癌症	cancer	138
癌症疫苗	cancer vaccines	235
癌症轉移	metastasis	138
瞳孔	pupil	565
磷脂	phospholipids	56
糞便	feces	492
聯絡神經元	interneurons	537
膽汁	bile	495
膽囊	gallbladder	495
膽鹽	bile salts	495
螯肢	chelicerae	389
螺旋卵裂	spiral cleavage	394
避孕隔膜子宮帽	diaphragm	606
還原作用	reduction	114
醛固酮	aldosterone	584
醣蛋白	glycoproteins	73, 573
隱性	recessive	157
黏著力	adhesion	28
點突變	point mutations	202

中文	English	頁碼
蕨類	ferns	617
儲精囊	seminal vesicles	594
戴-薩克斯症	Tay-Sachs disease	184
擴散	diffusion	73
歸納推理	inductive reasoning	8
濾泡期	follicular phase	598
獵物之交互作用	predator-prey interaction	685
獵食	predation	685
臍帶	umbilical cord	604
軀體(隨意)神經系統	somatic (voluntary) nervous system	552
轉位元	Transposable elements	230
轉位作用	transposition	202
轉送RNA	transfer RNA, tRNA	209
轉運作用	translocation	643
轉譯	translation	208
雙子葉植物	dicotyledons 或 dicots	624
雙目視覺	binocular vision	567
雙股螺旋	double helix	43
雙重受精	double fertilization	624, 653
雙倍體	diploid	143
雙倍體細胞	diploid cells	129
雙核的	dikaryotic	353
雙殼貝類	Bivalves	386
雜食者	omnivores	485
雜食動物	omnivores	693
鞭毛	flagellum 單數，flagella 複數	59, 306

中文	English	頁碼
薄壁細胞	parenchyma cells	630
離子	ions	21
離子鍵	ionic bond	24
穩定性天擇	stabilizing selection	272
襟細胞	choanocytes	374
譜系	pedigrees	179
邊緣分生組織	marginal meristems	638
邊緣系統	limbic system	549
關節	joints	447
關聯性學習	associative learning	721
關聯神經元	association neurons	537
類人	hominoids	422
類人猿	anthropoids	421
類固醇	steroids	573
類固醇荷爾蒙	steroid hormones	573
類胡蘿蔔素	carotenoids	102
類囊體	thylakoids	65
龐尼特方格	Punnett square	160

中文	English	頁碼
藍綠菌	cyanobacteria	309
嚴重急性呼吸道症候群	SARS	319
竇房結	sinoatrial node, SA node	466
競爭	competition	679
蠕動	peristalsis	489

中文	English	頁碼
警戒叫聲	alarm call	729
警戒費洛蒙	alarm pheromones	729
釋能	exergonic	87
鰓	gill	385, 470
鰓蓋	operculum	409

中文	English	頁碼
屬	genera，單數為 genus	287
攜載式疫苗	piggyback vaccines	235
攝護腺	prostate gland	594
灌木叢原	chaparral	713
鐮刀型細胞貧血症	sickle-cell disease	275
驅動蛋白	kinesin	72

中文	English	頁碼
囊泡	vesicles	59, 62
囊泡藻超類群	Chromalveolata	331
囊胚	blastocyst	601
囊胚細胞	blastomere	599
囊胚腔	blastocoel	601
囊胞	cyst	329
鰾	swim bladder	409

中文	English	頁碼
蘚類	liverworts	614
蘭氏結	node of Ranvier	540
纖毛	cilia	71
纖毛蟲	ciliates	337
纖維素	cellulose	46
纖網蛋白	fibronectin	73
變性	denatured	40
變項	variable	11
邏輯函數成長曲線	sigmoid growth curve	674
邏輯型成長方程式	logistic growth equation	674
顯性	dominant	157
髓	pith	636
髓質	medulla	581
髓鞘	myelin sheath	540
體內受精	internal fertilization	589
體外受精	external fertilization	589
體外消化	external digestion	354
體染色體	autosomes	176
體液免疫反應	humoral immune response	522
體細胞	somatic cells	144
體細胞突變	somatic mutation	524
體細胞重組	somatic rearrangement	524
體循環	systemic circulation	463
體腔	coelom	434, 601
體節	segments	372, 434
體節	somites	601
體節化	segmentation	387